U0396837

NATURAL HISTORY
UNIVERSAL LIBRARY

# 西方博物学大系

主编：江晓原

# HORTUS CLIFFORTIANUS

# 克利福特园

[瑞典] 卡尔·冯·林奈 著

华东师范大学出版社

**图书在版编目（CIP）数据**

克利福特园 = Hortus Cliffortianus : 拉丁文 / (瑞典) 卡尔·冯·林奈 (Carl von Linné) 著. — 上海 : 华东师范大学出版社, 2018
（寰宇文献）
ISBN 978-7-5675-7990-3

Ⅰ.①克… Ⅱ.①卡… Ⅲ.①植物学–拉丁语 Ⅳ.①Q94

中国版本图书馆CIP数据核字(2018)第156666号

**克利福特园**
Hortus Cliffortianus
(瑞典) 卡尔·冯·林奈 (Carl von Linné)

特约策划　黄曙辉　徐　辰
责任编辑　庞　坚
特约编辑　许　倩
装帧设计　刘怡霖

出版发行　华东师范大学出版社
社　　址　上海市中山北路3663号　邮编 200062
网　　址　www.ecnupress.com.cn
电　　话　021-60821666　行政传真　021-62572105
客服电话　021-62865537
门市（邮购）电话　021-62869887
地　　址　上海市中山北路3663号华东师范大学校内先锋路口
网　　店　http://hdsdcbs.tmall.com/

印 刷 者　虎彩印艺股份有限公司
开　　本　787×1092　16开
印　　张　35.5
版　　次　2018年8月第1版
印　　次　2018年8月第1次
书　　号　ISBN 978-7-5675-7990-3
定　　价　598.00元（精装全一册）

出 版 人　王 焰

（如发现本版图书有印订质量问题，请寄回本社客服中心调换或电话021-62865537联系）

# 《西方博物学大系》总序

江晓原

《西方博物学大系》收录博物学著作超过一百种，时间跨度为 15 世纪至 1919 年，作者分布于 16 个国家，写作语种有英语、法语、拉丁语、德语、弗莱芒语等，涉及对象包括植物、昆虫、软体动物、两栖动物、爬行动物、哺乳动物、鸟类和人类等，西方博物学史上的经典著作大备于此编。

## 中西方"博物"传统及观念之异同

今天中文里的"博物学"一词，学者们认为对应的英语词汇是 Natural History，考其本义，在中国传统文化中并无现成对应词汇。在中国传统文化中原有"博物"一词，与"自然史"当然并不精确相同，甚至还有着相当大的区别，但是在"搜集自然界的物品"这种最原始的意义上，两者确实也大有相通之处，故以"博物学"对译 Natural History 一词，大体仍属可取，而且已被广泛接受。

已故科学史前辈刘祖慰教授尝言：古代中国人处理知识，如开中药铺，有数十上百小抽屉，将百药分门别类放入其中，即心安矣。刘教授言此，其辞若有憾焉——认为中国人不致力于寻求世界"所以然之理"，故不如西方之分析传统优越。然而古代中国人这种处理知识的风格，正与西方的博物学相通。

与此相对，西方的分析传统致力于探求各种现象和物体之间的相互关系，试图以此解释宇宙运行的原因。自古希腊开始，西方哲人即孜孜不倦建构各种几何模型，欲用以说明宇宙如何运行，其中最典型的代表，即为托勒密（Ptolemy）的宇宙体系。

比较两者，差别即在于：古代中国人主要关心外部世界"如何"运行，而以希腊为源头的西方知识传统（西方并非没有别的知识传统，只是未能光大而已）更关心世界"为何"如此运行。在线性发展无限进步的科学主义观念体系中，我们习惯于认为"为何"是在解决了"如何"之后的更高境界，故西方的分析传统比中国的传统更高明。

然而考之古代实际情形，如此简单的优劣结论未必能够成立。例如以天文学言之，古代东西方世界天文学的终极问题是共同的：给定任意地点和时刻，计算出太阳、月亮和五大行星（七政）的位置。古代中国人虽不致力于建立几何模型去解释七政"为何"如此运行，但他们用抽象的周期叠加（古代巴比伦也使用类似方法），同样能在足够高的精度上计算并预报任意给定地点和时刻的七政位置。而通过持续观察天象变化以统计、收集各种天象周期，同样可视之为富有博物学色彩的活动。

还有一点需要注意：虽然我们已经接受了用"博物学"来对译 Natural History，但中国的博物传统，确实和西方的博物学有一个重大差别——即中国的博物传统是可以容纳怪力乱神的，而西方的博物学基本上没有怪力乱神的位置。

古代中国人的博物传统不限于"多识于鸟兽草木之名"。体现此种传统的典型著作，首推晋代张华《博物志》一书。书名"博物"，其义尽显。此书从内容到分类，无不充分体现它作为中国博物传统的代表资格。

《博物志》中内容，大致可分为五类：一、山川地理知识；二、奇禽异兽描述；三、古代神话材料；四、历史人物传说；五、神仙方伎故事。这五大类，完全符合中国文化中的博物传统，深合中国古代博物传统之旨。第一类，其中涉及宇宙学说，甚至还有"地动"思想，故为科学史家所重视。第二类，其中甚至出现了中国古代长期流传的"守宫砂"传说的早期文献：相传守宫砂点在处女胳膊上，永不褪色，只有性交之后才会自动消失。第三类，古代神话传说，其中甚至包括可猜想为现代"连体人"的记载。第四类，各种著名历史人物，比如三位著名刺客的传说，此三名刺客及所刺对象，历史上皆实有其人。第五类，包括各种古代方术传说，比如中国古代房中养生学说，房中术史上的传说人物之一"青牛道士封君达"等等。前两类与西方的博物学较为接近，但每一类都会带怪力乱神色彩。

**"所有的科学不是物理学就是集邮"**

在许多人心目中，画画花草图案，做做昆虫标本，拍拍植物照片，这类博物学活动，和精密的数理科学，比如天文学、物理学等等，那是无法同日而语的。博物学显得那么的初级、简单，甚至幼稚。这种观念，实际上是将"数理程度"作为唯一的标尺，用来衡量一切知识。但凡能够使用数学工具来描述的，或能够进行物理实验的，那就是"硬"科学。使用的数学工具越高深越复杂，似乎就越"硬"；物理实验设备越庞大，花费的金钱越多，似乎就越"高端"、越"先进"……

这样的观念，当然带着浓厚的"物理学沙文主义"色彩，在很多情况下是不正确的。而实际上，即使我们暂且同意上述"物理学沙文主义"的观念，博物学的"科学地位"也仍然可以保住。作为一个学天体物理专业出身，因而经常徜徉在"物理学沙文主义"幻影之下的人，我很乐意指出这样一个事实：现代天文学家们的研究工作中，仍然有绘制星图，编制星表，以及为此进行的巡天观测等等活动，这些活动和博物学家"寻花问柳"，绘制植物或昆虫图谱，本质上是完全一致的。

这里我们不妨重温物理学家卢瑟福( Ernest Rutherford )的金句："所有的科学不是物理学就是集邮（ All science is either physics or stamp collecting ）。"卢瑟福的这个金句堪称"物理学沙文主义"的极致，连天文学也没被他放在眼里。不过，按照中国传统的"博物"理念，集邮毫无疑问应该是博物学的一部分——尽管古代并没有邮票。卢瑟福的金句也可以从另一个角度来解读：既然在卢瑟福眼里天文学和博物学都只是"集邮"，那岂不就可以将博物学和天文学相提并论了？

如果我们摆脱了科学主义的语境，则西方模式的优越性将进一步被消解。例如，按照霍金( Stephen Hawking )在《大设计》( *The Grand Design* )中的意见，他所认同的是一种"依赖模型的实在论（ model-dependent realism ）"，即"不存在与图像或理论无关的实在性概念（ There is no picture- or theory-independent concept of reality ）"。在这样的认识中，我们以前所坚信的外部世界的客观性，已经不复存在。既然几何模型只不过是对外部世界图像的人为建构，则古代中国人干脆放弃这种建构直奔应用（毕竟在实际应用中我们只需要知道七政"如何"运行），又有何不可？

传说中的"神农尝百草"故事，也可以在类似意义下得到新的解读："尝百草"当然是富有博物学色彩的活动，神农通过这一活动，得知哪些草能够治病，哪些不能，然而在这个传说中，神农显然没有致力于解释"为何"某些草能够治病而另一些则不能，更不会去建立"模型"以说明之。

## "帝国科学"的原罪

今日学者有倡言"博物学复兴"者，用意可有多种，诸如缓解压力、亲近自然、保护环境、绿色生活、可持续发展、科学主义解毒剂等等，皆属美善。编印《西方博物学大系》也是意欲为"博物学复兴"添一助力。

然而，对于这些博物学著作，有一点似乎从未见学者指出过，而鄙意以为，当我们披阅把玩欣赏这些著作时，意识到这一点是必须的。

这百余种著作的时间跨度为 15 世纪至 1919 年，注意这个时间跨度，正是西方列强"帝国科学"大行其道的时代。遥想当年，帝国的科学家们乘上帝国的军舰——达尔文在皇家海军"小猎犬号"上就是这样的场景之一，前往那些已经成为帝国的殖民地或还未成为殖民地的"未开化"的遥远地方，通常都是踌躇满志、充满优越感的。

作为一个典型的例子，英国学者法拉在（Patricia Fara）《性、植物学与帝国：林奈与班克斯》（*Sex, Botany and Empire, The Story of Carl Linnaeus and Joseph Banks*）一书中讲述了英国植物学家班克斯（Joseph Banks）的故事。1768 年 8 月 15 日，班克斯告别未婚妻，登上了澳大利亚军舰"奋进号"。此次"奋进号"的远航是受英国海军部和皇家学会资助，目的是前往南太平洋的塔希提岛(Tahiti，法属海外自治领，另一个常见的译名是"大溪地"）观测一次比较罕见的金星凌日。舰长库克（James Cook）是西方殖民史上最著名的舰长之一，多次远航探险，开拓海外殖民地。他还被认为是澳大利亚和夏威夷群岛的"发现"者，如今以他命名的群岛、海峡、山峰等不胜枚举。

当"奋进号"停靠塔希提岛时，班克斯一下就被当地美丽的土著女性迷昏了，他在她们的温柔乡里纵情狂欢，连库克舰长都看不下去了，"道德愤怒情绪偷偷溜进了他的日志当中，他发现自己根本不可能不去批评所见到的滥交行为"，而班克斯纵欲到了"连嫖妓都毫无激情"的地步——这是别人讽刺班克斯的说法，因为对于那时常年航行于茫茫大海上的男性来说，上岸嫖妓通常是一项能够唤起"激情"的活动。

而在"帝国科学"的宏大叙事中，科学家的私德是无关紧要的，人们关注的是科学家做出的科学发现。所以，尽管一面是班克斯在塔希提岛纵欲滥交，一面是他留在故乡的未婚妻正泪眼婆娑地"为远去的心上人绣织背心"，这样典型的"渣男"行径要是放在今天，非被互联网上的口水淹死不可，但是"班克斯很快从他们的分离之苦中走了出来，在外近三年，他活得倒十分滋润"。

法拉不无讽刺地指出了"帝国科学"的实质："班克斯接管了当地的女性和植物，而库克则保护了大英帝国在太平洋上的殖民地。"甚至对班克斯的植物学本身也调侃了一番："即使是植物学方面的科学术语也充满了性指涉。……这个体系主要依靠花朵之中雌雄生殖器官的数量来进行分类。"据说"要保护年轻妇女不受植物学教育的浸染，他们严令禁止各种各样的植物采集探险活动。"这简直就是将植物学看成一种"涉黄"的淫秽色情活动了。

在意识形态强烈影响着我们学术话语的时代，上面的故事通常是这样被描述的：库克舰长的"奋进号"军舰对殖民地和尚未成为殖民地的那些地方的所谓"访问"，其实是殖民者耀武扬威的侵略，搭载着达尔文的"小猎犬号"军舰也是同样行径；班克斯和当地女性的纵欲狂欢，当然是殖民者对土著妇女令人发指的蹂躏；即使他采集当地植物标本的"科学考察"，也可以视为殖民者"窃取当地经济情报"的罪恶行为。

后来改革开放，上面那种意识形态话语被抛弃了，但似乎又走向了另一个极端，完全忘记或有意回避殖民者和帝国主义这个层面，只歌颂这些军舰上的科学家的伟大发现和成就，例如达尔文随着"小猎犬号"的航行，早已成为一曲祥和优美的科学颂歌。

其实达尔文也未能免俗，他在远航中也乐意与土著女性打打交道，当然他没有像班克斯那样滥情纵欲。在达尔文为"小猎犬号"远航写的《环球游记》中，我们读到："回程途中我们遇到一群黑人姑娘在聚会，……我们笑着看了很久，还给了她们一些钱，这着实令她们欣喜一番，拿着钱尖声大笑起来，很远还能听到那愉悦的笑声。"

有趣的是，在班克斯在塔希提岛纵欲六十多年后，达尔文随着"小猎犬号"也来到了塔希提岛，岛上的土著女性同样引起了达尔文的注意，在《环球游记》中他写道："我对这里妇女的外貌感到有些失望，然而她们却很爱美，把一朵白花或者红花戴在脑后的鬓髻上……"接着他以居高临下的笔调描述了当地女性的几种发饰。

用今天的眼光来看，这些在别的民族土地上采集植物动物标本、测量地质水文数据等等的"科学考察"行为，有没有合法性问题？有没有侵犯主权的问题？这些行为得到当地人的同意了吗？当地人知道这些行为的性质和意义吗？他们有知情权吗？……这些问题，在今天的国际交往中，确实都是存在的。

也许有人会为这些帝国科学家辩解说：那时当地土著尚在未开化或半开化状态中，他们哪有"国家主权"的意识啊？他们也没有制止帝国科学家的考察活动啊？但是，这样的辩解是无法成立的。

姑不论当地土著当时究竟有没有试图制止帝国科学家的"科学考察"行为，现在早已不得而知，只要殖民者没有记录下来，我们通常就无法知道。况且殖民者有军舰有枪炮，土著就是想制止也无能为力。正如法拉所描述的："在几个塔希提人被杀之后，一套行之有效的易货贸易体制建立了起来。"

即使土著因为无知而没有制止帝国科学家的"科学考察"行为，这事也很像一个成年人闯进别人的家，难道因为那家只有不懂事的小孩子，闯入者就可以随便打探那家的隐私、拿走那家的东西、甚至将那家的房屋土地据为己有吗？事实上，很多情况下殖民者就是这样干的。所以，所谓的"帝国科学"，其实是有着原罪的。

如果沿用上述比喻，现在的局面是，家家户户都不会只有不懂事的孩子了，所以任何外来者要想进行"科学探索"，他也得和这家主人达成共识，得到这家主人的允许才能够进行。即使这种共识的达成依赖于利益的交换，至少也不能单方面强加于人。

## 博物学在今日中国

　　博物学在今日中国之复兴，北京大学刘华杰教授提倡之功殊不可没。自刘教授大力提倡之后，各界人士纷纷跟进，仿佛昔日蔡锷在云南起兵反袁之"滇黔首义，薄海同钦，一檄遥传，景从恐后"光景，这当然是和博物学本身特点密切相关的。

　　无论在西方还是在中国，无论在过去还是在当下，为何博物学在它繁荣时尚的阶段，就会应者云集？深究起来，恐怕和博物学本身的特点有关。博物学没有复杂的理论结构，它的专业训练也相对容易，至少没有天文学、物理学那样的数理"门槛"，所以和一些数理学科相比，博物学可以有更多的自学成才者。这次编印的《西方博物学大系》，卷帙浩繁，蔚为大观，同样说明了这一点。

　　最后，还有一点明显的差别必须在此处强调指出：用刘华杰教授喜欢的术语来说，《西方博物学大系》所收入的百余种著作，绝大部分属于"一阶"性质的工作，即直接对博物学作出了贡献的著作。事实上，这也是它们被收入《西方博物学大系》的主要理由之一。而在中国国内目前已经相当热的博物学时尚潮流中，绝大部分已经出版的书籍，不是属于"二阶"性质（比如介绍西方的博物学成就），就是文学性的吟风咏月野草闲花。

　　要寻找中国当代学者在博物学方面的"一阶"著作，如果有之，以笔者之孤陋寡闻，唯有刘华杰教授的《檀岛花事——夏威夷植物日记》三卷，可以当之。这是刘教授在夏威夷群岛实地考察当地植物的成果，不仅属于直接对博物学作出贡献之作，而且至少在形式上将昔日"帝国科学"的逻辑反其道而用之，岂不快哉！

2018 年 6 月 5 日
于上海交通大学
科学史与科学文化研究院

# 克利福特园

《克利福特园》是现代生物分类学之父卡尔·冯·林奈（Carl von Linné，1707—1778）的一部植物学著作。林奈从小就爱上了植物学，虽然和父亲一样上了隆德大学，却在一年后转到乌普拉萨大学。1732年，学校出资让他前往当时尚属未开发之地的拉普兰进行实地科学考察，五年后，他以这段经历收集的资料，出版了《拉普兰植物志》一书。随后，林奈南下求学交流，感到当时风行的分类法过于杂乱，因而参考二百年前博安兄弟创造的双名法，以两个层级、简明规则为基准，优化了双名法并将其普及到学界，更在基础分类的种之上设纲、目、科、属等层级，为现代生物分类学奠定了基础。1753年，他刊行了巨著《植物种志》。1757年，瑞典国王因其卓越的科学成就，授予他贵族身份。为纪念这位杰出的科学家，瑞典政府先后建立了林奈博物馆、林奈植物园等，并于1917年成立了瑞典林奈学会。

《克利福特园》为林奈早期代表作之一。1735年，荷兰银行家乔治·克利福德三世邀请林奈到自己拥有四个温室的植物标本馆进行研究。在这个标本馆居住研究三年后，林奈开始和格奥尔格·艾雷特合作整理成果，并于1738年出版了本书。此书对克利福特标本馆的数百种植物详细记录分类，并配以近百幅巨细靡遗的铜版画，解析植物样本的各处细节，很有博物学价值。

今据原版影印。

# HORTUS

# CLIFFORTIANUS.

# VERKLAARING

## VAN DE

# TYTELPRENT.

Dus bloeit de HARTEKAMP daar *Pyton* legt gevelt,
En kruiden, boom, noch menſch met zynen damp meer kwelt:
Dank zy het *Licht* der ZONN', 't welk nevens dat der MAANE
De moeder de AARDE ontdekt, opdat ze een doortogt baane
En, door haar *Sleutelen*, zich voor 't gewas ontſluit';
Dies ſtort zy eenen *Hoorn* van zeldzaamheden uit:
Haar ciert een *Veſtingkroon* waar meê zy zit te praalen
Op 't Vorſtlyk *Dierenpaar:* Zy laat zich niet bepaalen
Aan 't geen natuur in elx ſaizoen of luchtſtreek teelt;
Maar word door ARBEID en door KUNST geprangt, geſtreelt
Tot *Water, Vuur* en *Glas,* de broejing en het luchten
De groei bevorderen aan planten en aan vruchten.
Dus kan EUROPE hier den *Ommekring* van 't JAAR
Braveeren met *Feeſtoen* gevlochten by malkaêr
Uit de alleredelſte *Gewaſſen, Vrugten, Bloemen*
Daar AZIE, AFRYKE en AMERIKA op roemen.
Dit tuigt inzonderheid de *Piſang,* welke Plant
Het eerſt op deze Plaats gewyd aan Nederland,
Hier, nevens duizenden, Heer Cliffords yver loonen
En, door Linnæus Pen, zich aan de waereld toonen.

J. WANDELAAR.

HORTUS
CLIFFORTIANUS

# HORTUS CLIFFORTIANUS

Plantas exhibens

QUAS

In Hortis tam VIVIS quam SICCIS,

HARTECAMPI in Hollandia,

COLUIT

*VIR NOBILISSIMUS & GENEROSISSIMUS*

## GEORGIUS CLIFFORD

*JURIS UTRIUSQUE DOCTOR,*

Reductis Varietatibus ad Species,

Speciebus ad Genera,

Generibus ad Claffes,

Adjectis Locis Plantarum natalibus
Differentiisque Specierum.

Cum *TABULIS ÆNEIS.*

AUCTORE

## CAROLO LINNÆO,

*Med. Doct. & Ac. Imp. N. C. Soc.*

# GEORGIO CLIFFORD,

## JURIS UTRIUSQUE DOCTORI

### S.

## CAROLUS LINNÆUS.

REATO tam mirifice Orbe, opere tam imperfcrutabili, immenfo & ftupendo, tecta fuit Terra undique Plantis, machinis iftis fummi articificii, quarum mechanifmus tantum fuperat noftrum captum, ut omnis artificum ars, nec earum punctum rimari vel imitari queat; præparato fic Orbe, hifce tecto deliciis & Animalium greges hunc perrepta-re, perveftigare, pernatare, perrepere, pervolitare, percurrere, ex plantis, cibis & ferculis tam artificiofis, pretiofis & nobilibus ali voluit & nutriri Na-turæ Author. Comedebat Cochlea folia, Apis mel, Sparus Algam, Anguis baccas, Paffer grana, Capra frondes, Bos gramina, nec refpiciebat unum ex hifce animantibus plantam, unde nutrimentum habuerat, nec mechanifmum plantæ, nec Authorem tantæ artis fcrutando profequebatur. Placuit itaque Entium Enti dare ultimum, perfectiffimum, in terra noftra fummum magifte-rium, animal producere, eique e meliori luto præcordia fingere, quod fo-lum & unicum ex artificio Artificem agnofceret, æftimaret, veneraretur. O ftupenda hominum indoles! O ftupenda dos foli homini conceffa! in ani-mali tam debili, tam caduco latet afflatus quidam divinus, quo audet de fe ipfo, de circumftantibus, de orbe integro, de fiderum motu, de univerfo,

de

de Diis judicare! Vos reliqua animalia, Bruta, Beſtiæ, Pecora, Vos tangi-
tis, ſapitis, olfacitis, auditis, videtis, neſcientes quid veſtros ſerit ſenſus.
Beſtia videt terram obductam viridi umbra & maculata, nec unicam Tape-
zii hujus lineam examinavit. Sus pingueſcit glandibus, nec arborem adſpi-
cit, unde ceciderit fructus. O ſtupida animalia!

Creatum tam mirifice Hominem, ſenſibus & judicio inſtructum, quo ra-
tiocinaretur de adſtantibus, collocavit Creator in mirifico orbe, ubi nihil in
ſenſus incurrebat præter naturalia, præſertim plantarum miræ machinæ, an
ob aliam cauſam, quam ut ex opere pulcherrimo ductus Magiſtrum admi-
raretur? veneraretur? Aurea certe ſic prima ſata fuit ætas inter flores in bea-
tiſſimo Paradiſæo Horto, ubi corpus, oculos & animum innocentiſſimi primæ-
vi paſcerent. Hæc prima & naturalis lex.

Auream excepit durior ætas, in qua receſſit humana voluptas a natura ad
artem & ab innocentia ad Imperium infelici metamorphoſi transiit; in qua
debuit labore, ſudore, aſtutia, prævidentia vitam inſtituere novam, planeque
alienam; in qua fratres ſubjicere, in ſubjectos imperare, ſubjectis horridum
apparere voluit debile humanum corpus, ſuperbiſſima iſta bulla aquea. Cer-
tatur de globo terraqueo, quivis hunc conceſſum licet & ſufficientem omnibus ſolus tenere, regere & imperare ſatagit: Phaëtontes Solis currum ducere
cupiunt miſeri! ſerit alter, alter exſerit; alter laborioſus colligit, alter conſu-
mit piger. Sic alia mortales hodie quam primitus occupat & tenet cura; Lu-
xuries hominum ſanitati præeſt. Anima & ratio noſtra per totos dies occupa-
tur in abſtractis, cœlique menſurantur, ſidera, æternitates. Vident oculi futura poſt ſecula; ante ſecula præterita. O quam longe reſpicitis aquilino pol-
lentes viſu, cæci magis quam talpæ in domo propria! O quam multi quamque
infiniti hodie exiſtunt, immo qui ſapientiores & doctiores videri volunt, qui
omnem exhauſiſſe ſcientiam ſeſe jactant, qui tamen animalium inſtar numquam reſpexere cibum unde nutriuntur & pingueſcunt! O Docti homines!

Homines hodie variæ tenent deliciæ; alii poculis generoſis & cibis opipa-
ris; alii palatiorum ſplendore & veſtimentorum fulgentibus cruſtis; alii pictu-
ris & dædalæis operibus, armis antiquis & obſoletis alii, chinenſibus teſtis &
cochlearum mille modis variegatis cucullis vero alii mentem fallunt, falſaque
occupant pulchritudinis imagine, dum brevis avolat hora; trahit ſua quem-
que voluptas. Nullam tamen Ego innocentiorem judicarem eâ qua potitus
eſt creatus primus homo, eâ quæ amiciſſimam mortalibus vitam ſuſtentat. Sit
hinc in plantis mea voluptas!

Vita noſtra nobis omnibus gratiſſima eſt, proin & quæ vitam conſervat Di-
ſciplina omnium artium homini maxime neceſſaria, hodie præſertim quo per-
verſa methodo vivitur, quo omni fere hora vis corpori & naturæ infertur.
Medicinæ duplex fundamentum eſt: intima notitia corporis ſani & ægroti alterum, alterum vero remediorum & medicaminum. Conſumunt ſæpe in ſola
dignotione corporis humani juvenes medici ſuos annos, vix calcantes Medicamentorum theatrum; evadunt docti theoretici, infelices practici; at qui u-
trumque ſibi perſpectum habuere fundamentum Medici fecere miracula; quam
enim neceſſaria eſt Medico intima cognitio corporis ægroti, tam etiam ipſi intima
cognitio Medicamenti; ſi vel omnium morborum cauſſas quam evidentiſſime
perſpicerem, nullam harum tollerem absque æque notis remediis. Nulla pars
medicinæ, obſtupeſco dum dico veriſſimum, minus eſt exculta quam medicamentorum cognitio; nullibi plures errores, pluresque defectus quam in hac
ſola! cauſſa alia nulla quam neglectus ſimplicium, neglectus botanices; ars
non habuit oſorem niſi ignorantem. Primus gradus ſapientiæ eſt res noſſe:
medicamenta primaria ex Regno Vegetabili petuntur, proin Botanices cognitio primaria, maxime neceſſaria & maxime naturalis eſt. Nulla datur vera
cognitio virtutum plantarum, niſi Botanicæ juncta; concedat hoc ambabus

Me-

Medicus omnis experientia & Botanices cognitione inftructus, concedat hoc qui claffes noverit naturales, affinitates & familias plantarum.

Nulla fcientia amplior Botanicâ eft, nullibi plura & copiofiora objecta, nullibi magis diftributa magisque variantia quam in Regno Vegetabili; nemo plures obfervationes fequi debet quam Botanicus, cui centies millia obfervationum pauca funt; Rem tamen hanc difficillimam omnium facillimam in plantis tritiffimis reddidit ferior ætas humanaque fumma induftria, ut Medicus jam brevi addifcat, quæ antea ne per totam fuam vitam.

Difficillimam dixi Botanicen, ad exotica quæ fpectat præcipue, immo & pretiofiffimam, cum non omnis ferat omnia tellus, cum innumeræ iftæ plantarum familiæ per totum diftributæ fint orbem. Ultimos excurrere ad Indos; novum orbem intrare; caput ferire ultimæ terræ; inocciduum adfpicere folem non unius Botanici eft vitæ, nec crumenæ, viresque inter-cepta cadent. Botanico neceffaria funt Commercia per totum orbem; Bibliotheca fere omnium Librorum, de plantis editorum, Horti, Hybernacula, Hypocaufta, Hortulani; immo affidua cura, affiduus labor, indefeffa diligentia; iis non omnium fufficiunt domefticæ res & quibus melior conceffa erat fortuna, ex his perpauci in plantas fuas quæfivere delicias.

Æterna in Botanicis memoria MAGNATUM eft, arti noftræ auxiliatrices qui addidere manus, Scientiæ Botanices amatores, æftimatores, cultores, promotores qui fuere; Qui ftudium maxime naturale, maxime neceffarium, maxime difficile in deliciis habuere, etiam omnium maxime apud pofteros memoriam obtinebunt. Magni itaque nominis & immortalis nobis memoriæ funt omnes, qui maximos fumtus, fummam curam, affiduumque laborem impenderunt, ut plantas undique colligerent, collectas colerent, cultas defcriberent, defcriptas per orbem Botanicum diftribuerent, adeoque publico unice infervirent. Proin &

Princeps GASTO BORBONIUS, qui tanto delectabatur amore, ut apud *Blæfas* plantas raras undique immenfis fumptibus coleret, easque *R. Morifoni* manu deferiptas orbi traderet in horto Blæfenfi, immortalem nominis gloriam acquifivit.

Princeps *Badendurlacenfis*, Illuftriffimus CAROLUS, quantum ex ipfis plantis oblectamentum ceperit, quanti Botanicen fecerit, delebitur nunquam, dum exftet Horti Principalis *Carolsruhæ* culti catalogus *Echrodtii* manu confcriptus.

Princeps Catholicæ DEL BOSCO liberalitate fumma rariores & elegantes plantas in ea Siciliæ parte, quæ ipfi paruit, dum defcribi curavit in *Horto Catholico* per Fr. *Cupanium*, fibi diuturniorem apud Botanicos, quam proprios fubditos memoriam procuravit.

Senator Regni Sueciæ JACOBUS DE LA GARDIE ex Horto quem juxta Holmiam exftruxit, publicato per *O. Rudbeckium*, perpetuo florentem memoriam etiam apud Botanicos habuit.

Gubernator Indiæ Orientalis HENRICUS V. RHEEDE V. DRAKENSTEIN dum plantas *Malabarici* Regni delineare, depingere & accurata *J. Cafearii* manu defcribere voluit, in opere cujus par non exftitit, & memoriam æternam fibi comparavit.

Senator GEORGIUS EVERHARDUS RUMPFIUS, Curioforum *Plinius fecundus*, dum Amboinæ plantas ftupenda induftria delineavit earumque ufus memoriæ prodidit, in opere omnium exfpectationum majore, immortalitatem nominis adeptus eft, poftquam prodiit, quod diu, infaufte, latuit *Herbarium Amboinicum*.

Conful GUILIELMUS SHERARDUS, agnomine apud Botanicos MA-

* 2

GNUS,

GNUS, dum suam vitam, se ipsum & omnia sua Rei Herbariæ consecravit, immortalem apud Botanicos obtinuit gloriam, quæ perennabit virens & florens dum virent & florent plantæ, dato præsertim a *J. J. Dillenio* Phytopinace Sherardiano, uti quoque quondam *Hortus Elthamensis* Sherardi Magni & Johannis, Fratrum, Dillenio authore, sine pari prodiit.

Senator Venetus JOHANNES FRANCISCUS MAUROCENUS ex Horto quem Paduæ exstruxit & *A. Titæ* opera exposuit, perennat.

Senator Lipsiensis CASPARUS BOSE Hortum Bosianum tot tantisque plantis ornavit, ut parem vix viderit unquam Germania; dum autem eum publicæ luci exposuit per *P. Ammannum, Peinium, Wehmannum*, publicum adplausum reportavit.

Secretarius Statuum Hollandiæ SIMON BEAUMONTIUS, dum in hortum suum Hagæ comitum consitum ex utraque India tot tamque raras plantas accersere, easque ope *Fr. Kiggelarii* descriptas tradere voluit & futura æva in sui nominis laudabilem memoriam obstrinxit.

Cardinalis ODOARDUS FARNESIUS ex horto quem splendidum & rarum exstruxerat Romæ, ex iis dico raris plantis, quas publicabat per *Aldinum*, splendidam obtinuit memoriam.

Episcopus CONRADUS GEMMINGEN dum *Hortum* quem instructum rarissimis (suo ævo) plantis *Eystetti* in Franconia cultum, sumptibus immensis per *B Beslerum* cum publico communicabat, statuam in Botanicis, ære omni perenniorem, quam nullum tempus consumeret, nullæ rerum vicissitudines mutarent, promeritus est.

Non recenseo plures minoris momenti Hortos, sua tamen laude dignissimos omnes, uti Hortum W. W. ADHUN comitis Limburgensis, quem *Falkenstein* exstruxit & publici juris fecit. Taceo Consulem Hamburgensem. v. BOSSELEN ejusque Hortum in pago *Horn*, expositum per *Swerinum*. Reticeo LASTROPPIANORUM Fratrum amorem in raras plantas, quem testatur Hortus eorum Eimbsbytteli prope Hamburgum, publicatum per Langium. Taceo HIERONYMI BEVERNINGKII Hortum Warmondæ. quem tantis elogiis condecoravit *J. Breynius* in prodromo primo. Supersedeo enumerare plures, uti TRADESCANTII, CAMERARII, OLEARII, GILLENII, SCHELHAMERI, WALTHERI, MOEHRINGII, &c. hortos, qui publica testimonia sui amoris in plantas dedere, suaque nomina apud posteros commendarunt.

Hi omnes perenni fronde, omni seculo florebunt, dum quotannis pereunt Magnatum aliorum Hesperides, Tantali, Semiramides. Hi Horti perennant marmore duriores dum oblivioni mandantur Eugeniorum, Barberinorum, Ludovisianorum, Burghesianorum, Comptonianorum, Fagelianorum, Perescianorum, licet non alter præstantior altero fuit, sed post fata excellentior; tantum est publico quid dare; tantum publico quid invidere.

Jussu parens in Tuas laudes, VIR GENEROSE, non ivi, Dedicationis paginas consumsi in ostendendo suavitatem, usum & necessitatem Botanices, inque recolendo aliorum nomina, artis Botanices Promotores qui fecere, de Te nil addam, cum loquatur res præsens ipsa.

Perennat interim in Botanicis gloria Bonorum Virorum, eorum inquam qui auxiliatrices arti nostræ admovere manus; hi famâ Principes & Heroes superabunt. Florent eorum Horti in Museis eruditorum dum Regna & respublicæ pereunt vel perstant; florent dum pereunt ipsi horti virides & succulenti; florent postquam in loco ubi consiti fuere nil amplius supersit & postquam omnia in tristem conversa sint Trojæ speciem. In Hortis floret semper Horti instaurator, possessor, Patronus. *Ne autem longa oratione Tibi*, Vir Generose, *molestus sim, pauca quæ supersunt dicam.*

Ja-

# DEDICATIO.

Jacta diu debilis mea navicula per boreales oras, fecundo tandem vento appulit ad Hollandiæ portum, ad defideratiffimam diu terram, terram dico iftam, quæ produxit fola plures Amatores, Cultores, Æftimatores & Promotores Botanices, quam regio alia unquam ulla. Quærebam hic Hermannos, Beaumontios, Bewerningkios, Fagelios, Kiggelarios, Rumpfios, Rheedeos, Commelinos, Ruyfchios, difceffere omnes, nullus fupererat eorum, qui fama fuper æthera noti; folum reperi Venerabilem Senem, incomparabilem Medicum, Magnum BEORHAAVIUM, fumma corporis & animi integritate vegetum, curis dum laffum, femel in hebdomade relaxantem animum in incomparabili fuo arboreto, ex toto orbe collecto, obftupui hunc ejus intrans Paradifum, Belgii hoc miraculum, cui fimile excogitavit mortalium nemo. Quæfivi & in Belgio, fruftra licet, Hortos quondam florentiffimos Fagelianos, Bewerningkianos, Beaumontianos, qui non amplius in terra erant; priftino tantem virore & flore fulgebant publici per Belgium Horti Lugdunenfis, Amftelædamenfis & Ultrajectinus.

Fama de Tuo Horto, *illuftis* CLIFFORTI, paffim volitabat, fed jufto parcior, & ego perfuafus Hortum Tuum Tantalum modo effe vel Hefperidem, qualibus tota fere tegitur cultiffima Belgarum terra, eum proin ut inviferem vix operæ pretium judicavi; fed fpem omnem rei præftantia fuperabat. Meminiftine diei, quo per Hortum Amftelodamenfem exfpatiantem peregrinum quærebas Floræ cultorem, præfentem invitabas in Hortum Tuum, tuos ut inviferet Floras: Ut vidi obftupui. Præcordia intima fenfi

Attonitus novis intumuiffe modis.

vidi hortum Tuam in ipfo meditullio florentiffimæ Hollandiæ, Harlemum inter & Lugdunum, loco amœniffimo, viam inter utramque publicam, qua naves, qua currus feruntur; Capti fuere mei oculi tot naturæ, arte adjutæ, magifteriis, ambulacris, topiis, ftatuis, aquariis, artificiofisque montibus ac Labyrintis. Me allexere Tua VIVARIA *Tigridibus, Simiis, Canibus feris, Cervis & Capris indicis, Tajacis, Suibus africanis* referta; hosque interftrepentes Avium Greges: uti *Falcones Americani, Pfittaci varii, Phafiani, Pavones. Meleagrides variæ, Tetraones americani, Gallinæ indicæ, Cygni, Fulicæ, Lari, Mergi, Glauciæ, Bofchæ, Penelopæ, Fuligulæ, Clangulæ, Querquendulæ. Anates aliæ indicæ variæ, Tringæ, Loxiæ americanæ, Fringillæ, Cardueles, Emberizæ, Spini, Turtures, Columbæ variæ*, innumeræque aliæ Aves Tuum Hortum fonorum reddentes.

Obftupui dum ADONIDES Tuas intrabam domus, tot tamque infinitis repletas arbuftis ut fafcinarent Boreæ alumnum, nefcius in quem peregrinum orbem me duxiffes. In prima domo EUROPÆ auftralis greges aluifti, plantasque Hifpaniæ, G. Narbonenfis, Italiæ, Siciliæ & infularum Græciæ. In fecunda ASIÆ thefauros uti *Morinas, Kæmpferas, Camphoriferas, Poincianas, Adenantheras, Coftos, Garcinias, Phœnices, Coccos, Coryphas, Nyctanthes* &c. In tertia AFRICÆ fingulares ftructura plantas, ne dicam natura monftrofas; uti *Mefembryanthemi & Aloës* ampliffimas familias, *Stapelias, Craffulas, Euphorbias, Proteas, Maurocenas, Hallerias, Cliffortias, Grewias, Hermannias, Royenas, Clutias*, &c. In quarto vero gratæ AMERICES incolæ & quidquid ferat novus orbis, uti *Cacti* vafta agmina, *Pereskias, Epidendra, Pasfifloras, Hernandias, Diofcoreas, Magnolias, Liriodendra, Benzoiniferas, Saffafras, Brunsfelfias, Crefcentias, Ammannias, Marantas, Martynias, Millerias, Parkinfonias, Pavias, Paullinias, Plumerias, Browallias, Randias, Turneras, Rivinas, Tournefortias, Triumpfettas, Heliocarpos, Huras, Æfchynomenes, Casfias, Acacias, Tamarindos, Pipera, Hæmatoxyla, Guanabanos, Anacardia, Anonas, Hymenæas, Mancinellas, Monbin, Ahovajas, Naffas, Papajas, Mamhot*, &c. Has interludentes fpectatiffimas Toto orbi *Mufas*, Plucherrimasque *Her-*

* *

*nan-*

*nandias*, argenteas *Proteas*, pretiosas *Camphoras*. In domo Tua plane regia, in Museo Tuo instructissimo cum Horti Tui sicci aperiebantur, nec in his minor collectio Possessoris sui laudes extulere, meque peregrinum allexere, qui parem antea viderit Hortum nullum. Desiderabam nil magis, quam ut tantum Hortum publici juris faceres, metuens nil minus, quam quod ego auxiliatrices porrigerem manus.

Hisce captum deliciis, hisce Sirenum scopulis defixum vela demittere jussisti, nec difficile obtinuisti: considebam sub Tua umbra, ludebam cum Floris Tuis, adplaudebant Tuæ Musæ, floruere utroque anno, quo ego Horti Tui Hospes eram. Transegi in Tuo Paradiso annos jam jam duos innocentissimos, oblitus patriæ, Amicorum, affinium; oblitus futurorum & præteritorum malorum.

Restat nunc ut, antequam vela contraham, Tibi, Patrone optime, præterlapsi reddam rationes, Tuaque quæ mihi concessisti restituam. Offero itaque Tibi hic Tuum Hortum, Tuas collectiones, Tuas delicias, meos labores, Tuus qui fui, Tibi itaque omnia Tua. In animo habuissem modo levem catalogum, ut vulgo receptum, conscribere, quem & ad umbilicum perduxi, at generosæ Tuæ in me propensionis documenta cum indies accrevere, rejeci totum, novisque vestigiis, redux ex Anglia, insistere cœpi, huncque, quem offero Hortum, per hos tres quadrantes anni, non otiosus certe, Tu ipse mihi testis esto, composui.

Floreat hic Tuus Hortus, reddatque fructus non minus gratos, quam aliorum Magnatum suis Patronis & Tibi erit impensus labor, sumptus & cura soluta! Floreas in Tuo Horto in Nestoreos annos! Floreas ex Tuo Horto post fata, per secula! Vivas, qui supervixeris UNICUS BOTANIORUM MÆCENAS!

Dabam ex *Museo Cliffortiano* 1737: Jul. 30.

Lect.

# LECTORI BOTANICO.

Ortus, quem defcribo, totus ex liberalitate Illuftris Poffefforis, Nobiliffimi GEOR-GII CLIFFORTII, J. U. D. Tibi conceditur, qui a plurimis retro annis plantas fumma cura undique collegit, collectas coluit, cultas confervavit, meaque demum opera, ut Te ejus participem faceret, uti voluit.

Hortum habet HARTECAMPI per unicam horam ab Harlemo, tres vero a Leida fitum, in quo, curis feverioribus Amftelædamenfibus delaffatus, animum relaxat Egregius Poffeffor, fimulque amœniore Flora animum oblectat.

Excellit Hortus plantis exoticis, licet non omnes uno eodemque tempore aluerit, fed vario; omnes tamen plantæ ftudiofe exficcatæ, Herbario locupletiffimo infertæ, cumque aliis ex variis mundi cardinibus miffis mixtæ affervantur in Blibliotheca Cliffortiana. Ego itaque accedens plantas omnes enumeravi, cum miffas quondam a cultis diftinguere non licuit, ne vero L: B: minimum imponatur plantas omnes, quas aluit Hortus per iftos annos, quibus Horti Hofpes eram, diftinctas recenfui in *Viridario Cliffortiano*.

Quid itaque in hoc opere præftare adgreffus fum, paucis exponam.

1. SPECIES *ad fua Genera amandavi*, idque fecundum ( g: pl: ) *Genera plantarum* a me prius edita; pauca vero genera nova absque adjectis numeris adpofuimus, quæ nuper in *Corollario* dedimus.

2. SYNONYMA *Speciebus addidi* ex methodo apud Botanicos recepta, ubi in Europæis femper adduxi C. *Bauhini* Pinacem, *J. Bauhini* Hiftoriam plantarum, unum dein alterumve Ichniographum uti *Dodonæum*, *Lobelium & Dalechampium*; In Exoticis vero *Sloaneum*, *Plukenetium*, *Rheede*, *Burmannum*, *Marcgravium & Hernandum*. Dein magis follicite Syftematicos fecutus fum, ut ubique conftaret omnibus fingulorum fyftematicorum de genere fententia, hinc *Tournefortium*, *Morifonum*, *Dillenium*, *Vaillantium*, *Ruppium* allegavi, præfertim ubi a nobis diffentiunt; inter Hos vero *Hortum Elthamenfem J. J Dillenii* ob fpecialem rariorum plantarum Hiftoriam numeris omnibus abfolutam, & *Morifoni Hiftoriam* fat perfectam. *H. Boerhaavii* Indicem alterum Horti Lugduno-Batavi itidem ubique, qui inter Hortorum Authores abfolute primus eft, cum nullus ditior plantarum numero vel magis elaboratus prodiit umquam Horti **Catalogus**.

3. VARIETATES *ad fpecies proprias reduxi*, fecundum rationes a nobis datas in *Critica Botanica*; onerata fuit fat diu & fuppreffa Botanice varietatum fyftemate, recentiori præfertim ævo, ut paucilimis, fi ullis, conftaret quid fpecies, quidve varietas effet; numerus itaque fpecierum heu quantum multiplicatus! Vellem varietatum fyftema totum e Botanica excluderetur, Antophilisque in totum concederetur, cum nil nifi dubia, errores, molem, vanitatesque caufet; Repofui itaque fub fingulis fpeciebus varietates, aufu licet audaciffimo, dum a Coætaneis, ne dicam omnibus, varietates privilegio Specierum muniantur; rejecit ante me Cl. Monti in graminibus centum varietates, ego vero facile plura millia. Ne tamen noftra methodus ullo modo varietatum æftimatores offenderet, præfixis literis græcis numeravi & indicavi varietates ad marginem.

4. NOMINA SPECIFICA *ubique adpofui nova*, cum antiqua vix ullibi darentur digna; de veteribus meam fententiam in parte fecunda *Critices* dedi, quaque methodo mea conficere tentavi fimul indicavi. Non eo proceffi, ut credam ipfe omnia mea tam præftantia effe nomina fpecifica, quin longe breviora, certiora, aptioraque demum confici queant, debui tamen potius anceps experiri Botanices remedium, quam nullum, ubi unica hæc via falutis eft fperanda; Roma non uno condebatur die, nec vidit Botanice faftigium unico anno per unum Virum; fufficiat fi poft centum annos iftum ferient Botanici gradum, quem in genericis dudum; dependet enim hæc notitia fpecifica ab innumera collectione fpecierum, vivarumque plantarum indefeffa infpectione, fimulque acerrimo judicio; quod breve circumfcriptum admifit tempus, quodque plantarum fpeciminia conceffere, in hac parte præftare interim volui; tempus meliora docebit. Horreat nullus verus Botanices cultor nova nomina plantarum, nec fe abfurdis fæpius veterum detineri patiatur Empiricus, nec differentias has, ut libidine quadam confictas cenfeat nomina & multiplicata, gnarus hæc nomina non memoriæ effe onera, fed fpecierum effentiales characteres, quæ ita nomina & plantas conjungunt, ut confimili notione fublata nulla certa idæa fpecierum fuperfit; adeoque non hæc, ut veterum, memoriæ, fed judicii opera & ipfis plantis infcripta.

5. LOCA NATALI ubique fpeciebus addidi, exceptis tritiffimis plantis, quæ a feculis cultæ genti humanæ infervierunt, harum enim patriæ oblivioni mandatæ fuere. Locum natalem a *J. Bauhino*, *Morifono*, *Clufio*, fed præfertim RAJO repetii, huncque ultimum tamquam authorem primarium agnofco, eum proin ubique allegare nec adeo neceffarium fuit, nec hoc facile femper conceffit fpatium; fufficiat itaque hoc heic commemoraffe. Certe miror Botanicos (præter *Volckamerum* in Horto ) antea in confcribendo hortos, tam raro loca addidiffe natalia, cum tamen locus totum fternat fundamentum plantarum culturæ; nam fi Climatis in fingula regione fecundum longitudinem & latitudinem loci; fi terræ ex regno lapideo, fique montium mariumque adjacentium habeamus perfpectam hiftoriam, plura de cultura novimus vera, indubitata & fida, quam fi Hortulani omnium & fingularum plantarum, immenfis lucubrationibus vaftisque voluminibus, nobis relinquerent culturæ leges.

Po-

# P R Æ F A T I O.

Potuiſſem longe plura loca natalia addere, ſi tempus & otium omnes Floriſtas & Peregrinatores conſulere permiſſet; cum vero opus hoc qualecumque ante reditum in Sueciam patriam, per tres anni quadrantes abſolvere tenebar, his contentus ſubſiſtere debui; ex his tamen colligat facile L. B. plantarum patrias, quomodo eas apte colat Hortulanus, undeque ſibi has comparabit Botanicus.

*α* AFRICANÆ enim plantæ ſub calido climate natæ, ſat facile hic hyemes ferunt, nec pereunt facile umquam, ſolo ſub tecto per hyemen, absque foco, ſervatæ. In teſtis aſſervatæ difficilius florent, in terra vero libera facile, modo hyemes non ſeveriores ſint vel terra nimis depreſſa & humida, vigent & florent. In Hybernaculo calido, ſi 70 gradibus caloris exponentur, per menſes aliquot immenſe accreſcunt & luxuriant, at ingruente verê pereunt quam certiſſime. Harum ſucculentæ omnes, uti Meſembryanthema, Euphorbiæ, Stapeliæ, Craſſulæ, Kleiniæ, nec non Americes Cacti, omnes præſertim per hyemes abſtemiæ ſunt adeo, ut ſi copioſiorem quis ipſis propinet potum, inde pereunt quam certiſſime. Harum afræ calorem hybernaculi ultra gradum 40 nolint, quem 70 non reſpuunt americanæ.

*β* AMERICANÆ plantæ, quæ ex America meridionali adportantur, ut ex *Surinama*, *Braſilia*, *Peru*, *Jamaica*, *Martinica*, *Bonaria*, *Dominicana*, omnes in calidiſſimo hybernaculo (caloris ſub gradu 70.) vitam annuam transigere non recuſant, terramque prægnantem, corticeque calentem expoſcunt; at ſeptentrionalis Americæ uti *Virginiæ*, *Carolinæ*, *Penſylvaniæ*, &c. calidiſſimum hybernaculum non ferunt, longe melius & äerem apertum & hyemes noſtras ſuſtinent.

*γ* ASIATICÆ ſingulares ſunt & ad Europæas propius accedunt, præſertim Borealis Aſiæ; at Auſtralioris ſeu Indiæ occidentalis proprie dictæ plantæ uti *Malabariæ*, *Zeylonæ* hyemes noſtras ægre ferunt & hybernaculum calidum potius intrant, lætius vero ſub 50. gradibus caloris vigent.

*δ* EUROPÆ AUSTRALIS plantæ, uti *G. Nabonenſis*, *Italiæ*, *Hiſpaniæ*, *Siciliæ*, *Græciæ*, imo & *Conſtantinopolitanæ*, ni vehementiores ſint heic hyemes, facile perdurant, vel ſolo ſub tecto per hyemes ſervatæ nobiscum læte cohabitant.

*ε* ALPINÆ vero plantæ ſolum äerem perflatum & ſiccum vel elevatum expoſcunt, pereunt per hyems ſub äere humido, a frigore ſicciori vero nunquam.

Ultimo digna memoria juſtoque honore debitas perſolvit **Hortus** noſter grates Botanicis omnibus, qui cum eo plantas commucarunt: uti Ill. H. BOERHAAVIO, qui prima fundamenta, plurimis communcando plantis, jacuit. CL. ROYENO, qui bene multas plantas, præſertim *Europæas* conceſſit. CL. SIEGESBECK de plantis *Ruſſiæ* apud nos bene merito. CL. HALLERO plantas *alpinas* qui miſit. CL. BURMANNO, qui ſemina plantarum *Indiæ orientalis* obtulit. CL. ROELLIO qui Lytophyta & ſemina *Africana* communicavit. CL. GRONOVIO cui plantæ & ſemina *Virginiæ* debentur; D. MILLERO cui Americæ meridinalis plantæ, & ſemina bene multa adſcribuntur.

Si quos tandem ex hoc noſtro, per fere annum impigerrimo labore fructus percipiet L. B. dignas reddet nomini Cliffortiano laudes, qui hos fecit ſumptus, ut ſcientiam, quam amas promoveret, exemplo certe hoc ævo raro.

C. LINNÆUS.

Dabam 1737. Jul. 30.
ex Muſæo Cliffortiano
Hartecampi.

# BIBLIOTHECA BOTANICA CLIFFORTIANA.

## Claſſis I.

# PATRES

### GRÆCI.

1. THEOPHRASTUS Ereſius.                                   per J. Bod. a STAPEL.
   - Hiſtoriæ plant. libri decem, græce & latine.
   - - Amſtel. 1664. fol. p. 1187. icon. C. plurimis.
     *Notis Jo. Bodæi a Stapel, animadv. J. Cæſ. Scaligeri, annot. Rob. Conſtantini.*

### ROMANI.

2. DIOSCORIDES Pedacius, Anabarzæus.                       per J. A. SARACENUM.
   - Opera (quæ exſtant) omnia. græce & latine.
   - Facile parabilia. libri 2.
     - - ――― 1598. fol. p. 479. & 135. conjunctim.
       *Interprete Jano Antonio Saraceno.*
3. PLINIUS Cajus                                           per Joh. Fr. Gronovium.
   - Hiſtoria naturalis. tom. 5
   - - Lugdbat 1669. 8vo. p. α. 838. β. 917. γ. 853 δ. 818. ι. 427.
     *Notis Harmolai, Pimiani, Rhenani, Gelenii, Dalechampii, Scaligeri, Salmaſii, Voſſii, Variorum, Gronovii.*

## Claſſis II.

# COMMENTATORES

### THEOPHRASTI.

A STAPEL. vide §. 1.

### DIOSCORIDIS.

4. MATTHIOLUS Petrus Andr.                                 Italo-Senenſis.
   - Commentaria in 6 libros Dioſcoridis.
   - - Lion. 1655. fol. gal. pag. 605. icon. B. minimis.
5. SARACENUS Janus Antonius.                               Lugdupæus.
   - Scholia in Dioſcoridis libr. V. de materia medica.
   - - ――― 1598. fol. p. 144. *conjunctim cum priore (2).*

*Claſ-*

## *Claſſis III.*

# ICHNIOGRAPHI

### *R U D E S.*

6. Muntingius *Abrahamus.*                                    Prof. Bot. Groning.
  - Phytographia curiofa.
  - - Amftel. 1713. max. t. & f. 245.
    *Kiggelarius Francifc. nomina figuris adjecit. In fronte Vita Authoris ex Oratione funebri Jo. Menſingæ.*
    *Continet liber figuras ex reliquis authoris operibus excerptas, optime incifas, male delineatas.*
7. Anonymi.
  - Icones arborum, frutic. & Herbarum, &c.
  - - Lugdbat. (apud P. v. AA.) 4to oblongo.
    Pro *pueris non Botanicis* pictus liber.

### *U S I T A T I S S I M I.*

8. Plukenetius *Leonhardus.*
  - Phytographia, tabulis æneis.
  - - Lond. 1692. 4to majori. t. 454. fig. plurimis.
    *Plantas raras & exoticas plures, quam alius ullus exhibuit, ut eo carere nequeat ullus in exoticis plantis.*
    *Opus incomparabile.*
9. Swertius *Emanuel.*                                         Septimontius Batavus.
  - Florilegium. pars prima.
  - - Amftel. 1647. fol. maj. t. 67. fig. plurimæ.
10.  - Florilegii pars fecunda.
  - - Amftel. 1654. fol. maj. t. 43. fig. plurimæ.
    *Plantas hortenſes hodie vulgares depingit, **tum vero raras**.*
11. Bertius *Carolus.* rectius *Baſilius* Beslerus.
  - Hortus Eyſtettenſis, curis fecundis, tripartitus.
  - - ——— 1640. omnium maxim. vernales. t. 131. æftiv. 183. aut. 49. fig. plur.
    *Incomparabile opus; gratiam minuit moles. depingit **plantas hortenſes hodie vulgares**. Eſtque tantum al-*
    *tera editio Beſleri Horti Eyſtettenſis per Bertium.*

---

## *Claſſis IV.*

# DESCRIPTORES

### *N E G L E C T I.*

12. De Ville *Johannes Baptiſta.*
  - Hiftoria plantarum Europæarum.
  - - Lion. 1706. 8vo gallice. p. 866. figuræ 866. minimæ B.
    *Tradit nomen, ſynonyma, qualitates, deſcriptiones, loca, uſus. methodo C. Bauhiniana.*
13. Culpeper *Nicolaus*
  - The Englifh. phyſitian Enlarged.
  - - Londini. 1661. 8vo angl. p. 398.

### *U S I T A T I S S I M I.*

14. Fuchsius *Leonhardus*
  - Commentarii de hiftoria ftirpium.
  - - Lugduni. 1549. 8vo p. 851. fig. fparfæ parvæ. C.
15. Cæsalpinus *Andreas,*                                      Aretinus.
  - Libri XVI. de plantis.
  - - Florent. 1633. 4to. p. 621. absque figuris.
    *Syſtema integrum abſolvit: Claſſes fcilicet, ſpecies, locum, veterum patrum de ſingula planta ſententias.*
    *Deſcriptiones breves quidem, ſed propriæ & ſæpius facillimæ.*
16. Dodonæus *Rembertus.*                                       Mechlinienfis.
  - Pemptades VI ftirpium Hiftoriæ.
  - - Antv 1616. fol 879. figuris C fparfis.
    *Hæc editio optima eſt & uſitatiſſima, figuris in Europæis plantis uſitatiſſimis & bonis.*
17. Herbarius feu Kruydt-boeck.
  - Antv. 1646. fol. belgice. p. 1492. figuris C fparfis.

18. Lo-

18. **Lobelius** *Matthias.*                              Infulanus·
- - Hiftoria Sirpium. (obfervationes.)
- - Antv. 1576. fol. p. 671.
  *Figuræ Europæarum bonæ, defcriptiones compilatæ ab antiquis minoris ufus.*
19. - Adverfaria ftirpium.
- - Antv. 1676. fol. p. 471. figuris β fparfis minimis.
  *Defcriptiones debiles; de loco magis follicitus fuit author.*
20. - Herbarius feu Kruydt-boeck.
- - Antv. 1581. fol. belgice. pars *a* 994 *a* 312. figuris plurimis.
21. **Clusius** *Carolus.*
- Hiftoria rariorum plantarum.
- - Antv. 1601. fol. pars. *a.* p. 364. β. p. 260.
  *Plantas a fe vifas folum defcribit & depingit, easque optime. Eo in Europæis vix carere poffumus, nifi exfcriptus effet a pofteris ejus.*
22. **Dalechampius** *Jacobus*
- Hiftoria generalis plantarum. ( Latina. )
- - Lugduni 1587. fol. pag. 1922. figuris appendix. p. 36.
  *Figuræ ex aliis mutuatæ, defcriptiones congeftæ in molem.*
23. - Hiftoria generalis plantarum. ( Gallice. )
- - Lion. 1653. fol. gall. tom. 1. p. 960 tom. 2. p. 758. fig. fparfis.
  *Molinæus Joh. fuum nomen huic, ut Rovillius Guliel. priori præfixit.*
24. **Muntingius** *Abrahamus.*
- Defcriptio vegetabilium. ( Hiftoria belgica. )
- - Lugdbat. 1696. fol. maj. belg. pag. 929 tab. æneis exoticarum.
  *Minus neceffarius liber Botanicis, qui vulgo potius fcriptus.*
25. - Exercitatio de plantis.
- - Leovard. 1684. 4to. p. 656. fig. mixtæ; belgicæ.

## S E L E C T I.

26. **Bauhinus** *Johannes.*
- Hiftoria plantarum univerfalis. ( tomi tres. )
- - Ebrodun. 1650. fol. p. 601. & 440. ⎫
        1651. —— p. 1074.   ⎬ figuris fparfis.
        1651. —— p. 212. & 882. ⎭
  *Neceffarium opus, cum autor folus collegit omnia data a præcefforibus; Europæas præfertim tradit.*
27. **Morison** *Robertus.*                              Scotus.
- Hiftoriæ pl. univerfalis oxonienfis pars fecunda.
- - Oxonii 1680. fol. maj. p. 617. t. 123. fig. C. duodecim in fingula fæpius.
28. - Hiftoriæ pl. univerfalis oxonienfis pars tertia.
- - Oxonii 1699. fol. maj. p. 657. t. 195. fig. C. duodecim in fingula.
  *Partem tertiam mortuo Morifono explevit Jacobus Bobartius.*
  *In hac fyftema, fpecies, defcriptiones, loca, vires, figuræ & omnia, quæ ad plantarum hiftoriam fere defiderantur, tam in Europæis quam exoticis· Opus incomparabile.*
29. **Rajus** *Johannes.*
- Hiftoria plantarum generalis. ( tomi 2. conjunctis numeris. )
- - Londini. 1693. fol. p. 1940.
30. - Supplementum Hiftoriæ plantarum. ( tomus tertius. )
31. - Dendrologia ( Hiftoriæ plant. liber 24. )
- - Londini. 1704. fol. fuppl. p. 666. Dendr. p. 135.
  *Defcriptiones collectæ ex omnibus authoribus, non paucæ novæ, omnes fecundum claffes & genera difpofi-tæ fpecies, cum locis natalibus & ufu. Opus immenfi laboris.*
32. **Marsili** *Ludovicus Ferdinandus,*                        Comes.
- Hiftoria physica maris
- - Amfterdam. 1725. fol. gallice. p. 173. t. 40.
  *Opus curiofiffimum, corallia delineavit, flores eorum detexit, depinxit, defcripfit; icones qualescunque ord. 2di.*

## P A R T I A L E S.

33. **Sterbeeck** *Francifcus,*                           Theologus.
- Theatrum fungorum. ( editio fecunda. )
- - Antv. 1712. 4to belgice p. 396. t. 36. fig. plures C.
  *Nominibus belgicis ufus eft, hinc difficile in ufum trahitur.*
34. **Clusius** *Carolus,*
- Hiftoria brevis fungorum in pannoniis obfervatorum.
- - Antv. 1601. fol. p. 260 — 295. Hiftoriæ rar. pl. annexa. figuris.
35. **Plumier** *Carolus.*                             Theologus.
- Tractatus de filicibus Americanis.
- - Paris 1705 fol. p. 146. gallice & latine. 172 figuris. D. plur.
  *Filices 242. in fola America defcripfit & depinxit.*
36. **Bauhinus** *Cafparus.*
- Theatri Botanici f. Hiftoriæ pl. liber primus.
- - Bafil. 1658. fol. p. 683. figuris C mixtis.
  *Prodiit primus tomus, qui gramina continet, periere reliqui cum authore.*

\* \* \* 2                           37. **Scheuch·**

37. SCHEUCHZERUS *Johannes*              Helvet. Tigurinus.
- Agrostographia five historia Graminum, &c.
- - Tigur. 1719. 4to p. 512. t. 19. figuris diagnosticis.
    *Opus in graminibus fine pari, quo carere potest nullus.*

38. - Prodromus agrostographiæ helveticæ.
- - Tigur. 1708. fol. p. 28. t. 8.

39. CHOMEL. *J. B.*
- Historia plantarum Ufualium. (tomi 2. conjuncti.)
- - Paris. 1715. 8vo gallice. p. 830.

40. SLOANE *Hans.*
- Historia naturalis Jamaicæ & Itinerarium.
- - Londini (tomus 1.) 1707. fol. anglice. p. 264. t. 156.

41. - - Londini (tomus 2.) 1725. fol. anglice. p. 499. t. 157 — 274.
    *Opus de americanis pl. primum; continet fimul omnia fere quæ omnes Americes peregrinatores antea no-*
    *tarunt, ut nil deficere videatur quam quod in latinam transferreretur. Utinam plures Sloanei Ameri-*
    *cani prodirent.*

42. RHEEDE *v. Drakenstein Henr.* & CASEARIUS *Joh.*
- Hortus indicus malabaricus.
- - tomus 1. Amstelodami 1678. fol. maj. p. 110 t. 57.

43. - - —— 2. —— 1679. —— 110. — 56.
44. - - —— 3. —— 1682. —— 87. — 64.
45. - - —— 4. —— 1683. —— 125. — 61.
46. - - —— 5. —— 1685. —— 120. — 60.
47. - - —— 6. —— 1686. —— 109. — 61.
48. - - —— 7. —— 1688. —— 111. — 59.
49. - - —— 8. —— 1688. —— 97. — 51.
50. - - —— 9. —— 1689. —— 170. — 87.
51. - - —— 10. —— 1690. —— 187. — 94.
52. - - —— 11. —— 1692. —— 133. — 65.
53. - - —— 12 —— 1693. —— 151. — 79.
    *Excellit Casearius in Descriptionibus; excellit Rheede inter exoticos, dum impensis non parcens, iconibus*
    *nitidissimis illustrat opus, ut pretiofius in Botanicis exstet nullum, nec exoticum amplius nitidiusve vi-*
    *dit umquam mundus.*

54. - Hortus malabaricus Belgico idiomate. tomus 1. & 2.
- - 1. Amstelæd. 1689. fol. max. p. 37. t. 57.
55. - - 2. —— 1689. —— 29. — 56.

---

## Classis V.

# MONOGRAPHI
## AUCTORES

56. HERTODT *Joan. Ferdin.*            Naturæ curiofus.
- Crocologia f. Croci regis vegetabilium enucleatio.
- - Jen. 1671. p. 283. t. 1. f. 8.

57. SCHOON *Theodorus.*
- Exercitatio de plantis feu Tabacum.
- - Hagæ. 1692. 8vo belgice. p. 564. t. 12.

58. DOUGLAS *James.*
- Differtatio Botanica de arbore Coffe.
- - Lond. 1725. fol. angl. p. 22.

59. SACHES *Philippus Jacobus.*          Naturæ curiofus.
- Ampelographia five Vitis vinifera.
- - Lipfiæ. 1661. 8vo p. 670. appendix. p. 70.

60. SIEGESBEEK *Jo. Georg.*
- Majanthemum, Lilium convallium officinis.
- - Petropoli 1736. 4to. p. 15.
    *Agit de Convallariæ (1.) nomine*

61. DOUGLAS *James.*
- Lilium Sarnienfe.
- - Londini 1725. fol. angl. p. 35. t. 2.
    *Docte describit Amaryllidem 2dam.*

62. MUNTINGIUS *Abrahamus.*          Groninga-Frifius.
- Aloidarium f. Historia Aloës mucron. fol. americ. major.
- - Amstelodami 1680. 4to p. 33. t. 8.

63. MUNTINGIUS *Abrahamus.*
- Herba Britannica antiquorum.
- - Amstelodami. 1681. 4to p 231. t. pluribus.

64. BRUCKMANNUS *Francifc. Ernest.*      Naturæ curiofus.
- Epistola itin. 31. de Ocymastro flore viridi pleno.
- - Wolffenbutt. 1734. 4to p. 8. t. 1.

                 65. Co.

65. COHAUSEN *Johannes Henricus.*
   - Neo-Thea.
   - - Amsterdam. 1719. 8vo. belg. p. 508.
66. BRUCKMANNUS *Fr. Ernest.*
   - Relatio de Avellana mexicana, vulgo Cacao.
   - - Brunsvigæ. 1728. 4to. p. 29. t. 2. editio 2da.
67. ANONYMUS.
   - Historia naturalis Cacao & Sacchari.
   - - Amst. 1720. 8vo. gallice. p. 228. t. 5.
68. BRUCKMANNUS *F. E.*
   - Frutex Koszodrewina.
   - - Brunsvigæ. 1727. 4to. p. 28. t. 1.
69. BRUCKMANNUS *F. E.*
   - Arbor Limbowe drewo.
   - - Brunsvig. 1727. 4to. p. 20.
     *Videntur ambæ arbores (68. 69.) Pini vel Abietis species.*
70. LINNÆUS *Carolus.*
   - Mufa Cliffortiana.
   - - Lugdbat. 1736. 4to. p. 46. t. 2. Botanice.
     *Floruit in Horto Cliffortiano.* 1736.
71. BRUCKMANNUS *F. E.*
   - - Lapis violaceis fylvæ hercyniæ.
   - - Guelpherbyti. 1735. 4to. p. 15. Byssus.
72. MARSILIUS *Ludovicus Ferdinandus.*
   - Differtatio de generatione fungorum.
   - - Romæ. 1714. fol. p. 40. t. 28.
73. LANCISIUS *Johannes Maria.*
   - Diff. de ortu, vegetatione & textura Fungorum.
   - - Rom. 1714. fol. p. 47.
74. BRUCKMANNUS *F. E.*
   - Epistola de Fungo hypoxylo digitato.
   - - Helmstadii. 1725. 4to. p. 12. t. 2.
75. BRUCMANNUS *F. E.*
   - Fungi subterranei, vulgo Tubera terræ.
   - - Helmstadii. 1720 p. 28. t. 1. Clavariæ.
76. CLUTIUS *Augerius.*
   - Nux medica f. Coccus Maldivensis.
   - - Amstelodami. 1634. 4to. p. 60.

## D I S P U T A T O R E S.

77. SEUTTER *Matthæus.*
   - Nux vomica.
   - - Lugdb. 1691. 4to. p. 24. t. 2. Strychnos.
78. BREYNIUS *Johannes Philippus.*
   - Radix Gin-fem f. Nifi & Chryfanthemum Bidens Acmella.
   - - Lugdbat. 1720. p. 20. t. 1.
79. CHAMBERS *Guilielmus.*
   - Ribes arabum & Lignum Rhodium.
   - - Lugdbat. 1724. 4to. p. 41. Rumex.
80. GRONOVIUS *Jo. Frider.*
   - Historia Camphoræ.
   - - Lugdbat. 1715. 4to. p. 38.
81. BREYNIUS *Johannes Philippus.*
   - Fungi officinales.
   - - Lugdb. 1702. 4to. p. 41.

# *Classis VI.*

# C U R I O S I

## *E U R O P Æ I.*

82. BAUHINUS *Casparus.*
   - Prodromos theatri Botanici.
   - - Basileæ. 1671. 4to p. 160. figuris γ mixtis.
83. BA RELIERUS *Jacobus..*
   - Plantæ per Galliam, Hispaniam & Italiam ofervatæ.
   - - Parisiis 1714. fol. p. 140. t. (octavi folii.) 1327.

Theologus Parifinus.

Sy-

- 17 -

*Synonyma elaboravit Antonius de Jussieu & publicavit.*
*In plantis Europæ australis necessarium opus.*

84. Bocco *Paulus.*                                                    Natur. Curiosus.
   - Museum rariorum plantarum.
   - - Venetiis. 1697. 4to. italice. partes 2. p. 196. & 318. t. 307. f. plurimæ.
85. Bocco *Paulus.*                                                    Panormitano-Siculus.
   - Icones & descriptiones rar. pl. Siciliæ, Melitæ, Galliæ, Italiæ.
   - - Oxonii 1674. 4to. p. 96. t. 52. f. aliquot.
   *In plantis Europæ australis est opus hoc & præcedens quo carere nequimus, licet figuræ minus in his nitidæ.*
86. Triumfetti *Joannes Baptista.*
   - Prælusio ad herbarum ostensiones cum rariorum descr. & icon.
   - - Romæ. 1700. 4to. p. 64. t. & f. 6.
87. Pontedera *Julius.*
   Compendium tabularum botanicarum.
   - - Patav. 1718. 4to. p. 168.

# E X O T I C I.

88. Clusius *Carolus.*
   - Libri 10. exoticorum.
   - - Rhaphalengi. 1605. fol. p. 144. fig. mixtæ.
89. Hermannus *Paulus.*
   - Paradisus Batavus.
   - - Lugdb. 1705 4to p. 247. t. numerosis. D.
   *Opus eximium, Botanico maxime necessarium. In Apocynis & affinibus excellit.*
90. - Catalogus pl. non æri insculptarum.
   - - Conjunctim. p. 15. sola nomina.
91. - Prodromus Paradisi Batavi.
   - - Amstelæd.. 1691. 12mo p. 386.
   *Est catalogus, qui prodiit cum Tournefortii schola 115. conjunctim.*
92. Breynius *jacobus*
   - Centuria 1. exoticarum & minus cognitarum plantarum.
   - Gedani 1678. fol. p. 195. t. 101. appendix b p.
93. - Fasciculus rariorum pl. & Rhyne de frutice Thee.
   - - Conjunctim. p. 25.
94. Breynius *Jacobus.*
   - Prodromus fasciculi rarior. pl. præsertim Bewerningi.
   - - Gedani 1680. 4to. p. 52. t. paucæ.
95. - Interrogationes de plantis in centuria 1. descriptis.
   - - Conjunctim. p. 7.
96. - Prodromus fasciculi rarior. pl. in hortis Hollandiæ.
   - - Gedani. 1689. 4to. p. 108. t. paucæ.
97. Commelinus *Joannes,*                                              Senator urbis Amstelod.
   - Descriptio & Icones rarior. pl. Horti med. Amstelodamensis.
   - - Amstel. 1697. fol. maj. lat. belg p 200. t. 112.
98. Commelius *Casparus.*                                              Botanicus Horti Medici.
   - Descriptio & Icones rarior. pl. Horti med. Amstelædamensis.
   - - Amstel. 1701. fol. max. lat. - belg. p. 224. t. 112.
   *Hic & præcedens eadem methodo conscripti sunt, figuræ splendidæ plantarum, descriptiones in hoc minus absolutæ.*
99. Commelinus *Casparus.*
   - Præludia Botanica cum Descript. & Icon. rar. plant.
   - - Lugdbat. 1703. 4to p. 86. t. 33.
   *In hoc præsertim succulentæ, uti præprimis Aloës species.*
100. - Plantæ rariores & exoticæ Horti Amstelodamensis.
   - - Lugdb. 1706. 4to. p. 48 t. 48
   *In hoc præsertim pl. africanæ & orientales.*
101. Ammannus *Paulus.*
   - Hortus Bosianus quoad exotica solum.
   - - Lipsiæ. 1686. 4to. p. 38.
102. Martyn. *Joannes.*
   - Historia plantarum rariorum. Decuriæ. 1. 2. 3. 4. 5.
   - - Londini. 1728. &c. fol. imper. p. 49. t. 49.
103. - Figuræ coloribus illuminatæ, plantæ præsertim americanæ.
   - - Londini. 1728. 8vo. p. 22. anglice. absque figuris.
104. Dillenius *Johannes Jacobus.*
   - Hortus Elthamensis seu Delineationes plant. rariorum.
   - - Londini. 1732. fol. max. p. 437. t. 324. f 417
   *Est opus Botanicum quo absolutius mundus non vidit, sive raras plantas, sive icones adcuratas, sive de-*
   *scriptiones perfectas, sive Synonyma elaborata, sive minimas fructificationis partes quis examinet.*
105. Plukenetius *Leonhardus.*
   - Almagestum Botanicum.
   - - Londini. 1696. 4to maj. p. 402. alphab. synonym.
106. - Mantissa almagesti Botanici.
   - - Londini. 1700. 4to maj. p. 191.
107. - Amaltheum Botanicum.
   - - Londini. 1705. 4to maj. p. 214.
   *Stupenda collectio varii generis plantarum, quo opere carere non licet.*

MU-

# MUSEOGRAPHI.

108. VALENTINUS *Michael Bernhardus.*
- Mufæum Mufæorum. tomus 2dus.
- - Francofurti. 1714. fol. germ. p 196. t. 37. app. p. 116.
109. GREW *Nehemias.*
- Mufæum regalis Societatis.
- - Londini. 1681. fol. angl. p. 386. t. 31.
*Pauciſſima & vix ulla Botanica.*
110. VATER *Abrahamus.*                                                    Soc. Ac. imp. &c.
- Mufæum f. catal. exoticorum rariſſim.
- - Wittenbergæ. 1726. 4to. p. 16.
111. PETIVER *Jacobus.*
- Mufæum Petiverianum : centuriæ. 10.
- - Londini 1695. 8vo. p. 93. t. 2.
*Nomina latina, textus auglicus, alphabetice, deſcriptiones nullæ.*
112. SEBA *Albertus,*                                    Pharmac. Amſtel. Soc. acad. imper. nat. cur. &c.
- Theſaurus rerum naturalium.
- - Amſtelæd. 1734. fol. max. lat.- belg. p. 178. t. 111. f. plures. tom. 1.
113. - - Amſtelæd. 1735 fol. max. lat.- belg. p. 154. t. 114. f. plures. tom. 2.
*In tom. 1. varia; præſertim quadrupedia; in tom. 2. ſerpentes, utrisque immixtæ plantæ paucæ; icon authoris æt. 66. collectio ſine pari in Zoologicis; figuræ nitidæ; opus ſplendidum.*

## Claſſis VII.

# ADONIDES

## PUBLICI.

114. TILLI *Michael Angelus.*
- Catalogus plantarum horti Piſani.
- - Florentiæ. 1723. fol. p. 187. t. 50.
*Alphab. ſynon. cum icone authoris. æt. 69. & delin. Horti.*
115. TOURNEFORTIUS *Joſephus Pitton.*
- Schola Botanica f. Catal. pl. ex horto Pariſino.
- - Amſtelædami. 1691. 12. p. 300.
*Alphabetice, ſynonymis.*
116. MAGNOL *Petrus.*
- Hortus regius monſpelienſis.
- - Monſpelii. 1697. 8vo. p. 209. t. aliquot.
*Alphabetice, ſynonymis.*
117. MILLEUS *Philippus.*
Catalogus plantar. officinalium in Horto Chelſeyano.
- - Londini. 1730. 8vo. p. 152.
*Alphabetice, ſynonymis.*
118. - Catalogus arborum quæ venduntur londini.
- - Londini. 1730. fol. p. 90. t. 21. f. plures.
119. VORSTIUS *Adolphus.*
- Catalogus Horti Lugdbat. & index pl. indigenarum.
- - Lugdbat. 1633. 16to. p. 225 — 272.
*Alphab. nominibus propriis. Affixus ſpigelii iſagog.*
120. HERMANNUS *Paulus.*
- Catalogus horti acad. Lugduno-Batavi.
- - Lugdbat. 1687. 8vo maj. p. 699. t. plurimis.
*Alphabetice, ſynonymis, deſcriptionibus & figuris rariorum, opus digniſſimum.*
121. BOERHAAVE *Hermannus.*
- Index plant. in Horto Lugduno-batavo.
- - Lugdb. 1710. 8vo. p. 278.
*Syſtematice. ſynonymis.*
122. - Index alter plant. in Horto acad. Lugduno-batavo.
- - Lugdb. 1720. 4to. tom. 1. p. 320. tom. 2. p. 270. t. variis.
*Syſtematice ſec. claſſes, ordines, generum characteres, ſpecies, ſynonyma, figuris rariorum, præſertim Protearum. Hortus quo abſolutior prodiit nullus, ſive collectio, ſive elaboratum opus examinetur.*
123. COMMELIN *Caſparus.*
- Catalogus pl. uſualium Horti med. amſtelædamenſis.
- - Amſtelæd. —— 8vo.
*Synonymis, ordine in Pharmacopæis recepto.*

* * * * 2                                                    124. VOLCKA.

124. VOLCKAMERUS *Johan. Georg.*           Soc. Ac. imp. n. c.
- Flora Noribergensis.
- - Noribergæ. 1700. 4to. p. 407. t. pluribus.
    *Alphabet. cum characteribus synonymis. Opus laudabile.*
125. VATERUS *Abrahamus.*
- Supplementum Horti acad. Wittenbergensis.
- - Wittenbergæ. 1724. 4to. p. 20.
126. AMMANN. *Paulus.*
- Suppellex Botanica. f. Enumer. pl. Horti acad. Lipsiensis.
- - Lipsiæ. 1675. 8vo. p. 137.
    *Alphabet. nominibus propriis.*

# P R I V A T I.

127. MORISONUS *Robert.*
- Hortus regius blesensis auctus. *a.*
- Delineatio pl. nemini descriptarum in Horto regio Blesensi. *β.*
128. - Observationes generales ex H. R. blesensi. *γ.*
- - Londini 1669. 8vo. *a.* p. 223. *β.* 224-323. *γ.* 325-347.
    *a Alphab synonym. β descriptiones rar. Europæar. γ classes a facie.*
129. KIGGELARIUS *Francisc.*
- Horti Beaumontiani exoticarum pl. catalogus.
- - Hagæ 1690 8vo. p. 42.
    *Alphab. synonymis. Rara omnia.*
130. EICHRODT ( Sievertii Hortulani præfixo nomine ).
- Index pl. Horti Carolsruhani tripartitus.
- - ——— 8vo p. 132.
    *Divisus in exoticas, perennes, annuas plantas, cum synonymis.*
131. PEINEN *Elias.*
- Hortus Bosianus Caspari Bosei.
- - Lipsiæ. 1699. 8vo. p. 94 alphabet. nominibus propriis.
132. WALTHERUS *August. Fridericus.*
- Designatio pl. quas Hortus Waltheri complectitur.
- - Lipsiæ. 1725 8vo. maj. p. 171. t. 24.
    *Divisus in Exoticas, perennes, annuas: synonymis.*

# Classis VIII.

# F L O R Æ

## E U R O P Æ Æ.

133. RAJUS *Joannes.*
- Sylloge stirpium Europæarum extra Britannias.
- - Londini. 1694. 8vo. p. 400 & 45.
    *Iis, qui loca natalia plantis addiscere student, necessarium maxime opus.*
134 LINNÆUS *Carolus.*
- Flora Lapponica.
- - Amstelædami. 1737. 8vo maj. p. 372. t. 12. f. plures.
    *Secundum systema sexuale, cum observationibus botanicis & æconomicis.*
135. RUPPIUS *Henricus Bernardus.*
- Flora Jenensis.
- - Francof. & Lipsiæ. 1726. 8vo. p. 311. t. 3.
    *Secundum systema Rivini, genera, species, synonyma. Dignum opus.*
136. DILLENIUS *Johannes Jacobus.*       Soc. ac. Imp. n. c.
- Catalogus plantarum sponte circa Gissam nasc.
- - Francof. 1719. 8vo. p. 240. appendix. p. 34.
    *Secundum menses quibus florent cum Synonymis, observationibus, generibus.*
    *Flora facile prima.*
137. BLANKAART *Stephanus.*
- Herbarius Belgicus f. Nederlanschen Herbarius.
- - Amstelædami. 1714. 8vo. p. 614. belg. t. paucæ.
    *Opus quo carere potest orbis absque jactura.*
138. COMMELINUS *Johannes.*
- Catalogus plantarum indigenarum Hollandiæ.
- - Lugdb 1709 12 maj. p. 117.
    *Alphabetice, synonymis c. cum Bidloi Diss. de Re Herbaria.*

139. PIL-

139. PILLETERIUS *Casparus*.                                                    Montpelienfis
- Synonyma pl. Walachriæ, Zelandiæ infulæ.
- - Middelb. 1610. 8vo. p. 398.
   *Alphabetice, fynonymis copiofis. Doctiffimum fuo tempore opus.*
140. MERRET *Chriftophorus*.
- Pinax rerum naturalium.
- - Londini. 1667. 8vo. p. 223.
   *Alphab. fynonymis, fimul animalia, Lapides.*
141. RAJUS *Joannes*.
- Synopfis methodica ftirpium Britannicarum. editio 3.
- - Londini. 1724. 8vo maj. p. 482. t. 24. f. plures.
   *Syftematice, genera, fpecies, obfervationes, differentiæ, fynonyma, emendata a Dillenio editore. Flora inter omnes prima cenfenda.*
142. TOURNEFORTIUS *Jofephus Pitton*.
- Hiftoria plant. circa Parifios nafcentium.
- - Parifiis. 1698. 8vo. gallice p. 543.
   *Alphabetice, fynonymis, viribus & obfervationibus. Digna Flora.*
143. VAILLANT *Sebaftian*.                                                      Soc. Ac. R. Parif.
- Botanicon Parifienfe f. Enumeratio pl. circa Parifios.
- - Lugdbat. 1727. fol. maj. p. 209. t. 33. f. numerofæ.
   *Alphabetice cum fynonymis, obfervationibus circa flores, mufcos & minimas plantas, figuris nitidiffimis. Deficientibus exemplaribus redibit digniffimæ Floræ pretium poft annos non multos. Icon authoris & vita, Boerhaavio editore.*
144. - Botanicon parifienfe, majoris operis (præcedentis) Prodromus.
- - Lugdb. 1723. 12mo. p. 131. alph. fynon.
145. GARIDEL *Petrus*
- Hiftoria pl. circa Aix in provincia nafcentium.
- - Parif. 1719. fol. maj. p. 521. t. plures. gallice.
   *Alphabetice, fynonymis, viribus.*
246. MONTI *Jofephus*.
- Prodromus cat. ftirp. Bononienfium.
- - Bononiæ. 1719. 4to. p. 66. t. 3.
   *Sola gramina fyftematice, exclufis varietatibus.*

# EXTRANEÆ.

147. COMMELINUS *Casparus*.
- Flora malabarica f. Horti malabarici catalogus.
- - Lugdb. 1696. fol. p. 71. alphab. fynon.
148. - - Lugdb. 1696. 8vo p. 284. alphab. fynon.
149. HERMANNUS *Paulus*.
- Mufæum Zeylanicum f. catal. pl. in Zeylona.
- - Lugdb. 1717. 8vo p. 71. alphab. nomin. vernaculis & propriis.
150. BURMANNUS *Joannes*.                                                       Prof. Bot. Amftel.
- Thefaurus Zeylanicus pl. in Zeylona nafcentium.
- - Amftelædami. 1737. 4to maj. p. 235. t. 110. f. plures.
   *Alph. fynonymis copiofis, collectus ex omnibus qui de pl. Zeylonæ fcripfere, fumma induftria, doctrina fingulari, cum icone authoris ætat. 30.*
151. HERMANNUS *Paulus*.
- Catalogus plantarum africanarum.
- - Conjunctim, in appendice Burmanni. (150.) p. 23. alphab. nom. propriis.
152. OLDENLANDUS *Henricus Bernhard*. & HARTOG *Joannes*.
- Catalogus alter plantarum africanarum.
- - Conjunctim in appendice cum priori. (150.) p. 24 — 33. alph. propr.
153. SLOANE *Hans*.
- Catalogus plantarum, quæ in infula Jamaica.
- - Londini. 1696. 8vo. p. 232.
   *Secundum claffes. Synonyma omnium copiofiffima. Digna Flora, utinam plures prodirent peregrini orbis.*
154. KÆMPFERUS *Engelbertus*.
- Fafciculus 5tus amœnitatum exoticarum.
- - Lemgoviæ. 1712. 4to. p. 767 — 912. t. plures.
   *Nomina vernacula, propria, defcriptiones plurimæ. Flora japonica eft.*

✳✳✳✳✳                                                                           *Claf.*

## Classis IX.

# PEREGRINATORES

## ALPINI.

**155.** MARTENS *Fridericus.*            Hamburgenfis.
- Itinerarium Spitzbergenfe & Groenlandicum. 1671.
- - Hamburgi. 1675. 4to. germanice. p. 132. t. 16.

**156.** SCHEUCHZERUS *Joh. Jac.*        Soc. ac. imp. n. c.
- Itinera per Helvetiæ alpinas regiones.
- - Lugdb. 1723. 4to. maj. p. 635. t. copiofiffimis.
  *Author doctiffimus, curiofiffimus, laboriofiffimus.*

**157.** PONA *Joannes.*           Pharmac. Veronenf.
- Pl. in Baido monte & in via a Verona ad Baldum.
- - Antverpiæ. 1601. fol. p. 321 — 348. f. immixtis.
  *Adnexus Clufii hiftoriæ §. 21.*

## ASIATICI.

**158.** TOURNEFORTIUS *Jofephus Pitton.*
- Itinerarium in Levant.
- - Amftel. 1737. 4to. belgice. p. 191. & 187. t. plurimæ.

**159.** - - Lyon. 1717 8vo gallice. p. 379, 448 & 404 t. phur.
  *Peregrinator doctiffimus, Botanicus fummus, curiofiffimus.*

**160.** GARCIAS *ab Horto.*
- Hiftoria aromatum. editio quinta latina per clufium.
- - Rapheleng. 1605. fol. p. 145.—252. fig. paucis.

**161.** ACOSTA *Chriftophorus.*
- Hiftoria aromatum. editio 3tia latina per Clufium.
- - Rhaphelengi. 1605. fol. p. 253—294.

**162.** VALENTYN *Francifcus.*        Theologus.
- India orientalis antiqua & nova.
- - 1. Amftelod. 1724. fol. belg. p. 426. tab. plur. Moluccæ.

**163.** - 2. ———— 1726. ———— 236.    Banda & p. 96.
**164.** - 3. ———— 1726. ———— 351.    Amboina.
**165.** - 4. ———— 1726. ———— 515.282. Amboina.
     - - ———— 1726. ———— 491.    Java maj. Batavia.
**166.** - 5. ———— 1726. ———— 160.    Mogol Formofa.
     - - ———— ———— 360.    Perfia.
     - - ———— ———— 462.    Ceylona.
     - - ———— ———— 48.    Malabaria.
     - - ———— ———— 166.    Japonia.
     - - ———— ———— 160.    Caput B. Spei.
       *In Botanicis vix nomine dignus.*

**167.** KÆMPFERUS *Engelbertus.*
- Fafciculi Amœnitatum exoticarum.
- - Lemgoviæ. 1712. 4to. p. 912. t. plurimæ.
  *In fafcic. 3tio Theam; 4to Phœnicem ample defcripfit; inter Peregrinatores omnium curiofiffimus.*

**168.** - Defcriptio Japoniæ.
- Hagæ. 1729 fol belg. p. 494. t. plurimæ.

**169.** Diff. grad. Decas obfervationum Exoticarum.
- - Lugdb. 1694 4to.

**170** BONTIUS *Jacobus.*
- Hiftoria nat. indiæ orientalis.
- - Amftel. 1658. fol. p. 160. fig. mixt.

**171.** CAMELLUS *Georg. Jofeph.*        Theologus.
- Syllabus ftirp. in infula Luzone, philipppinarum primaria.
- - Adnexa Raj. App. (30.) fol. p. 94.
  *Defcriptiones imperfectæ Florum nulla notitia.*

**172.** BELLONIUS *Petrus.*
- Obfervationes memorab. in Græcia, Afia, Ægypto, Judæa, Arabia.
- - Raphelengi. 1605 fol. p. 242. fig. mixtis edit. 2. per Clufium.
  *Peregrinator gratus, doctus & curiofus.*

## AFRI.

**173.** ALPINUS *Profper.*
- Hiftoria naturalis Ægypti. pars prima.
- - Lugdb. 1735. 4to. p. 248. t. 20.

       **174.** - Hi-

174. - Hiftoria nat. ægypti; pars fecunda. feu de Plantis
  - - Lugdb. 1735. 4to. p. 84. t. plures.
175. VESLINGIUS *Joannes*.
  - Notæ & obferv. P. Alpinum de plantis ægypti.
  - - Conjunctim p. 146 — 216. t. plures.
176. - Vindiciæ Opobalfami veteribus cogniti.
  - - Conjunctim. p. 227 — 306. *Monographia eft.*
177· - Parænefes ad rem herbariam.
  - - Conjunctim 91 — 146. *Orator.*
178. BOSMAN *Wilhelmus*.
  - Defcriptio Guineæ.
  - - Ultrajecti. 1704 4to belgice. p. 267. & 280.
    *Vix botanica ulla.*
179. KOLBE *Petrus*.
  - Defcriptio Capitis Bonæ Spei. tom. 2.
  - - Amftelædami. 1727. fol. belgice. p. 529. & 449.
    *Plantas ab aliis collegit, qui eas ignoravit ipfe.*

## AMERICANI.

180. MONARDUS *Nicolaus*
  - Hiftoria fimplicium ex novo orbe delatorum.
  - - Raphelengi. 1605. fol. p. 295 — 255.
  - Libri tres de Bezoar, Scorzonera; Ferro; Nive; Rofa; Citris.
  - - Conjunctim. p. 1 — 52.
181. LABAT.
  Iter in infulas Americanas. tomi 2.
  - - Hagæ. 1724. 4to maj gallice. p. 360. & 120.
182. PLUMIER *Carolus*.
  - Defcriptio plantarum americanarum.
  - - Parifiis. 1693. fol. maj. gallice. p. 94. t. 108.
    *Filices & fcandentes bene depingit, bene defcribit.*
193. CATESBY *Marcus*.
  - Hiftoria natur. Carolinæ, Floridæ, Bahamæ. tomus 1.
  - - Londini. 1731. fol. maxim. p. 100. t. 100. angl. -gallic.
184. - Hiftoria natur. Carolinæ, &c. tom. 2dus.
    *Figuræ nitidiffimæ, in tomo 1mo aves & plantæ, in 2do pifces & plantæ.*
185. FEVILLEE *Ludovicus*.
  - Obfervationes phyficæ, mathemat. Botanicæ in Americ. meridion.
  - - Tom. 1. Parif. 1714. 4to. 767. plantæ p. 705 — 767. tab. pl. 50.
  - - Tom. 2. ——— 1725. —— p. 426. planta nulla.
186. - - Tom. 3. —— 1725. —— p. 71. t. 50. folum plantæ.
    *Plantas Chilli & Peru mathematice defcripfit, & nitide depinxit.*
187. MARCGRAVIUS de Liebftad *Georgius*.                                    Mihicus.
  - Hiftoria rerum naturalium Brafiliæ.
  - - Lugdb. 1648. fol. 292. fig. mixtis. per J.Laet.
    *Defcriptiones fat bonæ, collectio egregia.*
188. PISO *Guilielmus*.
  - Hiftoria naturalis Brafiliæ.
  - - Lugdbat. 1648. fol. p. 122. fig. mixtæ.
  - - Amftelæd. 1658. fol. p. 327. fig. mixtis. Mantiffa aromatica. p. 360 — 226.
    *Fere eadem cum Marcgravii; hinc certe unus ab altero, illum c. 1879. ab hoc non habuiffe fua verofimile;*
    *confer authores.*
189. MERIAN *Maria Sibylla*.
  - Metamorphofis infectorum Surinamenfium.
  - - Amftelædami. fol. max. p. 60. t. 60. belgice.
    *In fingula tabula infectum & planta. Defcriptiones vix ullæ.*

## Claſſis X.

# PHILOSOPHI

## ORATORES.

190. BROWALLIUS *Johannes*.
  - Tr. de neceffitate Hiftoriæ naturalis.
  - - Lugdbat. 1737. 8vo. p. 24.
191. SPIGELIUS *Adrianus*.
  - Ifagoge in rem Herbariam.                    ***** 2                        ERI-
  - - Lugdb. 1633. 16to. p. 222.

# E R I S T I C I.

192. BAUHINIUS *Casparus.*
- Animadversiones in Historiam Generalem pl. lugduni edit.
- - Francofurti. 1601. 4to. p. *95.*
193. MORISON *Robertus.*
- Hallucinationes C. Bauhini in pinace & J. Bauhini in historia.
- - Londini. 1669 8vo. p. 351-459. appensæ horto Blesensi.
194. TRIUMPFETTI *Jo. Baptista.*
- Vindiciæ veritatis circa vegetationem pl. a Malpigio.
- - Romæ. 1703. 4to. p. 205. t. paucæ.
195. DILLENIUS *Jo. Jacobus.*
- Examen responsionis Rivini.
- - Gissæ. 1719. 8vo p. 20.

# P H Y S I O L O G I.

196. VAILLANT *Sebastianus.*
- Sermo de structura florum.
- - Lugdb. 1718. 4to maj. p. *55.* gallico-latine.
*Primus clare sexum exposuit, opusculum doctum.*
197. BLAIR *Patrick*
- Experimenta Botanica. Essays Botanick.
- - Londini 1720. 8vo. p. 414. t. paucæ, anglice.
198. HALES *Stephanus.*
- Statica vegetabilium.
- - Londini. 1727. 8vo. anglice. p. 376. t. paucæ.
199. - - Londini. 1731. 8vo. anglice. p. 376. t. paucæ.
200. - - Amstelæd. 1734. 8vo. belgice. p. 316. t. paucæ.

# I N S T I T U T O R E S.

101. LINNÆUS *Carolus.*
- Fundamenta Botanica.
- - Amstelædami. 1736. 8vo. p. *35.* aphoristice.
*Paucis multa.*
202. THRELCHELD anonymus.
- Elementa Botanica.
- - Dublin. 1727. p. 48. anglice.
*Secundum methodum Tournefortianam.*
203. MARTYN *Johannes.*
- Prælectio 1. cursus Botanici.
- - London. 1729. 8vo. anglice. p. 23. t. 14.
*Partes plantarum definiuntur.*
204. PONTEDERA *Julius.*            Prof. Bot. Patavii.
- Anthologia sive de natura Floris.
- - Patavii. 1720. 4to. p. 302. t. 12.
*Opus vere philosophicum, longæ experimentiæ, magnæ doctrinæ.*
205. HALLER *Albertus.*
- Dissertatio de methodico studio Botanices.
- - Gottingæ. 1736. 4to. p. 32.
206. RAJUS-*Joannes.*
- Dissertatio de variis pl. methodis.
- - Londini. 1696. 8vo. p. 48.

# Classis XI.

# S Y S T E M A T I C I
## U N I V E R S A L E S.

207. RUDBECK *Olaus*, filius.
- Fundamentalis plantarum notitia.
- - Trajecti. 1690. 4to p. 25.
*Dissertatio gradualis. Methodus Hermanni.*

208. R a-

208. RAJUS *Joannes.*
- - Methodus plant. emendata & aucta.
- - - Amstelædami. 1710. 8vo. p. 202.

209. HECKER *Joannes Julius.*
- - Introductio in Botanicen.
- - - Halæ. 1734. 8vo. germ. p. 547.
*Methodus Rivini, plantarum etymon, character, tempus, locus, vires, usus, præparata singulis adduntur plantis.*

210. HEBENSTREIT *Jo. Ernestus.*
- - Definitiones plantarum.
- - - Lipsiæ. 1731. 4to. p. 44.
*Methodum Rivinianam characteribus compendiosissimis instruxit; docte elaborata dissertatio. Author ad Historiam naturalem natus.*

211. LUDWIG *M. Christ. Gottl.*
- - Definitiones plantarum.
- - - Lipsiæ. 1737. 8vo. p. 144.
*Characteres ad methodum Rivinianam dedit, collectos ex authoribus præstantissimis.*

212 TOURNEFORT *Josephus Pitton.*
- - Institutiones rei herbariæ.
- - - Parisiis 1700. 4to. p 697. t. 489.

213. - Corollarium. p. 54. conjunctim.
*Continet systema, characteres, species, figuras genericas. Opere immenso & stupendo, omni Botanico necessario.*

214. PLUMIER *Carolus.*
- - Genera plantarum americanarum.
- - - Parisiis. 1703. 4to. p. 52. t. 40.

215. - Catalogus plantarum americanarum.
- - - Conjunctim p. 21.
*Inter americanos fere unicus vere doctus Botanicus.*

216. MICHELIUS *Petrus Antonius.*
- - Nova plantarum genera.
- - - Florentiæ. 1729. fol. p. 234. t. 108.
*In muscis & Fungis ultra limites humanæ sapientiæ fere pervenit; viditque in his, quæ latuere aliis hic solus.*

217. DILLENIUS *Jo. Jacobus.*
- - Nova plant. Genera (in appendice Gissensi).
- - - Gissæ. 1719. 8vo. p. 160.

218. VALENTINUS *Christophorus Bernhardus.*
- - Tournefortius contractus
- - - Francofurti. 1715 fol. p. 48.

219. KÖNIG *Emanuel.*
- - Regnum vegitabile quadripartitum.
- - - Basileæ. 1708. 4to. p. 1112.
*Characteres recenset Tournefortii & species descriptas plantarum, alphabetice. De usu varia, non ingrata.*

220. MONTI *Josephus.*
- - Varii plantarum indices.
- - - Bononiæ. 1724. 4to. p. 78. & append. p. 37.
*Tradit iconem & historiam Horti Bononiensis, classes Tournefortii cum nominibus genericis, plantas officinales, medicatarum classes.*

221. PONTEDERA *Julius.*
- - Epistola ad Sherardum.
- - - Patavii 1717. 4to p. 24.
*Tria nova genera tradit.*

222. LINNÆUS *Carolus.*
- - Genera plantarum.
- - - Lugdb. 1737. 8vo. maj. p. 384.
- - Corollarium generum plantarum.
- - - Lugdbat. 1737. 8vo. maj.
- - Methodus sexualis.
- - - Conjunctim.
*Soli characteres secundum omnes partes fructificationis*

223. LINNÆUS *Carolus.*
- - Systema Naturæ s. Regna tria naturæ.
- - - Lugdbat. 1735. fol. max. p. 14.
*Classes & ordines vegetabilium: secundum sexum, lapidum & animalium.*

# PARTIALES.

224. PONTEDERA *Julius.*
- - Dissertationes Botanicæ XI.
- - - Patavii. 1719. 4to. p. 296.
*Methodus & genera in compositis docte elaborata.*

225. VAILLANT *Sebastian.*
- - Novi characteres quatuor Classium florum compositorum.
- - - Cynarocephalorum. Act. parit. 1718.
- - - Corymbiferorum. ——— 1719 & 1720. *****

-- Chi-

- - Cichoraceorum. ———— 1721.
- - Dipsaceorum. ———— 1722.

Tanta ubique in his lucet Doctrina, ut in Systematicis alium nullum majorem exstitisse asseverem; dolendus numquam satis est obitus autoris ante absolutum integrum systema; optandum ut prodirent Vaillantiana seorsim latinitate donata, ut studiosi hisce fruerentur deliciis.

226. MORISON *Robertus.*
- Distributio plantarum umbelliferarum.
- - Oxonii. 1672. fol. maj. p. 91. t. 12.

---

## Classis XII.

# NOMENCLATORES
## SYNONYMISTÆ.

227. BAUHINUS *Casparus.*
- Phytopinax.
- - Basileæ. 4to. p. 669. Synonymis.
228. BAUHINUS *Casparus.*
- Pinax theatri Botanici.
- - Basileæ. 1671. p. 518. Synonyma.
Opus 40. annorum, quo solo carere nequit ullus Botanicus.

## CRITICI.

229. LINNÆUS *Carolus.*
- Critica Botanica.
- - Lugdb. 1737. 8vo. maj. p. 270.

## LEXICOGRAPHI.

230. PEINEN *Elias.*
- Vocabularium.
- - Lipsiis. 1713. 8vo. p. 96.
Accentum singulis nominibus genericis adscripsit.
231. MENTZELIUS *Christianus.*
- Index nominum plantarum multilinguis.
- - Berolini. 2682. fol. p. 331.
232. BRADLEY.
- Dictionarium Botanicum. tom. 2.
- - Londini. 1728. 8vo. anglice pag. fere mille. t. plures.

---

## Classis XIII.

# ANATOMICI
## PRACTICI.

233. GREW *Nehemias.*
- Anatomia plantarum.
- - Lugdbat. 1685. 12. gallice. p. 320.

Clas-

## Claſſis XIV.

# H O R T U L A N I
### U N I V E R S A L E S.

234. MILLER *Philip.*
- Dictionarium hortulanorum.
- - Londini. 1731. fol. angl.

235. - - Londini. 1735. 8vo. angl. tomi 2.

236. - Dictionarium hortulanorum & Antophilorum.
- - Londini. 1724. 8vo. angl. tom. 2.

237. - Appendix Dictionarii hortulanorum.
- - Londini. 1635. fol. angl.

238. - Calendarium hortulanorum.
- - Londini. 1732. 8vo. p. 252. anglice.

239. LAURENCE *Johannes*
- Syſtema agriculturæ.
- - Londini. 1726. fol. p. 456. anglice.

240. - Recreatio Clerici ſ. Clergy-mans Recreation.
- - Londini. 1717. 8vo. p. 115. anglice. editio quinta.

241. - Calendarium Arboreti ſ. The Fruit-garden Kalendar.
- - Londini. 1718. 8vo. p. 149. anglice.

242. BRADLEY *Richard.*
- Improvements of Planting of gardening.
- - London. 1731. 8vo. p. 608. anglice.

243. LONDON *George* & WISE *Henric.*
- The Retird Garden. tom. 2.
- - Londini 1706. 8vo. angl. p. 1-383. & 385-786. t. aliquot.

244. ANONYMUS.
- Le Jardinier Solitaire.
- - Pariſiis. 1705. 8vo. gallice. p. 439. app. 142.

245. - - Bruxellis. 1721. 12mo gallice. p. 338.

246. BESNIER.
- Le Jardinier Botaniſte.
- - Pariſiis. 1705. 8vo. gallice. 341.

247. LIGER *Ludovicus.*
- Le Jardinier Fleuriſte & Hiſtoriographe.
- - Amſtelædami. 1706. 8vo. gallice. p. 679.

248. ANONYMUS.
- Le Jardinier Francois.
- - Pariſiis. 1676. 8vo. gallice p. 390.

249. ANONYMUS.
- Den Nederlandſen Hovenier.
- - Amſterdam. 1679. 4to belg.

250. ANONYMUS.
- De nieuwe Nederlandſe Hovenier.
- - Lugdbat. 1713. 4to.

251. OOSTEN *Henricus.*
- De Nederlanſe Hof.
- - Lugdb. 1703. 8vo. belgice. p. 286. app. p. 55.

252. QUINTINGE.
- Inſtruction. pour les Jardins fruitiers & Potagers.
- - Tom. 1. Amſterd. 1697. 4to maj. gallice p. 276.

253. - - —— 2. ——— 1697. ——— 344. app. 140. & 18.

254. ANONYMUS.
- Le Menage des champs & de la Ville.
- - Paris. 1715. 8vo. p. 447. gallice.

255. VALLEMONT.
- Curioſitates naturæ. tom. 2.
- - Bruxell. 1715. 8vo. gallice. p. 311. & 358.

256. COUSE.
- Hortulanus regius. De Konincklyke Hovenier.
- - Amſtelod. fol. belgice. p. 224. tab. nitidis florum.

257. LAUREMBERGIUS *Petrus Roſtochienſis.*
- Horticultura.
- - Francofurti. 4to. p. 196. t. 23.

258. - Apparatus plantarius.
- - Francof. 4to. p. 168. fig. nitidæ inter ſperſæ.

259. AGRICOLA *Georgius Andreas.*
- Queek-konſt. tom. 2.
- - Amſterdam. 1719. 4to. p. 208. & 92. t. nitidis apūs.

260. ANO·

****** 2

260. ANONYMI.
- Kweek-School der Hooven en Thuynen.
- - Lugdbat. 1727. 4to. p. 171. belgice.
261. ANONYMI
- l' Art de Tailler les arbres frutiers.
- - Amfterd. 1699. 4to p. 20. gallice.
262. FERRARIUS *Joh. Baptifta.*
- Flora f. Florum Cultura.
- - Amftelodami. 1646. 4to. p. 522. t. æneis.
263. LEHMAN *Joh. Chriftianus.*
- Bloem-thuyn in de winter.
- - Amftelædami. 1721. 8vo. belgice. p. 112.

## HESPERIDES.

264. COMMELINUS *Johannes.*
- Nederlandtze Hefperides.
- - Amfterdam 1676 fol. p. 47. t. plures. belgice.
265. FERRARIUS *Joh. Baptifta.*
- Hefperides.
- - Romæ. 1646. fol. p. 480. t. plures fplendidæ.
266. VOLKAMER *Johannes Chriftophorus.*
- Hefperides Noribergicæ tomi 2.
- - Noribergæ. 1708 fol. p. 255. germanice. t. fplendidis.
267. - - Noribergæ. 1714. fol. p. 239. germ. t. fplendidis. tom. 2dus.
268. STERBEECK *Francifcus.*
- Citricultura.
- - Antverp. 1682. 4to. p. 296. c. tabulis.

## ANTHOPHILI.

269. SIEVERT *Auguftus Wilhelm.*
- Catalogus horti Carols-ruhani, Tuliparum, Hyacinthorum, &c.
- - Carolsruh. 1733. 8vo. germ.
     *Eft vera Flora anthophilorum, absque Synonymis.*
270. ANONYMUS.
- Cultura pulcherrimorum Florum. Tulipæ, Anemonæ, &c.
- - Parifiis. 1696. 8vo. p. 142. gallice.
271. MORIN.
- Obfervationes circa culturam florum.
- - Parifiis. 1694. 8vo. p. 171. gallice.
272. MERIAN *Sibilla.*
- Bloem - werken.
     *Absque loco & anno, tabulæ 124. nitidæ florum, absque nominibus folis Anthophilis, non Botanicis.*
273. VOORHELM *Petrus*                                                    Bloemift.
- Catalogus der fchoonfte Tulipanen, Hyacinthen, Ranunkels, &c.
- - Harlemi. 1730. fol. p. 2.
274. CARDOES *Abrahamus*                                                  Bloemift.
- Catalogus van Auriculaas.
- - Harlemi. 1720. fol. p. 1.
275. - Catalogus van Tulipanen, Hyacinthen, Annemonen, Ranunkels, &c.
- - Harlemi. 1730. fol. p. 2

---

## Claffis XV.

# M E D I C I

## PHARMACOLOGI.

276. DALE *Samuel.*
- Pharmacologia.
- - Londini. 1693. 8vo. p. 656.
277. - Supplementum.
- - Londini. 1618. 8vo. p. 396.
     *Author purus. Methodo Rajana, per claffes, genera, fpecies, fynonyma, locum, ufum, partem, virtu-*
     *tes procedit.*
278. POMET *Petrus.*
- Hiftoria generalis medicamentorum fimplicium.
- - Parifiis. 1694. fol. gallice. p. 304. fig. fparfis æneis.

279. LE-

279. LEMERY *Nicolaus.*
- Hiftoria medicamentorum fimplicium.
- - Amftelædami. 1716. 4to maj. p. 590. t. 25. f. in fingula 16. gallice.
280. AMMANNUS *Paulus.*
- Manuductio ad materiam medicam.
- - Lipfiæ. 1675. 8vo. p. 194.
281. BUCHWALD *Joannes.*
- Specimen medico-practico-Botanicum.
- - Hafniæ. 1720. 4to. p. 296.

## *M E D I C I.*

282. BOERHAAVE *Hermannus.*
- Hiftoria pl. in Horto Lugduno-Batavo.
- - Londini. 1731. 8vo p. 698.
*Syftematice, a difcipulis edita, continet varia de plantis curiofa & egregria, viresque plantarum.*

## *C H Y M O L O G I.*

283. HEBENSTREIT *Jo. Erneftus.*
- Diff. de fenfu externo facultatum in plantis judice.
- - Lipfiæ. 1730. 4to. p. 44.
*Opus digniffimum; vires ab odore & fapore fimulque a fructificatione. Hifce innixus & folus; debuif-*
*fent vero omnes; absque hoc enim fundamento empiria eft virtutum cognitio.*

# *Claffis XVI.*

# A N O M A L I

## *T H E O L O G I.*

284. HILLERUS *Matthæus.*
- Hierophyticon.
- - Ultrajecti. 1725. 4to. p. 488. & 278.
285. URSINUS *Jo. Henricus.*
- Arboretum Biblicum.
- - Norimbergæ. 1699. 8vo. p. 621.
286. - Continuatio arboreti Biblici.
- - Norimbergæ. 1699. 8vo. p. 212.

## *B I B L I O T H E C A R I I.*

287. HOTTON *Petrus.*
- Oratio. Rei Herbariæ fata.
- - Lugdb. 1695. 4to. p. 65.
288. LINNÆUS *Car.*
- Bibliotheca. Botanica.
- - Amftelodami. 1736. 8vo. p. 153.

## *M I S C E L L A N I I.*

289. *J. H. S. M. F.*
- Miracula naturæ. Wonderen der natuur.
- - Hagæ. 1694. 4to. belg. p. 463. t. plurimæ.
*Hic ficta, tamquam certiffima, vendit.*
290. ANONYMUS. *Camerarius* forte ?
- Mantiffa Botanologiæ juvenilis.
- - Ulmæ. 1732. 8vo. p. 86.
*Docet conficere Herbaria viva, & floram quandam addit.*
291. - Acta Parifina.
- - Editio Amftelodamenfis. 8vo; omnia.
292. - Acta Acad. imperialis nat. curiofor.
- - Norib. 4to. plurima volumina.
294. - Acta eruditorum Lipfienfia.
- - Lipf. 4to. omnia.
295. - Act. Reg. Soc. Anglicanæ.
- - Lond. 4to & 8vo. varia volumina, incompleta.

******

AU-

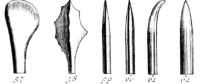

# GENERA FOLIORUM.

Terminos artis, præter receptiſſimos, pauciſſimos adhibui, eosque primario a foliis deſumtos, proin & foliorum primaria genera ſiſtam.

Foliorum non omnia genera, ſed *primaria* deſcribam; nomina non omnia foliorum, ſeu *ſelectiora* tradam; terminos non uni generi proprios, ſed pluribus *communes* aſſumam. Onera enim memoriæ ſunt hæc vocabula, adeoque quo pauciora genera eo &, cæteris paribus, meliora; juſto tamen pauciora practico moleſtiam creant ſummam.

Cum duo genera combinentur, oritur, ex duobus combinatis, unica *ſpecies*, adeoque ſpecies conſtat duobus generibus, & genera partes ſpecierum evadunt. Datis autem generibus conficiuntur facillime ſpecies, quæ nulla egent definitione dum nota ſunt genera, adeoque nec memoriæ oneroſa ſunt e. gr.

| | |
|---|---|
| *Cordato-ovatum.* | Ovato-cordatum. |
| *Cordato-ovale.* | Ovali-cordatum. |
| *Cordato-oblongum.* | Oblongo-cordatum. |
| *Cordato-lanceolatum.* | Lanceolato-cordatum. |
| *Cordato-ſagittatum.* | Sagittato-cordatum. |
| *Cordato-haſtatum.* | Haſtato-cordatum &c. |

Obſervandum vero in ſpeciebus foliorum, cuinam generi prior, cuive poſterior adſignetur locus; res enim indifferens non eſt, cum poſterius genus formam ſternat enaſcentis ſpeciei; prius vero eandem emendat, & quaſi quid exceptum vult, ac ſi prius tranſiiſſet in poſterius folium. E. gr. *Lineari-lanceolatum* latius eſt, lanceolato propius. *Lanceolato-lineare* anguſtius, lineari magis affine.

Vide de his Tabulam 1 & 2, ubi folia, quo facilius conciperentur, delineari curavimus.

*Folia* dividimus in Claſſes tres: in *Simplicia*, *Compoſita* & *Determinata*.

## Claſſis I.

# FOLIA SIMPLICIA.

Folium ſimplex eſt, cum petiolus unicum modo gerit folium.

Foliorum ſimplicium ordines VII. ſunt, in quibus conſideratur folium ſecundum Circumſcriptionem, Angulos, Sinus, Marginem, Superficiem, Apicem, Latera.

1. CIRCUMSCRIPTIO folii dependet a peripheria absque ſinubus vel angulis ullis.

Adeoque ſub hoc cenſu conſideranda venit omnis figura, quæ ex annulo varie compreſſo, absque tamen quod ſinum vel angulum admittat ullum, oriatur.

De marginis extimo vel apicis nulla hic habetur ratio, modo (qua talia) indiviſa conſiderantur & integra folia.

1. ORBICULATUM cujus diameter longitudinalis & transverſalis æquales ſunt; adeoque margine a centro æquali ſpatio diſtat. *Fig.* 1
2. SUBROTUNDUM cujus diameter longitudinalis brevior eſt transverſali. 2
   Sumitur etiam hoc vocabulum vulgo latius, eoque includuntur ſpecies 1, 2, 3, 4, 5.
3. OVATUM cujus diameter longitudinalis ſuperat transverſalem, & baſis folii ſegmento circuli inſcribitur, ſuperior vero pars verſus apicem anguſtatur. 3
   Obverſe ovatum dicitur ſi petiolus anguſtiori folii parti inferatur.
4. OVALE ſ. ELLIPTICUM cujus diameter longitudinalis ſuperat transverſalem & ſuperior ac inferior pars folii ejusdem eſt latitudinis, utraque ſegmento circuli circumſcripta. 4
5. OBLONGUM cujus diameter longitudinalis aliquoties ſuperat transverſalem & utraque extremitas ſegmento circuli anguſtior eſt. 5
6. CUNEIFORME cujus diameter longitudinalis ſuperat transverſalem & pars inferior a ſuperiore parte deorſum ſenſim anguſtatur. 45

2. ANGULI ſunt partes prominentes folii cujusdam integri concepti.

Angulus differt a ſinu, quod Angulus ſit pars folii prominens (fig. 20. ι α ι); at Sinus pars folii demta (fig. 20. α ι β); adeoque **angulus** in folio exiſtens, ſinus vero extra folium.

Latera ne confundantur cum angulo, ut vulgo fit, **eſt** angulus in horizontali folio, (fig. 20. α. β. γ.) latus vero in perpendiculari (fig. 58. α. β. γ )

7. LANCEOLATUM eſt oblongum (5), utrinque attenuatum a medio ad extremum in apicem. 6
8. LINEARE utraque extremitate ſæpius attenuatur, marginibus vero ſecundum longitudinem æquali ſpatio diſtantibus & parallelis. 7
9. SUBULATUM a parte inferiore lineare (9) eſt, at a medio ſurſum lente attenuatum in apicem. 8
10. TRIANGULARE tribus angulis gaudet, quorum duo laterales cum baſi horizontales ſunt margines tres recti. 12
11. DELTOIDES angulis quatuor inſtruitur, quorum apices a centro longius diſtant, quam aterales. 58
12. QUINQUANGULARE angulis quinque notatur, quorum margines recti, niſi aliquando in medio fracti (20. ι ζ.) 20
    Ex hiſce datis facile formantur reliqua rarius obvia folia a numero angulorum indicanda.
13. ROTUNDUM angulis omnibus caret, adeoque horum (7—12) oppoſitum.

3. SINUS

3. Sinus difcum folii in partes dividunt.
    Sinus hi vel in *bafi* 14—18.
        vel *fuperne* 21, 22.
        vel ad *latera* 23—25. 19, 20.
        vel *undique* 26.

14. Reniforme eft fubrotundum (2) bafi excavatum absque angulo.          9
15. Cordatum eft ovatum (3) bafi excavatum absque angulis pofticis.          10
    Obverfe cordatum fit fi petiolus inferatur apici folii.
16. Lunulatum eft fubrotundum (2) bafi excavatum, cum angulis pofticis falcato-incurvis.    11
17. Sagittatum eft triangulare (10) bafi excavatum.          13
18. Cordato-sagittatum fi margines convexi.          14
19. Hastatum eft triangulare lateribus & bafi excavatis, angulis reflexis.          15
20. Panduræforme. *Dill.* eft oblongum, lateribus coarctatis, fuperne latius, inferne adhuc latius.
21. Bifidum eft folium fuperne divifum in duas partes, laciniarum marginibus interioribus rectis.    16
    Quid *Trifidum*, *Quadrifidum*, *Quinquefidum*, *Multifidum* fit ex datis patet, limitato numero.
22. Trilobum eft folium divifum ad medium in tres partes diftantes marginibus convexis.    17
    Quid *Bilobum*, *Trilobum*, *Quadrilobum*, *Quinquelobum* (fig. 19.) fit, obfervato folo numero, patet ex
    prædicto.          19
23. Palmatum dividitur a fuprema parte ultra medium vel ferme ad bafin.          22
24. Pinnatifidum quod utrinque lacinias longas horizontales exferit, finubus lateralibus divifis.    23
25. Laciniatum quod finus plures ad medium folii pertingentes, lobis fubdivifis, admittit.    24
26. Sinuatum (proprie) eft quod ad latera finus admittit, lobis interjacentibus vix divifis.    25
    Sinuato-dentatum fi lobi laterales lineares funt.          26
    Retrorsum sinuatum fi lobi acuti verfus bafin reflectantur.          27
27. Quinquepartitum quod ad bafin usque in quinque dividitur partes.          28
    Hinc demto numero patet quid *Bipartitum*, *Tripartitum*, *Quadripartitum*, *Quinquepartitum*, &c. *Multi-
    partitum* fit.
28. Integrum finubus omnibus caret, adeoque horum (14—27) oppofitum.
    Indivisum idem eft & fynonymum. Integrum probe diftinguendum ab integerrimo; Integrum enim
    caret difci ipfius folii finubus, at Integerrimum marginis finubus, quos integrum non refpicit.

4. Margo quæ, in extima folii parte inque ipfo margine, fiunt diverfitates, modo hæ
    difcum folii non feriant, indicat.
    Excluduntur a margine, quæ in margine apicis fiunt.

29. Dentatum eft, quod e margine promit acumina horizontalia, folii confiftentiâ, diftincta inter fe,
    & fpatio remota.          30
30. Serratum cujus margo angulis acutis, alteram extremitatem folii refpicientibus, ferme imbricatis notatur.   31
    Refpiciunt hæ crenæ fæpius apicem.
    Retrorsum serratum ubi bafin folii refpiciunt.
    Obsolete serratum fi crenarum apices obtufi fint.
    Duplicato serratum fi duplicis generis ferraturæ, aliæ minores majoribus infidentes.    32
31. Crenatum cujus margo angulis inæqualis fit, iique anguli contigui funt, extrorfum verfi, nec ullo modo   32
    apicem vel bafin folii verfus incurvati.
    Acute crenatum fi anguli acuminati fint.          38
    Obtuse crenatum fi anguli rotundentur.          35
    Duplicato-crenatum fi parvæ crenæ majoribus crenis infideant.          36
32. Repandum cujus margo lobis fegmento circuli infcripti fecundum longitudinem notatur, interjectis   33
    finubus marginis obtufis.
33. Cartilagineum cujus margo a folii fubftantia membranacea vel carnofa diftat cartilagine.    46
34. Ciliatum cujus margo fetis parallelis undique cingit folium.          34
35. Lacerum cujus margo fegmentis confertis inter fe inæqualibus & difformibus conftat.    50
36. Crispum fi in folio undulato vel plicato, margo divifus (29, 30, 31. 35) fit.    24
37. Erosum fi folium finuatum & finus obtufi minimi alii marginem feriant.          39
38. Integerrimum cujus margo integer, nec ullo modo incifus eft.          21
    Differt ab integro (28).          42

5. Superficies folii, quæ in fupina ejus vel prona occurrunt parte, exhibet.

39. Tomentosum fi villi oculis non diftinguendi tegant folium.
40. Pilosum fi pili diftincti occupent fuperficiem folii.          48
    Hirsutum, Villosum, Lanigerum differunt vix gradu.          47
41. Hispidum fi fetæ rigidæ fragiles per fuperficiem folii fparfæ fint.
42. Scabrum fi parvæ inæqualitates difcum folii inæqualem reddant.          49
43. Aculeatum fi acumina cartilaginea pungentia difcedentia occupent folium.
44. Spinosum fi acumina cartilaginea pungentia, folio ita innata, ut absque læfione folii feparari nequeant,
    folii occupent five difcum five marginem.
45. Papillosum fi veficulæ minimæ tegant folii fuperficiem.
46. Nitidum eft folium glabrum, fi quafi politum niteat.          54
47. Plicatum fi a bafi folii exeant ad margines vafa, quorum alterna difcum folii ad angulum acutum ele-
    vant, alterna deprimunt.
48. Undulatum fi exterior pars difci ipfius folii latior evadat, quam circulus ad centrum, elevatur extima   37
    pars & deprimitur paffibus determinatis.
49. Rugosum fi venæ foliorum excavatæ infupina folii parte fint arctiores quam difci fubftantia, ut tumeat   46
    interjecta caro.
                                          51
                                            50. Ve-

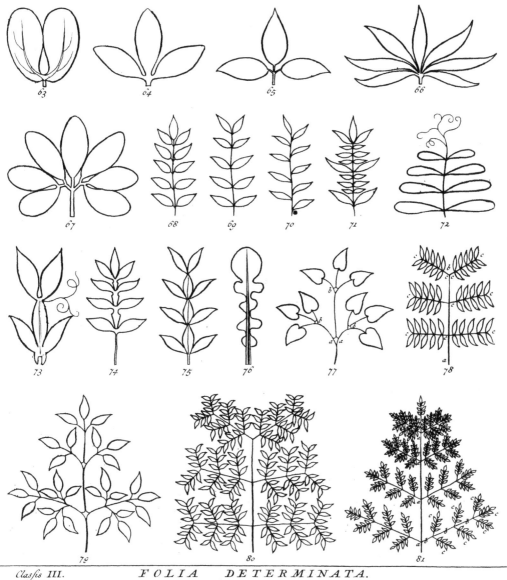

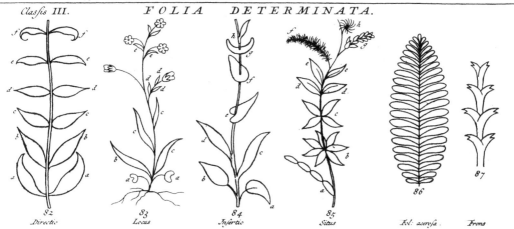

Directio.　　Locus.　　Inſertio.　　Situs.　　Fol: acerofa.　　Frons

50. Venosum fi vafa difcurrentia ramofiffima anaftomofes copiofiores nudo exhibeant oculo.    *Fig.* 52
51. Nervosum fi vafa fimpliciffima absque ramis extendantur a bafi verfus apicem parallele cum folio.    53
52. Nudum fi prædictis notis 39—51 careat, adeoque iis opponitur.

#### 6. Apex folii fiftit, quæ in fumma folii parte contingere poffunt, diverfitates.

53. Truncatum fi apex linea transverfali terminetur.
54. Retusum fi finus obtufus apici infideat.    46
55. Præmorsum fi truncatum & finu acuto patente divifum fit folium in apice.    18
56. Emarginatum fi crenulam admittat apex.
    Obtuse emarginatum ex denticulis judicatur.    45
    Acute emarginatum ex denticulis judicatur.    44
57. Obtusum fi fegmentum Circuli folium terminet.    40
58. Acutum fi angulus acutus folium terminet.    41
59. Acuminatum fi folium terminetur apice fubulato (9).    42
60. Obtusum cum acumine fi obtufum (57), terminatum vero apiculo acuti (58) folii.    43

#### 7. Latera confiderantur, cum folia perpendiculariter extenfa undique examinantur.

61. Teres quod cylindraceum eft, excepto fæpius apice.    62
62. Tubulosum quod interne (detruncatum) cavum eft.
63. Carnosum quod intra membranam, fuperiorem & inferiorem fuperficiem conftituentem, pulpa repletur.
64. Membranaceum quod intra utramque fuperficiem nulla pulpa fcatet.
65. Depressum eft, quod a latere caulem fpectante imprimitur.
66. Compressum quod a lateribus oppofitis, caulem non refpicientibus, imprimitur.
67. Planum eft depreffum, cujus longitudo horizontalis cenferi poteft.
68. Convexum eft depreffum in medio magis elevatum.
69. Concavum eft depreffum in medio excavatum.
70. Canaliculatum eft depreffum, fed fecundum totam longitudinem excavatum.    61
71. Ensiforme eft compreffum, utroque margine acutum, fecundum totam longitudinem angulo convexum.
72. Acinaciforme. *Dill.* eft compreffum lanceolatum, cujus latera deorfum gibba funt, margine deorfum fpectante acuto, introrfum vero obtufo rectiore.    56
73. Dolabriforme. *Dill.* eft compreffum, fubrotundum, obtufum, extrorfum gibbum acuta acie, inferne teretiufculum.    57
74. Linguiforme. *Dill.* eft lineare, obtufum, carnofum, depreffum, fubtus convexum, margine fæpius cartilagineum.    55
75. Triquetrum eft cujus latera tria plana funt; hoc fæpius fubulatum fimul eft.    59
    Hinc *Quadriquetrum* &c. quid fit, notum eft.
74. Trigonum eft triquetrum, fed latera canaliformia & proin anguli acuminati membranacei funt.
    Tetragonum, Pentagonum quid fit, clarum; vulgo commifcentur hæc cum 10, 11, 12.
75. Sulcatum fi anguli innumeri, ut iis modo intercedant finus obtufi.    60
76. Striatum fi lineæ excavatæ longitudinales parallelæ infcriptæ fint.

## *Claffis* II.

# FOLIA COMPOSITA.

Dividuntur Compofita folia in *Compofita* proprie dicta, *Decompofita* & *Supradecompofita*.
Composita componuntur a fimplicibus foliis, dum ex pluribus unum evadat.
Compositum fit cum communi petiolo plura affigantur folia.
In his dicitur quod ex plurimis conftant minoribus *Folium*, & fingulum quod conftituit compofitum dicitur *Foliolum*.

77. Composita proprie dicuntur, quæ femel femel vel ex una compofitione fiunt.
78. Digitatum quod apice petioli communis foliola plura annectit; adeoque fpecies hujus funt 79, 80, 81 arctius vero fumitur pro eo, quod pluribus, quam quatuor, foliis componitur.    66
79. α Ternatum quod ex apice petioli communis tria profert foliola.    64
    Foliolis feffilibus.    64
    Foliolis petiolatis.    65
80. Binatum quod ex apice petioli communis duo foliola profert.    63
81. Ramosum quod in petiolo communi bifurcato plura foliola gerit.    67
82. Pinnatum quod fecundum longitudinem petioli communis foliola annectit; hoc cum variis fit modis, fequentes meminiffe fpecies juvabit.
    α Pinnatum *cum impari*, feu cum foliolo terminatrici.    68
       *abruptum*, feu absque impari aut cirrho.    69
       *alternatim* feu foliolis alternis.    70
       *interrupte* feu foliolis inæqualibus.    71
       *cirrhofe* feu cirrho terminatum.    72
       *foliolis decurrentibus* (vid. §. 109.)    74
       *petiolis membranaceis articulatis.*    75
83. β Conjugatum eft pinnatum, unico modo foliorum pari (α. α) conftans: datur vel    73
       *abruptum.*
       *cirrhofum* β. β.
       petiolis membranaceis δ. δ.
       petiolis ftipulatis. γ. γ.

       ******** 2             84. γ Ly-

84. **γ** LYRATUM eft folium compofitum, factum e fimplici inferne divifo, ut infimæ laciniæ removeantur,
a folio, fpatio, nec cohæreant cum majori.                                                    76
85. **δ** DECOMPOSITA funt quorum petiolus communis bis fubdividitur antequam foliola adnectat, hæc 86, 87.
86. DUPLICATO TERNATUM feu TERNATO-TERNATUM eft decompofitum ternatum-folium, bis (79).          77
BIGEMINATUM de conjugato (83) duplicato prædicatur.
87. DUPLICATO-PINNATUM feu PINNATO-PINNATUM eft decompofitum pinnatum folium.                     78
88. **ε** SUPRA-DECOMPOSITA funt quorum petiolus communis (plus quam bis) multoties fubdividitur, antequam
foliola admittat : uti 89, 90.
89. TRIPLICATO-TERNATUM f. TERNATO-TERNATUM eft folium, cujus petiolus ter trifidus evadit antequam
foliola admittat.                                                                             79
90. TRIPLICATO-PINNATUM feu PINNATO-PINNATUM eft cujus petiolus ter petiolos minores pinnatim (82) exerit, antequam foliola accipiat:
Folia partialia hujus vel abrupta funt.                                                       80
vel cum impari.                                                                            81

## *Claſſis* III.

# FOLIA DETERMINATA.

Determinatio foliorum confiftit in ifta differentia, quæ differens reddit folium, ab eò
quod ftructuram ejus immutet.
Determinatio fecundum 4 ordines peragitur, qui confiftunt in *Directione*, *Loco*, *Infer-*
*tione*, *Situ*.

1. DIRECTIO eft ifta expanfio, quam a bafi ad apicem adquirit folium.               82

91. INFLEXUM fi verfus plantam arcuetur.                                             *a*
92. ERECTUM fi ad angulum acutum a perpendiculo difcedat.                            *b*
93. PATENS fi ad angulum obtufum a perpendiculo dehifcat.                            *c*
94. HORIZONTALE f. PATENTISSIMUM fi ad angulum rectum a perpendiculo recedat.        *d*
95. RECLINATUM & REPLEXUM fi apex folii inferior fit bafi.                           *e*
96. REVOLUTUM fi fuperior pars folii deorfum revolvatur.                             *f*
97. RADICANS fi ex apice folii radiculam exferat; uti filices quædam.
98. RADICATUM fi ex difco folii fupino radices prodeant; ut in Algis quibusdam.
99. NATANS eft, quod fuperficiei aquæ incumbit.                                      29

2. LOCUS folii confideratur fecundum punctum cui inferitur ipfi plantæ.             83

100. SEMINALE. Cotyledon plantæ eft.                                                 *a*
101. RADICALE quod e radice immediate prodit, nec cauli inferitur.                   *b*
102. CAULINUM quod e caule prodit.                                                   *c*
103. RAMORUM quod ramis infidet.                                                     *d*
104. SUBALARE quod ramificationibus caulis fubjicitur.                               *e*
105. FLORALE quod flori proximum eft, nec umquam prodit, nifi floris proventus fit.

3. INSERTIO foliorum confideratur ex modo, quo folium plantæ adnectitur.            84

106. PELTATUM fi petiolus (non bafi feu margini) difco ipfius folii inferatur.       *a*
107. PETIOLATUM fi petiolus marginem bafeos folii intret.                            *b*
108. SESSILE fi folium immediate cauli vel ramo, abfque ullo petiolo, adnafcatur.    *c*
109. DECURRENS eft feffile (108), cujus infima pars, ultra bafin folii, extenditur deorfum per caulem vel
ramum, eique adhæret.                                                             *d*
110. AMPLEXICAULE eft cujus bafis extenditur ut latera caulis ambiat; eft hoc communiter fi feffile, vel
cordatum, vel fagittatum.                                                         *e*
SEMIAMPLEXICAULE vero dicitur, fi lobi bafeos amplexantes breviores funt, quam ut amplectantur
caulem totaliter.
111. PERFOLIATUM eft fi vel caulis vel ramus vel pedunculus difcum ipfum folii pertranfeat, nec margini
folii adhæreat.                                                                   *f*
112. CONNATA folia funt oppofita (117), quorum bafes utrinque connatæ funt in unum corpus.        *g*
113. VAGINANS eft, cujus bafis cylindro vel tubo undique inveftienti ramum vel pedunculum infidet,
uti in Graminibus plerifque.                                                      *h*

4. SITUS foliorum dependet a loco unius refpectu ad reliqua folia.                  85

114. ARTICULATA folia, cum unum ex alterius apice excrefcat.                         *a*
115. STELLATA cum folia quam fex plura, verticillatim cauli inferantur.              *b*
116. TERNA, QUATERNA, QUINA, SENA &c. funt fpecies priorum (115) numero conftanti.   *c*
117. OPPOSITA cum caulina folia duo e regione collocentur interjecto caule.          *d*
118. ALTERNA fi quafi per gradus caulem afcendat fitus foliorum.                     *e*
119. SPARSA fi abfque ullo ordine plantæ inferantur.
120. CONFERTA fi cumulata funt folia, ut eorum fitus diftincte tradi nequeat.        *f*
121 IMBRICATA fi conferta (120) erecta (92) fimul fint.                              *g*
122. FASCICULATA fi ex eodem puncto plura folia prodeant.                            *h*
123. ACEROSA folia, quæ ramis inarticulata funt.                                     86
124. FRONDES, fi folia fructificationibus aut ramis connafcantur, ut diftincte tradi nequeat.    87

P Q.

HOR.

# HORTUS CLIFFORTIANUS.

## Classis I.

# MONANDRIA.

## MONOGYNIA.

CANNA *gener. plantar.* 2.

1. CANNA fpathulis bifloris.
Canna indica. *Riv. mon.* 164. *Sloan hift.* 1. p. 253.
Canna indica rubra. *Beff. eyft. aut.* 14.
Canna indica latifolia maxima. *Herm. lugdb.* 113.
Canna indiæ. *Cæfalp. fyft.* 420.
Canna five Arundo indica, quibusdam Flos cancri. *Bauh. hift.* 2. p. 752.
Cannacorus latifolius vulgaris. *Tournef. inft.* 367. *Boerh. lugdb.* 2. p 127.
Arundo indica latifolia. *Bauh. pin.* 19.
Arundo indica florida latifolia. *Morif. hift. p.* 250. f. 8. t. 13 f. 1,
Katu-bala. *Rheed. mal. XI. p.* 85. f. 42.
Meru. *Marcgr. braf.* 4.
Tozcuitlapil. *Hern. mex.* 282.
*Crefcit in regionibus calidis Americæ, Afiæ & Africæ, locis humidiusculis & lutofis.*
*Varietates hujus tres communiter in Hortis obviæ funt:*
1. Naturalis allegata planta, flore luteo eft.
2. Cannacorus flore luteo punctato. *Tournef.*
3. Cannacorus ampliffimo folio, flore rutilo. *Tournef.*
4. Cannacorus flore coccineo fplendente. *Tournef.*

2. CANNA foliis lanceolatis petiolatis.
Canna indica anguftifolia, flore luteo. *Riv. mon* 166.
Canna indica anguftifolia, flore flavo. *Herm. lugdb.* 114.
Cannacorus anguftifolius, flore flavefcente. *Tournef. inft.* 367. *Boerh. lugdb.* 2. p. 127.
Arundo indica florida anguftifolia. *Morif. hift.* 3. p. 250. f. 8. t. 14. f. 6.
Meru, altera fpecies. *Marcgr. braf.* 5.
Albara, aliis Pacivara. *Pif. braf.* 117.
*Crefcit in umbrofis & fpongiofis locis Americæ calidiffimæ.*
*Cum antecedente plurima habet communia: an diftincta fit fpecies, nec ne, determinent autoptici in loco natali.*
*Singulari admodum figura & ab aliis omnibus diverfa gaudent genitalia plantarum hujus generis: Staminum enim filamentum laciniam petali colore, figura & magnitudine refert, a quo ftylus amplectitur; Anthera vero alteri margini laterali hujus filamenti adnafcitur. Stylus dein lanceolatus eft, coloratus & inferne adnatus filamento.*
*Semina in hoc genere globofa funt, nigricantia, dura, globo plumbeo pro bombarda fimillima, qua nota ab Hortulanis, quocunque fub nomine miffa, primo intuitu dignofcuntur. Singulare in his eft quod nec hilum, nec cicatriculam ullam oftendant, fed germen clavi inftar per medium vitelli intrufum ferant.*

A

MA-

# MARANTA *g. pl.* 825.

1. **MARANTA**.

Maranta arundinacea, cannacori folio. *Plum. gen.* 16. *Mart. cent.* 1. *p.* 39. *f.* 39.
Canna indica, radice alba alexipharmaca, *Sloan. flor.* 22.
*Crescit in Americæ subcalidis regionibus.*

*Modo crescendi, foliis, caule & fructificatione ad Cannas proxime accedit, a quibus differt corollæ laciniis patentibus, capsula glabra, præsertim autem stylo tereti, apice incurvato & stigmate truncato, trigono; Filamentum vero omnino ut in Canna construitur.*

*Utrum hæc sit planta Sloanea, nec non, præ imperfecta authoris descriptione divinare non licet, cum Thalia & Alpinia eadem gaudeant foliatura, nec nostra nobis flore purpureo visa est unquam, sed semper albo. Si eadem sit, sique tantis gaudeat in ciendo venena viribus, ra dicem hujus dudum non factam fuisse per Europam officinalem mirari liceat.*

*Descriptio nostræ plantæ brevis est:*

Radix *tuberosa, tuberibus pollicis magnitudine plurimis, radici communi totidem filis annexis.*
Caulis *bipedalis, lævis, parum compressus, aliquantum ramosus, articulatus geniculis crassiusculis. Rami pauci, fere nudi, subdivisi in pedunculos floriferos.*
Folia *alterna, ovata, glabra, integerrima, nitida, obtuse acuminata, fibris parallelis absque nervis lateralibus.* Petioli *longitudine foliorum angusti, apice & basi geniculum rude exhibentes.*
Flores *albi, structura qua in charactere descripti.*

# KÆMPFERIA. *g. pl.* 826.

1. **KÆMPFERIA**.

Aro-Orchis tuberosa platyphyllos. *Burm. zeyl.* 33. *t.* 13. *f.* 1.
Contrayerva seu Doso Camelli. *Raj. app.* 647.
Calceolus philippensis pumila, plantaginis folio, radice alexipharmaca. *Pet. gaz. t.* 19. *f.* 7.
Colchicum indicum platyphyllum, radice tuberosa carlinæ odore & sapore, flore albo vel incarnato. *Herm. zeyl.* 54.
Planta bifolia, radice tuberosa, flore tripetalo difformi, malabariensis. *Comm. flor.* 55.
Katsjula-Kelengu. *Rheed. mal. XI. p.* 81. *t.* 41. *Pluk. amalt.* 127.
Wanhom. *Kæmp. jap.* 901. *t.* 902.
*Crescit in utraque India, præsertim Zeylona, Malabaria & Philippinis.*
*Optime describitur & depingitur a Rheedo & Kæmpfero.*
*Sapor radicis aromaticus, debilis, diu durans, calidus.*
*Dixi hoc genus a curiosissimo isto per Japoniam peregrinatore Kæmpfero, cui notitiam plantarum Japonicarum & harum descriptionem accuratam debemus.*

# COSTUS. *g. pl.* 825.

1. **COSTUS**.

Costus officinarum. *Dal. pharm.* 366. *Comm. flor.* 23.
Tsiana-Kua. *Rheed. mal. XI. p.* 15. *t.* 8.
Paco Caatinga brasiliensibus. *Marcgr. braf.* 48. *Pif. braf.* 98.
Anonyma. *Mer. furin.* 36. *t.* 36.
*Crescit in nemoribus Malabariæ, Brasiliæ, Surinamæ.*
*Judicent alii num istæ a Rheedo & Meriana depictæ, distinctæ sint inter se species, vel una eademque, ut nobis videtur, planta, qui Surinamensem modo habemus.*
Caulis *terminatur capitulo imbricato: squamis ovatis, obtusis, concavis: unifloris singus, persistentibus viridibus, nec apud nos coloratis.*
Cal. Perianthium *minimum, tridentatum, germini insidens.*
Cor. Petala *tria, lanceolata, concava, erecta, æqualia.* Nectarium *monophyllum, petalis majus, oblongum, tubuloso inflatum, ore ringens, ultra medietatem bifidum in duo labia: labio inferiore latiore, corolla multo longiore; limbo patente, margine trifido; laciniis lateralibus rotundatis, versus intermediam laciniam angulum acutum exserentibus, intermedia vero lacinia trifida; labio superiore lanceolato, breviore, longitudine tubi ventricosi, filamenti vices gerente, cui*
Antheræ *duæ, parallelæ (seu unica bipartita), a latere interiore adnatæ.*
Pist. Germen *subrotundum, sub receptaculo floris.* Stylus *filiformis, longitudine labii superioris nectarii.* Stigma *capitatum, compressum, emarginatum.*

AMO*

KæMPFERIA. *Hort· Cliff· p. 2. ſp. 1.*

1. *Planta integra naturali magnitudine.*
2. *Flos.* a. *Spatha exterior univalvis.* b. *Spatha interior apice bifido.* c.c. *Gluma bivalvis admodum tenuis.*
    d.d.d. **Perianthium.** e.e. *Pelata duo uniformia.* f.f. *Petalum tertium majus bifidum labium inferius conſtituens.*
3 *Perianthium cum* d.d. *laciniis ſuis tribus &* e.e. *Filamento bicorni membranaceo, ſtylum involvente, duabus anteris lateralibus inſtructo.*
4. *Piſtilli* f. **Stylus &** g. **Stigma,** *microſcopio viſa.*

J. WANDELAAR delineavit & fecit.

# AMOMUM. *g. pl.* 823.

1. AMOMUM fcapo nudo, fpica ovata.
Zingiber. *Raj. hift.* 1314. *Valent. muf.* 183. *Dal. pharm.* 365.
Zingiber, anguftiore folio, fœmina, utriusque indiæ alumna. *Pluk. alm.* 397.
Kjoo. *Kæmpf. jap.* 826.
Infchi. *Rheed. mal. XI. p.* 21. *t.* 12.
Chilli indiæ orientalis feu Zingiber fœmina. *Herm. mex.* 169.
*Crefcit in Malabaria, Japonia, Caribæis, fervatur per integrum annum in Hybernaculo.*

2. AMOMUM fcapo nudo, fpica oblonga obtufa.
Zingiber latifolium fylveftre, *Herm. lugdb.* 636. *t.* 636. *Bauh. hift.* 2. *p.* 128.
Zedoaria longa. *Bauh. pin.* 35.
Zerumbet officinarum. *Dal. pharm.* 366.
Kua, *Rheed. mal. XI. p.* 13. *t.* 7.
*Crefcit in fylvis umbrofis Malabariæ, Zeylonæ & adjacentium.*
*Singulare in toto hocce genere eft, quod folia caulina difcum non cælo obvertant, fed meridiei.*

# HIPPURIS. *g. pl.* 1.

1. HIPPURIS. *Fl. lapp.* 1.
Limnopeuce. *Raj. fyn.* 136.
Limnopeuce vulgaris. *Vaill. act.* 1719. *p.* 15.
Pinaftella furrectior. *Rupp. jen.* 275.
Equifetum paluftre, brevioribus foliis, polyfpermum. *Bauh. pin.* 15.
Polygonum fœmina, equifeti facie. *Bauh. hift.* 3. *p.* 732.
*Crefcit fpontanea in paludibus & rivulis per Europam.*

# *DIGYNIA.*

## CORISPERMUM. *g. pl.* 3.

1. CORISPERMUM foliis alternis.
Corifpermum hyffopifolium. *Juff. act.* 1712. *p.* 244. *t.* 10. *Dill. gen.* 160.
*Crefcit in Tartaria.*
*Semina in hac fpecie nuda funt, folitaria, unilocularia, hinc convexa, inde plana.*

2 CORISPERMUM foliis oppofitis. *Fl. lapp.* 2.
Stellaria aquatica. *Bauh. pin.* 141. *Raj. hift.* 1323.
Stellaria paluftris anguftifolia, folio in apice diflecto. *Loef. pruff.* 140.
Didymophoros alfines paluftris facie, pufilla repens, foliis carnofis. *Pluk. alm.* 21.
Alfine aquis innatans, foliis longiufculis. *Bauh. hift.* 3. *p.* 786.
Alfine aquatica minor & fluitans. *Bauh. pin.* 251.
Callitriche plinii. *Column. ecph.* 1. *p.* 316.
*Crefcit in foffis & aquis ftagnantibus frequens per Europam & Americam feptentrionalem.*
*Hujus fpeciei fructus eft quadrangularis, quadrilocularis, feminibus in fingulo loculo folitariis.*

# Classis II.

# DIANDRIA.

## MONOGYNIA.

### OLEA. *g. pl.* 5.

**1. OLEA** foliis lanceolatis, ramis teretiusculis.
Olea sylvestris. *Cluf. hist.* 26.
Olea sylvestris, folio duro subtus incano. *Bauh. pin.* 472. *Boerh. lugdb.* 2. p. 218.
Oleaster sive Olea sylvestris. *Bauh. hist.* 1. pp. 17.
α Olea sativa. *Bauh. pin.* 472. *Bauh. hist.* 1. pp. 1.
Olea. *Dod. pempt.* 821. *Cæfalp. syst.* 72.
*Crescit in Hispania, Italia, Gallia, nec gelidum nec fervidum ferens clima.*
*Cum sativa a sylvestri sola cultura differat, cum fructum in hortis nostris non maturet & varie-*
*tates authorum a fructus differentiis desumtæ sint, plures varietates recensere nolui.*

**2. OLEA** foliis lanceolatis, ramis tetragonis.
Olea afra, folio buxi crasso atro-viridi lucido, cortice albo scabro. *Boerh. lugdb.* 2. p. 218.
*Crescit in Africa.*
*Arbuscula est humanæ (apud nos) altitudinis, rigida, cinerea. Rami recti, robusti, tetragoni,*
*obducti epidermide alba tenuissima, rimis longitudinalibus striata. Folia opposita, oblongo-*
*ovata, glabra, atro-viridia, nitida, subtus pallide virescentia, margine deflexo, apice acumi-*
*nato, cartilagineo, rigido, petiolo brevissimo, oppositionibus pollicis transversi spatio remotis.*
*Hinc differt ab antecedenti: Ramis in illa magis teretibus, rigidioribus, strictioribus; co-*
*lore caulis in illa fusco, & foliorum subtus griseo; Foliis in illa mollioribus, minoribus,*
*pallidioribus. Antecedens floret apud nos omni anno, hujus vero flores, licet magnæ in horto*
*sint arbores, non prodiere in hunc diem.*

**3. OLEA** foliis obverse ovatis.
Ligustrum capense sempervirens, folio crasso subrotundo. *Dill. elth.* 193. t. 170. f. 194.
*Crescit ad caput bonæ spei.*

### PHILLYREA. *g. pl.* 4.

**1. PHILLYREA** foliis cordato-ovatis serratis.
Phillyrea latifolia spinosa. *Bauh. pin.* 476. *Boerh. lugdb.* 2. p. 215.
Phillyrea folio ilicis. *Bauh. hist.* 1. p. 541.
Phillyrea 1. *Cluf. hist.* 1. p. 51.
α Phillyrea folio leviter serrato. *Bauh. pin.* 476.
Phillyrea folio alaterni. *Bauh. hist.* 1. p. 541.
Phillyrea 2. *Cluf. hist.* 1. p. 52.
*Crescit in incultis Lusitaniæ & Hetruriæ locis.*
*Varietatem à specie non distinctam esse cum Rajo in hist. p. 1586 statuimus.*

**2. PHILLYREA** foliis ovato-lanceolatis vix crenatis.
Phillyrea folio ligustri. *Bauh. pin.* 476. *Boerh. lugdb.* 2. p. 215.
Phillyrea latiusculo folio. *Bauh. hist.* 1. p. 539.
Phillyrea latiore folio. *Dod. pempt.* 776.
Phillyrea 3. *Cluf. hist.* 1. p. 52.
Ilatrum. *Cæfalp. syst.* 74.
*Crescit in rupibus glareosis & saxosis Hispaniæ & Galliæ.*

**3. PHILLYREA** foliis lanceolatis integerrimis.
Phillyrea angustifolia prima. *Bauh. pin.* 476. *Boerh. lugdb.* 2. p. 215.
Phillyrea angustifolia. *Bauh. hist.* 1. p. 539. *Lob. hist.* 564.
Phillyrea 4. *Cluf. hist.* 1. p. 52.
Cyprus. *Dod. pempt.* 776.
α Phillyrea angustifolia secunda. *Bauh. pin.* 476.
Phillyrea 5. *Cluf. hist.* 1. p. 52.
*Crescit in Hetruria.*
*Varietatem a specie non distinctam esse, modoque foliis angustioribus a loco instrui, Magnolius*
*& Rajus subscripserunt.*

# BRUNSFELSIA. *g. pl.* 830.

1. BRUNSFELSIA.
Brunsfelfia flore albo, fructu croceo molli. *Plum. gen.* 12.
*Crefcit in America.*
*Ante annum e feminibus enata viget etiamnum, licet adeo pufilla, ut ejus defcriptionem dare nequeam.*

# NYCTANTHES. *g. pl.* 831.

1. NYCTANTHES caule volubili, foliis fubovatis acutis.
Jafminum indicum, mali aurantiæ foliis, flore albo duplici. *Kigg. beaum.* 25.
Jafminum arabicum, foliis limonii conjugatis, flore albo duplici odoratiffimo. *Angl. hort. t.* 27.
Jafminum limonii folio conjugato, flore odorato pleno vario. *Burm. zeyl.* 128. *t.* 58. *f.* 2.
Jafminum five Sambac arabum alpino. *Bauh. hift.* 2. *p.* 102. *Boerh. lugdb.* 2. *p.* 217.
Syringa arabica, foliis mali aurantii. *Bauh. pin.* 398.
Sambac arabicum five Gelfeminum arabicum. *Alp. ægypt.* 39. *t.* 39.
Nalla-mulla. *Rheed. mal. VI.* p. 87. *t.* 50.
*Crefcit in Arabia, Zeylona, Malabaria, aliisque variis Orientalibus infulis.*
*Flores in hoc genere monopetali, limbo femper octifido funt; hinc errant qui corollam talem ple-*
*nam vel duplicatam credunt, cum numerus naturalis fit octonarius, non quaternarius; hinc*
*folo flore in quantum a Jafminis differat hoc genus, primo intuitu patet, ut de facie ex-*
*terna nil addam.*
*Species hujus generis omnes flores fuos ftellæ inftar radiantes circa vefperam expandunt, per*
*noctem albi nitent, fuaveolentiffimoque odore fuperbiunt, mox autem oriente fole ornamenta*
*hæc gratiffima deponunt, dejiciunt, eoque terram afpergunt, unde apud Peregrinatores no-*
*mine Arborum triftium veniunt, præfertim fpecies 5 & 6. nos Nyctanthen feu Noctis florem*
*diximus. In horto Malabarico fequentes delineantur congeneres.*
2. Tfjiregam —— mulla tom. VI. p. 97. f. 55.
3. Katutfjiregam-mulla —— VI. — 95. — 54.
4. Katupitfiegam-mulla —— VI. — 93 — 53.
5. Rava —— pou —— VI. — 99 — 48.
6. Manja — pumeram —— I. — 35 — 21.

# JASMINUM. *g. pl.* 7.

1. JASMINUM foliis oppofitis pinnatis.
Jafminum vulgatius, flore albo. *Bauh. pin.* 397. *Boerh. lugdb.* 2. *p.* 216.
Jafminum flore albo. *Befl. eyft. æft.* 140.
Jafminum. *Dod. pempt.* 409.
Jafminum five Gelfeminum flore albo. *Bauh. hift.* 2. *p.* 101.
Gelfeminum vulgatius. *Lob. hift.* 542. *Cæfalp fyft.* 153.
α Jafminum hifpanicum, flore majore externe rubente. *Bauh. hift.* 2. *p.* 101.
Jafminum humilius, magno flore, *Bauh. pin.* 398. *Mer. furin.* 45. *t.* 45. *Boerh. lugdb.* 2. *p.* 216.
Gelfeminum catalonicum. *Befl. eyft. æft.* 13.
Pitsjegam-mulla. *Rheed. mal. VI.* p. 91. *t.* 53.
*Crefcit in Malabaria & Surinama.*
*Varietas (α) convenit in ftructura totius plantæ cum priori fpecie, ergo eadem; confirmat hoc*
*Horticultura; nam fi α propagetur e ramis depactis vilefcit foboles, floresque minores pro-*
*fert, eosque albos nec amplius rubicundos, hinc per infitionem multiplicari tenetur. Videtur*
*tamen α ftatus naturalis, & prior planta præternaturalis a loco natali coacto producta, licet*
*in Europa vulgatior fit prior, α hic peregrina; qui aliter fentiat demonftret demonftranda &*
*locum natalem naturalem antecedentis oftendat*
*In hortis Europæ feptentrionalibus, juxta parietes licet, erecta crefcit arbor vix humanæ alti-*
*tudinis, in auftralioribus vero, ut in Anglia, Gallia & Italia parietes afcendit, fumma*
*petit & latera expanfis ramis læte tegit.*

2. JASMINUM foliis oppofitis ternatis.
Jafminum americanum trifolium, flore albo, odoratiffimum. *Herm. lugdb.* 216.
Jafminum azoricum trifoliatum, flore albo, odoratiffimum. *Comm. hort.* 1. p. 159. *t.* 82. *Boerh. lugdb.* 2. *p.* 216.
Jafminum album trifoliatum, flore magno ex infula maderenfi. *Pluk. alm.* 195. *t.* 303. *f.* 1.
Jafminum fylveftre triphyllum, floribus rubellis umbellatis. *Burm. zeyl.* 127.
*Crefcit in utraque India, in infulis Azoricis, Zeylona, Madera.*

3. JASMINUM foliis alternis ternatis ac fimplicibus, ramis angulatis.
Jafminum luteum, vulgo dictum bacciferum. *Bauh. pin.* 398. *Boerh. lugdb.* 2. *p.* 216.
Trifolium fruticans. *Dod. pempt.* 571.
Trifolium fruticans, quibusdam Polemonium, flore cæruleo. *Bauh. hift.* 1. pp. 374.
*Crefcit in fepibus Neapolitanis & Monfpelienfibus.*

4. JASMINUM foliis alternis ternatis obtufis.
Jafminum indicum flavum odoratiffimum. *Ferr. cult.* 393. *Boerh. lugdb.* 2. p. 216

Jafmi-

Jasminum flavum odoratum. *Barr. rar.* 123. *t.* 62.
*Crescendi locus naturalis nobis ignotus est.*

5. JASMINUM foliis alternis ternatis acuminatis.
Jasminum humile luteum. *Bauh. pin.* 397. *Boerh. lugdb.* 2. 216.
Jasminum luteum. *Besl. eyst. æst.* 140. *f.* 2.
Jasminum sive Gelseminum luteum. *Bauh. hist.* 2. *p.* 102.
*Crescendi locus me fugit.*

## LIGUSTRUM. *g. pl.* 6.

1. LIGUSTRUM. *Bauh. hist.* 1. *p.* 528. *Boerh. lugdb.* 2. *p.* 215.
Ligustrum Germanicum *Bauh. pin.* 475.
Phillyrea. *Dod. pempt.* 775.
Nysimmotsi. *Kæmpf. jap.* 776.
*Crescit in vepretibus Germaniæ, Galliæ, Italiæ, imo & Japoniæ.*

## SYRINGA. *g. pl.* 8.

1. SYRINGA foliis lanceolato-cordatis.
Syringa cærulea. *Bauh. pin.* 398.
Syringa, flore cæruleo, major. *Rupp. jen.* 18.
Syringa flore cæruleo sive Lilac. *Bauh. hist.* 1. *p.* 204.
Lilac. *Tournef. inst.* 601. *Boerh. lugdb.* 2. *p* 221.
Frutex quidam peregrinus, Ligustrum orientale quibusdam. *Cæsalp. syst.* 120.
α Lilac flore albo. *Tournef.*
β Lilac flore saturate purpureo. *Tournef.*
*Crescendi locus incognitus nobis est, Orientalis a veteribus omnibus dicitur frutex.*

2. SYRINGA foliis lanceolatis integris.
Syringa ligustri folio. *Rupp. jen.* 18.
Syringa persica, foliis integris. *Herm. lugdb.* 586.
Syringa persica, foliis indivisis, flore majore pallide cæruleo. *Pluk. alm.* 359.
Jasminum persicum, foliis non laciniatis. *Suth. edinb.* 328.
Jasminum pallido-cæruleum persicum latifolium. *Munt. hist.* 227.
Lilac ligustri folio. *Tournef inst.* 602. *Boerh. lugdb.* 2. *p.* 221.
Agem lilac persarum. *Corn. canad.* 190.
*Crescendi locus & circa hanc arbusculam nobis non innotuit, nisi persia sit hujus cum sequentis,*
*a qua hanc ut varietatem productam credunt nonnulli.*

3. SYRINGA foliis lanceolatis integris ac dissectis.
Syringa laciniato folio. *Rupp. jen.* 19.
Syringa persica, foliis laciniatis ligustri. *Herm. lugdb.* 586.
Jasminum persicum, foliis laciniatis. *Suth. edinb.* 328.
Jasminum cæruleum persicum tenuifolium. *Munt. hist.* 226.
Ligustrum foliis laciniatis. *Bauh. pin.* 476.
Lilac laciniato folio. *Tournef. inst.* 602. *Boerh. lugdb.* 2. *p.* 221.
Agem lilac persarum, inciso folio. *Corn. canad.* 188
*Crescit forte in Persia, si nomini fides adhibenda sit.*

## PIPER. *g. pl.* 831.

1. PIPER foliis cordatis, caule procumbente. *Vide Tab.*
Saururus minor procumbens botryitis, folio crasso cordato. *Plum. amer.* 54. *t.* 72. *gen.* 51.
*Crescit in America calidiore.*
*Planta est parva, tenera & delicatula, hypocausto calido conservanda, ocymi facile, primo in-*
*tuitu, facie.*
Caulis est pedalis, crassitie pennæ anserinæ, succulentus, subdiaphanus, pallide-viridis, glaber, oleo quasi unctus, inclinatus ad terram usque, teres, parum anceps; infra exortum
enim singuli rami prominet margo, qui dein decurrit utrinque per caulem, in opposito latere, ad proxime subjectum ramum.
Rami pauci, alternatim egressi, pollicum duorum transversorum distantia remoti, digito hu-
mano vix longiores; hi iterum eadem lege subdivisi, licet in superiori sua parte spicas
loco ramulorum proferant.
Folium sub singulo ramo unicum, exacte cordatum, basi emarginatum, apice levissime productum, pallido-viride, utrinque glabrum, supra nitidum, parumque convexum, subtus
albescens concavum, subdiaphanum, magnitudine ultimi articuli pollicis; ab insertione petioli
nervi quinque prodeunt, quorum laterales ad marginem in medio folio terminantur, intermedii vero supra medium folii, medius autem in ipso apice desinit; hi a parte supina lineas ex-
cavatas, a prona vero elevatas, referunt. Petioli brevissimi, superne canaliculati. Cum
rami

TAB. IV.

PIPER foliis cordatis, caule procumbente. *Hort. Cliff.* 6. *sp.* 1.
  *a Flos lente visus cum Antheris duabus ad latera germinis.*

J. WANDELAAR fecit.

*rami ultimi ferius excrescant, excrescunt & folia iis subjecta lentius, hinc uno eodemque & tempore & loco variae magnitudinis fese offerunt conspicienda, quae revoluta funt apud nos, an autem in statu fic naturali determinare nequeo.*

Spicæ *tandem e ramis loco ramulorum exferuntur oppositæ femper folio, quibus interjacet ramus excrefcens; eftque talis fpica longitudine digiti dimidii, recta, tenuiffima, fructificationibus dum floret confertis, cum vero fructum maturat fparfis, obfita.*

*Flores inferiores primum vigent, mox ad fructum fe accingunt, delato florendi ordine de die in diem ad fuperiores fpicæ ejusdem.*

*Flores & fpica virides funt, conftatque fingulus* Flos *calyce & corolla deftitutus, folo germine ovato, fine ullo ftylo, Stygmate villofo coronato. Antheræ duæ, fine filamento, germini juxta bafin affixæ funt.*

Plumier *qui primus* Saururi *genus inftituit, duas & diverfas fub eo comprehendit familias, ut ex fpeciminibus plantarum examinatis facile determinare licet.* Piper *enim cum fuis congeneribus caret calyce, corolla & filamentis; antheris duabus germini ovato affixis & ftigmate villofo gaudet.*

Saururus *autem corolla caret,* calyce *inftructus monophyllo ovato ad alterum latus pofito; ftamina huic fex funt, filamentis longitudine piftilli; Piftillum eft germen ovatum fine ftylo, tribus ftigmatibus capitatis inftructum* Vide Hexandriam Trigyniam.

*Differunt deinde hæc duo genera, facie, modo crefcendi, foliatura, confiftentia, fapore, &c. ut quivis è fola facie plantas has facile diftinguere qveat.*

Piper *rotundum nigrum C. B. iisdem floribus, eademque fructificatione ac noftra exacte gaudet, uti conferenti* Molago-codi. Rheed. mal. 7. p. 23. t. 12. *patebit.*

## CIRCÆA. g. pl. 8.

1. CIRCÆA.

Circæa lutetiana. *Lob. hift.* 137. *Tournef. inft.* 301. *Boerh. lugdb.* 1. *p.* 78.

Solanifolia, Circæa dicta, major. *Bauh. pin.* 168.

Lappula incantatoria dipetalos fpicata major. *Pluk. alm.* 256.

Ocymaftrum verrucarium. *Bauh. hift.* 2. *p.* 977.

α Circæa calice colorato. *Fl. lapp.* 3.

Circæa minima. *Column. ecphr.* 2. *p.* 80. *Tournef. inft.* 301. *Boerh. lugdb.* 1. *p.* 78.

Solanifolia, Circæa alpina. *Bauh. pin.* 168. *Morif. hift.* 2. p. 617 f. 5. tom. 34. f. 2.

*Crefcit in nemoribus fucculentis umbrofis & alpinis per totam fere Europam.*

*Plantam minorem alpinam (α) fpecie a majori & naturali non differre* Bauhino *affentimur, cum in numero, figura, fitu & proportione omnium & fingularum partium plantæ nulla has intercedat differentia; fola tantum magnitudo (F. B.* 260.) *a loco producta, differentiam non fubminiftrat. Vidimus olim in* Lapponia *calycem eodem quo corolla modo coloratum in minori, & dein in* Germania *calycem rudem ac viridem in majori planta, & inde notam differentem defumi poffe perfuafi fuimus; at dum has plantas una fimul pofitas in Horto* Oxonienfi, *præfente Cl.* Dilleneo, *intuebamur & examinabamus, nec hanc conftantem fuiffe notam perfpeximus, ubi in utraque planta calix coloratus fefe obtulit.*

## VERONICA. g. pl. 11.

1. VERONICA foliis quaternis quinisve.

Veronica virginiana procerior, foliis ternis, quaternis, & etiam quinis caulem amplexantibus, fpicis florum candidiffimis. *Pluk. phyt.* 70. *f.* 2.

Veronica virginiana altiffima, fpica multiplici, floribus candidis. *Boerh. lugdb.* 1. *p.* 226.

*Crefcit in* Virginia *& hyemes noftras facile perfert.*

*Radix perennis.*

*Caulis humanæ fere altitudinis, fimplex, teres.*

*Folia ad fingulum articulum caulis communiter quatuor vel quinque, raro tria, ovata, ferrata, definentia in acumen longum, petiolis propriis breviffimis infidentia.*

*Spica unica, pedalis, caulem terminat; ex fingulis alis foliorum ultimæ oppofitionis enafcuntur fpicæ folitariæ, longitudine terminatrice dimidio breviores, erectæ; Sunt & rudimenta quædam in fingula ala inferiorum foliorum, fed quæ, nifi detruncata fummitate caulis, non excrefcunt.*

*Florum calyx breviffimus; Corollæ tubus oblongus, teres, parum deflexus, limbo fuo duplo fere longior: Limbus erectus, acutus, lacinia infima reflexa; Stamina corolla duplo longiora; Capfula teretiufcula, ovata, apice compreffa.*

2. VERONICA foliis ternis.

Veronica caule erecto, fpicis pluribus, foliis lanceolatis ferratis. *Fl. lapp.* 4.

Veronica mas furrecta elatior. *Barr. rar.* 17. *f.* 891.

Veronica fpicata longifolia. *Tournef. inft.* 143. *Helw. fuppl.* 65. *t.* 3. *Boerh. lugdb.* 1. *p.* 224.

Veronica fpicata major recta cærulea. *Morif. hift.* 8. *p.* 316. *f.* 3. *t.* 22. *f.* 1.

Veronica fpicata recta profunde ferrata, quam Lyfimachiam cæruleam quidam vocant. *Bauh. hift.* 3. *p.* 284.

B 2 Vero-

Veronica fpicata. *Riv. mon.* 46
Lyfimachia fpicata cærulea. *Bauh pin.* 246.
Lyfimachia cæruleo flore. *Cluf. hift.* 2. p. 52.
Pfeudo-Lyfimachium cæruleum. *Dod. pempt.* 86.

*Crefcit in pratis fubhumidis & juxta rivulos in* Pannonia, Pruffia *&* Suecia *præfertim in maritimis* Roflagiæ, Weftrobothniæ, *&c.*

3. VERONICA foliis oppofitis, caule fpica terminato.
Veronica fpicata minor. *Bauh. pin.* 247 *Vaill. parif.* 200, *t.* 33. *f.* 4.
Veronica fpicata recta minor. *Bauh. hift.* 3. p. 282.
Veronica recta minima. *Cluf hift.* 347.
Veronica anguftifolia recta minima. *Morif. hift.* 2. p. 318. *f.* 3. *t.* 22. *f.* 4.
α Veronica fpicata anguftifolia. *Bauh. pin.* 246. *Boerh. lugdb.* 1. p. 224.
Veronica anguftifolia recta minor vulgaris. *Morif. hift.* 3 p. 318. *f.* 3. *t.* 22. *f.* 3.
Veronica major anguftifolia, caulibus viridibus. *Bauh. hift.* 3. p. 282.
β Veronica fpicata latifolia. *Bauh. pin.* 246.
Veronica major latifolia erecta. *Morif. hift.* 2. p. 317. *f.* 3 *t.* 23. *f.* 2.
Veronica major latifolia, foliis fplendentibus & non fplendentibus. *Bauh. hift.* 3. p. 283.
Veronica prima erectior latifolia. *Cluf. hift.* 1. p. 346.
γ Veronica fpicata cambro-britannica, bugulæ hirfutæ folio. *Raj. fyn.* 278. *t.* 11.

*Crefcit in* Sueciæ, Daniæ, Haffiæ, Pannoniæ *&* Auftriæ *campis.*

4. VERONICA caule repente, fcapis fpicatis, foliis ovatis ferratis ftrigofis. *Fl. lapp.* 5.
Veronica mas fupina & vulgatiffima. *Bauh. pin.* 246. *Boerh. lugdb.* 1. p. 224.
Veronica vulgatior, folio rotundiore. *Bauh. hift.* 3. p. 282.
Veronica fupina vulgaris. *Morif. hift.* 2. p. 318.
Veronica officinarum. *Rupp. jen.* 197.
Veronica. *Riv. mon.* 137.
Auricula muris tertia. *Cæfalp. fyft.* 335.

*Crefcit facile per totam* Europam *in campeftribus, fabulofis & apricis ; præfertim in* Suecia *ubi fylvæ combuftæ fuere.*

5. VERONICA foliis oppofitis lævibus crenatis, floribus laxe fpicatis ex alis.
Veronica aquatica major, folio fubrotundo. *Tournef. inft.* 145. *Boerh. lugdb.* 1. p. 225.
Anagallis aquatica. *Cæfalp. fyft.* 336.
Anagallis aquatica major, folio fubrotundo. *Bauh. pin.* 252. *Bauh. hift.* 3. p. 791.
Beccabunga officinarum. *Rupp. jen.* 199.
Beccabunga. *Riv. mon.* 150.
α Veronica aquatica minor, folio fubrotundo. *Tournef. inft.* 145. *Boerh. lugdb.* 1. p. 225.
Veronica aquatica minor, folio fubrotundo. *Bauh. pin.* 252.
Beccabunga minor, folio fubrotundo. *Rupp. jen.* 199.
β Veronica aquatica major, folio oblongo. *Morif. hift.* 2. p. 323. *f.* 3. *t.* 24. *f.* 25. *Boerh. lugdb.* 1. p. 225.
Anagallis aquatica major, folio fubrotundo. *Bauh. pin.* 225.
Beccabunga, folio oblongo, major. *Rupp. jen.* 199.
γ Veronica aquatica minor, folio oblongo. *Tournef. inft.* 145. *Boerh. lugdb.* 1. p. 225.
Anagallis aquatica minor, folio oblongo. *Bauh. pin.* 252.
Beccabunga, folio oblongo, minor. *Rupp. jen.* 199.

*Crefcit fere per totam* Europam *in rivulis.*

6. VERONICA foliis oppofitis plicatis dentatis, fcapis ex alis fuperioribus laxe fpicatis.
Veronica maxima latifolia, feu folio quercus. *Morif. hift.* 2. p. 322. *f.* 3. *t.* 23. *f.* 18. *Boerh. lugdb.* 1. p. 225.
Veronica maxima. *Dalech. hift.* 1165.
Chamædrys fpuria major latifolia. *Bauh. pin.* 248.

*Crefcit in* fequanis *ad montium præcipitia inter faxa.*

7. VERONICA foliis oppofitis plicatis dentatis, fcapis ex alis inferioribus laxe fpicatis.
Veronica foliis cordatis feffilibus oppofitis, ramis laxe floriferis. *Fl. lapp.* 8.
Veronica pratenfis latifolia. *Riv. mon.* 140.
Veronica minor, foliis imis rotundioribus. *Morif. hift.* 2. p. 320. *f.* 3. *t.* 23. *f.* 12. *Boerh. lugdb.* 1. p. 225.
Veronica Chamædrys fylveftris dicta *Raj. fyn* 281.
Chamædrys fpuria latifolia. *Bauh hift* 3. p. 286.
Chamædrys fpuria minor rotundifolia. *Bauh pin.* 249.
Hierobotane mas. *Dalech. hift.* 1337.
α Veronica major frutefcens altera. *Morif. hift.* 2. p. 319. *f.* 3. *t.* 23. *f.* 11. *Boerh. lugdb.* 1. p. 224.
Chamædrys fpuria major altera five frutefcens. *Bauh. pin.* 248.
Chamædrys falfa maxima. *Bauh. pin.* 286.
Teucrium 4. *Cluf. hift.* 1. p 349.
β Veronica major frutefcens altera, foliis conftanter & eleganter variegatis. *Boerh. lugdb.* 1. p. 225.
γ Veronica multicaulis pannonica. *Tournef. inft.* 145.
Veronica minor virgulofa feu multicaulis pannonica. *Morif. hift.* 2. p. 320. *f.* 3. *t.* 23. *f.* 13. *Boerh. lugdb.* 1. p. 225.
Chamædrys fpuria minor latifolia. *Bauh. pin* 249.
Chamædrys falfa fpecies. *Bauh. hift.* 3. p. 286.
Teucrium 5. *Cluf. hift.* 1. p. 350.

δ Ve.

♂ Veronica tenuissime laciniata minor. *Moris. hist.* 2. *p.* 321, *f.* 3. *t.* 23, *f.* 17. *Boerh. lugdb.* 1. *p.* 225.
Veronica austriaca, foliis tenuissime laciniatis. *Tournef. inst.* 144.
Chamædrys austriaca, foliis tenuissime laciniatis. *Bauh. pin.* 248.
Chamædrys spuria tenuissime laciniata. *Bauh. hist.* 3. *p* 287.
*Crescit per totam fere* Europam, *at varietas* (α) *in* Frisia, (γ) Viennæ, Neapoli *in agris & aggeribus*, & (δ) *in agro* Goretiensi.

8. VERONICA foliis oppositis cordatis 'crenatis, floribus solitariis' sessilibus.
Veronica flosculis singularibus cauliculis adhærentibus. *Raj. syn.* 279.
Veronica flosculis caulibus adhærentibus. *Moris. hist.* 2. *p.* 321. *Boerh. lugdb.* 1. *p.* 225.
Alsine veronicæ foliis flosculis cauliculis adhærentibus. *Bauh pin.* 250.
Alsine folio serrato hirsutiori, floribus & loculis cauliculis adhærentibus. *Bauh. hist.* 3. *p.* 367.
Elatine polyschides. *Dalech. hist.* 1239.
*Crescit vulgaris in* Europa, *præsertim juxta & in agris.*

9. VERONICA foliis alternis cordatis crenatis, floribus solitariis.
Veronica fol. chamædrios. *Riv. mon.* 149.
Veronica floribus singularibus in oblongis pediculis, chamædryfolia. *Raj. syn.* 279.
Veronica flosculis oblongis pediculis insidentibus, chamædryos folio. *Moris. hist.* 2. *p.* 322. *Boerh. Lugdb.* 1. *p.* 226.
Alsine chamædrifolia, flosculis pediculis oblongis insidentibus. *Bauh. pin.* 250.
Alsine serrato folio glabro. *Bauh. hist.* 3. *p.* 366.
Elatine altera. *Dalech. hist.* 1239.
*Crescit in agris & ruderatis siccis vulgaris per* Europam.

10 VERONICA foliis alternis cordatis quinquelobis, floribus solitariis. *Fl. lapp.* 9.
Veronica flosculis singularibus, hederulæ folio, Morsus Gallinæ minor dicta. *Raj syn.* 240.
Veronica fol. hederæ. *Riv. mon.* 148.
Veronica hederulæ folio. *Moris. hist.* 2. *p.* 322. *f.* 3. *t.* 24. *f.* 20. *Boerh. lugdb.* 1. *p.* 226.
Veronica, cymbalariæ folio, verna. *Tournef. inst.* 145.
Alsine hederulæ folio. *Bauh. pin.* 250.
Alsines genus fuchsio, folio hederulæ hirsuto. *Bauh. hist.* 3. *p.* 368.
α Veronica chia, foliis cymbalariæ, verna, flore albo umbilico virescente. *Tournef. cor.* 7.
*Crescit in variis* Europæ *regionibus, præsertim in locis ruderatis.*

11. VERONICA foliis alternis inferioribus quinquepartitis, superioribus tripartitis, floribus solitariis.
Veronica flosculis singularibus, foliis laciniatis, erecta. *Raj. syn.* 280.
Veronica verna, trifido vel quinquefido folio. *Tournef. inst.* 145.
Veronica cærulea, trifido vel quinquefido folio. *Boerh. lugdb.* 1. *p.* 226.
Veronica cærulea triphyllos nunc pentaphyllos, seu trifida & quinquefida. *Moris. hist.* 2. *p.* 323.
Veronica fol. rutæ. *Riv. mon.* 145.
Alsine folio profunde secto, flore purpureo seu violaceo. *Bauh. hist.* 3. *p.* 367.
Alsine triphyllos cærulea. *Bauh. pin.* 250.
*Crescit spontanea per* Europam *præsertim in campis fertilibus & ruderatis locis.*

12. VERONICA foliis inferioribus oppositis ovatis, superioribus alternis lanceolatis, floribus solitariis.
Veronica floribus sparsis, foliis ovatis crenatis glabris. *Fl. lapp.* 6.
Veronica fœmina quibusdam. *Bauh. hist.* 3. *p.* 285.
Veronica pratensis serpillifolia. *Bauh. pin.* 247. *Boerh. lugdb.* 1. *p.* 225.
Veronica pratensis serpillifolia. *Moris. hist.* 2. *p.* 319. *f.* 3. *t.* 22. *f.* 8
Veronica pratensis. *Dod. pempt* 247.
α Veronica terrestris annua, polygoni folio, flore albo. *Moris. hist.* 2. *p.* 321. *f.* 3. *t.* 24. *f.* 19. *Boerh. Lugdb.* 1. *p.* 225.
*Crescit in gleba sicca juxta vias & in agris per* Europam *sponte.*

# GRATIOLA. *g. pl.* 832.

1. GRATIOLA. *Riv. mon.* 157. *Bauh. hist.* 3. *p.* 434. *Dod. pempt.* 362. *Lob hist.* 362.
Gratiola centauroides. *Bauh. pin.* 279. *Vaill. paris.* 95.
Digitalis minima Gratiola dicta. *Moris. hist.* 2. *p.* 479. *f.* 5. *t.* 8. *f.* 7. *Boerh. lugdb.* 1. *p* 229.
Gratia Dei recentiorum medicorum. *Cæsalp. syst.* 265.
*Crescit in locis uliginosis* Galliæ *& alibi per* Europam.
Obs. *Æstro venereo agitata femina stigmate hiat rapacis instar Draconis, nil nisi masculinum pulverem affectans, at satiata rictum claudit, defloret, fœcunda fructum fert.*

# JUSTICIA. *g. pl.* 12.

1. JUSTICIA foliis ovato-lanceolatis, spicis foliolosis, florum galea concava.
Ecbolium. *Riv. mon.* 129.
Frutex indicus spicatus, florum pediculis brevioribus. *Raj. hist.* 1709.

C

Dictam.

Dictamno forte affinis arborescens indica, lauri americanæ foliis, five Ecbolium zeylanensium, foliis laurinis. *Breyn. prod.* 2. p. 42.

Adhatoda zeylanensium. *Herm. lugdb.* 642. t. 643. *Tournef. inst.* 175. *Boerh. lugdb.* 1. p. 239.

Adhatode zeylanensium. *Pluk. alm.* 9. t. 173. f. 3.

Carim-Curini. *Rheed. mal.* 2. p. 31. t. 20.

*Crescit hæc arbuscula in* Zeylona *&* Malabar, *conservatur per hyemem sub tecto, floret rarius circa autumnum.*

2. JUSTICIA foliis lineari-lanceolatis, floribus sæpius solitariis.

Acanthoides, hyssopi latioris folio, canariensis, ecbolii indici sive adhatodæ cucullatis floribus æmula. *Morif. hist.* 3. p. 604.

Ecbolii indici seu adhatodæ cucullatis floribus æmula, Hyssopifolia planta, ex insulis fortunatis. *Pluk. alm.* 132. t. 280. f. 1.

Adhatoda indica, folio saligno, flore albo. *Boerh. lugdb.* 1. p. 239.

*Crescit in insulis* Fortunatis; *conservatur cum antecedente sub solo tecto per hyemem, floret autumno.*

3. JUSTICIA annua, hexangulari caule, foliis circææ conjugatis, flore miniato. *Houst. AA.*

Euphrasia alsines majori folio, flore galeato pallide-luteo, jamaicensis. *Pluk. alm.* 142. t. 279. f. 6.

Flori cardinali sive Rapuntio affinis anomala, caule quadrato, flore coccineo, capsula pyramidali. *Sloan. hist.* 1. p. 159. flor. 59.

Cara-Caniram. *Rheed. mal.* 9. p. 109. t. 56.

*Crescit in America septentrionali,* Jamaica *& adjacentibus; delectatur locis arenosis.*

*Dixit* Houstonus *hanc plantam, a qua distinctum constituebat genus, Justiciam a Botanico anglo: Cum autem examinatis partibus fructificationis convincamur, eam conjungere cum duabus præcedentibus genere, necesse est ut selectus habeatur nominum. Tria itaque divulgata sunt, in uno hocce genere, diversa nomina: Adhatoda scilicet, Ecbolium & Justicia. Adhatodam ut nomen barbarum (F. B. 229.) nolo; Ecbolium ut terminum artis medicæ (F.B. 231.) dimitto;* Justiciam *reliquis præfero, si communicet cum publico observationes suas Botanicus ille, a quo nomen hausit.*

# VERBENA. *g. pl.* 834.

1. VERBENA foliis ovatis acuminatis, spica foliolosa.

Verbena americana latifolia, spica simplici longissima nigro-purpurea. *Magn. monsp.* 203.

Verbena orubica, teucrii folio, primulæ veris flore, siliquis & seminibus longissimis. *Pluk. alm.* 283. t. 228. f. 4. & *Phyt.* 327. f. 7. mala utraque.

Verbena americana frutescens, teucrii foliis & facie, floribus cæruleo-purpurascentibus amplissimis. *Breyn. prod.* 2. p. 102.

Sherardia frutescens, teucrii folio, flore cæruleo-purpurascente amplissimo. *Vaill. sex.* 49.

*Crescit in insula Aruba* Americæ septentrionalis.

Radix *fibrosa.*

Caulis *erectus, simplex, teres, lignosus, perennans, durus, crassitie minimi digiti, tripedalis.* Rami *ex alis foliorum supremorum caulis, solitarii, pauci, simplices communiter, raro ramosi.*

Folia *opposita, per viginti circiter oppositiones, ovata, acuta, serraturis profundis utrinque circiter octodecim, utrinque viridia, villis scabra, venis rugosa, sensim desinentia in petiolos dimidii folii longitudinis.*

Spica *sesquipedalis, undique at laxe asperfa foliolis.* Foliola *hæc sunt ovata cum acumine, integra, ad basin extrorsum flexa, patula, calyce multoties majora.*

Flos *singulo foliolo subjacet, calyce depresso, ipsi scapo immerso, corolla violacea, nigra cum macula bifida, dilutiore umbilico, ad latus superius umbilici:* stamina *duo perfecta, duo vero absque antheris,* femina *duo.*

2. VERBENA foliis obtuse ovalibus, spica carnosa nuda.

Verbena folio subrotundo serrato, flore cæruleo. *Sloan. flor.* 64. hist. 1. p. 171. t. 107. f. 1. bona.

Verbena spicata jamaicana, teucrii pratensis folio, dispermos. *Pluk. alm.* 382. t. 321. f. 1. mala.

Verbena indica. *Bont. jav.* 150.

Sherardia teucrii folio, flore purpureo. *Vaill. sex.* 49.

*Crescit in insula* Jamaica *&* Caribæis *juxta vias.*

Radix *fibrosa, annua.*

Caulis *procumbens, quadrangulo-teres, pedalis, terminatus spicâ. Ramus utrinque unus ex ultimis duabus foliorum alis, spithamæus, qui spicâ terminatur, & ex suis ultimis duabus alis pari modo duos ramulos exserit.*

Folia *ovali-oblonga, glabra, opposita, obtusa, serraturis utrinque sex vel septem obtusis notata, desinentia sensim in petiolos.*

Spica *spithamæa vel sesquispithamæa, carnosa, excavata foveolis oblongis in quibus calyx seminifer depressus est.*

Floris

Floris corolla *cyanea feu pallido-cærulea eft.* Stamina *duo perfecta*, Semina *duo.*
Aculei *pellucidi, deflexi, tenuiffimi, infra flexuram craffiores (facie exacte aculeorum urticæ) fparfi per caulem, parum fenfibiles vel pungentes.*

3. VERBENA foliis verticaliter ovatis, fpicis globofis.
   Verbena nodiflora. *Bauh. pin.* 269. *prod.* 125. *Bauh. hift.* 3. *p.* 444.
   Verbena nodiflora, foliis minoribus viridibus. *Morif. hift.* 3. *p.* 419. *f.* 11. *t.* 25. *f.* 8.
   Sherardia repens nodiflora. *Vaill. fex.* 49.
   *Crefcit forte* Neapoli.
   *Obfervanda eft differentia ifta feminum & ftaminum in Verbenæ genere. Species enim iftæ* (1. 2. 3.)
   *tres præcedentes gaudent feminibus modo duobus & totidem ftaminibus perfectis, perfiftentibus duobus ftaminibus fine antheris, caducis; has ad diverfum genus traxit vaillantius eafque* Sherardiæ *nomine indigitavit. Sequentes autem quatuor* (4. 5. 6. 7.) *gaudent feminibus quatuor, & totidem ftaminibus perfectis, quas proprie* Verbenæ *nomine infignire voluit idem vaillantius: ut naturæ veftigiis infiftamus, cum reliquis Botanicis hæc duo genera conjungimus, fic enim fuadent calyx, corolla, pericarpium, facies, attributa propria.*

4. VERBENA foliis lanceolatis, floribus congeftis faftigiatis.
   Verbena bonarienfis altiffima, lavendulæ canarienfis fpicâ multiplici. *Dill. elth.* 406. *t.* 300. *f.* 387.
   *Crefcit in Agro* Bonarienfi.

5. VERBENA foliis ovatis, caule erecto, fpicis filiformibus.
   Verbena lamii folio. *Barr. rar.* 30. *t.* 1146.
   Verbena urticæfolia canadenfis. *Tournef. inft.* 200.
   Verbena canadenfis, folio urticæ. *Boerh. lugdb.* 1. *p.* 187.
   Verbena recta canadenfis feu virginiana maxima, urticæ foliis. *Morif. hift.* 3. *p.* 408. *f.* 11. *t.* 25. *f.* 3.
   α Verbena altiffima americana, fpica multiplici, urticæ foliis anguftis, floribus cæruleis. *Herm. par.* 242. *t.* 242.
   Verbena americana altiffima, urticæ foliis anguftioribus, fpicis brevibus, floribus cæruleis. *Boerh. lugdb.* 1. *p.* 186.
   *Crefcit in* Virginia, Canada *& aliis Americæ regionibus;*

6. VERBENA foliis multifido-laciniatis, fpicis filiformibus.
   Verbena recta. *Dod. pempt.* 150.
   Verbena vulgaris. *Bauh. hift.* 3. *p.* 443. *Cluf. hift.* 2. *p.* 45.
   Verbena communis, floro cæruleo. *Bauh. pin.* 209. *Boerh. lugdb.* 1. *p.* 187.
   Verbena officinarum. *Dal. pharm.* 237.
   Verbena. *Riv. mon.* 81.
   α Verbena lufitanica latifolia procerior. *Tournef. inft.* 200.
   *Crefcit juxta areas & vias inque locis ruderatis per* Belgium, Angliam, Galliam, *&c.*

7. VERBENA foliis decompofito-pinnatifidis, caule procumbente.
   Verbena fupina. *Cluf. hift.* 2. *p.* 46.
   Verbena tenuifolia. *Bauh. pin.* 269. *Boerh. lugdb.* 1. *p.* 187.
   Verbena fupina. *Bauh. hift.* 3. *p.* 444. *Dod. pempt.* 250.
   *Crefcit in agro* Salmanticenfi.

## LYCOPUS. *g. pl.* 19.

1. LYCOPUS.
   Lycopus paluftris glaber. *Tournef. inft.* 191. *Boerh. lugdb.* 1. *p.* 186.
   Pfeudo-Marrubium paluftre. *Riv. mon.* 30.
   Pfeudo-Marrubium aquaticum vulgare. *Morif. hift.* 3. *p.* 578. *f.* 11. *t.* 9. *f.* 20.
   Marrubium paluftre glabrum. *Bauh. pin.* 230.
   Marrubium aquaticum quorundam. *Bauh. hift.* 3. *p.* 318.
   Sideritis matthioli. *Dalech. hift.* 1117.
   α Lycopus foliis in profundas lacinias diffectis. *Tournef. inft.* 191. *Boerh. lugdb.* 1. *p.* 186.
   Pfeudo-Marrubium aquaticum glabrum, foliis diffectioribus. *Morif. hift.* 3. *p.* 378. *f.* 11. *t.* 9. *f.* 20.
   *Crefcit ubique ad ripas aquarum in* Europa.

## MONARDA. *g. pl.* 17.

1. MONARDA.
   Origanum fpurium, flore fiftulofo. *Riv. mon.* 89.
   Origanum fiftulofum canadenfe. *Corn. canad.* 13. *f.* 14. *Raj. hift.* 380.
   Leonurus canadenfis, origani folio. *Tournef. inft.* 187.
   Clinopodium canadenfe majus hirfutius, floribus fiftulofis *Morif. hift.* 3. *p.* 374. *f.* 11. *t.* 8. *f.* 2.
   Clinopodium canadenfe fiftulofum, foliis lanuginofis, proliferum. *Pluk. alm.* 111.
   Clinopodium canadenfe fiftulofum, foliis dilute virentibus & hirfutis. *Boerh. lugdb.* 1. *p.* 158.
   α Clinopodium canadenfe fiftulofum, foliis faturatius virentibus & hirfutis. *Boerh. lugdb.* 1. *p.* 158.
   *Crefcit in* Canada, *heic vero hyemes perfert.*

C 2

Ko-

*Nomen obtinuit planta hæc capite craſſo a* Monardo *utroque, quorum alter in conquirendo quid-*
*quid ſalutare ex* novo orbe *proferunt plantæ, quidquid ſub* Roſis & Citris *obtulit natura;*
*alter vero perquirendo* veterum ſcripta, *orbi ſatisfacere ſtuduit.*

# S A L V I A. *g. pl.* 16.

1. S A L V I A foliis lanceolato-ovatis integris crenulatis, floribus ſpicatis, calycibus obtuſis.
   Salvia baccifera. *Bauh. pin.* 237.
   Salvia cretica fruteſcens pomifera, foliis longioribus incanis & criſpis. *Tournef. cor.* 10. *itin.* 1. *p.* 92. *t.* 92
   Sclarea indica arboreſcens, calyce campanulato, flore pulchro aurantio, leonuro majoris ſimili. *Walth.*
     *hort.* 42. *t.* 15.
   *Creſcit in* Creta.

2. SALVIA foliis lanceolato-ovatis integris crenulatis, floribus ſpicatis, calycibus acutis
   Salvia latifolia. *Bauh. hiſt.* 3. *p.* 304. *Riv. mon.* 102.
   Salvia major. *Bauh. pin.* 237. *Tournef. inſt.* 180.
   Salvia major latifolia. *Beſl. eyſt. æſt.* 103.
   Salvia officinarum. *Dal. Pharm.* 230.
α Salvia major, an Sphacelus theophraſti, floribus candidis. *Boerh. lugdb.* 1. *p.* 166.
β Salvia perelegans tricolor argentea belgarum. *Boerh. lugdb.* 1. *p.* 166.
γ Salvia major, foliis ex viridi & luteo variegatis. *Boerh. lugdb.* 1. *p.* 166.
δ Salvia major, foliis ex viridi & albo variegatis. *Boerh. lugdb.* 1. *p.* 166.
ε Salvia major arboreſcens, foliis vietis laceris, fimbria aurea donatis. *Boerh. lugdb.* 1. *p.* 166.
ζ Salvia anguſtifolia ſerrata. *Bauh. pin.* 237.
   Salvia cretica anguſtifolia. *Cluſ. hiſt.* 394.
η Salvia minor aurita & non aurita. *Bauh. pin.* 237. *Boerh. lugdb.* 1. *p.* 166.
   Salvia minor aurita. *Bauh. hiſt.* 3. *p.* 305.
   Salvia minor. *Riv. mon.* 83.
   *Creſcit in* Gallia narbonenſi & Italia.

3. SALVIA foliis obtuſis crenatis, floralibus ſuperioribus majoribus coloratis.
   Horminum coma rubra. *Riv. mon.* 50.
   Horminum. *Dod. pempt.* 294.
   Horminum ſativum. *Bauh. pin.* 166.
α Horminum coma purpureo-violacea. *Bauh. hiſt.* 3. *p.* 309. *Tournef. inſt.* 178. *Boerh. lugdb.* 1. *p.* 166.
β Horminum coma alba. *Bauh. hiſt.* 3. *p.* 309. *Tournef. inſt.* 178. *Boerh. lugdb.* 1. *p.* 166.
γ Horminum coma viridi. *Tournef. inſt.* 178. *Boerh. lugdb.* 1. *p.* 166.
   *Creſcit in* Græcia & Apúlia.

4. SALVIA foliis acutis dentato-ſerratis, floralibus ſummis majoribus coloratis.
   Salvia orientalis, folio Betonicæ acutiſſimo, coma purpuraſcente. *Tourn. Cor.* 10.
   *Creſcit in* Oriente.

5. SALVIA foliis ovatis inciſo-crenatis, verticillis fere nudis.
   Horminum pratenſe. *Riv. mon.* 49.
   Horminum pratenſe, foliis ſerratis. *Bauh. pin.* 238.
   Gallitrichum ſylveſtre vulgo, ſive ſylveſtris Sclarea, flore cæruleo magno. *Bauh. hiſt.* 3. *p.* 311.
   Orvala ſylveſtris, ſpecies quarta. *Dod. pempt.* 293.
   Sclarea pratenſis, foliis ſerratis, flore cæruleo. *Tournef inſt.* 179. *Boerh. lugdb.* 1. *p.* 164.
α Sclarea pratenſis, foliis ſerratis, flore ſuave-rubente. *Tournef. inſt.* 179. *Boerh. lugdb.* 1. *p.* 165.
β Sclarea pratenſis, foliis ſerratis, flore cæruleo. *Tournef. inſt.* 199. *Boerh. lugdb.* 1. *p.* 164.
   *Creſcit in* Germaniæ *campis & pratis.*

6. SALVIA foliis oblongo-cordatis, margine ſerrato-crenatis, floralibus calyce longioribus.
   Sclarea ſyriaca, flore albo. *Tournef. inſt.* 179. *Boerh. lugdb.* 1. *p.* 163.
   Horminum ſyriacum. *Bauh. pin.* 238. *prod.* 114. *t.* 114.
   *Creſcendi locus in* Syria, *uti patet ex nominibus.*

7. SALVIA foliis cordato-lanceolatis obtuſe ſerratis.
   Sclarea, folio ſalviæ, major & maculata. *Tournef. inſt.* 180. *Boerh. lugdb.* 1. *p.* 165.
   Horminum ſylveſtre ſalvifolium majus & maculatum. *Bauh. pin.* 239.
   Horminum ſyriacum longifolium elatius cæruleum. *Morif. hiſt.* 3. *p.* 394. *ſ.* 11. *t.* 14. *f.* 20.
   Hormini ſylveſtris quinti altera ſpecies. *Cluſ. hiſt.* 2. *p.* 31.
   Orvala altera. *Dod. pempt.* 292.
α Sclarea, folio ſalviæ, minor ſeu glabra. *Tournef. inſt.* 180. *Boerh. lugdb.* 1. *p.* 165.
   Horminum ſylveſtre ſalvifolium minus. *Bauh. pin.* 239. *Morif. hiſt.* 3. *p.* 394. *ſ.* 11. *t.* 14. *f.* 21.
   Hormini ſylveſtris quinti ſpecies prior. *Cluſ. hiſt.* 2. *p.* 31.
   *Creſcit in* Pannonia & Auſtria *juxta vias & agros.*

8. SALVIA foliis pinnatim inciſis glabris.
   Horminum ſylveſtre, lavendulæ flore. *Bauh. pin.* 239. *Tournef. inſt.* 178. *Vaill. par.* 105. *Boerh. lugdb.* 1. *p.* 165.
                                                    Hor

Hormini fylveftris quarti, fpecies quinta. *Cluf. hift.* 2. *p.* 31.
Horminum fylveftre minus, incifo folio, flore aureo, *Barr. rar.* 24. *f.* 208.
α Horminum pratenfe, flore minimo. *Tournef. inft.* 178.
*Crefcit in* Anglia, Gallia, Belgio, *&c.*
Obf: *In pratis foliis gaudet magis integris & corolla vix calyce majore cærulea; in cultis vero foliis pinnatim totaliter diffectis, cum corollis paulo majoribus pallidioribus.*

9. SALVIA foliis lanceolatis finuato-dentatis, floralibus verticillos comprimentibus.
Sclarea vulgaris lanuginofa, ampliffimo folio. *Tournef. inft.* 179. *Boerh. lugdb.* 1. *p.* 163.
Æthiopis foliis finuofis. *Bauh. pin.* 241.
Æthiopis multis. *Bauh. hift.* 3. *p.* 315.
α Sclarea laciniatis foliis. *Tournef. inft.* 179. *Boerh. lugdb.* 1. *p.* 163.
Æthiopis laciniatis foliis. *Barr. rar.* 24. *t.* 188.
β Sclarea ficula, folio argenteo fubrotundo. *Boerh. lugdb.* 1. *p.* 163.
Æthiopis tota argentea perennis lanuginofa. *Cup. catol.*
γ Sclarea æthiopica, folio fubrotundo, perennis. *Boerh. lugdb.* 1. *p.* 163.
Marum ægyptium. *Veft. alp.* 212. *t.* 212.
*Crefcit in* Illyria, Græcia, Æthiopia.

10. SALVIA foliis ovatis utrinque acuminatis ferratis.
Sclarea mexicana altiffima, facie heliotropii. *Dill. elth.* 339. *t.* 254. *f.* 330.
Horminum virginianum erectum, urticæ foliis, flore minore. *Morif. hift.* 2. *p.* 395. *f.* 11. *t.* 15. *f.* 31.
*Crefcit in* Mexico *locis humidis, ut fertur.*

11. SALVIA foliis cordato-fagittatis ferratis acutis.
Salvia montana maxima, folio hormini, flore flavefcente. *Tournef. inft.* 180.
Sclarea glutinofa, floris lutei variegati barba ampla cava. *Boerh. lugdb.* 1. *p.* 164.
Horminum luteum glutinofum. *Bauh. pin.* 238.
Horminum flore luteo. *Riv. mon.* 48.
Horminum fylveftre fecundum. *Cluf. hift.* 2. *p.* 29.
Galeopfis fpecies lutea vifcida odorata nemorenfis. *Bauh. hift.* 3. *p.* 314.
Orvala tertia. *Dod. pempt.* 292.
*Crefcit in* Germania *&* Italia, *locis lutofis, ad fcaturigines juxta montium radices.*

12. SALVIA foliis haftato-triangularibus oblongis crenulatis obtufis.
Sclarea folio triangulari, caule tomentofo. *Tournef. inft.* 180. *Boerh. lugdb.* 1. *p.* 164.
Horminum haftatis amplioribus foliis, f. ari modo alatis, caulibus & pediculis arenofa lanugine villofis, ex infula Gomara. *Pluk. alm.* 185. *phyt.* 301. *f.* 2. bona.
Horminum canarienfe tomentofum, haftato folio. *Morif. hift.* 3. *p.* 394. *f.* 11. *t.* 13. *f.* 17.
*Crefcit in infulis* Canarienfibus.

13. SALVIA foliis fubrotundis ferratis, bafi truncatis dentatis.
Salvia africana frutefcens, folio fcorodoniæ, flore violaceo. *Comm. hort.* 2. *p.* 181. *f.* 91. *Boerh. lugdb.* 1. *p.* 167.
*Crefcit ad* Caput bonæ fpei *in locis argillofis.*

14. SALVIA foliis fubrotundis integerrimis, bafi truncatis dentatis.
Salvia africana frutefcens, folio fubrotundo glauco, flore magno aureo. *Comm. hort.* 2. *p.* 183. *t.* 92. *Boerh. lugdb.* 1. *p.* 167.
*Crefcit ad* Caput bonæ fpei *juxta rivulos.*
Obf. *cum antecedente maximam obtinet convenientiam, folia tamen non ferrata funt, at majora plicata.*

15. SALVIA foliis fimplicibus dentato-pinnatis afperis.
Sclarea rugofo verrucofo laciniato folio. *Tournef. inft.* 180. *Boerh. lugdb.* 1. *p.* 164. *Herm. par.* 186. *f.* 186.
Horminum rugofo verrucofoque folio cornu cervinum exprimente. *Pluk. alm.* 186. *phyt.* 194. *f.* 5.
Horminum ceratocephalon rugofum, flore fulphureo. *Morif. hift.* 3. *p.* 393. *f.* 11. *t.* 13. *f.* 6.
*Crefcit in* Perfia, Syria.

16. SALVIA foliis compofitis pinnatis.
Salvia orientalis latifolia hirfutiffima vifcofa pinnata, flore & calice purpureis, inodora. *Boerh. lugdb.* 1. *p.* 167. fig.
Salvia orientalis, foliis alatis majoribus & ferratis. *Tournef. cor.* 11.
Horminum arabicum, alatis foliis, flore rubello. *Pluk. alm.* 186. *phyt.* 194. *f.* 6.
*Crefcit in* Oriente *&* Arabia.

17. SALVIA foliis lineari-lanceolatis denticulatis, floribus petiolatis.
Horminum ægyptium minimum ramofiffimum lippi. *Boerh. lugdb.* 1. *p.* 166.
*Crefcit in* Ægypto.
*Planta fub hoc nomine in phytophylacio Cliffortiano obvia, gaudet caule vix fpithamæo parum ramofo; foliis lavendulæ feu lineari-lanceolatis, acutis, ftrictiffimis, rugis longitudinalibus, ferraturis denticulatis minimis. Flores in verticillos rariffimos digefti, finguli proprio petiolo penduli.*

D

Ros-

# ROSMARINUS. *g. pl.* 18.

1. ROSMARINUS. *Riv. mon.* 53.
   Rosmarinus spontaneus, latiore folio. *Bauh. pin.* 217. *Boerh. lugdb.* 1. p 180.
α Rosmarinus spontaneus f. latifolius, folii apice in hamum curvato. *Boerh. lugdb.* 1. p. 180.
β Rosmarinus spontaneus, folio eleganter variegato. *Boerh. lugdb.* 1. p 180.
γ Rosmarinus hortensis, angustiore folio. *Bauh. pin.* 217. *Boerh. lugdb.* 1. p. 179.
δ Rosmarinus folio variegato. *Tournef. inst.* 195.
   Rosmarinus striatus f. aureus. *Boerh. lugdb.* 1. p. 180.
ε Rosmarinus hortensis, angustiore folio, argenteus. *Boerh. lugdb.* 1. p. 180.
   *Crescit in* Hispania *tanta in copia, ut navigantes in mari antequam videant terram reficiantur ejus odore; & in* Gallia narbonensi, *ut vix aliud lignum urant incolæ. Hic hyemes nostras, si semel adoleverit, perfert.*
   *Nullam dari plantam hortensem, quæ non ullibi terrarum sit sylvestris, est* Axioma. *Culturam non mutare species est etiam* Axioma. *Ubi ergo crescat Rosmarinus sativus (si non sit eadem species cum spontanea)? respondeant qui urgent separationem specierum.*

# COLLINSONIA. *g. pl.* 835.

1. COLLINSONIA. *vide tab.*
   *Radix* fibrosa, perennis.
   *Caulis* pedalis & supra, simplex, rectus, viridi-purpurascens, quadragonus.
   *Folia* opposita, ovato-oblonga, verrucosa, rigidiuscula, acute serrata.
   *Flores* ex summis alis & caule numerosissimi in paniculam digesti.
   *Color* calycis viridis, corollæ totius flavescens, styli ruber.
   *Singulare* inter omnes flores corolla ringente in hac est, quod labium dividatur in lacinias capillares.
   *Crescit in* America septentrionali *& hyemes nostras perfert.*
   *Nomen traxit hæc planta a* Petro Collinsono, *cive Londinensi, plantarum præsertim americanarum ingenuo æstimatore, cui & ego & Angli debent singularem hanc plantam, ejus enim studio in Europam translata est. Nec eo, quo in Anglia commorabar, tempore nota fuit hæc Botanicis alio, quam Collinsoniæ nomine: nolui itaque plantam ab inventore suo, viro candido, dictam, alio permutare nomine, ut excitentur Virorum Bonorum animi in studium & gratiam artis nostræ.*

# MORINA. *g. pl.* 20.

1. MORINA.
   Morina orientalis, carlinæ folio. *Tournef. cor.* 48. *itin.* 3. p. 132. *fig.*
   Diotheca carlinæ foliis ex adverso binis. *Vaill. act* 1722. p. 250 *f.* 1. 2. 8. 3. 10.
   *Crescit in* Persia *juxta urbem Hispaham. Hic facile fert hyemes, ut vix tectum subire necesse habeat, rarius autem floret.*
   *Dixit, spinis hanc horridam plantam at floribus splendidissimis gratissimam,* Tournefortius *a* D. Morino, *vicario suo in horto parisino, eo quo in itinere suo constitutus fuerat tempore.*

TRIAN-

COLLINSONIA. *Hort. Cliff.* 14. *Sp.* 1.

a. *Flos magnitudine naturali.* b. *Idem a tergo visus.*
c. *Calyx sub florescentia constitutus.* d. *Idem fructu prægnans.*
e. *Germen.*

G. D. EHRET del.          J. WANDELAAR fecit.

# *Claſſis III.*

# T R I A N D R I A.

## *M O N O G Y N I A.*

### VALERIANA. *g. pl.* 21.

1. VALERIANA foliis lanceolatis integerrimis, floribus monandris caudatis.
Valeriana rubra latifolia & anguſtifolia. *Bauh. hiſt.* 3. *p.* 211.
Valeriana rubra. *Bauh. pin.* 165. *Boerh. lugdb.* 1. *p.* 74.
Valeriana marina latifolia major rubra. *Moriſ. hiſt.* 3. *p.* 102. *ſ.* 7. *t.* 14. *f.* 15. *umb. tab.* 11. *fig. opt.*
Valeriana marina. *Riv. mon.* 5.
Valerianoides latifolia, flore rubro. *Vaill. act.* 1722. *p.* 254.
Phu foliis glaſti. *Rupp. jen.* 174.
α Valeriana marina latifolia major alba *Moriſ. umb.* 50. *Boerh. lugdb.* 1. *p.* 74.
β Valeriana rubra anguſtifolia. *Bauh. pin.* 165. *Boerh. lugdb.* 1. *p.* 74.
Valeriana marina, anguſtiſſimo linariæ folio. *Moriſ. hiſt.* 3. *p.* 102.
Valerianoides anguſtifolia, flore rubro, capſula majore. *Vaill. act.* 1722. *p.* 254 *f.* 11. 12.
*Creſcit in* Italia *e murorum ſaxorumque rimis.*
Obſ. Corollæ tubus *tenuis eſt & longus*, *terminatus ad baſin* nectario *ſubulato longo*, limbus *bilabiatus*, labio ſuperiore *concavo integro*, inferiore *quadripartito*. Stamen *unicum*.
Semen *unicum nudum*, pappo *coronatum*.

2. VALERIANA foliis ovatis ſeſſilibus, floribus diandris ringentibus.
Valeriana indica. *Cluſ. hiſt.* 2. *p.* 54.
Valeriana peregrina ſive indica. *Bauh. hiſt.* 2. *p.* 212.
Valeriana peregrina purpurea albave. *Bauh. pin.* 164. *prod.* 87.
Valeriana minor cornucopioides. *Barr. rar.* 15. *t.* 741.
Pſeudo-Valeriana cornucopioides annua purpurea, ſemine ſolido. *Moriſ. hiſt.* 3. *p.* 104. *ſ.* 7. *t.* 16. *f.* 27.
Valerianella cornucopioides, flore galeato. *Mor. umb.* 53. *Tournef. inſt.* 133.
Valerianella cornucopioides rubra vel indica. *Boerh. lugdb.* 1. *p.* 75.
Valerianella cornucopioides. *Riv. mon.* 7.
Valerianella flore rubro, capſula mitrata. *Vaill. act.* 1722. *p.* 256. *f.* 13. 14. 15. 16.
*Creſcit in arvis* Siciliæ, Hiſpaniæ *&* Americæ.
Obſ. *Corolla hujus eſt exacte ſimilis Morinæ.*
Corolla *ringens*. Tubus *cylindraceus longus*, *baſi deorſum gibbus*. Labium ſuperius *patens*, *dum*, *lacinus fere ovatis*. Lab. inferius *patens*, *tripartitum*, *æquale*, *obtuſum*.
Stamina *duo*, Filamenta *ſubulata ad labium ſuperius corollæ inclinata*. Antheræ *compreſſæ*, *triſulcæ*.
Semen *unicum*, *oblongiuſculum*, *fere ovatum*, *hinc gibbum*, *inde planum*, *utrinque longitudinaliter ſulco exaratum*, *coronatum* calyce *monophyllo*, *brevi*, *inæqualiter quinquefido*, *denticulis duobus longioribus erecto-patulis*, *continens ſub cruſta hac*, *non dehiſcente*, *nucleum tenuem.*

3. VALERIANA foliis cordatis ſerratis petiolatis.
Valeriana maxima pyrenaica, cacaliæ folio. *Tournef. inſt.* 131. *Vaill. act.* 1722. *p.* 253.
Valeriana canadenſis. *Riv. mon.* 6.
Nardus montana ſecunda. *Dalech. hiſt.* (*gall.*) 805.
*Creſcit in* Canada *&* pyrenæis *montibus*, *ut ex nomine patet.*
Obſ. Corolla *fere regularis*, ſtamina *tria*, ſemen *pappo coronatum.*

4. VALERIANA foliis pinnatis, radice tuberoſa.
Valeriana tuberoſa. *Bauh. hiſt.* 3. *p.* 207. *Vaill. act.* 1722. *p.* 251. *Boerh. lugdb.* 1. *p.* 74.
Valeriana tuberoſa imperati ſ. thelephii radice. *Barr. rar.* 15. *t.* 825.
Nardus montana prima. *Dalech. hiſt.* (*gall.*) 805.
*Creſcit in montibus* Ligurinis.

5. VALERIANA foliis omnibus pinnatis.
Valeriana ſylveſtris major. *Bauh. pin.* 164. *Boerh. lugdb.* 74.
Valeriana ſylveſtris I. *Cluſ. hiſt.* 2. *p.* 55.
Valeriana ſylveſtris. *Lob. hiſt.* 44.
Valeriana. *Riv. mon.* 1.

Va-

Valeriana mas. *Mor. umb. t.* 10. *a. b.*
Valeriana major fylveftris, foliis latioribus. *Vaill. act.* 1722. *p.* 251.
α Valeriana fylveftris major altera, folio lucido *Tournef. inft.* 132.
β Valeriana major fylveftris montana. *Bauh. pin.* 164. *Boerh. lugdb.* 1. *p.* 74
Valeriana major fylveftris, foliis anguftioribus. *Vaill. act.* 1722. *p.* 252.
Valeriana foliis anguftioribus. *Riv. mon.* 2.
*Crefcit per* Europam *vulgaris in dumetis humidiufculis.*
Obf. Corolla *infundibuliformis:* tubo *cylindraceo, bafi deorfum obtufo.* Limbo *quinquepartito, æquali.* Stamina *tria.* Semen *unicum, compreffum, coronatum* pappo, *radiis quindecim pinnatis.*

6. VALERIANA foliis infimis integris, proximis laciniatis, caulinis pinnatis.
Valeriana hortenfis. *Bauh. pin.* 164. *Vaill. act.* 1722. *p.* 251.
Valeriana hortenfis, Phu folio olufatri diofcoridis. *Morif. hift.* 3. *p.* 101. *f.* 7. *t.* 14. *f.* 1.
Valeriana hortenfis, flore albo. *Riv. mon.* 4.
Valeriana major hortenfis. *Boerh. lugdb.* 1. *p.* 74.
Valeriana major, odorata radice. *Bauh. hift.* 3. *p.* 209.
Valeriana major. *Lob. hift.* 411.
Valeriana mas *Morif. umb. t.* 10. *a. b.*
*Crefcendi locus naturalis nobis incognitus eft.*

7. VALERIANA foliis caulinis pinnatis, fexu diftincta.
Valeriana paluftris minor. *Bauh. pin.* 164.
Valeriana pratenfis minor. *Morif. umb. t.* 10. *d. e. fig. opt.*

| *Maf.* | *Fœmina.* |
|---|---|
| Valeriana minor. *Riv. mon.* 3. | Valeriana flore exiguo. *Riv. mon.* 4. |
| Valeriana fylveftris minor. *Raj. fyn.* 200. | Valeriana fylveftris & paluftris altera. *Raj. fyn.* 200. |
| Valeriana minor perennis paluftris. *Mor. umb.* 51. | *Boerh lugdb.* 1. *p.* 74. |
| Valeriana minor. *Raj. hift.* 388. | Valeriana paluftris minor elatior, flofculis minoribus. |
| Valeriana paluftris minor. *Tournef. inft.* 132, *Vaill.* | *Morif. hift.* 3. *p.* 101. |
| *act.* 1722. *p.* 252. *Boerh. lugdb.* 1. *p.* 74. | Valeriana aquatica minor, flore minore. *Raj. hift.* |
| | 389. *Tournef. inft.* 132. *Vaill. act.* 1732. *p.* 352. |

*Crefcit per* Europam *in campis fubhumidis, ubique fere, eandem enim vidimus in Anglia,* Germania, Dania & Scania *Sueciæ.*
Obf. nullam novimus hujus generis plantam, practer illam folam, fexu diftinctam.

8. VALERIANA foliis pinnato-laciniatis, floribus diandris.
Valeriana foliis calcitrapæ. *Bauh. pin.* 164. *Boerh. lugdb.* 1. *p.* 74. *Vaill. act.* 1722. *p.* 253.
Valeriana annua, foliis calcitrapæ. *Morif. hift.* 3. *p.* 101. *f.* 7. *t.* 14. *f.* 7.
Valeriana annua feu æftiva. *Cluf. hift.* 2. *p.* 54.
Valeriana foliis calcitrapæ magis diffectis. *Boerh. lugdb.* 1. *p.* 74.
α Valeriana fylveftris, foliis tenuiffime divifis. *Bauh. pin.* 165.
Valeriana lufitanica latifolia annua laciniata. *Tournef. inft.* 132. *Vaill. act.* 1722. *p.* 253. *Boerh. lugdb.*
β 1. *p.* 74.
Valeriana annua latifolia, ad valerianam foliis calcitrapæ accedens. *Morif. hift.* 3. *p.* 102.
Valeriana annua fplendens, imis foliis integris, cæteris parum laciniatis, flore minore. *Pluk. alm.* 381.
*Crefcit in* Lufatia.
Obf. *Hujus femen pappo coronatum eft.*

9. VALERIANA caule dichotomo, foliis lanceolatis dentatis, fructu fexdentato.
Valerianella calyce ftellaro majore. *Vaill. act.* 1722. *p.* 256.
Valerianella femine ftellato. *Bauh. pin.* 165. *Boerh. lugdb.* 1. *p.* 75.
Pfeudo-Valeriana annua, femine coronato, major lufitanica. *Morif. hift.* 3. *p.* 104. *f.* 3. *t.* 16. *f.* 29.
α Valerianella, fcabiofæ femine, minor lufitanica. *Morif. umb.* 55. *Tournef. inft.* 133.
β Valerianella calyce ftellato minore *Vaill. act.* 1722. *p.* 256.
Pfeudo-Valeriana annua arvenfis, femine coronato minore. *Morif. hift.* 3. *p.* 104.
*Crefcit vulgaris in arvis* Lufitaniæ.
Obf. Corolla *eft campanulata æqualis,* fructus *coronatus quinque foliolis.*

10. VALERIANA caule dichotomo, foliis lanceolatis ferratis, fructu inflato.
Valerianella veficaria. *Vaill. act.* 1722. *p.* 256. *f.* 24.
Valerianella cretica, fructu veficario. *Tournef. cor.* 6. *Boerh. lugdb.* 1. *p.* 75. *f.* 75.
Pfeudo-Valeriana annua halepenfis veficaria. *Morif. hift.* 3. *p.* 105.
*Crefcit in* Creta & Halepo.
Obf. fructus *eft vefica inflata.*

11. VALERIANA caule dichotomo; foliis lanceolatis integris, fructu fimplici.
Valeriana campeftris inodora major. *Bauh. pin.* 165.
Valerianella vulgaris & fativa. *Vaill. act.* 1722. *p.* 255.
Valerianella arvenfis præcox humilis, femine compreffo. *Tournef inft.* 132. *Boerh. lugdb.* 1. *p.* 75.
Pfeudo-Valeriana annua arvenfis præcox humilis, femine compreffo rotundo. *Morif. hift.* 3. *p.* 104. *f.* 7. *t.* 16. *f.* 36.

Olus

Olus album. *Dod. pempt.* 646.
Locusta herba. *Bauhini hist.* 3. *p.* 327.
Locusta major. *Riv. mon.* 8.
α Locusta minor. *Riv. mon.* 8.
β Valerianella foliis serratis. *Vaill. act.* 1722. *p.* 255.
Valerianella arvensis praecox humilis, foliis serratis. *Tournef. inst.* 132. *Boerh. lugdb.* 1. *p.* 75.
*Crescit vulgaris per* Europam *in agris, vineis & hortis.*
Obs. Corolla *huic campanulata est, & fructus coronà destituitur.*
Obs. *Ex datis speciebus* 1—11. *videmus calycem, corollæ figuram, numerum staminum, fructus speciem inconstantia esse, nec ullum characterem generis præstare, omnes autem convenire fructu infra receptaculum, flore monopetalo inæquali, stylo simplici.*

# BOERHAAVIA. *g. pl.* 22.

1. BOERHAAVIA foliis ovatis.
Boerhaavia solanifolia major. *Vaill. sex.* 50.
Antanisophyllon solanifolium majus. *Vaill. act.* 1722. *p.* 258. *t.* 14. *f.* 25. 26.
Plumbaginoides folio Spinaciæ spinosæ, flosculo rubro. *Boerh. lugdb.* 2. *p.* 264.
Pseudo-Valeriana curassavica, femine aspero viscoso. *Morif. hist.* 3. *p.* 105.
Valerianella curassavica, femine aspero viscoso. *Herm. par.* 237. *Pluk. alm.* 381. *Phyt.* 113. *f.* 7.
Valerianella folio subrotundo, flore purpureo, femine oblongo striato aspero. *Sloan. flor.* 91. *hist.* 1. *p.* 20.
    *Raj. hist.* 3. *p.* 244.
Valeriana humilis, folio rotundo subtus argenteo. *Plum. spec.* 3.
Thalictro affinis indica, alni folio, femine striato aspero. *Breyn. prod.* 2. *p.* 99.
Talu-dama. *Rheed. mal.* 7. *p.* 105. *t.* 56.
*Crescit in glareosis & petrosis utriusque Indiæ,* Malabariæ *scilicet &* Jamaicæ, *pluvioso læta cælo.*
*Nomen traxit planta in hortis nostris rarissima a* Summo Medico, Consummatissimo Botanico, Magno isto BOERHAAVIO, *cui noster Hortus Botanicus suam debet originem, cujus liberalitati plures debet plantas, quam ulli alii. Ille enim author fuit Nobil.* Cliffortio *plantas colligere, collectas colere, cultas amare, iisque delectari; neve principium difficile foret & grave, quidquid dari posset ex Horto instructissimo Lugdunensi, cujus tum præfecturam gessit, promisit, præstitit.*

# HIRTELLA.

1. HIRTELLA.
*Crescit in* America.
*Planta arborea, caulis scaber, rami ultimi anni villosi, ut in Rhoë, hirsutie grisea patente brevi, satim instar obducta. Folia alterna, ovata, parum acuminata, fere sessilia, densa & laurina fere, nervis e linea longitudinali versus marginem ad angulum fere rectum exeuntibus. Margine integerrimo, superne glabra, secundum nervos sulcata, inferne grisea pubescentia nervis prominula.*
*Racemus erectus ramos terminat, simplex quidem, at ex lateralibus ramis racemulus combinatus. Flosculi numerosissimi, maxima tamen pars abortit. Singulare ab omnibus, quos novi, est: stamina longissima tria, persistentia, nigra, involuta in spiram post florescentiam; Stylusque ex apice germinis, è basi vero fructus, enatus.*
*Hirtellam dixi plantam ob ramorum tenellorum hirsutiem.*

# CHIONANTHUS. *g. pl.* 835.

1. CHIONANTHUS.
Amelanchier virginiana, laurocerasi folio. *Pet. hort.* 241. *Catesb ornith.* 68. *t.* 68. *fig. bon.*
Arbor zeylanica, cotini foliis subtus lanugine villosis, floribus albis cuculli modo laciniatis. *Pluk. alm.* 44. *phyt.*
    241. *f.* 4. *bon.*
*Crescit in utraque India,* Zeylona *& America septentrionali, sub tecto apud nos conservatur per hyemem, floret quidem æstate, numquam autem apud nos fructum fert.*
Obs. Chionanthum *quasi nivis florem dixit hanc arborem Clarissi.* Royen, *dicitur enim vulgo* Sneebaum *seu arbor nivis, vel quod dum floreat nivis instar e distanti alba appareat, vel potius quod terra cui insideat, peracta florescentia, deciduisque corollis quasi nive adspersa conspiciatur.*

E

CNLO

## CNEORUM. *g. pl.* 24.

1. CNEORUM.
Chamælæa tricoccos. *Tournef. inst.* 651.
Chamælæa tricoccos *Boerh. lugdb.* 1. p. 255.
Chamælæa tricoccos. *Bauh. pin.* 462. *Bauh. hist.* 1. p. 584. *Cluf. hist.* 1. p. 87.
Chamælæa. *Dod pempt.* 363.
*Crescit in* Hispania *&* Gallia Narbonensi, *amat loca sicca, fervida, sterilia, glareosa & sa-xosa, per hyemem sub tecto servatur, floret & fructum fert omni anno.*

## TAMARINDUS. *g. pl.* 23.

1. TAMARINDUS. *Raj. hist.* 1748. *Tournef. inst.* 660. *Sloan flor.* 147. *Dal. pharm.* 507.
Tamarindi. *Bauh. hist.* 1. p. 422. *Marcgr. braf.* 107. *Boerh. lugdb.* 2. p. 59.
Tamarindus *Hern. mex.* 83.
Siliqua arabica, quæ Tamarindus. *Bauh. pin.* 403.
Balam-pulli. *Rheed. mal.* 1. p. 39. t. 23.
*Crescit in utraque* India *&* Arabia.
Obf. Alpinus *&* Acosta *scribunt arborem obtegere siliquam foliis omni nocte, frigoris vitandi caussa, quod paradoxon visum fuit Syeno & Rajo; mihi autem, licet florentem fructifi-cantemque etiamnum inspicere non licuerit, maxime verosimile: obdormit enim (ut ita di-cam) hæc arbor omni nocte æque ac* Bauhiniæ, Parkinsoniæ, Mimosæ, Cassiæ, Hymenæa, Æschynomene, *&c. complicando scilicet sole occidente folia, eaque iterum sole oriente expli-cando, tum enim æque facile siliquas involvere ac Mimosæ quasdam species, ut quotidie vi-dere est, possit, ubi ratio structuræ eadem in foliis, si conditori sic placuerit.*

## CROCUS *g pl* 26.

1. CROCUS flore fructui imposito, *autumnali.*
Crocus sativus. *Bauh. pin.* 65. *Boerh. lugdb.* 2. p. 120.
Crocus autumnalis sativus floridus & sine flore. *Morif. hist.* 2. p. 335. f. 4. t. 2. f. 1.
Crocus. *Bauh. hist.* 2. p. 637.
α Crocus alpinus autumnalis. *Bauh. pin.* 65. *Morif. hist.* 2. p. 336. f. 4. t. 2. f. 2. *Boerh. lugdb.* 2. p. 120.
Crocus montanus autumnalis. *Bauh. hist.* 2. p. 646.
*Crescit in* Thracia, Lusitaniæ *rupibus,* Pyrenæis.
*An hæc? a sequenti pro specie vel an pro sola varietate sit habenda dijudicent, quibus dijudican-di est facultas.*
Stigma *hujus floris est, quod sub nomine* Croci *in officinis prostat.*

2. CROCUS flore fructui imposito, *verno.*
Crocus vernus latifolius. (Spec. I———VI.) *Bauh. pin.* 66.
Crocus vernus latifolius, &c. (Spec. XII—XXIX.) *Tournef. inst.* 352. 353.
Crocus vernus latifolius, &c. (Spec. I—XXIV.) *Boerh. lugdb.* 118. 119. 120.
*Varietates hujus speciei infinitæ sunt, nostrum vero est species non varietates recensere.*
*Lineæ istæ albicantes foliorum seu striæ longitudinales producuntur a plicatura longitudinali ip-sius folii, quod deinde vestitur pellucida epidermide & angusta, quæ sinum folii non intrat, sed stricta tegit.*

## IRIS. *g. pl.* 29.

1. IRIS corollis barbatis, caule foliis longiore unifloro.
Iris fusiana, flore maximo ex albo nigricante. *Bauh. pin.* 31. *theatr.* 579. *Morif. hist.* 2. p. 351. f. 4. t. 6. f. 6. *Boerh. lugdb.* 2. p. 124.
Iris calcedonica latifolia. *Befl. eyst. vern.* 117. f. 1.
Iris latifolia major fusiana vel calcedonica, flore majore variegato. *Bauh. hist.* 2. p. 721.
Iris latifolia major. *Cluf. hist.* 1. p. 217.
*Crescendi naturalis locus mihi ignotus est;* Constantinopoli in Belgium transportatam fuisse an-no 1573. *vero notum.*
*Flos communiter unicus in caule est, omnium maximus, venis obscuris in campo cinereo discur-rentibus spectabilis.*

2. IRIS corollis barbatis, caule foliis longiore multifloro.
Iris vulgaris violacea seu purpurea hortensis & sylvestris. *Bauh. hist.* 2. p. 708.

α Iris

α Iris vulgaris germanica seu sylvestris. *Bauh. hist.* 2. p. 709.
β Iris hortensis latifolia. *Bauh. pin.* 31. *Boerh. lugdb.* 2. p. 124

*Crescit in editis & clivosis* Germaniæ *inter arbusta.*

3. IRIS corollis barbatis, foliis altitudine caulis multiflori.
Iris lutea, foliis florum repandis variegatis. *Bauh. hist.* 2. p. 271.
Iris latifolia pannonica, colore multiplici. *Bauh. pin.* 31. *Boerh. lugdb.* 2. p. 124.
Iris lutea variegata. *Lob. hist.* 34. *Bauh. pin.* 32.
Iris lutea variegata ex luteo & purpureo. *Cam. hort.* 80.
Iris lutea variegata camerarii. *Bauh. pin.* 32.

*Crescit in montibus* Hungariæ.

4. IRIS corollis barbatis, foliis caulem multiflorum superantibus.
Iris humilis, flore atro-purpureo. *Boerh. lugdb.* 2. p. 125.
Iris humilis major saturate purpurea biflora. *Tournef. inst.* 361.
Chamæiris major saturate purpurea. *Bauh. pin.* 33.
Chamæiris latifolia biflora. *Besl. eyst. vern.* 114.

*Crescit in* Lusitaniæ *rupibus maritimis.*

Obs. *Dicitur biflora quod bis in anno floreat, non vero quod duos in caule flores gerat, at plures tres vel quatuor communiter.*

5. IRIS corollis barbatis, foliis caulem uniflorum superantibus.
Iris humilis minor, flore purpureo. *Tournef. inst.* 361. *Boerh. lugdb.* 1. p. 125.
Iris humilis latifolia minor. *Bauh. hist.* 2. p. 725.
Chamæiris minor, flore purpureo. *Bauh. pin.* 33.
Chamæiris latifolia minor, flore purpureo. *Moris. hist.* 2. p. 355. f. 4. t. 6. f. 15.
Chamæiris latifolia minor. 1. *Cluf. hist.* 1. p. 225.

*Crescit in nudis & apertis collibus* Pannoniæ & Austriæ.

*Floruit ad finem aprilis sub aëre aperto, caulis continebat duo tantum sibi affixa folia, qui brevissimus erat, ipso tubo floris brevior. Spatha diphylla.*

6. IRIS foliis ensiformibus, corollulis imberbibus, petalis interioribus stigmate minoribus.
Iris palustris lutea. *Tournef. inst.* 360.
Iris palustris lutea ~~seu Acorus adulterinus. Bauh. hist. 3. p. 732. Moris. hist. 2. p. 355. f. 4. t. 6. f. 11.~~ *Fl. lapp.* 16.
Pseudo-iris seu sylvestris Iris lutea. *Dod. pempt.* 248.
Pseudo-iris palustris. *Besl. eyst. vern.* 120.
Acorus adulterinus. *Bauh. pin.* 34. *theatr.* 634.

*Crescit ubique per* Europam *in paludosis & ad ripas fluviorum.*

7. IRIS foliis ensiformibus, corollulis imberbibus, petalis interioribus longitudine stigmatis.
Iris fœtidissima seu Xyris. *Tournef. inst.* 360.
Xyris vel Iris maxima fœtida. *Moris. hist.* 2. p. 349. f. 4. t. 5. f. 2.
Xyris. *Lob. hist.* 37.
Spatula fœtida. *Bauh. hist.* 2. p. 31. *Besl. eyst. vern.* 121.
Gladiolus fœtidus. *Bauh. pin.* 30. *theatr.* 560.

*Crescit in* Hetruria, Galloprovincia, Gallia, Anglia, *&c. in dumetis & aggeribus præsertim maritimis.*

Obs. *Folia variant marginibus albis, (argenteis dixissem) sed odore cimicem redolente facile dignoscuntur modo digitis contrectentur.*

8. IRIS foliis linearibus, corollis imberbibus, fructu trigono, caule tereti.
Iris pratensis angustifolia non fœtida altior. *Bauh. pin.* 32. *theatr.* 597. *Boerh. lugdb.* 2. p. 174.
Iris angustifolia 2. *Cluf. hist.* 1. p. 227.
Iris tenuifolia major, flore cæruleo & striato. *Bauh. hist.* 2. p. 728.

*Crescit in pratis* Austriæ & Hungariæ.

*Varietas sæpe occurrit corollâ alba.*

9. IRIS foliis linearibus, corollis imberbibus, fructu hexagono, caule tereti.
Iris pratensis angustifolia, folio fœtido. *Bauh. pin.* 32.
Iris angustifolia 1. *Cluf. hist.* 1. p. 228.
Iris tenuifolia michelfeldensis spontanea. *Bauh. hist.* 2. p. 725.

*Crescit in pratis* Germaniæ & Hungariæ.

10. IRIS foliis linearibus, corollis imberbibus, fructu hexagono, caule ancipiti.
Iris graminea, cui pereunt quotannis folia. *Bauh. hist.* 2. p. 727.
Iris perpusilla sylvestris angustifolia. *Lob. hist.* 34.
Iris angustifolia 6. *Cluf. hist.* 230.
Iris angustifolia prunum redolens minor. *Bauh. pin.* 33. *theatr.* 603.
Chamæiris. *Dod. pempt.* 247.

*Crescit in pratis* Viennæ *ad radices montium.*

Obs. *Hujus caulis longe brevior est ipsis foliis & communiter procumbens.*

E 2

11. IRIS

11. Iris foliis quadragonis.
    Iris tuberosa. *Lob. hist.* 51.
    Iris tuberosa belgarum. *Bauh. hist.* 2. *p* 730.
    Iris tuberosa, folio anguloso. *Bauh. pin.* 40.
    Iris tuberosa, folio anguloso, flore obscure viridi colore. *Morif. hist.* 2. *p.* 348. *f.* 4. *t.* 5. *f.* 1
    Hermodactylus folio quadrangulo. *Tournef. cor.* 50. *Boerh. lugdb.* 2. *p.* 125.
    *Crescit in* Arabia *&* Oriente.
    *Differt hæc species a congeneribus manifeste.* α Radice *tuberosa.* β Foliis *tetragonis.* γ Petalis *tribus interioribus subulatis omnium floris partium minutissimis.* δ Stigmatis *laciniis tribus ultra medium bifidis.* ε Colore *corollæ viridescente.*

12. Iris foliis margine conniventibus, corollis imberbibus.
    Iris bulbosa lutea inodora major. *Bauh. pin.* 364.
    Iris bulbosa mixta & variegata. *Besl. eyst. æst.* 67. *f.* 2. 3
    Xiphium angustifolium. ( Species omnes.) *Tournef. inst.* 364.
    Xiphium angustifolium. (Species 2 — 11.) *Boerh. lugdb.* 2. *p.* 126.
    *Crescit in* Hispania.
    *Varietates vanitatesque decem possidemus distinctas vel ex corollæ colore ; vel corollæ magnitudine ; vel corollæ odore ; vel foliorum magnitudine, quas ego conjungo, qui distinguit differentiam specificam ut demonstret expeto.*
    *Distinguitur etiam hæc species a congeneribus facillime: Radice bulbosa, & foliis planis ( non acie se invicem secantibus ) at utroque margine laterali introrsum conniventibus.*
    *Nectarium in hoc genere singulare est. In aliis enim ( 1 — 5.) lineæ instar ab ungue ad medium extenditur in petalis reflexis barbâ tectum nectarium. In reliquis ( 6 — 12 ) communiter tria puncta concava observantur in medio latere germinis infra florem opposita.*
    *Tournefortius separat hoc genus in tuberosos* Hermodactylos, *simpliciter bulbosa* Xiphia, *duplicato bulbosa* Sisyrinchia *& fibroso-carnosas* Irides.
    *Singulare sane inter omnes flores sunt pistilla hujus generis, quæ Stigmate instruuntur:* 1. *vastissimo & quod deprimit petala alterna.* 2. *Situ supra anteras, ut eas tegat & defendat a pluvia,* 3. *Subtus longitudinaliter diviso & membrana vestito* 5. *Dehiscente a petalis juxta basin, quo aëris motus accedat, sine quo vix video fecundationis processum possibilem in singulari hoc flore.*
    *Petala in hoc genere sex sunt ( nec unum ), unguibus angusta, inserta tubulo a receptaculo producto germinique imposito.*

# G L A D I O L U S. *g. pl.* 27.

1. Gladiolus foliis ensiformibus.
    Gladiolus, floribus uno versu dispositis, major. *Bauh. pin.* 41.
    Gladiolus sive Xyphion. *Bauh. hist.* 2. *p.* 701.
    Victorialis rotunda. *Besl. eyst.* 66. *f.* 2.
    Gladiolus, floribus uno versu dispositis, major & procerior, flore purpureo-rubente. *Tournef. inst.* 365.
    *Boerh. lugdb.* 2. *p.* 365.
    Gladiolus. *Riv. mon.* 163.
α Gladiolus, floribus uno versu dispositis, major & procerior, flore candicante. *Tournef. inst.* 365.
β Gladiolus, floribus uno versu dispositis, minor & humilior. *Tournef. inst.* 365.
γ Gladiolus, floribus uno versu dispositis, minor. *Tournef inst.* 366.
δ Gladiolus carnei coloris. *Tournef. inst.* 365. *Boerh. lugdb.* 2. *p.* 127.
ε Gladiolus utrinque floridus. *Bauh pin.* 41. *Boerh. lugdb.* 2. *p.* 126.
    Gladiolus utrinque floriferus. *Dod. pempt.* 209.
ζ Gladiolus utrinque floridus, flore rubro. *Tournef. inst.* 366.
η Gladiolus utrinque floridus, flore albo. *Tournef. inst.* 366. *Boerh. lugdb.* 2. *p.* 127.
    *Crescit in* Italia *& circa* Monspelium.

2. Gladiolus foliis linearibus. *Vid. Tab.*
    Gladiolus atricanus, folio gramineo, floribus carneis, macula rhomboidea purpurea inscriptis, uno versu positis. *Boerh. lugdb.* 2. *p.* 127.
    *Crescit in* Africa.
    *Eandem hanc dicerem, vel saltem varietatem cum* Gladiolo, *angusto gramineo folio.* Bauh! *pin.* 41. *prod.* 26. *nisi caulis omnino repugnaret, qui in nostra anceps est, in Bauhiniana vero teres.*
    *Plantam quam naturali fere magnitudine exhibemus differt ab antecedenti.* α *Quod tenuissimus sit caulis & fere ad terram nutans, pedalis & sesquipedalis, anceps.* β Foliis *radicalibus instructa vix ullis, at infimo caulis, longitudine totius plantæ, lineari, sensim desinente in acumen, vix caule latiore.* γ Flores *uno versu positi; quorum tubus ter quaterve longior est suo limbo.* δ Acutissimis *deinde & æqualibus fere laciniis petali omnibus.* ε *Macula rhomboidea in singula lacinia labii inferioris versus faucem linea terminatur. Hæc ma-*

GLADIOLUS foliis linearibus. *Hort. Cliff. p.* 20. *sp* .2.

a *Bulbus.*
b *Caulis.*
c *Folium infimum caulis.*
d *Corolla longitudinaliter dissecta.*
e *Pistillum.*

G. D. EHRET del.

J. WANDELAAR fecit

*macula sanguinei est coloris, in medio vero nullus color præter communem.* ζ *Totius corollæ communis color flavescens & maculæ istæ rhomboideæ à parte exteriori obsoleto-sanguineæ sunt.* η *Flores omnes sursum versi sunt.*

## COMMELINA. *g. pl.* 30.

1. COMMELINA, foliis ovato-lanceolatis, caule procumbente, petalis duobus majoribus.
Commelina procumbens annua, saponariæ folio. *Dill. elth.* 93. *t.* 78. *f.* 89.
Commelina graminea latifolia, flore cæruleo. *Plum. gen.* 48. *Boerh. lugdb.* 1. *p.* 237.
Ephemerum africanum annuum, flore bipetalo. *Herm. lugdb.* 231.
Ephemerum brasilianum ramosum procumbens bipetalon, foliis mollioribus. *Herm. par.* 145.
Ephemerum phalangoides dipetalon africanum annuum, flore dipetalo. *Morif. hist.* 3. *p.* 606. *f.* 15. *t.* 2. *f.* 3.
Dipetalos brasiliana, foliis gentianæ aut plantaginis. *Raj. hist.* 1332.
Planta innominata prima, *Marcgr. braf.* 8. *Sloan. hist.* 1. *p.* 187.
*Crescit ad* Caput bonæ spei, *in* Brasilia, Jamaica & aliis Americæ locis ad ripas rivulorum & in tesquis.
*Mira structura floris hujus generis & sine pari. In hac petala duo magna speciosa & nitentia, tertium oppositum his parvum, obsoletum, rude, calycique simillimum. Quid monstri in staminibus? quid corpora ista in tribus alternis filamentis cruciformia? An nectariferæ glandulæ? An Antheræ? Certe si antheræ essent farinam proferrent ut reliquæ alternæ, sed nec hanc præbent, nisi forte tertia harum alterá extremitate trifida, aliera integra, quæ in margine minutissima linea pulverifera pingitur! Mirum involucrum florum, vel an folium dicam? conchæ instar cunni marini dictæ formatum! an spatha? an folium?*
*Dixit hanc plantam, cujus duo petala splendida excrescunt, minori evadente tertio, à Commelinis duobus istis, quorum laboribus floruit quondam Botanica in Belgio.* PLUMIER.
*Lepide exserit planta suos flores extra spatam suam cordiformem eo, quo floret tempore, moxque peracta florescentia eos retrahit & condit, intra calycem prædictum, fructum, ne frigore vel externis lædatur injuriis.*

2. COMMELINA foliis ovato-lanceolatis, petalis tribus majoribus æqualibus.
Commelina radice Anacampserotis. *Dill. elth.* 94. *t.* 79. *f.* 90.
Ephemerum mexicanum erectum, serrato folio. *Herm. par.* 150.
Ephemerum phalangoides mexicanum, radice palmata. *Pluk. phyt.* 134.
Matlalytztic Tetzocana. *Hernand. mex.* 253.
*Crescit in* Mexico *& adjacentibus* Americæ *regionibus.*
*Si hæc species visa fuisset Plumiero, nullo modo diremisset Commelinæ & Zanoniæ genus. Hæc enim gaudet flore Zanoniæ, fructu vero Commelinæ proximo.*
*Fructu gaudet hæc triloculari, antecedens vero biloculari.*

## CYPERUS. *g. pl.* 32.

1. CYPERUS culmo tereti spicas infra apicem ferente.
Gramen junceum perpusillum, capillaceis foliis, æthiophicum. *Pluk. alm.* 179. *t.* 300. *f.* 5.
Gramen cyperoides minimum, spicis pluribus compactis ex oblongo-rotundis. *Sloan. hist.* 1. *p.* 120. *t.* 79. *f.* 3. *Raj. hist.* 3. *p.* 625.
*Crescit in* Jamaica.
*E seminibus satis excrescit foliis numerosissimis radicalibus in tophum congestis, quæ scapo ipsi simillima sunt, at paulo breviora. Scapus nudus, teres, setæ porcinæ figura, debilis, communiter decumbens, longitudine digitalis vel spithamæus. Spicæ tres vel quinque pollicis transversi spatio infra apicem culmi, ex uno eodemque puncto, prodeunt partim sessiles, partim brevissimis pedunculis propriis innixæ. Spica singula ovata, undique imbricata; semen sub squama singula, triquetrum, absque ulla hirsutie.*
*Fateor faciem hujus plantæ omnino Scirpi esse, scapus enim nudus, enodis, teres, spicæ infra apicem, attamen cum semina sint exacte nuda: vel ad Cyperum amandari debet, vel etiam Cyperus & Scirpus conjungi in uno eodemque genere.*

## SCIRPUS. *g. pl.* 33.

1. SCIRPUS culmo nudo, spica terminatrice subrotunda.
Juncus aquaticus geniculatus, capitulis equiseti, minor. *Sloan. hist.* 1. *p.* 122. *t.* 75. *f.* 2.
*Crescit & hæc in insula* Jamaica.
*Differt omnino specie hic scirpus a Scirpis, equiseti capitulo, europæis, facies enim absolute diversa est, spica subglobosa, squamæ calycinæ proportione majores, caulis tenuior vix spithamæns*

F

*mæus, ſemina nullo pappo inſtructa præter baſes filamentorum ſub ſquamis calycinis re-
tentorum.*

## E R I O P H O R U M. *g. pl.* 34.

1. ERIOPHORUM ſpicis pendulis. *Fl. lapp.* 22.
   Linagroſtis panicula ampliore. *Tournef. inſt.* 664. *Vaill. par.* 117. *t.* 16. *f.* 1. *Scheuch. hiſt.* 306.
   Gramen eriophorum. *Dod. pempt.* 552.
   Gramen pratenſe tomentoſum, panicula ſparſa. *Bauh. pin.* 4. *theatr.* 61.
   Gramen tragi ſeu juncus bombycinus. *Bauh. hiſt.* 2. *p.* 514.
   α Linagroſtis panicula minore. *Tournef. inſt.* 664. *Vaill. par.* 117. *t.* 16. *f.* 1.
   *Creſcit vulgaris per* Europam ſeptentrionalem.

## S C H O E N U S.

1. Schœnus floſculis ſpicatis.
   Melanoſchœnus paluſtris anguſtifolius, junci facie, lithoſpermi ſemine. *Mich. gen.* 46.
   Juncus lævis minor, panicula glomerata nigricante. *Raj. ſyn.* 430. *hiſt.* 1305. *Moriſ. hiſt.* 3. *p.* 233. *ſ.* 8.
   *t.* 10. *f.* 28.
   Juncus lithoſpermi ſemine. *Mor. bleſ.* 135.
   Gramen ſpicatum, junci facie, lithoſpermi ſemine. *Tournef. inſt.* 518.
   Junco affinis, capitulo glomerato nigricante. *Scheuch. hiſt.* 349.
   *Creſcit in humectis littoribus arenoſis & tumulis maritimis* Belgii, Italiæ *& Helvetiæ.

2. SCHOENUS floſculis faſciculatis.
   Cyperus paluſtris hirſutus minor, paniculis albis. *Moriſ. hiſt.* 3. *p.* 239. *ſ.* 8. *t.* 9. *f.* 39.
   Juncus paluſtris glaber, floribus albis. *Vaill. par.* 118.
   Cyperella paluſtris, capitulis florum umbellatim compactis primum albis, deinde fulvis. *Mich. gen.* 53.
   Gramen luzulæ accedens glabrum & in paluſtribus proveniens paniculatum. *Pluk. alm.* 178. *t.* 36. *f.* 11.
   Gramen cyperoides paluſtre leucanthemum. *Scheuch. hiſt.* 503.
   *Creſcit vix ullibi copioſius quam in* Lapponiæ *deſertæ paludibus.*

## D I G Y N I A.

## N A R D U S. *g. pl.* 52.

1. NARDUS ſpica lineari. *Fl. lapp.* 40.
   Spartum parvum lobelio. *Bauh. hiſt.* 2. *p.* 512.
   Spartum parvum noſtras. *Lob. ic.* 90.
   Gramen ſparteum minus, ſeu hollandicum. *Bauh. pin.* 5.
   Gramen ſparteum hollandicum, ſeu capillaceo folio minus. *Bauh. theatr.* 70.
   Gramen ſparteum juncifolium. *Bauh. pin.* 5. *Scheuch. hiſt.* 90.
   Gramen loliaceum minimum, foliis junceis, panicula unam partem ſpectante. *Tournef. inſt.* 517.
   *Creſcit ubique per tumulos arenoſos maritimos* Belgii.

## C Y N O S U R U S. *g. pl.* 36.

1. CYNOSURUS.
   Gramen criſtatum. *Bauh. hiſt.* 2. *p.* 468.
   Gramen pratenſe criſtatum, ſeu ſpica criſtata lævi. *Bauh. pin.* 3. *theatr.* 43. *Scheuch. hiſt.* 79.
   Gramen typhinum, plantaginis ſpica, glumis digitatis, heteromallon majus. *Barr. rar. t.* 27. *f.* 1.
   *Creſcit vulgare per* Belgium *& Europam ſuperiorem.

## P H L E U M. *g. pl.* 37.

1. PHLEUM ſpica longiſſima cylindracea. *Fl. lapp.* 39.
   Gramen typhoides maximum, ſpica longiſſima. *Bauh. pin.* 4. *theatr.* 49.
   Gramen typhoides aſperum primum. *Bauh. pin.* 4. *theatr.* 51.
   Gramen typhoides aſperum alterum. *Bauh. pin.* 4. *theatr.* 52.
   Gramen, cum cauda muris majoris longa, majus. *Bauh. hiſt.* 2. *p.* 472.
   Gramen, cum cauda muris, minus. *Bauh. hiſt.* 2. *p.* 471.
   Gramen typhoides maximum, ſpica longiſſima. *Moriſ. hiſt.* 3. *ſ.* 8. *t.* 4. *f.* 1.
   Gramen typhoides medium, ſive vulgatiſſimum. *Moriſ. hiſt.* 3. *ſ.* 8. *t.* 4. *f.* 2.
   *Creſcit per* Europam *in pratis juxta vias & agros frequens.*
   *Tres iſtas varietates a* Caſp. Bauhino *datas, ex authoritate* Vaillantii *paris* 83., *conjunxi,
   qui vero diſtinguere velit, aliam, quam magnitudinis, rationem exhibere tenetur.*

                                                          2. PHLÆUM

2. PHLEUM spica ovata, caule ramofo.
   Gramen typhinum maritimum minus. *Raj. hist.* 1267. *fyn.* 392. *Scheuch. hist.* 63. *Pluk. alm.* 177. *t.* 33.
   *f.* 3. *opt.*
   *Crefcit in campis & montibus arenofis, vulgare per* Belgium , *extra quod non adeo frequens habetur.*
   *Scapus est altitudine digiti, ultimi folii ipfius culmi vagina magna & ventricofa est, fpathæ instar, & rami fpiciferi, licet non femper, ex alis foliorum producuntur, attamen communiter eorum rudimenta apparent, vel foliola duo.*

# PHALARIS. *g. pl.* 38.

1. PHALARIS radice annua.
   Phalaris. *Bauh. hist.* 2. *p.* 442. *Dod. pempt.* 510.
   Phalaris major, femine albo. *Bauh. pin.* 158. *theatr.* 534. *Scheuch. hist.* 52.
   Gramen fpicatum, femine miliaceo albo. *Tournef. inst.* 528.
   α Phalaris major, femine nigro. *Bauh. pin.* 28.
   *Crefcit in infulis Fortunatis, feu Canariis,* Hetruria, Hifpania *& Gallia narbonenfi.*

# UNIOLA. *g. pl.* 885.

1. UNIOLA.
   Gramen myloicophoron oxyphyllon carolinianum f. Gramen altiffimum, panicula maxima fpeciofa, e fpicis majoribus compreffiufculis utrinque pinnatis, blattam molendinariam quodommodo referentibus, compofita, foliis convolutis mucronatis pungentibus. *Pluk. alm.* 173. *t.* 32. *f.* 6.
   Gramen myloicophoron oxyphyllon carolinianum. *Catesb. ornith.* 32. *t.* 32. *Morif. hist.* 3. *p.* 203.
   *Crefcit in* Carolina *Americæ feptentrionalis.*
   *Spiculæ fingulæ ovatæ funt, compreffæ, undique acie acuta cinctæ, in paniculam inordinatam digestæ, præfertim fingulare est gramen calyce fuo multiplici, quod in graminum familia rarum.*

# BRIZA. *g. pl.* 39.

1. BRIZA fpicis ovatis, flofculis feptendecim.
   Gramen tremulum maximum. *Bauh. pin.* 2. *theatr.* 24. *prod.* 5. *Bauh. hist.* 2. *p.* 470. *Morif. hist.* 3. *p.* 203.
   *f.* 8. *t.* 6. *f.* 48. *Scheuch. hist.* 202.
   Gramen tremulum, panicula longiore & laxiore, colore candicante. *Cluf. post.* 71.
   Gramen paniculatum, locustis maximis candicantibus tremulis. *Tournef. inst.* 523.
   α Gramen paniculatum, locustis maximis phœniceis tremulis. *Tournef. inst.* 523.
   Gramen tremulum, fufco feu fumigato colore. *Cluf. post.* 38.
   Gramen amabile tremulum, panicula fpadicea. *Grist. lufit.*
   Gramen phalaioides majus, ferruginea nutante panicula. *Barr. rar. t.* 15. *f.* 1.
   *Crefcit in montibus* Italiæ.
   *Spicula fingula circiter feptendecim flofculis componitur.*

2. BRIZA fpicis ovatis, calyce flofculis brevioribus.
   Gramen tremulum vulgare minus, locustis rotundioribus. *Morif. hist.* 3. *p.* 203. *f.* 8. *t.* 6. *f.* 45.
   Gramen tremulum majus. *Bauh. pin.* 2. *theatr.* 22. *Scheuch. hist.* 204.
   Gramen tremulum. *Bauh. hist.* 2. *p.* 460.
   Gramen paniculatum majus, locustis magnis candicantibus tremulis. *Tournef. inst.* 523.
   α Gramen paniculatum majus, locustis magnis phœniceis tremulis. *Tournef. inst.* 523.
   *Crefcit vulgare gramen per* Europam *in pratis ficcioribus.*
   *Spicula fingula feptem circiter flofculis componitur, quorum calyx minor, vel ad minimum longitudine æqualis est cum ipfis flofculis.*

3. BRIZA fpicis triangularibus, calyce flofculis longiore.
   Gramen tremulum minus, panicula ampla, locustis parvis triangularibus. *Raj. fyn.* 412.
   Gramen tremulum minus, locusta deltoide. *Morif. hist.* 3. *p.* 202. *f.* 8. *t.* 6. *f.* 47. *opt.*
   Gramen tremulum minus, panicula parva. *Bauh. pin.* 2. *theatr.* 25. *prod.* 4. *Morif. hist.* 3. *p.* 208. *f.* 8. *t.* 6.
   *f.* 46. *mala.*
   Gramen tremulum minus, locustis parvis tremulis. *Tournef. inst.* 525.
   *Crefcit in montibus sterilibus* Helvetiæ *&* Italiæ.
   *Spicula fingula feptem flofculis communiter instruitur, quorum calyx ipfis flofculis longior est.*

# LOLIUM. *g. pl.* 43.

1. LOLIUM fpicis aristatis, radice annua.
   Lolium verum. *Morif. hist.* 3. *p.* 181. *f.* 8. *t.* 2. *f.* 1.

F 2

Lolium

Lolium gramineum spicatum, caput tentans. *Bauh. hist.* 2. *p.* 437.
Gramen loliaceum, spica longiore. *Bauh. pin.* 9. *theatr.* 121. *Scheuch. hist.* 31.
*Crescit in agris cum segete, præsertim Lino & Avena sat vulgare in* Europa.

2. LOLIUM spicis muticis, radice perenni.
Lolium spicis compressis, radice perenni. *Fl. lapp.* 32.
Gramen loliaceum, spica simplici, vulgare. *Morif. hist.* 3. *f.* 8. *t.* 2. *f.* 2.
Gramen loliaceum, angustiore folio & spica. *Bauh. pin.* 9. *theat.* 128. *Scheuch. hist.* 25.
Phœnix lolio similis. *Bauh. hist.* 2. *p.* 436.
Phœnix seu Lolium murinum. *Dod. pempt.* 540.
*Crescit vulgare in* Europa *ad margines viarum & agrorum.*

# TRITICUM. *g. pl.* 44.

1. TRITICUM radice repente, foliis viridibus. *Fl. lapp.* 33.
Gramen loliaceum, radice repente, seu Gramen officinarum. *Tournef. inst.* 516.
Gramen caninum repens vulgatius. *Morif. hist.* 3. *p.* 178. *f.* 8. *t.* 1. *f.* 8.
Gramen caninum, spicæ triticeæ aliquatenus simile. *Raj. meth.* 171.
Gramen canicum arvense. *Bauh. pin.* 1. *theat.* 7.
Gramen medicatum. *Lob. hist.* 11.
*Crescit ubique in locis cultis per* Europam *frequens.*

2. TRITICUM radice annua, spica mutica.
Triticum hybernum, aristis carens. *Bauh. pin.* 21. *theat.* 352.
Triticum vulgare, glumas triturando deponens. *Bauh. hist.* 2. *p.* 407.
Siligo spica mutica. *Lob. hist.* 14.
*Crescit species tritici (an hæc vel alia?) in* Creta *& negligitur, unde Honorius Belli semina ad Clusium misit, quare non abs ratione Cretenses, Diodoro Siculo referente, sibi persuaserunt Triticum primo a Cerere in Creta inventum fuisse.* Rajus.

3. TRITICUM radice annua, spica glabra aristata.
Triticum æstivum. *Bauh. pin.* 21.
Triticum trimestre. *Morif. hist.* 3. *f.* 8. *t.* 1. *f.* 10.

4. TRITICUM radice annua, glumis villosis.
Triticum spica villosa quadrata breviore & turgidiore. *Morif. hist.* 3. *p.* 176. *f.* 8. *t.* 1. *f.* 14.
α Triticum spica multiplici. *Bauh. pin.* 21. *theat.* 361. *Morif. hist.* 3. *p.* 175. *f.* 8. *t.* 1. *f.* 7.
Triticum cum multiplici spica, glumas facile deponens. *Bauh. hist.* 2. *p.* 407.
*Varietas α spica composita gaudet.*
Obf. *Uti Pyra & Poma per culturam infinitis lusere varietatibus, sic & Triticum, cujus longe pauciores sunt species quam vulgo creditur.*

# HORDEUM. *g. pl.* 45

1. HORDEUM flosculis omnibus hermaphroditis.
Hordeum polystichum. *Bauh. hist.* 2. *p.* 429.
Hordeum polystichum vernum. *Bauh. pin.* 22. *theat.* 439.
Hordeum. *Dod. pempt.* 501.
α Hordeum polystichum hybernum. *Bauh. pin.* 22. *theat.* 438.
*Crescendi naturalis locus ignoratur.*

2. HORDEUM flosculis lateralibus masculis muticis.
Hordeum distichum. *Bauh. hist.* 2. *p.* 429. *theatr.* 440. *Dalech. hist.* 398.
Hordeum distichon. *Bauh. pin.* 23. *Dod. pempt.* 501.
*Crescendi naturalis locus nobis latet.*

3. HORDEUM flosculis lateralibus masculis aristatis.
Hordeum marinum. *Bauh. hist.* 2 *p.* 431.
Hordeum spontaneum spurium. *Lob. hist.* 18.
Gramen hordeaceum minus & vulgare. *Bauh. pin.* 8. *theatr.* 134.
Gramen hordeaceum minimum. *Barr. rar.* 106. *t.* 111. *f.* 1.
Gramen secalinum & Secale sylvestre. *Raj. hist.* 1258.
Gramen secalinum vulgatissimum viarum. *Morif. hist.* 3. *p.* 179.
Gramen vulgare spicatum secalinum. *Tournef. inst.* 517.
α Gramen spicatum secalinum minus. *Tournef. inst.* 518. *Vaill. par.* 83. *t.* 17. *f.* 6.
Gramen spica quadrata, ad secale accedens. *Bauh. hist.* 2. *p.* 477.
Zea briza barbata. *Barr. rar.* 1. *t.* 111. *f.* 2.
*Crescit in omnibus muris, vallibus, areis & viis, ut per* Belgium *vix aliud vulgatius sit gramen.*
*Consideratio florum in hac specie, ut & antecedenti singularis est: tres eidem denticulo spicæ affiguntur ut in specie* 1., *at in hac & 2. sunt flores laterales omnino mares, intermedius vero hermaphroditus.*

SE-

# SECALE. *g. pl.* 46.

1. SECALE. *Bauh. hift.* 2. *p.* 416.
   Secale hybernum vel majus. *Bauh. pin.* 22. *theatr.* 425.
   Rogga five Secale. *Dod. pempt.* 499.
α Secale vernum & minus. *Bauh. pin.* 23.
   *Crefcendi locum natalem circa Secale, Hordeum, Triticum, Cerealia ifta pro frumentis non modo per totam Europam, fed fere per totum terrarum orbem recepta, fateor me dare non poffe, nec apud Authores reperiri memoriæ ullibi proditum.*

# ANTHOXANTHUM. *g. pl.* 51.

1. ANTHOXANTHUM flofculis diandris.
   Gramen anthoxanthon. *Dalech. hift.* 426.
   Gramen anthoxanthon fpicatum. *Bauh. hift.* 2. *p.* 466.
   Gramen pratenfe, fpica flavefcente. *Bauh. pin.* 3. *theatr.* 44. *Scheuch. hift.* 88
   Gramen alopecurinum vernum pratenfe, fpica flavefcente. *Morif. hift.* 3. *p.* 193. *f.* 8. *t.* 4. *f.* 25. *quaiicunque & t.* 7. *f.* 25. *peffima*
α Gramen montanum odoratum fpicatum. *Loef. pruf.* 110. *fig. Scheuch. hift.* 87.
   Gramen erectum, pomum & melilotum redolens, panicula cupreffina. *Bocc. muf.* 67. *t.* 57.
   *Crefcit vulgare per Europam.*
   *Species hæcce fola ftaminibus gaudet duobus.*

# BROMUS. *g. pl.* 40.

1. BROMUS culmo paniculato, fpicis compreffis. *Pl. lapp.* 27.
   Bromos herba. *Dod. pempt.* 540.
   Feftuca avenacea fterilis elatior. *Bauh. pin.* 9. *theatr.* 146.
   Ægilops mattiolo forte. *Bauh. hift.* 2. *p.* 439.
   Gramen avenaceum, panicula fparfa, locultis majoribus & ariftatis. *Tournef. inft.* 526. *Scheuch. hift.* 258.
   *Crefcit juxta vias & agros per Europam vulgare.*

# AVENA. *g. pl.* 42.

1. AVENA calycibus difpermis, feminibus lævibus.
   Avena. *Dod. pempt.* 511.
   Avena alba & nigra. *Bauh. hift.* 2. *p.* 432.
   Avena nigra. *Bauh. pin.* 23.
α Avena vulgaris feu alba. *Bauh. pin.* 23. *theatr.* 469.
   *Crefcit in Afia tefte Galeno; in Oriente inque Oononis infulis.* Plinio.
   *Calyx fingulus duos vel tres flofculos continet, raro tamen plura quam duo inferiora femina maturant.*

# LAGURUS. *g pl.* 884.

1. LAGURUS, fpica ovata.
   Alopecuros. *Dod. pempt.* 541.
   Alopecuros, fpica rotundiore. *Morif. hift.* 3. *f.* 8. *t.* 4. *f.* 1.
   Gramen alopecuroides, fpica rotundiore. *Bauh. pin.* 4. *theatr.* 56.
   Gramen alopecuros altera Lobelii. *Bauh. hift.* 2. *p.* 475.
   Gramen alopecurum molle, fpica incana. *Barr. rar. t.* 116.
   Gramen fpicatum tomentofum, longiffimis ariftis donatum. *Tournef. inft.* 517. *Scheuch. hift.* 58.
   *Crefcit in Helvetia, Italia, Gallia, Sicilia.*

2. LAGURUS, fpicis oblongis pedunculatis, e fingula ala pluribus.
   Gramen dactylon bicorne tomentofum maximum, fpicis numerofiffimis. *Sloan. hift.* 1. *p.* 42.
   Graminis decima fpecies Cupubaba brafilianis. *Marcgr. braf.* 2.
   *Crefcit in Brafilia, Jamaica & variis aliis Americæ regionibus.*

# ARUNDO. *g. pl.* 53.

1. ARUNDO arbor. *Bauh. pin.* 18.
   Arundo arborea, Mambu & Bambu dicta. *Pluk. alm.* 53.
   Arundo indica maxima arborea, cortice fpinofo. *Comm. flor.* 10.
   Arundo indica arborea maxima, cortice fpinofo, Tabaxir fundens. *Burm. zeyl.* 35
   Arundo tabaxifera. *Dal. fuppl* 263.
   Tabaxir f. Mambu arbor. *Bauh. hift.* 1. *p.* 222.
   Jataboca. *Marcgr. braf.* 3.
   Ily. *Rheed. mal.* 1. *p.* 25. *t.* 16.
   *Crefcit in utriusque Indiæ arenofis mari proximis, ut in Brafilia. Zeylona, Malabaria.*
   G

*Speciosissima hæc species, & Hybernaculi ornamentum, palmæ instar ramos e summitate undique dispergit. Nobis hujus, ut & sequentis speciei, flores plane ignoti sunt, a facie & authoritate Botanicorum heic locum concessimus, donec plura revelet dies.*

2. ARUNDO indica laconica verficolor. *Morif. hift.* 3. *p.* 219. *f.* 8. *t.* 8. *f.* 9.
　　Arundo indica variegata five laconia theophrafti. *Corn. canad.* 54. *t.* 55.
　　Arundo laconica. *Stap. theophr.* 480. *fig.*
　　*Crefcit in India orientali.*

3. ARUNDO vulgaris paluftris. *Bauh. hift.* 2. *p.* 485.
　　Arundo vulgaris five phragmites dioicoridis. *Bauh. pin.* 17. *Scheuch. hift.* 161.
　　Arundo vulgaris. *Bauh. theat.* 269.
　　Arundo phragmites. *Dod. pempt.* 602.
　　Arundo vallatoria. *Lob. hift.* 28.
　　Arundo vallatoria five vulgaris. *Raj. hift.* 1275.
　　*Crefcit ubique per Europam, præfertim juxta foffas publicas Belgii, & in paludibus oftrobotniæ.*

4. ARUNDO foliorum lateribus convolutis, acumine pungente. *Fl. lapp.* 26.
　　Spartium oceanicum pungens. *Bauh. hift.* 2. *p.* 511.
　　Spartum, herba 3., maritimum. *Cluf. hift.* 2. *p.* 221.
　　Gramen fparteum fpicatum, foliis mucronatis longioribus. *Bauh. pin.* 5. *theatr.* 67.
　　Gramen fecalinum anguftifolium maritimum. *Morif. hift.* 3. *p.* 180. *f.* 8. *t.* 4. *f.* 14.
　　Gramen fpicatum fecalinum maritimum, fpica longiore. *Tournef. inft.* 518. *Scheuch. hift.* 138.
　　Helm Belgis.
　　*Crefcit omnium copiofiffime in tumulis arenofis maritimifque Belgii, ubi etiam fæpe plantatur, ne ventus dejiciat arenam, quam radicibus fuis ligat, ut aliæ etiam plantæ in illa crefcere queant.*
　　*Nofcitur facile abfque afpectu ab ambulantibus per tumulos arenofos, pungit enim leviter incedentium tibias acumine foliorum, parvæ inftar aciculæ.*

5. ARUNDO foliis planis, pannicula fpicata, fpiculis confertis.
　　Gramen arundinaceum, acerofâ gluma, noftras. *Raj. hift.* 1280 *Morif. hift.* 3. *p.* 203. *f.* 8. *t.* 6. *f.* 41.
　　Gramen arundinaceum fpicatum. *Bauh. pin.* 6. *theatr.* 94.
　　Gramen arundinaceum minus, cum fpica. *Bauh. hift.* 2. *p.* 481.
　　Gramen arundinaceum paniculatum, divifa panicula. *Loef. pruf.* 119. *fig.*
　　Gramen aquaticum paniculatum, phalaridis femine. *Tournef. inft.* 522. *Scheuch. hift.* 126.
α Gramen paniculatum aquaticum, phalaridis femine, folio variegato. *Tournef. inft.* 523. *Scheuch. hift.* 127.
　　Gramen paniculatum, folio variegato. *Bauh. pin.* 3.
　　Gramen ftriis pictum. *Bauh. hift.* 2. *p.* 476.
β Gramen paniculatum aquaticum, folio anguftiore ex albo & viridi variegato, panicula unicolore magis foluta. *Boerh. lugdb.* 2. *p.* 162.
　　*Crefcit vulgare in fubbumidis, at varietates α. β. communiter in hortis; quæ fi nimis diu in eodem loco perfiftant, nec transplantentur, amittunt variegatum fuum colorem folia.*

## SACCHARUM. *g. pl.* 49.

1. SACCHARUM.
　　Arundo faccharifera. *Bauh. pin.* 18. *Morif. hift.* 3. *p.* 220. *f.* 8. *t.* 8. *f.* 21. *Sloan. flor.* 31. *hift.* 1. *p.* 108. *t.* 66. *fig. bona. Boerh. lugdb.* 2. *p.* 162.
　　Arundo faccharina. *Bauh. hift.* 2. *p.* 531. *theatr.* 293. *Raj. hift.* 1278. *Dalech. pharm.* 382.
　　*Crefcit in utraque India, ut in Madera, Hifpaniola, Brafilia, Sumatra, Zibith urbe Arabiæ felicis, &c. inque locis campeftribus, inundatis per hyemem, juxtaque ripas.*

## ALOPECURUS. *g. pl.* 50.

1. ALOPECURUS ariftis glumâ longioribus. *Fl. lapp.* 23.
　　Gramen aquaticum geniculatum fpicatum. *Bauh. pin.* 3. *theatr.* 42. *Scheuch. hift.* 72.
　　Gramen cum parva cauda muris, radice non nodofa, repens. *Bauh. hift.* 2. *p.* 472.
　　Gramen fpicatum aquaticum, fpica cylindracea brevi. *Tournef. inft.* 520.
　　*Crefcit vulgare in pratis paludofis ubique.*

## PANICUM. *g. pl.* 47.

1. PANICUM fativum. *Dalech. hift.* 412.
　　Panicum italicum five panicula majore. *Bauh. pin.* 27. *theatr.* 519. *Morif. hift.* 3. *p.* 188. *f.* 8. *t.* 3. *f.* 1.
　　Panicum vulgare. *Cluf. hift.* 2. *p.* 215.
　　*Crefcit in utraque India.*

2. PA-

2. PANICUM spiculis spicatis scabritie adhærentibus.
Panicum sylvestre dictum & Deus canis primus. *Bauh. hist.* 2. *p.* 443.
Panicum vulgare, spica simplici & aspera. *Tournef. inst.* 515.
Gramen paniceum, spica aspera. *Bauh. pin.* 8. *theatr.* 139. *Scheuch. hist.* 47.
*Crescit sponte per magnam partem Europæ in locis cultis asperiusculis.*

3. PANICUM spicis alternis remotis laxis.
Panicum sylvestre. *Dalech. hist.* 412.
Panicum vulgare, spica multiplici asperiuscula. *Tournef. inst.* 515.
Gramen paniceum, spica divisa. *Bauh. pin.* 8. *theatr.* 136. *Morif. hist.* 3. *p.* 189. *f.* 8. *t.* 4. *f.* 15. *Scheuch. hist.* 49.
Graminis genus, quibusdam gallis Deus caninus secundus. *Bauh. hist.* 2. *p.* 434.
*Crescit in Italia , Gallia, Germania, &c. ad margines agrorum & viarum.*
*Hæc species involucro destituitur, nec magis ad Panica quam Milia , si situs florum consideraretur pro principio, pertineret ; cum itaque nulli dantur divisionis termini, Milia & Panica veterum conjungimus.*

4. PANICUM panicula laxa flaccida, foliorum vaginis pubescentibus.
Milium. *Bauh. hist.* 2. *p.* 446. *Dod. pempt.* 506. *Lob. hist.* 24.
Milium nostras. *Dalech. hist.* 409.
Milium semine luteo vel albo. *Bauh. pin.* 26. *theatr.* 502.
Milium semine luteo. *Tournef. inst.* 514.
α Milium semine albo. *Tournef. inst.* 514.
β Milium semine nigro. *Tournef. inst.* 514. *Bauh. pin.* 26. *theatr.* 505.
Milium semine nigro spadicceve. *Bauh. hist.* 2. *p.* 446.
*Crescendi locus mihi non innotuit.*

5. PANICUM panicula laxa sparsa, foliorum vaginis glabris.
Milium virginianum, lato brevique folio, panicula rariore. *Morif. hist.* 3. *p.* 196. *f.* 8. *t.* 5. *f.* 4.
Gramen miliaceum, latiore folio, maderaspatanum. *Pluk. alm.* 176. *t.* 189. *f.* 4.
Gramen miliaceum sylvaticum maximum, semine albo. *Sloan. hist.* 1. *p.* 114. *t.* 71. *f.* 3.
*Crescit in Virginia & Jamaica.*
Sloane *negat* Plukenetianam *plantam & suam ejusdem esse speciei, sed non demonstravit.*

## MILIUM. *g. pl.* 48.

1. MILIUM glumis diphyllis.
Gramen sylvaticum, panicula miliacea sparsa. *Bauh. pin.* 8. *theatr.* 141. *Morif. hist.* 3. *f.* 8. *t.* 5. *f.* 10. *Scheuch. hist.* 133.
Gramen miliaceum lobelii. *Bauh. hist.* 2. *p.* 426.
Miliaceum gramen. *Lob. ic.* 3.
*Crescit in Suecia, Finlandia, Helvetiæ; &c. nemoribus sylvestribus.*

## AIRA. *g. pl.* 838.

1. AIRA flosculo masculino aristato, fœminino mutico.
Gramen pratense paniculatum molle. *Bauh. pin.* 2. *theatr.* 27. *prod.* 5. *Scheuch. hist.* 234.
Gramen paniculatum molle, panicula dilute cærulea. *Loef. pruf. III. fig.*
Gramen lanatum. *Dalech. hist.* 425. *Bauh. hist.* 2. *p.* 466.
*Crescit in Belgio copiosior, quam facile in ulla alia regione.*

## POA. *g. pl.* 55.

1. POA spiculis ovatis compressis muticis. *Fl. lapp.* 51
Gramen pratense paniculatum minus. *Bauh. pin.* 2. *theatr.* 31. *Scheuch. hist.* 189.
Gramen pratense minus seu vulgatissimum. *Raj. syn.* 256.
Gramen paniculatum minus album & rubrum. *Bauh. hist.* 2. *p.* 465.
α Gramen pratense paniculatum minus rubrum. *Scheuch. hist.* 190. *tab. III.*
β Gramen pratense paniculatum medium. *Bauh. pin.* 2. *theatr.* 30.
Gramen pratense minus. *Bauh. hist.* 2. *p.* 542.
γ Gramen pratense paniculatum majus, latiore folio ( Poa theophrasti). *Bauh. pin.* 2. *theatr.* 22.
Gramen pratense majus. *Scheuch. hist.* 177.
Gramen pratense 1. *Dod. pempt.* 560.
δ Gramen alpinum paniculatum majus, panicula speciosa variegata. *Scheuch. hist.* 186. *tab. III.*
ε Gramen alpinum latifolium, panicula laxa foliacea, foliis in panicula paucioribus & magis crispis. *Scheuch. hist.* 212.
Gramen montanum Cambro-brittannicum, spica foliacea graminea, majus & minus. *Raj. meth.* 178. *t.* 4. *f.* 14.
*Crescit per Europam tamquam vegetabile omnium vulgatissimum.*
*Mire variat hæc species a loco, hinc has varietates, licet longe plures enumerentur a Botanicis, conjunxi, cum nil certi de reliquis nobis constet.*

G 2          2. POA

2. P O A fpiculis confertis, uno verfu difpofitis.
   Gramen fpicatum, folio afpero. *Bauh. pin.* 3. *theatr.* 45. *prod.* 9. *Morif. hift.* 3. *p.* 202. *f.* 8. *t.* 6. *f.* 38.
   *Scheuch. hift.* 299.
   Gramen afperum. *Bauh. hift.* 2. *p.* 467.
   *Crefcit in locis ruderatis ubique vulgare.*

3. Po a fpicis oblongis erectis.
   Gramen aquaticum fluitans, multiplici fpica. *Bauh pin.* 3. *theatr.* 41. *Scheuch. hift.* 199.
   Gramen aquaticum, cum longiffima panicula. *Bauh. hift.* 2. *p* 490.
   Gramen loliaceum fluviatile, fpica longiffima divifa. *Morif. hift.* 3. *p.* 183. *f.* 8. *t.* 3. *f.* 16.
   *Crefcit in aquis dormientibus & rivulis per Europam variis in locis.*
   *Cum noftrum heic non fit omnia gramina in Belgio nafcentia enumerare & pauca horum in hor*
   *tis coli foleant, hifce fubfiftimus.*

## BLITUM. *g. pl* 56.

1. BLITUM foliis ovatis.
   Polyfporon caffiani, baffii, anguillaræ. *Lob. hift.* 128. *fig. bon.*
   Blitum polyfpermon (a feminis copia). *Bauh. pin.* 118. *Morif. hift.* 2. *p.* 599. *f.* 5. *t.* 30. *f.* 6.
   Blitum erectius five tertium tragi. *Bauh. hift.* 2. *p.* 967.
   Chenopodium betæ folio. *Tournef. inft.* 506. *Boerh. lugdb.* 2. *p.* 90.
   *Crefcit in fimetis & pinguibus locis per majorem partem Europæ.*

2. BLITUM foliis triangularibus dentatis.
   Morocarpus minor. *Rupp. jen.* (2) 271.
   Chenopodio-morus minor. *Boerh lugdb.* 2. *p.* 91.
   Atriplex mori fructu minor f. fragifera minor. *Morif. hift.* 2. *p.* 606. *f.* 5. *t.* 32. *f.* 2. *Raj. hift.* 197.
   Atriplex fylveftris, mori fructu. *Bauh. pin.* 119.
   Atriplex fylveftris baccifera. *Cluf. hift.* 2. *p.* 135.
   α Morocarpus major. *Rupp. jen.* (2). 271
   Chenopodio-morus major. *Boerh. lugdb.* 2. *p.* 91.
   Atriplex, mori fructu, major f. fragifera major. *Morif. hift.* 2. *p.* 606. *f.* 5. *t.* 32. *f.* 1.
   Atriplex baccifera. *Raj. hift.* 127
   Spinachia baccifera. *Ald. farn.* 85.
   *Crefcit in Tartaria ut fertur.*
   *Calyx in hac abfoluta florefcentia fucculentus evadit & coloratus; id eft in baccam mutatus,*
   *adeoque hujus fructus eft bacca calycina ut Mori, Ephedræ Cufcutæ foliis corda-*
   *tis, &c.*
   *Nullus movebit me hanc bacciferam, cum antecedenti non bacciferam conjunxiffe fub uno eodemque*
   *genere, cui perfuafum fit Cufcutam & Bafellam, Gale & Ambulon, Amygdalum & Perfi-*
   *cam, Behen & Cucubalum, genere inter fe convenire.*

## *T R I G Y N I A.*

## MOLLUGO. *g. pl.* 839.

1. MOLLUGO foliis feptenis linearibus.
   Alfine procumbens, gallii facie, africana. *Herm. lugdb.* 19. *t.* 21. *fig. bona.*
   Rubiæ fylvaticæ lævi fimilis exotica, floribus alfines mufcofæ, fructu trigono & tricapfulari. *Breyn. prod.*
   2. *p.* 87.
   *Crefcit in Africa, Zeylona & America feptentrionali.*
   *Herba Gallii fructus Alfines, flores Bliti conftituunt Molluginem.*

2. Mollugo foliis quaternis obverfe ovatis.
   Anthyllis marina alfinefolia. *Bauh. hift.* 282.
   Anthyllis alfinefolia polygonoides major. *Barr. rar.* 103. *f.* 534. *bona.*
   Herniaria alfines folio. *Tournef. inft.* 507. *Boerh lugdb.* 2. *p.* 96.
   Paronychia alfinefolia incana. *Bauh. hift.* 3. *p.* 366. *Raj. hift.* 1026.
   Polygonum maritimum, folio alfines. *Morif. hift.* 2. *p.* 594. *f.* 5. *t.* 29. *f.* 10. *mala.*
   Alfine maritima, Centumgrana Cæfalpino dicta. *Pluk. alm.* 20.
   *Crefcit in Vineis circa Meffanam & Monfpelium.*
   *Species hujus generis videntur in Zeylona fequentes:*
   3. *Alfine lutea ramofiffima pentaphyllo polyanthos.* Burm. zeyl. 12. t. 6. f. 2.
   4. *Alfine erecta pentaphylla, flore albo.* Burm. zeyl. 13. t. 7.
   5. *Mollugo zeylanica fylveftris anguftifolia, flore albo.* Burm. zeyl. 161. t. 71. f. 2.
   6. *Alfine ramofa procumbens quadrifolia, ad radicem polyphylla.* Burm zeyl. 13. t. 8. f. 1.
   α *Alfine foliis ad radicem pofitis.* Burm. zeyl. 14. t. 8. f. 2. varietas.

*Claf-*

# Claſſis IV.

# TETRANDRIA.

## *MONOGYNIA.*

### PROTEA. *g. pl.* 59.

1. **PROTEA** foliis lanceolatis integerrimis acutis hirſutis nitidis.
Argyrodendros africana, foliis ſericeis & argenteis. *Comm. hort.* 2. *p.* 51.
Leucadendros africana, arbor tota argentea ſericea, foliis integris. *Pluk. alm.* 212. *t.* 200. *f.* 1.
Conocarpodendron foliis argenteis ſericeis latiſſimis. *Boerh. lugdb.* 2. *p.* 195.
Conifera ſalicis facie, folio & fructu tomento ſericeo candicante obductis, ſemine pennato. *Ad.* 198.
p. 665.
Frutex æthiopicus conifer, foliis cneori lanuginoſis ſalici æmulis, omnium maximus. *Breyn. prod.* 2.
*p.* 49.
Arbor ferens folia argentea. *Zan. hiſt.* 24.
*Creſcendi vegetandique ſedem poſuit Arbor hæc omnium plantarum & arborum nitidiſſima,*
*ſplendidiſſimaque in remotiſſimo iſto mundi angulo, Capite bonæ ſpei, cum toto fere iſto va-*
*ſto, & reſpectu florum ſingularium myſterioſo genere, ſub* Argyrodendri, Leucadendri,
Conocarpodendri, Hypophyllocarpodendri, Lepidocarpodendri, Scolymocephali, Chry-
ſodendri, Conophori, *&c. nominibus noto, flore & fructu mirabili magis, imo* Proteo
*ipſo magis variabili & differente.*
*Delituit ſplendidiſſimum hocce genus a ſeculis fere in tempus* Hermanni, *ſed obſcurum & con-*
*fuſum usque dum* Medicorum Æſculapio *placuerat hocce toto orbi exhibere, hocque ab-*
*ſolvere.*
*Folia arboris hujus nunc candicantia* argentea, *nunc rufeſcentia* aurea, *villoſa licet, tamen*
*nitidiſſima, ſpargente in ea ſuos radios ſole, ſplendent politiſſima inſtar auri vel argenti, un-*
*de Fabulæ iſtæ, apud vulgus noſtrum tritæ, de ſylvis* Indiæ argenteis & aureis, *tranſla-*
*ta per nautas famâ, originem duxiſſe videntur.*

2. **PROTEA** foliis lineari-lanceolatis integerrimis acutis.
Salix conophora, anguſto mucronato folio glabro. *Herm. prod.* 372. *Pluk. alm.* 328.
Frutex æthiopicus conifer, foliis cneori, ſalici æmulus. *Breyn. cent.* 21. *t.* 9. *Raj. hiſt.* 1424.
*Creſcit cum reliquis ad* Caput bonæ ſpei *& facile fert hyemes noſtras, facileque cicuratur,*
*modo nudum tectum apud nos per hyemem ſubeat ; e contra reliquæ hujus generis ſpecies ra-*
*ro aliquot annos apud nos transegere.*
*An hæc ſit ulla e ſpeciebus* Boerhaavianis, *nec ne, pro certo non conſtat, cum apud nos num-*
*quam floruere & forte extra natale ſolum delatæ, etiam faciem mutent. Videtur proxi-*
*me accedere ad* Conocarpodendri 3iam *vel* 6tam *ſpeciem* Boerhaavii, *ſed caulis in noſtra*
*magis junceus eſt.*
*Singularis eſt foliorum hujus flexura, utpote quæ, baſi horizontaliter arbori inſerta, mox*
*flectitur, ita ut diſcus, qui communiter horizontalis in aliis plantis extenditur, hic mar-*
*ginibus perpendicularibus reſpiciat latus dextrum.*

3. **PROTEA** foliis lanceolato-linearibus, apice tridentato-calloſis.
Conocarpodendron folio rigido anguſto, apice tridentato rubro, flore aureo. *Boerh. lugdb.* 2. *p.* 198.
*Creſcit cum antecedentibus ad* Caput bonæ ſpei.

### DIPSACUS. *g. pl.* 60.

1. **DIPSACUS** capitulis florum conicis.
Dipſacus ſylveſtris, aut Virga paſtoris major. *Bauh. pin.* 385. *Moriſ. hiſt.* 3. *p.* 158. *ſ.* 7. *t.* 36. *f.* 3. *Boerh.*
*lugdb.* 1. *p.* 133.
Dipſacus ſylveſtris, ſive Labrum veneris. *Bauh. hiſt.* 3. *p.* 74.
*a* Dipſacus ſylveſtris. *Dod. pempt.* 735. *Vaill. act.* 1722. *p.* 236.
Dipſacus folio laciniato. *Bauh. pin.* 385. *Moriſ. hiſt.* 3. *p.* 158. *ſ.* 7. *t.* 36. *f.* 4. *Vaill. act.* 1722. *p.* 236.
Boerh. lugdb. 1.
*β* Dipſacus ſylveſtris, folio laciniato. *Bauh. hiſt.* 3. *p.* 75.
Dipſacus ſativo ſimilis, hamulis brevioribus. *Moriſ. hiſt.* 3. *p.* 158.
β Dip

H

γ Dipsacus sativus. *Bauh. pin.* 385. *Bauh. hist.* 3. p. 73. *Dod. pempt.* 735. *Morif. hist.* 3. p. 158. f. 7. t. 36. f. 1. *Vaill. act.* 1722. p. 235.

*Crescit in* Anglia, Gallia, Italia, *&c. in pratis præsertim subhumidis ad sepes.*

*Planta naturalis gaudet paleis calycinis, flosculos distinguentibus, fere erectis & mollibus; varietas autem (β) paleis parum reflexis & rigidiusculis; hæc autem (γ) paleis apice reflexis, duris & hamatis; ista autem (α) foliis caulinis incisis a naturali differt planta.*

**2. DIPSACUS** capitulis florum subglobosis.

Dipsacus sylvestris, capitulo minore, vel Virga pastoris minor. *Bauh. pin.* 385. *Morif. hist.* 3. p. 158. f. 7. t. 36. f. 5. *Boerh. lugdb.* 3. p. 133.

Dipsacus tertius. *Dod. pempt.* 735.

Virga pastoris vulgaris. *Bauh. hist.* 3. p. 75.

Succisa hirsuta, lapathi folio, flore albo. *Vaill. act.* 1722. p. 238.

*Crescit in* Anglia, Gallia, *&c. in aquosis ad sepes & rivulos.*

Obs. Vaillantius *hanc Scabiosis misscuit, nec quidem hoc male, si modo & antecedentem eo demandasset speciem, video quod tandem eo res recedat, nam paucæ sunt notæ differentes, quam multæ autem conjungentes. Postulo tamen ut prius conjungatur* Dipsaci *genus, quam* Lychnis-scabiosæ Boerh., *cum Scabiosis.*

# SCABIOSA *g. pl.* 60.

1. **SCABIOSA** corollulis quadrifidis, caule dichotomo, foliis lanceolatis.

Succisa annua, foliis oblongis dentatis, flore albo. *Vaill. act.* 1722. p. 238.

Scabiosa maxima dumetorum, folio non laciniato. *Bauh. hist.* 3. p. 10. *figura tenus.*

Scabiosa 9. seu æstivalis. *Cluf. hist.* 2. p. 4.

Scabiosa fruticans latifolia alba. *Bauh. pin.* 269. *Morif. hist.* 3. p. 46. f. 6. t. 14. f. 14. *Boerh: lugdb.* 1. p. 130.

α Succisa annua persicæfolia, flore amethystino. *Vaill. act.* 1722. p. 238.

Scabiosa syriaca annua, flore cæruleo, Syvan ex syria dicta. *Boerh. lugdb.* 1. p. 129.

*Crescit in* Syria *sic indicante nomine Boerhaaviano.*

*Flos hujus plantæ inter omnes congeneres pauperrimus videtur, & nullo modo, ut reliquorum, spectabilis.*

2. **SCABIOSA** corollulis quadrifidis, caule simplici, ramis approximatis, foliis lanceolato-ovatis.

Succisa officinarum, flore cæruleo. *Vaill. act.* 1722. p. 237.

Succisa glabra. *Bauh. pin.* 269.

Succisa, sive Morsus diaboli. *Bauh. hist.* 3. p. 11.

Scabiosa radice succisa, flore globoso. *Raj. syn.* 191.

Scabiosa integrifolia glabra, radice præmorsa. *Herm. lugdb.* 538. *Boerh. lugdb.* 1. p. 129.

Scabiosa pratensis nostras, præmorsa radice. *Morif. hist.* 3. p. 45. f. 6. t. 13. f. 7.

Scabiosa folio integro glabro, flore cæruleo. *Tournef. inst.* 266.

α Succisa hirsuta. *Bauh. pin.* 269.

Scabiosa folio integro hirsuto. *Tournef. inst.* 266.

β Scabiosa folio integro, flore albo. *Tournef. inst.* 266.

γ Scabiosa folio integro, flore incarnato. *Tournef. inst.* 266.

*Crescit vulgaris in pratis subhumidis per* Europam.

*Facillime a reliquis dignoscitur radice truncata, foliis sæpius integris margine purpurascente-nigro notatis & ramis fere perpendicularibus.*

3. **SCABIOSA** corollulis quadrifidis, foliis pinnatis, pinnis lanceolatis serratis.

Succisa alpina perennis, amplissimo valerianæ sylvestris folio. *Vaill. act.* 1722. p. 239.

Scabiosa alpina, foliis centaurii majoris. *Bauh. pin.* 270. *Morif. hist.* 3. p. 46. f. 6. t. 13. f. 10.

Scabiosa alpina centauroides. *Best. eyst. æst.* 122. f. 1.

Scabiosa centauroides. *Alp. exot.* 205.

*Crescit in* Alpibus, *ut in monte* Jura *& alibi.*

*Est planta inter congeneres suos omnium amplissima.*

4. **SCABIOSA** corollulis quadrifidis, squamis calycinis ovatis obtusis.

Succisa perennis glabra laciniata, flore albido majore. *Vaill. act.* 1722. p. 239.

Scabiosa flore globoso niveo. *Bauh. pin.* 270. *Boerh. lugdb.* 1. p. 130.

Scabiosa glabra, foliis rigidis viridibus. *Bauh. hist.* 1. p. 8.

Scabiosa montana, calidarum regionum. *Dalech. hist.* 1110.

α Succisa perennis glabra laciniata, flore albo minore. *Vaill. act.* 1722. p. 239.

Scabiosa frutescens angustifolia alba. *Bauh. pin.* 270. *Boerh. lugdb.* 1. p. 130.

Scabiosa alba, belgicorum hortorum. *Cluf. hist.* 2. p. 4.

β Scabiosa africana frutescens, foliis rigidis splendentibus & serratis, flore albicante. *Comm. hort.* 2. p. 185. f. 93.

*Crescit in collibus saxosis calidarum regionum, ut* Agri Narbonensi, Africæ, *&c.*

*Varietas ultima (β) differt a reliquis, quod illæ gaudeant foliis fere pinnatis, pinnis dentatis; hæc autem lanceolatis parum serratis; eandem tamen esse plantam docet floris & fructus examen.*

5. SCA-

5. SCABIOSA corollis radiatis, corollulis quadrifidis·, caule hispido.
   Scabiosa officinarum, flore purpureo-cærulco. *Vaill. act.* 1722. *p.* 240.
   Scabiosa pratensis hirsuta. *Bauh. pin.* 269. *Boerh. lugdb.* 1. *p.* 129.
   Scabiosa major communior hirsuta, folio laciniato. *Bauh. hist.* 3. *p.* 2. *Morif. hist.* 3. *p.* 45. *f.* 6. *t.* 13. *f.* 1.
   α Scabiosa nebrodensis, succifæ hirsutæ laciniatæ foliis, carneo. *Tournef. inst.* 465.
   β Scabiosa eadem, capitis basi amplissimis radiis circumvallata. *Vaill. act.* 1722. *p.* 240.
   γ Scabiosa pratensis, flore albo. *Rupp. jen.* 174.
   δ Scabiosa major communior hirsuta, folio non laciniato. *Bauh. hist.* 3. *p.* 2.
   ε Scabiosa alpina, vulgari similis, folio viridiori magis laciniato, flore purpureo. *Boerh. lugdb.* 1. *p.* 129.
   *Crescit* vulgaris *in* Europa *inter segetes & juxta agros lapidesque.*

6. SCABIOSA corollulis quinquefidis, foliis incisis, caule frutescente.
   Asterocephalus afer frutescens maximus. *Vaill. act.* 1722. *p.* 244.
   Scabiosa africana frutescens. *Herm. par.* 219. *fig. Boerh. lugdb.* 1. *p.* 128.
   Scabiosa africana arborescens maxima, foliis rugosis & crenatis integris, major. *Tournef. inst.* 465.
   α Scabiosa africana frutescens maxima, foliis rugosis & crenatis, minor. *Herm. par.* 220.
   β Scabiosa africana frutescens maxima, foliis tenuissime incisis. *Boerh. lugdb.* 1. *p.* 128.
   *Crescit in* Africa, *& solum tectum apud nos per hyemes subit.*
   *Distinguitur facile a reliquis caule plusquam humanæ altitudinis perenni, floribusque speciosis-*
   *simis semper fere præsentibus.*

7. SCABIOSA corollulis quinquefidis, foliis radicalibus ovatis crenatis, caulinis pinnatis setaceis.
   Asterocephalus vulgaris, flore cæruleo. *Vaill. act.* 1722. *p.* 243.
   Scabiosa, capitulo globoso, major. *Bauh. pin.* 270. *Morif. hist.* 3. *p.* 47. *f.* 6. *t.* 14. *f.* 20. *Boerh. lugdb.*
   1. *p.* 130.
   Scabiosa montana glabra, foliis scabiosæ vulgaris. *Bauh. pin.* 270.
   Scabiosa minor vulgaris. *Morif. hist.* 3. *p.* 48. *Bauh. hist.* 3. *p.* 3.
   Scabiosa, capitulo globoso, minor. *Bauh. pin.* 270.
   Scabiosa glabra, carnosis foliis virentibus. *Herm. par.* 221. *fig. Morif. hist.* 3. *p.* 47.
   Scabiosa media. *Dod. pempt.* 122.
   Scabiosa 5. *Cluf. hist.* 2. *p.* 2.
   *Crescit in* Anglia, Helvetia *& per Europam inferiorem communis in montosis & sic-*
   *cioribus.*

8. SCABIOSA corollulis quinquefidis, foliis dissectis, receptaculis flosculorum subulatis.
   Asterocephalus annuus ruber, capite oblongo. *Vaill. act.* 1722. *p.* 246.
   Scabiosa peregrina rubra, capite oblongo. *Bauh. pin.* 270. *Morif. hist.* 3. *p.* 48. *f.* 6. *t.* 14. *f.* 26. *Boerh.*
   *lugdb.* 1. *p.* 129.
   Scabiosa 6. indica. *Cluf. hist.* 2. *p.* 3.
   α Scabiosa peregrina, capitulo oblongo, flore carneo. *Tournef. inst.* 464.
   β Scabiosa peregrina, capitulo oblongo, flore variegato. *Tournef. inst.* 464.
   γ Scabiosa peregrina, capitulo oblongo nigricante, odore Zibethi. *Tournef. inst.* 465.
   *Crescit in* Indiis. *Unde Clusius eandem habuit & divulgavit.*

9. SCABIOSA corollulis quinquefidis, foliis dissectis, receptaculis flosculorum subrotundis.
   Asterocephalus major annuus laciniatus, capite pulchro globoso. *Vaill. act.* 1722. *p.* 247.
   Scabiosa stellata, folio laciniato, major. *Bauh. pin.* 271. *Boerh. lugdb.* 1. *p.* 129.
   Scabiosa major hispanica. *Cluf. hist.* 2. *p.* 1. *Morif. hist.* 3. *p.* 50. *f.* 6. *t.* 15. *f.* 39. *Besl. eyst. æst.* 123. *f.* 1.
   α Asterocephalus minor annuus laciniatus, capite pulchro globoso. *Vaill. act.* 1722. *p.* 247.
   Scabiosa stellata, folio laciniato, minor. *Bauh. pin.* 271.
   Scabiosa, cum pulchro semine, minor. *Bauh. hist.* 3. *p.* 7.
   *Crescit in* Hispania, *præsertim in agro* Salmanticensii *juxta semitas & margines vinearum*
   *Involucrum seminis singuli singularis est considerationis in plurimis speciebus Scabiosæ; at in hac*
   *præ reliquis manifestum. Involucrum enim hocce est hypocrateriforme, cujus tubus soli-*
   *dior est & cylindraceus, hirsutus, juxta collum quasi octo foraminibus perforatus; hoc fit*
   *dum totidem laciniæ exscinduntur e tubo & connivent intra collum, teguntque semen; utque*
   *limbus in collo ipso coarctari quodammodo queat plicantur, seu duplicantur partes istæ tubi*
   *foraminibus interjectæ, extrorsum flexæ. Limbus deinde fere planus, membranaceus, pel-*
   *lucidus, triginta duobus radiis instructus, emissis scilicet radiis solitariis e singulo foramine,*
   *e singulo angulo singulæ plicaturæ, qui simul quater octo constituunt triginta radios. Pli-*
   *cato ut diximus collo & causo plicis repræsentat centrum limbi stellam hexagonam; e centro*
   *hocce Perianthium pedunculatum parvum, patens, monophyllum, desinens in quinque la-*
   *cinias subulatas, longitudine limbi seminis. An ergo capsula dici debeat hocce seminis invo-*
   *lucrum? sic videtur consideratâ insertione Perianthii proprii.*

10. SCABIOSA corollulis quinquefidis, foliis lanceolatis fere integerrimis.
    Asterocephalus frutescens, leucoji folio. *Vaill. act.* 1722. *p.* 247.
    Scabiosa arborea. *Alp. exot.* 36.
    Scabiosa arborea cretica alpina. *Morif. hist.* 3. *p.* 49. *f.* 6. *t.* 15. *f.* 31.
    Scabiosa stellata, folio non dissecto. *Bauh. pin.* 271. *Boerh. lugdb.* 1. *p.* 129.

H 2

Sca-

Scabiofa fruticofa, folio non diffecto, peregrina. *Bauh. hift.* 3. *p.* 12.
α Scabiofa cretica frutefcens, auriculæ urfi folio. *Tournef. cor.* 34.
β Afterocephalus frutefcens, leucoji folio longiore angufto. *Vaill. act.* 1722. *p.* 247.
Scabiofa ftellata frutefcens, leucoji folio, minor, una alterave crena incifo. *Boerh. lugdb.* 1. *p.* 129.
Scabiofa frutefcens, foliis leucoji hortenfis. *Tournef. inft.* 465. *Raj. hift.* 3. *p.* 235.
*Crefcit in* Creta *& aliis calidioribus regionibus.*
*Viret per hyemem, frutefcit.*
*Vaillantio placuit diftinguere Scabiofæ genus in quatuor differentia, quorum* 1 Succisam
*dixit ( fpec.* 1. 2. 3. 4. Dipfaci 2.), *cujus corollulæ quadrifidæ & fere æquales funt, &*
*femina coronâ membranacea deftituta.* 2. Scabiosam *cujus corollulæ quadrifidæ & valde*
*irregulares, ut fpcc. noftra (5).* 3. Asterocephalum, *cujus corollulæ quinquefidæ & fe-*
*mina corona membranacea, intra quam Perianthium quinquefidum, ut fpecies noftræ (6.7.*
8. 9. 10.). *Et tandem* 4. Pterocephalum *cujus femina coronata funt fetis pilofis.*

# K N A U T I A. *g. pl.* 62.

1. Knautia.
Lychni-fcabiofa, flore rubro, annua. *Boerh. lugdb.* 1. *p.* 131.
Scabiofa orientalis, caryophylli flore. *Vaill. act.* 1722. *p.* 241.
*Crefcit in* Oriente.
*Flores hujus plantæ, primo intuitu præ fe ferunt faciem floris Caryophyllæi, maxime regularis,*
*at diftinctis & feparatis partibus fingula folia, petala mentientia, flofculos effe patet valde*
*irregulares, qui fimul conftituunt florem exacte regularem; de feminibus nudis vel tectis*
*quid dicam, dubium fere eft. Hæc dum confideraremus fuccurrebat Knauti memoria, qui*
*femina nuda negabat abfolute, quique in uniformitate & difformitate corollæ integram*
*falutem Rei herbariæ fedulo quæfivit, cujus itaque memoriæ hoc genus commendavimus.*

# D O R S T E N I A. *g. pl.* 340.

1. Dorstenia fcapis radicatis.
Dorftenia fphondylii folio, dentariæ radice. *Plum. gen.* 29.
Dorftenia dentariæ radice, fphondylii folio, placenta ovali. *Houft. act. angl. n.* 421. *f.* 1.
Drakena radix. *Cluf. exot.* 83. *Raj. hift.* 1339. *Bauh. hift.* 741.
Tuzpatlis. *Hern. mexic.* 147.
α Dorftenia dentariæ radice, folio minus laciniato, placenta quadrangulari & undulata. *Houft. act. angl. n.* 421. *f.* 2.
*Crefcit in nova* Hifpania, Mexico, Peru, *&c.*
*Hanc effe veram Contrayervam officinarum detexit* Houftonus *( Bannifter enim Contrayer-*
*vam effe Commelinæ fpeciem,* Sloane *Ariftolochiæ,* Camellus Kæmpferiæ, *orbi impofuere,)*
*ut tandem certo fciamus, quænam demum fit ifta diutiffime quæfita Contrayerva.*
*Varietas ifta (α) primo quidem intuitu diftinctiffima videretur fpecies, at confiderata facie,*
*modo crefcendi, viribus & omnibus non diftingui debere judicavi. Hoc idem innuiffe*
*videtur Plumier qui in figuris pictis naturalem, at in characteribus florem alterius (α) ex-*
*hibet, licet ne nomine eam ab altera diftinguat.*
*Huc referri etiam debet alia planta, quæ a nobis dicitur* Dorftenia fcapis caulinis *feu* Parietaria racemofa, foliis ad oras villofis. *Plum. Spec.* 10. *Hinc videtur quanta fit affinitas*
Parietariæ *cum hocce genere, & quis inde ufus in praxi medica fcit fatis fapiens. Hæc ul-*
*tima faciem gerit Parietariæ noftræ vulgatiffimæ, nifi quod pedunculus, e fingula ala*
*fingulus exortus gerat receptaculum exacte ut in Dorftenia coalitum, adeoque differt Parie-*
*taria a Dorftenia quod ejus flores non ita connati fint. Et certe fi difcrimen fexus eodem ac*
*pari modo fe habeat in Dorftenia (quod ex planta ficca examinata eruere non potui ) nullus*
*dubitarem cum Cl.* Dillenio *utramque conjungere, ambæ enim funt afperæ, ambæ quatuor*
*ftaminibus, piftillisque folitariis, ambæ apetalæ, certe & ambæ viribus conveniunt.*
*Dicta fuit hæc planta floribus obfcuris, vix vifu dignis, at viribus, fuo tempore exhibita,*
*magni nominis radix, ab antiquo Botanico* Dorftenio.

# C R U C I A N E L L A. *g. pl.* 69.

1. Crucianella foliis linearibus.
Pfeudo-Rubia fpicata anguftifolia. *Morif. hift.* 3. *p.* 333. *f.* 9. *t.* 22. *f.* 3.
Rubeola anguftiore folio. *Tournef. inft.* 130. *Boerh. lugdb.* 1. *p.* 150.
Rubia anguftifolia fpicata. *Bauh. pin.* 334. *prod.* 145.
Rubia fpicata anguftifolia. *Barr. rar. f.* 550.
*Crefcit* Monfpeliis.

2. Cru-

2. CRUCIANELLA foliis lanceolatis.
Pſeudo-Rubia latifolia ſpicata. *Moriſ. hiſt.* 3. p. 333. ſ. 9. t. 22. ſ. 2.
Rubeola latiore folio. *Tournef. inſt.* 130. *Boerh. lugdb.* 1. p. 150.
Rubia ſpicata. *Bauh. hiſt.* 3. p. 727.
Rubia ſpicata cretica. *Cluſ. hiſt.* 2. p. 177.
Rubia ſpicata latifolia. *Barr. rar.* ſ. 549.
Rubia latifolia ſpicata. *Bauh. pin.* 334.
*Creſcit Monſpeliis, inque* Creta.
*Facillime diſtinguitur hoc genus a ſubſequentibus ſtellatis ſola ſpica.*

## S P E R M A C O C E. *g. pl.* 60.

1. SPERMACOCE verticillis globoſis. *Dill. elth.* 369. t. 276. f. 358.
Pulegium fruticoſum erectum, verticillis denſiſſimis. *Sloan. flor.* 64. *hiſt.* 1. p. 170.
Scabioſa jamaicenſis hyſſopifolia, ſeu Globularia capitulis ad genicula, foliis plurimis ſtellatim ambientibus verticillata. *Pluk. alm.* 336. t. 58. f. 6.
*Creſcit in pratis* Jamaicæ.
*Si cui placeret hanc plantam genere cum ſequenti miſcere, fiat ſi ratio ſit ſufficiens, quam tamen vix dari docent ſeminum corona, corollæ figura, facies utriusque plantæ, & ſtaminum ac ſtyli conſideratio.*

## S H E R A R D I A. *g. pl.* 67.

1. SHERARDIA. *Dil. gen.* 96.
Aſperula cærulea repens, *Boerh. lugdb.* 1. p. 149.
Aparine ſupina pumila, flore cæruleo. *Tournef. inſt.* 114.
Rubeola arvenſis repens cærulea. *Bauh. pin* 334. *prod.* 145.
Rubia parva, flore cæruleo, ſe ſpargens. *Bauh. hiſt.* 3. p. 719.
*Creſcit in arvis* Angliæ, Germaniæ, Scaniæ, *&c.*
Sherardiæ *nomine inſignitum fuit omnium primo novum genus e Verbenis quibusdam conſar cinatum a* Vaillantio, *mox hæc planta à* Dillenio, *tum* Galenia *noſtra a* Pontedera. *Vaillantii genus erroneum eſſe in dubium pronunciate non voco. Verum econtra & diſtinctiſſimum eſſe* Ponteder*æ perſuaſus ſum. Nec adhuc apud me ſufficiunt rationes quibus hæc planta ad præcedens genus amandari debeat, hinc teneat nomen impoſitum neceſſe eſt, uſque dum demonſtratum ſit contrarium, nam aut debent* Aſperulæ, Sherardia & Spermacoce *in eodem genere conjungi, aut etiam tria diſtincta ſervari.*
*Dicta fuit hæc planta, florum faſciculos ferens, in memoriam incomparabilis Botanici, Magni* Guilielmi Sherardi *a* J. J. Dillenio.

## A S P E R U L A. *g. pl.* 66.

1. ASPERULA foliis pluribus, floribus ſeſſilibus.
Aſperula erecta cærulea. *Boerh. lugdb.* 1. p. 149.
Aſperula cærulea arvenſis. *Bauh. pin.* 334.
Aſperula cærulea. *Dod pempt.* 355. *Dalech. hiſt.* 870.
Gallium arvenſe, flore cæruleo. *Tournef. inſt.* 115.
Rubia cærulea erectior elatiorve. *Bauh. hiſt.* 3. p. 719.
*Creſcit in agris* Flandriæ, Galliæ narbonenſis, *&c. Tantam habet hæc cum* Sherardia *ſimilitudinem, ut primo intuitu Tyro eandem facile diceret, niſi differret foliis ad genicula pluribus quam ſex, & ſeminibus denticulis deſtitutis.*

2. ASPERULA foliis pluribus, floribus pedunculo elevatis.
Aſperula ſylvatica. *Rupp. jen.* 4.
Aſperula ſeu Rubeola montana odorata. *Bauh. pin.* 334.
Aſperula odorata, flore albo. *Dod. pempt.* 355. *Boerh. lugdb.* 1. p. 149.
Aſperula officinarum. *Dal. pharm.* 219.
Aparine latifolia humilior montana. *Tournef. inſt.* 114.
Rubiis accedens Aſperula quibuſdam ſive Hepatica ſtellaris. *Bauh. hiſt.* 3. p. 718.
Myſca *Scanis.*
*Creſcit in* Haſſia *& præſertim in ſylvis* Scaniæ *maxima in copia.*

3. ASPERULA foliis quaternis ovato-lanceolatis, ramis alternis.
Rubia quadrifolia & latifolia lævis. *Bauh. pin.* 334.
Rubia lævis taurinenſium. *Dalech. hiſt.* 1330
Rubia minor quadrifolia atro-virens. *Bocc. muſ.* 2. t. 75. f. 83. *Barr. rar.* 12. t. 547.
Rubia quadrifolia italica hirſuta. *Bauh. hiſt.* 3. p. 717.

C 10-

Cruciata alpina latifolia lævis. *Tournef. inft.* 115.
α Cruciata orientalis latifolia erecta glabra. *Tournef. cor.* 4. *Boerh. lugdb.* 1. p. 149.
*Crefcit in collibus quibusdam* Italiæ & *adjacentium infularum.*

## G A L I U M. *g. pl.* 65.

1. G A L I U M foliis plurimis linearibus, ramis brevibus floriferis.
Galium caule erecto, foliis plurimis verticillatis linearibus. *Fl. lapp.* 34.
Gallium verum. *Bauh. hift.* 3. p. 720.
Gallium luteum. *Bauh. pin.* 375. *Boerh. lugdb.* 1. p. 148.
Gallium. *Dod. pempt.* 355.
*Crefcit per* Europam *vulgaris ad margines viarum & agrorum in cultis.*

2. G A L I U M foliis pluribus linearibus, pedunculis breviffimis.
Gallium rubrum. *Bauh. pin.* 335. *Morif. hift.* 3. p. 332. *Boerh. lugdb.* 1. p. 148.
Gallium rubro flore. *Cluf. hift.* 2. p. 175.
*Crefcit in* Italia.

3. G A L I U M foliis pluribus linearibus fetaceis, pedunculis folio longioribus.
Galium nigro-purpureum montanum tenuifolium. *Col. ecphr.* 1. p. 298. *Boerh. lugdb.* 1. p. 148.
*Crefcit & hæc in* Italia.

4. G A L I U M foliis pluribus lanceolatis, pedunculis floriferis e fummitate exfertis.
Gallium album linifolium. *Barr. rar.* 99. *Boerh. lugdb.* 1. p. 148.
Rubia lævis, lini folio, floribus albis. *Barr. rar. f.* 356.
*Crefcit in* Italia.

5. G A L I U M foliis pluribus acutis, caule flaccido.
Gallium album vulgare. *Tournef. inft.* 105.
Mollugo vulgatior. *Raj. hift.* 481.
Mollugo montana anguftifolia, vel Gallium album latifolium. *Bauh. pin.* 334.
Rubia fylveftris lævis. *Bauh. pin.* 333.
Rubia angulofa afpera. *Bauh. hift.* 3. p. 715.
*Crefcit in* Germania, Anglia, Gallia, &c. *ad fepes & in dumetis.*

6. G A L I U M caule erecto, foliis quaternis lanceolatis trinerviis. *Fl. lapp.* 60.
Gallium album quadrifolium erectum. *Celf. upf.* 22.
Mollugo montana erecta quadrifolia. *Raj. fyn.* 224.
Rubia pratenfis lævis, acuto folio. *Bauh. pin.* 333. *prod.* 145.
Cruciata glabra, folio nervofo rigido, bacca gemella ficca hifpida, flore lacteo. *Boerh. lugdb.* 1. p. 148.
α Cruciata glabra, folio rotundiore nervofo rigido minori, bacca gemella ficca, flore lacteo. *Boerh. lugdb* 1. p. 148.
*Crefcit in frigidioribus* Europæ partibus, *præfertim in* Sueciæ *pratis copiofe.*

7. G A L I U M foliis quaternis, floribus in alis confertis.
Gallium latifolium, Cruciata quibusdam, flore luteo. *Bauh. hift.* 3. p. 717.
Cruciata hirfuta. *Bauh. pin.* 335. *Tournef. inft.* 115. *Morif. hift.* 3. p. 328. f. 9. t. 21. f. 1.
Cruciata. *Dod. pempt.* 357.
*Crefcit in* Germaniæ, Galliæ, &c. *pratis.*

8. G A L I U M caule ramofiffimo, foliis quinis obverfe ovatis.
Gallium faxatile fupinum, molliore folio. *Juff. act.* 1714. p. 492. t. 15.
*Crefcit in fcopulis lapidofis marinis* Hifpaniæ.

## A P A R I N E. *g. pl.* 64.

1. A P A R I N E foliis lanceolatis.
Aparine vulgaris. *Bauh. pin.* 334. *Boerh. lugdb.* 1. p. 150.
Aparine. *Bauh. hift.* 3. p. 713. *Dod. pempt.* 353.
α Aparine maxima, femine fphærico glaberrimo. *Boerh. lugdb.* 1. p. 150.
β Aparine femine Coriandri faccharato. *Park. theatr.* 567. *Boerh. lugdb.* 1. p. 150.
Aparine femine verrucofo. *Morif. hift.* 3. p. 332.
*Crefcit ubique per* Europam *in cultis & pinguibus locis.*
*Varietas ifta* β, *cujus denominationis metaphora longe nimis petita eft, gaudet foliis quidem fuperficie inæqualibus, attamen nec ut in naturali villis rigidis uncinatis tecta.*

R u-

# RUBIA. *g. pl.* 63.

1. RUBIA foliis senis
   Rubia sylvestris aspera. *Bauh. pin.* 33. *Boerh. lugdb.* 1. *p.* 147.
   Rubia major. *Cluf. hist.* 2. *p.* 177.
   Rubia. *Dod. pempt.* 352.
   Rubia sylvestris monspessulana major. *Bauh. hist.* 3. *p.* 715.
α Rubia tinctorum sativa. *Bauh. pin.* 33. *Boerh. lugdb.* 1. *p.* 147.
   Rubia sativa. *Bauh. hist.* 3. *p.* 714.
   *Crescit* Monspeliis, *& in pratis ad* Danubium *inter Posonium & Tuben.*

# HOUSTONIA. *g. pl.* 70.

1. HOUSTONIA.
   Chamæjasme inodora, alsines facie, dispermos tetrapetaloides, quadrato caule, virginiana. *Pluk. alm.* 97. *mant.* 164. *phyt.* 97. *f.* 9.
   Rubia parva virginiana, foliis ad genicula binis, flore cæruleo fistuloso. *Pluk. alm.* 324.
   Paronychiæ facie planta tetrapetaloides virginiana, flore cæruleo. *Morif. hist.* 3. *p.* 614. *f.* 15. *t.* 4. *f.* 1. *bona.*
   *Crescit in* Virginia.
   *Dixit hanc plantam Cl. Gronovius a p. m. Houstono, cui tot nova debeamus plantarum genera americana.*

# AMMANNIA. *g. pl.* 843.

1. AMMANNIA.
   Ammannia palustris, caule quadrangulo, foliis angustis. *Houst. A. A.*
   Aparines folio anomala, vasculo seminali rotundo, semina minutissima continente. *Sloan. flor.* 50. *hist.* 1. *p.* 44. *t.* 7. *f.* 4. *Raj. hist.* 3. *p.* 264.
   *Crescit in insulis* Caribeis.

# RIVINIA. *g. pl.* 86.

1. RIVINIA.
   Rivina humilis racemosa, baccis puniceis. *Plum. gen.* 48.
   Solanoides americana, circææ foliis canescentibus. *Tournef. act.* 1706. *Dill. gen.* 153.
   Solanum racemosum americanum minus. *Sloan. flor.* 85. *hist.* 1. *p.* 200.
   Solanum barbadense racemosum minus tinctorium, circææ foliis mollibus & incanis. *Pluk. alm.* 112. *phyt.* 112. *f.* 2.
   Phytolacca americana, fructu minori. *Boerh. lugdb.* 2. *p.* 70.
   Monophyllum americanum, circææ foliis & facie, flore albo parvo. *Breyn. prod.* 2. *p.* 74.
   Amaranthus baccifer, circææ foliis. *Comm. hort.* 1. *p.* 127. *t.* 66. *fig. bona.*
   Blitum americanum. *Munt. phyt.* 23. *f.* 112.
α Rivina scandens racemosa, amplis solani foliis, baccis violaceis. *Plum. gen.* 48.
β Solanoides americana, circææ foliis glabris. *Tournef. act.* 1706. *Dill. gen.* 153.
   *Crescit in sylvis* Jamaicæ *& insularum* Caribearum *copiose, nec non in* Barbados *& adjacentibus.*
   *Arbuscula hæc in calidissimo hybernaculo degens folia glabra (α β) & magna producit, lætissimeque floret, & fructum fert per totum annum, inque adstantibus fictilibus semina sua dispergit, quæ lolii instar inter avenam crescunt, at aeri aperto per æstatem exposita, vel in hypocausto hyemali minus calido seposita misere explicat folia sua parva hirsuta, nec multos profert flores.*
   *Dicta fuit hæc planta semperflorens & fructum ferens, si fata faveant, a Claro authore* Rivino.

# BUDDLEJA. *g. pl.* 71.

1. BUDDLEJA.
   Verbasci folio minore arbor, floribus spicatis luteis tetrapetalis, seminibus singulis oblongis, in singulis vasculis siccis. *Sloan. flor.* 139. *hist.* 2. *p.* 29. *t.* 173. *f.* 1. *Raj. hist.* 3. *dendr.* 97.
   Ophioxylum americanum, foliis oblongis mucronatis leviter serratis bardanæ instar, subtus lanuginosis. *Pluk. alm.* 270. *t.* 210. *f.* 1. *mala.*
   *Crescit ad ripas & torrentes insularum* Caribearum.

I 2

## PTELEA. *g. pl.* 78.

1. PTELEA.
Frutex virginianus trifolius, ulmi famaris bannifteri. *Pluk. alm.* 159. *Dill. elth.* 147. *t.* 122. *f.* 148.
*Crefcit in* Virginia *& bene perfert hyemes noftras fub aere aperto.*
*Pertinet ad iftam naturalem familiam, fub qua Rhus, Ulmus, Maurocena, Tinus, Vibur-*
*num, Celaftrus, Cotinus, Opulus & Sambucus militant.*

## BRABEJUM. *g. pl.* 85.

1. BRABEJUM.
Amygdalus æthiopica, fructu holoferico. *Breyn. cent.* 1. *t.* 1. *fig. bona. Raj. hift.* 2. *p.* 1521.
Arbor æthiopica hexaphylla f. lauri ftapelianæ foliis, fericea lanugine obductis, circa caulem ad intervalla fe-
nis. *Pluk. alm* 47. *t.* 265. *f.* 3.
*Crefcit ad* Caput bonæ fpei.
*Speciofiffimum hoc Floræ brabejum folia ad articulos undique exerit, ut in Hippuride vel Stel-*
*latis plura radiatim difpofita, quæ cum floris partibus ( vid. genera plantarum ) confidera-*
*ta, hanc arborem plane nil cum amygdalis commune habere, fat fuperque oftendunt.*

## PLANTAGO. *g. pl.* 77.

1. PLANTAGO foliis ovatis.
Plantago fcapo fpicato, foliis ovatis. *Fl. lapp.* 62.
Plantago latifolia vulgaris. *Morif. hift.* 3. *p.* 258. *f.* 8. *t.* 15. *f.* 2.
Plantago latifolia finuata. *Bauh. pin.* 189. *Boerh. lugdb.* 2. *p.* 100.
Plantago major, folio glabro non finuato ut plurimum. *Bauh. hift.* 3. *p.* 502.
Sjaden. *Kæmpf. jap.* 912.
α Plantago latifolia glabra minor. *Bauh. pin.* 189.
Plantago latifolia minor. *Bauh. hift.* 3. *p.* 505.
β Plantago latifolia glabra. *Bauh. pin.* 189.
Plantago latifolia glabra, pedunculo folii, & fpica longiffimis. *Boerh. lugdb.* 2. *p.* 100.
Plantago maxima tota glabra. *Bauh. prod.* 97.
Plantago maxima hifpanica. *Corn. canad.* 162. *t.* 163. *Morif. hift.* 3. *p.* 258. *f.* 8. *t.* 15. *f.* 1.
γ Plantago latifolia rofea, floribus quafi in fpica difpofitis. *Bauh. pin.* 189. *Boerh. lugdb.* 2. *p.* 101.
Plantago rofea. *Bauh. hift.* 3. *p.* 503.
δ Plantago latifolia, fpica multiplici fparfa. *Bauh. pin.* 189. *Boerh. lugdb.* 2. *p.* 100.
Plantago major, panicula fparfa. *Bauh. hift.* 3. *p.* 503.
Plantaginis majoris fpica multiplex. *Dod. pempt.* 107.
*Crefcit vulgare per* Europam, *varietates* γ. δ. *raro nifi in cultis obviæ funt.*

2. PLANTAGO foliis ovato-lanceolatis pubefcentibus.
Plantago latifolia incana. *Bauh. pin.* 189. *Morif. hift.* 3. *p.* 259. *f.* 8. *t.* 15. *f.* 6. *Boerh. lugdb.* 2. *p.* 100.
Plantago major hirfuta, media a nonnullis cognominata. *Bauh. hift.* 3. *p.* 503.
Plantago media. *Dod. pempt.* 107.
Plantago major incana. *Cluf. hift.* 2. *p.* 109.
α Plantago latifolia incana, fpica alba. *Tournef. inft.* 126.
β Plantago rofea, flore expanfo. *Bauh hift.* 3. *p.* 503. *Morif. hift.* 3. *p.* 259. *f.* 8. *t.* 15. *f.* 7.
Plantago latifolia rofea, flore expanfo. *Bauh. pin.* 189. *Boerh. lugdb.* 2. *p.* 100.
*Crefcit & hæc vulgaris per* Europam *in pratis juxta vias.*

3. PLANTAGO foliis lanceolatis, fpica fere ovata.
Plantago anguftifolia major. *Bauh. pin.* 189. *Morif. hift.* 3. *p.* 259. *f.* 8. *t.* 15. *f.* 9. *Boerh. lugdb.* 2. *p.* 100.
Plantago lanceolata. *Bauh. hift.* 3. *p.* 505.
Plantago minor. *Dod. pempt.* 107.
*Crefcit juxta vias & agros in pratis per* Europam *vulgaris.*

4. PLANTAGO foliis lanceolato-linearibus, fcapo longitudine foliorum, fpica oblonga.
Plantago anguftifolia alba. *Dod. pempt.* 111.
Plantago anguftifolia albida. *Tournef. inft.* 127. *Boerh. lugdb.* 2. *p.* 101.
Plantago mollis five Holofteum hirfutum albicans majus. *Bauh. pin.* 190. *Morif. hift.* 3. *p.* 260. *f.* 8. *t.* 16.
*f.* 23.
Holofteum falmanticenfe majus. *Cluf. hift.* 2. *p.* 110.
Holofteum plantagini fimile. *Bauh. hift.* 3. *p.* 509.
*Crefcit in aridis collibus* Salmanticæ *& juxta* Valentiam *Hifpaniæ &* Monfpelii *in aridis*
*olivetis.*

5. PLANTAGO foliis linearibus, fcapo breviffimo, fpica fubrotunda nutante.
Plantago cretica minima tomentofa, caule adunco. *Tournef. cor.* 5. *Boerh. lugdb.* 2. *p.* 101.
Holofteum feu Leontopodium creticum. *Bauh. pin.* 190. *Morif. hift.* 3. *p.* 260. *f.* 8. *t.* 16. *f.* 25.
Leontopodium creticum. *Cluf. hift.* 2. *p.* 111.

Leon-

Leontopodium. *Alp. exot.* 114.
*Crescit in Creta.*

6. PLANTAGO foliis linearibus pinnato-dentatis.
Plantago foliis laciniatis, Coronopus dicta. *Raj. syn.* 315.
Coronopus sylvestris hirsutior. *Bauh. pin.* 190.
Coronopus, sive Cornu cervinum vulgo, spica plantaginis *Bauh hist.* 3. p. 509.
α Coronopus hortensis. *Bauh. pin.* 190. *Tournef. inst.* 128. *Boerh. lugdb.* 2. p. 131.
Herba stella sive Cornu cervinum. *Dod pempt.* 109.
Plantago ceratophyllos, sive Coronopus hortensis hirsutus. *Morif. hist.* 3. p. 193. f. 8. t. 17. f. 36.
*Crescit in* Italia, Gallia, Anglia, *præsertim autem in* Ostfrisiæ *maritimis arenosis.*

7. PLANTAGO perennis, foliis integerrimis, caule ramoso perennis.
Psyllium majus supinum. *Bauh. pin.* 191. *Bauh. hist.* 3. p. 513. *Tournef. inst.* 128.
Psyllium majus supinum angustifolium & perenne. *Boerh. lugdb.* 2. p. 101.
Psyllium perenne majus & supinum. *Morif. hist.* 3. p. 262. f. 8. t. 15. f. 1.
Psyllium, radice perenni, supinum. *Lob. hist.* 239.
*Crescit in incultis ac olivetis* Galloprovinciæ & *Italiæ.*

8. PLANTAGO annua, foliis integerrimis, caule ramoso erecto.
Psyllium annuum majus, foliis integris. *Morif. hist.* 3. p. 262. f. 8. t. 16. f. 2.
Psyllium majus erectum latifolium annuum. *Boerh. lugdb.* 2. p. 101.
Psyllium majus erectum. *Bauh. pin.* 191. *Bauh. hist.* 3. p. 513. *Tournef. inst.* 128.
*Crescit inter segetes in* Italia & Galloprovincia.

## PENÆA.

1. PENÆA.
Erica africana, unedonis flore amplo, foliis cordiformibus in acumen definentibus. *Raj. dendr.* 97.
Tithymali myrsinitis specie arbuscula æthiopica, folio parvo elato, basi in acutissimum mucronem subito definente, capitulis origani. *Pluk. mant.* 160.
*Crescit in* Æthiopia.
*Genus quasi medium est inter Ericas, Daphnes, & Passerinas.*
*Dixi hanc plantam in memoriam P. Penæ, cum Penæa Plumieri Polygalæ species sit, nec bene meriti Botanici nomen excluderem.*

## SANGUISORBA. *g. pl.* 82.

1. SANGUISORBA spicis ovatis.
Sanguisorba major pratensis. *Rupp. jen.* 50.
Sanguisorba major, flore spadiceo. *Bauh. hist.* 3. p. 120.
Pimpinella sanguisorba major. *Bauh. pin.* 160. *Morif. hist.* 3. p. 264. f. 18. t. 18. f. 7.
Pimpinella spica brevi rubra. *Boerh. lugdb.* 2. p. 99.
*Crescit in pratis siccioribus* Germaniæ, Galliæ, Italiæ, &c.

2. SANGUISORBA spicis longissimis.
Sanguiorba canadensis, flore albo spicato. *Rupp. jen.* 50.
Pimpinella sanguisorba canadensis major, spica longiore alba. *Morif. hist.* 3. p. 264. f. 18. t. 18. f. 12.
Pimpinella maxima canadensis alba spicata. *Corn. canad.* 175. f 174. *Boerh. lugdb.* 2. p. 99.
Pimpinella maxima canadensis longius spicata. *Barr. rar* 18. f. 739.
*Crescit in* Canada, *nihilo minus tolerat hyemes Upsaliæ in Suecia.*

## EPIMEDIUM. *g. pl.* 81.

1. EPIMEDIUM. *Bauh. pin.* 323. *Dod. pempt.* 599. *Lob. hist.* 176. *Boerh. lugdb.* 1. p. 307.
Epimedium quorundam. *Bauh. hist.* 2. p. 391.
*Crescit in* Liguriæ *montibus, in* Italia *prope* Vincentium, *in* Romania *in montibus* Euganeis, *in* Alpibus *prope* Ponteba, *semper in montibus humentibus & umbrosis.*
*Mira structura floris, mira plantæ facies, nec ulli alii nobis notæ affinis, hinc distinctissima nec de genere ambigua; hinc caret numerosis synonymis; quæ unquam trita pauciora habuit synonyma? Hæc in suo genere sola non opus habuit differentia specifica; hæc varietatibus non ludens non lusit Botanophilos. Hæc flore diversissima se diversam ab aliis præstitit.*

K

Euo.

## EUONYMUS. *g. pl.* 79.

1. EUONYMUS foliis oblongo-ovatis.
Euonymus vulgaris, granis rubentibus. *Bauh. pin.* 428. *Boerh. lugdb.* 2. *p.* 237.
Euonymus 2. *Cluf. hift.* 1. *p.* 57.
Euonymus multis, aliis Tetragonia. *Bauh. hift.* 1. *p.* 201.
Tetragonia. *Dalech. lugdb.* 272.
Modoras. *Kæmpf. jap.* 390.
α Euonymus latifolia. *Bauh pin.* 428. *Boerh. lugdb.* 2. *p.* 237.
Euonymus latifolia. *Bauh. hift.* 1. *p.* 202.
Euonymus 1, feu latifolia. *Cluf. hift.* 1. *p.* 56.
Ifo Koroggi *Kæmpf. jap.* 790.
*Crefcit vulgaris per maximam partem* Europæ, *at varietas (α) præfertim in Pannonia, nec non Japonia.*

## CORNUS. *g. pl.* 80.

1. CORNUS umbellis involucro multoties longioribus.
Cornus fœmina. *Bauh. pin.* 447. *Boerh. lugdb.* 2. *p.* 256.
Cornus fœmina, putata Virga fanguinea. *Bauh. hift.* 1. *p.* 214.
Virga fanguinea. *Dod. pempt.* 782.
Oftea loniceri & rivini. *Rupp. jen.* 73.
Niwa toka. *Kæmpf. jap* 787.
*Crefcit cum antecedenti in* Scania *Sueciæ*, Germania, Anglia, Japonia, *&c. in fepibus & dumetis.*

2. CORNUS umbellis involucrum æquantibus.
Cornus fylveftris mas. *Bauh. pin.* 447.
Cornus mas pumilio. *Cluf. hift.* 1. *p.* 13.
α Cornus hortenfis mas. *Bauh. pin.* 447. *Boerh. lugdb.* 2. *p.* 256.
Cornus fativa feu domeftica. *Bauh. hift.* 1. *p.* 210.
Cornus. *Cluf. hift.* 1. *p.* 12.
*Crefcit in fepibus* Mifniæ, Auftriæ, Pennoniæ, *&c.*
*Habemus & fruticulum pridie allatum nomine* Corni americanæ vulgari mari accedens, *de quo & de cujus familia cum nihil certo fciamus, nihil de eo dicamus. Corni enim fpecies a folis foliis vix diftinguuntur.*

3. CORNUS involucro maximo, foliolis obverfe cordatis.
Cornus mas virginiana, flofculis in corymbo digeftis, a perianthio tetrapetalo albo radiatim cinctis. *Pluk. alm.* 120. *Catesb. ornith.* 27. *t.* 2.
*Crefcit in* Virginia.
*Variat & involucro ~~fanguinei coloris, flofculis~~ tamen luteis perfiftentibus.*

## ELÆAGNUS. *g. pl.* 84.

1. ELÆAGNUS.
Elæagnus orientalis anguftifolius, fructu parvo olivæformi fubdulci. *Tournef. cor.* 53.
Olea fylveftris, folio molli incano. *Bauh. pin.* 473. *Angl. hort.* 52. *t.* 19.
Olea fylveftris feptentrionalium. *Lob. hift.* 567.
Ziziphus capadocica, quibusdam Olea bohemica. *Bauh. hift.* 1. *p.* 27.
Ziziphus capadocica. *Dod. pempt.* 807.
Ziziphus alba. *Cluf. hift.* 1. *p.* 29.
Arbor triftis fbardonii. *Barr. rar. t.* 1196.
*Crefcit in* Bohemia, Syria, Æthiopia, *inque monte* Libano.

## ALCHEMILLA. *g. pl.* 83.

1. ALCHEMILLA foliis palmatis.
Alchemilla foliis fimplicibus. *Fl. lapp.* 66.
Alchimilla vulgaris *Bauh. pin.* 319. *Boerh. lugdb.* 2. *p.* 92.
Alchimilla perennis viridis major, foliis ex luteo-virentibus. *Morif. hift.* 2. *p.* 195. *f.* 2. *t.* 20. *f.* 1.
Pes leonis five Alchimilla. *Bauh. hift.* 2 *p.* 398.
α Alchimilla perennis viridis minor. *Morif. hift.* 2. *p.* 195.
Alchimilla minor. *Tournef. inft.* 502.
γ Alchimilla alpina pubefcens minor. *Tournef. inft.* 508. *Boerh. lugdb.* 2. *p.* 92. *Pluk. phyt.* 240. *f.* 1.
Alchimilla minor hirfuta cineritia italica. *Barr. rar. t.* 728.
*Crefcit per totam* Europam.
*Varietas ifta γ foliis gaudet minoribus & fubtus villofitate fericea nitida tectis, ut in fequen-*
*ti*

ti specie, attamen examinatis omnibus partibus nullam observare potui notam qua distingui posset. *An sit species hybrida ab Alchemillæ foliis digitatis cum Alchemillæ foliis palmatis? vel an sit solus locus qui luserit? hæc enim in solis alpibus crescit.*

2. ALCHEMILLA foliis digitatis. *Fl. lapp.* 67.
Alchimilla alpina, folio sericeo instar pentaphylli profunde secto. *Rupp. jen.* 51.
Alchimilla alpina, quinquefolii folio subtus argenteo. *Tournef. inst.* 508.
Alchimilla argentea montana pentaphylla. *Barr. rar. t.* 756 ·
Alchimilla perennis incana argentea, seu sericea latinum provocans. *Morif. hist.* 2. *p.* 195. *f.* 2. *t.* 20. *f.* 3.
   Boerh. lugdb. 2. p. 92.
Pentaphyllum seu potius Heptaphyllum argenteum, flore muscoso. *Bauh. hist.* 2. *p.* 398.
Tormentilla alpina, folio sericeo. *Bauh. pin.* 326.
   *Crescit in omnibus montibus alpestribus, ut in Alpibus* Helveticis, Apenninis, Lapponicis, Pyrenæis, &c.

# D I G Y N I A.

## A P H A N E S. *g. pl.* 90.

1. APHANES.
Percepier anglorum. *Dill. gen.* 94. *giss.* 60.
Perchepier anglorum quibusdam. *Bauh. hist.* 3. *p.* 74. *Boerh. lugdb.* 2. *p.* 93.
Alchimilla montana minima. *Column. ecphr.* 1. *p.* 145. *t.* 146.
Alchimilla annua minima hirsuta, foliis inferne albicantibus. *Morif. hist.* 2. *p.* 195. *f.* 2. *t.* 20. *f.* 4.
Chærophyllo nonnihil similis. *Bauh. pin.* 152.
   *Crescit vulgaris in Arvis per* Germaniam, Italiam, Angliam, Galliam, & Smolandiam Sueciæ.

## C U S C U T A. *g. pl.* 89.

1. CUSCUTA foliis subcordatis.
Beta baccifera aizoides rotundifolia zeylanica. *Breyn. prod* 2. *p.* 23.
Solanum scandens malabaricum, betæ folio. *Comm. amst.* 330. *Comm. flor.* 63.
Solanum tinctorium zeylanicum minus. *Herm. par. app.* 12.
Solano an potius Mirabili peruvianæ affinis tinctoria, betæ folio, scandens, Cochin chinensis, flosculis puniceis muscosis spicatis, fructu intus cochleato. *Pluk. phyt.* 63. *f.* 1.
Basella. *Rheed. mal.* 7. *p.* 45. *t.* 24. *Raj. hist.* 3. *p.* 358. *Boerh. lugdb.* 2. *p.* 266. *Burm. zeyl.* 44.
   *Crescit in* Malabaria, Zeylona & adjacentibus.
   *Ad Cuscutæ genus amandavi hanc plantam, licet in flore unicam quintam partem numeri addat, cum calyx & reliqua omnino conveniant.*

## H Y P E C O U M. *g. pl.* 87.

1. HYPECOUM. *Bauh. pin.* 172.
Hypecoon siliquis erectis articulatis incurvis. *Morif. hist.* 2. *p.* 279.
Hypecoon. *Dod. pempt.* 449.
Hypecoon latiore folio. *Tournef. inst.* 230.
Hypecoum latiore folio. *Boerh. lugdb.* 1. *p.* 307.
Hyecoum legitimum. *Clus. hist.* 2. *p.* 93.
Hypecoum siliquosum. *Bauh. hist.* 2. *p.* 899. *fig. mal.*
Cuminum sylvestre 2. *Dalech. hist.* 697.
   *Crescit in* Gallia Narbonensi & agro Salmanticensi *inter segetes.*
   *Si altera species, ut Morisonus refert, gaudeat siliqua bivalvi nec articulata, diversæ speciei planta videtur, si minus, non dubito quin eadem erit cum hac nostra, ejusque sola varietas. Singularis & huic flos est, qui numquam cum alio genere confunditur & secundum veteres certe sui generis plantam reddit.*

## C E L T I S. *g. pl.* 844.

1. CELTIS foliis ovato-lanceolatis serratis.
Celtis fructu nigricante. *Tournef. inst.* 612. *Boerh. lugdb.* 2. *p.* 231.
Lotus fructu cerasi. *Bauh. pin.* 447.
Lotus arbor. *Lob. hist.* 605. *Cæsalp. syst.* 86.
Lotus arbor, fructu cerasi. *Bauh. hist.* 1. *p.* 229.
   *Crescit in* Africa & Italia; *circa* Romam & Monspelium.
   K 2                                                                 *TE.*

# TETRAGYNIA.

## ILEX. *g. pl.* 91.

1. ILEX foliis ovatis acutis dentatis.
Ilex aculeata baccifera, folio finuato. *Bauh. pin.* 425.
Agrifolium. *Dod. pempt.* 659.
Aquifolium feu Agrifolium. *Lob. hift.* 582.
Aquifolium feu Agrifolium vulgo. *Bauh. hift.* 1. *p.* 114. *Tournef. inft.* 600.
Aquifolium baccis rubris. *Herm. lugdb.* 56. *Boerh. lugdb.* 2. *p.* 419.
Koo-Kotz. *Kæmpf. jap.* 781.
*Crefcit in fepibus umbrofis* Germaniæ, Angliæ, Galliæ, Japoniæ.
*Hæ varietates, fi ftolones demergantur ut novæ accrefcant arbores, mutant faciem & trans-*
*eunt in primam, hinc infitione femper opus eft. Mira metamorphofis! tamen nec imbellem*
*progenerant aquilæ columbam! tamen nec unica fpecies alteram diverfam producit.*
Varietates *hujus fpeciei primariæ funt:*
α Foliis glabris integerrimis *exacte folia lauri referens.*
β Foliis variegatis ex albo vel rubro, *aureo dixiffem vel argenteo.*
γ Foliorum disco fuperno echinata: *Aquifolium echinata folii fuperficie. Corn. canad.* 180.

2. ILEX foliis ovato-lanceolatis ferratis.
Agrifolium carolinenfe, foliis dentatis, baccis rubris. *Catesb. ornith.* 31. *t.* 31.
Caffine vera floridanorum arbufcula baccifera, alaterni ferme facie, foliis alternatim fitis, tetrapyrene. *Pluk.*
*mant.* 40
*Crefcit in* Carolina *Americæ.*

## POTAMOGETON. *g. pl.* 92.

1. POTAMOGETON foliis oblongo-ovatis petiolatis.
Potamogeton foliis oblongo-ovatis natantibus. *Fl. lapp.* 68.
Potamogeton rotundiore folio. *Bauh. hift.* 3. *p.* 776.
Patamogeton rotundifolium. *Bauh. pin.* 193. *Boerh. lugdb.* 1. *p.* 196.
Potamogeton 1. *Dalech. hift.* 1007.
*Crefcit vulgaris per* Europam *in aquis profundioribus ftagnantibus.*

2. Potamogeton foliis lanceolatis in petiolos definentibus.
Potamogeton aquis immerfum, folio pellucido lato oblongo acuto. *Raj. fyn.* 148. *Sloan. flor.* 48.
Potamogeton foliis anguftis fplendentibus. *Bauh. pin.* 193.
*Crefcit in fluviis & lacubus fub aqua, folam fpicam florentem exerens, vulgaris in* Europa,
*nec non in* Jamaica *Americæ.*

3. POTAMOGETON foliis linearibus obtufis, caule compreffo.
Potamogeton caule compreffo, folio graminis canini. *Raj. hift.* 61.
*Crefcit in foffis vulgaris per* Europam.

*Claf.*

## *Claßis V.*

# PENTANDRIA.

## *MONOGYNIA*

### THESIUM. *g. pl.* 173.

1. THESIUM.
Knawel montanum, calyce fpeciofo lacteo. *Raj. fyn.* 202.
Alchimilla linariæ folio, calyce florum albo. *Tournef. inft.* 509.
Linophyllum alpinum latifolium majus. *Pont-anth.* 262.
Linofyris rivini. *Rupp jen.* 76.
Linaria adulterina *Raj. hift.* 399. *fyn.* 202.
Linaria montana, flofculis albicantibus. *Bauh. pin.* 213.
Linariæ fimilis. *Bauh. hift.* 3. *p.* 461.
Anonymos lini folio. *Cluf. hift.* 1. *p.* 324.
*Crefcit in montibus ficcis* Germaniæ, Pannoniæ, Auftriæ, Italiæ, Galliæ, Angliæ.
*Rifum moveat obfervaffe, quod nequidem duo Syftematici de nomine hujus plantæ convenere, fed*
*tot nova nomina, quot ipfi fuere, impofuere, ut fane, fi* Clufius *hoc die e fatis revocari poffet,*
*eandem* Anonymam *numquam diceret.*
*Quâ ratione ego etiam novum huic impofuerim nomen, patet conferenti dicta: E. gr.* Alchimilla
*(G. P.* 173. *& 83. cum F. B.* 214.) Knawel *(G. P.* 173. *& 266. cum F. B.* 213.)
Linaria *(G. P. 173. & 514. cum F. B. 213.)* Linophyllum *(F. B. 207.)* Linofyris *(F.*
*B.* 222.*)* Linaria adulterina *(F. B.* 221.*)* Linariæ fimilis *(F. B.* 221.*)* Thefium *(F. B.*
**214. 241. 242.***)*

### HERNIARIA. *g. pl.* 93.

1. HERNIARIA calycibus bractea nudis.
., Herniaria. *Dod. pempt.* 114.
Polygonum minus feu Millegrana major. *Bauh. pin.* 281. *Morif. hift.* 2. *p.* 593. *f.* 5. *t.* 29. *f.* 2.
Herniaria glabra. *Bauh. hift.* 3. *p.* 378. *Tournef. inft.* 507. *Boerh. lugdb.* 2. *p.* 96.
α Herniaria hirfuta. *Bauh. hift.* 3. *p.* 379. *Tournef. inft.* 507. *Boerh. lugdb.* 2. *p.* 96.
*Crefcit in ficcis & exaridis* Brabantiæ, *Italiæ, Galliæ, Angliæ, &c. Glabra præfertim in*
Dania, Suecia, *&c. majori in copia proftat.*

2. HERNIARIA fquamis nitidis flores fuperantibus.
Paronychia hifpanica. *Cluf. hift.* 2. *p.* 183. *Tournef. inft.* 507. *Boerh. lugdb.* 2. *p.* 96.
Polygonum minus candicans. *Bauh. pin.* 281.
Polygoni hifpanici genus. *Dalech. hift.* 1125.
*Crefcit in* Hifpania *&* Gallia Narbonenfi.
*Varietates hujus plures videfis apud* Barrelierum, Tournefortium, *aliosque.*

### PERSICARIA. *g. pl.* 97.

1. PERSICARIA florum ftaminibus quinis, corollam fupcrantibus, ftylo bifido.
Perficaria major amphibia, radice perenni. *Pluk. alm.* 288.
Perficaria, falicis folio, Potamogiton anguftifolium dicta. *Raj. hift.* 184.
Potamogeton, falicis folio. *Bauh. pin.* 193
α Perficaria, falicis folio, perennis. *Herm. lugdb.* 488.
β Perficaria paluftris fluitans, foliis brevioribus & latioribus, florum fpica fpeciofa purpurea compactiore.
*Rupp. jen.* 78.
*Crefcit hæc planta vulgaris per* Europam *in humidis præfertim.*
*Variat fi quæ alia, maxime manifefte, utpote quæ* (α) *in argillofis agris caule gaudet erecto,*
*foliis lanceolatis acutis fcabris & hifpidis, communiterque fterilis perfiftit; at* (β) *in aquis*
*caule flaccido foliis ovato-oblongis, obtufis, glabris & nitidis, fpicamque florum fubovatam*
*& craffam gerit; unam tamen eandemque plantam effe cum* Rajo, *& recentioribus agno-*
*fcunt etiam varietatum æftimatores; unde non illepide a* Plukenetio *amphia dicta fuit.*

L

2. PER-

2. PERSICARIA florum ſtaminibus quinis, ſtylo bifido, corolla regulari, æqualibus.
Perſicaria major, lapathi foliis, calyce floris purpureo. *Tournef. inſt.* 510. *Boerh. lugdb.* 2. *p.* 87. *Raj. hiſt.* 3. *p.* 119.
Perſicaria hydropiper. *Lob. ic.* 315.
*Creſcit in* Gallia *præſertim.*
*Calycem huic quadripartitum adſcribit Tourneſortius in Flora ſua pariſienſi, & ſtamina quatuor vel quinque numerat; flores ipſi non examinavimus.*

3. PERSICARIA, florum ſtaminibus quinis, ſtylo duplici, corolla quadrifida inæquali.
Perſicaria fruteſcens maculoſa virginiana, flore albo. *Park. theatr.* 857. *Moriſ. hiſt.* 2. *p.* 589. *Raj. hiſt.* 183.
*Creſcit in* Virginia *& parum villoſa eſt, præſertim ad margines vaginæ foliorum, unde a reliquis americanis non multum abludere videtur.*
*Flos in hac ſpecie maxime ſingularis eſt, & ſemiquadrifida corolla inſtruſtus, cujus laciniæ tres fere æquales & erectæ ſunt, at quarta reflexo-patens. Stamina quinque ſunt (non quatuor,) quorum ſingulum alternatim laciniæ corollæ reſpondet, quintum vero intra labium infimum collocatur.*

4. PERSICARIA florum ſtaminibus ſenis, ſtylo bifido.
Perſicaria urens ſeu Hydropiper. *Bauh. pin.* 101. *Boerh. lugdb.* 2. *p.* 87. *Sloan flor.* 47.
Perſicaria acris, ſeu Hydropiper. *Bauh. hiſt.* 3. *p.* 780.
Hydropiper. *Dod. pempt.* 607.
*Creſcit vulgaris per totam* Europam *in ſubhumidis, uti & in* Jamaica *Americæ inſula.*

5. PERSICARIA florum ſtaminibus ſenis, ſtylo duplici.
Perſicaria mitis. *Bauh. hiſt.* 3. *p.* 779.
Perſicaria mitis maculoſa & non maculoſa. *Bauh. pin.* 101.
Perſicaria mitis non maculoſa, flore rubro. *Boerh. lugdb.* 2. *p.* 87.
α Perſicaria mitis, floribus candidis. *Tournef. inſt.* 509.
Perſicaria mitis non maculoſa, flore albo. *Boerh. lugdb.* 2. *p.* 87.
β Perſicaria mitis maculoſa. *Boerh. lugdb.* 2. *p.* 87.
γ Perſicaria mitis, cum maculis ferrum equinum referentibus. *Tournef. inſt.* 509. *Boerh. lugdb.* 2. *p.* 87.
Perſicaria. *Dod. pempt.* 608.
*Creſcit per totam facile* Europam *in agris hordeaceis, inque locis cultis ſucculentis.*

6. Perſicaria florum ſtaminibus ſex pluribusve, ſtylo duplici.
Perſicaria orientalis, nicotianæ folio, calyce florum purpureo. *Tournef. cor.* 38. *itin.* 316. *Comm. rar.* 43. *fig. bona. Boerh. lugdb.* 2. *p.* 87.
*Creſcit in* Oriente.
*Hæc planta ſummam ſui generis affinitatem cum* Biſtorta, Polygono, Helxine *&c. in octandria trigynia comprehenſis abunde oſtendit, reliquæ licet ſpecies in numero admodum deflectant.*
*Specierum hujus generis diverſitas in numero partium floris nobis inſervit pro differentia ſpecifica, cum a foliis & caule vix ſufficiant notæ, niſi deſcriptiones loco nominum, quod nobis abominabile (F. B.* 291.), *exhibere voluiſſemus.*
*Glandulæ nectariferæ in hac ultima ſpecie manifeſtæ tot ſunt, quot ſtamina, uti in* Helxine *videre eſt; ſtamina ſeptem vel octo communiter in floribus hujus ſpeciei numeravimus, numero valde incerto.*

# ACHYRANTHES. *g. pl.* 94.

1. ACHYRANTHES caule erecto.
Stachyarpagophora bliti foliis pubeſcentibus ſubtus argenteis. *Vaill. act.* 1722. *p.* 279.
Candelari ſicula, parietariæ folio. *Pet. act.* 1713. *p.* 181.
Amaranthus ſiculus ſpicatus, radice perenni. *Bocc. ſic.* 16. *t.* 17. *Pluk. phyt.* 260. *f.* 2. *Raj. hiſt.* 203. *Boerh. lugdb.* 2. *p.* 98.
Amaranthus ſpurius ſiculus, radice perenni. *Volck. norib.* 26.
*Creſcit in inſulis Americanis* Madera, Jamaica, *&c. nec non in* Sicilia, *teſte* Boccono.
*Ad quodnam genus amandarem hanc plantam, cujus flores examinavi, fructus autem in hunc diem non, dubius hæreo.* Achyranthes *nobis &* Achyracantha *Dill. ſunt ſynonyma. Generis hujus author Cl.* Dillenius *eſt, qui* Stachyarpagophoram Vaill. *huic congenerem eſſe quaſi affirmat; his poſitis, generi ſuo ſemen unicum nudum adſcribit* Dillenius; *huic unicum eſſe ſemen ſtatuit* Volckamerus; *idemque, modo ſub capſula latitante, confirmat* Vailliantius. *Flores in hac planta corollâ & calyce triphyllo, exacte quadrant cum ſequenti genere, cui tamen ſex ordinario intra capſulam ſunt ſemina. Quid itaque faciendum ſit ipſi, qui fructum hujus plantæ, & Achyracanthæ Dill. fructificationem ſimul contulerit, patet ex lege artis F. B.* 164—183.

CE-

## CELOSIA. *g. pl.* 95.

1. CELOSIA foliis lineari-lanceolatis.
Amaranthus fpicatus argenteus americanus. *Boerh. lugdb.* 2. *p.* 98.
Amaranthus carnea fpica. *Park. parad.* 914.
*Crefcit in* America.
*Caulis huic quam fequenti rectior, folia ut in illa nullo modo ad ovatam figuram accedentia, fpica terminatrix ovata, denfa, erecta, acuminata, craffitie pollicis maximi, flofculis omnibus feffilibus, nec ullo modo ramofa eft hæc fpica, color argenteus rarius ad incarnatum accedens; ex ala fuperiorum foliorum interdum fpica una alterave parva prodit.*

2. CELOSIA foliis lanceolato-ovatis.
Amaranthus panicula incurva. *Bauh. pin.* 121. *Boerh. lugdb.* 2. *p.* 97.
Amaranthus panicula fpeciofa criftata. *Bauh. hift.* 2. *p.* 969.
Amaranthus fpica albefcente habitiore. *Mart. cent.* 7. *t.* 7.
*Crefcendi locum naturalem, ut aliarum fere omnium plantarum tritiffimarum, reddere, obliti funt Botanici.*
*Varietates hujus fpeciei fere tot funt, quot individua, hinc bene Cl. Juffieus in Barrel. pag. 46.* Genus hoc ita formis variat, ut finguli vix poffint ad fpecies ab authoribus enumeratas referri.
*Planta hæc fi in arenofo & macerrimo folo feratur vix fpithamæa evadit & parce vivens naturales profert flores, at terræ lætæ commiffa, & luxurians alimento, monftra profert femper, hinc videas aliam fpicis numerofis, aliam fpicis ramofis, aliam plicatam, aliam alio modo monftrofe formatam, nunc colore pallide incarnato, nunc fanguineo, nunc purpureo, nunc flavo, nunc igneo, nunc alio. Harum fi defideres æque luxuriantia nomina & adumbrationes, adeas Barrelierum, Tournefortium, fimilesque.*

## GLAUX. *g. pl.* 97.

1. GLAUX.
Glaux maritima. *Bauh. pin.* 215. *Boerh. lugdb.* 1. *p.* 206.
Glaux exigua maritima. *Bauh. hift.* 3. *p.* 373. *Lob. hift.* 227.
Alfine bifolia, fructu coriandri, radice geniculato. *Loef. pruff.* 13. *f.* 3.
*Crefcit in maritimis* Angliæ, Belgii, Daniæ, Sueciæ, &c.

## ECHIUM. *g. pl.* 99.

1. ECHIUM caule fimplici, foliis caulinis lanceolatis, floribus fpicatis ex alis.
Echium vulgare. *Bauh. pin.* 254. *Bauh. hift.* 3. *p.* 585. *Morif. hift.* 3. *p.* 440. *f.* 11. *t.* 27. *f.* 1. *Cluf. hift.* 2. *p.* 143. *Boerh. lugdb.* 1. *p.* 194.
Echium. *Riv. mon.* 9.
*Crefcit in arvis per maximam Europæ partem.*
*Varietates hujus fere tot funt quot individua, aliæ enim plantæ majores, aliæ minores, aliæ erectæ, aliæ procumbentes; aliæ maxime afperæ, aliæ vix manifefte fcabræ; aliæ floribus cæruleis, aliæ albis; aliæ floribus majoribus; aliæ minoribus; varias itaque authorum fuperfluas fpecies enumerare non curo; forte ambæ proxime fequentes plantæ etiam non diftingui deberent fpecie, cum autem manifefte magis differant, diftinctas tradam, ufque dum certiora innotefcant.*

2. ECHIUM caule fimplici, foliis caulinis linearibus, floribus fpicatis ex alis.
Echium creticum anguftifolium rubrum. *Bauh. pin.* 254. *Boerh. lugdb.* 1. *p.* 194.
Echium creticum 2. *Cluf. hift.* 2. *p.* 145.
*Crefcit forte in* Creta *unde Clufius femina habuit.*

3. ECHIUM caule ramofo, foliis caulinis ovatis, floribus folitariis ex alis.
Echium orientale, verbafci folio, flore maximo campanulato. *Tournef. cor.* 6. *itin.* 3. *p.* 94.
*Crefcit in* Oriente.

4. ECHIUM.
Echium africanum fruticans, foliis pilofis. *Comm. hort.* 2. *p.* 107. *t.* 54. *Raj. hift.* 3. *p.* 269.
*Crefcit ad* Caput bonæ fpei.
*Stamina huic quinque (non quatuor) femper funt & fuperior lacinia corollæ, ut in aliis, emarginata eft.*

L 2      ASPE-

# ASPERUGO. *g. pl.* 105.

1. **ASPERUGO.** *Fl. lapp.* 76.
Afperugo vulgaris. *Tournef. inft.* 135. *Boerh. lugdb.* 1. p. 191.
Afperugo fpuria. *Dod. pempt.* 356.
Bugloſſum fylveſtre, cauliculis procumbentibus. *Bauh. pin.* 257.
Bugloſſum fylveſtre, cauliculis procumbentibus, fructu pedem anſerinum referente. *Morif. hiſt.* 3. p. 439.
*f.* 11. *t.* 26. *f.* 13.
Cynogloſſa, forte Topiaria plinio, ſive Echium lappulatum quibusdam. *Bauh. hiſt.* 3. p. 590.
Borrago minor fylveſtris carpochenopus. *Col. ecphr.* 1. p. 181. *t.* 183.
*Creſcit vulgaris admodum per* Europam, *etiam in ſummo ſeptentrione, loca amans pinguia*
*& ruderata.*

# LYCOPSIS. *g. pl.* 106.

1. **LYCOPSIS** foliis lanceolatis, calycibus fructuum erectis. *Fl. lapp.* 77.
Echioides. *Riv. mon.* 10.
Bugloſſum fylveſtre minus. *Bauh. pin.* 257. *Tournef. inft.* 134. *Boerh. lugdb.* 1. p. 188.
Bugloſſum fylveſtre aſperum minus annuum, foliis undulatis. *Morif. hiſt.* 3. p. 439. *f.* 11. *t.* 26. *f.* 8.
Bugloſſa fylveſtris. *Dod. pempt.* 628.
Echium fuchſii ſive Borrago fylveſtris. *Bauh. hiſt.* 3. p. 581.
*Creſcit vulgaris per* Europam *in agris & oleraceis horticulis.*

2. **LYCOPSIS** foliis repando-dentatis.
Bugloſſoides cretica. *Riv. mon.* 13.
Bugloſſum creticum variegatum odoratum. *Boerh. lugdb.* 1. p. 189.
Bugloſſum creticum minimum odoratum, flore vario eleganti. *Pluk. alm.* 72.
Bugloſſum creticum, cauliculis procumbentibus, flore variegato odorato, echii foliis verrucoſis. *Herm. lugdb.* 98.
Bugloſſum luſitanicum, bullatis foliis. *Morif. bleſ.* 241.
Bugloſſum annuum humile, bullatis foliis, flore cæruleo eleganter variegato. *Morif. hiſt.* 3. p. 439. *f.* 11.
*t.* 26. *f.* 10.
Pulmonaria cretica annua, calyce veſicario. *Tournef. inft.* 137.
*Creſcit in* Creta *& urbe* Candiæ *e murorum rimis, nec non in monte* Hymetto *propè*
Athenas.

3. **LYCOPSIS** foliis lanceolatis, calycibus fructuum pendulis.
Echioides flore pullo. *Riv. mon.* 11.
Echioides flore pullo, calyce amplo. *Rupp. jen.* 177.
Bugloſſum annuum, pullo minimo flore, veſicarium. *Raj. hiſt.* 495.
Bugloſſum procumbens annuum, pullo minimo flore. *Morif. bleſ.* 242. *hiſt.* 3. p. 439. *f.* 11. *t.* 26. *f.* 11.
*Creſcendi naturalem locum, ſi non & hujus* Creta *ſit, me ignorare fateor.*

# PULMONARIA. *g. pl.* 104.

1. **PULMONARIA** foliis radicalibus ovato-cordatis.
Pulmonaria vulgaris, maculoſo folio. *Cluſ. hiſt.* 2. p. 169.
Pulmonaria italorum ad bugloſſum accedens. *Bauh. hiſt.* 3. p. 595.
Symphytum maculoſum, ſeu Pulmonaria latifolia. *Bauh. pin.* 259.
*a* Pulmonaria vulgaris latifolia, flore albo. *Tournef. inft.* 136. *Boerh. lugdb.* 1. p. 193.
*β* Pulmonaria folio non maculoſo. *Cluſ. hiſt.* 2. p. 169. *Boerh. lugdb.* 1. p. 193.
*γ* Pulmonaria alpina, foliis mollibus ſubrotundis, flore cæruleo. *Tournef. inft.* 136. *Boerh. lugdb.* 1. p. 193.
Pulmonaria batavica maxima, foliis longioribus, maculis majoribus conſperſis. *Morif. hiſt.* 3. p. 444. *f.* 11.
*t.* 29. *f.* 9.
*Creſcit in* Suecia, Ungaria, Italia, *&c.*

2. **PULMONARIA** foliis radicalibus lanceolatis.
Pulmonaria foliis echii. *Lob. ic.* 586. *Boerh. lugdb.* 1. p. 193.
Pulmonaria anguſtifolia, rubente cæruleo flore. *Bauh. pin.* 260. *Morif. hiſt.* 3. p. 444. *f.* 11. *t.* 29. *f.* 10.
Pulmonaria 5. pannonica. *Cluſ. hiſt.* 2. p. 170.
*a* Pulmonaria foliis echii, flore albo. *Tournef. inft.* 136.
*Creſcit in* Pannonia.
*Inquirendum ſit num hæc a loco diverſa evaſerit vel a natura diſtincta ſit ſpecies.*

# BORRAGO. *g. pl.* 108.

1. **BORRAGO** calycibus patentibus.
Borrago hortenſis. *Morif. hiſt.* 3. p. 437.
Borrago floribus cæruleis & albis. *Bauh. hiſt.* 3. p. 574.

Bor-

Borrago floribus cæruleis. *Tournef. inst.* 133. *Boerh. lugdb.* 1. p. 188.
Buglossum latifolium, Borrago. *Bauh. pin.* 236.
Borrago floribus albis. *Tournef. inst.* 133.
*Crescit nunc ubique fere per* Europam, *delatis & rejectis seminibus ex hortis ubi sata fuerit primitus; Morisonus semina ex* Aleppo *se habuisse scribit.*

2. BORRAGO calycinis foliis ovato-acutis erectis.
Cynoglossoides africana verrucosa & hispida. *Isnard. act.* 1718. p. 325. t. 11.
Cynoglossum, borraginis flore & facie, æthiopicum. *Pluk. alm.* 34.
*Crescit in* Africa.
*Plurima habet hæc species communia cum sequenti, licet calyx postice nullo modo promineat & folia in hac minus amplexicaulia sint.*

3. BORRAGO calycinis foliis sagittatis erectis.
Borraginoides angustifolia, flore pallescente cæruleo. *Boerh. lugdb.* 1. p. 188. t. 188.
Borraginoides angustifolia, flore pallescente. *Burm. zeyl.* 48.
Cynoglossoides folio caulem amplexante. *Isnard. act.* 1718. p. 325. t. 10.
Anchusæ degeneris facie, indiæ orientalis herba quadricapsularis. *Pluk. alm.* 30. t. 76. f. 3. *vitios.*
*Crescit in* Zeylona.

4. BORRAGO calycibus tubo corollæ brevioribus.
Borrago constantinopolitana, flore reflexo cæruleo, calyce vesicario. *Tournef. cor.* 6. *itin.* 242. t. 242. *Boerh. lugdb.* 1. p. 188.
*Crescit circa* Constantinopolin.
*In hac laciniæ corollæ lineares retroflexæ, Calyx autem campanulatus minimus semiquinquefidus obtusus pilosus. Radix perennis, floret aprili.*

# HELIOTROPIUM. *g. pl.* 103.

1. HELIOTROPIUM foliis ovatis integerrimis, spicis conjunctis.
Heliotropium majus dioscoridi. *Bauh. pin.* 253. *Boerh. lugdb.* 1. p. 190.
Heliotropium majus, flore albo. *Bauh. hist.* 3. p. 604.
Heliotropium majus. *Sloan. flor.* 94. *Clus. hist.* 2. p. 46.
Heliotropium. *Dod. pempt.* 70.
*Crescit in* Gallo-provincia, Italia, Sicilia, & Madera *Americæ ad agrorum limites.*

2. HELIOTROPIUM foliis ovato-acutis, spicis solitariis.
Heliotropium americanum cæruleum, foliis hormini. *Pluk. alm.* 182. t. 245. f. 4. *Sloan. flor.* 94. *hist.* 1. p. 213. *Morif. hist.* 3. p. 451. *Raj. hist.* 3. p. 270. *Boerh. lugdb.* 1. p. 190.
Aguaraciunha-acu, sive Fedagoso. *Pis. braf.* 109.
Jacua-acanga. *Marcgr. braf.* 6.
α Heliotropium americanum cæruleum, foliis hormini angustioribus. *Herm. lugdb.* 307. *Boerh. lugdb.* 1. p. 190. *Sloan. flor.* 94.
*Crescit in* Jamaica, Barbados, Brasilia, *&c.*

3. HELIOTROPIUM foliis lanceolato-linearibus glabris, spicis conjunctis.
Heliotropium indicum procumbens glaucophyllon, floribus albis. *Pluk. alm.* 182. t. 36. f. 3. *Raj. hist.* 3. p. 270.
Heliotropium maritimum minus, folio glauco, flore albo. *Sloan. flor.* 94. *hist.* 1. p. 213. t. 132. f. 3.
Heliotropium americanum procumbens glauco-phyllum. *Boerh. lugdb.* 1. p. 190.
Heliotropium americanum minus glabrum, folio angusto glauco. *Breyn. prod.* 2. p. 55.
Heliotropium americanum procumbens, facie lini umbilicati. *Herm. par.* 183.
Heliotropium curassavicum, foliis lini umbilicati. *Morif. hist.* 3. p. 452. f. 11. t. 31. f. 12.
Heliotropium americanum, cynoglossi marini foliis, flore albo. *Comm. amst.* 152.
Totecy Xochivh. *Hern. mex.* 432.
*Crescit in paludosis maritimis* Jamaicæ, Mexicæ, Curassaviæ, *&c.*

# MYOSOTIS. *g. pl.* 102.

1. MYOSOTIS foliis hirsutis.
Myosotis hirsuta arvensis major. *Dill. gis.* 55. *Fl. lapp.* 74.
Myosotis minor arvensis. *Rupp. jen.* 8.
Scorpiurus annuus arvensis hirsutus cæruleus. *Morif. hist.* 3. p. 450. f. 11. t. 31. f. 1.
Heliotropium minus angustifolium arvense seu hirsutum. *Boerh. lugdb.* 1. p. 190.
Heliotropium arvense hirsutum, flore cæruleo minimo. *Volck. norib.* 205.
Anchusa scorpioides hirsuta arventis. *Herm. lugdb.* 38.
Lithospermum arvense minus. *Tournef. inst.* 137.
Echium scorpioides folisequum, flore minore. *Bauh. hist.* 3. p. 589.
Echium scorpioides arvense. *Bauh. pin.* 254.

M

Scor-

Scorpioides minor tertia Dodonæi. *Beſt. eyſt.* 2. p. 139. f. 3.
*Creſcit per* Europam *vulgaris in ſiccis montibus, vallibus, agris, &c. varians magnitudine plantæ & colore floris.*

2. Myoſotis foliis glabris.
Myoſotis glabra pratenſis. *Dill. giſ.* 67. *Fl. lapp.* 75.
Myoſotis paluſtris major. *Rup. jen.* 7.
Scorpiurus paluſtris perennis, viridioribus foliis. *Moriſ. hiſt.* 3. p. 451. ſ. 11. t. 31. f. 4.
Heliotropium minus anguſtifolium paluſtre ſeu glabrum. *Boerh lugdb.* 1. p. 191.
Heliotropium paluſtre glabrum, flore cæruleo, *Volck. norib.* 205.
Anchuſa ſcorpioides glabra paluſtris. *Herm. lugdb.* 38.
Lithoſpermum paluſtre minus. *Tournef. inſt.* 137.
Echium ſcorpioides ſoliſequum, flore majore. *Bauh. hiſt.* 3. p. 589.
Echium ſcorpioides paluſtre. *Bauh. pin.* 254.
Scorpioides major tertia dodonæi. *Beſt. eyſt.* 2. p. 139. f. 2.
*Creſcit per* Europam *vulgaris in paludibus.*

## LITHOSPERMUM. *g. pl.* 101.

1. LITHOSPERMUM ſeminibus lævibus, corollis calycem multoties ſuperantibus.
Lithoſpermum perenne procumbens, flore purpuro-cæruleo. *Moriſ. hiſt.* 3. p. 447.
Lithoſpermum repens majus. *Cluſ. hiſt.* 2. p. 163.
Lithoſpermum minus repens latifolium. *Bauh. pin.* 258. *Boerh. lugdb.* 1. p. 190.
Lithoſpermum majus dodonæi, flore purpureo, ſemine anchuſæ *Bauh. hiſt.* 3. p. 572.
*Creſcit in* Ungaria *ad radices montium inter frutices; in* Anglia *rarius.*

2. LITHOSPERMUM ſeminibus lævibus, corollis vix calycem ſuperantibus.
Lithoſpermum majus erectum. *Bauh. pin.* 258. *Boerh. lugdb.* 1. p. 190.
Lithoſpermum minus. *Dod. pempt.* 83.
Lithoſpermum ſeu Milium ſolis. *Bauh. hiſt.* 3. p. 590.
*Creſcit in* Montibus & agris *Angliæ,* Pannoniæ, *&c.*

3. LITHOSPERMUM ſeminibus rugoſis, corollis vix calycem ſuperantibus.
Lithoſpermum arvenſe, radice rubra. *Bauh. pin.* 258. *Fl. lapp.* 73.
Lithoſpermum annuum album tetracarpum, ſemine nigro anguloſo. *Moriſ. hiſt.* 3. p. 447.
Lithoſpermum nigrum quibuſdam, flore albo, ſemine echii. *Bauh. hiſt.* 3. p. 592.
Anchuſa anguſtifolia procumbens, lithoſpermi facie. *Boerh. lugdb.* 1. p. 189.
Bugloſſum arvenſe annuum, lithoſpermi folio. *Tournef. inſt.* 134.
Echioides flore albo. *Riv. mon.* 12.
*Creſcit per* Europam *vulgaris ad margines agrorum & inter ſegetes, locis præſertim ar-
gilloſis.*

4. LITHOSPERMUM ſeminibus echinatis.
Lappula rivini. *Rupp. jen.* 9.
Lappula ruſticorum. *Dalech. hiſt.* 1240.
Lappula æquicolorum, lithoſpermi foliis, tetraſpermos, echinnis in ſpicam conoides. *Pluk. alm.* 206.
Cynogloſſa minor montana ſerotina altera. *Column. ecphr.* 1. p. 180. f. 179.
Cynogloſſum minus. *Bauh. pin.* 257. *Bauh. hiſt.* 3. p. 600. *Boerh. lugdb.* 1. p. 192.
Cynogloſſum medium. *Bauh. pin.* 257.
Cynogloſſum hirſutum vineale minus, floſculis minimis cæruleis. *Moriſ. hiſt.* 3. p. 449.
Bugloſſum anguſtifolium, ſemine echinato. *Tournef. inſt.* 134.
*Creſcit in* Apulia, Miſſnia, Suecia.
*Collatis ſeminibus hujus plantæ cum* Cynogloſſis, *& conſiderato ſitu ſeminum in utraque herba,
plantas has genere non conjungendas eſſe patebit.*

## ANCHUSA. *g. pl.* 99.

1. ANCHUSA foliis lanceolatis, ſpicis imbricatis ſecundis.
Anchuſa, Alcibiadion. *Dod. pempt.* 629.
Bugloſſum ſylveſtre. *Dalech. hiſt.* 580.
Bugloſſum perenne majus ſativum. *Moriſ. hiſt.* 3. p. 439.
Bugloſſum vulgare majus. *Bauh. hiſt.* 3. p. 578.
Bugloſſum anguſtifolium majus. *Bauh. pin.* 256.
Bugloſſum anguſtifolium majus, flore cæruleo. *Tournef. inſt.* 256. *Boerh. lugdb.* 1. p. 188.
α Bugloſſum anguſtifolium majus, flore albo. *Tournef. inſt.* 256.
β Bugloſſum anguſtifolium majus, flore rubeo aut variegato. *Tournef. inſt.* 256.
γ Bugloſſum anguſtifolium minus. *Bauh. pin.* 256.
δ Bugloſſum vulgare, aſperitate & proceritate differens. *Bauh. pin.* 256.
ε Bugloſſum ſylveſtre majus nigrum. *Tournef. inſt.* 256.
ζ Bugloſſum radice rubra, ſive Anchuſa vulgatior, floribus cæruleis. *Tournef. inſt.* 134.
η Bugloſſum perenne minus, puniceis floribus. *Moriſ. hiſt.* 3. p. 438.

An.

Anchufa puniceis floribus. *Bauh. pin.* 255. *Boerh. lugdb.* 1. p. 189.
Anchufa monfpeliana. *Bauh. hift.* 3. p. 134.
*Crefcit ad agrorum & viarum margines per maximam partem* Europæ.

2. ANCHUSA floribus folitariis ex alis ramorum, uti rami e caule.
Buglolfium orientale, flore luteo. *Tournef. cor.* 6. *Boerh. lugdb.* 1. p. 189.
*Crefcit in* Oriente.
*Folia caulina ovato-lanceolata funt & feffilia.*

3. ANCHUSA fcapis diphyllis.
Buglolfium latifolium fempervirens. *Bauh. pin.* 256. *Boerh. lugdb.* 1. p. 188.
Buglolfium, folio borraginis, hifpanicum. *Bauh. hift.* 3. p. 577.
Borrago fempervirens. *Morif. hift.* 3. p. 437. f. 11. t. 26. f. 2.
*Crefcit in* Anglia.

## CYNOGLOSSUM. *g. pl.* 100.

1. CYNOGLOSSUM foliis ovato-lanceolatis.
Cynoglolfium vulgare. *Bauh. hift.* 3. p. 598.
Cynoglolfium majus vulgare. *Bauh. pin.* 257. *Boerh. lugdb.* 1. p. 192.
α Cynoglolfium majus vulgare, flore albo. *Tournef. inft.* 139. *Boerh. lugdb.* 1. p. 192.
γ Cynoglolfium floribus ex albo & rubro variegatis. *Boerh. lugdb.* 1. p. 192.
δ Cynoglolfium maximum belgicum. *Tournef. inft.* 139.
Cynoglolfa montana maxima, frigidarum regionum. *Column. ecphr.* 1. p. 172. f. 171.
ε Cynoglolfium montanum maximum. *Tournef. inft.* 139.
*Crefcit frequens per* Europam *juxta vias & domos.*

2. CYNOGLOSSUM creticum, argenteo angufto folio. *Bauh. pin.* 257.
Cynoglolfium creticum 1. *Cluf. hift.* 2. p. 162. *Bauh. hift.* 3. p. 600.
*Crefcit in* Creta.
*Utrum hæc antecedentis varietas fit nec non, determinare nequeo, cum fpecimen hujus ficcum tantummodo ad manus fit*

3. CYNOGLOSSUM foliis lineari-lanceolatis.
Cynoglolfium minus album, lini foliis glaucis, femine umbilicato. *Morif. hift.* 3. p. 449. f. 11. t. 30. f. 11.
Cynoglolfæ affinis linifolia, femine umbilicato. *Herm. lugdb.* 216.
Buglolfæ affinis, femine umbilicato feu cotylode. *Raj. hift.* 496.
Linum umbilicatum. *Park. theatr.* 1687.
Omphalodes lufitanica, lini folio. *Tournef. inft.* 140.
α Omphalodes lufitanica elatior, cynoglolfi folio. *Tournef. inft.* 140.
*Crefcit in* Lufitania.

4. CYNOGLOSSUM foliis radicalibus cordatis.
Omphalodes pumila verna, fymphyti folio. *Tournef. inft.* 140. *Boerh. lugdb.* 1. p. 191.
Borrago minor verna repens, folio lævi. *Morif. hift.* 3. p. 437. f. 11. t. 26. f. 3.
Symphytum minus, borraginis facie. *Bauh. pin.* 259.
Symphytum minimum repens, five Borrago minima herbariorum. *Bauh. hift.* 3. p. 597.
*Crefcendi locus naturalis nobis latet.*
*Flos hujus parum differt a reliquis.* *Eft enim*
Calyx *quinquepartitus erecto-patens.*
Cor: *rotata; tubus calyce brevior; Limbus fere planus, femiquinquefidus, laciniis fubrotundis, denticulo parvo, fingulis laciniis interjecto, elevato. Rictus connivet fquamis quinque, craffis, obtufis, introrfum emarginatis, ad bafin acumen deorfum emittentibus, externe perforatis.*
Staminum *Antheræ tectæ, oblongæ.*
Piftilli *ftigma capitatum.*
*Ergo hæc planta e fructu Cynogloffum, e flore Heliotropium, e caule & petiolis Myofotis, e foliis & tempore florendi Pulmonaria dici poffet.*

## SYMPHYTUM. *g. pl.* 109.

1. SYMPHYTUM foliis ovato-lanceolatis.
Symphytum magnum. *Bauh. hift.* 3. p. 593. *Dod. pempt.* 134.
Symphytum, Confolida major. *Bauh. pin.* 259.
Symphytum, Confolida major mas, flore purpureo. *Boerh. lugdb.* 1. p. 195.
Symphytum, Confolida major, flore purpureo: quæ mas. *Tournef. inft.* 138.
Confolida Rivini; Symphytum Tournefortii; συμφύτον μεγα Diofcoridis. *Rupp. jen.* 6.
α Symphytum, Confolida major, flore purpuro-cæruleo. *Tournef. inft.* 138. *Boerh. lugdb.* 1. p. 195.

M 2

β Symβ Symphytum, Confolida major, flore albo vel pallide luteo : quæ fœmina. *Tournef. inft.* 138.

γ Symphytum, Confolida major, flore variegato. *Tournef. inft.* 139.

♂ Svmphytum majus, tuberofa radice. *Bauh. pin.* 259. *Boerh. lugdb.* 1. *p.* 195.

ɪ Symphytum minus, tuberofa radice. *Bauh. pin.* 259.

*Crefcit in fubhumidis graminofis & umbrofis per magnam partem* Europæ.

*Foliorum bafis per caulem decurrit , & eundem angulofum facit.*

## CERINTHE. *g. pl.* 110.

1. CERINTHE foliis lanceolato-linearibus hifpidis.

Symphytum cchii folio anguftiore, radice rubra, flore luteo. *Tournef. inft.* 138. *Boerh. lugdb.* 1. *p.* 195.

Anchufa lutea minor. *Bauh. pin.* 255.

Anchufa exalbido flore. *Cluf. hift.* 2. *p.* 165.

Anchufa echioides lutea, Cerinthoides montana. *Column. ecphr.* 1. *p.* 183.

*Crefcit in* Auftriæ & Pannoniæ *exaridis locis.*

*Hanc Cerintho mifcere paradoxon non erit illi , qui confideraverit figuram corollæ; Cerinthe quondam dicta fuit planta cujus femina per paria coalita erant, at die meridiano clarius videmus* Cerinthoiden *Boerh., ad hoc genus pertinere , licet femina ipfi fint quatuor diftincta ; hinc non infervit amplius ifta nota pro effentiali generica, nec aliam quam folam faciem corollæ perviam & appendiculis deftitutam pro charactere hic reperio.*

2. CERINTHE foliis cordatis feffilibus.

Cerinthe minor. *Bauh. pin.* 258.

Cerinthe minor feu quarta. *Cluf. hift.* 2. *p.* 168.

Cerinthe quorundam minor, flore flavo. *Bauh. hift.* 3. *p.* 603. *Boerh. lugdb.* 1. *p.* 195.

α Cerinthe flore verficolore ex luteo & albo. *Boerh. lugdb.* 1. *p.* 196.

β Cerinthe flore verficolore ex albo & rubro. *Boerh. lugdb.* 1. *p.* 196.

γ Cerinthe flore verficolore ex albo & purpureo. *Boerh. lugdb.* 1. *p.* 196.

♂ Cerinthe quorundam major, verficolore flore. *Bauh. hift.* 3. *p.* 602. *Boerh. lugdb.* 1. *p.* 195.

Cerinthe five Cynogloffum montanum majus. *Bauh. pin.* 258.

Maru herba. *Dod. pempt.* 632.

ε Cerinthe quorundam major, flore ex rubro-purpurafcente. *Bauh. hift.* 3. *p.* 603. *Boerh. lugdb.* 1. *p.* 195.

Cerinthe flore ex rubro purpurafcente. *Bauh. pin.* 258.

ζ Cerinthe quorundam major, fpinofo folio, flavo flore. *Bauh. hift.* 3. *p.* 602. *Boerh. lugdb.* 1. *p.* 195.

Cerinthe, flavo flore, afperior. *Bauh. pin.* 258.

Cerinthe quorundam major, flavo flore. *Cluf. hift.* 2. *p.* 167.

*Crefcit in agris* Auftriæ & Styriæ, ♂ *per totam* Bœticam, ζ *in vineis & agrorum marginibus* Italiæ & Siciliæ.

*Differt a reliquis prima & naturalis planta magis manifefte corollá femiquinquefida & acutiori.*

3. CERINTHE foliis ovatis petiolatis.

Cerinthe maritima procumbens. *Dill. elth.* 75. *t.* 65. *f.* 75.

Cerinthoides argentea, flore pulchro cæruleo. *Boerh. lugdb.* 1. *p.* 196.

Cynogloffum procumbens glaucophyllum maritimum noftras, floribus purpuro-cæruleis, femine lævi. *Pluk. alm.* 126. *t.* 172. *f.* 3.

Cynogloffum perenne maritimum procumbens, foliis glaucis brevioribus. *Morif. hift.* 3. *p.* 450. *f.* 11. *t.* 28. *f.* 12.

Bugloffum maritimum incanum , cæruleo flore. *Herm. lugdb.* 92. *Tournef. inft.* 135.

Echium marinum. *Raj. fyn.* 228. *hift.* 500.

Borrago dulcis mellita lancaftrienfis. *Lob. illuft.* 121.

*Crefcit in* Anglia *inter duriffimos filices , & in nudis quibusdam littoribus maritimis.*

## TOURNEFORTIA. *g. pl.* 156.

1. TOURNEFORTIA foliis ovato-lanceolatis.

Pittonia racemofa, nicotianæ foliis fœtidiffimis. *Plum. gen.* 5.

Heliotropium maximum jamaicenfe, limoniæ mali folio fupra fcabro, fubtus lanugine ferruginea molli. *Pluk. alm.* 182 *Morif. hift.* 3. *p.* 452.

Tlachichinoa Patlahoac feu Herba ufta 1 latifolia. *Hern. mexic.* 292.

*Crefcit per magnam partem* Americæ.

2. TOURNEFORTIA foliis ovatis acuminatis.

Pittonia fcandens, baccis niveis nigris maculis notatis. *Plum. gen.* 5.

Bryonia nigra fruticofa, racemi ramulis varie implicatis, atque caudæ fcorpii in modum in fe contortis, baccis albis una vel altera macula nigra notatis. *Sloan. flor.* 106. *hift.* 1. *p.* 234. *t.* 143. *f.* 2. *Raj hift.* 3. *p.* 348.

Frutex americanus, pyri foliis fubhirfutis, floribus exiguis viridantibus heliotropii in modum incurvatis, baccis niveis macula nigra infignitis. *Kigg. beaum.* 22.

Virga

Virga aurea americana frutefcens glabra, foliis fubtus cœfiis, comis ad fummitatem in ramulos brachiatos implicatis. *Pluk. alm.* 389. *t.* 235. *f.* 6.

Tlachichinoa patlahoac, feu herba ulta 2da. *Hern. mexic.* 292.

*Crefcit in* Jamaica, Mexico, *arbores & palos fcandens.*

*Folia in hybernaculo fubtus magis viridia funt, quam quæ in America lecta fuere.*

*Dictæ fuere plantæ hæ, quarum flores copiofi, conferti, ordinate digefti ad formam ramorum triumphantis palmæ in gloriam Summi quondam Botanici* Jos. PITTONIS TOURNEFORTII.

Pittoniæ *nomen impofuit* Plumier *huic generi a prænomine Tournefortii, ut* Erefiam, Valdiam, Guidoniam, Coam, Caftoream *aliis generibus, ego potius a Cognomine vellem, cuique manifeftiore, uti receptum fuit ab aliis Botanicis omnibus, ideoque hanc plantam* Tournefortiam *dixi, ut reliquas* Theophraftam, Oviedam, Hippocrateam, Durantam; *nec opus effe judico ab uno eodemque Botanico diverfa genera denominare, uti Pittoniam Pl. & Tournefortiam Pont ; Guidoniam Pl. & Fagoniam Tourn. qui pofterior error a priori dimanat.*

*Negat hocce genus characterem plantarum Afperifoliarum, uti Prafium verticillatarum a quatuor feminibus nudis defumtum, cum bacca hic includat femina. Nullus enim has veras effe Afperifolias negabit, qui fructificationes hujus viderit.*

# HYDROPHYLLUM. *g. pl.* 124.

1. HYDROPHYLLUM.

Hydrophyllon morini. *Tournef. inft.* 81. *Boerh. lugdb.* 1. *p.* 204.
Dentaria peregrina, folio valerianellæ, floribus fymphyti albis. *Hoffm. flor.* 30.
Dentariæ affinis Polymorphe, Hydrophyllum morino dicta. *Pluk. alm.* 131.
Dentariæ affinis, echii flore, capfula rotunda. *Morif. præl.* 259.
Dentariæ affinis, echii flore, capfula anagallidis. *Raj. hift.* 1346. .
Dentariæ facie planta monopetalos, fructu rotundo monopyreno. *Morif. hift.* 3. *p.* 599. *f.* 15. *t.* 1. *f.* 1.
Singularis aconiti fpecies, foliis tanaceti, ex alpibus tridentinis, cum floribus albicantibus. *Befl. muf.* 7.
*Crefcit hinc in* alpibus Tridentinis.

# CYCLAMEN. *g. pl.* 116.

1. CYCLAMEN.

Cyclamen orbiculato folio inferne purpurafcente. *Bauh. pin.* 308.
Cyclaminus, folio rotundiore, vulgatior. *Bauh. hift.* 3. *p.* 551.
Cyclaminus odorato purpureo flore. *Cluf. hift.* 1. *p.* 264.
α Cyclamen orbiculato folio interne ex viridi pallefcente. *Bauh. pin.* 308.
β Cyclamen radice maxima, foliis inferne rubentibus. *Bauh. pin.* 308.
γ Cyclamen folio angulofo. *Bauh. pin.* 308.
  Cyclaminus folio angulofo. *Bauh. hift.* 3. *p.* 553.
δ Cyclamen odoratum, æftivo folftitio florens, folio maculato. *Bauh. pin.* 308.
ε Cyclamen hederæ folio. *Bauh pin.* 308.
ζ Cyclamen, folio hederæ, polyantles *Bauh pin.* 308.
η Cyclamen radice caftaneæ magnitudinis. *Bauh. pin.* 308.
θ Cyclamen radice exigua. *Bauh. pin.* 308.
  Cyclaminus parva radice. *Bauh. hift.* 3. *p.* 553.
ι Cyclamen oblonga radice. *Bauh. pin.* 308.
κ Cyclamen vernum album. *Bauh. pin.* 308.
  Cyclaminus, flore albo, vernus. *Bauh. hift.* 3. *p.* 554.
*Crefcit & abundat in* Pannoniæ & Auftriæ *fylvofis montibus, & faltibus ac accliviis umbrofis fubhumidis.*

*Species feptem exhibet* Rajus, *tredecim* C. Bauhinus, *quindecim* Boerhaavius, *viginti fex* Morifonus, *triginta duas* Tournefortius, *adhuc longe plures Florifta Harlemenfes, ego modo unicam vidi, multis modis colore, magnitudine, tempore florendi, &c. variantem, de fpecie XI. & XIII. C Bauhini, mihi nil conftat.*

# SOLDANELLA. *g. pl.* 115.

1. SOLDANELLA.

Soldanella alpina rotundifolia. *Bauh. pin.* 295. *Morif. hift.* 2. *p.* 285. *f.* 3. *t.* 15. *f.* 8. *Boerh. lugdb.* 1. *p.* 202.
Soldanella alpina minor. *Cluf. hift.* 1. *p.* 309.
Soldanella montana quibusdam. *Bauh. hift.* 2. *p.* 817.
α Soldanella alpina rotundifolia, flore niveo. *Tournef. inft.* 82.
β Soldanella alpina, folio minus rotundo. *Bauh. pin.* 296.
Soldanella alpina minor, folio minus rotundo. *Morif. hift.* 2. *p.* 286. *f.* 3. *t.* 15. *f.* 9.

N

Sol-

Soldanella alpina major. *Cluf.* 308.
*Crefcit in Alpibus* Auftriæ & Styriæ.

# CORTUSA. *g. pl.* 113.

1. CORTUSA foliis ovatis feffilibus.
  . Auricula urfi myconi. *Dalech. hift.* 837.
  Auricula urfi myconi, pilofa cærulea. *Bauh. hift.* 3. p. 869.
  Auricula urfi borraginoides. *Munt. hift.* 382. *t.* 382.
  Sanicula alpina, foliis borraginis, villofa. *Bauh. pin.* 243.
  Verbafcum humile alpinum villofum, borraginis folio & flore. *Herm. lugdb.* 619. *Tournef. inft.* 147.
    *Boerh. lugdb.* 1. *p.* 228.
  *Crefcit in* Pyrenæis, *in locis montofis umbrofis fubhumidis.*
  *Folia hujus plantæ craffo & urfino grifeo vellere fubtus teguntur, Lapponis inftar, ne læ-*
    *dantur a frigore alpino. Singulari modo & flores fuos profert. Scapus verfus fummita-*
    *tem dividitur in quatuor ex eodem puncto ramos antrorfum ad idem latus verfos & in-*
    *flexos, quorum pofticus longiffimus, anticus breviffimus, laterales æquales mediæ longitu-*
    *dinis, in medio emittentes ramulum minorem. Hifce fingulis impofitis floribus numeramus fru-*
    *ctificationes fex, quorum duo & duo paria, fummo & infimo impari.*

2. CORTUSA foliis cordatis petiolatis.
  Cortufa. *Bauh hift.* 3. p. 499. *Boerh. lugdb.* 1. p. 206.
  Cortufa matthioli. *Cluf. hift.* 1. p. 307.
  Auricula urfi laciniata feu Cortufa matthioli, flore rubro. *Tournef. inft.* 121.
  Primula veris montana lanceolata. *Herm. lugdb.* 506.
  Sanicula montana latifolia finuata. *Bauh. pin.* 243. *Morif. hift.* 2. p. 558. *f.* 5. *t.* 24. *f.* 5. & 6.
  Sanicula alpina feu Cortufa matthioli. *Raj. hift.* 1084.
  Sanicula montana. *Cluf. hift.* 306.
  *Crefcit in umbrofis* Alpium Auftriacarum *& Styriacarum.*
  *Flores in hac planta ex involucro prodeunt ut Primulæ & Androfaces fpecies.*
  *Dicta fuit hæc planta a* Jacobo Antonio CORTUSO, *(claro ex catalogo horti patavini) hujus*
    *plantæ inventore, quæ a Matthiolo nomine inventoris infignita fuit.*
  *Cortufæ fub nomine varia proftant genera :* 1. *Cortufa* matth. Boerh. 2. *Cortufa* Plumi.
    3. *Cortufæ duplicis generis* Herm. par; *Ut evitetur hæc confufio ex lege artis procedendum*
    F. B. 213. 214. 216. 217. 238. 239. 242. 243. 246. *ergo perfiftat* Matthioli, *ut anti-*
    *quiffimum genus, & alia nomina fibi quærant reliqua : ergo* Plumieri Spigeliam, Herman-
    *ni* Heucheram, Stapelii Mitellam *diximus.*

# ANDROSACE. *g. pl.* 111.

1. ANDROSACE calycibus fructuum maximis.
  Androface vulgaris latifolia annua. *Tournef. inft.* 123. *Boerh. lugdb.* 1. p. 201.
  Androface matthioli altera. *Bauh. hift.* 3. p. 368.
  Androface altera matthioli. *Cluf. hift.* 2. p. 134.
  Androface dicta major. *Morif. hift.* 2. p. 556.
  Auriculæ urfi affinis, Androface dicta major. *Herm. lugdb.* 82.
  Alfine affinis, Androface dicta major. *Bauh. pin.* 251.
  *Crefcit in* Auftria *prope* Viennam *inter fegetes.*

# PRIMULA. *g. pl.* 112.

1. PRIMULA foliis crenatis glabris, limbo florum plano.
  Primula floribus erectis faftigiatis. *Fl. lapp.* 79.
  Primula veris rubro flore. *Tournef. inft.* 124. *Cluf. hift.* 1. p. 300.
  Primula veris minor purpurafcens. *Bauh. hift.* 3. p. 498.
  Auricula urfi minima, flore rubro. *Boerh. lugdb.* 1. p. 201.
  Verbafculum umbellatum alpinum minus. *Bauh. pin.* 242.
  α Primula veris albo flore. *Cluf. hift.* 1. p. 300. *Tournef.* 124.
  Verbafculum alpinum umbellatum majus. *Bauh. pin.* 242.
  *Crefcit in alpibus fere omnibus uti* Lapponicis, Helveticis, Auftriacis, *&c. nec non in pratis*
    *depreffis* Uplandiæ, Scaniæ, Angliæ, *&c.*

2. PRIMULA foliis ferratis carnofis glabris, limbo florum conico.
  Auricula urfi : 1 — 5. *Cluf. hift.* 1. p. 302.
  Auriculæ urfi : fpecies 1 — 16. *Tournef. inft.* 121.
  Auriculæ urfi : fpecies 1 — 24. *Boerh. lugdb.* 1. p. 201.
  Auriculæ urfi : fpec. 1 — 66. *Volck. hefp.* 216. *figuris.*
  . Saniculæ alpinæ : fpec. 1 — 6. *Bauh. pin.* 242.

Sa-

Sanicula alpina lutea. *Morif. hift.* 2. p. 557. f. 5. t. 24. f. 2.
*Crefcit in alpibus* Auftriacis, Styriacis, *&c.*
*Varietates hujus fpeciei infinitas colunt adjacentes Anthophili, quas omnes recenfere luxuriantis æque calami ac ipfius plantæ effet.*

3. PRIMULA foliis denticulatis rugofis: *limbo corollarum concavo.*
α Primula veris odorata, flore luteo fimplici. *Bauh. hift.* 3. p. 495. *Tournef. inft.* 124.
  Primula veris, flavo flore, elatior. *Cluf. hift.* 1. p. 301.
  Primula veris umbellata odorata pratenfis. *Boerh. lugdb.* 1. p. 199.
  Primula veris major, floribus luteis odoratis. *Dod. pempt.* 147.
  Verbafculum pratenfe odoratum. *Bauh. pin.* 241.
β —— ... *limbo corollarum plano.*
  Primula veris, pallido flore, elatior. *Cluf. hift.* 301. *Tournef. inft.* 124. *Boerh. lugdb.* 1. p. 199.
  Primula veris caulifera, pallido flore inodoro aut vix odoro. *Bauh hift.* 3. p. 496.
  Verbafculum pratenfe vel fylvaticum inodorum. *Bauh. pin.* 241.
*Crefcunt α. β. vulgares per* Europam, *at α in pratis feptentrionalium, β in fylvis auftralium magis obvia.*
*Qui ex hifce duas diftinctas faciunt fpecies fi convicti & certi de re fua fint, faciant; at vifis differentiis in reliquis fpeciebus* 1. 2. *patebit ex foliis & facie has non diftingui, licet in α Limbus corollæ fit concavus; in β vero planus. Confirmant hæc infinita farrago, totque diverfarum florum varietates, dum aliæ numero florum, calycis figura, colore, diffectione, reflexione, corollæ colore, magnitudine, figura, multiplicitate, &c. differunt, quot nullus diverfas diceret fpecies, fi veros fpecierum inveftigaret terminos.*

# HOTTONIA. *g. pl.* 120

1. HOTTONIA. *Boerh. lugdb.* 1. p. 207. *Raj. fyn.* 285.
   Stratiotes vulgaris, flore albo. *Vaill. act.* 1719. p. 27.
   Myriophyllum rivini. *Rupp. jen.* 16.
   Myriophyllum equifetifolium. *Lob. hift.* 463.
   Millefolium aquaticum equifetifolium, caule nudo. *Bauh. pin.* 141.
   Millefolium aquaticum feu Viola aquatica, caule nudo. *Bauh. pin.* 141.
   Millefolium aquaticum dictum Viola aquatica. *Bauh. hift.* 3. p. 782. *Raj. hift.* 1101.
   Viola paluftris. *Ger. hift.* 678.
*Crefcit in* Suecia, Germania, Belgio, Anglia, Gallia, *&c. in foffis humo atra-paluftri refertis & aqua.*
*Dixit hanc Cel. Boerhaave in memoriam antecefforis fui* PETRI HOTTONIS.

# SAMOLUS. *g. pl.* 119.

1. SAMOLUS.
   Samolus valerandi, *Bauh. hift.* 3. p. 791. *Boerh. lugdb.* 1. p. 202.
   Anagallis aquatica, rotundo folio non crenato. *Bauh. pin.* 252.
   Veronica aquatica, folio fubrotundo non crenato. *Morif. hift.* 2. p. 323. f. 3. t. 24. f. 26. *mala.*
   Alfine aquatica, foliis rotundis beccabungæ. *Morif. hift.* 2. p. 323 f. 3. t. 24. f. 28. *bona.*
   Planta heteroclita rotundifolia minus crenata, beccabungæ foliis, pentapetala, capfula alfines quinquefida.
   *Morif. hift.* 2. p. 324.
*Crefcit in paludofis præfertim maritimis in* Anglia, Suecia, Africa.

# LYSIMACHIA. *g. pl.* 121.

1. LYSIMACHIA foliis lanceolato-linearibus, racemo terminatrici.
   Lyfimachia fpicata, flore albo, falicis folio. *Tournef. inft.* 141.
   Lyfimachia fempervirens fpicata, Ephemerum dicta, flore blattariæ. *Herm. lugdb.* 397. *Boerh. lugdb.* 1.
   p. 203.
   Blattariæ affinis planta bifolia lævis, flore albo, Ephemeron. *Morif hift.* 2. p. 491.
   Ephemerum matthioli. *Bauh. hift.* 2. p. 905. *Dod. pempt.* 203. *Lob. hift.* 191.
*Crefcit in* montibus Ananienfibus *tam in pratis quam fylvis copiofe.* Matth.

2. LYSIMACHIA foliis lanceolato-linearibus, caulem & ramos fpica ovata terminante.
   Lyfimachia orientalis anguftifolia, flore purpureo. *Tournef. cor.* 7. *Boerh. lugdb.* 1. p. 203.
α Lyfimachia orientalis minor, foliis glaucis annuentibus, flore purpureo. *Till. pif.* 106. t. 40. f. 2.
*Crefcit in* Oriente.

3. LYSIMACHIA foliis lanceolatis, corymbo terminatrici. *Fl. lapp.* 81.
   Lyfimachia lutea major. *Bauh. pin.* 245. quæ diofcoridis. *Boerh. lugdb.* 1. p. 202.
   Lyfimachia lutea. *Bauh. hift.* 2. p. 901.
   Lyfimachium luteum. *Dod. pempt.* 84.
   Nummularia erecta rivini. *Rupp. jen.* 14.

N 2

Blat.

Blattaria fpuria altera lutea. *Volck. norib.* 65.
Blattariæ affinis planta major, flore luteo. *Morif. hift.* 2. p. 491. f. 3. t. 10. f. 14.
α Lyfimachia lutea major, quæ diofcoridis, foliis ternis. *Tournef. inft.* 245.
β Lyfimachia lutea major, quæ diofcoridis, foliis quaternis. *Tournef. inft.* 245.
γ Lyfimachia lutea major, quæ diofcoridis, foliis quinis. *Tournef. inft.* 245.
*Crefcit vulgaris per* Europam *juxta aquas in incultis & arenofis.*

4. LYSIMACHIA foliis lanceolatis, floribus folitariis.
Lyfimachia lutea minor, foliis nigris punctis notatis. *Bauh. pin.* 245.
Lyfimachia lutea minor. *Bauh. hift.* 2. p. 902.
Lyfimachia lutea 2. *Cluf. hift.* 2. p. 52.
Blattariæ affinis planta minor, flore luteo, foliis nigris punctis notatis. *Morif. hift.* 2. p. 491. f. 3. t. 10. f. 15.
*Crefcit juxta lacum Harlemenfem in* Belgio *arundinibus mixta, ut fertur, mihi tamen vifa non dum fuit fpontanea;*

5. LYSIMACHIA ex alis foliorum thyrfifera. *Fl. lapp.* 82.
Lyfimachia bifolia, flore globofo luteo. *Bauh. pin.* 245. *Boerh. lugdb.* 1. p. 202. non fynonyma omnia.
Lyfimachia altera lutea lobelio, flore quafi fpicato, *Bauh. hift.* 2. p. 902.
Lyfimachia lutea 3. five minor. *Cluf. hift.* 2. p. 53.
Lyfimachia lutea altera lobelii. *Cluf. hift.* 2. p. 53.
*Crefcit vulgaris per* Europam *juxta rivulos.*

6. LYSIMACHIA foliis fubrotundis, floribus folitariis, caule procumbente.
Lyfimachia humifufa, folio rotundiore, flore luteo. *Tournef. inft.* 141.
Nummularia major lutea. *Bauh. pin.* 309.
Nummularia major, flore luteo. *Morif. hift.* 2. p. 567. f. 5. t. 26. f. 1.
Nummularia. *Dod. pempt.* 600.
*Crefcit in pratis & juxta agros fcrobesque, in* Germania, Belgio *& Anglia.*

7. LYSIMACHIA foliis ovato-acutis, floribus folitariis, caule procumbente.
Lyfimachia humifufa, folio fubrotundo acuminato, flore luteo. *Tournef. inft.* 142.
Nummularia, quæ Lyfimachia lutea, folio fubrotundo acuminato, flore luteo. *Vaill. par.* 144.
Anagallis lutea nemorum *Bauh. pin.* 252. *Boerh. lugdb.* 1. p. 203. *Morif. hift.* 3. p. 569. f. 5. t. 26. f. 5.
Anagallis lutea, nummulariæ fimilis. *Bauh. hift.* 3. p. 370.
Anagallis. *Cluf. hift.* 2. p. 182.
*Crefcit in* Germania, Anglia, Gallia *in fylvis & nemoribus glareofis.*
*Fateor hanc plantam ex facie & corolla ac calyce magis ad Anagallidem pertinere quam Lyfimachiam; attamen cum ftamina glabra fint, cum capfula quinquefariam dehifcat ut in Lyfimachiis ( nec ftamina barbata fint, nec capfula horizontaliter diffiliat ut in Anagallide ) hanc cum Tournefortio ad Lyfimachias redigo, vel nullas Lyfimachiam inter & Anagallidem video differentias genericas.*

## ANAGALLIS. *g. pl.* 122

1. ANAGALLIS foliis ovatis.
Anagallis flore phœniceo & cæruleo. *Morif. hift.* 2. f. 5. t. 26. f. 1. 2.
Anagallis phœniceo flore. *Bauh. pin.* 252 *Boerh. lugdb.* 1. p. 204.
Anagallis phœnicea major. *Bauh. hift.* 3. p. 369.
Anagallis mas. *Dod. pempt.* 32.
α Anagallis cæruleo flore. *Bauh. pin.* 252. *Boerh. lugdb.* 1. p. 204.
Anagallis cærulea fœmina. *Bauh. hift.* 3. p. 369.
Anagallis fœmina. *Dod. pempt.* 32.
β Anagallis floribus carneis. *Tournef. inft.* 142.
γ Anagallis floribus obfolete purpureis *Tournef. inft.* 142.
δ Anagallis phœnicea, foliis amplioribus ex adverfo quaternis. *Tournef. inft.* 142.
*Crefcit in* Scania, Germania, Belgio, *& maxima Europæ parte.*

2. ANAGALLIS foliis lanceolatis.
Anagallis cærulea, foliis binis ternisve ex adverfo nafcentibus. *Bauh. pin.* 252. *Morif. hift.* 2. p. 569. f. 5. t. 26. f. 3. *Boerh. lugdb.* 1. p. 204.
Anagallis tenuifolia monelli. *Cluf. app. alt.*
*Crefcit forte* Gadibus *unde femina accepit* Joh. Monellus Tornacenfis *atque eadem cum* Clufio *communicavit Ao.* 1602.

## MENYANTHES. *g. pl.* 117.

1. MENYANTHES foliis ternatis. *Fl. lapp.* 80.
Menyanthes paluftre latifolium & triphyllum. *Tournef. inft.* 117. *Boerh. lugdb.* 1. p. 205.
Menoanthes paluftre latifolium & triphyllum. *Till. pif.* 113.
Menianthes trifoliata paluftris antifcorbutica, floribus fimbriatis in fpicam difpofitis. *Pluk. alm.* 247.

Me-

Menianthes paluftre. *Dalech. hist.* 1020. *figura duplex.*
Acopa diofcoridis *Morif. hist.* 3. *p.* 604. *f.* 15. *t.* 2. *f.* 1.
Trifolium paluftre. *Bauh. pin* 327. *Bauh. hist.* 2. *p.* 389. *Dod. pempt.* 580.
a Trifolium paluftre anguftifolium & triphyllum. *Tournef. inst.* 117.
*Crefcit vulgaris per* Europam, *præfertim feptentrionalem, in paludibus carecto afperfis.*

2. MENYANTHES foliis orbiculatis, corollis margine laceris.
Nymphoides aquis innatans. *Tournef. inst.* 153. *Boerh. lugdb.* 1. *p.* 282.
Nymphæa lutea minor, flore fimbriato. *Bauh. pin.* 194.
Nymphæa minor lutea, flore fimbriato. *Bauh. hist.* 3. *p.* 772.
*Crefcit omnium copiofiffime in foffis publicis per* Belgium.
*Utrum Micronymphæa Boerh. fit hujus generis nec ne, incertus hæreo, qui eandem nec fponte, nec in hortis, nec in Herbariis Botanicorum videre potui, licet per Belgium fponte nafci referatur, egoque eam fedulo quæfiverim.*

## SWERTIA. *g. pl.* 126

1. SWERTIA.
Gentiana paluftris latifolia, flore punctato. *Bauh. pin.* 188. *Morif. hist.* 3. *p.* 482. *f.* 12. *t.* 5. *f.* 11. *Boerh. lugdb.* 1. *p.* 205.
Gentiana pennæi cærulea punctata. *Raj. hist.* 721.
Gentiana 12, punctato flore. *Cluf. hist.* 1. *p.* 316.
Gentiana cærulea punctata annua pennæi , 12. clufii. *Barr. rar.* 2. *t.* 91.
Gentianella alpina minima, nervofo pyrolæ aut bellidis globulariæ folio nigricante, paluftris fabauda. *Bocc. muf.* 1. *p.* 168. *t.* 119.
*Crefcit in* Bokemuto Suitenfium *monte & in pratis humidioribus vallis Barfilionenfis, præfertim in pratis montis* la Chapelanie *dicti.*
*Removi hanc a Gentianis ob caufas non læves. Tubus corollæ in hac nullus, in Gentianis præfens ; Nectaria fingularia , nec in ulla alia planta fimilia ; Stigma fimplex, nec ut in reliquis duplex ; capfulam non abfolute Gentianæ genus ab omnibus aliis dirimere notum eft ; multæ enim gaudent capfula btvatvr, uniloculari, marginibus involutis, nec Gentianæ generis funt, uti* Mitella, Heucheria, &c.
*Dixi plantam hanc, cujus flores multis gaudent cyatulis, ut in orbiculo pictorio pofitis, ab* Emanuele Swertio, *cui tot egregie depictas debemus plantas.*

## PLUMBAGO. *g. pl.* 123.

1. PLUMBAGO foliis amplexicaulibus.
Plumbago quorundam. *Cluf. hist.* 2. *p.* 124. *Tournef. inst.* 140. *Boerh. lugdb.* 1. *p.* 77.
Plumbago plinii. *Morif. hist.* 3. *p.* 599. *f.* 15. *t.* 1. *f.* 1. *Raj. hist.* 394.
Dentillaria rondeletia. *Bauh. hist.* 2. *p.* 941.
Lepidium dentillaria dictum. *Bauh. pin.* 97.
Tripolium diofcoridis. *Column. ecphr.* 1. *p.* 160.
Sarcophago cretenfibus ; Phrocalida in Lemno ; Mauronia in Lesbiis. *Bell. itin.*
*Crefcit toto tractu maritimo a* Neapoli *ad* Romam, *circa* Syracufas *in* Sicilia *&* Monfpelium *in* Gallia. *Semper in locis meridiei expofitis, ( numquam feptentrionali plagæ : ) maris afflatui fubjectis.*

2. PLUMBAGO foliis petiolatis.
Plumbago ceylanenfis, folio fplendente ocymaftri, flore lacteo. *Boerh. lugdb.* 1. *p.* 77. *Burm. zeyl.* 195.
Plumbago americana, viticulis longioribus, fempervirens ex vera cruce. *Morif. hist.* 3. *p.* 599.
Dentillaria lychnoides fylvatica fcandens, flore albo. *Sloan. flor.* 91. *hist.* 1. *p.* 211. *t.* 133. *f.* 1. *Raj. hist.* 3. *p.* 245.*
Lychnis indica fpicata, ocymaftri foliis, fructibus lappaceis oblongis, radice urente. *Comm. hort.* 2. *p.* 169. *t.* 85.
Herba indica, flore e tubo oblongo in quinque foliola expanfo, calyce hifpido, vafculo feminali monofpermo. *Raj. hist.* 3. *p.* 550.
Tumba-Coiveli. *Rheed. mal.* 10. *p.* 15. *t.* 8.
a Schetti-codiveli. *Rheed. mal.* 10. *p.* 17. *t.* 9. *varietas major floribus purpureis.*
*Crefcit in utraque india.* Malabaria, Zeylona, vera Cruce, Jamaica, &c.

## MIRABILIS. *g. pl.* 139.

1. MIRABILIS.
Mirabilis rivini, Jalappa tournefortii. *Rupp. jen.* 1.
Mirabilis peruviana. *Raj. hist.* 398.
Mirabile peruvianum. *Morif. hist.* 3. *p.* 598. *f.* 15. *t.* 1. *f.* 1.
Admirabilis peruviana , rubro flore. *Sloan flor.* 91.
Jefthinum mexicanum five flos mexicanus multis. *Bauh. hist.* 3. *p.* 814.

O

Ta.

Tlaquilin. *Hern. mex.* 279.
Andi malleri.*Rheed. mal.* 10. *p.* 149 *t.* 75.
Foofen. *Kæmpf. jap.* 910.
α Jalapa officinarum. *Mart. cent.* 1.
Jalapa officinarum, fructu rugofo. *Tournef. inft.* 130. *Boerh. lugdb.* 1. *p.* 78.
Jalapa flore purpureo, fructu rugofo. *Plum. fpec.* 3.
Jalapium & Mechoacana nigra. *Dal. pharm.* 285. *app.* 162.
Convolvulus americanus Jalapium dictus. *Raj. hift.* 724.
Bryonia mechoacana nigricans. *Bauh. pin.* 293. *135. Bauh. hift.* 2. *p.* 151.
β Mirabilis peruviana, flore parvo. *Herm. lugdb.* 428.
Jalapa parvo flore. *Tournef. inft.* 130. *Boerh. lugdb.* 1. *p.* 78. *Burm. zeyl.* 124.
Solanum mexiocanum, flore parvo. *Bauh. pin.* 168.
Solanum mexiocanum, Jafminum indicum dictum, flore parvo. *Bauh. prod.* 91.
γ Jalapa flore exalbido. *Tournef. inft.* 129.
Admirabilis peruviana, albo flore. *Cluf. hift.* 2. *p.* 90.
δ Jalapa flore purpureo. *Tournef. inft.* 129.
Jalappa vera, mirabilis peruviana. *Munt. cult.* 218.
Mirabilis peruviana, purpureo flore. *Herm. lugdb.* 428.
Admirabilis peruviana, rubro flore. *Cluf. hift.* 2. *p.* 87. *Sloan. flor.* 91.
Solanum mexiocanum, flore magno. *Bauh. pin.* 168.
ε Jalapa flore flavo. *Tournef. inft.* 129. *Pont. anth.* 31. *Boerh. lugdb.* 1. *p.* 77.
ζ Jalapa flore obfolete rubente. *Tournef. inft.* 129.
η Jalapa flore ex purpureo & luteo mixto. *Tournef. inft.* 129.
ϑ Jalapa flore ex rubro-luteo & albo mixto. *Tournef. inft.* 129.
ι Jalapa flore ex albo & purpureo dimidiatim commixtis notato. *Tournef. inft.* 129.
κ Jalapa flore albo, purpureis maculis inæqualibus & latis vel minutis tam punctatim quam virgatim afperfo. *Tournef. inft.* 129.
λ Jalapa flore ex albo & rubro elegantiffime variegato. *Boerh. lugdb.* 1. *p.* 78.
μ Jalapa flore radiis flavis diftincto.
*Crefcit in utraque India, in* Zeylona, Malabaria, Jamaica, Peru, Mexico, Japonia, *&c.*
*Mirabilis eft planta, quæ ( ζ. η. ϑ. ι. κ.) in una eademque planta omnes corollas diverfe coloratas producere poteft; ut in Impatiente. Mirabilis eft planta fructu, cujus nectarium eft corollæ fuppofitum & perfiftens induratum tegit femen. Mirabilis eft radix, quæ licet fub jalappæ nomine dudum nota in officinis & quoad plantam fub Mirabilis nomine in hortis, tamen profapiem fuam occultare potuit in Muntingii & Plumierii tempus. Mirabilis eft planta quæ tam fpeciofos flores nocti atræ objicit, & fereno diei fubtrahit, unde lepide a Sallis belle de nuit feu pulchra per noctem dicitur. Mirabilis eft planta quæ primariis Botanicis miro modo impofuit, ut fines multiplicationis unius fpeciei vix attingere potuerint.*

# CHIRONIA. *g. pl.* 336.

1. CHIRONIA herbacea, foliis linearibus.
Centaurium minus africanum, caryophylli folio, flore fuaverubente. *Tournef. inft.* 123.
Centaurium lini foliis & facie, flore amplo fuaverubente, capitis bonæ fpei. *Breyn. prod.* 2. *p.* 27.
Centaurium minus caryophylloides africanum fempervirens. *Herm. prod.* 321. *Boerh. lugdb.* 1. *p.* 223.
Rapuntio affinis lini facie, capitis bonæ fpei. *Breyn. cent.* 175. *t.* 90.
*Crefcit in herbofis* Capitis bonæ fpei.
*Diftinguitur hæc a 2.* Chironia frutefcente. *Centaurium minus africanum arborefcens latifolium, flore ruberrimo. Comm. rar.* 8. *t.* 8. *3* Chironia baccifera. *Centaurium minus africanum arborefcens pulpiferum. Comm. rar.* 9. *t.* 9. *4.* Chironia foliis lanceolatis trinerviis. *Lyfimachia folio finuato acuminato trinervio, flore cæruleo amplo, calyce carinato alato. Burm. zeyl.* 145. *t.* 67.

# VERBASCUM. *g. pl.* 153.

1. VERBASCUM foliis ovatis fubtus incanis crenatis, fpica laxa, rarius ramofa.
Verbafcum perenne, flore luteo, ftaminibus purpureis. *Vaill. par.* 99. §. 4.
Verbafcum nigrum. *Dod. pempt.* 144.
Verbafcum nigrum, flore ex luteo-purpurafcente. *Bauh. pin.* 240. *Boerh. lugdb.* 1. *p.* 228.
Verbafcum nigrum, flore parvo, apicibus purpureis. *Bauh. hift.* 3. *p.* 873.
*Crefcit vulgare per* Europam feptentrionalem *in locis ruderatis.*

2. VERBASCUM foliis ovato-acutis fubtus villofis crenatis, fpicis laxis lateralibus & terminatricibus.
Verbafcum lychnitis, flore albo parvo. *Bauh. pin.* 240. *Boerh. lugdb.* 1. *p.* 228.
Verbafcum flore albo parvo. *Bauh. hift.* 3. *p.* 873.
Verbafcum foliis incanis, floribus albis parvis racematim provenientibus, cum ftaminibus itidem albis. *Morif. hift.* 2. *p.* 486. *f.* 5. *t.* 9. *f.* 4.
Verbafcum fœmina. *Lob. hift.* 303.

Verl

Verbafcum fœmina lobelii. *Dalech. hiſt.* 1300.
Phlomi lychnitis matthioli. *Dalech hiſt.* 1303.
*Creſcit in* Cantio Angliæ *ad vias.*

3. VERBASCUM caule fimplici, fuperne floribus feſſilibus clavato, foliis utrinque lanigeris.
Verbafcum mas latifolium luteum. *Bauh. pin.* 239. *Boerh. lugdb.* 1. *p.* 227.
Verbafcum vulgare, flore luteo magno, folio maximo. *Bauh. hiſt.* 3. *p.* 871.
Verbafcum, foliis incanis, mas latifolium, floribus luteis arcte caulibus adhærentibus, fine foliis anguſtis inter flores emanantibus. *Moriſ. hiſt.* 2. *p.* 485. *ſ.* 5. *t.* 9. *f.* 1.
Verbafcum latius. *Dod. pempt.* 143.
Verbafcum 1. *Dalech. hiſt.* 1298.
Thapfus barbatus. *Ger. hiſt.* 287.
α Verbafcum, foliis incanis, maximum odoratum meridionalium, floribus luteis & albis arcte caulibus adhærentibus, & foliis multis anguſtis inter flores emanantibus. *Moriſ. hiſt.* 2. *p.* 485. *ſ.* 5. *t.* 9. *f.* 2.
Verbafcum maximum meridionalium odoratum luteum. *Bauh. hiſt.* 3. *p.* 871.
Verbafcum fœmina, flore albo. *Bauh. pin.* 239. *Boerh. lugdb* 1. *p.* 227.
Verbafcum fœmina, flore luteo magno. *Bauh. pin.* 239. *Boerh. lugdb.* 1. *p.* 227.
β Verbafcum fœmina, flore albo. *Bauh. pin.* 239. *Boerh. lugdb.* 1. *p.* 227.
*Creſcit in apricis & exaridis ſylvaticis inter congeſta ſaxa in* Suecia, Anglia, Germania.
*Variat & hæc & antecedentes plurimis modis, unde totidem diverſæ obtruduntur ſpecies.*

4. VERBASCUM foliis ovatis crenatis nudis fcabris, caule ramofo.
Blattaria purpurea. *Bauh. pin.* 241. *Boerh. lugdb.* 1. *p.* 217.
Blattaria flore cæruleo vel purpureo. *Bauh. pin.* 3. *p.* 875.
Blattaria perennis, flore violaceo. *Moriſ. hiſt.* 2. *p.* 488.
*Creſcit ( ut fertur ) in* Gallia Narbonenfi.

5. VERBASCUM annuum, foliis oblongis finuatis obtufis glabris.
Blattaria annua, flore minore luteo vel albo, ſtaminibus purpureis. *Moriſ. hiſt.* 2. *p.* 489. *ſ.* 5. *t.* 10. *f.* 6.
Blattaria lutea, folio longo laciniato. *Bauh. pin.* 240. *Boerh. lugdb.* 1. *p.* 228.
Blattaria lutea. *Bauh. hiſt.* 3. *p.* 874.
Blattaria. *Dod. pempt.* 145.
α Blattaria flore albo corvini. *Barr. rar.* 17. *f.* 1249.
*Creſcit in* Italia, Gallia Narbonenfi, Germania *juxta ripas fluviorum, in terra lutoſa.*
*Variat innumeris modis, præſertim colore corollæ.*

# DATURA. *g. pl.* 135.

1. DATURA pericarpiis erectis ovatis.
Stramonia feu Datura major fœtida, pomo fpinofo oblongo. *Herm. lugdb.* 583.
Stramonia altera major, five Tatura quibusdam. *Bauh. hiſt.* 3. *p.* 624.
Stramonium fructu fpinofo oblongo, flore albo. *Tournef.* 119.
Solanum fœtidum, pomo fpinofo oblongo, flore albo. *Bauh. pin.* 168.
Solanum pomo fpinofo oblongo, flore calathoide, Stramonium vulgo dictum. *Raj. ſyn.* 266.
Thlapatl. *Hern. mexic.* 278.
*Creſcit in* india Occidentali; *at naturaliſata nunc ubique per* Europam, *ut in* Suecia, Dania, Germania, Belgio, Angl:a.
*Confunditur hæc ſpecies cum ſequentibus; itaque plurimas earum differentias allegabo.*
1. *Fructus in hac erectus eſt, in illa nutans.*
2. *Fructus in hac, demtis aculeis, ovatus eſt, in illa magis globoſus.*
3. *Folia in hac undique dentata, in illa minus.*
4. *Foliorum ſuperficies in hac utrinque viridis & nuda eſt, in illa ſubtus ſericea, imperceptibili velle tecta.*
5. *Flores hujus ad album, illius ad rubrum magis vergunt.*
6. *Aculei & fructus in hac glabri, in illa minutiſſime villoſi.*
7. *Calyx in hac quinque nervis planis, ad baſin externe elevatus, quaſi diſſepimentis retrahitur, in illa non item.*

2. DATURA pericarpiis nutantibus globofis.
Stramonia feu Datura, pomo fpinofo rotundo, longo flore. *Herm. lugdb.* 583.
Stramonia multis dicta five Pomum fpinofum. *Bauh. hiſt.* 3. *p.* 624.
Stramonium fructu fpinofo rotundo, flore albo fimplici. *Tournef. inſt.* 118. *Boerh. lugdb.* 1. *p.* 261.
Solanum pomo fpinofo rotundo, longo flore. *Bauh. pin.* 168.
Hummatu *Rheed. mal.* 2. *p.* 47. *t.* 28.
α Stramonium fructu fpinofo rotundo, flore albo pleno. *Tournef. inſt.* 118.
β Stramonium fructu fpinofo rotundo, flore violaceo fimplici. *Tournef. inſt.* 118.
γ Stramonium fructu fpinofo rotundo, flore violaceo duplici triplicive. *Tournef. inſt.* 119.
δ Stramonium ægyptiacum, flore pleno, intus albo, foris violaceo. *Tournef. inſt.* 119.
Solanum ægyptiacum, flore pleno. *Bauh. pin.* 168.
*Creſcit in* Oriente, *in* Malabaria, Ægypto, *&c.*

O 2

*Variat fructus aculeis fubulatis; conicis; vix manifeftis; nullis. Quo magis glaber eft fru-*
*ctus, eo minus fecta funt folia. Corolla duplicata & triplicata poft fe communiter minores*
*in fructu aculeos relinquit.*

*Daturæ, licet originis fit peregrinæ, vocabulum perfiftere valet, cum a latina derivari po-*
*teft; dantur & daturæ forte in Indiis pofthac femina a lafcivis fœminis maritis in-*
*ertibus.*

Datura indica folio malabathri *Breyn. cent.* 55. *vel eft ficta planta; vel Melaftoma male de-*
*lineatum; nulla vero ratione Daturæ fpecies.*

# HYOSCYAMUS. *g. pl.* 136.

1. **HYOSCYAMUS** foliis amplexicaulibus.
 Hyofcyamus vulgaris & niger. *Bauh. pin.* 169. *Boerh. lugdb.* 1. *p.* 229. *Fl. lapp.* 87. *Morif. hift.* 2. *p.* 494.
  *f.* 5. *t.* 11. *f.* 1.
 Hyofcyamus niger vulgaris. *Cluf. hift.* 2. *p.* 83.
 Hyofcyamus vulgaris. *Bauh. hift.* 3. *p.* 627.
 Hyofcyamus. *Riv. mon.* 152.
 *Crefcit vulgaris per* Europam *in ruderatis, pinguibus locis.*

2. **HYOSCYAMUS** foliis petiolatis, floribus feffilibus.
 Hyofcyamus albus major. *Bauh. pin.* 169. vel tertius diofcoridis & quartus plinii. *Tournef. inft.* 118
  *Boerh. lugdb.* 1. *p.* 229.
 Hyofcyamus albus. *Bauh. hift.* 3. *p.* 627.
 Hyofcyamus albus. *Dod. pempt.* 451.
 α Hyofcyamus albus minor. *Bauh. pin.* 169.
 Hyofcyamus albus vulgaris. *Cluf. hift.* 2. *p.* 118.
 *Crefcit in* Narbona *ad* Aurantiam *& inferius cis transque* Rhodani oftia *juxta vias*
  *& agros.*

3. **HYOSCYAMUS** foliis petiolatis, floribus pendunculatis.
 Hyofcyamus creticus luteus minor. *Bauh. pin.* 169.
 Hyofcyamus albus creticus. *Cluf. hift.* 2. *p.* 84.
 Hyofcyamus aureus. *Alp. exot.* 99. *Boerh. lugdb.* 1. *p.* 230.
 Hyofcyamus flore luteo. *Riv. mon.* 153.
 α Hyofcyamus creticus luteus major. *Bauh. pin.* 169. *prod.* 92. *Boerh. lugdb.* 1. *p.* 230.
 Hyofcyamus creticus luteus minor. *Bauh. hift.* 3. *p.* 628.
 *Crefcit in* Creta *& antecedenti valde affinis eft.*

4. **HYOSCYAMUS** foliis lanceolatis.
 Hyofcyamus pufillus aureus americanus, antirrhini foliis glabris. *Pluk. alm.* 188. *t.* 37. *f.* 5.
 *Crefcit in* America.

# NICOTIANA. *g. pl.* 137.

1. **NICOTIANA** foliis lanceolatis.
 Nicotiana major latifolia. *Bauh. pin.* 169. *Boerh. lugdb.* 1. *p.* 230.
 Nicotiana major five Tabacum majus. *Bauh. hift.* 3. *p.* 629.
 Tabacum latifolium. *Beft. eyft* 3. *p.* 22. *f.* 1.
 Hyofcyamus peruvianus *Dod. pempt.* 452.
 Sana fancta indorum. *Lob. adv.* 251.
 Quauhyelt. *Hern. mex.* 173.
 *Crefcit in* America.
 *Dicta fuit a* Jo. Nicotio *regis Galliæ confiliario, cujus opera anno* 1560. *gallis innotuit,*
  *quam Ulyffipone, dum legati munere fungeretur, a Belga e Florida infula allatam,*
  *accepit.*
 *Plantæ omnes flore monopetalo pentandro, ftaminibus declinatis, vel biloculari fructu vene-*
  *natæ funt, & virtute conveniunt proxime, uti Hyofcyamus, Nicotiana, Atropa, Man-*
  *dragora, Mirabilis, &c.*
 *Sancta hæc quondam indis herba, nunc adorata per orbem, venenata licet, fubegit omnes*
  *nationes nulla excepta. vide Gefn. epift. ubi hujus vires & quis ac quantus inde ufus pro-*
  *fluere fperabatur quondam, fane longe alius quam fummus abufus.*
 *Varietas perennans radice, & infima parte caulis in ollis noftris fervatur, quæ eadem*
  *omnino cum annua ( apud nos ) fpecies eft; arborefcens male dicitur, nec fpinofa eft.*

2. **NICOTIANA** foliis ovatis.
 Nicotiana minor. *Bauh. pin.* 170. *Boerh. lugdb.* 1. *p.* 230.
 Hyofcyamus tertius. *Dalech. hift.* 1618.
 Priapeja quibusdam, Nicotiana minor. *Bauh. hift.* 3. *p.* 630.

Pc-

Petum rivini. *Rup. jen.* 19.
Pycielt. *Hern. mex.* 173.
*Crefcit in variis locis* Americæ.

# ATROPA. *g. pl.* 138.

1. ATROPA.
Belladona majoribus ( & *minoribus* ) foliis & floribus. *Tournef. inft.* 77. *Boerh. lugdb.* 2. *p.* 69.
Solano congener, flore campanulato, vulgatius, foliis latioribus. *Morif. hift.* 3. *p.* 532. *f.* 13. *t.* 3. *f.* 4.
Solanum maniacum multis, five Bella donna. *Bauh. hift.* 3. *p.* 611.
Solanum lethale. *Cluf. hift.* 2. *p.* 86.
Solanum Melano-cerafus *Bauh. pin.* 166.
Solanum fuciofum luride, purpureo flore calathoide, Melano-cerafus. *Pluk. alm.* 352.
*Crefcit in fylvofis montibus* Pannoniæ, Auftriæ, Angliæ.
*Atropos una furiarum a veteribus vitæ fila difcindere dicebatur, quæ a Bella dona ( pulchra*
*muliere) nexa fuere; hinc patet ratio nominis F. B.* 232. 229. 221. *Ironia eft quidem Tropus,*
*fed qui minus, ubi de vita luditur, placet.*
*An liceat Atropam Nicotianis mifcere fub eodem genere, vel cur non?*

# MANDRAGORA. *g. pl.* 141.

1. MANDRAGORA.
Mandragora fructu rotundo. *Bauh. pin.* 169.
Mandragoras mas. *Bauh. hift.* 3. *p.* 617. *Dalech. hift.* 1726.
Mandragoras. *Dod. pempt.* 457.
*Crefcit in* Hifpaniæ, Italiæ, Cretæ, Cycladum *fylvis opacis & juxta ripas fluviorum.*
*Puto fpecies fub hoc genere datas vix alias effe, quam varietates, fructus figura & fcabri-*
*trie differentes, ii, quibus florum omnium fpecierum conceditur examen, dijudicent.*

# LYCIUM. *g. pl.* 104.

1. LYCIUM foliis ex lanceolato obverfe ovatis.
Jafminoides aculeatum, falicis folio, flore parvo ex albo purpurafcente. *Mich. gen.* 224. *t.* 105. *f.* 1.
Jafminum frutefcens aculeatum, flore yanthino. *Niff. act.* 1711. *p.* 420.
Rhamnus fpinis oblongis, flore candicante. *Bauh. pin.* 477.
Rhamnus, fpinis oblongis, cortice albo, monfpelienfium. *Boerh. lugdb.* 2. *p.* 213.
Rhamnus, cortice albo, Monfpelienfis. *Bauh. hift.* 1. *p.* 31.
Rhamnus primus. *Cluf. hift.* 1. *p.* 109. *Dod. pempt.* 754. *Dalech. hift.* 141.
*Crefcit circa* Monfpelium *&* Florentiam, *nec non in aliis variis* Galliæ Narbonenfis, He-
truriæ, Hifpaniæ *&* Lufitaniæ *locis.*

2. LYCIUM foliis linearibus.
Jafminoides africanum, jafmini aculeati foliis & facie. *Niff. act.* 1711. *p.* 420. *t.* 12. *Dill. gen.* 159. *Mich.*
*gen.* 224.
Rhamnus alter, foliis falfis, flore purpureo. *Bauh. pin.* 477.
Rhamnus afer, fpinis longis, cortice albo, fructu cæruleo. *Boerh. lugdb.* 2. *p.* 212.
Rhamnus primus alter. *Dod. pempt.* 754.
Rhamni primi fpecies altera. *Cluf. hift.* 1. *p.* 109. *Bauh. hift.* 1. *p.* 32.
α Jafminoides aculeatum humile, halimi minoris folio, flore majore per maturitatem flavefcente. *Mich. gen.* 224.
*t.* 105. *f.* 2.
*Crefcit in* Africa; *nec non in Regni* Valentini *extremis limitibus, juxta urbem* Horivelam
*feu* Orcelim.
*Folia parum falfa funt & figura Michelii bene refpondet; hinc non video cur duas faciant*
*alii ex una eademque fpecies.*

# LONICERA. *g. pl.* 162.

1. LONICERA floribus verticillatis feffilibus, foliis ovato-lanceolatis coalitis, fructu trifpermo.
Trioftcofpermum latiore folio, flore rutilo. *Dill. elth* 394. *t.* 293. *f.* 378.
Periclymenum herbaceum rectum virginianum. *Pluk. alm.* 287. *t.* 104. *f.* 2.
Periclymeno affinis planta virginiana, floribus ochroleucis, fructu periclymeni vulgatioris. *Morif. hift.* 3.
*p.* 535. *f.* 13. *t.* 1. *f.* 8.
*Crefcit in* Virginia.
*Foliorum alæ connatæ minus latæ funt in noftra, quam in Dilleniana, quod a loco nimis ca-*
*lido in quo confervatur, forte provenit.*

P

2. LO-

2. **LONICERA** floribus capitatis pedunculatis ex alis, foliis petiolatis.
Symphoricarpos foliis alatis. *Dill. elth.* 371. *t.* 278. *f.* 360.
Periclymenum rectum, androfæmi foliis, virginianum.*Pluk. alm.* 287.
Vitis idæa caroliniana, foliis fubrotundis hirfutis ex adverfo nafcentibus, floribus minimis herbaceis, fructu parvo rubello. *Hort. angl.* 85. *t.* 20.
*Crefcit in* Virginia, Carolinæ, *Americæ feptentrionalis, tamen fero floret apud nos, fub dio, in octobri vel feptembri, nec ante finem hyemis maturat femina.*

3. **LONICERA** floribus capitatis terminatricibus, foliis fupremis connatis, inferioribus petiolatis.
Periclymenum virginianum. *Rupp. jen.* 203 *Riv. mon.* 177.
Periclymenum perfoliatum virginianum fempervirens & florens. *Herm. lugdb.* 484. *t.* 485. *Tournef. inft.* 609.
*Boerh. lugdb.* 2. *p.* 226. *Hort. angl. t.* 7. *Raj. hift.* 1491.
Caçapipilol xochitl. *Hern. mex.* 120.
*Crefcit in America, ut* Virginia *aliisque regionibus.*

4. **LONICERA** floribus capitatis terminatricibus, foliis omnibus diftinctis.
Caprifolium germanicum. *Dod. pempt.* 411. *Tournef. inft.* 608. *Boerh. lugdb.* 2. *p.* 226. *Hort. angl. t.* 6.
Periclymenum non perfoliatum germanicum. *Bauh. pin.* 302.
Periclymenum non perfoliatum. *Bauh. hift.* 2 *p.* 104.
Periclymenum vulgare germanicum. *Rupp. jen.* 202.
Periclymenum germanicum. *Riv. mon.* 175.
α Caprifolium germanicum, flore rubello, ferotinum. *Hort. angl. t.* 7.
β Caprifolium non perfoliatum, flore interius albo, rubro externe. *Boerh. lugdb.* 2. *p.* 226. *Hort. angl. t.* 6.
γ Caprifolium non perfoliatum, floribus fpeciofius. *Hort. angl. t.* 8.
δ Caprifolium non perfoliatum, floribus albis. *Hort. angl. t.* 8.
*Crefcit in* Germania, Anglia, Belgio, Scania *in fepibus.*

5. **LONICERA** floribus verticillatis terminatricibus feffilibus, foliis fummis connatis.
Caprifolium italicum. *Dod. pempt.* 411. *Tournef. inft.* 608. *Boerh. lugdb.* 2. *p.* 226. *Hort. angl. t.* 5.
Periclymenum perfoliatum. *Bauh. pin.* 302. *Bauh. hift.* 2. *p.* 104.
Periclymenum italicum, *Riv. mon.* 176.
α Caprifolium italicum perfoliatum præcox. *Boerh. lugdb.* 2. *p.* 226 *Hort. angl. t.* 5.
β Caprifolium italicum, flore intus flavo, extus rubro. *Hort. angl. t.* 5.
γ Caprifolium perfoliatum, foliis finuofis & variegatis. *Tournef. inft.* 608.
*Crefcit in* Italia *&* Gallia Narbonenfi.
*Hæc & antecedentes duæ caule gaudent volubili, reliquæ vero noftræ fpecies recto.*

6. **LONICERA** pedunculis bifloris, foliis ovatis obtufis integris.
Chamæcerafus dumetorum, fructu gemino rubro. *Bauh. pin.* 451. *Tournef. inft.* 609. *Boerh. lugdb.* 2. *p.* 227.
Periclymenum rectum, fructu rubro & nigro. *Bauh. hift.* 2. *p.* 106.
Xylofteum. *Dod. pempt.* 412.
Xylofteum. *Riv. mon.* 173. *Rupp. jen.* 203.
*Crefcit in* Suecia, Dania, Germania. Anglia, *&c. in fepibus & nemoribus montofis.*

7. **LONICERA** pedunculis bifloris, foliis ovatis acutis integris.
Chamæcerafus alpina, fructu gemino rubro duobus punctis notato. *Bauh. pin.* 451. *Tournef. inft.* 609.
*Boerh. lugdb.* 2. *p.* 227.
Chamæcerafus gefneri. *Bauh. hift.* 2. *p.* 107.
Periclymenum rectum, fructu rubro gemino duobus punctis notato. *Herm. lugdb.* 484.
Xylofteum alterum. *Dod. pempt.* 412.
*Crefcit in montibus* Pyrenæis, Allobrogicis, Pannonicis, Auftriacis, Styriacis, Genevenfibus.
*Mirus fuit circa hoc genus omni tempore diffenfus, inter Botanicos, de limitibus diftinctionis.* TOURNEFORTIUS *quatuor conftituit genera :* Periclymenum, Caprifolium, Chamæcerafum, Xylofteum, *his addidit* PLUMIER Loniceram *&* DILLENIUS Symphoricarpon *ac* Triofteofpermum. RIVINIANI *iftas quatuor Tournefortii ad duo retulerunt,* HERMANNUS *autem ad unum idemque,* NOS *omnes feptem conjungi & poffe & debere perfuafi fumus, his enim commune eft gerere florem germini impofitum, corollam inæqualem, ftamina quinque inclinata, ftigma capitatum; numerus vero feminum inconftans eft.*
*Conjunctis genere plantis & nomina conjungi debent ; affumfimus itaque unum, quod dignius judicavimus in hoc confufo antea genere,* Loniceram ab Adamo LONICERO, *antiquo Botanico, quibus aliud magis placet Synonymon per me licet affumant.*

Co-

# COFFEA. *g. pl.* 158.

1. COFFEA.

Coffé. *Dal. pharm.* 491.

Coffé frutex, ex cujus fructu fit potus. *Raj. hift.* 1691.

Coffé tree. *Pluk. phyt.* 272. *f.* 1.

Jafminum arabicum, lauri folio, cujus femen apud nos Caffé dicitur. *Juff. act.* 1713 *p.* 388. *t.* 7. *defcr. figur.*

Jafminum arabicum, caftaneæ folio, flore albo odoratiffimo, cujus fructus coffé in officinis dicitur belgis. *Comm. uf.* 72. *Boerh. lugdb.* 2. *p.* 217.

Jafminum caftaneæ folio, flore odoratiffimo, rubro fructu (qui Coffé) duro. *Comm. amft.* 250.

Evonymo fimilis ægyptiaca, fructu baccis lauri fimili. *Bauh. pin.* 428.

Arbor Bon, cum fructu fuo Buna. *Park. theatr.* 1622.

Bon vel Ban, arbor. *Bauh. hift.* 1. *p.* 422.

Bon vel Ban, ex cujus fructu Ægyptii potum Caova conficiunt. *Pluk. alm.* 69.

Bon. *Alp. ægypt.* 36. *t.* 36.

Buna, Bunna & Bunchos arabum. *Bauh. hift.* 1. *p.* 421.

*Crefcit in fola* Arabia *felici,* Witfenii *cura inde delatis feminibus terræque commiffis prodiit in* Java, *inde in* Europam *translata; nunc in* America *feliciffime culturæ leges fubit, frugemque læte reddit.*

*Hæc eft unica e tribus myfteriofis iftis plantis (* Nicotiana, Thæa, Coffea, *) quas vel mifericors vel iratus Deus propofuit orbi.*

*Defcriptionem (excepta Cl.* Juffievii*) vix datam, fi heic fifterem, non ingratum fore judicavi, licet arborem jam tritiffimam defcribam.*

*Radix fibrofa pallida.*

*Caulis arboreus, rectiffimus, erectus, fimplex, fæpe duodecim pedum & ultra, cortice primo anno viridis, fecundo fufcus fere, præcedentium grifeus, expidermide longitudinaliter dehifcente quadrifariam & membranæ inftar difcedente, inæqualis & lacerus. Folia oppofita, oppofitionibus alternis, per fpatia fpithamæa vel palmaria remotis oppofitionibus.*

*Ramus ad fingulam alam folii, lineari plus fpatio ab infertione folii, fupra folium, remotus emittitur, horizontalis fere, fimplicifimus vel fine ramulis, excrefcens per annos femper ex apice, tenuis, junceus, glaber.*

*Folia oppofita, oppofitionibus fpithami vel palmi fpatio remotis, fingula ex ovato lanceolata funt, definentia in acumen oblongum, fuperne glabra, atro-viridia nitida; inferne pallide viridia, glabra, obfcura; petiolus breviffimus, duarum\triumve linearum, extenfus fecundum longitudinem folii, fuperne minimus filiformis, inferne fetaceus teretiufculus, craffior; a lateribus hujus intra folium exeunt vafa alterna, viginti plura, ad angulum acutum, recta extenfa, prope marginem oblique flexa verfus regionem apicis. Horum vaforum infertio bifurcata eft, finu fubtus concavo, fuperne convexo: foliorum difcus planus eft, at juxta marginem jufto longior; hinc undulatim quafi, intra finguli vafis exfertionem, flectitur. Longitudo foliorum fpithamæa eft, latitudo digitorum trium transverforum. Cum rami horizontaliter pateant, vertitur femper difcus folii verfus cælum. Folia inferiorum oppofitionum in finguli anni ramo minora funt reliquis.*

*Petioli ubi egrediuntur connectuntur utrinque membrana viridi, quæ inter petiolos terminatur in acumen fubulatum ramo approximatum; ubi ramus per annum terminatur, ibi apparent margines laterales fubulati conniventes & gummi quodam claufi. Folia perfiftunt per tres annos, decidunt, nec regenerantur.*

*Flores ex fingula ala duo vel quatuor feffiles, corolla nivea hypocrateriformi, reliqua vide in Generibus.*

*Frutex ovatus, obtufus utrinque, e rotundo parum utrinque compreffus, & quafi angulis fex obfoletis notatus, umbilico circulo obfoleto notato, ruber, cortice molli tenui, bilocularis. Semina folitaria, cartilaginea, hinc convexa, inde plana, margine altero longiore involuto intra alterum & reflexo in paribus contrario modo. Fructus hic pedicello breviffimo infidet, cincto vaginulis utrinque acuminatis imbricatis.*

*Plantam effe fui generis, nec jafmini, patet confideranti corollam, ftaminum numerum, fitum, germinis locum, fructus proprietates, nec magis cum jafmino habet commune, quam* Fagus *vel* Quercus.

# CAPSICUM. *g. pl.* 146.

1. CAPSICUM annuum.

Capficum feu Piper indicum, quod folani fpecies videtur aut folano accedere. *Raj. hift.* 626.

Capficum *genus totum. Tournef. inft.* 152. *Boerh. lugdb.* 2. *p.* 68.

Capficum feu piper indicum: *fpecies* 1—7. *Bauh. pin.* 102.

P 2

Chit-

Chilli. *Hern. mex.* 134.
Quiya. *Marcgr. braf.* 39.
α Fructu furrecto conico.
β Fructu inclinato rotundo.
γ *Crefcit in* Brafilia, Mexico, Barbados.
*Varietates hujus infinitæ in hortis noftris occurrunt , aliæ fcilicet fruₜₜu globofo , aliæ conico , aliæ oblongo; aliæ apice reflexo; aliæ erectæ, aliæ pendulæ; fed quis has nugas fpecie diverꞏ fas effe crederet, qui viderit faciem, ftructuram, figuram, proprietates plantæ.*

2. CAPSICUM frutefcens.
Capo-molago. *Rheed. mal.* 2. *p.* 109. *t.* 56.
*Crefcit in* Occidente & Oriente.
*Fructus oblongus rectus pendens valde parvus & planta arborea.*

# SOLANUM. *g. pl.* 145.

1. SOLANUM caule inermi annuo, foliis pinnatis incifis.
Aurea mala. *Dod. pempt.* 458.
Mala aurea, odore fœtido, quibusdam Lycoperficon. *Bauh. hift.* 3. *p.* 620.
Solanum pomiferum, fructu rotundo ftriato molli. *Bauh. pin.* 167. *Morif. hift.* 3. *p.* 521. *f.* 13. *t.* 1. *f.* 7.
Lycoperficon galeni. *Tournef. inft.* 150. *Boerh. lugdb.* 2. *p.* 69.
α Lycoperficon fructu albo. *Tournef. ibid.*
β Lycoperficon fructu luteo. *Tournef. ibid.*
γ Lycoperficon fructu cerafi rubro. *Tournef. ibid.*
δ Lycoperficon fructu cerafi luteo. *Tournef. ibid.*
*Crefcit in* Jamaicæ *incultis & ruderatis.*

2. SOLANUM caule inermi annuo, foliis pinnatis, pinnis integris.
Solanum tuberofum efculentum. *Bauh. pin.* 167. *prod.* 89. *t.* 89. *Morif. hift.* 3. *p.* 522. *f.* 13. *t.* 1. *f.* 19. *Tournef. inft.* 149. *Boerh. lugdb.* 2. *p.* 67.
Arachidna theophrafti? Papas americanorum. *Cluf. hift.* 2. *p.* 79.
Papas americanum. *Bauh. hift.* 3. *p.* 621.
α Solanum tuberofum efculentum, flore albo. *Tournef. inft.* 149.
*Crefcit in* America.

3. SOLANUM caule inermi annuo, foliis ovatis angulatis.
Solanum vulgare. *Morif. hift.* 3. *p.* 520. *f.* 13. *t.* 1. *f.* 1.
Solanum hortenfe five vulgare. *Bauh. hift.* 3. *p.* 608.
Solanum hortenfe. *Dod. pempt.* 454.
Solanum officinarum. *Bauh. pin.* 166.
Solanum officinarum, acinis nigricantibus. *Tournef. inft.* 148. *Boerh. lugdb.* 2. *p.* 67.
Solanum bacciferum primum feu officinarum. *Sloan. flor.* 106.
Nelen-tsjunda. *Rheed. mal.* 10. *p.* 145. *t.* 73.
Aguara-quiya. *Marcgr. braf.* 55. *Pif. braf.* 108.
Tenka. *Kæmpf. jap.* 912.
α Solanum officinarum, acinis puniceis. *Tournef. inft.* 148.
β Solanum annuum hirfutius, baccis luteis. *Morif. hift.* 2. *p.* 524. *Dill. elth.* 266. *t.* 274. *f.* 353.
γ Solanum officinarum, folio laciniato ftramonii, flore parvo albo, acinis nigris *Boerh. lugdb.* 2. *p.* 67.
δ Solanum guineenfe, fructu magno inftar cerafi nigerrimo umbellato. *Boerh. lugdb.* 2. *p.* 68. *Dill. eltht.* 366. *t.* 274. *f.* 354.
ε Solanum lanuginofum hortenfe fimile *Raj. hift.* 672.
ζ Solanum bacciferum vulgari fimile africanum, foliis frequentius & profundius crenatis. *Herm. prod.*
η Solanum procerius patulum, vulgaris fructu. *Dill. elth.* 367. *t.* 275. *f.* 355.
θ Solanum nigrum, vulgari fimile, caulibus exafperatis. *Dill. elth.* 368. *t.* 275. *f.* 356.
*Crefcit in locis ruderatis per* Europam, Afiam, Africam, Americam *feu per totum ferꞓ orbem.*

4. SOLANUM caule inermi perenni flexuofo, foliis fuperioribus haftatis.
Solanum fcandens vel Dulcamara. *Bauh. pin.* 167. *Tournef. inft.* 149. *Boerh. lugdb.* 2. *p.* 67.
Dulcamara. *Dod. pempt.* 402.
Glycypricos five Amara dulcis. *Bauh. hift.* 2. *p.* 109.
α Solanum fcandens feu Dulcamara flore albo. *Tournef.*
Solanum fcandens vel Dulcamara flore albo. *Boerh.*
β Solanum fcandens, foliis variegatis. *Tournef.*
Solanum fcandens five Dulcamara, foliis ex albo variegatis. *Boerh.*
γ Solanum dulcamarum africanum, foliis craffis hirtfutis. *Dill. elth.* 365. *t.* 273. *f.* 352.
*Crefcit fatis frequens per* Europam *in fubhumidis fepibus.*
*Varietas* (γ) *folia fimplicia gerit femper (reliquæ fæpe ternatæ) quarum fuperiora parum finuata.*

5. So-

5. SOLANUM caule inermi perenni, foliis ovato-lanceolatis geminis, altero minimo.
*Crescere fertur ab aliis in* America, *ab aliis in* Africa.
*Caulis frutescens erectus levis. Folia ovato-lanceolata, desinentia in petiolos, utrinque glabra, longitudine digiti, alterna in caule simplici & inferiore parte; ubi vero rami ( qui pauci & erecti ) vel flores exeunt, bina sunt folia, non opposita, sed juxta se posita, quorum alterum quadruplo majus. Pedunculi solitarii umbelluliferi, floribus nutantibus parvis. Apud authores confusio synonymorum, quam meam non facio.*

6. SOLANUM caule inermi fruticoso, foliis ovato-lanceolatis integris, floribus solitariis.
Solanum fruticosum bacciferum. *Bauh. pin.* 166. *Boerh. lugdb.* 2. *p.* 67.
Solanum nonum seu fruticosum bacciferum. *Sloan. flor.* 108.
Solanum arborescens. *Caesalp. syst.* 215.
Pseudo-capsicum. *Dod. pempt.* 718.
Strychnodendros. *Bauh. hist.* 3. *p.* 614.
Strichnodendron. *Best. eyst.* 2. *p.* 14. *f* 1.
*Crescit in* Madera, *hyemes nostras fert & mire luxuriat, fructumque novembri vel decembri maturat.*

7. SOLANUM caule aculeato fruticoso, foliis lanceolatis anguloso-dentatis.
Solanum bahamense spinosum, petalis angustis reflexis. *Dill. elth.* 263. *t.* 271. *f.* 250.
Solanum spiniferum frutescens, spinis igneis, americanum. *Pluk. alm.* 350. *t.* 225. *f.* 5.
*Crescit in Insula* Americes, Providentia *dicta.*

8. SOLANUM caule aculeato fruticoso, foliis oblongis pinnato-laciniatis, spinis supinis erectis : pronis recurvis.
Solanum pomiferum frutescens africanum spinosum nigricans, borraginis flore, foliis profunde laciniatis. *Herm. lugdb.* 573. *t.* 575. *Morif. hist.* 3. *p.* 521. *f.* 13. *t.* 1. *f.* 15. *Pluk. alm.* 351. *t.* 226. *f.* 5.
*Crescit ad* Caput bonae spei, *ad sepes & fossarum margines.*
*Vasa foliorum & spinae, a parte supina atro-purpurea sunt.*

9. SOLANUM caule aculeato fruticoso, foliis ovatis sinuatis margine integro, spinis utrinque erectis.
Solanum americanum perenne subincanum, fructu pyriforum longiore, spinis plurimis armatum. *Pluk. alm.* 350. *t.* 225. *f.* 6.
Solanum indicum spinosum, flore borraginis. *Dill. elth.* 362. *t.* 270. *f.* 349. *Tournef. inst.* 149.
*Crescit in* America, Barbados *& alibi.*

10. SOLANUM caule aculeato annuo, foliis cordatis sinuatis, calycibus aculeatis.
Solanum campechiense, calycibus echinatis. *Dill. elth.* 361. *t.* 268. *f.* 347.
*Crescit in* America *ad sinum* Campechiensem.
*Planta haec annua facile & cito excrescit, foliis amplis, venis foliorum rubentibus, aculeis longis magis ignei coloris quam in alia ulla, caulis & petiolis aculeis refertissimis, calycibus densissima spinarum copia tectis. Flores communiter in eodem pedunculo duo prodeunt.*

11. SOLANUM caule aculeato fruticoso, foliis ovatis, lateribus laciniatis, aculeis utrinque rectis.
Solanum spinosum jamaicense glabrum, foliis parvis minus profunde laciniatis. *Pluk. alm.* 351. *t.* 316. *f.* 5.
*Crescit in* America, *in* Jamaica, *&c.*
*Folia hujus exacte quercus sunt, & similia nonae, at minora longe, utrinque viridia, nec subtus spinis recurvis armata.*

12. SOLANUM aculeatum, foliis cordatis quinquelobis, utrinque villosis & aculeatis.
Solanum americanum molle, foliorum nervis & aculeis flavescentibus, fructu mammoso. *Tournef. inst.* 149.
Solanum americanum, caule pedunculo folio malvae, tomentosis & spinis albis donatis, fructu luteo. *Boerh. lugdb.* 2. *p.* 68.
Solanum barbadense spinosum annuum, fructu aureo rotundiore pyri parvi inversi forma & magnitudine. *Pluk. alm.* 350. *t.* 225. *f.* 6.
*Crescit in* Virginia, Barbados.
*Plukenetius bene repraesentat folia, si lacinias ipsas non lacinulis notaret.*

13. SOLANUM caule aculeato fruticoso, foliis cordatis villosis margine repandis.
Solanum pomiferum frutescens, flore borraginis, folio tomentoso incano, solo caule spinoso. *Boerh. lugdb.* 2. *p.* 69.
*Crescit in* America septentrionali.

14. SOLANUM foliis ovatis integerrimis villosis, calycibus aculeatis.
Melongena fructu rotundo. *Tournef. inst.* 152.
Solanum pomiferum, fructu oblongo. *Bauh. pin.* 167.
Solanum pomiferum, fructu rotundo. *Bauh. hist.* 3. *p.* 618.
Mala insana. *Dod. pempt.* 458.

Q

Be-

Belingela lufitanis; Melongena latinis; Tongu angolenfibus; Macumba congenfibus. *Marcgr. braf.* 24.
*Crefcit in* Africa *&* America.

# PHYSALIS. *g. pl.* 144.

1. **PHYSALIS** caule fruticofo tereti, foliis ovatis integerrimis, floribus confertis.
Alkekengi fructu parvo verticillato. *Tournef. inft.* 151. *Boerh. lugdb.* 2. *p.* 66.
Alkekengi mexicanum. *Hern. mex.* 296.
Alkekengi fomniferum, cydoniæ folio, flore & fructu rubris. *Burm. zeyl.* 10.
Solanum majus veficarium corolloides. *Barr. rar. t.* 149.
Solanum fomniferum verticillatum. *Bauh. pin.* 166.
Solanum fomniferum antiquorum. *Alp. exot.* 71. *f.* 70.
Solanum fomniferum. *Dod. pempt.* 455. *Cluf. hift.* 2. *p.* 85.
Solanum verticillatum. *Bauh. hift.* 3. *p.* 610.
Pevetti. *Rheed. mal.* 4. *p.* 113. *t.* 55.
* Bella dona frutefcens rotundifolia hifpanica. *Tournef. inft.* 70. *Boerh. lugdb.* 2. *p.* 70.
Solanum frutex rotundifolium hifpanicum. *Barr. rar. t.* 1173.
*Crefcit in* Hifpania *ad mare mediterraneum in loco petrofo interque rudera,* in Mexico, Malabaria, Creta, Zeylona.
*Servata fuit planta per aliquot hyemes sub tecto, & excrevit in fruticem humanæ altitudinis.*

2. **PHYSALIS** caule fimplici annuo, foliis integris ad articulos geminatis, floribus folitariis.
Alkekengi officinarum. *Tournef. inft.* 151. *Boerh. lugdb.* 2. *p.* 66.
Alkekengi Tournefortii, Halicacabum Rivini. *Rupp. jen.* 38.
Veficaria. *Cæfalp. fyft.* 213.
Halicacabum vulgare. *Befl. eyft.* 2. *p.* 169. *f.* 2.
Solanum Halicacabum vulgare. *Bauh. hift.* 3. *p.* 609.
Solanum veficarium. *Bauh. pin.* 166. *Dod. pempt.* 454.
Solanum veficarium vulgatius repens, fructu & vefica rubra. *Morif. hift.* 3. *p.* 526. *f.* 13. *t.* 3. *f.* 16.
* Alkekengi officinarum, foliis variegatis. *Tournef. inft.* 151.
*Crefcit prope* Romam *in fcrobibus, inque fylvis infulæ* Danubii.

3. **PHYSALIS** caule perenni, foliis ovatis folitariis, ramis annotinis fimpliciffimis.
Alkekengi-curaffavicum, foliis origani incanis, flore viete fulphureo, fundo purpureo. *Boerh. lugdb.* 2. *p.* 66.
Solanum veficarium curaffavicum folano antiquorum fimile, foliis origani fubincanis. *Morif. hift.* 3. *p.* 527.
Pluk. alm. 352. *t.* 111. *f.* 5. *mal.*
*Crefcit in* Curaffao.
*Pedales vel fesquipedales promit perennis radix ftolones, plures, erectos, junceos, flexiles, viridi-purpurafcentes, teretes, vix lineis duabus a fuperiore folio decurrente notatos, leviffime villofos, perennes, ramos paucos proximo anno exferentes.*
*Folia folitaria, alterna, ovata, raro dente uno alterove utrinque deutata, petiolis femiuncialibus infidentia, craffa, per hyemem perfiftentia, utrinque villofa, magnitudine ultimi articuli pollicis, viridi-nigricantia.*
*Flores ex alis folitarii.*

4. **PHYSALIS** annua ramofiffima, ramis teretibus pubefcentibus, geniculis nodofis.
Alkekengi virginianum, fructu luteo. *Tournef. inft.* 151. *Boerh. lugdb.* 2. *p.* 66.
Alkekengi virginianum, fructu luteo. *Fevil. peruv.* 3. *p.* 5. *t.* 1.
Solanum veficarium annuum procumbens. *Barr. rar. t.* 152.
Solanum veficarium virginianum procumbens annuum, folio lanuginofo. *Morif. hift.* 3. *p.* 527. *f.* 13. *t.* 3. *f.* 24.
Inota-inodien. *Rheed. mal.* 10. *p.* 139. *t.* 70.
Camaru. *Macgr. braf.* 12.
*Crefcit in* Virginia, Malabaria, Brafilia, Peru.

5. **PHYSALIS** annua ramofiffima, ramis angulofis glabris, foliis dentato-ferratis.
Alkekengi indicum glabrum, chenopodii folio. *Dill. elth.* 13. *t.* 12. *f.* 12.
Alkekengi indicum majus. *Tournef. inft.* 151. *Boerh. lugdb.* 2. *p.* 66.
Halicacabum feu Solanum indicum camerarii. *Befl. eyft. æft.* 169. *f.* 3.
Solanum veficarium annuum erectum. *Barr. rar. t.* 18. *f.* 151.
Solanum five Halicacabum indicum. *Bauh. hift.* 3. *p.* 609.
Solanum veficarium indicum erectum, folio levi, annuum. *Morif. hift.* 3. *p.* 526. *f.* 13. *t.* 3. *f.* 22.
Solanum veficarium indicum, foliis fplendentibus glabris. *Pluk. alm.* 352.
*Crefcit in* Carolina.

6. **PHYSALIS** annua ramofiffima, pedunculis fructiferis petiolo longioribus.
Alkekengi indicum minimum, fructu virefcente. *Tournef. inft.* 151. *Boerh. lugdb.* 2. *p.* 66. *Burm. zeyl.* 11.
Solanum veficarium indicum minimum. *Herm. lugdb.* 569. *f.* 571. *Morif. hift.* 3. *p.* 527.

Pee-

**DIERVILLA.** *Hort. Cliff.* 63 *sp.* 1.

a *Caulis truncatus unico ramo depictus.*
b *Racemi oppositi, dichotomi, nutantes, cum Calycibus & Corollis irregularibus ac fere bilabiatis.*
  *Fructus bilocularis & carnosus est.   Hinc planta Loniceris admodum affinis.*

J. WANDELAAR del. & fecit.

Pee-inota-inodien. *Rheed. mal.* 10. p. 140. t. 71.

*Crescit in incultis aridis & sordidis* Malabariæ *&* Zeylonæ.

*Qui has tres posteriores specie conjungit, forte non errat; quid locus faciat in his videre liceat omni anno in hortis, multo magis in dissitis adeo regionibus.*

*Physalis est Synonymon Alkekengi apud Dioscoridem & alios veteres obvium, quod vesicariam significat, cum calyx vesicæ instar ambiat fructum, qui vesicæ urinariæ morbis succurrere creditur; nomen itaque hoc recepi cum Alkekengi barbarum sit. F. B.* 229.

## CORDIA. *g. pl.* 149.

8. CORDIA foliis subovatis serrato-dentatis.

Myxa. *Cæsalp. syst.* 50. *Boerh. lugdb.* 2. p. 246.

Myxa sive Sebesten. *Bauh. hist.* 1. p. 197. *Raj. hist.* 1555.

Sebestena domestica seu Myxa. *Comm. hort.* 1. p. 139. t. 79.

Sebestena domestica. *Bauh. pin.* 446. *Alp. ægypt.* 30.

Sebestena sylvestris. *Bauh. pin.* 446. *Alp. ægypt.* 30.

Sebesten officinarum. *Dal. pharm.* 424. *Comm. flor.* 60. *Dill. elth.* 340. t. 255. f. 331.

Prunus sebestena. *Pluk. alm.* 306. t. 217. f. 2.

Prunus sebestena, longiori folio, maderaspatensis. *Pluk. alm.* 306. t. 217. f. 3.

Prunus malabarica, fructu racemoso calyce excepto. *Raj. hist.* 1563.

Vidimaram. *Rheed. mal.* 4. p. 77. t. 37.

*Crescit in* Ægypto, Malabaria, *locis uliginosis.*

*Auctores specie distinguunt domesticam seu cultam arborem a sylvestri, quod mihi paradoxon est.*

*Dicta fuit arboris familia fructu cordiformi, semineque biloculari, (ut cor) ab egregio plantarum descriptore Valerio Cordo; an authori generis (Plumiero) notum fuerat Myxas hanc familiam intrare, vix videtur.*

## DIERVILLA. *g. pl.* 150.

1. DIERVILLA.

Diervilla acadiensis fruticosa, flore luteo. *Tournef. act.* 1706. t. 7. f. 1. *Dill. gen.* 154. *Boerh. lugdb.* 1. p. 277.

*Crescit in* Acadia *Americæ septentrionalis.*

*Multa communia habet hoc genus cum* Loniceris.

*Dixit hanc plantam Tournefortius ab inventore* Dierville Chirurgo*, qui hanc ex Acadia secum duxerat.*

*Caulis fruticosus rarius ramosus pedalis.*

*Folia ovato-lanceolata glabra serrata opposita internodiis longiora, petiolis brevissimis, gemmas ex alis ferentia.*

*Pedunculus unus alterve terminatrix divisus flores aliquot sustinet flavescentes.*

*Figuram hujus me nullibi observasse memini.*

## PHLOX. *g. pl.* 148.

1. PHLOX, foliis lineari-lanceolatis, caule recto, corymbo terminatrici.

Lychnidea folio melampyri. *Dill. elth.* 201. t. 166. f. 202.

Lychnidea, asclepiadis folio, floridana, summo caule floribunda. *Pluk. amalth.* 136.

Lychnidea folio salicino. *Dill. elth.* 205. t. 166. f. 203.

*Crescit in* Virginia.

*Phlox est nomen quoddam antiquum Theophrasti, desumtum a floris flammeo igneoque colore, hinc ad Lychnidum a plurimis relatum familiam, quod cum ibi superfluum sit, hujus generis fecimus, cum ad maximam partem flores flammeos & rubros proferat, lychnidibusque a facie externa affinis videatur; nobis enim non placet ista nominum appendiculatio, quæ apud tyrones majorem confusionem, quam ullus alius error, producit.*

## POLEMONIUM. *g. pl.* 131.

1. POLEMONIUM. *Fl. lapp.* 86.

Polemonium vulgare cæruleum. *Tournef. inst.* 252. *Boerh. lugdb.* 1. p. 252.

Vulneraria alata, blattariæ flore cæruleo. *Morif. hist.* 3. p. 605.

Valeriana spuria, violaceo flore. *Volck. norib.* 394.

Valeriana græca quorundam, colore cæruleo & albo. *Bauh. hist.* 3. p. 212.

Valeriana græca. *Dod. pempt.* 352.

Q 2

Va-

Valeriana cærulea. *Bauh. pin.* 164.

*a* Valeriana alba. *Bauh. pin.* 164.

β Polemonium vulgare, flore variegato. *Tournef.*

γ Polemonium vulgare, foliis eleganter variegatis. *Boerh.*

*Crescit in* Græcia, Anglia *&* alpibus Lapponicis.

# CAMPANULA. *g. pl.* 129.

1. CAMPANULA calycibus a tergo lamellis quinque notatis.

Campanula hortensis, folio & flore oblongo. *Bauh. pin.* 94. *Morif. hift.* 2. *p.* 459. *f.* 5. *t.* 3. *f.* 3. *Boerh. lugdb.* 1. *p.* 249.

Viola mariana. *Dod. pempt.* 163.

Viola mariana dodonæi, quibusdam Medium. *Bauh. hift.* 2. *p.* 804.

Medium flore cæruleo. *Befl. eyft. æft.* 17. *f.* 3.

*a* Medium flore albo *Befl. eyft. æft.* 17. *f.* 2.

β Medium flore argenteo. *Befl. eyft. æft.* 19. *f.* 1.

*Crescit in fylvis & montibus opacis quorundam tractuum* Germaniæ *&* Italiæ. *Morif.*

*Singularis & a reliquis parum diverfa eft hujus plantæ fructificatio. Calyx enim externe quinque auriculis feu lamellis, dehifcentibus a bafi ad lacinias usque calycis, inftruitur. Capfula in hac quinqueloculariis, at in reliquis triloculariis. Corolla in hac exacte campanulata eft omnium maxima refpectu magnitudinis ipfius plantæ. In fundo corollæ, intra nectarium quinque valvis ftaminiferis claufum, latet mel faturatiffimum, ope apum inftar elaboratiffimum. Farina genitalis difperfa adhæret medio ftyli. An fœcundatio fieri queat in regno vegetabili absque ftigmatis afperfione?*

2. CAMPANULA foliis radicalibus cordatis, calycibus ciliatis.

Campanula vulgatior, foliis urticæ, vel major & afperior. *Bauh. pin.* 94. *Boerh lugdb.* 1. *p.* 249.

Campanula major vulgatior afperior, foliis urticæ. *Morif. hift.* 2. *p.* 459. *J.* 5. *t.* 3. *f.* 28.

Campanula major & afperior, folio urticæ. *Bauh. hift.* 2. *p.* 806.

Trachelium five Cervicaria. *Lob. hift.* 176.

Trachelium vulgare. *Cluf. hift.* 2. *p.* 170.

Cervicaria major. *Dod. pempt.* 164.

*a* Campanula vulgatior, foliis urticæ, vel major & afperior, flore dilute purpureo. *Tournef. inft.* 109.

β Campanula -, - -, - - - -, flore candido. *Tournef.*

γ Campanula -, . -, flore duplici cæruleo, interdum triplici aut quadruplici. *Tournef.*

*δ* Campanula - -, -, flore duplici albo. *Tournef.*

*ɛ* Campanula - -, -, flore duplici cæruleo majore. *Boerh.*

*Crescit in fylvis afperis & lapidofis juxta fepes, fat frequens in* Europa.

3. CAMPANULA foliis ovatis crenatis, floribus per caulem uno verfu fparfis.

Campanula hortensis, rapunculi radice. *Bauh. pin.* 94.

Campanula hortensis, rapunculi radice repente. *Morif. hift.* 2. *p.* 460. *f.* 5. *t.* 3. *f.* 32. *Boerh. lugdb.* 1. *p.* 249.

Campanula repens, flore minore cæruleo. *Bauh. hift.* 2. *p.* 806.

*Crescit non procul a* Geneva *&* Bafilea.

4. CAMPANULA foliis lanceolato-ovatis crenatis, ramis capitulo florali terminatis.

Campanula pratensis, flore conglomerato. *Bauh. pin.* 94. *Boerh. lugdb.* 1. *p.* 249.

Trachelium pratense, flore conglomerato. *Morif. hift.* 2. *p.* 461. *f.* 5. *t.* 4. *f.* 43.

Trachelium minus. *Cluf. hift.* 2. *p.* 171. *Lob. hift.* 176.

Trachelium minus multis. *Bauh. hift.* 2. *p.* 800.

Cervicaria minor. *Dod. pempt.* 164.

Rapunculus caliculatus. *Barr rar. t.* 523. *f.* 3.

*a* Campanula pratensis, flore conglomerato albo. *Tournef. inft.* 110.

*Crescit in montibus cretaceis* Angliæ, *in pratis nemarofis* Roflagiæ *in Suecia, &c.*

5. CAMPANULA foliis lanceolatis ferratis, caule fimplici, floribus uno verfu fparfis.

Campanula maxima, foliis latiffimis. *Bauh. pin.* 94. *Morif. hift.* 2. *p.* 459. *f.* 5. *t.* 3. *f.* 27. *Boerh. lugdb.* 1. *p.* 249.

Campanula maxima, foliis latiffimis, flore cæruleo. *Tournef. inft.* 108.

Campanula pulchra a toffano carolo miffa. *Bauh. hift.* 2. *p.* 807.

Campanula major. *Dod. pempt.* 166.

Campanula hirfuta f. Trachelium giganteum. *Pluk. alm.* 75.

Trachelium majus belgarum. *Cluf. hift.* 2. *p.* 172.

Trachelium candidum anglicum majus, foliis fere digitalis vel campanulæ. *Bauh. hift.* 2. *p.* 277.

*a* Campanula maxima, foliis latiffimis, flore albo. *Tournef. inft.* 109.

*Crescit in feptentrionalis* Angliæ *montofis, ut in agro* Derbenfi *&* Eboracenfi, *ego eandem in Suecia ad acidulas* Wicksbergenfes *in nemoribus copiofam legi.*

6. CAMPANULA foliis ovatis margine cartilagineo crenatis, caule ramofiffimo anguftato.

Cam-

CAMPANULA foliis haſtatis dentatis, caule determinate folioſo. *Hort.Cliff.*65.*ſp.* 10.
*Ramulus cum Flore. Folia oppoſita ſunt.*

G. D. EHRET del.                                                    J. WANDELAAR fecit.

Campanula pyramidata altiſſima. *Tournef. inſt.* 109.
Campanula major lacteſcens. *Lob. hiſt.* 177. *Moriſ. hiſt.* 2. p. 452. ſ. 5. t. 1. f. 1. *Boerh. lugdb.* 1. p. 248
Rapunculus hortenſis, latiore folio, ſeu Pyramidalis. *Bauh. pin.* 3. p. 93.
Pyramidalis lævis. *Bauh. hiſt.* 2. p. 808.
*Creſcendi locum apud authores non obſervo, adeo tamen in hortis vulgaris eſt, ut cuique ruſtico nota ſit, & Londini ubique in mercatorum diſcis ornamenti cauſa in olla floren-tem vidimus.*

7. CAMPANULA foliis lineari-lanceolatis crenatis, caule longiſſimo ſimplici, floribus raris.
Campanula perſicæfolia. *Lob. hiſt.* 177. *Moriſ. hiſt.* 2. p. 452. ſ. 5. t. 1. f. 2.
Campanula perſicæfolia lobelii, flore cæruleo. *Boerh. lugdb.* 1. p. 248.
Campanula perſicæ folio. *Cluſ. hiſt.* 2. p. 171.
Campanula anguſtifolia cærulea. *Bauh. hiſt.* 2. p. 803.
Rapunculus perſicifolius, magno flore. *Bauh. pin.* 93.
α Campanula perſicæfolia, flore cæruleo pleno. *Tournef. inſt.* 111.
β Campanula perſicæfolia, flore albo. *Tournef.*
γ Campanula perſicæfolia, flore albo pleno. *Tournef.*
*Creſcit ad acidulas* Spadenſes *in Germania inferiore, in collibus* Genevæ *vicinis. In* Alſatia *inter* Zultz & Zennam *urbes; in* Suecia Wexioniæ *inque monte* Oeſterby, *in* Finlandia Bioerneburgi.

8. CAMPANULA foliis radicalibus lanceolato-ovalibus, caule ramoſiſſimo patulo
Campanula radice eſculenta, flore cæruleo. *Herm. lugdb.* 107. *Boerh. lugdb.* 1. p. 248.
Rapunculus eſculentus. *Bauh. pin.* 92. *Moriſ. hiſt.* 2. p. 455. ſ. 5. t. 2. f. 13.
Rapunculus vulgaris campanulatus. *Bauh. hiſt.* 2. p. 795.
Rapunculum. *Dod. pempt.* 165.
α Campanula radice eſculenta, flore candicante. *Tournef. inſt.* 111.
*Creſcit in aggeribus & arvis non cultis in* Anglia, Monſpeliis, Baſileæ.

9. CAMPANULA foliis radicalibus reniformibus, caulinis linearibus. *Fl. lapp.* 83.
Campanula minor rotundifolia vulgaris. *Bauh. pin.* 93.
Campanula minor rotundifolia. *Lob. hiſt.* 178. *Dalech. hiſt.* 827.
Campanula minor alpina, rotundioribus imis foliis. *Cluſ. hiſt.* 173.
Campanula vulgaris minor, foliis imis rotundioribus ſinuatis non ſerratis. *Moriſ. hiſt.* 2. p. 456. ſ. 5. t. 2. f. 17.
Campanula ſylveſtris minima. *Dod. pempt.* 167.
α Campanula minor rotundifolia vulgaris, floribus candidis. *Tournef. inſt.* 111.
*Creſcit in agrorum marginibus vulgaris per* Europam, *in* Suecia *autem copioſiſſima.*

10. CAMPANULA foliis haſtatis dentatis, caule determinate folioſo. *vide tab.*
Campanula canarienſis, atriplicis folio, tuberoſa radice. *Tournef. inſt.* 109.
Campanula canarienſis regia ſeu Medium radice tuberoſa, foliis ſinuatis cæſiis, atriplicis æmulis ternis circum caulem ambientibus, flore amplo pendulo colore flammeo rutilante. *Pluk. alm.* 76. t. 276. f. 1.
*Creſcit in inſulis* Canariis.

11. CAMPANULA caule ſimpliciſſimo, foliis amplexicaulibus.
Campanula pentagonia perfoliata. *Moriſ. hiſt.* 2. p. 457. ſ. 5. t. 2. f. 23. *Boerh. lugdb.* 1. p. 248. *Bocc. muſ.* 1. t. 5. f. 8. (minima)
Rapunculum minimum rotundifolium verticillatum, flore purpureo. *Barr. rar.* t. 1133.
Speculum veneris perfoliatum ſeu Viola pentagonia perfoliata. *Raj. hiſt.* 743.
*Creſcendi naturalem locum non addit inventor; videtur natione* Itala.
*Diſtinctiſſima eſt hæc ſpecies a congeneribus: Caule communiter ſine ramis erecto. Foliis cordatis, amplexicaulibus, dentato-crenatis, alternis. Floribus tribus communiter ſeſſili-bus, intra ſingulam folii alam.*

12. CAMPANULA caule dichotomo, foliis ſeſſilibus utrinque bidentatis.
Campanula minor annua, foliis inciſis. *Moriſ. hiſt.* 2. p. 458. ſ. 5. t. 3. f. 25.
Rapunculus minor, foliis inciſis. *Bauh. pin.* 92.
Erini ſive Rapunculi minimum genus. *Col. phyt.* 28.
Erinos fabii columnæ minor. *Bauh. hiſt.* 2. p. 799. *Raj. hiſt.* 743.
Alſine oblongo folio ſerrato, flore cæruleo. *Bauh. hiſt.* 2. p. 367.
*Creſcit in muris & ſiccioribus* Meſſanæ & Monſpelii.

13. CAMPANULA caule ramoſo, foliis ovatis oblongis crenatis.
Campanula arvenſis erecta. *Herm. lugdb.* 108. *Boerh. lugdb.* 1. p. 248.
Speculum flore cæruleo arvenſe. *Rupp. jen.* 25.
Speculum veneris. *Raj. hiſt.* 742.
Onobrychis arvenſis vel Campanula arvenſis erecta. *Bauh. pin.* 215.
Avicularia ſylvii quibuſdam. *Bauh. hiſt.* 2. p. 800.
α Campanula arvenſis procumbens. *Tournef. inſt.* 112.
β Campanula ſeu Viola pentagonia, folio oblongo latiori. *Moriſ. bleſ.* 244.
γ Campanula arvenſis erecta, flore albo. *Tournef.*
*Creſcit inter ſegetes in agris* Galliæ, Italiæ, Germaniæ, &c.

R                                                                    14. CAM-

14. CAMPANULA caule fubdivifo ramofiffimo, foliis linearibus acuminatis.
　Campanula pentagonia, flore ampliffimo, thracica. *Tournef. inft.* 112. *Boerh. lugdb.* 2. *p.* 248.
　Speculum veneris, flore ampliffimo, thracicum. *Raj. hift.* 742.
　*Crefcit in* Thracia.
　*Relatæ fuere 'Species prædictæ a veteribus ad diverfa genera. e. gr.* Trachelium *fp.* 2. 10.
　4. 5. Rapunculus 3. 6. 7. 8. 9. Medium 1. Speculum veneris 11. 12. 13. 14.

# TRACHELIUM. *g. pl.* 132.

1. TRACHELIUM foliis ovatis ferratis, caule umbellâ terminato.
　Trachelium azureum umbelliferum. *Tournef. inft.* 130.
　Rapunculus valerianoides cæruleus umbellatus. *Boerh. lugdb.* 1. *p.* 250.
　Rapunculus corniculatus valerianoides cæruleus. *Morif. hift.* 2. *p.* 465. *f.* 5. *t.* 5. *f.* 52.
　Rapuntium umbellatum. *Raj. hift.* 745.
　Polypremum. *Syft. nat.*
　Cervicaria valerianoides cærulea. *Bauh. pin.* 95.
　Valerianoides alpinum, trachelii folio, floribus cæruleis. *Pluk. alm.* 379.
　*Crefcit Romæ in monte Cælio, inque muris fontium & locis humidis umbrofis; nec non in* Regni Valentini *deferto, juxta pontem monafterii Hieronymi.*

# IPOMOEA. *g. pl.* 133.

1. IPOMOEA foliis linearibus pinnatis', floribus folitariis.
　Convolvulus exoticus annuus, foliis myriophylli feu millefolii aquatici, flore fanguineo. *Pluk. alm.* 117,
　Convolvulus pennatus exoticus. *Col. obf.* 73. *Morif. hift.* 2. *p.* 18. *f.* 1. *t.* 4. *f.* 7.
　Convolvulus pinnato folio muriceo, gelfemini flore. *Barr. rar. t.* 60.
　Gelfemini rubri alterum genus. *Cæfalp. fyft.* 154.
　Jafminum millefolii folio. *Bauh. pin.* 398.
　Quamoclit five Jafminum americanum. *Cluf. poft.* 9.
　Quamoclit foliis tenuiter incifis & pinnatis. *Tournef. inft.* 116. *Boerh. lugdb.* 1. *p.* 247. *Burm. zeyl.* 197.
　Quamoclit. *Bauh. hift.* 2. *p.* 177. *Raj. hift.* 730.
　Tfjuria-cranti. *Rheed. mal.* 11. *p.* 123. *t.* 60.
　*Crefcit 'in infulis* Maderafpatanis *, ut fertur, & in* Malabaria, Zeylona.
　*Quamoclit eft nomen barbarum;* Ipomœam *itaque dixi ab affinitate fumma cum* Convolvulis *;* ἴψ*, ιπὸς* Convolvuli *&* ὅμοιος *fimilitudo eft.*
　*Non dubito quin & hoc genus tandem conjungatur cum* Convolvulis *, limites enim utrisque intercedentes vix videntur fufficere.*

2. IPOMOEA foliis cordatis acuminatis, vix dentatis.
　Quamoclit americana folio hederæ, ~~flore coccineo.~~ *Comm. rar. 21. t.* 21. *Boerh. lugdb.* 1. *p.* 247.
　*Crefcit in* America.

# CONVOLVULUS. *g. pl.* 134.

1. CONVOLVULUS foliis fagittatis utrinque acutis,
　Convolvulus minor arvenfis, flore rofeo. *Tournef. inft.* 83. *Boerh. lugdb.* 1. *p.* 245.
　Convolvulus minor arvenfis. *Bauh. pin.* 294.
　Covolvulus minor. *Cluf. hift.* 2. *p.* 50.
　Convolvulus vulgaris, flore minore albo vel purpureo. *Morif. hift.* 2. *p.* 13. *f.* 1. *t.* 3. *f.* 9.
　Helxine ciffampelos multis, five Convolvulus minor. *Bauh. hift.* 2. *p.* 157.
　Smilax lævis minor. *Dod. pempt.* 393.
α Convolvulus minor arvenfis, flore candido. *Tournef.*
β Convolvulus -- flore purpureo radiis albis picto. *Tournef.*
γ Convolvulus -- flore albo punicantibus lineis afperfo. *Tournef.*
　*Crefcit in agris inter fegetes vulgaris per* Europam.

2. CONVOLVULUS foliis fagittatis poftice truncatis.
　Convolvulus major. *Bauh. hift.* 2. *p.* 154.
　Convolvulus major albus. *Bauh. pin.* 294.
　Convolvulus vulgaris major albus. *Morif. hift.* 2. *p.* 12. *f.* 1. *t.* 3. *f.* 6. *Boerh. lugdb.* 1. *p.* 246.
　Smilax lævis major. *Dod. pempt.* 392.
α Convolvulus major purpureus. *Tournef. inft.* 82.
β Convolvulus major, flore ex purpura-variegato. *Tournef.*
　Convolvulus vulgaris major, flore ex rofeo & albo variegato. *Boerh.*
γ Convolvulus fyriacus vel Scammonia fyriaca. *Morif. hift.* 2. *p.* 12. *f.* 1. *t.* 3. *f.* 5. *Boerh. lugdb.* 1. *p.* 245.

Scam-

Scammonia fyriaca. *Bauh. pin.* 294.
Scammonia fyriaca, flore majore convolvuli. *Bauh. hift.* 2. *p.* 163.
Scammonium. *Lob. hift.* 340.
*Crefcit in* Belgio , Anglia , Gallia *ad fepes & foffas, at* γ *in* Myfia *&* Syria , *nec non* Creta.
*Varietas* γ *differt a vulgari planta foliis minoribus , ftrufturam aliam differentem non obfervavimus.*

3. CONVOLVULUS foliis cordatis angulatis, radice tuberofa.
Convolvulus radice tuberofa efculenta, fpinaciæ foliis, flore albo fundo purpureo, femine poft fingulos flores fingulo. *Sloan. flor.* 53.
Convolvulus indicus Batatas dictus. *Raj. hift.* 728.
Convolvulus indicus orientalis, Inhame feu Battatas, Sifarum peruvianorum feu Battata hifpanorum. *Morif. hift.* 2. *p.* 11. *f.* 1. *t.* 3. *f.* 4.
Batatas. *Bauh. pin.* 91. *Bauh. hift.* 2. *p.* 792. *Cluf. hift.* 2. *p.* 78.
Jetica. *Marcgr. braf.* 16.
Kappa-Kelengu. *Rheed. mal.* 7. *p.* 95. *t.* 50.
*Crefcit culta in utraque* India *vulgaris , de flore vel fruftu nil vidimus ; foliis variat.*

4. CONVOLVULUS foliis cordatis, caule perenni villofo.
Convolvulus canarienfis fempervirens, foliis mollibus & incanis, floribus ex albo purpurafcentibus. *Comm. hort.* 2. *p.* 101. *t.* 51.
Katu-Kelengu. *Rheed. mal.* 11. *p.* 105. *t.* 51.
*Crefcit in infulis* Fortunatis.

5. CONVOLVULUS annuus foliis cordatis, rarius trilobis, calyce tuberculato villofo.
Covolvulus purpureus, folio fubrotundo. *Bauh. pin.* 295. *Morif. hift.* 2. *p.* 13. *f.* 1. *t.* 3. *f.* 7.
Convolvulus indicus, flore violacco. *Boerh. lugdb.* 1. *p.* 246.
Campanula indica. *Bauh. hift.* 2. *p.* 165.
α Convolvulus indicus, flore albo. *Tournef. inft.* 82.
β Convolvulus indicus, flore albo purpurafcente, femine albo. *Magn. hort.* 61.
γ Convolvulus cæruleus minor, folio fubrotundo. *Dill. elth.* 97. *t.* 82. *f.* 94.
δ Convolvulus folio cordato glabro, flore violaceo. *Dill. elth.* 100. *t.* 84 *f.* 97.
ε Convolvulus flore purpureo, calyce punctato. *Dill. elth.* 99. *t.* 83. *f.* 96.
ζ Convolvulus cæruleus, hederaceo angulofo folio. *Bauh. pin.* 295. *Dill. elth.* 96. *t.* 80. *f.* 91.
Convolvulus cæruleus hederaceus feu trifolius. *Morif. hift.* 2. *p.* 13. *f.* 1. *t.* 3. *f.* 8. *Boerh. lugdb.* 1. *p.* 242.
Convolvulus aureus five cæruleus; Campanula lafura herbariorum; noctu florens, Pleutonaria dicta. *Lob. hift.* 342.
Nil arabum five Convolvulus cæruleus. *Bauh. hift.* 2. *p.* 164.
η Convolvulus cæruleus, hederaceo folio magis angulofo. *Dill. elth* 96. *t.* 80. *f.* 92.
ϑ Convolvulus cæruleus major, folio hederaceo. *Dill. elth.* 97. *t.* 81. *f.* 93.
*Crefcit naturalis planta cum* α. β. *in* Syria, γ. *in regione* Miffifipica, δ. *in* Carolina, ε. *in* Mexico, ζ. *in* Afia, Africa *&* America; η. *in* Æthiopia; ϑ *in* Virginia *&* Carolina.

6. CONVOLVULUS foliis reniformibus.
Convolvulus maritimus noftras rotundifolius. *Morif. hift.* 2. *p.* 11. *f.* 1. *t.* 3. *f.* 2. *Boerh. lugdb.* 1. *p.* 245.
Soldanella maritima minor. *Bauh. pin.* 295.
Soldanella. *Dod. pempt.* 395.
Braffica marina five Soldanella. *Bauh. hift.* 2. *p.* 166.
*Crefcit in* Angliæ, Frifiæ orientalis, Scaniæ, &c. *maritimis litoribus arenofis.*

7. CONVOLVULUS foliis cordato- lanceolatis.
Convolvulus ftellatus arvenfis, folio glauco. *Dill. elth.* 103. *t.* 87. *f.* 101.
Covolvulus folio fagittato & auriculato, flore luteo, fructu veficario biloculari, condente femina bina in fingulis loculis. *Boerh. lugdb.* 1. *p.* 268.
*Crefcit in arvis* Mexicæ.

8. CONVOLVULUS foliis ovatis acutis.
Convolvulus ficulus annuus cæruleus minimus, capfula floris binis foliolis cincta. *Morif. hift.* 2. *p.* 36. *Boerh. lugdb.* 1. *p.* 247.
Convolvulus ficulus minor, flore parvo auriculato. *Bocc. fic.* 89.
Convolvulus africanus minimus. *Morif. hift.* 2. *f.* 1. *t.* 7. *f.* 5. *figura tenus.*
*Crefcit circa Panormum rarior , at copiofior circa* Cataniam Siciliæ *urbem.*

9. CONVOLVULUS foliis ovatis divifis bafi truncatis, laciniis intermediis duplo-longioribus.
Convolvulus argenteus, folio althæ. *Bauh. pin.* 295. *Boerh. lugdb.* 1. *p.* 246.
Convolvulus folio althæ. *Cluf. hift.* 2. *p.* 49.
Convolvulus peregrinus pulcher, folio betonicæ. *Bauh. hift.* 2. *p.* 159.
Convolvulus, betonicæ althææque foliis, repens argenteus, flore purpureo. *Barr. rar.* 5. *t.* 312.
α Convolvulus argenteus, althæ foliis magis incifis & incanis. *Boerh. lugdb.* 1. *p.* 246.
Convolvulus argenteus elegantiffimus , foliis tenuiter incifis. *Tournef. inft.* 85.

R 2

Con-

Convolvulus minor pentaphyllæus. *Munt. hist.* 504. *t.* 504.

*Crescit in collibus juxta Tagum flumen læto solo in* Bœtica, *plurimisque aliis* Hispaniæ & *in* Italiæ *incultis locis passim ; in* Gallia narbonensi *monte Cretio, copiosior in* Gallo-provincia *circa Tolam & Olbiam.*

10. CONVOLVULUS foliis lanceolatis obtusis sericeis.
Convolvulus argenteus umbellatus erectus. *Tournef. inst.* 84.
Convolvulus major rectus creticus argenteus *Morif. hist.* 2. *p.* 11. *f.* 1. *t.* 3. *f.* 1. *Boerh. lugdb.* 1. *p.* 247.
Cneorum album, folio oleæ argenteo molli. *Bauh. pin.* 463.
Cneorum album dalecampii, aliis Dorycnium. *Bauh. hist.* 1. *p.* 597.
Dorycnium plateau. *Cluf. hist.* 2. *p.* 254.
α Convolvulus minor argenteus repens acaulis fere. *Tournef. inst.* 84.
Convolvulus argenteus minor repens rupellensis, flore rubro. *Morif. hist.* 2. *p.* 17. *f.* 1. *t.* 4. *f.* 2. *Boerh. lugdb.* 1. *p.* 247.
Convolvulus saxatilis erectus villosus perennis, flore ex albo-purpurascente, hispanicus. *Parr. rar.* 4. *descr. t.* 470. *Bocc. muf.* 2. *p.* 79. *t.* 70.
*Crescit in* Sicilia & Creta, *at α ad oram maritimam circa Rupellam, in* Catalauniæ *locis aridis, & in montibus campestribus ac desertis* Castiliæ *novæ.*
*Planta pedunculos fere a radice vel in caule foliis breviore promit, antecedens autem caule longo & recto instruitur.*

11. CONVOLVULUS foliis lineari-lanceolatis, caule ramoso.
Convolvulus spicæfolius. *Raj. hist.* 726.
Convolvulus minimus spicæfolius. *Morif. hist.* 2. *p.* 17. *f.* 1. *t.* 4. *f.* 3.
Convolvulus linariæ folio. *Bauh. pin.* 295.
Cantabrica quorundam. *Cluf. hist.* 2. *p.* 49.
Convolvulus, linariæ folio, assurgens. *Tournef. inst.* 83. *Boerh. lugdb.* 1. *p.* 247.
α Convolvulus, linariæ folio, humilior. *Tournef.*
*Crescit in* Italia, Sicilia & Gallia narbonensi *vulgaris.*

12. CONVOLVULUS foliis lanceolato-ovatis nudis, caule recto, floribus solitariis.
Convolvulus peregrinus cæruleus, folio oblongo. *Bauh. pin.* 295. *prod.* 134. *Bauh. hist.* 2. *p.* 166.
Convolvulus lusitanicus, flore cyaneo. *Tournef. inst.* 83. *Boerh. lugdb.* 2. *p.* 246.
Convolvulus peregrinus cæruleus, folio oblongo, flore peramœno triplici colore insignito. *Morif. hist.* 2. *p.* 17. *f.* 1. *t.* 4. *f.* 4.
Convolvulus longifolius azureus, niveo umbilico, supinus. *Barr. rar.* 4. *t.* 322.
α Convolvulus longifolius azureus, niveo umbilico, erectus. *Bocc. muf.* 2. *p.* 148. *t.* 105. & 76. *t.* 63. *Barr. rar.* 4. *t.* 321.
*Crescit in* Africa, Hispania, Lusitania, Sicilia *ad promontorium Pachynum, in* Mauritania *circa Tingidem.*

13. CONVOLVULUS foliis ovatis obtusis, caule filiformi.
Convolvulus indicus minor, alsines folio, flore rubicundo purpureo. *Comm. flor.* 22. *Raj. hist.* 379.
Convolvuli minimi species bisnagarica, hirsuto alsines folio. *Pluk. alm.* 116.
Alsines facie Myosotis bisnagarica frutescens, flosculis pallide flavescentibus. *Pluk. phyt.* 9. *f.* 1.
Vistnu-clandi. *Rheed. mal.* 11. *p.* 131. *t.* 64.
*Crescit in utraque* India, *nostra in* Bahama *lecta fuit.*
*Licet figura in* Horto malabarico *, duplo nostra planta major sit, non dubito eandem adponere, cum idem in plurimis aliis observamus ; an hoc a luxuriante solo vel luxuriante pictore factum, me fugit.*

# CORIS. *g. pl.* 846.

1. CORIS.
Coris cærulea maritima. *Bauh. pin.* 280. *Morif. hist.* 3. *p.* 363. *f.* 11. *t.* 5. *f. ult.*
Coris monspessulana purpurea. *Bauh. hist.* 2. *p.* 434.
Coris quorundam. *Cluf. hist.* 2. *p.* 174.
α Coris flore rubro. *Tournef. inst.* 652.
β Coris maritima, flore albo. *Tournef.*
*Crescit in locis siccis circa* Salmanticam & Monspelium, *nec non in maritimis* Galliæ Narbonensis *&* Valentiæ *ubi major prognascitur.*

AZA-

# AZALEA. *g. pl.* 151.

1. AZALEA scapo nudo, floribus confertis terminatricibus, staminibus declinatis
Ciftus virginiana, flore & odore periclymeni. *Pluk. alm.* 106. *t.* 161. *f.* 4. *Catesb. ornith. p.* 57. *t.* 57.
*Crescit in* Virginia & Carolina.
*Corollæ figura in genere Azaleæ seu Chamærododendri Tournefortii variat, in aliis enim speciebus æqualis est, in aliis declinatis staminibus & magis tubulosa, quod genus tamen nullo modo lacerari debet. Nominis rationem vide Fl. lapp.*89. *e.*

# SIDEROXYLON. *g. pl.* 167.

1. SIDEROXYLUM inerme.
Sideroxyli primum, dein Coriæ indorum nomine data arbor. *Dill. elth.* 357. *t.* 265. *f.* 344.
*Crescendi locus naturalis me fugit, a facie Africanam dicerem arborem.*

2. SIDEROXYLUM spinosum.
Ebenus jamaicensis, arbuscula, buxi foliis, spinosa. *Pluk. alm.* 132. *t.* 89. *f.* 1.
Lycio similis frutex indicus. *Comm. hort.* 1. *p.* 161. *t.* 83. *Breyn. prod.* 2. *p.* 65.
Afphaltus arboreus seu Pseudo-ebenus buxi folio, flore luteo patulo, siliqua lata chartacea, femen exiguum reniforme complectente. *Sloan. flor.* 140. *hist.* 2. *p.* 31. *t.* 175. *f.* 1?
Courou-Moelli. *Rheed. mal.* 5. *t.* 77 *f.* 39.
*Crescit in utraque* India.
*Quod Plukenetii eadem cum nostra arbuscula sit nullum est dubium, figura bona est, ut & H. Malabarici, stamina licet plura numeret, hic sumens absque dubio denticulos lacinus corollæ interjectos pro staminibus. De Sloanei magis hæreo, utpote cum figura mala sit, descriptio minus quadrans, flos luteus patulus, pallide virescens & parvus, siliqua lata chartacea, forte deceptus author a siccis speciminibus, secundum quae descriptiones & figuras confecit.*
*Quod hæc species sit ejusdem generis cum antecedenti, docent abunde flores utrisque exacte similes, docent cuspides alterni corollæ, docent germina transversim secta, quæ apud nos non maturescunt.*

# RHAMNUS. *g. pl.* 165.

1. RHAMNUS floribus trigynis, aculeis geminatis, altero inferiore reflexo.
Paliurus. *Dod. pempt.* 756. *Tournef. inst.* 616. *Boerh. lugdb.* 2. *p.* 236.
Paliurus jujubinis foliis, fructu petasoideo. *Pluk. alm.* 275.
Jujuba fylvestris, quam in hetruria Spinam marruram vocant. *Cæs. fyst.* 109.
Rhamnus folio subrotundo, fructu compresso. *Bauh. pin.* 477.
Rhamnus five Paliurus, folio jujubino. *Bauh. hist.* 1. *p.* 35.
*Crescit in Italia circa* Veronam, Bergamum; *in Gallia Narbonensi circa* Monspelium.

2. RHAMNUS floribus digynis, aculeis geminatis rectis, foliis ovato-oblongis.
Zizyphus. *Dod. pempt.* 807. *Tournef. inst.* 627. *Boerh. lugdb.* 2. *p.* 245.
Zizyphus fylvestris. *Tournef. inst.* 627.
Zizypha fativa & fylvestria. *Bauh. hist.* 1. *p.* 40.
Zizyphus five Jujuba major. *Raj. hist.* 1533.
Zizyphus rutila. *Cluf. hist.* 1. *p.* 28.
Jujubæ majores oblongæ. *Bauh. pin.* 446.
Jujuba fylvestris. *Bauh. pin* 446.
Jujuba officinarum. *Dal. pharm.* 414.
*Crescit in* Italia *in rupibus & clivis maritimis prope* Tropiam *Calabriæ urbeculam & in agris* Veronensibus.
*E fylvestribus fatione, infitione & cultura fativas initio productas existimamus cum* Rajo.

3. RHAMNUS aculeis geminatis rectis, foliis ovatis.
Jujube f. Zizyphus africana, mucronatis foliis, spina gemella. *Pluk. alm.* 199. *t.* 197. *f.* 3.
Jujube africana spinosa, loti arboris foliis & facie, fructu rotundo parvo dulci. *Kigg. beaum.* 25.
*Crescit in* Africa. *Nostra planta e feminibus a* Capite bonæ spei *missis prodiit.*
*Differt ab antecedenti caule pubescente, foliis quadruplo majoribus, non nitidis, exacte ovatis, acutis, acute serratis; spinæ sunt horizontales apice nigricantes. Fructificationem etiamnum non vidimus, e facie huc retulimus.*

S

4. RHAMNUS spinis ex alis foliorum solitariis in ramos transeuntibus.

Jujuba americana spinosa, loti arboris foliis & facie, fructu rotundo parvo dulci. *Kigg. beaum.* 25. *Comm hort.* 1. *p.* 141. *t.* 73.

*Crescit in* Curaçao *& adjacentibus insulis americanis.*

*Nec hujus videre licuit fructificationes ; folia in hac non trinervia sunt , ut in præcedentibus ; debet & hæc distingui ab antecedente , quæ spinas solitarias , loco aculei duplicis gerit , &c.*

*De Genere an hujus sit vel an Lycii nil certo statuere possum , qui fructificationem non viderim.*

5. RHAMNUS inermis, floribus monogynis hermaphroditis.

Rhamnus inermis, foliis annuis. *Fl. lapp.* 60.

Frangula. *Dod. pempt.* 784. *Tournef. inst.* 612. *Boerh. lugdb.* 2. *p.* 231.

Alnus nigra baccifera. *Bauh. pin.* 428. *Bauh. hist.* 1. *p.* 560.

*Crescit in subudis graminosis nemorosis frequens & vulgaris , præsertim in frigidioribus Euro-pæ regionibus.*

6. RHAMNUS floribus quadrifidis, ramis spina terminatis, mas vel fœmina.

| Mas. | Fœmina. |
|---|---|
| Cervi spina Rivini & Cordi mas. *Rupp. jen.* 74. | Cervi spina Rivini & Cordi fœmina. *Rupp. jen.* 74. |
| Spina cervina floribus sterilibus. *Dill. gen.* 145. *t.* 8. *f. B.* | Spina cervina, floribus fertilibus. *Dill. gen.* 145. *t.* 8. *f. A.* |

Spina infectoria. *Cluf. hist.* 2. *p.* 111.

Rhamnus solutivus. *Dod. pempt.* 756.

Rhamnus catharticus. *Bauh. hist.* 478. *Bauh. hist.* 1. *p.* 55. *Tournef. inst.* 593. *Boerh. lugdb.* 2. *p.* 212.

*Crescit in senticosis dumetis sepibusque per* Sueciam, Angliam, Pannoniam, Germaniam.

7. RHAMNUS inermis, floribus polygamis, stigmate triplici.

| Hermaphroditus fœmineus. | Mas. |
|---|---|
| Alaternus 2. *Cluf. hist.* 1. *p.* 50. *Bauh. hist.* 1. *p.* 542. | Alaternus 1. *Cluf. hist.* 1. *p.* 50. *Tournef. inst.* 595. *Boerh. lugdb.* 2. *p.* 213. |
| Alaternus minore folio. *Tournef. inst.* 595. *Boerh. lugdb.* 2. *p.* 214. | Alaternus. *Plin. lib.* 16. *c.* 26. |
| Alaternus secundus clusii; Celastrus theophrasti fœmina. *Dalech. hist.* 159. | Alaternus prior clusii ; Celastrus mas theophrasti. *Dalech. lugdb.* 159. |
| Philyca humilior. *Bauh. pin.* 477. | Philyca elatior. *Bauh. pin.* 477. |
| ⍺ Alaternus monspelica , foliis profundius incisis. *Tournef.* | ⍺ Alaternus aurea f. foliis ex luteo aureis. *Tournef.* |
| | β Alaternus argentea f. foliis ex albo variis. *Tournef.* |
| | γ Alaternus hispanica latifolia. *Tournef.* |
| | Alaternus hispanica, celastrus dicta. *Boerh.* |

*Crescit in* Lusitania , Bœtica , *agro* Valentino ; *In* Italia *præcipue ad mare inferum &* Monspeliis.

*Obs. Plinius fructum negavit huic arbori, & Theophrastus eandem sexu distinxisse videtur ; quod Botanici nugas fecere. Sed redeunt secula. Altera enim semper mas est ; de hermaphrodito , num ab utraque leges conjugales supplere valeat vel an solum a fœmina polleat , me etiamnum non edoctum fateor. Ergo mas est qui numquam fert fructum, ergo fœmina , salvo respectu, dici potest altera. In Horto Cliffortiano Alaterni 2. Clusii omnes hermaphroditæ sunt , & Alaterni 1. Cluf. omnes mares ; an hæc lex ubique obtineat ? aliis discutiendum relinquo, commendo ; vel an 1. & 2. Clusii sint varietates aliæ quam sexuales, & an in utraque planta ejusmodi distinctio ? ego plantas enumeravi ut in horto sese obtulere.*

*Nullus, qui flores singularum sub hoc genere recensitarum specierum simul viderit horumque figuram attente consideraverit , erit , qui eos ad diversa trahere genera posthac studeat, licet fructus in hac tot modis diversus quot species sint. E fructu enim species fuere genera , varietates species, uti* Paliurus *sp.* 1. Zizyphus 2. 3. Frangula 5. Cervi spina 6. Alaternus 7.

# PHILYCA. *g. pl.* 166.

1. PHILYCA foliis ovato-linearibus.

Alaternoides africana, ericæ foliis, floribus albicantibus & muscosis. *Comm. hort.* 2. *p.* 1. *t.* 1. *Boerh. lugdb.* 2. *p.* 214.

*Crescit in* Africa, *apud nos solo sub tecto servatur per hyemem, floret autumno & semina vere perficit.*

*Reliquæ* Alaternoidis *Boerhaavio species ejusdem generis non sunt.*

2. PHILYCA foliis ovato-lanceolatis.

Spiræa africana odorata, floribus suaverubentibus. *Comm. rar.* 2. *t.* 2.

*Crescit in* Africa.

*Nos*

*Nos tantummodo eandem in horto sicco habemus, floribus etiamnum non explicatis : quantum autem est videre, e specimine erit flos monopetalus & potius hujus generis, quam Diosmæ; de fructu tamen nil certi novimus.*

## BRUNIA. *g. pl.* 175.

1. BRUNIA foliis quadrifariam imbricatis.
Cupresso pinulus capitis bonæ spei. *Breyn. cent.* 22. *t.* 10.
Erica capitata s. nodiflora cupressiformis africana. *Pluk. mant.* 69.
Scabiosæ affinis Arbuscula africana ericoides sphærocephalos. *Raj. hist.* 1444.
*Crescit in* Capite bonæ spei,

2. BRUNIA foliis linearibus patulis.
Frutex corymbiferus africanus, chrysanthemi ericoidis facie, floribus globulariæ. *Breyn. fasc.* 23.
Tamariscus monomotapensis, ericæ tenuissimo folio, pilulifera, ramulis lanugine aranearum instar implexis, *Pluk. alm.* 361. *t.* 318. *f.* 4.
*Crescit in* Africa.

3. BRUNIA floribus solitariis.
Ericæformis æthiopica, cupressi foliis compressiusculis. *Pluk. alm.* 136. *t.* 279. *f.* 2.
*Crescit in* Africa.
*Caulis facie Ericæ tectus foliis ovatis, angulato-impressis, sessilibus, cauli approximatis.*
*Summi ramuli Statices Limonii dicti modo ex apicibus singulis singulum florem album sessilem proferunt, calyce pentaphyllo membranaceo germini insidente. Petalis 5. inferne attenuatis. Staminibus quinque subulatis receptaculo affixis. Stylus simplex. Germen infra receptaculum. De fructu nil scimus. Adeoque heic, donec certiora innotescant, plantam inserui.*
*Dictum fuit Genus plantarum* ERIOCEPHALOS *Bruniades Pluk. mant.* 69. *a me Brunia, ab eodem quo suas plantas dixit Plukenetius ; Ingeniosus Vir Alexander Brow rarissimas has apud Bonæ spei, hujusmodi deliciarum feracissimum promontorium, propria manu collegit & communicavit ; ea propter in sui nominis memoriam Brunia pro harum cognomine usurpari placuit Plukenetio.*

## DIOSMA. *g. pl.* 171.

1. DIOSMA foliis linearibus hirsutis.
Spiræa africana odorata, foliis pilosis. *Comm. rar. p.* 3. *t.* 3. *Boerh. lugdb.* 2. *p.* 238.
*Crescit ad* Caput bonæ spei *juxta montes in locis altioribus.*
*Gratissimus iste & aromaticus odor foliorum, sed præcipue Capsulæ Anisi stellati similis, ut & Pericarpii figura in quinque cornua divisa, licet hic erecta sint cornua ista, fecere ut interrogarem num hæc esset species Anisi stellati. Hoc tamen negare videntur calyptræ propriæ seminum.*
*Singulare in hac planta est, quod superior pars germinis gerat vices nectarii in coronam pentagonam effabre exsculpti.*
*Cum frutex hic in hortis nostris sit vulgatissimus, nec facile per hyemes pereat, solo sub tecto servatus, brevem ejus descriptionem dabo, præsertim cum in Catalogis horti reliquorum minus frequens occurrat, nec magni momenti sit ista Commelini.*
*Frutex est raro humanam altitudinem attingens Caule (in ollis ac vasis) simplici, quodammodo levi, ruffescente, crassitie pollicis, e cujus apice*
*Rami disperguntur hac lege: Rami foliis alternis, vix spatio lineari a se invicem remotis asperguntur, quæ retinent primo & secundo anno, at tertio dimittunt ; primo anno simplex est ramus, altero ex singula folii ala versus summitatem (non infra medium) promit similiter ramulum. Rami omnes leues, flexiles, filiformes, pallidi primo anno.*
*Folia linearia, vel filiformia, versus apicem attenuata, acuminata, erecta, sessilia a latere caulem recipiente viridia plana, at extrorsum verso teretia, crinibusque albis obducta, longitudine unguis pollicis humani.*
*Flores pauci ramos terminant, sæpe solitarii, calyce parvo viridi hirsuto, petalis niveis. Petala alba, reliqua vide in characteribus.*
*Odor totius plantæ Anisum stellatum redolet.*

2. DIOSMA foliis subulatis acutis.
Spiræa africana, foliis cruciatim positis. *Comm. rar.* 1. *t.* 1.
Hypericum africanum vulgare; seu Bocho hottentottorum, flore albo ; frutescens. *Seb. thes.* 2. *p.* 41. *t.* 40. *f.* 5.
*Crescit ad* Caput bonæ spei *cum antecedenti.*

S 2

3. DIOSMA

3. D I O S M A foliis fetaceis acutis.
Ericæformis, coridis folio, æthiopica, floribus pentapetalis in apicibus. *Pluk. alm.* 236. *t.* 279. *f.* 5. *bona.*
*Crefcit in* Africa.
*Diofmam dixi genus a fuaveolentiffimo & refocillanti odore totius plantæ, præfertim Pe-*
*ricarpiorum.*

## M Y R S I N E. *g. pl.* 154.

1. M Y R S I N E.
Buxus africana rotundifolia ferrata. *Pluk. alm.* 74. *t.* 80. *f.* 5. *Boerh. lugdb.* 2. *p.* 173.
Vitis idæa æthiopica, myrti tarentinæ folio, flore atropurpureo. *Comm. hort.* 1. *p.* 123. *t.* 64.
Frutex æthiopicus baccifer, foliis myrtilli. *Breyn. cent.* 9. *t.* 5.
*Crefcit in* Æthiopia.
*Planta hæc eft arbufcula, vix humanæ, apud nos, altitudinis, ramis erectis atro-purpureis, an-*
*gulatis, angulis e finu cujuscunque folii decurrentibus, tenacibus, flexilibus, abfque ordi-*
*ne ramofis*
*Folia ovata, utrinque parum attenuata, perennia, firma, fuperne atroviridia, nitida, in-*
*ferne pallide viridia, margine purpurafcente acuto parumque reflexo, fupra medietatem*
*utrinque tribus vel quatuor ferraturis acutis minimis conniventibus notata, patula, con-*
*vexa, petiolo vix lineari rubro infidentia, folitaria.*
*Flores ex alis foliorum plures, albi, angulis corollæ & calyce rubicundis.*

## C A S S I N E. *g. pl.* 845.

1. C A S S I N E.
Caffine vera perquam fimilis arbuscula, phillyreæ foliis antagonistis ex provincia carolinienfi. *Pluk. mant.* 40.
   *Angl. hort* 10. *t.* 20.
Phillyrea capenfis, folio celaftri. *Dill. elth.* 315. *t.* 246. *f.* 305.
Lycium africanum, betulæ folio. *Hern. prod.* 349. *Kigg. beaum.* 27.
Celaftri glauco folio arbor. *Pet muf* n. 627.
Cerafus febeftenæ domefticæ foliis aliquatenus accedens. *Pluk. alm.* 94. *t.* 97. *f.* 8.
Frutex æthiopicus, alaterni foliis. *Seb thef.* 1. *p.* 46. *t.* 29 *f* 5.
*Crefcit ad* Caput bonæ fpei, *nec non in* Carolina, *hyemesque noftras fub dio perdurat & flo-*
*ret & viget.*

## C E L A S T R U S. *g. pl.* 168.

1. C E L A S T R U S ramis teretibus, fpinis nudis, foliis acutis.
Lycium æthiopicum, pyracanthæ folio. *Comm. hort.* 1. *p.* 163. *t.* 84.
Lycium africanum 1, fructu rubro; potius Evonymo affinis. *Boerh. hort.* 246.
Evonymus africanus, lycii craffioribus foliis, fempervirens, capfula triloculari afperata rubente. *Boerh.*
   *lugdb.* 2. *p.* 237.
Rhamno fimilis africana, fructu triloculari, folio pyracanthæ. *Boerh. lugdb.* 2. *p.* 212.
*Crefcit in* Africa.
*In noftris hortis fpinis communiter fere deftituitur, quod forte per culturam factum.*

2. C E L A S T R U S ramis angulofis, fpinis foliofis, foliis obtufis.
Lycium pruni folio fubrotundo, flore candicante. *Boerh. ind.* 246.
Lycium portorienfe, buxi foliis anguftioribus. *Kigg. beaum.* 28. *Pluk. alm.* 234. *t.* 202. *f.* 3.
Rhamnus afer, folio pruni longiori fubrotundo, flore candicante, fpinis longiffimis. *Boerh. lugdb.* 2.
   *p.* 212.
*Crefcit in* Africa.
*Mira eft hujus generis apud omnes, qui hoc genus tractarunt authores, inter fpecies con-*
*fufio & incertitudo*
*Fructus in hac globofus, in præcedenti triqueter eft.*

3. C E L A S T R U S foliis oppofitis ovatis integerrimis, floribus fere folitariis.
Rhus virginianum, foliis myrti. *Comm. hort.* 1. *p.* 157. *t.* 81. *Raj. dendr.* 10.
*Crefcit in* Virginia.

4. C E L A S T R U S inermis, foliis alternis ovatis ferrulatis, floribus racemofis.
Myrtifolia arbor, foliis latis fubrotundis, flore albo racemofo. *Sloan. flor.* 162. *hift.* 2. *p.* 79. *t.* 193. *f.* 1.
   *Raj. dendr.* 36.
Phytolacca americana, fructu minori. *Boerh. lugdb.* 2. *p.* 70.
*Crefcit in* America.

*Plan-*

*Planta nobis ficca eft : videtur frutex facie omnino Riviniæ, caule levi pallido, folia alter-
na petiolata ovata acuta, tenuiffime ferrata, utrinque glabra; Racemus terminatrix, fimplex.*
*Flores parvi albi; flos ut in congeneribus.*

5. CELASTRUS inermis, foliis ovatis ferratis trinerviis, racemis ex fummis alis longiffimis.
Evonymus novi belgii, corni fœminæ foliis. *Comm. hort.* 1. p. 167. t. 86. *Raj. dendr.* 69.
Evonymus, jujubinis foliis, carolinienfis, fructu parvo fere umbellato. *Pluk. alm.* 139. t. 28. f. 6.
*Crefcit in* Carolina, Virginia & adjacentibus Americæ provinciis,

6. CELASTRUS inermis, foliis lanceolatis obtufe ferratis, petiolis appendiculatis.
Alaternoides africana, lauri ferratæ folio. *Comm. præt.* 61. t. 11. *Boerh. lugdb.* 2. p. 214.
Ricinoides africana arborefcens, folio phillyreæ longifoliæ ferratæ, floribus exiguis e luteo viridibus. *Seb.
thef.* 1. p. 35. t. 22. f. 6.
*Crefcit in campis irriguis & rivulorum marginibus ad* Caput bonæ fpei.
*Flores non vidimus, figura tamen Sebæ exacte videtur indicare hoc genus, fed defcribit du-
plicem ordinem corollæ, quod alieni quid indicat.*

# MORINDA. *g. pl.* 163.

1. MORINDA procumbens.
Morinda americana humifufa laurifolia *Vaill. act.* 1722. t. 275.
Rojoc humifufum, fructu cupreffino. *Plum. gen.* 11.
Lauri facie curaffavica volubilis, fructu mori, radice crocea e qua atramentum conficiunt americani quibus
Morilje dicitur *Kigg. beaum.* 26.
Lauri facie curaffavica volubilis, e cujus radice atramentum conficiunt americani. *Herm. prod.* 345.
Rubi feu Mori fructu americana arbor, foliis laurinis; Morilje vulgo. *Herm. prod.* 372. *Raj. dendr.* 76.
*Crefcit in* Curaffao & *aliis Americæ provinciis.*

# CEPHALANTHUS. *g. pl.* 300.

1. CEPHALANTHUS foliis ternis.
Platanocephalus tini foliis ex adverfo ternis. *Vaill. act.* 1722. p. 259.
Scabiofa dendroides americana, ternis foliis circa caulem ambientibus, floribus ochroleucis. *Pluk. alm.* 336.
Arbor americana triphylla, fructu platani quodammodo æmulante. *Pluk. phyt.* 77. f. 4.
*Crefcit in* Virginia.
*In hujus plantæ floribus unica quinta pars numeri excluditur a dato in generibus charactere
ex horto malabarico feu* CEPHALANTHO *foliis oppofitis.* H. M. 3. p. 29. t. 33. *ubi flos quin-
quefidus & defcribitur & depingitur; cumque in* H. M. *omnes figuræ majores fint inquiren-
dum num fpecie differat hæc noftra.
Cephalanthum quafi florem capitatum dixi hanc plantam, cum Platanocephalus* F. B. 227.
249. *non placeat, multo minus Synonymon genericum Plukenetii Acrochordodendros*
F. B. 249.

# LAGOECIA. *g. pl.* 176.

1. LAGOECIA.
Umbelliferis affinis, capitulis globofis. *Morif. hift.* 3. p. 265. f. 9. t. 13. f. ult.
Cuminoides vulgare. *Tournef. inft.* 301. *Boerh. lugdb.* 1. p. 132.
Cuminum fylveftre, capitulis globofis. *Bauh. pin.* 146.
Cuminum fylveftre primum valde odoratum globofum. *Bauh. hift.* 3. p. 23.
Cuminum fylveftre. *Dod. pempt.* 300. *Lob. adv.* 330.
Daucus odoratus creticus, fanguiforbæ capitulis villofis. *Pluk. alm.* 130.
*Crefcit in* Lemno, Creta, Aleppo.
*Cum nil habeat cum Cumino, nec aliquid cum Dauco Pluk. aut Sanguiforba Raji commu-
ne, & genere diftincta & nomine erit. Vocatur tefte Bellonio in Lemno Lagochymeni
i. e. leporis cubile, quam metaphoram imitantes diximus Lagœciam à λαγος & οικος i. e. Le-
poris domus.*

# TELEPHIUM. *g. pl.* 172.

1. TELEPHIUM foliis oblongo-ovatis, floribus laxe fpicatis terminatricibus.
Telephium diofcoridis. *Tournef. inft.* 2. 8. *Boerh. lugdb.* 1. p. 278.
Telephium legitimum imperati ÷. *Cluf. hift.* 2 p 67.
Telephium repens, folio non deciduo. *Bauh. pin.* 287.
Helianthes fpecies rara, coma inflexa ut in heliotropio. *Bauh. hift.* 2. p. 20. *Raj. hift.* 1016.

T He-

Helianthes fpecies rara, figura leguminofa, floribus aureis. *Lob. adv.* 405.
Helianthes fpecies penæ. *Dalech. hift.* 869.
Ciftus folio majoranæ. *Bauh. pin.* 465.
Polygonum perenne procumbens, folio breviore, floribus in capitulum congeftis. *Morif. hift.* 2. p. 593.
Alfine fcorpioides procumbens major, telephii facie, tricapfularis. *Pluk. alm.* 20.
*Crefcit in arduis jugis montis* Bonaventuræ, *non procul ab Aquis-fextiis in Gallo-provincia.*

# GRONOVIA. *g. pl.* 159.

1. GRONOVIA.
   Gronovia fcandens lappacea, pampinea fronde. *Houft. a. a. Mart. cent.* 1. p. 40. t. 40.
   *Crefcit in* Nova Cruce *Americæ.*
   *Dixit Houftonus hanc plantam fcandentem, plantasque involventem, attrahentemque, a Doctiffimo*
   *Botanico Jo. Fr.* Gronovio, *cujus collectio plantarum vix pari gaudet ; cui & nofter*
   *Hortus plurimas debet plantas & femina.*

# VITIS. *g. pl.* 161.

1. VITIS foliis palmato-angulatis.
   Vitis fylveftris, Labrufca. *Bauh. pin.* 299.
   Vitis fylveftris virginiana. *Bauh. pin.* 299.
   Vitis vulpina dicta virginiana alba. *Pluk. alm.* 392.
   Vitis vinifera fylveftris americana, foliis averfa parte denfa lanugine tectis. *Pluk. phyt.* 249.
   Vitis fructu minore rubro acerbo, folio fubrotundo minus laciniato, fubtus alba lanugine tecto. *Sloan. hift.*
     2. p. 104. t. 210. f. 4.
   Cevalchichiltic. *Hern. mex.* 123.
   α Vitis vinifera. *Bauh. pin.* 299. *Dod. pempt.* 415.
   β Vitis corinthiaca five apyrena. *Bauh. hift.* 2. p. 72.
   *Crefcit in omnibus quatuor mundi partibus fponte . in locis nec fole aduftis , nec frigore con-*
     *glaciatis : ut in* Virginia, Gallo-provincia, Narbona, Jamaica, Mexico, *&c.*
   *Si varietates fpo fpeciebus quis habere velit , tot habebit differentias quot Endemiatorum vi-*
     *neta & novas omni die productas.*
   *Singularis præ reliquis eft varietas (β) pufillis admodum acinis, femineque carentibus, quod*
     *in nulla naturali fpecie unquam obtinet, nec hæc nifi varietas eft.*
   *In* Suecia *culta vix frigus perfert, nifi tegatur per hyemem, excepta fola* Scania, *ubi, neque*
     *fecura ab hyemis fævitia, interdum perdurat.*

2. VITIS foliis quinatis, foliolis multifidis.
   Vitis folio apii. *Bauh. hift.* 2. p. 73. *Raj. hift.* 1614. *Boerh. lugdb.* 2. p. 232.
   Vitis laciniatis foliis. *Corn. canad.* 182 t 183
   *Obf. An hæc , ut quidam volunt , fit varietas antecedentis nec ne, pro certo determinare ne-*
     *queo , videtur tamen fatis diverfa.*

3. VITIS foliis quinatis, foliolis ovatis ferratis.
   Vitis quinquefolia canadenfis fcandens. *Tournef. inft.* 613. *Boerh. lugdb.* 2. p. 233.
   Vitis hederacea indica. *Stap. theophr.* 364.
   Edera quinquefolia canadenfis. *Corn. canad.* 99. t. 100.
   *Crefcit in* Canada.

# HEDERA. *g. pl.* 160.

1. HEDERA foliis lobatis ac ovatis. *Fl. lapp.* 91.
   Hedera. *Cæfalp. fyft.* 92.
   Hedera arborea. *Bauh. pin.* 305. *Dalech. hift.* 1418.
   Hedera communis major. *Bauh. hift.* 2. p. 111. f. prior.
   Hedera. *Dod. pempt.* 413.
   α Hedera poetica. *Bauh. pin.* 305.
   Hedera dionyfias. *Dalech. hift.* 1419. *Bauh. hift.* 2. p. 113.
   β Hedera arborea ex argenteo & viridi foliis eleganter variegatis. *Pluk. alm.* 181.
   Hedera helix. *Dod. pempt.* 413. *Dalech. hift.* 1419.
   Hedera major fterilis. *Bauh. pin.* 305.
   Hedera communis minor. *Bauh. hift.* 2. p. 111. f. pofterior.
   *Crefcit in* Suecia, Dania, Germania, Anglia, *&c. copiofiffime in* Belgio *ad domos rufticorum*
     *plantata , quas fæpe tegit integras.*

XI-

R A U V O L F I A. *Hort. Cliff.* 75. *ſp.* I.

  a *Flos.*
  b *Limbus corollæ.*
  c *Corolla explicata cum Piſtillo & Staminibus.*
  d *Calyx cum Piſtillo.*
  e *Piſtillum.*

G. D. EHRET del.                                         J. WANDELAAR fecit.

# XYLON. *g. pl.* 152.

1. XYLON caule inermi.
Xylon arboreum. *Bauh. hist.* 1. *p.* 346.
Ceiba viticis foliis, caudice glabro. *Plum. gen.* 42.
Gossipium arboreum, caule lævi. *Bauh pin.* 430.
Panja. *Rheed. mal.* 3. *p.* 59. *t.* 49. 50. 51.
*Crescit in utraque* India.
Obs. *Nostræ plantæ e seminibus tam Asiaticis quam Americanis enatæ, etiamnum annum vix
superantes gaudent foliis in petiolo septem, versus apicem serratis; an hæc nota specialis?
an varietatis? an ætatis sit etiamnum nobis non constat.*

2. XYLON caule aculeato.
Xylon arboreum, caule spinoso. *Tournef. inst.* 101.
Ceiba viticis foliis, caudice aculeato. *Plum. gen* 42.
Gossipium arboreum, caule spinoso. *Bauh. pin.* 430.
Gossipium arboreum maximum spinosum, folio digitato, lana sericea grisea. *Sloan. flor.* 159.
Moul-elavou. *Rheed. mal* 3. *p.* 61. *t.* 52.
*Crescit in utraque* India.
*De hujus & præcedentis synonymis nil certo statuere possimus, cum etiamnum tenellæ sunt ar-
bores; & mira apud Botanicos de his ubique confusio est.*
*Cum hæc vasta admodum præ reliquis sit arbor, & quidem illa ipsa* Arbor cui ædiculæ
imponantur. *Bauh. pin.* 513. *potest merito sibi adtribuere nomen* Xylon, *quod arborem
sonat* κατ᾽ ἐξοχήν.

# CERATONIA. *g. pl.* 98.

1. CERATONIA. *Herm. lugdb.* 135. *Dod. pempt.* 787.
Siliquæ arbor sive Ceratia. *Bauh. hist.* 1 *p.* 413.
Siliqua edulis. *Bauh. pin.* 402. *Boerh. lugdb.* 2. *p.* 58.
Caroba. *Dal. pharm.* 511.
*Crescit in* Sicilia, Palestina, Judææ *montibus & circa* Hierosolymas.

# RAUVOLFIA. *g. pl.* 179.

1. RAUVOLFIA. *vide tab.*
Rauvolfia tetraphylla angustifolia. *Plum. gen.* 19.
α Rauvolfia tetraphylla latifolia. *Plum. ibid.*
*Crescit in* America.
*Plantam primum florentem videre licuit in Horto* Chelseano, *ubi eandem depingi curavi, at
Botanicorum oculis hic subjicimus.*
*Videtur plurimum similitudinis habere cum icone in* Sloane Hist. 2. *t.* 211. *f.* 1.
*Dicta fuit hæc per* Plumierum a Curioso per Syriam peregrinatore Leon. Rauvolfio: Va-
riis, *in itineribus, vitæ discriminibus exposito.*
*Planta est lactescens, perennans radice, e qua plures promit* caules erectos, pedales, tenues,
glabros, virides, in varia internodia divisos Folia ad singulum geniculum quatuor, ovato-lanceolata, integra, utrinque viridia, glabra quorum duo proxima reliquis duobus quadruplo majora sunt. Ramus sæpe solitarius e geniculis prodit, eadem lege, qua caulis foliis instruitur. E summitate caulis & ramorum prodeunt pedunculi nonnulli, erecti, unciales, tenuissimi, proferentes trifariam flores, quorum corollæ hypocrateriformes, albæ,
laciniis quinque e subrotundo truncatis, tubo versus basin ventricoso globoso. Fructus est
Bacca. vide genera plantarum §. 179.*

# THEVETIA. *g. pl.* 177.

1. THEVETIA.
Ahouai. *Thev. antarct.* 66. *Tournef. inst.* 658. *Raj. hist.* 1676.
Ahouai theveti *Cluf garz.* 232 *Dalech. lugdb.* 1844.
Ahouai, fructus venenatus. *Bauh. hist.* 1. *p.* 337.
Ahoai major. *Pif. braf.* 49.

T 2

Aovai

Aovai lignum teterrimi odoris, cujus nucleus præfentaneum venenum ex quo crepitacula brafiliani faciunt. *Ler. occid.* 3. *cap.* 12.
Arbor americana, foliis pomi, fructu triangulo. *Bauh. pin.* 434.
Amygdalæ venenatæ triquetræ. *Pluk. mant.* 12.

α Ahouai nerii folio, flore luteo. *Plum. spec.* 20.

*Crescit præsertim in* Brafilia *& in hortis nostris locum requirit calidum, tum floret omni anno, fructum vero non maturavit.*

*Diximus hanc a primo descriptore* Thevetio, *gallo, cui aliud indere placet nomen, nec nobis displicebit;*

*Genipa retinere potest nomen* Genipæ, *ex græca derivatum lingua, nec amplius barbara tum erit.*

## PLUMERIA. *g. pl.* 188.

1. PLUMERIA foliis ovato-oblongis.
   Plumeria flore roseo odoratissimo. *Tournef. inst.* 659. *Plum. spec.* 20.
   Nerium arboreum, folio maximo obtusiore, flore incarnato. *Sloan. flor.* 154. *hist.* 2. *p.* 61. *t.* 185. *f.* 1.
   Nerio affinis barbadensis arbor latifolia, flore purpureo, jasmini odore. *Pluk. phyt.* 207. *f.* 2.
   Jasminum indicum. *Mer. surin.* 8. *t.* 8.
   Clematis arborea americana, laurinis amplissimis foliis; flore laccæ colore odoratissimo. *Pluk. alm.* 109.
   *mant.* 50.
   Apocynum americanum frutescens, longissimo folio, flore albo odorato. *Comm. hort.* 2. *p.* 47. *t.* 24.
   Quauhtlepatli. *Hern. mex.* 67.

*Crescit in* Mexico *&* Surinama *locis humentibus & aquosis, apud nos in calidissimo hybernaculo conservatur, ubi rarius splendidissimis suis floribus spectatorem exhilarat.*

*Dictum fuit hoc genus in honorem egregii istius Botanici, vereque* Tournefortii *Americani,* Caroli Plumieri, *qui triplici itinere plantarum captus amore, novasque visendi desiderio, sexies infido mari longissimo itinere sese ausus fuerit committere, quique fere solus fuit, qui aliquid in arte præstitit inter tot americanarum plantarum descriptores. Utinam prodirent plures* Plumerii *americani.*

## CAMERARIA. *g. pl.* 189.

1. CAMERARIA foliis subrotundis utrinque acutis.
   Cameraria lato myrti folio. *Plum. gen.* 18.

*Crescit in* America.

*Vasa seu nervi foliorum fere transversim e nervo longitudinali versus marginem excurrunt instar striarum parallelarum.*

*Consecrata fuit hæc memoriæ* Joachimi Camerarii.

## TABERNÆMONTANA. *g. pl.* 190.

1. TABERNÆMONTANA foliis lanceolatis.
   Tabernæmontana foliis oblongis splendentibus. *Houst. a. a.*
   Tabernæmontana lactescens, citri foliis undulatis. *Plum. gen.* 18.
   Pala. *Rheed. mal.* 1. *p.* 81. *t.* 46.

*Crescit in* America.

*Dicta fuit in memoriam* J. Th. Tabernæmontani, *cujus studio prodiit historia plantarum germanice impressa.*

*Folia fert in caule levi opposita, lanceolata, integra, nitida, petiolata, nervis transversalibus, vix margine undulata.*

*Flores hypocrateriformes, nonnulli in eodem pedunculo sparsi versus summitatem caulis.*

## NERIUM. *g. pl.* 180.

1. NERIUM foliis lineari-lanceolatis.
   Nerium floribus rubescentibus. *Bauh. pin.* 464. *Boerh. lugdb.* 1. *p.* 316.
   Nerium sive Rhododendron, flore rubro & albo. *Bauh. hist.* 2. *p.* 141.
   Rhododendron. *Dod. pempt.* 851.
   Rododaphne. *Cæsalp. syst.* 118.
   Oleander, Laurus rosea. *Lob. ic.* 364.

α Nerium floribus albis. *Bauh. pin.* 464.

β Nerium indicum angustifolium, foliis odoratis simplicibus. *Herm. lugdb.* 447. *t.* 448.
   Belutta areli. *Rheed. mal.* 9. *p.* 3. *t.* 2.

γ Nerium indicum latifolium, floribus odoratis plenis. *Herm. lugdb.* 447. *t.* 449.
   Tsiovanna-areli. *Rheed. mal.* 9. *p.* 1. *t.* 1.

δ Ne-

♂ Nerium indicum latifolium, flore variegato odorato pleno. *Comm. hort.* 1. *p.* 45. *t.* 23.

*Crescit in maritimis & juxta flumina* Cretæ; *in* Sicilia *ad rivulos ex* Æthna *delabentes; in alpinis* Liguriæ; *in monte* Baldo; *in maritimis* Senensibus ; *in insula* Candia; *circa* Tripolim *in* Syria; *in* Malabaria, Zeylona, *&c.*

*Huic generi annumero* Nerium foliis lanceolato-ovatis. *Apocynum scandens, flore nerii albo.* *Plum. amer.* 82. *t.* 96.

## V I N C A. *g. pl.* 180.

1. V I N C A foliis ovatis.
Vinca Rivini; Pervinca Tournefortii. *Rupp. jen.* 21.
Vinca pervinca. *Dal. pharm.* 347. *Volck. norib.* 400.
Provinca. *Cæsalp. syst.* 336.
Pervinca vulgaris angustifolia, flore cæruleo. *Tournef. inst.* 120. *Boerh. lugdb.* 1. *p.* 311.
Clematis daphnoides minor, flore cæruleo, purpureo, violaceo, ut & albo, simplici ac pleno. *Bauh. hist.* 2. *p.* 130.
Clematis daphnoides minor. *Bauh. pin.* 301.
Clematis daphnoides. *Dod. pempt.* 405.
α Pervinca vulgaris angustifolia, flore albo. *Tournef.*
β Pervinca vulgaris angustifolia, flore rubente. *Tournef.*
γ Pervinca vulgaris angustifolia, flore pleno v. c. *Tournef.*
♂ Pervinca angustifolia variegata v. c. *Tournef.*
ε Clematis daphnoides major. *Bauh. pin.* 302.
Clematis daphnoides major, flore cæruleo & albo. *Bauh. hist.* 2. *p.* 132.
Pervinca vulgaris latifolia, flore cæruleo. *Tournef. inst.* 119.

*Crescit in* Germania, Anglia, Gallia, Hispania *in umbrosis ad sepes & aggeres.*

*Caulis in varietate ε magis erectus, foliis ovatis, at in prima procumbens foliis lanceolato-ovatis, ejusdem tamen esse speciei plantas docet florum examen.*

## D I G Y N I A.

## S T A P E L I A. *g. pl.* 183.

1. S T A P E L I A denticulis ramorum extrorsum prominentibus.
Crassa rivini. *Rup. jen.* 20.
Aizoides aphylla, flore fritillariæ, siliquis longis angustis erectis. *Morif. hist.* 3. *p.* 611. *f.* 15. *t.* 3. *f. ult.*
Asclepias africana aizoïdes. *Tournef. inst.* 94. *Boerh. lugdb.* 1. *p.* 312.
Apocynum humile aizoides, siliquis erectis, africanum. *Herm. lugdb.* 52. *t.* 53.
Fritillaria crassa, promontorii bonæ spei. *Stap. theoph.* 335.
α Apocynum humile aizoides monstrosum africanum. *Volck. norib.* 39. *t.* 39.
Asclepias africana aizoïdes, folio compresso digitato & cristato. *Boerh. lugdb.* 1. *p.* 312.
*Crescit ad* Caput bonæ spei *in locis montosis saxosis præruptis & aridis.*

2. S T A P E L I A denticulis ramorum erectis.
Crassa minor. *Rupp. jen.* 21.
Asclepias africana aizoides, flore pulchre fimbriato. *Comm. rar.* 19. *t.* 19. *Boerh. lugdb.* 1. *p.* 312.
*Crescit ad* Caput bonæ spei, *in saxosis & rivulorum marginibus.*

*Distinguitur ab antecedenti denticulis ramorum erectis, nec extrorsum prominulis, quodque hæc pubescens sit, antecedens vero glabra, sed omnium maxime flore, quod hirsutie & lana sua singulare est & orbiculo isto in antecedenti singulari, hic absente; est enim Corolla per marginem interne undique crinibus longis rectis barbata; infra lacinias versus centrum est discus pube virginali crispus, at laciniæ interne lineis abruptis transversalibus, ut in epigastrio fæminæ post partum, lepide pictæ. Odor hircinus aphrodisiacus lascivus.*

*Pist.* Germina *duo, ovalia, inde planiuscula.* Styli *nulli;* Stigmata *nulla.* Hisce *circumstat*

Capitulum *truncatum, obtuse pentagonum, cinctum ad basin.*

Nectarii radii *quinque, linearibus, patentibus, acutis, planis & aliis radiis quinque compressis, margine superiore canaliculatis, apice laceris.*

Stam. Filamenta *quinque, plana, erecta, lata, utrinque ad latus antherâ instructa. Stellula capitulum tegit. Omnia insolito modo.*

*Dixi hoc genus a* Johanne Bodæo à Stapel *laboriosissimo commentatore in Theophrasti opera, cum is facile primus fuerit, qui priorem detexit speciem.*

V ASCLE-

# ASCLEPIAS. *g. pl.* 184.

1. ASCLEPIAS caule erecto annuo, foliis ovato-lanceolatis, floribus confertis.
   Afclepias albo flore, *Bauh. pin.* 303. *Tournef. inft.* 94. *Boerh. lugdb.* 1. *p.* 312.
   Afclepias feu Vincetoxicum multis, floribus albicantibus. *Bauh. hift.* 2. *p.* 138.
   Afclepias. *Cæfalp. fyft.* 269. *Lob. hift.* 356.
   Vincetoxicum. *Dod. pempt.* 407. & Hirundinaria. *Rupp. jen.* 20.
   Apocyna Afclepiades dicta. *Herm. par.* 43.
   α Afclepias anguftifolia, flore flavefcente. *Tournef.*
   *Crefcit in* Suecia, Germania, Gallia, Italia, &c. *in locis duris nemorofis, præfertim ad radices montium &, inter rimas petrarum.*
   Afclepias nigro flore. *Bauh. pin.* 303. *Specie differre vix credo; quæ in hortis rarius obvia eft minus fcandit, nec fuccum iftum flavum oftendit, quam authores tradidere.*

2. ASCLEPIAS caule erecto perenni, foliis lineari-lanceolatis, floribus umbellatis, fructu inflato pilofo.
   Apocynum erectum africanum, villofo fructu, falicis folio lato glabro. *Herm. par.* 23. *t.* 24. *Comm. hort.* 2. *p.* 49. *t.* 25. *Tournef. inft.* 92. *Boerh. lugdb.* 1. *p.* 314.
   Apocynum anguftifolium africanum, falicis folio latiore, flore niveo. *Morif. hift.* 3. *p.* 610. *f.* 15. *t.* 3. *f.* 23.
   Apocynum hyficanenfe erectum, falicis foliis latioribus. *Kigg. beam.* 8.
   α Apocynum erectum africanum, villofo fructu, falicis folio lato fubhirfuto. *Herm. par.* 24.
   β Apocynum erectum africanum, villofo fructu, falicis folio glabro angufto. *Herm. par.* 24. *t.* 24.
   Apocynum rectum elatius, falicis angufto folio, immaculatis flofculis in umbellam, folliculis pilofis. *Pluk. alm.* 36. *t.* 138. *f.* 2.
   *Crefcit ad* Caput bonæ fpei.

3. ASCLEPIAS caule erecto fimplici annuo, foliis ovato-oblongis, fubtus incanis, umbella nutante.
   Apocynum erectum latifolium incanum fyriacum, floribus parvis obfolete purpurafcentibus. *Herm. par.* 314. *Tournef. inft.* 91. *Boerh. lugdb.* 1. *p.* 313.
   Apocynum latifolium fyriacum incanum erectum, floribus umbellatis minoribus obfolete-purpurafcentibus, filiquis folliculatis rugofis. *Herm. lugdb.* 52.
   Apocynum majus fyriacum rectum. *Corn. canad.* 90.
   Apocynum fyriacum. *Cluf. hift.* 2. *p.* 87.
   Beid-el-offar. *Veft. alp.* 28.
   *Crefcit in* Syria & Palaeftina *circa* Hiericho *ad flumen* Jordanum.

4. ASCLEPIAS caule erecto ramofo annuo, foliis lanceolatis, umbella terminatrice erecta compofita.
   Apocynum minus rectum canadenfe. *Corn. canad.* 9. *t.* 93. *Barr. rar.* 8. *t.* 72.
   Apocynum canadenfe viride, floribus umbellatis minoribus rubicundis. *Morif. hift.* 3. *p.* 610. *n.* 34.
   Apocynum erectum canadenfe anguftifolium. *Herm. par.* 34. *Boerh. lugdb.* 1. *p.* 313.
   *Crefcit in* Canada.

5. ASCLEPIAS caule erecto divaricato villofo, foliis lanceolatis, umbellis fimplicibus fere terminatricibus.
   Apocynum novæ angliæ fubhirfutum, tuberofa radice, floribus aurantiis. *Herm. lugdb.* 646. *t.* 647. *par.* 35. *Dill. elth.* 35. *t.* 30. *f.* 34.
   Apocynum canadenfe anguftifolium, flore aurantio. *Morif. blef.* 233.
   Apocynum erectum minus, flore umbellato aurantio, petalis reflexis, radice tuberofa. *Breyn. prod.* 2. *p.* 15.
   *Crefcit in* Nova Anglia *Americæ.*

6. ASCLEPIAS caule erecto fimplici, foliis lanceolatis, umbellis alternis erectis.
   Apocynum radice fibrofa, petalis coccineis, corniculis croceis. *Dill. elth.* 34. *t.* 30. *f.* 33.
   Apocynum americanum, canadenfis cornutiani fimili folio glabriori, flore umbellato aurantio. *Boerh. lugdb.* 1. *p.* 314.
   Apocynum curaflavicum feu americanum, fibrofa radice, floribus aurantiis, chamænerii foliis latioribus. *Herm. par.* 36. *t.* 36.
   *Crefcit in* Curaffao.
   *Denticuli in fructu variant in eadem planta, alio fcilicet fructu lævi, alio denticulis muricato.*

# PERIPLOCA. *g. pl.* 185.

1. PERIPLOCA foliis lanceolato-ovatis.
   Periploca. *Cæfalp. fyft.* 119.
   Periploca foliis oblongis. *Tournef. inft.* 93. *Boerh. lugdb.* 1. *p.* 315. *Hort. angl.* t. 15. *f. ult.*
   Periploca altera. *Dod. pempt.* 408.
   Periploca ferpens, anguftiore folio. *Lob. hift.* 357.
   Apocynum five Periploca fcandens, folio oblongo, flore purpurafcente. *Bauh. hift.* 2. *p.* 133.

Apo·

Apocynum 2. angustifolium. *Cluf. hist.* 1. p. 125.
*Crescere fertur in* Syria, *quod & facies confirmat.*

# CYNANCHUM. *g. pl.* 182.

1. CYNANCHUM caule volubili ramoso, foliis subovatis cum acumine.
Apocynum scandens africanum, vincæ pervincæ foliis, subincanum. *Herm. par.* 59. *Comm. rar.* 18. *t.* 18. *Boerh. lugdb.* 1. *p.* 314.
Apocynum scandens africanum, convolvuli minoris folio & caule hirsutis. *Pluk.alm.* 37. *t.* 137. *f.* 4.
Apocynum indicum minus, nummulariæ foliis. *Breyn. ephem. ann.* 4—6. *obs.* 138. *Raj. hist.* 1088. *Moris. hist.* 3. *p.* 611. *f.* 15. *t.* 3. *f.* 62.
α Apocynum scandens, vincæ pervincæ foliis, viride, fructu villoso. *Herm. par.* 58.
β Apocynum afrum scandens, folio rotundo subincano nummulariæ. *Boerh. lugdb.* 1. *p.* 314.
*Crescit ad* Caput bonæ spei, *unde ab Oldenlando missa, ut & in* Zeylona.

2. CYNANCHUM caule volubili, foliis reniformi-cordatis acutis.
Periploca monspeliaca, foliis rotundioribus. *Tournef. inst.* 93. *Boerh. lugdb.* 1. *p.* 315.
Apocynum 4. latifolium; Scammonea valentina. *Cluf. hist.* 1. p. 126.
Scammonea monspeliaca, foliis rotundioribus. *Bauh. pin.* 294.
Scammonea monspeliaca, flore parvo. *Bauh. hist.* 2. *p.* 136.
*Crescit in maritimis* Monspeliensibus, Narbonensibus *inter stagnum Volcarum & mare Mediterraneum in herbidis; in Regno* Valentino.

3. CYNANCHUM caule volubili, foliis cordato-lanceolatis glabris.
Periploca monspeliaca, foliis acutioribus. *Tournef. inst.* 93. *Boerh. lugdb.* 1. *p.* 315.
Periploca prior. *Dod. pempt.* 408.
Apocynum latifolium amplexicaule. *Bauh. hist.* 2. *p.* 135.
Apocynum tertium latifolium. *Cluf. hist.* 1. p. 125.
Vincetoxicum volubile, foliis acutioribus. *Rupp. jen.* 20.
Scammoniæ monspeliacæ affinis, foliis acutioribus. *Bauh. pin.* 294.
Scammonii monspeliaci varietas. *Lob. hist.* 341.
*Crescit in* Sicilia *circa* ~~Catanium urbem & in~~ Hispania.
*Num hæc sit varietas antecedentis, nec ne, iis determinandum relinquo, qui in solo natali ambas plantas examinare possunt.*

4. CYNANCHUM caule erecto divaricato, foliis cordatis glabris.
Apocynum folio subrotundo. *Bauh. pin.* 302.
Apocynum folio rotundiore, flore ex albo-pallescente. *Bauh. hist.* 2. *p.* 134.
Apocynum 1. latifolium. *Cluf. hist.* 1. *p.* 124.
Apocynum erectum fruticosum, folio subrotundo glauco. *Herm. par.* 37. *Boerh. lugdb.* 1. *p.* 314.
Apocynum periploca græca. *Lob. hist.* 357.
Vincetoxicum folio subrotundo populneo. *Rupp. jen.* 20.
*Crescere creditur in* Syria *& calidis regionibus.*

5. CYNANCHUM caule volubili perenni, inferne suberoso fisso, foliis cordatis acuminatis.
Apocynum scandens fruticosum, fungoso cortice, brasilianum. *Herm. par.* 53.
Periploca caroliniensis, flore minore stellato. *Dill. elth.* 308. *t.* 229. *f.* 296.
*Crescit in* America, *ut* Carolina *& alibi.*
*Caulis tripedalis ( anni dimidii ) volubilis , perennans , pedali spatio a radicis cortice, lineæ crassitudinis, niveo, longitudinaliter & inæqualiter fisso, molli, sicco, superne tereti, viridi, vix notabili hirsutie obducto, vestitus.*
*Folia cordata opposita, superne viridia, inferne pallide viridia nitida & fere argentea, acuminata, lobis ad basin fere incumbentibus, vix notabili hirsutie vestita, vix fætida, nisi inter digitos comminuta. Florem vel fructum non vidimus.*

6. CYNANCHUM, caule volubili perenni inferne suberoso fisso, foliis ovato-cordatis.
Periploca scandens, folio convolvuli, fructu alato. *Plum. spec.* 2. *Tournef. inst.* 93.
Apocynum scandens virginianum rugosum, pullis amplis floribus, capsulis alatis. *Moris. hist.* 3. *p.* 611. *f.* 15. *t.* 3. *f.* 61.
Apocynum scandens fruticosum, fungoso cortice sirinamense, fructu magno pentagono Pipu Simeron sirinamensibus, Armen Duyvel vulgo. *Herm. par.* 53.
*Crescit in* America, *forte* Surinama & Virginia.
*Planta quam intellectam volo, hoc ipso anno e seminibus enata excrevit ad altitudinem semipedis erecta, mox amplectens adjacentes & scandens, quæque jam dimidium agens annum tripedalis evasit. Caule est tereti, præterquam ad basin ubi unciali vel biunciali spatio cortice albo fisso flexili obducitur, superne viridi, at villis duarum linearum longitudinis, fuscis, horizontaliter patentibus undique, ut & ipsa folia eorumque nervi ac petioli, hisce vestiti. Caulis hic est divisus in decem internodia, quorum superiora communiter duplo longiora sunt inferiori proximo. Petioli foliorum opposti. Folia pendula, ovata quidem, at basi ut cordatum folium divisa, & apice acuminata, margine integro. Tota planta tetur-*

V 2

*teterrime olet. Facies vel figura foliorum exacte convenit cum* Apocyno majori fcandente filiqua oblonga tumida & glabra. *Plum. amer.* 81. *t.* 95. *qui nullam facit mentionem hirfutiei vel faetoris.* Ibati. *Marcgr braf.* 20. *convenit cum hac faetore, at foliorum figura antecedenti (5) refpondet; qui florem & fructum videre poffunt, poffunt & facile fynonyma dare certa*

*Nomen Cynanchum eft antiquum vocabulum & fynonymon Diofcoridis, derivatum a veneno-fitate harum plantarum adverfus Canes, ut & alias feras, quod huic generi, ab Apocyno diftinctum, impofui.*

## APOCYNUM. *g. pl.* 187

1. APOCYNUM foliis ovatis.
   Apocynum indicum, foliis androfaemi majoris, flore lilii convallium fuaverubentis. *Tournef. inft.* 91. *Boerh. lugdb* 1. *p.* 314
   Apocynum canadenfe, foliis androfaemi majoris. *Bocc fic.* 35. *t.* 16. *f.* 3. *Morif. hift.* 3. *p.* 609. *f.* 15. *t.* 3. *f.* 16 *bon. Raj. hift.* 1089.
   *Crefcit, ut fertur, in* Canada.

2. APOCYNUM foliis ovato-lanceolatis.
   Apocynum maritimum venetum, falicis folio, flore purpureo. *Tournef. inft.* 92.
   Apocynum maritimum erectum venetum, flore purpureo. *Herm. parad.* 39. *Boerh. lugdb.* 1. *p.* 314.
   Vincetoxicum maritimum, falicis folio. *Rupp. jen.* 20.
   Tithymalus maritimus, purpurafcentibus floribus. *Bauh. pin.* 291.
   Tithymalus maritimus venetus. *Raj. hift.* 866.
   Efula rara, e lio venetorum infula. *Lob hift.* 201. (*fig. bona.*) *adv.* 160. (*fig. mala.*)
   Efula rara penae & lobelii. *Dalech. hift.* 1655.
   ᵃ Apocynum maritimum erectum venetum, flore albo. *Herm. lugdb.* 646.
   *Crefcit in littoribus & infulis maris* Adriatici, *& in* Lio *infula venetorum exigua.*
   *Obf. Genera Thevetia, Cerbera, Rauvolfia, Vinca, Nerium, Plumieria, Cameraria, Tabernaemontana, Ceropegia, Stapelia, Afclepias, Periploca, Cynanchum & Apocynum in Claffe naturali numquam feparandas effe moneo.*

## GENTIANA. *g. pl.* 197.

1. GENTIANA floribus lateralibus confertis pedunculatis, corollis rotatis.
   Gentiana major lutea. *Bauh. pin.* 187. *Morif. hift.* 3. *p.* 484. *f.* 12. *t.* 4. *f.* 1. *Boerh. lugdb.* 1. *p.* 204. *Flor. lapp.* 96.
   Gentiana major vulgaris, pallido & parvo flore. *Barr. rar.* 2. *t.* 63.
   Gentiana vulgaris major, ellebori albi folio. *Bauh hift.* 3. *p.* 520.
   Gentiana. *Cluf. hift.* 1. *p* 311. *Dod pempt.* 342. *Dalech. hift.* 1258.
   Gentiana officinarum. *Dal. pharm.* 284.
   *Crefcit in* Alpibus Helveticis, Apenninis, Italicis, Norvegicis, Tridentinis, *vel in pratis juxta & inter alpes.*

2. GENTIANA floribus lateralibus folitariis feffilibus, corollis erectis.
   Gentiana afclepiadis folio. *Bauh pin.* 187. *Boerh. lugdb.* 1. *p.* 205. *Barr. rar.* 2. *t.* 70.
   Gentiana folio afclepiadis vulgo creditae. *Bauh. hift.* 1. *p.* 523.
   Gentiana 2, caeruleo flore *Cluf. hift.* 1. *p.* 312.
   *Crefcit in monte Armillon* Mauritanae, *in valle* Barfilionenfi, *in* Stiria, Pannonia, Auftria inferiore, *&c.*
   *Apud nos flos ex fingula ala feffilis prodit, Clufius vero & Bauhinus, qui plantas e loco natali habuere, plures flores & pedunculatos pingunt.*

3. GENTIANA floribus terminatricibus raris, corollis erectis plicatis, foliis linearibus.
   Gentiana anguftifolia autumnalis major. *Bauh. pin.* 188. *Morif. hift.* 3. *p.* 483. *f.* 12. *t.* 5. *f.* 12. *Boerh. lugdb.* 1. *p* 205.
   Gentiana paluftris anguftifolia. *Bauh. pin.* 188.
   Gentiana minima matthioli. *Barr. rar.* t. 51. *f.* 2.
   Gentianae 4. fpecies. *Cluf. hift.* 1. *p.* 313.
   Gentianae fpecies, Calathiana quibusdam, radice perpetua feu paluftris. *Bauh. hift.* 3. *p.* 524.
   Gentianella feu Campanula pratenfis. *Barr. rar.* t. 52. *f.* 1.
   Gentianella feu Calathiana viola. *Barr. rar.* t. 51. *f.* 2.
   Pneumonanthe cordi. *Lob. hift.* 166. *Barr. rar.* t. 51. *f.* 1.
   Calathiana viola. *Dalech. hift.* 824.
   Campanula pratenfis. *Dalech. hift.* 824.
   Campanula autumnalis. *Dod. pempt.* 168.
   *Crefcit in* Gallia, Anglia, Belgio, Auftria, Germania, Dania *& in* Scania *ac* Smolandia *Sueciae.*

4. GEN-

4. GENTIANA floribus confertis terminatricibus, corollis quadrifidis imberbibus interjecto denticulo.
Gentiana major, foliis cruciatim nascentibus. *Morif. hift.* 3. *p.* 483. *f.* 12. *t.* 5. *f.* 16.
Gentiana cruciata. *Bauh. pin.* 188. *Boerh. lugdb.* 1. *p.* 205.
Gentiana 3. cruciata. *Cluf. hift.* 1. *p.* 313.
Gentiana minor cruciata, flore cærulco, erectior. *Barr. rar.* 2. *t.* 65.
Gentiana minor, feu vulgi Cruciata. *Bauh. hift.* 3. *p.* 522.
Cruciata, five Gentiana minor. *Dod. pempt.* 343.
*a* Gentiana minor cruciata, flore purpurco, fupina. *Barr. rar.* 2. *t.* 66.
*Crefcit per totam* Pannoniam *in collibus apertis & pratis ficcioribus fecundum vias, nec non paffim in* Germania, *in montibus* Apenninis *&* Æquicolorum.

5. GENTIANA caule unifloro, flore campanulato caulem longitudine excedente.
Gentiana alpina, magno flore. *Bauh. hift.* 3. *p.* 523. *Boerh. lugdb.* 1. *p.* 205.
Gentiana 5; Gentianella major verna. *Cluf. hift.* 1. *p.* 314. *Morif. hift.* 3. *p.* 483. *f.* 12. *t.* 5. *f.* 14.
Gentianella alpina anguftifolia, magno flore. *Bauh. pin.* 187.
Gentianella helvetica, amplo azureo flore. *Barr. rar.* 3. *t.* 47.
Gentianella alpina, lato acuto folio, flore minus patulo albo, cæruleo, & cæfio. *Barr. t.* 106.
Gentianella alpina, lato rotundiore folio, flore amplo reflexo colore azureo. *Barr. t.* 105.
Gentianella minor-purpurea, violæ marianæ flore. *Barr. t.* 110.
Gentianella minor acaulos, violæ & maximi convolvuli flore. *Barr. t.* 110. *f.* 1.
Gentianella minima latifolia. *Dalech. hift.* 828.
Gentianella alpina latifolia, magno flore. *Bauh. pin.* 187. *prod.* 97.
*a* Gentiana alpina latifolia, magno flore. *Bauh. pin.* 187. *Hall. diff.* 18.
*Crefcit in alpibus* Helveticis, *in* Sneberg *&* Etfcher *& in valle* Barfilionenfi, *præfertim in jugis alpinis concatenatis nive perpetua proximis.*

6. GENTIANA caule unifloro, flore hypocrateriformi quinquefido, laciniis fubrotundis crenatis.
Gentiana autumnalis ferpillifolia bavarica minor. *Juff. in barr.* 4.
Gentianella minor. *Cam. hort.* 15.
Gentianella autumnalis ferpillifolia, flore crenato, bavarica minor. *Barr. t.* 101. *f.* 2.
*Crefcit in* Bavaria.

7. GENTIANA corollis hypocrateriformibus collo barbatis.
Gentianana pratenfis, flore lanuginofo. *Bauh. pin.* 188. *Hall. diff.* 28.
Gentianellæ fpecies quibusdam, an Cordo Pneumonanthe aut Gentiana fugax alteia clufii. *Bauh. hift.* 3. *p.* 526.
*a* Gentianella fugax autumnalis elatior, centaurii minoris foliis. *Raj. fyn* 275.
*β* Gentiana autumnalis ramofa. *Bauh. pin.* 188.
Gentiana annua 1, flore ex cæruleo purpureo exiguo. *Bauh. hift.* 3. *p.* 526.
*γ* Gentianella alpina, brevi folio. *Bauh. pin.* 188.
*δ* Gentiana corolla hypocrateriformi, tubo villis claufo, calycis foliis alternis majoribus. *Fl. lapp.* 94.
Gentiana pratenfis, flore quadrifido cæruleo, calyce foliaceo. *Celf. upf.* 22.
Gentianella fugax verna feu præcox *Raj. fyn.* 275.
Gentianella purpurea minima. *Col. ecph.* 1. *p.* 223. *t.* 221. *Morif. hift.* 3. *p.* 483. *f.* 12. *t.* 5. *f.* 9.
*Crefcit in pratis exaridis & apricis* Sueciæ, Angliæ, Helvetiæ.

8. GENTIANA corollis hypocrateriformibus laciniis margine barbatis.
Gentiana cærulea, oris pilofis, *Tournef. inft.* 81. *Hall. diff.* 29.
Gentianella cærulea, oris pilofis. *Bauh. pin.* 188.
Gentianella cærulea fimbriata anguftifolia autumnalis. *Col. ecphr.* 1. *p.* 222.
Gentianula lanugine ad fingulorum foliorum floris lacinias donata, flore quapripartito. *Bauh. hift.* 3. *p.* 525.
*a* Gentiana anguftifolia autumnalis minor, floribus ad latera pilofis. *Bauh. pin.* 188. *Morif. hift.* 3. *p.* 482. *f.* 12. *t.* 5. *f.* 10.
*Crefcit in montibus* Æquicolorum *&* Helvetiæ.

9. GENTIANA foliis lineari-lanceolatis, caule dichotomo, corollis infundibuliformibus quinquefidis.
Centaurium minus *Bauh. pin.* 278. *Dod. pempt.* 336. *Tournef. inft.* 122. *Boerh. lugdb.* 1. *p.* 223.
Centaurium minus, flore purpureo & albo. *Bauh. hift.* 3. *p.* 353.
Centaurium minus rubrum vel album. *Morif. hift.* 2. *p.* 566. *f.* 5. *t.* 26. *f.* 5.
Centaurium flore phœniceo. *Rupp. jen.* 17.
*a* Centaurium minus, caule longiffimo. *Tournef.*
*β* Centaurium minus, flore albo. *Tournef.*
Centaurium minus vulgare, flore albo, latifolium. *Barr. rar.* 13. *t.* 424.
*Crefcit per* Europam *frequens in campis & arvis maritimis.*
*Hæc fpecies a* Tournefortio, Barreliario *& aliis recentioribus multiplicatur fine ratione in infinitum, & facile tot conftituunt fpecies Botanici plures, quot funt varietates, & varietates tot facile quotquot loca.*

10. GENTIANA caule dichotomo, foliis connatis, corollis octofidis.
Centaurium luteum perfoliatum. *Bauh. pin.* 278. *Barr. rar. t.* 515. 516. *Morif. hift.* 2. *p.* 565. *f.* 5. *t.* 26. *f.* 1, 2.
Centaurium parvum, flavo flore. *Cluf. hift.* 2. *p.* 180.

Per-

X

Perfoliatum Centaurium luteum. *Bauh. hist.* 3. *p.* 355.
*Crescit in* Belgio, Anglia, Gallia, Hispania, *&c. in collibus & monticulis.*

# HEUCHERA. *g. pl.* 196.

1. **HEUCHERA**
   Cortusa americana, flore squalide purpureo. *Herm. par. p.* 131. *descript.*
   Cortusa americana, floribus herbidis. *Herm. par. t.* 131.
   Sanicula 1. Cortusa americana spicata, floribus squalide purpureis. *Pluk. alm.* 332. *t.* 58. *f.* 3.
   Mitella americana, flore squalide purpureo villoso. *Boerh. lugdb.* 1. *p.* 208. *descr. floris.*
   Primula veris montana laciniata americana, flore squalide purpureo. *Herm. lugdb.* 506.
   *Crescit in* America, *forte septentrionali, cum hyemes nostras bene ferat.*
   *Dixi hoc genus plantarum a Joh.* Heuchero, *ex Horto Wittenbergensi claro, ejusque supplementis, in quibus varia curiosa lectuque digna exhibuit.*

# RIBES. *g. pl.* 195.

1. **RIBES** inerme, floribus oblongis.
   Ribes vulgare, fructu nigro. *Rudb. vall.* 32. *Fl. lapp.* 99.
   Ribes nigrum vulgo dictum, folio olente. *Bauh. hist.* 2. *p.* 98. *Boerh. lugdb.* 2. *p.* 254.
   Ribesium fructu nigro. *Dod. pempt.* 749.
   Grossularia nigra. *Dalech. hist.* 133.
   Grossularia non spinosa, fructu nigro. *Bauh. pin.* 455.
   Grossularia non spinosa, fructu nigro minore. *Tournef. inst.* 640.
   α Grossularia non spinosa, fructu nigro majore. *Tournef. inst.* 640.
   β Ribesium nigrum pensylvanicum, floribus oblongis. *Dill. elth.* 324. *t.* 246. *f.* 315.
   *Crescit in* Lapponia, Finlandia, Helvetia *in umbrosis & nemoribus juxta fluvios, item in* Pensylvania *partim a loco mutata.*

2. **RIBES** inerme, floribus planiusculis, racemis pendulis.
   Ribes vulgare acidum rubrum. *Bauh. hist.* 2. *p.* 97. *Fl. lapp.* 98. *Boerh. lugdb.* 2. *p.* 254.
   Ribes arabum. *Lob. hist.* 615.
   Ribesium fructu rubro. *Dod. pempt.* 749.
   Grossularia multiplici acino, sive non spinosa hortensis rubra, sive Ribes officinarum. *Bauh. pin.* 455. *Tournef. inst.* 639.
   Grossularia rubra. *Dalech. hist.* 132.
   α Ribes vulgare acidum, albas baccas ferens. *Bauh. hist.* 2. *p.* 98.
   Grossularia hortensis, fructu margaritis simili. *Bauh. pin.* 455.
   β Ribes flore rubente. *Bauh. hist.* 2. *p.* 98.
   Grossularia hortensis, majore fructu rubro. *Bauh. pin.* 455.
   *Crescit in* Lapponiæ, *utriusque* Bothniæ *adjacentis nemoribus, juxta fluvios cum antecedenti.*

3. **RIBES** inerme, floribus planiusculis, racemis erectis.
   Ribes alpinum dulce. *Bauh. hist.* 2. *p.* 98. *Boerh. lugdb.* 2. *p.* 254. *Fl. lapp.* 97.
   Ribes vulgare, fructu dulci *Cluf. hist.* 1. *p.* 120. *fig. mala.*
   Ribes minus, fructu rubro. *Best. eyst.* 1. *p.* 14. *f.* 1.
   Grossularia vulgaris, fructu dulci *Bauh. pin.* 455. *Tournef. inst.* 640.
   *Crescit in montibus* Helveticis, *in sylvis* Lapponicis, Finlandicis, Uplandicisque; *in sepibus* Anglicis, *&c.*

4. **RIBES** ramis aculeatis, ramis erectis, fructu glabro.
   Grossularia simplici acino, vel spinosa sylvestris. *Bauh. pin.* 455. *Tournef. inst.* 639. *Boerh. lugdb.* 2. *p.* 253.
   Uva crispa seu Grossularia. *Bauh. hist.* 1. *p.* 47.
   Uva crispa. *Dod. pempt.* 748.
   Uva spina. *Cæsalp. syst.* 99.
   α Grossularia spinosa sativa. *Bauh. pin.* 455.
   *Crescit in* Germania, Helvetia, Italia, Gallia Narbonensi.

5. **RIBES** ramis aculeatis, ramis erectis, fructu hirsuto.
   Grossularia fructu maximo hispido margaritarum fere colore. *Raj. hist.* 1484.
   *Crescendi locum ignoramus.*

6. **RIBES** ramis aculeatis reclinatis.
   Grossularia spinosa sativa altera, foliis latioribus. *Bauh. pin.* 455.
   Grossularia fructu obscure purpurascente. *Cluf. hist.* 1. *p.* 120.

Grof-

Groffularia fpinofa, fructu obfcure purpurafcente. *Bauh. hift.* 1. p. 43.

*Crefcit in* Germania, Helvetia, *atque à Rajo creditur effe cum antecedenti* (5) *varietas* 4ta *fpeciei, quod vix fubfcribere audeo.*

*Ribes & Groffulariam ejusdem effe generis plantas, a fructificatione, defumto argumento, à nullo negari poteft Botanico. Conjunctis his generibus & nomina conjungi debent; & Ribes & Groffularia minus bona funt vocabula, nec apud veteres Græcos aliqua certa de his plantis notitia. Ifos, Oefos, Ceanothus, Ribefium funt fynonyma vaga impofita. Ribes eft nomen arabicum, quod fi cui mutare placeat, nec mihi difplicebit.*

# U L M U S. *g. pl.* 194.

1. ULMUS fructu baccato.

Muntingia folio ulmi afpero, fructu minimo glomerato. *Plum. gen.* 41.

Loti arboris folio anguftiffimo, arbor baccifera racemofa, fructu minimo croceo monopyreno. *Sloan. flor.* 163. *hift.* 2. p. 80.

Salvifolia arbor orientalis, foliis tenuiffime crenatis. *Pluk. alm.* 329. *t.* 221. *f.* 4.

Baccifera indica racemofa, florum ftaminulis binis, acinis monopyreuis. *Raj. hift.* 1597.

Mallam-toddali. *Rheed. mal.* 4. p. 83. *t.* 40.

*Crefcit in* Jamaica, Malabaria *aliisque utriusque Indiæ regionibus.*

*Flos huic eft calyx rudis, quinquefidus, turbinatus; Stamina quinque; Piftilli germen fubrotundum; Stylus duplex, reflexo-patens, fubulatus, undique villofus; Fructus bacca unico femine duro fœta. Arbor gaudet ramis tenuibus, teretibus; Foliis alternis, unciali fpatio remotis, ex ovato-lanceolatis, fenfim attenuatis in longum acumen, longitudine digiti, latitudine pollicis transverfi, nervis fuperne fulco exaratis, quorum laterales duo oppofiti e bafi fere egrediuntur & circa medium in marginem terminantur, reliqui magis remoti; margo parum reflexus, tenuiffime ferratus, fuperficies fupina atro-viridis, afpera, rigida & fcabra; prona vero pubefcens, mollis, palidior, nervis elevatis duris.*

*Credidere Botanici plantas fructu ficco, capfula, femine nudo & bacca fœcundas die a nocte magis diverfas effe, nec claffe ullo modo conjungi poffe, multo minus genere; ego autem longe aliter fentio. Quis neget mihi Perficam T. effe fpeciem Amygdali, confideratis omnibus partibus fructificationis, confiderata facie plantæ, confideratis attributis, viribus, tempore florendi, &c. fane nullum pofthac fana gaudentem ratione tam nudam veritatem refringere & obvertere tentaturum fpero. Eadem ratio eft cum hac fpecie. Omnes partes fructificationis funt Ulmi fimillimæ, folia, facies & attributa ulmi, fructus autem non hic eft duplicata exfucca membrana in centro femen tenens, fed eft farcta pulpa, unde globofa. Ergo dico plantam effe veram fpeciem Ulmi. vide Flor. lapp.* 209. η.

2. ULMUS fructu membranaceo.

Ulmus. *Cæfalp. fyft.* 40. *Bauh. hift.* 1. p. 139. *Dod. pempt.* 837. *Dalech. hift.* 80. *Lob. hift.* 607.

Ulmus campeftris & theophrafti. *Bauh. pin.* 426. *Boerh. lugdb.* 2. p. 220.

α Ulmus folio latiffimo fcabro. *Tournef.*

β Ulmus minor, folio angufto fcabro. *Tournef.*

γ Ulmus folio glabro. *Tournef.*

*Crefcit in omni folo ficciori vulgaris per* Europam, *in* Succia *noftra fupra* Helfingiam *&* Finlandiam, *id eft fupra gradum latitudinis loci* 64. *non afcendit.*

*Varietates longe plures hujus fpeciei diftinctas, cum Arboribus omnibus, quæ in folo libero vivere poffunt, curiofitate fumma, cura immenfa, impenfis vix intelligendis, non modo e tota* Europa, *fed facile toto orbe collectas, in Arboreto ifto incomparabili prope* Lugdunum, *Magni* BOERHAAVI *multoties cum oblectamento confideravimus.*

# B E T A. *g. pl.* 192

1. BETA. *Cæfalp. fyft.* 159. *Bauh. hift.* 2. p. 960.

Beta fylveftris maritima. *Bauh. pin.* 118.

Beta fylveftris fpontanea marina. *Lob. hift.* 125.

α Beta communis five viridis. *Bauh. pin.* 118.

β Beta alba vel pallefcens, quæ Cicla officinarum. *Bauh. pin.* 118.

γ Beta pallide virens major. *Bauh. pin.* 118.

δ Beta ficula, cofta lata alba lutea rubra ruberrima & aurantiaca, *Morif. hift.* 2. p. 596.

ε Beta lutea major. *Bauh. pin.* 118.

ζ Beta rubra vulgaris. *Bauh. pin.* 118.

η Beta rubra major. *Bauh. pin.* 118.

θ Beta rubra, radice rapæ. *Bauh. pin.* 118.

ι Beta rubra, radice rapæ rotundæ. *Boerh. lugdb.* 2. p. 94.

κ Be-

X 2

**ϰ** Beta laticaulis monſtroſa. *Bauh. hiſt.* 2. *p.* 963.
　Beta lato caule. *Bauh. pin.* 118.
　*Creſcit in* Britanniæ *&* Belgii *litoribus maritimis & paluſtribus ſalſis.*
　*Beta ſylveſtris quidem perennat , & eandem cum ea eſſe varietatem* **α** *affirmat Rajus, at* β *&*
　**α** *eandem Bauhinus, alii alias conjungunt.　Ego nullam novi Betam ſpontaneam præter*
　*maritimam nominatam ; omnem plantam ſativam a ſylveſtri produſtam fuiſſe, axioma eſt ;*
　*ſi neges prædiſtas* **α** — **ϰ** *eſſe ejusdem ſpeciei cum maritima, ſcias me cauſam non cedere an-*
　*tequam ſylveſtrem indicaſti.　Dicas primam eſſe perennem, alias biennes ut* ϑ *, alias*
　*annuas ut* β *; Ego ſpecie tamen diverſas non agnoſcam.　Nicotiana* (1) *eſt & perennis &*
　*annua ; Ut infinitæ aliæ.　Quid cultura faciat cuique notum & exempla quotidie proſtant.*
　*Nullam video rationem diſtinſtionis ab examine partium floris, nulla a figura plantæ,*
　*præter eas partes, quæ a loco mutari poſſunt.　Tædet me videre tot falſas ſpecies, immo tæ-*
　*det videre plantas plicatas (*ϰ*) in numerum ſpecierum redaſtas ; & quæ planta non un-*
　*quam plicata viſa fuit?*

# BOSIA.

1. BOSIA.
Tilia forte arbor racemoſa , folio longiore ſubtus albicante nervis purpureis inſignito, flore pentapetalo pur-
　pureo. *Sloan. flor.* 135. *hiſt.* 2. *p.* 19. *t.* 158. *f.* 3. *Raj. dendr.* 88.
Arbor baccifera canarienſis, ſyringæ cæruleæ foliis purpurantibus venis, fruſtu monopyreno; yerva-mo-
　ra hiſpanorum. *Pluk. alm.* 42.
Frutex peregrinus, horto boſiano yerva-mora diſtus. *Walth. hort.* 24. *t.* 10.
Yerva mora. *Eulr. carolsr.* 44.
　*Creſcit in inſulis* Canariis, *aliisque Americæ inſulis.*
　*Memoriæ deſtinatur Boſiorum, qui ſplendidiſſimum Hortum Boſianum Lipſiæ condidere.*

# CHENOPODIUM. *g. pl.* 191.

1. CHENOPODIUM foliis triangulari-ſagittatis, margine integerrimis.
Chenopodium folio triangulo. *Tournef. inſt.* 506. *Boerh. lugdb.* 2. *p.* 90.
Atriplex chenopodia, folio triangulo. *Magn. hort.* 29.
Blitum perenne, ſpinaciæ facie. *Moriſ. hiſt.* 2. *p.* 599. *ſ.* 5. *t.* 30. *f.* 1.
Blitum Bonus Henricus diſtum. *Raj. hiſt.* 195.
Blitum perenne, Bonus Henricus diſtum. *Raj. ſyn.* 156.
Lapathum unſtuoſum, folio triangulo. *Bauh. pin.* 115.
Bonus Henricus. *Bauh. hiſt.* 2. *p.* 965.
Tota bona. *Dod. pempt.* 651.
　*Creſcit in locis ruderatis, juxta parietes , muros , vias , agros, lapides vulgaris ſatis in*
　Europa.
　*Dignoſcitur a congeneribus radice ( non caule) perenni, foliis triangulo ſagittatis, minime den-*
　*tatis, niſi interdum intra ſingulum angulum poſticum ſit ſolitarius denticulus ; caulis com-*
　*muniter ſimplex & tota planta farinula granuloſa aſperſa.*

2. CHENOPODIUM foliis triangulari-ovatis.
Chenopodium fœtidum. *Tournef. inſt.* 90. *Boerh. lugdb.* 2. *p.* 90.
Atriplex olida. *Lob. hiſt.* 128. *f.* 4. *adv.* 97.
Atriplex fœtida. *Bauh. pin.* 119. *Bauh. hiſt.* 2. *p.* 974. *Moriſ. hiſt.* 2. *p.* 605. *ſ.* 5. *t.* 31. *f.* 6.
Blitum fœtidum , Vulvaria diſtum. *Raj. ſyn.* 156.
Vulvaria. *Dalech. hiſt.* 543.
Connina. *Cæſalp. ſyſt.* 161.
Garoſmum. *Dod. pempt.* 616.
　*Creſcit in* Anglia *rarius & in agro Nitiobrigum in* Gallia Narbonenſi, *Lobelio obſervante.*
　*Diſtinguitur facillime ſolo odore.　Hinc Lobelius in adverſariis: plantam notiſſimam fecit odor*
　*& ferme infamem : odoratu namque hircus teterque ſpiritus opplet nares , quo imbuti*
　*queruntur permulti ſe meretricum impuros loculos ſubodoratos eſſe : planeque referre odo-*
　*rem illum viroſum, quem proſtitutæ libidinis ſcorta , ex impura colluvie congeſta,*
　*ſpirant.*

3. CHENOPODIUM foliis oblongis dentato-ſinuatis, racemis nudis multifidis.
Chenopodium ambroſioides, folio ſinuato. *Tournef. inſt.* 506. *Boerh. lugdb.* 2. *p.* 90.
Atriplex odora ſeu ſuaveolens. *Moriſ. hiſt.* 2. *p.* 605. *ſ.* 5. *t.* 31. *f.* 7. *mala.*
Botrys ambroſioides vulgaris. *Bauh. pin.* 138.
Botrys plerisque botanicis. *Bauh. hiſt.* 3. *p.* 298.
Botrys. *Cæſalp. ſyſt.* 158. *Dod. pempt.* 34. *Dalech. hiſt.* 952. *Raj. hiſt.* 196.
　*Creſcit in arenoſis circa Rhegium in* Calabria ; *Florentiam in* Etruria ; *Monſpelium juxta*
　*Gangem in* Gallia Narbonenſi.

4. CHENO-

4. CHENOPODIUM foliis lanceolatis dentatis, racemis foliatis fimplicibus.

Chenopodium fuaveolens, foliis longioribus, mexicanum. *Rupp. jen.* 273.

Chenopodium ambrofioides mexicanum. *Tournef. inft.* 91. *Boerh. lugdb.* 2. p. 90.

Atriplex odorata fuaveolens americana mexicanave *Morif. hift.* 2. p. 605. *J.* 5. *t.* 31. *f.* 8.

Botrys ambrofioides mexicana. *Bauh. pin.* 138. & 516. *defcr.*

Botrys bœtica atriplicis fylveftris facie, vulgo Botrys mexicana. *Barr. rar t.* 1185.

Epazotl. *Hern. mex.* 159.

α Chenopodium ambrofioides mexiocanum fruticofum. *Boerh. lugdb.* 2. p. 90.

*Crefcit in* Mexico. *Perdurat hyemes Lundini in Scania ex hortis cum rejectaneis delata ; ubique circa urbem in ftercorariis vulgaris facta & tota hyeme viret.*

*Hæc & antecedens folo melleo gratiffimoque odore a congeneribus differunt, in antecedenti (3) ex fingula ala foliorum prodeunt duo pedunculi dichotomi ramofiffimi, nullis foliis inftructi, flores numerofos pedunculis remotos exhibentes. In hac (4) vero ex fingula foliorum ala prodit pedunculus rami inftar, magnus, teres, ferens flofculos confertos in capitula feffilia alterna digeftos, fingulo florum capitulo fubjicitur foliolum lanceolatum.*

5. CHENOPODIUM foliis ovato-oblongis repando-finuatis, florum racemis glomeratis ex ala folitariis.

Chenopodium anguftifolium laciniatum minus. *Tournef. inft.* 506. *Raj. fyn.* 155. *Vaill. parif.* 35. *Boerh. lugdb.* 2. p. 90.

*Crefcit juxta domos & in ruderatis, in* Gallia *circa Parifios ; nobis vifa in* Anglia, Belgio, Germania & Succia.

*Caulis communiter oblique extenditur & procumbit, interdum erectus eft ; Rami ex fingula ala finguli communiter fimplices. Folia oblongo-ovata, petiolata, tribus utrinque denticulis obtufis, quibus fingulis finus leviffime excavatus interjacet, notata, fuperne viridia, fubtus glauca ; Ex fingula ala ramorum prodit pedunculus fimplex, brevis, ad latera gerens in acervis flofculos feffiles alternatos, qui & ramos & caulem terminant. Figuræ quotquot etiamnum a nobis vifæ male plantam exprimunt. Foliorum figura ad fpeciem 3iam proxime accedit.*

6. CHENOPODIUM foliis inferioribus ovatis acutis antrorfum dentatis, fummis lineari-lanceolatis.

Chenopodium folio finuato candicante. *Tournef. inft.* 506. *Boerh. lugdb.* 2. p. 90.

Atriplex fylveftris, folio finuato candicante. *Bauh. pin.* 119.

Atriplex fylveftris. *Bauh. hift.* 2. p. 972. *Raj. hift.* 197.

*Crefcit vulgaris per* Europam *in agris pinguibus inter fegetes, in fimetis & hortis oleraceis.*

*In hac fpecie includitur femen intra calycem omnino claufum, depreffum, quinquangulare, evidentius quam in alia fpecie ulla.*

7. CHENOPODIUM erectum, foliis fere triangularibus, antice finuato-dentatis, racemis erectis foliofis ex alis.

Chenopodium fylveftre alterum, coma purpurafcente. *Vaill. parif.* 35. *fynon.*

Chenopodium folio laciniato, coma purpurafcente. *Tournef. inft.* 506. *Boerh. lugdb.* 2. p. 90.

Atriplex dicta Pes anferinus. *Bauh. hift.* 2. p. 975.

Pes anferinus. *Dalech. hift.* 542. fig. opt. *Dod. pempt.* 616.

*Crefcit vulgaris per* Europam *in ruderatis & fimetis.*

*Caulis hujus rectiffimus eft. Folia ambitu triangularia, vel verfus bafin parum prominula feu in petiolum definentia, lateribus utrinque quatuor vel quinque obtufis finubus acutius dentata, finu & denticulo angulo propiori profundiori.*

*Racemi quafi in appropriatis ramis ex fingula caulis ala vel ramorum majorum prodeunt conglomerati oblongi erecti. Caulis ramos fæpe exerit laterales, rami vero valde raro ullos ramulos.*

8. CHENOPODIUM erectum ramofiffimum, foliis triangularibus dentatis, racemis ramofis caulem fuperantibus.

Atriplex dictus Pes anferinus alter five ramofior. *Bauh, hift.* 2. p. 976.

Atriplex fylveftris 3. *Dalech. hift.* 536. fig. bon.

*Crefcit cum antecedentibus frequens in* Europa.

*Differt ab antecedente foliis laxioribus & tenuius dentatis, caule magis ramofo & ramis fubdivifis, præfertim florum racemis magis fparfis, divifis & longioribus ipfa planta.*

9. CHENOPODIUM foliis triangulari-fagittatis infra medium finuato-dentatis, racemis longiffimis.

Chenopodium ftramonii folio. *Juff. in barr.* 103. *Vaill. par.* 36. *t.* 7. *f.* 2. optim. *Raj. fyn.* 154. *Boerh. lugdb.* 2. p. 91.

Chenopodio affinis, folio lato laciniato in longiffimum mucronem procurrente, florum racemis fparfis. *Raj. hift.* 3. p. 123.

Atriplex fylveftris major, angulofo folio. *Barr. rar. t.* 540.

Atriplex chenopodia daturæ folio. *Magn. hort.* 29.

Blitum, f. Atriplex Pes anferinus dicta, ftramonii acutiore folio, racemofum. *Pluk. mant.* 32.

*Crefcit in* Gallia & Anglia.

Y

Fo?

*Folia hujus triangulari-fagittata funt, prope bafin lateralem eft parvus denticulus, intra hunc & medium folii duo utrinque (rarius tres) magni denticuli antrorfum prominentes acuti, finu obtufo divifi, nec alii ulli. Hinc figura exacte Naturæ. Pedunculus ex fingula foliorum ala fingulus, inferne fæpius nudus, fuperne ramos laterales floribus conglomeratis gerens. Caulem terminant racemi plures in fafciculum feu paniculam congefti laxi.*

10. CHENOPODIUM foliis lineari-lanceolatis planis integerrimis.
Chenopodium lini folio villofo. *Tournef. inft.* 506. *Boerh. lugdb.* 2. *p.* 90.
Ofyris. *Dod. pempt.* 101.
Belvedere. *Cæfalp. fyft.* 159.
Belle vedere. *Volck. norib.* 59.
Scoparia five Belvedere italorum. *Raj. hift.* 216.
Linaria Belvedere dicta. *Bauh. hift.* 3. *p.* 462.
Linaria fcoparia. *Bauh. pin.* 212.
Herba ftudioforum *Tabern. hift.* 2. *p.* 102.
Atriplici affinis, linariæ foliis, Belvedere dicta. *Herm. lugdb.* 80.
Tfifu. *Kæmpf. jap.* 385.
*Crefcit in* Græcia, *fi fides habenda* Dodonæo, *in* Japonia *referente* Kæmpfero.

11. CHENOPODIUM fruticans, foliis linearibus teretibus carnofis.
Chenopodium, fedi folio minimo, frutefcens perenne. *Boerh. lugdb.* 2. *p.* 91.
Sedum minus arborefcens. *Munt. hift. t.* 469.
*Crefcit, ut fertur, in* Hifpaniæ *maritimis.*
*Attingit fæpe altitudinem humanam ramis tenuiffimis rectiffimis perennantibus.*

12. CHENOPODIUM foliis fubulatis fuperne planis, fubtus convexis.
Chenopodium fedi folio minimo, facie Kali, femine fplendente, annuum. *Boerh. lugdb.* 2. *p.* 91.
Blitum Kali minus album dictum. *Raj. fyn.* 156.
Kali minus album, femine fplendente. *Bauh. pin.* 289. *Morif. hift.* 2. *p.* 610. *f.* 5. *t.* 33. *f.* 3.
*Crefcit in maritimis* Belgii & Angliæ *frequens.*
*Caulis annuus ramofus, rami alterni, foliis alternis afperfi, in quorum alis flores conferti feffiles.*
*Veteres hoc genus atriplice mifcuere, Tournefortius ob flores fæmininos feparavit, hocque nomine* Chenopodii *infignivit;* Rajus *vero* Bliti; *Magnolius autem* Atriplicem Chenopodiam *dixit,* Morifonus *fub eodem genere utrasque tradidit, licet diftinctionis leges affumfit.* Volckamerus *has* atriplices, *reliquas* Atriplices *fpurias dixit, & hic forte reliquis aptius rectiusque nominavit.*

# SALSOLA. *g. pl.* 193.

1. SALSOLA foliis pungentibus.
Kali fpinofum cochleatum. *Bauh. pin.* 289. *Raj. fyn.* 159.
Kali fpinofo affinis. *Bauh. pin.* 289.
Kali affinis fpinofa planta. *Morif. hift.* 2. *p.* 611. *f.* 5. *t.* 33. *f.* 11.
Kali fpinofum, foliis longioribus & anguftioribus. *Tournef. inft.* 247. *Boerh. lugdb.* 2. *p.* 93.
Tragus fpinofus matthioli, five Kali fpinofum. *Bauh. pin.* 706.
*Crefcentem in maritimis glareofis & arenofis* Scaniæ, Daniæ, *utriusque* Frifiæ, Hollandiæ & Angliæ *legimus.*
Kali *nomen impofitum huic generi barbarum eft,* Salfola *a* Cæfalpino, *primo fyftematico, a falfo plantæ fapore derivato introductum, potius a me affumitur, licet nec hoc culpa caret omni.*

# GOMPHRENA. *g. pl.* 198.

1. GOMPHRENA caule recto, foliis ovato-lanceolatis, capitulis folitariis pedunculatis diphyllis.
Caraxeron ocymaftrifolium, capitulis majoribus purpureis. *Vaill. act.* 1722. *p.* 263.
Amaranthoides indicum, foliis ocymaftri, capitulis purpureis. *Herm. parad.* 14.
Amaranthoides indicum monofpermum, foliis ocymaftri, capitulis purpureis. *Pluk. alm.* 26.
Amaranthoides lychnidis folio, capitulis purpureis. *Tournef. inft.* 654. *Boerh. lugdb.* 2. *p.* 99. *Plum. fpec.* 20.
Amarantho affinis indiæ orientalis, floribus conglomeratis, ocymoidis folio. *Breyn. cent.* 109. *t.* 51. *Comm. hort.* 1. *p.* 85. *t.* 45.
Gnaphalio affinis, ocymaftri folio, flore ex purpura violaceo. *Herm. lugdb.* 294.
Wadapu. *Rheed. mal.* 10. *p.* 73. *t.* 37.
*Crefcit in* Zeylona & Malabaria, *nec non* America.
*Variat flore albo & capitulis minoribus.*

2. GOM-

2. GOMPHRENA pedunculis ad alas geminatis tricapitatis.

Amaranthoides fcandens, lychnidis folio glabro, capitulis globofis flavefcentibus. *Houft. A. A.*

Crefcit in Vera Cruce Americæ.

*Ad fingulum geniculum folii prodeunt e caule duo pedunculi oppofiti, foliis longiores, fummo trifidi, fingulis laciniis impofito florum capitulo globofo abfque fubjectis foliis (ut in antecedenti) ullis.*

*Genus hoc licet ab Hermanno, Plukenetio, Rajo, Plumiero, Tournefortio, Boerhaavio, Dillenio, Ruppio fub nomine Amaranthoidis receptum, mihi non placet, nec ab omni parte arridet Caraxeron Vaillantii, ubi fubftantivum in compofitione ocabuli præponitur adjectivo; præterquam quod inadfuetis omnibus durum & afperum fonat; iftud tamen longe præferrem Amaranthoidi. Gomphrenæ nomen habetur apud Plinium.*

## PHYLLIS. *g. pl.* 125.

1. PHYLLIS.

Bupleuroides, quæ Simpla nobla Canarienfium. *Boerh. lugdb.* 1. p. 72. char.

Bupleuroides, five arbor umbellifera. *Walth. hort* 11. t. 6

Valerianella canarienfis frutefcens Simpla nobla dicta. *Dill. elth.* 435. t. 299 f. 386.

Simpla nobla canarienfium planta, oblongis amplioribus fplendentibus foliis ternis circa caulem ambientibus venofis. *Pluk. alm* 34?.

Crefcit in infulis Canarienfibus.

*Planta hæc licet umbellam reliquis conformem exacte non exhibeat, attamen ad umbellatas propius, quam ad ullam aliam familiam accedere, tandem d dici & generis effe omnino proprii*

*In oides defimentia plantarum nomina mihi exofa funt (F. B. 226.), dixi ideoque has plantas Phyllida a pulchritudine plantæ primaria in foliis confiftente.*

## ERYNGIUM. *g. pl.* 199.

1. ERYNGIUM foliis radicalibus ovalibus planis crenatis, floribus pedunculatis.

Eryngium latifolium planum. *Bauh. pin.* 386. *Morif. hift.* 3. p. 165. f. 7. t. 35. f. 9. *Boerh. lugdb.* 1. p. 134.

Eryngium planum latifolium, capitulo rotundo parvo. *Bauh. hift.* 3. p. 88.

Eryngium pannonicum latifolium. *Cluf hift.* 2. p. 158.

Eryngium planum cæruleum campeftre polonicum. *Barr. rar.* 62. t. 1174.

Eryngium fpurium primum. *Dod pempt.* 732.

α Eryngium latifolium, caule ex viridi pallefcente, flore albo. *Tournef.*

Crefcit juxta Danubium fupra & infra Viennam in pratis, nec non in montibus Silefiacis.

2. ERYNGIUM foliis radicalibus fubrotundis plicatis fpinofis, floribus pedunculatis.

Eryngium maritimum. *Bauh. pin.* 386. *Morif hift.* 3. p. 165. f. 7. t. 36 f. 6 *Boerh. lugdb.* 1. p. 134.

Eryngium marinum *Cæfalp. fyft.* 521. *Bauh. hift.* 3. p. 86. *Dod. pempt.* 730. *Cluf hift* 2. p. 169. *Dalech. hift.* 1459.

Crefcit in maritimis Hifpaniæ, Italiæ, Narbonæ, Angliæ, Belgii.

3. ERYNGIUM foliis radicalibus pinnatim tripartito-divifis.

Eryngium vulgare. *Bauh pin* 386. *Bauh. hift.* 3. p. 85. *Morif. hift.* 3. p. 165. f. 7. t. 36. f. 1. *Boerh. lugdb.* 1. p. 134.

Eryngium campeftre. *Dod. pempt.* 720.

Eryngium campeftre vulgare. *Cluf. hift.* 2. p 157.

Eryngium campeftre mediterraneum *Lob. hift.* 490.

α Eryngium latifolium, caule & flore amethyftino pulcherrimo. *Boerh. lugdb.* 1. p. 134.

Eryngium montanum amethyftinum. *Bauh. pin.* 386.

Crefcit in campis ficcis faxofis & incultis per Bohemiam, Germaniam, Italiam, Hifpaniam, Galliam vulgare.

4. ERYNGIUM foliis radicalibus oblongis incifis, caule dichotomo, floribus feffilibus.

Eryngium montanum pumilum. *Bauh. pin* 386.

Eryngium pumilum hifpanicum. *Cluf. hift.* 2. p. 159.

Eryngium pumilum. *Bauh. hift.* 3. p. 87 *Dod. pempt.* 732.

Crefcit in agro Salmanticenfi in collibus.

*Puto Eryngium planum minus Bauh. pin. 386. fpecie non differre ab hac planta, fed folam effe varietatem repentem?*

Y 2　　　　　　　　　2. ERYN-

5. E R Y N G I U M foliis gladiolatis utrinque laxe ferratis, denticulis fubulatis.

Eryngium Americanum, yuccæ folio, fpinis ad oras molliuſculis. *Pluk. alm.* 13. *t.* 175. *f.* 4. *Raj app* 239.

Eryngium virginianum, yuccæ foliis, ſpinulis raris tenellis & inutilibus marginibus appoſitis. *Moriſ. hiſt.* 3. *p.* 167.

*Creſcit in* Virginia. *Nobiscum a D. D.* Gronovio *communicata.*

# HYDROCOTYLE. *g. pl.* 200.

1. H Y D R O C O T Y L E foliis peltatis orbiculatis undique emarginatis.

Hydrocotyle vulgaris *Tournef. inſt* 328. *Boerh. lugdb.* 1. *p.* 71.

Cotyledon paluſtris. *Dod. pempt.* 133.

Cotyledon aquatica. *Bauh. hiſt.* 3. *p.* 781. *Raj. hiſt.* 1323. *Dalech. hiſt.* 1091. *Sloan. flor.* 93. *hiſt.* 1. *p.* 212.

Cotyledon aquatica acris feptentrionalium. *Lob. hiſt.* 209.

Cotyledon repens braſilienſis. *Raj. hiſt.* 1323.

Ranunculus aquaticus, cotyledonis folio. *Bauh. pin.* 180. *Moriſ. hiſt.* 2. *p.* 442. *ſ.* 4. *t.* 29. *f.* 30.

Ranunculus aquaticus, umbilicato folio. *Colum. ecphr.* 1. *p.* 315. *t.* 316.

Ranunculo affinis umbelliferis accedens, in paluſtribus, folio peltato, repens americana & noſtras: *Pluk. alm.* 314.

Valerianellæ cognata, folio cotyledonis. *Herm. parad.* 2. *p.* 13.

Erva de capitaon. *Marcgr. braſ.* 27.

Acaricoba. *Piſ. braſ.* 0.

*Creſcit in campeſtribus vel juxta ripas lacuum ac fluviorum, per hyemem inundatas, in* Smolandia *Sueciæ parce; in* Hollandia & Anglia *copioſe; in* Jamaica, Virginia & Braſilia & *per partem maximam* Americæ *copioſiſſime.*

*Hujus generis &* Hydrocotyle foliis reniformibus crenatis. Valerianella Zeylanica paluſtris repens, hederæ terreſtris folio. *Herm. par.* 238. *t.* 238. *Codagen* Rheed. mal. 10. *p.* 91. *t.* 46. *nec ab ea ſpecie diſtingui debet* Valerianella curaſſavica nymphææ minoris folio. *Herm. par.* 239. *t.* 238. *Quæritur autem num a noſtra ſpecie diſtincta ſit* Alſine ſpuria puſilla repens, foliis ſaxifragiæ aureæ. Raj. ſyn. 352 Pluk. phyt. 7. f. 6. *vel tantummodo ejus varietas minor? Si flores in pedunculo ſingulo ſolitarii & ſi folium hinc ad baſin uſque diviſum ſit, diverſa erit ſpecies, quæ antequam ſtatuatur attente examinanda.*

# SANICULA. *g. pl.* 201.

1. S A N I C U L A. *Riv. pent.* 31. *Cæſalp. ſyſt.* 556 *Dod pempt.* 140.

Sanicula officinarum. *Bauh. pin.* 319 *Moriſ hiſt* 2. *p.* 616. *ſ.* 5. *t.* 34 *f.* 1. *Boerh. lugdb.* 1. *p.* 73.

Sanicula mas *Dalech hiſt.* 1208.

Sanicula mas fuchſii; ſive Diapenſia. *Bauh hiſt.* 3. *p.* 639.

Diapenſia ſive Sanicula mas fuchſii. *Herm. lugdb.* 220.

Lappula fere umbellata, folio quinquefido, pentapetalos, binis ſeminibus ſimul junctis. *Pluk. alm.* 206.

Sideritis 3 *Col ecphr.* 1 *p.* 124

*Creſcit in* Suecia, Pannonia, Germania & *alibi ubi ſylvæ denſæ ſteriles, inter montes.*

*Quæritur an liceat Aſtrantiam Saniculis jungere ſub eodem genere? Sic dictitare videtur natura; an differentiæ his interceaentes ſufficiant pro genere diſtinguendo?*

# ASTRANTIA. *g. pl.* 202.

1. A S T R A N T I A. *Riv pent.* 63. *Moriſ umb.* 10. *t.* 1. *f.* R. *r* & *t.* 4. *f.* ult.

Aſtrantia nigra major. *Moriſ. hiſt* 3. *p* 270. *ſ* 9. *t.* 4 *f* 1

Aſtrantia major, corona floris purpuraſcente. *Tournef. inſt.* 314. *Boerh. lugdb.* 1. *p.* 72.

Sanicula fœmina. *Dalech hiſt* 1269.

Sanicula fœmina quibusdam, aliis Elleborus niger. *Bauh. hiſt.* 3. *p.* 638.

Helleborus niger, ſaniculæ folio, major. *Bauh. pin.* 186.

Veratrum nigrum. *Dod pempt* 387

Imperatoria ranunculoides, ſaniculæ folio, major. *Pluk. alm.* 198.

α Aſtrantia major, coronâ floris candida *Turnef.*

β Aſtrantia minor. *Tournef.*

Helleborus, ſaniculæ folio, minor. *Bauh pin.* 186. *prod.* 97.

Helleborus minimus alpinus, aſtrantiæ flore. *Bocc. ſic.* 10 *t.* 5. *f.* 3.

*Creſcit in* Alpibus Helveticis, Pannoniis, Pyrenæis, Hetruriæ, &c.; *in montibus & ſylvis* Steinburgicis prope Jenam.

A M

# AMMI. *g. pl.* 207.

1. AMMI laciniis foliorum caulis lanceolatis. .
Ammi majus. *Bauh. pin.* 159. *Tournef. inft.* 305. *Boerh. lugdb.* 1. *p.* 57.
Ammi vulgare majus, latioribus foliis, femine minus odorato. *Bauh. hift.* 3. *p.* 27. *Morif. hift.* 3. *p.* 295.
Ammi vulgare. *Dod. pempt.* 301. *Raj. hift.* 455.
Ammi vulgatius. *Lob. hift.* 415.
α Ammi majus, foliis plurimum incifis & nonnihil crifpis. *Tournef.*
   *Crefcit in* Italia & Sicilia *in vineis ac arvis pinguibus.* RAJ., *inter fegetes circa* Pictaviam
   MORIS. *prope* Salmanticum. CLUS.

2. AMMI lacinulis foliorum caulis capillaribus.
Ammi parvum, foliis fœniculi. *Bauh. pin.* 159. *Morif. hift.* 3. *p.* 295. *f.* 9. *t.* 8. *f.* 7.
Ammi femine tenuiffimo & odoratiffimo. *Bauh. hift.* 3. *p.* 25. *Raj. hift.* 455.
Ammi perpufillum. *Lob. hift.* 14.
Ammi. *Cæfalp. fyft.* 285. *Riv. pent.* 92.
Ammi matthioli. *Dalech. hift.* 695.
Aminoides majus, odore origani. *Boerh. lugdb.* 1. *p.* 49.
Fœniculum annuum, origani odore. *Tournef. inft.* 312.
   *Crefcere fertur in* Apulia & *in* Ilva *monte.*

# DAUCUS. *g. pl.* 206.

1. DAUCUS feminibus hifpidis.
Daucus vulgaris. *Cluf. hift.* 2. *p.* 198. *Tournef. inft.* 307. *Boerh. lugdb.* 1. *p.* 62.
Paftinaca tenuifolia fylveftris diofcoridis ; vel Daucus officinarum. *Bauh. pin.* 151. *Morif. hift.* 3. *p.* 305.
   *f.* 9. *t.* 13. *f.* 2.
Paftinaca fylveftris; five Staphylinus græcorum. *Bauh. hift.* 3. *p.* 62.
Paftinaca fylveftris tenuifolia. *Dod. pempt.* 675.
Staphylinus fylveftris. *Cæfalp. fyft.* 288. *Rupp. jen.* 224.
Staphylinus. *Riv. pent.* 28.
α Daucus fativus, radice lutea. *Tournef.*
Paftinaca tenuifolia fativa, radice lutea vel alba. *Bauh. pin.* 151. *Morif. hift.* 3. *p.* 305. *f.* 9. *t.* 13. *f.* 1.
Paftinaca fativa, five Carota rubra lutea & alba. *Bauh. hift.* 3. *p.* 64.
Carota. *Cæfalp. fyft.* 288.
Staphylinus fativus. *Riv. pent.* 29.
β Daucus fativus, radice aurantii coloris. *Tournef.*
γ Daucus fativus, radice alba. *Tournef.*
δ Daucus fativus, radice atro-rubente. *Tournef.*
   *Crefcit in campis & arvis exaridis in* Suecia, Germania, Anglia, Italia.
   Obf. *Daucus, folio tordylii, flore albo, altiffimus.* Boerh. lugdb. 1. p. 62. *inter fpecimina*
   *ficca occurrit, qui foliorum lacinulis gaudet præcedenti longe latioribus, num autem fpecie*
   *differat dubito.*

2. DAUCUS feminibus nudis.
Vifnaga. *Bauh. hift.* 3. *p.* 31. *Raj. hift.* 436. *Boerh. lugdb.* 1. *p.* 49. *Riv. pent.* 85.
Gingidium umbella oblonga. *Bauh. pin.* 151. *Morif. hift.* 3. *p.* 275. *f.* 9. *t.* 2. *f. ult.*
Gingidium alterum. *Dod. pempt.* 702.
Fœniculum annuum, umbella contracta oblonga. *Tournef. inft.* 311.
   *Crefcit prope* Monfpelium *in pratis & in agris* Hetruriæ *ac circa* Cataniam *Siciliæ.*

# ARTEDIA. *g. pl.* 205.

1. ARTEDIA feminibus fquamatis.
Thapfia orientalis, anethi folio, femine eleganter crenato. *Tournef. cor.* 22. *itin.* 3. *p.* 298. *defcr. Boerh.*
   *lugdb.* 1. *p.* 60.
Thapfia ferulacea, femine margine incifo. *Morif. hift.* 3. *p.* 317. *f.* 9. *t.* 18. *f.* 11.
Gingidium Rauwolfii. *Cam. hort. t.* 16.
Gingidium Diofcoridis. *Dalech. app.* 34.
Gingidium folio fœniculi. *Bauh. pin.* 151.
Anetho fimilis planta, femine lato laciniato. *Bauh. hift.* 3. *p.* 7.
   *Crefcentem in montis* Libani Syriæ, *locis præruptis, legit & per Europam diffeminavit* Rauwol-
   fius; *prope* Tocat *vero in* Oriente Tournefortius.

Z

2. AR-

2. ARTEDIA feminibus aculeatis.

Caucalis major daucoides tingitana. *Morif. hift.* 3. *p.* 308. *f.* 9. *t.* 14. *f.* 4. *umb.* 34. *t.* 1. *f.* 17. *o.* π.
*Tournef. inft.* 323. *Boerh. lugdb.* 1. *p.* 63.

Echinophora tingitana. *Riv. pent.* 27.

*Crefcit in* Mauritania tingitana.

*Hæc quidem gaudet involucro proprio fimplici nec laciniato, quo a priori differt, an diftin-
guenda fit genere determinent, qui florentem ad manus habent, hyems enim, qua hæc fcribo, ejus examen prohibet.*

*Sancta mihi eft memoria Amici per feptennium conjunctiffimi* Petri Artedi, *Medici, ex An-
germannia Sueciæ orti, nati* 1705. *Novemb.* 22. *ft. vet. at mortui* 1735. *Novemb.* 17.
*ftyl. nov. Huic Viro debetur ufus* Involucri umbellarum *in determinandis generibus, qua
notione deftituti hæfitarunt anteceffores. vide F. B.* 72. *& Syft. nat. obf. veg.* 18. *Hic in
animo habuiffet hanc integram folam claffem excolere & abfolvere. Fuit demum is in
omni rerum naturalium parte verfatiffimus; Chymicum majorem ante eum vix habuit
Suecia, Ichthyologum nec unquam Europa. At infaufta & atra nox aquis fubmerfit
Amftelædami Virum florentiffimæ ætatis & publico eripuit ingenium hoc feculare, meliori fato & longiori vita digniffimum.*

# TORDYLIUM. *g. pl.* 203.

.1. TORDYLIUM involucris umbellâ longioribus.

Tordylium fyriacum. *Morif. umb.* 37. 40. *t.* 9. *f.* ult. *& t.* 1. *f.* 28. *Riv pent.* 3.
Tordylium fyriacum humilius, femine granulato majore. *Morif. hift.* 3. *p.* 317. *f* 9. *t.* 16. *f.* 7.
Tordylium minus, limbo granulato, fyriacum. *Tournef. inft.* 320. *Boerh. lugdb.* 1. *p.* 68.
Tordylium creticum. *Bef. eyft. æft.* 157. *f.* 1.
Caucalis fyriaca, cum maximo femine. *Bauh. hift.* 3. *p.* 86. *Raj. hift.* 412.
Gingidium foliis paftinacæ latifoliæ. *Bauh. pin.* 151.
Gingidium primum. *Dod. pempt.* 702.
Gingidium, foliis bauciæ, fyriacum. *Lob. hift.* 418. *Dalech. hift.* 710.

*Crefcit in* Syria ~~unde Rauwolfius J. Baubino femina mifit.~~

2. TORDYLIUM involucris partialibus longitudine petalorum, foliolis ovatis laciniatis.

Tordylium narbonenfe minus. *Tournef. inft.* 320. *Boerh. lugdb.* 1. *p.* 68.
Tordylium erectum hirfutius, feminis limbo granulato minore. *Morif. hift.* 3. *p.* 316. *f.* 9. *t.* 16. *f.* 5.
mala.
Tordylium five Sefeli creticum minus. *Raj. hift.* 412.
Caucalis minor; pulchro femine, five bellonii. *Bauh. hift.* 3. *p.* 84.
Sefeli creticum. *Dod. pempt.* 314.
Sefeli creticum minus. *Bauh. pin.* 161.
Pimpinella romana. *Cæfalp. fyft.* 315.

*Crefcit* Monfpelii *circa pontem caftri novi & in vinearum marginibus; in Sicilia circa*
Meffanam; *in Suburbiis* Romæ, *præcipue in* Vaticano.

3. TORDYLIUM umbellulis remotis, foliis pinnatis, pinnis fubrotundis laciniatis.

Tordylium apulum. *Riv. pent.* 2.
Tordylium apulum minimum. *Col. ecphr.* 1. *p.* 122. *t.* 124. *Tournef. inft.* 320. *Raj. hift.* 412. *Morif.*
*hift.* 3. *p.* 316. *f.* 9. *t.* 16. *f.* 6.
Sefeli creticum minimum. *Bauh. pin.* 161.
α Tordylium folio longo angufto, flore albo magno, femine elegantiffime & profundiffime crenato albo.
*Boerh. lugdb.* 1. *p.* 68.

*Crefcit in* Italia *&* Apulia *in incultis; & fylvula illa prope* D. Rocchi *ædem* Cirinolæ.

4. TORDYLIUM umbella conferta, foliolis lanceolatis incifo-ferratis.

Tordylium maximum. *Tournef. inft.* 320. *Boerh. lugdb.* 1. *p.* 68.
Tordylium majus, foliis acutioribus viridibus. *Morif. hift.* 3. *p.* 316. *f.* 9. *t.* 16. *f.* 7.
Tordylium majus vulgare, feminis limbo quafi lævi. *Morif. umb.* 66.
Tordylium five Sefeli creticum majus. *Lob. hift.* 425. *Dalech. hift.* 752.
Tordylium. *Riv. pent.* 1.
Caucalis major, femine minus pulchro hirfuto. *Bauh. hift.* 3. *p.* 85. *Raj. hift.* 411.
Caucalis major. *Cluf. hift.* 2. *p.* 201. *Bauh. hift.* 3. *p.* 85. *Raj. hift.* 412.
Caucalis maxima, fphondylii aculeato femine. *Bauh. pin.* 152.
Sefeli creticum majus. *Bauh. pin.* 161.
Pimpinella romana: alterum genus. *Cæfalp. fyft.* 315.

*Crefcit in* Sabaudia *prope* Cormon, *non longe a* S. Mauritio; *in Italiæ locis ruderatis & fepibus; incepit & in* Anglia *propagari fponte.*

5. TORDYLIUM umbella conferta, foliolis ovato-lanceolatis pinnato-laciniatis.

Caucalis femine afpero, flofculis rubentibus. *Bauh. pin.* 152. *Boerh. lugdb.* 1. *p.* 63.

Cau-

Caucalis minor, flofculis rubentibus. *Raj. hift.* 468.
Caucalis minor, flore rubente. *Morif. hift.* 3. *p.* 308. *f.* 9. *t.* 14. *f.* 8.
Caucalis vulgaris. *Rupp. jen.* 224.
Daucus annuus minor, flofculis rubentibus. *Tournef. inft.* 308.
Anthrifcus quorundam, femine afpero hifpido. *Bauh. hift.* 3. *p.* 83.
*a* Caucalis fegetum minor, anthrifco hifpido fimilis. *Raj. hift.* 468. *fyn.* 220. *Boerh. lugdb.* 1. *p.* 63.
Caucalis arvenfis humilior & ramofior. *Morif. hift.* 3. *p.* 308.
*Crefcit in dumetis, fepibus, ruderatis, arvis & agris per* Sueciam, Germaniam, Angliam Galliam, *&c.*

# CAUCALIS. *g. pl.* 204.

1. CAUCALIS umbella univerfali trifida, partialibus pentafpermis, foliis pinnatis, pinnis ferratis.
Caucalis arvenfis echinata latifolia. *Bauh. pin.* 152. *Tournef. inft.* 323 *Boerh. lugdb.* 1. *p.* 63.
Caucalis lato apii folio, C. B. *Morif. hift.* 3. *p.* 307. *f.* 9. *t.* 14. *f.* 1. *pofterior.*
Lappula canaria latifolia; five caucalis. *Bauh. hift.* 3. *p.* 81. *fig. bona.*
Echinophora quarta major platyphyllon purpurea. *Col. ecphr.* 1. *p.* 98. *t.* 97.
Echinophora femine magno. *Riv. pent.* 26. *Rup. jen.* 223.
*a* Caucalis arvenfis echinata latifola, flore albo. *Tournef. inft.* 323.
*Crefcit inter fegetes in Agro* Cantabrigienfi *Angliæ, in Agro* Narbonenfi *circa Monfpelium & Nemaufium, &c. a facie Africanam dicerem; an ex Africa primum delata inque Europa poftea diffeminata?*
*Folia huic pinnata funt, pinnis lanceolatis, ad medium ufque ferratis; umbella univerfalis fæpius trifida; partialis involucro pentaphyllo & totidem floribus feminiferis, reliquis flofculis mafculinis.*

2. CAUCALIS involucris fingulis pentaphyllis: foliolo unico duplo majori.
Caucalis arvenfis echinata, magno flore. *Bauh. pin.* 152. *Morif. hift.* 3. *p.* 308. *f.* 9. *t.* 14 *f.* 3. *Tournef. inft.* 323. *Boerh. lugdb.* 1. *p.* 63.
Caucalis. *Dod. pempt.* 700.
Caucalis, albis floribus, vulgaris. *Lob. hift.* 420.
Caucalis floribus albis. *Raj. hift.* 466.
Lappula canaria, flore pulchro magno albo. *Bauh. hift.* 3. *p.* 79.
Echinophora pycnocarpos. *Col. ecphr.* 1. *p.* 91. *t.* 94.
Echinophora flore magno. *Riv. pent.* 25. *Rupp. jen.* 223.
*Crefcit inter fegetes in* Germania, *circa* Nemaufium *in Gallia narbonenfi,* Tiguri, Genevæ, *&c.*

3. CAUCALIS umbella trifida, umbellulis trifpermis, involucris triphyllis.
Caucalis monfpeliaca echinata, magno fructu. *Bauh. pin.* 153. *Morif. hift.* 3. *p.* 308. *f.* 9. *t.* 14. *f.* 2. *Boerh. lugdb.* 1. *p.* 63.
Caucalis magno fructu echinato. *Raj. hift.* 467.
Echinophora altera afperior platycarpos. *Col. ecphr.* 1. *p.* 95. *t.* 94.
*Crefcit in incultis* Campoclarenfium, *locis ficcis macilentis faxofis.*

4. CAUCALIS umbellulis feffilibus.
Caucalis nodofo echinato femine. *Bauh. pin.* 153. *prod.* 80. *Morif. hift.* 3. *p.* 308. *Boerh. lugdb.* 1. *p.* 63.
Caucalis nodofo echinato femine, anthrifco hifpido affinis. *Bauh. hift.* 3. *p.* 83.
Caucalis ad alas florens. *Riv. pen.* 36.
Daucus annuus ad nodos floridus. *Tournef. inft.* 308.
*Crefcit ad agrorum margines & in aggeribus terrenis, præfertim maritimis, copiofe in* Anglia.

# BUNIUM. *g. pl.* 208.

1. BUNIUM. *Dod. belg.* 538.
Pancafeolus. *Cæfalp. fyft* 293.
Oenanthe 1. *Dalech. hift.* 782.
Nucula terreftris. *Lob. hift.* 429.
Bulbocaftanon. *Dod. pempt.* 334.
Bulbocaftanum. *Bauh. hift.* 3. *p.* 30. *Raj. hift.* 440.
Bulbocaftanum majus, foho apii. *Bauh. pin.* 162. *Morif. hift.* 3. *p.* 274. *f.* 9. *t.* 2. *f.* 1. *Tournef. inft.* 307. *Boerh. lugdb.* 1. *p.* 50.
Bulbocaftanum alterum, caule firmiore. *Barr. rar.* 60. *t.* 244.
*Crefcit in folo arenofo & glareofo in* Anglia, *inque* Belgii *quibusdam tractibus; in monte* S. Petri *prope fodinas faxonicas; in* Avernorum *montibus; in vinetis Palatinati urbis* Odernheim.

Z 2 *Bu-*

*Bunium nomenclatura Diofcoridis, hujus plantæ per Gefnerum, Dodonæum, &c. fynony-*
*mon, nulli alii generi impofitum, hujus generis dico, cum Bulbo-Caftanum (F. B. 215.)*
*confarcinatum fit verbum.*

# CONIUM. *g. pl.* 208.

1. CONIUM feminibus ftriatis.
   Cicuta. *Dod. pempt.* 461. *Bauh. hift.* 3. p. 175. *Riv. pent.* 75.
   Cicuta major. *Bauh. pin.* 160. *Morif. hift.* 3. p. 290. *f.* 9. *t.* 7. *f.* 1. *Tournef. inft.* 306. *Boerh. lugdb.* 1.
   p. 56.
   Cicutaria major vulgaris. *Cluf. hift.* 2. p. 200.
   *Crefcit frequens per* Europam *in ruderatis, juxta pagos, urbes, in fepibus, aggeribus,*
   *agris.*
   *Conium eft nomen Theophrafti & Diofcoridis, Cicutæ ex græca lingua nomen, quod in hocce*
   *genere retinui ob rationes, circa genus Cicutæ datas.*

2. CONIUM feminibus aculeatis.
   Caucalis africana, folio minori rutæ. *Boerh. lugdb.* 1. p. 63. *t.* 63.
   *Crefcit in* Africa.
   *Excrefcit e radice annua* Caulis pedalis, *lævis, ftriatus, divifus, diffufus. Folia alterna,*
   *ramis, ad eorum exortum, fubjecta, bafi membranaceâ caulem ramumve cingentia; Folia*
   *fingula fupra-decompofita funt, ita quidem, ut petiolus communis recta extendatur fpi-*
   *thamæus, cui pinnatim utrinque tres vel quatuor oppofitiones petiolorum partialium, at*
   *partialibus hifce totidem petioli alternorni, infidente fingulo petiolo ultimo pinna qua-*
   *dripartita vel tripartita, laciniis lanceolato-linearibus. Ramus fingulus prodit femper ex*
   *ala caulis feu rami majoris cum folio, dum caulis ipfe mox definit, at ramus ex-*
   *crefcit.*
   *Umbella fingula univerfalis conftat radiis quinque, rarius fex, at partialis quindecim ad*
   *viginti. Involucrum univerfale pentaphyllum, acutum, breve eft & patens, at partiale*
   *minimum, fetaceum, decaphyllum. Petala alba funt. Semina ovata, hinc convexa tri-*
   *plici ferie punctis acutis notata.*

# SELINUM. *g. pl.* 210.

1. SELINUM foliolis radicalibus ovatis inæqualiter ferratis.
   Oreofelinum, apii folio, majus. *Tournef. inft.* 318. *Boerh. lugdb.* 1. p. 67.
   Cervaria. *Riv. pent.* 12. *Rupp. jen.* 221.
   Libanotis altera quorundam, aliis dicta Cervaria nigra. *Bauh. hift.* 3. p. 165.
   Libanotis nigra theophrafti. *Morif. hift.* 3. p. 318. *f.* 9. *t.* 17. *f.* 6.
   Sefeli 2 montanum pannonicum. *Cluf. hift.* 2. p. 293.
   Daucus montanus, apii folio, major. *Bauh. pin.* 150.
   *Crefcit in montibus* Helvetiæ, Sabaudiæ, Gallo-provinciæ, Alfatiæ, *in collibus* Genevæ *vi-*
   *cinis; in pafcuis montofis & vineis ad* Rhenum *in* Germania.

2. SELINUM foliolis ovato-acutis, acute ferratis & incifis.
   Oreofelinum, apii folio, minus. *Tournef. inft.* 318. *Boerh. lugdb.* 1. p. 68.
   Oreofelinum. *Cluf. hift.* 2. p. 195.
   Oreofelinum majus. *Morif. hift.* 3. p. 317. *f.* 9. *t.* 17. *f.* 1.
   Oreofelinum five Vcelgutta. *Dod. pempt* 696.
   Apium montanum. *Dalech. hift.* 702. *Bauh. hift.* 3. p. 103.
   Apium montanum nigrum. *Bauh. pin.* 153. *Bauh. hift.* 3. p. 104. *Raj. hift.* 413.
   Apium montanum, folio ampliore. *Bauh. pin.* 153.
   *Crefcit ad latera montis* Juræ *prope Genevam; in montofis & arenofis* Germaniæ & Galliæ.

3. SELINUM foliolis pinnatim laciniatis, lacinulis trifidis obtufis.
   Oreofelinum pratenfe, cicutæ folio. *Tournef. inft.* 318. *Boerh. lugdb.* 1. p. 68.
   Paftinaca paluftris altiffima, foliis fefeleos pratenfis. *Rupp. jen.* 221.
   Daucus alfaticus. *Bauh. prod.* 77. *Morif. hift.* 3. p. 317.
   Umbellifera alfatica magna, umbella parva fublutea. *Bauh. hift.* 3. p. 106. *Raj. hift.* 414
   *Crefcit copiofe in* Palatinatu; *in* Alfatiæ *inferioris pratis humidioribus; in dumetis inter* Ruffack
   & Colmar, *inter* Colmar & Sultz.

4. SELINUM paluftre leviffime lactefcens. *Fl. lapp.* 100.
   Thyffelinum paluftre, foliis tenuius divifis, radice integra. *Pluk. alm.* 368.
   Thyffelinum paluftre. *Tournef. inft.* 319. *Boerh. lugdb.* 1. p. 67. *Vaill. parif.* 191. *t.* 5. *f.* 2. *mala.*
   Sefeli paluftre lactefcens. *Bauh. prod.* 85. *pin.* 162.

Se-

Seseli paluſtre lacteſcens acre, foliis ferulaceis, flore albo, femine lato. *Bauh. hiſt.* 3. 189.
*Creſcit in paludibus nemoroſis, præſertim in* Succia, Lapponia & Finlandia.
*Radicem integram memorat Plukenetius, ſæpius tamen præmorſa eſt*
*Confuſiones miras circa ſynonyma vide in* Dill. giſſ. 136, 137, 138. & Vaill. pariſ. 191,
& 192. *de Carvifolia explicatas.*

5. SELINUM radice fuſiformi multiplici.
Thyſſelinum plinii. *Lob. hiſt.* 409. *Tournef. inſt.* 319. *Boerh. lugdb.* 1. *p.* 67. *Moriſ. hiſt.* 3. *p.* 319. *ſ.* 9.
*t.* 17. *f.* 2.
Apium ſylveſtre, lacteo ſucco turgens. *Bauh. pin.* 153.
Apium ſylveſtre dodonæi, Thyſſelinum quorundam; planta lacteo ſucco turgens, locis humidis proveniens.
*Bauh. hiſt.* 188.
*Creſcit in paludibus nemoroſis cum alnetis in* Harcynia, *ad* Bleſas, & *variis locis* Germaniæ.

## ATHAMANTA. *g. pl.* 211.

1. ATHAMANTA foliolis capillaribus, feminibus glabris ſtriatis.
Meum athamanticum. *Moriſ. umb.* 4. *t.* 1. *f.* F.
Meum athamanticum Diolcoridis. *Moriſ. hiſt.* 3. *ſ.* 9. *t.* 2. *f.* 2.
Meum foliis anethi. *Bauh. pin.* 148. *Tournef. inſt.* 312.
Meum. *Dod. hiſt.* 305. *Lob. hiſt.* 449. *Raj. hiſt.* 432. *Boerh. lugdb.* 1. *p.* 49. *Riv. pent.* 63.
Meu. *Cæſalp. ſyſt.* 283.
Meu vulgare ſive Radix urſina. *Bauh. hiſt.* 3. *p.* 11.
Daucus Meum. *Cluſ. hiſt.* 2. *p.* 298.
*Creſcit in* Weſtmorlandia *Angliæ, in paſcuis prope Sedberg pagum. In montibus* Arvetniæ
*aliisque* Italiæ, Galliæ & Britanniæ *locis altis.*
Meon athamanticon & Mejon Dioſcor. 1. *cap.* 3. *eſſe creditur hæc ſpecies. Meum latinis*
*literis ſcriptum æquivocum evadit cum adjectivo meo. Inde riſus vulgi dum medici in*
*formulis præſcribunt unciam Mei; quaſi eſſet e ſuo ipſo corpore, recepi itaque ſynonymon.*
Athamantam *ſeu Athamanticum vocant tamquam ab Athamante inventum; alii vero, quo-*
*niam in Athamante monte Phtiotidis Theſſaliæ reperiatur.*

2. ATHAMANTA foliis capillaribus, feminibus hirſutis.
Myrrhis orientalis, folio anguſtiori peucedani, femine villoſo. *Boerh. lugdb.* 1. *p.* 69.
Myrrhis annua, femine ſtriato villoſo, incana. *Tournef. inſt.* 315.
Daucus fœniculi foliis tenuiſſimis. *Bauh. pin.* 69.
Daucus 1 matthioli. *Dalech. hiſt.* 716.
Daucus creticus, femine hirſuto. *Bauh. hiſt.* 3. *p.* 56 *fig. ſuperior. Raj. hiſt.* 463.
Daucus cretenſis. *Lob. hiſt.* 416.
*Creſcit in ſummo Montis* Juræ, *in monte* Salene & *aliis Genevæ vicinis, in monte* Braulio
*Rhetiæ, in Monte* Baldo; *in* Durenſtain *in ſolo aſpero & ſaxoſo, &c.*
*Variat foliis & tota planta hirſuta ac glabra, obſervante* J. Bauhino; *noſtra glabra eſt.*

3. ATHAMANTA foliolis multifidis planis, feminibus villoſis.
Chærophyllum ſiculum, foliis ſophiæ, villoſo femine. *Tournef. inſt.* 314.
Myrrhis ſicula elatior, tenuioribus foliis. *Moriſ. hiſt.* 3. *p.* 302.
Daucus ſecundus ſiculus, folio Sophiæ. *Zan. hiſt.* 80.
*Creſcere creditur circa* Panormum *Siciliæ metropolin, unde a* Boccone *ad* Zanonum *miſ-*
*ſa fuit.*

## PEUCEDANUM. *g. pl.* 212.

1. PEUCEDANUM foliolis quinquies tripartitis lineari-ſubulatis integerrimis.
Peucedanum. *Bauh. hiſt.* 3. *p.* 36. *Raj. hiſt.* 416.
α Peucedanum minus germanicum. *Bauh. hiſt.* 3. *p.* 36.
Peucedanum majus, brevioribus foliis, germanicum. *Moriſ. hiſt.* 3. *p.* 312. *ſ.* 9. *t.* 15. *f.* 2.
Peucedanum germanicum. *Bauh. pin.* 149. *Tournef. inſt.* 318. *Boerh. lugdb.* 1. *p.* 66.
Peucedanum. *Lob. hiſt.* 453.
β Peucedanum majus italicum. *Bauh. hiſt.* 3. *p.* 36. *Bauh. pin.* 149. *Moriſ. hiſt.* 3. *p.* 312. *ſ.* 9. *t.* 15. *f.* 1.
*Boerh. lugdb.* 1. *p.* 65. *Lob. hiſt.* 454.
Peucedanum. *Cæſalp. ſyſt.* 280.
*Creſcit in pratis pinguioribus & ad foſſas; α in* Germania, Anglia, Gallia, *at β in* Italia,
Sicilia.
*Varietates, nec diſtinctas ſpecies eſſe, α & β ſuadent* J. Bauhinus, Moriſonus, Rajus.

A 2         2. PEU-

2. PEUCEDANUM foliolis linearibus ramofis.
Ferula, foliis libanotidis brevioribus, alpeftris, umbella ampliffima. *Boerh. lugdb.* 1. *p.* 65.
*Servatur inter plantas exficcatas, cujusnam fpeciei fit hæc varietas a fpecimine determinare non licet.*

3. PEUCEDANUM foliolis pinnatim divifis, laciniis oppofitis.
Silaum quibusdam, flore luteolo. *Bauh. hift.* 3. *p.* 170. *Boerh. lugdb.* 1. *p.* 51.
Siler alterum pratenfe. *Dod. pempt.* 310.
Angelica pratenfis, apii folio. *Tournef. inft.* 313.
Sefeli pratenfe. *Bauh. pin.* 162.
*Crefcit* Bafileæ, Montbelgardi, & Monfpelii.

4. PEUCEDANUM foliolis alternatim longiffimis.
Silaum (quod ligufticum creticum, folio fœniculi, caule nodofo. *Tournef. cor.* 23.) *Boerh. lugdb.* 1. *p.* 51.
*Crefcit in* Creta.

## CRITHMUM. *g. pl.* 312.

1. CRITHMUM foliolis lanceolatis carnofis.
Crithmum feu Fœniculum maritimum minus. *Bauh. pin.* 288. *Tournef. inft.* 317. *Boerh. lugdb.* 1. *p.* 57.
Crithmum multis feu Fœniculum marinum. *Bauh. hift.* 3. *p.* 194. *Morif. hift.* 3. *p.* 289. *f.* 9. *t.* 7. *f.* 1.
Crithmum marinum. *Dod. pempt.* 705.
Baticula feu Batis. *Cæfalp. fyft.* 296.
Fœniculum marinum; five Empetrum; feu Calcifraga. *Lob. hift.* 213.
*Crefcit in clivis & rupibus maritimis totius* Angliæ, Italiæ, **Liburni**, *ad finum Adriaticum, &c.*

2. CRITHMUM foliis lateralibus bis trifidis.
Apium pyrenaicum, thapfiæ facie. *Tournef. inft.* 305. *Boerh. lugdb.* 1. *p.* 58.
*Crefcit in* Pyrenæis.
*Planta hæc quafi medium eft inter Angelicam & ~~Crithmum~~, proplus tamen ad hoc accedere videtur.*

## CACHRYS. *g. pl.* 214.

1. CACHRYS foliis pinnatis, pinnis acutis multifidis.
Cachrys femine fungofo fulcato plano minore, foliis peucedani anguftis. *Morif. umb.* 62. *t.* 3. *f.* 3. *hift.* 3. *p.* 267. *f.* 9. *t.* 1. *f.* 3. & 6. *Tournef. inft.* 325. *Boerh. lugdb.* 1. *p.* 64.
Libanotis ferulæ folio, femine anguloto. *Bauh. pin.* 158.
Libanotis cachryophoros quibusdam, floribus luteis. *Bauh. hift.* 3. *p.* 40.
Libanotis candida. *Cæfalp. fyft.* 781.
Hippomarathrum ficulum. *Bocc. fic.* 36. *t.* 18.
α Cachrys femine fungofo lævi, foliis teruláceis. *Tournef.*
β Cachrys femine fungofo fulcato afpero, foliis peucedani latiufculis. *Tournef.*
γ Cachrys femine fungofo fulcato plano minore, foliis peucedani. *Tournef.*
*Crefcit frequens in Sicilia, uti* Panormi, Agrigenti, Meffanæ.

2. CACHRYS foliis fubrotundis rarius divifis.
Cachrys ungarica, panacis folio. *Tournef. inft.* 325.
Tartaria ungarica. *Cluf. hift.* 2. *p.* 191.
Tartaria hungarica edulis panacis heraclei folio, femine libanotidis cachryophoræ. *Bauh. hift.* 3. *p.* 163. *Raj. hift.* 424.
Panaci heracleo fimilis hungarica. *Bauh. pin.* 157.
*Crefcit in* Ungaria *transdanubiana & in ulteriori* Daciæ *conterminis, quam communicavit* D. D. Royen.
*Ufum hujus radicis in Annonæ charitate apud ungaros Agriæ vicinos & tartaros vide apud Clufium loco citato.*
*Eo quo hæc fcribo die (*1736. *nov.* 17.*) protulit e radice duo folia infidentia longiffimis teretibus petiolis, parum villis patulis pubefcentibus. Folia ad cordatam accedebant figuram hinc inde utrinque finubus aliquot, indeterminatæ profunditatis & inæquali incifo margine notata, inter fe valde diffimilia, venis tamen craffis fubtus prominentibus conveniebant ut & denfa hirfutie alba obveftiebantur.*
*In divaricatione foliorum prodibant utrinque duo fulcra plana, parva, ovata, acuta, erecto-patentia, minus hirfuta, integra, inter quæ excrevit caulis brevis, involucro umbellæ uni-*

*univerſalis aliquot foliolorum ovatorum & hirſutie aſperſorum, at die proxima ſuperveniens frigus flores deſideratiſſimos deſtruxit.*

# FERULA. *g. pl.* 215.

1. FERULA foliolis linearibus longiſſimis ſimplicibus.
Ferula mas *Cæſalp. ſyſt.* 276.
Ferula fœmina plinii. *Bauh. pin.* 148. *Tournef. inſt.* 321.
Ferula, tenuiore folio, ſeu fœmina plinii. *Moriſ. hiſt.* 3. *p.* 309. *ſ.* 9. *t.* 15. *f.* 3.
Ferula major ſeu fœmina. *Moriſ. umb.* 35. *t.* 1. *f.* 20. *Boerh. lugdb.* 1. *p.* 64.
Ferula folio fœniculi, ſemine latiore & rotundiore. *Bauh. hiſt.* 3. *p.* 43. *Raj. hiſt.* 420.
Ferula. *Lob. hiſt.* 450. *Dod. pempt.* 321.
*Creſcit in ſummo montium* Meſſanæ *& alibi in* Sicilia, Italia, Gallia Narbonenſi, *præſertim in præruptis illis rupibus prope cryptas, via qua Monſpelio Frontignanam itur, ad dextram.*
*Medulla caulium pro fomite in Sicilia uſurpatur, unde finxerunt Poetæ Prometheum ignem cœleſtem furatum, cavâ ferula exceptum, deportaſſe in terram.*

2. FERULA foliolis multipartitis, laciniis linearibus planis.
Ferula fœmina. *Cæſalp. ſyſt.* 276.
Ferula folio glauco, ſemine lato oblongo; quibusdam Thapſia ferulacea. *Bauh. hiſt.* 3. *p.* 45. *Raj. hiſt.* 420.
*Tournef. inſt.* 321. *Boerh. lugdb.* 1. *p.* 64.
*Creſcit in* Sicilia *& quibusdam* Italiæ *locis.*

3. FERULA foliolis laciniatis, lacinulis tridentatis inæqualibus.
Ferula tingitana, folio latiſſimo lucido. *Sutherl. edinb.* --- *Herm. par.* 165. *t.* 165. *Boerh. lugdb.* 1.
*p.* 65.
Ferula tingitana, lucido folio, apii ſegmentis. *Breyn. prod.* 2. *p.* 46.
Ferula tingitana lucida, foliis laſerpitii. *Moriſ. hiſt.* 3. *p.* 309.
Ferula lucida hiſpanica. *Tournef. inſt.* 321.
*a* Ferula tingitana lucida, folio anguſto lucido. *Tournef.*
*Creſcit in agro* Tingitano *&* Hiſpania.

4. FERULA foliolis pinnatifidis, pinnis linearibus planis trifidis.
Ferula latiore folio C. B. *Moriſ. hiſt.* 3. *p.* 309. *ſ.* 9. *t.* 15. *f.* 1.
Ferula galbanifera. *Tournef. inſt.* 321. *Boerh. lugdb.* 1. *p.* 321.
Galbanifera ferula. *Lob. hiſt.* 451. *Dalech. hiſt.* 755.
Galbanum & Galbanifera Ferula. *Bauh. hiſt.* 3. *p.* 53.
Ferulago latiore folio. *Bauh. pin.* 148.
Ferulago. *Dod. pempt.* 721.
*Creſcit in* Sicilia.

5. FERULA foliorum pinnis baſi nudis, foliolis ſetaceis.
Ferula foliis capillaceis erectis, cachryos ſemine glauco. *Boerh. lugdb.* 1. *p.* 65.
Ferula orientalis, folio & facie cachryos. *Tournef. cor.* 22. *itin.* 3. *p.* 239. *t.* 239.
*Creſcit in* Oriente.

6. FERULA foliorum pinnis utrinque baſi auctis, foliolis ſetaceis.
Laſerpitium orientale, folio mei, flore luteo. *Tournef. cor.* 23. *Boerh. lugdb.* 1. *p.* 62.
*Creſcit in* Oriente, *unde a Tournefortio delata.*

# BUBON. *g. pl.* 850.

1. BUBON foliolis linearibus.
Ferula durior ſeu rigidis & breviſſimis foliis *Bocc. muſ.* 2. *p.* 84. *t.* 76. *Barr. rar.* 61. *t.* 77. *Boerh.*
*lugdb.* 1. *p.* 65.
*Creſcit in* Sicilia.

2. BUBON foliolis rhomboideo-ovatis crenatis, umbellis numeroſiſſimis.
Apium Macedonicum. *Bauh. pin.* 154. *Moriſ. hiſt.* 3. *p.* 293. *ſ.* 9. *t.* 9. *f.* 12. *Tournef. inſt.* 305. *Boerh.*
*lugdb.* 1. *p.* 59.
Apium ſeu Petroſelinum macedonicum multis. *Bauh. hiſt.* 3. *p.* 102.
Petroſelinum macedonicum. *Lob. hiſt.* 406. *Dod. pempt.* 697. *Dal. pharm.* 214.
Daucus ſecundus dioſcoridis. *Col. ecphr.* 1. *p.* 103.
Daucus macedonicus. *Riv. pent.* 42.
*Creſcendi locum naturalem apud* Authores *certum non reperio allegatum.*

Aa 2

Ra-

*Radix spathamæa extra terræ superficiem enascitur.*
*Hæc species subministravit generis charatterem.*

3. BUBON foliolis rhomboideis serratis glabris, umbellis paucis.
Oreoselinum africanum galbaniferum frutescens, anisi folio. *Tournef. inst.* 319.
Oreoselinum anisoides arborescens, ligustici foliis & facie, flore luteo, capitis bonæ spei. *Breyn. prod.* 2.
p. 79.
Anisum fruticosum africanum galbaniferum. *Morif. hist.* 3 p. 297.
Anisum africanum fruticescens, folio & caule rore cæruleo tinctis. *Pluk. alm.* 31. t. 12. f. 2.
Ferula fruticosa sempervirens, foliis anisi, galbanifera *Herm. prod* 334 *Pluk. alm.* 144.
Ferula africana galbanifera, folio & facie ligustici. *Herm. par.* 163. t. 163.
*Crescit in* Africa *& quidem ad Caput bonæ spei, ut nomen Breynii innuit.*

# LASERPITIUM *g. pl.* 216.

1. LASERPITIUM foliolis cordatis incisis.
Laserpitium foliis latioribus lobatis. *Morif. umb.* 29. *Tournef. inst.* 324. *Boerh. lugdb.* 1. p. 61.
Laserpitium latifolium vulgatius, seminis alis planis. *Morif. hist.* 3. p. 321. f. 9. t. 19. f. 6.
Libanotis latifolia altera sive vulgatior. *Bauh. pin.* 157.
Libanotis theophrasti. *Lob. hist.* 402. f. 1.
Libanotis theophrasti quorundam; sive Seseli æthiopicum matthioli; Cervaica alba. *Bauh. hist.* 3.
p. 164.
Seseli æthiopicum matthioli. *Cluf. hist.* 2. p. 194.
Seseli æthiopicum herba. *Dod. pempt.* 312.
α Laserpitium foliis latioribus lobatis, semine plano. *Boerh.*
β Laserpitium majus alpinum, foliis rotundioribus. *Tournef.*
γ Laserpitium foliis amplioribus, semine crispo. *Tournef.*
Laserpitium, foliis latioribus, semine crispo & verrucoso, majus. *Morif. hist.* 3. p. 320. f. 9. t. 19. f. 1.
δ Laserpitium humilius, paludapii folio, flore albo. *Tournef. inst.* 325.
Libanotis theophrasti minor. *Lob. hist.* 402 *Bauh. hist.* 2. p. 167.
*Crescit in montibus* Austriæ, Ungariæ, Stiriæ; *copiose etiam in* Suecia *ad radicem montium*
*in pratis sitorum.*
*Cum Parkinsono plantas seminibus crispis a non crispis, minime distinguimus, singularis li-*
*cet sit modus variationis.*

2. LASERPITIUM foliolis lanceolatis integerrimis sessilibus.
Laserpitium angustifolium majus, segmentis longioribus & indivisis. *Morif. hist.* 3. p. 321. f. 9. t. 19. f. 9.
Laserpitium angustifolium non sinuatum, semine crispo. *Boerh. lugdb.* 1. p. 61.
Laserpitium foliis longioribus dilute virentibus conjugatim positis. *Pluk. alm.* 207. t. 198. f. 4.
*Forte & hæc varietas antecedentis est.*

3. LASERPITIUM foliolis lanceolatis integerrimis petiolatis.
Sermontanum. *Cæfalp. syst.* 295.
Siler montanum. *Lob. hist.* 425. *Dod. pempt.* 310. *Cluf. hist.* 2. p. 195. *Morif. hist.* 3. p. 276. f. 9. t. 3.
f. 1. bona.
Siler montanum majus. *Morif. umb.* 8. *Boerh. lugdb.* 1. p. 52.
Seseli, sive Siler montanum vulgare. *Bauh. hist.* 3. p. 168.
Ligusticum quod Seseli officinarum. *Bauh. pin.* 162. *Tournef inst.* 323.
*Crescit in montibus* Austriacis, Helveticis, Pisanis; *locis uliginosis juxta rivulos, copiosissime*
*in monte* Badensibus *thermis proximo.*

4. LASERPITIUM foliolis lanceolatis integerrimis: extimis coalitis.
Laserpitium daucoides prutenicum, viscoso semine. *Breyn cent.* 167. t. 84.
Laserpitium minus. *Riv. pent. - Rüpp jen.* 223
*Crescit in* Ericetis, *& collibus fruticosis* Borussiæ, Cassubiæ *&* Alsatiæ.
*Videtur valde affinis specie* 3tiæ?

5. LASERPITIUM foliolis quinquelobis.
Laserpitium gallicum. *Bauh. pin.* 156. *Tournef. inst.* 324.
Laserpitium e regione massiliæ allatum. *Bauh. hist.* 3. p. 137.
Laserpitium foliis angustioribus, saturatius virentibus. *Boerh. lugdb.* 1. p. 61.
α Laserpitium angustissimo & oblongo folio. *Tournef.*
β Laserpitium selinoides, semine crispo. *Tournef.*
*Hæc etiam antecedentibus (* 4. 5. *) duobus admodum affinis est.*

A N₃

# ANGELICA. *g. pl.* 218.

1. ANGELICA foliorum impari lobato. *Fl. lapp.* 101.
 Angelica fativa. *Bauh. pin.* 155. *Bauh. hift.* 3. *p.* 140. *Morif. hift.* 3. *p.* 280. *f.* 9. *t.* 3. *f.* 1. *Raj. hift.* 434.
 *Boerh. lugdb.* 1. *p.* 53.
 Angelica major. *Dod. pempt.* 318.
 Angelica. *Lob. hift.* 398. *Riv pent.* 15.
 Imperatoria fativa. *Tournef. inft.* 317.
* Archangelica. *Bauh. hift.* 3. *p.* 143. *Cluf. hift.* 2. *p.* 295. *Dod. pempt.* 318. *Raj. hift.* 434.
 Angelica fcandiaca, umbella flava, femine rotundiori, Archangelica dicta. *Boerh. lugdb.* 1. *p.* 53.
 Imperatoria Archangelica dicta. *Tournef. inft.* 317.
 *Crefcit in alpibus varus, præfertim vulgatiffima in* Alpibus Lapponicis *juxta ri-
 vulos.*

2. ANGELICA foliolis æqualibus ovato-lanceolatis ferratis.
 Angelica fylveftris. *Dod pempt.* 318. *Flor. lapp.* 102.
 Angelica fylveftris major. *Bauh. pin.* 155. *Morif. hift.* 3. *p.* 280. *f.* 9. *t.* 3. *f.* 2. *Boerh. lugdb.* 1. *p.* 53.
 Angelica fylveftris magna vulgatior. *Bauh. hift.* 3. *p.* 144.
 Angelica paluftris. *Riv. pent.* 17.
 Imperatoria pratenfis major. *Tournef. inft.* 317.
 *Crefcit in* Anglia, Helvetia, Pannonia, Germania, Suecia, Norvegia, Dania, Lap-
 ponia, *præfertim vero in* Oftrobothnia *Finnoniæ juxta paludes in nemoribus copio-
 fiffima.*

3. ANGELICA foliolis æqualibus ovatis incifo-ferratis.
 Angelica canadenfis. *Riv. pent.* 16.
 Angelica lucida canadenfis. *Corn. canad.* 196. *t.* 197. *Morif. hift.* 3. *p.* 281. *f.* 9. *t.* 3. *f.* 8. *Raj. hift.* 435.
 *Boerh. lugdb.* 1. *p.* 53. *Barr. rar. t.* 1320.
 Imperatoria lucida canadenfis. *Tournef. inft.* 317.
 *Crefcit in fylvarum* Canadenfium *apricis.*
 *Flores & fructus in hac fpecie non vidimus hactenus.*

# LIGUSTICUM. *g. pl.* 217.

1. LIGUSTICUM foliis multiplicato-pinnatis, foliolis pinnatim' incifis.
 Cicutaria latifolia fœtida. *Bauh. pin.* 161. *Tournef. inft.* 322. *Boerh. lugdb.* 1. *p.* 56.
 Cicutaria latifolia fœtidiffima. *Lob. hift.* 423. *Morif. hift.* 3. *p.* 291. *f.* 9. *t.* 6. *f.* 5.
 Cicuta fœtida. *Tabern. hift.* 2 *p.* 465.
 Sefeli peloponenfe matthioli; Cicutaria quorundam. *Bauh, hift.* 3. *p.* 184.
 *Crefcit in montibus* Peloponefiacis & Rhæticis.
 *De odore non conveniunt Botanici ; tota planta graviffimum odorem, ubicunque eam vidi-
 mus, fpiravit.*

2. LIGUSTICUM foliis multiplicibus, foliolis fuperne incifis.
 Ligufticum vulgare. *Bauh. pin.* 157.
 Ligufticum vulgare, foliis apii. *Bauh. hift.* 3. *p.* 122. *Boerh. lugdb.* 1. *p.* 52.
 Leviſticum vulgare. *Morif. hift.* 3. *p.* 275. *f.* 9. *t.* 3. *f.* 1.
 Levifticum. *Riv. pent.* 60.
 Hippofelinum matthioli. *Dalech. hift.* 703.
 Angelica montana perennis, poludapii folio. *Tournef. inft.* 313.
 *Crefcit in* Apenninis *Liguriæ & monte* Baldo.

3. LIGUSTICUM foliis duplicato-ternatis.
 Ligufticum fcoticum, apii folio. *Tournef. inft.* 324. *Boerh. lugdb.* 1. *p.* 52.
 Ligufticum humilius fcoticum a maritimis. *Pluk. alm.* 217. *t.* 96. *f.* 2.
 Apium maritimum. *Fl. lapp.* 107.
 Apium 1. *Raj. hift.* 447.
 Sefeli maritimum fcoticum. *Herm. par.* 227. *t.* 227.
 Sefeli fcoticum. *Riv. pent.* 59.
 *Crefcit ad littora* Scotiæ & *eandem, ftatura minorem, legimus in petris ad littora maris*
 Glacialis.

Bb SIUM

# SIUM. *g. pl.* 219.

1. SIUM foliis pinnatis, umbella terminatrice.
   Sium latifolium. *Bauh. pin.* 154. *Tournef. inft.* 308. *Boerh. lugdb.* 1. p. 55.
   Sium majus latifolium. *Morif. hift.* 3. p. 282. f. 9. t. 5. f. 1. *Raj. hift.* 443.
   Sium majus latifolium, in fummitate umbelliferum. *Raj. fyn.* 211.
   Sium maximum latifolium. *Bauh hift.* 3. p. 175.
   Sium. *Riv. pent.* 78.
   α Sium medium. *Bauh. hift.* 3. p. 173.
   β Sium erectum, foliis ferratis. *Raj. fyn.* 211.
   Sion five Apium paluftre, foliis oblongis. *Bauh. pin.* 154.
   Sium umbelliferum. *Bauh. hift.* 3. p. 172.
   Sium minus. *Riv. pent.* 79.
   Sium. *Dod. pempt.* 589.
   Crefcione. *Cæfalp. fyft.* 300.
   γ Sium paluftre alterum, foliis ferratis. *Tournef.*
   *Crefcit in rivulis & ad margines fluviorum, facile per totam fere* Europam.

2. SIUM foliis pinnatis, floralibus ternatis.
   Sifer. *Matth. diofc.* 334.
   Sifer germanicum. *Cæfalp. fyft.* 314.
   Sifarum germanorum. *Bauh. pin.* 155. *Tournef. inft.* 309. *Boerh. lugdb.* 1. p. 54.
   Sifarum multis. *Bauh. hift.* 3. p. 153.
   Sifarum. *Riv. pent.* 56. *Morif. hift.* 3. p. 283. f. 9. t. 4. f. 8. *Dod. pempt.* 681.
   Sifarum majus. *Dalech. hift.* 723.
   Elaphobofcon diofcoridis. *Col. phyt.* 88.
   *Crefcendi locus naturalis nobis latet, videtur e facie Sinenfis vel proxima.*

3. SIUM foliis pinnatis, umbellis ex alis fere feffilibus.
   Sium aquaticum procumbens, ad alas floridum. *Morif. hift.* 3. p. 283. f. 9. t. 5. f. 3.
   Sium aquaticum, ad alas floridum. *Morif. umb.* 63. *Tournef. inft.* 308. *Boerh. lugdb.* 1. p. 55.
   Sium umbellatum repens. *Raj. hift.* 444. fyn. 211. *Tournef. inft.* 308.
   Sium geniculis umbellatis. *Vaill. par.* 187.
   Apium paluftre minus, cauliculis procumbentibus, ad alas floridum. *Herm. lugdb.* 50.
   *Crefcit ubique in rivulis & ad fluviorum ripas in* Belgio, Anglia, Gallia.

4. SIUM foliis duplicato-pinnatis.
   Ligufticum græcum, folio apii. *Tournef. cor.* 23. *Boerh. lugdb.* 1. p. 52.
   *Crefcit in* Græcia.
   *Planta, quam intellectam volo, gaudet foliis radicalibus pedalibus vel femipedalibus, pinnatis, fingula pinna pinnatim partita, pinnulis lanceolatis, ferratis, ad angulum acutum a cofta propria defcedentibus, verfus extremitatem gradatim minoribus & magis connatis. Inferiores pinnæ tripartitæ funt, pinnulis ferratis integris, media majori. Caulis rectus ad articulos, verfus fummitatem, hinc inde umbellam longo ramo promens, umbellâ etiam ipfe terminatus. Flores lutei funt.*

5. SIUM foliis linearibus, laciniis decurrentibus connatis.
   Falcaria. *Riv. pent.* 48. *Rupp. jen.* 225.
   Ammi perenne. *Morif. umb.* 22. t. 1. f. 2. t. 7. f. 1. *Tournef. inft.* 305. *Boerh. lugdb.* 1. p. 57.
   Ammi perenne repens, foliis longioribus ferratis. *Morif. hift.* 3. p. 294. f. 9. t. 8. f. 1.
   Eryngium arvenfe, foliis ferræ fimilibus. *Bauh. pin.* 386.
   Eryngium quartum. *Dod. pempt.* 732.
   Crithmum quartum matthioli umbelliferum. *Bauh. hift.* 3. p. 195.
   *Crefcit in agris in* Alfatia; *circa* Bafileam; *in* Bohemia, *præfertim in agro* Pragenfi, *interdum in* Flandriæ *fabulofis.*

# SISON. *g. pl.* 337.

1. SISON foliis pinnatis.
   Sifon. *Morif. umb.* 12. *Cæfalp. fyft.* 301.
   Sifon Σίσων diofcoridis. *Morif. hift.* 3. p. 283. f. 9. t. 5. f. 7.
   Sifon, quod Amomum officinis noftris. *Bauh. pin.* 154.
   Sifon, five officinarum Amomum. *Bauh. hift.* 3. p. 107.
   Sium aromaticum; Sifon officinarum. *Tournef. inft.* 308. *Boerh. lugdb.* 1. p. 55.
   Ammi fii vel laveris folio, flore albo, femine nigro. *Barr. rar.* 60. t. 1190. *optima.*
   Amomum officinarum. *Dal. pharm.* 207.
   Petrofelinum macedonicum fuchfii. *Dod. pempt.* 697.

                                            Si-

α Sifon alterum; vel Amomo congener, Sii foliis, noftras. *Pluk. alm.* 347.
Selinum fii foliis. *Raj. hift.* 443.
Sium arvenfe five fegetum. *Tournef. inft.* 308.
Sium terreftre, umbellis rarioribus. *Morif. hift.* 3. *p.* 283. *f.* 9. *t.* 5. *f.* 6.
*Crefcit in humeĉtis & lutofis* Angliæ, *at* α *in agris confimilibus inter fegetes.*

2. SISON foliis ternatis.
Myrrhis canadenfis trilobata. *Morif. hift.* 3. *p.* 301. *f.* 9. *t.* 11. *f.* 4. *bona.*
Myrrhis trifolia canadenfis, angelicæ facie. *Tournef. inft.* 315. *Boerh. lugdb.* 1. *p.* 69.
*Crefcit in* Canada.

# OENANTHE. *g. pl.* 220.

1. OENANTHE foliis caulinis inflato-fiftulofis.
Oenanthe aquatica. *Bauh. pin.* 162. *Lob. hift.*421. *Tournef. inft.*313. *Boerh. lugdb.* 1. *p.* 51.
Oenanthe anguftifolia aquatica reĉta vulgaris. *Morif. hift.* 3. *p.* 289.
Oenanthe five Filipendula aquatica. *Bauh. hift.* 3. *p.* 191.
Oenanthe. *Riv. pent.* 66.
Juncus odoratus aquatilis. *Dod. pempt.* 590.
α Oenanthe aquatica triflora, caulibus fiftulofis. *Morif. hift.* 3. *p.* 289. *f.* 9. *t.* 7. *f.* 8.
Oenanthe aquatica minor juncoides trianthophoros. *Pluk. alm.* 268.
Oenanthe aquatica minor. *Boerh. lugdb.* 1. *p.* 51.
*Crefcit in pratis udis juxta rivulos in* Anglia, Gallia, Belgio, Germania, Dania & Scania *Sueciæ.*

2. OENANTHE foliolis radicalibus incifis ovatis, caulinis integris linearibus longiffimis fimplicioribus.
Oenanthe apii folio. *Bauh. pin.* 162. *Tournef. inft.* 312.
Oenanthe, apii folio, minor, caule firmiore. *Morif. hift.* 3. *p.* 288. *f.* 9. *t.* 7. *f.* 3. *Boerh. lugdb.* 1. *p.* 51.
Oenanthe 2 matthioli. *Dalech. hift.* 783.
Oenanthe five Filipendula monfpeffulana, folio apii. *Bauh. hift.* 3. *p.* 190.
α Oenanthe folio apii rotundiore. *Boerh.*
β Oenanthe ftaphylini foliis aliquatenus accedens. *Bauh. hift.* 3. *p.* 191.
Oenanthe paftinacæ fylveftris folio, femine atriplicis. *Bauh. pin.* 162.
Oenanthe aquatica, pimpinellæ faxifragiæ divifura. *Pluk. alm.* 268 *t.* 49. *f.* 4.
γ Oenanthe quod Bulbocaftanum, folio leviter incifo, lufitanicum. *Boerh.*
*Crefcit prope* Monfpelium *juxta pontem* Cellæ novæ & Magalone *inter narciffos.*

3. OENANTHE foliolis omnibus multifidis obtufis, fere æqualibus.
Oenanthe cicutæ facie. *Raj. hift.* 441. *fyn.* 210.
Oenanthe cicutæ facie, fucco virofo, crocante. *Lob. adv.* 326.
Oenanthe fucco virofo, cicutæ facie lobelio. *Bauh. hift.* 3. *p.* 193.
Oenanthe maxima, fucco virofo, cicutæ facie. *Morif. hift.* 3. *p.* 288. *f.* 9. *t.* 7. *f.* 2.
Oenanthe chærophylli foliis. *Bauh. pin.* 162. *Tournef. inft.* 313. *Boerh. lugdb.* 1. *p.*51.
Oenanthe 3 matthioli. *Dalech. hift.* 783.
α Oenanthe maxima, folio apii, caulibus atro-purpureis, flore albo. *Boerh.*
*Crefcit in rivulis lutulentis, juxta fluvios* Angliæ; *ad ripas Thamefis prope Londinum eam copiofe legimus.*

4. OENANTHE flofculis radiantibus umbellarum proliferis.
Oenanthe cretica. *Pon. bald.* (*ital.*) 213. *Boerh. lugdb.* 1. *p.* 51.
Oenanthe prolifera apula. *Bauh. pin.* 163. *Morif. hift.* 3. *p.* 289. *f.* 9. *t.* 7. *f.* 5. *mala. Tournef. inft.* 313.
*Crefcit in* Apulia.
*Plantam folam ficcam habemus, proinde num fit naturalis vel non determinare nequeo. Flofculi radiantes circum umbellas enafcuntur pedunculo ramofo duos vel quatuor flofculos continente.*

5. OENANTHE fruĉtibus globofis.
Oenanthe lufitanica, femine craffiore globofo. *Tournef. inft.* 313. *Boerh. lugdb.* 1. *p.* 51.
*Crefcit in* Lufitania.

6. OENANTHE ftriata rigida.
Fœniculum tortuofum. *Bauh. hift.* 3. *p.* 16. *Raj. hift.* 460. *Tournef. inft.* 311. *Boerh. lugdb.* 1. *p.* 48.
Sefeli maffilienfe, fœniculi folio. *Bauh. pin.* 161.
Sefeli maffilienfe, folio fœniculi craffiore. *Lob. adv.* 352.
Saxifraga montana minor, Fœniculum tortuofum diĉta. *Morif. hift.* 3. *p.* 273.
*Crefcit in* Sicilia *circa Meffanam; in* Gallia Narbonenfi *vulgatiffima; in agro* Monfpeffulano *loto traĉtu Maffiliam ufque; in maritimis* Pifanis; *in* Salmanticenfi *agro.*

Bb2

PHEL-

# PHELLANDRIUM. *g. pl.* 221.

1. PHELLANDRIUM. *Dod. pempt. 591. Tournef. inst. 306. Boerh. lugdb.* 1. *p.* 56. *Riv. pent.* 56.
Phellandrium vel Cicutaria aquatica quorundam. *Bauh. hist.* 3. *p.* 184.
Cicutaria palustris tenuifolia. *Bauh. pin.* 161. *Morif. hist.* 3. *p.* 291. *f.* 9. *t.* 7. *f.* 7.
Cicutaria palustris. *Lob. hist.* 424.
Silaus. *Cæfalp. fyst.* 291.
*Crescit in pifcinis & foffis, aquâ continuo refertis,* per Europam *fere totam vulgaris.*

# CICUTA. *g. pl.* 222.

1. CICUTA.
Cicuta aquatica. *Fl. lapp.* 103. *Wepf. monogr.*
Cicuta aquatica gefneri. *Bauh. hist.* 3. *p.* 175.
Sium aquaticum, foliis multifidis longis & ferratis. *Morif. hist.* 3. *p.* 283. *f.* 9. *t.* 5. *f.* 4.
Sium foliis rugofis trifidis feu multifidis dentatis. *Morif. umb.* 16. *t.* 5. *f. ult.*
Sium erucæ folio. *Bauh. pin.* 154. *Boerh. lugdb.* 1. *p.* 55.
Sium alterum *Dod. pempt.* 589.
Cicutaria. *Riv. pent.* 77.
Acumina fubulorum. *Paull. quadrip.* 531.
*Crefcit ad ripas fpongiofas graminofasque lacuum, in* Anglia , Frifia , Hollandia , Helvetia
*variisque locis* Germaniæ *ac* Sueciæ *præfertim* feptentrionalis , Norvegiæ.
*Plantam a* Siis *diftincti generis effe aperte confirmat involucri univerfalis in hac abfentia.*
*Cum folum* Cicutæ *nomen , & quidem ipfis pueris Venenofitatis horrorem incutiat , plantæ*
*cui nomen impofitum fit , huic generi hoc infcribere confultum duximus , cum nulla planta*
*umbellifera hacce tetrior fit , at* Cicutæ *Tournefortii nomen , fynonymon græcum conceffi-*
*mus ,* Conium *dictum , cum longe minor , fi modo quid venenofitatis alat.*
*Quæritur an ulla planta umbellifera detur non aromatica ? an ulla planta umbellifera ve-*
*nenofa fit , quæ non in* aquis gignatur vel fubhumidis ? an ulla in *humidis nata umbelli-*
*fera , in terra ficca educata , non amittat vim deleteriam ? an vis deleteria confiftat in*
*aromatico ifto exaltato.*

# CORIANDRUM. *g. pl.* 223.

1. CORIANDRUM fructibus globofis.
Coriandrum majus. *Bauh. pin.* 158. *Morif. hist.* 3. *p.* 269. *Tournef. inst.* 316. *Boerh. lugdb.* 1. *p.* 59.
Coriandrum fativum feu majus. *Morif. umb.* 48. *t.* 1. *f.* 43.
Coriandrum. *Bauh. hist.* 3. *p.* 89. *Cæfalp. fyst.* 316. *Riv. pent.* 70. *Lob. hist.* 403. *Dod. pempt.* 302.
*Crefcit* . . .

2. CORIANDRUM fructibus didymis.
Coriandrum minus tefticulatum. *Bauh. pin.* 158. *Pluk. alm.* 120. *t.* 169. *f.* 2. *Tournef. inst.* 316. *Boerh.*
*lugdb.* 1. *p.* 59.
Coriandrum minus odorum. *Bauh. hist.* 3. *p.* 91. *Raj. hist.* 470.
Coriandrum alterum minus odorum. *Lob. hist.* 404.
Coriandri altera icon. *Dod. pempt.* 302.
Coriandrum fylvestre fœtidiffimum & Coriandrum minus tefticulatum C. B. *Morif. hist.* 3. *p.* 269.
*Crefcit inter fegetes circa* Pictavium , Monfpelium *aliisque* Galliæ *&* Hifpaniæ *locis.*

# ETHUSA. *g. pl.* 224.

1. ETHUSA.
Cynapium. *Riv. pent.* 76.
Cynapium rivini & tabernæmontani. *Rupp. jen.* 228.
Cicuta minor petrofelino fimilis. *Bauh. pin.* 160. *Morif. hist.* 3. *p.* 290. *f.* 9. *t.* 7. *f.* 2. *umb.* 18. *t.* 1. *f.* 9.
*Tournef. inst.* 306. *Boerh. lugdb.* 1. *p.* 56.
Cicuta apii folio. *Bauh. hist.* 3 *p.* 179.
Cicuta tenuifolia. *Raj. hist* 451
*Crefcit in hortis oleraceis & pinguioribus* Sueciæ , Daniæ , Germaniæ , Angliæ , Bel-
gii , *&c.*
*Diftinctiffimum eft hoc genus ab omnibus umbelliferis fola involucri confideratione.*

SCAN-

# SCANDIX. *g. pl.* 226.

1. SCANDIX feminibus roftro longiffimo extenfis.
Scandix, *Cæfalp. fyft.* 290. *Morif. umb.* 48. *t.* 42. *Riv. pent.* 38.
Scandix, femine roftrato, vulgaris. *Bauh. pin.* 152. *Morif. hift.* 3. *p.* 304. *f.* 9. *t.* 11. *f.* 1. *Tournef. inft.* 326. *Boerh. lugdb.* 1. *p.* 70.
Scandix, Pecten veneris. *Dod. pempt.* 701.
Pecten veneris. *Bauh. hift.* 3. *p.* 71.
α Scandix cretica minor. *Bauh. pin.* 152. *Raj. hift.* 428.
Scandix, femine roftrato, italica. *Bauh. prod.* 78.
Pecten veneris, foliis tenuiffime diffectis; Anthrifcus cafabonæ. *Bauh. hift.* 3. *p.* 73.
Anifomarathrum apulum. *Col. ecphr.* 1. *p.* 89. *t.* 90.
β Scandix cretica major. *Bauh. pin.* 152. *prod.* 78.
Pecten veneris creticum. *Bauh. hift.* 3. *p.* 74.
*Crefcit inter fegetes, in agris, vineis, arvis* Monfpelii, Montbelgardi, Tiguri, Tubingæ, Genevæ, Bafileæ; *in monte* Baldo, Italia, Anglia, Belgio.

2. SCANDIX feminibus fulcatis angulatis.
Odorata. *Riv. pent.* 57. *Rupp. jen.* 227.
Myrrhis perennis, femine ftriato, alba major odorata. *Morif. umb.* 44. *t.* 1. *f.* 34. *Boerh. lugdb.* 1. *p.* 69.
Myrrhis magno femine longo fulcato. *Bauh. hift.* 2. *p.* 77. *Morif. hift.* 3. *p.* 301. *f.* 9. *t.* 10. *f.* 1.
Myrrhis major; Cicutaria odorata. *Bauh. pin.* 160. *Tournef. inft.* 69.
Myrrhis. *Dod. pempt.* 701. *Lob. hift.* 423.
Cicutaria Finocchiella. *Cæfalp. fyft.* 293.
*Crefcit in montibus* Alverniæ, *& in* Alpibus *aliis rarius.*

3. SCANDIX feminibus nitidis ovato-fubulatis.
Cerefolium. *Riv. pent.* 43.
Cerefolium fativum. *Morif. umb.* 47. *t.* 1. *f.* 40. *hift.* 3. *p.* 303. *f.* 9. *t.* 11. *f.* 1.
Cerefolium officinarum; five Chærophyllon Tourneforti. *Rupp. jen.* 228.
Chærefolium. *Dod. pempt.* 700.
Chærophyllum fativum. *Bauh. pin.* 152. *Tournef. inft.* 314. *Boerh. lugdb.* 1. *p.* 70.
Chærephyllon. *Bauh. hift.* 3. *p.* 75.
*Crefcit paffim per* Europam *calidiorem ad fepes, ex rejectaneis hortorum diffeminatum.*

4. SCANDIX feminibus hifpidis.
Cerefolium fylveftre annuum, feminibus brevioribus villofis. *Morif. hift.* 3. *p.* 303. *f.* 9. *t.* 10. *f.* 2.
Chærophyllum fylveftre, feminibus brevibus hirfutis. *Tournef. inft.* 314.
Myrrhis annua, femine ftriato afpero brevi. *Morif. umb.* 44. *t.* 1. *f.* 39.
Myrrhis fylveftris, feminibus afperis. *Bauh. pin.* 160.
Myrrhis fylveftris nova æquicolorum. *Col. ecphr.* 1. *p.* 112.
Cicutariæ quodammodo fimilis vel Chærophyllo accedens. *Bauh. hift.* 3. *p.* 181.
Caucalis fylveftris, folio chærophylli. *Boerh. lugdb.* 1. *p.* 63.
Caucalis, chærophylli folio, rivini. *Rupp. jen.* 224.
Caucalis folio cerefolii. *Riv. pent.* 35.
*Crefcit in muris terrenis, aggeribus & ruderatis frequens in* Hollandia & Anglia.

# CHÆROPHYLLUM. *g. pl.* 228.

1. CHÆROPHYLLUM feminibus lævibus nitidis, petiolis ramiferis fimplicibus.
Chærophyllum fylveftre perenne, cicutæ folio. *Tournef. inft.* 314. *Boerh. lugdb.* 1. *p.* 70. *Flor. lapp.* 104.
Cerefolium fylveftre perenne, feminibus lævibus nigris. *Morif. umb.* 47. *t.* 1. *f.* 41. *hift.* 3. *p.* 303. *f.* 9. *t.* 11. *f.* 5.
Cerefolium fylveftre. *Riv. pent.* 44. *Rupp. jen.* 228.
Myrrhis fylveftris, feminibus lævibus. *Bauh. pin.* 160.
Myrrhis. *Dod. pempt.* 701.
Cicutaria vulgaris. *Bauh. hift.* 3. *p.* 181. *Raj. hift.* 429.
α Myrrhis perennis alba minor, foliis hirfutis, femine ftriato aureo. *Boerh.*
β Myrrhis perennis alba minor, foliis hirfutis. *Boerh.*
γ Myrrhis perennis alba minor, foliis hirfutiffimis. *Boerh.*
δ Myrrhis perennis alba, folio glabriori viridi fplendente. *Boerh.*
*Crefcit tempore vernali in omnibus pomariis & juxta fepes, in pratis ubique per* Europam *vulgatiffima, rufticisque deteftabilis.*

2. CHÆROPHYLLUM foliolis diffectis, petiolis univerfalibus ramiferis utrinque membrana auctis.
Chærophyllum paluftre latifolium, flore albo. *Boerh. lugdb.* 1. *p.* 70.
C c

Cere-

Cerefolium latifolium hirfutum album & rubrum. *Morif. hift.* 3. *p.* 304 *f.* 9. *t.* 10. *f.* 6.
Myrrhis paluftris. *Riv. pent.* 51.
Myrrhis paluftris latifolia alba. *Tournef. inft.* 315.
Cicutaria paluftris latifolia alba. *Bauh. pin.* 161.
Cicutaria latifolia hirfuta. *Bauh. hift.* 3. *p.* 182.
Cicutaria alba. *Dalech. hift.* 789.
&#9679; Chærophyllum paluftre latifolium, flore rubro. *Boerh.*
Myrrhis paluftris latifolia rubra. *Tournef.*
Cicutaria paluftris latifolia rubra. *C. Bauh.*
β Myrrhis annua glabra alba minor. *Boerh. lugdb.* 1. *p.* 69.
*Crefcit in pafcuis montis* Juræ & Salevæ *montium prope Genevam.*
*Cum antecedenti maximam habet affinitatem.*
*Varietas β, a naturali planta magnitudine immenfe differt, at obfervatis foliorum divifionibus ultimis, flofculis abortientibus, involucro, caulis divifura, petiolorum univerfalium membranacea ftructura, utrinque producta, nullam obfervare licuit notam vere fpecificam fufficientem.*

3. **CHÆROPHYLLUM** radice turbinata carnofa.
Myrrhis tuberofa nodofa coniophyllum. *Morif. umb.* 67. *Tournef. inft.* 315.
Myrrhis annua tuberofa nodofa coniophyllon. *Morif. hift.* 3. *p.* 302. *f.* 9. *t.* 10. *f.* 8.
Myrrhis annua, femine ftriato lævi, tuberofa nodofa coniophyllum. *Boerh. lugdb.* 1. *p.* 69.
Cicutaria pannonica. *Cluf. hift.* 2. *p.* 200. *defcr.*
Cicutaria bulbofa. *Bauh. pin.* 161.
Cicutaria odorata bulbofa. *Bauh. hift.* 2. *p.* 83.
*Crefcit prope* Entzhemium Alfatiæ *in fepibus; in itinere Bafilienfi verfus Mulhufium; in herbidis agri* Viennenfis.

4. **CHÆROPHYLLUM** caule maculato, geniculis tumidis.
Chærophyllum fylveftre. *Bauh. pin.* 152.
Cerefolium fylveftre. *Raj. hift.* 431. *fyn.* 207.
Myrrhis annua, femine ftriato lævi. *Morif. umb.* 67. *t.* 1. *f.* 37. *Tournef. inft.* 315. *Boerh. lugdb.* 1. *p.* 69.
Myrrhis annua vulgaris, caule fufco. *Morif. hift.* 3. *p.* 302. *f.* 9. *t.* 10. *f.* 7.
Myrrhis. *Riv. pent.* 49.
Anthrifcus plinii quibusdam, femine longo cicutariæ vel chærophylli. *Bauh. hift.* 3. *p.* 70.
Anthrifcus plinii. *Dalech. hift.* 791.
*Crefcit ad fepes in* Anglia, Gallia, Germania: *uti* Bafileæ, Montbelgardi, Lugduni, Genevæ, Jenæ; Upfaliæ *e feminibus rejectaneis etiam fpontanea facta.*

5. **CHÆROPHYLLUM** articulis tumidis, umbella univerfali trifida.
Myrrhis annua, femine ftriato afpero oblongo, nodofa. *Morif. umb.* 44. 67. *t.* 1. *f.* 38. *Boerh. lugdb.* 1. *p.* 69.
Myrrhis fylveftris cretica nodofa, feminibus afperis. *Raj. hift.* 432.
Myrrhis nodofa annua, femine annuo. *Morif. blef.* 288.
Cerefolium annuum nodofum, femine afpero majore. *Morif. hift.* 3. *p.* 303. *f.* 9. *t.* 10. *f.* 4.
Chærophyllum fylveftre alterum, geniculis tumentibus. *Tournef. inft.* 314.
Daucus felinoides, tuberofis geniculis, illyridis femine. *Barr. rar. t.* 1177.
*Crefcit ( ut creditur ) in* Creta & Sicilia.
*Ab antecedenti differt feminibus duplo majoribus, duplo magis hifpidis, præfertim umbellâ univerfali modo bifida vel trifida, cum in antecedenti multiplex fit; facies tamen eadem, attributa propria utrisque communia; an fufficienter a priori diftincta? an fola varietas?*

6. **CHÆROPHYLLUM** foliolis lanceolato-ovatis ferratis integris.
Cerefolium, rugofo angelicæ folio, aromaticum. *Bocc. muf.* 2. *p.* 29. *t.* 19.
Myrrhis folio angelicæ rugofo hirfuto. *Boerh. lugdb.* 1. *p.* 70.
Myrrhis folio podagrariæ. *Riv. pent.* 53.
Podagraria hirfuta, angelicæ folio & odore. *Vaill. fex.* 45.
Angelica fylveftris hirfuta inodora. *Bauh. pin.* 156. *prod.* 82. *Bauh. hift.* 3. *p.* 146.
*Crefcit in* Lufatia & Sicilia.
*Planta nobis viva ad manus non eft, quantum ex ficco fpecimine determinare licet videtur plurima cum hoc genere habere communia, nec tamen omnia.*


# SESELI. *g. pl.* 228.

1. **SESELI** petiolis ramiferis membranaceis oblongis integris.
Sefeli perenne, folio glauco breviori. *Boerh. lugdb.* 1. *p.* 50.
Fœniculum fylveftre perenne, ferulæ folio breviori. *Tournef. inft.* 311.
Meum fpurium. *Morif. umb.* 5. *t.* 1. *f.* 5.
Meum latifolium adulterinum. *Bauh. pin.* 148.
Meum alterum italicum quibusdam. *Bauh. hift.* 3. *p.* 15.
Saxifraga montana minor italica, foliis in breviores partes divifis. *Morif. hift.* 3. *p.* 272. *f.* 9. *t.* 2. *f.* 1.
&#9679; Sc.

*a* Seseli perenne, folio glauco longiori. *Boerh. lugdb.* 1. *p.* 50.
Fœniculum sylvestre elatius, ferulæ folio longiori. *Tournef. inst.* 311.
Saxifraga matthioli tenuifolia & umbellifera. *Bauh. hist.* 3. *p.* 18.
Saxifraga montana minor italica vel gallica, longiore folio. *Morif. hist.* 3. *p.* 272.

2. SESELI petiolis ramiferis membranaceis ventricosis emarginatis.
Seseli *quæ* Saxifraga pannonica clusii. *Boerh. lugdb.* 1. *p.* 50.
Saxifraga pannonica. *Cluf. hist.* 2. *p.* 196.
Saxifragia, multifido folio, pannonica. *Bauh. hist.* 3. *p.* 19.
Saxifraga montana minor, multifido folio, pannonica. *Morif. hist.* 3. *p.* 273. *f.* 9. *t.* 2 *f.* 4.
Daucus montanus, multifido brevique folio. *Bauh. pin.* 150.
Daucus montanus, multifido longoque folio. *Morif. umb.* 6. *f.* L.
Hippomarathrum. *Riv. pent.* - *Rup. jen.* 226.
*Crescentem (etiamnum) hanc vidimus in campo isto sicco intra* Hamburgum *&* Altenburgum,
*supra lapides ubi* Clufius *eam invenit ; crescit & circa* Viennam *in variis locis ; circa* Je-
nam *prope* Querfurtum.


# IMPERATORIA. *g. pl.* 230.

1. IMPERATORIA. *Bauh. hist.* 3. *p.* 137.
Imperatoria major. *Bauh. pin.* 156. *Tournef. inst.* 317. *Boerh. lugdb.* 1. *p.* 53.
Imperatoria seu Astrantia vulgaris. *Morif. hist.* 3. *p.* 278. *f.* 9. *t.* 4. *f.* 1.
Imperatoria. *Riv. pent.* 7.
Astrantia. *Cluf. hist.* 2. *p.* 194. *Dod. pempt.* 320.
Struthion. *Cord. hist.*
Ostrutium. *Dod. hist.* 514.
Herba vena. *Cæfalp. syst.* 309.
*a* Imperatoria alpina maxima. *Tournef. inst.* 317.
*Crescit in montibus* Ananiensibus *supra tridentinum ; in montibus maximis Carthusianorum
cænobio imminentibus ; in pratis ad radices alpium* Austriacarum Styriacarumque.


# HERACLEUM *g. pl.* 231.

1. HERACLEUM foliolis pinnatifidis.
Sphondylium vulgare hirsutum. *Bauh pin.* 157. *Morif. hist.* 3. *p.* 313. *f.* 9. *t.* 16. *f.* 1. umb. 38. *t.* 1. *f.* 25.
*Tournef. inst.* 320 *Boerh. lugdb* 1. *p.* 66.
Spondylium. *Cæfalp. syst.* 312. *Riv. mon.* 4.
Spondylium. *Dod. pempt.* 307 *Lob. hist.* 401.
Sphondylium quibusdam five Branca ursina germanica. *Bauh. hist.* 3. *p.* 160.
*a* Sphondylium majus aliud, laciniatis foliis. *Raj. hist.* 408.
Sphondylium hirsutum, foliis angustioribus. *Bauh. pin.* 157. *prod.* 83.
*β* Sphondylium crispum. *Bauh. hist.* 3. *p.* 320.
*γ* Sphondylium foliis angustioribus atro-purpureis. *Tournef. inst.* 320.
*δ* Sphondylium vulgare hirsutum, floribus purpureis *Tournef. inst.* 320.
*Crescit in pratis, pascuis, agrorum marginibus juxta rivulos vel ad radices montium vulga-
ris planta per totam fere* Europam.

2. HERACLEUM foliolis palmatis serratis.
Panax heraclium. *Dalech. hist.* 740.
Panax heracleum, Herculea five Heraclea, fronde smyrnii vel imperatoriæ. *Lob. hist.* 307.
Panax herculeum. *Cæfalp. syst.* 311.
Panax sphondylii folio, five Heracleum. *Bauh. pin.* 157.
Panaces heraclium vel potius Sphondylium alterum. *Dod. pempt.* 307.
Sphondylium majus five Panax heracleum quibusdam. *Bauh. hist.* 3. *p.* 161. *Tournef. inst.* 320. *Boerh.*
*lugdb.* 1. *p.* 66.
Sphondylium humilius, latioribus foliis, & umbella ampliore. *Morif. hist.* 3. *p.* 313. *f.* 9. *t.* 17. *f.* 3.
*Crescit in alpibus* Apenninis *& montibus* Nursiæ.
*Nomen* Sphondylium *dictum a cognomine insecto, cujus odorem exhalaret, ad evitandam ho-
monymiam excludo (F. B.* 230.*) & in ejus locum revoco antiquissimum Synonymon, à
Dioscoride dudum usitatum (F. B.* 244. 242.*) Panax heracleum ; excludens prius verbum Panacen (F. B.* 221.*), retinens posterius Heracleum, ab Hippocratis patre Heracle
imposttum (F. B.* 237.*) forte ob aliquem in medicina singularem ob eo detectum
usum.*

# BUPLEURUM. *g. pl.* 225.

1. **BUPLEURUM** foliis obverse ovatis in petiolum attenuatis.
Bupleurum arborescens, salicis folio. *Tournef. inst.* 310. *Boerh. lugdb.* 1. p. 70.
Seseli æthiopicum verum. *Dalech. hist.* 750.
Seseli æthiopicum frutex. *Dod. pempt.* 312. *Morif. hist.* 3. p. 298. umb. 17. t. 1. f. T.
Seseli æthiopicum, salicis folio *Bauh pin.* 161.
Seseli æthiopicum fruticosum, folio periclymeni. *Bauh. hist.* 3. p. 197.
Altera pro seseli æthiopico. *Cæsalp. syst.* 296.
*Crescit in rupibus oppido* s. Chamas *in* Gallo-provincia *vicinis, ad radices* Ceti *montis, qua in lacum vergit; in saxosis maritimis haud procul* Massilia: *in quibusdam locis apud* Orgon *&* Salonem *petræam.*

2. **BUPLEURUM** foliis ovatis perfoliatis.
Bupleurum perfoliatum rotundifolium annuum. *Tournef. inst.* 310.
Perfoliata vulgatissima sive arvensis. *Bauh. pin.* 277. *Boerh lugdb.* 1. p. 72.
Perfoliata annua vulgatissima. *Morif. umb.* 26. t. 1. f. 7. & t. 8. f. ult.
Perfoliata simpliciter dicta vulgaris annua. *Bauh. hist.* 198.
Perfoliata vulgaris. *Morif. hist.* 3. p. 299. f. 9. t. 12. f. 1. *Raj. hist.* 471.
Perfoliata officinarum. *Rupp. jen.* 227.
Perfoliata. *Dod. pempt.* 104. *Riv. pent.* 46.
Perfoliatum vulgatius, flore luteo, folio umbilicato. *Lob. hist.* 215.
Seseli æthyopicum nigrum. *Cæsalp. syst.* 296.
*α* Bupleurum perfoliatum rotundifolium annuum, flore multiplici. *Tournef.*
Perfoliata crispa seu muscosa. *Cam. hort.* t. 37.
*β* Bupleurum perfoliatum longifolium annuum. *Tournef.*
Perfoliata annua, longioribus foliis. *Bauh. hist.* 3. p. 198. *Morif. hist.* 3. p. 299. f. 9. t. 12. f. 2. umb. 26. t. 1. f. 6.
Perfoliata minor, ramis inflexis. *Bauh. pin.* 277.
*Crescit inter segetes in* Italia, Gallia, Anglia, Belgio, Germania *& aliquando in* Scania Sueciæ.
*In aliis umbella universalis nuda est, uti a* Dodonæo, Morifono, Lobelio, *&c. pingitur; in aliis vero involucrum pentaphyllum umbellæ universali etiam subjicitur; an hæc varietatis vel an speciei attributum inquirendum.*

3. **BUPLEURUM** foliis amplexicaulibus, inferioribus linearibus, summo cordato-oblongo.
Bupleurum montanum, gramineo folio. *Tournef. inst.* 310.
Perfoliata alpina angustifolia minima; vel Bupleurum angustifolium pyrenaicum. *Bauh. pin.* 277.
Perfoliata alpina angustifolia minima. *Bauh. prod.* 130.
Perfoliata minor, foliis gramineis. *Bauh. hist.* 3. p. 199.
Perfoliata alpina angustifolia minor C. B. *Morif. hist.* 3. f. 9. t. 12. f. 6.
*Crescit in summis montibus max.* Carthusianorum *cœnobio imminentibus, inque montibus* Pyrenæis.

4. **BUPLEURUM** foliis linearibus acutis sessilibus.
Bupleurum angustissimo folio. *Bauh. pin.* 278. *Tournef. inst.* 310. *Boerh. lugdb.* 1. p. 71.
Bupleurum minimum. *Col. ecphr.* 1. p. 247.
Bupleurum annuum minimum. *Morif. hist.* 3. p. 300. f. 9. t. 12. f. 4.
Bupleurum angustifolium. *Dod. pempt.* 633. *figura tenus.*
Auricula leporis minima. *Bauh. hist.* 3. p. 201.
*Crescit* Basileæ, Monspelii, Angliæ *variis in locis.*
*Variant plurimum species hujus generis, quæ varietates imposuere novam idæam; hinc tot spuriæ species a Botanicis, non rite dignoscentibus plantas, ortæ ut specierum, præsertim in angustifoliis, nulli limites, merito cum Rajo in historia dolemus, licet vix in alia familia ulla facilius foret veras dare differentias, quam in hac.*

# SMYRNIUM. *g. pl.* 233.

1. **SMYRNIUM** foliis caulinis simplicibus amplexicaulibus.
Smyrnium peregrinum, folio oblongo. *Bauh. pin.* 154. *prod.* 82.
Smyrnium peregrinum, rotundo folio. *Bauh. pin.* 158. *Tournef. inst.* 316. *Boerh. lugdb.* 1. p. 54.
Smyrnium creticum perfoliatum. *Bauh. hist.* 3. p. 125.
Smyrnium creticum. *Morif. umb.* 12. t. 1. f. 2.
Smyrnium amani montis. *Dod. pempt* 698.
Olusatrum alterius generis. *Cæsalp. syst.* 303.

Per-

Perfoliata altera. *Dalech. hist.* 791.

*Crescit in locis humentibus juxta rivulos; in montibus* Æquicolorum Valvensium & Asprensium, *in Sabinis; in Sicilia prope* Punto Cerciola *juxta Puzzallu; in* Creta.

2. SMYRNIUM foliis caulinis ternatis petiolatis.
Smyrnium. *Matth. diosc.* 773. *Dalech. hist.* 707. *Tournef. inst.* 316. *Boerh. lugdb.* 1.p. 54. *Riv. pent.* 69.
Smyrnium majus. *Morif. umb.* 11.t. 1.*f. P.*
Hipposelinum theophrasti; vel Smyrnium dioscoridis. *Bauh. pin.* 154.
Hipposelinum sive Smyrnium vulgare.*Morif. hist.* 3. p. 277. *f. 9. t.* 4.*f.* 1.
Hipposelinum. *Dod. pempt.* 698.
Olusatrum, vulgo Macerone. *Cæsalp. syst.* 303.
Macerone, quibusdam Smyrnium, semine magno nigro. *Bauh. hist.* 3. p. 126.
*Crescit in rupibus maritimis in* Wallia; *in* Scotia *prope* Bervicum.

# PASTINACA. *g. pl.* 232.

1. PASTINACA foliis simpliciter pinnatis.
Pastinaca sylvestris latifolia. *Bauh. pin.* 155. *Morif. umb.* 39. *t.* 1.*f.* 26. *hist.* 3. p. 314.*f. 9. t.* 16.*f.* 2.
*Tournef. inst.* 319. *Boerh. lugdb.* 1. p. 66. *Raj. hist.* 409.
Pastinaca latifolia sylvestris. *Dod. pempt.* 680.
Pastinaca germanica sylvestris; quibusdam Elaphoboscum. *Bauh. hist.* 3. p. 149.
Pastinaca. *Cæsalp. syst.* 313. *Riv. pent.* 6.
Baucia. *Lob. adv.* 317.
α Pastinaca sativa latifolia. *Bauh. pin.* 155. *Morif. hist.* 3. p. 314. *f. 9. t.* 17. *f.* 1.
Pastinaca latifolia sativa. *Dod. pempt.* 680.
Pastinaca sativa latifolia germanica, luteo flore. *Bauh. hist.* 3. p. 150.
*Crescit in* Anglia, Italia, Germania, *&c. in pascuis & agrorum marginibus.*

2. PASTINACA foliis decomposito-pinnatis.
Pastinaca sylvestris altissima. *Tournef. inst.* 319. *Boerh. lugdb.* 1. p. 69.
Panax costinum. *Bauh. pin.* 156.
Panax heracleum. *Morif. hist.* 3. p. 315. *f. 9. t.* 17. *f.* 2.
Panax herculeum majus. *Raj. hist.* 410.
Pseudocostus matthioli. *Dalech. hist.* 758.
Herba costa. *Cæsalp. syst.* 310.
Sphondylio vel potius pastinacæ germanicæ affinis Panax , sive Pseudo-costus flore luteo. *Bauh. hist.* 3. p. 156.
*Crescit in* Sicilia *non longe a Castello* Puzallu; *in* Italia & Gallo-provincia.
*Folia sæpe glabra sunt , interdum tamen hirsuta; præsertim petiolus communis.*
*Cel.* Boerhaavius *4. 5. 6. 7 & 8vam addit speciem , de quibus nulla apud authores reliquos certitudo , si hæ non varietates clarior harum necessaria esset cognitio, proinde & notæ specificæ earum & propriæ.*

# THAPSIA. *g. pl.* 229.

1. THAPSIA foliolis dentatis basi connatis.
Thapsia latifolia villosa. *Bauh. pin.* 148. *Morif. umb.* 29. t. 1. f. 11. *Tournef. inst.* 323. *Boerh. lugdb.* 1. p. 61.
Thapsia 1. *Clus. hist.* 2. p. 192.
Thapsia quorundam hirsuta & aspera, cicutæ folio, flore luteo, semine lato, aliis Seseli peloponesiacum. *Bauh. hist.* 3. p. 185. *Morif. hist.* 3. p. 319. *f. 9. t.* 18. *f.* 3. *Raj. hist.* 418.
Seseli peloponense majus. *Lob. hist.* 424.
Seseli peloponnense ut putatur. *Dod. pempt.* 313.
*Crescit in* Gallia Narbonensi, *uti circa* Monspelium & Nemausium; *in* Lusitania & Hispania, *uti non procul ab ostio* Tagi *supra* Ulyssiponem , *in collibus , locis editis ac incultis.*
*Observa: Sunt qui Seseli peloponesiacum a Thapsia prædicta separant , quodque urgent Clusius & J. Bauhinus, differentes dicunt plantas, nec qua in re differant enuntiant, nec figuris exprimunt ; hinc & nos has conjungimus, donec clarior nobis patescat historia stirpium.*

2. THAPSIA foliolis multifidis basi angustatis.
Thapsia tenuifolia, carotæ effigie. *Morif. hist.* 3. p. 319. *f. 9. t.* 18. *f.* 7.
Thapsia carotæ facie. *Bauh. hist.* 3. p. 187.
Thapsia vulgaris. *Raj. hist.* 419.
Thapsia, foliis apii, fœtidissima, flore luteo. *Boerh. lugdb.* 1. p. 60.
*Crescit in* Hispania.

Dd                                                    3. THAP-

3. THAPSIA foliolis multifidis fetaceis.
Thapfia tenuifolia, petiolis foliorum radiatis. *Morif. hift.* 3. p. 319. f. 9. t. 18. f. 9.
Thapfia, tenuiori folio, apula. *Tournef. inft.* 322. *Boerh. lugdb.* 1. p. 60.
Panax afclepium apulum. *Col. ecphr.* 1. p. 86. *Raj. hift.* 418.
Panax afclepium, femine foliofo. *Bauh. pin.* 158.
*Crefcit in* Apulia.

# ANETHUM. *g. pl.* 234.

1. ANETHUM fructu compreffo.
Anethum. *Bauh. hift.* 3. p. 6. *Cæfalp. fyft.* 283. *Morif. umb.* 36. t. 1. f. 22. & t. 8. f. 2. *Dod. pempt.* 298.
  *Lob. hift.* 448.
Anethum hortenfe. *Bauh. pin.* 147. *Morif. hift.* 3. p. 311. f. 9, t. 15. f. 1. *Tournef. inft.* 318. *Boerh.*
  *lugdb.* 1. p. 65.
Anethum. *Riv. pent.* 13.
α Anethum verum pernambuccenfe. *Boerh.*
  Anethum pernambuccenfe. *Herm. lugdb.* 44.
β Anethum fegetum, femine minori *Grift. lufit.*
  *Crefcit inter fegetes in* Hifpania & Lufitania.

2. ANETHUM fructu ovato.
Fœniculum. *Cæfalp. fyft.* 282. *Dod. pempt.* 297.
Fœniculum vulgare germanicum. *Bauh. pin.* 147. *Morif. hift.* 3. p. 270. f. 9. t. 2. f. 1. *Tournef. inft.* 311;
  *Boerh. lugdb.* 1. p. 48.
Fœniculum vulgare. *Morif. umb.* 3. t. 1. f. D.
α Fœniculum vulgare italicum, femine oblongo, guftu acuto. *Bauh. pin.* 147.
β Fœniculum dulce. *Bauh. pin.* 147.
γ Fœniculum fylveftre. *Bauh. pin.* 147.
δ Fœniculum foliis atrovirentibus. *Suth. edinb.* 121.
  *Crefcit in locis calidis & faxofis* Lugduni *in* Gallia & Monfpelii ; *in rupibus maritimis &*
  *clivis præfertim cretaceis non folum* Aremoricis, *fed & Maderis.*
  *Obf. Nonnulli* Fœniculum dulce *a vulgari fpecie non diftingui contendunt, eo argumento quod*
  *fatione degeneret & tandem in vulgare abeat.* Verum in fpeciebus plantarum dari interdum transmutationem non contemnendis rationibus fuadetur & Experimentis confirmatur. *Raj. Quæ fpecies nobis varietates funt, nullo modo veræ fpecies.*

# CARUM. *g. pl.* 235.

1. CARUM. *Riv. pent.* 55. *Dod. pempt.* 299. *Morif. hift.* 3. p. 296. f. 9. t. 9. f. 1. *Fl. lapp.* 105.
Carum five Careum. *Raj. hift.* 446.
Carvi. *Cæfalp. fyft.* 291. *Tournef. inft.* 306. *Boerh. lugdb.* 1. p. 59.
Cuminum pratenfe, Carvi officinarum. *Bauh. pin.* 158.
Caros. *Bauh. hift.* 3. p. 69.
α Carvi femine majore. *Boerh. lugdb.* 1. p. 59.
  *Crefcit in pinguibus & lætis pratis, in variis locis* Germaniæ, Bohemiæ, Galliæ, An-
  gliæ, Frifiæ, Norlandiæ, Sueciæ, Lapponiæ fylveftris.

# PIMPINELLA. *g. pl.* 236.

1. PIMPINELLA. *Riv. pent.* 80, 81, 82, 83, 84.
Pimpinella faxifraga fpecies 1, 2, 3, 4. *Bauh. pin.* 160. *Raj. hift.* 446. *Morif. umb.* 12.
Pimpinella faxifraga fpec: 1, 2, 3, 6, 7. *Morif. hift.* 3. p. 284. f. 9. t. 5. f. 1, 6, 7.
Tragofelinum, fpecies 1, 2, 3, 4. *Tournef. inft.* 309.
Tragofelinum, fpecies 1, 2, 3, 4, 5, 6, 7, 8, 9. *Boerh. lugdb.* 1. p. 54.
α Tragofelinum majus, umbella candida. *Tournef.*
β Tragofelinum majus, umbella rubente. *Tournef.*
γ Tragofelinum majus degener, umbella alba. *Boerh.*
δ Tragofelinum alterum majus. *Tournef.*
ε Tragofelinum quæ pimpinella faxifraga minor crifpa. *Boerh.*
ζ Tragofelinum perenne, folio apii, minus. *Boerh.*
η Tragofelinum, folio apii, minimum. *Boerh.*

9 Tra-

ϑ Tragofelinum minus. *Tournef.*
*Crefcit vulgaris per Europam in pafcuis ficcioribus & locis glareofis.*
*Has omnes α — ϑ fpecie conjungo, de γ — δ apud Botanicos nullum pofthac dubium effe
puto, licet α β ab omnibus diftinguantur fpecie; femina ϑ, a me ipfo collecta, in Horto Upfalienfi terræ prægnanti commifi anno 1730, transplantavi circa autumnum caute, flores
& fructum magnitudine jufta produxit planta anno 1731., nec tum ab α diftin-
guebatur arte ulla.*

## ANISUM. *g. pl.* 239.

1. ANISUM foliis radicalibus fimplicibus.
   Anifum. *Cæfalp. fyft.* 317. *Fuchf. hift.* 62. *Riv. pent.* 73.
   Anifum herbariis. *Bauh. pin.* 159.
   Anifum officinarum. *Rupp. jen.* 229.
   Anifum vulgare. *Cluf. hift.* 2. p. 202.
   Anifum vulgatius minus annuum. *Morif. hift.* 3. p. 297. f. 9. t. 9. f. 1.
   Apium Anifum dictum, femine fuaveolente majori. *Tournef. inft.* 305. *Boerh. lugdb.* 1. p. 59.
α  Apium, Anifum dictum, femine fuaveolente minori. *Tournef.*
   Anifum minus. *Riv. pent.* 74.
   *Crefcere fertur in* Syria *&* Ægypto *aliisque orientalibus regionibus.*

2. ANISUM foliis radicalibus pinnatis.
   Saxifragia tertia. *Cæfalp. fyft.* 315.
   Vifnaga minor quorundam; Selinum peregrinum clufio, femine hirfuto. *Bauh. hift.* 3. p. 94.
   Selinum peregrinum 1. *Cluf. hift.* 2. p. 199.
   Apium femine villofo feu incano peregrinum. *Morif. umb.* 21. t. 1. f. 5.
   Apium peregrinum, foliis fubrotundis. *Bauh. pin.* 153. *Boerh. lugdb.* 1. p. 59.
   Daucus tertius diofcoridis, fecundus plinio. *Col. ecphr.* 1. p. 108. t. 109.
   *Crefcit circa* Meffanam *Siciliæ in fepibus; in* Agro *Salmanticenfi in vinetorum margini-
   bus;* Campoclari *in fylveftribus & limitibus & collibus herbidis.*

## ÆGOPODIUM. *g. pl.* 237.

1. ÆGOPODIUM foliis caulinis fummis ternatis.
   Ægopodium. *Tabern. hift.*
   Podagraria. *Riv. pent.* 47. *Rupp. jen.* 225.
   Podagraria germanica aut belgica. *Lob. hift.* 398.
   Angelica fylveftris repens. *Bauh. hift.* 3. p. 145. *Morif. hift.* 3. p. 281. f. 9. t. 4. f. 11.
   Angelica fylveftris minor five erratica. *Bauh. pin.* 155. *Tournef. inft.* 313. *Boerh. lugdb.* 1. p. 53.
   Herba Gerardi. *Dod. pempt.* 320.
   *Crefcit ad fepes, inque pomariis frequens per* Angliam, Germaniam *aliisque Europæis re-
   gionibus; in* Suecia *parcius provenit.*

2. ÆGOPODIUM foliis caulinis fummis novenis.
   Angelica acadienfis, flore luteo. *Dod. act.* 55. *Tournef. inft.* 313. *Raj. hift.* 1368. *Boerh. lugdb.* 1. p. 53.
   Angelica humilior & minor, flore luteo. *Morif. hift.* 3. p. 281.
   *Crefcit in* Acadia.
   *Ægopodium eft Synonymon antiquum in hac familia, defumtum ab aliquali convenientia fo-
   liorum in figura cum ungula vel pede capræ.*

## APIUM. *g. pl.* 238.

1. APIUM foliolis caulinis cuneiformibus.
   Apium vulgare ingratius. *Bauh. hift.* 3. p. 100.
   Apium paluftre & Apium officinarum. *Bauh. pin.* 154. *Morif. hift.* 3. p. 293. f. 9. t. 9. f. 8. *Tournef.
   inft.* 305. *Boerh. lugdb.* 1. p. 58.
   Apii aliud genus. *Cæfalp. fyft.* 299.
   Apium. *Riv. pent.* 88.
   Eleofelinum five Paludapium. *Lob. hift.* 405.
   Eleofelinum. *Dod. pempt.* 695.
α  Apium dulce; Celeri italorum. *Tournef.*
β  Apium dulce; Celeri italorum, folio variegato. *Boerh.*
   *Crefcit in locis humectis & umbrofis* Italiæ, *juxta rivulos maritimos* Angliæ, *ad littora*
   Frifiæ.

Dd 2                                                                2. APIUM

2. APIUM foliis caulinis linearibus.

Apium hortenſe vel Petroſelinum vulgo. *Bauh. pin.* 153. *Moriſ. biſt.* 3. *p.* 292. *ſ.* 9. *t.* 8. *f.* 2.

Apium hortenſe, quod Petroſelinum multis palato gratum planum & criſpum. *Bauh. biſt.* 3. *p.* 97.

Apium ſativum vulgare, ſive Petroſelinum. *Col. ecphr.* 1. *p.* 113.

Apium ſativum. *Riv. pent.* 89.

Apium domeſticum vulgo Petroſelinum. *Cæſalp. ſyſt.* 297.

Apium hortenſe. *Dod. pempt.* 694.

Selinum ſive Apium hortenſe. *Lob. biſt.* 405.

*a* Apium tenuifolium. *Riv. pent.* 90.

*β* Apium vel Petroſelinum criſpum. *Bauh. pin.* 153.

Apium criſpum. *Riv. pent.* 91.

*Creſcit in* Sardinia *in humentibus locis & juxta ſcaturigines.*

*Corollaria.* 1. *Abſolvimus familiam naturalem* umbelliferam *dictam, inceptam à* Phyllide, *terminatam* Apio.

2. *Sedem poſuiſſe hanc familiam præſertim in* Europa, *quo auſtraliori eo potiori, mirum; ſi evolvo* Plumieri Americam, Rheedi Malabariam, *heu quam paucas producant umbelliferas.*

3. *Quam paucas in hac claſſe & fere nullas arboreſcentes videmus, præter* Phyllidem *&* Bupleurum; *at in aliis omnibus familiis, exceptis liliaceis, longe plures.*

4. *Vires ſi reſpiciamus, vix ulla hic datur, quæ non aromatici quid contineat, radix & ſemina ſæpius viribus pollent.*

5. *Flores omnes aggregati ſunt, & in ſe ipſis fere omnium ſimpliciſſimi, ut & inſequens fructus.*

6. *Culturam & tranſpoſitionem difficile admittit maxima horum pars, dum radice fuſiformi profunditatem terræ petit.*

7. *Statura plantarum ſpecioſa & ampla, colore minus fulgens.*

8. *Character harum plantarum Naturalis claſſicus eſt.*

Receptaculum e centro producitur in multos radios filiformes, mediis brevioribus patulis: umbella univerſalis; *ex ſingulo apice ſinguli radii pari modo ſecunda multiplicatio:* umbella partialis.

Calyx. Involucrum *polyphyllum, nunc ad baſin umbellæ communis, nunc partialium, nunc utriusque, nunc nullius.*

Perianthium *quinquedentatum, minimum, evaneſcens, germen coronans, proprium.*

Cor. Univerſalis *nunc uniformis, nunc radiata.* Propria *petalis quinque, lanceolatis, inflexo-cordatis, deciduis, raro æqualibus, exterioribus ſæpius majoribus.*

Stam. Filamenta *quinque, filiformia, longitudine corollæ, recta.* Antheræ *ſubrotundæ.*

Germen *rotundatum, tectum receptaculo hemiſphærico, carnoſo.* Styli *duo, ſubulati, dehiſcentes.* Stigmata *obtuſa.*

Per. *nullum, niſi cruſta fructui adnata.*

Sem. *duo, a baſi dehiſcentia, hinc convexa ſtriata, inde plana, affixa ſingula, apice interno, receptaculo proprio filiformi bifido.*

# TRIGYNIA.

## MAUROCENIA. *g. pl.* 244.

1. MAUROCENIA.

Frangula ſempervirens, folio rigido ſubrotundo. *Dill. elth.* 146. *t.* 121. *f.* 147.

Ceraſus afra, folio rotundo craſſiſſimo rigido ſplendente. *Boerh. lugdb.* 2. *p.* 244.

Ceraſus capenſis, fructu rubro, folio fere obtuſo. *Petiv. muſ.* 527. *gaz. t.* 57. *f.* 4.

Ceraſus africana, foliis plerumque in ſummo ſinuatis, fructu rubro. *Pluk. alm.* 49. *t.* 158. *f.* 2. *mala.*

*Creſcit ad* Promontorium Bonæ Spei.

*Dixi arbuſculam hanc apud* Mauros *naſcentem ſempervirentemque a Senatore* Veneto *Jo.* Franc. Mauroceno, *qui hortum ſplendidiſſimum plantis rariſſimis inſtruxit* Paduæ, *eumque cum publico communicare voluit* Antonii Titæ *laboribus. Prodeant & plures magnates qui ſtudium Botanices ſumtuoſum facilitent, & ipſis æternæ memoriæ tabulis, marmore firmioribus, inſcribemus perennantia bonorum nomina.*

T L

# TINUS. *g. pl.* 243.

1. TINUS.
Tinus fpecies 3. *Tournef. inft.* 607. *Boerh. lugdb.* 2. p. 225.
Lentago. *Cæfalp. fyft.* 76.
Laurus tinus feu fylveftris trium generum. *Bauh. hift.* 3. p. 418.
α Tinus prior. *Cluf. hift.* 1. p. 49.
Laurus tinus. *Dalech. hift.* 204.
Laurus fylveftris, corni fœminæ foliis fubhirfutis. *Bauh. pin.* 461.
β Tinus alter. *Cluf. hift.* 1. p. 49.
Tinus 2 clufii. *Dalech. hift.* 204.
Tinus, laurus fylveftris. *Dod. pempt.* 850.
Laurus fylveftris, foliis venofis. *Bauh. pin.* 461.
γ Tinus tertius. *Cluf. hift.* 1. p 49.
Tinus 3 Clufii. *Dalech. hift.* 204.
Laurus fylveftris, folio minore. *Bauh. pin.* 461.
*Crefcit α in præruptis & lapidofis locis inter alios frutices & fepes circa oppida Lufitaniæ* To-
mor & Montemor novum. *β In Bœticæ maritimis & juxta monafterium* Pera-longa
*dictum in Lufitania. γ In Italia circa* Romam, Tibur, *&c. frequens; in Sylva* Va-
lena *prope* Monfpelium.
*Conjunxi heic tres frutices cum nulla his, nifi accidentalis intercedat differentia, nec ( more
belgico ) magni facio quis primum obtineat locum, modo boni fint omnes.
Baccarum color cæruleo-nigricans ad plumbi accedit, quem in alio fructu me obfervaffe non
memini.*

# VIBURNUM. *g. pl.* 245.

1. VIBURNUM.
Viburnum. .*Tournef. inft.* 607. *Boerh. lugdb.* 2. p. 224.
Viburnum vulgo. *Bauh. pin.* 429.
Viburnum, Spiræa theophrafti. *Dalech. hift* 256.
Viurna vulgi gallorum & ruelli. *Lob. hift.* 591.
Lantana. *Cæfalp. fyft.* 76. *Dod. pempt.* 781.
Lantana vulgo, aliis Viburnum. *Bauh. hift.* 1. p. 557.
*Crefcit in fepibus & fylvis folo maxime inculto & argillofo* Alfatiæ, Angliæ, Galliæ, Hel-
vetiæ, Hetruriæ, Italiæ.

# OPULUS. *g. pl.* 246.

1. OPULUS.
Opulus ruelli. *Tournef. inft.* 607. *Boerh. lugdb.* 2. p. 224.
Lycoftaphylon fœmina. *Cord. hift.*
Sambucus paluftris. *Dod. pempt.* 846.
Sambucus aquatica. *Bauh. hift.* 1. p. 552. fig. tranfpofita.
Sambucus alia in paluftribus pifanis. *Cæfalp. fyft.* 92.
Sambucus aquatica, flore fimplici. *Bauh. pin.* 456.
α Opulus flore globofo. *Tournef. inft.* 607.
Sambucus aquatica, flore globofo pleno. *Bauh. pin.* 456.
Sambucus rofea. *Bauh. hift.* 1. p. 553. figura tranfpofita.
*Crefcit in pratis fubhumidis & nemorofis frequens & vulgaris per* Europam.
*Singularis eft hæc varietas α & revera flore pleno; non autem ut fimplices folent impleri
flores, fed ut compofiti; corollula enim tantummodo major evadit vel radio fimilis
& genitalia obliterat, uti in* Heliantho, Bellide, Calendula, Tagete, *&c. videre eft.*

# SAMBUCUS. *g. pl.* 247.

1. SAMBUCUS caule perenni ramofo.
Sambucus vulgaris. *Bauh. hift.* 1. p. 544.
Sambucus fructu in umbella nigro. *Bauh. pin.* 456. *Boerh. lugdb.* 2. p. 223.
Sambucus. *Cæfalp. fyft.* 91. *Dod. pempt.* 845. *Dalech. hift.* 266.

E c                                                                    α SAM-

α Sambucus fructu in umbella viridi. *Bauh. pin.* 456.
β Sambucus laciniato folio. *Bauh. pin.* 456.
　Sambucus laciniofo folio. *Dod. pempt.* 845.
　Sambucus foliis laciniatis. *Dalech. hift* 268.
　Sambucus laciniata. *Bauh. hift.* 1. p. 549.
　*Crefcit vulgatiſſima per* Germaniam ; *nec non ſatis frequens in adjacentibus regionibus, incepit & ſponte naſci in Auſtralibus* Sueciæ *provinciis, licet ibidem vix creata ab initio.*
　*Varietas α baccis albis ſeu pallidis, foliola magis ovata, magis glabra, magisque æqualiter ſerrata ; at* β *foliola multifida, profunde ſerrata, magis oblonga profert.*

2. SAMBUCUS caule annuo ſimplici.
　Sambucus humilis; ſive Ebulus. *Bauh. pin.* 456. *Boerh. lugdb.* 1. p. 223.
　Ebulus; ſive Sambucus herbacca. *Bauh. hift.* 1. p. 549.
　Ebulus. *Pont. anth.* 270. *Cæſalp. ſyſt.* 209. *Dod. pempt.* 381. *Dalech. hift.* 269.
α Sambucus humilis, ſive Ebulus, folio laciniato. *Bauh. pin.* 456.
　*Crefcit in incultis ſubhumidis & arvorum marginibus paſſim in* Anglia , Gallia , Italia , Germania , *potiſſimum* Lombardia.

# RHUS. *g. pl.* 241.

1. RHUS foliis pinnatis ferratis.
　Rhus folio ulmi. *Bauh. pin.* 414.
　Rhus coriaria. *Dod. pempt.* 779.
　Rhus obſoniorum. *Cæſalp. ſyſt.* 77.
　Rhus. *Dalech. hift.* 107.
　Rhus ſive Sumach. *Bauh. hift.* 1. p. 555.
α Rhus virginianum. *Bauh. pin.* 517. *Raj. hift.* 1591.
　Sumach; ſeu Rhus virginiana. *Park. theatr.* 1450.
β Rhus virginicum, panicula ſparſa, ramis patulis glabris. *Dill. elth.* 323. t. 243. f. 314.
　Rhus anguſtifolium. *Bauh. pin.* 414.
　Sumach anguſtifolium. *Bauh. prod.* 158.
　*Crefcit circa* Monſpelium *prope Caſtrum novum & in agro* Salmanticenſi *; in* Italia *&* Gallo-provincia *locis aridioribus, ruderoſis, defitis & incultis, nec non in* America *uti in* Virginia , Braſilia.
　*Variat hæc arbor foliis magis oblongis, acutius ſerratis, utrinque fere glabris, ut in hortis* Sueciæ *videre eſt ; Eandem cum prædicta eſſe Rhus anguſtifolium docuit Herbarium Burſeri & planta ſicca apud* Toupinambaultios *Braſiliæ lecta, quam ſe* C. Bauhino *miſiſſe ipſe refert* Burſerus.

2. RHUS foliis pinnatis integerrimis.

| Mas. | Fœmina. |
|---|---|
| Rhus americanum, rachi (cui adnectuntur folia) rubra, folio lato utrinque glabro non ferrato , piſtachiæ ſimili. *Boerh. lugdb.* 2. p. 229. | |
| Toxicodendron foliis alatis , fructu rhomboide. *Dill. elth.* 390. t. 292. f. 377. *fœmina.* | |
| Arbor americana, alatis foliis , ſucco lacteo, venenata. *Pluk. alm.* 45. t. 145. f. 1. | |
| Arbor americana venenata , juglandis folio. *Pet. hort.* 242. | |
| Arbor cujus lignum venenatum. *Act. angl. n.* 367. p. 145. | |
| Sitz vel Sitz dſiu. *Kæmpf. jap.* 791. t. 792. | |
| Vernix *officinis.* | |
| α Faſi no ki. Arbor vernicifera ſpuria ſylveſtris anguſtifolia. *Kæmpf. jap.* 794. | |
| Rhus americanum , rachi (cui folia adnaſcuntur) rubra , foliis præcedenti anguſtioribus. *Boerh. lugdb.* 2. p. 229. | |

　*Crefcit in* Virginia *&* Japonia *, locis paludoſis.*
　*Varietas α differt tantum cultura ab antecedenti , ut potius naturalis dicatur α ;* β *vero quæ culta , præternaturalis , monente Kæmpfero.*
　*Mas ſolum nobis eſt , nec fœmina ulla , nullam tamen his intercedere differentiam in facie externa obſervare potui.*

3. RHUS foliis ternatis , foliolis petiolatis ovatis acutis integris.
　Toxicodendron triphyllum glabrum. *Tournef. inft.* 611. *Boerh. lugdb.* 2. p. 228.
　Edera trifolia canadenſis. *Corn. canad.* 96. t. 97.
　Hedera trifolia racemoſa canadenſis. *Barr. rar. t.* 228.

Ho.

Hedera trifolia virginienfis. *Park. theatr.* 679.

Vitis fylveftris trifolia. *Park. theatr.* 1556.

Apocynum trifolium indicum, vulgo Epimedium. *Stap. theophr.* 364.

Epimedium fruticans virginianum. *Rudb. hort.* 39. *tall.* 13.

α Toxicodendron rectum, foliis minoribus glabris. *Dill. elth.* 289. *t.* 291. *f* 375. *mas.* f. 376. *fœmina.*

β Toxicodendron triphyllum, folio finuato pubefcente. *Tournef. inft.* 611. *Boerh. lugdb.* 2. *p.* 229.

Hederæ trifoliæ canadenfi affinis furrecta, Arbor tinctoria virginiana multis. *Pluk. alm.* 181.

Hederæ trifoliæ canadenfi affinis planta peregrina, Arbor venenata quorundam. *H. P. Parif.* 84.

Arbor trifolia venenata virginiana, folio hirfuto. *Raj. hift.* 1799.

γ Toxicodendron amplexicaule, foliis minoribus glabris. *Dill. elth.* 390.

*Crefcit in variis partibus* Americæ, *uti in* Canada, Virginia, *&c.*

*Cur Toxicodendra a Rhois familia diftinguant Botanici rationem omnino nullam video ; in prima fpecie eft bacca hirfuta mollis rubra ; in hac carnofa ftriata alba ; in præcedenti rhomboidea ; in fequentibus magis ficca ; at reliquæ partes omnino eædem.*

*Hæc fpecies a Cl. Dillenio fexu diftincta defcribitur, at nobis femper hermaprodita obvia fuit. An itaque detur hic ut in Fraxino & hermaproditus & mas ac fœmina fimul ?*

4. R H U S foliis ternatis, foliolis lineari-lanceolatis, petiolatis integerrimis.

Rhus africanum trifoliatum majus, foliis fubtus argenteis acutis & margine incifis. *Pluk. alm.* 319. *t.* 219. *f.* 6. *Boerh. lugdb.* 2. *p.* 229.

*Crefcit in* Africa.

*Racemi foliis longiores funt, ramofiffimi, ex alis inferiorum foliorum.*

5. R H U S foliis ternatis, foliolis ovatis utrinque acutis dentatis, lateralibus petiolatis.

Rhus africanum trifoliatum majus, foliis obtufis & incifis hirfutie pubefcentibus. *Pluk. alm.* 319. *t.* 219. *f.* 7. *Boerh. lugdb.* 2. *p.* 229.

Vitex trifolia minor indica ferrata. *Breyn. prod.* 2. *p.* 104. *Comm. hort.* 2. *p.* 179. *t.* 91. *Boerh. lugdb.* 2. *p.* 222.

*Crefcit in* Africa.

*Obf. Folia in hac dura, craffa, dentata, fubtus incana, acuta venis fubtus prominentibus, foliolis præfertim lateralibus petiolatis. At in fequenti folia membranacea, obtufa, fæpe obverfe cordata, petiolis nullis inftructis foliolis, fed membranæ inftar per petiolum proprium ad ejus bafin decurrentibus.*

6. R H U S foliis ternatis, foliolis obverfe cordatis feffilibus.

Rhus africanum trifoliatum minus glabrum, fplendente folio fubrotundo integro. *Pluk. alm.* 319. *t.* 219. *f.* 9. *Boerh. lugdb.* 2. *p.* 229.

Vitex trifolia minor indica rotundifolia. *Comm. hort.* 2. *p.* 181. *f.* 93. *optima. Boerh. lugdb.* 2. *p.* 222.

Rhus africanum trifoliatum majus glabrum, fplendente utrinque folio fubrotundo, medio quandoque crenato. *Boerh. lugdb.* 2. *p.* 229.

*Crefcit in* Africa.

# C O T I N U S. *g. pl.* 242.

1. C O T I N U S foliis obverfe ovatis.

Cotinus coriaria. *Dod. pempt.* 780. *Boerh. lugdb.* 2. *p.* 228.

Coccigria ; five Cotinus putata. *Bauh. hift.* 1. *p.* 494.

Coggygria. *Cluf. hift.* 1. *p.* 16.

Coggygria theophrafti ; Cotinus plinii. *Dalech. hift.* 193.

Cocconilea five Coggygria. *Bauh. pin.* 415.

Scotanum. *Cæfalp. fyft.* 75.

*Crefcit copiofe in Italia* Lombardica *inter fepes, ad radices montis* Apennini.

*Obf. Differentia fpecifica noftra opponitur fpeciei alteri, quæ* Cotinus foliis obverfe cordatis *Frutex cotini fere folio craffo in fummitate deliquium patiente, fructu ovali cæruleo, officulum angulofum continente.* *Catesb. ornith.* 25. *t.* 25.

# T A M A R I X. *g. pl.* 240.

1. T A M A R I X floribus pentandris.

Tamarix narbonenfis. *Dalech. hift.* 180.

Tamarix major five arborea narbonenfis. *Bauh. hift.* 1. *p.* 350.

Tamarix altera, folio tenuiore five gallica. *Bauh. pin.* 485.

Tamarifcus narbonenfis. *Lob. ic.* 218. *Boerh. lugdb.* 2. *p.* 257.

Myrica. *Cæfalp. fyft.* 126.

Ee 2

My:

Myrica fylveftris 2. *Cluf. hift.* 1. *p.* 40.
*Crefcit juxta flumina & in maritimis Monfpelii juxta mare & in* Gallia Narbonenfi *juxta ftagnum* Volcarum; *in* Hifpania, Italia, &c.

2. TAMARIX floribus decandris.
Tamarix germanica. *Dalech. hift.* 180.
Tamarix germanica, five minor fruticofa. *Bauh. hift.* 1. *p.* 350.
Tamarix fruticofa, folio craffiore; five germanica. *Bauh. pin.* 485.
Tamarix. *Dod. pempt.* 766.
Tamarifcus germanica. *Lob. ic.* 218. *Boerh.lugdb.* 2. *p.* 257.
Myrica fylveftris 2. *Cluf. hift.* 1. *p.* 40.
*Crefcit juxta amnes, fluvios & paludes folo faxofo & lapidofo per hyemem inundato; in* Pannonia, *circa* Auguftam *Vindelicorum*, Lindaviam, Genevam.
*Obf. Flores in præcedenti fpecie ftamina quinque diftincta ferunt, at in hac communiter decem coalita filamentis a parte inferiore.*

# STAPHYLÆA. *g. pl.* 248.

1. STAPHYLÆA foliis pinnatis.
Staphylodendron fylveftre & vulgare. *Herm. lugdb.* 582.
Staphylodendron. *Cæfalp. fyft.* 120. *Bauh. hift.* 1. *p.* 274. *Lob. hift.* 540. *Dalech. hift.* 102. *Boerh. iugdb.* 2. *p.* 235.
Piftacia fylveftris. *Bauh. pin.* 401.
Nux veficaria. *Dod. pempt.* 818.
*Crefcit in fpongiofis fere udis* Italiæ, Helvetiæ, &c.
*Obf. Hæc in flore duo tantum gerit piftilla & fructum bilocularem.*

2. STAPHYLÆA foliis ternatis.
Staphylodendron virginianum trifoliatum. *Herm. lugdb.* 258.
Staphylodendron virginianum triphyllum. *Tournef. inft.* 616. *Boerh. lugdb.* 2. *p.* 235.
Piftachia virginiana fylveftris trifolia. *Morif. blef.* 295.
*Crefcit in* Virginia.
*Obf. Hæc in flore tria femper gerit piftilla & fructum trilocularem.*

# TURNERA. *g. pl.* 249.

1. TURNERA e petiolo florens, foliis ferratis. *vid. tab.*
Turnera frutefcens ulmi-folia. *Plum. gen.* 15. *Mart. cent.* 49. *t.* 49.
Ciftus urticæ folio, flore luteo, vafculis trigonis. *Sloan. flor.* 86. *hift.* 1. *p.* 202. *t.* 127. *f.* 4, 5. *Raj. dendr.* 492.
* Turnera frutefcens, folio longiore & mucronato. *Mill. app. Mart. cent.* 49. *t.* 49.
*Crefcit in* America *variis locis; in* Jamaica *in collibus Rhed-hills dictis,* &c.
*Defcriptio brevis fit. E Radice* Caulis *fruticofus, fimplex, erectus, pedalis & bipedalis (apud nos), teres, villis vix manifeftis fcaber.* Folia *alterna, lanceolato-ovata, profunde ferrata, ferraturis alternis profundioribus, utrinque pubefcentia, venis ad angulum acutum è nervo longitudinali egreffis alternis plurimis, fuperne cavis, fubtus prominentibus, petiolis (folio dimidio brevioribus) infidentia, laxa; ubi petiolus adnectitur folio, utrinque ad marginem confpicitur glandula concava obtufa. Flos unicus e medio petioli enafcitur proprio pedunculo infidens; corolla flava. Figura antequam nobiscum quintam decadem rariorum plantarum nobiscum communicaverat Clariff.* Martynus, *infculpta erat, hinc revocare eandem noluimus.*
*Dicta fuit hæc planta cujus pedunculus petiolo inferitur a* Guiliel. Turnero *Anglo, qui Hiftoriam plantarum angliæ cum publico communicavit, ordine alphabetico confcriptam.*
*Speciem aliam* Turneram *foliis integerrimis* Onagra laurifolia, *flore amplo pentapetalo. Fevill. tom.* 1. *t.* 19. *detexere recentiores.*

# CORRIGIOLA. *g. pl.* 851.

1. CORRIGIOLA caule florum fafciculis terminato.
Polygonifolia. *Dill. giff.* 150. *charact.*
Polygonifolia vulgaris. *Vaill. parif.* 162. *charact.*

Po-

TURNERA e petiolo florens, foliis ferratis. *Hort. Cliff.* 112. *fp* 1.

1. *Ramus.*
2. *Folium ad cujus bafin duæ glandulæ. Pedunculus e petiolo enatus cum calyce fructus, femine, ftylis, ftigmatibus.*

G. D. EHRET del.                                                        J. WANDELAAR fecit

Polygonifolia floribus & feminibus extremis ramulis acervatim congeftis. *Dill. gen.* 95.

Knawel folio alfines glabro, flofculis plurimis. *Boerh. lugdb.* 2. *p.* 93.

Polygoni- vel Linifolia per terram fparfa, flore fcorpioides. *Bauh. hift.* 3. *p.* 379.

Polygonum littoreum minus, flofculis fpadiceo-albicantibus. *Bauh. pin.* 281. *prod.* 131. *Morif. hift.* 2. *p.* 593. *f.* 5. *t.* 29. *f.* 1.

*Crefcit in littoribus arenofis* Häffiæ; Bafileæ *ad Wiefam flumen; in Lufatia ad* Niffam *fluvium;* Northufiis *in fabulofis.*

Corrigiola *fynonymon polygoni, cui familiæ & hæc quondam annumerata fuit planta, hujus generis nomen facimus.* Corrigiolæ *autem in* Raj. fyn. 160. *a nobis examinata non eft, quæ fi diftinĉti fit generis planta,* Illecebra *cum* Rupp. jen. 79. *dici poteft, fin* Paronychiæ Tournefortii *fpecies, ut* Vaill. parif. 157. *t.* 15. *f.* 7. *(cui* Paronychia *ferpillifolia paluftris.)* Herniariæ *generi inferi debet.*

# *T E T R A G Y N I A.*

## P A R N A S S I A. *g. pl.* 250.

1. **P A R N A S S I A.** *Fl. lapp.* 108.

Parnaffia paluftris & vulgaris. *Tournef. inft.* 246. *Boerh. lugdb.* 1. *p.* 243.

Pyrola rotundifolia paluftris noftras, flore unico ampliore. *Morif. hift.* 3. *p.* 505. *f.* 12. *t.* 10. *f.* 3.

Ciftus humilis paluftris, hederæ folio perfoliata. *Pluk. alm.* 108.

Gramen parnaffi recentiorum hederaceum, *Lob. hift.* 330.

Gramen parnaffi, albo fimplici flore. *Bauh. pin.* 309.

Gramen parnaffi dodonæo, quibusdam Hepaticus flos. *Bauh. hift.* 3. *p.* 537.

Gramen parnafium. *Dod. pempt.* 564.

∗ Gramen parnaffi duplicatis floribus. *Lob. hift.* 331.

*Crefcit in macris & putridis pratis, quæ numquam omnino exficcantur, in* Europa *præfertim feptentrionali vulgaris, uti in* Lapponia, Norvegia, Finlandia, Suecia, Dania, Germania, Belgio, Anglia, *&c.*

# *P E N T A G Y N I A.*

## A R A L I A. *g. pl.* 251.

1. **A R A L I A** caule aculeato.

Aralia arborefcens fpinofa. *Vaill. fex.* 43.

Angelica arborefcens fpinofa; feu Arbor indica fraxini folio, cortice fpinofo. *Raj. hift.* 1798.

Angelica arborefcens fpinofa feu Arbor indica fraxini folio, cortice fpinofo. *Comm. hort.* 1. *p.* 89. *t.* 47.

Chriftophoriana arbor aculeata virginienfis. *Pluk. alm.* 98. *t.* 20. *Boerh. lugdb.* 2. *p.* 62.

*Crefcit in* Virginia.

2. **A R A L I A** caule nudo:

Aralia caule aphyllo, radice repente. *Vaill. fex.* 43.

Aralia canadenfis, aphyllo caule. *Boerh. lugdb.* 2. *p.* 63.

Zarzaparilla virginienfis noftratibus diĉta, lobatis umbelliferæ foliis, americana. *Pluk. alm.* 396.

Chriftophoriana virginiana, zarzæ radicibus furculofis & fungofis, Sarfaparilla noftratibus diĉta. *Pluk. alm.* 98. *t.* 238. *f.* 5.

*Crefcit in* Canada *&* Virginia.

3. **A R A L I A** ex alis florifera.

Aralia canadenfis. *Tournef. inft.* 300. *Boerh. lugdb.* 2. *p.* 63.

Aralia caule foliofo lævi. *Vaill. fex.* 43.

Panaces carpimon five racemofa canadenfis. *Corn. canad.* 74. *t.* 75.

Panax carpimos racemofa canadenfis. *Barr. rar. t.* 705.

Chriftophoriana canadenfis racemofa & ramofa. *Morif. hift.* 1. *p.* 9. *f.* 1. *t.* 2. *f.* 9.

Angelica baccifera. *Raj. hift.* 661.

*Crefcit in* Canada.

F f

L 1-

# LINUM. *g. pl.* 254.

**1.** LINUM ramis foliisque alternis lineari-lanceolatis, radice annua.
Linum arvense. *Bauh. pin.* 214. *Boerh. lugdb.* 1. *p.* 284.
Linum sylvestre sativum plane referens. *Bauh. hist.* 3. *p.* 452.
**α** Linum latifolium annuum cæruleum sativum. *Morif. hist.* 2. *p.* 572. *f.* 5. *t.* 26. *f.* 1.
Linum sativum. *Bauh. pin.* 214. *Dod. pempt.* 533.
Linum. *Cæsalp. syst.* 563. *Bauh. hist.* 3. *p.* 450.
**β** Linum sativum humilius, flore majore. *Boerh. lugdb.* 1. *p.* 284.
**γ** Linum sativum latifolium africanum, fructu majore. *Tournef. inst.* 339.
    *Crescit in agris præsertim inter segetes in* Anglia, Pannonia, Hispania ; *videtur a facie*
    *Africanæ originis & forte ex seminibus satis tandem mansuevit.*
    *Pauciores vereor esse species, quam quibus obrutum est genus apud Authores.*

**2.** LINUM perenne, ramis foliisque alternis lineari-lanceolatis.
Linum perenne majus cæruleum, capitulo majore. *Morif. hist.* 2. *p.* 573. *Boerh. lugdb.* 1. *p.* 284.
Linum sylvestre cæruleum perenne erectius, flore & capitulo majore. *Raj. syn.* 362.
**α** Linum perenne minus cæruleum, capitulo minore. *Morif. hist.* 2. *p.* 573.
Linum sylvestre cæruleum perenne procumbens, flore & capitulo minore. *Raj. syn.* 362.
    *Crescit in Anglia in agri* Cantabrigiensis *collibus & ad margines satorum copiose.*
    *An hæc species ab antecedenti sufficienter distinguitur sola perennitate?*

**3.** LINUM caule simplici, ramis & foliis inferioribus oppositis lineari-lanceolatis.
Linum africanum luteum, foliis conjugatis. *Boerh. lugdb.* 1. *p.* 284.
    *Crescit in* Africa.
    *Planta quam in Horto sicco servamus caule est erecto tenui, cui a medio versus radicem ,*
    *foliorum numerosæ & confertæ sunt oppositiones, at versus summitatem caulis sunt folia*
    *quædam alterna magisque remota ; ex singula ala foliorum oppositorum prodeunt rami*
    *simplices breves tres quatuorve flores sustinentes , at ex alis foliorum alternorum rami*
    *longi dichotomi.*
    Folia *lineari-lanceolata, acuta, sessilia.*
    Flores *parvo pedunculo insidentes singuli ; corolla sat magna obtusa flavescens.*

**4.** LINUM ramis simplicibus, foliis lanceolatis oppositis, floribus alternis sessilibus.
Linum luteum ad singula genicula floridum. *Bauh. pin.* 214. *Morif. hist.* 3. *p.* 574. *f.* 5. *t.* 26. *f.* 11.
Linum luteum sylvestre latifolium. *Col. ecphr.* 2. *p.* 80.
    *Crescit in pratis argillosis humentibus , autumnali tempore , copiose in* Italia.

**5.** LINUM caule dichotomo, foliis ovato-lanceolatis, corolla acuta.
Linum catharticum. *Dal. suppl.* 122. *Rupp. jen.* 105.
Linum sylvestre catharticum. *Raj. hist.* 1076. *syn.* 362.
Linum pratense, flosculis exiguis. *Bauh. pin.* 214. *Morif. hist.* 2. *p.* 573. *f.* 5. *t.* 26. *f.* 19. *mala.*
Chamælinum flore albo pentapetalo. *Vaill. parif.* 33.
Chamælinum subrotundo folio. *Barr. rar. t.* 1165. *f.* 1. *mala.*
Alsine verna glabra, flosculis albis; vel potius Linum minimum. *Bauh. hist.* 3. *p.* 455. *fig. bon.*
Spergula bifolia, lini capitulis. *Loesel. pruss.* 261. *f.* 80. *optima.*
    *Crescit in pratis declivibus in* Suecia, Dania , Germania, Hollandia, Anglia , Gallia.

**6.** LINUM caule dichotomo, floribus tetrandris tetragynis.
Linum minimum. *Vaill. parif.* 119.
Chamælinum vulgare. *Vaill. parif.* 33. *t.* 4. *f.* 6.
Linoides ; sive Radiola quorundam. *Rupp. jen.* 72.
Linocarpum, serpylli folio, multicaule & multiflorum. *Mich. gen.* 23. *t.* 21.
Radiola vulgaris serpyllifolia. *Raj. syn.* 161. *t.* 15. *f.* 3.
Radiola. *Dill. gen.* 126. *giss.* 161. *Ephem. n. c. cent.* 5, *& 6.*
Millegrana minima. *Raj. hist.* 1026.
Polygonum minimum; sive Millegrana minima. *Bauh. pin.* 282. *Morif. hist.* 2. *p.* 593. *f.* 9. *t.* 29. *f.* 3.
Alsine minima polyspermos, Millegrana dicta. *Pluk. alm.* 20.
    *Crescit in* Italia, Gallia, Anglia, Germania, *& in* Smolandia *Sueciæ omnium copiosissime :*
    *vidimus juxta vias publicas sabulosas subhumidas juxta natale* Stenbrohult *&* Roshult.
    *Hæc planta a Lino genere distingui non debet , ut patebit ex sequenti demonstratione.*
**α** Linum ( *quoad reliquas species omnes* ) *gaudet :* Calyce 5phyllo , Corolla 5petala, Stami-
    nibus 5 , pistillis 5 , Capsula 5valvi 10loculari, semine 1.
**β** Hæc itaque a reliquis speciebus recedit numero , sc: Calyce 4phyllo , Corolla 4petala,
    staminibus 4, pistillis 4, capsula 5valvi 8loculari , semine 1.

Ergo

*Ergo*

γ *Differt* β *ab* α *numero, excludens* ; *partem numeri in omni frutificationis parte.*

δ *Dico numerum proportione explicabilem F. B.* 178 *genera non distinguere.*

ε *Probatur hoc ex inspectione fructificationis Rutæ, Evonymi, Adoxæ, Monotropæ, Vaccinii; ubi in eadem planta simile.*

ζ *Confirmatur a charactere essentiali (F. B.* 187. 171. 173. 105.): Calyx, petala, stamina, pistilla & capsulæ sunt æquales numero; loculamenta capsulæ duplicato numero, seminibus solitariis.*

η *Consectaria: A numero, utpote reliquis signis evidentiori, plurima systemata desumta sunt, si secundum eum absolute determinemus genera, contra naturæ leges (*), genera hypothetica evadunt infinita & damnum Botanicæ infertur.*

θ *Figuram petalorum in hoc genere minus sollicite a Natura determinatam esse, patet conferenti flores spec.* 1. 4. & 5., *ergo nec hæc ob figuram petalorum distingui debet.*

*Quod erat demonstrandum. F. B.* 366.

# STATICE. *g. pl.* 252.

1. STATICE caule nudo simplicissimo capitato.
Statices genus. *Tournef. inst.* 341.
Limonium aphyllocaulon gramineum globosum. *Morif. hist.* 3. p. 601. f. 15. t. 1. f. 29.
Scabiosa montana, globoso flore. *Herm. lugdb.* 540.
Caryophyllus montanus. *Bauh. pin.* 211.

α Statice. *Dalech. hist.* 1190. *Tournef. inst.* 341. *Boerh. lugdb.* 1. p. 132.
Limonium majus, flore globoso. *Morif. hist.* 3. p. 600.
Scabiosa montana, globoso flore, gramineis foliis latioribus. *Herm. lugdb.* 540.
Armerius montanus tenuifolius major. *Cluf hist.* 1. p. 287.
Caryophyllus montanus major, flore globoso. *Bauh. pin.* 211.
Garyophylleus flos aphyllocaulos vel junceus minor & major. *Bauh. hist.* 3. p. 336.
Gramen polyanthemum majus. *Dod. pempt.* 564.

β Statice foliis angustioribus, flore rubro. *Boerh.*

γ Statice foliis angustioribus, flore albo. *Boerh.*

δ Statice montana minor. *Tournef.*
Caryophyllus montanus minor. *Bauh. pin.* 211.

ε Statice alpina major, flore albo. *Tournef.*

ζ Statice montana minima. *Tournef.*

*Crescit in campis præsertim maritimis per* Galliam, Angliam, Belgium, Germaniam, Daniam & Sueciam.

2. STATICE caule nudo ramoso.
Limonium ramosum, caulibus nudis. *Morif. hist.* 3. p. 600.

α Limonium maritimum majus. *Bauh. pin.* 192. *Tournef inst.* 342. *Morif. hist.* 3. p. 600. f. 15. t. 1. f. 1.
*Boerh. lugdb.* 1. p. 76.
Limonium majus multis; aliis Behen rubrum. *Bauh hist.* 3. p. 876.
Valerianæ rubræ similis pro Limonio missa. *Dod. pempt.* 351.

β Limonium maritimum minus, oleæ folio. *Bauh. pin.* 192.
Limonium minus. *Bauh. hist.* 3. p. 877.

γ Limonium parvum, bellidis minoris folio. *Bauh. pin.* 192.

δ Limonium maximis cæsiis foliis glabris. *Boerh. lugdb.* 1. p. 76.

ε Limonium lusitanicum, foliis lanceolatis. *Tournef. inst.* 342.

ζ Limonium folio amplissimo. *Boerh. lugdb.* 1. p. 76.

η Limonium lusitanicum, auriculæ ursi folio. *Tournef. inst.* 342.

θ Limonium maritimum majus alterum serotinum narbonense. *Tournef inst.* 342.

ι Limonium minus, bellidis folio, flagellis fœniculaceis. *Bocc. muf.* 2 p. 143. t. 103.

κ Limonium maritimum minimum. *Bauh. pin.* 192. *prod.* 99. *Bocc. sic.* 25. t. 13.

λ Limonium minus annuum, bullatis foliis, vel echioides. *Tournef.*

μ Limonium orientale, plantaginis folio, floribus umbellatis. *Tournef. cor.* 25. *Boerh. lugdb.* 1. p. 76. t. 76.

*Crescunt omnes in maritimis* Europæ Australis, *locis glareosis,* uti α in Anglia, Gallia, *&c.* β in Gallo-provincia, *præsertim in monte* Ceti; λ *item in maritimis montis* Ceti; κ *in insula prope* Massiliam.

*Speciem hanc* (2) *immense variare, nulli non constat, præsertim vero foliis, a quorum figura nulla omnino in hac specie desumi potest certa nota. Flores quidem in plurimis alternatim imbricati, interdum tamen parum discedunt & alterni remoti collocantur.*

F f 2

*Ob-*

*Obfervent Lectores nos in hac fpecie nullam omnino agnofcere differentiam aliam, quam a flore defumtam, quæ in hoc genere fatis diftincta, fatisque fingularis. Tot fere funt varietates, quot regiones maritimæ; vide plures apud Tournefortium & Barrelierum.*

3. STATICE foliis caulinis lanceolato-linearibus integris.
Limonium lignofum gallas ferens. *Bocc. fic.* 34. *t.* 17. *f. a. Tournef. inft.* 342.
Limonium lignofum gallis viduum. *Bocc. fic.* 35. *f. b.*
Limonium ficulum lignofum gallas ferens & non ferens. *Boerh. lugdb.* 1. *p.* 76.

*Crefcit in* Sicilia, Agrigenti *in locis incultis & ad promontorium* Pachynum *in loco* Braz zetto.

*Gallæ hæ, ut omnes aliæ, pro principio agnofcunt infecti alicujus ovum intrufum, quodnam autem iftud infectum fit etiamnum non novi; forte ichneumonis fpecies, ut in gallis Rofarum, Salicum, Querci, Populi.*

*Hæc fpecies gaudet flore monopetalo, nihilo minus nullus fanus hanc a Limoniis* T. *diftinxit.*

4. STATICE foliis caulinis decurrentibus.
Limonium foliis finuatis. *Raj. hift.* 397.
Limonium peregrinum, foliis afplenii. *Bauh. pin.* 192.
Limonium fyriacum. *Befl. eyft.*
Limonium quibusdam rarum. *Bauh. hift.* 3. *p.* 877.
Limonii elegans genus. *Dalech. app.* 35.
α Limonium africanum, caule alato, foliis integris hirfutis, petalo pallide flavo, calyce amœno purpureo *Mart. cent.* 48. *t.* 48.

*Crefcit in* Sicilia *ad mare variis locis; in infula ad promontorium* Pachynum *& ad promontorium* Cerciolo *prope* Puzallu. *In Malacenfi* Bœticæ *portu; circa* Gades.

*Cum* Statice *&* Limonium *Tournef. ejusdem generis fint plantæ, retineo nomen antecedens ( F. B.* 239. 242. *) excludo fequens ( F. B.* 228. *)*
*Singularis certe in hoc genere eft confideratio calycis, quæ genera non diftinguit, at fpecies certiffime.*

# CRASSULA. *g. pl.* 255.

1. CRASSULA foliis planis, margine tuberculis cartilagineis ciliato, bafi in vaginam connatis.
Cotyledon africana frutefcens, flore umbellato coccineo. *Comm. rar.* 24. *t.* 24. *Boerh. lugdb.* 1. *p.* 288.
*Crefcit in* Africa.

2. CRASSULA foliis lanceolato-fubulatis, feffilibus connatis, fubtus convexis, fuperne excavatis.
Craffula altiffima perfoliata. *Dill. elth.* 114. *t.* 96. *f.* 113.
Aloe africana caulefcens perfoliata glauca & non fpinofa. *Comm. præl.* 74. *t.* 23. *Boerh. lugdb.* 2. *p.* 129.
*Crefcit ad* Caput bonæ fpei.

3. CRASSULA foliis fubulatis obfolete tetragonis.
Ficoides feu Ficus aizoides africana erecta arborefcens, geniculato caule, folio viridi. *Boerh. lugdb.* 1. *p.* 291.
*Crefcit in* Africa.

*Caulis teres, pedalis vel tripedalis, ramofus, ramis erectis teretibus pallidis. Summos ramulos veftiunt folia fubulata, carnofa, patentia, utrinque tenui linea coalita, glabra, parum depreffa. Flores non vidimus, at florentem in Horto Lugduno-Batavo præcedenti* 1736. *aug.* 22. *defcripfit Cel.* Royenus *hifce verbis: umbella univerfalis & partialis involucro diphyllo.* Perianthium *monophyllum, quinquefidum, carnofum, obtufum, apicibus inflexis.* Corolla *monopetala, quinquepartita, oblonga, flavo-albicans.* Filamenta *quinque, longitudine fere corollæ, corollæ inferta.* Antheræ *trigonæ.* Germina *quinque, oblonga;* Styli *fimplices, breviffimi;* Stigmata *obtufa.*

4. CRASSULA foliis fubulatis radicatis, caule nudo.
Craffula cæfpofa longifolia. *Dill. elth.* 116. *t.* 98. *f.* 115.
*Crefcit ad* Caput bonæ fpei.

*P O.*

# POLYGYNIA.

## MYOSURUS. *g. pl.* 257.

1. **MYOSURUS** foliis integris.
Myofurus. *Rupp. jen.* 83.
Myofuros. *Bauh. hift.* 3. *p.* 512. *Dill. gen.* 106. *giff.* 50. *Vaill. parif.* 143. *Raj. fyn.* 251.
Myofuros annua verna graminifolia. *Vaill. act.* 1719. *p.* 44.
Adonia pufilla fegetalis, gramineis foliis fpiffis, flore obfoleto, fpica caudam murinam æmulante. *Pluk. alm.* 12.
Ranunculus gramineo folio, flore caudato, feminibus in capitulum fpicatum congeftis. *Tournef. inft.* 293. *Boerh. lugdb.* 1. *p.* 34.
Holofteon loniceri. *Dalech. hift.* 1189.
Holofteo affinis, Cauda muris. *Bauh. pin.* 190.
Plantagini five Holofteo affinis; Cauda muris. *Morif. hift.* 3. *f.* 8. *t.* 17. *f. ult.*
Cauda murina. *Dod. pempt.* 112.
Cauda muris *Lob. hift.* 241.
*Crefcit in campis exfuccis, agris, tectis, muris in* Suecia, Germania, Dania, Anglia, Gallia, Hollandia.

2. **MYOSURUS** foliis ramofis.
Myofuros annua verna ceratophylla. *Vaill. act.* 1719. *p.* 44.
Adonia pufilla fegetum, foliis tenuibus trifidis, fpica leviter pilofa caudam vulpinam referente. *Pluk. alm.* 11.
Cratæogonum pumilum luteum, abfynthii foliis, hifpanicum. *Barr. rar. t.* 375.
Cratæogonum hifpanicum. *Barr. rar. t.* 376. *f.* 2.
Ranunculus alopecuroides, ajugæ foliis. *Boce fic..* 28. *t.* 14. *f.* 3. *n.*
Ranunculus ceratophyllus, feminibus falcatis in fpicam adactis. *Morif. bleff.* 299. *hift.* 2. *p.* 440. *f.* 4. *t.* 28. *f.* 22. *Raj. hift.* 583. *Tournef. inft.* 289. *Boerh. lugdb.* 1. *p.* 34.
Melampyrum luteum minimum. *Bauh. pin.* 234.
Melampyrum perpufillum luteum. *Lob. adv.* 11. *Dalech. hift.* 420.
*Crefcit vulgaris inter fegetes in* Gallo-provincia, *Gallia Narbonenfi & Hifpania.*
*Differt a Ranunculis reliquis, parum.*
Calyce *non colorato, lanceolato, fæpe perfiftente, connivente, erecto.*
Petalis *oblongis (fquamula nectarifera magis erecta) calyce patentioribus.*
Stamina *decem, alternis minoribus; Germinibus fubulatis, hirfutis.*
*Si cui placeat hoc genus Ranunculis inferere, per me licet faciat, nec limites intercedentes fufficiunt.*

# Claſſis VI.

# H E X A N D R I A.

## MONOGYNIA.

*Prodit ſub hac claſſe Familia plantarum viſu judice omnium pulcherrima, ſplendidiſſima, nobiliſſima, pretioſiſſima; ubi quidem vel innocentiſſima albedo óculos ſatiat, vel in ſui oblectamentum rapit. Sapor hanc omnino rejicit, & Vires noſtri machinæ interne ab ea horrent fere, oculisque tótam concedunt. Olfactus valde paucas ſibi gratas ſibique dignas invenit.*

*Mechaniſmus plantæ quoad externa ſimpliciſſimus videtur, ſimplex enim communiter caulis, ſimpliciſſima folia, flores calyce deſtituti; numerus in fructificatione ternarius, bis tria communiter petala; bis tria ſtamina; trigonum piſtillum; trilocularis, trigonus, trivalvis fructus; triplici receptaculo adnata ſemina. Radix carnoſa tuberoſa vel bulboſa, raro ſimpliciter fibroſa; Hic bulbus hybernaculum futuræ plantæ, caulesque annui, raro imo rariſſime perennantes. Tempus florendi præcox ver, vel ſerus autumnus, vel gelida hyems huic tam nudæ familiæ. Qui unquam flores gratioſiores viſui Tulipa, Hyacintho, Glorioſa, Amaryllide, Lilio, Fritillaria? Quæ plantæ majori pretio fuere venditæ umquam? An nimius horum florum Amor noceat, magis vel prodeat? Quis non ignoſcat amanti!*

## T U L I P A. g. pl. 261.

1. TULIPA.

Tulipa genus totum. *Bauh. pin.* 57. *Bauh. hiſt.* 2. p. 663. *Cluſ. hiſt.* 1. p. 138—151. *Beſl. eyſt. vern.* 64—77. *Tournef. inſt.* 373. *Boerh. lugdb.* 2. p. 138.

*Creſcendi locus ſpontaneus hoc ſeculo Europa eſt, quæ tamen eam ignorabat in annum 1559., quo primus flos deſcriptus fuit a Conrado Geſnero Auguſtæ vindelicorum, ortus è ſemine quod miſſum fuit Byzantio, vel, ut alii, e Capadocia.*

*Spontaneæ factæ communiter nobis corollâ flava & petalis lanceolatis ſunt, hinc iſtæ videntur nobis magis naturales.*

*Cultura, terra varia, miſcela differentium per copulam produxit tot varia, tamque infinita diverſa & mixta, ut nullæ leges diſtinguendi varietates ſuperſint, ſi vel magnitudinem caulis, figuram corollæ, colorem petalorum, &c. quis conſiderare velit.*

*Varietatem primariam dicerem* Tulipam caule multifloro

*Tentarunt & Botanici Varietates recenſere omnes, infructuoſo licet conamine, at ſuperati dudum ab Hortulanis Anthophilis quibus res cordi eſſe debet. Olim huic ſtudio finem imponere debuiſſent Botanici.*

*Obſtupui dum Harlemi in ſede Anthophilorum aſpexi quâ induſtria hanc ſuam ſcientiam excoluere artis magiſtri; ſane incredibili ſtudio impoſuere ſingulis propria nomina, nominibus authoritatem, authoritati pretium: valuere hæc nomina, ter centum licet plura inter eos, ut vulgatiſſimarum nomina inter doctiſſimos Botanicos, licet nec deſcriptiones, nec figuræ, nec characteres, nec ſyſtemata arti opem tulerint. Tentavi in hac florum ſede fundamenta artis haurire, ſed omni ſtudio, omni adhibita autopſia oleum operamque perdidi; hoc tantum intellexi, doctiſſimum eſſe Botanicum qui ſpecies a Varietatibus diſtinguere novit, nec falſis ſpeciebus Botanicen onerat; Tyroni itaque commendo verba Poëtæ:*

O formoſe puer nimium ne crede colori!

*Planta hæc omnium quas novi ſimpliciſſima, floribus fere omnibus palmam eripuit, præſertim dum cum pulchritudine raritas interludebat, ut fuere quondam, ſi authoribus fides, qui pro uno bulbo 6700 florenos ſolvere non veriti ſunt; at vulgatior facta vileſcere cœpit, Hyacinthisque palmam cedere; an jure?*

ERY.

# ERYTHRONIUM. *g. pl.* 262.

1. ERYTHRONIUM. *Lob. adv.* 64. *hist.* 105.
Satyrium quorundam; Erithronium bifolium, flore unico radiato albo & purpureo. *Bauh. hist.* 2. *p.* 680.
Dentali 1. *Cluf. pan.*
Dens caninus. *Cæfalp. fyst.* 410. *Dod. pempt.* 203
Dens caninus, purpurafcente flore. *Cluf. hist.* 1. *p* 266.
Dens canis latiore rotundioreque folio. *Bauh. pin* 87.
Dens canis latiore rotundioreque folio, flore purpurafcente. *Morif. hist.* 2. *p* 344. *f.* 4. *t.* 5. *f.* 1.
Dens canis latiore rotundioreque folio, flore ex purpurâ rubente. *Tournef. inst.* 378.
Dens canis latiore rotundioreque folio, flore ex purpura rubente majore. *Boerh. lugdb.* 2. *p.* 240.
*α* Dens canis latiore rotundioreque folio, flore candido. *Tournef.*
*β* Dens canis latiore rotundioreque folio, flore e purpura-candicante. *Tournef.*
*γ* Dens canis latiore rotundioreque folio, flore vinofo. *Tournef.*
*δ* Dens canis, flore luteo. *Tournef.*
*ε* Dens canis anguftiore longioreque folio. *Bauh. pin.* 87.
Dens canis anguftiore longioreque folio, flore albo. *Morif. hist.* 2. *p.* 345. *f.* 4. *t.* 5. *f.* 2.
Dens canis anguftiore longioreque folio, flore lacteo. *Tournef.*
Dens caninus albo flore. *Cluf. hist.* 1. *p.* 266.
Dentali 2. *Cluf. pan.*
Satyrium trifolium feu album. *Dalech. hist.* 1567.
*ζ* Dens canis anguftiore longioreque folio, flore ex albo purpurafcente. *Tournef.*
*η* Dens canis anguftiore longioreque folio, flore fuaveolente. *Tournef.*
*Crefcit prope* Auguftam Taurinorum *ad latera montis cui transito Pado obviam itur eundo Aftam urbem. In montibus* Liguriæ, *prope Genuam; ad radices montium Styriæ non procul Grætzio folo herbido udo. In* Allobrogum *montibus.*

# FRITILLARIA. *g. pl.* 260.

1. FRITILLARIA e foliorum alis florens.
Fritillaria. *Lob. hist.* 65. *Cluf. hist.* 1. *p.* 152.
Meleagris. *Dod. pempt.* 233.
Meleagris five Fritillaria faturatior & dilutior. *Bauh. hist.* 2. *p.* 681.
*α* Fritillaria præcox purpurea variegata. *Bauh. pin.* 64 *Morif. hist.* 2. *p.* 402. *f* 4. *t.* 28. *f.* 1.
*β* Fritillaria alba variegata. *Bauh. pin.* 64. *Morif. hist.* 2. *p.* 402. *f.* 4 *t.* 18. *f.* 2.
*γ* Fritillaria alba præcox. *Bauh. pin.* 64.
*δ* Fritillaria ferotina atro-purpurea. *Bauh. pin.* 64.
*Crefcit in pratis ad* Ligerim *flumen, non procul Aurelia urbe Galliæ; inque* Pyrenæis, *ut & in* Aquitania
*Puto omnes Fritillarias a Tournefortio recenfitas, excepta fequenti noftra, ejusdem effe fpeciei folasque varietates; videmus enim quotidie in hortis quomodo novæ producantur varietates, nova monftra. Fateor Fritillariam flore minore C. B. & Fritillariam ferotinam floribus ex flavo virentibus C. B. five Aquitanicas & Pyrenaicas in florum corolla parum differre, fed cum reliquas examino varietates, per gradus has afcendere defcendereque notas, nec terminis aut limitibus ullis circumfcriptas, obfervo, hinc eft quod eas conjungam.*

2. FRITILLARIA racemo nudo terminatrici.
Fritillaria maxima, flore obfoletæ purpuræ. *Tournef. inst.* 377
Lilio-Fritillaria quod Lilium perficum. *Boerh. lugdb.* 1. *p.* 141.
Lilium perficum. *Bauh. pin.* 79. *Morif. hist.* 2. *p.* 406. *f.* 4. *t.* 19. *f.* 1. *Dod. pempt.* 220. *Lob. hist.* 86. *Dalech. hist.* 1494.
Lilium perficum five fufianum. *Bauh. hist.* 2. *p.* 699.
Lilium fufianum. *Cluf. hist.* 1. *p.* 130.
*Crefcendi locum natalem ignoramus; in* Europam Sufis e Perfiæ *urbe miffa eft radix.*
*Videtur hæc demonftrare* Fritillariam, Petilium & Erythronium *genere naturali vix diftingui debere? judicent alii.*

# PETILIUM. *g. pl.* 259.

1. PETILIUM foliis caulinis.
Corona imperialis (genus totum.) *Tournef inst.* 373. *Boerh. lugdb* 2. *p.* 137.
Corona imperialis. *Dod. pempt.* 102 *Dalech hist.* 1495.
Corona imperialis five Tufai. *Bauh. hist.* 2. *p.* 697.

Gg 2                   Li-

Lilium feu corona imperialis (genus totum ) *Bauh. pin.* 79. *Morif. hift.* 2. p. 406. *f.* 4. *t.* 19. *f.* 2, 3, 4.
Tufai five Lilium perficum. *Cluf. hift.* 1. p. 127, 128.
*Crefcit forte in* Perfia *unde Conftantinopolin,* Conftantinopoli *vero in* Europam, *delata.*
*Differentia impofita fuit fpeciei ex oppofitis alterius.* Petilii foliis radicatis * Coronæ Regalis
Dill. elth. 109., *quæ hujus videtur naturalis fpecies.*
Petilium *&* Petilius flos. *Plinii nomen, quod quidam hujus generis faciunt fynonymon,
huic impofui, cum corona imperialis F. B.* 221. *& Tufai F. B.* 229 *ftare nequeant, nec
fynonyma alia* antiqua *F. B.* 244. *fuperfint.*

# L I L I U M. *g. pl.* 258.

1. L I L I U M foliis fparfis, corollis campanulatis intus glabris.
Lilium album vulgare. *Bauh. hift.* 2. p. 685.
Lilium album, flore erecto, vulgare. *Bauh. pin.* 76. *Boerh. lugdb.* 2. p. 135.
Lilium album vulgare & odoratum, flore erecto. *Morif. hift.* 2. p. 409. *f.* 4. *t.* 21. *f.* 13.
Lilium candidum. *Lob. hift.* 83. *Dod. pempt.* 197.
Lilium. *Cæfalp. fyft.* 418.
α Lilium album, flore pleno. *Schuyl. lugdb.* 42.
β Lilium album, floribus dependentibus five peregrinum. *Bauh. pin.* 76.
Suitan Sambach. *Cluf. hift.* 1. p. 134.
*Crefcit, ut fertur, juxta paludes in fubhumidis* Syriæ, *eique adjacentibus regionibus.*

2. L I L I U M foliis fparfis, corollis campanulatis erectis intus fcabris.
Lilium purpureo-croceum majus. *Bauh. pin.* 76. *Boerh. lugdb.* 1. p. 135.
Lilium rubens vel croceum majus. *Bauh. hift.* 2. p. 688.
Lilium purpureum majus. *Dod. pempt.* 198. *Lob. hift.* 84.
α Lilium purpureo-croceum minus. *Bauh. pin.* 77.
β Lilium phœniceum. *Bauh. pin.* 77.
γ Lilium bulbiferum latifolium majus. *Bauh. pin.* 77.
δ Lilium bulbiferum anguftifolium. *Bauh. pin.* 77.
ι Lilium bulbiferum minus. *Bauh. pin.* 77.
ζ Lilium bulbiferum incanum. *Bauh. pin.* 77.
*Crefcit copiofe in* Italiæ *arvis inter fegetes, inque pratis, montibus & vallibus.* MATTH.;
*In fylvis fupra* Neapolin *prope cœnobium* Camaldulenfium. RAJ. *In montanis* Auftriæ *&*
Stiriæ *pratis.* CLUS.
*Singularis eft illa varietas* (γ — ζ) *bulbillos ex alis foliorum fuperiorum, ut & ex alis pe-
dunculorum promens ; Hos dum producit communiter abortit nec femina proferre neceffe
habet. Bulbilli hi mox fquamatim fuperne dehifcunt & maturi nigrefcentes decidunt, ra-
diculosque agunt.*

3. L I L I U M foliis verticillatis, floribus reflexis, corollis revolutis.
Lilium, floribus reflexis, latifolium. *Bauh. pin.* 77.
Lilium, floribus reflexis, feu Martagon latifolium. *Morif. hift.* 2. p. 408. *f.* 4. *t.* 20. *f.* 6, 7, 8.
Lilium montanum five fylveftre 1 majus & 2 minus. *Cluf. hift.* 1. p. 134.
Lilium montanum. *Lob. hift.* 85.
Lilium fylveftre. *Dod. pempt.* 201.
α Martagon fylvaticum. *Rupp. jen.* 118.
*Crefcit* Genevæ *in montibus copiofe ; In fylvis & umbrofis pratis* Auftriæ, Stiriæ, Hunga-
riæ; *In altiffimis fylvis* Helvetiorum *& fylva* Harcynia.

3. L I L I U M foliis fparfis, floribus reflexis, corollis revolutis.
Lilium, floribus reflexis, anguftifolium. *Bauh. pin.* 78.
Lilium floribus reflexis feu Martagon anguftifolium. *Morif. hift.* 2. p. 408. *f.* 4. *t.* 20. *f.* 10,11,12,13.
Lilium fylveftre alterum. *Dod. pempt.* 202.
Hemerocallis chalcedonica purpureo-fanguinea polyanthos. *Lob. hift.* 85.
α Lilium rubrum five miniatum byzantinum. *Cluf. hift.* 1. p. 131.
β Lilium byzantinum, miniato faturato flore, polianthes. *Cluf. hift.* 1. p. 132.
γ Lilium byzantinum, miniato dilutiore flore. *Cluf. hift.* 1. p. 132.
δ Lilium rubrum præcox. *Cluf. hift.* 1. p. 133.
ι Lilium montanum, flavo flore, maculis diftincto. *Cluf. hift.* 2. p. 256.
ζ Lilium montanum, flavo flore, nullis maculis diftincto. *Cluf. hift.* 2. p. 256.
*Crefcit in* Afia *& montibus* Pyrenæis.
*Singularis mihi in hoc genere nota eft filum feu capillus cancellatim valvas dehifcentes peri-
carpii, maturo fructu, connectens.*

Uvu-

# UVULARIA. *g. pl.* 263.

1. UVULARIA.
Fritillaria lutea, folio polygonati, fructu breviore. *Boerh lugdb.* 1. *p.* 138.
Polygonatum ramofum, flore luteo, majus. *Corn. canad.* 38. *t.* 39. *Barr. rar. t.* 723.
Sigillum indicum, flore luteo. *Stap. theophr.* 1067.
*Crescit in* Nova Francia.
*An Polygonatum latifolium perfoliatum brasilianum C. B. sit hujus speciei, dijudicent autoptici.*
*Uvulariæ nomen, hujus.plantæ apud quosdam synonymon, retinui in hoc genere, cujus frutificatio uvulæ instar dependet.*

# GLORIOSA. *g. pl.* 264.

1. GLORIOSA.
Methonica gloriofa, foliis capreolatis, floribus fimbriatis reflexis. *Burm. zeyl.* 158.
Methonica malabarorum. *Herm. lugdb.* 688. *t.* 689. *Tournef. act.* 1706. *p.* 350. *Boerh. lugdb.* 2. *p.* 134.
*Dill. gen.* 158. *Comm. flor.* 44.
Methonica malabarorum, Nienghala Zeylanenfium. *Pluk. alm.* 249. *t.* 116. *f.* 3.
Lilium Zeylanicum fuperbum. *Comm. hort.* 1. *p.* 69. *t.* 35.
Mendoni. *Rheed. mal.* 7. *p.* 107. *t* 57.
*Crescit in* Malabaria *&* Zeylona.
*Methonicæ duplicem ob caufam rejicio nomen (F. B.* 229. 228.*), ejusque loco synonymon*
Gloriofa *recipio, cum flores præ reliquis omnibus gloriam splendoris & pulchritudinis ferant; dein longe aptius datur hoc epitheton huic plantæ, quam yuccæ gloriofæ dictæ.*

# ASPARAGUS. *g. pl.* 265.

1. ASPARAGUS inermis, foliis fetaceis, caule herbaceo.
Afparagus hortenfis, pratenfis & marinus. *Bauh. hift.* 3. *p.* 725.
α Afparagus fylveftris, tenuiffimo folio. *Bauh. pin.* 490. *Boerh. lugdb.* 2. *p.* 65.
Afparagus fylveftris matthioli. *Dalech. hift.* 610.
Afparagus pratenfis. *Bauh. hift.* 3. *p.* 725.
Afparagus tertii generis five Palatium leporis. *Cæfalp. fyft.* 217.
β Afparagus fativa. *Bauh. pin.* 489.
Afparagus fativus. *Dalech. hift.* 610.
Afparagus hortenfis. *Dod. pempt.* 703.
Afparagus domefticus. *Morif. hift.* 2. *p.* 2. *f.* 1. *t.* 1. *f.* 4.
Afparagus domefticus vulgaris. *Lob. hift.* 458.
Afparagus. *Raj. hift.* 683.
γ Afparagus maritimus, craffiore folio. *Bauh. pin.* 490.
Afparagus marinus. *Cluf. hift.* 2. *p.* 179.
Afparagus paluftris. *Raj. hift.* 683.
*Crescit α in pratis ad* Rhenum *&* Danubium *copiofe; in campis fubarenofis* Hollandiæ; *In quibusdam locis* Angliæ; γ *In maritimis* Monfpelienfibus.
*Flores ex fingula ala communiter tres in totidem pedunculis.*

2. ASPARAGUS frutefcens, foliis fafciculatis fetaceis terminatricibus, ramis reflexis, ramulis tetroflexis.
Afparagus africanus tenuifolius, viminalibus virgis, foliis laricis ad inftar ex uno puncto numerofis ftellatim difpofitis. *Pluk. amalth.* 40. *t.* 375. *f.* 3. *Boerh. lugdb.* 2. *p.* 65.
*Crescit in* Africa, *ut nomen innuit.*
*Rami furfum & deorfum fecundum articulos alternatim flectuntur; aculeus reflexus breviffimus fub fingulo ramo. Pedunculi ex finu rami cum caule vel ramulo, folitarii, multiflori, racemofi. Folia triginta vel plura ex fingulo puncto fetacea patentia ultimis ramulis infident.*

3. ASPARAGUS foliis quinis fetaceis, fpinis terminatricibus & lateralibus, ramulis ternis quaternifve
Afparagus foliis acutis. *Bauh. pin.* 490. *Morif. hift.* 2. *p.* 3. *f.* 1. *t.* 1. *f.* 1. *Boerh. lugdb.* 2. *p.* 65.
Afparagus petræus five Corruda. *Raj. hift.* 683.
Corruda. *Bauh. hift.* 3. *p.* 727
Corruda prior. *Cluf. hift.* 2. *p.* 177.
*Crescit ad fepes inque dumetis* Italiæ; *circa* Monfpelium *in Languadocia;* Caftellæ *& in regno* Granatenfi.

H b

*Fo-*

*Folia non pungentia funt & rigida in noftra, ut authores fcribunt, hinc dubius de fynony-
mis fum.*

4. ASPARAGUS aculeis alternis, ramis folitariis fetaceis, foliis fetaceis fafciculatis lateralibus.
Afparagus aculeatus minor farmentofus e maderafpatan. *Pluk. alm.* 54. *t.* 15. *f.* 4. *Boerh. lugdb.* 2. *p.* 65.
*Crefcit dictitante nomine in Infulis* Maderafpatanis.
*Folia fetacea, quatuordecim communiter plura ex fingulo tuberculo. Rami inermes ut & caulis,
excepto aculeo ramo fingulo fubjecto.*

5. ASPARAGUS aphyllos, fpinis fafciculatis inæqualibus.
Afparagus aculeatus alter, tribus aut quatuor fpinis ad eundem exortum. *Bauh. pin.* 490. *Morif. hift.* 2.
*p.* 3. *f.* 1. *t.* 1. *f.* 2. *Boerh. lugdb.* 2. *p.* 65.
Afparagus fylveftris alter. *Dod. pempt.* 704.
Corruda altera. *Cluf. hift.* 2. *p.* 178.
Corrudæ varietas. *Lob. hift.* 459.
*Crefcit in* Sicilia *ad mare prope* Tauromenium; *ad* Tagum *fluvium in* Lufitania *atque etiam
folo petrofo in collibus* Bœticæ.
*Accedit ad* Afparagum Creticum *fruticofum, craffioribus & brevioribus aculeis, magno fructu.*
*Tournef. itin.* 91. *t.* 15. *& Afparagum* Pluk. phyt. 15. *f.* 5. *depictum, differentiam nullam
intercedentem defcriptam obfervo.*

6. ASPARAGUS foliis ovato-lanceolatis folitariis.
Afparagus africanus fcandens, myrti folio. *Till. pif.* 16. *t.* 12.
Afparagus africanus fcandens, myrti folio anguftiore. *Till. pif.* 16. *t.* 12.
*Crefcit in* Africa.
*Floris laciniæ ab apice ad bafin revolutæ in hac fpecie funt, reliquæ notæ afparagi omnes
in flore.*

# BERBERIS. *g. pl.* 267.

1. BERBERIS fpinis triplicibus.
Berberis vulgaris. *Cluf. hift.* 1. *p.* 120.
Berberis dumetorum. *Bauh pin.* 454. *Boerh. lugdb.* 2. *p.* 233.
Berberis officinarum. *Dalech. hift.* 138.
Berberis vulgo, quæ & Oxyacantha putata. *Bauh. hift.* 1. *p.* 52.
Spina acida five Oxyacantha. *Dod. pempt.* 750.
Crefpinus. *Cæfalp. fyft.* 99.
α Berberis fine nucleo, *Bauh. pin.* 454.
β Berberis, latiffimo folio, canadenfis. *Boerh. lugdb.* 2. *p.* 233.
*Crefcit in Dumetis* Ungariæ, Pannoniæ, Alfatiæ, *&c. hodie vulgaris facta fere per totam*
Europam, *per femina ab avibus diffeminata, præfertim in frigidioribus regionibus* Germa-
niæ, Angliæ, Daniæ, Sueciæ.

# LEONTICE. *g. pl.* 268.

1. LEONTICE foliis decompofitis, petiolo communi trifido.
Leontopetalon foliis coftæ ramofæ innafcentibus. *Tournef. cor.* 49.
Leontopetalon. *Bauh. pin.* 324. *Cæfalp. fyft.* 270. *Morif. hift.* 2. *p.* 285. *f.* 3. *t.* 15. *f.* 6. *Dod. pempt.* 69.
*Dalech. hift.* 168. *Boerh. hift.* 1. *p.* 208.
Leontopetalon quorundam. *Bauh. hift.* 3. *p.* 489.
*Crefcit frequens in* Apuliæ *arvis,* Rauwolfius *eandem circa* Halepum *obfervavit.*
*An liceat in claffe naturali hanc plantam* Liliaceis *inferere? Sic fuadet flos nudus; petala
fex regularia; ftamina fex & radix bulbofa; negat vero facies, folia compofita, fru-
ctus unilocularis.*
*Nomen fpecificum opponitur alteri fpeciei dictæ* Leontice foliis pinnatis, petiolo communi
fimplici * Leontopetalon foliis coftæ fimplici innafcentibus. Tourn. cor.

# BULBINE. *g. pl.* 269.

1. BULBINE caulefcens.
Phalangium capenfe caulefcens, foliis cepitiis fuccofis. *Dill. elth.* 310. *t.* 231. *f.* 298.
Phalangium africanum, foliis cepaceis, floribus fpicatis aureis. *Boerh. lugdb.* 2. *p.* 133.

Pha-

Phalangium non ramofum fpicatum luteum, promontorii bonæ fpei, foliis magnis cepæ pulpofis. *Pluk. amalth.* 168.

Afphodelus zeylanicus, foliis rotundis cepaceis, floribus luteis. *Till. pif.* 17.

*Crefcit ad* Promontorium bonæ fpei *in Africa.*

*Genere diftinctiffima a Phalangio Tournefortii videtur , cum unico piftillo inftratur & fructum trilocularem contineat, dum Phalangium Tournefortii piftillum triplex & fructum tricapfularem exhibeat.*

2. B U L B I N E acaulis.

Phalangium capenfe feffile, foliis aloëformibus pulpofis. *Dill. elth.* 312. *t.* 232. *f.* 300.

Phalangium africanum, foliis ficoidis, floribus fpicatis aureis. *Boerh. lugdb.* 2. *p.* 134.

Afphodelus africanus luteus, foliis aloës. *Till. pif.* 17.

Afphodelo affinis africana non ramofa, floribus luteis, cepaceis foliis fucculenta mucilagine farctis, Aloë falfo dicta *Pluk. amalth.* 40.

*Crefcit cum antecedenti , cui valde affinis eft.*

*Bulbine vocabulum apud Plinium occurrit, huc ufque vagum, quod huic generi impofui.*

## S C I L L A. *g. pl.* 270.

1. S C I L L A radice tunicata.

Scilla rubentibus radicis tunicis, folio aloës carinato. *Pluk. alm.* 336.

Scilla vulgaris radice rubra. *Bauh. pin.* 73. *Morif. hift.* 2. *p.* 395. *f.* 4. *t.* 16. *f.* 1.

Scilla ruffa magna vulgaris. *Bauh. hift.* 2. *p.* 615.

Scilla hifpanica. *Cluf. hift.* 1. *p.* 171. *Lob. hift.* 75.

Scilla feu Squilla officinalis marina callipolitana. *Seb. thef.* 1. *p.* 72. *t.* 44. *f.* 45.

Scilla. *Cæfalp. fyft.* 403.

Ornithogalum maritimum feu Scilla radice rubra. *Tournef. inft.* 381.

α Scilla radice alba. *Bauh. pin.* 73.

Scilla alba. *Befl. eyft. vern.* 35. *f.* 1.

*Crefcit circa* Ulyffiponem *& aliis* Lufitaniæ *&* Hifpaniæ *locis.*

*Singulare eft quod foliis deftituta floreat.*

2. S C I L L A radice fquamofa.

Lilio-hyacinthus vulgaris , flore cæruleo. *Tournef. inft.* 372. *Boerh. lugdb.* 2. *p.* 136.

Hiacinthus leiriophyllos, radice fquamata lilii. *Morif. hift.* 2. *p.* 375. *f.* 4. *t.* 13. *f.* 21.

Hyacinthus ftellaris, foliis & radice lilii. *Bauh. pin.* 46.

Hyacinthus ftellatus, lilii folio. *Cluf. hift.* 1. *p.* 183.

Hyacinthus ftellaris alius lilifolius. *Dalech. hift.* 1514.

Hyacinthus liliofolius ftellatus. *Bauh. hift.* 2. *p.* 589.

α Lilio-hyacinthus vulgaris , flore niveo. *Tournef.*

*Crefcit in montibus* Bifcariæ, Galliæ Aquitanicæ, Puiole *in* Hifpania *&* Pyrenæis.

3. S C I L L A radice folida , floribus nutantibus alternis.

Hyacinthus ftellaris cæruleus amœnus. *Bauh. pin.* 46. *Boerh. lugdb.* 2. *p.* 116.

Hyacinthus ftellaris, caulibus pluribus ex eodem bulbo ortis, fingulis pluribus floribus oneratis. *Morif. hift.* 2. *p.* 374. *f.* 4. *t.* 12 *f.* 17.

Hyacinthus ftellaris bizantinus. *Befl. eyft. vern.* 43. *f.* 3.

Hyacinthus ftellatus bizantinus major, flore borraginis. *Raj. hift.* 1156.

Ornithogalum cæruleum byzantinum. *Tournef. inft.* 380.

α Ornithogalum byzantinum, flore albo. *Tournef. inft.* 380.

*Crefcit forte circa* Byzantium, *unde in Europam delata eft* 1590. *ad Clufium.*

4. S C I L L A radice folida , floribus patentibus confertis corymbofis.

Hyacinthus ftellaris fpicatus feu faftigiatus, lata depreffa fpica. *Morif. hift.* 2. *p.* 374. *f.* 4. *t.* 12. *f.* 16. *Boerh. lugdb.* 2. *p.* 116.

Hyacinthus ftellaris fpicatus cinereus. *Bauh. pin.* 461.

Hyacinthus ftellatus italicus. *Befl. eyft. vern.* 42. *f.* 1. optima.

Hyacinthus ftellatus multiflorus, cinerei coloris. *Bauh. hift.* 2. *p.* 582.

Hyacinthus ftellatus, cinerei coloris. *Cluf. hift.* 1. *p.* 184.

Ornithogalum fpicatum cinereum. *Tournef. inft.* 380.

*Crefcit. . . .*

5. S C I L L A radice folida , floribus erectis paucis.

Hyacinthus ftellaris bifolius germanicus. *Bauh. pin.* 45. *Boerh. lugdb.* 2. *p.* 117.

Hyacinthus ftellatus bifolius & trifolius vernus dumetorum, flore cæruleo & albo. *Bauh. hift.* 2. *p.* 579.

Hyacinthus ftellaris germanicus præcox bifolius , & Hyacinthus ftellaris præcox trifolius. *Morif. hift.* 2. *p.* 374. *f.* 4. *t.* 12 *f.* 15.

Hyacinthus parvus ftellatus vernus. *Befl. eyft.* 1. *p.* 37.

Ornithogalum bifolium germanicum cæruleum. *Tournef. inft.* 380.

α Ornithogalum trifolium germanicum, flore faturate cæruleo. *T.*

H h 2    β Orβ Ornithogalum bifolium germanicum, flore carneo. *T.*

γ Ornithogalum bifolium germanicum, flore ex albido. *T.*

*Crescit in insula* Bardeseja *circa Cambriam copiose; circa* Genevam, Monspelium *&* Blæsas, *inque multis Germaniæ campis juxta sepes.*

## ORNITHOGALUM. *g. pl.* 271.

1. ORNITHOGALUM fructificationibus secundis in scapo pendulis, staminibus omnibus latis emarginatis.
 Ornithogalum exoticum, magno flore, minore innato. *Bauh. pin.* 70. *Tournef. inst.* 379. *Boerh. lugdb.* 1.
 *p.* 143.
 Ornithogalum exoticum seu neapolitanum , flore minore majori innato. *Morif. hist.* 2. *p.* 379. *f.* 4.
 *t.* 13. *f.* 8.
 Ornithogalum neapolitanum. *Bauh. hist.* 2. *p.* 631. *Best. eyst.* 1. *p.* 42. *f.* 1. *Cluf. app.* 2. *p.* 9. *descr. fig.*
α Ornithogalum neapolitanum , flore pendente priori valde affine, fi non idem. *Morif. hist.* 2. *p.* 380. *f.* 4.
 *t.* 13. *f.* 9.
 *Crescit in agro* Neapolitano *frequentissima.*
 *Filamenta in hac specie lata sunt & conniventia in formam ovato-campanulatam , emargina-*
 *ta, germenque includentia, colorata, proin a Botanicis, qui partes florum non intellexere,*
 *flore flori innato seu duplicato creditum est.*

2. ORNITHOGALUM floribus corymbosis, pedunculis scapum longe superantibus , filamentis alternis
 emarginatis.
 Ornithogalum umbellatum minus candidum vulgare. *Morif. hist.* 2. *p.* 378.
 Ornithogalum vulgare & verius, majus & minus. *Bauh. hist.* 2. *p.* 630.
 Ornithogalum umbellatum medium angustifolium. *Bauh. pin.* 70. *Boerh. lugdb. p.* 142.
 Ornithogalum dodonæi seu Bulbus leucanthemus *Dalech. hist.* 1582.
 Ornithogalum. *Cæfalp. fyst.* 405.
 Bulbus leucanthemus minor, five Ornithogalum. *Dod. pempt.* 221.
 Bulbus folifequius. *Tabern. hist.*
 Eliocarmos. *Reneal. spec.* 88.
 *Crescit in pratis circa* Dresdam ad Albim *fluvium; in Italia prope* Patavium *& juxta* Vil-
 lamnovam; *circa* Lugdunum *in Gallia ; imo & per maximam partem* Germaniæ.

3. ORNITHOGALUM scapo diphyllo pedunculis simplicibus terminatricibus, filamentis omnibus subulatis.
 Ornithogalum luteum. *Bauh. pin.* 71. *Boerh. lugdb.* 2. *p* 142. *Dalech. hist.* 1583.
 Stellaris arvensis, flore luteo umbellato. *Dill. gen.* 110. *gist.* 38.
 Bulbus sylvestris fuchsii, flore luteo, five Ornithogalum luteum. *Bauh. hist.* 2. *p.* 623.
 Bulbus sylvestris. *Dod. pempt.* 222.
 *Crescit in agris, hortis oleraceis & umbrosis frequens per* Sueciam, Germaniam, Belgium,
 Galliam.

## CONVALLARIA. *g. pl.* 272.

1. CONVALLARIA scapo nudo. *Flor. lapp.* 112.
 Majanthemum flore albo simplici. *Siegesb. monogr.* 8.
 Lilago. *Vaill. parif.* 116.
 Lilium convallium. *Cæfalp. fyst.* 224. *Dod. pempt.* 205. *Dalech. hist.* 838.
 Lilium convallium vulgo. *Bauh. hist.* 3. *p.* 531. *Morif. hist.* 3. *p.* 539. *f.* 13. *t.* 4. *f.* 1.
 Lilium convallium album. *Bauh. pin.* 304. *Tournef. inst.* 77. *Boerh. lugdb.* 2. *p.* 64.
α Lilium convallium flore rubente. *Bauh. pin.* 304.
β Lilium convallium alpinum. *Bauh. pin.* 304.
γ Lilium convallium latifolium. *Bauh. pin.* 304.
δ Lilium conv. latif. flore pleno variegato. *Tournef.*
ε Lilium convallium angustifolium. *Tournef.*
ζ Lilium convallium cum pluribus florum ordinibus. *Bauh. hist.* 3. *p.* 533.
 *Crescit in pratis montosis & frigidioribus* Germaniæ, Angliæ, Hungariæ, Daniæ, *omnium*
 *autem copiosissime in* Suecia, *rarius in* Lapponia.

2. CONVALLARIA foliis alternis, floribus ex alis.
 Fraxinella *Cæfalp. fyst.* 224.
α Polygonatum latifolium vulgare. *Bauh. pin.* 303. *Morif. hist.* 3. *p.* 537. *Tournef. inst.* 78. *Boerh. lugdb.* 2.
 *p.* 63.
 Polygonatum vulgatius. *Best. eyst. vern.* 89. *f.* 2.
 Polygonatum , vulgo Sigillum Salomonis. *Bauh. hist.* 3. *p.* 529.
β Polygonatum latifolium maximum. *Bauh. pin.* 303.
 Polygonatum majus vulgari simile *Bauh. hist.* 3. *p.* 529.
 Polygonatum latifolium 1. *Cluf. hist.* 1. *p.* 275.

γ Po-

γ Polygonatum latifolium, hellebori albi foliis. *Bauh. pin.* 303.
Polygonatum amplitudinis foliorum ellebori albi. *Bauh. hist.* 3. p. 530.
δ Polygonatum floribus ex singularibus pediculis. *Bauh. hist.* 3. p. 529.
Polygonatum latifolium, flore majore odoro. *Bauh. pin.* 303.
Polygonatum latifolium 2. *Cluf. hist.* 1. p. 276.
ε Polygonatum humile anglicum. *Raj. syn.* 263.
*Crescit in praecipitiis montium nemorosis & sepibus seclusis a boum devastatione ante mediam aestatem in regionibus frigidis, uti* Austriae, Angliae, Germaniae & Sueciae.
*Varietates hae α. β. γ. δ. ε. satis manifestae & evidentes sunt, specie tamen non distinctas esse docuit attenta inspectio partium & attributorum in loco natali. Distinguat itaque eas qui velit, ego convictus sum quod specie distingui non debeant, licet pedunculi in aliis uniflori, in aliis multiflori sint.*

3. CONVALLARIA foliis verticillatis. *Fl. lapp.* 114.
Polygonatum angustifolium non ramosum. *Bauh. pin.* 303. *Morif. hist.* 3. p. 538. f. 13. t. 4. f. 14. *Tournef. inst.* 78. *Boerh. lugdb.* 2. p. 64.
Polygonatum angustifolium. *Bauh. hist.* 3. p. 531. *Dalech. hist.* 1623.
Polygonatum 5 sive angustifolium 1. *Cluf. hist.* 1. p. 277.
Polygonatum alterum. *Dod. pempt.* 345.
α Polygonatum angustifolium ramosum. *Bauh. pin.* 304. *Bauh. hist.* 3. p. 531. *Morif. hist.* 3. p. 538. f. 13. t. 4. f. 15.
Polygonatum 6 sive angustifolium 2. *Cluf. hist.* 1. p. 277.
*Crescit in montibus & praecipitiis* Scaniae *in* Suecia, *juxta acidulas* Spadenses, *in Sylvis* Salevae *prope* Genevam, *in Saltibus* Harcyniae, *ad latera alpium* Lapponicarum *a parte Finmarkiae norvegicae At* α *in* Silesia *inventa fuit.*

4. CONVALLARIA foliis alternis, racemo terminatrici.
Polygonatum racemosum. *Corn. canad.* 36. t. 37.
Polygonatum ramosum & racemosum spicatum. *Morif. hist.* 3. p. 537. f. 13. t. 4. f. 9.
Lilium convallium virginianum, polygonati foliis, racemosum. *Herm. lugdb.* 376.
Smilax aspera racemosa, polygonati folio. *Tournef. inst.* 645. *Boerh. lugdb.* 2. p. 64.
α Polygonatum racemosum americanum, ellebori albi foliis amplissimis. *Pluk. alm.* 301. t. 311. f. 2.
*Crescit in* Virginia *aliisque americae partibus.*

5. CONVALLARIA foliis cordatis. *Fl. lapp.* 113.
Monophyllon. *Raj. hist.* 668.
Unifolium. *Rupp. jen.* 82 *Dill. gen.* 138. *Dod. pempt.* 205. *Dalech. hist.* 1260.
Unifolium sive Ophris unifolia. *Bauh. hist.* 3. p. 534.
Lilium Convallium minus. *Bauh. pin.* 304. *Morif. hist.* 3. p. 539. f. 13. t. 4 f. 7.
Smilax unifolia humillima. *Tournef. inst.* 654. *Boerh. lugdb.* 2. p. 64.
Gramen parnassi. *Dalech. hist.* 423.
*Crescit in pratis depressis nemorosis sterilioribus* Belgii, Germaniae, Daniae, Sueciae. Lapponiae, *nullibi tamen frequentior observata quam in pratis* Angermanniae.
*Haec species unicam tertiam partem numeri in fructificatione excludit; vide Fl. lapp.*
*§. 113. B.*

# HYACINTHUS. *g. pl.* 273.

1. HYACINTHUS corollis campanulatis sexpartitis.
Hyacinthus oblongo flore. Spec. 1 — 10. *Bauh. pin.* 44.
Hyacinthus. spec: 1 — 18. *Tournef. inst.* 344.
Hyacinthus. spec: 1 — 6. *Boerh. lugdb.* 2. p. 111.
Hyacinthus anglicus seu belgicus. *Bauh. hist.* 2. p. 586.
Hyacinthus major, caeruleo oblongo pendulo flore. *Morif. hist.* 2. p. 373. f. 4. t. 11. f. 8.
Hyacinthus hispanicus. *Cluf. hist.* 1. p. 176.
Hyacinthus non scriptus. *Dod. pempt.* 216.
*Crescit in sylvis & dumetis* Angliae, *in marginibus agrorum* Hispaniae & G. Narbonensis; *juxta vias in agro* Pedemontano *Italiae.*
*Hujus corollae usque ad basin sexpartitae sunt, nullo tubo instructae; unde affinitas summa Scillae cum Hyacinthis patet, proin nullo modo absurdi dicendi, qui Scillae species ad Hyacinthos retulere.*

2. HYACINTHUS corollis infundibuliformibus semi-sexfidis, basi ventricosis.
Hyacinthus orientalis. species 1 — 15, & flore pleno 1 — 3. *Bauh. pin.* 44.
Hyacinthi species 20 — 63. *Tournef. inst.* 345.
Hyacinthi species 15 — 58. *Boerh. lugdb.* 2. p. 113.
Hyacinthus orientalis. spec: 10 — 14. *Morif. hist.* 2. p. 474. f. 4. t. 11. f. 10 — 13.
Hyacinthus orientalis major & minor. *Dod. pempt.* 216.
*Crescit in* Asia, Africa, &c.

Ii

Vix

*Vix datur flos qui culturæ leges aptius subit, cultiorque redditur hocce, hinc hodie apud Harlemenses Antophilos Florum Regina celebratur; demta cultura sensim sylvestres mores recipit; nostrum non est falces ægris Hyacinthophilorum inferre, proin varietates eorum ipsis solis relinquimus.*
*Observandum in hoc genere tot dari corollarum differentes figuras, quot distinctæ species sunt.*

3. HYACINTHUS corollis ovatis.
Hyacinthus racemosus moschatus. *Bauh. pin.* 43.
Hyacinthus racemosus & botryoides major; seu Muscari majus, obsoleto albo flore. *Morif. hist.* 2. *p.* 372. *f.* 4. *t.* 11. *f.* 6, 7.
Hyacinthus odoratissimus, dictus Tiboadi & Muscari. *Bauh. hist.* 2. *p.* 578.
Hyacinthus spurius recentiorum alter. *Dod. pempt.* 217.
Muscari obsoletiori flore. *Cluf. hist.* 1. *p.* 178. *Tournef. inst.* 348. ex purpura virente. *Boerh. lugdb.* 2. *p.* 114.
Dipcadi chalcedonicum. *Dalech. hist.* 1513.
α Muscari flavo flore. *Cluf. hist.* 189.
Hyacinthus racemosus moschatus luteus. *Bauh. pin.* 43.
*Crescit in hortis Constantinopoli vicinis, ultra Bosporum in Asia sitis, unde primum in Europam translata fuit planta.*

4. HYACINTHUS corollis globosis.
Hyacinthus racemosus minor juncifolius. *Bauh. pin* 43.
Hyacinthus racemosus. *Dod. pempt.* 217.
Hyacinthus botryoides 1. *Cluf. hist.* 1. *p.* 181.
Hyacinthus comosus minor, Bulbine plinii. *Dalech. hist.* 1511.
Hyacinthus vernus botryoides minor cæruleus, angustioribus foliis, odoratus. *Bauh. hist.* 3. *p.* 571.
Muscari arvense juncifolium cæruleum minus. *Tournef. inst.* 348. *Boerh. lugdb.* 2. *p.* 115.
Bulbus sylvestris, quibusdam Hyacinthus sylvestris. *Cæsalp. syst.* 401.
α Muscari arvense juncifolium exalbidum minus *Tournef.*
β Muscari arvense juncifolium carneum minus. *T.*
γ Muscari cæruleum majus. *Tournef. inst.* 347.
Hyacinthus racemosus cæruleus major. *Bauh pin.* 42.
δ Muscari flore albo. *Tournef.*
*Crescit in agrorum marginibus & secundum vias in* Hispania, Gallia Narbonensi, *in agro* Pedemontano Italiæ, γ. δ. *vero præsertim* Montbelgardi.

5. HYACINTHUS floribus paniculatis monstrosis.
Hyacinthus panicula cærulea. *Bauh. pin.* 42.
Hyacinthus panicula comosa purpureo-violacea. *Boerh. lugdb.* 2. *p.* 115.
Hyacinthus comosus panicula cærulea. *Morif. hist.* 2. *p.* 371. *f.* 4. *t.* 11. *f.* 2.
Hyacinthus sannesius, panicula comosa. *Col. ecphr.* 2. *p.* 12.
Hyacinthus pennatus sive comosus ramosus elegantior. *Raj. hist.* 1163.
*Crescit (ut fertur) in agro* Papiensi *& juxta* Boran *in* Gallia.
*Nullum florem magis monstrosum me vidisse fateor, hinc nec de genere, nec specie certus. Monstrosa est planta, quænam ideo mater sit me nescire fateor, cum nulla pars fructificationis sana persistat.*

# POLYANTHES. *g. pl.* 279.

1. POLYANTHES floribus alternis.
Hyacinthus indicus tuberosus, flore hyacinthi orientalis. *Bauh. pin.* 47. *Tournef. inst.* 347. *Boerh. lugdb.* 2. *p.* 114.
Hyacinthus indicus, tuberosa radice. *Cluf. hist.* 1. *p.* 176. *Bauh. hist.* 2. *p.* 588. *Morif. hist.* 2. *p.* 376. *f.* 4. *t.* 12. *f.* 22.
α Hyacinthus indicus tuberosus, flore pleno. *Boerh. lugdb.* 2. *p.* 114.
*Crescit in* India Orientali. *vide* Plum. gen. 35.

2. POLYANTHES floribus umbellatis.
Hyacinthus africanus tuberosus, flore cæruleo umbellato. *Breyn. prod.* 1. *p.* 39. *Comm. hort.* 2. *p.* 133. *t.* 67. *Seb. thes.* 1. *p.* 29. *t.* 19. *f.* 4.
Hyacintho affinis africana, tuberosa radice, umbellata cærulea inodora. *Herm. lugdb.* 327. *Pluk. phyt.* 195. *f.* 1.
*Crescit ad* Caput bonæ spei.

CRI-

# CRINUM. *g. pl.* 275.

1. CRINUM.
Lilio-afphodelus americanus fempervirens maximus polyanthus albus. *Comm. rar.* 14. *t.* 14. *Dill. elth.* 194.
*t.* 160. *f.* 195.
α Lilio-afphodelus americanus fempervirens minor albus. *Comm. rar.* 15 *t.* 5.
*Crefcit in* America.

*Apices petalorum unco feu appendiculo inftructi fuere, exacte ut in* Comm. rar. tab. 15. *ex-*
*hibentur, quotiescunque eundem florentem vidimus.*

*Crinum feu Crinon fynonymon antiquum a Theophrafto Lilio impofitum, in Lilii genere fu-*
*perfluum, eo itaque utimur ad defignandum hocce genus, ab alus notis diftinctum.*

# HÆMANTHUS. *g. pl.* 276.

1. HÆMANTHUS foliis obtufis bafi truncatis.
Hæmanthus africanus. *Herm. lugdb.* 306. *Comm. hort.* 2. *p.* 127. *f.* 64. *Tournef. inft.* 657. *Boerh. lugdb.*
2. *p.* 149.
Lilium indicum puniceum, gemino latiore folio. *Morif. hift.* 2. *p.* 410. *f.* 4. *t.* 21. *f.* 16.
Lilionarciffus indicus polyftemius feu ftamineus, Squaliolo italis. *Barr. rar. t.* 1041.
Lilionarciffus africanus, gemino latiori folio humi ftrato, floribus puniceis. *Pluk. alm.* 220.
Narciffus indicus ferpentarius. *Hern. mex.* 885. 899. *Raj. hift.* 1127.
Tulipa promontorii bonæ fpei. *Staph. theophr.* 334.
*Crefcit ad* Caput bonæ fpei.

2. HÆMANTHUS foliis lanceolatis.
Hæmanthus colchici foliis, perianthio herbaceo. *Dill elth.* 167. *t.* 140. *f.* 2.
Hæmanthus zeylanicus polyphyllos, caule maculato commelini. *Till. pif.* 79.
Dracunculoides. *Boerh. lugdb.* 2. *p.* 266.
Hyacintho affinis atricana, bulbofa radice, caule elegantiffime maculato, foliis Colchici latiffimis, floribus
coccineis hexapetalis umbellatis. *Kigg. beaum* 24. *Seb. thefaur.* 1. *p.* 20. *t.* 12. *f.* 1, 2, 3.
Orchis feu Satyrium e guinea. *Swert. flor.* 1. *p.* 62. *f.* 3. *Morif. hift.* 3. *p.* 491. *f.* 12. *t.* 12. *f.* 11.
*Crefcit in* Africa.

*Hæc omnino baccifera eft, de antecedenti nil certi fcio, utpote quæ fructum apud nos non*
*maturavit.*

# TRADESCANTIA. *g. pl.* 277.

1. TRADESCANTIA.
Tradefcantia five Ephemerum virginianum. *Rupp. jen.* 48.
Ephemerum virginianum joh. tradefcanti. *Pluk. alm.* 134.
Ephemerum virginianum, flore cæruleo minori. *Tournef. inft.* 368. *Boerh. lugdb.* 2. *p.* 133.
Ephemerum phalangoides tripetalon non repens virginianum gramineum, flore cæruleo minore. *Morif.*
*hift.* 3. *p.* 606. *f.* 15. *t.* 2. *f.* 4.
Phalangium virginianum tradefcanti. *Raj. hift.* 1193.
Allium five Moly virginianum. *Bauh. pin.* 516.
Moly f. Phalangium virginianum. *Rudb. elyf.* 2. *p.* 166.
α Ephemerum virginianum, flore cæruleo majori. *Tournef.*
*Crefcit in* Virginia, *unde eandem habuit* JOH. TRADESCANT, *Mufæo proprio clarus; a quo*
*hanc plantam dixit* Ruppius.
*Variat immenfe magnitudine & colore corollæ, unde fpecies octo priores apud Tournefortium*
*varietates funt, nec diftinctæ fpecies.*

# ASPHODELUS. *g. pl.* 278.

1. ASPHODELUS caule fimplici foliofo, foliis trigonis fiftulofis.
Afphodelus luteus & flore & radice. *Bauh. pin.* 110. *Boerh. lugdb.* 2. *p.* 110.
Afphodelus luteus. *Dod. pempt.* 208. *fig. flor. bona, plantæ mala. Bauh. hift.* 2. *p.* 632. *fig. bon. Cæfalp.*
*fyft.* 416.
Afphodelus, folio fiftulofo ftriato, non ramofus luteus & flore & radice. *Morif. hift.* 2. *p.* 331. *f.* 4. *t.* 1. *f.* 6.
*Crefcit in* Sicilia *ad promontorium Pachynum & alibi.*

2. ASPHODELUS caule nudo, foliis laxis.
Afphodelus albus ramofus mas. *Bauh. pin.* 28. *Boerh. lugdb.* 2. *p.* 110.
Afphodelus albus ramofus. *Morif. hift.* 2. *p.* 330. *f.* 4. *t.* 1. *f.* 1.
Afphodelus major, flore albo, ramofus & non ramofus. *Bauh. hift.* 2. *p.* 624.
Afphodelus 1. *Cluf. hift.* 1. *p.* 196.

Ii 2

Afpho

Afphodelus, caule ramofo, maritimus mas. *Cæfalp. fyſt.* 415.
α Afphodelus albus non ramofus. *Bauh. pin.* 28. *Morif. hiſt.* 2. *p.* 331. *ſ.* 4. *t.* 1. *f.* 2.
   Afphodelus albus. *Dod. pempt.* 206.
   Afphodelus 2. *Cluf. hiſt.* 1. *p.* 197.
   Afphodelus caule fimplici in alpibus. *Cæfalp. fyſt.* 415.
β Afphodelus purpurafcens, foliis variegatis. *Bauh. pin.* 28.
   *Creſcit in montibus* Meſſanæ, *in collibus faxofis* Monfpelii, *in* Lufitania, Hifpania, Gallia Narbonenfi.
   *Varietates* α *&* β *ſpecie a naturali planta non differre monent J.* Bauhinus, Morifonus *&* Rajus.

# HEMEROCALLIS. *g. pl.* 279.

1. HEMEROCALLIS radice tuberofa, corollis monopetalis.
α Lilio-afphodelus luteo flore. *Cluf. hiſt.* 1. *p.* 137.
   Lilio-afphodelus luteus *Raj. hiſt.* 1191 *Boerh. lugdb.* 2. *p.* 110.
   Liliago minor. *Cæfalp. fyſt.* 416.
   Lilium, afphodeli radice, luteum, five Lilio-Afphodelus quorundam, flore luteo. *Bauh. hiſt.* 2. *p.* 700.
   Lilium luteum, afphodeli radice. *Bauh. pin.* 80. *Morif. hiſt.* 2. *p.* 412. *ſ.* 4. *t.* 21. *f.* 1.
   Lilium non bulbofum. *Dod. pempt.* 204.
β Lilio-afphodelus puniceus. *Cluf. hiſt.* 1. *p.* 137.
   Liliago major. *Cæfalp. fyſt.* 416.
   Lilium, radice afphodeli, phœniceum five Lilio-afphodelus quibusdam. *Bauh. hiſt.* 2. *p.* 701.
   Lilium rubrum, afphodeli radice. *Bauh. pin.* 80. *Morif. hiſt.* 2. *p.* 412. *ſ.* 4. *t.* 21. *f.* 3.
   *Creſcit* α *in* Ungaria *in pratis uliginofis prope oppidulum* Nemethwywar; *de alterius* β *loco nil ſcimus.*
   *Differunt* α *&* β *magnitudine & colore corollarum admodum manifeſte, ſpecie autem eas ſeparare mihi licet antequam viderim notam aliquam in numero, figura, ſitu vel proportione diverſam his intercedere F. B.* 282. *cum magnitudo F. B.* 260. *& color florum F. B.* 266. *differentias nunquam conſtituant.*
   *Hemerocallis Theoph. Dioſcor. Plin. a plurimis hujus plantæ apud veteres nomen creditur, cum flos noctu, veſperi vel mane explicetur, meridiano die contabefcat. Hocce itaque nomine F. B.* 241, 242, 244. *utor ad defignandum Lilio-afphodelum, cujus nomen confarcinatum eſt. F. B.* 222. *Videntur & ſpecies iſtæ a* Feuilleo *ſub eodem nomine generico pictæ ejusdem eſſe generis.*

2. HEMEROCALLIS, radice tuberofa, corollis hexapetalis.
   Liliaſtrum alpinum minus. *Tournef. inſt.* 369. *Boerh. lugdb.* 2. *p* 134.
   Afphodelus allobrogicus, magno flore lilii. *Herm. lugdb.* 65. *Boerh. lugdb.* 2. *p.* 110.
   Phalangium flore lilii. *Bauh. hiſt.* 2. *p.* 636.
   Phalangium magno flore. *Bauh. pin.* 29.
   Phalangium allobrogicum, magno flore, feu flore lilii. *Morif. hiſt.* 2. *p.* 333. *ſ.* 4. *t.* 1. *f.* 8.
   Phalangium allobrogicum majus. *Cluf. app. alt.*
   *Creſcit in* Alpibus Allobrogicis *prope maximum* Carthufianorum *cœnobium,* Rheticis *in pratis montis ſeptimi Burmii, &* Genevæ *in monte* Thuiri.
   *Obſ. In hac ſpecie germen intra corollam feu ſupra receptaculum floris ſitum eſt, hinc corolla hexapetala; in antecedenti germen intra tubum floris, hinc corolla baſi coalita feu monopetala eſt, has tamen genere diſtingui debere nullus prætendat, qui attributa generis propria conſiderat.*

# BURMANNIA. *g. pl.* 284.

1. BURMANNIA fpica duplici.
   Burmannia fpica gemina Linnæi. *Burm. zeyl.* 50 *t.* 20. *f.* 1.
   Planta zeylanica aquatica, lato & brevi gramineo folio, floribus cæruleis minimis, capfulis ventricofis. *Raj. app.* 559.
   *Creſcit in* Zeylona, *locis ſubhumidis & pratis paludoſis.*
   *Dixi plantam hanc Zeylanicam fpica germinata a* JOHANNE BURMANNO, *Profeſſore Botanices Amſtelodamenſium, claro ex* Thefauro Zeylanico, *in quo plantas ab* Hermanno *Collectas, ſummo ſtudio & doctrina non mediocri elaboravit & publici juris nuper fecit, ut plantarum Zeylanenſium hiſtoria, antea maxime obſcura, Clariſſimi Burmanni ſolius cura ab interitu vindicata ſit. Aggrediatur Clariſſimus vir immenſum opus* HERBARIUM AMBONICUM, *poſthumum G. E.* Rumpfii, *diu defideratiſſimum, quod ſi abſolvat pubicetque, omnium Botanicorum animos devinctiſſimos promeruerit.*
   *Species congener* Burmannia flore duplici *in Virginia creſcit.*

RHE-

# RENEALMIA. *g. pl.* 853.

1. RENEALMIA filiformis intorta.
Cufcuta ramis arborum innafens caroliniana, filamentis lanugine tectis. *Pluk. alm.* 126. *t.* 26.*f.* 5.
Cufcuta americana, fuper arbores fe diffundens. *Raj. hift.* 1904.
Vifcum caryophylloides tenuiffimum, e ramulis arborum mufci in modum dependens, foliis pruinæ inftar candicantibus, flore tripetalo, femine filamentofo. *Sloan. flor.* 77. *hift.* 1. *p.* 191. *t.* 122.*f.* 2, 3 *Raj. app.* 406.
Camanbaga. *Marcgr. braf.* 46.
*Crefcit mufci inftar vel lichenis ex arboribus per maximam partem Americæ, uti in* Carolina, Brafilia, Jamaica, *&c.*

# TILLANDSIA. *g. pl.* 283.

1. TILLANDSIA foliis bafi conniventibus fimul in utriculum.
Vifcum caryophylloides maximum, flore tripetalo pallide luteo, femine filamentofo. *Sloan. flor.* 76. *hift.* 1. *p.* 188. *Raj. app.* 405.
Vifcum indicum aliud. *Bauh. hift.* 1. *p.* 95.
Vifci modo arboribus indicis adnafcens. *Bauh. pin.* 423.
Peruviana alia facie, arboribus item innafcens. *Dalech. hift.* 1829.
*Crefcit in truncis & ramis arborum frequens per* Americam *calidiorem.*
*Folia prope radicem arcte connivent & paulo fupra bafin coarctantur, adeoque utriculum conftituunt in quem pluvia foliis patentibus incidens defluat & colligatur; collecta aqua fervatur nec facile evolat evaporatque, cum utriculus fuperne anguftatus fit. Hæc aqua præterquam quod plantæ conveniat & avibus, infectis & hominibus peregrinantibus urgente fiti, nec præfente alia aqua, potum fubminiftrat optimum in iftis, ubi crefcit, oris. Caraguata, nomen* Plumieri *americanum & barbarum eft, in cujus locum fubftitui memoriam* ELIÆ TILLANDSII, *primi, & unici Botanici, qui quondam in Finlandia floruit.*

# BROMELIA. *g. pl.* 282.

1. BROMELIA foliis aculeatis, caule racemo laxo terminatrici.
Bromelia pyramidata, aculeis nigris. *Plum. gen.* 46.
Ananas americana fylveftris altera minor barbados, & infulæ jamaicæ noftratibus colonis Pinguin dicta. *Pluk. alm.* 29. *t.* 258. *f.* 4. *Boerh lugdb.* 2. *p.* 82.
Pinguin. *Dill. elth.* 320. *t.* 240. *f.* 311.
Caraguata-acanga. *Sloan. flor.* 118. *hift.* 1. *p.* 248.
*Crefcit in* Jamaica *& aliis calidioribus Americæ partibus.*

2. BROMELIA foliis fpinofis, fructibus coalitis caulem cingentibus.
Carduus brafilianus, foliis aloës. *Bauh. pin.* 384.
Carduo affinis five brafiliana, Ananas dicta. *Morif. hift.* 3. *p.* 171. *f.* 7. *t.* 37. *f.* 1.
Ananas Acoftæ, Pifonis, feu carduus brafilianus, foliis aloës. C. B. *Comm. hort.* 1. *p.* 109. *t.* 57.
Ananas Acoftæ. *Dalech. app.* 12. *Sloan. flor.* 77.
Ananas. *Pif. braf.* 87. *Mer. fur.* 1. *t.* 1, 2.
Ananas aculeatus, fructu ovato, carne albida. *Plum fpec.* 20. *Tournef. inft.* 653.
Nana Brafilienfibus. *Marcgr. braf.* 33. *Raj. hift.* 1332.
Nana five Strobilus peruvianus & Ananas. *Bauh. hift.* 3. *p.* 94.
Kapa-Tfiakka. *Rheed. mal.* 11. *p.* 1. *t.* 1, *f.* 1, 2.
Matzatli feu Pinea indica. *Hern. mex.* 311.
α Ananas aculeatus, fructu pyramidato, carne aurea. *Tournef. Boerh. lugdb.* 2. *p.* 83.
β Ananas aculeatus, fructu conico, carne aurea. *Plum. fpec.* 20.
γ Ananas lucide virens, folio vix ferrato. *Dill. elth.* 25. *t.* 21 & 22.
δ Ananas non aculeatus, Pitta dictus. *Plum. fpec.* 20.
*Crefcit in* Hiatina *infula, in* nova Hifpania, *in* Surinama *& aliis calidis Americæ locis montofis. In* Indiam orientalem *ex America delata eft.*
*Cultura hujus hoc tempore, in Belgio, præ reliquarum exercet Hortulanos, qui Myfteriis tument, non cuivis revelandis. Puto in his, ut in aliis Americæ calidæ plantis fovendis, fummum artificium confiftere in affundendo aquam; qui enim obfervat certo anni tempore calorem fummum, abfque pluvia vel maxime ficcum, vexare plantas in calidis regionibus & hoc idem imitaretur in plantis per hyemem hypocaufto intrantibus, poft longam fcilicet fitim fufficientem præberet potum, videretur mihi culturam naturalem magna ex parte didiciffe. Fructus hujus vinofus eft & fi quis alius fapidiffimus, ftructuraque & fitu fingularis. Flores enim plurimi undique caulem cingunt feffiles & approximati, qui Calyce florent tripartito, germini infidente, acuto, vix dehifcente, perfiftente, accrefcente, connivente: Petala tria*

K k

*tria funt, bafi ab initio fere connexa, oblonga, calyce breviora, marcefcentia; Stamina fex, fubulata, quorum alterna unguibus & bafi corollæ inferta, perfiftentia; Stylus fimplex, longitudine ftaminum; Maturefcente fructu in unum corpus coalefcunt & flores & bracteæ & caulis, maturæque fimul comeduntur partes prædictæ omnes.*

*Abfoluta florefcentia ftolones emittit mater, & decidua fuperior caulis pars, coronæ inftar fructum & caulem terminans, exficcata parum, terræque prægnanti commiffa, radices agit, citiusque adolefcit.*

*Plumier qui hujus generis plantas fuis circumfcribere adgreffus eft characteribus, ex hoc uno, tria diftincta proponit genera, Ananam, Karatam & Bromeliam. Cumque extra dubium pofitum videtur hæc tria conjungi debere, debent & nomina. Ananas & Karatas ut & Pinguin funt nomina barbara, adeoque excludenda, retineo itaque fynonymon unicum F. B. 244. 238 quod fupereft ab OL. BROMELIO, qui primus inter Suecos plantas infignire fynonymis adgreffus eft. Floraqæ Gothica & Lupulologia inclaruit.*

## YUCCA. *g. pl.* 281.

1. YUCCA foliorum margine integerrimo.
   Yucca foliis aloës *Bauh. pin.* 91. *Morif. hift.* 2. *p.* 419. *f.* 4. *t.* 23. *f.* 1. *vitiata. Dill. gen.* 111. *Pont. anth.* 296. *t.* 6. *f. n.*
   Yucca foliis aloës. *Boerh. lugdb.* 2. *p.* 132.
   Yucca indica, foliis aloës, flore albo. *Barr. rar.* 70. *t.* 1194.
   Yucca five Yucca peruäna. *Raj. hift.* 1201.
   *Crefcit in Americæ plurimis locis, ut in* Canada, Peru, *&c.*

2. YUCCA foliorum margine crenulato.
   α Yucca arborefcens, foliis rigidioribus rectis ferratis. *Dill. elth.* 435. *t.* 323. *f.* 416.
   Aloë yuccæ foliis. *Sloan flor.* 118. *hift.* 1. *p.* 249.
   Aloë, yuccæ foliis, caulefcens ex vera cruce. *Pluk. alm.* 19. *t.* 256 *f.* 4.
   Aloë americana, yuccæ folio, arborefcens. *Kigg. beaum.* 5. *Comm. præl.* 64. *t.* 14. *Boerh. lugdb.* 2. *p.* 131. *n.* 45.
   β Yucca draconis folio ferrato reflexo. *Dill. elth.* 437. *t.* 324. *f.* 417.
   Aloë americana, draconis folio ferrato. *Comm. præl.* 42. 67. *t.* 16. *Boerh. lugdb.* 2. *p.* 129. *n.* 11.
   Draconi arbori affinis americana. *Bauh. pin.* 506.
   Tacori folia Draconis arboris fimilia. *Bauh. hift.* 1. *p.* 405.
   Tacori Kayana & Wiapack nafcentia folia. *Cluf. exot.* 48.
   *Crefcit α in* Vera Cruce, Jamaica, *variisque aliis Americæ partibus, locis campeftribus & fylvofis.*

   *Differt quidem β manifefte foliis anguftioribus & longioribus ab α, fpecie itaque diftinguat, qui aliquam in flore obfervat differentiam realem, quam folia non fubminiftrant; De fructificatione enim nulla ad nos pervenit notitia.*

## ALOE. *g. pl.* 280.

1. ALOE foliis lanceolatis dentatis fpina cartilaginea terminatis radicalibus.
   Aloë folio in oblongum aculeum abeunte. *Bauh. pin.* 286. *Morif. hift.* 2. *p.* 415. *f.* 4. *t.* 22. *f.* 2, 3.
   Aloë fecunda feu folio in oblongum aculeum abeunte. *Sloan flor.* 117.
   Aloë mucronato folio, americana major. *Munt. icon.* 91.
   Aloë americana muricata. *Bauh. hift.* 3. *p.* 701. *Boerh. lugdb.* 2. *p.* 129. *n.* 5.
   Aloë americana. *Befl. eyft. aut.* 38.
   Aloë ex america. *Dod. pempt.* 359. *Cluf. hift.* 2. *p.* 160.
   Aloes alterum genus ex india occidentali. *Cæfalp. fyft.* 418.
   Caraguata Guacu. *Marcgr. braf.* 87.
   α Aloë americana ex vera cruce, foliis latioribus & glaucis. *Comm. hort.* 2. *p.* 31. *t.* 16.
   *Crefcit in fterilioribus, aridioribus & faxofis collibus* Americæ, Jamaicæ *& aliorum.*
   *Differt varietas α foliis tenuioribus minus carnofis; facies tamen eandem effe plantam docet, licet flores a nobis vifi non fint.*
   *Sero admodum apud nos floret, quod dum fiat, quam citiffime fcapum, cum fumma fæpe arbore certantem promit; flores dum explicat fpectatores tamquam ad portentum infinitos allicit, at abfoluto brevi gaudio perit planta radicitus.*
   *Scapus huic arboris magnitudine, ramofiffimus, floribus confertis furfum verfis: Corolla campanulata, ad tres quartas partes fexfida, erecta. Filamenta ftaminum corollâ longiora, Antheris longis linearibus. Germen infra receptaculum floris.*

2. ALOE foliis fpinofis confertis dentatis vaginantibus planis maculatis.
   α Aloë vulgaris. *Bauh. pin.* 386. *Morif. hift.* 2. *p.* 414. *f.* 4. *t.* 22. *f.* 1. *Boerh. lugdb.* 2. *p.* 128. *n.* 1.
   Aloë vera vulgaris. *Munt. icon.* 96.
   Aloë. *Bauh. hift.* 3. *p.* 696. *Dod.* 359. *Cluf. hift.* 2. *p.* 160. *Befl. eyft. aut.* 37.

                                                                                          Aloë

Aloë peregrina. *Cæfalp. Jyft.* 417.
Aloë diofcoridis & aliorum. *Sloan. flor.* 119.
Kadanaku vel Catevala. *Rheed. mal.* 11. *p.* 7. *f.* 3.
Caraguata feu Ervabatofa *Marcgr. braf.* 37.
β Aloë vera minor. *Munt. aloed.* 2. *f.* 21 *Boerh. lugdb.* 2. *p.* 129. *n.* 3.
  Aloë americana minor, foliis per margines frequentiffimis & molliufculis fpinis armatis *Herm. lugdb.* 16.
  Aloë americana, ananæ floribus fuave rubentibus. *Pluk. alm.* 19 *t.* 240. *f.* 4.
  Aloë fuccotrina anguftifolia fpinofa, flore purpureo. *Breyn. prod.* 2. *p.* 12. *Comm. hort.* 1 *p.* 91. *f* 48.
  *Crefcit α. β. in campis aridis & faxofis utriusque Indiæ, uti* Jamaica, Barbados, Caribæis, Brafilia, Malabaria, *infula* Succotra, Terra Sancta, *&c.*
  *Ex hac fpecie Aloës fuccus officinarum paratur.*
  *Species hæc plurima cum fequenti habet communia.*
  *Cum has α. β. florentes non examinaverim, an fpecie differant difficile eft determinatu; a facie tamen conjunctionem poftulant. Beflerus flores præcedentis (α) in fcapo ramofo pingit, Commelinus vero pofterioris (β) fcapo & floribus fequentis (3) fimillimos exhibet; fateor & in foliis vix obviam effe unicam notam propriam, qua fpec. 2. a 3 diftinguere queam, dijudicent itaque qui flores 2. α. β. viderint.*

3. ALOE foliis caulinis dentatis amplexicaulibus vaginantibus.
  α Aloë africana caulefcens, foliis magis glaucis caulem amplectentibus & in mucronem obtufiorem definentibus. *Comm. præl.* 68. *t.* 17. *rar.* 44. *t.* 44. *Boerh. lugdb.* 2 *p.* 129. *n.* 13.
  β Aloë africana caulefcens, foliis minus glaucis caulem amplectentibus, dorfi parte fuprema fpinofa. *Comm. præl.* 69. *t.* 18. *Boerh. lugdb.* 2. *p.* 130. *n.* 14.
  γ Aloë africana caulefcens, foliis glaucis caulem amplectentibus latioribus & undique fpinofis. *Comm. præl.* 70. *t.* 19. *Boerh. lugdb.* 2. *p.* 130. *n.* 15.
  δ Aloë africana caulefcens, foliis glaucis breviffimis, foliorum fummitate interna & externa nonnihil fpinofa. *Comm. præl.* 73. *t.* 22. *Boerh. lugdb.* 2. *p.* 130. *n.* 17
  Aloë africana caulefcens, foliis glaucis brevioribus caulem amplectentibus, foliorum parte interna & externa nonnihil fpinofa. *Comm. rar.* 45. *t.* 45.
  ε Aloë africana, foliis glaucis, margine & dorfi parte fuperiore fpinofis, flore rubro. *Comm. præl.* 75. *t.* 24. *hort.* 2. *p.* 23. *t.* 12. *Boerh. lugdb.* 2. *p.* 130. *n.* 18.
  ζ Aloë africana caulefcens, foliis fpinofis, maculis ab utraque parte albicantibus, notatis. *Comm. hort* 2. *p.* 9. *t.* 5. *Boerh. lugdb.* 2. *p.* 130. *n.* 19.
  Aloë africana maculata fpinofa major. *Dill. elth.* 17. *t.* 14. *f.* 15.
  η Aloë africana maculata fpinofa minor. *Dill. elth.* 18. *t.* 14. *f.* 16.
  Aloë africana caulefcens, foliis fpinofis, maculis ab utraque parte albicantibus obfcurioribus magis glaucis quam (ζ) præcedens. *Boerh. lugdb.* 2. *p.* 130 *n.* 20.
  θ Aloë africana caulefcens, foliis glaucis caulem amplectentibus. *Comm. hort.* 2. *p.* 27. *t.* 14. *Boerh. lugdb.* 2. *p.* 130. *n.* 21
  ι Aloë africana mitræformis fpinofa. *Dill. elth.* 21. *t.* 17. *f.* 19.
  κ Aloë africana arborefcens montana non fpinofa, folio longiffimo plicatili, flore rubro. *Comm. hort.* 2. *p.* 5. *t.* 3.
  *Crefcit in rupibus Africæ.*
  *Planta hæc proteo magis variabilis Commelino impofuit tot dari fpecies, quot ferme individua; omnes autem enumeratas α — ι. ejusdem effe fpeciei docet florefcentia.*
  *His enim fcapus erectus fæpius fimplex, flores in thyrfum denfum colligens, propriis pedunculis longitudine floris propriis infidentes; corollis cylindraceis, bafi ventricofis, pendulis.*

4. ALOE foliis erectis fubulatis radicatis undique inerme fpinofis.
  Aloë africana humilis, fpinis inermibus & verrucofis oblita. *Comm. præl.* 77. *t.* 25. *rar.* 46. *t.* 46. *Boerh. lugdb.* 2. *p.* 130. *n.* 23.
  *Crefcit in argillofis Africæ.*
  *Scapus fimplex, erectus: fquamis alternatis, per totam longitudinem, ex fingula (exceptis decem vel pluribus infimis) folitarius flos pedunculatus, nutans, cylindraceus, fexpartitus, incarnatus, ore virefcens: ftamina fex, longitudine corollæ, tria paullo longiora, declinata omnia; ftylus fimplex.*

5. ALOE foliis ovato-lanceolatis carnofis: apice triquetris: angulis inerme dentatis.
  α Aloë africana minima atroviridis, fpinis herbaceis numerofis ornata. *Boerh. lugdb.* 2. *p.* 131. *n.* 40. *t.* 131.
  β Aloë africana humilis arachnoidea. *Comm. præl.* 78. *t.* 27.
  *Crefcit in campis Africæ.*
  *Huic fcapus fimplex, afcendens, corollæ alternæ, fere feffiles, infundubiliformes, bafi ventricofæ, limbo reflexæ, erectæ.*

6 ALOE foliis ovato-fubulatis acuminatis: tuberculis cartilagineis undique afperfis.
  α Aloë africana, folio in fummitate triangulari, margaritifera, flore fubviridi. *Comm. hort.* 2. *p.* 19. *t.* 10. *Boerh. lugdb.* 2. *p.* 130. *n.* 29.
  β Aloë africana margaritifera minor. *Comm. hort.* 2. *p.* 21. *t.* 11. *Dill. elth.* 19. *t.* 16. *f.* 17.
  γ Aloë africana margaritifera minima. *Comm. præl.* 43. *Dill. elth.* 20. *t.* 16. *f.* 18.
  *Crefcit in campis Africæ.*

K k 2

*Sca-*

*Scapus longus, procumbens, afcendens, parum ramofus, ramis fimplicibus longitudine fcapi fuperioris, flores fere feffiles, erecti, tubo ovato-oblongo, limbo patente parvo, fructu triquetro, femine margine cincto.*

7. A L O E foliis ovatis acuminatis: caulinis quinquefariam imbricatis.
Aloe africana erecta rotunda, folio parvo & in acumen acutiffimum exeunte. *Comm. præl.* 83. *t.* 32. *Dill. elth.* 16. *t.* 13. *f.* 14. *Boerh. lugdb.* 2. *p.* 131. *n.* 33.
*Crefcit in campeftribus* Africæ.
*Planta foliis veftita fere cylindracea eft. Scapus erectus, raro ramofus; flores feffiles, fere erecti, ovati, limbo minimo.*

8. A L O E foliis canaliculatis trifariam imbricatis: caulinis apice reflexo-patulis.
Aloë africana erecta triangularis, & triangulari folio vifcofo. *Comm. præl.* 82. *t.* 31. *Till. pif.* 6. *t.* 5. *Dill. elth.* 15. *t.* 13. *f.* 13. *Boerh. lugdb.* 2. *p.* 131, *n.* 32.
*Crefcit in campeftribus* Africæ.
*Planta turbinem obverfe pyramidalem triangularem repræfentat. Scapus filiformis, longiffimus, fimplex; flores erecti, tubulofi, limbo ringente, bifariam revoluto.*

9. A L O E foliis canaliculatis trifariam imbricatis radicatis erectis: angulis ternis cartilagineis.
Aloë africana humilis, foliis ex albo & viridi-variegatis. *Comm. præl.* 79. *t.* 28. *rar.* 47. *t.* 47. *Till. pif.* 7. *t.* 7. *Boerh. lugdb.* 2. *p.* 130 *n.* 24.
*Crefcit in folo argillofo* Africæ.
*Scapus fimplex, rectus, flores ovato-oblongi, parum nutantes.*

10. A L O E foliis rhomboidalibus craffis quinquefariam pofitis radicatis: apice triquetris plano-exftantibus.
Aloë africana, breviffimo craffiffimoque folio, flore viridi. *Comm. hort.* 2. *p.* 11. *t.* 6. *Till. pif.* 6. *t.* 5: *Boerh. lugdb.* 2. *p.* 130. *n.* 22.
*Crefcit in argillofis* Africæ.
*Scapus declinatus, bracteis alternis, fummo flores feffiles, erecti, fexpartiti fere ad bafin, conniventes in tubum obfolete triquetrum, fuperne dehifcentes in limbum bilabiatum, labio inferiore tribus petalis dehifcentibus revolutis, fuperne tribus petalis conniventibus reflexo-erectis, quorum intermedium brevius. Stamina fex, erecta, tubo dimidio breviora; Stylus vix manifeftus, ftigmate lacero.*

11. A L O E foliis linguiformibus patulis diftichis.
α Aloë africana arborefcens montana non fpinofa, folio longiffimo plicatili, flore rubro. *Comm. hort.* 2. *p.* 5. *t.* 3. *Boerh. lugdb.* 2. *p.* 131. *n.* 34.
β Aloë africana, flore rubro, folio maculis albicantibus ab utraque parte notato. *Comm. hort.* 2. *p.* 15. *t.* 8. *Boerh. lugdb.* 2. *p.* 131. *n.* 35.
γ Aloë africana, foliis planis conjugatis carinatis verrucofis, caule & flore corallii colore. *Boerh. lugdb.* 2. *p.* 131 *n.* 36.
δ Aloë africana, flore rubro, folio triangulari & verrucis albicantibus ab utraque parte notato. *Comm. hort.* 2. *p.* 17. *t.* 9. *Boerh. lugdb.* 2. *p.* 131. *n.* 37.
ε Aloë africana feffilis, foliis carinatis verrucofis. *Dill. elth.* 22. *t.* 18. *f.* 20.
*Crefcit in rupibus faxofis* Africæ.
*Scapus fimplex, declinatus; Flores ovato-oblongi, penduli, ventre incarnato, tubo producto viridi obliquo cylindraceo, ore parvo; Corolla interne plicis ac fi in totidem effet divifa petalis notatur; genitalia declinata funt. Fructus erectus.*

12. A L O E foliis lanceolatis planis erectis radicatis.
α Aloë guineenfis, radice geniculata, foliis e viridi & atro undulatim variegatis. *Comm. hort.* 2. *p.* 39. *t.* 20. *præl.* 84. *t.* 33. *Boerh. lugdb.* 2. *p.* 131. *n.* 41.
Anonymos guineenfis, aloës foliis geniculatis e viridi & atro undulatim variegatis, floribus rubicundis apocyni (fl. lilii convallium) dodartii fimillimis. *Kigg. beaum.* 8.
β Aloë zeylanica pumila, foliis variegatis. *Comm. hort.* 2. *p.* 41. *Pluk. alm.* 19. *t.* 256. *f.* 5. *Boerh. lugdb.* 2. *p.* 131. *n.* 42.
Aloë pumila ferpentaria zeylanica. *Breyn. prod.* 2. *p.* 12.
*Crefcit in* Guinea & Zeylona.
*Scapus erectus, vix folia fuperans, flores undique erecto-patuli, tubo angufto, limbo revoluto; Folia zonis tranfverfis variegata.*
*Obf. Varietas α folia fere folitaria & exacte lanceolata ac erecta & plana promit; at β folia conferta enfiformia, præfertim interiora, marginibus involutis, reclinata, longiffima.*

13. A L O E foliis lanceolatis integerrimis patentiufculis aculeo terminatis, radice caulefcente.
Aloë americana, viridi rigidiffimo & fœtido folio, Piet dicta indigenis. *Kigg. beaum.* 5. *Comm. hort.* 2. *p.* 35. *t.* 18. *Boerh. lugdb.* 2. *p.* 129. *n.* 10.
Aloë americana tuberofa fœtida major Pit, Pita. *Herm. prod.* 306.
Aloë americana, radice tuberofa minor. *Pluk. alm.* 19. *t.* 258. *f.* 2.
α Aloë americana, foliis anguftioribus, ex Vera Cruce. *Hort. Carol.* 4.
*Crefcit in* Curaçao.
*Radix cylindracea & carnofa fupra terram pofita, cui folia affixa funt. Flores non vidimus.*
14. A L O E

14. ALOE foliis linearibus triangularibus radicatis membranaceis longiſſimis.
    Aloë africana, folio triangulo longiſſimo & anguſtiſſimo, floribus luteis fœtidis. *Comm. hort.* 2. *p.* 29. *t.* 15.
    *Boerh. lugdb.* 2. *p.* 131. *n.* 43. *Seb theſ.* 1. *p.* 29. *t.* 19. *f.* 3.
    Iris uvaria promontorii bonæ ſpei. *Stap. theoph.* 335.
    Iris uvaria, flore luteo. *Breyn. prod.* 2. *p.* 59.
    *Creſcit ad* Caput bonæ ſpei.
    *Datur apud nos & angulis foliorum integris & ſerratis.*
    *Scapus erectus, ſimplex, longus, ex apice thyrſifer, floribus fere ſeſſilibus, pendulis, con-*
    *fertis, imbricatis.*
    *Obſ. Aloës familia ad ſpecies, neglecta florum conſideratione, ſecundum folia tuto & certo*
    *numquam referri poteſt.*

## R I C H A R D I A. *g. pl.* 285.

1. RICHARDIA.
    Richardia procumbens, myoſotidis facie, flore conglomerato. *Houſt.*
    *Creſcit in* America.
    *Caulis ramoſus, pilis patentibus hiſpidus, articulatus. Folia oppoſita, oblonga, obtuſa,*
    *deſinentia in petiolos, villoſa. Petioli coeunt membrana margine ſetis quibusdam erectis*
    *dentato. Flores conglobati ex aliis & ramorum ſummitatibus. Tota planta pilis rigidis ob-*
    *ſita eſt.*

## P O N T E D E R I A. *g. pl.* 291.

1. PONTEDERIA floribus ſpicatis.
    Gladiolus lacuſtris virginianus cæruleus, ſagittariæ folio. *Pet. gaz. t.* 5. *f.* 2.
    Sagittariæ ſimilis planta paluſtris virginiana, ſpica florum cærulea. *Moriſ. hiſt.* 3. *p.* 618. *ſ.* 15. *t.* 4. *f.* 8.
    *Pluk. alm.* 326.
    Plantagini aquaticæ quodammodo accedens, foliorum auriculis amplioribus retuſis, floribus cæruleis hya-
    cinthi ſpicatis. *Pluk. mant.* 152. *t.* 349. *f. ult.*
    *Creſcit in aquaticis* Marilandiæ *&* Virginiæ.
    *Hujus generis videtur* Carim-golo *Hort. mal.* 11. *p.* 91. *t.* 44.
    *Dixi hoc plantæ genus a* JULIO PONTEDERA, *in Gymnaſio Patavino Botanices Profeſſore,*
    *Compendii Tabularum botanicarum, Diſſertationum de floribus compoſitis & doctiſſimæ*
    *Anthologiæ auctore; qui in examinando partes fructificationis paucos pares habuit.*

## B U L B O C O D I U M.

1. BULBOCODIUM.
    Colchicum vernum. *Cluſ. app.* 2. *p.* 202. *Bauh. hiſt.* 2. *p.* 652.
    Colchicum vernum hiſpanicum. *Bauh. pin.* 69. *Boerh. lugdb.* 2. *p.* 117.
    *Creſcit in* Hiſpania.
    *Bulbocodium mihi aliud longe genus audit quam quod Tournefortio. Differt a Colchico petalis*
    *ſex, ſtylo unico, capſula minus diviſa.*

## P A N C R A T I U M. *g. pl.* 287.

1. PANCRATIUM ſpatha biflora.
    Pancratium mexicanum, flore gemello candido. *Dill. elth.* 299. *t.* 222. *f.* 289.
    *Creſcit in* Mexico.

2 PANCRATIUM ſpatha multiflora, foliis lanceolatis.
    Narciſſus americanus, flore multiplici albo odore balſami peruviani. *Tournef. inſt.* 358.
    Narciſſus americanus, flore multiplici albo hexagono odorato. *Comm. hort.* 2. *p.* 173. *t.* 87.
    Narciſſus totus albus latifolius polyanthos major odoratus, ſtaminibus ſex e tubi ampli margine extantibus.
    *Sloan flor.* 115. *hiſt.* 1. *p.* 244.
    *Creſcit in campis ſylveſtribus & pratis inſulæ* Chriſtophori, Jamaicæ, Caribearum.

L l                                            NAR-

## NARCISSUS. *g. pl.* 286.

1. NARCISSUS foliis enfiformibus, florum nectario rotato breviffimo.
Narciffus medio purpureus. *Bauh. hift.* 2. *p.* 600. *Dod. pempt.* 223.
Narciffus albus, circulo purpureo. *Bauh. pin.* 48.
Narciffus albus, circulo croceo vel luteo. *Bauh. pin.* 49.
Narciffus unico flore. *Cæfalp. fyft.* 413.
*Crefcit in pratis montofis* Italiæ & Galliæ Narbonenfis.
*Variat corollis majoribus; fpathis multifloris, floribus plenis: exclufis vel inclufis nectariis.*

2. NARCISSUS foliis enfiformibus, florum nectario longitudine petalorum.
Narciffus fylveftris pallidus, calice luteo. *Bauh. pin.* 52.
Narciffus major totus luteus, calice prælongo. *Bauh. pin.* 52.
Narciffus luteus fylveftris. *Dod. pempt.* 227. *f.* 1 & 2.
Pfeudo-Narciffus major hifpanicus. *Cluf hift.* 2. *p.* 165. *f.* 2.
Bulbocodium vulgatius. *Bauh. hift.* 2. *p.* 593.
Bulbocodium hifpanicum. *Bauh. hift.* 2. *p.* 594.
*Crefcit in* Anglia, Hifpania, Italia *in nemorofis, dumetis, fepibus, præfertim fubhumidis.*
*Variat magnitudine plantæ, colore floris pallidiori vel faturatiore, corolla duplicata vel plena, nectario folo pleno vel petalis mixto pleno, &c.*

3. NARCISSUS foliis enfiformibus, florum nectario campanulato erecto petalis longe breviore.
Narciffus medio-luteus copiofo flore, odore gravi. *Bauh. pin.* 50.
Narciffus flore pleno 1 & 2. *Cluf. hift.* 1. *p.* 160.
*Crefcit in pratis* Monfpelienfibus & Hifpaniæ *locis mari objectis.*
*Variat florum magnitudine, colore albo & luteo, in nectario vel petalis vel utrisque, plenitudine varia, magnitudine & figura nectarii aliquando, numero florum ex eadem fpatha.*

4. NARCISSUS foliis fubulatis, florum nectario breviffimo.
Narciffus juncifolius, oblongo calice, luteus major. *Bauh. pin.* 51.
Narciffus juncifolius luteus minor. *Bauh. pin.* 51.
Narciffus juncifolius 2, & Narciffus juncifolius minor. *Cluf. hift.* 1. *p.* 159.
*Crefcit in pratis montanis circa* Guadalupam & Toleto; *in uliginofis inter* Hifpalim & Gades.
*Variat & hæc floribus, variis modis.*

5. NARCISSUS foliis fubulatis, nectario maximo patulo, genitalibus declinatis.
Narciffus montanus alter, flore fimbriato. *Bauh. pin.* 53.
Narciffus montanus juncifolius, calice aureo. *Bauh. pin.* 53. *Morif. hift.* 2. *p.* 363. *f.* 4. *t.* 9. *f.* 15.
Pfeudo-narciffus juncifolius 2, flavo flore. *Cluf. hift.* 1. *p.* 166.
Pfeudo-narciffus juncifolius. *Befl. eyft. vern.* 51. *f.* 5.
Pfeudo-narciffus minimus juncifolius aureus. *Befl. eyft.* 1. *p.* 60. *f.* 4.
Bulbocodium tenuifolium. *Bauh. hift.* 2. *p.* 596.
*Crefcit inter* Ulyffiponem & Hifpalim.
*Diftinctiffimus eft hujus fpeciei Flos a congenerum, cujus petala plano-fubulata, nectarium turbinatum (non infundibuliforme, ut in aliis) petalorum corollâ longe majus, erectum, & ftamina ac piftillum ad latus inferius nectarii declinata, quod in alia fpecie congenere non vidi.*
*Species Narciffi modo* 5 *novi,* Boerhaavius *recenfet* 47. Rajus 50. Beflerus 39. Barrelier 66.
*Tournefortius circiter* 100., Harlemenfes *Hortulani plures, & omni anno novæ producuntur fpecies, fi naturæ & artis lufus, creationis author dici poffet; ego folum creata omnipotentis rimare ftudeo.*
*Monopetalos flos Narciffi non eft, ut vulgo traditur, fed hexapetalos, adnexis petalis nectarii tubo.*

## GALANTHUS. *g. pl.* 288.

1. GALANTHUS.
Leucojum bulbofum triphyllum. *Dod. pempt.* 230.
Leucojum bulbofum trifolium minus. *Bauh. pin.* 56. *Rudb. elyf.* 2. *p.* 96.
Leucojum bulbofum minus triphyllon. *Bauh. hift.* 2. *p.* 591.
Leucojum bulbofum præcox minus. *Cluf. hift.* 1. *p.* 169.
Leucojum bulbofum minus præcox, tribus petalis albis minoribus cingentibus, terna minora herbacei coloris *Morif. hift.* 2. *p.* 364. *f.* 4. *t.* 9. *f.* 23.
Leuco-narciffolirion minimum. *Lob. hift.* 64.
Narciffus aquaticus alter. *Cæfalp. fyft.* 414.
Narciffo-leucojum trifolium minus. *Tournef. inft.* 387. *Boerh. lugdb.* 2. *p.* 147.

a Leu-

• Leucojum bulbosum trifolium majus. *Bauh. pin.* 56.

*Crescit in umbrosis & subhumidis ad radices alpium inter* Tridentum & Venetias, & in Pannoniæ pratis, inque saltibus Viennensibus.

*Cum in nulla parte fructificationis secundum figuram cum Leucojo conveniat, separatum constitui genus; & certe si Pancratium a Narcisso, & Narcissus a Leucojo, & Leucojum ab Amaryllide distincta sint genera, & hæc ab iis distingui debet.*

*Galanthum dicta a* γάλα *lac &* άνθος *flos, cum flos hic lactis instar niveus sit.*

*An & hujus generis species sit* Orthogalum luteo-virens indicum? Corn. canad. 160. f. 161., *sic crederem ni pistilla tria adumbrarentur.*

## AMARYLLIS. *g. pl.* 289.

1. AMARYLLIS spatha multiflora, corollis æqualibus patentissimis revolutis, genitalibus longissimis.
Lilio-Narcissus japonicus, rutilo flore. *Morif. hist.* 2. p. 367. *Boerh. lugdb.* 2. p. 147.
Narcissus japonicus, rutilo flore. *Corn. canad.* 157. t. 158.
Lilium sarniense. *Dugl. monogr.* t. 1, 2.
Seki san. *Kæmpf. jap.* 872.
*Crescit in* Japonia. *Radices ex Japonia allatæ & ex nave naufraga ejectæ in littus arenosum insulæ Sarniæ (Guernsay) inter spartia maritima & vento fortiore arenam eo appellente, qua demum prædicti bulbi tecti post aliquot annos summa cum incolarum admiratione, flores dedere. Morif.*

2. AMARYLLIS spatha multiflora, corollis campanulatis æqualibus, genitalibus declinatis.
Lilio Narcissus polyanthos, flore incarnato, fundo ex luteo albescente. *Sloan. flor.* 115. *hist.* 1. p. 244. *Tournef. inst.* 386. *Boerh. lugdb.* 2. p. 147. *Seb. thes.* 1. p. 25. t. 17. f. 1.
Lilio Narcissus americanus, puniceo flore, Bella donna dictus. *Pluk. alm.* 220.
Lilium americanum, puniceo flore, bella donna dictum. *Herm. parad.* 194.
Lilium rubrum. *Mer. surin.* 22. f. 22.
*Crescit in* Caribæis, Barbados & Surinama.

3. AMARYLLIS spatha uniflora, corolla inæquali, genitalibus declinatis.
Lilio Narcissus jacobæus, flore sanguineo nutante. *Dill. elth.* 195. t. 162. f. 196.
Lilio Narcissus jacobæus latifolius indicus, rubro flore. *Morif. hist.* 2. p. 609. f. 4. t. 10. f. 31. *Tournef. inst.* 385.
Lilio Narcissus indicus rubeus monanthos jacobæus. *Barr. rar.* t. 1035.
Narcissus latifolius indicus, rubro flore. *Cluf. hist.* 1. p. 157. *Bauh. hist.* 2. p. 609.
*Crescit in* America meridionali.

4. AMARYLLIS spatha uniflora, corolla æquali, pistillo refracto.
Lilio Narcissus vernus angustifolius, flore purpurascente. *Barr. rar.* t. 994.
Lilio Narcissus f. Narcissus liliflorus carolinianus, flore albo singulari cum rubedine diluto. *Pluk. alm.* 220. t. 42. f. 3.
*Crescit in* Carolina.

5. AMARYLLIS spatha uniflora, corolla æquali, staminibus declinatis.
Lilio Narcissus luteus autumnalis minor. *Tournef. inst.* 386. *Boerh. lugdb.* 2. p. 147.
Narcissus serotinus. *Cluf. hist.* 1. p. 162.
Narcissus autumnalis minor. *Bauh. hist.* 2. p. 662.
*Crescit in* Hispania *ad* Anam *flumen in Turdalis.*

*Lilio narcissus vocabulum est consarcinatum, quod rejicio. Flores hujus generis eximii sunt, nescio num 2da parem habeat, hinc Bellæ donnæ dictæ plures; Bella donna virgilii, Amaryllis dicta, nomine transiit in proverbium de omni grato, & de secunda specie apud Hortulanos quosdam, quæ cum & radice amara sit, pro Amarella Amaryllis dicatur.*

## LEUCOJUM. *g. pl.* 290.

1. LEUCOJUM.
Leucojum bulbosum. *Cluf. hist.* 1. p. 168.
Leucojum bulbosum vulgare. *Bauh. pin.* 55. *Rudb. el.* 2. p. 95.
Leucojum bulbosum hexaphyllon. *Dod. pempt.* 230.
Leucojum bulbosum hexaphyllon, cum unico flore rarius bino. *Bauh. hist.* 2. p. 590.
Leucojum bulbosum præcox majus, sex petalis æqualibus & albis. *Morif. hist.* 2. p. 364.
Leuco-Narcisso-Lirion paucioribus floribus. *Lob. hist.* 64.
Narcissus aquaticus. *Cæsalp. syst.* 414.
Narcisso-Leucojum vulgare. *Tournef. inst.* 387. *Boerh. lugdb.* 2. p. 148.
• Leucojum bulbosum serotinum majus multiflorum. *Morif. hist.* 2. p. 364. f. 4. t. 9. f. 26.
Leucojum bulbosum majus sive multiflorum. *Bauh. pin.* 55.
Leucojum bulbosum polyanthemum. *Dod. pempt.* 230.

*Cres-*

*Crefcit in umbrofis* Helvetiæ *ad fepes in pafcuis montofis; in* Italia *ad montem Taurinum; inter* Baſſanum *&* Tridentum; *prope* Tubingam; *in* Pannonia *non procul* Zolonock.
Leucojum *aliud eft* Theophrafti, *aliud* Diofcoridis. *Botanici alii aſſumunt* Theophrafti *uti* Ruppius, *alii* Diofcoridis *uti* Tournefortius. *Nos retinemus cum* Ruppio Theophrafti *quatenus hoc antiquius fit* Diofcoridis ; *Diofcoridis vero nomen hic removemus* F. B. 213. 217. *quod* Cheiranthi *nomine infignivimus.*

## PORRUM. *g. pl.* 292.

1. PORRUM radice ambiente tunicata oblonga folitaria.
   Porrum commune capitatum. *Bauh. pin.* 72. *Morif. hift.* 2. p. 390. ſ. 4. t. 15. f. 1. *Boerh. lugdb.* 2.
   p. 143. n. 1, 2, 3.
   Porrum. *Cæfalp. fyft.* 406. *Bauh. hift.* 2. p. 551. *Dod. pempt.* 688.
   a Porrum fectivum latifolium. *Bauh. pin.* 72. *Morif. hift.* 2. p. 390. ſ. 4. t. 15. f. 2.
   Porrum fectivum. *Dod. pempt.* 688.
   *Crefcit. . . .*

2. PORRUM radice laterali cordata folida, pedunculo revoluto, capitulo bulbifero.
   Allium fativum alterum, five Allio-Prafum, caulis fummo circumvoluto. *Bauh. pin.* 73. *Morif. hift.* 2.
   p. 387. ſ. 4. t. 15. f. 10. *Boerh. lugdb.* 2. p. 145.
   Allii genus, Ophiofcorodon·dictum quibusdam. *Bauh. hift.* 2. p. 559.
   Scorodo-prafum alterum, bulbofo & convoluto capite. *Raj. hift.* 1120.
   Scorodoprafum 2. *Cluf. hift.* 1. p. 191.
   *Crefcit. . . .*
   *Defcribitur & depingitur radix hujus plantæ a plurimis contra fidem & autopfiam fiſſilis, Allii imæ inftar, cum tamen fimplex fit ad latus caulis pofita, hinc convexa, inde parum inflexa, cordata, tunica obvoluta, undique claufa, bulbillis quibusdam novis minimis hinc inde ad radicis bafin pofitis. Pedunculus feu fumma pars caulis ante florefcentiam circumvolvitur, mox florente planta extenditur & rectus perfiftit ; rupta fpatha prodeunt bulbilli plurimi feſſiles, inter quos flores propriis pedunculis longioribusque exferuntur, qui nullum fructum, nec ullum ufum (raro bulbos) præftant, præterquam dignotionem generis.*

## CEPA. *g. pl.* 293.

1. CEPA fcapo ventricofo foliis longiore, radice depreſſa.
   Cepa vulgaris. *Bauh. pin.* 71. *Morif. hift.* 2. p. 383. ſ. 4. t. 14. f. 1.
   Cepa rotunda. *Dod. pempt.* 687.
   Cæpe five Cepa rubra & alba rotunda. *Bauh. hift.* 2. p. 547.
   Cepa vulgaris, floribus & tunicis purpurafcentibus. *Tournef. inft.* 382. *Boerh. lugdb.* 2. p. 144.
   a Cepa vulgaris, floribus & tunicis albis *Tournef.*
   *Crefcit. . . .*

2. CEPA fcapo longitudine foliorum, foliis ventricofis, radice oblonga.
   Cepa oblonga. *Bauh. pin.* 71. *Morif. hift.* 2. p. 383. ſ. 4. t. 14. f. 2. *Dod. pempt.* 687. *Boerh. lugdb.* 2.
   p. 144.
   *Crefcit. . . .*
   *Cum priori planta, qua mixta fuit a* J. Bauhino *aliisque, nil commune habet, eft enim hæc perennis, poft florefcentiam radice perfiftens, fpatha magis globofa, & fcapo a foliis figura non diftincto, contra ac in antecedenti.*

3. CEPA fcapo longitudine figuraque foliorum, foliis fubulatis filiformibus, fpathis globofis.
   Cepa fectilis juncifolia perennis. *Morif. hift.* 2. p. 383. ſ. 4. t. 14. f. 4. *Boerh. lugdb.* 2. p. 144.
   Porrum fectivum juncifolium. *Bauh. pin* 72.
   Porrum fectivum & Schœno-prafion quibusdam. *Bauh. hift.* 2. p. 553.
   Scheno-prafum. *Dod. pempt.* 689.
   a Cepa alpina paluftris tenuifolia. *Tournef. inft* 383.
   *Crefcit in alpibus (a) a qua fativam varietatem eſſe putamus.*

4. CEPA foliis fubulatis, radicibus oblongis conglobatis.
   Cepa fterilis. *Bauh. pin.* 72.
   Cepa afcalonica. *Morif. hift.* 2. p 383. ſ. 4. t. 14. f. 3. *Boerh. lugdb.* 2. p. 144.
   Cepa afcalonica five fiſſilis. *Bauh. hift* 2. p. 551.
   Cepis affinis afcaloniæ. *Cæfalp. fyft.* 400.
   *Crefcere perhibetur, (an fide certa?) in* Palæftina.
   *Flores non vidimus, quæ fi umquam apud nos floreat, certe hoc aloë (1) rarius fit.*

AL-

# ALLIUM. *g. pl.* 294.

1. ALLIUM radicis bulbo multipartito, capitulo bulbifero, foliis linearibus.
Allium fativum. *Cæfalp. fyft.* 408. *Bauh. pin.* 73. *Boerh. lugdb.* 2. *p.* 145.
Allium vulgare & fativum. *Bauh. hift.* 2. *p.* 554.
*Crefcit* . . . .

2. ALLIUM foliis lanceolatis binis, umbellula laxa.
Allium latifolium luteum. *Tournef. inft.* 384. *Boerh. lugdb.* 2. *p.* 140.
Moly latifolium luteum, odore allii *Bauh. pin.* 75. *Morif. hift.* 2. *p.* 393. *f.* 4. *t.* 16. *f.* 4.
Moly latifolium, flore flavo. *Beft. eyft.* 1. *p.* 77. *f.* 2.
Moly flavo flore. *Swert. flor.* 1. *t.* 60. *f.* 2.
Moly luteum botanicorum latifolium, allii odore. *Bauh. hift.* 2. *p.* 562.
Moly pyrænaicum, flore luteo. *Rupp. jen.* 122.
*Crefcere fertur in* Pyrenæis.

3. ALLIUM caule tereti, propagine ex ala.
Allium latifolium liliflorum. *Tournef. inft.* 384.
Moly latifolium liliflorum. *Bauh. pin.* 75. *Boerh. lugdb.* 2. *p.* 146.
Moly theophrafti magnum. *Bauh. hift.* 2. *p.* 568.
Moly theophrafti. *Cluf. hift.* 1. *p.* 191.
Moly homericum. *Cæfalp. fyft.* 404.
*Crefcit* . . . .

# JUNCUS. *g. pl.* 295.

1. JUNCUS foliis planis, panicula rara, fpicis feffilibus & pedunculatis.
Juncus villofus, capitulis pfyllii. *Tournef. inft.* 246. *Fl. lapp.* 126.
Juncoides villofum, capitulo pfyllii. *Scheuch. hift.* 310. *Mich. gen.* 42.
Cyperella capitulis pfyllii. *Rupp. jen.* 120.
Gramen hirfutum capitulis pfyllii. *Bauh. pin.* 7. *Morif. hift.* 3. *p.* 224. *f.* 8. *t.* 9. *f.* 4.
Gramen luzulæ minus. *Bauh. hift.* 2. *p.* 493.
*Crefcit ubique fere per* Europam *vulgaris.*

# ACORUS. *g. pl.* 296.

1. ACORUS verus five Calamus aromaticus officinarum. *Bauh. pin.* 34. *theatr.* 626. *Boerh. lugdb.* 2. *p.* 167.
Acorum verum matthioli *Dalech. hift.* 1618.
Calamus aromaticus. *Pet. gen.* 49.
Calamus aromaticus vulgaris, multis Acorum. *Bauh. hift.* 2. *p.* 734. *Mich. gen.* 43.
Typha aromatica, clava rugofa. *Morif. hift.* 3. *p.* 246. *f.* 8. *t.* 13. *f.* 4
*Crefcit omnium copiofiffime ad foffas publicas* Hollandiæ.
*Si ab hac tantummodo teneritudine partium differat* Acorus verus five Calamus aromaticus
officinarum afiaticus, radice tenuiore. Herm. lugdb. 9. Vaembu. Rheed. mal. 11. p. 99. t. 48.
*quid vetat quo minus fpecie conjungi queat?*

# D I G Y N I A.

# ORYZA. *g. pl.* 299.

1. ORYZA. *Bauh. pin.* 24. *theatr.* 479. *Bauh. hift.* 2. *p.* 451. *Morif. hift.* 3. *p.* 208. *f.* 8. *t.* 7. *f.* 1. *Cæfalp.*
179. *Sloan. flor.* 24. *Dod. pempt.* 509. *Catesb. ornith.* 14. *Boerh. lugdb.* 2. *p.* 166.
*Crefcit in* Indiæ Orientalis *paludibus.*

# ATRAPHAXIS. *g. pl.* 298.

1. ATRAPHAXIS inermis, foliis undulatis.
Arbufcula africana repens, folio ad latera crifpo ad Polygona relata. *Boerh. lugdb.* 2. *p.* 263. *Dill. elth.* 36.
*t.* 32. *f.* 36.
*Crefcit, ut fertur, in* Africa *& quidem ad* Caput bonæ fpei

M m

2. ATRA-

2. ATRAPHAXIS inermis foliis planis.
   Lapathum orientale frutex humilis, flore pulchro. *Tournef. cor.* 38. *Boerh. lugdb.* 2. *p.* 85.
   *Crescit in* Oriente.

3. ATRAPHAXIS ramis spinosis.
   Atriplex orientalis, frutex aculeatus, flore pulchro. *Tournef. cor.* 38. *Buxb. cent.* 1. *p.* 19. *Dill. elth.* 47.
   *t.* 40. *f.* 47.
   *Crescit in locis glareosis circa fluvios & rivulos in* Media *prope urbem* Jenschi *seu* Hansen.
   *Atraphaxis nomen est Dioscoridis, atriplici impositum, at superfluum in eo loco, utimur itaque eodem ad designandum genus quoddam Rumici & Atriplici intermedium.*

# T R I G Y N I A.

## R U M E X. *g. pl.* 300.

1. RUMEX floribus hermaphroditis, valvulis dentatis, granulo incumbente auctis.
   Lapathum acutum. *Raj. hist.* 175.
   Lapathum acutum sive Oxylapathum. *Bauh. hist.* 2. *p.* 983.
   Lapathum folio acuto plano. *Bauh. pin.* 115. *Boerh. lugdb.* 2. *p.* 85.
α Lapathum angustifolium, capsulis verticillatis pendulis eleganter dentatis. *Boerh. lugdb.* 2. *p.* 85.
   *Crescit in locis succulentis humidiusculis per* Europam.

2. RUMEX floribus hermaphroditis, valvulis integerrimis, granulo incumbente auctis.
   Lapathum folio acuto rubente. *Bauh. pin.* 115. *Morif. hist.* 2. *p.* 579. *f.* 5. *t.* 27. *f.* 6. *Boerh. lugdb.* 2. *p.* 85.
   Lapathum sanguineum. *Munt. brit.* 211. *f.* 113.
   Lapathum sanguineum sive Sanguis draconis herba. *Bauh. hist.* 2. *p.* 988.
   Lapathum rubens. *Dod. pempt.* 650
   Lapathum sylvestre 3 genus. *Dalech. hist.* 603.
   *Crescendi locus nobis ignotus est, si varietatem liceat vocare antecedentis speciei, nullum locum*
      *quærerem.*
   *Distinctissima est ob succum atro-rubentem foliorum & vasorum per ea discurrentium.*

3. RUMEX floribus hermaphroditis, valvulis integerrimis planis.
   Rumex foliis cordato-oblongis acuminatis integris. *Fl. lapp.* 129.
α Lapathum folio acuto crispo. *Bauh. pin.* 115. *Boerh. lugdb.* 2. *p.* 85.
   Lapathum acutum crispum. *Bauh. hist.* 2. *p.* 985.
   Lapathum longifolium crispum. *Munt. brit.* 104.
β Lapathum aquaticum, folio cubitali. *Bauh. pin.* 116.
   Lapathum maximum aquaticum sive Hydrolapathum. *Bauh. hist.* 2. *p.* 986.
   Hydrolapathum majus. *Dalech. hist.* 604.
   Britannica antiquorum vera. *Munt. brit.* 1.
γ Lapathum folio longissimo crispo. *Boerh. lugdb.* 2. *p.* 85.
δ Lapathum hortense, folio oblongo. *Bauh. pin.* 44. 114.
   Patientia *vulgo.*
   *Crescit in locis humidis, subhumidis & aquosis satis frequens per* Europam.
   *Species has tres* 1. 2. 3. *a foliis, a caule, a situ florendi vel alia nota vix ullum distinguere*
     *posse persuasus sum, cum mille modis varient folia in figurâ, magnitudine, &c.; assumsi*
     *itaque pro differentia valvulas seu interiores alternas lacinias floris, quæ nunc integræ,*
     *nunc dentatæ, nunc granulo externe ad basin instructæ, quæ notæ, si varient, has tres spe-*
     *cie facile conjungerem. Non enim satis est dicere plantas specie distinctas esse, sed a vero Bo-*
     *tanico requiritur, ut det rationem facti, cur distinguat & quibus notis diagnosticis*
     *distinguat.*

4. RUMEX floribus hermaphroditis, foliis hastatis.
   Acetosa rotundifolia hortensis *Bauh. pin.* 114. *Morif. hist.* 2. *p.* 583. *f.* 5. *t.* 28. *f.* 9.
   Acetosa romana rotundifolia. *Munt. brit.* 224. *f.* 200.
   Acetosa hortensis. *Paul. dan.* 154.
   Oxalis folio rotundiore repens. *Bauh. hist.* 2. *p.* 991.
   Oxalis rotundifolia. *Dod. pempt.* 649.
α Acetosa rotundifolia hortensis major. *Boerh. lugdb.* 2. *p.* 86.
   *Crescit in* Alpibus Helveticis.

5. RUMEX floribus hermaphroditis digynis.
   Rumex foliis orbiculatis emarginatis *Fl. lapp.* 132.
   Acetosa britannica rotundifolia, fructu compresso. *Blair. obs.* 97. *fig.*
   Acetosa cambrobritannica montana. *Scheub. alp.* 129.
   Acetosa rotundifolia repens eboracensis, folio in medio deliquium patiente. *Morif. hist.* 2. *p.* 583. *f.* 5. *t.* 36.
     *f. penult.*
   Acetosa repens westmorlandica, cochleariæ foliis apicibus nonnihil sinuatis. *Pluk. alm.* 8. *t.* 252. *f.* 2.

                                                    Ace-

Acetofa rotundifolia alpina. *Bauh. pin.* 55. *prod.* 114.
*Crefcit in* Alpibus Helveticis, Lapponicis *&* Wallicis.
*Differentiam fpeciei in flore vide Fl. lapp.* 132. β.

6. RUMEX floribus androzynis, calycibus fructus uncinatis, foliis ovatis.
Beta cretica, femine aculeato. *Bauh. pin.* 118. *prod.* 57. *Morif. hift.* 2 *p.* 597. *f.* 5. *t.* 30. *f.* 7.
Beta cretica, femine fpinofo. *Bauh. hift.* 2. *p.* 962.
Spinachia cretica fupina, capfula feminis aculeata. *Tournef. inft.* 533. *Boerh. lugdb.* 2. *p.* 104.
*Crefcit in* Creta *&* Sicilia.
*Singulares funt flores hujus fpeciei. Flores fœminei ad alas foliorum quorum Calyx monophyllus eft, fere ovatus, bafi planus, angulatus, femifexfidus, laciniis alternis interioribus erectis conniventibus, exterioribus vero refractis acutis rigidis patulis; Flores autem mafculini in eadem planta funt & longe mitiores, infidentes ramulis terminatricibus nudis, definentibus in racemum.*

7. RUMEX floribus hermaphroditis geminatis, valvularum alis maximis reflexis membranaceis.
Oxalis africana. *Bauh. hift.* 2. *p.* 992.
Acetofa veficaria peregrina. *Beft. eyft. vern.* 105. *f.* 3.
Acetofa americana, foliis longiffimis pediculis donatis. *Bauh. pin.* 114. *prod.* 54. *Morif. hift.* 2. *p.* 583. *f.* 5. *t.* 28. *f.* 7. *Boerh. lugdb.* 2. *p.* 86.
Acetofa veficaria, utriusque indiæ, annua. *Pluk. alm.* 8.
*Crefcit in* Africa *&* America.

8. RUMEX floribus hermaphroditis, caule arborefcente, foliis fubcordatis.
Acetofa arborefcens, fubrotundo folio, ex infulis fortunatis. *Pluk. alm.* 8. *t.* 252. *f.* 3. *Boerh. lugdb.* 2. *p.* 86.
Lunaria magorum arabum. *Bauh. hift.* 2. *p.* 994 *Lob. hift.* 470. donec alia nobis oftendatur.
*Crefcit in infulis* Fortunatis.

9. RUMEX foliis oblongo-fagittatis. *Fl. lapp.* 130.

| Mas. | Fœmina. |
|---|---|
| α Acetofa femine vidua *Hort. parif.* 4. Acetofa fterilis mofchovitica. *Morif. hift.* 2. *p.* 583. | α Acetofa pratenfis. *Bauh. pin.* 114. *Boerh. lugdb.* 2. *p.* 85. Acetofa vulgaris. *Raj. hift.* 178. Oxalis vulgaris, folio oblongo. *Bauh. hift.* 2. *p.* 989. Oxalis. *Cæfalp. fyft.* 165. Lapathum acetofum vulgare *Raj. fyn.* 143 |
| β Acetofa fylvatica maxima fterilis. *Pont.* apud *Till. pif.* 179. | β Acetofa fylvatica maxima fructifera. *Pont.* apud *Till. pif.* 179. Acetofa montana maxima. *Bauh. pin.* 114. |

*Crefcit in pratis & montibus herbofis & Alpibus, frequens per* Europam.

10. RUMEX foliis lanceolatis haftatis.

| Mas. | Fœmina. |
|---|---|
| α Acetofa arvenfis lanceolata fterilis. *Pont.* apud *Till. pif.* 179. Acetofa arvenfis lanceolata, femine vidua. *Vaill. par.* 2. | α Acetofa arvenfis lanceolata fructifera. *Pont. ap. Till. pif.* 199. Acetofa arvenfis lanceolata. *Bauh. pin.* 114. *Boerh. lugdb.* 2. *p.* 86. Oxalis parva auriculata repens. *Bauh. hift.* 2. *p.* 992. Lapathum acetofum repens lanceolatum. *Raj. fyn.* 143. |
| β Acetofa arvenfis minima non lanceolata, femine vidua *Vaill. par.* 2. | β Acetofa arvenfis minima non lanceolata. *Bauh. pin.* 114. |

*Crefcit ubique in arenofis, lapidofis, incultis & muris per* Europam.

11. RUMEX fructibus dentatis: calyce reflexis, caput bovinum referentibus.
Acetofæ, ocymi folio, neapolitanæ bucephalephoræ. *Raj. hift.* 181.
Acetofa, ocymi folio, neapolitana. *Bauh. pin.* 114. *Morif. hift.* 2. *p.* 584. *f.* 5. *t.* 28. *f.* 14. *Boerh. lugdb.* 2. *p.* 86.
Acetofa, ocymi folio, bucephalephoros. *Column. ecphr.* 1. *p.* 150.
*Crefcit circa* Neapolim.
*Fructus foliacei, ut in aliis, fed huic miro naturæ artificio bubulinum caput exprimentes, nam veluti collo cauli hæret & inde ad capitis extrema velut cornua parum inter fe curva; paulo inferius vero, & veluti e regione oculorum, aures veluti apparent utrinque & fupercilia; & ab his reliquum dependens capitis totius iconem exprimens.* Raj. hift.

# SAURURUS. g. pl. 307.

1. SAURURUS foliis profunde cordatis ovato-lanceolatis, fpicis folitariis folio longioribus.
*Crefcit in* America, *communicata a D.* Gronovio.
*Videtur proxime accedere ad Saururum botryitis majorem arborefcentem, foliis plantagineis.*
M m 2 *Sed*

*Sed folia in ista quadruplo majora; specimen dein nostrum exsiccatum & imperfectum est, ut synonyma addere non liceat.*

*Species hæc dedit characterem generis.*

2. SAURURUS foliis lanceolato-ovatis quinquenerviis rugofis.
     Piper frutex, spica longa gracili. *Pluk. alm.* 297. *t.* 215. *f.* 2.
     Piper longum arboreum altius, folio nervofo minore, spica gracili & breviore. *Sloan flor.* 44. *hist.* 1. *p.* 134. *t.* 87. *f.* 1.
     *Crescit in* Jamaica.

3. SAURURUS foliis ovato-lanceolatis, nervis alternis.
     Saururus cauda adunca. *Plum. gen.* 51.
     Saururus arborefcens, fructu adunco. *Plum. amer.* 58. *t.* 77.
     Piper longum, folio nervofo pallide viridi, humilius. *Sloan. flor.* 44. *hist.* 2. *p.* 135. *t.* 87. *f.* 2.
     *Crescit in variis Americæ regionibus ut in* Jamaica, *&c.*
     *Flores cum in hifce duabus speciebus (2. 3.) non vidimus, nec de genere certi quid statuere licet.*

## MENISPERMUM. *g. pl.* 306.

1. MENISPERMUM foliis peltatis angulofis.
     Menifpermum canadenfe fcandens, umbilicato folio. *Tournef. act.* 1705. *p.* 311. *Dill. gen.* 150.
     Ciffampelos five Malacociffos. *Rupp. jen.* 53.
     Hedera virginiana, clematis facie, radice flavefcente. *Herm. lugdb.* 306.
     Hedera monophyllos, convolvuli foliis, virginiana. *Pluk. alm.* 181. *t.* 36. *f.* 2. *Boerh. lugdb.* 2. *p.* 232.
     Clematitis hederæ folio. *Morif. blef.* 255.
     *Crescit in* Canada & Virginia.

## ANTHERICUM. *g. pl.* 303.

1. ANTHERICUM filamentis lævibus, perianthio trifido.
     *Crescit in* Virginia, *unde acceptam communicavit.* D. D. *Gronovius.*
     *Folia gladiolata, erecta, diftiche pofita, radicalia, externa breviora, levia, parum ftriata linearia, acuminata.*
     *Scapus pedalis, tenuis, erectus, nudus.*
     *Flores unicam tertiam partem fcapi, fuperioris fcilicet, occupant, nunc folitarii, nunc bini, nunc terni ex eodem tuberculo, ad quod minima acuta fquama, ex cujus finu pedunculi totidem fimplices & proprii exeunt, longitudine ipfius Floris.*
     *Flos pallidus, flavefcens antheris cæruleis.*
     *Calyx. Perianthium minimum, femitrilobum.*
     *Cor. Sexpartita, laciniis linearibus perfiftentibus.*
     *Stam. Filamenta fex, fubulata, longitudine corollæ.* Antheræ cordatæ.
     *Pift. Germen ovatum, fimplex.* Styli tres; Stigmata truncata.

## COLCHICUM. *g. pl.* 304.

1. COLCHICUM foliis planis erectis.
     Colchicum commune. *Bauh. pin.* 66. *Morif. hist.* 2. *p.* 340. *f.* 4. *t.* 3. *f.* 1. *Boerh. lugdb.* 2. *p.* 117.
     Colchicum. *Bauh. hist.* 2. *p.* 649. *Dod. pempt.* 640. *Fuchf. hist.* 356. *flor.* 357. *fructus.*
     Hermodactylus. *Cæfalp. fyft.* 410.
α   Colchicum pleno flore. *Bauh. pin.* 67.
     *Crescit in folo pingui pratenfi vel montofo* Angliæ, Pannoniæ, Auftriæ, Lufitaniæ.
     *Variat infinitis modis florum colore, magnitudine & plenitudine, unde immenfa fpecierum apud authores farrago, ego duas modo fpecies certas novi, multas falfas vidi.*
     *Singulare in hoc genere eft quod autumno floreat, & vere infequente fructificet.*

2. COLCHICUM foliis undulatis patentibus.
     Colchicum chionenfe, floribus fritillariæ inftar teffulatis, foliis undulatis. *Morif. hist.* 2. *p.* 341. *f.* 4. *t.* 3. *f.* 7. *Boerh. lugdb.* 2. *p.* 117.
     Colchicum variegatum. *Corn. canad.*
     Colchicum fritillaricum chienfe. *Raj. hist.* 1172.
     *Crescit in* Chio *infula*
     *Folia hujus faciem exacte Tulipæ ferunt.*

TE-

# *T E T R A G Y N I A.*

## P E T I V E R I A. *g. pl.* 854.

1. P E T I V E R I A.
Petiveria folani foliis, loculis fpinofis. *Plum. gen.* 50.
Verbenæ aut fcorodoniæ affinis anomala, flore albido, calyce afpero, allii odore. *Sloan. flor.* 64. *hift.* 1.
  p. 172 *Raj. app.* 287.
*Crefcit copiofe in fylvis umbrofis* Jamaicæ.
*Afpera ifta pars fructus non eft calycis, fed ftyli rigidi perfiftentis acuti.*
*Cum pabulum aliud bobus non fuppetat, hanc depafcere coguntur, unde lac eorum faporem*
  *contrahit fortem & ingratum; boum etiam caro in tantum refipit hanc plantam, ut odiofa*
  *& vix edendo fit.   Renes præcipue fapore fuo adeo penitus inficit, ut ægre poffint tolerari,*
  *hinc antequam mactantur per hebdomadis fpatium alio pabulo eos nutriunt lanii, quo per-*
  *acto caro allii faporem amittit.   Hæc Rajus ex Sloaneo.   Si hæc firma fint, profecto effet*
  *hæc planta, in cujus viribus inquirendis & applicandis ingenium fuum excercere poffet thera-*
  *peutices quidam myfta, forte nec fine fummo ufu.*
*Cruciformibus feu filiculofis vix inferi poteft planta hæc corollâ deftituta.*
*Planta frutefcens eft; Folia alterna, folitaria; ovato-lanceolata, verfus bafin anguftiora,*
  *integra; fpica ex fingula ala, fingula; flofculis alternis, remotis, albidis, perfiftentibus,*
  *feffilibus.*

# *P O L Y G Y N I A.*

## A L I S M A. *g. pl.* 308.

1. A L I S M A fructu obtufo trigono. *Fl. lapp.* 138.
Alifma. *Dill. gen* 105. *giff* 126.
Alifma rivini & cordi. *Rupp. jen.* 47
Damafonium lato plantaginis folio. *Vaill. act.* 1719. p. 35.
Damafonium, ampliore folio, paniculatum. *Vaill. parif.* 46.
Ranunculus paluftris, plantaginis folio ampliore. *Tournef. inft.* 292.
Plantago aquatica latifolia. *Bauh. pin.* 190. *Boerb. lugdb.* 1. p. 45
Plantago aquatica *Cæfalp. fyft.* 552. *Bauh. hift.* 3 p. 787. *Dalech. hift.* 1057.
*Crefcit vulgaris per Europam ad littora & paludes.*
*Folia ovato-lanceolata, umbellulæ verticillatim racemofæ, femina in capitulum obfolete trigo-*
  *num truncatum læve.*

2. A L I S M A fructu globofo undique echinato.
Damafonium umbellatum, anguftiffimo folio. *Vaill. par.* 46.
Damafonium anguftiffimo plantaginis folio. *Vaill. act.* 1719. p. 35.
Ranunculus paluftris, plantaginis folio, humilis & fupinus. *Tournef. inft.* 292.
Plantago aquatica minor. *Raj. fyn* 257.
Plantago aquatica humilis anguftifolia. *Bauh. hift.* 3. p. 738.
*Crefcit in* Belgio, Anglia *&* Gallia *juxta foffas & paludes.*
*Folia lineari-lanceolata, umbellula fimplex, femina plurima in capitulum globofum undique pro-*
  *minula acumine.*

3. A L I S M A fructu fexcorni.
Alifma pufillum anguftifolium muricatum; five Plantago aquatica minor. *Lob. hift.* 160.
Damafonium ftellatum. *Dalech. hift.* 1058. *Bauh. hift.* 3. p. 789. *Vaill. act.* 1719. p. 35.
*Crefcit in & juxta foffas copiofe in* Anglia.
*Folia ovata, umbellula fimplex, piftilla fex modo in hac fpecie (in reliquis 12. plura.) Semi-*
  *na fex, in longa cornua fimplicia, prominentia, patentia, lateribus compreffa.*
*Tot funt diverfæ in hoc genere formæ fructus, quot fpecies, ergo a fructu characterem defu-*
  *mere non licet.*

## Claſſis VII.

# HEPTANDRIA.

### MONOGYNIA.

ESCULUS. *g. pl.* 310.

1. ESCULUS.
Hippo-Caſtanum vulgare. *Tournef. inſt.* 612  *Boerh. lugdb* 2. p. 230.
Caſtanea equina. *Cluſ. hiſt.* 1. p. 7. *Cæſalp. ſyſt.* 79. *Dalech. hiſt.* 33.
Caſtanea equina, folio multifido. *Bauh. hiſt.* 1. p. 128.
Caſtanea folio multifido. *Bauh. pin.* 419.
*Creſcendi locus forte eſt circa* Conſtantinopolim, *unde in Europam delata fuit.*
*Hippo-Caſtanum eſt conſarcinatum nomen ( F. B. 225.) nec ſynonyma alia ſuperſunt, aſſumſi itaque Eſculum veterum, cum caſtaneæ & fago fructus figurâ affinis videatur, quæ omnes apud veteres; ſub Quercus militarunt nomine.*

OCTAN-

## Claſſis VIII.

# OCTANDRIA.

## MONOGYNIA.

### PAVIA. g. pl. 322.

1. PAVIA. *Boerb. lugdb.* 2. *p.* 260. *t.* 260. *Hort. angl.* 54. *t.* 19.
Arbor pentaphyllos virginiana, floribus ſpicatis monopetalis. *Raj. hiſt.* 1800.
Pentaphylla ſiliquoſa braſilienſis, caudice ſpinoſo media parte in ventrem intumeſcente. *Raj. hiſt.* 1761.
Saamouna piſonis ſ. ſiliquifera braſilienſis arbor, digitatis foliis ſerratis, floribus teucrii purpureis. *Pluk. alm.* 326. *t.* 56. *f.* 4.
Zamouna. *Piſ. braſ.* 81.
*Creſcit in* Virginia, Carolina.
*Conſecrata fuit planta* P. PAVII *memoria a* Cl. Boerhaave.
*Quæritur an liceat hanc genere conjungere cum antecedenti Eſculo, ſic diɛtitat facies, ſic fructificatio, excepto numero; ſed an iſte tanti?*

### TROPÆOLUM. g. pl. 323.

1. TROPÆOLUM foliis peltatis orbiculatis.
Cardamindum ampliori folio & majori flore. *Tournef. inſt.* 430. *Fevill. peruv.* 3. *p.* 14. *t.* 8.
Acriviola maxima odorata. *Boerb. lugdb.* 1. *p.* 244.
Viola acris americana ſ. Acriviola, folio peltato, maxima, flore odorato eleganti. *Pluk. alm.* 388.
Viola indica ſcandens, naſturtii ſapore, maxima odorata. *Herm. lugdb.* 628. *t.* 629.
*Creſcit in* Peru *locis humidis.*

2. TROPÆOLUM foliis peltatis orbiculatis.
Cardamindum minus & vulgare. *Tournef. inſt.* 430. *Fevill. peruv.* 3. *p.* 14. *t.* 8.
Acriviola. *Boerb. lugdb.* 1. *p.* 244.
Viola acris americana ſ. Acriviola, folio peltato, minor & vulgaris. *Pluk. alm.* 388.
Viola indica ſcandens, naſturtii ſapore & odore, flore flavo. *Herm. lugdb.* 628.
Naſturtium indicum, folio peltato, ſcandens. *Bauh. hiſt.* 2. *p.* 75.
Naſturtium indicum majus. *Bauh. pin.* 306.
Naſturtium indicum. *Dod. pempt.* 397.
Flos ſanguineus. *Monard. exot. cap.* 69.
Pelon mexixquilitl. *Hern. mex.* 161.
*Creſcit in* Peru & Lima.
*Cardamindum eſt vocabulum hybridum (* F. B. 223.) *a Græco cardamon ſeu naſturtio & indo ſeu indico; confunditur dein cum Cardamine; dixi itaque Tropæolum, cum Hortulani communiter ſolent pyramidulum reticulatum exſtruere per quem ſcandat planta, dum lepide veterum repræſentat tropæos ſeu ſtatuas victoriales, ubi folia clypeos, & flores galeas auratas ſanguine tinɛtas, haſtaque pertuſas repræſentant.*

### ACER. g. pl. 317.

1. ACER foliis palmatis obtuſe ſerratis, floribus fere apetalis oppoſite racemoſis.
Acer majus, multis falſo Platanus. *Bauh. hiſt.* 1. *p.* 168. *deſcr. non figura.*
Acer majus. *Dod. pempt.* 840. *Lob. hiſt.* 614.
Acer montanum. *Dalech. hiſt.* 95.
Acer montanum candidum. *Bauh. pin.* 430. *Boerb. lugdb.* 2. *p.* 234.
*Creſcit in altiſſimis & humeɛtis montibus in* Burgundia, *prope* Baſileam, *in monte* Saleve Genuæ, *in ditione* Wirtenbergica; *in Saltu* Viennenſi, &c.
*Foliorum dentes ſeu ſerraturæ obtuſæ ſunt, & Florum corolla parva, coalita cum calyce ut vix diſtinɛta videatur, nec ullo modo ſpecioſa; colliguntur dein flores in racemum pendulum longum ſimplicem.*

2. ACER foliis palmatis acute dentatis, floribus corollâ ſpecioſis corymboſis.
Acer platanoides. *Munt. hiſt.* 57. *t.* 57. *bona.*

N n 2                                                                              *Acer*

Acer montanum, tenuiffimis & acutis foliis. *Bauh. pin.* 431.
Acer majus, multis falfo Platanus, varietas. *Bauh. hift.* 1. *p*, 168. *defcr. & figura folii ac fructus.*
Acer montanum, orientalis platani foliis atro-virentibus. *Pluk. alm.* 7. *t.* 252. *j.* 1.
*Crefcit copiofiffime in* Succia, *ubi nulla alia fpecies Aceris a nobis etiamnum obfervata eft.*
*Folia palmata funt ubique, denticulis tenuibus patentibus fubulatis per margines angulata;*
*Flores in corymbum fere umbellatum congefti, corolla patens flava calyce colorato pa-*
*rum major.*

3. ACER foliis tripartito-palmatis, laciniis utrinque emarginatis obtufis, cortice fulcato.
Acer campeftre & minus. *Bauh. pin.* 431. *Boerh. lugdb.* 2. *p.* 234.
Acer minus. *Dod. pempt.* 840.
Acer vulgare, minore folio. *Bauh. hift.* 1. *p.* 166.
Opulus. *Cæfalp. fyft.* 42.
*Crefcit in* Germania, Hollandia, Anglia, Gallia, Italia, Helvetia *frequens.*
*Figuræ omnes folia male depingunt, quæ bafi emarginata, ultra medietatem trifida, fingula*
*lacinia inferne anguftata, fuperne obtufa & utrinque emarginata; laciniis lateralibus, a mar-*
*gine exteriore, lacinula integra affigitur.*
*Vaillantius in hac fpecie fe plantas mares obfervaffe fcribit,* (Acer campeftre & minus mas
feu 'fterile. Vaill. Par. 2.) *quæ & foliis parum diverfæ funt.*
*Singularis eft in hac fpecie cortex arboris (ut in Cynancho §. 5. & 6.), denfior ipfo ramo,*
*aridus, longitudinaliter fiffus fere ad ramum ufque.*

4. ACER foliis compofitis.
Acer maximum, foliis trifidis & quinquefidis, virginianum. *Pluk. alm.* 7. *t.* 123. *f.* 4, 5. *Boerh. lugdb.* 2.
*p.* 234.
Arbor exotica, foliis fraxini inftar pinnatis & ferratis, Negundo perperam credita. *Raj. hift.* 1798
*Crefcit in* Virginia.
*Folia in hac partim ternata, partim pinnata funt & flores racemofi.*

# DODONÆA. *g. pl.* 855.

1. DODONÆA.
Staphylodendron foliis lauri anguftis. *Plum. fpec.* 18.
Carpinus forte vifcofa, falicis folio integro oblongo. *Burm. zeyl.* 55. *t.* 23.
Triopteris, ælæagni foliis vifcofis læte virentibus, americana. *Pluk. mant.* 185.
Arbufcula vifcofa, ælæagni foliis læte virentibus, americana tricoccos. *Pluk. phyt.* 141. *f.* 1.
*Crefcit in* America.
*Eft arbufcula Ramis erectis, tenuibus; ramulis foliofis, maxime angulofis, e fingulo enim pe-*
*tiolo decurrit angulus trigonus. Folia alterna, lanceolata, in petiolum attenuata, inte-*
*gerrima, viridia utrinque, erecta, vifcofa. Flores in fummis ramulis in corymbum di-*
*gefti; Piftilla longiffima.*
*Dodonæa plumieri cum fit vera fpecies Ilicis eam exclufi, neve Viri optimi memoriæ & meri-*
*tis quid detrahere viderer, novum eodem fub nomine introduxi genus.*

# OENOTHERA. *g. pl.* 318.

1. OENOTHERA foliis ovato-lanceolatis denticulatis, floribus lateralibus in fummo caulis.
Onagra latifolia. *Tournef. inft.* 302.
Lyfimachia lutea corniculata. *Bauh. pin.* 245. 516.
Lyfimachia lutea corniculata non pappofa virginiana major. *Morif. hift.* 2. *p.* 271 *f.* 3. *t.* 11. *f.* 7.
Lyfimachia lutea corniculata latifolia lufitanica. *Barr. rar. t.* 1232.
α Onagra latifolia, floribus amplis. *Tournef.*
Onagra latifolia, flore dilutiore. *Tournef.*
*Crefcit in* Virginia *aliisque Americæ locis, ante centum & viginti annos in Europam transla-*
*ta, nunc fpontanea facta, copiofe crefcit ubique in campis arenofis Hollandiæ.*
*Primo anno vix floret, altero floret & perit.*

2. OENOTHERA foliis lineari-lanceolatis dentatis, floribus e medio caule.
Onagra falicis angufto dentatoque folio, vulgo Mithon. *Feuill. peruv.* 3. *p.* 48. *t.* 36.
Onagra anguftifolia, caule rubro, flore minore. *Tournef. inft.* 302.
*Crefcit in* America meridionali *prope* Chili.
*Differt ab antecedente foliis anguftioribus, magis dentatis villofis & glutinofis, corolla e flavo*
*rubra (colore mutabili aliis) calycis tubo laciniis calycinis ter longiore; quodque primo flo-*
*reat anno & pereat.*
*Oenothera nomen eft Theophrafti, Lyfimachiarum filiquofarum, ut creditur, fynonymon, quod*
*huic generi proprium volo: quid Botanicis cum Afinis vel Onagris? quid animalia hybrida*
*pro nominibus plantarum.*

EPI-

# EPILOBIUM. g. pl. 319.

1. EPILOBIUM foliis lanceolatis integerrimis. *Fl lapp.* 146.
Epilobium latifolium glabrum, flore valde fpeciofo. *Dill. giff.* 131.
Chamænerion altiffimum fylvaticum. *Rupp jen.* 29.
Chamænerion latifolium vulgare. *Tournef. inft.* 303. *Boerh. lugdb.* 1. p. 316.
Lyfimachia Chamænerion dicta latifolia. *Bauh. pin.* 245. *Morif. hift.* 2. p. 269. f. 3. t. r1. f. 1.
Lyfimachia fpeciofa, quibufdam Onagra dicta, filiquofa. *Bauh. hift.* 2. p. 906.
Onagra. *Cæfalp. fyft.* 268.
α Chamænerion latifolium vulgare, flore albo. *Tournef.*
*Crefcit in Europæ regionibus frigidioribus, inque agris inter faxorum acervos, in fylvis pinguibus denfis cæduis, in Alpibus, &c. Præfertim copiofe in* Weftrobothnia *Sueciæ & defertis* Lapponiæ.

2. EPILOBIUM foliis lanceolatis ferratis.
α Epilobium hirfutum, magno flore & fpeciofo. *Dill. giff.* 131.
Chamænerion villofum, magno flore purpureo. *Tournef. inft.* 303 *Boerh. lugdb.* 1. p. 317.
Chamænerion paluftre hirfutum, magno flore. *Rupp. jen.* 30.
Lyfimachia filiquofa hirfuta, magno flore. *Bauh. pin.* 245 *Morif. hift.* 2. p. 270. f. 3. t. 11. f. 3.
Lyfimachia filiquofa hirfuta, majore flore purpureo. *Bauh. hift.* 2. p. 905.
Lyfimachia purpurea. *Fuchf. hift.* 491.
Onagra in campeftribus hirfuta, latiore folio. *Cæfalp. fyft.* 268.
β Chamænerion villofum, magno flore violaceo. *Tournef.*
γ Epilobium hirfutum, minore flore. *Dill. giff.* 131.
Chamænerion villofum majus, parvo flore. *Tournef. inft.* 303 *Boerh lugdb.* 1. p. 317.
Chamænerion paluftre hirfutum, parvo flore. *Rupp. jen.* 31.
Lyfimachia filiquofa hirfuta, parvo flore. *Bauh. pin.* 245. *Morif. hift.* 2. p. 270. f. 3. t. 11. f. 4.
Lyfimachia filiquofa hirfuta, flore minore. *Bauh. hift.* 2. p. 906.
δ Chamænerion villofum minus, parvo flore. *Tournef.*
*Crefcit juxta paludum, fcrobium, foffarum, fluviorumque margines in* Anglia, Germania, Gallia & Belgio, *copiofiffime* Amftelodamum *inter &* Harlemum.
*Conjungo fpecie plantas flore majore α. β. & minore γ. δ. Sunt plures plantæ, e.gr. Ceraftium, Alfine, Galeopfis, &c. quæ individua, quoad figuram, numerum, proportionem & fitum proferunt exacte eafdem partes, fola corolla vel flore in his majore, in aliis minore. Botanicis itaque inquirendum commendo, utrum hæc pro differentia fpecifica fufficiant, & quomodo definienda. De Alfine convictus fum, corollam majorem & minorem in eadem unaque fpecie variare. confer. Fl. lapp. §. 186. δ. & pag: 193. β.*

3. EPILOBIUM foliis ovatis dentatis. *Fl. lapp.* 147.
Epilobium glabrum majus, purpureo flore. *Dill. giff.* 91.
Chamænerion glabrum majus *Tournef. inft.* 303. *Boerh. lugdb.* 1. p. 317.
Lyfimachia campeftris. *Raj. fyn.* 311.
Lyfimachia filiquofa glabra major. *Bauh. pin.* 245.
Lyfimachia lævis. *Bauh. hift.* 2. p. 907.
Lyfimachia filiquofa major. *Cluf hift.* 2. p. 51.
Pfeudo-Lyfimachium purpureum. *Dod. pempt.* 85.
*Crefcit per maximam partem* Europæ *paffim in montibus, fepibus, uliginofis, nemorofis.*

# RUTA. g. pl. 413.

1. RUTA foliis decompofitis.
Ruta. *Cæfalp. fyft.* 578.
α Ruta fylveftris minor. *Bauh. pin.* 336. *Bauh. hift.* 3. p. 200. *Morif. hift.* 2. p. 580. f. 5. t. 14. f. 4. *Boerh. lugdb.* 1. p. 260.
Ruta fylveftris minima. *Dod. pempt.* 120.
Ruta fylveftris. *Lob. hift.* 507.
Ruta montana. *Cluf. hift.* 2. p. 136.
β Ruta fylveftris major. *Bauh. pin.* 336. *Bauh. hift.* 3. p. 199. *Morif. hift.* 2. p. 507. f. 5. t. 14. f. 3. *Boerh. lugdb.* 1. p. 260.
Ruta fylveftris graveolens. *Dod. pempt.* 119.
Peganon, Ruta fylveftris montana. *Lob. hift.* 506.
γ Ruta hortenfis minor tenuifolia. *Morif. hift.* 2. p. 507.
Ruta hortenfis altera. *Bauh. pin.* 33?. *Raj. hift.* 874.
δ Ruta hortenfis minor tenuifolia, foliis variegatis argenteis. *Boerh. lugdb.* 2. p. 260.
ε Ruta chalepenfis tenuifolia, florum petalis villis fcatentibus. *Morif. hift.* 2. p. 509.
ζ Ruta hortenfis latifolia. *Bauh. pin* 336.
Ruta fativa vel hortenfis. *Bauh hift.* 3. p. 197.
Ruta hortenfis major latifolia. *Morif. hift.* 2. p. 507. f. 5. t. 14. f. 1. *Boerh. lugdb.* 1. p. 261.
Ruta graveolens hortenfis. *Dod. pempt.* 119.

O o                                                          Ruta

Ruta hortenfis. *Lob. hift.* 506.

η Ruta hortenfis latifolia arbufculæ fimilis. *Boerh. lugdb.* 1. p. 260.

ϑ Ruta africana maxima. *Schver. horn* 24.

*Crefcit a in agris fterilioribus* Monfpelienfibus *& per totam* Galliam Narbonenfem. *β. In collibus petrofis circa* Nemaufium *& circa* Maffam *oppidum Hetruriæ. ε A nomine indicatur; ζ In arenofis circa* Alexandriam, Caftellam novam, Madritium *& in* Guadalajaræ *collibus. ϑ in* Africa.

*Omnes hæ a — ϑ foliis gaudent duplicato-pinnatis, caule perenni, petalis primorum florum quinis, reliquis quaternis, ad marginem laceris.*

2. RUTA foliis fimplicibus folitariis.

Ruta fylveftris linifolia hifpanica. *Bocc. muf.* 2. p. 82. t. 73. *Barr. rar.* t. 1186. *Tournef. inft.* 257. *Boerh. lugdb.* 1. p. 260.

*Crefcit in* Hifpaniæ *locis fterilibus.*

*Hæc foliis fimplicibus, ovatis vel linearibus, folitariis; petalis maximis, omnium florum quinis & ftaminibus decem.*

*Fructificatione convenit exacte cum Pfeudo-Ruta. Mich. gen.* 21. t. 19.


# GRISLEA. *g. pl.* 857.

1. GRISLEA.

*Crefcit in* America.

*Planta arbor eft, ramis teretibus; cujus*

*Folia ovato-lanceolata (figura lauri), oppofita, integerrima, glabra, nervis alternis, petiolis brevibus. Racemus ramos terminans, fimplex, extrorfum flexus, longitudine foliorum, cui a bafi ad apicem infident numerofi flores pedicellis longitudine calycis, furfum uno verfu flexi omnes. Calyces virides, turbinati. Petala vix confpicua; Stamina erecta, longiffima, purpurea. Antheræ fulvæ.*


# PASSERINA. *g. pl.* 856.

1. PASSERINA foliis linearibus.

Thymelæa æthiopica fruticofa, foliis in longum ftriatis, furculis valde tomentofis. *Pluk. mant.* 180.

Thymelæa æthiopica, pafferinæ foliis. *Breyn. cent.* 10. t. 6.

Thymelæa tomentofa, foliis fedi minoris. *Bauh. pin.* 463.

Sanamunda 3. *Cluf. hift.* 1. p. 89. *Barr. rar.* t. 233.

Erica alexandrina italorum. *Lod. hift.* 623.

Sefamoides parvum dalech. Sanamunda 3. *Cluf. hift.* 1. p. 595.

*Crefcit in tractu maritimo, a freto* Herculeo *ad* Pyrenæos *ufque, ego tamen a facie potius eandem Afram agnofcerem.*

*Figuræ & defcriptiones omnes nugæ funt; & fynonyma proin dubia, excepto primo.*

*Frutex Ramis filiformibus, flaccidis, longiffimis, parum divifis, minima hirfutie albis.*

*Folia fubulato-linearia, glabra, feffilia, obtufa, dorfo convexa, oppofita, erecta, ramis approximata, ramofque fere tegentia, ut quadrangulares videantur cum foliis.*

*Flos ex ala folitarius, tubo ipfis foliis vix longiore, limbo obtufo.*

*Maxime omnium variat hæc fpecies, ut quis facile tot crederet diftinctas, quot fpecimina adferuntur ex diverfis regionibus.*

2. PASSERINA foliis lanceolatis.

Thymelæa æthiopica, frutex polygoni anguftiore folio glabro, floribus cum tubulis ex uno calyculo plurimis. *Pluk. mant.* 180.

Sanamunda 1. *Cluf. hift.* 1. p. 88. *Lob. hift.* 624.

Sanamunda media, angufto brevique folio. *Barr. rar.* t. 232.

Thymelæa foliis chameleæ minoribus fubhirfutis. *Bauh. pin.* 463.

Erica africana, rufci folio. *Seb. thef.* 2. p. 15. t. 12. f. 9.

*Crefcit in regno* Granatenfi *&* Valentino, *apricis & fole perflatis locis.*

*Defcriptiones & figuræ, hujus ut antecedentis omnes malæ, imperfectæ & nullius valoris funt.*

*Eft enim Frutex ramis nudis, tuberculatis cicatricibus à cafu foliorum. Folia lanceolata, ftriata, margine villofa, erecta, feffilia, longioribus duplo geniculis ramorum.*

*Flos ex alis, tubo foliis longiori, filiformi, villofo, cinereo: laciniis patentibus, acutis, glabris, umbilico villofo.*

*Me hic dubia propofuiffe fynonyma Lectorem moneo, ob figuras & defcriptiones imperfectas.*

*Pafferina dicta fuit a fructu aviculæ capitulum cum fuo roftello exprimente, ut loquitur* Plukenetius.


DAPHNE,

PASSERINA foliis linearibus. *Hort. Cliff.* 146. Sp. 1.

a *Ramus.*
b *Flos.*
c *Folium florale.*
d *Flos folio obvolutus.*

A *Sinistris eædem partes, sed acta modo e magnitudine.*

G. D. EHRET del.

J. WANDELAAR fecit.

## DAPHNE. *g. pl.* 311.

1. DAPHNE floribus racemofis lateralibus, foliis lanceolatis integris.
Daphnoides. *Cæfalp. fyft.* 150.
Daphnoides five Laureola. *Dalech. hift.* 211. *Lob.* 'hift. 290.
Laureola. *Dod. pempt.* 365.
Laureola femper virens, flore luteolo. *Bauh. hift.* 1. *p.* 564.
Laureola femper virens, flore viridi, quibusdam Laureola mas. *Bauh. pin.* 462.
Thymelæa, lauri folio, femper virens feu Laureola mas. *Tournef. inft.* 595. *Boerh. lugdb.* 2. *p.* 213.
*Crefcit in fylvis & fepibus* Angliæ *frequens. In* Italia *circa* Patavium *& juxta* Balneum Aponenfe, *in montibus* Burgundicis; *juxta* Rhenum *& Mofam variis in locis.*
*Foliis gaudet hyeme virentibus, fcapus racemofus ex alis fuperiorum foliorum prodit tempore autumnali, at vere floret enato fupra pedunculos ramo cum foliis, rejectis infimis foliis, ut fructus tandem infra folia collocatus reperiatur.*

2. DAPHNE floribus feffilibus infra folia elliptico-lanceolata. *Fl. lapp.* 140.
Laureola, folio deciduo, flore purpureo: officinis Laureola tœmina. *Bauh. pin.* 462.
Laureola folio deciduo; five Mezereon germanicum. *Bauh. hift.* 1. *p.* 566.
Thymelæa lauri folio deciduo; five Laureola fœmina. *Tournef. inft.* 595. *Boerh. lugdb.* 2. *p.* 213.
Mefereum germanicum. *Lob. hift.* 199.
Chamelæa germanica. *Dod. pempt.* 364.
*α* Thymelæa lauri folio deciduo, flore albido, fructu flavefcente. *Tournef.*
*Crefcit in fylvis fterilibus & opacis* Germaniæ *&* Helvetiæ; *in* Allobrogum *&* Ligurum *montibus fylvofis; in vallis* Anoniæ *montibus* Tridentini *Agri. In montibus circa* Genevam. *In* Uplandiæ, Scaniæ *&* Norlandiæ, Sueciæ *fylvis rarius.*
*Genus* Thymelææ *Auctorum apud Afros amplum nimis & diffufum, quam ut commode differentiis diftingui queant fpecies, in tria itaque hoc fubdividere vifum fuit: adeoque*
Daphne *gaudet ftaminibus octo tubo corollæ adnatis intraque eum inclufis, fructu bacca globofa; Folia in hoc genere fparfa funt.*
Paſſerina *vero ftaminibus octo, tubo corollæ infidentibus fupraque eum confpicuis, fructu coriaceo acuminato obliquo. Folia in hoc genere oppofita funt.*
Daphne, Lauri *fynonymum fupervacaneum, revocamus ad defignandum* Laureola *genus, cum* Thymelææ *vocabulum fit hybridum. F. B.* 224.
Penæa *autem ftaminibus quatuor, ex incifuris corollæ, Germine quadrangulari, capfula quadriloculari. Folia & in hoc genere oppofita funt. vide pag.* 37.

## ERICA. *g. pl.* 312.

1. ERICA foliis quadrifariam imbricatis triquetris glabris erectis, corollis inæqualibus calyce brevioribus.
Erica vulgaris glabra. *Bauh. pin.* 485. *Boerh. lugdb.* 2. *p.* 221.
Erica vulgaris humilis fempervirens, flore purpureo. *Bauh. hift.* 1. *p.* 354.
Erica prior. *Dod. pempt.* 767.
Erica noftras femper virens, flore purpureo & albo. *Seb. thef.* 2. *p.* 14. *t.* 11. *f.* 9.
*α* Erica vulgaris, flore albo. *Tournef. inft.* 602.
*Crefcit in fylvis, apricis & fterilibus frequens, præfertim in* Suecia *&* Finlandia, *ut nulla omnino planta in iftis regionibus vulgatior fit.*

2. ERICA foliis carnofo-fubulatis, floribus terminatricibus calice obtufo colorato involutis.
Ericæ-formis æthiopica, cupreffi foliis compreffiufculis. *Pluk. alm.* 136. *t.* 279. *f.* 3.
*Crefcit in* Africa.

3. ERICA foliis acerofis obtufis imbricatis, ftaminibus corolla longioribus.
Erica, foliis corios, multiflora. *Bauh. hift.* 1. *p.* 356. *Raj. fyn.* 471. *defcr.*
Erica, corios folio fecundæ, altera fpecies. *Cluf. hift.* 1. *p.* 42.
Erica juniperifolia narbonenfis denfe fruticans. *Lob. hift.* 620.
*Crefcit in* Gallia Narbonenfi *&* Anglia.

4. ERICA foliis acerofis linearibus patentiffimis, corollis ovatis, ftaminibus brevibus.
Erica africana arborefcens tenuifolia, ramis arcte unitis. *Boerh. lugdb.* 2. *p.* 212.
*Crefcit in* Africa.
*Arbufcula humanæ altitudinis, facie juniperi. Rami tenues, erecti, ramofi. Folia quaterna, fetacea, linearia, horizontaliter patula, internodiis ramorum ter quaterve longiora, glabra, fere obtufa, fubtus fulco exarata. Flores primo vere ex apicibus ramorum parvi, conferti, propriis pedunculis duabus quatuorve fetis notatis, albi, reflexi; Calyx parvus; corolla fubrotunda, cum calyce albicans, quadrifida, æqualis, obtufa. Stamina corolla breviora; piftillum corolla longius.*

5. ERICA foliis lanceolatis oppositis imbricatis, floribus uno versu racemosis.
Erica major, floribus ex herbacco purpureis. *Bauh. pin.* 485.
Erica corios folio 3. *Cluf. hist.* 1. *p.* 42.
Erica foliis corios quaternis, floribus herbaccis, dein ex albo purpurascentibus. *Bauh. hist.* 1. *p.* 356.
Erica major, floribus herbaceis purpurascentibus. *Lob. hist.* 622.
*Crescit supra* Ulyssiponem *ut & circa* Tagum.

6. ERICA foliis linearibus, floribus ex apice ramorum confertis, corollis campanulatis subrotundis, foliis brevioribus.
Erica major scoparia, foliis deciduis. *Bauh. pin.* 485.
Erica scoparia, flosculis herbaceis. *Lob. hist.* 622.
Erica corios folio 4. *Cluf. hist.* 1. *p.* 42.
Erica arborescens, floribus luteolis vel herbaceis minimis. *Bauh. hist.* 1. *p.* 356.
*Crescit prope Liburnum Italiæ, in luco Grammuntio prope Monspelium; copiosissime omnium in Hispania & Aquitania, ut spatiosæ istæ solitudines supra Burdegalam nullum fere aliud contineant virgultum. Crescit & in Madera americæ prope urbem Funchall.*

7. ERICA foliis lineari-subulatis ternis oppositis, corollis ovatis, calycibus acutis patulis.
*Crescit in Africa.*
*Folia linearia, fere subulata erecta, internodiis quadruplo longiora, terna, glabra. Flores ex alis solitarii, pedunculis folio brevioribus, calyce quadripartito longitudine fere corollæ, foliolis lanceolatis. Corolla subovata, quadrifido parvo limbo; stamina corolla breviora.*

8. ERICA foliis subulatis ciliatis quaternis oppositis, corollis globolo-ovatis terminatricibus confertis.
Erica brabantica, folio coridis hirsuto quaterno. *Bauh. hist.* 1. *p.* 358.
Erica ex rubro nigricans scoparia. *Bauh. pin.* 486.
Erica spuria sive Tetralix *Rupp. jen.* 31.
*Crescit in Ericetis & carectis udis ac paludibus tophosis, quam in* Germania, Suecia, Geldria *prope Harderovicum copiose legimus.*
*Animus fuit omnes Andromedas quæ corollam magnam gerebant & calycem parvum dicere Ericas, cum autem limites inde certi vix statui possint, a numero partium fructificationis distinguuntur certius.*

9. ERICA foliis subulatis glabris quinis pluribusve verticillatis, floribus longissimis terminatricibus confertis.
Erica africana, abietis folio longiore & tenuiore, floribus oblongis saturate rubris. *Raj. dendr.* 98.
*Crescit in* Africa, *cujus folia sicca e viridi cærulescunt.*

10. ERICA foliis linearibus quaternis oppositis villosis, corollis longissimis solitariis.
Erica africana frutescens. *Seb. thes.* 2. *p.* 20. *t.* 19. *f.* 5.
Erica africana, coris folio, flore oblongo purpureo e foliorum alis prodeunte. *Tournef. inst.* 603.
Erica spicata, floribus oblongis ex carneo-purpureis. *Pluk. mant.* 67. *t.* 346. *f.* 2.
*Crescit in* Africa.

# VACCINIUM. *g. pl.* 313.

1. VACCINIUM caule angulato, foliis serratis annuis. *Fl. lapp.* 143.
Vaccinium rivini. *Rupp. jen.* 39.
Vaccinia. *Dod. pempt.* 768.
Vitis idæa angulosa. *Bauh. hist.* 1. *p.* 520.
Vitis idæa, foliis oblongis crenatis, fructu nigricante. *Bauh. pin.* 470. *Boerb. lugdb.* 2. *p.* 71.
Idæa vitis. *Dalech. hist.* 191.
Myrtillus germanica. *Dalech. hist.* 192.
Bagolæ prius genus *Cæsalp. syst.* 210.
*Crescit in Alpibus* Helveticis & *vastis desertis & uliginosis ac tenebrosis vallibus humectis* Germaniæ, Galliæ, Angliæ; *at in* Suecia *omnium copiosissime.*

2. VACCINIUM foliis perennantibus obverse ovatis. *Fl. lapp.* 144.
Vaccinium, foliis buxi, sempervirens, baccis rubris. *Rupp. jen.* 39.
Vaccinia rubra. *Dod. pempt.* 770.
Vitis idæa sempervirens, fructu rubro. *Bauh. hist.* 1. *p.* 522.
Vitis idæa, foliis subrotundis non crenatis, baccis rubris. *Bauh. pin.* 470.
Idæa radix. *Dalech. hist.* 193.
*Crescit in sylvis apricosis glareosis ac sterilibus in* Germania, Anglia, Dania, *copiosissime omnium in* Norvegia & Suecia.

3. VACCINIUM ramis filiformibus repentibus, foliis ovatis perennantibus. *Fl. lapp.* 145.
Oxycoccus seu Vaccinia palustris. *Tournef. inst.* 655. *Bauh. hist.* 1. *p.* 227.
Vaccinia palustris. *Dod. pempt.* 770.
Vitis idæa palustris. *Bauh. pin.* 471.
Erica 6 baccifera dodonæi. *Dalech. hist.* 187.
*Crescit in paludibus pratensibus, præsertim in* Suecia *copiosissime.*

DIO-

# DIOSPYROS. *g. pl.* 403. *pag.* 383.

1. DIOSPYROS foliis utrinque diverſe coloratis.
α Dioſpyros ſive Faba græca latifolia, Pſeudo-Lotus matthioli. *Dalech. hiſt.* 349.
   Ermellinus. *Cæſalp. ſyſt.* 104.
   Guajacana. *Bauh. hiſt.* 1. *p.* 238. *Boerh. lugdb.* 2. *p.* 220.
   Guajacum patavinum. *Lob. hiſt.* 605.
   Lotus africana latifolia. *Bauh. pin.* 447.
β Dioſpyros ſive Faba græca anguſtifolia ſeu Lotus africana. *Dalech. hiſt.* 349.
   Guajacana anguſtiore folio. *Tournef. inſt.* 600. *Boerh. lugdb.* 2. *p.* 220.
   Lotus africana anguſtifolia ſive fœmina. *Bauh. pin.* 447.
   *Creſcit in multis* Italiæ & Africæ *locis ſponte, uti in ſepibus circa* Romam, *nec non in Gallia narbonenſi circa* Monſpelium.
   *Sunt qui voluere hanc arborem Lotum fuiſſe, cujus fructuum ſuavitate capti Ulyſſis ſocii, Lithophagi permanerent potius, quam ad ſocios reverterentur, ſed quæ in hiſce baccis tam ſiccis gratia? Quod vero ſit Dioſpyros Theophraſti aſſentiunt plurimi, nomen itaque hoc longe præferimus Barbaro Guajacanæ.*

2. DIOSPYROS foliis utrinque concoloribus.
   Guajacana, loto arbori ſeu Guajaco patavino affinis, virginiana Piſhamin dicta parkinſono. *Pluk. alm.* 180. *t.* 244. *f.* 5.
   Guajacana: Piſhamin virginiana. *Boerh. lugdb.* 2. *p.* 220.
   Guajacana virginiana Piſhamin dicta. *Raj. hiſt.* 1918.
   Loti africanæ ſimilis indica. *Bauh. pin.* 448.
   Palmæ ſanctæ ſimilis arbor. *Lob. adv.* 394. *Dalech. hiſt.* 1750.
   *Creſcit in* Virginia.

# *DIGYNIA.*

# ROYENA. *g. pl.* 325.

1. ROYENA foliis ovatis.
   Staphylodendroides africanum. *Boerh. lugdb.* 2. *p.* 235.
   Staphylodendron africanum, folio ſingulari lucido. *Herm. par.* 232. *t.* 232.
   Staphylodendron africanum ſempervirens, foliis ſplendentibus. *Comm. hort.* 1. *p.* 187. *t.* 96.
   Staphylodendron æthiop. monolaſiocallenomenophyllon ſingulari hirſuto folio nitente. *Pluk. phyt.* 63. *f.* 4 & 317. *f.* 5.
   Piſtachia africana. *Pluk. alm.* 298.
   Arbor quædam rariſſima lucens, fructibus halicacabi. *Breyn. cent.* 177.
   *Creſcit ad* Caput bonæ ſpei.
   *Dixi plantæ hoc genus in honorem* ADRIANI V. ROYEN, *in Academia Lugduno-Batava Profeſſoris Botanices Publici, cujus liberalitati plurimas hortus noſter debet plantas; cujus generoſitati ego plures plantas exoticas; cujus ſolidæ doctrinæ plurimum propediem orbis.*

2. ROYENA foliis lanceolatis.
   Vitis idæa, foliis myrti anguſtiſſimis longis alternis. *Boerh. lugdb.* 2. *p.* 71.
   Vitis idæa æthiopica, myrtinis foliis, floſculis dependentibus *Pluk. alm.* 391. *t.* 321. *f.* 4.
   Vitis idæa æthiopica, buxi minoris folio, floribus albis. *Comm. hort.* 1. *p.* 125. *t.* 65.
   *Creſcit ad* Caput bonæ ſpei.
   *Differt hæc ab antecedenti in partibus floris paucis: ut calyce pentaphyllo lanceolato, Fructum non vidi, ideoque cum proxime ad præcedentem accedat flore, hujus generis habeatur arbor, uſque dum certiora innoteſcant; flos tamen decem ſtaminibus gaudet; an potius Dioſpyri ſpecies?*

# CHRYSOSPLENIUM. *g. pl.* 326.

1. CHRYSOSPLENIUM.
   Chryſoſplenium foliis amplioribus auriculatis. *Tournef. inſt.* 146. *Boerh. lugdb.* 2. *p.* 95. *Fl. lapp.* 151.
   Saxifraga rotundifolia aurea. *Bauh. pin.* 309.
   Saxifraga aurea. *Bauh. hiſt.* 3. *p.* 707. *Dod. pempt.* 316. *Dalech. hiſt.* 1113.
   Saxifragia aurea, lichenis facie & natalibus. *Lob. hiſt.* 356.
   Alchimilla rotundifolia aurea hirſuta. *Herm. lugdb.* 14.
α Chryſoſplenium foliis minoribus ſubrotundis. *Tournef. inſt.* 146.
   *Creſcit in humidis, umbroſis, riguis & muſcoſis inque locis frigidiuſculis* Germaniæ, Angliæ, Daniæ, Sueciæ, *præſertim* Hellingiæ.

Pp

G a

## G A L E N I A. *g. pl.* 326.

1. G A L E N I A.
Sherardia *Pont. epift.* 14.
Heliotropium africanum frutefcens, antirrhini minoris folio, flore albo. *Tit. maur.*
Kali lignofum, flore mufcofo, rofmarini folio. *Bocc. muf.* 150. *t.* 110.
Frutex africanus, folio rofmarini tenuiore, flore & fructu chenopodii. *Boerb. lugdb.* 2. *p.* 267.
*Crefcit in* Africa.
*Cum Sherardiæ tria fuere dicta genera, retinui nomen in uno. Sherardiam Vaillantii ad Verbenæ genus naturale mifi & hoc* Claudi Galeni, *antiquiffimi patris Medicinæ, memoria dignum volui.*

## *T R I G Y N I A.*

## B I S T O R T A. *g. pl.* 328.

1. B I S T O R T A foliis ovato-oblongis acuminatis.
α Biftorta major, radice minus intorta. *Bauh. pin.* 192. *Boerb.lugdb.* 2. *p.* 86.
Biftorta major, rugofioribus foliis. *Bauh hift.* 3. *p.* 538.
Biftorta major. *Cluf. hift.* 2. *p.* 69. *Dalech. hift.* 1285.
Biftorta. *Cæfalp. fyft.* 167. *Dod. pempt.* 333.
Biftorta quæ aíferitur britannica. *Lob. hift.* 156.
β Biftorta major, radice minus intorta. *Bauh. pin.* 192. *Morif. hift.* 2. *p.* 585. *f.* 5. *t.* 28. *f.* 2.
Biftorta media, folio minus rugofo. *Bauh. hift.* 3. *p.* 539. *Raj. hift.* 186.
*Crefcit in humectis, opacis, fylveftribus, pinguibus & acclivibus, uti* Monfpelii *in montibus circa* Gangen, *Genevæ in monte* Thuiri, *in* Alpibus Auftriacis Styriacifque, *in monte* Jura.

2. B I S T O R T A foliis lanceolatis. *Fl. lapp.* 152.
Biftorta major, radice magis intorta *Morif. hift.* 2. *f.* 5. *t.* 28. *f.* 1. *figura tenus.*
Biftorta media, folio minus rugofo *Pluk. phyt.* 67. *t.* 151. *f.* 2.
Biftorta minor. *Cluf. hift.* 2. *p* 69.
Biftorta minima. *Bauh. hift.* 3. *p.* 539.
Biftorta minima, femine ovato non triangulari. *Morif. hift.* 2. *f.* 5. *t.* 28. *f.* 3, 5.
α Biftorta, foliis lanceolatis, vivipara. *Fl. lapp.* 152. γ.
*Crefcit Genevæ in monte* Thuiri, *in* Alpibus Helveticis, Lapponicis, *pratis* Sueciæ *fuperioris &* Weftmorlandicis *montibus.*

## P O L Y G O N U M. *g. pl.* 329.

1. P O L Y G O N U M. *Cæfalp. fyft.* 168. *Lob. hift.* 228.
Polygonum latifolium. *Bauh. pin.* 281. *Morif. hift.* 2. *p.* 591. *f.* 5. *t.* 29. *f.* 1 *Boerb. lugdb.* 2. *p.* 88.
Polygonum mas. *Dalech. hift.* 1123. *Dod. pempt.* 113.
Polygonum five Centinodia. *Bauh. hift.* 3. *p.* 374.
α Polygonum oblongo angufto folio. *Bauh. pin.* 281.
Polygonum anguftifolium. *Bauh. hift.* 3 *p.* 376.
β Polygonum brevi anguftoque folio *Bauh. pin.* 281.
*Crefcit ubique facile per* Europam *ad vias, plateas, agros, &c.*

## H E L X I N E. *g. pl.* 330.

1. H E L X I N E caule volubili. *Fl lapp.* 154.
Helxine femine triangulo. *Bauh. hift.* 2. *p.* 157.
Helxine ciffampelos. *Dalech. hift.* 424.
Helxine ciffampelos altera, atriplicis effigie. *Lob. hift.* 343.
Formentone alterum genus. *Cæfalp. fyft.* 166.
Convolvulus minor, femine triangulo. *Bauh. pin* 295.
Convolvulum nigrum. *Dod. pempt* 396.
Fagopyrum fcandens fylveftre. *Raj. fyn.* 144.
Fagopyrum vulgare fcandens. *Tournef inft.* 511. *Boerb. lugdb.* 2. *p.* 88.
Fago-triticum volubile noftras. *Pluk. alm.* 143.
Frumentum faracenicum alterum, convolvuli modo fcandens, femine triangulo minore nigro. *Morif. hift.*
2. *p.* 590. *f.* 5. *t.* 29. *f.* 2.

α Fa-

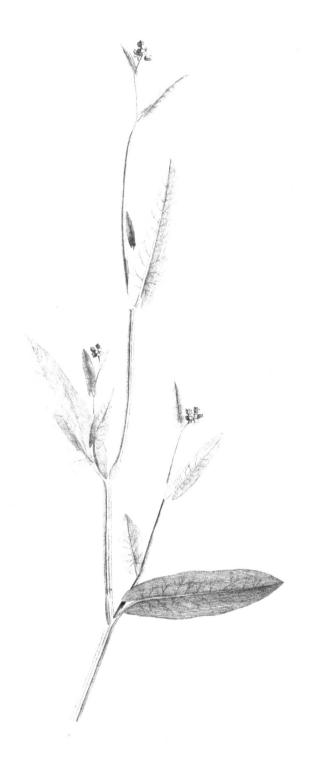

HELXINE caule erecto, aculeis reflexis exasperato. *Hort. Cliff.* 151. *sp.* 2.

α Fagopyrum fcandens altiffimum dumetorum, feminibus tribus alis pellucidis cinctis. *Rupp. jen.* 79. *vide Dill. giff.* 136.

β Fagopyrum fcandens americanum maximum. *Tournef. inft.* 511.

*Crefcit ubique per* Europam *in locis ftercoratis, præfertim inter fegetes.*

2. HELXINE caule erecto aculeis reflexis exafperato. *vide tab.*

Fagopyrum marianum, folio fagittato, caulibus & pediculis fpiniferis. *Pet. muf.* 401.

Fagotritico fimilis, anguftiori folio, convolvuli modo fcandens, planta mariana, caule fpinis deflexis denfius obfito. *Pluk. mant.* 74. *t.* 394. *f.* 5.

Perficaria feu potius Fagopyrum marilandicum, caule fpinis afpero, foliis ad phyllitin accedentibus. *Raj. app.* 117.

*Crefcit in* Marilandia.

*Planta eft annua, pedalis vel bipedalis; caule fere fimplici, rarius ex alis ramum emittente; caulis vel ramus eft tetragonus, rarius pentagonus, angulis aculeis parvis deorfum flexis longitudinaliter & ordinate ciliatis. Folia fagittata feu lanceolata, bafi diffecta, petiolis folio dimidio longe brevioribus infidentia, integerrima, lævia, cofta fubjacente modo parum aculeata. Membrana fufca feu grifea ad exortum petioli ambit caulem. Ramus communiter fimplex eft, & a caule diftans, eoque brevior. Flores in fummis ramis pauci, exacte ut in reliquis fpeciebus. Plantæ ferius fatæ fupervenit hyems antequam femina produxerat.*

Obf. *Plukenetius plantam hanc fcandentem dicit, aculeosque furfum inclinatos pingit, quod in noftra non obtinuit.*

3. HELXINE caule erecto inermi, foliis cordato-fagittatis.

Fagopyrum vulgare erectum. *Tournef. inft.* 511. *Boerh. lugdb.* 2. *p.* 88.

Fagopyron. *Morif. hift.* 2. *p.* 590. *f.* 5. *t.* 29. *f.* 1.

Fagopyron. *Dod. pempt.* 512.

Fagotriticum. *Bauh. hift.* 2. *p.* 993.

Formentone. *Cæfalp. fyft.* 166.

Eryfimum cereale, folio hederaceo. *Bauh. pin.* 27. *theatr.* 538.

α Helxine - - - - - - ( idem ) feminum angulis dentatis.

*Crefcit ut fertur in* Tartaria.

Obferv. *Varietas ( α ), cujus femina ex Ruffia transmiffa funt, differt a vulgari planta foliis paulo latioribus, minus acuminatis, & feminis fingulo angulo unicum alterumve denticulum obtufum emittente; fpecies tamen diftincta a vulgari non eft.*

## CARDIOSPERMUM. *g. pl.* 332.

1. CARDIOSPERMUM.

Veficaria. *Riv. tetr.* 144.

Faba inverfa. *Cæfalp. fyft.* 382.

Halicacabus peregrinus. *Dod. pempt.* 455.

Halicacabum peregrinum f. Veficaria repens. *Dalech. hift.* 598.

Halicacabum peregrinum multis, five Cor indum. *Bauh. hift.* 2. *p.* 174. *Morif. hift.* 2. *p.* 19. *f.* 1. *t.* 4. *f.* 9.

Corindum ampliore folio, fructu majore. *Tournef. inft.* 431. *Boerh. lugdb.* 1. *p.* 259.

Pifum veficarium, fructu nigro alba macula notato. *Bauh. pin.* 343. *Sloan. flor.* 110.

Ulinia. *Rheed. mal.* 8. *p.* 53. *t.* 28.

α Corindum ampliore folio, fructu maximo. *Tournef.*

β Corindum fructu & folio minori. *Tournef.*

*Crefcit in frutetis ad ripam fluvii Cobre & in parte feptentrionali infulæ The Thicnets dictæ in* Jamaica, *circa urbem Cochien Malabariæ tempore præfertim pluviofo.*

*Pifum ( F. B.* 214.*). Ulinia ( F. B.* 229.*). Halicacabum ( F. B.* 248 *). Faba inverfa. ( F. B.* 221.*) Cor-indum ( F. B.* 222.*). Veficaria ( F. B.* 214.*) nomina minus cum apta fint, recepi Cardiofpermum ( F. B.* 240. 242. 244.*).*

*An liceat Cardiofpermum & Sapindum Paullinis mifcere fub eodem genere? fic crederem.*

## PAULLINIA. *g. pl.* 331.

1. PAULLINIA foliis ternatis, foliolis obtufis vix denticulatis glabris, definentibus in petiolum proprium.

Cururu fcandens triphylla. *Plum. gen.* 34.

*Crefcit in* America.

*Florem vel fructum non vidimus. Caulis flexuofus, fulcatus, lævis. Folia alterna, ternata, petiolis longitudine folioli infidentia; Foliola ovalia, in petiolos definentia, glabra, duabus tribusve ferraturis obtufis verfus apicem notata. Cirrus ex ala folii.*

2. PAUL.

2. P A U L L I N I A foliis ternatis, foliolis crenatis, pedunculis cirriferis.
Seriana scandens triphylla & racemosa. *Plum. gen.* 34.
*Crescit in* America.
*Ad singulum caulis tuberculum exit ramus, cirrus & folium simul.*
*Ramus alternatim emittit patentes simplicesque racemulos , quibus singulis folium ternatum sub-*
*jicitur Cirrus tandem racemo simplici terminatur, ad cujus racemi basin utrinque cir-*
*rus bifidus revolutus in spiram. Folium vero ternatum est , cum foliolo intermedio*
*majori.*
*Fructus membranaceus, tenuissimus, trialatus, semina in centro ferens.*

3. P A U L L I N I A foliis pennatis, foliolis saepius quinis incisis, petiolis communibus membranaceis.
Cururu scandens pentaphylla. *Plum. gen.* 34.
Clematis pentaphylla , pedunculis alatis, fructu racemoso tricocco & coccineo. *Plum. amer.* 76. *t.* 91.
Pisum cordatum non veficarium. *Sloan. flor.* 111.
Leguminosa brasiliensis, fructu ovato, costa folii appendicibus aucta. *Raj. hist.* 1347.
Cururu-ape. *Marcgr. braf.* 22. *Pif. braf.* 114.
*Crescit in* Jamaica , Brasilia, insula Martinicana *frequens.*
*Folia communiter in majoribus quinata & pinnata sunt; Foliolis lateralibus oppositis, seffili-*
*bus, versus basin attenuatis, superne incisis vel profunde crenatis. Petiolus communis*
*utrinque margine membranaceo instructus, ad insertionem foliorum quasi interruptus, non*
*raro, dum minor sit planta, folia modo ternata conspicienda profert. Per plures annos in*
*horto nec accrevit nec decrevit, nec floruit hactenus.*

4. P A U L L I N I A foliis ternato-decompositis, caule aculeato.
Seriana scandens enneaphylla & racemosa. *Plum. gen.* 34.
Quauhmecatl. *Hern. mexic.* 289.
*Crescit in* America, Mexico, *&c.*
*Fructus oblongus est & trialatus , membranaceus , summo in apice totidem semina ferens.*
*Foliola glabra, fere integra, seffilia sunt ; petiolus universalis vix ullo margine laterali*
*gaudet, partialis autem maxime manifesto. Aculei parvi, deflexi per caulem & petiolos di-*
*fperfi sunt.*

5. P A U L L I N I A foliis decompositis ternatis, caule inermi.
Cururu scandens enneaphylla, fructu racemoso rubro. *Plum. gen.* 34.
Cordis indi folio & facie, frutescens curassavica latifolia. *Pluk. alm.* 120. *t.* 168. *f.* 6.
*Crescit in* America, uti Curaffao, *&c.*
*Foliola in singulo petiolo universali novem ; in partiali tria, ovato-oblonga, incisa, crenata,*
*bafi attenuata, seffilia, petiolus partialis utrinque margine auctus, communis vero simplex.*
*Fructus subrotundus, triqueter, semina in centro tenens.*

6. P A U L L I N I A foliis supra decompositis.
Seriana scandens polyphylla & racemosa. *Plum. gen.* 34.
Cordis indi folio & facie, frutescens portoricensis. *Pluk. alm.* 120. *t.* 168. *f.* 5.
*Crescit in* America.
*Foliola subovata, raro crenula notata, obtusa, ternata in petiolis partialibus, petioli partiales*
*pinnatim affiguntur communi & universali petiolo.*

# S A P I N D U S. *g. pl.* 898.

1. S A P I N D U S.
Sapindus foliis costae alatae innascentibus. *Tournef. inst.* 659.
Saponariae spaerulae arboris filicifoliae. *Bauh. hist.* 1. *p.* 312.
Nuculae saponariae non edules. *Bauh. pin.* 511.
Nux americana, foliis alatis bifidis. *Kigg. beaum.* 31. *Comm. hort.* 1. *p.* 183. *t.* 94.
Prunifera racemosa, folio alato, costa media membranulis utrinque extantibus donata, fructu saponario.
*Sloan. flor.* 184 *hist.* 2 *p.* 131.
Nuciprunifera arbor americana, fructu saponario orbiculato monococco nigro. *Pluk. alm.* 255. *t.* 217. *f.* 7.
Quity. *Marcgr braf* 113.
*Crescit in sylvis* Brasiliae, Jamaicae *aliisque Americae variis.*

*T E-*

# TETRAGYNIA.

## PARIS. *g. pl.* 333.

1. PARIS foliis quaternis. *Fl. lapp.* 155.
Paris rivini. *Rupp. jen.* 74.
Herba paris. *Cæsalp. syst.* 573. *Bauh. hist.* 3. p. 613. *Dalech. hist.* 1313. *Dod. pempt.* 444.
Solanum tetraphyllum sive Herba paris. *Lob. hist.* 137.
Solanum quadrifolium bacciferum. *Bauh. pin.* 167.
Solano congener non ramosum tetraphyllum. *Moris. hist.* 3. p. 532. f. 13. t. 3. f. 6.
*Crescit in montibus pinguibus umbrosis corylo obsitis in* Suecia, Anglia, Germania, Gallia.

## ADOXA. *g. pl.* 334.

1. ADOXA.
Moschatellina foliis fumariæ bulbosæ. *Bauh. hist.* 3. p. 206. *Tournef. inst.* 156. *Boerh. lugdb.* 2. p. 72.
Denticulata. *Dalech. hist.* 1296.
Ranunculus nemorosus Moscatellina dictus. *Bauh. pin.* 178. *Moris. hist.* 2. p. 438. f. 4. t. 29. f. 14.
*Crescit in nemoribus humidiusculis ac graminosis* Galliæ, Angliæ, Germaniæ, Daniæ, Scaniæ *&* Uplandiæ.

*Moschatellina, derivatum verbum a Moschato, commutato cum Adoxa, cum sit planta quoad externa, quæ præ se fert nullam splendidam faciem, nullum ornamentum, nullamque gloriam, sed in partibus fructificationis discedit ab omni theoria & doctrina systematica a numero desumta, præsertim apud adoxos qui proportione numeros expedire recusant.*

*Scapum enim terminat flos unicus, cujus corolla quadrifida est cum octo staminibus & quatuor pistillis; juxta hunc, ad latera, oppositi collocantur quatuor flores, sed quinquefidi cum decem staminibus, quorum lacinia summa sursum reflectitur inter sinus floris terminatricis & sic affabre spatium replet.*

Q q                    Clas-

# Claſſis IX.
# ENNEANDRIA.
## MONOGYNIA.
### LAURUS. g. pl. 338.

1. **LAURUS** foliis integris & trilobis.
Saſſafras arbor monardi. *Dalech. hiſt.* 1786. *Pluk. phyt.* 222. *f.* 6.
Saſſafras five Lignum patavinum *Bauh. hiſt.* 1. p. 483.
Saſſafras arbor ex florida, ficulneo folio. *Bauh. pin.* 431.
Saſſafras. *Raj. hiſt.* 1568.
Cornus mas odorata, folio trifido, margine plano, ſaſſafras dicta. *Pluk. alm.* 120. *Catesb. ornith.* 55 *t.* 55.
*Creſcit in* Florida, Virginia, Nova Suecia *copioſe.*
*Arbor etiamnum apud nos non floruit, flores tamen nobis obtulit Cl. Dillenius in Muſæo Sherardiano, quibus examinatis apertiſſime patuit hanc arborem nil cum corno commune habere, ſed abſolute hujus generis eſſe.*

2. **LAURUS** foliis enervibus obverſe ovatis utrinque acutis integris annuis.
Benzoin. *Boerh. lugdb.* 2. p. 259.
Benzoinum officinarum. *Bauh. pin.* 503.
Benzoinum cujus arbor folio citri. *Bauh. hiſt.* 1. p. 320.
Benzoinifera americana, folio citri. *Walth. hort.* 11.
Arbor Virginiana, citriæ vel limoniæ folio, Benzoinum fundens. *Com. hort.* 1. p. 189. *t.* 97.
Arbor viginiana, pishaminis folio, baccata Benzoinum redolens. *Pluk. alm.* 42. *t.* 139. *f.* 3, 4.
*Creſcit in* Virginia.
Involucrum *ſeſſile, tetraphyllum, corni ſimillimum, includens floſculos quinque petiolatos, longitudine involucri. Calyx proprius ſexpartitus, flavus, laciniis linearibus ; ſtamina 8 vel 9. longitudine calycis, lateribus appendiculata. Germen ovatum intra calycem. Stylus ſimplex.*

3. **LAURUS** foliis lanceolatis, nervis transverſalibus, fructus calycibus baccatis.
Borbonia fructu oblongo nigro, calyce coccineo. *Plum. gen.* 4 ?
Laurus carolinienſis, foliis acuminatis, baccis cœruleis, pediculis longis rubris inſidentibus. *Catesb. ornith* 63. *t.* 63
*Creſcit in* Carolina.

4. **LAURUS** foliis lanceolatis perennantibus venoſis planis, ramulis tuberculatis cicatricibus, floribus alternis.
Laurus indica. *Ald. farn.* 61. *Pluk. alm.* 210. *t.* 304. *f.* 1. *Boerh. lugdb.* 2. p. 215.
Laurus indica aldini. *Raj. hiſt.* 1553.
Laurus latifolia indica. *Barr. rar.* 123. *t.* 877.
Laurus vera indica americana. *Sterb. citr.* 257. *t.* 13.
Cinnamomum ſylveſtre americanum. *Seb. theſ.* 2. p. 90. *t.* 84 *f.* 6.
*Creſcit in* America, *floret apud nos Autumno ſero, nec fructum maturat.*
*Hujus flos characterem ſubminiſtravit generi 338. Negat hæc ſpecies involucrum, cum ſquamæ alternæ ſint. Adeoque nec involucrum eſſentiam generis conſtituit.*

5. **LAURUS** foliis ovatis utrinque acuminatis trinerviis nitidis, petiolis laxis.
Laurus camphorifera. *Kæmpf. jap.* 770. *t.* 770.
Camphora officinarum. *Bauh. pin* 500 *Boerh. lugdb* 2. p. 261.
Camphorifera arbor ex qua Camphora officinarum. *Herm. lugdb.* 113.
Arbor Champhorifera japonica, foliis laurinis, fructu parvo globoſo, calyce breviſſimo. *Breyn. prod.* 2. p. 16. *Comm. hort.* 1 p. 185. *t.* 95. *bona.*
Arbor camphorifera japonica. *Breyn. cent.* 1. p. 11. *t.* 12.
*Creſcit in* Japonia.
*Eximia arbor etiamnum in horto non floruit, licet magna. Pretioſa hoc tempore habetur, cum difficulter multiplicetur per ſtolones vel depactos ramos.*

6. **LAURUS** foliis oblongo-ovatis trinerviis nitidis planis.
Caſſia cinnamomea. *Herm. lugdb.* 149 *t.*655.
Cinnamomum, foliis latis ovatis, frugiferum. *Burm. zeyl.* 62. *t.* 27.
Cinnamomum five Canella zeilanica. *Bauh. pin.* 408.
Carau. *Rheed. mal.* 1. *p.* 107. *t.* 57.

Cin.

α Cinnamomum perpetuo florens, folio tenuiore acuto. *Burm. zeyl.* 63. *t.* 28.
*Crescit in* Zeylona *praestantissima arbor.*

*Arbor haec vetita, Europae oras salutavit nunquam, nec hortis nostris grata fuit umquam Hospes, nec facile erit ullius. Suffecit nobis siccam inter siccas conservare, flores quos non potueramus vivos, demortuos tamen lustrare. Hermaphrodita est & in Horto malabarico optime describitur. Stamina enim novem sunt, quorum tria interiora utrinque appendiculata; Pistillum unicum. vide Burmanni thesaurum zeylanicum tab.* 28. *figuris marginalibus ubi* 1. *germen cum stylo.* 2. *Stamen unicum ex tribus interioribus, utrimque appendiculatum.* 3. *Corolla operta.* 4. *clausa seu erecta.*

7. LAURUS foliis lanceolatis venosis perennantibus, corollis quadrifidis.

| *Mas.* | *Faemina.* |
|---|---|
| Laurus vulgaris quae floret tantum C. B. | Laurus vulgaris (quae fructum fert) *Bauh. pin.* |
| Laurus quae floret tantum. *Caesalp. syst.* 52. | 460. *Boerh. lugdb.* 2. *p.* 216. |
|  | Laurus baccalis. *Caesalp. syst.* 52. |
|  | Laurus. *Bauh. hist.* 1. *p.* 409. *Dod. pempt.* 849. |
|  | *Dalech. hist.* 351. |
| α Laurus vulgaris, *mas. Boerh. lugdb.* 1. *p.* 216. | α Laurus vulgaris, *faemina. Boerh. lugdb.* 2. *p.* 216. |
| β Laurus vulgaris, folio undulato, *mas. Boerh ib.* | β Laurus vulgaris folio undulato, *faemina. Boerh. ib.* |
| Laurus triumphalis. *Caesalp. syst.* 53. |  |
| γ Laurus tenuifolia, *mas. Boerh.* | γ Laurus tenuifolia, *faemina. Boerh.* |
| δ Laurus latifolia, *mas. Boerh.* | δ Laurus latifolia, *faemina. Boerh.* |
| ε Laurus vulgaris folio elegantissime variegato (*mas*) *Boerh.* | ε Laurus *eadem,* faemina. |

*Crescit in sepibus* Italiae. RAJUS. *In monte* Atho *ingentes & praealtae lauri.* BELL.

*Maris corolla tetrapetala alba, staminibus octo vel duodecim. Faeminae flores non examinavi hactenus, huic utrum hermaphrodita faeminea vel pura faemina dicenda in medio relinquo, nec in hortis Belgicis unquam faeminas observavi, ex sicco specimine quid veri eruere anceps esset periculum.*

*Huic generi videtur concessisse* Natura triumphalem laurum *inter omnes plantas; cum nullum vegetabile huic sit aequiparandum, si aromati suavitas quibusvis modis exposcatur.*

# TRIGYNIA.

## RHEUM. *g. pl.* 339.

1. RHEUM.
Rhaponticum folio lapathi majoris glabro; Rha & Rheum dioscoridis. *Bauh. pin.* 116.
Rhaponticum thracicum. *Alp. Rhap.* 1.
Rhabarbarum forte dioscoridis & antiquorum. *Tournef. inst.* 89.
Rhabarbarum rotundifolium verum. *Munt. brit.* 192. *t.* 15.
Lapathum praestantissimum, Rhabarbarum officinarum dictum. *Morif. hist.* 2. *p.* 577. *f.* 5. *t.* 27. *f.* 1.
α Lapathum alpinum, folio subrotundo. *Morif. hist.* 2. *p.* 578. *f.* 5. *t.* 27. *f.* 2.
Lapathum, folio rotundo, alpinum. *Boerh. lugdb.* 2. *p.* 987.
Lapathum hortense rotundifolium sive montanum. *Bauh. pin.* 115.
*Crescit in* Russia, Tartaria *& China, at varietas* α *in* Alpibus Helveticis *frequens.*

*Differt Rheum vel Rhabarbarum officinarum a Rhabarbaro monachorum (α) dicto, foliis paulo productioribus magisque undulatis, easdem tamen esse species nullus quidem neget, qui structuram plantae utriusque inspexerit.*

*Facies certe Rumicis est, differt tamen structura fructificationis non parum, uti attendenti ad corollam campanulatam, staminum numerum, stylorum situm, valvulas semina non includentes patebit.*

# HEXAGYNIA.

## BUTOMUS. *g. pl.* 340.

1. BUTOMUS. *Caesalp. syst.* 553. *Fl. lapp.* 159.
Butomus flore roseo *Tournef inst.* 271. *Boerh. lugdb.* 1. *p.* 299.
Sedo affinis juncoides umbellata palustris. *Morif. hist.* 3. *p.* 468. *f.* 12. *t.* 5. *f.* penult.
Juncus floridus. *Bauh. hist.* 2. *p.* 524.
Juncus floridus major. *Bauh. pin.* 12. *theatr.* 190.
Juncus cyperoides floridus paludosus. *Lob. hist.* 44.
Gladiolus aquaticus. *Dod. pempt.* 600.
*Crescit ad ripas fossarum fluviorumque per* Europam *frequens.*

# Classis X.
# DECANDRIA.
## MONOGYNIA.

### SOPHORA. *g. pl.* 350.

1. SOPHORA.
Galega facie barbæ jovis fericea repens, flore pallide luteo denfe fpicato. *Boerh. lugdb.* 2. *p.* 46.
Ervum orientale alopecuroides perenne, fructu longiffimo. *Tournef. cor.* 27. *Dill. elth.* 136. *t.* 112.
*f.* 136.
Glycyrrhiza filiquis nodofis quafi articulatis. *Buxb. cent.* 3. *p.* 25. *t.* 46.
*Crefcit in* Oriente.
*Sophora vel Sophera eft verbum antiquum plantæ, huic proximæ, impofitum, quo utor ad de-*
*fignandum hocce genus quod Sophorum eft five fapientiam ac admonitionem fert ftaminum*
*filamenta in papilionaceis, fi feparata inter fe fint, vix claffe naturali conjungendas effe plan-*
*tas, fi umquam limites claffis reperiendi fint.*

### CERCIS. *g. pl.* 349.

1. CERCIS foliis cordato-orbiculatis glabris.
Siliquaftrum. *Tournef. inft.* 415. *Boerh. lugdb.* 2. *p.* 23.
Siliqua fylveftris rotundifolia. *Bauh. pin.* 402.
Siliqua fylveftris. *Cæfalp. fyft.* 111. *Cluf. hift.* 1. *p.* 13.
Ceratia agreftis rotundifolia, floribus eleganter purpureis. *Pluk. alm.* 93.
Arbor judæ. *Dod. pempt.* 786. *Raj. hift.* 1717.
Judaica arbor. *Bauh. hift.* 1. *p.* 413.
*Crefcit inter fegetes in Agro* Granatenfi *& aliis* Hifpaniæ, Galliæque Narbonenfis *locis, nec*
*non in collibus* Romæ *vicinis* Tiberi *imminentibus* & Apenninis *montibus.*
*Cercis eft nomen Theophrafti &, ut creditur, hujus arboris proprium. · Siliquaftrum eft con-*
*farcinatum, ut & infecti nomen.*

2. CERCIS foliis cordatis pubefcentibus.
Siliquaftrum americanum.
*Crefcit in* America.
*Flores nobis vifi non funt, folia communiter integra obtufe acuminata, rariffime biloba, fa-*
*cie fere Bauhiniæ.*

### BAUHINIA. *g. pl.* 351.

1. BAUHINIA caule aculeato. *vide Tab.*
Bauhinia aculeata, folio rotundo & emarginato. *Plum. gen.* 23.
*Crefcit in* America.
*Caulis lignofus (horizontaliter reclinatus verfus diem in hybernaculo, an naturalis fit nota*
*me latet) arboreus; Rami alterni, horizontaliter extenfi, quadragono-fulcati.*
*Folia alterna, cordata, ad ⅓ bifida, apice obtufo & rotundato, utrinque viridi, fuperne fatura-*
*tius colorata, novem nervis notata, glabra, cum minimo ex divifura folii filamento; Pe-*
*tiolus apice & bafi craffiufculus & callofus eft.*
*Aculeus ad exortum petioli utrinque unus, firmus, acutus, brevis, horizontalis, parum de-*
*flexus, e cujus apice adhuc recenti ftillant guttæ nectariæ.*
*Flores fructusve etiamnum non protulit.*

2. BAUHINIA foliis quinquenerviis, laciniis acuminatis remotiffimis. *vide Tab.*
Bauhinia non aculeata, folio ampliori & bicorni. *Plum. gen.* 23.
*Crefcit in* America.
*Caulis arboreus, rectus, inermis, & vix manifefti aculei duo minimi, ad exortum ramorum:*
*reflexi.*

Fo-

BAUHINIA caule aculeato. *Hort. Cliff.* 156. *ſp.* 1.

a *Planta tenella*, *ætatis vix dimidii anni.*
b *Folia Seminalia.*
c *Aculei oppoſiti.*
d *Stipulæ oppoſitæ.*
*Florem hujus delineavit Plumier in generibus*, *uti docuit frutex vix unius anni florens.*

G. D. EHRET del.                                    J. WANDELAAR fecit.

BAUHINIA foliis quinquenerviis: lobis acuminatis remotiſſimis. *Hort.Cliff.* 156.*ſp.* 2.

   a  *Ramus florens.*
   b  *Flos integer.*
   c  *Stamina novem ſuperiora coalita*
   d  *Stamen infimum liberum longiſſimum,*
   e  *Piſtillum ſupra baſin germen ferens*
   f  *Calyx uti retroflectitur poſtquam per diem unum alterumve floruerit.*

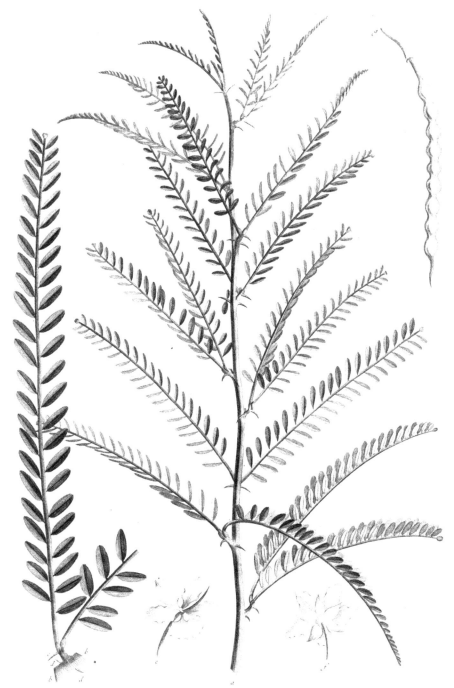

Parkinsonia. *Hort. Cliff.* 157. *ſp.* 1.

  a  *Ramus.*
  b  *Caulis utrinque truncatus cum unico folio decompoſito , cujus alterum partiale folium truncatum eſt.*
  c  *Aculeus ſolitarius ad combinationem foliorum partialium.*
  dd *Aculei caulis oppoſiti ad ſinus foliorum.*
  e  *Flos a Plumiero mutuatus.*  f  *Idem a tergo viſus cum calyce.*
  g  *Legumen.*

G. D. Ehret del.                                              J. Wandelaar fecit.

Folia *alterna*, *cordata*, *quinque-nervia*, *femibifida*, *laciniis ex ovato acuminatis*, *apicibus ita dehiscentibus ut diameter inter apices sit latior*, *vel ad minimum ejusdem latitudinis cum diametro disci ipsius folii*, *quâ notâ ab omnibus abunde differt*. *Flores in racemum simplicem producit & erectum.*

Perianthium *oblongum*, *latere inferiore longitudinaliter dehiscens*, *hinc reclinatum*, *basi etiam quinquefariam dehiscens*, *superne cohærentibus foliolis*, *deciduum*, *parum coloratum*, *breve*. Cor. Petala *quinque*, *lanceolata*, *versus apices attenuata*, *apicibus reflexis*, *unguibus longitudine calycis*, *alba*, *fere regularia*, *inferiora paulo majora*, *reflexo-patentia*, *undulata*. Stam. Filamenta 10., *in cylindrum digesta*, *declinata*, *quorum infimum liberum*, *omnium longissimum*, *setaceum*, *rectum*, *apice antheram ferens*. *reliqua corollâ breviora*, *quorum quatuor paullo longiora*, *apicibus assurgentia*, *inferne inordinate coalita*. Anthera *ovata apici filamenti maximi & separati insidebat*, *reliquis valde raro apud nos*. Germen *oblongum*, *pedicello insidens*. Stylus *filiformis*,' *staminibus brevior*, *declinatus*. Stigma *obtusum*, *assurgens*, *adeoque hæc species staminum respectu ad diadelphas spectat*, *a quibus differt eo solum*, *quod flos inversus sit*, *cum in iis stamen liberum superius esse solet*, *quod in hac pistillo subjectum est.*

3. B AU H IN IA foliis ovatis oblongis recta linea femibifidis.
*Crescit in* America.
*Differt hæc a reliquis foliis* 1. *magis oblongis*; 2. *basi integris nec ullo modo emarginatis*; 3. *ab apice ad medium recta linea bifidis.* 4. *Laciniis introrsum rectis*, *nec ullo modo margine interiore convexo.* 5 *Nervis gaudet novem*, *quorum extimi minimi.*
*Calyx longissimus est & striatus*, *griseus*; *siliqua longissima*, *pedicello*, *e calyce enato*, *pendula*; *Petala subulata*; *stamina alterna breviora una cum petalis tubo calycis insidentia.*

4. B AU H IN IA foliis cordato-subrotundis, laciniis rotundatis.
Bauhinia foliis subrotundis, flore flavescente striato. *Burm. zeyl.* 44. *t.* 18.
Mandaru maderaspatense, foliis firmioribus bisulcis, glabritie splendentibus, ad surculum densius stipatis *Pluk. alm.* 240. *t.* 44. *f.* 6.
Mandaru quarta species f. Canschena-pou. *Pluk. alm.* 240.
Mandaru quarta species; Flos divi Thomæ. *Raj. hist.* 1752.
Canschena-pou. *Rheed. mal.* 1. *p.* 63. *t.* 35.
*Crescit in* Zeylona, Malabaria, Madera, *aliisque Americæ locis.*
*Arbuscula apud nos etiamnum non floruit.*

5. B AU H IN IA inermis, foliis cordatis fere femibifidis, laciniis acuminato-ovatis erectis dehiscentibus.
Sennæ spuriæ aut Alphaltho affinis arbor siliquosa, foliis bifidis, flore pentapetalo vario. *Sloan. flor.* 150. *hist.* 2. *p.* 51.
Arbor siliquosa malabarica, foliis bifidis minoribus, flore candido striato. *Comm. flor.* 8.
Thomæ arbor siliquosa, foliis bifidis, minor, flore candido. *Herm. prod.* 380.
Mandaru tertia species f. Velutta mandaru. *Pluk. alm.* 240.
Velutta-mandaru. *Rheed. mal.* 1. *p.* 61. *t.* 34.
*Crescit in* Malabaria, Jamaica, *&c. in montibus sylvosis.*
*Folia cordata sunt*, *fere femibifida*, *laciniæ ovatæ*, *parum oblongæ*, *parum dehiscentes*, *margine interiore non recto (3) sed parum convexo*, *non tamen extrorsum reflexi sunt lobi*, *ut in* 2da.
*Siliquæ communiter tri- vel tetraspermæ*, *apice gerentes stylum brevem stigmate capitato*; *siliqua autem vix manifesto pedicello insidet*; *calyx nullo instructus tubo*, *villosus*, *griseus*; *Petala ovata.*
*Bauhiniæ nomine insignivit hocce genus* Plumierus *ab incomparabili isto fratrum pari* Bauhinis: Johanne & Casparo, *cum folia bifida*, *vel duo*, *fraterna affinitate conjuncta sint & ex eadem basi enata.*

# PARKINSON̄IA. *g. pl.* 858.

1. PARKINSONIA. *vide Tab.*
Parkinsonia aculeata, foliis minutis uni costæ adnexis. *Plum. gen.* 25.
Parkinsonia aculeata, foliis mimosæ uni costæ adfixis. *Walth. hort.* 6. *t.* 13.
*Crescit in* America.
Caulis *erectus*, *teres*, *lævis*, *arborescens*, *parum ramosus*. Folia *seminalia ovato oblonga*, *longitudine pollicis transversi*. *Folia infima quatuor simpliciter pinnata*, *quorum infima duo opposita*, *reliqua duo alterna*, *horizontaliter patentia*, *digito breviora*, *foliolis quatuor vel quinque paribus*. *Tum folia duo conjugata*, *seu gemina ex eadem basi*, *spithamæa*, *patentia*: *singula pinnata*, *abrupta*, *impari quasi præmorso vel vix conspicuo*. *Foliola æqualia*, *oblongo-ovalia*, *glabra*; Petiolus *communis brevissimus inarticulatus partialibus per harmoniam*; *sub divisione petioli communis prodit spina*, *in quam terminatur quasi idem petiolus*. Stipulæ *duæ*, *subulatæ*, *patulæ*, *rigidiusculæ*, *fere spinosæ*, *sæpius deciduæ*, *alis adstant*.
R r                                                                           *Pe-*

*Petioli* partiales *depreſſo-plani , verſus apicem fere latiores.* Proprii *vero Petioli mi-*
*nutiſſimi.*

*Dicta fuit a Plumiero in memoriam* JOANNIS PARKINSONII *Pharmacopæi Angli hæc plan-*
*ta , foliis ſimul binis, multis his foliolis annexis, allegorice ad duplex ejus opus : Theatrum*
*& Paradiſum terreſtrem,in quibus multas plantas exhibuit.*

# GUILANDINA. *g. pl.* 348.

1. GUILANDINA caule fructuque aculeatis.
α    rduc vulgare majus polyphyllum. *Plum. gen.* 25. *Boerh. lugdb.* 2. *p.* 59.
Acacia; qui lobus echinatus cluſii; oculus cati luſitanis. *Burm. zeyl.* 4.
Caretti *Rheed. mal.* 6 *p.* 35. *t.* 22.
β Bonduc vulgare minus polyphyllum. *Plum. gen.* 25.
Acaſia gloriola, lentiſci folio, ſpinoſa, flore ſpicato luteo, ſiliqua magna muricata. *Pluk. phyt.* 2. *f.* 2.
*Creſcit in locis campeſtribus utriusque Indiæ, in* Malabaria, Jamaica, inſula S. Chriſtophori,
Braſilia, &c.
*Numquam apud nos floruit licet multoties ſata & enata, hinc fere incertus hæreo utrum* α
*& β ſint diſtinctæ ſpecies, vel manifeſtiſſimæ varietates.*
*Bonduc nomen eſt Barbarum , plantam itaque hanc ſpinis horridam inſignitam volui nomine*
MELCH. GUILANDINI, *Prof. Bot. Pataviensis, qui de Papyro Plinii commentatus eſt , qui-*
*que Hortum Patavinum publici juris fecit ; fuit is miſere a Piratis captus , catenis ferreis*
*alligatus ; vexatus ; fuit & is ſpinoſus Matthioli adverſarius.*

# POINCIANA.

1. POINCIANA foliis duplicato-pinnatis, foliolis alternis.
*Creſcit in* America *calidiori.*
*Foliorum rami nullas ſtipulas ad baſin gerunt , uti nec foliola, quæ alterna, regularia, ova-*
*ta, glabra ; caule fruticoſo, inermi.*

2. POINCIANA foliis duplicato-pinnatis, foliolis oppoſitis oblongo-ovalibus, caule inermi.
Flos pavonis. *Merian. ſur.* 45. *t.* 45.
Tſetti-mandarum. *Rheed. mal.* 6. *p.* 1. *t.* 1.
*Creſcit in* utraque India.

3. POINCIANA foliis duplicato-pinnatis, foliolis oppoſitis oblongis, latere interiore anguſtis, caule inermi.
Colutea javanica, foliis oblongis. *Pluk. alm.* 112. *t.* 165. *f.* 1.
*Creſcit in* Java.

4. POINCIANA foliis duplicato-pinnatis, foliolis oppoſitis obverſe ovatis, caule aculeato.
Poinciana ſpinoſa, vulgo Tara. *Fevill. peruv.* 1. *p.* 752. *t.* 39.
*Creſcit in* Peru.

5. POINCIANA foliis ſimpliciter pinnatis, caule volubili.
Chamæcriſta pavonis americana ſiliquoſa. *Seb. theſ.* 1. *p.* 120. *t.* 75. *f.* 6.
*Creſcit in* America

# CASSIA. *g. pl.* 347.

1. CASSIA foliolis plurimorum parium linearibus, ſtipulis ſubulatis.
Chamæcriſta pavonis americana, ſiliqua multiplici. *Breyn. cent.* 66. *t.* 24.
Senna occidentalis, ſiliqua multiplici, foliis herbæ mimoſæ. *Herm. lugdb.* 558. *Sloan. flor.* 149.
*Creſcit in* Curaçao, Barbados, Jamaica *ad margines viarum.*

2 CASSIA foliolis quinque parium lanceolatis : extimis minoribus.
Caſſia fiſtula alexandrina. *Bauh. pin.* 403. *Comm. hort.* 1. *p.* 215. *f.* 110. *Boerh. lugdb.* 2. *p.* 58.
Caſſia nigra ſeu fiſtuloſa 1, ſive Caſſia fiſtula alexandrina. *Sloan. flor.* 145.
Caſſia fiſtula, Chaiarxambar vocata. *Alp. ægypt.* 2. *t.* 1.
Caſſia purgatrix. *Bauh. hiſt.* 1. *p.* 416.
Caſſia nigra. *Dod. pempt.* 787.
Caſſia. *Cæſalp. ſyſt.* 111.
Siliqua ſive Caſſia cathartica. *Dalech. hiſt.* 114.
Quavhayohvatlis 2 ſeu Caſſia fiſtula. *Hern. mex.* 87.
*Creſcit in utraque India in* Malabaria, Zeylona, Ægypto, Arabia, Mexico, Braſilia,
Canariis

3. CASSIA foliis octo parium ovali-oblongis : inferioribus minoribus, petiolis nectario deſtitutis, ſtipulis
patulis.
Caſſia ſylveſtris fœtida, ſiliquis alatis. *Plum. ſpec.* 18. *Boerh. lugdb.* 2. *p.* 58.

Zœ-

Zoëte Boonen-Bom. *Mer. fur.* 58. *t.* 58. *mala.*
*Crefcit in* America.
Caulis *lævis inferne cinereus.* Folia *pinnata, magna, oppofitionibus fex ad octo in eodem petiolo* Foliola *ex obverfe ovato-oblongiufcula, glabra, flavefcentia, nitida, obtufiffime acuminata, petiolo proprio minimo infidentia, bafi a latere inferiore magis gibba. Aliis adftant ftipulæ duæ, patulæ, ovato-fubulatæ, læves.*
*Nocte omni hæc, ut reliquæ, dormit, tumque foliolis imbricatim fibi incumbentibus & appreffis fub rachi feu petiolo communi deorfum pendula foliola exhibet.*

4. Cassia foliolis fex parium ovatis acuminatis lanigeris.
Caffia americana fœtida, foliis amplioribus villofis. *Tournef. inft.* 619.
Senna occidentalis, odore apii virofo, foliis orobi pannonici mucronatis hirfutis. *Herm. lugdb.* 556.
Senna occidentalis, odore apii virofiffimo, foliis ebuli hirfutis. *Boerh. lugdb.* 2. *p.* 57.
*Crefcit in* America.
*Folia pinnata, fex oppofitionibus pinnarum. Foliola ovato-lanceolata, feffilia, utrinque una cum petiolo albâ lanâ tecta.*

5. Cassia foliolis trium quatuorve parium fubovatis.
Senna italica five foliis obtufis. *Bauh. pin.* 397. *Boerh. lugdb.* 2. *p.* 57. *Morif. hift.* 2. *p.* 200. *f.* 2. *t.* 24. *f.* 2
Senna. *Dalech. hift.* 218.
Senna. *Dod. pempt.* 361. *Lob. hift.* 530. *Bauh. hift.* 1. *p.* 377.
α Senna alexandrina five foliis acutis. *Bauh. pin.* 397. *Morif. hift.* 2. *p.* 201 *f.* 2. *t.* 24. *f.* 1.
*Crefcit in locis calidis* Orientalibus.

6. Cassia foliolis quatuor parium ovato-lanceolatis retro-falcatis; glandula e bafi petiolorum.
*Crefcit in* America.
*Folia pinnata, pinnis gradatim fefquimajoribus, extimis ergo maximis, trium quatuorve parium, ovato lanceolatis, bafi attenuatis, fere feffilibus; latus folioli interius latius & gibbum magis eft, inferius vero verfus bafin maxime anguftatum, qua nota ab omnibus aliis differt.*
*An fola fequentis varietas.*

7. Cassia foliolis quatuor parium, ovato-lanceolatis, rectis, glandula e bafi petiolorum.
Caffia americana, fœtida, foliis oblongis glabris. *Tournef. inft.* 619. *Boerh. lugdb.* 2. *p.* 58.
Senna occidentalis, odore opii virofo, orobi pannonici foliis mucronatis, glabra. *Herm. lugdb.* 556. *Boerh. lugdb.* 2. *p.* 57. *Sloan. flor.* 148. *Comm. hort.* 1. *p.* 51. *t.* 26.
*Crefcit in* America.

8. Cassia foliolis feptem parium lanceolatis, extimis fere minoribus, glandula fupra bafin petiolorum.
Senna liguftri folio. *Plum. fpec.* 10. *Dill. elth.* 350. *t.* 269 *f.* 338.
Senna occidentalis, foliis ebuli acutis glabris, odore minus virofo. *Boerh. lugdb.* 2. *p.* 58.
*Crefcit in* America *calidiori,* Providentiæ, *&c.*

9. Cassia foliolis octo fæpius parium ovato-oblongis æqualibus, glandula fupra bafin petiolorum.
Senna mimofæ foliis, filiqua hirfuta. *Dill. elth.* 351. *t.* 260. *f.* 339.
Senna fpuria virginiana, filiquis hirfutis rotundifolia. *Pluk. alm.* 342.
*Crefcit in* Virginia *&* Carolina.

10. Cassia foliolis trium parium æqualibus ovatis emarginatis rotundatis.
Caffia minor fruticofa hexaphylla, fennæ foliis. *Sloan. flor.* 146. *hift.* 2. *p.* 44. *t.* 180. *f.* 1, 2, 3, 4. *Raj dendr.* 110
*Crefcit in frutetis* Jamaicæ *&* Caribearum.

11. Cassia foliolis trium parium ovatis glabris: inferioribus rotundioribus, glandula intra infima.
*Crefcit in* Zeylona *ut fertur.*
*Attingit altitudinem duplam hominis, apud nos tamen non floruit huc ufque.*

12. Cassia foliolis octo parium ovalibus emarginatis, glandula acuta inter infima.
*Crefcit in* Indiis.
*Frutex altitudinis humanæ. Folia pinnata octo vel decem paribus foliorum; foliola ovata, viridia, lavia, obtufa, emarginata. Inter infima foliola e petiolo communi exferitur glandula nectarifera, flava, acuminata, rigida, aculei inftar. Ex ala tempore vernali prodit pedunculus digiti longitudinis, biflorus, nudus. Corolla irregularis, fulva; petalo infimo maximo, fummo minimo. Antheræ infimæ maximæ, roftro dehifcentes ex apice; laterales quatuor fere feffiles abfque roftro, fummæ minimæ, fere fteriles. Germen falcatum declinatum.*

R r 2

II æ-

# HÆMATOXYLUM. *g. pl.* 859.

1. HÆMATOXYLUM.
Lignum campechianum species quædam. *Sloan. flor.* 213. *hift.* 2. *p.* 183. *t.* 10. *f.* 1, 2, 3, 4. *Raj. dendr.* 172.

*Crescit in* Campeche *Americes parte.*

*Folia ex eadem gemma plura, pinnata absque impari; foliola obverse cordata, quatuor com-
muniter parium, nervis minimis ad angulum acutum exeuntibus striata, Flores in racemum.*

Hæmatoxylon, *quasi lignum sanguineum, cum rubro tingat colore.*

# TRIBULUS. *g. pl.* 360.

1. TRIBULUS foliolis fex parium pinnatis.
Tribulus terrestris, ciceris folio, fructu aculeato. *Bauh. pin.* 350. *Boerh. lugdb.* 1. *p.* 299.
Tribulus terrestris, ciceris folio, feminum integumento aculeato. *Morif. hift.* 2. *p.* 103.
Tribulus terrestris. *Cæsalp. syst.* 163. *Bauh. hift.* 2. *p.* 352. *Dalech. hift.* 513. *Dod. pempt.* 557.
Tribulus terrestris, Projos theophrasti. *Cluf. hift.* 2. *p.* 241.
*a* Tribulus terrestris minor incanus hispanicus. *Barr. rar.* 54. *t.* 558.

*Crescit in* Italia, Gallia Narbonensi, Monspeliique *ad arvorum semitas.*

2. TRIBULUS foliolis trium parium pinnatis.
Tribulus terrestris major, flore maximo odorato. *Sloan. flor.* 90. *hift.* 1. *p.* 209. *t.* 132. *f.* 1.

*Crescit in glareosis saxosis aridis & sterilioribus* Jamaicæ.

*Fructus in hac specie differt a Tribulo* 1. *parum. Est enim pyramidalis, quinquangularis,
decagonus, constans seminibus decem, rotatim (ut in Malvis) stylum ambientibus, & ab eodem discedentibus, membrana tenuissima vixque perceptibili cinctis & adnatis, nec spinis ullis
instructis.*

*Obf. Ab hac specie diversus est Tribulus terrestris, fructu aculeato, amplis cisti floribus luteis.*
Plum. *spec.* 7. *cujus figuram vide* Pluk. phyt. 67. f. 4.

# FAGONIA. *g. pl.* 359.

1. FAGONIA spinosa.
Fagonia cretica spinosa. *Tournef. inst.* 265.
Tribulus terrestris trifoliatus creticus, flore purpuro-cæruleo, caule ad genicula quaternis spinis aculeato.
Pluk. *alm.* 374.
Trifolium spinosum creticum. *Bauh. pin.* 330 *prod.* 142. *Cluf. hift.* 2. *p.* 242.
Trifolium aculeatum creticum. *Bauh. hift.* 2. *p.* 389.

*Crescit in* Creta.

*Fagoniam dixit Tournefortius a* GUIDONE CRESCENTIO FAGONE.

# ZYGOPHYLLUM. *g. pl.* 352.

1. ZYGOPHYLLUM foliis petiolatis.
Fabago belgarum five Peplus parisiensium. *Dalech. hift.* 456. *Boerh. lugdb.* 1. *p.* 319.
Telephium dioscoridis & plinii. *Column. ecphr.* 1. *p.* 132. *t.* 131.
Capparis fabaginea five Peplios lutetianorum. *Bauh. hift.* 2. *p.* 66.
Capparis leguminosa five Fabago belgarum. *Lob. hift.* 511.
Capparis Fabago *Dod. pempt.* 747.
Capparis portulacæ folio. *Bauh. pin.* 480. *Morif. hift.* 2 *p.* 284. *f.* 3. *t.* 15. *f.* 5.
Morgfani Syrorum. *Dalech. app.* 25.

*Crescit in* Syria; *perhibetur etiam nasci, rarius licet, in Italia sponte.*

2. ZYGOPHYLLUM foliis sessilibus.
Fabago africana arborescens, flore sulphureo, fructu rotundo. *Comm. rar.* 10. *t.* 10. *Boerh. lugdb.* 1.
p. 319.

*Crescit in* Africa.

*Folia in antecedenti petiolo communi longitudine fere ipsorum foliorum insidebant, in hac vix
manifesto petiolo ullo.*

Fabago a Faba, *cum qua nil omnino commune habet, dictum verbum. Permuto cum Zygo-
phyllo, cum folia conjugata sint, ut Boves sub jugo, in omnibus notis speciebus.*

DI-

## DICTAMNUS. *g. pl.* 346.

1. DICTAMNUS.
Dictamnus albus vulgo, five Fraxinella. *Bauh. pin.* 222.
Dictamum album. *Cæfalp. fyft.* 589.
Fraxinella, officinis Dictamnus. *Bauh. hift.* 3. *p.* 494.
Fraxinella. *Cluf. hift.* 1. *p.* 99. *Dod. pempt.* 348. *Morif. hift.* 3. *p.* 456. *f.* 12. *t.* 1. *f.* 1. *Boerh. lugdb.* 1. *p.* 299.
α Fraxinella niveo flore. *Tournef. inft.* 430
β Fraxinella purpurea major multiflora. *Tournef.*
γ Fraxinella minor purpurea belgarum. *Tournef.*
*Crefcit folo lutofo ac faxofo in montibus & collibus* Germaniæ *ac* Italiæ, *in fylvis* Pannonicis, *faltibusque* Viennenfibus; *in præruptis montibus* Rheno *fluvio vicinis; in luco de Candia fex leucis a* Monfpelio.
*Cum Fraxinella nil habeat magis commune cum fraxino, quam Populago cum Populo feu Napellus cum Napo, abfurdum dimitto nomen, recipioque antiquum fynonymon vacuum factum, revocato fcilicet Dictamno* T. *ad Origana.*

## MELIA. *g. pl.* 357.

1. MELIA foliis decompofitis.
Tuber. *Cæfalp. fyft.* 107.
Zizyphus alba five Pfeudofycomorus. *Dalech. hift* 358.
Zizipha candida monfpelienfium, quæ perperam venetorum & italorum Sycomorus. *Lob. hift.* 546.
Arbor fraxini folio, flore cæruleo. *Bauh. pin.* 415.
Azadaracheni arbor. *Bauh. hift.* 1. *p.* 554.
Azedarach. *Dod. pempt.* 848. *Boerh. lugdb.* 2. *p.* 236 *Burm. zeyl.* 40.
Azederaeth arbor, fraxini folio, flore cæruleo. *Pluk. alm.* 62.
Azadirachta, foliis ramofis majoribus, fyriaca five vulgaris, flore cæruleo majore. *Breyn. prod.* 2. *p.* 21.
α Azedarach fempervirens & florens. *Tournef. inft.* 616.
Azadirachta indica, foliis ramofis minoribus, flore albo fubcæruleo purpurafcente majore. *Breyn. prod.* 2. *p.* 21. *Comm. hort.* 1. *p.* 147. *t.* 76.
*Crefcit in* Syria, Zeylona.

2. MELIA foliis pinnatis.
Arbor indica, fraxino fimilis, oleæ fructu. *Bauh. pin.* 416.
Olea malabarica, fraxineo folio, e maderafpatan. *Pluk. alm.* 269. *t.* 247. *f.*
Azedarach, floribus albis, fempervirens. *Herm. lugdb.* 652.
Azedarach foliis falcato-ferratis. *Burm. zeyl.* 40. *t.* 15.
Azadarachta indica, foliis fraxini, five non ramofis majoribus, flore minore albo. *Breyn. prod.* 2. *p.* 21. *t.* 21
Nimbo acoltæ. *Dalech. hift.* 1867.
Nimbo folio & fructu oleæ. *Bauh. hift.* 1. *p.* 27.
Aria Bepou. *Rheed mal.* 4. *p.* 107. *t.* 52.
*Crefcit in* Malabaria, Zeylona *&* Madera.
*Azedarach, Azederaeth, Azadaracheni, Azadirachta funt verba barbara, quæ ego non intelligo, adeoque quærant barbaros fuos patronos, ego recipio Nomen Melia, antea fuperfluum, impofitum quondam Fraxino vel confimili foliis pinnatis arbori; Hoc nomen non novum eft, fed antiquius ipfo Azedarach.*

## ANACARDIUM. *g. pl.* 361.

1. ANACARDIUM.
Anacardium occidentale Cajous dictum, officulo renis leporis figura. *Herm. lugdb.* 36.
Anacardii alia fpecies. *Bauh. pin.* 512.
Pomifera feu potius prunifera indica, nuce reniformi fummo pomo innafcente Cajous dicta. *Raj. hift.* 1649.
Acajou. *Dalech. hift.* 1846. *fig. erron. Pif. braf.* 58. *Tournef. inft.* 658. *Boerh. lugdb.* 2. *p.* 262.
Cajous *Bauh. hift.* 1. *p.* 336.
Acajaiba & Acajuiba. *Marcgr. braf.* 94.
Cafchou. *Mer. fur.* 16. *t.* 16. *fig. opt.*
Kapa-mava. *Rheed. mal.* 3. *p.* 65. *t.* 54. *opt.*
*Crefcit in* Malabaria, Surinama, Brafilia, *&c.*
*Hic fingularem Baccæ vel potius drupæ fpeciem exhibet natura, ubi femen feu nux ipfi baccæ externe infidet, fere ut in* Fragaria, *modo* Fragaria *confideretur ut bacca, Anacardium ut drupa.*
*Facile omni anno excrefcit apud nos e feminibus, fed raro hyemem perdurat.*

S s

ME-

# MELASTOMA. *g. pl.* 355. & 363.

1. MELASTOMA foliis ovato-lanceolatis crenatis, nervis quinque longitudinalibus : extimis obsoletioribus.
Grossularia plantaginis folio angustiore hirsuto. *Plum. spec.* 18
Acinodendron americanum pentaneuron , foliis crassis hirsutis ad ambitum rarioribus ferris, ex insula jamaica. *Pluk. mant.* 4.
Grossulariæ fructu non spinosa , malabathri foliis longa & rufa lanugine hirsutis, fructu majore cæruleo.
*Sloan flor.* 165 *hist.* 2. *p.* 85. *t.* 197. *f.* 2.
Frutex baccifer brasiliensis, fructu racematim congesto myrtilli. *Raj. hist.* 1636.
Christophoriana americana, malabathri foliis acuminatis nervosis dentatis. *Pluk. alm.* 98. *t.* 159. *f.* 1. *bona.*
Texhvatl. *Hern. mexic.* 413.
*α* Grossulariæ fructu arbor maxima non spinosa, malabathri folio maximo inodoro, flore racemoso albo. *Sloan. flor.* 164 *hist.* 2. *p* 84. *t.* 196. *f.* 1.
*Crescit in locis sylvosis montosis* Jamaicæ , Surinamæ , Brasiliæ, Mexicæ, *&c.*
*Quantum ex speciminibus siccis concludere licet, videtur mihi α modo hujus plantæ varietas, licet hirsuta non sit & colore magis grisea.*

2 MELASTOMA foliis ovato-lanceolatis integerrimis : subtus sericeis : nervis ante apicem coeuntibus.
Grossularia americana, plantaginis folio amplissimo. *Plum. spec.* 18.
Arbor fyrinamensis, canellæ folio maximo utrinque glabro. *Pluk. alm.* 46. *t* 249. *f.* 5.
Arbor americana, ampliore folio trinervi inferius alba lanugine incano. *Pluk. alm.* 40. *t.* 250. *f.* 2.
Arbor racemosa brasiliana, foliis malabathri. *Breyn. cent.* 3. *t.* 2. 4. *Raj. hist.* 1648.
Acinodendron americanum, ampliore folio trinervi, inferius alba lanugine incano maximo utrinque glabro. *Pluk. mant.* 4.
Pomifera brasiliensis, fructu rotundo cum pulpa molli polypyreno. *Raj. hist.* 1501.
Muiva. *Marcgr. braf.* 117.
*Crescit & hæc in* Surinamæ , Jamaicæ, Brasiliæque *collibus sylvosis.*
*Distinxerunt hujus generis species Botanici in plures, quam quæ re ipsa sunt.*

3. MELASTOMA foliis lanceolatis utrinque glabris : nervis tribus ante basin coeuntibus.
Arbor americana quinquenervia, comantibus flosculis , foliis amplissimis glabris pronâ parte albicantibus.
*Pluk. phyt* 249 *f.* 5. *figura tenus.*
*Crescit in* America.

4. MELASTOMA foliis lanceolatis : nervis tribus longitudinalibus : subtus glabris coloratis.
*Crescit in* America.
*Melastoma Burm. & Acinodendron Gronov. Pluk. genere conjungi debere dictitat facies , nec multæ repugnant notæ characteristicæ , forte convenirent si in solo natali examinari possent.*

# CLETHRA. *g. pl.* 354.

1. CLETHRA.
Alnifolia americana serrata , floribus pentapetalis albis, in spicam dispositis. *Pluk. alm.* 18. *t.* 115. *f.* 1.
*Catesb. orn.* 66. *t.* 66.
*Crescit in subhumidis* Virginiæ & Carolinæ.
*Qui fructum videre possunt examinent utrum conveniat cum Pyrola , nec ne ; si conveniat debet hoc genus cum Pyrolis combinari, licet hæc magna sit arbor , foliisque exacte alni.*

# PYROLA. *g. pl.* 345.

1. PYROLA foliis subrotundis , scapo racemoso.
Pyrola staminibus & pistillis declinatis. *Fl. lapp.* 169.
Pyrola rotundifolia major. *Bauh. pin.* 191. *Moris. hist.* 3. *p.* 504. *f.* 12. *t.* 10. *f.* 1. *Boerh. lugdb.* 1. *p.* 278.
Pyrola vulgatior. *Cluf. hist.* 2. *p.* 116.
Pyrola. *Bauh. hist.* 3. *p.* 535. *Dalech. hist.* 841. *Lob. hist.* 157. *Dod. pempt.* 137.
*Crescit in nemoribus , sylvestribus , duris , sabulosisque* Angliæ , Belgii , Austriæ , Daniæ , Germaniæ, *& copiosissime in* Suecia.

# ANDROMEDA. *g. pl.* 344.

1. ANDROMEDA foliis ovatis acutis crenulatis planis alternis, floribus racemosis.
Vitis idæa americana, longiori mucronato & crenato folio, floribus urceolatis racemosis. *Pluk. alm.* 391.
Vitis

Vitis idæa folio & facie, unedonis flore americana. *Pluk. phyt.* 236. *f.* 3.
*Crescit in* Virginia, *unde a D. D. Gronovio communicata.*

2. ANDROMEDA foliis alternis lanceolatis, margine reflexis. *Fl. lapp.* 163. *t.* 1. *f.* 3.
Ledum paluftre noftras, arbuti flore. *Raj. fyn.* 472.
Polifolia. *Buxb. act.* 2. *p.* 345.
Erica humilis, rofmarini foliis, unedonis flore, capfula ciftoide. *Pluk. alm.* 136. *t.* 175. *f.* 3.
Vitis idæa affinis, polifolia montana. *Bauh. hift.* 1. *p.* 527.
*Crescit in fylva* Harcynia *& in Monte* Pilati, *in omnibus vero paludibus cefpitofis per totam* Sueciam, Lapponiam *&* Finlandiam *vulgaris eft.*

3. ANDROMEDA foliis linearibus obtufis fparfis. *Fl. lapp.* 164. *t.* 1. *f.* 5.
Erica lapponica, camarinnæ folio. *Petiv. hort.* 244.
*Crescit vulgatiffima in alpibus Scandinaviæ,* Weftrobothniæ *fcilicet,* Dalekarliæ, Finmarchiæ *ubique.*
*Singularis eft fpecies in hoc genere, quæ gaudet floribus cæruleis, quod admodum rarum.*

4. ANDROMEDA foliis acerofis confertis. *Fl. lapp.* 165. *t.* 1. *f.* 3.
*Crescit in* Alpibus Lapponicis *vulgatiffima.*

5. ANDROMEDA foliis triquetre imbricatis obtufis, ex alis florens. *Fl. lapp.* 166. *t.* 1. *f.* 4.
*Crescit in* Alpibus Lapponicis *prope* Wallivari, *alias rariffima.*
*Variat caule quadrangulo.*

# ARBUTUS. *g. pl.* 343.

1. ARBUTUS caule erecto, foliis glabris ferratis.
Arbutus folio ferrato. *Bauh. pin.* 460. *Boerh. lugdb.* 2. *p.* 216.
Arbutus, Comarus theophrafti. *Bauh. hift.* 1. *p.* 83.
Arbutus. *Cluf. hift.* 1. *p.* 47. *Lob. hift.* 571. *Dalech. hift.* 195. *Dod. pempt.* 804. *Cæfalp. fyft.* 103.
Arbutus vulgaris. *Barr. rar.* 123. *t.* 674.
*a* Arbutus oblongo & acuto fructu. *Barr. rar.* 123. *t.* 673.
*Crescit in fylvis & dumetis* Siciliæ, Italiæ, Galliæ Narbonenfis *&* Hiberniæ *occidentalis paffim, vaftiffimæ autem arbores in monte* Atho.
*Hæc fpecies feminibus numerofis gaudet intra fructum tuberculis afperfum, quod in reliquis non obtinet.*

2. ARBUTUS caulibus procumbentibus, foliis rugofis ferratis. *Fl. lapp.* 161.
Vaccinia rubra, foliis myrtinis crifpis. *Raj. fyn.* 457.
Vitis idæa, foliis oblongis albicantibus. *Bauh. pin.* 470. *Tournef. inft.* 608.
Vitis idæa, fructu nigro. *Bauh. hift.* 1. *p.* 519. *non figura.*
Vitis idæa. *Cluf. hift.* 1. *p.* 61.
*Crescit in* Alpibus Walliæ, *in monte* Sneberg, *fed copiofiffime omnium in* Alpibus Lapponicis *&* Dalekarlicis *eandem legi, ubi in ficcis jugis vix alia fæpe planta.*

3. ARBUTUS caulibus procumbentibus, foliis integerrimis. *Fl. lapp.* 162. *t.* 6. *f.* 3.
Uva urfi. *Cluf. hift.* 1. *p.* 63. *Tournef. inft.* 599.
Vitis idæa foliis carnofis & veluti punctatis, five idæa radix diofcoridi. *Bauh. pin.* 470.
*Crescit vulgatiffima in fteriliffimis fylvis* Sueciæ.

4. ARBUTUS foliis lanceolatis integerrimis hirfutis.
Staphylodendron africanum, folio lanuginofo rofmarini latiori. *Boerh. lugdb.* 2. *p.* 235.
*Crescit in* Africa.
*Frutex eft altitudinis humanæ; ramis tenuibus, exaridis, tuberculatis ex cicatricibus foliorum deciduorum; Folia verfus fummos ramos perennia, lanceolata, integerrima, pubefcentia, fubtus venis reticulata, mollia, erecta, petiolis breviffimis, alterna.*
*Florem vidimus in* Gazophylacio Dilleniano *inter plantas ficcas, qui hujus generis effe omnino fuafit; accedit dein, quod non fit Andromedæ fpecies, fructus edulis niger feu bacca. Corolla, fi recte memini, etiam hirfuta & nigricans erat, quod in hoc genere fingulare.*

# DIGYNIA.

## DIANTHUS. *g. pl.* 364.

1. DIANTHUS floribus folitariis, fquamis calycinis fubovatis breviffimis, corollis crenatis.
Caryophyllus hortenfis. *Raj. hift.* 986. *Beft. eyft. æft* p. 180. *f.* 2.
Caryophyllus hortenfis fimplex, flore majore. *Bauh. hift.* 208. *Morif. hift.* 2. p. 561. *f.* 5. *t.* 25. *f* 9. *Boerh. lugdb* 1 p. 217
Betonica coronaria five Caryophyllus, flore fi mplici, fativus. *Bauh. hift.* 3. p. 328.
Tunica hortenfis varia fimplex & plena. *Rupp jen* 93.
Flos gariofilus. *Cæfalp. fyft.* 253.
Caryophylleus flos fimplex. *Dod. pempt.* 174
α Caryophyllus pleno flore. *Bauh. pin.* 207. *Morif. hift.* 3. *f.* 5. *t.* 25. *f.* 1, 2.
Caryophyllus. *Lob. hift.* 242.
Caryophyllus. *Beft. eyft. æft.* p. 176. *f.* 1; p. 177. *f.* 1; p. 178. *f.* 1; p. 179. *f* 1, 3; p. 180. *f.* 1, 3
Caryophylleus flos major & multiplex. *Dod. pempt.* 174 *f.* 1, 2.
Betonica coronaria. *Bauh. hift.* 3. p. 327. *f.* 1, 2, 3.
β Idem flore pleno ex folis fquamis calycinis longiffime imbricatis.
*Crefcere putat Rajus in* Italia.
*Quod hæc planta fit varietas alius cujusque demum fpeciei, per culturam exaltatæ, dico ufque-dum mihi oftendatur locus natalis fylveftris ; Ex qua autem fpecie orta fit, utrum fcili-cet ex fecunda vel tertia facile non ftatuerem, antequam quid in iis cultura faciat expertus fim ; Hoc tamen certum, adeo affines effe fequentes duas cum hac, ut vix notæ pro diff eren-tia fufficiant*
*Variat immenfe petalorum colore, magnitudine, multiplicatione, ut duas fimiles reperire dif-ficilius fit quam diverfas ; Ex hifce varietatibus integram condidere fcientiam artis ama-tores, ex qua Botanicorum feéta cum non fim, me ab iis recenfendis excipio.*
*Singularis præ reliquis eft varietas β. quæ conftituit fingularem fpeciem plenitudinis & qualem vix novi aliam ullam : fquamæ enim iftæ quatuor calycinæ multiplicantur vigefies & imbri-catim fibi invicem incumbunt, nec tamen majores factæ, conftituuntque fpicam quadrago-nam digiti longitudinis. Raro ex apice profert florem magnum fimplicem.*
*Duplex piftillum interdum longiffimum evadit, quod dum fit revolvitur in fpiram, ceteroquin aétus florefcentiæ, feu generationis, in caffum rueret ; cavendum etiam ne hæc nota habea-tur pro fpecifica, quæ omnino variat, ex feminibus enim ab una eademque planta colleétis enatæ funt filiæ & piftillis longiffimis & quæ brevibus gaudebant.*

2. DIANTHUS petalis multifidis. *Fl. lapp.* 170.
Caryophyllus fylveftris alter, flore laciniato carneo. *Beft. eyft. æft.* 182. *f.* 1.
Caryophyllus fylveftris 6. *Cluf. hift.* 1. p. 284.
Caryophyllus minor alter. *Dod. pempt.* 175.
Betonica coronaria, tenuiffime diffecta five caryophyllea fuperba elatior vulgaris. *Bauh. hift.* 3. p. 331.
*Crefcit in pratis cæduarum fylvarum in parum fubhumidis fimulque fterilibus Auftriæ circa* Viennam, *in montibus* Genevæ, *prope* Weiffenberg *oppidum Franconiæ, juxta* Kemi *ad apicem finus Bothnici in* Oftrobothnia.

3. DIANTHUS floribus fere folitariis, fquamis calycinis lanceolatis, corollis crenatis.
Caryophyllus minor repens noftras. *Raj. hift.* 988. *defcr. Dill. elth.* 412.
Caryophyllus fimplex fupinus latifolius. *Bauh. pin.* 332.
Betonica coronaria five Caryophyllus minor, flore viridi nigricante, repens, flore argenteis punétis notato. *Bauh. hift.* 3. p. 329. *defcr. bona.*
*Crefcit in pratis fabulofis* Sueciæ, *præfertim inferioris vulgatiffima, maxime fi formicarum acervus adftet. Crefcit & in* Gallia, Anglia, Germania, Dania.
*Rami adeo procumbunt ac fi pondere terram verfus depreffi effent, ex apice proferentes unum, duos, tres, rarius quatuor flores propriis pedunculis, longitudine ad minimum calycis afcen-dentibus infidentes, qui petalis omni noéte vel accedente pluvia clauduntur.*
*In hortis plantata major evadit, folia duplo majora molliora flaccidiora, præfertim in caule majora producit.*

4. DIANTHUS floribus folitariis, fquamis calycinis fubulatis longitudine tubi.
Caryophyllus finenfis fupinus, leucoji folio, flore vario. *Tournef. aét.* 1705. p. 348. *t.* 5. *Boerh. lugdb.* 1. p. 219.
α Caryophyllus ---- flore rubro. *Boerh*
β Caryophyllus ---- flore albo. *Boerh.*
γ Caryophyllus ---- flore pleno. *Boerh.*
*Crefcit in* China.

5. DIAN-

5. DIANTHUS floribus fafciculatis, fquamis calycinis lanceolatis longitudine tubi.
Caryophyllus barbatus fylveftris. *Bauh. pin.* 208. *Boerh. lugdb.* 1. *p.* 219.
Caryophyllus barbatus fylveftris annuus anguftifolius, perpaucis capitulis donatus. *Morif. hift.* 2. *p.* 563. *f.* 5.
*t.* 25. *f.* 20.
Armeria fylveftris altera, calyculo foliolis faftigiatis cincto. *Raj hift.* 991.
Viola barbata anguftifolia. *Dalech. hift.* 310. *Bauh. hift.* 335.
*Crefcit in pratis & pafcuis* Angliæ.

6. DIANTHUS floribus fafciculatis, fquamis calycinis fubovatis apice fubulatis longitudine tubi.
Caryophyllus barbatus hortenfis latifolius. *Bauh. p.* 208. *Morif. hift.* 2. *p.* 563. *f.* 5. *t.* 25. *f.* 18. *Boerh.*
*lugdb.* 1. *p.* 218.
Caryophyllus carthufianorum 1. *Tabern. hift.* 2. *p.* 2.
Thyrfis. *Reneal. fpec.* 47.
α Caryophyllus barbatus hortenfis latifolius, flore albo. *Boerh.*
β Caryophyllus - - - flore variegato. *Boerh.*
γ Caryophyllus - - - hortenfis, flore carneo. *Boerh.*
δ Caryophyllus barbatus, flore multiplici. *Bauh. pin.* 208.
ε Caryophyllus - - - albo. *Tournef. inft.* 332.
ζ Caryophyllus - - - rofeo. *Tournef.*
η Caryophyllus barbatus hortenfis anguftifolius. *Bauh. pin.* 209.
Armerius, fimplici flore, pannonicus. *Cluf. hift.* 1. *p.* 286.
Armerius flos alter. *Dod. pempt.* 176.
ϑ Caryophyllus barb. hort. anguftif. colore niveo. *Boerh.*
ι Caryophyllus - - - - purpuraicente, oris albis. *Boerh.*
κ Caryophyllus - - - flore verficolore in eodem ramulo. *Boerh.*
*Crefcit in collibus petrofis afperis faxofis fabulofis & apricis referente Gefnero. Videtur longe*
*multa habere cum antecedenti fpecie communia, & inquirendum an culturæ mangonio ex ea-*
*dem producta fit.*
*Varietas ifta β fingularis eft, quæ communiter in eodem fafciculo triplicis coloris flores produ-*
*cit, non Mirabilis inftar mutabiles, fed colore conftantes, quod plane fingulare.*

7. DIANTHUS floribus compofitis in capitulum ovatum, fquamis calycinis ovatis obtufis maximis.
Caryophyllus barbatus fylveftris annuus latifolius, multis capfulis fimul junctis donatus. *Morif. hift.* 2. *p.*
563. *f.* 5. *t.* 25. *f.* 21.
Caryophyllus fylveftris prolifer. *Bauh. pin.* 209.
America prolifera lobelii. *Raj. hift.* 990.
Betonica coronaria fquamofa fylveftris. *Bauh. hift.* 3. *p.* 335.
*Crefcit in pafcuis fterilioribus* Germaniæ, Galliæ, Italiæ *&* Siciliæ *frequens & in* Madera
*Americes ad urbem* Funchal.
*Nomen Caryophylli commune eft cum duplici genere, retineatur itaque in aromatica arbore, &*
*officinali, ac excludatur hic confentiente Dillenio & Ruppio. Tunicæ nomen introductum in*
*loco Caryophylli non placet, cum tunica vulgo fumatur pro veftimento, medicis pro te-*
*gumento corporis. Inter fynonyma nulla reperio apta præter Theophrafti nomen, huic generi,*
*ut creditur impofitum, Flos Jovis feu Dios anthos dictum; cum autem Liofanthos parum*
*dure exprimatur, Dianthum per compendium dico. Dianthus dici poteft hoc genus (præfer-*
*tim prima fpecies) feu flos jovis vel divinus ob fummam odoris præftantiam, coloris va-*
*rietatumque fuperbiam, quodque inftar divini quid hoc tempore æftimetur ab* Hortulanis.

# SAPONARIA *g. pl.* 365.

1. SAPONARIA foliis ovato-lanceolatis, calycibus cylindraceis.
Saponaria major lævis. *Bauh. pin.* 206.
Saponaria major. *Dalech. hift.* 822.
Saponaria vulgaris. *Bauh. hift.* 3. *p.* 346.
Saponaria vulgaris fimplex & multiplex. *Morif. hift.* 2. *p.* 547. *f.* 5. *t.* 22. *f.* 52.
Saponaria. *Cæfalp. fyft.* 256. *Dod. pempt.* 179. *Lob. hift.* 170.
Lychnis faponaria dicta. *Raj. fyn.* 335.
Lychnis fylveftris, quæ Saponaria vulgo. *Tournef. inft.* 336. *Boerh. lugdb.* 1. *p.* 212.
α Saponaria flore pleno. *Corn. canad.* 209.
β Saponaria concava anglica. *Bauh. pin.* 206. *p.* 103. *Morif. hift.* 2. *p.* 548. *f.* 5. *t.* 22. *f.* 52.
Lychnis faponaria concava anglica. *Boerh. lugdb.* 1. *p.* 212.
Lychnis faponaria dicta, folio convoluto. *Raj. fyn.* 339.
Gentiana folio convoluto. *Bauh. hift.* 3. *p.* 521.
Gentiana concava anglica. *Barr. rar.* t 92.
*Crefcit in* Hollandia, Anglia occidentali, Gallia, Genevæ, *&c. juxta foffas & fluvios in*
*apricis & arenofis.*
*Inter varietates omnes quæ natura ludendo producit non infima eft illa β; in hac enim præter*

Tt *quod*

*quod folia concava & convoluta fiant, fit ipfa corolla, alias pentapetala, omnino polypetala, ut fi quis eam pro varietate nollet affumere, quod tamen certo certius eft, deberet ex ea diftinctum conftituere genus.*

2. SAPONARIA foliis ovatis acuminatis feffilibus, calycibus pyramidatis angulofis.
Vaccaria. *Dod. pempt.* 104. *Bauh. hift.* 3. *p.* 357.
Lychnis fegetum, Vaccaria dicta. *Morif. hift.* 2. *p.* 542. *f.* 5. *t.* 21 *f.* 27.
Lychnis fegetum rubra, foliis perfoliatæ. *Bauh. pin.* 204. *Boerb. lugdb.* 1. *p.* 212.
Ifatis fylveftris, Vaccaria dicta, Thamecnemon cordi. *Lob. hift.* 190.
Ifatis fylveftris lobelii, Vaccaria pallida. *Dalech. hift.* 500.
*Crefcit inter fegetes* Montbelgardi, Genevæ, Monfpeliis, Jenæ, Giffæ, *&c.*

3. SAPONARIA foliis lanceolatis, calycibus campanulatis angulatis.
Spergula multiflora, floribus interioribus faponariæ, fuperioribus Behen fimilibus. *Dill. elth.* 368. *t.* 276. *f.* 357.
Lychnis orientalis, faponariæ folio & facie, flore parvo & multiplici. *Tournef. cor.* 24. *Boerb. lugdb.* 1. *p.* 212.
*Crefcit in* Hifpania *&* Oriente.

4. SAPONARIA caule fimplici, foliis linearibus, ex alis foliorum confertis teretibus.
Lychnis hifpanica, kali folio, multiflora. *Tournef. inft.* 338. *Boerb. lugdb.* 1. *p.* 214.
Kali vermiculatum, albo globofo flore. *Barr. ran.* 64. *t.* 119. *Bocc. muf.* 2. *t.* 122.
*Crefcit in locis faxofis glareofis & alvis torrentium exficcatis in* Hifpania.

5. SAPONARIA caule fimplici, foliis fubulatis planis, ex alis ramulofa.
Lychnis alpina linifolia multiflora, perampla radice. *Tournef. inft.* 338 *Boerb. lugdb.* 1. *p.* 214. *Scheub. alp.* 137.
Lychnis alpina glabra, caryophylli holoftei folio. *Morif. blef.* 282.
Caryophyllus alpinus, craffo linariæ folio. *Bocc. muf.* 2. *p.* 123.
*Crefcit in alpibus* Rhæticis, *petris infidens.*
*Habet magnam cum antecedenti fimilitudinem.*

6. SAPONARIA caule dichotomo, foliis fubulatis planis.
Lychnis fylveftris minima, exiguo flore. *Bauh. pin.* 206. *prod.* 103.
*Crefcit circa* Monfpelium *in pede montis, qui eft prope* Boutonet.
*In hoc genere calyx variat, nunc teres apice dentatus, nunc pyramidatus, nunc campanulatus, nunc quinquepartitus; fructus in aliis globofus, in aliis oblongus; non diftingui tamen debere in duo genera docent collatæ inter fe fructificationes, quæ limites non admittunt, præterquam graduales.*

## SCLERANTHUS. *g. pl.* 366.

1. SCLERANTHUS.
Knawel. *Dod. pempt.* 115. *Dill. giff.* 87. *Boerb. lugdb.* 2. *p.* 93. *Raj. fyn.* 159.
Knawel folio & flore viridi. *Rupp. jen.* 76.
Polygonum germanicum vel Knawel germanorum. *Raj. hift.* 213.
Polygonum, germanis Knawel. *Morif. hift.* 2. *p.* 594. *f.* 5. *t.* 29. *f* 6.
Polygonum tertium dodonæi five tenuifolium. *Bauh. hift.* 3. *p.* 377.
Polygonum, anguftiffimo & acuto vel gramineo folio, minus repens. *Bauh. pin.* 281.
Alchimilla fupina, gramineo folio, minore flore. *Tournef. inft.* 508.
Polycarpum. *Dalech. hift.* 444.
Saxifraga anglica. *Lob. adv.* 183. *Dalech. hift.* 1112.
α Knawel incanum, flore majore, perenne. *Raj. hift.* 213. *fyn.* 160. *t.* 5. *f.* 1.
Knawel folio & flore albicante. *Rupp. jen.* 76.
Alchimilla gramineo folio, majore flore. *Tournef. inft.* 509. *Vaill. parif.* 4. *t.* 1. *f.* 5.
Polygonum cocciferum. *Bauh. pin.* 281. *fec. Rupp.*
Polygonum polonicum cocciferum. *Bauh. hift.* 3. *p.* 378.
β Knawel majus. *Dill. giff.* 87.
Alchimilla erecta, gramineo folio, minore flore. *Tournef. inft.* 508.
Polygonum, gramineo folio, majus erectum. *Bauh. pin.* 281.
*Crefcit in* Suecia, Dania, Polonia, Germania, Anglia, Gallia.
*Variat a loco: in campis exaridis glareofis, ubi primarius ejus locus natalis, eft planta breviffima, ramofiffima, diffufa, cinerea. In agris inter fegetes triplo quadruplo altior, viridis, tenera, flaccida; ad aquas viridis, alta, erecta; in hortis magna, fere erecta, minus ramofa.*
*Knawel verbum eft barbarum, mihi maxime paradoxum, dicunt alii Belgicum, alii Germanicum effe, attamen ego nec in Germania nec in Belgio fcifcitare potuerim, quid fibi vellet, nec alterutra natio hoc agnofcere voluit. Quæfivi quondam ab incomparabili ifto Philologo ol: Rudbeckio radicem vocis, qui regeffit fe nefcire, nifi fractum fuiffet a Gnaphalio, cum quo ex fono & literis radicalibus conveniret. Dodonæus in editione latina non Knawel fed Knäwel feu Knaewel fcribit. Knäwel eft verbum fuecum & in inferioribus Sueciæ provinciis inter vulgum frequens, idemque fonat*

*sonat ac Diäwel, mutata modo dialecto, & Diabolum significat, hinc suspicio mihi oritur quod aliquis peregrinans Suecus per jocum dixerit plantam sic vocari in patria, & originis ignarus alter severe hoc assumserit Botanicus aliquis.*

*Cum mihi non placeat Knäwel, dixi plantam Scleranthum seu florem cinereum vel incanum a colore florum singulari, & paucis plantis communi.*

## MITELLA. *g. pl.* 367

**1.** MITELLA scapo diphyllo.

Mitella americana, florum petalis fimbriatis. *Tournef. inst.* 242. *Boerh. lugdb.* 242.
Cortusa americana altera, floribus minutim fimbriatis. *Menz pug. t.* 10. *Raj. hist.* 1085.
Cortusa americana, spicato flore, petalis fimbriatis *Herm. lugdb.* 661. *parad.* 130.
Cortusa americana, flore spicato stellato. *Raj. hist.* 1085
Sanicula seu Cortusa indica, flore spicato fimbriato dodarti. *Raj. hist.* 1085.
Sanicula seu Cortusa americana altera, flore minuto fimbriato. *Vall. paris.* 161.
Sanicula montana seu Cortusa americana, spicato herbaceo flore. *Jocq. paris.* 115.
*Crescit in* America.
*Scapus plantae simplicissimus, filiformis, nudus, nisi quod in medio gerat folia duo, opposita, fere sessilia, lacinulata & inaequaliter serrata. Flores per summam partem scapi alterni, pedunculis parvis simplicibus & propriis. Flos campanulatus; petala quinque, calyci inserta, ciliata undique; stamina decem, brevissima, calyci inserta.*

**2.** MITELLA scapo nudo.

Mitella americana, florum petalis integris. *Tournef. inst.* 242. *Boerh. lugdb.* 1. *p.* 207.
Cortusa americana, flore spicato, petalis integris. *Herm. parad.* 129. *lugdb.* 661.
Cortusa indica vel hedera terrestris. *Stap. theoph.* 366. *Raj. hist.* 1085.
Sanicula montana americana repens. *Vall. paris.* 161.
Sanicula montana peregrina, seu Cortusa americana. *Joncq. paris.* 115.
*Crescit in* America.
*Scapus plantae simplicissimus, filiformis, totus nudus; Folia radicalia antecedentis simillima. Flores in summa parte scapi, alterni, pedunculis parvis simplicibus & propriis. Flos patulus, Petala lanceolata, utrinque acuminata, calyce paulo longiora, plana, patentia. Stamina decem, filiformia, superne latiora, erecta, corolla longiora. Antherae subrotundae. Germen ovato-acuminatum, bipartitum, sed connivens, desineus in totidem stylos, quorum alter altero brevior, ambo staminibus breviores; stigmata acuta, erecta. Ergo non varietas antecedentis.*

## SAXIFRAGA. *g. pl.* 368.

**1.** SAXIFRAGA foliis reniformibus lobatis, caule ramoso, radice granulosa.

Saxifraga alba, radice granulosa. *Bauh. hist.* 3. *p.* 706.
Saxifraga rotundifolia alba. *Bauh. pin.* 339. *Tournef. inst.* 252. *Boerh. lugdb.* 222.
Saxifraga alba. *Dalech. hist.* 1113. *Dod. pempt.* 316.
Saxifraga alba chelidonides. *Lob. hist.* 335.
Thelygono affinis. *Caesalp. syst.* 338.
Sedum bicorne album rotundifolium erectum, radice granulosa. *Moris. hist.* 3. *p.* 479. *s.* 12. *t.* 9. *f.* 23.
α Saxifraga rotundifolia alba, pleno flore. *Boerh.*
*Crescit in omnibus* Austriae *&* Stiriae *alpibus; in pratis montosis & siccioribus* Angliae, *Germaniae & in* Sueciae *frequentissima.*

**2.** SAXIFRAGA foliis palmatis, caule simplici unifloro. *Fl. lapp.* 172. *t.* 2. *f.* 4.
*Crescit in Alpibus Lapponicis vulgatissima.*
*Distinctissima est species, & a Saxifraga ad folia bulbos gerens C. B. diversissima, uti ex collatis speciminibus Sherardianis patuit.*

**3.** SAXIFRAGA foliis reniformibus acute crenatis, caule ramoso folioso.
Geum rotundifolium majus. *Tournef. inst.* 251. *Boerh. lugdb.* 1. *p.* 222
Sedum montanum serratum album, hederaceo folio, majus, guttato flore *Moris. hist.* 2. *p.* 477. *s.* 12 *t.* 8. *f.* 10
Sanicula montana rotundifolia major. *Bauh. pin.* 243.
Sanicula alpina guttata. *Bauh. hist.* 3. *p.* 707.
Sanicula montana 3. *Cluf. hist.* 1. *p.* 307.
Caryophyllata; sive Geum alpinum penae *Dalech. hist.* 687.
*Crescit in* Alpibus Helveticis, Austriacis, Styriacis, *in montibus* Jura *&* Saleva *prope* Genevam.

**4.** SAXIFRAGA foliis cordato-ovalibus crenatis emarginatis, caule nudo.
Geum rotundifolium minus. *Tournef. inst.* 251.

Tt 2

Sa-

Sanicula montana rotundifolia minor. *Bauh. pin.* 243.
Saniculæ montanæ alterius species 2. *Cluf. hift.*,1. p. 307.
Sedum montanum ferratum rotundifolium album, guttato flore. *Morif. hift.* 3. p. 477.
α Geum folio circinato, piftillo floris pallido. *Tournef. inft.* 251. *Boerh. lugdb.* 1. p. 222. *Magn. hort.*
  87. *t.* 87.
Cotyledon five Sedum ferratum latifolium montanum, guttato flore. *Raj. hift.* 1046.
Sedum montanum rotundifolium minus album, flore albo guttato *Morif. hift.* 3. p. 478 *f.* 12. *t.* 9. *f.* 12.
β Geum folio fubrotundo minori, piftillo floris rubro. *Tournef. inft.* 251. *Magn. hort.* 88. *t.* 88.
  Sanicula montana crenata, umbilico rubro. *Herm. lugdb.* 534.
γ Geum folio oblongo crenato, fruɛtu & cauliculis ruberrimis, flore pallido rubris guttalis afperfo. *Boerh.*
δ Sanicula montana rotundifolia minor hifpanica. *Raj. hift.* 1047.
*Crefcit in* Alpibus Helveticis *& montibus* Hiberniæ.
*Satis obfcure diftinɛta eft hæc ab authoribus, nec figura bona data. Folia radicalia omnia*
*ovalia, bafi ut folium cordatum emarginata, per ambitum crenata, lacinulis rotundatis*
*obtufiufculis fere imbricatis, æqualibus, excepta fumma in apice breviore, ut folium quafi*
*emarginatum confpiciatur. Scapus nudus, ramofus & paniculatus. Corolla alba fæpius*
*punɛtata, obtufa. Foliorum figura etiam variat, datur enim planta foliis magis oblongis*
*ad bafin non emarginatis, datur & foliis exaɛte orbiculatis bafi emarginatis.*

5. SAXIFRAGA foliorum marginibus cartilagine crenatis.
Saxifraga foliis radicalibus in orbem pofitis ferraturis cartilaginofis. *Fl. lapp.* 177.
Saxifraga fedi folio anguftiore ferrato. *Tournef. inft.* 252. *Boerh. lugdb.* 1. p. 222.
Cotyledon media, foliis oblongis ferratis. *Bauh. pin.* 285.
Sanicula montana crenata, folio longiore, pediculo foliofo. *Pluk. alm.* 331. *t.* 222. *f.* 1.
Sedum ferratum album bicorne, longiore folio, marginibus argenteis. *Morif. hift.* 3. p. 478. *f.* 12. *t.* 9.
  *f.* 20.
Sedum montanum rofeum ferratum, flore guttato. *Barr. rar. t.* 1311, 1312, 1309, 373.
Phyllon prius. *Cæfalp. fyft.* 337.
α Saxifraga foliis fubrotundis ferratis. *Tournef.*
  Cotyledon minor, foliis fubrotundis ferratis. *Bauh. pin.* 285. *prod.* 133. *Bauh. hift.* 3. p. 690.
  Sedum montanum rofeum ferratum, foliis fubrotundis. *Barr. rar.* 1310.
β Sedum ferratum album bicorne, breviori folio marginibus argenteis. *Morif. hift.* 3. p. 478. *f.* 12. *t.* 9. *f.* 19.
  Cotyledon altera 4, five matthioli. *Cluf. hift.* 2. p. 64.
  Cotyledon media, foliis fubrotundis. *Bauh. pin.* 285.
γ Phyllum thelegonum. *Dalech. hift.* 1195.
δ Saxifraga, fedi folio, flore albo, multiflora. *Tournef.*
ε Saxifraga, fedi folio, pyrenaica ferrata. *Tournef.*
*Crefcit in* Alpibus Helveticis, Auftriacis, Stiriacis, Lapponicis *aliisque locis præruptis.*
*Qui attendit ad ftruɛturam, ad attributa fpeciei propria, facile perfpiciet nimium diftinɛtas*
*fuiffe varietates; in Hortis noftris adhuc omni anno longe plures obviæ funt varietates,*
*quam in alpibus.*

6. SAXIFRAGA foliis omnibus trilobis bafi anguftis, caule erɛto. *Fl. lapp.* 173.
Saxifraga verna annua humilior. *Tournef. inft.* 252. *Boerh. lugdb.* 1. p. 223.
Sedum tridaɛtylites teɛtorum. *Bauh. pin.* 285. *Morif. hift.* 3 p. 479. *f.* 12. *t.* 9. *f.* 31.
Tridaɛtylites teɛtorum, flore albo. *Bauh. hift.* 3. p. 763.
Sanicula aizoides tridaɛtylites murorum. *Pluk. alm.* 331.
Paronychia altera. *Dod. pempt.* 113.
Paronychia altera, rutaceo folio. *Lob. hift.* 249. *Dalech. hift.* 1214.
α Saxifragia alba petræa. *Pon. bald.* 337.
  Sedum tridaɛtylites alpinum majus album. *Bauh. pin.* 284. *prod.* 131. *Morif. hift.* 3. p. 479 *f.* 12. *t.*
  9. *f.* 28.
*Crefcit in* Alpibus Lapponicis *aliisque; in* Suecia, Anglia, Gallia, Germania, *in collibus,*
*muris, teɛtis.*
*In ficcis collibus & petris gerit figuram a Lobelio, Dodonæo & Dalechampio depiɛtam; in te-*
*ɛtis & rimis petrarum umbrofis & pinguibus uti a Morifono f. 31; in alpibus, inter Lapi-*
*des & petras in fubhumidis umbrofis, uti Morifonus f. 28. Dum plantæ folia exficcantur ab*
*aere calido rubefcunt in hac fpecie.*

7. SAXIFRAGA procumbens, foliis linearibus integris & trifidis.
Saxifraga mufcofa, trifido folio. *Tournef. inft.* 252. *Boerh. lugdb.* 1. p. 223.
Sedum alpinum, trifido folio. *Bauh. pin.* 284. *Morif. hift.* 3. p. 479 *f.* 12. *t.* 9 *f.* 26.
Sedis affinis trifulca alpina, flore albo. *Bauh. hift.* 3. p. 696. *defc. & 762 fig. ultima.*
*Crefcit in monte* Jura, Sneberg, *in montibus Britannicis,* Cornubiæ, Cambro-britanniæ,
  Weftmorlandiæ, Eboracenfium.

*TRI-*

# TRIGYNIA.

## MALPIGHIA. *g. pl.* 258.

1. MALPIGHIA foliis ovatis integerrimis glabris.
Malpighia mali punici facie. *Plum. gen.* 46.
Cerasus americana, myrti conjugatis foliis, fructu acerbo tetrapyreno. *Pluk. alm.* 94. *t.* 157. *f.* 4.
Cerasus jamaicensis, fructu tetrapyreno. *Comm. hort.* 1. *p.* 145. *t.* 75.
Cerasus curassavica, fructu tetrapyreno. *Kigg. beaum.* 12.
Arbor baccifera, folio subrotundo, fructu cerasino sulcato rubro polypyreno, ossiculis canaliculatis. *Sloan. flor.* 172. *hist.* 2. *p.* 106. *t.* 207. *f.* 2. *Raj. dendr.* 74.
Cerasa americana. *Mer. sur.* 7. *t.* 7.?
*Crescit in* Curaçao, Surinama, *aliisque variis Americæ regionibus.*

## BANNISTERIA. *g. pl.* 931.

1. BANNISTERIA foliis ovatis, ramis ramosis, seminibus extrorsum tenuioribus, introrsum lacinulam emittentibus.
Acer scandens, convolvuli folio, flore ex auro coccineo. *Plum. spec.* 18.
Acer scandens minus, apocyni facie, folio subrotundo. *Sloan. flor.* 138. *hist.* 2. *p.* 27. *t.* 162. *f.* 2. *Raj. dendr.* 94.
*Crescit in* Jamaicæ collibus Red-hills dictis, *secus semitam qua itur versus Guanaboam ubique.*
*Caulis scandens, tenuis; Folia ovata cum acumine, subtus villosa, nitida, supra glabra. Ramus ex aliis solitarius, foliis instructus, apice quasi ex umbella proferens pedunculos plures, filiformes, simplices, unifloros, confertim infixos summitati rami. Semina singula erecta, angulo exteriore in aciem attenuato, interiore vero obtusiore juxta pistillum angulum parvum acutum membranaceum exerente; ad latera seminis utrinque, juxta basin, tres denticuli appressi parvi conspiciuntur.*

2. BANNISTERIA foliis subovatis, ramis ramosis, seminibus introrsum tenuioribus, nullam lacinulam emittentibus.
Bannisteria scandens & frutescens, folio subrotundo. *Houst.*
*Crescit in* America.
*Antecedenti simillima est, sed folia magis obtusa, summi rami floriferi, paniculati & margo interior alati seminis acutus, exterior vero obtusus, contraria plane ac in antecedenti methodo, nec ullum denticulum exserit, præter denticulos laterales ad basin.*

3. BANNISTERIA foliis ovatis, ramis dichotomis, seminibus extrorsum tenuioribus, introrsum lacinulam emittentibus.
*Crescit in* America.
*Rami dichotomi, internodiis palmaribus; foliis ovatis, subtus hirsutis, ad bifurcationes oppositis, in divisura ramorum excrescit ovatum sessile receptaculum commune, e quo pedunculi exeunt plurimi, uniflori, filiformes. Semina extrorsum acie instructa, introrsum vero margine obtuso, ad basin juxta stylum emittente angulum obtusum & obsoletum; ad latus vero seminis e basi conspicitur lacinula simplex obtusa minima.*
*Plantarum hanc familiam sanctam destinabat Houstonus memoriæ* JOANNIS BANNISTERI *Angli, qui ante eum etiam vitam charissimam pro plantis dedit. Hic enim Virginiæ penetrans adyta, montesque rupesque scandens, ne quid absconditum ab ejus industria se subduceret, infelici casu titubat, decidit, conquassatur, misere perit. Dicta itaque fuit planta americana scandens, fructu confracto, sanguinolento.*

## TRIOPTERIS. *g. pl.* 860.

1. TRIOPTERIS
Aceri vel Paliuro affinis, angusto oblongo ligustri folio, flore tetrapetalo herbaceo. *Sloan. hist.* 2. *p* 27.
*Crescit in* America.
*Caulis tenuis, volubilis: Folia ligustri, ovato-oblonga, glabra, utrinque viridia, superne nitida, acuminata, opposita; petiolis brevibus. Rami oppositi, ex singula ala folii singuli, tribus oppositionibus foliorum ornati, desinentes sæpius in parvam paniculam sive aliquot pedunculos communes, sæpius trifidos; singulo tali ramo plures insident flores, propriis pedunculis instructi. Fructus singulus plana membrana est, triloba & acuta, in cujus centro semen acuminatum prominet, at conjunctis tribus fructibus, ab eodem flore productis, extant utrinque alæ.*
*Triopteris nomen est Plukenetii, a triplici ala, ut in semine plantæ, dictum.*

V v

Ga.

## GARIDELLA. *g. pl.* 369.

1. GARIDELLA.
Garidella foliis tenuissime divisis. *Tournef. inst.* 655. *Garid. prov.* 203. *t.* 39. *fig. opt. Boerh. lugdb.* 1.
*p.* 283.
Nigellastrum raris & fœniculaceis foliis. *Magn. hort.* 143. *t.* 143.
Nigella cretica, folio tœniculi. *Bauh. pin.* 146. *Morif. hist.* 3. *p.* 516. *f.* 12. *t.* 18. *f.* 6.
Nigella cretica altera odorata tenuifolia. *Raj. hist.* 1071.
Oenanthe indica, femine cordato. *Barr. rar. t.* 1240. *fig. vitiofa.*
*Crefcit circum Aix in* Provincia, *& forte in* Creta.
*Garidella dicta fuit per Tournefortium in honorem* PETRI GARIDELLI, *de plantis provinciæ qui inclaruit.*

## CUCUBALUS. *g. pl.* 371

1. CUCUBALUS caule ramofo, floribus trigynis, fructu colorato globofo.
Cucubalus plinii. *Dalech. hist.* 1429. *Tournef. inst.* 339. *Boerh. lugdb.* 2. *p.* 71.
Cucubalum quibusdam vel Alfine baccifera. *Bauh. hist.* 2. *p.* 175.
Alfine fcandens baccifera. *Bauh. pin.* 250.
Alfine repens major. *Cluf. hist.* 2. *p.* 183.
Alfine repens. *Dod. pempt.* 403. *Lob. hist.* 136. *f.* 3.
Planta recentiorum, Alfines majoris facie, baccis folani. *Morif. hist.* 2. *p.* 5. *f.* 1. *t.* 1. *f.* 7.
*Crefcit in fepibus & locis umbrofis* Francofurti *ad mœnum, in* Italia, Gallia Narbonenfi *& agro* Salmanticenfi *frequens.*
*Fructus hujus modo coloratus & fucculentus effecit, quod Morifonus eam Bryoniis & Tamis fubjunxerit, Rajus Phyfalidibus, Tournefortius vero genere omnino diftinxerit.*

2. CUCUBALUS floribus trigynis, calycibus glabris, capfulis trilocularibus.
Cucubalus, calycibus ovatis, hermaphroditus. *Fl. lapp.* 180.
Beën album officinarum. *Bauh. hist.* 2. *p.* 356.
Beën album five Polemonium. *Dod. pempt.* 172.
Polemonia. *Cæfalp. fyft.* 258.
Papaver fpumeum vulgo, Behen album Monfpelienfium. *Lob. hist.* 184.
Melandryum plinii quorundam. *Cluf. hist.* 2. *p.* 293.
Mufcipula pratenfis veficaria. *Rupp. jen.* 100.
Lychnis fylveftris, quæ Beën album vulgo. *Bauh. pin.* 205. *Boerh. lugdb.* 1. *p.* 211.
Lychnis fylveftris perennis, quæ Beën album vulgo. *Morif. hist.* 2. *p.* 535. *f.* 5. *t.* 20. *f.* 1.
α Lychnis quæ Beën album vulgo, flore pallide incarnato. *Boerh.*
β Lychnis fylveftris: quæ Behen album, vulgo flore pleno. *Tournef. inst.* 335.
γ Lychnis (Papaver fpumeum) latifolia vulgaris hirfuta. *Morif. præl.* 283
δ Lychnis fylveftris, quæ Beën album vulgo, Anglicana procumbens. *Boerh. lugdb.* 1. *p.* 212.
Lychnis maritima repens. *Bauh. pin.* 205.
ε Lychnis Suecica, Behen album, folio, habitu, calyce ampliffimis, Gumfepungar five fcrotum arietis dicta. *Boerh. lugdb.* 2. *p.* 212.
ζ Vifcago veficaria cretica, parvo flore purpurafcente. *Dill. elth.* 427. *t.* 317. *f.* 409.
Lychnis cretica, parvo flore, calyce ftriato purpurafcente. *Tournef. cor.* 24.
*Crefcit in pratis ficcioribus, agris inter fegetes, locis ruderatis frequens in* Gallia, Germa-nia, Anglia, Smolandia *& Norlandia Sueciæ,* Lapponia.

3. CUCUBALUS floribus hermaphroditis pentagynis, capfulis unilocularibus, calycibus angulatis.
Ocimoides major. *Cæfalp. fyft.* 256.
Ocimoides majus. *Dalech. hist.* 682.
Ocimoides album multis. *Bauh. hist.* 3. *p.* 342.
Lychnis fylveftris alba fimplex. *Bauh. pin.* 204. *Boerh. lugdb.* 1. *p.* 211.
Lychnis fylveftris hirfuta perennis alba fimplex vel multiplex, *Morif. hist.* 2. *p.* 541. *f.* 5. *t.* 21. *f.* 21.
α Lychnis alba multiplex. *Bauh. pin.* 211.
*Crefcit in pafcuis & ad fepes in* Italia, Auftria, Germania, Anglia, Dania, Suecia.
*Differt maxime a fequente, cui ceteroquin quodammodo fimilis, flore hermaphrodito, calyceque magis globofo & angulofo.*
*Thalamus nivei nitoris eft, at peracta venere, totum aulæum fufco feu cinereo nigricante pulvere commaculatum vides.*
*Dicitur hæc Suecis Scrotum arietis ob calycem villofum, at antecedens Scrotum Leporis ob glabritiem.*

4. CUCUBALUS floribus trigynis erectis, fructibus pendulis, calycibus ftriis decem crifpis notatis.
Vifcago hirfuta ficula, lychnidis aquaticæ facie, fupina. *Dill. elth.* 421. *t.* 312. *f.* 404.

*Lychnis*

Lychnis supina sicula, calyce ampliffimo striato. *Tournef. inst.* 336. *Boerh. lugdb.* 1. p. 211.
*Crescit in* Creta.

5. CUCUBALUS floribus dioicis pentagynis.
Cucubalus caule compofito, calycibus oblongo-ovatis. *Fl. lapp.* 182.
Melandryum plinii genuinum. *Cluf. hist.* 1. p. 294.
Lychnis fylveftris feu aquatica purpurea fimplex. *Bauh. pin.* 204. *Boerh. lugdb.* 1. p. 211.
Lychnis fylveftris minus hirfuta, flore rubello fimplici. *Morif. hist.* 2. p. 540.
Lychnis fylveftris, flore rubello; an Hefperis? *Lob. hist.* 181.
Ocimoides purpureum multis. *Bauh. hist.* 3. p. 343.

| Mas. | Fœmina. |
|---|---|
| Ocimoides purpureum *Mas* cui apices e medio flore prominent. *Gefn. hort.* | Ocimoides purpureum *Fœmina* cui apices nulli e medio flore prominent. *Gefn. hort.* |

α Lychnis purpurea multiplex. *Bauh. pin.* 204.
β Lychnis fylveftris five aquatica alba fimplex *Boerh. lugdb.* 1. p. 211.

*Crescit in pratis fubhumidis & ad fepes; nec non inter fegetes* Auftriæ, Galliæ, Angliæ, Belgii, Daniæ, Sueciæ, Lapponiæ, Finmarkiæ.
*Differt ab antecedente ( 3 ) flore, fexus diverfitate, quam primus obfervavit in hac Gefnerus, quodque annua fit planta.*
*Mas calyces fere cylindraceos gerit, fœmina autem ovatos.*

6 CUCUBALUS floribus trigynis erectis, calycibus fructus pendulis angulofis.
Vifcago hirfuta ficula, lychnidis aquaticæ facie, fupina. *Dill. elth.* 421. t. 312. f. 404.
Lychnis fupina ficula, calyce ampliffimo ftriato. *Tournef. inst.* 336. *Boerh. lugdb.* 1. p. 211.
*Crescit in* Creta.
*Calyces decem ftriis crifpis angulati funt.*

7. CUCUBALUS calycibus conicis ftriatis.
Mufcipula hifpanica latifolia, caliculis turgidis ftriatis. *Rupp. jen.* 100.
Lychnis fylveftris latifolia, caliculis turgidis ftriatis. *Bauh. pin.* 205. *Morif. hist.* 2. p. 543. f. 5. t. 21. f. 33.
Lychnis fylveftris 2. *Cluf. hist.* 1. p. 288.
Lychnis fylveftris 3 clufii, caliculis ftriatis. *Dalech. hist.* 818. *Lob. hist.* 183.
Mufcipula major, calyce turgido ventricofo. *Bauh. hist.* 3. p. 349.
α Lychnis fylveftris anguftifolia; cauliculis turgidis ftriatis. *Bauh. pin.* 205.
*Crescit inter fegetes in* Hifpania.
*Flores hermaphroditi trigyni funt.*

# SILENE. *g. pl.* 372.

1. SILENE foliis lanceolatis, caule paniculato, floribus nutantibus, calyce ftriato, corolla involuta.
Mufcipula montana hirfuta. *Rupp. jen.* 100.
Lychnis montana vifcofa alba latifolia. *Bauh. pin.* 205. *Boerh. lugdb.* 1. p. 213.
Lychnis fylveftris feu montana latifolia vifcofa, florum petalis fupra albis, fubtus virefcentibus interdiu fe contrahentibus. *Morif. hist.* 2 p. 535. f. 5. t 20. f. 4.
Lychnis fylveftris 9. *Cluf. hist.* 1 p 291
Lychnis fylveftris, flore albo. *Beft. eyft. æft.* 19.
Polemonium petræum gefneri. *Bauh. hist.* 3. p. 351.
α Lychnis ramofa, florum petalis albis reflexis, caliculo purpurafcente fplendido. *Boerh. lugdb.* 1. p. 213.
β Lychnis major noctiflora dubbenfis perennis. *Raj. hist.* 995.
*Crescit in* Anglia, Gallia, Germania, Suecia, *in pratis montofis exaridis.*

2. SILENE foliis lanceolatis radicalibus, caule paniculato nudo, floribus erectis.
Lychnis ocymaftri facie, flore viridi. *Herm. par.* 199. t. 199. *Boerh. lugdb.* 1. p. 215.
Lychnis flore pallide viridi. *Boerh. ind.* 85.
*Crescit in* Lufitania.

3. SILENE caule foliofo herbaceo, foliis lanceolatis acutis glabris, calycibus erectis.
Lychnis orientalis, bupleuri folio. *Tournef. cor.* 2. *itin.* 2. p. 139. t. 154. *Boerh. lugdb.* 1. p. 214.
*Crescit in* Perfia.

4. SILENE caule foliofo fruticofo, foliis lineari-lanceolatis, fructu ovato.
Lychnis frutefcens myrtifolia, Beën albo fimilis. *Bauh. pin.* 205. *Boerh. lugdb.* 1. p. 205.
Saponaria altera fruticofior *Cæfalp. fyft.* 256
Saponaria frutefcens, acutis foliis, ex Sicilia. *Bocc. fic.* 58. t. 30. f. 2.
Ocymoides fruticofum. *Cam. hort.* 109. t. 33.
Behen albo officinarum fimilis planta fempervirens. *Bauh. hist.* 3. p. 357.
*Crescit in* Sicilia *circa* Panormum *&* Agrigentum *inter faxa vulgaris.*

5. SILENE petalorum limbis integerrimis fubrotundis, fructibus erectis alternis.
Lychnis hirfuta minor, flore variegato. *Tournef. inst.* 338. *Boerh. lugdb.* 1. p. 214.

V v 2

Lychnis

Lychnis hirsuta, flore eleganter variegato. *Raj. hist.* 997.

*Crescere fertur in* Hispania.

*Ab Hortulanis dicitur quinque vulnera Christi ob maculam in singuli petali limbo san-*
*guineam.*

6. SILENE floribus alternis, petalorum limbis integris crenatis.
   Viscago hirsuta lusitanica, stellato flore. *Dill. elth.* 420. *t.* 311. *f.* 401.
   Lychnis sylvestris, stellato flore. *Grisl. lus.*
   *Crescit in* Lusitania.

7. SILENE foliis subulatis planis, floribus ad apices ramorum confertis, petalis bifidis.
   Lychnis orientalis perennis, foliis angustissimis, floribus albis conglobatis, petalis angustissimis. *Boerh.*
   *lugdb.* 1. *p.* 214
   *Crescit in* Oriente.
   *Caulis teres, fere lævis, angustus.   Folia lineari-subulata, internodiis caulis & ramorum bre-*
   *viora, margine hirsuta.   Rami alternatim ex alis prodeunt solitarii, simplices, qui ad api-*
   *cem gerunt ex alis alternatim florem solitarium; calyces oblongi hirsuti, striati.*

8. SILENE foliis lanceolato-ovatis glabris, floribus terminatricibus fasciculatis fastigiatis.
   Muscipula hispanica latifolia umbellata lævis. *Rupp. jen.* 100.
   Muscipula sive armoraria altera. *Lob. hist.* 242.
   Lychnis viscosa purpurea latifolia lævis. *Bauh. pin.* 205. *Morif. hist.* 2. *p.* 542. *f.* 5. *t.* 21. *f.* 26. *Boerh.*
   *lugdb.* 1. *p.* 213.
   Lychnis sylvestris 1. *Cluf. hist.* 1. *p.* 288.
   Armerius flos quartus. *Dod. pempt.* 176.
   Centaurium minus adulterinum, quibusdam Lychnidis viscidæ genus. *Bauh. hist.* 3. *p.* 355.
   a Lychnis viscosa alba latifolia lævis. *Tournef. inst.* 205.
   *Crescit in campestribus* Scaniæ *vulgatissima.*

9. SILENE floribus dioicis, petalis setaceis simplicissimis.

| Mas. | vel | Fæmina. |
|---|---|---|
| Otites floribus folis staminibus ornatis & majoribus. *Rupp. jen.* 100. | | Otites floribus minoribus, folis pistillis embryoni insidentibus fœtis. *Rupp. jen.* 100. |
| Sefamoides magnum salmanticum, flore majusculo sterili. *Cluf. hist.* 1. *p.* 295. | | Sefamoides magnum salmanticum seminiferum, minore flore. *Cluf. hist.* 1. *p.* 295. |
| Lychnis viscosa, flore muscoso majusculo, quæ sterilis. *Bauh. pin.* 206. | | Lychnis viscosa flore muscoso minore & seminifera. *Bauh. pin.* 206. |

   *Crescit in solo arido lapidoso, in* Anglia *rarius, frequentius in agro* Narbonensi *&* Salmanticensi, *copiosissima vero in* Austria *&* Silesia.

10. SILENE floribus pentagynis, capsulis quinquelocularibus.
    Viscaria rivini. *Rupp. jen.* 101.
    Lychnis sylvestris viscosa rubra angustifolia. *Bauh. pin.* 205.
    Lychnis sylvestris angustifolia viscola præcox rubra, foliis caryophylleis. *Morif. hist.* 2 *p.* 536. *f.* 5. *t.*
    21. *f.* 6.
    Lychnis sylvestris 4 *Cluf. hist.* 1. *p.* 289.
    Odontiti, sive Flori cuculi affinis Lychnis sylvestris. *Bauh. hist.* 3. *p.* 348. *fig. bon.*
    a Lychnis sylvestris viscosa angustifolia rubra altera, flore pleno. *Boerh. lugdb.* 1. *p.* 213.
    β Lychnis sylvestris viscosa angustifolia alba. *Tournef. inst.* 337.
    *Crescit copiosissime in pratis montosis exaridis, ad viarum margines in* Suecia, Silesia *&*
    Austria.
    *Silene est nomen antiquum Theophrasti (F. B.* 242.*) at Viscaria & viscago a Visco confecta*
    *(F. B.* 227.*) & Muscipula commune ac æquivocum cum œconomico instrumento (F. B.* 231.*)*
    *minus arrident.*

# ALSINE. *g. pl.* 373.

1. ALSINE foliis linearibus. *Fl. lapp.* 187.
   Alsine pratensis, gramineo folio angustiore. *Tournef. inst.* 243
   Lychnis arvensis glabra, flore minore. *Morif. hist.* 2. *p.* 546. *f.* 5. *t.* 22 *f.* 48. *Boerh. lugdb.* 2. *p.* 214.
   Caryophyllus arvensis glaber, flore minore. *Bauh. pin.* 210.
   Gramini fuchfii leucanthemo affinis & similis herba. *Bauh. hist.* 3. *p.* 361.
   *Crescit frequens per* Europam.
2. ALSINE foliis lanceolatis.
   Alsine pratensis, gramineo folio ampliore. *Tournef. inst.* 243.
   Lychnis arvensis glabra, flore majore. *Morif. hist.* 2. *p.* 546. *f.* 5. *t.* 22. *f.* 47.
   Caryophyllus arvensis glaber, flore majore. *Bauh. pin.* 210.
   Holostium ruelli. *Lob. hist.* 26.
   Gramen leucanthemum. *Dod. pempt.* 563.
   Gramen fuchfii sive Leucanthemum. *Bauh. hist.* 3. *p.* 361.
   *Crescit in* Dania, Germania, Anglia *& Australioribus Europæ Regnis.*

3. AL-

3. ALSINE foliis ovato-cordatis.
Alfine media. *Bauh. pin.* 250. *Morif. hift.* 2 *p.* 550. *f.* 5. *t.* 23. *f.* 4. *Boerh. lugdb.* 1. *p.* 209.
Alfine vulgaris five Morfus gallinæ. *Bauh.hift.* 3. *p.* 363.
Alfine minor. *Dod. pempt.* 29.
Alfine. *Dalech. hift* 1232.
α Alfine altiffima nemorum. *Bauh. pin.* 251. *Morif. hift.* 2. *p.* 550. *f.* 5. *t.* 23. *f.* 1.
Centunculus. *Cæfalp.fyft.* 259.
β Alfine aquatica major. *Bauh. pin.*251.
*Crefcit ubique per* Europam *in cultis & pinguibus locis, præfertim umbrofis.*

# ARENARIA. *g. pl.* 374.

1. ARENARIA foliis ovatis acutis petiolatis nervofis.
Arenaria plantaginis folio. *Rupp jen.* 90.
Spergula plantaginis folio. *Dill. gifl.* 58.
Alfine plantaginis folio. *Bauh. hift.* 3. *p.* 364.
*Crefcit ad fepes & in dumetis* Sueciæ, Daniæ, Germaniæ, Belgii, Galliæ, Angliæ.

2. ARENARIA foliis fubovatis acutis feffilibus.
Arenaria multicaulis ferpillifolia. *Rupp. jen.* 90.
Spergula multicaulis. *Dill. gifl.* 58.
Alfine minor multicaulis. *Bauh. pin.* 250. *Boerh.* 1. *p.* 209.
Alfine minima. *Dod. pempt.* 30. *Lob. hift.* 246. *Dalech. hift.* 1233.
*Crefcit in Arena, muris & aggeribus frequens per maximam partem* Europæ.

3. ARENARIA foliis linearibus, longitudine internodiorum.
Arenaria maritima. *Rupp. jen.* 89.
Alfine fpergulæ facie media. *Bauh. pin* 251. *Boerh.lugdb.* 1. *p.* 209.
Spergula marina. *Dalech. hift.* 1385. *Bauh. hift.* 3. *p.* 723.
*Crefcit in maritimis maris* Glacialis, Norvegicis, Bothnicis, Balthicis, Anglicis, Belgicis, *&c.*

# PENTAGYNIA.

## SPERGULA. *g. pl.* 375.

1. SPERGULA foliis ftellatis, pedunculis dichotomis.
Spergula fructu pendulo. *Fl. lapp.* 190.
Spergula. *Bauh. hift.* 3. *p.* 722. *Dod. pempt.* 537. *Dill. gifl.* 79.
Saginæ fpergula. *Lob. hift.* 467.
Arenaria arvenfis vulgatior. *Rupp. jen.* 89.
Alfine Spergula dicta major. *Bauh. pin* 251. *Boerh. lugdb.* 1. *p.* 209.
*Crefcit in agris ubique per* Europam.

2. SPERGULA foliis oppofitis, pedunculis fimplicibus
Spergula caulibus fimplicibus procumbentibus. *Fl. lapp.* 191.
Spergula minor, foliis Knawel, flore majufculo albo. *Dill. gifl.* 156.
Arenaria. *Bauh. hift.* 3. *p.* 723. *f.* 724.
Arenaria paluftris. *Rupp. jen.* 89.
Alfine nodofa germanica. *Bauh. pin.* 251. *prod.* 118.
Alfine paluftris, foliis tenuiffimis, feu Saxifraga paluftris anglica. *Raj. fyn.* 350.
Alfine paluftris ericæfolia polygonoides, articulis crebrioribus, flore albo pulchello. *Pluk. alm.* 23. *t.* 7. *f.* 4.
Alfine fpergulæ facie minima, feminibus nudis. *Tournef. inft.* 244.
Polygonum, foliis gramineis, alterum. *Loefel. pruf.* 204. *t.* 64. *opt.*
*Crefcit in locis fterilibus fubhumidis* Sueciæ, Germaniæ, Hollandiæ, Angliæ.

# CERASTIUM. *g. pl.* 376.

1. CERASTIUM foliis connatis.
Myofotis orientalis perfoliata, lychnidis folio. *Tournef. cor.* 18. *Dill. elth.* 295. *t.* 217. *f.* 284. *Boerh. lugdb.* 1. *p.* 215.
*Crefcit in* Oriente.
*Piftilla quinque in hac breviora, quam facile in aliis.*

2. CERASTIUM floribus pentandris, petalis emarginatis.
Ceraftium hirfutum minus, parvo flore. *Dill. gifl.* 80. *Raj. fyn.* 348. *t.* 15. *f.* 1.

X x

My-

Myofotis arvenfis hirfuta minor. *Tournef. inft.* 245. *Vaill. parif.* 142. *t.* 30. *f.* 2.
Alfine hirfuta, vafculo longiori, minima. *Rupp. jen.* 88.
Alfine hirfuta minor. *Bauh. pin.* 251.

*Crefcit vulgatiffima in omnibus vallibus ficcioribus tempore verno in* Suecia, Germania, Anglia *&* Hollandia.

*Flos gaudet ftaminibus quinque.*

3. CERASTIUM foliis calycibusque hirfutis.
Ceraftium hirfutum, flore majore. *Dill. giff.* 46.
Myofotis arvenfis hirfuta, flore majore. *Tournef. inft.* 245.
Alfine hirfuta, magno flore, vafculo corniculato. *Rupp. jen.* 88.
Caryophyllus arvenfis hirfutus, flore majore. *Bauh. pin.* 210.
Auricula muris, pulchro flore albo. *Bauh. hift.* 3. *p.* 360.

*Crefcit in* Anglia, Belgio, Germania.

4. CERASTIUM erectum villofo-vifcofum.
Ceraftium hirfutum vifcofum. *Dill. giff.* 41.
Myofotis hirfuta altera vifcofa. *Tournef. inft.* 245. *Vaill. parif.* 142. *t.* 30. *f.* 1.
Alfine hirfuta altera vifcofa. *Bauh. pin.* 251.
Alfine hirfuta, Myofotis latifolia præcofior. *Raj. fyn.* 148.

*Crefcit frequens in* Galliæ, Angliæ, Belgii, Germaniæ, Daniæ, Sueciæ, *pratis fterilioribus.*

*Hæc femper ftamina decem non quinque obtinet ; nifi fpecies 2da pro hujus varietate habenda fit.*

5. CERASTIUM perenne procumbens.
Myofotis arvenfis, polygoni folio. *Vaill. parif.* 141. *t.* 30. *f.* 5.
Myofotis incana repens. *Tournef. inft.* 244. *Boerh. lugdb.* 1. *p.* 215.
Lychnis incana repens. *Bauh. pin.* 206.
Lychnis incana & tomentofa, caulibus procumbentibus, foliis latioribus & brevioribus. *Herm. lugdb.* 394.
Ocymoides lychnitis, radice repente. *Bauh. hift.* 3. *p.* 353.

*Crefcit* Neapoli.

# LYCHNIS. *g. pl.* 381.

1. LYCHNIS floribus fafciculatis faftigiatis.
Lychnis hirfuta, flore coccineo, major. *Bauh. pin.* 203. *Boerh. lugdb.* 1. *p.* 210.
Lychnis chalcedonica, flore albo incarnato miniato, fimplici & pleno. *Morif. hift.* 2. *p.* 538. *f.* 5. *t.* 21. *f.* 14.
Lychnis chalcedonica miniata. *Lob. hift.* 183.
Lychnis byzantina, miniato flore. *Cluf. hift.* 1. *p.* 292.
Lychnis quæ oculus Chrifti vulgo. *Cæfalp. fyft.* 253.
Flos conftantinopolitanus miniatus albus & varius. *Bauh. hift.* 3. *p.* 344.
Flos conftantinopolitanus. *Dod. pempt.* 178.
α Lychnis hirfuta, flore incarnato, major. *Tournef. inft.* 334.
β Lychnis hirfuta, flore candido, major. *Tournef.*
γ Lychnis chalcedonica, flore pleno miniato feu aurantiaco. *Boerh.*

*Crefcendi locum ignoramus , allata eft Conftantinopoli in Europam.*

2. LYCHNIS petalis quadrifidis, fructu fubrotundo.
Lychnis pratenfis, flore laciniato fimplici & pleno. *Morif. hift.* 2. *p.* 537. *f.* 5. *t.* 20. *f.* 8. *Boerh. lugdb.* 1. *p.* 213.
Caryophyllus pratenfis, flore laciniato fimplici five Flos cuculi. *Bauh. pin.* 213.
Armerius fylveftris. *Dod. pempt.* 177.
Odontites plinii, fimplici flore. *Cluf. hift.* 1. *p.* 292.
Flos cuculi, odontis quibufdam. *Bauh. hift.* 3. *p.* 347.
α Odontites plinii, pleno flore. *Cluf. hift.* 1. *p.* 293.
β Lychnis pratenfis, flore laciniato albo fimplici. *Tournef. inft.* 336.
γ Lychnis pratenfis, flore laciniato pleno ampliore albo. *Tournef.*

*Crefcit in pratis fubhumidis & uliginofis frequens per* Europam.

# CORONARIA. *g. pl.* 380.

1. CORONARIA.
Lychnis coronaria. *Cæfalp. fyft.* 252. *Dod. pempt.* 170. *Lob. hift.* 181. *Dalech. hift.* 815.
Lychnis coronaria vulgo. *Bauh. hift.* 3. *p.* 340.
Lychnis coronaria diofcoridis fativa. *Bauh. pin.* 203.
Lychnis coronaria fativa, flore albo, rubro, punctato fimplici & rubro pleno. *Morif. hift.* 2. *p.* 540.

*Crefcit in* Italia *paffim tefte Rajo, apud Ananienfes Matthiolo ; quod mirum eft, fi non ex fatis fylveftris facta fit, cum faciem gerat exacte vel plantæ Cretenfis, Siculæ vel orientalis.*

*Variat immenfe quoad colorem florum , hinc feptem varietates Tournefortio, quinque Boerhaavio, quatuor ( cum quinta plena ) C. Bauhino.*

AGRO-

# AGROSTEMMA. *g. pl.* 379.

1. AGROSTEMMA.
Nigellaftrum. *Dod. pempt.* 173.
Pfeudo-Melanthium *Bauh. hift.* 3. p. 341. *Lob. hift.* 23. *Dalech. hift.* 438.
Lychnis quibusdam Gith. *Cæfalp. fyft.* 253.
Lychnis hirfuta fegetum major. *Morif. hift.* 2. p. 543. *f.* 5. *t.* 21. *f.* 31.
Lychnis fegetum major. *Bauh. pin.* 204. *Boerh. lugdb.* 1. p. 210.
*Crefcit inter fegetes vulgaris per* Europam.
*Licet planta fatis fimilis videatur antecedenti, tamen nulla eft pars in tota fructificatione, quæ non figura & proportione a Coronaria differat.*

# OXALIS. *g. pl.* 377.

1. OXALIS fcapo unifloro, foliis ternatis, radice fquamofo-articulata.
Oxalis foliis ternatis, fcapo unifloro. *Fl. lapp.* 194.
Oxys pliniana. *Lob. hift.* 495.
Oxys flore albo. *Tournef. inft.* 88. *Boerh. lugdb.* 1. p. 319.
Oxys five Trifolium acidum, flore albo & purpurafcente. *Bauh. hift.* 2 p. 387.
Trifolium acetofum vulgare. *Bauh. pin.* 330. *Morif. hift.* 2. p. 184. *f.* 2. *t.* 17. *f.* 1.
Trifolium acetofum. *Dod. pempt.* 578. *Dalech. hift.* 1355.
Acetofella vulgaris & officinarum. *Rupp. jen.* 101.
α Oxys flore fubcæruleo. *Tournef.*
β Oxys flore purpurafcente. *Tournef.*
*Crefcit in fylvis umbrofis mufco obfitis, præfertim fub juniperis in* Suecia, Germania, Anglia, Belgio.

2. OXALIS fcapo unifloro, foliis ternatis, radice bulbofa.
Oxalidi affinis planta bulbofa africana, flore purpureo magno. *Breyn. cent.* 102. *t.* 46.
Oxys bulbofa africana rotundifolia, caulibus & floribus purpureis amplis. *Comm. hort.* 1. p. 41. *t.* 21.
*Boerh. lugdb.* 1. p. 320.
*Crefcit ad* Caput bonæ fpei.

3. OXALIS caule bulbifero.
Oxys bulbofa æthiopica minor, folio cordato, flore ex albido purpurafcente. *Comm. hort.* 1. p. 43. *t.* 22
*Boerh. lugdb.* 1. p. 319.
*Crefcit in* Æthiopia.
*Caulis dichotomus nudus. Bulbi plures in fingula ala & e fummis apicibus ramorum. Juxta bulbos terminatrices enafcuntur petioli foliis ternatis & pedunculi uniflori.*

4. OXALIS caule ramofo, pedunculis multifloris.
Oxys flavo flore. *Cluf. hift.* 2. p. 249.
Oxys lutea. *Bauh. hift.* 2. p. 388. *Boerh. lugdb.* 1. p. 319.
Oxys lutea corniculata repens. *Lob. hift.* 495. *Dalech. hift.* 1355.
Oxys. *Cæfalp. fyft.* 564.
Acetofella flore luteo, capfula corniculata. *Rupp. jen.* 102.
Trifolium acetofum corniculatum. *Bauh pin.* 330.
Trifolium acetofum corniculatum luteum minus repens & etiam procumbens. *Morif. hift.* 2. p. 183. *f.* 2. *t.* 17. *f.* 2.
*Crefcit in locis umbrofis* Italiæ, Siciliæ, *circa* Hifpalim & *in* Madera.
*Oxys idem eft ac acidus, quod pro nomine plantarum fatis late petitum, licet a Plinio habeatur, ergo fubftituo aliud Plinianum Oxalis, ab eadem metaphora dictum.*

# COTYLEDON. *g. pl.* 382.

1. COTYLEDON foliis laciniatis.
Cotyledon afra, folio craffo lato laciniato, flofculo aureo. *Boerh. lugdb.* 1. p. 288 *t.* 288.
Telephium africanum, anguftiori folio, flore aurantiaco *Pluk. alm* 362. *t.* 228. *f.* 3.
*Crefcit in* Africa.
*Obf. Differt manifefte hæc fpecies a congeneribus in eo, quod fructificatio unam quintam partem numeri excludat, ut in hac fit calyx quadrifidus, corolla quadrifido limbo, ftamina octo, piftilla & capfulæ quatuor, tubus corollæ dein ovato-oblongus quadragonus eft & erectius.*

X x 2

3. Co-

2. COTYLEDON foliis fubrotundis planis integerrimis.
   Cotyledon africana frutefcens, foliis orbiculatis, limbo purpureo cinctis. *Tournef. inft.* 90 *Boerh. lugdb.* 1.
   p. 287.
   Sedum africanum frutefcens incanum, orbiculatis foliis. *Herm. lugdb.* 349. *t.* 551. *Morif. hift.* 3. *p.* 474.
   f. 12. t. 7. f. 39.
   Sedum arborefcens, promontorii bonæ fpei. *Stap. theophr.* 335.
α Cotyledon afra arborefcens major, foliis glaucis oblongioribus, flore luteo. *Boerh.*
β Cotyledon major arborefcens afra, foliis orbiculatis glaucis, limbo purpureo & maculis viridibus ornatis.
   *Boerh.*
γ Cotyledon africana, frutefcens, folio longo & angufto, flore flavefcente. *Comm. rar.* 23. *t.* 23.
   *Crefcit in maritimis aridis glareofis ad* Caput bonæ fpei.

3. COTYLEDON foliis femiglobofis.
   Cotyledon capenfis, folio femiglobato. *Dill. elth.* 112. *t.* 95. *f.* 111.
   *Crefcit in* Africa. *Nobis non floruit.*
   *Qui genere conjungit Craffulas & Cotyledones non errat, limites enim hifce generibus inter-*
   *cedunt nulli.*

# SEDUM. *g. pl.* 383.

1. SEDUM foliis planiufculis patentibus ferratis, corymbo terminatrici.
   Anacampferos, vulgo Faba craffa. *Bauh. hift.* 3. *p.* 681. *Boerh. lugdb.* 1. *p.* 288.
   Telephium vulgare. *Bauh. pin.* 287. *Morif hift.* 3. *p.* 467. *f.* 12. *t.* 10. *f.* 1.
   Telephium 1 vulgare. *Cluf. hift.* 2. *p.* 66.
   Telephium alterum feu Craffula. *Dod. pempt.* 130.
   Craffula major. *Cæfalp. fyft.* 579.
α Anacampferos purpurea. *Bauh. hift.* 3. *p.* 682.
   Telephium purpureum majus. *Bauh. pin.* 287. *Morif. hift.* 3. *p.* 467. *f.* 12. *t.* 10 *f.* 2.
   Telephium 5, purpureo flore. *Cluf. hift. . p.*67.
β Anacampferos minor purpurea. *Tournef. inft.* 264.
   Telephium purpureum minus. *Bauh. pin.* 287. *prod.* 133. *Bauh. hift.* 3. *p.* 682.
γ Anacampferos maxima. *Bauh. hift.* 3. *p.* 682.
   Telephium latifolium peregrinum. *Bauh. pin.*287. *Morif. hift.* 3. *p.* 468. *f.* 12. *t.* 10. *f.* 6.
   Telephium 1 hifpanicum. *Cluf. hift.* 2. *p.* 66.
   *Crefcit per* Europam *frequens in montibus inter lapidum acervos, in muris & tectis gra-*
   *minofis.*
   *Radix huic tuberofa fufiformis & caulis fimplex, corymbi florum terminatrices; folia carno-*
   *fa, plana in aliis dentato-ferrata, in aliis vero integra, in quibusdam oppofita, in aliis*
   *vero alterna.*

2. SEDUM foliis planiufculis patentibus angulatis, floribus in alis feffilibus folitariis.
   Sedum echinatum vel ftellatum, flore albo. *Bauh. hift.* 3. *p.* 680. *Boerh. lugdb.* 1. *p.* 286.
   Cotyledon ftellata. *Bauh. pin.* 285.
   *Crefcit* Meffanæ, Montbelgardi & Genevæ *in mufcofis fepium aggeribus.*

3. SEDUM foliis planis, caule ramofo, floribus ex alis, pedunculo ramofo.
   Sedum annuum album, oblongo portulacæ minoris folio. *Morif. hift* 3. *p.* 473. *f.* 12. *t.* 7. *f.* 37.
   Sedum Cepæa dictum. *Herm. lugdb.* 555. *Boerh. lugdb.* 1. *p.* 287.
   Cepæa. *Cæfalp. fyft.* 578. *Bauh. pin.* 288. *Bauh. hift.* 3. *p.*679. *t.* 680. *Cluf. hift.* 2. *p* 68. *Lob. hift.* 214.
   *Crefcit circa* Monfpelium & Genevam.
   *Caulis ramofiffimus, procumbens.* Folia *ovato-oblonga, depreffa. Racemi florum ex alis &*
   *fummitate.*

4. SEDUM foliis fubulatis oppofitis confertis adnatis: bafi membranacea foluta, umbella racemofa.
   Sedum minus luteum, folio acuto. *Bauh. pin.* 283. *Morif. hift.* 2. *p.* 471. *f.* 12. *t.* 6. *f.* 6. *Boerh. lugdb.*
   1. *p.* 286.
   Sedum minus hæmatodes. *Raj. hift.* 691.
   Sedum minus, flore luteo. *Bauh. hift.* 3. *p.* 692.
   Sedum minus 5. *Cluf. hift* 2. *p.* 60.
   Aizoon minus five Sempervivum dodoræi *Dalech. hift.* 1129.
   Sempervivum minus primum. *Dod. pempt.* 129.
α Sedum minus luteum, ramulis reflexis. *Bauh. pin* 283. *Morif. hift.* 3. *p.* 471. *f.* 12. *t.* 6 *f.* 7.
   Sedum minus luteum, flore fe circumflectente. *Bauh. hift.* 3. *p.* 693.
   Sedum minus 5 *Cluf. hift.* 2 *p.* 60
β Sedum rupeftre repens, foliis compreffis. *Dill. elth.* 343. *t.* 256. *f.* 333.
   Sedum minus a rupe f. Vincentii. *Raj. fyn.* 270
   *Crefcit in muris & tectis* Hifpaniæ & Angliæ.
   *Obf. α Non diftinctam effe fpeciem Rajus & Morifonus ftatuunt, Foliorum enim bafis fo-*
   *luta eft.*

5. SE-.

5. SEDUM foliis fubovatis adnato-feffilibus gibbis erectiufculis alternis, racemo florifero triplici.
Sedum minus 8 caufticum. *Cluf. hift.* 2. *p.* 61.
Sedum parvum acre, flore luteo. *Bauh. hift.* 3. *p.* 694.
Sempervivum minus vermiculatum acre. *Bauh. pin.* 283.
Sempervivum tertium minimum. *Cæfalp. fyft.* 578.
Illecebra feu Sempervivum tertium. *Dod. pempt.* 129.
Aizoon minus repens tertium diofcoridis. *Dalech. hift.* 1130.
*Crefcit in muris, tectis, vallibus & montibus vulgaris per* Europam.

6. SEDUM foliis oblongis obtufis teretiufculis feffilibus patentibus, panicula ramofa.
Sedum minus teretifolium album. *Bauh. pin.* 283. *Morif. hift.* 3. *p.* 472. *f.* 12. *t.* 7. *f.* 23. *&* 24.
Sedum minus, folio longiufculo tereti, flore candido. *Bauh. hift.* 3. *p.* 690.
Sedum minus 1. *Cluf. hift.* 2. *p.* 59.
Sempervivum minus alterum. *Dod. pempt.* 129.
Vermicularis five Illecebra major. *Lob. hift.* 205. *Dalech. hift.* 1132.
Aizoon minus fœmina. *Dalech. hift.* 1130
Sedum minus teretifolium alterum. *Bauh. pin.* 283. *Bauh. hift.* 3. *p.* 691.
Sedum minus 2. *Cluf. hift* 2. *p.* 59.
Sedum parvum. *Lob. hift.* 205.
*Crefcit in petris umbrofis vel frigidiufculis in* Anglia, *&c.*

# D E C A G Y N I A.

## PHYTOLACCA. *g. pl.* 384.

1. PHYTOLACCA foliis integerrimis.
Phytolacca americana, majori fructu. *Tournef. inft.* 299. *Boerh. lugdb.* 2. *p.* 70.
Phytolacca vulgaris. *Dill. elth.* 318. *t.* 239. *f.* 309.
Solanum racemofum americanum. *Raj. hift.* 662. *Pluk. alm.* 353. *t.* 112. *f.* 2.
Solanum majus racemofum. *Barr. rar. t.* 150.
Solanum virginianum rubrum maximum racemofum, baccis torulis canaliculatis. *Morif. hift.* 3. *p.* 522. *f.* 13. *t.* 1. *f.* 22.
Solanum racemofum tinctorium americanum, foliis & feminibus amaranthi. *Herm. lugdb.* 574.
Phytolacca mexicana, baccis feffilibus. *Dill. elth.* 318. *t.* 239. *f.* 308.
Sjooriki, vulgo Jamma gobo *Kæmpf. jap.* 828.
β Phytolacca americana, minori fructu. *Tournef. inft.* 229.
*Crefcit in* Japonia, Mexico, Jamaica, Virginia *aliisque* Americæ *regionibus pluribus.*
*Varietatem potius quam diftinctam fpeciem puto a effe, licet in eo caulis ftriatus & flores feffiles, quæ notæ a loco mutari poffunt. Infpectis enim plantis eadem ftructura vaforum, eadem fructificationis, eadem facies erat.*

Y y                                                        *Claf-*

# Classis XI.

# DODECANDRIA.

## MONOGYNIA.

### ASARUM. *g. pl.* 385.

1. ASARUM foliis fubcordatis petiolatis.
Afarum. *Cæfalp. fyft.* 389. *Bauh. pin.* 197. *Bauh. hift.* 3. *p.* 548. *Dod. pempt.* 358. *Boerh. lugdb.* 2. *p.* 95.
Afarum vulgare rotundifolium. *Morif. hift.* 3 *p.* 511. *f.* 13. *t.* 7. *f.* 1.
α Afarum canadenfe , mucronato folio. *Morif. hift.* 3. *p.* 511. *f.* 13. *t.* 7. *f.* 2.
Afarum majus americanum, fubhirfutis foliis in mucronem productis. *Pluk. alm.* 53.
Afarum americanum majus. *Boerh. lugdb.* 2. *p.* 95.
Afaron canadenfe. *Corn. canad.* 24. *t.* 25.
*Crefcit in umbrofis, opacis, fepibus præfertim corylaceis in variis locis* Germaniæ *,* Angliæ*,*
Hollandiæ *,* Galliæ*; in montibus fylvofis* Allobrogum*,* Sabaudorum*,* Gallo-provinciæ &
Pyrenæorum. *At varietas* α *ex* Canada *allata eft.*
*Diftinguitur* ( α ) *a naturali planta foliis verfus apicem parum acuminatis & florum laciniis
reflexis, nec ut in vulgari inflexis ; fundo corollæ albido, nihilominus fola eft varietas.
Stamina ante pubefcentiam reflexa a piftillo procumbunt, at inftante copula eriguntur prius mares alterni fex, uxori communi approximantur, genitalem farinam efflant; abfoluta eorum venere & alterni reliqui fex mariti arcte fæminam erecti comprimunt & fuum pulverem
effundunt.*

### LYTHRUM. *g. pl.* 387.

1. LYTHRUM foliis oppofitis.
Salicaria vulgaris purpurea, foliis oblongis. *Tournef. inft.* 253. *Boerh. lugdb.* 1. *p.* 221.
Blattaria rubra fpicata major glabra communis , folio acuto. *Morif. hift.* 2. *p.* 490. *f.* 5. *t.* 10. *f.* 10.
Lyfimachia fpicata purpurea. *Bauh. pin.* 246.
Lyfimachia purpurea quibufdam fpicata. *Bauh. hift.* 2. *p.* 702.
Lyfimachia purpurea communis major. *Cluf. hift.* 2. *p.* 51.
Pfeudo-Lyfimachium purpureum alterum. *Dod. pempt.* 86.
α Salicaria trifolia, caule hexagono. *Tournef. inft.* 253.
β Salicaria purpurea, foliis fubrotundis. *Tournef.*
Blattaria rubra fpicata major lanuginofa, folio fubrotundo. *Morif. hift.* 2. *p.* 490. *f.* 5. *t.* 10. *f.* 11.
*Crefcit ad ripas fluviorum vel lacuum ac foffarum per totam facile* Europam.

2. LYTHRUM foliis alternis.
Salicaria hyffopi folio latiore. *Tournef. inft.* 253. *Boerh. lugdb.* 1. *p.* 222.
Hyffopifolia. *Bauh. pin.* 218.
Hyffopifolia aquatica. *Bauh. hift.* 3 *p.* 792.
Hyffopifolia five Gratiola minor. *Bauh. prod.* 108.
Gratiola anguftifolia. *Raj. hift.* 1055.
Polygonum aquaticum majus. *Barr. rar. t.* 773.
α Salicaria hyffopi folio anguftiore. *Tournef.*
β Salicaria hyffopi folio, floribus albis. *Tournef.*
*Crefcit in* Alfatia*,* Anglia*,* Gallia*, in* Campania romana & Romæ *juxta ferpentes aquarum ri-
vulos in fubhumidis, præfertim ubi aquæ per hyemem ftagnarunt.
Salicaria, nomen a falice confarcinatum excludo* ( F. B. 227. ) *inque ejus locum affumo vocabulum antiquum, quod* Lyfimachiæ*, cum qua hæc apud veteres juncta fuit, fynonymon
dicit* Diofcorides.

*D I-*

# DIGYNIA.

## AGRIMONIA *g. pl.* 387.

1. AGRIMONIA foliis omnibus pinnatis, fructibus hispidis.
Agrimonia. *Cæsalp. syst.* 319.
Agrimonia officinarum. *Tournef. inst.* 301. *Boerh. lugdb.* 1. p. 79.
Agrimonia five Eupatorium. *Bauh. hist.* 3. p. 398. *Dod. pempt.* 28.
Eupatorium veterum feu agrimonia inodora feu minus odorata. *Morif. hist.* 2. p. 614. *f.* 5. *t.* 34. *f.* 1, 2, 3.
α Agrimonia fantonenfis odorata. *Tournef.*
Eupatorium odoratum fantonenfe feu blæfenfe , Agrimonia medio modo odorata. *Morif.*
β Agrimonia odorata. *Tournef.*
Eupatorium odoratum. *Bauh. pin.* 321.
Eupatorium maxime odoratum. *Morif.*
γ Agrimonia orientalis humilis , radice craffiffima repente, fructu in fpicam brevem & denfam congefto. *Tournef. cor.* 21.
*Crefcit in agrorum viarumque marginibus, juxta fepes & in pratis ficcioribus in* Italia, Gallia, Anglia, Hollandia, Germania, Dania, *& quibusdam provinciis* Sueciæ *inferioribus.*
*Flos fæpius duodecim ftamina gerit, fæpe & viginti, dum receptaculum floris claudit collum calycis , fuftinebit calyx capfulæ vices.*

2. AGRIMONIA foliis caulinis ternatis, fructibus glabris.
Agrimonoides. *Col. ecphr.* 1. p. 145. *Tournef. inst.* 301. *Boerh. lugdb.* 1. p. 79.
Agrimonoides femine glabro. *Barr. rar.* 612.
Agrimoniæ fimilis. *Bauh. pin.* 321. *Raj. hist.* 400. *Morif. hist.* 2. p. 615. *f.* 5. *t.* 34 *f.* 4.
*Crefcit inter vepres & frutices locis incultis ad* Matefii *radices feptentrionem refpicientibus & in Æquicolorum montibus, femper in umbrofis folique averfis* Columna. *In montibus* Latii *& Sabinarum ac fylvis editioribus* Italiæ, *nec non in collibus* Tiburtinis *fecundum albulam.* Barrelierus.
*Hujus flos hexandros eft.*

# POLYGYNIA.

## SEMPERVIVUM. *g. pl.* 389.

1. SEMPERVIVUM caule inferne nudo lævi ramofo.
Sempervivum arborefcens. *Rupp. jen.* 132.
Sempervivum five Sedum arborefcens majus. *Dod. pempt.* 127.
Sempervivum alterius generis. *Cæfalp. syst.* 577.
Sedum majus arborefcens. *Bauh. hist.* 3. p. 686 *Boerh. lugdb.* 1. p. 285.
Sedum majus arborefcens, flofculis citrinis , multiflorum. *Pluk. alm.* 339.
Sedum majus arborefcens, flofculis candidis. *Bauh. pin.* 282.
Sedum majus legitimum. *Cluf. hist.* 2. p. 58.
α Sedum majus arborefcens, foliis elegantiffime variegatis tricoloribus. *Boerh. lugdb.* 1. p 285.
β Sedum majus arborefcens. *Morif. hist.* 3. p. 470. *f.* 12. *t.* 6. *f.* 1.
*Crefcit in præruptis & fcopulofis collibus non procul a* Scyntri *arce regia, quinto ab* Ulyffipone *milliari.*
*Exerit fæpe radices e caule terram verfus defcendentes, ut Morifonus depinxit, hinc β.*

2. SEMPERVIVUM caule infra folia lacero, foliis cuneiformibus, fummis fubrotundis.
Sedum majus canarinum acaulon , pilis ad oras foliorum hifpidis arg.nteo-lucidis fimbriatum. *Pluk. alm.* 340. *t.* 314. *f.* 1.
Sedum canarinum , foliis omnium maximis. *Comm. hort.* 2. p. 189. *t.* 95.
*Crefcit, fi nominibus fides, in infulis* Canariis.

3. SEMPERVIVUM foliis radicalibus carnofis, caulinis imbricatis tenuioribus, corymbo racemofo reflexo.
Sempervivum tectorum majus. *Rupp.* 132.
Sempervivum majus alterum feu jovis Barba. *Dod. pempt.* 127.
Sedum majus vulgare. *Bauh. pin.* 283. *Bauh. hist.* 3. p. 687. *Morif. hist.* 3. p. 474. *f.* 12. *t.* 7. *f.* 41. *Boerh. lugdb.* 1. p. 286.
Aizoon majus five Sempervivum minus. *Dalech. hist.* 1129.
Cotyledon altera 1; Sedum vulgare. *Cluf. hist.* 2. p. 63.
*Crefcit in omnibus jugis urbi* Viennæ *vicinis & in* Auftriacis Styriacisque *alpibus, & per totam* Europam *in tectis.*

Y y 2

5. SEM-

4. SEMPERVIVUM foliis radicalibus in globum congeftis, propaginibus globofis
Sedum majus vulgari fimile, globulis decidentibus. *Morif. hift.* 3. *p.* 472. *f.* 12. *t.* 7. *f.* 18.
Sedum vulgari magno fimile. *Bauh. hift.* 3. *p.* 688. *Boerh. lugdb.* 1. *p.* 286.
*Crefcendi locus me fugit, nifi fit alius fpeciei varietas. Folia in hac ut præcedenti ciliata funt,*
*at hæc quoad partes omnes decies minor.*

5. SEMPERVIVUM foliis radicalibus in globum congeftis, villis reticulatim connexis.
Sempervivum alpinum, foliis tomentofis filamentis obductis. *Rupp. jen.* 132.
Sedum montanum tomentofum. *Bauh. pin.* 284. *Morif. hift.* 3. *p.* 474. *f.* 12. *t.* 8. *f.* 44. *Boerh. lugdb.* 1.
*p.* 286.
*Crefcit in Æquicolorum montibus & jugis altiffimis nudis faxofis meridiei expofitis, fupra mon-*
*tem Flaminianum le Serrone feu fupercilium dictum.*
*Folia radicalia in globum congefta, quafi tela aranea intertexta ; Caulis fpithamæus , afcen-*
*dens, fimplex, teres, pubefcens ; foliis alternis, lanceolatis fed convexis , carnofis, feffilibus ,*
*extrorfum obfolete rufefcentibus. Caulem terminat flos unus , fub quo alternatim tres ra-*
*mi fimpliciffimi , æquales, erecto-reflexi exeunt, fingulis alternatim affixi funt flores , fe-*
*re feffiles, omnes furfum verfi, quibus fingulis e regione, a latere inferiore, opponitur folio-*
*lum lineare, carnofum. Ex alis inferioribus caulis, infra ramos, exeunt pedunculi fimplices,*
*filiformes, debiles, folio duplo longiores, apice duos fuftinentes flores. Singulorum florum*
*calyx monophyllus , octopartitus fæpius, erecto-patens. Petala octo , totidem quot lacinæ*
*calycis, lanceolata , acuminata , rubra , linea longitudinali faturatius purpurea ; calyce ter*
*longiora, patentia. Stamina ad petala duplicata , fubulata , corolla dimidio breviora, ere-*
*cta , purpurea , alterna magis patula. Piftilla tot quot petala , in orbem pofita , erecta ,*
*fubulata , pallida.*

*Claf-*

# *Claffis XII.*

# ICOSANDRIA.

## *MONOGYNIA.*

### CACTUS. *g. pl.* 390.

**1.** CACTUS fubrotundus, tectus tuberculis ovatis barbatis.
Melo-Cactus americana minor. *Boerh lugdb.* 2. *p.* 83.
Melo-Carduus mamillaris major feffilis & globofus, fpinis brevioribus. *Morif. hift.* 3. *p.* 171.
Echino-Melo-Cactos minor lactefccns, tuberculis feu mammillis majoribus. *Herm. parad.* 136. *t.* 136.
Ficoides f. Melo-Cactos mammillaris glabra fulcis carens, fructum fuum undique fundens. *Pluk. alm.* 148.
*t.* 29. *f.* 1
Ficoides vel Ficus americana fphærica tuberculata lactefcens, flore albo, fructu rubro pyramidali. *Comm. hort.* 1. *p.* 105. *t.* 55.
Opuntia Echino-Melo-Cacti effigie tuberofa, fructu leviffimo amethyftino. *Breyn. prod.* 2. *p.* 79.
*Crefcit in rupibus* Americæ, *Curaffaviæ, aliarumque.*
*Hæc tota obvallatur undique tegiturque papillis ovatis barbatis, uti Mefembryanthemum; lactefcit (quod congeneres non) uti Euphorbia: fructificat uti Cactus.*

**2.** CACTUS quatuordecim-angularis fubrotundus.
Melo-Cactus indiæ occidentalis. *Bauh. pin.* 384. *Tournef. inft.* 653. *Plum. fpec.* 19. *Boerh. lugdb.* 2. *p.* 83.
Melo-cactos. *Beft. eyft. aut.* 36.
Melo-carduus echinatus. *Dalech. hift.* 1442.
Melo-carduus, fulcis rectis, fpinis ad angulos appofitis, major. *Morif. hift.* 3. *p.* 170.
Echino-Melo-Cactos. *Cluf. exot.* 92. *Sloan. flor.* 198. *Bauh. hift.* 3. *p.* 93.
Echino-Melo-Cactos major non lactefcens, coftis rectis. *Herm. parad.* 135.
Ficoides f. Melo-cactos americana, tomentofo capite, fulcis rectis *Pluk. alm.* 148.
*Crefcit in petris maritimis* Americæ, *uti* Jamaicæ *& aliarum.*
*Figura fua lepide Echinum refert, undique fpinis obvallatus, in apice corpore difcoideo convexo villofo inftructus, e quo flores prodeunt.*

**3.** CACTUS feptem-angularis oblongus erectus.
Cereus peruvianus major erectus maximus, fpinis fufcis obfitus, flore purpurafcente. *Eichr. Carolfr.* 13.
*Crefcit in* America.
*Noftra planta exacte ovata eft, feptem angulis profunde infculptis; dicunt alii fe eandem pedalem & bipedalem vidiffe, noftra tamen fibi figura femper per plures annos fimilis fuit, nec licet bene creverit figuram mutavit.*

**4.** CACTUS quadrangularis longus erectus, angulis compreffis.
Cereus erectus quadrangulus, coftis alarum inftar affurgentibus. *Boerh. ind.* 180. *lugdb.* 1. *p.* 293.
Cereus erectus minor, fructu fpinofo, coftarum numcro varians. *Herm. parad.* 117.
Ficoides f. Ficus americána erecta, cerei effigie, maxima craffiffima quadrangularis vel potius angulorum numero variabilis, fpinis longiffimis armata, flore fubviridi, fructu fpinofo rotundo, feminibus nigris majoribus & fplendentibus pleno. *Kigg. beaum.* 20. *Pluk. alm.* 147.
*Crefcit in* America, Curaçao *& alibi.*
*Anguli in hac planta compreffi & fere membranacei funt.*

**5.** CACTUS fex-angularis longus erectus.
Cereus erectus altiffimus furinamenfis. *Herm. parad.* 116. *Raj. dendr.* 23.
Cereus erectus altiffimus furinamenfis, fpinis fufcis. *Boerh. lugdb.* 1. *p.* 292.
Cereus erectus altiffimus furinamenfis, fpinis albis. *Boerh. lugdb.* 1. *p.* 293.
*Crefcit in* Surinama.
*Hæc planta altiffima eft & firma.*

**6.** CACTUS novem-angularis longus erectus, angulis obfoletis.
Cereus erectus, fructu rubro non fpinofo. *Herm. parad.* 114 *Boerh. lugdb.* 1. *p.* 293.
Cereus craffiffimus, fructu intus & extus rubro. *Sloan. flor.* 196. *hift.* 2. *p.* 157. *Raj. dendr.* 21.
Cereus peruanus fpinofus, fructu rubro nucis magnitudine. *Bauh. pin.* 458.
Cereus fpinofus. *Dalech. hift.* 1829.
Melocactus americanus monoclonos, flore albo, fructu atro-purpureo. *Tournef inft.* 653.

Z z
                                                     Eu-

Euphorbii adulta planta, five cerei effigie. *Stap. theophr.* 1057.
*Crefcit in* America, *præfertim* Jamaicæ *infulis in maritimis arenofis & fylvis campeftribus aridis & apertis ubique.*

7. C A C T U S fæpius novem-angularis longus erectus, angulis obfoletis, fpinis lanâ brevioribus.
Cereus curaffavicus erectus maximus, fructu rubro non fpinofo, lanuginofus, lanugine flavefcente. *Herm. parad.* 115. *t.* 115. *Boerh. lugdb.* 1. *p.* 292.
*Crefcit in* Curaçao.

8. C A C T U S octangularis longus erectus, angulis compreffis undatis, fpinis lanâ longioribus.
Cereus erectus craffiffimus maxime angulofus, fpinis albis pluribus longiffimis, lanugine flava. *Boerh. lugdb.* 1. *p.* 293.
*Crefcit in* Curaçao.
*An varietas fola præcedentis?*

9. C A C T U S quinquangularis longus erectus, articulatus.
*Crefcit in* America.
*Caulis erectus, quinquangularis, articulatus, internodiis pedalibus. Spinarum acervi per marginem abfque tomento ullo manifefto admixto prodeunt. Anguli rarius variant ad fex; nullos unquam emittit e caule radices, fed tenuis, erectis, debilis perfiftit.*

10. C A C T U S fcandens, angulis quinque pluribusve obtufis.
Cereus fcandens minor polygonus articulatus. *Herm. parad.* 120. *Boerh. lugdb.* 1. *p.* 293.
Cereus americanus major articulatus, flore maximo noctu fe aperiente & fuaviffimum odorem fpirante. *Volk. hefp.* 1. *p.* 233. *t.* 234.
Ficoides americanum five Cereus minima ferpens americana. *Pluk. alm.* 148. *t.* 158. *f.* 6.
*Crefcit in* Vera Cruce, Jamaica, *aliisque Americæ variis tractibus arbores fcandens.*
*Floret hæc unica folum nocte fingulo flore, qui fat infrequens eft, explicatur enim occidente fole, fulget per noct.m copiofis fuis radiis, oriente fole contrahitur; qui floruit die 30. junii 1737. fic fe habuit.*
*Germen fubrotundum, papillis tectum, apicibus papillarum pilis albis, folio minimo & fetis fufcis pungentibus inftructis, uniloculare, feminibus numerofiffimis, lateri pericarpii adnatis. Perianthium maximum, germini infidens, monophyllum, fere clavatum, fpithamæum, glabrum, tubulofum, deciduum, adfperfum Foliolis lanceolato-linearibus, erectis, ad quorum fingulorum exortum fetæ fufcæ, pungentes & crines albi, foliolo longiores exeunt; bafis folioli finguli elevata, decurrit per calycem, unde angulatum evadit perianthium; Foliola deim inferiora gradatim minora, uti fuperiora majora.*
*Limbus perianthii maximus, patens, æqualis, corolliformis: conftans foliolis 60. pluribus, lanceolato-linearibus, longiffimis, fulvis, quadruplici ferie digeftis.*
*Corolla alba, calyci adnata ita, ut an Flos polypetalus vel monopetalus dicendus vix conftet. Petala itaque circiter viginti, duplici ferie difpofita, lanceolata, longitudine limbi calycis, fed duplo latiora, obtufa, feffilia, adnata calycis limbo.*
*Staminum infinitus numerus: Filamenta filiformia, longitudine fere corollæ, quorum numerofa, fecundum totam longitudinem tubi calycis, perianthio adnata, ut totam ejus internam tegant fuperficiem, apicibus parum difcedentia a calyce. Alia Filamenta innumera ex infimo tubo perianthii orta, libera, nec adnata, adeoque a prædictis diftinctiffima fitu; hæc prioribus fimillima, fed paulo breviora, declinata, flaccida. Antheræ oblongæ, obtufæ, erectæ.*
*Stylus teres, filiformis, filamentis longe craffior, longitudine corollæ adeoque ftaminibus paulo longior, declinatus. Stigmata 20, erecto-patula, fubulata, molliffima.*
*Mirus naturæ lufus. In planta tam fimplici, nulla, indigna, dejecta Flores prognafcantur de principatu cum omnibus certantes, hi fola nocte floreant pulcherrimi, odoratiffimi, maxime colorati, unica nocte diu exfpectati.*

11. C A C T U S triangularis fcandens articulatus.
Cereus fcandens minor trigonus articulatus, fructu fuaviffimo. *Herm. parad.* 118. *Boerh. lugdb.* 1. *p.* 293.
Ficus indica, folio triangulari enfiformi, profunde canaliculato, ftellatim aculeato. *Raj. dend.* 20. *Sloan. flor.* 196.
Ficoides americanum five Cereus erectus criftatus, foliis triangularibus profunde canaliculatis. *Pluk. alm.* 147. *t.* 29. *f.* 3.
Melocactus americanus repens trigonus, flore albo, fructu violaceo. *Plum. fpec.* 19.
Jama-caru. *Marcgr. braf.* 23. *f.* 24.
*Crefcit in* Jamaica, Brafilia *variisque aliis americæ regionibus in fylvis campeftribus, arboribus infidens & afcendens.*

12. C A C T U S tereti-compreffus articulatus ramofus.
Opuntia curaffavica minima. *Boerh. lugdb.* 2. *p.* 82.
Ficus indica feu Opuntia curaffavica minima. *Kigg. beaum.* 19. *Comm. hort.* 1. *p.* 107. *t.* 56.
*Crefcit in* Curaçao.

13. C A-

13. CACTUS compressus articulatus ramosus, articulis ovoto-oblongis, spinis setaceis.
Opuntia maxima, folio spinoso latissimo & longissimo. *Tournef. inst.* 240. *Boerh. lugdb.* 2. *p.* 82.
*Crescit in* America.
*An hæc a sequenti specie re ipsa distincta sit sere dubium est, spinas raro subulatas exerit, communiter vero setas fasciculatas, & caule longe minus ramoso est.*

14. CACTUS compressus articulatus ramosus, articulis ovato-oblongis, spinis subulatis.
Opuntia major, folio oblongo rotundo, spinis longis & validissimis confertim nascentibus obsito, flore-luteo. *Sloan. flor.* 193. *hist.* 2. *p.* 149. *t.* 224. *f.* 1.
Opuntia major, validissimis spinis munita. *Tournef. inst.* 239. *Boerh. lugdb.* 2. *p.* 82.
Tuna major, spinis validis flavicantibus, flore gibbo. *Dill. elth.* 396. *t.* 295. *f.* 380.
α Tuna elatior, spinis validis nigricantibus. *Dill. elth.* 395. *t.* 294 *f.* 379.
*Crescit in* Jamaica *& plurimis* Americæ *regionibus.*

15. CACTUS compressus articulatus ramosissimus, articulis ovatis, spinis setaceis.
Opuntia vulgo herbariorum. *Bauh. hist.* 1. *p.* 154.
Ficus indica, folio spinoso, fructu majore. *Bauh. pin.* 458.
Ficus indica. *Cæsalp. syst* 89 *Dod. pempt.* 813.
Ficus indica eystettensis ex uno folio enata. *Besl. eyst. aut.* 41.
*Crescit in* America, nova Hispania, *&c.*

16. CACTUS foliis ensiformibus obtuse serratis.
Epiphyllum americanum. *Herm. prod.* 388.
Phyllanthos americana, sinuosis foliis longis crassis & carnosis opuntiæ in modum florigera. *Pluk. alm.* 296. *t.* 247. *f.* 5
Opuntia foliо plano glabro scolopendriæ. *Boerh. lugdb.* 2 *p.* 82.
Opuntiæ forte affinis surinamensis, e foliorum crenis folia nova producens. *Kigg. beaum.* 19.
Cereus scolopendri folio brachiato. *Dill. elth.* 73. *t.* 64. *f.* 74.
Ficus indica, scolopendriæ foliis. *Till. pis* 62.
Ficus seu Opuntia non spinosa, scolopendriæ folio sinuato. *Raj. dendr.* 21.
Canambaya. *Marcgr. bras.* 78. *t.* 79.
Nopalxoch cuez altecquizi *Hern. mex.* 392 *&* 457.
*Crescit in* Brasilia, Mexico, Surinama *aliisque calidioribus* Americæ *regionibus.*
*Hocce genus totum sedem in sola* America *posuit & in Hortorum hybernaculis hocce ævo primas tenet.*
*Singularis plantarum familia absque foliis, nuda, echinata fere tota; Folia si quæ sit, ista subulata caduca.*
*Divisa fuit in tria genera a Botanicis: in Opuntias, Cereos & Melocactos, non autem distinguendam esse docet facies & floris consideratio, in quo tam multæ notæ propriæ occurrunt.*
*Opuntia nomen rejectum a Cl. Dillenio, Cereus & Melocactus & Tuna vix meliora vocabula dimitto, nomen antiquum superfluum Cactum assumo, quo veteres plantam indigitarunt aculeatam, carnosam, edulem, uti species 2da est.*

# PERESKIA. *g. pl.* 402.

1. PERESKIA.
Pereskia aculeata, flore albo, fructu flavescente. *Plum. gen.* 35. *Dill. elth.* 305. *t.* 227. *f.* 294.
Grossularia, fructu majore, arbor spinosa, fructu foliaceo e viridi albicante. *Sloan. flor.* 165. *hist.* 2. *p.* 86. *Raj. dendr.* 27.
Malus armeniaca spinosa, portulacæ folio, fructu folioso, semine reniformi splendente. *Comm. hort.* 1. *p.* 135. *t.* 70.
Portulaca americana latifolia ad foliorum ortum lanugine obducta, longioribus aculeis horrida. *Pluk. alm.* 304. *t.* 215. *f.* 6.
*Crescit in* America *in Insula* Margaretha, Jamaica, *aliisque.*
*Apud nos non floret; ex figuris tamen* Plumerianis *patet eam* Cacto *valde affinem, si non ejusdem generis esse; qui itaque eam conjungere velit, per me potest, cum calyx imbricatus sit, germini impositus, petala plura, stigma divisum, fructus modo in hac retineat squamas germinis post florescentiam, reliquæ vero species non omnes* Cacti *eas rejiciant. Succulenta planta, & spinosa, (licet hæc sola foliis perfectis instructa sit) confirmat idem.*

# GARCINIA. *g. pl.* 861.

1. GARCINIA.
Mangostans. *Garcin. act* 431. *t.* 1. *Garcia apud Clus. in exot.* 233. *Bont. jav.* 115. *Bauh. hist.* 1. *p.* 107.
Laurifolia javanensis. *Bauh. pin.* 461. *Raj. hist.* 1662.
*Crescit in* Java *circa* Bantam *emporium. Semina e quibus apud nos enata fuit,* 1736. *ex* Africa *delata fuere.*

Z z 2

*Dixi*

*Dixi novi hujus generis arborem Garciniam a Garcino, qui primus hujus generis characterem dedit in Actis anglicanis & a Garcia ab Horto, qui primus hanc plantam descripsit. Hujus plantæ egregiam historiam & figuram memini me vidisse in Rumpfii tomo 1mo.*

## PSIDIUM. *g. pl.* 393.

1. PSIDIUM caule quadrangulo.
   Guajava. *Dalech. hist.* 1837. *Tournef. inst.* 660. *Boerh. lugdb.* 2 *p.* 250.
   Guayava. *Raj. hist.* 1455.
   Guayava indica, fructu mali facie. *Bauh. hist.* 1. *p.* 108.
   Guayava. *Dalech app.* 17. *Cluf exot.* 346.
   Guajava alba dulcis. *Comm. hort.* 1. *p.* 121. *t.* 63.
   Guajava alba acida, fructu rotundiori. *Pluk. alm.* 181. *t.* 193. *f.* 4.
   Guajava arbor. *Cluf. hist.* 2. *p.* 254.
   Guayaba. *Marcgr.* 104. *t.* 105. *Pif. braf.* 75.
   Guajabo pomifera indica *Bauh. pin.* 437.
   Guajaves *Mer. fur.* 57. *t.* 57. & 19. *t.* 19.
   Pela. *Rheed. mal.* 3. *p.* 31. *t.* 34.
   Malacka-Pela. *Rheed. mal.* 3. *p.* 33. *t.* 35.
   Xalxochotl feu Pomum arenofum. *Hern. mex.* 84.
   Malo punicæ affinis pomifera, flore pentapetalo albo, fructu nullis diffepimentis interftincto ex toto efculento rubro majori (& majore albo, & minore albo). *Sloan. flor.* 198, 199, 200. *hist.* 2. *p.* 161 & 163.
   *Crefcit in utraque India in* Malabaria, Jamaica, Mexico, Brafilia, *&c. locis campeftribus.*
   *Variat fructu rubro acido & albo dulci majore ac minore, unde tres varietates communiter a Botanicis exhibentur.*
   Guajava *eft nomen barbarum, quod facile confunditur cum* Guajacana, Guajaco *&* Guanabano, *hinc affumfi in hoc genere nomen inufitatum, antiquum,* Pfidium, *aliis* Pfidion, Sidion *&* Pfidia, *quod a plurimis veteribus* Punicæ *impofitum fuit.*

## PUNICA. *g. pl.* 400.

1. PUNICA. *Cæfalp. fyft.* 141.
   Punica fylveftris. *Tournef. inst.* 636.
   Malus punica fylveftris. *Bauh. pin.* 438. *Raj. hist.* 1462.
α  Punica quæ Malum Granatum fert. *Tournef. inst.* 636. *Boerh. lugdb.* 2. *p.* 250.
   Punica malus. *Dalech. hist.* 303.
   Malus punica fativa. *Bauh. pin.* 438.
   Malus punica. *Bauh. hist.* 1. *p.* 76. *Dod. pempt.* 794.
   Malum punicum *Lob. hist.* 564.
   Malus granata. *Stap. theophr.* 393.
β  Punica flore pleno majore (& minore). *Tournef. inst.* 636.
   Balauftria flore pleno majore (& minore). *Bauh. pin.* 438.
   Balauftria hifpanica. *Bauh. hist.* 1. *p.* 82.
   Granaat-boom. *Mer. furin.* 49. *t.* 49. & 9. *t.* 9.
   *Crefcit in Regno* Granatenfi, Italia, Hifpania, Gallia Narbonenfi, Africa *&* America, *præfertim folo macilento & in montibus cretaceis.*

## MYRTUS. *g. pl.* 399.

1. MYRTUS floribus folitariis, calyce fructus diphyllo.
   Myrtus communis italica. *Bauh. pin.* 468. *Boerh. lugdb.* 2. *p.* 255.
   Myrtus vulgaris nigra & alba; fativa & fylveftris. *Bauh. hist.* 1. *p.* 510.
   Myrtus. *Cæfalp. fyft.* 127.
α  Myrtus fylveftris, foliis acutiffimis. *Bauh. pin.* 469.
   Myrtus bœtica fylveftris. *Cluf hist.* 1. *p.* 66.
   Myrti majoris quinta fpecies. *Lob. hist.* 559.
   Myrti ramuli cum flore & femine. *Dod. pempt.* 773.
β  Myrtus latifolia bœtica 2 vel foliis laurinis confertim nafcentibus. *Bauh. pin.* 469.
   Myrtus bœtica latifolia exotica. *Cluf. hist.* 1. *p.* 65.
γ  Myrtus minor vulgaris *Bauh. pin.* 469. *Lob. hist.* 560.
   Myrtus tarentina. *Dalech. hist.* 237. *Bauh. hist.* 1. *p.* 512.
δ  Myrtus foliis minimis & mucronatis *Bauh. pin.* 469.
   Myrtus anguftifolia minor. *Bauh. hist.* 1. *p.* 513.
   Myrtus minima anguftifolia. *Dalech. hist.* 238.
   Myrtus domeftica, fructu albo. *Cluf. hist.* 1. *p.* 67.
   Myrtus prior. *Dod. pempt.* 772.
   *Crefcit in* Europa, Afia, Africa, America, *locis nec gelidis nec fervidis; vulgatiffima per* Italiam, *ex hac virefcunt univerfa maris Tyrrheni litora ut & Romana ac Neapolitana;*
   *pro-*

*provenit & in Gallo-provincia prope Baffetum in Sepibus; iisdem & locis varietas a quæ vix varietas eft. At δ in Afia.*

*Varietates unius ejusdemque fpeciei funt omnes duodecim a Tournefortio & Boerhaavio enumeratæ: confirmat hoc numerus, figura, fitus & proportio partium omnium, etiam fructificationis; hinc recte Rajus in hift. 1502. lin. ult: Sufpicor omnes hafce varietates e femine Myrti communis Italicæ initio oriundas. Videbitur hoc noftrum affertum pluribus, qui non examinarunt partes, paradoxon, infpiciant itaque partes & tradant dignam differentiam & nos eorum aufcultabimus fententiæ, qui nullam nunc reperimus differentiam.*

## P A D U S. *g. pl.* 398.

1. **P A D U S** glandulis duabus bafi foliorum fubjectis.
Padus foliis annuis. *Fl. lapp.* 198.
Padus germanica, folio deciduo. *Rupp. jen.* 108.
Padus theophrafti. *Dalech. hift.* 312.
Cerafus racemofa quibusdam, aliis Padus *Bauh. hift.* 1. p. 228.
Cerafus racemofa fylveftris, fructu non eduli *Bauh. pin.* 451. *Tournef. inft.* 626. *Boerh. lugdb.* 2. p. 244.
*Crefcit vulgaris per* Europam *in fepibus & juxta agros.*
*Præterquam quod annua fint hæc folia, differunt & a congeneribus foliis bafi emarginatis & duabus glandulis, fub bafi petiolo infertis, oppofitis, orbiculatis, quæ in reliquis congeneribus non occurrunt.*

2. **P A D U S** foliis fempervirentibus lanceolato-ovatis.
Padus exotica, folio amplo craffo fempervirente. *Rupp. jen.* 108.
Laurocerafus. *Cluf. hift.* 1. p. 4. *Bauh. hift.* 1. p. 420. *Barr. rar.* 125. t. 873. *Tournef. inft.* 628. *Boerh. lugdb.* 2. p. 246.
Cerafus folio laurino *Bauh. pin.* 450.
Lotus fecunda. *Dalech. hift.* 349. fig. mal.
*Crefcit in* Trapezunte, *unde* Conftantinopolim *delata, inde in* Europam *ad* Clufium *anno* 1576.
*Infufum foliorum Theæ inftar hauftum cum lacte variis hic in* Belgio *phthificis folatio fuit. Voluere autem recentiores plantam valde venenatam effe, cum fpiritus necet animalia, quod mihi paradoxon videtur, ubi nec affinitas, nec fapor, nec odor, nec facies, nec fenfatio ulla a priori hæc probant; an Hordeum venenatum fit, cum fpiritus ejus necet animalia?*

3. **P A D U S** foliis fempervirentibus ovatis.
Lauro-Cerafus lufitanica minor. *Tournef. inft.* 628. *Dill. elth.* 193. t. 159.
Lauro-Cerafus lufitanica minor fpeciofior. *Pet. muf.* §. 783.
Lilac flore albo pendulo odoratiffimo. *Grif. lufit.*
*Crefcit in* Lufitania.
*Padus eft nomen Theophrafti, fed Lauro-Cerafus nomen hybridum e Lauro & Cerafo, at planta nullo modo.*
*Conveniunt arbores hujus generis ftipulis duabus, bafi petioli infertis, linearibus, acutis, caducis.*

## C E R A S U S. *g. pl.* 397.

1. **C E R A S U S.** *Cæfalp. fyft.* 51.
Cerafus fructu acido ferotino, fucci fanguinei. *Tournef. inft.* 625.
Cerafa acida nigricantia folidiora tardius maturefcentia. *Bauh. hift.* 1. p. 209.
Cerafa acidiffima, fanguineo fucco. *Bauh. pin.* 450.
● Cerafus fativa, fructu rotundo rubro & acido. *Tournef. inft.* 625.
Cerafa fativa rotunda rubra & acida, quæ noftris Cerafa fativa. *Bauh. pin.* 449.
Cerafus. *Dod. pempt.* 808.
Cerafus. *Lob. hift.* 592.
β Cerafus hortenfis, pleno flore *Bauh. pin.* 450.
Cerafus flore pleno. *Bauh. hift.* 1. p. 223.
γ Cerafus racemofa hortenfis. *Bauh. pin.* 450
Cerafus uno pediculo plura ferens. *Bauh. hift.* 1. p. 223.
δ Cerafus pumila. *Bauh. pin.* 450. *Bauh. hift.* 1. p. 222.
*Crevit* Cerafunte *Pontico municipio: unde* Lucullus Imperator Romanorum, *debellato Mithridate, primum in* Italiam *arborem detulit, ut teftatur* Plin. libr. 15. c. 25., *at nunc frequens eft per maximam partem* Europæ.
*Omnia Cerafa in* Europa *vifa, ejusdem fpeciei funt, & glandulam ad bafin foliorum utrinque ferunt.*

A a a         PRU-

## PRUNUS. *g. pl.* 396.

1. **PRUNUS** fpinofa, foliis lanceolatis.
Prunus fylveftris. *Bauh. pin.* 444. *Bauh. hift.* 193. *Dalech. hift.* 130. *Dod. pempt.* 753. *Lob. hift.* 595.
*Boerh. lugdb.* 2 p 241.
α Prunus fylveftris major *Raj. hift.* 1528.
Prunus fylveftris præcox altior. *Tournef. inft.* 623.
Pruna fylveftria præcocia. *Bauh. pin.* 444.
*Crefcit in fepibus, collibus & pratis ficcis per* Europam *frequens, at α videtur ex hac per culturam producta.*

2. **PRUNUS** inermis, foliis lanceolato-ovatis.
α Prunus fructu minori auftero. *Tournef inft.* 623.
Pruna augufto maturefcentia, minora & aufteriora. *Bauh. pin.* 443.
β Prunus. *Bauh. pin.* 443. *Bauh. hift.* 1. p. 184.
Prunus domeftica. *Lob. hift.* 595.
Prunus fativa vulgaris. *Rupp. jen.* 106.
γ Prunus fructu cerei coloris *Tournef. inft.* 622.
Prunus coloris ceræ ex candido in luteum pallefcente. *Bauh. pin.* 443.
*Crefcit & hæc, hocce ævo, fat frequens in fepibus calidioris* Europæ*; utrum ab initio Europæa, nec ne, fuerit, me latet.*
*Stipulæ in hac, ut in* Cerafo*, lineares & ferrato-dentatæ funt, denticulorum apicibus quafi fphaceolo correptis.*

3 **PRUNUS** foliis ovato-cordatis.
Armeniaca. *Cæfalp. fyft.* 49.
Armeniaca (genus totum). *Tournef. inft.* 623.
Armeniaca feu Mala præcocia prifcorum. *Bauh. hift.* 1. p. 167.
Armeniaca malus (genus totum). *Boerh. lugdb.* 2. p. 242.
Malus armeniaca (genus totum). *Bauh. pin.* 442. *Dalech. hift.* 297. *Dod. pempt.* 797.
*Crefcendi locus naturalis nobis incognitus eft, utrum in* Armenia *nafcatur, nec non, incerti fumus.*
*Folia utrinque glabra, ovato-cordata, acuminata, glandulæ aliquot in fumma parte petiolorum elevatæ. Stipulæ tripartitæ, lineares, ferrato-dentatæ, laciniis exterioribus gradatim brevioribus.*

## AMYGDALUS. *g. pl.* 395.

1. **AMYGDALUS** foliorum ferraturis omnibus acutis.
Perfica. *Cæfalp. fyft.* 49.
Perfica molli carne & vulgaris; viridis & alba. *Bauh. pin.* 440. *Tournef. inft.* 624. *Boerh. lugdb.* 2. p. 243.
Perfica malus. *Lob. hift.* 568.
Malus perfica. *Dod. pempt.* 796. *Dalech. hift.* 295. *Bauh. hift.* 1. p. 157.
α Perfica vulgaris, flore pleno. *Tournef.*
β Perfica fructu odoro, lævi cortice tecto. *Tournef.*
Nuciperfica, quod nucum juglandium faciem repræfentet. *Bauh. pin.* 440. *Raj. hift.* 1516.
*Crefcendi locus etiam in hac fpecie nos latet, nifi in* Perfia *crefcat.*

2. **AMYGDALUS** foliis petiolatis: ferraturis infimis glandulofis.
Amygdalus fylveftris. *Bauh. pin.* 442.
α Amygdalus fativa. *Bauh. pin.* 441.
Amygdalus fativa, fructu majore. *Bauh. pin.* 441.
Amygdalus dulcis & amara. *Bauh. hift.* 1. p. 174.
Amygdalus. *Dod. pempt.* 798. *Dalech. hift.* 317. *Lob. hift.* 569.
β Amygdalus dulcis, putamine molliori. *Tournef. inft.* 627.
γ Amygdalus amara. *Tournef. inft.* 627.
*Crefcit in fepibus* Tripolitanis *in folo ficco duro fabulofo.* Rauwolf.
*Diftincta fuit* Perfica *&* Amygdalus *genere, cum tamen nullus dederit unicam notam his intercedentem fpecificam, nec reperimus aliam, quam ferraturas infimas in* Amygdalo *glandulofas, in* Perfica *vero non. Stipulæ utrisque fubulatæ, ferrato-dentatæ, acuminibus fufcis.* Perfica *non matura eft* Amygdalus *fecundum omnium fyftematicorum characteres.*

3. **AMYGDALUS** foliis petiolatis bafi attenuatis.
Amygdalus pumila. *Morif. blef.* 13.
Amygdalus rara. *Munt. hift.* 34. t. 34.
Amygdalus indica rara. *Pluk. alm.* 28. t. 11. f. 3. *Herm. lugdb.* 36. *Boerh. lugdb.* 2. p. 245.
*Crefcendi locus nos latet.*

*Hæc*

*Hæc pumila vel vix bipedalis perſiſtit; folia lanceolata ſunt, ſed verſus baſin attenuata, linearia fere evadunt & ſeſſilia abſque petiolis ullis; ſerraturæ infimæ in hac ut præcedente (2da) glanduloſæ ſunt, licet minus evidenter. Stipulæ lineares minus manifeſte dentatæ.*

## S T Y R A X. *g. pl.* 401.

1. S T Y R A X. *Cæſalp. ſyſt.* 71 *Lob. hiſt.* 579.
  Styrax arbor. *Bauh. hiſt.* 1. p. 341.
  Styrax folio mali cotonei. *Bauh. pin.* 452. *Tournef. inſt.* 598 *Boerh. lugdb.* 2. p. 218.
  *Creſcit in Agro* Romano *& circa* Tuſculum *in ſepibus & ſylvis copioſe; nec non in* Syria, Palæſtina *&* Creta; *inque monte* Tauro.

## G U A J A C U M. *g. pl.* 394.

1. G U A J A C U M foliis pinnatis, foliolis quatuor.
  Guajacum flore cæruleo, fructu ſubrotundo. *Plum. gen.* 39.
  Guajacum jamaicenſe, lentiſci ſubrotundis foliis læte virentibus, flore albo. *Pluk. alm.* 180. t. 35. f. 3.
  Guajacum jamaicenſe, foliis veluti muria conditis ſpiſſius virentibus, flore ſubcæruleo. *Pluk. alm.* 180. t. 35. f. 4.
  Guajacon. *Hern. mex.* 63.
  Pruno vel Evonymo affinis arbor, folio alato buxeo ſubrotundo, flore pentapetalo cæruleo racemoſo, fructu aceris cordato, cujus cortex luteus corrugatus, ſemen unicum majuſculum nigricans nullo officulo tectum operit. *Sloan. flor.* 186. *hiſt* 133. t. 222. f. 3 - 6.
  Arbor ligni ſancti vel Guajacum. *Seb. theſ.* 1. p. 86. t. 53. f. 2.
  *Creſcit in* Hiſpaniola *&* Jamaica.
  *Noſtra planta gerit modo duas ~~oppoſitiones foliolorum in folio compoſito~~ ſeu pinnata folia, non ~~plures ut Hernandus~~ & Commelinus delinearunt; an itaque loci, ætatis vel ſpecies differentia?*

## *D I G Y N I A.*

## C R A T Æ G U S. *g. pl.* 404.

1. C R A T Æ G U S foliis ovalibus inæqualiter ſerratis.
  Cratægus folio ſubrotundo ſerrato ſubtus incano. *Tournef. inſt.* 633. *Boerh. lugdb.* 2. p. 248.
  Meſpilus alni folio ſubtus incano, Aria theophraſti dicta. *Raj. ſyn.* 453.
  Aria cum flore & fructu. *Dalech. hiſt.* 201.
  Sorbus torminalis, alterum genus. *Cæſalp. ſyſt.* 146.
  Sorbus alpina. *Bauh. hiſt.* 1. p. 65.
  Alni effigie, lanato folio, major. *Bauh. pin.* 452.
  ∞ Cratægus inermis, foliis ellipticis ſerratis transverſaliter ſinuatis ſubtus villoſis. *Fl. lapp.* 199.
  Cratægus folio ſubrotundo laciniato & ſerrato. *Vaill. pariſ.* 24.
  Cratægus ſcandica, foliis oblongis nonnihil laciniatis & ſerratis. *Celſ upſ.* 17
  *Creſcit in montibus altis & frigidis* Angliæ, Pannoniæ, Narbonæ, Helvetiæ, Burgundiæ, Norvegiæ, Alſatiæ.

2. C R A T Æ G U S foliis cordatis acutis, ~~laciniatis acutis~~ ſerratis.
  Cratægus folio laciniato. *Tournef. inſt.* 633. *Boerh. lugdb.* 2. p. 248.
  Cratægus theophraſti. *Dalech. hiſt.* 99.
  Meſpilus apii folio, ſylveſtris non ſpinoſa ſive Sorbus torminalis. *Bauh. pin.* 454.
  Sorbus torminalis. *Cæſalp. ſyſt.* 146. *Dod. pempt.* 803.
  Sorbus torminalis plinii. *Cluſ. hiſt.* 1. p. 10. *Lob. hiſt.* 614.
  Sorbus torminalis & Cratægus theophraſti. *Bauh. hiſt.* 1. p. 63.
  *Creſcit in montibus* Angliæ, Alſatiæ, *Sylvæ* Harcyniæ, Helvetiæ, Auſtriæ, Pannoniæ, Burgundiæ.
  *Flores hujus ſæpius ſtamina* 10., *piſtilla* 5. *& calycem ſerratum proferunt, quibus a congeneribus diſtinctiſſima eſt arbor, unde & patet varietatem ſpinoſam non eſſe diverſam ſpeciem.*

3. C R A T Æ G U S foliis ovatis repando-angulatis ſerratis.
  Meſpilus canadenſis, ſorbi torminalis facie. *Tournef. inſt.* 642.
  Meſpilus apii folio, virginiana, ſpinis horrida, fructu amplo coccineo. *Pluk. alm.* 249. t 46 f. 4.
  Meſpilus ſpinoſa ſive Oxyacantha virginiana maxima. *Herm. lugdb.* 423. *Boerh. lugdb.* 2. p. 257. *Angl. hort.* 49. t. 13. f. 1.
  *Creſcit in* Virginia *&* Canada.
  *Occurrit cum ſpinis validis & absque eis, antecedenti affinis.*

4. CRATÆGUS foliis obtusis bis trifidis.

Mespilus, apii folio, sylvestris spinosa, sive Oxyacantha. *Bauh. pin.* 454. *Tournef. inst.* 642. *Boerh. lugdb.* 2. *p.* 256.

Oxyacantha. *Lob. hist.* 614 *Cæsalp. syst.* 99.

Oxyacantha vulgaris. *Rupp. jen* 109.

Oxyacantha sive Spina acuta. *Dod. pempt.* 751. *Dalech. hist.* 136.

Oxyacantha vulgaris seu Spinus albus. *Bauh hist.* 1. *p.* 49.

Spina appendix plinii. *Cluf. hist.* 1. *p.* 121.

a Mespilus spinosa, sive Oxyacantha flore pleno. *Tournef. inst.* 642.

β Mespilus apii folio laciniato. *Bauh. pin.* 453. *Tournef. inst.* 641. *Boerh. lugdb.* 2. *p.* 256.

Mespilus Aronia veterum. *Bauh. hist.* 1. *p.* 67.

Mespilus Aronia *Dod. pempt.* 801. *Lob. hist.* 615. *Dalech. hist.* 333.

Azarolus. *Cæsalp. syst.* 100.

*Crescit in sepibus , montibus , campestribus , pratis per* Sueciam, Germaniam, Angliam & Galliam, *at* a *in hortis producitur* & β *in* Sylva Valena *prope Monspelium.*

# T R I G Y N I A.

## S O R B U S. *g. pl.* 405.

1. SORBUS foliis pinnatis.

Sorbus sylvestris. *Dalech. hist.* 332.

Sorbus sylvestris alpina. *Lob. hist.* 544.

Sorbus sylvestris, foliis domesticæ similis. *Bauh. pin.* 415.

Sorbus aucuparia. *Bauh. hist.* 1. *p.* 62. *Boerh. lugdb.* 2. *p.* 248.

Aucuparia rivini. *Rupp. jen.* 112.

a Sorbus sativa. *Bauh. pin* 415.

Sorbus domestica *Lob. hist.* 544.

Sorbus legitima. *Cluf. hist.* 1. *p.* 10.

Sorbus. *Bauh. hist.* 1. *p.* 59. *Dalech. hist.* 330. *Dod. pempt.* 803.

*Crescit in* Lapponia, Norvegia, Finlandia, Suecia, Dania, Germania, Helvetia, Anglia, Gallia & *locis umbrosis* & *spongiosis*, *at (* a *) in* Italia, Germania, Helvetia.

# T E T R A G Y N I A.

## P H I L A D E L P H U S. *g. pl.* 392.

1. PHILADELPHUS athenæi & rivini. *Rupp. jen.* 70.

Syringa alba sive Philadelphus athenæi. *Bauh. pin* 398. *Tournef. inst.* 617 *Boerh. lugdb.* 2. *p.* 238.

Syringa flore albo. *Bauh. hist.* 1. *p.* 203. *Dalech. hist.* 355.

Syringa italica. *Lob. hist.* 540.

Syringa. *Dod. pempt.* 777.

Frutex coronarius. *Cluf. hist.* 1. *p.* 55.

a Syringa flore albo pleno. *Tournef. inst.* 617.

*Crescendi locus latet , ex facie* Africanam & Chinensem *facile dicerem, hyemes nostras quæ su-stinet vehementissimas.*

*Cum stylus absoluta florescentia ad basin integer conspiciatur, ad monandriam in generibus hanc retuli, cum autem in flore omnino quadripartitus sit, hunc locum sibi vindicare potest.*

## T E T R A G O N I A. *g. pl.* 406.

1. TETRAGONIA.

Tetrapteris frutex africanus, linariæ folio crassiore , fructu quadripinnato f. quaternis membranaceis exantibus alis donato. *Pluk. amalt.* 200.

Tetragonocarpos africana fruticans, foliis longis & angustis *Comm. hort.* 2. *p.* 205. *t.* 103. *Raj app.* 527. *Boerh. lugdb.* 2. *p.* 262.

Evonymo affinis africana, flore luteo, portulacæ folio. *Seb. thes.* 2. *p.* 13. *t.* 11. *f.* 8.

a Tetragonocarpos præcedenti similis, fructu rotundo tetragono umbilicato. *Boerh.*

β Tetragonocarpos afra, folio portulacæ longo, flore herbaceo. *Boerh.*

γ Tetragonocarpos africana, radice magna crassa & carnosa. *Comm. hort.* 2. *p.* 203. *t.* 102.

*Crescit in* Africa.

*In flore primario additur una quarta pars numeri in omni parte fructificationis , veluti* & *in* Evonymo & Ruta.

*Tetragonia est vocabulum Theophrasti ; Tetra-Gono-Carpos vero est vocabulum sesquipedale.*

PEN-

# PENTAGYNIA.

## MESPILUS. *g. pl.* 407.

1. MESPILUS foliis lanceolatis integerrimis fubtus tomentofis, calycibus acuminatis.
Mefpilus vulgaris. *Bauh. hift.* 1. *p.* 69.
Mefpilus. *Cæfalp. fyft.* 100. *Dod. pempt.* 801. *Lob. hift.* 591.
Mefpilus fetania. *Dalech. hift* 334.
Mefpilus germanica, folio laurino non ferrato; five Mefpilus fylveftris. *Bauh. pin.* 453. *Boerh. lugdb.* 2. *p.* 256.
*a* Mefpilus, folio laurino, major. *C. B.*
*β* Mefpilus italica, folio laurino ferrato. *C. B.*
*γ* Mefpilus fructu albo. *C. B.*
*Crefcit inter* Argentinam & Badenfes Thermas *in fylvis.*
*Planta naturalis fpinofa eft, at culta & infita fpinas deponit & fructus majores producit.*

2. MESPILUS fpinofa, foliis lanceolato-ovatis crenatis, calycibus obtufis.
Mefpilus fpinofa, pyri folio. *Herm. lugdb.* 424. *Boerh. lugdb.* 2. *p.* 257.
Mefpilus aculeatus, amygdali folio. *Tournef. inft.* 642.
Pyracantha quibusdam. *Bauh. hift.* 1. *p.* 50.
Pyracantha. *Lob. adv.* 438.
Oxyacantha diofcoridis; five Spina acuta, pyri folio. *Bauh. pin.* 454.
Uva urfi. *Dalech. hift.* 134.
*Crefcit in fepibus* Galloprovinciæ, Italiæ, Hetruriæ, Bononiæ.
*Stamina viginti; ~~piftilla quinque~~; ftyli ad bafin hirfuti; calycis dentes obtufi; corymbus duplicatus.*

3. MESPILUS inermis, foliis lanceolatis crenulatis.
Mefpilus virginiana, foliis arbuti lanato folio. *Pluk. alm.* 248.
Sorbus virginiana, foliis arbuti. *Herm. lugdb.* 578. *t.* 699.
Sorbus aucuparia virginiana, foliis arbuti. *Breyn. prod.* 1. *p.* 15. *defcr.*
Cratægus virginiana, foliis arbuti. *Tournef. inft.* 633. *Boerh. lugdb.* 2. *p.* 248.
*Crefcit in* Virginia.

4. MESPILUS inermis, foliis ovatis ferratis acutis.
Mefpilus folio rotundiore, fructu nigro fubdulci. *Tournef. inft.* 642. *Boerh. lugdb.* 2. *p.* 257.
Hamamelis athenæi, latiore (& anguftiore) folio. *Dalech. hift.* 203.
Amelanchier gallo-provinciæ. *Barr. rar. t.* 527.
Amelanchier gallorum. *Lob. hift.* 608.
Bagolæ alterum genus. *Cæfalp. fyft.* 210.
Diofpyros. *Bauh. hift.* 1. *p.* 75. *Raj. hift.* 1461.
Vitis idæa 3. *Cluf. hift.* 1. *p.* 62.
Alni effigie, lanato folio, minor. *Bauh. pin.* 452.
*Crefcit in montofis, faxofis, præruptis* Helvetiæ, Auftriæ, Sabaudiæ, *&c. circa* Genevam.
*Folia adhuc tenella fubtus tomentofa funt, at adulta hirfutilem deponunt.*

5. MESPILUS foliis ovatis ~~integerrimis~~.
Mefpilus folio fubrotundo, fructu rubro. ~~*Tournef. inft.* 642.~~ *Boerh. lugdb.* 2. *p.* 257.
Mefpilus humilis, folio mali cydoniæ rotundo non ferrato. ~~*Herm. lugdb.* 424.~~
Chamæ-Mefpilus cordi. *Bauh. pin.* 452.
Chamæ-Mefpilus gefneri. *Cluf. hift.* 1. *p.* 60.
Epimelis. *Dalech. hift.* 198.
Epimelis altera; Cotoneafter gefneri. *Dalech. hift.* 199.
Cotoneafter. *Bauh. hift.* 1. *p.* 73.
Cotoneafter folio rotundo non ferrato. *Bauh. pin.* 452.
*Crefcit in montibus pratenfibus* Sueciæ, *in Alpibus* Helveticis, Apenninis, Allobrogicis, Rhæticis, Ararat.
*In hac fpecie dehifcit pericarpii umbilicus, ut femina dura verfus apicem appareant.*

## PYRUS. *g. pl.* 408.

1. PYRUS foliis ferratis, pomis bafi concavis.
Malus fylveftris five agreftis. *Raj. hift.* 1448.
Malus. *Bauh. hift.* 1. *p.* 1-27. *Dod. pempt.* 789. *Dalech. hift.* 188.
Malus (totum genus). *Tournef. inft.* 634. *Boerh. lugdb.* 2. *p.* 249.
Malus five Pomum. (*fpec.* 1-7.) *Bauh. pin.* 433.
Bbb

Mala

Mala. *Lob. hist.* 590.

*Crescit in pratis, sepibus & arvorum marginibus* Sueciæ, Germaniæ, Angliæ, Galliæ; *abhorrent a locis maritimis; a fervidis & gelidis, hinc rara in interiori Italia, nulla supra Holmiam Sueciæ spontanea.*

Varietates: *Diligentia & ars hic produxit atque venales coluit ducentas quidem & penitus plures distinctas species pomorum (ex calculo Anthophilorum). Mali tamen unam duntaxat speciem agnosco, nam quæ feruntur species varietates tantum sunt, accidentibus quibusdam magnitudine, figura, colore, sapore, maturescendi tempore, differentes. Has autem varietates idcirco specie differre non existimo, quia sativi originem suam debent, suntque infinitæ; nullo certo aut determinato numero, cum ex semine sato novæ indies exoriantur.* Raj.

*Poma hujus speciei omnia sunt vel dulcia vel ad austerum vergentia; hinc inter sylvestres tantummodo duæ varietates respectu saporis occurrunt austera & fatua, quorum hæc a dulcibus prognascuntur sapore ex amaro subdulci & simul nauseoso, qualia in Suecia sæpius occurrunt.*

2. PYRUS foliis serratis, pomis basi productis.
Pyrus. *Bauh. hist.* 1. p. 35-37. *Dod. pempt.* 800. *Dalech. hist.* 308.
Pyrus (spec. 1-5) *Bauh. pin.* 439.
Pyrus totum genus. *Tournef. inst.* 628. *Boerh. lugdb.* 2. p. 247.
Pyra. *Lob. hist.* 500.
Pyraster seu Pyrus sylvestris. *Bauh. hist.* 57.

*Crescit in sylvis, sepibus, arvorumque marginibus in* Germania, Gallia, Italia, Anglia *copiosissima; in* Helvetiæ *montosis & asperis.*

Varietates: *Tam numerosa sobole amplificavit hanc arboris speciem Ars pomaria, ut centum septuaginta & duas species diversas horticolæ hic venales (secundum numerum Hortulanorum) alant. Tamen ut Mali ita & Pyri unam duntaxat speciem agnoscit* Rajus.

*Sylvestris arbor spinosa est, sativa autem sæpius inermis, quod idem in Mespilo, Cratægo, Ribe, aliisque obtinet.*

3. PYRUS foliis integerrimis.
Cydonia (genus totum.) *Tournef. inst.* 632. *Boerh. lugdb.* 2. p. 247.
Cotonea malus. *Bauh. hist.* 1. p. 27.
Cotonea sylvestris. *Bauh. hist.* 1. p. 35.
Malus cydonia (*Spec.* 1-4.) *Bauh. pin.* 434.
Malus cydonia. *Dalech. hist.* 291.
Malus Cotonea *Dod. pempt.* 795.
Cotonea & Cydonia. *Lob. hist.* 580.

*Crescit in* Danubii *petrosis ripis & collibus, plurimumque supra* Ratisbonam & Keilheymium *oppidum usque ad pætræas fauces per quas Danubius labitur.*

*Folia ovata, margine integerrimo, subtus tomentosa, fructu ante maturitatem villoso. Stipulæ ovatæ & serratæ sunt.*

# SPIRÆA. *g. pl.* 409.

1. SPIRÆA foliis obtuse lanceolatis serratis, floribus duplicato-racemosis.
Spiræa salicis folio. *Tournef. inst.* 618. *Boerh. lugdb.* 2. p. 238.
Spiræa theophrasti forte. *Clus. hist.* 1. p. 84. *Bauh. hist.* 1. p. 559.
Frutex spicatus, foliis salignis serratis. *Bauh. pin.* 475.

*Crescendi locus mihi ignotus est. Sibezius fruticem* Briga Silesiæ Viennam *misit* 1586. *ad* Clusium. *Perfert optime hyemes, etiam supra Holmiam Sueciæ, ubi vidimus hunc in Roslagia, in prato quodam depresso nascentem, quique fere totum pratum occupabat, primum certe ibi satus, cum in Suecia sylvestris non sit.*

*An ab hac distincta sit species* ulmaria *dicta* Pluk. phyt. 321. f. 5?

*Discant ab hac tyrones quid racemus duplex sit.*

2. SPIRÆA foliis integerrimis, pedunculis simplicibus.
Spiræa hyperici folio non crenato. *Tournef. inst.* 618. *Boerh. lugdb.* 2. p. 238.
Hypericum frutescens americanum, flore albo. *Joncq. paris.* 92.
Pruno sylvestri affinis canadensis. *Bauh. pin.* 517. *descr. Pluk. alm* 308. t. 218. f. 5.

*Crescit in* Virginia & Canada.

*Florum pedunculi plures ex singula gemma prodeunt simplicissimi, uniflori, æquales.*
*An ab hac specie differat* Oxyacantha *dicta.* Barr. rar. t. 564?

3. SPIRÆA foliis incisis angulatis, floribus corymbosis.
Spiræa Opuli folio. *Tournef. inst.* 618. *Boerh. lugdb.* 238.
Euonymus virginiana, ribesii folio, capsulis eleganter bullatis. *Comm. hort.* 1. p. 169. t. 87.

*Crescit in* Virginia.

*Hæc species est, quæ communiter tribus pistillis (g. pl, p. 383.) instruitur, non raro tamen & quinque profert. Fructus in hac parum inflatus est.*

Di-

*Difcant ex hac Tyrones corymbi ftructuram & definitionem : Pedunculo communi undique denfé affiguntur flores ut in fpica; flores finguli proprio infident pedunculo, qui ante florefcentiam excrefcit (quo inferior fitu, eo longior), ut omnes flores explicati umbellam convexam exprimant.*

## FILIPENDULA. *g. pl.* 410.

1. FILIPENDULA foliis ternatis.
   Ulmaria major trifolia, flore amplo pentapetalo, virginiana. *Pluk. alm.* 393. *t.* 236. *f.* 5. *mala. Raj. app.* 330.
   Ulmaria virginiana trifolia, floribus candidis amplis longis & acutis. *Morif. hift.* 3. *p.* 323..
   *Crefcit in* Virginia, *unde delatam communicavit Cl. Gronovius.*
   *Huic fpeciei numquam plura funt quam quinque in flore piftilla.*

2. FILIPENDULA foliis pinnatis : foliolis uniformibus.
   Filipendula vulgaris. *Bauh. pin.* 163. *Morif. hift.* 3. *p.* 322. *f.* 9. *t.* 20. *f.* 1. an Molon plinii? *Tournef. inft.* 293. *Boerh. lugdb.* 1. *p.* 43.
   Filipendula. *Bauh. hift.* 3. *p.* 189. *defcr. Dod. pempt.* 56.
   Oenanthe, Filipendula. *Lob. hift.* 420.
   α Filipendula omni parte major, folio anguftiori. *Boerh.*
   β Filipendula minor. *Bauh. pin.* 163. *prod.* 85.
   γ Filipendula vulgaris, an Molon plinii? variegato folio. *Tournef.*
   *Crefcit in pafcuis montofis ad fylvarum margines, folo fubtus arenofo, fat frequens per* Europam.
   *Fructus in hac fpecie rotæ inftar in orbem pofitus eft.*

3. FILIPENDULA foliolo impari majore ~~trifido~~. *Fl. lapp.* 201.
   Ulmaria. *Bauh. hift.* 3. *p.* 488. *Cluf. hift.* 2. *p* 198. *Tournef. inft.* 265. *Boerh. lugdb.* 1. *p.* 295.
   Ulmaria vulgaris. *Morif. hift.* 3. *p.* 323. *f.* 9. *t.* 20. *f.* 1.
   Barba capræ floribus compactis. *Bauh. pin.* 164.
   Regina prati. *Dod. pempt.* 57.
   *Crefcit in pratis uliginofis* Auftriæ, Germaniæ, Angliæ, Sueciæ, *præfertim vero* Norlandiæ, Lapponiæ *&* Norvegiæ.
   *Fructus in hac fpecie contortus eft.*

# POLYGYNIA.

## ROSA. *g. pl.* 412.

1. ROSA centifolia batavica. *Cluf. hift.* 1. *p.* 113.
   Rofa centifolia rubra. *Befl. eyft. vern.* 92. *f.* 4.
   Rofa hollandica rubella plena, quibusdam centifolia fpinofo frutice. *Bauh. hift.* 2. *p.* 36.
   Rofa maxima multiplex. *Bauh. pin.* 481.
   *Flos fere globofus plenus maximus, petalis ordinate digeftis.*

2. ROSA lactea. *Bauh. hift.* 2. *p.* 45.
   Rofa lacteola cameraru. *Befl. eyft. vern.* 94. *f.* 4.
   Rofa alba minor. *Bauh. pin.* 482.
   *Flos hujus plenus niveus, petalis ordinate pofitis; Calyx figura conftans & in hac & præcedenti ut in fylveftribus, fcilicet laciniis quinque quarum duæ utrinque appendiculatæ, duæ vero utrinque nudæ, quinta hinc tantum appendiculata.*

3. ROSA rubra, flore valde pleno & femipleno. *Bauh. hift.* 2. *p.* 34.
   Rofa rubra. *Bauh. pin.* 481.
   Rofa damafcena. *Lob. hift.* 618.

4. Rofa lutea. *Bauh. hift.* 2. *p.* 251.
   Rofa lutea fimplex. *Bauh. pin.* 483.
   α Rofa lutea multiplex. *Bauh. pin.* 483.

5. ROSA fylveftris, foliis odoratis. *Bauh. pin.* 483.
   Rofa foliis odoratis Eglantina dicta. *Bauh. hift.* 2. *p.* 41.
   Rofa Eglantina. *Befl. eyft. vern.* 96. *f.* 4.
   *Crefcit in* Anglia.
   *Hæc a Rajo habetur pro varietate Rofæ fylveftris vulgaris, flore odorato incarnato.* C. B.
   *Rofarum varietates longe plures poffidemus & nos & curiofi alii circumjacentes, ut folus Cl.*

Bbb 2                                                                                      *Boer-*

*Boerhaavius in fuo Paradifo circiter feptuaginta diftinctas, e toto orbe conquifitas, vivas colat.*

*Nos de Rofarum catalogo parum fo liciti fumus, quamdiu fpecies diftinguere non novimus, omnes enim quæ in hortis extant plenæ & monftrofæ funt; nec fpecies determinatæ in Rofis ab ullo funt, nec poffunt ab alio, quam qui in locis natalibus examinet, defcribi. Defcriptiones datæ funt varietatum, non fpecierum notæ. Variant dein fructu non minus quam Pyra vel Poma.*

# RUBUS. *g. pl.* 413.

1. RUBUS caule aculeato, foliis ternatis ac quinatis.
Rubus vulgaris five Rubus fructu nigro. *Bauh. pin.* 479. *Boerh. lugdb.* 2. *p.* 60.
Rubus major, fructu nigro. *Bauh. hift.* 2. *p.* 57.
Rubus. *Cæfalp. fyft.* 98. *Dod. pempt.* 743. *Lob. hift.* 619. *Dalech. hift.* 119.
*a* Rubus vulgaris major, fructu albo. *Raj. fyn.* 467.
*β* Rubus flore albo pleno. *Magn. hort.* 175.
*Crefcit in* Germania, Belgio, Gallia, Italia, *omnium autem copiofiffime in* Angliæ *fepibus.*

2. RUBUS caule aculeato, foliis ternatis.
Rubus caule aculeato reflexo perenni, foliis ternatis. *Fl. lapp.* 205.
Rubus repens, fructu cæfio. *Bauh. pin.* 479. *Boerh. lugdb.* 2. *p.* 60.
Rubus minor, fructu cæruleo. *Bauh. hift.* 2. *p.* 59.
Rubus minor. *Dod. pempt.* 742.
*Crefcit in dumetis, agris, juxta vias & ripas frequens in* Suecia, Germania, Belgio, Anglia, Gallia.

3. RUBUS caule erecto hifpido, foliis ternatis. *Fl. lapp.* 204.
Rubus idæus fpinofus. *Bauh. pin.* 479. *Boerh. lugdb.* 2. *p.* 60.
Rubus idæus fpinofus, fructu rubro & albo. *Bauh. hift.* 2. *p.* 59.
Rubus idæus. *Dod. pempt.* 743. *Lob. hift.* 619.
Rubus tertius montibus proprius. *Cæfalp. fyft.* 98.
*a* Rubus idæus fructu albo. *Bauh pin.* 479.
*β* Rubus idæus non fpinofus. *Dalech. hift.* 124. *Bauh. hift.* 2. *p.* 60.
Rubus idæus lævis. *Bauh. pin.* 479.
*Crefcit per totam fere* Europam *in agris e lapidum acervis.*
*Caulis eft hifpidus feu fetis rigidis facile deciduis obfitus, quæ parum vel nil pungunt, hinc aculeatus, ut priorum, jufte dici nequit.*

4. RUBUS caule inermi multifolio multifloro, foliis palmatis.
Rubus odoratus. *Corn. canad.* 149. *t.* 150. *Boerh. lugdb.* 2. *p.* 60 *Raj. hift.* 1640.
Rubus idæus maximus americanus non fpinofus, flore rofeo, fructu compreffiori. *Pluk. alm.* 325.
*Crefcit in* America, *forte* Canada.
*Caulis ramofus, multifolius, multiflorus; pedunculis hirfutis; corollis magnis rubris; foliis angulato-palmatis acutis, triangulis vel quinquangulis; fructus apud nos nullus.*

5. RUBUS caule unifloro, foliis ternatis. *Fl. lapp.* 207. *t.* 5. *f.* 2.
*Crefcit in* Suecia *feptentrionali, juxta* Lapponiam, *& in* America feptentrionali.

6. RUBUS caule bifolio unifloro, foliis fimplicibus. *Fl. lapp.* 208. *t.* 5. *f.* 1.
Chamæmorus. *Raj. fyn.* 260.
Chamærubus foliis ribes. *Bauh. pin* 480.
Morus norvagica. *Tilland. ab.* 47. *t.* 150.
*Crefcit in* Suecia *locis paludofis fterilibus frequens, ut & 'in* Norvegia *&* Lapponia.

# FRAGARIA. *g. pl.* 414.

1. FRAGARIA flagellis reptans.
Fragaria. *Cæfalp. fyft.* 554.
Fragaria vulgaris. *Bauh. pin.* 326. *Boerh. lugdb.* 1. *p.* 41.
Fragaria ferens fraga rubra & alba. *Bauh. hift.* 2. *p.* 394.
Fragaria & Fraga. *Dod. pempt.* 672. *Lob. hift.* 396.
*a* Fragaria fructu albo. *Bauh. pin.* 326.
*β* Fragaria fructu parvi pruni magnitudine. *Bauh. pin.* 327.
*γ* Fragaria virginiana, fructu coccineo. *Morif. hift.* 2. *p.* 186.
*δ* Fragaria chiloenfis, fructu maximo, foliis carnofis hirfutis. *Fretz. itin.* 70. *t.* 11. *Dill. elth.* 145. *t.* 120. *f.* 146.
Fragaria craffis rugofis foliis, flore & femine carens. *Boerh. lugdb.* 1. *p.* 42.
*Crefcit vulgaris per* Europam, *præfertim copiofe in feptentrionalibus, uti* Suecia, Norvegia, Ruffia. *In* Americæ *variis locis etiam occurrit, ubi major, ut in noftris hortis.*

Sin-

*Singularis hæc species baccæ est, & admodum parum a Rubo differens. vide Fl. lapp ᵒ09· uti nec Rubi ab Agrimoniæ, nec Agrimoniæ ab Alchimilla. An umquam fructus dum totus sub receptaculo floris collocetur, stricte Pericarpium dici queat, exceptis Pomis, dubito valde.*

## POTENTILLA. *g. pl.* 415.

1. POTENTILLA foliis pinnatis, caule repente. *Fl. lapp.* 210.
Potentilla. *Cæsalp. syst.* 557. *Bauh. pin.* 321.
Potentilla five argentina. *Bauh. hist.* 2. *p.* 398. *b.*
Argentina. *Dod. pempt.* 600. *Lob. hist.* 395.
Pentaphylloides Argentina dicta. *Raj. syn.* 256.
Pentaphylloides argenteum allatum feu Potentilla. *Tournef. inst.* 298. *Boerh. lugdb.* 1. *p.* 41.
Pentaphylloides minus supinum feu procumbens, foliis alatis argenteis & serratis, flore luteo. *Morif. hist.* 2. *p.* 193. *f.* 2. *t.* 20. *f.* 4.
*Crescit circa semitas & vias in pratis depressis per* Sueciam, Daniam, Germaniam, Belgium, Angliam *&* Galliam.
*Planta repit flagellis, folia pinnata foliolis numerosis serratis subtus villosis.*

2. POTENTILLA foliis pinnatis oppositis, caule dichotomo.
Pentaphyllum alpinum minus supinum, foliis tenuioribus altius serratis glabris, cauliculo purpurascente. *Pluk. alm.* 285. *t.* 106. *f.* 7.
Pentaphyllum supinum quorundam, potentillæ facie. *Cluf. hist.* 2. *p.* 107.
Pentaphyllum supinum, tormentillæ facie. *Lob. hist.* 394.
Quinquefolium tertium serpens. *Dod. pempt.* 117.
*Crescit in* Germania *prope Rhenum infra* Moguntiam.

3. POTENTILLA caule fruticoso.
Pentaphylloides fruticofa. *Raj. syn.* 3. *p.* 256.
Pentaphylloides fruticofum. *Raj. syn.* 2. *p.* 398. *t.* 398. *hist.* 616. *Hort. angl.* 54. *t.* 14.
Pentaphylloides rectum fruticofum eboracenfe. *Morif. hist.* 2. *p.* 193.
Pentaphylloides rectum frutescens. *Walth. hort.* 95. *t.* 17.
*Crescit in* Anglia *ad ripam meridionalem Tefæ fluvii infra vicum Thorp*, *nec non infra Cænobium Egglefton-abbey in agro* Eboracenfi. *Et fi hæc fit* Cistus oelandicus Rudb. hort. 29. *&* Cytifus ejus oelandicus hirfutus flore luteo. Rudb. upf. *( ut puto ) utique & in Oelandiæ Sueciæ insula proveniat.*
*Stipulæ ovatæ membranaceæ amplexicaulis acute emarginatæ dorfo insidet petiolus sustinens folium digitatum quinatum, foliolis omnibus integerrimis; infimis, dimidio minoribus, intermedio duplo majori lateralibus tripartito.*

4. POTENTILLA foliis pinnatis quinatis, foliolis ovatis crenatis, caule erecto.
Pentaphylloides erectum. *Bauh. hist.* 2. *p.* 398. *d.*
Pentaphylloides ulmariæ facie. *Morif. blef.* 292. *Boerh. lugdb.* 1. *p.* 41.
Pentaphylloides majus erectum, flore albo, foliis alatis & hirfutis. *Morif. hist.* 2. *p.* 192. *f.* 2. *t.* 20. *f.* 1.
Quinquefolium fragiferum. *Bauh. pin.* 326.
Quinquefolium 5 fragiferum. *Cluf. hist.* 2. *p.* 107.
*Crescit in monte* Saleva *prope Arcem antiquam; in* Leutenberg; *in* Pannonia; *in comitatu montis* Gomerici *Walliæ*, *ad latera montis* Craig Wreidhin.

5. POTENTILLA foliis ternatis incifis, caule diffufo. *Fl. lapp.* 211.
Pentaphylloides majus erectum, flore luteo, ternis foliis fragariæ instar hirfutis. *Morif. hist.* 2 *p.* 193. *f.* 2. *t.* 20. *f.* 2. Scheuch. *alp.* 138.
Pentaphylloides minus erectum, luteo flore, foliis fragariæ ternis. *Pluk. alm.* 284.
Trifolium norvegicum majus surrectum, foliis crenatis, flore luteo. *Kyll. act.* 1673. *obf.* 130.
*Crescit in* Norvegia *ad fodinam cupream* Rœrofienfem *& alibi; in* Finmarkia *ad latera alpium lapponicarum; in* Norlandia *Sueciæ; in* Helvetia *ad lacum sylvæplanenfem*, *qui Oeni fontem constituit; è* Virginia *&* Canada *Morifonus fe semina habuiffe scribit.*
*Modus crescendi hujus exacte coincidit cum specie 2da, a qua differt manifeste foliis.*

6. POTENTILLA foliis digitatis incifo-serratis, caule recto.
α Pentaphyllum erectum, foliis profunde sectis subtus argenteis, flore luteo. *Bauh. hist.* 2. *p.* 398. *c. fig. mal. Morif. hist.* 2. *p.* 190. *f.* 2. *t.* 19. *f.* 11. *mala.*
Quinquefolium folio argenteo. *Bauh. pin.* 325.
β Heptaphyllum harmolai. *Cæsalp. syst.* 555.
Pentaphyllum feu potius Heptaphyllum majus luteum montanum, flore majore. *Morif. hist.* 2. *p.* 188. *f.* 2. *t.* 19. *f.* 1.
Pentaphyllum majus, flore subluteo interdum albo & rubro. *Lob. hist.* 393.
Quinquefolium alterum vulgare. *Dod. pempt.* 116.
Quinquefolium rectum luteum. *Bauh. pin.* 325. *Boerh. lugdb.* 1. *p.* 39.
Quinquefolium rectum majus. *Bauh. hist.* 2. *p.* 398. *b.*

C c c

γ Quin-

γ Quinquefolium quod Pentaphyllum feu potius Heptaphyllum rectum, caule rubro, hirfutius. *Boerh.*
   *lugdb.* 1. *p.* 49.
δ Quinquefolium minus, flore pallide luteo. *Tournef. inst.* 297.
ε Quinquefolium canadenfe humilius. *Tournef.*
   Pentaphylloides canadenfis, folio agrimoniæ. *Boerh. lugdb.* 1. *p.* 41.
   *Crefcit* α *in tectis, agrorum & viarum marginibus per* Sueciam *vulgatiffima, per Germaniam & Angliam rarior.* β *In* Italia *&* Gallia Narbonenfi *circa agrorum margines, ut & γ ac δ. Sed ε ex* Canada *per Saracenum delata est.*
   *Confundo hic tres, quas quivis facile juraret diftinctas fpecies. α. β & ε. Sed examinatis partibus ejusdem uniufque effe familiæ patuit. dum*
   α *Planta minor, folia anguftiora, profundius dentata, fubtus hirfuta alba producit.*
   β *Planta major, folia latiora, utrinque viridia.*
   γ *Planta facie β. foliola inferiora parum deorfum per petiolum detrufa & profundius pinnatim fecta, laciniis copiofioribus propioribus.*
   *Dum hanc (γ) examinas, obferves in α duo foliola exteriora bafi magis coalita. Si vero quis has diftinctas velit, & differentiam tradat.*

7. **POTENTILLA** foliis digitatis longitudinaliter patenti-ferratis, caule repente.
   Pentaphyllum minus procumbens, flore luteo, vulgare radiculas emittens ex geniculis. *Morif. hift.* 2.
   *p.* 189. *f.* 2. *t.* 19. *f.* 7.
   Pentaphyllum vulgatiffimum. *Raj. hift.* 611.
   Pentaphyllum five Quinquefolium vulgare repens. *Bauh. hift.* 2. *p.* 397.
   Quinquefolium majus repens. *Bauh. pin.* 325. *Boerh. lugdb.* 1. *p.* 40.
   Quinquefolium majus. *Dod. pempt.* 116.
   *Crefcit in campis, agris, ruderatis* Scaniæ, Daniæ, Germaniæ, Belgii, Angliæ, Galliæ, *&c.*

8. **POTENTILLA** foliis digitatis, fuperne conniventi-ferratis, caulibus filiformibus procumbentibus.
   Pentaphyllum minus rectum fubtus incanum, flore albo. *Morif. hift.* 2. *p.* 189.
   Pentaphyllum ι majus, flore albo. *Cluf. hift.* 2. *p.* 105.
   Pentaphyllum album. *Bauh. hift.* 2. *p.* 398. *e.*
   Quinquefolium album majus alterum. *Bauh. pin.* 325. *Boerh. lugdb.* 1. *p.* 40.
α Quinquefolium, foliis ternis, præcedenti fimile. *Boerh.*
   *Crefcit in alpibus* Stiriacis *inter oppidum* S. Michaelis & Knittlefield, *in fylvis montofis* Auftriæ *&* Pannoniæ.
   *Folia huic exacte fimilia* Alchimillæ *foliis digitatis; Cum floret primo vere flores nudi confpiciuntur, mox autem excrefcunt folia e radice, & caulis plantæ debilis filiformis procumbit fub umbra foliorum, fructumque maturat.*

9. **POTENTILLA** foliis quinatis incifis, caule affurgente. *Fl. lapp.* 212.
   Pentaphyllum alpinum fplendens, aureo flore. *Bauh. hift.* 2. *p.* 398.
   Quinquefolium minus repens alpinum aureum. *Bauh. pin.* 325.
   Quinquefolium 3, aureo flore. *Cluf. hift.* 2. *p.* 106.
α Pentaphyllum minus, molli lanugine pubefcens, flore luteo. *Bauh. hift.* 2. *p.* 398. *a.*
   Quinquefolium minus repens lanuginofum luteum. *Bauh. pin.* 325.
   Quinquefolium 4, flavo flore, 1 fpecies. *Cluf. hift.* 2. *p.* 104.
   *Crefcit per* Sueciam *in campis & pratis ficcioribus frequentiffima. In Alpibus* Lapponicis *&* Helveticis *vulgaris.*
   *Folia radicalia & inferiora* caulis *quinata funt, at fumma caulis ternata.* ~~Caulis~~ *ipfe nec erectus nec procumbens dici poteft, fed afcendens.*

## TORMENTILLA. *g. pl.* 416.

1. **TORMENTILLA.** *Cæfalp. fyft.* 556. *Bauh. hift.* 2. *p.* 398. *g. Dod. pempt.* 118.
   Tormentilla vulgaris. *Bauh. pin.* 326.
   Tormentilla an Chryfogonum Diofcoridis. *Lob. hift.* 395.
   Pentaphyllum aut potius Heptaphyllum, flore aureo tetrapetalo, Tormentilla dictum. *Morif. hift.* 2. *p.* 190.
   *f.* 2. *t.* 19. *f.* 13.
   Quinquefolium minus repens luteum, flore tetrapetalo. *Boerh. lugdb.* 1. *p.* 40.
α Tormentilla alpina vulgaris major. *Bauh. pin.* 326.
β Tormentilla radice repente. *Tournef. inft.* 298.
   Tormentilla reptans. *Raj. fyn.* 257.
   Quinquefolium quæ Tormentilla reptans alata, foliis profundius ferratis. *Boerh. lugdb.* 1. *p.* 40.
γ Pentaphyllum caffubicum, foliis viridibus profunde fectis, & majus. *Herm. parad.* 211. *t.* 211.
   *Crefcit vulgaris per* Europam *in pafcuis ficcioribus femper parva; in foffis ficcis maxima; in* Lapponia *vero tantummodo in paludibus.*

GEUM

# GEUM. *g. pl.* 418.

1. GEUM floribus erectis, fructu globoso, seminum cauda uncinata nuda.
Geum urbanun. *Gesn. hort.*
Caryophyllata vulgaris, Geum plinii. *Cluf. hift.* 2. *p.* 102.
Caryophyllata vulgaris. *Bauh. pin.* 321. *Morif. hift.* 2. *p.* 430. *f.* 4. *t.* 26. *f.* 1.
Caryophyllata. *Raj. hift.* 606. *Dod. pempt.* 137.
Garifilata. *Cæfalp. fyft.* 550.
~~Mosdo.~~ *Kæmpf. jap.* 896.
α Caryophyllata vulgaris, majore flore. *Bauh. pin.* 321.
β Caryophyllata virginiana, albo flore minore, radice inodora. *Herm. lugdb.* 121. *defcr.*
*Crefcit in* Europa *juxta fepes & muros inque dumetis, nec non in* Japonia *&* Virginia.

2. GEUM floribus nutantibus, fructu oblongo, seminum cauda molli plumosa.
Geum rivale. *Gefn. hort.* - - *Fl. lapp.* 216.
Caryophyllata aquatica, nutante flore purpureo calathi effigie. *Morif. hift.* 2. *p.* 431. *f.* 4. *t.* 26. *f.* 7.
Caryophyllata aquatica, nutante flore. *Bauh. pin.* 321. *Boerh. lugdb.* 1. *p.* 43.
Garyophyllata aquatica, flore rubro ftriato. *Bauh. hift.* 2. *p.* 398. n
α Caryophyllata alpina lutea. *Bauh. pin.* 322. major. *Morif. hift.* 2. *p.* 430. *f.* 4. *t.* 26. *f.* 3.
Caryophyllata montana 2. *Cluf. hift.* 2. *p.* 103.
Caryophyllata montana. *Dod. pempt.* 137. *Dalech. hift.* 686.
Garyophyllata montana, flore luteo magno. *Bauh. hift.* 2. *p.* 398. n.
*Crefcit in pratis & pafcuis fubhumidis ac nemoribus, in* Lapponia, Suecia, Germania, Helvetia.
*Parum differt hæc (2) ab antecedenti (1), cujus fi flores examinentur & fructus attente, videntur ab antecedenti diverfiffima : at ~~affunt fpeciebus~~ feptem antecedentis C. Bauhini, obfervabimus ~~notas~~, quas antea diftinctiffimas afferaremus, maxime variabiles, vixque limites admittentes; hinc qui ambas tam diverfas conjugeret, forte minus erraret. Geum eft verbum Plinii; Geum Tournefortii vero Saxifragiæ fpecies. vide Fl. lapp.* 216. β.

# DRYAS. *g. pl.* 419.

1. DRYAS. *Fl. lapp.* 215.
Caryophyllata alpina, chamædryos folio. *Morif. hift.* 2. *p.* 432. *f.* 4. *t.* 26. *f.* 9. *mala. Tournef. inft.* 295. *Boerh. lugdb.* 1. *p.* 43. *Scheuch. alp.* 33 & 332.
Chamædrys alpina, cifti flore. *Bauh. pin.* 248.
Chomædrys montana. *Dalech. hift.* 1164.
Chamædrys 3 five montana. *Cluf. hift.* 2. *p.* 351.
Chamædrys montana frutefcens durior. *Lob adv.* 209.
*Crefcit in Alpibus* Lapponicis, Helveticis, Sabaudicis, Auftriacis, Styriacis, Hibernicis; *in locis duris, nudis, ventisque expofitis.*

# COMARUM. *g. pl.* 417.

1. COMARUM. *Fl. lapp.* 214.
Pentaphylloides paluftre ~~rubrum~~. *Tournef. inft.* 298. *Boerh. lugdb.* 1. *p.* 40.
Pentaphyllon vel potius Heptaphyllum, ~~flore rubro.~~ ~~Bauh. hift.~~ 2. *p.* 398. c.
Pentaphyllum feu Heptaphyllum majus rectum rubrum paluftre. *Morif. hift.* 2. *p.* 189. *f.* 2. *t.* 19. *f.* 4.
Pentaphyllum rubrum. *Dalech. hift.* 1264.
Quinquefolium rubrum. *Dalech. hift.* 1264.
Quinquefolium paluftre rubrum. *Bauh. pin.* 326.
*Crefcit in paludibus cænofis vel pafcuis uliginofis madentibus, mufcoque obfitis in* Lapponia, Suecia, Dania, Germania, Anglia *frequens.*
*Africanas plantas è fola facie ab aliis dignofcere, ad maximam partem facile eft, attamen fi hanc non in Europa nafcentem ubique legiffem, Africanam dicerem, cum tota phyfiognomia Afrum referat. Comarum eft vocabulum quod apud Apulejum occurrit, quo ufus fum ad defignandum hoc genus.*

Ccc2
*Claf-*

# *Claſſis* XIII.

# POLYANDRIA.

## *MONOGYNIA.*

### EUPHORBIA. *g. pl.* 429.

1. EUPHORBIA aculeata triangularis ſubnuda articulata, ramis patentibus.
Euphorbium trigonum ſpinoſum rotundifolium. *Iſnard. act.* 1720. *p.* 500. *Burm. zeyl.* 96.
Euphorbium indicum, opuntiæ facie, caule geniculato triangulari. *Breyn. prod.* 2. *p.* 44. *Moriſ. biſt.* 3.
*p.* 345.
Euphorbium antiquorum verum ; Schadidacalli horti mal. *Comm. bort.* 1. *p.* 23. *t.* 12. *Raj. biſt.* 873. *Boerh.*
*lugdb.* 1. *p.* 259.
Tithymalus indicus & anguloſus, lacte turgens acri, Schadidacalli. *Kigg. beaum.* 4.
Tithymalus aizoides triangularis nodoſus & ſpinoſus, lacte turgens acri. *Pluk. alm.* 390.
Schadidacalli. *Rheed. mal.* 2. *p.* 81. *t.* 42.
◆ Euphorbium trigonum & tetragonum ſpinoſum, ramis compreſſis. *Iſnard. act.* 1720. *p.* 500.
Tithymalus aizoides triangularis & quadrangularis articuloſus & ſpinoſus, ramis compreſſis. *Comm. præl.* 21.
*& 55. t.* 5.
*Creſcit in* Malabaria *&* Zeylona.
*Caulis huic, tribus alis margine repandis; articulatus fere. Rami horizontales, alis ſæpius*
*duabus horizontalibus, margine repandis. Angulis inſident aculei duo, oppoſiti, & ſupra*
*bos foliolum minimum, ovato-lanceolatum, deciduum. Figura plantæ ſine pari!*

2. EUPHORBIA aculeata quadrangularis nuda.
Euphorbium tetragonum & pentagonum, ſpinis geminis aduncis munitum. *Iſnard. act.* 1720. *p.* 500.
Euphorbium tetragonum & pentagonum ſpinoſum canarinum. *Boerh. lugdb.* 1. *p.* 258.
Tithymalus aizoides fruticoſus canarienſis aphyllus quadrangularis & quinqueangularis, ſpinis geminis adun-
cis atro-nitentibus armatus. *Comm. bort.* 2. *p.* 207. *t.* 104 *præl.* 20. *Raj. app.* 429.
Tithymalus aizoides lactifluus ſ. Euphorbia canarienſis quadrilatera & quinquelatera cerei effigie, ad angu-
los per crebra intervalla ſpinis rectis atro-nitentibus, gazellæ cornua referentibus armata. *Pluk. alm.* 370.
*t.* 320. *f.* 2.
*Creſcit forte in* Canariis *inſulis, unde nomen.*
*Caulis rectus, integer, quadrangularis, angulis compreſſo-planis, ſpinis duabus oppoſitis ar-*
*matis; folia nulla.*

3. EUPHORBIA aculeata ſeminuda, angulis oblique tuberculatis.
Euphorbium ſpinoſum, amplo nerii folio. *Iſnard. act.* 1720. *p.* 501.
Euphorbium anguloſum, foliis nerii latioribus. *Boerh. lugdb.* 1. *p.* 259.
Euphorbium afrum ſpinoſum, foliis latioribus non ſpinoſis. *Seb. theſ.* 1. *p.* 18. *t.* 9. *f.* 1.
Euphorbio-Tithymalus ſpinoſus, caule rotundo & anguloſo, foliis nerii latioribus & anguſtioribus. *Burm.*
*zeyl.* 95.
Euphorbio aut Tithymalo medio affinis. *Moriſ. biſt.* 3. *p.* 344.
Tithymalus indicus ſpinoſus, nerii folio. *Comm. bort.* 1. *p.* 25. *t.* 13.
Tithymalus aizoides arboreſcens ſpinoſus, caudice angulari, nerii folio. *Comm. præl.* 22 *& 56. t.* 6.
Ela-Calli. *Rheed. mal.* 2. *p.* 83. *t.* 43. *Raj. biſt.* 1888.
*Creſcit in* Malabaria *&* Zeylona.
*Caulis teretiuſculus, quinquefariam tuberculis prominulis angulatus, angulis his ſpiraliter len-*
*te aſcendentibus; in ſummo caulis folia lanceolata, ad quarum baſin duplex aculeus; foliis*
*deciduis perſiſtunt aculei cum cicatrice & callo prominulo.*

4. EUPHORBIA aculeata nuda ſeptemangularis, ſpinis ſolitariis ſubulatis floriferis.
Euphorbium heptagonum, ſpinis longiſſimis in apice frugiferis *Boerh. lugdb.* 1. *p.* 258. *t.* 258.
Euphorbium heptagonum, floribus ex aculeorum apice prodeuntibus. *Iſnard. act.* 1720. *p.* 501.
*Creſcendi locum natalem non addidit Inventor Cl. Boerhaavius, Americanam dicunt.*
*Caulis heptagonus, obtuſus, hinc inde ramoſus, aculei ſetacei, rigidi, ſolitarii, longitudina-*
*liter ex anguli ſinguli dorſo ciliatim prodeuntes ; flores ex apice aculei interdum prodeunt,*
*ſed ſolitarii, methodo ſine pari!*

5. EUPHORBIA aculeata nuda multangularis, aculeis geminatis.
Euphorbium polygonum ſpinoſum, cerei effigie. *Iſnard. act.* 1720. *p.* 500. *t.* 10.
Euphorbium cerei effigie, caulibus gracilioribus. *Boerh. lugdb.* 1. *p.* 258.

Ti.

Tithymalus africanus fpinofus, cerei effigie, ex cod compt. *Morif. hift.* 3. *p.* 345. *Pluk. alm.* 370. *t.* 231. *f.* 1. *mala.*

● Euphorbium polygonum & polyclonum falcatum fpinofum, cerei effigie. *Ifnard. act.* 1720. *p.* 501.

Euphorbium cerei effigie, caulibus craffioribus, fpinis validioribus armatum. *Comm. hort.* 1. *p.* 21. *t.* 11. *Morif. hift* 3. *p* 345 *Boerh lugdb.* 1 *p.* 258. *Seb. thef.* 1. *p.* 29. *t.* 19. *f.* 2.

Euphorbium. *Dod. pempt.* 378. *Lob. hift.* 642. *Dalech. hift.* 1691. *Bauh. pin.* 387.

. Euphorbii tenella planta. *Stap. theophr.* 1057.

Tithymalus mauritanicus aphyllos angulofus fpinofus, ex quo Euphorbium officinarum. *Herm lugdb.* 598.

*Crefcit in* Africa.

*Caulis erectus, teres, fæpius fimplex, octodecim vel pluribus fulcis longitudinalibus exaratus, aculei ubique duo. Folia nulla, at eorum loco tuberculum acuminatum, fupra & juxta aculeorum par; & cum adhuc tenelli funt aculei, eandem fere ac folia ferunt faciem, fed folium contabefcit, aculei indurefcunt.*

Plukenet. *Mant.* 182. *de hac:* „ *De hujus præconio confcriptus eft libellus a primo ejus inven-*
   „ *tore* JUBA Mauritanico Rege, *qui medici fui,* Antonii Mufæ *fatris ( qui & ipfe* Augufti
   „ Cæfaris *fuit Archiater ) nomine, illam infignivit. Nobilitatum laude inquit* Rolfincius
   „ *(* Guerner. Rolfinc. *lib. de purgant. vegetab.* 180.*) inventionis fingularis hoc naturæ mi-*
   „ *raculum eft. Hic* Jubæ Mauritaniæ *Regis Medicus. Ille* Auguftus *jecinore vitiato ad*
   „ *defperationem redactus contrariam & ancipitem medendi rationem fubiit, & frigidis ex-*
   „ *terius & interius, lactuca nempe, eodem medico fubire coactus fuit. Re feliciter peracta*
   „ *Medico ftatua decreta. Hic* Jubas *arborem ipfam confecravit & dono dedit* Euphorbo.
   „ Antonius Mufa *a ftatuá; Euphorbus ab arbore, felix duorum fratrum copula, nominis*
   „ *immortalitatem funt confecuti.*

6. EUPHORBIA inermis tecta tuberculis imbricatis, foliolo lineari inftructis.
   Euphorbium anacanthum, angufto polygoni folio. *Ifnard. act.* 1720. *p.* 502.
   Euphorbium afrum, facie fructus pini. *Boerh lugdb.* 1. *p.* 258.
   Tithymalus aizoides africanus pini fructuum facie. *Comm. præl.* 23
   Tithymali forte genus, planta lactaria ~~africana~~, ~~pini fructuum facie.~~ ~~Breyn.~~ *prod.* 2. *p.* 100. *t.* 100.
   Planta lactaria ~~africana.~~ ~~Comm. hort.~~ 1. *p.* 33. *t.* 17.
α Euphorbium afrum, caule craffo fquamofo in capitis medufæ fpeciem cincto. *Boerh. lugdb.* 1. *p.* 258.
β Euphorbium afrum, caule fquamofo tuberofo, minus. *Boerh. lugdb.* 1. *p.* 258.
   Euphorbium anacanthum fquamofum, lobis florum tridentatis. *Ifnard. act.* 1720. *p.* 502. *t.* 11.
γ Euphorbium afrum, caule fquamofo tuberofo. *Boerh. lugdb.* 1. *p.* 258.
   Tithymalus aizoides africanus, fimplici fquamato caule. *Comm. præl.* 23 & 57. *t.* 7.
δ Euphorbium anacanthum, angufto falicis folio. *Ifnard. act.* 1720. *p.* 501.
   Tithymalus aizoides, africanus fimplici fquamato caule, chamæneru folio. *Comm. præl.* 58. *t.* 8.
   *Crefcit in* Africa.

   *Figuram numquam fervat eandem; hinc alia planta caulem tenuem, alia vero craffum plurimis ramis undique incumbentibus.*

   *Hujus limbi lacinia fingula in flore palmata eft.*

7. EUPHORBIA inermis fruticofa nuda filiformis volubilis, cicatricibus oppofitis.
   Tithymalus ramofiffimus non frutefcens pene aphyllus. *Comm. præl.* 23.
   Tithymalus indicus vimineus penitus aphyllos. *Boerh. lugdb.* 1. *p.* 259.
   Felfel Tavil. *Alp. ægyp* 190 *t.* 190. *Dill. elth.* 368.
   *Crefcit in* Africæ maritimis.

   *Planta caule trium ad fex pedum altitudinis, ejusdem ubique craffitiei pennæ fcilicet anferinæ, viridis, ramis raris longiffimis, qui uti caulis funis inftar contorquentur fimul. Folia nulla, fed cicatriculæ hinc inde oppofitæ ( non alternæ ) quafi folia decidiffent; caulis articulatus non eft.*

8. EUPHORBIA inermis fruticofa fubnuda filiformis flaccida, ~~foliis alternis.~~
   Tithymalus aphyllus mauritaniæ. *Dill. elth.* 384. *t.* 289. *f.* 373.
   *Crefcit & hæc in* Africæ maritimis.

   *Caulis perennis, filiformis, craffitie pennæ anferinæ, quinque pedum, debilis, rarius ramofus, rectus, flaccidus ( non volubilis ); folia in fummis ramulis alterna, lanceolata, feffilia.*

   *Caulis in noftra penna anferina craffior non eft, nec tertiam craffitiei partem attingit, quam Dilleniana exhibet, nec floruit umquam apud nos; caulis dein altitudine, præcedentem æquat, & debilis, nifi tenella fit planta, ubi abfque fulcro erectus ftare queat; noftra certe octo pedes attingit altitudine.*

9. EUPHORBIA inermis fruticofa fubnuda filiformis, erecta; ramis patulis determinate confertis.
   Tithymalus arborefcens, caule aphyllo. *Pluk. phyt.* 319. *f.* 9. *bona.*
   Tithymalus indicus frutefcens. *Comm. hort.* 1. *p.* 27. *t.* 14 *Boerh. lugdb.* 1. *p.* 257.
   Tithymalus ramofiffimus frutefcens pene aphyllos. *Morif. hift.* 3. *p.* 33. *Burm. zeyl.* 223.
   *Crefcit in* Zeylona & Malabaria.

   *Hæc caule erecto perfiftit, rami ad certa & determinata fpatia conferti, patentes, teretes, nudi, acuti. Folia in apicibus ramorum lanceolato-linearia, fere petiolata, quibus, ut & caule erecto, & magis ramofo a præcedente differt.*

Ddd                                                                    10 Eu-

10. EUPHORBIA inermis, caule fruticofo, foliis diftiche alternis ovatis.
α Tithymaloides frutefcens, folio myrti amplifimo. *Tournef. inſt.* 654. *Boerh. lugdb.* 1. p. 259.
Tithymalus curaſſavicus myrtifolius, folio coccineo mellitero. *Herm. parad.* 234. t. 234.
Tithymalus curaſſavicus myrtifolius, flore papilionaceo coccineo parvo. *Comm. hort.* 1. p. 31. t. 16. *Pluk. alm.* 369. t. 230. f. 2.
β Tithymaloides laurocerafi folio non ſerrato. *Dill. elth.* 383. t. 288. f. 372.
*Creſcit α in* Curaſſao, *at* β, *ut creditur, in* Orientali India.
*Has α.* β. *ſpecies non diverſas eſſe probant flores in hac ſpecie ſingulares , horizontales, ſuperne gibbi; partes in hiſce floribus propriæ & facies propria; differt* β. *ab α. ſolo margine folii contractiore, nec hæc varietas magis mira in remotiſſimo loco quam quod crines in afro homine lanæ inſtar contracti.*

11. EUPHORBIA inermis caule fruticofo, foliis oppoſitis ſubcordatis emarginatis, petiolis folio longioribus.
Tithymalus curaſſavicus, folio cotini, triphyllos, petalis florum ſerratis. *Pluk. alm.* 369. t. 230. f. 3.
Tithymalus arboreus curaſſavicus, cotini folio. *Seb. theſ.* 1. p. 75. t. 46. f. 4.
Tithymalus arboreus americanus, cotini folio. *Comm. hort.* 1. p. 29. t. 15. *Boerh. lugdb.* 1. p. 257.
Tithymalus ſurinamenſis arborefcens, cotini ſeu coccigriæ foliis & facie. *Breyn. prod.* 2. p. 100. *Moriſ. hiſt.* 3. p. 339.
*Creſcit in* Curaçao.
*Variat foliis oppoſitis binis & ternis.*

12. EUPHORBIA inermis, foliis oppoſitis oblique cordatis ſerrulatis uniformibus, ramis alternis, floribus ſolitariis.
Tithymalus minimus ruber rotundifolius procumbens. *Moriſ. hiſt.* 3. p. 340. ſ. 10. t. 2. f. 19.
Tithymalus exiguus glaber, nummulariæ folio. *Tournef. inſt.* 87.
Tithymalus exiguus procumbens Chamæſyce dictus. *Boerh. lugdb.* 1. p. 257.
Chamæſyce. *Cæſalp. ſyſt.* 379. *Bauh. pin.* 293. *Bauh. hiſt.* 3. p. 667. *Cluſ. hiſt.* 2. p. 187. *Dalech. hiſt.* 1660. *Dod. pempt.* 377. *Sloan flor.* 83.
α Tithymalus exiguus villoſus, nummulariæ folio. *Tournef. inſt.* 87. *Boerh. lugdb.* 1. p. 258.
Tithymalus ſive Chamæſyce villoſa major, cauliculis viridibus. *Moriſ. hiſt.* 3. p. 340.
Tithymalus humilis ramoſiſſimus hirſutus, foliis thymi ſerratis. *Burm. zeyl.* 225. t. 105. f. 3.
*Creſcit in agris & vineis aridis & arenoſis* Siciliæ, Italiæ, Galliæ Narbonenſis *&* Jamaicæ.
*Corymbus in hac nullus; folia omnia uniformia, æqualia; flores ex alis ubique, albi, tetrapetali; caules alternatim ramoſiſſimi. Folia in* Europæa *magis orbiculata, in* Americana *oblonga & ſæpius macula fuſca in medio notata; caulis quam arctiſſime terræ appreſſus.*

13. EUPHORBIA inermis, foliis oppoſitis lanceolatis, umbella univerſali trifida polyphylla: partialibus triphyllis: reliquis diphyllis.
Eſula major. *Rupp. jen.* 219.
Tithymalus major annuus glaucifolius. *Moriſ. hiſt.* 3. p. 339. ſ. 10. t. 2. f. 2.
Tithymalus latifolius Cataputia dictus. *Herm. lugdb.* 599. *Boerh. lugdb.* 1. p. 255.
Cataputia. *Cæſalp. ſyſt.* 377.
Lathyris ſive Cataputia minor. *Lob. hiſt.* 197. *Bauh. hiſt.* 3. p. 880.
Lathyris major. *Bauh. pin.* 293. *Raj. hiſt.* 866.
Lathyris. *Dod. pempt.* 374. *Dalech. hiſt.* 1657.
*Creſcit ad margines agrorum in* Gallia.

14. EUPHORBIA inermis, foliis crenatis, umbella univerſa multifida polyphylla: partialibus trifidis: propriis triphyllis.
Euphorbia inermis, foliis ſubrotundis crenatis. *Fl. lapp.* 220.
Eſula ſoliſequa. *Rupp. jen.* 219.
Tithymalus ſubrotundis foliis majoribus crenatis. *Herm. lugdb.* 600. *Boerh. lugdb.* 1. p. 256.
Tithymalus heliofcopius ſive ſoliſequus. *Bauh. hiſt.* 3. p. 669.
Tithymalus heliofcopius. *Bauh. pin.* 291. *Dod. pempt.* 371. *Lob. hiſt.* 192. *Dalech. hiſt.* 1648. *Moriſ. hiſt.* 3. p. 339. ſ. 10. t. 2. f. 9.
*Creſcit inter ſegetes & in agris oleraceis frequens per* Europam.

15. EUPHORBIA inermis, foliis ovalibus oppoſitis ſerratis uniformibus, ramis alternis, caule erecto.
α Tithymalus erectus, floribus rarioribus, foliis oblongis glabris integris. *Burm. zeyl.* 224. t. 105. f. 2.
Tithymalus indicus annuus dulcis, floribus albis, cauliculis viridantibus. *Pluk. alm.* 379. t. 113. f. 2.
Tithymalus africanus ſeu Peplis major braſilienſis, floſculis albis. *Comm. præl.* 60. t. 10.
Caacica. *Marogr. braſ.* 15.
β Tithymalus americanus erectus ſerratus, floribus in capitulum longo pedunculo congeſtis. *Tournef. inſt.* 88.
Tithymalus erectus ſerratus, floribus in capitulum longo pedículo inſidentibus congeſtis. *Plum. ſpec.* 2.
Tithymalus erectus acris, parietariæ foliis glabris, floribus ad caulium nodos conglomeratis. *Sloan. flor.* 82. hiſt. 1. p. 197. t. 126.
*Creſcit in* Jamaica *&* Mexico, *aliiſque Americæ locis.*
*Variat floribus ex alis fere ſolitariis ( α ) & congeſtis ac capitatis ( β ), eadem tamen videtur ſpecies. Petala in hac ſpecie nivea ſunt.*

16. EU-

16. EUPHORBIA inermis, foliis obverfe ovatis integerrimis, umbella univerfali trifida triphylla : partialibus dichotomis diphyllis.
Tithymalus annuus erectus rotundifolius non crenatus. *Morif. hift.* 3. *p.* 339. *f.* 10. *t.* 2. *f.* 11.
Tithymalus rotundis foliis non crenatis. *Herm. lugdb.* 600. *Boerh. lugdb.* 1 *p.* 256.
Tithymalus parvus annuus, foliis fubrotundis non crenatis, Peplus dictus. *Raj. fyn.* 313.
Efula rotundifolia non crenata. *Rupp. jen.* 219.
Peplus five Efula rotunda. *Bauh. pin.* 292. *Bauh. hift.* 3. *p.* 669. *Lob. hift.* 197.
Peplus. *Dod. pempt.* 375. *Dalech. hift.* 1658.
*Crefcit in hortis oleraceis, arvis pinguioribus & in agris neglectis per* Europam, *in regionibus maritimis.*

17. EUPHORBIA inermis, foliis feffilibus alternis linearibus, umbella univerfali trifida triphylla : partialibus dichotomis diphyllis.
Tithymalus exiguus erectus. *Herm. lugdb.* 602. *Boerh. lugdb.* 1. *p.* 257.
Tithymalus minimus anguftifolius annuus. *Bauh. hift.* 3 *p.* 664.
Tithymalus heptaphyllos. *Raj. fyn.* 313.
Tithymalus five Efula exigua. *Bauh. pin.* 291. *Morif. hift.* 3. *p.* 339. *f.* 10. *t.* 2. *f.* 5.
Efula minima. *Dalech. hift.* 1656.
Peplis minor. *Dalech. hift.* 1658.
*Crefcit inter fegetes in* Anglia, Gallia, Belgio.

18. EUPHORBIA inermis, foliis confertis fuperioribus reflexis latioribus lanceolatis, umbella univerfali trifida : partialibus bifidis.
Tithymalus myrfinites. *Bauh. hift.* 3. *p.* 675. *Raj. hift.* 865. *Lob. adv.* 150. *Dod. pempt.* 369.
Tithymalus myrfinites legitimus. *Cluf. hift.* 2. *p.* 189.
Tithymalus myrfinites latifolius. *Bauh. pin.* 290. *Morif. hift.* 3. *p.* 337. *f.* 10. *t.* 1. *f.* 21. *Boerh. lugdb.* 1. *p.* 256.
Myrfinites. *Cæfalp. fyft.* 290.
α Tithymalus myrfinites anguftifolius ~~Bauh.~~ *pin.* 290.
*Crefcit* ~~juxta urcem~~ Rhegii *in* Calabria. *Raj.*
*Folia inferiora conferta, lineari-lanceolata, reflexa; fuperiora alterna, lanceolata, patentia.*
*Ex alis ( præter terminatricem umbellam ) fuperioribus umbellulæ fæpius partiales.*

19. EUPHORBIA inermis, foliis caulinis lanceolatis : floralibus latioribus, umbella univerfali multifida : partialibus diphyllis dichotomis.
Tithymalus annuus erectus, folio oblongo acuminato. *Tournef. inft.* 87. *Boerh. lugdb.* 1. *p.* 257.
Peplis annua, foliis acutis, flore mufcofo. *Bocc. fic.* 24. *t* 13. *f.* 1.
*Crefcit in agro* Lugdunenfi *in* Gallia.
*Involucrum univerfale pentaphyllum : foliolis lanceolatis. Radii umbellæ quinque : foliis cordatis, feffilibus, acutis : ex fingula ala alterna prodit radius majori fimilis. Flores in fummis ramulis. Folia caulina lanceolata, acuta, alterna; floralia ovata, feffilia, acuta.*

20. EUPHORBIA inermis, foliis lanceolatis, umbella univerfa multifida : partialibus dichotomis : involucris femibifidis perfoliatis.
Tithymalus fylvaticus toto anno folia retinens. *Bauh. hift.* 3. *p.* 671.
Tithymalus fylvaticus, lunato flore. *Bauh. pin.* 290.
Tithymalus amygdaloides minor fubglaber *Barr. rar. t.* 830.
α Tithymalus characias rubens peregrinus. *Bauh. pin* 290.
Tithymalus amygdaloides five Characias *Bauh. hift.* 3. *p.* 672.
Tithymalus characias 1. *Cluf. hift.* 2. *p.* 188.
β Tithymalus characias ~~amygdaloides~~, foliis eleganter variegatis. *Boerh. lugdb.* 1 *p.* 255.
*Crefcit α. in montibus* Euganeis, Bafiliæ, Genevæ, Montbelgardi; *in* Gallia Narbonenfi, Hifpania, Germania, Anglia; *at* β Monfpelii *in locis faxofis & afperis; in regno* Valentino *circa* Malacam, Hifpania, Gallia Narbonenfi.
*Differt hæc fpecies ab aliis præfertim involucris partialibus monophyllis feu duobus coalitis, vulgo ramulis perfoliatis.*

21. EUPHORBIA inermis, foliis confertis linearibus, umbella univerfali multifida : partialibus dichotomis, foliolis fubrotundis.
Tithymalus foliis pini. *Bauh. pin.* 292. forte diofcoridis Pityufa. *Morif. hift.* 3. *p.* 337. *f.* 10. *t.* 1. *f.* 27. *Boerh. lugdb.* 1. *p.* 257.
Tithymalo cypariffiæ fimilis, Pityufa multis. *Bauh. hift.* 3. *p.* 665.
Tithymalus, lini folio , major italicus. *Barr. rar.* 7. *t.* 821.
Pityufa five Pinea. *Lob. hift.* 192.
Ezula minor. *Dod. pempt* 374.
Efula minor dodonæi. *Dalech. hift.* 1653.
*Crefcit in* Italia.
*Folia inferiora caulis in hac gradatim latiora funt, caulis dein plurimos ramos e lateribus emittit.*

D d d 2                                        22. EU-

22. E u p h o r b i a inermis, foliis fetaceo-linearibus confertis, umbella univerfali multifida : partialibus ramo-
fe bifidis.
Tithymalus paralius, rubentibus craffioribus foliis. *Barr. rar. t.* 886.
Tithymalus maritimus. *Bauh. pin.* 291. *Bauh. hift.* 3. *p.* 675. (ex hortis) *Dod. pempt.* 370. *Lob. hift.* 191.
*a* Tithymalo maritimo affinis, linariæ folio. *Bauh. pin.* 291
Tithymalus maritimus, folio linariæ. *Boerh. lugdb.* 1. *p.* 256.
*Crefcit in maritimis.*
*Folia floralia ovata, acuminata vel lanceolata funt.*

23. E u p h o r b i a inermis, foliis lanceolatis, umbella univerfali multifida polyphylla : partialibus trifidis tri-
phyllis : propriis bifidis.
Tithymalus paluftris fruticofus. *Bauh. pin.* 292. *Morif. hift.* 3. *p.* 341. *f.* 10. *t.* 2. *f.* 1. *Boerh. lugdb.* 1.
*p.* 256.
Tithymalus maximus oelandicus. *Rubd. hort.* 109.
Efula major. *Riv. tetr.* - - *Dalech. hift.* 1653.
Efula paluftris. *Rupp. jen.* 219.
Ezula major. *Dod. pempt.* 374.
*a* Tithymalus paluftris villofus mollior erectus. *Barr. rar.* 5. *t.* 885. *Boerh. lugdb.* 1. *p.* 258.
*β* Tithymalus nemorofus villofus mollior. *Barr. rar.* 6. *t.* 198.
*Crefcit in paludibus inter arundines in* Belgio, Germania *fuperiore & inferiore, in* Oelan-
dia *infula Sueciæ; rarius in* Italia, Gallia, Anglia.

24. E u p h o r b i a inermis fruticofa, foliis lanceolatis integerrimis, floribus folitariis terminatricibus, invo-
lucris triphyllis.
Tithymalus ragufinus, flore luteo pentapetalo. *Herm. lugdb.* 600. *Morif. hift.* 3. *p.* 342. *Boerh. lugdb.* 1.
*p.* 257.
Tithymalus maritimus fpinofus. *Bauh. pin.* 291. *Morif. hift.* 3. *p.* 342. *f.* 10 *t.* 1. *f.* 8.
Tithymalus minimus, anguftis acutisque foliis, fruticans. *Barr. rar.* 7. *t.* 86.
*Crefcere fertur in* Creta.
*Umbellæ in hac communiter fimplices funt.*

25. E u p h o r b i a inermis, foliis denticulatis, caulinis lanceolatis, umbellularum cordatis.
Tithymalus ferratus. *Dalech. hift.* 1649. *fig. mal. Bauh. hift.* 3. *p.* 673.
Tithymalus characias, folio ferrato. *Bauh. pin.* 290. *Morif. hift.* 3. *p.* 335. *f.* 10. *t.* 1. *f.* 6.
Tithymalus characias 5. *Dod. pempt.* 369.
Tithymalus myrtites valentinus. *Cluf. hift.* 2. *p.* 189.
*Crefcit in Regno* Valentino *&* Gallia Narbonenfi *circa* Nemaufium *&* Monfpelium.

# A r g e m o n e. *g. pl.* 422.

1. A r g e m o n e.
Argemone mexicana. *Tournef. inft.* 239. *Fev. peruv.* 2. *p.* 6. *Boerh. lugdb.* 1. *p.* 280.
Papaver fpinofum. *Bauh. pin.* 171. *prod.* 93. *t.* 92. *Cluf. hift.* 2. *p.* 93. *Bauh. hift.* 3. *p.* 397. *Sloan.
flor.* 80.
Papaver fpinofum luteum, foliis albis venis notatis. *Morif. hift.* 2. *p.* 277. *f.* 3. *t.* 14. *f.* 5.
Chicallotl. *Hern. mex.* 215.
*Crefcit in* Mexico *omnibus in locis, campis & montibus, nec non in omnibus infulis* Caribæis
*fecus vias publicas.*

# P a p a v e r. *g. pl.* 433.

1. P a p a v e r foliis fimplicibus glabris incifis.
Papaver fylveftre. *Raj. fyn.* 308 *Dalech. hift.* 1710.
Papaver vulgare, cujus capitula foraminibus hiant, femine incano. *Bauh. pin.* 170.
Papaver capitatum multicapfulare. *Morif. hift.* 2. *p.* 274. *f.* 3. *t.* 14. *f.* 1, 2, 3, 4.
Papaver capfula flore; folio lato glabro: maximis. *Boerh. lugdb.* 1. *p.* 278. *n.* 1 —16.
Papaver fativum nigrum & tertium, & quartum, *Dod. pempt.* 445, 446.
Papaver fativum. *Lob. hift.* 142.
*a* Papaver hortenfe, femine albo. *C. B.*
*β* Papaver hortenfe, nigro femine. *C. B.*
*γ* Papaver flore rubro, femine fufco. *C. B.* 171.
*δ* Papaver criftatum, floribus & femine album. *C. B.*
*ε* Papaver criftatum, floribus rubris, femine nigro. *C. B.*
*ζ* Papaver, pleno flore, album. *C. B.*
*η* Papaver, pleno flore, nigrum. *C. B.*
*Crefcit hocce ævo in ruderatis* Europæ calidioris *frequens.*

2. P a-

2. PAPAVER foliis pinnatifidis hifpidis, fructu fubrotundo.
  Papaver, laciniato folio, capitulo breviore glabro, annuum. *Raj. fyn.* 308.
  Papaver erraticum rubrum campeftre. *Bauh. hift.* 3. *p.* 395.
  Papaver rhoeas five erraticum. 6, 7, 8, *Morif. hift.* 2. *p* 277. *f.* 3. *t.* 14. *f.* 6.
  Papaver capfula, flore; foliis obfcure virentibus plus incifis; minoribus. *Boerh. lugdb.* 1. *p.* 279. *n.* 18 − 29.
  Papaver erraticum. *Dod. pempt.* 447.
  Papaver rhoeas. *Lob. hift.* 143.
  Papaver erraticum majus. *Bauh. pin.* 171.
  α Papaver erraticum, pleno flore. *C. B.*
  β Papaver erraticum minus. *C. B.*
  γ Papaver capfula & flore maximis, folio incifo hirfutiffimo obfcure viridi. *Boerh. lugdb.* 1. *p.* 278.
  Papaver orientale hirfutiffimum, flore magno. *Tournef. cor.* 17. *itin.* 3. *p.* 127. *t.* 127. *Comm. rar.* 34.
    *t.* 34.
    *Crefcit per* Europam *inter fegetes, præfertim in regionibus argillofis.*

3. PAPAVER foliis ternato-pinnatifidis, fructu angulato.
  Papaver capitatum multicapfulare dictum. 9, 10, 11. *Morif. hift.* 2. *p.* 278. *f.* 3. *t.* 14. *f.* 9, 10, 11.
  Papaver capfula, flore & foliis obfcurius virentibus tenuiffime laciniatis, minimis. *Boerh. lugdb.* 1. *p.* 280.
    §. 32, 33, 34.
  Argemone capitulo breviore. *Bauh. pin.* 172. hifpido. *Bauh. hift.* 3. *p.* 396.
  Argemone capitulo torulis canulato. *Lob. hift.* 144.
  α Argemone capitulo longiore. *C. B. Lob. hift.* 144. fpinofo. *J. B*
    *Crefcit in foffis & ad agrorum margines in* Germania, Anglia, Gallia.

4. PAPAVER foliis pinnatis, fructu acuminato.
  Papaver cambricum perenne, flore fulphureo. *Dill. elth.* 300. *t.* 223. *f.* 290.
  Argemone cambro-britannica lutea, capite longiore glabro paucis fpinulis ad loculamentorum juncturas or-
    nato. *Morif. hift.* 3. *p.* 297. *f.* 3. *t.* 14. *f.* 12.
  Argemone cambro-britannica lutea. ~~Raj. hift. 850.~~
  α Papaver ~~erraticum~~ pyrenaicum, flavo flore. *Bauh. pin.* 171. *prod.* 92. ut recte Plukenetius.
    *Crefcit in* Cambria feptentrionali *locis umbrofis & lapidofis circa rivulos.*

# CHELIDONIUM. *g. pl.* 424.

1. CHELIDONIUM pedunculis multifloris.
  Chelidonium majus. *Dod. pempt.* 48. *Lob. hift.* 440. *Dalech. hift.* 1250.
  Chelidonium majus vulgare. *Bauh. pin.* 144. *Cluf. hift.* 2. *p.* 203. *Morif. hift.* 2. *p.* 257. *f.* 3. *t.* 11. *f.* 2.
    *Boerh. lugdb.* 1. *p.* 305.
  Chelidonium majus, vulgo Chelidonia. *Cæfalp. fyft.* 269.
  Chelidonia. *Bauh. hift.* 3. *p.* 482.
  Papaver corniculatum luteum Chelidonia dictum. *Raj. fyn.* 309.
  α Chelidonium majus, foliis quercinis. *Bauh. pin.* 144.
  Chelidonium majus, laciniato flore. *Cluf. hift.* 2. *p.* 203.
  Chelidonia folio laciniato. *Bauh. hift.* 3. *p.* 483
  β Chelidonium majus, foliis & flore tenuiffime laciniatis. *Morif. hift.* 2. *p* 258.
    *Crefcit in locis ruderatis & afperis per maximam partem* Europæ.
    *Singulares funt iftæ varietates α. β., quarum folia funt palmata, licet in naturali planta pin-*
    *nata fint.*

2. CHELIDONIUM pedunculis unifloris.
  Glaucium flore luteo. *Tournef. inft.* 254. *Boerh. lugdb.* 2 *p.* 305.
  Papaver corniculatum luteum. *Bauh. pin.* 171. *Bauh. hift.* 398. *Morif. hift.* 2. *p.* 273. *f.* 3. *t.* 14. *f.* 1.
  Papaver corniculatum, flavo flore. *Cluf. hift.* 2. *p.* 91.
  Papaver corniculatum majus. *Dod. pempt.* 449.
  Papaver corniculatum. *Cæfalp. fyft.* 270. *Lob. hift.* 141.
  α Glaucium glabrum, flore phœniceo. *Tournef. inft.* 254.
  Papaver corniculatum phœniceum glabrum *Bauh. pin* 171.
  Papaver corniculatum phœniceo pallefcente flore. *Cluf hift.* 2 *p.* 92.
  β Glaucium hirfutum, flore phœniceo. *Tournef. inft.* 254.
  Papaver corniculatum phœniceum hirfutum. *Bauh. pin.* 171.
  Papaver corniculatum phœniceum, folio hirfuto. *Bauh. hift.* 3. *p.* 399.
  Papaver cornutum, phœniceo flore. *Cluf hift.* 2. *p.* 91.
  Papaver corniculatum rubrum. *Dod. pempt.* 449.
  γ Glaucium flore violaceo. *Tournef. inft.* 254.
  Papaver cornutum, flore violaceo. *Morif. hift.* 2. *p.* 274. *f.* 3. *t.* 14. *f.* 3.
  Papaver corniculatum violaceum. *Bauh. pin.* 172. *Bauh. hift.* 399 *Dod. pempt.* 449.
  Papaver corniculatum, violaceo flore. *Cluf. hift.* 2. *p.* 92.
    *Crefcit in littoribus maris arenofis* Angliæ; *at* β *in agro* Salmanticenfi *&* Viennenfi *juxta*
    *vias & agrorum margines;* γ *In* Hifpania *& in* Cantabrigia *inter fegetes.*
    *Obf. Varietas* γ *gerit folia pinnata, laciniis linearibus ramofis.*
    E e e

BOC-

# BOCCONIA. *g. pl.* 88. *p.* 380.

**1. BOCCONIA.**

Bocconia ramofa, fphondilii folio tomentofo. *Plum. gen.* 55.

Chelidonium majus arboreum, foliis quercinis. *Sloan. flor.* 82. *hift.* 1. *p.* 196. *t.* 125.

Cocoxihvitl. *Hern. mex.* 158.

*Crefcit in* Mexico *&* Jamaica *in montibus rarius.*

*Confecrata fuit hæc planta memoriæ* PAULI BOCCONI, *diligentiffimo Botanico, qui tanto ftudio tot raras plantas in Europa auftrali detexit.*

# SANGUINARIA. *g. pl.* 425.

**1. SANGUINARIA.**

Sanguinaria minor, flore fimplici. *Dill. elth.* 335. *t.* 252. *f.* 326.

Chelidonium maximum canadenfe acaulon. *Corn. canad.* 212. *Morif. hift.* 2. *p.* 257. *f.* 3. *t.* 11. *f.* 1. *Raj. hift.* 1887 *Tournef. inft.* 231. *Boerh. lugdb.* 1. *p.* 305.

Papaver corniculatum f. Chelidonium humile, cauliculo nudo, flore albo ftellato. *Pluk. alm.* 280.

α Sanguinaria major, flore fimplici. *Dill. elth.* 334. *t.* 252 *f.* 325.

β Sanguinaria major, flore pleno. *Dill. elth.* 335. *t.* 252. *f.* 326.

*Crefcit in* Marilandia, Penfilvania, nova Anglia, Canada, Virginia, Carolina.

*Hæc planta plurima habet cum Podophyllo communia, ut fi Argemone & Chelidonium debeant ob florem conjungi cum Papaveribus, certe & hæc debeat cum Podophyllo.*

# PODOPHYLLUM. *g. pl.* 426.

**1. PODOPHYLLUM.**

Anapodophyllon canadenfe morini. *Tournef. inft.* 239. *Catesb. ornith.* 24. *t.* 24. *Boerh. lugdb.* 2. *p.* 72.

Dentaria monophyllos; Anapodophyllon parifienfibus. *Morif. blef.* 258.

Nymphææ congener alpina. *Pluk. alm* 267.

Papaveri affinis montana aconitifolia, ranunculi nemorenfis radice. *Herm. lugdb.* 476.

Herbæ paris affinis bifolia; Pomum majale londinenfibus. *Raj. hift.* 671.

Solano congener monophyllum aut diphyllum, aconiti folio, flore albo. *Morif. hift.* 3. *p.* 533.

Ranunculi facie peregrina. *Joncq. parif.* 153.

Aconitifolia humilis, flore albo unico campanulato, fructu cynofbati. *Mentz pug. t.* 2.

α Anapodophyllon canadenfe, ricini folio. *Tournef. inft.* 665.

*Crefcit uti antecedens in* Canada, Virginia, Carolina, *&c.*

*Anapodophyllon eft nomen fefquipedale, detruncavi itaque tres literas, tamen fufficiunt reliquæ cum omnino eadem fignificatione.*

# ACTÆA. *g. pl.* 427.

**1. ACTÆA.**

Actæa caule inermi. *Fl. lapp.* 217.

Chriftophoriana. *Dod. pempt.* 402. *Cluf. hift.* 2. *p.* 86.

Chriftophoriana vulgaris. noftras racemofa & ramofa. *Morif. hift.* 2. *p.* 8. *f.* 1. *t.* 2. *f.* 2. *Boerh. lugdb.* 2. *p.* 62.

Aconitum racemofum; Actæa quibusdam. *Bauh. hift.* 3. *p.* 660.

Aconitum racemofum. *Bauh. pin.* 182.

Napellus racemofus dodonæi. *Dalech. hift.* 1747.

Barba capri. *Cæfalp. fyft.* 217.

α Chriftophoriana americana racemofa, baccis niveis & rubris. *Morif. hift.* 2. *p.* 8. *f.* 1. *t.* 2. *f.* 7.

Aconitum baccis niveis & rubris. *Corn canad.* 76. *p.* 77.

*Crefcit ad præcipitia fucculenta umbrofa & nemorofa montium, folo pinguiffimo in* Suecia, Germania, Auftria; *at varietas* α *in* America feptentrionali.

# MUNTINGIA. *g. pl.* 411. *p.* 383.

**1. MUNTINGIA pedunculis unifloris.**

Muntingia folio fericeo molli, fructu majori. *Plum. gen.* 41.

Loti arboris folio anguftiore, rubi flore, fructu polyfpermo umbilicato. *Sloan. flor.* 162. *hift.* 2. *p.* 80. *t.* 194. *f.* 1. *Raj. dendr.* 32.

Mc-

Mefpilus americana, alni vel coryli foliis, fructu mucilaginofo albo. *Comm. hort.* 1. p. 155. t. 80.
*Crefcit in* Jamaica *ad margines viæ, qua verfus Trajectum itur & in agris loco Guanaboa.*
*In natali folo vaftiffima arbor. Folia alterna, petiolata, ovato-lanceolata, bafi emarginata,*
*lobo altero breviori, margine ferrata, fubtus hirfuta albida, fuperne villofa mollia viridia;*
*Ex ala folii prodit pedunculus unicus (rarius duo), filiformis, longitudine dimidii folii, uni-*
*florus. Flos* Calyce quinquepartito, laciniis lanceolatis, externe hirfutis, deciduis. Petala
quinque, alba. Stamina capillaria, numerofa, receptaculo inferta, longitudine calycis.
*Intra ftamina villi plurimi cingunt germen.* Piftilli germen ovatum. Stylus nullus. Stigma conicum, pentagonum, quinquangulare, perfiftens. Bacca globofa, unilocularis, *ftigma-*
te acuminata, lineis quinque elevatis adnatis (*exacte ut in papavere* 1ma) coronata. Semina numerofiffima, nidulantia, totum fructum replentia.
*Commelini figura minus bene exprimit plantam, videtur tamen eadem, cum omnes plantæ America-*
*næ in hybernaculis noftris calidis quadruplo majora, quam in loco natali, producunt folia.*
*Confecrata fuit memoriæ* ABRAHAMI MUNTINGII, *ex variis operibus clari.*

# N Y M P H Æ A. *g. pl.* 421.

1. N Y M P H Æ A calyce magno pentaphyllo. *Fl. lapp.* 218.
 Nymphæa lutea major. *Bauh. pin.* 193. *Cluf. hift.* 2. p. 77. *Boerh. lugdb.* 1. p. 281.
 Nymphæa lutea minor. *Dalech. hift.* 1009.
 Nymphæa lutea. *Bauh. hift.* 3. p. 771. *Dod. pempt.* 585. *Lob. hift.* 324. *Beft. eyft. vern.* 108. *f.* 3.
 Nymphæa altera. *Cæfalp. fyft.* 569.
 Nymphæa lutea minor, magno flore. *Bauh. pin.* 193.
 *Crefcit in ftagnis & fluviis ac foffis per totam* Europam, *præfertim* feptentrionalem *vel*
 *frigidiorem.*

2. N Y M P H Æ A calyce tetraphyllo, corolla multiplici. *Fl. lapp.* 219.
 Nymphæa alba major. *Bauh. pin.* 193. *Dalech. hift.* 1008. *Sloan. flor.* 120. *Beft. eyft. vern.* 108. *f.* 1.
 Nymphæa alba. *Bauh. hift.* 3. p. 770. *Dod. pempt.* 585. *Lob. hift.* 324.
 Nymphæa. *Cæfalp. fyft.* 568.
 Nymphæa alba: Lotus ægyptia alpini. *Cluf. hift.* 2. p. 77.
 Leuconymphæa. *Boerh. lugdb.* 1. p. 281.
 Agrape. *Marcgr. braf.* 23.
 Nymphæa alba minor. *Bauh. pin.* 193. *Beft. eyft. vern.* 108. *f.* 2.
 *Crefcit in iisdem locis cum antecedenti, per totam* Europam *&* Americam.
 *Obfervandum an illa fpecies foliis crenatis fit diftincta fpecies, vel folum varietas. vide* Hort.
 mal. *XI. t.* 26. *nec non ibidem tab.* 27. *Præterea Lotum ægyptiam alpini; ego vix crede-*
 *rem quod fpecie differant; autopta dijudicet.*

3. N Y M P H Æ A foliis undique integris.
 Nymphæa indica, Faba ægyptia dicta, flore incarnato. *Herm. parad.* 205. *t.* 205.
 Nymphæa alba indica maxima, flore albo, fabifera. *Burm. zeyl.* 173.
 Nymphæa glandifera indiæ paludibus gaudens, foliis umbilicatis amplis, pediculis fpinofis, flore rofeo pur-
 pureo. *Pluk. alm.* 267. *t.* 207. *f.* 5.
 Nymphæa glandifera batavica javorum. *Stap. theophr.* 445. *t.* 446.
 Faba ægyptiaca. *Cluf. exot.* 32.
 Nelumbo zeylanenfium. *Tournef. inft.* 261.
 Tamara. *Rheed. mal.* 11. p. 59. *t.* 30.
 Bem-Tamara. *Rheed. mal.* 11. p. 61. t. 21.
 *Crefcit in Indiæ orientalis,* Zeylonæ, Malabariæ, Javæ, &c. *aquis ftagnantibus.*
 *Hujusmodi fructus in collectione feminum obvius eft, nec in* Horto *crevit umquam.*

# C A P P A R I S. *g. pl.* 261.

1. C A P P A R I S aculeata.
 Capparis fpinofa (& non fpinofa). *Bauh. hift.* 2. p. 63.
 Capparis fpinofa, fructu minore, folio rotundo. *Bauh. pin.* 480. *Boerh. lugdb.* 2. p. 70.
 Capparis. *Cæfalp. fyft.* 480.
 Capparis retufo folio. *Lob. hift.* 359. *Dalech. hift.* 154. mala.
 Capparis folio acuto. *Lob. hift.* 359. *Dalech. hift.* 154. *Bauh. pin.* 480.
 Capparis ficula, duplicata fpina, folio acuto. *Bocc. fic.* 79 *t.* 42. *f.* 3.
 Capparis. *Dod. pempt.* 746.
 *Crefcit in locis arenofis, ruderatis, muris, inter & fuper lapides* Romæ, Senarum, Floren-
 *tiæ & alibi in* Italia, *femper in locis duriffimis aridiffimis.*
 *Variat foliis ovatis acutis & obtufe emarginatis; variat fpinis folitariis & geminatis ad*
 *exortum folii.*

E e e 2 2 CAP-

2. CAPPARIS inermis, foliis ovalibus alternis perennantibus.

Cynophallophoros f. Penis caninus caribearum, arbor foliis fubrotundis, clavos pulpiferos phalloides pro filiquis gerens. *Pluk. alm.* 126. *t.* 172. *f.* 4.

*Crefcit in* America.

*Arborea eft planta. Folia oblongo-ovalia, fere obtufa, margine integerrimo parum deflexo, fuperficie fupina glabra, nitida, fulco longitudinali fecundum nervum, prona vero pallida vel argenteo-grifea, quafi obfolete punctata; ramorum apex in paniculam floriferam definit; rami teretes, at angulofi evadunt verfus paniculam & pauiculae ipfius rami angulofi. Calyx & corolla quadripartita, ut in congeneribus, foliolis ovatis, aequalibus, fubtus colore floris Elaeagni. Stamina longiffima purpurafcentia, germen ovato-oblongum apici ftyli infidens.*

*Plukenetiana figura differt a noftra planta quod flores folitarios ex alis foliorum ferat. An haec Breynia Plumieri?*

3. CAPPARIS inermis, foliis ovato oblongis per fpatia confertis perennantibus.

Capparis arborefcens, lauri foliis, fructu longiffimo. *Plum. fpec.* 7.

Capparis americana arborefcens, lauri folio, fructu longiffimo; flore albo. *Tournef. inft.* 261.

α Capparis alia arborefcens, lauri foliis, fructu oblongo ovato. *Plum. fpec.* 7.

· Capparis americana arborefcens, lauri folio, fructu fubrotundo, flore albo. *Tournef. inft.* 665.

β Capparis arborefcens indica Badukka dicta, flore tetrapetalo. *Raj. hift.* 1630.

Baducca. *Rheed. mal.* 6. *p.* 105. *t.* 57.

*Crefcit in* America & Malabaria.

*Malabarica β differt ab americanis petiolis paulo brevioribus.*

*Folia in his alterna, fed valde conferta, petiolis longis annexa, feptem vel decem fimul, e quibus ramus nudus femipedalis, iterum ambiunt folia alterna, recurrit ramus nudus, &c.*

## TILIA. *g. pl.* 440.

1. TILIA. *Caefalp. fyft.* 40. *Dod. pempt.* 838.

Tilia foemina. *Lob hift.* 606. *Dalech. hift.* 89.

Tilia foemina, folio majore. *Bauh pin.* 426. *Boerh. lugdb.* 2. *p.* 230.

Tilia vulgaris platyphyllos. *Bauh. hift.* 1. *p.* 133.

α Tilia foemina, folio minore. *C. B.*

Tilia folio minore. *J. B.* 135.

*Crefcit in pratis montofis* Gothiae, Daniae, Germaniae; *in alpinis & montofis* Italiae; *inque* Virginia.

*Fructus globofus fi modo unico praegnans eft femine, ut communiter fit; fi vero omnia quinque femina ad maturitatem perveniunt, angulatus fit fructus.*

*Nulla arbor in opere topiario hacce gratior eft.*

*Habetur & in Horto Tilia cujus radix excrevit in ramos, dum rami in radicem transivere per fubverfionem artificialem.*

## THEA. *g. pl.* 434.

1 THEA.

Thea. *Kaempf jap* 605, 607. *t.* 606. *fig. opt.*

The finenfium five Tfia japonenfibus. *Breyn. cent.* 111. *t.* 112. *Raj. hift.* 1619.

The frutex chinenfis, Tfia japonenfis. *Barr. rar.* 128. *t.* 904. *ex Bont.*

Thee finenfium f. Tfia japonica. *Bocc. muf.* 114. *t.* 94. *ex Breyn.*

Frutex The. *Bont. jav.* 87 *t.* 88.

Herba Te feu Thee finenfe. *Jocqu. expl.* 25.

Chaa. *Bauh. pin* 147.

Chaa, herba japoniae. *Bauh hift.* 1. *p.* 5.

Evonymo affinis arbor orientalis nucifera, flore rofeo. *Pluk. alm.* 139. *t.* 88. *f.* 6.

Evonymo adfinis, Tfia japonenfibus dicta, flore rubro rofaceo, vafculo feminali rotundo plerumque tricapfulari, Siva-tea finenfibus dicta. *Pluk. amalth.* 79.

Styraci & Evonymo media affinis, The finenfium five Tfia japonenfibus, flore fimplici. *Breyn. prod.* 2. *p.* 98.

*Crefcit in* Japonia.

*Semina fepties per aliquot annos in hortum translata fuere, regerminarunt vero nulla, nec fcio ullum hortum in quo creverit Europaeo, (licet Breynius prod. l. c. in Horto Amftelodamenfi faltem confpeximus:) fiquidem femina tefte Kaempfero, ipfo in loco natali, citiffime rancefcant cum maxime oleofa fint, adeoque vix fingulum quintum enafcitur, longe itaque magis, dum bis meridiem fubire debeant antequam in Europam perveniant; nec fperat Kaempferus plantas vivas e japonia per aeftuofam indiam deferri poffe facile in Europam, quin tabe perirent fub itinere; quod fi vero poffent, in Sicilia, Hifpania & Italia fub eodem fere*

*vi-*

*viverent climate, nec non in America, ubi, ut & in Europa, tam multæ tamque infinitæ aliæ plantæ cum japonensibus communes crescunt.* Puto quod semina nitro ( non immediate ) *circumdata undique & optime inclusa incorrupta transferrerentur, modo singularis adhibcretur cura.*

*Thea nomen est barbarum, adeoque novum imponi deberet; nos itaque Theæ verbum retinemus quasi Thea (græcè) Dæa, cum hæc herba divina facta fuit fere omnibus nationibus nostro certe ævo. De hac Jonquet, in explic. stirp. obscure denominatarum, lepide: Herba divina, nondum cognita C. Bauhini temporibus; creditur folis amor in quam Ambrosiæ succos sic fundit salutares, ut qui hujus exhauserit decoctum, est quod arbitretur sibi Senii pharmacum accepisse. vide sequentia de usu ejus summo p. 24.*

## C I S T U S. *g. pl.* 441.

1. C I S T U S foliis cordatis lævibus acuminatis petiolatis.
   Cistus ledon, foliis populi nigræ, major. *Bauh. pin.* 467. *Boerh. lugdb.* 1. p. 275.
   Cistus ledon, populi nigræ foliis clusii, major & minor. *Bauh. hist.* 2. p. 9.
   Ledon latifolium 2 majus. *Cluf. hist.* 1. p. 78.
   Ledum 2 clusii. *Dalech. hist.* 233. *Lob. hist.* 554.
α Cistus ledon, foliis populi nigræ, minor. *Bauh. pin.* 467.
   Ledon 2 latifolium minus. *Cluf. hist.* 1. p. 78.
   Cistus ledon, populnea fronde. *Lob. hist.* 554. *Dalech. hist.* 234.
   *Crescit in ea montis* Sierra Morena *dicti parte, quæ superanda est iis qui Ulyssipone Hispalim iter faciunt & in quibusdam collibus* Granatæ *vicinis.*

2. C I S T U S foliis lanceolatis supra lævibus petiolis basi coalitis vaginantibus.
   Cistus ladanifera hispanica, salicis folio, flore albo macula punicante insignito. *Tournef. inst.* 260. *Boerh. lugdb.* 1. p. 274.
   Cistus ladanifera hispanica incana. *Bauh. pin.* 467.
   Cistus ledon, flore macula nigricante notato. *Bauh. hist.* 2. p. 8.
   Cistus ledon 1 angustifolium. *Cluf. hist.* 1. p. 77.
   Cistus ledon primus. *Lob. hist.* 553. *Dalech. hist.* 233.
   Cistus ledon. *Dod. pempt.* 192.
α Cistus ladanifera hispanica, salicis folio, flore candido. *Tournef. inst.* 260.
β Cistus ledon, foliis laurinis. *Bauh. pin.* 476. *Raj. hist.* 1009.
   Cistus ledon latiore folio. *Bauh. hist.* 2. p. 8.
   *Crescit frequentissima in multis* Hispaniæ *& Lusitaniæ locis, numquam tamen abundantius quam in collibus eorumque declivibus inter* Tagum *& Anam flumina; in toto fere monte* Sierra Morena; *at β in littore marino, qua, superata Calpe, Malacam iter est.*
   *Foliola calycina subrotunda cum acumine, pilis brevissimis raris remotis in medio asperfa.*

3. C I S T U S foliis lanceolatis sessilibus utrinque villosis trinerviis, alis nudis.
   Cistus ladanifera monspeliensium. *Bauh. pin.* 467. *Boerh. lugdb.* 1. p. 275. *Raj. hist.* 1010.
   Cistus ladanifera sive Ledon monspessulanum, angusto folio nigricans. *Bauh. hist.* 2. p. 10.
   Ladanum. *Cæsalp. syst.* 575.
   Ledum. *Dalech. hist.* 230.
α Cistus ledon, foliis oleæ, sed angustioribus. *Bauh. pin.* 467.
   Ledon 5. *Cluf. hist.* 1. p. 79.
   *Crescit vulgatissimus per totum regnum* Valentinum *& Galliam Narbonensem.*
   *Folia calycina cordata, acuminata, margine præsertim ciliata.*

4. C I S T U S foliis sessilibus utrinque villosis rugosis: inferioribus ovatis basi connatis, summis lanceolatis.
   Cistus mas angustifolius. *Bauh. pin.* 464.
   Cistus mas 2, folio longiore. *Bauh. hist.* 2. p. 2.
   Cistus mas 2. *Cluf. hist.* 1. p. 69. *Dalech. hist.* 225.
   Cistus mas angustifolius secundus clusii. *Lob. hist.* 548.
   *Crescit in* Hispania.
   *Foliola calycina ovata, acuminata, hirsuta.*

5. C I S T U S foliis ovatis petiolatis utrinque hirsutis, alis nudis.
   Cistus fœmina, folio salviæ. *Bauh. pin.* 464.
   Cistus fœmina, folio salviæ, elatior, & rectis virgis. *Tournef. inst.* 259. *Boerh. lugdb.* 1. p. 275.
   Cistus monspeliana, flore albo; & hispanica luteo. *Bauh. hist.* 1. p. 4.
   Cistus fœmina. *Cluf. hist.* 1. p. 70. *Lob. hist.* 549. *Dalech. hist.* 226.
   Cistus. *Cæsalp. syst.* 574.
   *Crescit per* Italiam, Siciliam *& Galliam Narbonensem in sterilibus & saxosis collibus & dumetis frequens.*
   *Foliola calycina cordata, nuda, colorata.*

6. C I S T U S foliis aveniis, alis nudis, foliolis duobus calycinis linearibus.
   Cistus folio halimi 1. *Cluf. hist.* 1. p. 71. *Dalech. hist.* 227. *Boerh. lugdb.* 1. p. 275.
   Cistus folio halimi, flore luteo. *Bauh. hist.* 2. p. 5.

Ff f

Ci-

Cistus fœmina, portulacæ marinæ folio latiore obtuso. *Bauh. pin.* 465.
Cistus fœmina, folio portulacæ marinæ sive Crithmi. *Lob. hist.* 550.
Helianthemum halimi folio breviore obtuso. *Tournef. inst.* 249.
● Cistus, halimi folio, secundus. *Cluf. hist.* 1. p. 71.
Cistus fœmina, portulacæ marinæ folio angustiore mucronato. *Bauh. pin.* 465.
*Crefcit in* Lufitania *non procul* Ulyffipone *in folo arenofo & aura marina afflato.*

7. CISTUS foliis lanceolatis hirsutis margine repandis, alis nudis.
Cistus mas, foliis undulatis & crispis. *Tournef. inst.* 259. *Boerh. lugdb.* 1. p. 275.
Cistus mas 5, foliis crispis & quodammodo finuosis. *Bauh. hist.* 2. p. 3.
Cistus mas supinus, finuatis & fimbriatis foliis. *Lob. hist.* 549.
Cistus mas, foliis chamædryos. *Bauh. pin.* 464.
Cistus mas 5. *Cluf. hist.* 1. p. 69.
*Crefcit in* Lufitania *præfertim ad monafterium* Pera longa *dictum ; crefcit & in locis fterilibus* Garrigues, *inter* Pezenos & Beziers.

8. CISTUS stipulis quaternis, foliis oblongis, caule erecto.
Cistus annuus. *Cluf. hist.* 1. p. 76.
Cistus humilis annuus, folio falicis. *Lob. hist.* 552.
Cistus annuus 1 clufio. *Dalech. hist.* 228. folio rotundiore. *Bauh. hist.* 2. p. 13.
Cistus falicis folio. *Bauh. pin.* 465.
Helianthemum falicis folio. *Tournef. inst.* 249. *Boerh. lugdb.* 1. p. 276.
*Crefcit in vinetorum marginibus apud* Salmanticenfes & Granatenfes.

9. CISTUS stipulis quaternis, foliis oblongis utrinque glabris, caule procumbente.
Cistus humilis vulgaris, flore luteo. *Pluk. alm.* 107.
Chamæciftus vulgaris, flore luteo. *Bauh. pin.* 465.
Chamæciftus 1. *Cluf. hist.* 1. p. 73.
Helianthemum vulgare, flore luteo. *Bauh. hist.* 2. p. 15. *Tournef. inst.* 248. *Boerh. lugdb.* 1. p. 276.
Helianthemum five Flos folis. *Lob. hist.* 238.
Flos folis. *Dod. pempt.* 193.
Panaces Chironium. *Dalech. hist.* 740.
Chironia. *Cæfalp. fyst.* 397.
*Crefcit in pratis montofis exaridis vel cretaceis per* Sueciam, Germaniam, Angliam *aliasque regiones vulgaris.*
*Flores gaudent foliolis duobus calycinis linearibus parvis, patulis, tribus vero interioribus ova-*
*tis, magnis, concavis, ftriatis. Fructus abfoluta florefcentia reflectitur, qua nota a con-*
*generibus facile diftinguitur & varietates iftæ infinitæ, in Botanicorum fcriptis cumulatæ,*
*ad fuam fpeciem facile referuntur.*

10. CISTUS stipulis quaternis, foliis fubovatis fubtus.tomentofis, caule procumbente.
Helianthemum folio pervincæ fubtus argenteo pubefcentibus fimbriis, flore luteo. *Boerh. lugdb.* 1. p. 276.
Chamæciftus luteus, thymi durioris folio *Barr rar.* 51. t. 441.
*Crefcendi locum, flores vel fructus non vidi.*

## CALOPHYLLUM. *g. pl.* 436.

1. CALOPHYLLUM foliis ovatis obtufis ftriis parallelis transverfalibus.
Inophyllum flore quadrifido. *Burm. zeyl.* 130.
Kalophyllodendron indicum, folio & fructu minori. *Vaill. act.* 1722. p. 283.
Cornus malabarica, foliis nymphææ. *Raj. hist.* 1537.
Tfierou-ponna. *Rheed. mal.* 4. p. 81. t. 39.
*Crefcit in* Malabaria & Zeylona.

## PEGANUM. *g. pl.* 443.

1. PEGANUM.
Ruta fylveftris, flore magno albo. *Bauh. pin.* 338. *Morif. hist.* 2. p. 508. f. 5. t. 14. f. 5.
Ruta, quæ dici folet Harmala. *Bauh. hist.* 3. p. 200.
Ruta Harmola matthioli. *Dalech. hist.* 973.
Melanthium fyriacum minus frutefcens latifolium, rutæ flore, fructu tricapfulari. *Breyn. cent.* 2. p. 67.
Harmala. *Dod. pempt.* 121. *Lob. hist.* 508. *Boerh. lugdb.* 1. p. 261.
Harmel conftantinopolitanum. *Cæfalp. fyst.* 573.
*Crefcit in arenofis circa* Alexandriam Ægypti & *in* Caftella nova *circa* Madritium & Gua-
*dalojaræ collibus, læto folo.*
*Affinitas fat magna intercedit hanc fpeciem & Rutam, hinc exclufo nomine Barbaro Har-*
*mala, recepi nomen Rutæ græcum Peganum. Eft modo proportio numeri inter Rutam &*
*hanc quæ diftinguit, fcilicet ;*
*Rutæ calyx, corolla, loculamenta 4fida ; ftamina 8.*
*Varietatis* ——— *5fida ; ftamina 10.*
*Hujus* ——— ——— *5fida ; ftamina 5. loculam. 3fida ;*
*Ergo quod demitur e fructu conftituit ordinem interiorem quinque ftaminum, uti Celaftrum ab*
*Evonymo.* CA-

## CARYOPHYLLUS. *g. pl.* 435.

1. **CARYOPHYLLUS.**
Caryophyllus aromaticus ind. orient. fructu clavato monopyreno. *Pluk. alm.* 88. *t.* 155. *f.* 1.
Caryophyllus aromaticus, fructu oblongo. *Bauh. pin.* 410.
Caryophylli aromatici. *Dalech. hist.* 1759.
Caryophylli indici. *Bauh. hist.* 1. p.423.
Caryophyllus. *Cluf. exot.* 16. *Dalech. app.* 5. *Acost. cluf.* 267.
Tfhinka. *Pif. mant.* 177.
*Crescit in insulis* Moluccis *solo omnium aridissimo & siticuloso, ut vix siccior terra ulla.*
*Hæc inter exsiccata specimina occurrit quæ in Horto nullo Europæo umquam germinavit,*
*nec facile germinabit, rationem vide in* Raji historia 1508. *Ex* Pisonis mant. aro-
mat. 177.

## PORTULACA. *g. pl.* 341.

1. **PORTULACA** foliis cuneiformibus verticillatis sessilibus, floribus sessilibus.
Portulaca angustifolia sive sylvestris. *Bauh. pin.* 288. *Morif. hist.* 2. p. 571. *f.* 5. *t.* 36. *f.* 2. *Boerh. lugdb.*
1. p. 220. *Sloan. flor.* 87.
Portulaca sylvestris minor sive spontanea. *Bauh. hist.* 3. p. 678.
Portulaca sylvestris. *Dod. pempt.* 661. *Lob. hist.* 210.
Portulaca. *Cæsalp. syst.* 263.
Kara-tfjara. *Rheed. mal.* 10. p. 71. *t.* 36.
• Portulaca latifolia seu sativa. *Bauh. pin.* 288. *Morif. hist.* 2. p. 570. *f.* 5. *t.* 36. *f.* 1. *Boerh. lugdb.* 1. p. 220.
*Sloan. flor.* 87.
Portulaca hortensis latifolia. *Bauh. hist.* 3. p. 678. *non figura.*
Portulaca sativa. *Dod. pempt.* 661.
Portulaca domestica. *Lob. hist.* 210.
*Crescit in arenosis, sterilibus agris, vervectis, ad vias in* Germania, Gallia Narbonensi, Si-
cilia, Malabaria, Jamaica.
*Ulterius examen florum docuit in hoc genere numerum staminum copiosiorem esse, adeoque in*
*generibus loco* filamenta decem, *legatur* Filamenta quindecim vel plura. *Hinc etiam patet*
*affinitas Anacampserotis cum Portulaca, quæ sane summa est.*

## ANACAMPSEROS. *g. pl.* 428.

1. **ANACAMPSEROS** foliis acuminatis.
Telephiastrum flore globoso. *Dill. elth.* 375. *t.* 281. *f.* 363.
Portulaca africana sempervirens, flore rubicundo. *Comm. hort.* 2. p. 177. *t.* 89. *Boerh. lugdb.* 1. p. 220.
*Crescit in* Africa.

2. **ANACAMPSEROS** caule arboreo, foliis cuneiformibus oppositis.
Crassula, portlandicæ facie, arborescens. *Dill. elth.* 120. *t.* 101. *f.* 120.
*Crescit in* Africa.
*Flores hujus nobis ignoti; hinc de genere nil certi statuimus.*

## MIMOSA. *g. pl.* 439.

1. **MIMOSA** foliis bigeminatis.
Acaciæ quodammodo accedens, f. Ceratiæ & Acaciæ media jamaicensis spinosa, bigeminatis foliis, flosculis
stamineis, atronitente fructu, siliquis parum intortis. *Pluk. phyt.* 1. *f.* 6.
Ceratiæ quodammodo affinis benghalensis, foliis bigemellis subrotundis, siliquis admodum intortis & in
orbes circumflexis ex minio-nigricantibus, fructu rubro macula nigra insignito. *Pluk. alm.* 93. *t.*
82. *f.* 4.
Acaciæ quodammodo accedens, myrobolano chebulo veslingii similis, arbor americana spinosa, foliis ceratoniæ in pediculo geminatis, siliqua bivalvi compressa corniculata, seu cochlearum, vel arietinorum cornuum in modum incurvata, f. Unguis cati. *Breyn. prod.* 2. p. 7.
Acacia arborea major spinosa, pinnis quatuor majoribus subrotundis, siliquis varie intortis. *Sloan. flor.* 152.
*hist.* 2. p. 56.
Acaciæ similis spinosa, ceratoniæ foliis geminatis, floribus albis lanuginosis, siliqua compressa corniculata,
seminibus nigerrimis splendentibus. *Kigg. beaum.* 3.
Unguis cati arbor americana siliquosa spinosa. *Herm. prod.* 385.
*Crescit in campis & pratis* Jamaicæ *& Insularum* Caribæarum *frequens.*
*In horto nostro numquam floruit, licet humanæ altitudinis arbores; variat 'aculeis instru-*
F ſſ ⅰ⅂a

*Eta & iis deftituta ; flores depinguntur ftaminibus numerofis & legumine fpiraliter contorto.*

2. MIMOSA undique aculeata, foliis geminatis pinnatis, foliolis intimis minimis.
Mimofa fpinofa prima f. brafiliana latifolia, filiquis radiatis. *Breyn. cent.* 31. *t.* 16.
Mimofa arborefcens fpinofa, frondibus orbicularibus latifolia, filiquis radiatis onobrychidis modo articulatis. *Pluk. alm.* 251.
Juqueri-omnano. *Marcgr. braf.* 64.
* Mimofa, folio lato fennæ, fpinofa. *Boerh. lugdb.* 2. *p.* 55.
Efchynomene fpinofa latifolia five Herba viva vel Mimofa latifolia, pilofo & fubrotundo folio. *Comm. hort.* 1. *p.* 55. *t.* 28.
*Crefcit in* Brafilia.
*Petiolus apice in duos ramulos dividitur, quorum fingulus pinnatum fert folium ex duabus vel quatuor foliolorum oppofitionibus, foliolis æqualibus, excepto infimo interno, in fingulo ramulo folii minimo.*
*Hæc omnium maxime fenfitiva eft.*

3. MIMOSA caule aculeato, foliis pinnato-palmatis: fingulis multiplici oppofitione pinnatis.
Mimofa fpinofa tertia five foliolis acaciæ anguftioribus, filiquis parvis echinatis. *Breyn. cent.* 40. *t.* 18.
Mimofa major frutefcens fpinofa, ramis communi pediculo in orbem coactis. *Pluk. alm.* 251. *Boerh. lugdb.* 2. *p.* 55.
Mimofa f. Pudica, ramulis & foliis fenfilibus. *Tournef. fchol.* 300.
Efchynomene fpinofa, flore globofo albido, filiculis articulatis echinatis. *Comm. hort.* 1. *p.* 57. *t.* 29.
Herba mimofa. *Acoft. arom. cap* 56. *fig. mal.*
Caaco. *Marcg. braf.* 23. *fig. e planta tenella.*
Juquiri, aliis Caaco. *Pif. braf.* 117.
*Crefcit in* Brafilia *variisque aliis americæ.*
*Petiolus ad apicem gerit folia quatuor-octo-pinnata, numerofis foliolis; communi petiolo affiguntur hæc folia fummo apici & fere in eodem puncto, tamen fi accuratius infpiciantur, duo & duo oppofita funt & pinnatim infident, adhuc magis evidens dum tenella eft planta & nuper ex femine enata. Flores huic communiter quadrifidi funt & ftamina quatuor, rarius plura.*
*Hæc etiam maxime fenfitiva eft, & hoc noftro tempore in hortis vulgatiffima.*

4. MIMOSA aculeis alarum geminatis connatis, foliis duplicato-pinnatis.
Acacia cornuta indiæ orientalis. *Seb. thef.* 1. *p.* 113. *t.* 70. *f.* 13.
Acacia americana, grandibus aculeis ad ramulorum exortum cornua bovina referentibus, filiqua roftrata. *Pluk. alm.* 3. *t.* 122. *f.* 1.
Acaciæ fimilis, fpinis corniformibus, mexicana. *Comm. hort.* 1. *p.* 209. *t.* 107.
Acaciæ fimilis fpinis corniformibus prima & fecunda & tertia & quarta. *Breyn. prod.* 2. *p.* 4, 5, 6.
Hoitzmamaxalli. *Hern. mex.* 86.
*Crefcit in* Mexico *&* Cuba *infula.*
*Petiolus gerit folium pinnatum ex fex ( pluribus vel paucioribus ) foliis oppofitis feu pinnatis. Hæc folia lateralia fingula pinnata funt, foliolis viginti circiter paribus, proximis, ut fere fe invicem tangant; nec tacta connivent hujus folia; ubi petiolus communis exit duo cauli adnafcuntur validiffimi aculei coaliti inter fe, lepide cornua bovina exprimentes, e quorum divifura ortum ducit petiolus communis, in quo, a latere fupino, fere ubi prima oppofitio foliorum lateralium vel paulo inferius, eft lacuna glandulofa, quæ liquorem melleum faturatiffimum quem novi excernit. Quem in finem? Quid nectarium in foliis? cur fere in ipfa fructificatione? Foliola inferiora apendice dicoloro in apice inftruuntur.*

5. MIMOSA fpinis geminatis diftinctis, foliis duplicato-pinnatis, partialibus utrinque duobus.
Acacia foliis fcorpioides leguminofæ. *Bauh. pin.* 392.
Acacia ægyptia. *Hern. mex.* 866. *fig. optima.*
Acacia ægyptiaca. *Dalech. hift.* 160.
Acacia. *Dod. pempt.* 752.
Acacia africana, fpinis candicantibus horrida, fubrotundis foliis, odoratiffima. *Pluk. phyt.* 123. *f.* 1.
Acacia vera f. Spina ægyptiaca, fubrotundis foliis, flore luteo, filiqua brevi, paucioribus ifthmis glabris & cortice nigricantibus donata. *Pluk alm.* 3.
Spina acaciæ. *Lob. hift.* 536.
*Crefcit in* Ægypto *&* Arabia.
*Folia in communi petiolo quatuor pinnatim oppofita feu duo paria, quorum fingula pinnata funt ex foliolis numerofiffimis; ad exortum folii utrinque fpina fubulata, aciculæ forma, rigida, pungens, patens.*

6 MIMOSA aculeis ad fummitatem internodiorum confertis, foliis duplicato-pinnatis.
*Crefcit in* America.
*Differt a 10ma aculeis in finguli internodii fuperiori parte, nullis vero in inferiore.*
*Senfit & hæc, parum licet.*

7. MI-

7. MIMOSA inermis, foliis duplicato-pinnatis, foliolis fuperioribus majoribus incurvatis pubefcentibus.
Acacia non fpinofa, Sesban ægyptia, foliis fubtus glaucis. *Pluk. amalth.* 3. *t.* 331. *f.* 1.
*Crefcit in utraque* India.

8. MIMOSA inermis, foliis duplicato-pinnatis, filiquis lincaribus glabris.
Mimofa americana pigra, filiquis longis anguftis allium olentibus. *Pluk. alm.* 252. *t.* 307. *f* 3.
*Crefcit in* America.
*Folia quatuor paria pinnatim inferuntur petiolo communi: foliola fingula linearia, bafi trun-*
*cata, affixa angulo fuperiori, apice obtufe acuminata, fedecim circiter foliolorum paria in*
*folio partiali; ad exortum petioli communis nullæ fpinæ, fed duæ fetæ minimæ vix manife-*
*ftæ. Ex ala folii prodit pedunculus flores in capitulum filamentis longiffimis continens. Sili-*
*quæ plures quafi ex eodem pedunculi centro & apice fummo erectæ, digiti longitudinis, com-*
*preffæ, lineares, acuminatæ.*

9. MIMOSA inermis, foliis duplicato-pinnatis, glandula ad bafin petioli, filiquis ovato-oblongis planis.
*Crefcit in* America.
*Folia fedecim paria circiter communi petiolo pinnatim affiguntur, fingula quadraginta ad quin-*
*quaginta foliolorum paribus oppofitis pinnata exiftunt; infra folia in communi petioli parte*
*fupina prominet glandula quæ fecernit humorem melleum; filiquæ longitudine digiti, obtufæ, plus*
*quam pollicis humani latitudinis compreffæ. Ergo convenit facie cum 4ta, fed aculeorum*
*abfentia differt.*

10. MIMOSA fpinis geminatis, foliis duplicato-pinnatis.
Acacia altera vera f. Spina mazcatenfis vel arabica, foliis anguftioribus, flore albo, filiqua longa villofa plu-
rimis ifthmis & cortice candicantibus donata. *Pluk. alm.* 3. *t.* 251. *f.* 1.
Acacia, Sant & Akakia. *Alp. ægyp.* 6. *t.* 6.
Acacia vera. *Bauh. hift.* 1. *p.* 429.
*Crefcit in* Arabia *forte & ad* Caput bonæ fpei, unde femina habuimus varia & hanc iis im-
mixtam; enata etiam fuit e feminibus virginianis per D. Gronovium communicatis.
*Folia quatuor, quinque vel fex paria fingulo petiolo communi infident pinnatim, fingula pinna-*
*ta numerofis pinnis; ad exortum petioli communis fpinæ duæ oppofitæ.*
*Differt a 5ta fpecie, cum qua confunditur a plurimis fpinis in hac minoribus minus que rigi-*
*dis, & foliis partialibus pluribus quam quinque paribus.*

11. MIMOSA aculeis undique fparfis folitariis, foliis duplicato-pinnatis, caule angulato.
Acacia maderafpatana fpinofa, pinnis veluti lunulatis, nervo pinnularum ad unum latus vergente. *Pluk.*
*alm.* 4. *t.* 122. *f.* 2.
Intfia. *Rheed. mal.* 6. *p.* 7. *t.* 4.
*Crefcit in* Madera *&* Malabaria *& variis Americæ partibus, unde femina omni anno nobis*
*allata fuere.*

12. MIMOSA inermis, foliis pinnatis, paribus duobus: glandula ovata intra infimo minori.
*Crefcit in* America
*Fructus teres nodofus. Folia duo extima ovata maxima glabra, acuminata, duo inferiora di-*
*midio minora, interiore latere anguftiore.*

13. MIMOSA inermis, foliis pinnatis, petiolis membranaceo-alatis.
Inga flore albo fimbriato, fructu dulci. *Plum. gen.* 13.
Inga, belgis lotus. *Marcgr. braf.* 111.
Arbor filiquofa brafilienfis, foliis pinnatis, cofta media membranulis utrinque extuberantibus alata. *Raj.*
*hift.* 1762. Sloan *flor.* 153. *hift.* 2. *p.* 58. *t.* 183. *f.* 1.
*Crefcit in* Brafilia, Jamaica, Surinama, *ad ripas.*
*Qui a fructu vel flore diftinguere tentarit Acaciæ fpecies in Acacias & Mimofas, paucas cum*
*vidiffe fpecies fructificantes certus fum.*
*Difficile nobis eft tradere ubique fynonyma, cum raro apud nos floreant, rariffime fructificent,*
*omnesque veterum differentiæ præcipue a fructu petitæ fint.*

# CORCHORUS. *g. pl.* 442.

1. CORCHORUS foliorum infimis ferraturis fetaceis maximis reflexis.
Corchorus. *Lob. hift.* 269. *Dalech. hift.* 565.
Corchorus plinii. *Bauh. pin.* 317. *Morif. hift.* 2. *p.* 283. *f.* 3. *t.* 15. *f.* 4. *Boerh. lugdb.* 1 *p.* 318.
Corchorus five Melochia. *Bauh. hift.* 2. *p.* 982.
Melochia. *Alp. ægypt* 45. *t.* 45
Alcea cibaria, Corchorus & Melochia dicta, ad foliorum bafin barbulis donata, quinquecapfularis major æ-
gyptiaca, filiqua longiffima *Breyn. prod.* 2. *p.* 36.
α Alcea cibaria vel Corchorus americana, carpini foliis, fextuplici capfula prælonga. *Pluk. alm.* 17. *t.*
127. *f.* 3.

G g g            β Al-

β Alcea olitoria f. Corchorus americana, angufto barbato folio, capfula ftriƈtiori. *Pluk. alm.* 17. *t.* 127. *f.* 4.
*Crefcit in* Ægypto, & *a.* β. *in* America.

**2.** CORCHORUS foliorum infimis ferraturis minoribus.
Alcea olitoria f. Corchorus americana, prælongis foliis, capfula ftriata fubrotunda brevi. *Pluk. alm.* 18.
*t.* 255. *f.* 4.
*Crefcit in* America..
*In fp:cie priori infima utrinque foliorum ferratura in fetam excrefcit reflexam verfus petiolum,*
*in hac vero deficit in omnibus quas vivas alimus, Plukenetius tamen & hanc cum appendice*
*pingit.*

# TRIUMFETTA. *g. pl.* 864.

**1.** TRIUMFETTA.
Triumfetta fruƈtu echinato racemofo. *Plum. gen.* 40
Lappula bermudenfis althæoides fpicata, fruƈtu orbiculari majore. *Pluk. alm.* 206. *t.* 245. *f.* 7.
Agrimonia lappacea inodora, folio fubrotundo dentato. *Sloan. flor.* 92. *hift.* 1. *p.* 211.
Frutex innominatus fecundus. *Marcgr. braf.* 80.
*Crefcit in* Jamaica & Bermudis.
*Diƈta fuit in memoriam* JO. BAPT. TRIUMFETTI.
*Cum hæc planta fit minus clare expofita a Botanicis, ejus defcriptionem exhibebo.*
*E feminibus terræ prægnanti commiffis menfe aprili enafcitur Caulis arboreus, lignofus, bipe-*
*dalis vel tripedalis, fimpliciffimus, teres, fcaber, viridis, verfus bafin grifeus, lævis, li-*
*neis longitudinalibus viridibus maculatus.*
*Folia alterna, unciali fpatio remota, cordata fere, fed quinquangula, nervis totidem a baf.*
*exeuntibus ad fingulum apicem diftributis, rugofa, mollia, utrinque tomentofa, viridia,*
*ferrata, magnitudine vix manus, petiolis teretibus longitudine fere folii infidentia, hori-*
*zontaliter patentia, petiolis ad angulum acutum affurgentibus ; infimæ ferraturæ glandulo-*
*fæ funt.*
*Ad finguli petioli exortum utrinque adftat ftipula fubulata, patens, plana, longitudine un-*
*guis. Verfus fummitatem caulis confertiora fiunt folia & minora, tandem terminatur*
*caulis in pedunculum fimplicem, bifidum vel trifidum, qui racemus fit reflexus, digiti fæpe*
*longitudinis.*
*Flores lutei: Calyce pentaphyllo, lineari, reflexo, interne colorato; petalis nullis; ftaminibus*
*16 flavis; piftillo flavo: aperiuntur circa meridiem.*
*Fruƈtus magnitudine pifi, reflexus, in pedunculo proprio, echinatus : apicibus fetarum unci-*
*natis. die 3. februarii* 1737. *vix annua planta.* **Sub gradu** 70 *caloris optime viget ; abfoluta*
*fruƈtificatione perit apex caulis & ramos folitarios producit ex alis fuperioribus, paucos, ere-*
*ƈtos, lignofos, caule longiores ficque perennat & frutex evadit.*

# SLOANEA. *g. pl.* 433.

**1** SLOANEA.
Sloanea amplis caftaneæ foliis, fruƈtu echinato. *Plum. gen.* 49.
*Crefcit in* America.
*Fruƈtus* Capfula *ovata, quadrilocularis, quinquelocularis vel fexlocularis ( variat ), totidem-*
*que externe obfoletis angulis, teƈta undique & obvallata fetis incurvis, denfiffimis, longiffi-*
*mis; Calyx minimus, monophyllus, totidem laciniis incifus, perfiftens; Semina folitaria,*
*loculo quo includuntur longe minora; fata produxere plantam, Cupaniæ fimillimam, tenel-*
*la quæ periit.*
*Nomen obtinuit ab illuftriff.* HANS SLOANE, *Præfide Societatis Regiæ Anglicanæ, cui fere*
*foli debetur notitia plantarum jamaicenfium & plurium americanarum. Hic folus plura*
*in hiftoria naturali collegit, inque mufeum cujus par non exiftit, vixque exiftet, redegit,*
*quam mortalium alius ullus Glorior me in tanto mufeo vidiffe Herbaria Sloanei, Pluke-*
*netii, Petiveri, Camellii, aliorumque celeberrimorum quondam Botanicorum.*

D I-

**HELIOCARPOS.** *Hort. Cliff.* 211. *sp.* 1.

   *   *Ramulus arboris.*
   a   *Flos naturali magnitudine & figura.*
  bb  *Calycis foliola.*
  cc  *Petala.*
   d  *Fructus a Ph. Millero communicatus.*

G. D. EHRET del.

J. WANDELAAR fecit.

# DIGYNIA.

## HELIOCARPOS. *g. pl.* 444.

1. HELIOCARPOS. *vide tab.*

*Crefcit in* America *calidiori.*

*Caulis arboreus humanæ & fefqui humanæ altitudinis, craffitie pollicis, erectus, teres, quodammodo lævis, cinereus, punctis albidis elevatis oblongis transverfalibus callofis afperfus, unde parum fcaber. Ubi fingulo anno definit crefcere caulis, fphacero corripitur fumma pars, difcedit, & juxta mutilatum apicem exeunt rami, folitarii, nonnulli, erecti, fimplices, pari modo ac caulis ipfe proximo anno ramos exferentes.*

*Folia perfecte cordata, acuminata, inæqualiter ferrata; ferraturis ad bafin peltatis, concavis, glandulofis; Nervi quinque à bafi prodeunt, quorum intermedius longitudinalis, laterales vero infra medium folii diftributi; ubi nervi longitudinales proximi definunt fæpius exferit folium lobum parvum & acutum; inter nervos vafa quodammodo recta linea connexa; fuperficies utraque folii parum fcabra, at viridis, concolor; diameter folii magnitudine fæpe manus; Petioli inferiores deorfum nutant, intermedii patentiffimi, fuperiores erecti, omnes longitudine fere folii, teretes, ftricti, ubi inferuntur folio ad apicem geniculo craffo inftructi.*

*Stipula utrinque adftat petiolo, fubulata, plana, reflexo-patens, decidua, brevis.*

*Cum foliola decidunt relinquitur cicatrix cum rudimento feu gemmula, quæ per vitam arboris perdurant.*

*Amat vitam fub 65. ad 70 gradus caloris. Floruit decembri 1735. flore albo, racemo fimplici erecto.*

*Dum primum e feminibus enafcebatur tanta gaudebat cum Triumfetta fimilitudine, ut eandem quivis facile diceret plantam, (ambæ enim Hibifcis fimillimæ funt) at adulta major evadit hæc, minor vero Triumfetta, Heliocarpus foliis, caule & petiolis fere glabris, Triumfetta vero hifce omnibus tomentofis gaudet; folia Heliocarpi plana funt, Triumfettæ rugofa; flores autem utrisque maxime diverfi funt, ut & fructus.*

*Hanc videtur* Houftonus MONTIÆ *nomine indigitaffe in manufcriptis apud Cl. Millerum vifis, cum vero* MONTIÆ *nomen antea fuit a* Michelio *impofitum* CAMERARIÆ Dillenii, *uti nomen Camerarii prius alii plantæ a* Plumiero, *tenemur obfervare leges F. B. 243. 245. qui prior eft tempore, prior erit jure, proin perfiftat* MONTIA Michelii, *& hæc novum admittat nomen* HELIOCARPUM *dixi ob fructum: capfulam membranaceam, planam, fubrotundam, ulmi fimillimam, cujus margo undique exerit radios in orbem, fingulo radio pinnatim radiato, exacte uti Pictores folem delineant. vide Criticam botanicam p. 97.*

## BIXA.

1. BIXA.

Bixa oviedi. *Bauh. hift.* 1. *p.* 440. *Cluf. exot.* 74.

Mitella americana maxima tinctoria. *Tournef. inft.* 242. *Boerh. lugdb.* 1. *p.* 208.

Orleana feu Orellana, folliculis lappaceis. *Herm. lugdb.* 464 *Pluk. alm.* 272. *t.* 209. *f.* 4. *Comm. hort.* 1. *p.* 65. *t.* 33.

Arbor mexicana, fructu caftaneæ, coccifera. *Bauh. pin.* 419. *Raj. hift.* 1771.

Arbor finium regundorum. *Dalech. hift.* 1835.

Urucu. *Marcgr braf.* 61. *Pif.* 65. *Sloan. flor.* 150. *hift.* 2. *p.* 52. *t.* 181. *f.* 1.

Rocu. *Mer. furin.* 44. *t.* 44.

Achiotl. *Hern. mex.* 74.

*Crefcit in* Brafilia, Mexico, *variisque aliis calidioribus americæ tractibus.*

*Hanc non effe Mitellæ fpeciem docet facies, ftamina numerofa, &c.*

*Hujus femina præbent Orleanam, qua tinctores & pictores utuntur; quaque Barbari corpora fua inungunt; hique lignis inter fe confricatis ignem, uti nos e filice, eliciunt.*

## PÆONIA. *g. pl.* 445.

1. PÆONIA.

Pæonia (integrum genus). *Tournef. inft.* 273. *Boerh. lugdb.* 1. *p.* 294. *Morif. hift.* 3. *p.* 454. *f.* 12. *t.* 1. *f.* 1-17. *Dod.* 194, 195. *Cluf. hift.* 1. *p.* 279, 280. *Lob. hift.* 389-391. *Dalech. hift.* 856-858. *Bauh. hift.* 3. *p.* 492-494. *Bauh. pin.* 323.

Ggg 2

Phœo-

Pæonia. *Cæsalp. syst.* 588.
*Crescit in umbrosis alpinis ; in* Helveticis *a Gesnero relatum.*
*Qui considerat notas essentiales, structuramque plantæ, non potest non palpitare vastum istum*
*apud Authores numerum, non .nisi meris varietatibus constare.*

## CALLIGONUM. *g. pl.* 866.

1. CALLIGONUM.
   Polygonoides orientale, ephedræ facie. *Tournef. cor.* 47. *itin.* 3. *p.* 214. *f.* 214.
   *Crescit juxta montem* Ararat.
   *Plantam communicavit* Cl. Gronovius.

# *TRIGYNIA.*

## RESEDA. *g. pl.* 447.

1. RESEDA foliis simplicibus integris lanceolatis.
   Reseda tinctorum, salicis folio, Luteola dicta. *Herm. lugdb.* 423.
   Luteola. *Lob. hist.* 190.
   Luteola herba, salicis folio. *Bauh. pin.* 100. *Tournef. inst.* 423. *Boerh. lugdb.* 1. *p.* 251.
   Lutum herba. *Dod. pempt.* 80.
   Lutea plinii quibusdam. *Bauh. hist.* 3. *p.* 465.
   *Crescit in* Scaniæ, Daniæ, Germaniæ, Hollandiæ, Angliæ, Galliæ, Austriæ, Helvetiæ
   *ruderatis, viarumque marginibus.*

2. RESEDA foliis pinnatis integris.
   Reseda maxima. *Lob. hist.* 110. *Bauh. pin.* 100. *Boerh. lugdb.* 1. *p.* 258.
   Reseda candida. *Dalech hist.* 1199.
   Reseda alba. *Bauh. hist.* 3. *p.* 467.
   Reseda plinii. *Best. eyst. æst.* 30. *f.* 1.
   α Reseda minor alba, foliis dentatis. *Barr. rar.* 78. *t.* 588.
   *Crescit non procul* Monspelio *prope pagum* Balleruc.
   *Hæc stigmata quatuor in pistillo gerit.*

3. RESEDA foliis omnibus trifidis, inferioribus laciniatis.
   Reseda vulgaris. *Bauh. pin.* 100.
   Reseda lutea. *Bauh. hist.* 3. *p.* 467.
   Sesamoides primum. *Cæsalp. syst.* 100.
   α Reseda crispa gallica *Bocc. sic.* 77. *t.* 41. *f.* 3.
   Reseda massiliensis, foliis latioribus crispis. *Pluk. alm.* 317. *t.* 55. *f.* 4.
   *Crescit in* Italiæ, Galliæ, Hollandiæ, Angliæ *muris & præsertim in montibus cretaceis.*

4. RESEDA foliis integris trilobisve, calycibus maximis.
   Reseda minor vulgaris. *Tournef. inst.* 423. *Boerh. lugdb.* 1. *p.* 251.
   Resedæ affinis Phyteuma. *Bauh. pin.* 100.
   Phyteuma. *Bauh. hist.* 3. *p.* 387.
   Phyteuma quorundam. *Dalech. hist.* 1198.
   Sesamoides tertium. *Cæsalp. syst.* 388.
   *Crescit circa* Parisios, Monspelium, Romam.
   *Calyx bis superat magnitudine omnes partes floris, quo a congeneribus distincta planta est.*

## DELPHINIUM. *g. pl.* 449.

DELPHINIUM caule subdiviso, nectariis monophyllis·
1 Delphinium vulgare. (fl. simpl. & plen.) *Clus. hist.* 2. *p.* 207.
  Delphinium segetum, flore cœruleo. *Tournef. inst.* 426. *Boerh. lugdb.* 1. *p.* 302.
  Anthemis eranthemos sive Consolida regalis. *Dalech. hist.* 970.
  Consolida regalis arvensis. *Bauh. pin.* 142.
  Consolida regalis, flore minore. *Bauh. hist.* 1. *p.* 210.
  Flos regius sylvestris. *Dod. pempt.* 252.
  α Delphinium segetum, flore violaceo. *Tournef.*
  β Delphinium segetum, flore rubro. *Boerh.*
  γ Delphinium segetum, flore albo. *Tournef.*
  δ Delphinium segetum, flore versicolore. *Tournef.*

α Del·

1 Delphinium vulgare, flore multiplici. *Tournef.*
*Crescit inter segetem frequens per* Europam.

2. DELPHINIUM caule simplici, nectariis monophyllis.
Delphinium hortense (species 10 - 19.) *Boerh. lugdb.* 1. p. 302. (species 14 - 39.) *Tournef. inst.* 426.
Delphinium elatius simplici (& pleno) flore. *Cluf. hist.* 2. p. 206.
Consolida regalis erectior. *Bauh. hist.* 3. p. 211.
Consolida regia sive Calcaris flos recentiorum. *Lob. hist.* 426.
Consolida regalis hortensis, flore majore & simplici. *Bauh. pin.* 142.
Flos regius. *Dod. pempt.* 252.
Flos capuccio. *Cæsalp. syst.* 267.
α Consolida regalis hortensis, flore minore. *C. B.*
β Consolida regalis, flore majore & multiplici. *C. B.*
*Crescendi locus nobis ignotus est.*
*Hæc planta Hyacinthus veterum & ai ai est, quem ex Ajacis cum Apolline ludentis sanguine enatum fabulabantur poetæ. Hinc Ovid. met.* 10.
*Ipse suos gemitus foliis inscribit, & ai ai*
*Flos habet inscriptum, funestaque litera ducta est.*
*& Theocrit. idyll.* 9.
*Nunc Hyacinthe sonet tua litera, scilicet ai ai;*
*Nec tamen hoc satis est, ai ai plus ergo loquatur.*
*Literulasque velis foliis inscribere plures.*
*Literæ hæ sat conspicuæ repræsentantur in inferiore parte nectarii* ΑΙΑΙΑ, *sed obverse vel potius* ΑΙΑΙΑ.

3. DELPHINIUM nectariis diphyllis, foliolis multipartitis obtusis.
Delphinium latifolium, parvo flore. *Tournef. inst.* 426. *Boerh. lugdb.* 1. p. 301.
Consolida regalis peregrina, parvo flore. *Bauh. hist.* 3. p. 212.
Consolida regalis latifolia, parvo flore *Bauh. pin.* 142. *prod.* 74. t. 74. *Morif. hist.* 3. p. 466. f. 12. t. 4. f. 3.
*Crescit in muris & ruderibus per* Italiam, Siciliam, *& insulam* Melitam *circa urbem novam.*

4. DELPHINIUM nectariis diphyllis, foliis peltatis multipartitis acutis.
Delphinium perenne montanum villosum, aconiti folio. *Tournef. inst.* 427. *Boerh. lugdb.* 1. p. 301.
Aconitum cæruleum hirsutum, flore consolidæ regalis. *Bauh. pin.* 183. *Morif. hist.* 3. p. 464. f. 12. t. 3. f. 20.
Aconitum lycoctonum cæruleum, calcari magno. *Bauh. hist.* 3. p. 657.
Aconitum lycoctonum, flore delphinii silesiæ. *Cluf. hist.* 2. p. 94.
*Crescit in montibus territorii* Freywaldensis *in* Silesia, *inque alpibus* Surenensibus.

5. DELPHINIUM nectariis diphyllis, foliis palmatis: laciniis fere integris.
Delphinium platani folio, Staphisagria dictum. *Tournef. inst.* 428. *Boerh. lugdb.* 1. p. 301.
Staphisagria. *Cæsalp. syst.* 584.
Staphis agria. *Bauh. pin.* 324. *Bauh. hist.* 3. p. 641. *Morif. hist.* 3. p. 465. f. 12. t. 3. f. 1. *Dod. pempt.* 366. *Lob. hist.* 393.
*Crescit in opacis per* Istriam, Dalmatiam, Apuliam *&* Calabriam *frequens.*
*Delphinium differt ab Aconito solis nectariis in Delphinio sessilibus, in Aconito vero pedunculatis.*
*Delphinii species* 1 *&* 2. *nectariis gaudent monophyllis, & fructu communiter unicapsulari.*
*Delphinii species* 3. *nectariis diphyllis & fructu sæpius unicapsulari.*
*Delphinii species* 4 *&* 5. *nectariis diphyllis & fructu tricapsulari.*
*Hinc vel conjungi debent Aconita & Delphinia genere, vel duo distincta servari; tertium & distinctum genus (Staphis) persistere negat species 3 ia Delphinii nostri, quæ a facie & fructu pertineret ad Delphinia, a nectariis vero ad Delphinidis genus.*
*Delphinium, Aconitum, Aquilegia & Nigella maximam agnoscunt affinitatem in classe naturali, adeoque non removenda sint.*

# ACONITUM. *g. pl.* 448.

1. ACONITUM foliis peltatis multifidis hispidis, petalo supremo cylindraceo. *Fl. lapp.* 221.
Aconitum lycoctonum, flore luteo. *Best. eyst. æst.* 25. f. 2. *bona.*
Aconitum lycoctonum luteum. *Bauh. pin.* 183. *Morif. hist.* 3. p. 462. f. 12. t. 2. f. 1. *Boerh. lugdb.* 1. p. 300.
Aconitum lycoctonum vulgare, flore luteo. *Cluf. hist.* 2. p. 94.
Aconitum lycoctonum luteum majus. *Dod. pempt.* 439.
Aconitum folio platani, flore luteo-pallescente. *Bauh. hist.* 3. p. 653.
Aconitum reticulata radice, flore sulphureo albicante, latifolium. *Barr. rar.* -8. t. 599.
α Aconitum lycoctonum luteum majus, ampliore caule, amplioribusque foliis. *Tournef. inst.* 424.
β Aconitum reticulata radice, flore sulphureo albicante, angustifolium. *Barr. rar.* 79. t. 60.
*Crescit in Alpibus* Lapponicis, Angermannicis *(monte* Skula,*)* Gestriciis *(monte* Norbyensi,*)* Pannonicis, Austriacis, Harcyniæ *& in monte* S. Vicini *&* Assisii Italiæ.
*Petalum galeæ fere cylindraceum est, longum & angustum.*

H h h

2. Aco-

2. ACONITUM foliis multifidis, laciniis femi-partitis, fuperne latis.
Aconitum cæruleum minus five Napellus minor. *Bauh. pin.* 183. *Morif. hift.* 3. *p.* 463. *Boerh. lugdb.* 1.
p. 301.
Aconitum lycoctonum, flore cæruleo: galea elatiori, radice bulbofa. *Bauh. hift.* 3. *p.* 659.
Aconitum cæruleum parvum. *Dod. pempt.* 441. *Lob. hift.* 386. *Dalech. hift.* 1743.
Aconitum lycoctonum 10; Thora italica. *Cluf. hift.* 2 *p.* 98.
Thora italica feu Napellus minor, flore cæruleo. *Barr. rar.* 610.
a Napellus flore variegato. *Beft eyft. æft.* 26. *f.* 3.
β Aconitum lycoctonum orientale, flore magno albo. (*Tournef. cor.* 30?) *Boerh. lugdb.* 1. *p.* 301.
    *Crefcit* Neapoli & *(forte hæc) ad monafterium* Neuberg *fecundum torrentem.*
    *Petalum fupremum galeam mentiens nafo fimo acuminato, valde prominente, at ad nafi exortum*
    *introrfum retrahitur venter petali.*

3. ACONITUM foliorum laciniis linearibus: fuperne latioribus: linea exaratis.
Aconitum cæruleum five Napellus 1. *Bauh. pin.* 183. *Morif. hift* 3. *p.* 463. *f.* 12. *t.* 3. *f.* 9. *Boerh. lugdb.*
    1. *p.* 300.
Aconitum magnum, purpureo flore, vulgo Napellus. *Bauh. hift.* 3. *v.* 655.
Aconitum lycoctonum 6, Napellus vulgaris. *Cluf. hift.* 2. *p.* 96.
Napellus. *Dod. pempt.* 442.
Napellus verus. *Lob. hift.* 387.
Napellus flore cæruleo. *Rupp. jen.* 234.
    *Crefcit in Alpibus* Ananiæ & Rhætiæ, *locis alfiofis;* Montbelgardi *in dumetis inter pontem*
    *Vauiaucourt &* Dampierre.

4. ACONITUM foliorum laciniis linearibus: ubique ejusdem latitudinis
Aconitum falutiferum five Anthora. *Bauh. pin.* 184. *Boerh lugdb.* 1. *p.* 300.
Aconitum falutiferum luteum tenuifolium five Anthora. *Morif. hift.* 3. *p* 463.
Napellus flore luteo. *Rupp. jen.* 234.
Anthora vulgaris. *Cluf. hift.* 2. *p.* 98.
Anthora. *Dod. pempt.* 443. *Lob. hift.* 385.
Antithora flore luteo. *Bauh. hift.* 3. *p.* 660.
    *Crefcit in Alpibus* Rhætiæ, Sabaudiæ, Taurinorum, Liguriæ, Genevæ, Allobrogum,
Nectarium *fpeciei* 1. *petiolo erecto infidet, tubo filiformi revoluto, fpira laxa, limbo longe*
    *breviore quam tubus.*
    Speciei 2. *petiolo erecto infidet, tubo craffo revoluto, fpira contigua, limbo lon-*
    *giore quam tubus, bafi ventricofo.*
    Speciei 3. *petiolo inflexo infidet, tubo craffo revoluto, fpira contigua, limbo lon-*
    *giore quam tubus, bafi ventricofo.*
    Speciei 4. *petiolo inflexo infidet, tubo craffo revoluto, fpira contigua; limbo lon-*
    *giore quam tubus, bafi tenui filiformi, apice limbi plano-patente.*

# TETRAGYNIA.

## TETRACERA. *g. pl.* 865.

1. TETRACERA.
Fagus americanus, ulmi ampliffimis foliis, capfulis bigemellis. *Pluk. amalt* 87.
Arbor americana convolvulacea Broad-leafe (i. e.) Platyphyllos barbadentibus dicta, foliis ferratis. *Pluk*
*phyt.* 146. *f.* 1?
*Crefcit in Provincia* Mariana *Americæ.*
*Tetracera dicta fuit ob quatuor capfulas fructus cornuum inftar reflexas.*
*Folia arboris alterna, obverfe ovata, parum acuminata, petiolis breviffimis infidentia, mar-*
*gine parum ferrata, ferraturis tot, quot nervi a cofta longitudinali ad marginem exeunt,*
*quique in ferraturæ fundo terminantur; nervi hi alterni funt, non raro & oppofiti, circiter*
*duodecim, fimplices, fuperne excavati, fubtus elevati: Superficies tam fupina quam prona,*
*five digiti deorfum five furfum ducantur, afpera eft. Folia exficcatione glauca evadunt.*
*Figura allegata Plukenetii bene exprimit folia, licet raro in noftra emarginata fint.*

*PEN-*

# PENTAGYNIA.

## AQUILEGIA. *g. pl.* 450.

1. AQUILEGIA. *Cæsalp. syst.* 589.
Aquilegia (integrum genus.) *Tournef. inst.* 428. *Boerh. lugdb.* 303. *Morif. hist.* 3. *p.* 457. *f.* 12. *t.* 1 *& 2.*
   *Bauh. pin.* 144. *Cluf. hist.* 2. *p.* 204, 205. *Bauh. hist.* 484, 485.
Aquilina. *Lob. hist.* 440.
Aquileja. *Dod. pempt.* 180.
   *a* Corolla alba, rubra, incarnata, pulla.
   *β* Corolla multiplicata petalis, exclusis nectariis.
   *γ* Corolla multiplicata nectariis, exclusis petalis.
   *δ* Corolla multiplicata nectariis, petalis quinis.
   *ε* Corolla multiplicata nectariis obversis.
   *ζ* Corolla simplici, nectariis fere rectis. quæ
     Aquilegia pumila præcox canadensis. *Corn. canad.* 59. *t.* 60.
*Crescit in montanis sylvis & agris saxosis in omnibus fere* Europæ *regionibus & ε in* Canada.
*Qui omnes partes fructificationis examinare non gravabitur, facile perspiciet plantas, quæ pro speciebus habitæ sunt, nil nisi varietates esse. Si varietates desideret quis adeat* Barrelierum.

## NIGELLA. *g. pl.* 451.

1. NIGELLA floribus involucro foliofo cinctis.
Nigella angustifolia, flore majore simplici cæruleo. *Bauh. pin.* 145. *Boerh. lugdb.* 2. *p.* 283.
Melanthium capite & flore majore. *Bauh. hist.* 3. *p.* 207.
Melanthium sylvestre. *Lob. hist.* 423. *Dalech. hist.* 813. *f.* 1 *& 2.*
Melanthium damascenum. *Dod. pempt.* 304.
   *α* Nigella flore majore pleno cæruleo. *C. B.*
Nigella romana, flore foliofo pleno cæruleo. *Morif. hist.* 3. *p.* 516. *f.* 12. *t.* 18. *f.* 8.
Melanthium damascenum, pleno flore. *Cluf. hist.* 2. *p.* 208.
*Crescit in segetibus* Narbonensium *Lob.* Montbelgardi vero *J.* Bauh.
*Flori immediate subjiciuntur quinque folia, flore longiora, in setaceas lacinias secta. Fructus fere globosus pentagonus, loculis inflatis; styli quinque revoluti.*

2. NIGELLA pistillis decem corollâ longioribus.
Nigella orientalis, flore flavo, femine alato plano. *Tournef. cor.* 13. *Boerh. lugdb.* 1. *p.* 283.
Nigella chalepensis lutea, corniculis longioribus. *Morif. hist.* 3. *p.* 516. *f.* 12. *t.* 18. *f.* 10.
*Crescit circa* Halepum.
*Fructus oblongus decem capfulis compressis angulo exteriore angusto, interiore coalito cum reliquis.*
*Petala quinque, basi angusta, reflexa. Stamina plurima, corollâ breviora, ante ejaculationem erecta, mox patentia. Styli sæpius decem, staminibus ter longiores, revoluti dùm florent, (cum erectus stet flos) post fæcundationem vero erecti. Nectaria acuta, bifida, interne picta, labio incumbente ovato minimo. Semina membranacea.*

3. NIGELLA flore foliis nudo, pistillis corollam æquantibus.
Nigella arvensis cornuta. *Bauh. pin.* 145. *Morif. hist.* 3. *p.* 515. *f.* 12. *t.* 18. *f.* 1. *Boerh. lugdb.* 1. *p.* 285.
   *Garid. prov.* 328. *t.* 73.
Melanthium sylvestre sive arvense. *Bauh. hist.* 3. *p.* 209.
Melanthium capitulis reflexis aquilegiæ. *Lob. hist.* 428.
Melanthium sylvestre. *Dod. pempt.* 303.
*Crescit per* Germaniam, Italiam *&* Narbonam *inter segetes.*

## AIZOON. *g. pl.* 456.

1. AIZOON foliis obverse ovatis.
Ficoidea procumbens; portulacæ folio. *Nisf. act.* 1711. *p.* 422. *t.* 13. *f.* 1. *Dill. gen.* 160.
Kali aizoides canariensis procumbens, portulacæ pallescentibus succulentis foliis asperugine rorida perpetuo
   madidis. *Pluk. alm.* 202. *t.* 303. *f.* 4. *Volk. norib.* 236. *t.* 236.
*Crescit in insulis* Canariis.
*Hæc vestitur cute ubique in minimas hydatides elevata, ut vesiculæ tamquam puncta undique tegant plantam, veluti in* Mefembryanthemis *quibusdam.*

Hhh 2                          ME-

# MESEMBRYANTHEMUM. *g. pl.* 453.

1. **MESEMBRYANTHEMUM** foliis alternis ovatis obtufis undulatis.
Mefembryanthemum cryftallinum, plantaginis folio undulato. *Dill. elth.* 231. *t.* 180. *f.* 221.
Ficoides africana, folio plantaginis undulato micis argenteis afperfo. *Tournef. act.* 1705. *p.* 313. *Boerh. lugdb.* 1. *p.* 290. *Bradl. fuccul.* 5. *p* 15. *t.* 48.
Ficoides peregrina procumbens maxima, foliis latiffimis una cum caulibus cryftallina afperugine ornatis. *Volck. norib.* 166.
*Crefcit ut fertur in* Africa.
*Hæc pentagyna & annua eft planta, ramis diffufis, tota veficulis pellucidis tecta.*

2. **MESEMBRYANTHEMUM** foliis alternis fubulatis triquetris longiffimis.
Mefembryanthemum pugioniforme, flore amplo ftramineo. *Dill. elth.* 280. *t.* 210. *f.* 269.
Ficoides afra arborefcens erecta, folio triangulari longiffimo confertim nato purpurafcente, flore luteo magno. *Boerh. lugdb.* 1. *p.* 289.
Ficoides capenfis, caryophylli folio, flore aureo fpeciofo. *Bradl. fuccul.* 2. *p.* 5. *t.* 14.
Ficus africana fylveftris, folio triquetro. *Bartol. act.* 1673. *p.* 57 & 347.
*Crefcit ad* Caput bonæ fpei.
*Hæc caule eft frutefcente, fæpius fimplici nec ramofo. Styli viginti circiter, revoluti. Calyx femiquinquefidus: laciniis infra apicem acumine fubulato longo inftructis, margine utrinque membranaceis. Fructus conicus ftriatus, fubtus quinquangularis: calyx extra fructum marcefcit.*
*Folia fubulata, longiffima, triangularia feu triquetra, conferta, alterna, præterquam quod folia duo oppofita funt in ramo fingulo florali ad ejus bafin.*

3. **MESEMBRYANTHEMUM** fpinis ramofis.
Mefembryanthemum fruticefcens, ramulis triacanthis. *Dill. elth.* 276. *t.* 208 *f.* 265.
Ficoides africana, aculeis longiffimis & foliatis nafcentibus ex foliorum alis. *Tournef. act.* 1705. *p.* 316. *Boerh. lugdb.* 1. *p.* 290. *Bradl. fuccul.* 4. *t.* 39.
Ficoides africanum erectum fpinofum. *Herm. parad.* 171.
*Crefcit in* Africa.
*Hæc pentagyna eft; caule frutefcente; foliis oblongis, punctatis, obfolete triquetris; fpinæ prodeunt ad apices ramorum præfertim ubi flores antea enati fuere, triplices, lateralibus trifidis bis, intermedia femper fimplici.*

4. **MESEMBRYANTHEMUM** foliis fubulatis papillofis, radice capitata.
Mefembryanthemum fruticefcens, radice ingenti tuberofa. *Dill. elth.* 275. *t.* 207. *f.* 264.
Ficoides africana, folio trianguli recurvo, floribus umbellatis obfoleti coloris externe purpureis. *Tournef. act.* 1705. *p.* 315.
*Crefcit in* Africa.
*Hæc pentagyna eft; radix in maximum caput enafcitur; (rami feniores interdum in fpinas uti antecedens definunt obfervante Dillenio, in noftris vero non obtinuit); caulis quam in alia fpecie ulla magis arboreus, folidus, craffus & firmus; folia fubulata, apice reflexa, papillis veficularibus tecta.*

5. **MESEMBRYANTHEMUM** foliis apice barbatis.
Mefembryanthemum radiatum, ramulis prolixis recumbentibus. *Dill. elth.* 245. *t.* 190. *f.* 234.
Ficoides africana, folio tereti in villos radiatos abeunte. *Tournef. act.* 1705 *p.* 316.
Ficoides feu Ficus aizoides africana, folio variegato afpero ad apicem ftella fpinofa ornato, flore violaceo. *Boerh. lugdb.* 1. *p.* 291.
Ficoides capenfis, tereti folio apicibus hirtis. *Pet. gaz. t.* 77. *f.* 9.
Ficoides capenfis frutefcens, folio tumido extremitate ftellata, flore purpureo. *Bradl. fuccul.* 1. *p.* 6. *t.* 5.
Ficus aizoides, folio tereti in villos radiatos abeunte, flore rubro. *Volck. hefp.* 222. *t.* 224. *f.* 6.
α Mefembryanthemum radiatum humile, foliis minoribus. *Dill. elth.* 246. *t.* 190. *f.* 235.
Ficoides feu Ficus aizoides africana, folio variegato afpero ad apicem ftella fpinofa. *Boerh. lugdb.* 1. *p.* 290.
Ficoides capenfis humilis, folio tereti pilis in extremitate ftellatis, flore purpureo. *Bradl. fuccul.* 2. *p.* 6. *t.* 15.
β Mefembryanthemum radiatum humile, foliis majoribus. *Dill. elth.* 248. *t.* 190 *f.* 236.
*Crefcit ad* Caput bonæ fpei.
*Hæc decagyna & (obfervante Cl. Dillenio) pentagyna eft. Folia teretia, ovata, papillis minimis tecta, ex apice fetas breves proferentia, exacte uti in Cacti 1ma fpecie, cui adeo fimilis, ut non modo mirum quod genere diftinctæ fint ambæ, fed & fpecie. Ex hac conftat Cactum & Mefembryanthemum in Claffe naturali proxima effe genera. Varietas α & β fere acaulis eft.*

6. **MESEMBRYANTHEMUM** caule foliisque pubefcentibus.
*Crefcit in* Africa.
*Planta eft caule tenui, filiformi, lignofo, debili, pedali & fefquipedali, tereti, inferne cinereo,*

*reo, fuperne viridi, in medio purpurafcente, articulato. Folia linearia, oppofita, bafi coalita & in articulos definentia; fuperne atro-viridia, plana, fulco longitudinali concavi; fubtus parum convexa, apice acuminata. Tota planta afperfa eft villis albis vix oculo confpicuis. Flores non vidimus; Rami oppofiti funt, & foliorum longitudo internodia fere excedit. Facie accedit proxime ad fpeciem 26, a qua differt, foliis nullis punctis ad lucem pellucidis, foliisque magis planis, magis atro-viridibus, minus bafi coalitis.*

7. MESEMBRYANTHEMUM caule hifpido.
Mefembryanthemum pilofum micans, flore faturate purpureo. *Dill. elth.* 289. *t.* 214. *f.* 277, 278.
Ficoides afra fruticofa, caule lanugine argentea ornato, folio tereti parvo longo guttis argenteis quafi fcabro, flore violaceo. *Boerh. lugdb.* 2. *p.* 291.
Ficoides africanum ramofum majus, caule hirfuto. *Raj. app.* 366:
α Mefembryanthemum pilofum micans, flore purpureo pallidiore. *Dill. elth* 290. *t.* 214 *f.* 279, 280.
Ficoides afra fruticofa, foliis teretibus tenuibus acutis longioribus. *Boerh lugdb.* 1. *p.* 291.
β Mefembryanthemum pilofum micans, flore purpureo ftriato. *Dill. elth.* 291. *t.* 215. *f.* 281.
Ficoides afra fruticofa, caule lanuginofo, folio tereti parvo brevi guttato, flore violaceo. *Boerh. lugdb.* 1. *p.* 291.
Ficoides feu Ficus aizoides africana, folio longo tenui, flore aurantio. *Bradl. fuccul.* 4. *p.* 12. *t.* 35.
Ficus aizoides teretifolia, foliis cryftallino rore eleganter confperfis, floribus dilute rofeis, *Volck. hofp.* 221. *t.* 224. *f.* 2.
*Crefcit ad* Caput bonæ fpei.
*Hæc pentagyna; Caulis frutefcens, villis pellucidis reflexo-patentibus afperfus; Folia teretia, obtufa, punctis veficularibus tecta.*

8. MESEMBRYANTHEMUM acaule, foliis linguiformibus altero margine craffioribus.
Mefembryanthemum folio fcalprato. *Dill. elth.* 235. *t.* 183. *f.* 224.
Ficoides afra acaulos, latiffimis craffiffimis & lucidis foliis conjugatis, flore aureo ampliffimo. *Tournef. act.* 1705. *p.* 313. *Boerh. lugdb.* 1. *p.* 292.
α Ficoides afra acaulos, foliis aloës latiffimis craffiffimis lucidis, flore aureo amplo, fine pedunculo. *Boerh. lugdb.* 1. *p.* 292.
β Mefembryanthemum folio linguiformi latiore. *Dill. elth.* 236. *t.* 184 *f* 225.
Ficoides afra acaulos, foliis latiffimis craffiffimis lucidis conjugatis, flore aureo amplo fine pedunculo. *Boerh. lugdb.* 1. *p.* 292.
γ Mefembryanthemum folio-linguiformi anguftiore. *Dill. elth.* 237. *t.* 184. *f.* 226.
δ Mefembryanthemum folio linguiformi longiore. *Dill. elth.* 238. *t.* 185. *f.* 227.
Ficoides africana, folio enfiformi diluto virenti, flore aureo, brevi pedunculo infidente. *Tournef. act.* 1705. *p.* 314.
*Crefcit in* Africa.
*Hæc decagyna eft & acaulis; Folia linguiformia,..diftiche oppofita feu imbricata, altero intra alterum pofito duplici ferie, fitu non alterno fed oppofito, uti in aloes fpecie ( 11 ); hæc folia plana funt altero margine acutiore, altero truncato & alternent marginibus paria folia, ut fi latus unius acutum fit, oppofiti folii latus proximum obtufum & planum erit.*

9. MESEMBRYANTHEMUM caule femicylindraceo repente, foliis femicylindraceis lævibus connatis apice triquetris.
Mefembryanthemum craffifolium repens, flore purpureo. *Dill. elth.* 266. *t.* 201. *f.* 257.
Ficoides africana repens & læte virens, flore purpureo. *Tournef. act.* 1705. *p.* 316.
Ficoides africana reptans, folio triangulari viridi, flore faturate purpureo. *Bradl. fuccul.* 4. *p.* 16. *t.* 38.
*Crefcit in* Africa.
*Hæc pentagyna eft; cujus folia bafi connata, obfolete triquetra cum acumine, ex vagina folioorum inveftiente articulos prodit radix terræ inhærens.*

10. MESEMBRYANTHEMUM foliis planis oppofitis ovatis acuminatis connatis integerrimis.
Mefembryanthemum tortuofum, foliis fempervivi expanfis. *Dill. elth.* 234. *t.* 182. *f.* 234.
Ficoides africana procumbens, foliis planis conjugatis lucidis, floribus amplis filamentofis ex albo flavefcentibus. *Bradl. fuccul.* 3. *p.* 7. *t.* 25.
Ficoides capenfis, folio lato acuto, flore albo intus luteo. *Petiv. gaz.* t. 78. f. 10.
α Mefembryanthemum tortuofum, foliis fempervivi congeftis. *Dill. elth.* 233. *t.* 181. *f.* 222.
Ficoides capenfis procumbens, oleæ folio, flore albo medio croceo. *Bradl. fuccul.* 2. *p.* 7. *t.* 16.
*Crefcit ad* Promontorium bonæ fpei.
*Hæc pentagyna eft. Folia ovata, acuminata, pallida, oppofita bafi connata, punctis excavata, oppofitionibus imbricatis, fuperficie fupina plana, prona convexa.*

11. MESEMBRYANTHEMUM foliis lanceolatis planis crenulatis.
Mefembryanthemum tripolii folio, flore argenteo. *Dill. elth.* 230. *t.* 179 *f.* 220.
Ficoides africanum, Mefembryanthemum, feu Ficus aizoides major procumbens, tripolii folio magis fucculento denticulis fimbriato, flore argenteo ad umbilicum aureo, fructu magno pyramidali quinquefariam divifo callofo, calyce pentagono inclufo. *Pluk. mant.* 77. *t.* 329. *f.* 4.
*Crefcit forte in* Africa.
*Hæc pentagyna, ultra biennium vix durans.*

12. MESEMBRYANTHEMUM ferme acaule, foliorum marginibus lateralibus dentatis.
Mesembryanthemum rictum caninum referens *Dill. elth.* 241. *t.* 188. *f.* 231.
Ficoides capensis humilis, folio triangulari prope summitatem dentato, flore luteo. *Bradl. succul.* 2 *p.* 8. *f.* 17.

α Mesembryanthemum rictum felinum repræsentans. *Dill. elth.* 240. *t.* 187. *f.* 230.
Ficoides afra, folio triangulari ensiformi crasso brevi, ad margines laterales multis majoribus spinis aculeato, flore aureo, ex calyce longissimo. *Boerh. lugdb.* 1. *p.* 290. *Mart. cent.* 30. *t.* 30.
*Crescit ad* Caput bonæ spei.
*Hæc pentagyna est; Folia oblonga, subtus convexa, versus apicem compressa, obtusa, marginibus lateralibus superne dentata; scapus nudus, brevis; ( in α scapus nullus, folia breviora, denticuli longiores inflexi. ) Calyx monophyllus, quinquepartitus ad germen usque, hujus folia duo exteriora majora magis connata.*

13. MESEMBRYANTHEMUM acaule, foliis linearibus triquetris apice triplici margine dentatis.
Mesembryanthemum bellidiflorum. *Dill. elth.* 244. *t.* 189. *f.* 233.
Ficoides africana, folio triangulari incurvo & dentato *Tournef. act.* 1705. *p.* 315.
*Crescit in* Africa.
*Hæc pentagyna est; Caulis nullus; foliorum oppositiones imbricatæ; Folia semicylindracea, apice compressa, supina parte plana, versus apicem omnibus tribus angulis dentata.*

14. MESEMBRYANTHEMUM caulescens, foliis deltoidibus triquetris dentatis.
Mesembryanthemum deltoides, & dorso & lateribus muricatis, *Dill. elth.* 255. *t.* 195. *f.* 246.
Ficoides africana recta ramosa, folio triangulari glauco & brevi, flore carneo. *Tournef. act.* 1705. *p.* 316.
Ficoides seu Ficus aizoides africana, folio triangulari crasso brevi glauco ad tres margines aculeato. *Boerh. lugdb.* 1. *p.* 290.
Ficus aizoides africana erecta, folio triangulari breviusculo fimbriato, floribus roseis odoratis. *Volck. hesp.* 223. *t.* 224. *f.* 5.

α Mesembryanthemum deltoides, & dorso & lateribus muricatis, majus. *Dill. elth.* 254. *t.* 195. *f.* 245. & *t.* 196. *f.* 247.

β Mesembryanthemum deltoides, non dorso sed lateribus muricatis. *Dill. elth.* 253. *t.* 195. *f.* 243, 244.
*Crescit in* Africa.
*Hæc pentagyna est; Caulis frutescens; Folia deltoidea sive triquetra, apice obtuse acuminata, basi attenuata, marginibus lateralibus semper, carinali sæpius, duobus tribusve denticulis angulata.*

15. MESEMBRYANTHEMUM foliis subulatis triquetris angulo carinali retrorsum serratis.
Mesembryanthemum serratum, flore acetabuliformi luteo. *Dill. elth.* 249. *t.* 192. *f.* 238.
*Crescit in* Africa.
*Hæc pentagyna est.*

16. MESEMBRYANTHEMUM articulis caulinis desinentibus in folia acuminata subtus dentata.
Mesembryanthemum perfoliatum, foliis minoribus diacanthis. *Dill. elth.* 250. *t.* 293. *f.* 239.
Ficoides africana erecta, folio triangulari glauco punctis obscurioribus notato. *Tournef. act.* 1705. *p.* 315.
Ficoides seu Ficus aizoides africana arborescens lignosa perfoliata, folio glauco brevi ad suprema aversa parte spina unica armata. *Boerh. ind.* 123.
Ficoides afra, folio triangulari glauco perfoliato brevissimo apice spinoso. *Boerh. lugdb.* 1. *p.* 290. *Bradl. succul.* 3. *t.* 27.

α Mesembryanthemum perfoliatum, foliis majoribus triacanthis. *Dill. elth.* 251. *t.* 193 *f.* 240.
Ficoides africana frutescens perfoliata, folio triangulari glauco punctato, cortice lignoso tenui candido. *Tournef. act.* 1705. *p.* 215. *Boerh. lugdb.* 1. *p.* 290. *Bradl. succul.* 5. *p.* 13. *t.* 46.
*Crescit in* Africa.
*Hæc pentagyna est; Caulis articulatus, articulis superne latioribus, desinentibus in duo folia obsolete trigona, conica, reflexa, acuta, brevia, sub apice in linea carinali uno, duobus vel tribus dentibus reflexis armata.*

17. MESEMBRYANTHEMUM foliis dolabriformibus.
Mesembryanthemum folio dolabriformi. *Dill. elth.* 248. *t.* 191. *f.* 237.
Ficoides afra, folio triangulari securis forma, flore aureo stellato. *Boerh. lugdb.* 1. *p.* 290.
Ficoides capensis humilis, foliis cornua cervina referentibus, petalis luteis, noctiflora. *Bradl. succul.* 1. *p.* 11. *t.* 10.
Ficoides africana erecta, folio in summitate lato bovini dentis instar, flore aurantio. *Schwer. horn.*
*Crescit in* Africa.
*Hæc pentagyna est.*
*Si folium dolabriforme sumatur pro artis termino & definiatur, aptior differentia huic speciei adplicari nequit, quam quæ a Cl. Dillenio data est; intelligit sub dolabriformi figura folium oblongum, versus basin teres, extrorsum compressum, deorsum gibbum in aciem, apice obtusum, vix emarginatum, idque juxta crassiorem marginem.*

18. ME-

18. MESEMBRYANTHEMUM foliis acinaciformibus connatis angulo carinali fcabris, ramis angulatis.
Mefembryanthemum acinaciforme, flore ampliffimo purpureo. *Dill. elth.* 282. *t.* 211. *f.* 270. & *t.* 212.
*f.* 271.
Ficoides feu Ficus aizoides africana major procumbens, folio triangulari enfiformi. *Herm. lugdb.* 247.
*Boerh. lugdb.* 1. *p.* 289.
Ficus africana aizoides, folio triquetro enfiformi inftar clunaculi vel gladii quem vulgo Hirfchfanger oder
Ruckenftreicher vocant. *Amm. bof.* 13.
α Mefembryanthemum falcatum majus, flore amplo luteo. *Dill. elth.* 283. *t.* 212. *f.* 272.
Ficoides feu Ficus aizoides africana major procumbens, triangulari folio, fructu maximo eduli; Ficus
Hottentottorum vulgo. *Herm. lugdb.* 244. *t.* 245. *Morif. hift.* 3. *p.* 506. *f.* 12. *t.* 7. *f.* 1. *Boerh. lugdb.*
1. *p.* 289.
Mirafol. *Pluk. mant.* 77.
β Mefembryanthemum falcatum majus, flore purpureo mediocri. *Dill. elth.* 285. *t.* 211. *f.* 273.
Ficoides africana, folio triangulari longiffimo, flore purpureo. *Tournef. act.* 1705. *p.* 314.
*Crefcit ad* Caput bonæ fpei *in maritimis aridis fabulofis, uti reliquæ fpecies.*
*Hæc decagyna eft ( β vero pentagyna Dill.) & fructus magis quam reliquarum baccatus.*
*Folia acinaciformia, qua nota intelligimus folia longa triangularia, lateribus duobus latis*
*fere lanceolatis, fed marginem inferiorem verfus gibbis, tertio latere fuperiore lineari angu-*
*ftiffimo recto, acuminato.*

19. MESEMBRYANTHEMUM foliis acinaciformibus diftinctis undique lævibus, ramis teretibus.
Mefembryanthemum falcatum minimum, flore purpureo parvo. *Dill. elth.* 288. *t.* 213. *f.* 275, 276.
Ficoides afra, folio triangulari enfiformi breviffimo, flore dilute purpurafcente filamentofo. *Boerh. lugdb*
1. *p.* 190. *Bradl. fuccul.* 5. *p.* 9. *t.* 42.
*Crefcit in* Africa.
*Hæc pentagyna eft, & folia e triquetro ad acinaceam figuram accedentia, incurva, ca-*
*rinali margine integerrima, ut & magnitudine a præcedenti diftincta, qua longe minor*
*eft hæc.*

20. MESEMBRYANTHEMUM foliis fubulatis fubtus undique fcabris.
Mefembryanthemum purpureum fcabrum, ftaminibus expanfis *Dill. elth.* 259. *t.* 197. *f.* 250.
Ficoides afra fruticans, folio triangulari fcabro tenui, flore violaceo. *Boerh. lugdb.* 1. *p.* 290.
Ficoides capenfis, triangulari folio acuto, flore purpureo. *Pet. gaz. t.* 77. *f.* 3.
α Mefembryanthemum purpureum fcabrum, ftaminibus collectis. *Dill. elth.* 260. *t.* 197. *f.* 251.
*Crefcit in* Africa.
*Hæc pentagyna eft; Caulis frutefcens. Folia fubulata, diftincta, patentia, triquetra, la-*
*tere fuperiori lævia, inferioribus lateribus undique veficulis acutis fcabra.*

21. MESEMBRYANTHEMUM caulefcens, foliis glabris fubulatis femicylindraceis recurvis connatis lon-
giffimis.
Mefembryanthemum foliis corniculatis longioribus. *Dill. elth* 262. *t.* 199. *f.* 253, 254.
Ficoides atra, folio triangulari longiffimo: marginibus obtufioribus, flore amplo intus pallide luteo, extus
linea rubra longa picto. *Boerh lugdb.* 1. *p.* 289.
Ficoides capenfis, folio triangulari, flore luteo intus pallido. *Petiv gaz. t.* 77. *f.* 10.
α Mefembryanthemum folus corniculatis brevioribus. *Dill elth* 261. *t.* 199. *f.* 252.
Ficoides africana reptans, folio triangulari craffo longiffimo, flore intus luteo: extus aurantiaco *Bradl. fuc-*
*cul.* 4. *p.* 18. *t.* 40.
Ficoides africana humifufa, folio triangulari longiore glauco, flore flavefcente. *Tournef. act.* 1705.
*p.* 316.
β Mefembryanthemum loreum. *Dill. elth.* 264. *t.* 200. *f.* 255.
*Crefcit in* Africa.
*Hæc piftilla quindecim communiter profert & calyx fub fructu magis pofitus eft, quam in ul-*
*la alia fpecie. Folia calamiformia, longiffima, objolete trigona, paria, ad bafin connata op-*
*pofita, verfus apices conferta & imbricata ac quafi fafciculata in varietate ( β ), in reliquis*
*vero magis diftinctæ funt oppofitiones.*

22. MESEMBRYANTHEMUM ramis undique papillofis folio craffioribus.
Mefembryanthemum capenfe geniculiflorum, neapolitanum creditum. *Dill. elth.* 271. *t.* 205. *f.* 261.
Ficoides capenfe, folio tereti, flore albido. *Petiv. gaz t.* 78 *f* 3.
Ficoides neapolitana, flore candido. *Herm. lugdb.* 252. *Boerh. lugdb.* 1. *p.* 291. *Bradl. fuccul.* 5. *p.*
17. *t.* 34.
*Crefcit in* Africa.
*Hæc tetragyna eft, & calyx quadrifidus. Caulis teres, rectus, viridis, junceus, articulatus,*
*punctis papillaribus undique tectus; foliis lanceolato-linearibus, fubtus rotundatis; die noctu-*
*que floret.*

23. MESEMBRYANTHEMUM acaule, foliis femicylindraceis connatis externe tuberculatis.
Mefembryanthemum roftrum ardeæ referens. *Dill. elth* 240. *t.* 186. *f.* 229.
*Crefcit in* Africa.
*Hæc nec nobis flores oftendit; habet multa affinia cum fpecie* 21. *fed caulis in hac deeft.*

Iii 2 24. MF-

24. MESEMBRYANTHEMUM foliis fubcylindraceis acutis connatis arcuatis lævibus.
Mefembryanthemum foliis verruculiformibus, floribus mellinis umbellatis. *Dill. elth.* 268. *t.* 203. *f.* 259.
Ficoides africana, folio triangulari: apice rubro, caule purpurafcente. *Tournef. act.* 1705. *p.* 315.
Ficoides afra arborefcens, folio tereti glauco: apice purpureo craſſo. *Boerh. lugdb.* 1. *p.* 291.
   *Crefcit in* Africa.
   *Hæc pentagyna eſt, & folia fere teretia, acumine rubro terminata.*

25. MESEMBRYANTHEMUM foliis triquetris gibbis oppofitis imbricatis ramis inferne nudis.
Mefembryanthemum foliis confertis fplendentibus, flore pallido. *Dill. elth.* 270. *t.* 204. *f.* 260.
Ficoides africana, folio triangulari, flore flavefcente. *Tournef. act.* 1705. *p* 315.
Ficoides capenfis frutefcens, foliis teretibus confertis glaucis, flore albo. *Bradl. fuccul.* 1. *p.* 7. *t.* 6.
   *Crefcit in Africa ad* Caput bonæ fpei.
   *Hæc pentagyna eſt.*

26. MESEMBRYANTHEMUM foliis fubulatis femiteretibus glabris internodio longioribus.
Mefembryanthemum tenuifolium procumbens, flore coccineo. *Dill. elth.* 264. *t.* 201. *f* 256.
Ficoides africana minor procumbens, folio tenuiore viridi, flore coccineo. *Morif. hiſt.* 3. *p.* 507. *ſ.* 12. *t* 8. *f.* 6.
Ficoides capenfis humilis teretifolia, flore coccineo. *Bradl. fuccul.* 1. *p.* 13. *t.* 9.
   *Crefcit in* Africa.
   *Hæc pentagyna eſt; Caulis filiformis, debilis; Folia pugionem referentia, fubtus convexa, fuperne plana.*

27. MESEMBRYANTHEMUM foliis linearibus triquetris ſtrictis acutis punctis pellucidis obfoletis undique adfperfis.
Mefembryanthemum fcabrum, flore fulphureo convexo. *Dill. elth.* 256. *t.* 196 *f* 248.
Ficoides feu Ficus aizoides africana minor erecta, folio triangulari glauco, flore luteo. *Herm. lugdb.* 247. *t.* 248.
Ficoides afra, caule lignofo, erecta, folio triangulari enfiformi fcabro, flore luteo magno. *Boerh. lugdb.* 1. *p.* 289 *Bradl fuccul.* 4. *p* 15. *t.* 32.
Ficoides africana frutefcens, folio triangulari breviore glauco. *Morif. hiſt.* 3. *p.* 507. *ſ.* 12. *t.* 5 *f.* 3.
Ficoides feu Ficus aizoides africana, folio longo tenui, flore rubro. *Boerh. lugdb.* 1. *p.* 291.
   *Crefcit in* Africa.
   *Hæc pentagyna eſt: Caulis erectiufculus; Folia vix connata, puncta foliorum vix digitis percipiuntur, apex foliorum compreſſus, hinc a fpecie* 26. *diverfa eſt, cum in illa* (20) *veficulæ fcabræ fint & extra folia ad magnam partem promineant.*

28. MESEMBRYANTHEMUM foliis fubulatis femicylindraceis lævibus vix connatis apice recurvis.
Mefembryanthemum noctiflorum, flore intus candido extus phœniceo odoratiſſimo. *Dill. elth.* 273. *t.* 206. *f.* 262.
Ficoides feu Ficus aizoides africana erecta arborefcens lignofa, flore radiato: primo purpureo dein argenteo interdiu claufo noctu aperto. *Boerh. lugdb.* 1. *p.* 124. *n.* 16.
Ficoides africana erecta, foliis longioribus rotundis & glabris. *Schwer. horn.*
   Mefembryanthemum noctiflorum, flore intus candido extus ſtamineo odoratiſſimo. *Dill. elth.* 274. *t.* 206. *f.* 263.
   *Crefcit in* Africa.
   *Hæc tetragyna eſt & calyce quadrifido.*

29. MESEMBRYANTHEMUM foliis fubulatis fubcylindraceis obfolete papillofis diſtinctis, caule lævi.
Mefembryanthemum frutefcens, flore purpureo rariore. *Dill. elth.* 279 *t.* 209. *f.* 268, 269.
   *Crefcit in* Africa.
   *Differt a fpecie* 28. *cui fimillima: foliis majoribus, fere papillofis, teretioribus, craſſioribus, obtufioribus, rectioribus; folia bafi non connafcuntur, fed diſtincta feſſilia, bafi undique circumcifa nec ramis adnata, & ſtipula trigona folia diſtinguens utrinque geniculis adnafcitur; flores non vidi.*

30. MESEMBRYANTHEMUM foliis fubulatis fubcylindraceis papillofis diſtinctis, caule fcabro.
Mefembryanthemum micans, flore phœniceo, filamentis atris. *Dill. elth.* 292. *t.* 215. *f.* 282.
Ficoides capenfis, tereti folio, flore crocco. *Pet. gaz.* 1. 7. *f.* 9.
Ficoides capenfis, folio tereti argenteo, petalis perplurimis aurantiacis. *Bradl. fuccul.* 1. *p.* 9 *t* 8.
Ficoides feu Ficus aizoides africana, folio viridi micis quafi glaciatis fplendentibus ornato, flore coccineo. *Boerh. lugdb* 1 *p.* 124.
   *Crefcit in* Africa.
   *Hæc pentagyna eſt. Rami tenelli papillis pellucidis uti folia obducuntur, quæ tandem exficcata afperæ perfiſtunt & duriufculæ.*

31. MESEMBRYANTHEMUM foliis linearibus obfolete triquetris diſtinctis fummis imbricatis lævibus.
Mefembryanthemum foliis confertis fplendentibus, flore pallido. *Dill. elth.* 270. *t.* 204 *f.* 260.
Ficoides capenfis frutefcens, foliis teretibus confertis glaucis, flore albo. *Bradl. fuccul.* 1. *p* 7. *t* 6.
   *Crefcit in* Africa.

*Hæc*

*Hæc pentagyna est. Folia soli obversa punctis plurimis pellucidis scatere observantur, alias glauca.*

*Hæ species in Horto viguere sub eo tempore quo Horto præfui, an aliæ ante meum accessum in Horto Cliffortiano cultæ fuere vel non me latet, cum plantæ hæ non facile exsiccari possunt & Herbariis vivis committi.*

*Hæ omnes sedem suam posuere in remotissimo isto Mundi angulo, in Africa ad* CAPUT BONÆ SPEI, *hicque facile proveniunt modo a bruma conserventur & ab aere humido præcaveantur, nec nimia aquæ copia rigentur.*

*Familiam hanc antea adeo obscuram & intricatam facillimam reddidit* Cl. DILLENIUS *in* Horto elthamensi, *ut vix hoc tempore ulla facilior sit, cum descriptiones absolutissimas, Figuras incomparabiles, synonyma certa, species omnes delineatas dedit, ut nil supra.*

*Ficoides nomen absolute falsum est; Mesembryanthemi a tribus verbis græcis confectum & fere sesquipedale retineo cum Dillenio, cum quodammodo excusari queat, cumque synonyma meliora non prostent.*

*Ignota fuit prorsus hæc familia veteribus Græcis, Romanis & Arabibus; nec recentiori ævo prodiit ante Hermanni & Breynii tempora; jam vero in omni Horto tam vulgata ut vix horti nomen mereatur, qui non Mesembryanthema alat.*

*Affinitate proxime accedit ad Cactos, immo in tantum ut limites ponere difficillimum sit; videtur calyce simplici seu quinquefido vel quadrifido differre, cum illius imbricatus sit, ut vix a petalis distinguatur.*

*Flos gaudet corolla semper multiplicata, quod & in Cactis obtinet & Nymphæa, quæ etiam his affinis est, ut & forte Stratiotes, de quo an ad Mesembryanthema an ad Palmas (ob spatham bipartitam) propius accedat, cum illi modo tria insuper sint petala, quæro.*

*Ex hisce sunt*

*Tetragynæ, quadriloculares, calyce quadrifido.* 22. 28.

*Pentagynæ, quinqueloculares.* 1. 3. 4. 7. 9. 10. 11. 12. 13. 14. 15. 16. 17. 19. 20. 24. 25. 26. 27. 30. 31.

*Decagynæ, decemloculares.* 5. 8. 18.

*Polygynæ, multiloculares.* 2. 21.

*Herbaceæ: annuæ vel biennes.* 1.

*Acaules.* 8. 12. 13. 23.

*Foliis muricatis.* 12. 13. 14. 15. 16. 20. 23.

*Foliis papillosis.* 1. 4. 5. 7. 22. 30.

# *H E X A G Y N I A.*

## S T R A T I O T E S. *g. pl.* 454.

1. STRATIOTES. *Fl. lapp.* 221.
Stratiotes foliis aloës. *Gund. apud Johr. hodeg.*
Stratiotes aquaticus. *Dalech. hist.* 1061.
Stratiotes aquaticus belgicus. *Stap. theophr.* 436.
Stratiotes sive Militaris aizoides. *Lob. hist.* 904.
Militaris aizoides *Raj. hist.* 1324.
Aloides. *Boerh. lugdb* 2. p. 132.
Aloë sive Aïzoon palustre. *Bauh. hist.* 3. p. 787.
Aloë palustris. *Bauh. pin.* 286.
Aloëfolia palustris anglicana spinifera, flore albo tripetalo, feminibus croceo colore. *Pluk. alm.* 19.
Sedum aquatile sive Stratiotes potamicos *Dod. pempt.* 588 & 589.
*Crescit in fossis palustribus, in fluviis pigrioribus, in stagnantium aquarum lacubus per* Sueciam, Germaniam, Belgium & *in insula* Eliensi *Angliæ frequens.*

# *P O L Y G Y N I A.*

## D I L L E N I A. *g. pl.* 455.

1. DILLENIA.
Malus rosea malabarica Syalita dicta. *Pluk. mant.* 124.
Arbor indica, flore maximo, cui multæ innascuntur siliquæ. *Raj. hist.* 1707.
Syalita. *Rheed. mal.* 3. p. 39. t. 38, 39.
*Crescit in* Malabaria *præcipue circa Cochin & in provinciis Moulan.*
*Hujus fructus frustulum communicavit* Cel. Roël, *Prof. Anat. Amst. cum aliis plurimis ra-*
K k k

*tionibus Indicis & exoticis, ex cujus feminibus terræ mandatis* 1736. *menfe majo, excre- vere duæ plantæ quæ vix trium hebdomadum ætatis periere ambæ.*

*Dixi hanc arborem floribus fplendidiffimam, fructuque ampliffimam ab imcomparabili ævi no- ftri Botanico* JOH. JAC. DILLENIO, *medicinæ Doctore, Profeffore Botanices Sherardiano Oxoniis, Socio Acad. Imperial. Naturæ Curiofor.*

## ANNONA. *g. pl.* 446.

1. ANNONA foliis ovali-lanceolatis glabris nitidis planis.

Anona. *Comm. hort.* 1. *p.* 133 *t.* 69.

Anona americana, fructu majori; Soortfack parvum vulgo. *Herm. lugdb.* 645.

Anona indica latifolia, fructu fquamofo afpero, feminibus ex flavo nigricantibus turgido. *Pluk. alm.* 31. *t.* 134. *f.* 2.

Anona indica, fructu conoide viridi: fquamis veluti aculeato. *Pluk. alm.* 32. *t.* 135. *f.* 2.

Anona maxima, foliis latis fplendentibus, fructu maximo viridi conoide: tuberculis feu fpinulis innocen- tibus afpero. *Sloan. flor.* 203 *hift.* 2. *p.* 166. *t* 225.

Guanabanus fructu e viridi lutefcente molliter aculeato. *Plum. gen.* 43.

Araticu prima feu fimpliciter dicta. *Raj. hift.* 1651.

Araticu porche. *Marcgr. braf.* 93. *Pif. braf.* 69.

Zuurfak. *Mer. furin.* 14. *t.* 14.

*Crefcit fplendida hæc arbor vulgaris per* Americam *totam, præfertim calidiorem.*

*Ramuli hujus læves funt, nec fcabri; folia fecundum nervos minime fulcata.*

2. ANNONA foliis lanceolatis glabris nitidis fecundum nervos fulcatis.

Anona fylveftris. *Burm. zeyl.* 21.

*Crefcit in* India *orientali vulgaris.*

*Ramuli punctis fcabri funt; Folia exacte lanceolata, utrinque glabra, fupra nitida, fecundum nervos fulcata.*

3. ANNONA foliis lanceolatis pubefcentibus.

*Crefcit ex feminibus Africanis.*

*Rami punctulis fcabri funt. Folia ovata fed magis elongata, utrinque pubefcentia & quafi incana, nec nitida.*

*Nobis, qui fructum & florem non vidimus, plura dicere non licet ex plantis adhuc fere Erucis.*

*Tantam habet hoc genus affinitatem cum* Magnolia, *ut fere hæfitem an diftingui debeant, cum in nulla re alia differant, quam quod hæc gaudeat fructu carnofo molli, fequens autem fic- co; obfervavi enim in recentibus floribus piftillum non triplex effe, fed receptaculum fubglo- bofum, cui undique adhærent ftamina, eique infidet germen globofum undique punctis exa- fperatum, quæ puncta ftigmata abfque ftylis funt.*

*Guanabanus &* Annona *funt vocabula barbara, ut tamen fervetur fonus Annonam dico ob fructum incolis gratum.*

## MAGNOLIA. *g. pl.* 456.

1. MAGNOLIA foliis ovato-lanceolatis.

Magnolia lauri folio fubtus albicante. *Catesb. ornith.* 39. *t.* 39. *Dill. elth.* 207. *t.* 168. *f.* 205.

Magnolia ampliffimo flore albo, fructu cæruleo. *Plum. gen.* 38.

Tulipifera virginiana, laurinis foliis averfa parte rore cæruleo tinctis, coni-baccifera. *Pluk. alm.* 379 *t.* 68. *f.* 4.

Laurus tulipifera, baccis calyculatis. *Raj. hift.* 1690.

Laurus tulipifera, foliis fubtus ex cinereo & argenteo purpurafcentibus *Raj. hift.* 1798.

*Crefcit in* Virginia & Carolina.

*Cum fructus maturuit, dehijcunt fquamæ coni & femina excidunt affixa capillo uncialis lon- gitudinis, in quo pendula a ventis motitantur rubra & avicularum obvolitantium pala- tum excitant.*

*Huju generis eft Atamaram Rheed. mal.* 3. *p.* 21. *t.* 29; *Plumeriana allegata pro varietate potius quam diftincta fpecie habeo, cum in hac familia maxima in fructu interlucet differen- tia, nil certi tamen de non vifa planta ftatuo.*

# LIRIODENDRUM.

1. LIRIODENDRUM.

Tulipifera arbor virginiana. *Herm. lugdb.* 612. *t.* 613 *Boerh. lugdb.* 2. *p.* 262.

Tulipifera virginiana, tripartito aceris folio media lacinia velut abscissa *Pluk. alm.* 379. *t.* 117. *f.* 5. & 248. *f.* 7.

Arbor tulipifera virginiana, tripartito aceris folio media lacinia velut abscissa. *Raj. hist.* 1798. *Catesb. ornith.* 48. *t.* 48.

α Magnolia caroliniana, foliis productioribus magis angulosis. *Pluk. alm.* 379. *t.* 68. *f.* 3.

*Crescit vulgatissima in* Virginia, Carolina *&* Pensylvania.

*Vix datur arbor, si foliorum figuram decentissimam aspicias, formosior, nec si flores intuearis in hac arbore (excepta Dillenia) pulchrior.*

*Anonam, Magnoliam & Liriodendron inter se valde affines esse arbores docent corolla, stamina & Pericarpii tubercula.*

# HEPATICA. *g. pl.* 457.

1. HEPATICA.

Hepatica flore simplici cæruleo. *Rupp. jen.* 127.

Hepatica nobilis, flore simplici cæruleo. *Herm. lugdb.* 310.

Hepatica trifolia, cærulco flore. *Cluf. hist.* 2. *p.* 247. *Boerh. lugdb.* 1. *p.* 30. *spec.* 1-7.

Hepaticum trifolium five Hepatica & Trinitas herbariorum. *Lob. hist.* 496.

Trifolium, hepaticum, flore simplici (& pleno). *Bauh. pin.* 339. *Morif. hist.* 2. *p.* 433. *f.* 4. *t.* 26. *f.* 1, 2.

Trifolium hepaticum five Trinitatis herba, flore cæruleo. *Bauh. hist.* 2. *p.* 389.

Trifolium aureum. *Dod. pempt.* 579.

Trinitas. *Cæsalp. syst.* 547.

Myosuros perennis, trifido folio, flore cæruleo. *Vaill. act.* 1719. *p.* 45.

Ranunculus tridentatus vernus, flore simplici cæruleo. *Tournef. inst.* 286.

Ranunculus hepaticus trilobus vernus, flore cœlesti. *Pluk. alm.* 314.

α Hepatica flore simplici subpurpureo & rubro. *Rupp.*

β Hepatica flore simplici argenteo seu albo. *Rupp.*

γ Hepatica flore pleno cæruleo. *Rupp.*

δ Hepatica flore pleno purpureo. *Rupp.*

ε Hepatica flore pleno albo.

*Crescit in sylvis opacis inque acervis lapidum & sub Juniperis per* Austriam, rannoniam, Bohemiam, Germaniam superiorem, Sueciam.

*Calyx Hepaticæ certe involucrum proprium est.*

# PULSATILLA. *g. pl.* 458.

1. PULSATILLA foliis decompositis pinnatis, flore nutante, limbo recto.

Pulsatilla folio crassiore, & majore flore. *Bauh. pin.* 177. *Boerh. lugdb.* 1. *p.* 39.

Pulsatilla purpurea cæruleave. *Bauh. hist.* 2. *p.* 409.

Pulsatilla vulgaris, dilutiore flore. *Cluf. hist.* 1. *p.* 246. *Morif. hist.* 2. *p.* 428. *f.* 4. *t.* 26. *f.* 1.

Pulsatilla. *Dod. pempt.* 433.

Pulsatilla danica. *Volck. norib.* 349.

*Crescit in campis montosis siccis & sterilibus ac duris per* Sueciam, Daniam *&* Germaniam *vulgaris.*

*Petala in hac recta sunt.*

2. PULSATILLA foliis decompositis pinnatis, flore pendulo; limbo reflexo.

Pulsatilla flore clauso cæruleo. *Bauh. pin.* 210

Pulsatilla vulgaris, saturatiore flore. *Cluf. hist.* 1. *p.* 246.

Pulsatilla flore minore saturatiore & quasi nigricante, folio magis & tenuius inciso. *Morif. hist.* 2. *p.* 428. *f.* 4. *t.* 26. *f.* 2.

Pulsatilla flore minore nigricante. *Bauh. pin.* 177. *Boerh. lugdb.* 1. *p.* 39.

Pulsatilla altera. *Dod. pempt* 433.

*Crescit in campis duris & sterilibus copiosissime prope* Lubecam, *& totam fere* Holsatiam.

*Hujus flos dimidio minor, atro-cæruleus, petala connivent in figuram floris ovatam, ore reflexa; flos in hac pendulus seu ore terram, basi cælum respiciens, in illa (1) vero ad latus modo nutans.*

3. PULSATILLA foliis decompositis ternatis.

Anemone hortensis tenuifolia, simplici flore 2-20. *Cluf. hist.* 1. *p.* 255-260.

Anemone tenuifolia; species 6-30. *Boerh. lugdb.* 1. *p.* 37-39.

Kkk 2

Ane-

Anemonæ tenuifoliæ fpecies variæ. *Bauh. hift.* 2. *p.* 406, 407.
Anemone tenuifolia 10-13. *Morif. hift.* 2. *p.* 426. *f.* 4. *t.* 25. *f.* 11-13.
*Crefcit forte fponte in Oriente,* Conftantinopoli *enim olim, omni anno, huc adferebantur.*
*Variat colore & plenitudine mille modis, ut cum Morifono hic exclamem: Omnium harum*
*aſſignare varietates, quoad magnitudinem & parvitatem florum eorumque diverſos colores,*
*labor eſſet infinitus atque cujusvis Botanici fuperans captum ; natura adeo varie ludit in*
*hac fpecie, ficut in Tulipis, Narciſſis, Ranunculis, Dianthis aliisque multis fpeciebus, lon-*
*ge patentibus in immenfo oceano, ut de omnibus & fingulis agere ( quia ex fatione indies no-*
*væ varietates oriuntur ) eſſet Siſyphi volvere lapidem aut Danaidum dolium implere.*

4. PULSATILLA foliis digitatis.
Anemone hortenfis latifolia 3. *Cluf. hift.* 1. *p.* 249.
Anemone, geranii rotundo folio, purpurafcens. *Bauh. pin.* 173. *Morif. hift.* 2. *p.* 425. *f.* 4. *t.* 25. *f.* 4.
  *Boerh. lugdb.* 1. *p.* 37.
Anemone italica, latiufculis fpinofis foliis. *Bauh. hift.* 2. *p.* 402.
Anemone latifolia. *Lob. hift.* 147.
Anemone 1. *Dod. pempt.* 434. *Dalech. hift.* 845.
*Crefcit inter vepretes in Germaniæ quibusdam locis fecundum* Rhenum, *inter Moguntiam*
  *& Andernacum; in collibus afperis apricis maritimis prope* Pifas *in monte S. Juliani; in*
  *montibus* Bononiæ *vicinis, inter* Lericam *& Maſſam* Liguriæ *urbem copiofa; in multis*
  *locis* Italiæ.
*Variat florum plenitudine & colore.*
*Folia ad petiolum ufque multifida funt, & refpectu periphæriæ peltata.*

5. PULSATILLA foliis palmatis.
Anemone hortenfis latifolia 1. *Cluf. hift.* 1. *p.* 248. *Dalech. hift.* 847.
Anemone latifolia, flore flavo 1 clufio. *Bauh. hift.* 2. *p.* 401.
Anemone, cyclaminis feu malvæ folio, lutea. *Bauh. pin.* 173. *Morif. hift.* 2. *p.* 425. *f.* 4. *t.* 25. *f.* 3.
*Crefcit inter vepretes & in collibus lapidofis* Lufitaniæ *juxta* Tagum.
*Species* 3. 4 *&* 5. *ob involucrum ad Pulfatillas refero, nec genere diftingui poſſunt hæ &*
*Pulfatillæ ullam aliam ob caufam. Si cui non placeret in hoc genere pulfatillæ nomen, aſſu-*
*mat, per me licet, Anemones antea receptum nomen, & aliud in fequenti genere introducat;*
*nihilo minus fequentes, Anemones fylveftres ab omni ævo dictæ fuere, nec ad nomina hortenfis*
*fis habet præ fylveftri ullam prærogativam.*

# ANEMONE. *g. pl.* 459.

1. ANEMONE feminibus fetâ plumofâ terminatis.
Anemone fylveftris alba major. *Bauh. pin.* 176. *Boerh. lugdb.* 1. *p.* 37.
Anemone 4. *Dod. pempt.* 434.
Anemone 3 matthioli. *Dalech. hift.* 843. *Lob. hift.* 148.
Anemone fylveftris 1. *Cluf. hift.* 1. *p.* 244.
Anemone magna alba plurima parte anni florens. *Bauh. hift.* 3. *p.* 411.
*Crefcit ad* Rhenum *in* Brisgovia *inter* Byrcken *&* Offenburg, *circa* Heidelbergam, *in* Bohe-
  *miæ collibus, in pratis* Francofurti *ad mœnum vicinis, in pratis* Viennæ *& variis Auftriæ*
  *ac Pannoniæ montofis.*
*Tota hirfuta eft, & a congeneribus, quas novi, feminibus caudatis plumofis diftincta.*

2. ANEMONE foliolis ovatis integris ferratis.
Anemone trifolia. *Morif. hift.* 2. *p.* 424. *f.* 4. *t.* 24. *f.* 1. *Dod. pempt.* 437. *Dalech. hift.* 847.
Anemone trifolia, flore albo. *Bauh. hift.* 3. *p.* 412.
Anemonoides trifolia, flore purpurafcente. *Boerh. lugdb.* 1. *p.* 36.
Anemonoides monanthos latifolia, flore albo. *Vaill. act.* 1719. *p.* 40.
Alabaftrites feu dentaria alba. *Lob. hift.* 149.
Ranunculus nemorofus trifolius. *Tournef. inft.* 285.
*Crefcit rarius in* Succia *& juxta* Parifios.
*Hæc folia terna oppofita gerit, fingula ternata, ovata, non laciniata, modo ferrata, florem-*
*que modo unicum.*

3. ANEMONE feminibus acutis, foliolis incifis, caule unifloro.
Anemone nemorofa, flore majore. *Bauh. pin.* 176.
Anemone montana. *Cæfalp. fyft.* 549.
Anemone 5. *Dod. pempt.* 435.
Anemonoides flore albo. *Boerh. lugdb.* 1. *p.* 36.
Anemonoides flore majore. *Dill. giſſ.* 39
Anemonoides vulgaris monanthos, flore albo. *Vaill. act.* 1719. *p.* 39.
Nemorofa flore rofeo albo expanfo. *Rupp. jen.* 128.
Ranunculus nemorofus, flore majore albo. *Morif. hift.* 2. *p.* 427. *f.* 4. *t.* 28. *f.* 10.
Ranunculus phragmites albus & purpureus vernus. *Bauh. hift.* 3. *p.* 412. *Tournef. inft.* 285.

*a* Ane-

α Anemone nemorosa, flore pleno albo. *C. B.*
β Anemonoides flore ex purpura rubente. *Boerh.*
γ Anemone nemorosa, flore pleno purpureo. *C. B.*
δ Anemonæ nemorosæ affinis peregrina secunda, flore herbacei coloris. *C. B.*
   Ranunculus nemorosus, flore herbacei coloris folioso. *Herm. lugdb.* 514.
ε Anemonoides flore majore intense cæruleo. *Boerh.*
   Anemonoides monanthos, flore cæruleo, major. *Vaill. act.* 41.
   Ranunculus nemorosus, flore cæruleo, foliis majoribus apennini montis. *Munt. pug. t.* 8.
   *Crescit in dumetis & nemoribus per* Sueciam, Germaniam, Belgium, Angliam, Neapoli,
   *&c. In montibus vero* Apenninis *&* Anglia *obvia est* ε, *quæ rarior varietas.*
   *Hæc differt a præcedenti foliolis incisis, a sequenti flore unico.*

4. ANEMONE seminibus acutis, foliis incisis, petalis subrotundis, caule sæpius bifloro.
   Anemone montana ranunculo similior, colore luteo. *Cæsalp. syst.* 549.
   Anemonoides flore luteo bino & terno. *Boerh. lugdb.* 1. *p.* 36.
   Anemonoides lutea, interdum monanthos, interdum biflora aut triflora. *Vaill. act.* 1719. *p.* 41.
   Anemone-Ranunculus, flore luteo. *Dill. giss.* 39.
   Nemorosa flore luteo: modo unico modo gemello. *Rupp. jen.* 128.
   Ranunculus nemorosus luteus. *Bauh. pin.* 178.
   Ranunculus phragmites luteus nemorosus. *Bauh. hist.* 3. *p.* 413. *Moris. hist.* 2. *p.* 437.
   *Crescit in nemoribus per* Scaniam, Daniam *&* Germaniam.
   *Hæc gerit folia sena in caule ad eundem articulum opposita, communiter etiam flores duos vel*
   *tres, raro unicum; petala subrotunda sunt.*

# CLEMATIS. *g. pl.* 460.

1. CLEMATIS foliis simplicibus lanceolatis.
   Clematis pannonica, flore cæruleo, surrecta. *Bauh. hist.* 2. *p.* 129.
   Clematis cærulea pannonica. *Clus. hist.* 1. *p.* 123.
   Clematis altera minor longifolia Clymenum quondam. *Lob. hist.* 346.
   Clematis cæruleo-erecta. *Bauh. pin.* 301. *Boerh. lugdb.* 1. *p.* 46.
   Flammula pannonica erecta, folio vincetoxici, flore amplo. *Rupp. jen.* 54.
   *Crescit in pratis circa* Stampfen, *duobus ultra* Posonium *milliaribus & aliis ad Da-*
   *nubii ripas sitis supra* Posonium, *medio fere itinere inter eâm urbem & Tuben.*
   *Hæc est caule erecto, simplicissimo; foliis lanceolatis, simplicibus, oppositis. Filamentis lineari-*
   *bus, hirsutis, conniventibus, Antheris filamentorum lateri utrinque adnatis.*

2. CLEMATIS foliis pinnatis, foliolis ovatis integerrimis.
   Clematis sive Flammula surrecta alba. *Bauh. hist.* 2. *p.* 127. *Boerh. lugdb.* 46.
   Flammula surrecta. *Rupp. jen.* 54.
   Flammula recta. *Bauh. pin.* 300.
   Flammula altera. *Dod. pempt.* 406.
   Flammula. *Dalech. hist.* 1171.
   *Crescit in sepibus ad montes prope* Ratisbonam *in* Germania *& in sylvis cæduis* Austriæ *&*
   Pannoniæ.
   *Hæc differt caule recto, fere simplici, non scandente, petalis externe glabris; foliolis quinque*
   *pinnatis, integerrimis, ovato-oblongis; Filamentis glabris; seminibus orbiculatis, compres-*
   *sis, plumâ cristatis. Pistillis octo.*

3. CLEMATIS foliis inferioribus pinnatis laciniatis: summis simplicibus lanceolatis integerrimis.
   Clematis sive Flammula scandens tenuifolia alba. *Bauh. hist.* 2. *p.* 127.
   Clematis sive Flammula repens. *Bauh. pin.* 300.
   Clematis altera urens, vulgi Flammula. *Lob. hist.* 346.
   Flammula. *Dod. pempt.* 404. *Dalech. hist.* 1171. *Rupp. jen.* 53.
   Viticella. *Cæsalp. syst.* 543.
   *Crescit circa* Monspelium *in collibus saxosis; circa* Jenam *in sepibus.*
   *Hæc ramosissima est & folia habet diversæ formæ inter se distincta; flores sæpius pentapetali sunt.*

4. CLEMATIS foliis pinnatis, foliolis cordatis inæqualiter inciso-crenatis.
   Clematis latifolia dentata. *Bauh. hist.* 1. *p.* 125.
   Clematis sylvestris latifolia. *Bauh. pin.* 300. *Boerh. lugdb.* 1. *p.* 46.
   Atragene theophrasti. *Clus. hist.* 1. *p.* 122.
   Viorna vulgi. *Lob. hist.* 345.
   Vitalba. *Cæsalp. syst.* 543. *Dod. pempt.* 405.
α Clematis sylvestris latifolia, foliis non incisis. *Tournef. inst.* 293.
β Clematis canadensis trifolia dentata, flore albo. *Boerh.*
   *Crescit in sepibus* Angliæ, Galliæ, Germaniæ, Italiæ.

5. CLEMATIS foliis compositis ac decompositis, foliolis ovatis integerrimis.
   Clematis sive Flammula, flore cæruleo & purpureo, scandens. *Bauh. hist.* 2. *p.* 128.
   Clematis peregrina cærulea & purpurea. *Lob. hist.* 345.
   L l l

Cle-

Clematis altera. *Cluf. hift.* 1. p. 122. *Dod. pempt.* 406.
Clematis flore fimplici. *Rupp. jen.* 54.
Clematitis cærulea vel purpurea repens. *Bauh. pin.* 300. *Boerh. lugdb.* 1. p 46.
Flammula. *Cæfalp. fyft.* 543.
Viticella. *Dill. gen.* 165.
α Clematitis repens rubra. *Boerh.*
β Clematitis cærulea, flore pleno. *C. B.*
*Crefcit juxta fepes & agrorum margines in* Hifpaniæ & Italiæ *quibusdam locis.*
*Hæc eft caule volubili, ramisque patentibus; folia nunc pinnata, nunc ternata funt; nunc pinnato-ternata, nunc oppofita folitaria, omnia in eadem planta. Foliola ovata, obtufa, integerrima, rarius trilobum aliquod foliolum terminatrix. Semina cauda plumofa deftituuntur. Petala deltoidea.*

6. CLEMATIS cirrhis fcandens.
Clematis altera bœtica. *Cluf. hift.* 1. p. 123.
Clematis bœtica clufio. *Bauh. hift.* 2. p. 126. *Lob. hift.* 347. *Dalech. hift.* 1434.
Clematitis peregrina, foliis pyri incifis. *Bauh. pin.* 300. *Boerh. lugdb.* 1. p. 46.
*Crefcit in variis* Bœticæ *locis uti inter* Afindum *(* Medina Sidonia *) &* Calpen *fecundum fluvios vicinas arbores operiens & fuo pondere deprimens.*
*Genus hoc in duo diftinguere ( cum* Ruppio *) ob femina cauda plumofa & nuda non neceffarium puto: videmus in hoc genere fere tot differentes figuras feminum, quot fpecies; videmus in* Anemonibus, Magnoliis, Ranunculis *& reliquis affinibus femina nil diftinguere. Videmus florem fingularem in hoc genere diftinctionem negare; ne loquar de facie externa.*

# THALICTRUM. *g. pl.* 461.

1. THALICTRUM feminibus triangularibus pendulis, ftipulis ad fubdivifiones foliorum.
Thalictrum majus, folliculis angulofis, caule lævi. *Bauh. hift.* 3. p. 487.
Thalictrum alpinum, aquilegiæ foliis, florum ftaminibus purpurafcentibus. *Tournef. inft.* 270.
Thalictrum majus, florum ftaminibus purpurafcentibus. *Bauh. pin.* 337. *Boerh. lugdb.* 1. p. 44.
α Thalictrum alpinum majus, aquilegiæ foliis, florum ftaminibus albis, caule viridi. *Tournef. inft.* 270.
Thalictrum montanum album. *C. B.*
β Thalictrum alpinum minus, aquilegiæ foliis, florum ftaminibus albis, caule viridi. *Tournef.*
γ Thalictrum canadenfe, caule purpurafcente, aquilegiæ foliis, florum ftaminibus albis. *Tournef.*
Thalictrum majus, foliis aquilegiæ, flore albo. *Morif. hift.* 3. p. 325. f. 9. t. 20. f. 15.
Thalictrum canadenfe. *Corn. canad.* 186. t. 187.
*Crefcit in fylvofis* Juræ montis *prope* Thuiri *& in monte* Salevæ *prope* Genevam; In Scania *prope* Lundinum *ad pagum* Fogelfong.
*Hujus femina pedicello proprio infident, pendula, tribus marginibus membranaceis magnis notata, quibus interjacent duo anguli parvi; verfushafin anguftiora funt, apice vero obtufa: ubi petiolus communis exoritur & ubi dividitur, ad fingulam fubdivifionem, fubtus collocantur duæ ftipulæ feu fquamæ, quod in hac fpecie fingulare. Caulis teres eft.*

2. THALICTRUM caule foliofo ftriato, panicula multiplici terminatrici.
Thalictrum nigrius, caule & femine ftriato. *Bauh. hift.* 3. p. 486.
Thalictrum majus, filiqua angulofa aut ftriata. *Bauh. pin.* 336. *Boerh. lugdb.* 1. p. 44.
Thalictrum majus vulgare. *Morif. hift.* 3. p. 324. f. 9. t. 20. f. 1.
Thalictrum majus, foliis rugofis trifidis. *Morif. umb.* t. 12. f. 2. optima.
Thalictrum magnum. *Dod. pempt.* 58.
Thalictrum pratenfe. *Lind. wikf.* 37. *Fl. lapp.* 224.
Pigamum. *Dalech. hift.* 1080.
*Crefcit in pratis udis & nemoribus fubhumidis per* Lapponiam, Sueciam feptentrionalem, Angliam, Galliam *& Germaniæ varias partes.*

3. THALICTRUM foliolis lanceolato-linearibus integerrimis.
Thalictrum pratenfe, anguftiffimo folio. *Bauh. pin.* 337. *Boerh. lugdb.* 1. p. 44.
Thalictrum anguftiffimo folio. *Bauh. prod.* 146.
*Crefcit in pratis* Michelfeldenfibus *& ad fluvium* Lycum *prope* Auguftam Vindelicorum.
*Hujus panicula verticillatim ramofa, folia duplicato-pinnata, fed foliolis integerrimis ab omnibus congeneribus diftinctiffima. An hæ tres ( 2. 3. 4 ) vere fpecie diftinctæ? & qua nota effentiali diftinctiffimæ? caulis omnibus ftriatus eft.*

4. THALICTRUM floribus pentapetalis, radice tuberofa.
Thalictrum minus, afphodeli radice, magno flore. *Tournef. inft.* 271.
Thalictrum minus, grumofa radice, floribus majoribus. *Boerh. lugdb.* 1. p. 45.
Ranunculus thalictri folio, afphodeli radice. *Morif. hift.* 2. p. 438. f. 4. t. 28. f. 13.
Oenanthe folio hederæ. *Bauh. pin.* 3. p. 163.
Oenanthe myconi. *Dalech. hift.* 785.
*Crefcit locis petrofis in* Hifpania, ut creditur.
*Hujus radix globulis filo appenfis tuberofa; caulis fimplex, pedalis, unico in inferna parte*
fo-

*folio trifariam supradecomposito, foliolis subrotundis, trilobis; caulis in summo bifidus sub-*
*jecto parvo supra decomposito folio; Ramus singulus vix æquali insertione pedunculos plures,*
*erectos, simplices, unifloros exserens, flores vero albos, pentapetalos, corollâ staminibus lon-*
*giore, vel staminibus non breviore; germinibus sessilibus.*

5 THALICTRUM caule filiformi ramosissimo in paniculam disperso: subjectis foliis.
Thalictrum minimum fœtidissimum. *Bauh. pin.* 337. *prod.* 147. *Bauh. hist.* 3 *p.* 488. *Morif. hist.* 3. *p.*
325. *f. 9. t.* 20. *f.* 13. *mala. Boerh. lugdb.* 1. *p.* 44.
*Crescit in herbidis circa* Monspelium *& in* Vallesia.
*Caulis pedalis secundum folia oblique ascendens, tenuis. Folia duplicato-pinnata, subrotunda,*
*triloba, alterna in caule; ex singula ala ramus longissimus vix foliosus eadem lege alter-*
*natim ramosus, ramis ultimis pedunculis unifloris, ut tota planta videatur panicula fo-*
*liis intersparsa.*

6. THALICTRUM caule simplicissimo subnudo, racemo simplici laxo terminatrici.
Thalictrum caule fere nudo simplici, foliis obtusis. *Fl. lapp.* 227.
Thalictrum minimum montanum atro-rubens, foliis splendentibus. *Raj. syn.* 204. *Boerh. lugdb.* 1. *p.*
44. *t.* 44.
Thalictrum montanum minimum præcox, foliis splendentibus. *Morif. hist.* 3. *p.* 325. *f.* 9. *t.* 20. *f.* 14.
*Crescit juxta rivulos vulgatissima per* Alpes Lapponiæ *& Arvoniæ.*

# HELLEBORUS. *g. pl.* 462.

1. HELLEBORUS caule inferne angustato multifolio multifloro, foliis caule brevioribus.
Helleborus niger fœtidus. *Bauh. pin.* 185. *Boerh. lugdb.* 1. *p.* 296.
Helleborus niger ramosus angustifolius sempervirens elatior. *Morif. hist.* 3. *p.* 459. *f.* 12. *t.* 4. *f.* 6.
Helleborus niger sylvestris adulterinus etiam hyeme virens. *Bauh. hist.* 3. *p.* 880.
Helleboraster. *Rupp. jen.*
Helleboraster maximus, flore & semine prægnans. *Lob. hist.* 387.
Sesamoides magnum cordi & Consiligo ruellii. *Lob. hist.* 387.
Enneaphyllon. *Cæsalp. syst.* 583.
a Helleborus niger trifoliatus. *Morif. hist.* 3. *p.* 460. *f.* 12. *t.* 4. *f.* 7.
*Crescit in Germania ad latera montium quos eluctatur Rhenus inter* Coloniam *& Moguntiam*
*locis asperis & petrosis.*

2. HELLEBORUS caule æquali folioso multifloro, foliis radicalibus caulem tandem superantibus.
Helleborus niger hortensis, flore viridi. *Bauh. pin.* 185.
Helleborus niger sylvestris ramosus, latiore folio deciduo. *Morif. hist.* 3. *p.* 459. *f.* 12. *t.* 4. *f.* 5.
Helleborus niger vulgaris, flore viridi vel herbaceo, radice diuturna. *Bauh. hist.* 3. *p.* 636.
Elleborum nigrum vulgare. *Cæsalp. syst.* 581.
Helleborastrum. *Dod. pempt.* 385.
Veratrum nigrum 2. *Dod. pempt.* 385. *Cluf. hist.* 2. *p.* 275.
*Crescit in montibus* Euganeis *& ad* Viennensis *saltus initium qua* Vienna Tubingam
*iter est.*
*Hæc species antecedenti, considerata structura utriusque plantæ, valde affinis videtur.*

3. HELLEBORUS scapo florifero subnudo, pedunculo communi bipartito.
Helleborus niger, flore roseo. *Bauh. pin.* 186. *Morif. hist.* 3. *p.* 458. *f.* 12. *t.* 4. *f.* 1. *Boerh. lugdb.* 1.
*p.* 297.
Helleborus niger, flore albo & interdum flore valde rubente. *Bauh. hist.* 3. *p.* 634.
Helleborus niger. *Lob. hist.* 389.
Elleborus niger. *Cluf. hist.* 1. *p.* 275.
Veratrum nigrum 1. *Dod. pempt.* 385.
*Crescit in Alpibus non longe a* Ponteba *& in vicinis* Rehenaw *quatuor supra* Neapolim Au-
*striæ milliaribus ad montium radices.*
*Hujus scapus fere nudus unum ex apice florem profert, alterum infra apicem ex ala contracti*
*folii. Folia radicalia petiolo erecto semibifido reflexo divaricato, foliola a parte anteriore*
*novem sæpe ferente eaque perennia.*

4. HELLEBORUS flore folio insidente.
Helleborus niger tuberosus, ranunculi folio, flore luteo. *Tournef. inst.* 272.
Helleborus ranunculoides hyemalis, radice tuberosa, flore in medio folii. *Herm. lugdb.* 303.
Helleborus ranunculoides præcox tuberosus, flore luteo. *Morif. hist.* 3. *p.* 459. *f.* 12. *t.* 2. *f.* 4.
Helleboroides hyemalis. *Boerh. lugdb.* 1. *p.* 297.
Elleborina. *Cæsalp. syst.* 584.
Ranunculus cum flore in medio folio, radice tuberosa. *Bauh. hist.* 3. *p.* 414.
Aconitum. *Rupp. jen.* 130.
Aconitum unifolium luteum bulbosum. *Bauh. pin.* 183.
Aconitum hyemale belgarum. *Lob. hist.* 385.
*Crescit copiosissime circa* Bononiam *& per totam* Lombardiam, *ubi floret initio mensis februa-*
*rii in agris; inque montibus* Apenninis.

Lll 2                                                        *Huic*

*Huic folium peltatum multifidum scapum nudum terminat, cui insidet immediate uni-*
*cus flos.*

5. HELLEBORUS foliis angulatis multifidis, flore globoso.
Helleborus caule simplici, flore pedunculato. *Fl. lapp.* 226.
Helleborus niger, ranunculi folio, flore globoso majore. *Tournef. inst.* 272.
Helleborus ranunculoides, flore globoso. *Herm lugdb.* 309.
Helleboro-Ranunculus flore luteo globoso. *Boerh. lugdb.* 1. p. 297.
Pseudo-Helleborus ranunculoides luteus, flore globoso. *Morif. hist.* 3. p. 461. *f.* 12. *t.* 2. *f.* 2.
Ranunculus montanus alpinus glomeratus *Lob. hist.* 385.
Ranunculus aconiti folio globoso. *Bauh. pin.* 182.
Ranunculus flore globoso, quibusdam flos Trollius. *Bauh. hist.* 3. p. 419.
Trollius. *Rupp. jen.* 130.
*Crescit in omnibus pascuis alpinis* Lapponicis, Helveticis, Vallicis, *nec non in pratis* Scaniæ,
Cambriæ, *in valle gigantum* Silefiæ; *in montibus* Harciniæ, *in monte Genevensi* Thuiri.

## CALTHA. *g. pl.* 463.

1. CALTHA. *Fl. lapp.* 227.
Caltha palustris. *Bauh. hist.* 3. p. 470. *Dod. pempt.* 598. *Lob. hist.* 323.
Caltha palustris, flore simplici. *Bauh. pin.* 276.
Populago flore majore. *Tournef. inst.* 273. *Boerh. lugdb.* 1. p. 298.
Pseudo-Helleborus ranunculoides pratensis rotundifolius simplex. *Morif. hist.* 3. p. 461. *f.* 12. *t.* 2. *f.* 1.
α Caltha palustris, flore pleno. *C. B.*
*Crescit juxta rivulos & in pascuis humidis frequens per* Europam.

## RANUNCULUS. *g. pl.* 464.

1. RANUNCULUS foliis lanceolato-linearibus sessilibus, caule erecto.
Ranunculus montanus, folio gramineo. *Bauh. pin.* 180. *Morif. hist.* 2. p. 441. *f.* 4. *t.* 30. *f.* 38.
Ranunculus, gramineo folio, bulbosus. *Bauh. pin.* 181.
Ranunculus pumilus, gramineis foliis. *Bauh. hist.* 3. p. 866.
Hydropiper lanceolatum. *Dalech. hist.* 1038.
α Ranunculus montanus, folio gramineo, multiplex. *C. B.*
β Ranunculus gramineus montanus, radice villosa plurimas fibras crassiusculas ex inferiori parte emittente,
*Morif. hist.* 2. p. 445. *f.* 4. *t.* 30. *f.* 39.
γ Ranunculus gramineus hirsutus monanthos. *Morif. hist.* 2. p. 445. *f.* 4. *t.* 30. *f.* 40.
δ Ranunculus gramineus alter polyanthos. *Morif. hist.* 2. p. 445. *f.* 4. *t.* 30. *f.* 41.
*Crescit in pratensibus aridis* Galliæ Narbonensis *pone publicum diversorium montis Lupi; in*
*arduis* Mindeni Ruthenorum *pratis & pascuis; in sylva regia* Fontainbelleau *inter cellam*
*eremitarum & pontem qua itur* Blœsam.
*Nectarium a latere petalum spectante in acumen assurgit.*

2. RANUNCULUS foliis ovato-lanceolatis petiolatis, caule declinato.
Ranunculus foliis ovato-oblongis integerrimis, caule procumbente. *Fl. lapp.* 135.
Ranunculus longifolius palustris minor. *Bauh. pin.* 180. *Morif. hist.* 2. p. 443. *f.* 4. *t.* 29. *f.* 34. *Boerh.*
*lugdb.* 1. p. 34.
Ranunculus longifolius, aliis Flammula. *Bauh. hist.* 3. p. 864. *fig. mal.*
Flammula Ranunculus. *Dod. pempt.* 432.
α Ranunculus palustris serratus. *C. B.*
*Crescit in pascuis udis & uliginosis frequens per* Europam.

3. RANUNCULUS foliis lanceolatis, caule erecto.
Ranunculus longifolius palustris major. *Bauh. pin.* 34. *Morif. hist.* 2. p. 442. *f.* 4. *t.* 29. *f.* 33. *Boerh.*
*lugdb.* 1. p. 34.
Ranunculus, longo folio, maximus; Lingua plinii. *Bauh. hist.* 3. p. 865.
Lingua plinii. *Dalech. hist.* 1037.
α Ranunculus flammeus, latiori plantaginis folio, marginibus pilosis. *Pluk. alm.* 292.
*Crescit in aquis vadosis, fossis & paludibus inter Scirpos & arundines in* Roslagia Suecia;
*circum* Cantabrigiam *Angliæ; inter urbem imperialem* Wormatiam *& electoralem* Oppen-
heim *in Germania; in variis locis* Hollandiæ.

4. RANUNCULUS foliis ovatis petiolatis, floribus sessilibus.
Ranunculus plantaginis folio, flosculis cauliculis adhærentibus. *Vaill. parif.* 168.
Ranunculus parifiensis pumilus, plantaginellæ folio. *Petiv. gaz. t.* 25. *f.* 4. *Vaill. act.* 1716. *p.* 52. *t.* 4 *f.* 4.
Ranunculus alpestris palustris lignosus, ocymi folio, echinatus. *Boerh. lugdb.* 1. p. 35.
α Ranunculus siculus, folio rotundo vix serrato. *Petiv. gaz. t.* 24. *f.* 9.
*Crescit in* Sicilia *& circum* Parifios *in paludibus; affinis* 2di.

5. RA-

5. RANUNCULUS foliis ovatis acuminatis amplexicaulibus.
Ranunculus montanus, folio plantaginis. *Bauh. pin.* 180. *Morif. hift.* 2. *p.* 444. *f.* 4. *t.* 30. *f.* 36. *Boerh.*
*lugdb.* 1. *p.* 35.
Ranunculus pyrenæus, albo flore. *Cluf. app. ult. fig.*
*Crefcit in montibus* Pyrenæis *unde radices anno* 1605 *miffæ & publicatæ.*

6. RANUNCULUS foliis cordatis dentatis petiolatis.
Ranunculus vernus rotundifolius minor. *Tournef. inft.* 286.
Ranunculus præcox rotundifolius, granulata radice. *Morif. hift.* 2. *p.* 446. *f.* 4. *t.* 30. *f.* 45.
Ficaria. *Dill. gen.* 108. *giff.* 39.
Ficaria vulgaris. *Rupp. jen* 127.
Chelidonium minus. *Dod. pempt.* 49. *Lob. hift.* 322. *Boerh. lugdb.* 1. *p.* 29.
Scrophularia minor. *Bauh. hift.* 3. *p.* 468.
Favagello. *Cæfalp. fyft.* 546.
α Ranunculus vernus rotundifolius minor maculatus. *Tournef.*
β Ranunculus vernus rotundifolius, petalis florum gemino ordine digeftis. *Tournef.*
γ Chelidonium minus, flore pleno. *Boerh.*
δ Chelidonium minus, folio majori angulofo. *Boerh.*
Chelidonia rotundifolia major. *Bauh. prod.* 137.
*Crefcit in uliginofis fecus vias & in fcrobium marginibus ac ruderatis locis & lucis per maximam*
*partem* Europæ.

7. RANUNCULUS foliis ovatis ferratis, fcapo nudo unifloro.
Ranunculus latifolius autumnalis, parvo flore. *Morif. hift.* 2. *p.* 447. *f.* 4. *t.* 31. *f.* 51.
Ranunculus latifolius bullatus, afphodeli radice. *Bauh. pin.* 181.
Ranunculus lufitanicus, folio fubrotundo, parvo flore. *Tournef. inft.* 286. *Boerh. lugdb.* 1. *p.* 32.
Ranunculus grumofa radice 1, fpecies 2. *Cluf. hift.* 1. *p.* 239.
Ranunculus lufitanicus. *Dod. pempt.* 429.
Myofuros latifolia ferrata, afphodeli radice. *Vaill. act.* 1719. *p.* 44.
α Ranunculus latifolius bullatus autumnalis, afphodeli radice, magno flore. *Morif. hift.* 2. *p.* 447. *f.* 4. *t.*
31. *f.* 49.
Ranunculus grumofa radice 1. *Cluf. hift.* 1. *p.* 238.
β Ranunculus latifolius bullatus autumnalis, flore pleno & prolifero. *Morif. hift.* 2. *p.* 447. *f.* 4. *t.* 31. *f.* 50.
Ranunculus latifolius multiplex ferotinus. *Corn. canad.* 94. *t.* 95.
*Crefcit circa* Ulyffiponem *inter alixeta & in plerifque* Bœticæ *locis, nec non in* Creta, *ut fertur,*
*inventus eft. Nobis modo fpecimen ficcum eft, nec vivos examinavimus flores.*

8. RANUNCULUS foliis radicalibus reniformibus crenatis: caulinis digitatis feffilibus.
Ranunculus nemorofus five fylvaticus, folio fubrotundo. *Bauh. pin.* 178. *Morif. hift.* 2. *p.* 438. *f.* 4. *t.* 28.
*f.* 15. *Boerh. lugdb.* 1. *p.* 32.
Ranunculus 1 fylveftris. *Dalech. hift.* 1028.
Ranunculus rotundifolius vernus fylvaticus. *Bauh. hift.* 3. *p.* 857. *fig. bon.*
α Ranunculus rotundifolius vernus fylvaticus major five caffubicus, foliis thoræ feu calthæ. *Breyn. prod.* 1. *p.* 45.
*Crefcit in pafcuis nemorofis & fubhumidis vel umbrofis frequens per* Europam.
*Folium radicale primum reniforme eft, crenatum & integrum, reliqua radicalia triloba, tan-*
*dem multifida, caulina digitata, fere feffilia, verticillatim caulem ambientia, laciniis linea-*
*ri-lanceolatis, fuperne ferratis. Petalum unum alterumve floris fæpe non excrefcit.*

9. RANUNCULUS foliis quinatis lanceolatis incifo-ferratis.
Ranunculus montanus, aconiti folio, albus, flore minore. *Bauh. pin.* 182. *Boerh. lugdb.* 1. *p.* 30.
Ranunculus montanus 4. *Cluf. hift.* 1. *p.* 236.
Ranunculus albus, flore fimplici. *Lob. hift.* 281. *Bauh. hift.* 3. *p.* 860.
Aconitum ranunculoides album, flore fimplici minore. *Morif. hift.* 3. *p.* 461. *f.* 12. *t.* 2. *f.* 5.
α Ranunculus montanus, aconiti folio, albus, flore majore. *Bauh. pin.* 182.
Ranunculus, flore albo, alpinus major. *Bauh. hift.* 3. *p.* 860.
β Ranunculus folio aconiti, flore albo multiplici. *Bauh. pin.* 179.
Ranunculus pleno, flore albo. *Cluf. hift.* 236.
*Crefcit copiofe in Alpinis montibus* Juræ & Salevæ *prope Genevam; in acclivi montis* Wech-
fell, Sneeberg & *montium fylvofis.*

10. RANUNCULUS feminibus aculeatis, foliis decompofitis linearibus.
Ranunculus arvenfis echinatus. *Bauh. pin.* 179. *Bauh. hift.* 3. *p.* 859. *Morif. hift.* 2. *p.* 440. *f.* 4. *t.* 29. *f.*
23. *Boerh. lugdb.* 1. *p.* 32.
Ranunculus fylveftris 3. *Dod. pempt.* 427. *Lob. hift.* 380.
*Crefcit inter fegetes in* Germania, Belgio, Gallia, Anglia.

11. RANUNCULUS feminibus aculeatis, foliis fimplicibus palmatis incifis.
Ranunculus paluftris echinatus. *Bauh. pin.* 180. *prod.* 95. *Bauh. hift.* 3. *p.* 859. *Morif. hift.* 2. *p.* 440. *f.*
4. *t.* 29. *f.* 25. *Fevil. peruv.* 2. *p.* 58. *t.* 18. *f.* 1.
Ranunculus apulei quibusdam. *Cluf. hift.* 1. *p.* 233.
α Ranunculus rotundifolius repens echinatus. *Bauh. pin.* 180. *prod.* 95.
β Ranunculus ftellatus echinatus creticus. *Bauh. pin.* 180. *Morif. hift.* 2. *p.* 440. *f.* 4 *t.* 29. *f.* 24. *Boerh.*
*lugdb.* 1. *p.* 32.

M m m

γ Ra-

γ Ranunculus hirfutus annuus, flore minimo. *Raj. fyn.* 248. *t.* 12. *f.* 1. *Pluk. alm.* 311. *t.* 55. *f.* 1.
Ranunculus medius arvenfis annuus hirfutus, flore omnium minimo. *Morif. hift.* 2. *p.* 440. *f.* 4. *t.* 28.
*f.* 21.
*Crefcit in agris fucculentis, juxta foffas & in locis humidis circa* Monfpelium, Bononiam,
*in* Creta *& Peru America meridionalis.*

12. RANUNCULUS fructu oblongo, foliis inferioribus palmatis: fummis digitatis.
Ranunculus paluftris, apii folio, lævis. *Bauh. pin.* 180. *Morif. hift.* 2. *p.* 341. *f.* 4. *t.* 29. *f.* 27 & 28. *Boerh.*
*lugdb.* 1. *p.* 31.
Ranunculus paluftris, flore minimo. *Bauh. hift.* 3. *p.* 858.
Ranunculus fylveftris 1. *Dod. pempt.* 426.
Ranunculus paluftris, rotundiore folio. *Lob. hift.* 382.
a Ranunculus paluftris, apii folio, lanuginofus. *Bauh. pin.* 180.
*Crefcit juxta profundas paludes ac lacus & in pafcuis paludofis frequens per maximam*
*partem* Europæ.

13. RANUNCULUS foliis tripartitis' laciniatis, caule inferne ramofo, radice tuberofa.
Ranunculus grumofa radice, &c. fpec. 5-10. *Bauh. pin.* 181.
Ranunculus afphodeli radice, &c. fpec. 31-56. *Boerh. lugdb.* 1. *p.* 32.
Ranunculus afiaticus, grumofa radice. *Cluf. hift.* 1. *p.* 240-243.
Ranunculus conftantinopolitanus. *Dod. pempt.* 430. *Dal. hift.* 1034.
Ranunculus afiaticus vulgo dictus (fpecies triginta tres). *Tournef. inft.* 289.
Ranunculus afiaticus. fpec. 1-9. *Morif. hift.* 2. *p.* 437. *f.* 4. *t.* 27. *fig. omnes.*
*Crefcunt forte in* Afia *vel circa* Tripolim, *unde ad nos primum delatæ & a quibus locis diffe-*
*rentiam apud Botanicos obtinuere.*
*Variant mille modis florum colore & plenitudine, quibus cum* Hyacinthis, Tulipis, Dianthis,
*Primulis & Pulfatillis certant numero apud Anthophilorum vulgum, quas nugas non no-*
*ftras facimus.*

14. RANUNCULUS foliis fupradecompofitis, caule fimpliciffimo unifolio, radice tuberofi.
Ranunculus rutaceo folio, flore fuave-rubente. *Bauh. pin.* 181. *Morif. hift.* 2. *p.* 448. *f.* 4. *t.* 31. *f.* 54.
*Boerh. lugdb.* 1. *p.* 32.
Ranunculus folio rutaceo. *Bauh. hift.* 3. *p.* 414.
Ranunculus præcox 1, rutæ folio. *Cluf. hift.* 232.
*Crefcit in inferioribus* Sneberg *jugis & vicinis montibus: in Alpibus* Delphinatus *ad radices*
*criftæ editæ montis* de Lens.

15. RANUNCULUS foliis tripartitis, lanciniis linearibus, caule multifloro, radice tuberofa.
Ranunculus lanuginofus anguftifolius, grumofa radice, minor. *Bauh. pin.* 181. *Morif. hift.* 2. *p.* 446. *f.* 4.
*t.* 30. *f.* 46. *Boerh. lugdb.* 1. *p.* 32.
Ranunculus grumofa radice 4. *Cluf. hift.* 1. *p.* 240.
Ranunculus illyricus. *Lob. hift.* 383. *Dod. pempt.* 428.
Ranunculus illyricus, radicibus bulbofis, foliis oblongis. *Bauh. hift.* 3. *p.* 863.
a Ranunculus lanuginofus anguftifolius, grumofa radice, major. *Bauh. pin.* 181.
*Crefcit in monte* Hamburgenfi *duobus fupra Pofonium* Ungariæ *milliaribus; prope* Romam;
*in herbidis ultra pontem* Caftri novi *juxta* Ladum.

16. RANUNCULUS radice fimplici fubglobofa.
Ranunculus bulbofus. *Lob. hift.* 380. *Fl. lapp* 229.
Ranunculus pratenfis, radice verticilli modo rotunda. *Bauh. pin.* 179. *Morif. hift.* 2. *p.* 439. *f.* 4. *t.* 28.
*f.* 19. *Boerh. lugdb.* 1. *p.* 31.
Ranunculus 5 matthioli. *Dalech. hift.* 1028. *fig. mal.*
Ranunculus tuberofus. *Dalech. hift.* 1034. *Dod. pempt.* 431.
Ranunculus tuberofus major. *Bauh. hift.* 417.
a Ranunculus bulbofus, flore pleno. *Bauh. pin.* 178.
*Crefcit in pafcuis frequens per* Europam.

17. RANUNCULUS foliis ternatis, foliolis petiolatis trifidis incifis: medio productiore, caule multifloro.
Ranunculus pratenfis repens hirfutus. *Bauh. pin.* 179. *Boerh. lugdb.* 1. *p.* 31.
Ranunculus repens, flore luteo fimplici *Bauh. hift.* 3. *p.* 419.
Ranunculus pratenfis procumbens aut inclinans hirfutus. *Morif. hift.* 2. *p.* 439. *f.* 4. *t.* 29. *f.* 18.
Ranunculus pratenfis etiamque hortenfis, reptante cauliculo. *Lob. hift.* 379.
Ranunculus hortenfis 1. *Dod. pempt.* 425.
a Ranunculus hortenfis inclinans. *Bauh. pin.* 179.
Ranunculus repens, flore pleno. *Bauh. hift.* 3. *p.* 420.
β Ranunculus pratenfis repens hirfutus, foliis ex albo variis. *Tournef. inft.* 289.
γ Ranunculus pratenfis erectus dulcis. *Bauh. pin.* 179.
Ranunculus rectus, foliis pallidioribus hirfutis. *Bauh. hift.* 3. *p.* 417.
♂ Ranunculus arvenfis parvus, folio trifido. *Bauh. pin.* 179.
*Crefcit in pafcuis vulgatiffimus per maximam partem* Europæ.

18. RA-

18. RANUNCULUS foliis peltatis quinquangularibus multipartitis: laciniis linearibus.
Ranunculus pratensis erectus acris. *Bauh. pin.* 178. *Morif. hift.* 2. *p.* 439. *f.* 4. *t.* 28. *f.* 16. *vitiat. Boerh.*
*lugdb.* 1. *p.* 30.
Ranunculus erectus non repens, flore luteo. *Bauh. hift.* 3. *p.* 416.
Ranunculus pratensis, surrectis cauliculis. *Lob. hift.* 379.
Ranunculus hortensis 2. *Dod. pempt.* 426.
*a* Ranunculus pratensis erectus acris, in folii medio maculatus. *Boerh.*
*β* Ranunculus hortensis erectus, flore pleno. *Bauh. pin* 179.
*Crescit in pratis & pascuis vulgaris per* Europam, *praesertim* septentrionalem.

19. RANUNCULUS foliis omnibus capillaceis circumscriptione rotundis.
Ranunculus aquatilis omnino. *Bauh. hift.* 3. *p.* 781.
Ranunculus aquaticus albus, circinatis tenuissime divisis foliis, floribus ex alis longis pediculis innixis.
*Pluk. alm.* 311. *t.* 55. *f.* 2.
Ranunculoides folio circinato tenuissime diviso. *Vaill. act.* 1719. *p.* 49.
*Crescit per maximam partem* Europæ *in fossis aqua plenis & rivulis lente fluentibus ac*
*aquis vadosis.*

20. RANUNCULUS foliis subrotundis trilobis integerrimis, caule repente.
Ranunculus aquaticus hederaceus. *Morif. hift.* 2. *p.* 441. *f.* 4. *t.* 29. *f.* 29.
Ranunculus aquatilis hederaceus albus. *Raj. fyn.* 249.
Ranunculus aquaticus hederaceus luteus. *Bauh. pin.* 180.
Ranunculus hederaceus rivulorum se extendens atra macula notatus. *Bauh. hift.* 3. *p.* 782.
*Crescit in rivulis & aquis vadosis aquæ supernatans in* Anglia *copiose, in* Belgio *parcius.*
*Huic stamina modo quinque sæpius sunt.*

# ADONIS. *g. pl.* 465.

1. ADONIS radice annua.
Adonis arvensis, flore phœniceo. *Rupp. jen.* 127.
Adonis sylvestris, flore phœniceo ejusque foliis longioribus. *Bauh. pin.* 178. *Morif. hift.* 3. *p.* 27. *f.* 6.
*t.* 9. *f.* 2. *Boerh. lugdb.* 1. *p.* 35.
Flos Adonis vulgo, aliis Eranthemum. *Bauh. hift.* 3. *p.* 125.
Ranunculus arvensis, foliis chamæmeli, flore phœniceo. *Tournef. inft.* 55. *Vaill. act.* 1719. *p.* 55.
*a* Adonis hortensis, flore minore atro-rubente. *Bauh. pin.* 178.
Adonis recentiorum. *Lob. hift.* 336.
Flos Adonis vulgo. *Cluf. hift.* 1. *p.* 336.
Eranthemum. *Dod. pempt.* 260.
Ranunculus arvensis, foliis chamæmeli, flore minore atro-rubente. *Tournef. inft.* 291.
*β* Adonis arvensis, flore ochro-leuco. *Rupp.*
*γ* Adonis flore majore. *Bauh. pin.* 178.
*δ* Adonis tenuissimo folio, flore minimo, spica longissima. *Morif. hift.* 3. *p.* 27. *f.* 6. *t.* 9. *f.* 3.
*Crescit inter segetes in* Hispania, Italia, Gallia Narbonensi, Gallia, Germania.

2. ADONIS radice perenni.
Adonis præcox perennis, flore luteo, caule plano. *Morif. hift.* 3. *p.* 26. *f.* 6. *t.* 9. *f.* 1.
Adonis montanus perennis, flore amplo luteo. *Rupp. jen.* 126.
Adonis hellebori radice, buphthalmi flore. *Herm. lugdb.* 10. *Boerh. lugdb.* 1. *p.* 35.
Ranunculus fœniculaceis foliis, Hellebori nigri radice. *Tournef. inft.* 291.
Buphthalmum. *Dod. pempt.* 261. aliis Consiligo. *Bauh. hift.* 3. *p.* 637.
Buphthalmum dodonæi, Pseudo-Helleborus niger. *Cluf. hift.* 1. *p.* 333.
Helleborus niger tenuifolius, buphthalmi flore. *Bauh. pin.* 186.
Helleborus hippocratis. *Tabern. hift.* 2. *p.* 398.
*Crescit in omnibus apricis collibus & siccioribus gramineis campis* Austriæ *&* Pannoniæ.

(Observet Lector hanc paginam excipi a pagina 301., nullo tamen hiatu admisso,
praeter numerum paginarum, nobis ob typum necessarium.)

# *Claſſis* XIV.

# DIDYNAMIA.

## *GYMNOSPERMIA.*

### TEUCRIUM. *g. pl.* 467 & 466.

1. TEUCRIUM foliis pinnatifidis, laciniis linearibus infimis diviſis, floribus laxe ſpicatis.
Teucrium orientale anguſtifolium laciniatum, flore magno ſuaverubente. *Tournef. cor.* 14.
Teucrium, calice campanulato, laciniatum, flore magno ſubcœruleo. *Boerh. lugdb.* 1. p. 131.
α Teucrium, calice campanulato, laciniatum, flore parvo ſubcœruleo. *Boerh.*
*Creſcit in* Oriente.
*Differt maxime a ſequente: foliis profundius inciſis, anguſtioribus & floribus laxe ſpicatis.*

2. TEUCRIUM foliis aliquoties trifidis, floribus verticillatis.
Chamædrys foliis laciniatis. *Lob. hiſt.* 209. *Boerh. lugdb.* 1. p. 182.
Chamædrys minor annua, laciniatis foliis. *Moriſ. hiſt.* 3. p. 422. ſ. 11. t. 22. f. 18.
Chamæpitys altera. *Dod. pempt.* 46.
Botrys chamædryoides. *Bauh. pin.* 138.
Botrys verticillata. *Bauh hiſt.* 3. pp. 298.
*Creſcit in agris inter ſegetes, in vineis vinearumque muris, calviſque, apricis & editis locis, nonnunquam in arvis & in ſolo a mare pingue vel lapide calcario mixto* Baſileæ, Montbelgardi, Genevæ *& variis* Germaniæ *locis.*

3. TEUCRIUM foliis ſimpliciter trifidis.
Ajuga vel Chamæpitys mas. *Lob. hiſt.* 207.
Chamæpitys lutea vulgaris, five folio trifido. *Bauh. pin.* 249. *Moriſ. hiſt.* 3. p. 425. ſ. 11. t. 22. f. 1. *Boerh. lugdb.* 1. p. 183.
Chamæpitys vulgaris odorata, flore luteo. *Bauh. hiſt.* 3. pp. 295.
Chamæpitys prima. *Dod. pempt.* 46.
Chamæpitys. *Cæſalp. ſyſt.* 456.
α Chamæpitys vulgaris, folio trifido, flore roſeo, luſitanica. *Tournef. inſt.* 208.
*Creſcit in agris reſtibilibus, inque arenoſis ac ſabuloſis* Italiæ, *copioſiſſime in* Pannonia *&* Auſtria, *rarius in* Anglia.

4. TEUCRIUM foliis ſuborbiculatis crenatis, ſpica laxa orbiculata depreſſa.
Polium pyrenaicum ſupinum, hederæ terreſtris folio. *Tournef. inſt.* 206. *Boerh. lugdb.* 1. p. 134.
*Creſcit in montibus* Pyrenæis.
*Videtur proxime accedere ad* Polium ſaxatile purpureum chamædryoides, *ampla coma.* Bocc. muſ. 2. t. 61. *&* Barr. rar. §. 315. t. 1086.

5. TEUCRIUM foliis overſe ovatis crenatis, caule ſimpliciſſimo, ſtolonibus reptatricibus.
Bugula. *Dod. pempt.* 135. *Boerh. lugdb.* 1 p. 184.
Bugula media, flore cœruleo. *Barr. rar.* t. 338.
Bugula ſylvatica vulgaris cœrulea. *Moriſ. hiſt.* 3. p. 391. ſ. 11. t. 5. f. 1.
Conſolida media, quibuſdam Bugula. *Bauh. hiſt.* 3. p. 430.
Conſolida media pratenſis cœrulea. *Bauh. pin.* 260.
α Bugula flore cinereo vel albo. *Tournef. inſt.* 109.
β Bugula ſylveſtris villoſa, flore cœruleo. *Tournef. inſt.* 109.
Conſolida media genevenſis. *Bauh. hiſt.* 3. p. 432.
γ Bugula ſylveſtris villoſa, flore ſuaverubente. *Tournef. inſt.* 109.
Bugula carneo flore. *Cluſ. hiſt.* 2. p. 43.
δ Bugula non crenata tomentoſa ſuecica, feminibus albis. *Pluk. alm.* 73.
*Creſcit juxta vias in campis & pratis ſterilioribus juxta petras, ſat frequens per* Europam.
Obſerva: Svecica (δ) *iſta foliis gaudet majoribus, minus crenatis, magis hirſutis, caule & internodiis brevioribus ; hinc planta enaſcens foliis fere imbricatis pyramidem lepide refert, ſpecie tamen non diſtinctam eſſe aſſevero.*

6. TEUCRIUM foliis cordatis crenatis petiolatis, ſpicis laxis ſecundis.
Chamædrys fruticoſa ſylveſtris, meliſſæ folio. *Tournef. inſt.* 205.
Chamædrys elatior, ſalviæ folio, flore ochroleuco. *Moriſ. hiſt.* 3. p. 425.
Scorodonia. *Rupp. jen.* 177.
Scorodotis, ſive Scordium folio ſalviæ. *Bauh. hiſt.* 3. p. 293.

Gggg

Scor-

Scordium alterum, five Salvia fylveftris. *Bauh. pin.* 247. *Boerh. lugdb.* 1. *p.* 183.
Salvia agreftis five Sphacelus. *Dod. pempt.* 291. *Dalech. hift.* 880.
*Crefcit in tumulis arenofis* Hollandiæ *copiofiffima; in editis incultis arenofis & afperis* Angliæ; *circa* Jenam, Monfpelium *&c.*

7. TEUCRIUM foliis fubovatis crenatis, floribus laxe fpicatis pedunculatis.
Teucrium multis. *Bauh. hift.* 2. *pp.* 290.
Teucrium. *Cæfalp. fyft.* 455. *Bauh. pin.* 247.
Teucrium vulgare fruticans five 1. *Cluf. hift.* 1. *p.* 348.
Teucrium calice tubulato, flore pallide luteo. *Boerh. lugdb.* 1. *p.* 181.
Chamædrys frutefcens; Teucrium vulgo. *Tournef. inft.* 205.
Chamædrys fruticofior five Teucrium vulgare, flore ochroleuco. *Morif. hift.* 3. *p.* 421. *f.* 11. *t.* 22. *f.* 1.
Chamædrys affurgens. *Dod. pempt.* 44.
α Teucrium regium purpureum. *Morif. blef.* 311.
Teucrium calice tubulato, flore purpureo. *Boerh. lugdb.* 1. *p.* 181.
Teucrium lucidum, parvo folio, flore venufte purpureo. *Pluk. alm.* 367. *t.* 65. *f.* 2.
Chamædrys fruticofior, five Teucrium lucidum, parvo folio, flore venufte purpureo. *Morif. hift.* 3. *p.* 422.
*Crefcit in afperis & aridis perquam familiaris per* Italiam, Hifpaniam, Maltham, Siciliam.

8. TEUCRIUM foliis ovatis incifo-crenatis petiolatis, floribus laxe verticillatis.
Chamædrys. *Cæfalp. fyft.* 454.
Chamædrys major repens. *Bauh. pin.* 248. *Morif. hift.* 3. *p.* 422. *f.* 11. *t.* 22. *f.* 11. *Dod. pempt.* 43. *Boerh. lugdb.* 1. *p.* 182.
Chamædrys vulgo vera exiftimata. *Bauh. hift.* 3. *pp.* 288.
α Chamædrys minor repens. *Bauh. pin.* 248. *Morif. hift.* 3. *p.* 422. *f.* 11. *t.* 22. *f.* 12. *Dod. pempt.* 43.
Chamædrys vulgaris five 2. *Cluf. hift.* 1. *p.* 351.
*Crefcit vulgatiffima ad margines agrorum editiore loco fitorum & vinetorum in* Ungaria, Stiria, Auftria; *rarior in* Anglia, Gallia, Italia, Germania.

9. TEUCRIUM foliis ovato-lanceolatis ferratis feffilibus, floribus fæpius binis.
Scordium. *Bauh. pin.* 247. *Bauh. hift.* 3. *pp.* 292. *Lob. hift.* 261. *Dod. pempt.* 126. *Boerh. lugdb.* 1. *p.* 183.
Chamædrys paluftris, allium redolens. *Morif. hift.* 3. *p.* 423. *f.* 11. *t.* 22. *f.* 14.
Chamædrys paluftris canefcens, feu Scordium officinarum. *Tournef. inft.* 205.
*Crefcit in pratis humidioribus & ad rivulos in* Germania, Gallia, *& Elienfi* Angliæ infula.

10. TEUCRIUM foliis oblongis obtufis crenatis feffilibus, fpicis fubrotundis pedunculatis.
Polium montanum luteum. *Bauh. pin.* 220. *Morif. hift.* 3. *p.* 355. *f.* 11. *t.* 2. *f.* 1. *Boerh. lugdb.* 1. *p.* 183.
Polium montanum 3. *Cluf. hift.* 1. *p.* 361.
Polium. *Dod. pempt.* 283.
α Polium montanum luteum, ferratis anguftioribus incanis foliis. *Barr. rar. t.* 1089.
β Polium montanum album fupinum, folio ad fuprema crenato, capitulis multis globofis. *Boerh. lugdb.* 1. *p.* 183.
γ Polium montanum repens. *Bauh. pin.* 221.
Polium montanum 5, purpureo flore. *Cluf. hift.* 1. *p.* 362.
Polium montanum purpureum. *Lob. hift.* 257.
*Crefcit in Regno* Granatenfi *& Valentino vulgaris.*
*Varietates hujus infinitæ occurrunt & fpecies nimis multiplicatæ funt; variat capitulorum figura, lanæ colore, caulium fitu, foliorum incifuris profundioribus vel rudioribus; adeas Barrelie-rum & Tournefortium fi plures defideres.*

11. TEUCRIUM foliis lanceolato-linearibus integerrimis feffilibus, floribus folitariis pedunculatis.
Teucrium frutefcens, ftœchadis arabicæ folio & facie. *Tournef. cor.* 14.
Teucrium calice campanulato, ftœchados facie. *Boerh. lugdb.* 1. *p.* 181.
Rofmarinum ftœchados facie. *Alp. exot.* 103. *Morif. hift.* 3. *p.* 410. *f.* 11. *t.* 16. *f.* 3.
*Crefcit in* Creta.

12. TEUCRIUM foliis oblongo-ovatis integerrimis petiolatis, floribus folitariis pedunculatis.
Teucrium bæticum. *Tournef. inft.* 208.
Teucrium bæticum, calice campanulato. *Boerh. lugdb.* 1. *p.* 181.
Teucrium fruticans bæticum, five 3. *Cluf. hift.* 1. *p.* 348.
Teucrium bæticum & creticum clufii. *Bauh. hift.* 3. *pp.* 291.
Chamædrys fruticofior, foliis violaceo, foliis fubtus incanis. *Morif. hift.* 3. *p.* 422. *f.* 11. *t.* 22. *f.* 7.
α Teucrium bæticum, calice campanulato, folio eleganter variegato. *Boerh. lugdb.* 2. *p.* 181.
*Crefcit in multis locis* Siciliæ, *prope* Syracufas *maximum; circa arcem* Puzallu *in infula* Capo-paffaro *ad promontorium* Pachynum; *circa* Calpen *ad fretum Herculeum & in* Bæticæ *maritimis in fepibus & inter frutices.*

13. TEUCRIUM foliis lanceolatis integerrimis petiolatis, fpicis laxis fubrotundis.
Polium lavendulæ folio. *Bauh. pin.* 220. *Morif. hift.* 3. *p.* 356. *f.* 11. *t.* |2. *f.* 17. *Boerh. lugdb.* 1. *p.* 183.
Polium, lavendulæ folio, fœmina recentiorum. *Lob. hift.* 253.
Polium 7, cum flore. *Cluf. hift.* 1. *p.* 363.
Ajuga folio integro. *Rupp. jen.* 178.
α Polium lavendulæ folio anguftiori. *Tournef. inft.* 206.
*Crefcit in declivibus & montofis circa* Monfpelium, Genevam, Bafileam.

14. TEU-

14. TEUCRIUM foliis ovatis utrinque acutis, marginibus bidentatis, verticillis laxis.
Chamædrys hifpanica tenuifolia multiflora. *Boerh. lugdb.* 1. p. 182.
Chamædrys multiflora tenuifolia hifpanica. *Tournef. inft.* 205.
α Chamædrys hifpanica tenuifolia, latiori folio, multiflora. *Boerh. lugdb.* 1. p. 182.
*Crefcit in* Hifpania.

15. TEUCRIUM foliis ovatis utrinque acutis integerrimis, floribus folitariis fpicatim digeftis.
Marum cortufi. *Bauh. hift.* 3. pp. 242. *Morif. hift.* 3. p. 420. *Rupp. jen.* 177.
Marum fyriacum & creticum. *Herm. lugdb.* 409. *Boerh. lugdb.* 1. p. 183.
Pfeudo-Marum. *Riv. mon.*
Chamædrys maritima incana frutefcens, foliis lanceolatis. *Tournef. inft.* 205.
α Marum nigrum hifpanicum, flore purpureo, minor planta. *Barr. rar.* t. 1223.
β Marum hifpanicum nigrum, flore purpureo, Piperella hifpanis. *Barr. rar.* 37. t. 694.
Marum hifpanicum nigrum. *Bocc. muf.* 2. p. 166. t. 117.
*Crefcit in Regni* Valentini *aridis Valentiam inter & Ajoram, & in calidioribus regionibus.*
*Odorem aromaticum in vivis vegetabilibus magis penetrantem & virentem, quam hujus, quem*
*folia digitis trita efflant, vix novi nullum.*

TEUCRI noftri fub nomine comprehenduntur *Teucrium* T. *Chamæpitys* T. *Polium* T. *Chamædrys* T. *Bugula* T.
*Marum* B. *Iva* D. *Ajuga.* g. pl. 466. *Ajuga* R. *Scordium* R. *Scorodonia* R. cum inter has limites reperire
non licet, at notam communem effentialem & fingularem conftituit labium corollæ fuperius minimum
bipartitum laciniis dehifcentibus, ut nullum a plurimis merito dicatur. Sperabam quondam Bugulam
& Chamæpityn floribus diftinctas a reliquis effe, at examinatis pluribus aliis fpeciebus & hæ limites va-
næ vifæ funt, ut jam certior pronunciare poffim has omnes plantas non genere diftinguendas effe.

# LAVENDULA. *g. pl.* 469.

1. Lavendula foliis lanceolatis integris, fpicis nudis.
Lavendula anguftifolia. *Bauh. pin.* 216. flore cœruleo. *Boerh. lugdb.* 1. p. 152.
Lavendula altera. *Dod. pempt.* 273.
Lavendula minor fine fpica. *Morif. hift.* 3. p. 352. f. 11. t. 1. f. 3.
Spica lavendula. *Lob. hift.* 236.
Pfeudo-Nardus quæ Lavendula vulgo. *Bauh. hift.* 3. p. 281.
α Lavendula anguftifolia, flore albo. *Tournef. inft.* 198.
β Lavendula latifolia. *Bauh. pin.* 216.
Lavendula major feu vulgaris. *Morif. hift.* 3. p. 352. f. 11. t. 1. f. 1 & 2.
Lavendula. *Dod. pempt.* 273.
Spica recentiorum five Nardus italica. *Lob. hift.* 235.
γ Lavendula latifolia, flore albo. *Tournef.*
δ Lavendula latifolia indica fubcinerea, fpica breviore. *Tournef.*
*Crefcit in apricis & petrofis* Hifpaniæ, Galliæ Narbonenfis & Italiæ.

2. LAVENDULA foliis pinnato-pinnatifidis.
Lavendula multifido folio. *Cluf. hift.* 1. p. 345. *Lob. hift.* 236. *Bauh. hift.* 3. pp. 281. hifpanica. *Morif. hift.* 3.
p. 353. f. 11. t. 1. f. 4.
Lavendula folio diffecto. *Bauh. pin.* 216. *Boerh. lugdb.* 1. p. 152.
α Lavendula folio diffecto, flore albo. *Boerh.*
β Lavendula folio longiori tenuius & elegantius diffecto. *Tournef. inft.* 198. *Comm. rar.* 27. t. 27.
*Crefcit circa* Malaccam *Bæticæ urbem & circa* Murciam.

3. LAVENDULA foliis pinnato-dentatis.
Lavendula foliis crenatis. *Tournef. inft.* 198.
Stœchas folio ferrato. *Bauh. pin.* 216. *Morif. hift.* 3. p. 354. f. 11. t. 1. f. 6. *Dod. pempt.* 275. *Boerh. lugdb.* 1.
p. 153.
Stœchas crifpo folio. *Cluf. hift.* 1. p. 345.
Stœchas folio ferrato & crifpo. *Lob. hift.* 235. *Bauh. hift.* 3. pp. 279.
*Crefcit in fumma* Calpe *Hifpaniæ.*

4. LAVENDULA foliis lanceolato-linearibus, fpica comofa.
Stœchas purpurea. *Bauh. pin.* 216. *Tournef. inft.* 201. *Boerh. lugdb.* 1. p. 153.
Stœchas arabica vulgo dicta. *Bauh. hift.* 3. pp. 277.
Stœchas brevioribus ligulis. *Cluf. hift.* 1. p. 344. *Morif. hift.* 3. p. 353. f. 11. t. 1. f. 1.
Stœchas. *Dod. pempt.* 275. *Lob. hift.* 234.
Spica italica. *Cæfalp. fyft.* 459.
α Stœchas cauliculis non foliatis. *Bauh. pin.* 216.
Stœchas longioribus ligulis. *Cluf. hift.* 1. p. 344. *Morif. hift.* 3. p. 353. f. 11. t. 1. f. 2.
Stœchas nudis cauliculis fummis. *Lob. hift.* 234.
Stœchas in Belgio nata. *Dod. pempt.* 275.
*Crefcit in plurimis* Hifpaniæ, Lufitaniae & Galliæ Narbonenfis *locis, in fylva* Grammontia
& alibi circa Monfpelium, & medio in itinere Monfpelium inter & Arelaten.

G g g g 2

R o s-

# HYSSOPUS. *g. pl.* 470.

1. HYSSOPUS spicis secundis.
Hyssopus vulgaris spicatus angustifolius, flore cœruleo, rubro & purpureo. *Bauh. hist.* 3. *pp.* 275.
Hyssopus vulgaris. *Dod. pempt.* 287. *Morif. hist.* 3. *p.* 361. *f.* 11. *t.* 1. *f.* 1.
Hyssopus officinarum cœrulea sive spicata. *Bauh. pin.* 217. *Boerh. lugdb.* 1. *p.* 160.
Hyssopus arabum, mesue, officinarum. *Lob. hist.* 237.
α Hyssopus vulgaris alba. *C. B.*
β Hyssopus rubro flore. *C. B.*
Hyssopus arabum, flore rubro. *Lob. hist.* 237.
γ Idem corollis incanis.
δ Hyssopus utrinque florida. *Dod. pempt.* 287.
ε Hyssopus latifolia. *Bauh. pin.* 218. *prod.* 107.
ζ Hyssopus vulgaris moschum olens. *Tournef. inst.* 201.
ι Hyssopus crispa. *Tournef.*
*Crescit in collibus asperis* Romaniæ *&* Veronensi *tractu præsertim secus* Athesim *ad angustias saxorum & arcem munitissimam, quæ Imperatoriam a Venetorum ditione discriminat, e regione montis* Baldi, Lobelius; *quæ loca postea peragrans ne Hyssopum reperire potuit* Rajus.

2. HYSSOPUS spicis interruptis.
Hyssopus austriacus, magno flore, folio chamæpytidis. *Herm. lugdb.* 330.
Ruyschiana flore cœruleo magno. *Boerh. lugdb.* 1. *p.* 172.
Chamæpitys austriaca. *Cluf. hist.* 2. *p.* 185.
Chamæpitys cœrulea austriaca. *Bauh. pin.* 250.
Chamæpitys spuria. *Volck. norib.* 102.
Pseudo-Chamæpitys austriaca. *Riv. mon.* 106.
Brunella cœrulea perelegans, Chamæpitys austriaca dicta. *Pluk. alm.* 70.
Prunella hyssopi folio viridi amplo, flore cœruleo. *Morif. hist.* 3. *p.* 364. *f.* 11. *t.* 5. *f.* 9.
*Crescit in summo jugo montis illius qui pago* Radaun *imminet non procul a* Peterstorf *sesquimilliari ab urbe* Vienna *distante, & in alio quodam jugo non procul a* Starnberg *copiose.*

# ORIGANUM. *g. pl.* 471.

1. ORIGANUM foliis tomentosis, spicis nutantibus.
Origanum creticum latifolium tomentosum, seu Dictamnus creticus. *Tournef. inst.* 199.
Dictamnus creticus. *Bauh. pin.* 222. *Morif. hist.* 3. *p.* 357. *f.* 11. *t.* 3. *f.* 1.
Dictamnus cretica seu vera. *Bauh. hist.* 3. *pp.* 253.
Dictamnum creticum. *Cæfalp. fyst.* 468. *Dod. pempt.* 281.
Dictamnum. *Lob. hist.* 267.
*Crescit in* Creta *teste* Virgilio *æneid.* 12.
   *Dictamnum genetrix* Cretæa *carpit ab* Ida
   *Puberibus caulem foliis & flore comantem*
   *Purpureo.*

2. ORIGANUM foliis glabris, spicis nutantibus.
Origanum montis sipyli. *Herm. lugdb.* 462. *t.* 463.
Origanum spicatum montis sipyli, foliis glabris. *Ray. hist.* 540.
Dictamnus lydius, imis hirsutis origani foliis, summis subcœruleis glabris. *Pluk. alm.* 131.
Dictamnus sipyleus, majoranæ foliis. *Morif. hist.* 3. *p.* 357. *f.* 11. *t.* 4. *f.* 2.
*Crescit in monte* Sipylo Phrygiæ *ubi inventa a* G. Wheelero.
*Antecedenti admodum affinis est.*

3. ORIGANUM foliis ovatis obtusis, spicis confertis compactis pubescentibus.
Majorana vulgaris. *Bauh. pin.* 224. *Boerh. lugdb.* 1. *p.* 178.
Majorana vulgaris annua. *Morif. hist.* 3. *p.* 358. *f.* 11. *t.* 3. *f.* 1.
Majorana una tenerior & lignosior, altera majori folio ex semine nata. *Bauh. hist. p.* 3. *pp.* 241.
Majorana sive Marum. *Dod. pempt.* 270.
Sampfucus sive Majorana. *Lob. hist.* 265.
α Majorana hortensis odorata perennis. *Morif. hist.* 3. *p.* 359. *f.* 11. *t.* 3. *f.* 3.
Majorana tenuifolia. *Bauh. pin.* 224.
Amaracus tenuior. *Lob. hist.* 265.
*Crescit*
*Varietas α frutescit, sed nulla figura alia a vulgari differt.*

4. ORIGANUM foliis ovatis acutis serratis, spicis compacto-umbellatim fastigiatis.
Origanum smyrnæum. *Wheel. itin.* . . *Raj. hist.* 540.
Majorana cretica, origani foliis, villosa, saturejæ odore, corymbis majoribus albis. *Tournef. cor.* 13. *Boerh. lugdb.* 1. *p.* 178.
*Crescit copiose in monte* Smyrnæ *cui arx inædificatur & in* Creta.

5. ORI-

5. ORIGANUM foliis ovatis, fpicis laxis erectis confertis paniculatim digeftis.
Origanum fylveftre. *Baub. pin.* 223. Cunita bubula plinii. *Boerh. lugdb.* 1. p. 179.
Origanum fylveftre vulgare. *Morif. hift.* 3. p. 359. f. 11. t. 3. f. 12.
Origanum vulgare fpontaneum. *Bauh. hift.* 3. p. 236.
Origanum filveftre. *Dod. pempt.* 285.
Origanum italicum vulgo Regamum. *Cæfalp. fyft.* 463.
α Origanum fylveftre album. *C. B.*
β Origanum fylveftre, foliis variegatis argenteis. *Boerh.*
γ Origanum fylveftre, foliis variegatis aureis. *Boerh.*
δ Origanum humilius latifolium glabrum. *Tournef. inft.* 199.
*Crefcit in* Svecia, Germania, Anglia *&c. locis montofis, afperis & in fepibus.*

# CLINOPODIUM. *g. pl.* 472.

1. CLINOPODIUM foliis ovatis, capitulis verticillatis.
Clinopodium origano fimile. *Baub. pin.* 225. *Morif. hift.* 3. p. 374. f. 11. t. 8. f. 1. elatius majore folio. *Boerh. lugdb.* 1. p. 158.
Clinopodium prius. *Dalech. hift.* 931.
Clinopodium quorundam, origani facie. *Bauh. hift.* 3. pp. 250.
α Clinopodium origano fimile humilius alterum, minore folio. *Tournef. inft.* 195.
β Clinopodium origano fimile, flore albo. *Tournef.*
*Crefcit in montibus & fepibus* Sveciæ, Germaniæ, Angliæ, Galliæ.

2. CLINOPODIUM foliis lanceolatis, capitulis terminatricibus.
Clinopodium amaraci folio, floribus albis. *Pluk. alm.* 110. t. 85. f. 2.
Clinopodium, flore albo, ramofius, anguftioribus foliis glabris, virginianum. *Morif. hift.* 3. p. 374. f. 11. t. 8. f. ult.
*Crefcit e* Virginia, *communicata per Cl. Gronovium.*
*In fpecimine, quod nobis ficcum modo, eft caulis rectiffimus, ex fingula ala ramo fimpliciffimo brachiatus, ramis fuperioribus altioribus capitulo deprcffo feu faftigiato terminatis: congeftis capitulis ex pedunculo citiffime dichotomo & ad fingula divifione unico pari bractearum fetacearum inftructo. Folia caulina lanceolata acuta vix manifeftis petiolis infidentia.*

3. CLINOPODIUM foliis linearibus acuminatis, capitulis terminatricibus.
Clinopodium, pulegii angufto rigidoque folio, virginianum, flofculis in cymis. *Pluk. alm.* 110.
Pulegium erectum virginianum anguftifolium, floribus in cymis difpofitis. *Morif. hift.* 3. p. 371. f. 11. t. 7. f. 8.
Satureja floribus in fummitate difpofitis. *Herm. lugdb.* 537.
Satureja virginiana. *Herm. parad.* 218. t. 218. *Boerh. lugdb.* 1. p. 161.
Thymus cephalotes autumnalis, longiore folio. *Tournef. inft.* 196.
Serpentaria virginiana. *Bocc. muf.* 2. p. 161. t. 115.
*Crefcit in* Virginia.

# ZIZIPHORA.

1. ZIZIPHORA foliis lanceolatis, floribus terminatricibus.
Clinopodium humile fyriacum, breviore folio, Ziziphorum dictum. *Morif. hift.* 3. p. 374. f. 11. t. 8. f. 5.
Clinopodium fiftulofum pumilum, indiæ occidentalis, fummo caule floridum. *Pluk. alm.* 111. t. 164. f. 4.
*Boerh. lugdb.* 1. p. 159.
*Crefcit in* Syria.

2. ZIZIPHORA foliis lanceolatis; *floribus in alis.*
Acinos fyriaca, folio mucronato, capfulis hirfutis. *Morif. hift.* 3. p. 404. f. 11. t. 19. f. 3.
Acinos fyriaca, tenuiore folio, capfulis hirfutis. *Morif. hift.* 3. p. 404. f. 11. t. 19. f. 4.
*Crefcit in* Syria, *tranfmiffa ex* Aleppo.
*An hæc tantum varietas antecedentis? fic crederem.*

# THYMUS. *g. pl.* 468.

1. THYMUS erectus foliis margine reflexis ovatis, floribus verticillato-fpicatis.
Thymus vulgaris, folio tenuiore. *Bauh. pin.* 219. *Boerh. lugdb.* 1. p. 155.
Thymus vulgare rigidius, folio cinereo. *Bauh. hift.* 2. pp. 263.
Pepolina. *Cæfalp. fyft.* 466.
α Thymus vulgaris, folio latiore. *Bauh. pin.* 219.
Thymum durius. *Dod. pempt.* 276.
β Thymus vulgaris, folio tenuiore candido & graveolente. *Tournef. inft.* 196.
*Crefcit in Gallia* Narbonenfi, *tanta in copia ut vix alia frequentior occurrat planta, præfertim in montibus & locis faxofis.*
*Ilæc fæpius fæmina eft.*

Hhhh

2. THY

2. Thymus repens, foliis planis, floribus verticillato fpicatis.
   Serpyllum vulgare. *Bauh. hift.* 3. *pp.* 268. *Dod. pempt.* 277. *Morif. hift.* 3. *p.* 403. *f.* 11. *t.* 17. *f.* 1.
   Serpyllum vulgare repens. *Cluf. hift.* 1. *p.* 359.
   Serpyllum vulgare minus. *Bauh. pin.* 220.
   Serpillum vulgare minus. *Tournef. inft.* 197. *Boerh. lugdb.* 1. *p.* 155.
   Serpillum. *Cæfalp. fyft.* 465.
α Serpyllum vulgare majus. *C. B.*
β Serpillum vulgare minus, folio ex albo & viridi vario. *Tournef.*
γ Serpillum anguftifolium hirfutum vel montanum repens hirfutum. *C. B.*
δ Serpillum africanum hirfutiffimum. *Boerh.*
ε Serpyllum foliis citri odore. *C. B.*
   *Crefcit in undis collibus frequens per* Europam.

3. Thymus frutefcens, verticillis fere nudis globofis, foliis ovato lanceolatis.
   Thymum creticum ponæ verticillatum. *Barr. rar. t.* 898.
   Thymbra legitima. *Cluf. hift.* 1. *p.* 358.
   Satureja cretica. *Bauh. pin.* 218.
   Satureja cretica, folio rigido brevi craffo. *Boerh. lngdb.* 1. *p.* 161.
   *Crefcit in* Creta.
   *Huic calyx quinquedentatus æqualis, leviffime incurvatus: odor ad fpeciem* 5*tam accedit.*

4. Thymus verticillis lanuginofis, dentibus calycinis fetaceis pilofis.
   Maftichina. *Boerh. lugdb.* 1. *p.* 156.
   Marum vulgare. *Morif. hift.* 3. *p.* 372. *f.* 11. *t.* 8. *f.* 1.
   Marum. *Lob. hift.* 265. *Raj. hift.* 520.
   Marum vulgare five Clinopodium. *Dod. pempt.* 271.
   Clinopodium quibusdam; Maftichina gallorum. *Bauh. hift.* 3. *pp.* 243.
   Sampfucus five Marum maftichen redolens. *Bauh. pin.* 224.
   Thymbra hifpanica, majoranæ folio. *Tournef. inft.* 197.
   Tragoriganum 1. *Cluf. hift.* 1. *p.* 355.
   *Crefcit in aridis & petrofis* Hifpaniæ *fæpius.*

5. Thymus erectus annuus, foliis lanceolato-linearibus.
   Satureja. *Cæfalp. fyft.* 461. *Dod. pempt.* 289.
   Satureja annua, Cunila dicta vulgaris. *Morif. hift.* 3. *p.* 411. *f.* 11. *t.* 17. *f.* 1.
   Satureja hortenfis. *Bauh. pin.* 218.
   Satureja fativa. *Bauh. hift.* 3. *pp.* 272. *Tournef. inft.* 197. *Boerh. lugdb.* 1. *p.* 161.
   *Crefcit in agris circa* Caftelneuf *non longe a Monfpelio copiofe.*

6. Thymus caulibus vix ramofis, foliis ovatis ferratis acutis, pedunculis pluribus unifloris.
   Acinos multis. *Bauh. hift.* 3. *pp.* 259. *Boerh. lugdb.* 1. *p.* 176.
   Acinos. *Riv. mon.* . . . *Rupp. jen.* 188.
   Clinopodium arvenfe, ocymi facie. *Bauh. pin.* 225. *Tournef. inft.* 195.
   Clinopodium vulgare. *Cluf. hift.* 1. *p.* 354.
α Acinos feu Clinopodium arvenfe, ocymi facie, majus. *Boerh.*
   *Crefcit in collibus aridis glareofis & cretaceis fat frequens per* Europam.

# M E N T H A. *g. pl.* 478.

1. Mentha fpicis folitariis interruptis, foliis lanceolatis ferratis feffilibus.
   Mentha anguftifolia fpicata. *Bauh. pin.* 227. *Boerh. lugdb.* 1. *p.* 185.
   Mentha romana five præftantior anguftifolia. *Lob. hift.* 271. *Morif. hift.* 3. *p.* 367. *f.* 11. *t.* 6. *f.* 1.
   Mentha fpicata, folio longiore acuto glabro nigriori. *Bauh. hift.* 3. *p.* 220.
   Mentha tertia. *Dod. pempt.* 95.
α Mentha anguftifolia magis ferrata. *Boerh.*
   Mentha quarta. *Dod. pempt.* 95. *Lob. hift.* 271.
   *Crefcit in* Anglia, Gallia, Germania *parcius.*

2. Mentha fpicis confertis, foliis ferratis feffilibus.
   Mentha fylveftris, folio longiore. *Bauh. pin.* 227. *Morif. hift.* 3. *p.* 368. *f.* 11. *t.* 6. *f.* 6.
   Menthaftrum fpicatum, folio longiore candicante. *Bauh. hift.* 3. *p.* 221. *Rupp. jen.* 185.
   Menthaftrum vulgare. *Dalech. hift.* 673.
   Menthaftrum. *Dod. pempt.* 96. *Lob. hift.* 273.
   *Crefcit juxta agros & fepes in* Germania, Dania, Anglia, Gallia.
   *Vix fpecie ab antecedenti differre videtur.*

3. Mentha floribus fpicatis, foliis cordatis dentatis undulatis feffilibus.
   Mentha crifpa. *Riv. mon.*
   Mentha crifpa danica five germanica fpeciofa. *Morif. hift.* 3. *p.* 367. *f.* 11. *t.* 6. *f.* 5. *Boerh. lugdb.* 1. *p.* 185.
   *Crefcendi locus nobis latet.*

4. Mentha floribus capitatis, foliis ovatis ferratis petiolatis.
   Mentha rotundifolia paluftris feu aquatica major. *Bauh. pin.* 227. *Morif. hift.* 3. *p.* 370. *f.* 11. *t.* 7. *f.* 6.
   *Boerh. lugdb.* 1. *p.* 185.

                                           Mentha

Mentha aquatica, five Sifymbrium. *Bauh. hift.* 3. *pp.* 223.
Mentha aquatica, five Sifymbria. *Lob. hift.* 272.
Sifymbrium filveftre. *Dalech. hift.* 677.
Sifymbrium. *Dod. pempt.* 97.
α Mentha rotundifolia paluftris minor, five flore globofo. *Bauh. pin.* 228. *prod.* 109.
*Crefcit in aquis, foſſis ad rivulorum fluviorum & lacuum marginibus per maximam partem* Europæ.

5. MENTHA floribus verticillatis, foliis ovatis acutis ferratis.
Mentha arvenfis verticillata hirfuta. *Bauh. hift.* 2. *pp.* 217. *Morif. hift.* 3. *p.* 369. *ſ.* 11. *t.* 7. *f.* 5. *Boerh. lugdb.*
1. *p.* 185.
Calamintha arvenfis verticillata. *Bauh. pin.* 229.
Polycnemum lobelii. *Dalech. hift.* 932.
*Crefcit inter fegetes, ad vias, inque pratibus fubhumidis frequens per* Europam.

6. MENTHA floribus verticillatis, foliis ovatis obtufis vix crenatis.
Mentha aquatica, feu Pulegium vulgare. *Tournef. inft.* 189.
Pulegium latifolium. *Bauh. pin.* 222. *Boerh. lugdb.* 1. *p.* 186.
Pulegium. *Bauh. hift.* 3. *pp.* 256. *Dod. pempt.* 282.
*Crefcit locis incultis, paluftribus, aquofis vel ubi aquæ per hyemem ſtagnarunt in* Anglia, Gallia *&c.*

7. MENTHA floribus verticillatis, foliis linearibus.
Mentha aquatica, fatureja folio. *Tournef. inft.* 190.
Pulegium anguftifolium. *Bauh. pin.* 222. *Morif. hift.* 3. *p.* 371. *ſ.* 11. *t.* 7. *f.* 7. *Boerh. lugdb.* 1. *p.* 186.
Pulegium cervinum anguftifolium. *Bauh. hift.* 3. *pp.* 257.
Pulegium cervinum. *Dalech. hift.* 892.
α Mentha aquatica, fatureja folio, flore albo. *Tournef.*
*Crefcit in humidioribus ad* Rhodanum *fluvium juxta antiquum pontem romanum S. ſpiritus dictum; circa Monfpelium uti in luco* Gramuntio *pone cœnobium.*

8. MENTHA floribus capitatis ex alis, foliis ovatis crenatis, caule arborefcente.
Mentha canarienfis frutefcens, foliis fubtus lanugine candidiſſima villofis, floribus glomeratis e finu foliorum longioribus pediculis infidentibus. *Pluk. alm.* 248. *t.* 307. *f.* 2.
Heliotropium canarienfe arborefcens, fcorodoniæ folio. *Comm. hort.* 2. *p.* 129. *t.* 65. *Boerh. lugdb.* 1. *p.* 190.
α Heliotropium arborefcens, folio teucrii, flore albo in capitula denfa congefto. *Boerh.*
*Crefcit in* Canariis *infulis hæc vera Menthæ ſpecies.*

# GLECHOMA. *g. pl.* 477.

1. GLECHOMA foliis reniformibus crenatis.
Chamæciſſus fine Hedera terreſtris. *Bauh. hift.* 3. *pp.* 855.
Chamæciſſus. *Rupp. jen.* 188.
Malacociſſos. *Dalech. hift.* 1311.
Chamæclema vulgare. *Boerh. lugdb.* 1. *p.* 172.
Hedera terreſtris. *Riv. mon.* 98. *Cæfalp. fyft.* 452. *Dod. pempt.* 394. *Sloan. flor.* 65.
Hedera terreſtris vulgaris. *Bauh. pin.* 306. *Morif. hift.* 3. *p.* 409. *ſ.* 11. *t.* 21. *f.* 1.
Calamintha humilior, folio rotundiore. *Tournef. inft.* 194.
α Calamintha humilior, folio rotundiore, flore purpureo. *Tournef.*
β Calamintha humilior, folio rotundiore, minor & elegantior. *Tournef.*
γ Chamæclema minus, folio variegato aureo. *Boerh.*
*Crefcit in umbrofis, ad fepes parietes, in dumetis & pomariis per* Sveciam, Daniam, Germaniam, Angliam, Galliam.

2. GLECHOMA foliis cordato-oblongis crenatis.
Lamium paludofum belgicum, meliſſæ folio. *Herm. lugdb.* 351. *t.* 353.
Marrubiaſtrum paluftre fœtidum. *Tournef. inft.* 190. *Boerh. lugdb.* 1. *p.* 171.
*Crefcit in cultis fubhumidis* Belgii.
*Glechoma a* γληχων *diofcoridis confectum, antiquum, hoc in genere fixum pofui vocatum.*

# MELISSA. *g. pl.* 479.

1. MELISSA floribus ex alis inferioribus ferme feſſilibus.
Meliſſa hortenfis. *Bauh. pin.* 229. *Boerh. lugdb.* 1. *p.* 167.
Meliſſa vulgaris, odore citri. *Bauh. hift.* 3. *pp.* 232. *Morif. hift.* 3. *p.* 408. *ſ.* 11. *t.* 21. *f.* 1.
Meliſſa. *Cæfalp. fyft.* 446. *Dod. pempt.* 91.
Apiaſtrum five Meliſſophyllon. *Lob. hift.* 277.
α Meliſſa romana hirfutior. *Morif. hift.* 3. *p.* 408. *ſ.* 11. *t.* 21. *f.* 2.
β Meliſſa minor & humilior. *Boerh.*
*Crefcit in montibus, fylvis & neglectis* Allobrogicis *&* Italicis. Morif. *in ſepibus circa* Genevam. *J. B.*

2. MELISSA floribus ex alis fuperioribus pedunculo communi confertis.
Calamintha vulgaris & officinarum germaniæ. *Bauh. pin.* 228. *Boerh. lugdb.* 1. *p.* 175.

Cala-

Calamintha, flore magno, vulgaris. *Bauh. hist.* 3. *pp.* 228.
Calamintha montana vulgaris. *Lob. hist.* 274.
Calamintha montana. *Dod. pempt.* 98.
α Calamintha magno flore. *Bauh. pin.* 229.
Calamintha montana præstantior. *Lob. hist.* 274.
*Crescit in collibus & clivis saxosis umbrosis* Italiæ, Hispaniæ, Galliæ, *rarius* Angliæ, *at* (α) *in montosis* Etruriæ *sylvis, inque montibus prope Max. Carthusianorum cœnobium.*

3. MELISSA floribus ex alis superioribus, pedunculo dichotomo, caule procumbente.
Calamintha, pulegii odore, seu Nepeta. *Bauh. pin.* 228.
Calamintha flore minore, odore pulegii. *Bauh. hist.* 3. *pp.* 229.
Calamintha pulegii odore, foliis latioribus. *Boerh. lugdb.* 1. *p.* 175.
Calamintha altera, odore gravi pulegii. *Lob. hist.* 275.
Pulegium sylvestre, sive Calamintha altera. *Dod. pempt.* 98.
*Crescit solo sterili & arenoso in aggeribus sepium ad agrorum margines & vias publicas in* Anglia, Gallia, Italia.

4. MELISSA foliis linearibus integerrimis.
Calamintha frutescens, saturejæ folio facie & odore. *Tournef. inst.* 194.
Satureja montana durior, flore in pediculis ramosis ex alis foliorum. *Boerh. lugdb.* 1. *p.* 162.
Satureja montana. *Bauh. pin.* 213.
Satureja durior. *Bauh. hist.* 3. *pp.* 372.
Thymbra. *Dod. pempt.* 282.
*Crescit in glareosis* Hetruriæ & Narbonæ.

# DRACOCEPHALUM. *g. pl.* 481.

1. DRACOCEPHALUM foliis simplicibus, floribus spicatis.
Dracocephalon americanum. *Breyn. prod.* 1. *p.* 34. *t.* 4. *Tournef. inst.* 181. *Hir. act.* 1712. *p.* 276. *t.* 11. *Boerh. lugdb.* 1. *p.* 176.
Dracocephalus angustifolius, folio glabro serrato. *Morif. hist.* 3. *p.* 407. *f.* 11. *t.* 4. *f.* 1.
Dracocephalia americana. *Breyn. prod.* 2. *p.* 42.
Pseudo-Digitalis persicæ foliis. *Bocc. sic.* 12. *t.* 6. *f.* 3.
Lysimachia galericulata spicata purpurea canadensis. *Barr. rar. t.* 1152.
Gratiolæ affinis americana purpurea, persicæ folio serrato. *Herm. lugdb.* 304.
Galeata & verticillata, persicæ foliis, digitalis æmula. *Morif. bles.* 274.
Tlalmatzalin hocxotzincensi. *Herm. mex.* 294.
*Crescit in* America.

2. DRACOCEPHALUM floribus verticillatis, foliis ovato-lanceolatis.
Moldavica betonicæ folio, flore cœruleo. *Tournef. inst.* 184. *Boerh. lugdb.* 1. *p.* 168.
Melissa peregrina, folio oblongo. *Bauh. pin.* 229. *Morif. hist.* 3. *p.* 408. *f.* 11. *t.* 21. *f.* 4.
Melissa turcica multis dicta. *Bauh. hist.* 3. *pp.* 234.
Melissophyllum turcicum. *Lob. adv.* 220.
Cedronella ririni. *Rupp. jen.* 182.
α Moldavica betonicæ folio, flore albo. *Tournef.*
*Crescit in* Moldavia.

3. DRACOCEPHALUM floribus verticillatis, foliis lanceolatis: floralibus oblongis.
Moldavica orientalis, betonicæ folio, flore magno violaceo. *Tournef. cor.* 11. *Boerh. lugdb.* 1. *p.* 168. *Comm. rar.* 28. *t.* 28.
α Moldavica orientalis, betonicæ folio, flore magno albido. *Tournef. cor.* 11.
*Crescit in* Oriente.

4. DRACOCEPHALUM floribus verticillatis, floralibus orbiculatis.
Moldavica orientalis, salicis folio, parvo flore cœruleo. *Tournef. cor.* 11. *Boerh. lugdb.* 1. *p.* 168.
*Crescit in* Oriente.
*Hæc a præcedenti, cum qua foliis quodammodo convenit, omnino distincta est; cum foliola floralia ista duo ad singulam alam flores includentia in hac sint orbiculata, in illa vero oblonga: Calyx in hac quinquedentatus, denticulis lateralibus duplo majoribus quam infimi, & denticulus summus lateralibus duplo major existit.*

5. DRACOCEPHALUM floribus spicatis, foliis compositis.
Dracocephalo affinis americana trifoliata, terebinthinæ odore. *Volck. norib.* 145. *t.* 145.
Camphorosma. *Morif. hist.* 3. *p.* 366. *f.* 11. *t.* 11. *f. ult.*
Moldavica americana trifolia, odore gravi. *Tournef. inst.* 184. *Boerh. lugdb.* 1. *p.* 169.
Melissa forte canarina triphyllos, odorem camphoræ spirans penetrantissimum. *Pluk. alm.* 401. *t.* 325. *f.* 5.
Cedronella canariensis viscosa, foliis plerumque ex eodem pediculo ternis. *Comm. hort.* 2. *p.* 81. *f.* 41.
*Crescit in insulis* Canariis.
*Vix novi odorem balsamicum foliorum hujus plantæ saturatiorem ullum.*
*Consideret Studiosus plantarum in hoc genere calycem in omnibus speciebus, simulque corollas & faciem, & videbit nos non sine ratione species recensitas sub eodem genere comprehendisse, cum* 1. 3. & 5. *calyce conveniant, tertiam autem a* 2 & 4 *separare absurdum foret.*

M E-

# M E L I T T I S. *g. pl.* 480.

1. MELITTIS.
Melissophyllum. *Riv. mon.* 29. *Rupp. jen.* 137. *Lob. hist.* 277.
Melissa humilis latifolia, maximo flore purpurascente. *Tournef. inst.* 193. *Boerh. lugdb.* 1. *p.* 167.
Melissa adulterina quorundam, amplis foliis, & floribus non grati odoris. *Bauh. hist.* 3. *pp.* 233.
Lamium montanum, melisse folio. *Bauh. pin.* 168. *Morif. hist.* 3. *p.* 385. *f.* 11. *t.* 11. *f.* 8.
Herba sacra quorundam. *Dalech. hist.* 1336.
*Crescit in altioribus montibus* Jenæ, Monspelii, Basileæ, Genevæ, *in* Angliæ & Germaniæ *locis variis.*
*Melittis vocabulum habetur apud Plinium pro synonymo melissæ.*

# P R A S I U M. *g. pl.* 867.

1. PRASIUM foliis ovato-oblongis serratis.
Melissa fruticosa cretica sempervirens, teucrii facie, flore albo. *Morif. hist.* 3. *p.* 408. *f.* 11. *t.* 21. *f.* 3.
Melissa fruticosa sicula, calice amplo patulo. *Raj. hist.* 568.
Lamium fruticosum non maculatum creticum. *Zan. hist.* 112. *t.* 46. *Raj. hist.* 561.
Galeopsis hispanica frutescens, teucrii folio. *Tournef. inst.* 186.
Lamium melissophyllon album frutescens tingitanum, flore amplo, folio viridi glabro, seminibus nigris pulposis. *Pluk. alm.* 203.
Teucrium fruticans, amplo & albo flore, italicum. *Barr. rar. t.* 895.
*Crescit in* Sicilia *& agro* Tingitano.
*Hæc loco nudorum seminum baccas absolute fert, ut nos primus monuit Cl. Dillenius & autopsia confirmavit; videntur & hæ baccæ non ignotæ fuisse Plukenetio.*

2. PRASIUM foliis ovatis duplici utrinque crena notatis.
Galeopsis *quod* Lamium fruticans, teucrii folio lucido, calice & flore magno candido tantilla purpura varie notato *H. C.* 106. *Boerh. lugdb.* 1. *p.* 162.
Sub nomine dato Boerhaaviano inter plantas exsiccatas habetur planta frutescens antecedenti facie similis sed minor, folia breviora, exacte ovata cum duabus utrinque serraturis, nec pluribus, iisque supra medietatem folii; flos in singula ala solitarius, exacte antecedentis.
Prasium nomen occurrit apud Dioscoridem & Plinium.

# H O R M I N U M.

1. HORMINUM.
Gallitrichum folio rotundo, flore magno violaceo. *Bauh. hist.* 3. *pp.* 313. *Raj. hist.* 546. *Morif. hist.* 3. *p.* 395.
Melissa peregrina, caule brevi, plantaginis folio. *Boerh. lugdb.* 1. *p.* 167.
Melissa pyrenaica, caule brevi, plantaginis folio. *Tournef. inst.* 193.
*Crescit in altis pratis montium* Tyrolensium *&* Pyrenæorum.
*Ne* Hormini *vocabulum excluderetur, hujus loci hoc volui, cum* Hormina Botanicorum salviæ *species sint.*

# S T A C H Y S. *g. pl.* 485.

1. STACHYS foliis cordatis acuminatis petiolatis, floribus laxe spicatis.
Stachys sylvatica. *Riv. mon.*
Stachys fœtida sepium, flagellis reptatricibus. *Morif. hist.* 3. *p.* 382. *f.* 11. *t.* 11. *f.* 10. mal.
Galeopsis legitima vel vera dioscoridis. *Cluf. hist.* 2 *p.* 36. *f.* mal.
Galeopsis procerior fœtida spicata. *Tournef. inst.* 185. *Boerh. lugdb.* 1. *p.* 162.
Galeopsis sive Urtica iners magna fœtidissima. *Bauh. hist.* 3. *p.* 853.
Urtica heraclea. *Dalech. hist.* 1244.
*Crescit passim in* Svecia, Germania, Hollandia, Anglia *ad sepes & montium radices.*

2. STACHYS foliis lineari-lanceolatis sessilibus, basi emarginatis.
Stachys palustris. *Riv. mon.*
Stachys palustris fœtida. *Bauh. pin.* 236. *Morif. hist.* 3. *p.* 383. *f.* 11. *t.* 10. *f.* 16.
Galeopsis angustifolia fœtida. *Bauh. hist.* 3. *pp.* 854.
Galeopsis palustris, folio betonicæ, flore variegato. *Tournef. inst.* 185. *Boerh. lugdb.* 1. *p.* 162.
Sideritis anglica, strumosa radice. *Raj. syn.* 242.
Tertiola. *Cæsalp. syst.* 451.
Clymenum minus. *Dalech. hist.* 1357.
*Crescit juxta ripas & in agris succulentis inter segetes & olera vulgaris in* Europa.

3. STACHYS foliis oblongo cordatis, floribus verticillatis.
Stachys montana. *Riv. mon.*
Stachys major germanica. *Bauh. pin.* 236. *Tournef. inst.* 186. *Boerh. lugdb.* 1. *p.* 153.
Stachys folio densiore candicante serrato & acuto, major. *Morif. hist.* 3. *p.* 381. *f.* 11. *t.* 10. *f.* 1.

Iiii

Stachys

Stachys fuchsii. *Bauh. hist.* 3. *pp.* 319. *Dod. pempt.* 91.
Pseudo-Stachys. *Dalech. hist.* 963.
Stachys major germanica, flore dilutiore. *Tournef.*
*Crescit locis montosis, saxosis, asperis in* Germania, Anglia, Gallia, *rarius in* Svecia.

4. STACHYS foliis lanceolato-ovatis, basi emarginatis, verticillis tomentosis.
Stachys latifolia major, foliis obscure virentibus, flore galeato ferrugineo. *Pluk. alm.* 356. *t.* 317. *f.* 4.
Stachys alpina magna, flore ex albo rubescente. *Boerh. lugdb.* 1. *p.* 153.
Stachys sive Pseudo-Stachys alpina. *Morif. hist.* 3. *p.* 381. fig. vitios.
Pseudo-Stachys alpina. *Bauh. pin.* 236. *prod.* 113.
*Crescit in monte* Wasserfall *& monte* Jura.

5. STACHYS fruticosa foliis cordato-oblongis crenatis petiolatis.
Stachys canarica frutescens, salviæ folio, flore candido; Arvida salva incolis nominata. *Morif. hist.* 3. *p.* 382.
Stachys canariensis frutescens, verbasci folio. *Tournef. inst.* 186. *Comm. hort.* 2. *p.* 197. *t.* 99. *Boerh. lugdb.* 1. *p.* 156.
Stachys amplissimis verbasci foliis, floribus albis parvis non galeatis, spica betonicæ ex insula canarina. *Pluk. alm.* 356. *t.* 322.
*Crescit in insulis* Canariis.

6. STACHYS fruticosa, foliis lanceolato-linearibus integerrimis sessilibus.
Stachys lychnoides incana angustifolia, flore aureo. *Barr. rar. t.* 1187.
Sideritis frutescens, folio incano oleæ. *Boerh. lugdb.* 1. *p.* 172.
*Crescit in* Creta.
*Hæc planta inter siccas solum occurrit, rami simplices, folia rugosa omnino ut in salvia, sed angustiora acuta, spica una vel altera ex verticillis composita. Calyx quinquedentatus fere æqualis; Corolla Stachyos Tournefortii.*

7. STACHYS foliis lanceolatis sessilibus, basi attenuatis.
Sideritis vulgaris hirsuta erecta. *Bauh. pin.* 233. *Boerh.* 1. *p.* 171.
Sideritis vulgaris hirsuta. *Bauh. hist.* 3. *pp.* 425. *Morif. hist.* 3. *p.* 387. *f.* 11. *t.* 12. *f.* 1.
Sideritis vulgaris 1. *Cluf. hist.* 2. *p.* 39.
Sideritis arvensis latifolia glabra. *Bauh. pin.* 223. *Morif. hist.* 3. *p.* 389. *f.* 11. *t.* 12. *f.* 14. *Raj. hist.* 566. *Boerh. lugdb.* 1. *p.* 171.
Sideritis glabra arvensis. *Bauh. hist.* 3. *pp.* 427.
Betonica arvensis annua, flore ex albo flavescente. *Tournef. inst.* 203.
*Crescit in agrorum marginibus per* Germaniam *frequens.*

8. STACHYS ramulis spina terminatis.
Stachys spinosa cretica. *Bauh. pin.* 236. *Morif. hist.* 3. *p.* 283. *f.* 11. *t.* 10. *f.* 9. *Tournef. cor.* 11. *Boerh. lugdb.* 1. *p.* 154.
Sideritis spinosa. *Bauh. hist.* 3. *p.* 328.
Gaidarothymo. *Cluf. hist.* 2. *p.* 311.
*Crescit in occidentali parte* Cretæ.

9. STACHYS ramis ramosissimis, foliis lanceolatis glabris.
Sideritis viscosa cretica bitumen redolens. *Zan. hist.* 136.
Sideritis glutinosa bitumen redolens. *Mor. blef.* 309. *hist.* 3. *p.* 389.
Galeopsis angustifolia cretica viscosa. *Boerh. lugdb.* 1. *p.* 162.
*Crescit in* Creta.

# B E T O N I C A. *g. pl.* 476.

1. BETONICA. *Dod. pempt.* 40. *Lob. hist.* 286. *Cluf. hist.* 39.
Betonica purpurea. *Bauh. pin.* 235. *Boerh. lugdb.* 1. *p.* 154.
Betonica vulgaris. *Morif. hist.* 3. *p.* 365. *f.* 11. *t.* 5. *f.* 1.
Betonica vulgaris purpurea. *Bauh. hist.* 3. *pp.* 301.
α Betonica alba. *Bauh. pin.* 235.
β Betonica flore carneo. *Boerh.*
γ Betonica rubicundissimo flore montis aurei. *Tournef. inst.* 202.
δ Betonica major danica. *Morif. hist.* 3. *p.* 365. *f.* 11. *t.* 5. *f.* 5.
ε Betonica minima alpina helvetica. *Morif. ibidem f.* 4.
ζ Betonica minima alpina, folio eleganter variegato. *Boerh.*
*Crescit in sylvis, dumetis, pratis siccioribus, sepibus & montibus* Angliæ, Galliæ, Helvetiæ, Germaniæ *&* Italiæ; *inque montibus* Apenninis.

# N E P E T A. *g. pl.* 474.

1. NEPETA floribus interrupte spicatis pedunculatis.
Nepeta. *Riv. mon.* 74.
Nepeta major vulgaris. *Raj. syn.* 237.
Cataria herba. *Dod. pempt.* 99.
Cataria major vulgaris. *Tournef. inst.* 202. *Boerh. lugdb.* 1. *p.* 174.

Mentha

Mentha cataria vulgaris & major. *Bauh. pin.* 228. *Morif. hift.* 3. *p.* 414.
Mentha cattaria. *Bauh. hift.* 3. *pp.* 225.
Herba felix. *Dalech. hift.* 908.
Gattaria. *Cæfalp. fyft.* 472.
α Cataria minor vulgaris. *Tournef. inft.* 202.
Mentha cataria minor. *Bauh. pin.* 228.
β Mentha cataria anguftifolia major. *Bauh. pin.* 228.
γ Mentha cataria anguftifolia minor. *Bauh. pin.* 228.
Mentha cataria minor Alpina. *Bauh. pin.* 228.
δ Nepetha anguftifolia minor hifpanica. *Barr. rar. t.* 735. *Bocc. muf.* 2. *p.* 75. *t.* 61.
ε Cataria quæ Nepeta minor, folio meliffæ turcicæ. *Boerh.*
ζ Cataria anguftifolia major, flore cœruleo-purpurafcente. *Boerh.*
*Crefcit in* Anglia, Gallia, Germania, Svecia, Dania *fecus aggeres, fcrobes & vias locis uliginofis.*

2. NEPETA floribus fpicatis feffilibus, bracteis coloratis verticilla excipientibus.
Nepeta tuberofa fpicata purpurea hifpanica. *Bocc. muf.* 2. *p.* 44. *t.* 36. *Barr. rar. t.* 1131.
Cataria lufitanica erecta, folio betonicæ, tuberofa radice. *Tournef. inft.* 202. *Boerh. lugdb.* 1. *p.* 174.
Cataria radice tuberofa, flore cœruleo fpicato. *Grifl. lufit.*
α Cataria lufitanica erecta, folio betonicæ, tuberofa radice, flore albo. *Boerh.*
*Crefcit in* Hifpania.

3. NEPETA floribus feffilibus verticillato-fpicatis, verticillis tomento obvolutis.
Cataria 7. *Boerh. lugdb.* 1. *p.* 174.
Horminum fpicatum, lavendulæ flore & odore. *Bocc. fic.* 48. *t.* 25. *f.* 2.
*Crefcit in* Sicilia *prope* Agrigentum *&* Cainatatam *copiofe.*

## B A L L O T A. *g. pl.* 486.

1. BALLOTA.
Ballote. *Cæfalp. fyft.* 445.
Ballote five Marrubium nigrum. *Dod. pempt.* 90. *Lob. hift.* 279.
Marrubium nigrum five Ballote. *Bauh. hift.* 3. *p.* 318.
Marrubium nigrum fœtidum. *Bauh. pin.* 230.
α Ballote flore albo. *Tournef. inft.* 185.
*Crefcit in ruderatis per maximam partem* Europæ.
*Differt a Marrubio labio fuperiore corollæ integro; fed an hæc nota pro genere diftinguendo tanti?*
*Eft quidem magni momenti cum in labio bipartito fere effentialis nota generis Marrubii confiftat.*

## M A R R U B I U M. *g. pl.* 473.

1. MARRUBIUM foliis cuneiformibus, verticillis involucro deftitutis.
Marrubium hifpanicum fupinum, calyce ftellato & aculeato. *Tournef. inft.* 192.
Marrubium album, foliis profunde incifis, flore cœruleo. *Morif. hift.* 3. *p.* 377. *f.* 11. *t.* 10. *f.* 12.
Marrubium verticillatum, foliis profunde incifis. *Boerh. lugdb.* 1. *p.* 156.
Marrubium, Alyffon dictum, foliis profunde incifis. *Herm. lugdb.* 409.
Alyffon verticillatum, foliis profunde incifis. *Bauh. pin.* 232.
Alyffon galeni. *Cluf. hift.* 2. *p.* 35. *Dod. pempt.* 88. *Lob. hift.* 283.
*Crefcentem in* Hifpania *ad* Elda *pagum in cœmiterio, ubi plurima cœnotaphia arabicis literis fculpta videre licet, à Valentino regno feptem fub Hovinela (Orceli) milliaribus feu leucis hifpanicis invenit Clufius.*
*Hujus folia cuneiformia funt: i. e. verfus apicem latiora, attenuata vero verfus bafin ad angulum acutum longiorem ipfo difco folii; verticilli florum nullo gaudent involucro fetaceo vel ex foliolis conflato, ut in omnibus quas vidi fpecies obtinuit; & calycis dentes patentes fubulati & rigidi funt.*

2. MARRUBIUM foliis cordatis fubrotundis emarginato-crenatis.
Marrubium africanum, pfeudo-dictamni foliis, flore rubro. *Herm. afric.* 16.
Pfeudo-dictamnus africanus, hederæ terreftris folio. *Olden. afric.* 32. *Tournef. inft.* 188.
Pfeudo-dictamnus africanus, foliis fubrotundis fubtus incanis. *Comm. hort.* 2. *p.* 179. *t.* 90. *Boerh. lugdb.* 1. *p.* 173.
*Crefcit ad* Caput bonæ Spei.

3. MARRUBIUM foliis ovato lanceolatis ferratis, calycum denticulis fubulatis.
Marrubium album latifolium peregrinum. *Bauh. pin.* 230. *Morif. hift.* 3. *p.* 377. *f.* 11. *t.* 9. *f.* 8. *Boerh. lugdb.* 1. *p.* 156.
Marrubium candidum, folio fubrotundo. *Bauh. hift.* 3. *pp.* 317.
Marrubium candidum. *Dod. pempt.* 87.
Marrubium alterum pannonicum. *Cluf. hift.* 2. *p.* 34.
α Marrubium album anguftifolium peregrinum. *Bauh. pin.* 230.
Marrubium album, anguftiore folio. *Bauh. hift.* 3. *pp.* 317.
Marrubium creticum. *Dalech. hift.* 962.
*Crefcit circa* Meffanam Siciliæ, *in* Creta, *& in Agro* Viennenfi *ad margines agrorum & vinetorum, in campis ficcioribus, imo in ipfius urbis foffis ficcis.*

Iiii 2

4. MAR-

4. MARRUBIUM foliis fubovatis lanatis apice emarginato-crenatis, denticulis calycinis fetaceis.
Marrubium album candidiffimum & villofum. *Tournef. cor.* 12.
Marrubium folio candidiffimo orbiculari craffiffimo. *Boerh. lugdb.* 1. p. 157.
Marrubium folio rotundo candidiffimo. *Boerh. lugdb.* 1. p. 157.
*Crefcit, ut fertur, in* Creta.
*Ad antecedentem proxime accedit, fed folia craffiora & dentes calycini fetacei rigidiufculi.*

5. MARRUBIUM denticulis calycinis fetaceis uncinatis.
Marrubium album vulgare. *Bauh. pin.* 230. *Morif. hift.* 3. p. 376. f. 11. t. 9. f. 1. *Boerh. lugdb.* 1. p. 156.
Marrubium album. *Bauh. hift.* 3. pp. 316.
Marrubium vulgare. *Cluf. hift.* 2. p. 34.
Marrubium. *Cæfalp. fyft.* 447. *Dod. pempt.* 87.
*Crefcit in* Anglia, Germania, Gallia, Dania, Svecia *locis ruderatis.*

6. MARRUBIUM denticulis calycinis fetaceis rectis villofis.
Marrubium album, fericeo parvo & rotundo folio. *Bocc. muf.* 2. p. 78. t. 69. *Barr. rar. t.* 685.
Marrubium hifpanicum fupinum, foliis fericeis argenteis. *Tournef. inft.* 192. *Boerh. lugdb.* 1. p. 157.
α Marrubium album hifpanicum majus. *Barr. rar. t.* 686.
*Crefcit in* Hifpania.

7. MARRUBIUM calycum limbo patente, denticulis acutis.
Marrubium album rotundifolium hifpanicum. *Herm. parad.* 201. t. 201.
Marrubium fubrotundo folio. *Bocc. muf.* 2. p. 167. t. 122. *Barr. rar. t.* 767.
Pfeudo-Dictamnus hifpanicus, ampliffimo folio candicante & villofa. *Tournef. inft.* 138. *Boerh. lugdb.* 1. p. 173.
α Pfeudo-Dictamnus hifpanicus, ampliffimo folio nigricante & villofo. *Tournef.*
β Pfeudo-Dictamnus hifpanicus, fcrophulariæ folio. *Tournef.*
*Crefcit in* Hifpania.

8. MARRUBIUM calycum limbo plano, foliis cordatis, caule fruticofo.
Pfeudo-Dictamnus verticillatus inodorus. *Bauh. pin.* 222. *Morif. hift.* 3. p. 379. f. 11. t. 9. f. 1.
Pfeudo-Dictamnus floribus verticillatis. *Lob. bift.* 267.
Pfeudo Dictamnum. *Dod. pempt.* 281. & matthioli. *Dalech. hift.* 894. fig. 1 & 4.
Dictamnum adulterinum quibusdam verticillatum vel potius Gnaphalium veterum. *Bauh. hift.* 3. pp. 255.
α Pfeudo Dictamnus acetabulis moluccæ. *Bauh. pin.* 222.
Dictamnus falfus verticillatus, pericarpio choanoide beticus. *Barr. rar. t.* 129.
*Crefcit in* Creta.
*Prior planta gerit calyces limbo decem-angulari, angulis alternis minoribus, at α angulos hos duplicat & limbum majorem format; folia deinde hujus longe majora & magis crenata.*

# MOLUCCELLA. *g. pl.* 489.

1. MOLUCCELLA.
Molucca fpinofa. *Dod. pempt.* 92. *Dalech. hift.* 959. *Boerh. lugdb.* 1. p. 173.
Molucca afperior fœtida. *Bauh. hift.* 3. pp. 235.
Meliffa moluccana fœtida. *Bauh. pin.* 229.
α Molucca lævis. *Dod. pempt.* 92.
Molucca. *Bauh. hift.* 3. p. 234.
Meliffa moluccana odorata. *Bauh. pin.* 229.
*Crefcit in* Syria, *inque* Moluccis *infulis, fi fides nomini habenda.*
*Moluccam ab infulis* Moluccis *dixere Botanici plantam fumentes continens pro contento, at ego potius* Moluccellam *dicerem & partem pro toto, feu contentum pro continente.*

# LEONURUS. *g. pl.* 490.

1. LEONURUS foliis lanceolatis obtufe ferratis.
Leonurus capitis bonæ fpei. *Breyn. cent.* 171. t. 86.
Leonurus perennis africanus, fideritis folio, flore phœniceo majore. *Breyn. prod.* 2. p. 63. *Tournef. inft.* 187.
*Boerh. lugdb.* 1. p. 180.
Cardiaca africana perennis, foliis fideritidis, floribus longiffimis phœniceis villofis. *Herm. lugdb.* 115.
Sideritis africana, flore aureo oblongo. *Bart. act.*
Stachys africana frutefcens anguftifolia, flore longiffimo phœniceo, Leonurus dicta. *Morif. hift.* 3. p. 383.
f. 11. t. 19. f. 17.
*Crefcit ad* Caput bonæ Spei *planta hæc fpeciofiffima, ipfius Floræ dignum fceptrum, quæ certat florens cum floribus fane omnibus, fi ex fplendore gloriæ habeatur ratio.*

2. LEONURUS foliis ovatis, calycibus decagonis feptemdentatis inæqualibus.
Leonurus annuus americanus, nepetæ folio, flore phœniceo minore. *Breyn. prod.* 2. p. 62. *Tournef. inft.* 187.
Leonurus annuus americanus vulgo. *Boerh. lugdb.* 1. p. 180.
Cardiaca americana annua, nepetæ folio, floribus brevibus phœniceis villofis. *Herm. lugdb.* 115. t. 117.
Stachys americana annua, urticæ foliis, floribus brevioribus phœniceis. *Morif. hift.* 3. p. 383.
*Crefcit in* Surinama *ut fertur, et perennat apud nos.*
*Diftinctiffima eft hæc fpecies calyce, cujus dens fupremus maximus ex quatuor ftriis coalitus; perennis nec annua. Si* Leonurus minor capitis bonæ fpei vulgo. *Boerh. eodem gaudeat calice erit eadem fpecies five fit afra, five floribus meliffæ, five foliis majoribus.*

3. LEO-

3. LEONURUS foliis ovatis ferratis acutis.
Galeobdolon. *Dill. gen.* 103. *giff.* 49.
Leucas. *Cæfalp. fyft.* 450.
Lamium flore luteo. *Riv. mon.*
Lamium luteum. *Raj. hift.* 560.
Lamium, folio oblongo, luteum. *Bauh. pin.* 231. *Morif. hift.* 3. *p.* 385. *f.* 11. *t.* 11. *f.* 5.
Galeopfis five Urtica iners, flore luteo. *Bauh. hift.* 3. *pp.* 323. *Tournef. inft.* 185. *Boerh. lugdb.* 1. *p.* 162.
Urtica tertia five Lamium flore luteo. *Dod. pempt.* 153.
α Galeopfis lutea, amplioribus foliis maculatis. *Tournef.*
Lamium maculatum. *C. B.*
β Galeopfis lutea, foliis pallidis viridibus marginibus candidis. *Boerh*
γ Galeopfis folio urticæ, flore luteo, flagellis procumbentibus. *Boerh.*
δ Galeopfis folio urticæ aureo variegato, flore luteo, flagellis procumbentibus. *Boerh.*
*Crefcit juxta fepes, parietes, vias, arvos, agros, ruderata in* Germania, Anglia, Gallia.

4. LEONURUS foliis caulinis lanceolatis trilobis.
Cardiaca. *Cæfalp. fyft.* 445. *Riv. mon.* 122. *Bauh. hift.* 3. *pp.* 320. *Lob. hift.* 278. *Dalech. hift.* 1249. *Dod. pempt.* 94.
Marrubium Cardiaca dictum. *Bauh. pin.* 230. *Morif. hift.* 3. *p.* 378. *f.* 11. *t.* 9. *f.* 18.
α Cardiaca flore albo. *Tournef. inft.* 187.
β Cardiaca crifpa. *Raj. hift.* 572.
*Crefcit in ruderatis, juxta parietes vias & fepes frequens in* Europa.

## S I D E R I T I S. *g. pl.* 475.

1. SIDERITIS foliis ovatis & lanceolatis incifo-ferratis.
Marrubiaftrum folio cardiacæ. *Bocc. muf.* 2. *t.* 98. *Tournef. inft.* 190. *Boerh. lugdb.* 1. *p.* 171.
α Marrubiaftrum folio cardiacæ, odore meliffæ. *Boerh. lugdb.* 1. *p.* 171.
*Crefcit in Hifpania, ut fertur.*

2. SIDERITIS foliis tripartito multifidis.
Cardiaca orientalis canefcens, foliis ranunculi pratenfis, flore purpureo, calyce molli. *Tournef. cor.* 12.
α Cardiaca orientalis canefcens, foliis ranunculi pratenfis, flore albo, calyce molli. *Tournef.*
*Crefcit in Oriente.*
*Hæc fpecies totâ ftructurâ adeo antecedenti fimilis (licet in hac majora omnia) ut hæfitem an pro varietate eam habere debeam. Folia tripartita funt, fuperiora laciniis linearibus fere integris, inferiora vero trifidis.*

3. SIDERITIS foliis lanceolato-linearibus feffilibus.
Sideritis alpina hyffopifolia. *Bauh. pin.* 233. *Morif. hift.* 3. *p.* 388. *f.* 11. *t.* 12. *f.* 8. *Boerh. lugdb.* 1. *p.* 171.
Sideritis 7. *Cluf. hift.* 2. *p.* 41.
α Sideritis alpina hyffopifolia in fummitate crenata. *Tournef. inft.* 191.
Sideritis valerandi dovrez, brevi fpica. *Bauh. hift.* 3. *p.* 427.
β Sideritis montana, trifido folio. *Barr. rar.* 27. *t.* 171.
γ Sideritis montana hyffopifolia major. *Barr. rar.* 27. *t.* 329.
δ Sideritis montana hyffopifolia minor. *Barr. rar.* 27. *t.* 172.
*Crefcit in alpibus* Pyrenæis, *in monte* Thuiri; *in maritimis* Etruriæ & Florentiæ.
*Variat foliis integris & incifis, diftinctiffima tamen perfiftit ob folia floralia, quæ ovato-acuminata lateribus ferrata, fingulis ferraturis & acuminibus in fetam rigidam feu fpinulam definentibus.*

## C U N I L A. *g. pl.* 484.

1. CUNILA calycum lacinia fuperiori latiori ovata trinervi.
Marrubiaftrum fideritidis folio, caliculis aculeatis, flore candicante. *Tournef. inft.* 190. *Boerh. lugdb.* 1. *p.* 171.
Sideritis, verticillis fpinofis, minor procumbens. *Morif. hift.* 3. *f.* 11. *t.* 12. *f.* 5. *p.* 388.
Sideritis romana, utriculis fpinofis. *Herm. lugdb.* 562.
Sideritis genus, fpinofis verticillis. *Bauh. hift.* 3. *pp.* 428.
*Crefcit in agris ficcioribus frequens in* Gallia Narbonenfi, Italia, *prope* Romam *ubique.*

2. CUNILA calycum labio fuperiore trifido, inferiore bipartito.
Marrubiaftrum fideritidis folio, caliculis aculeatis, flore flavo cum limbo atro-purpureo. *Tournef. inft.* 190. *Boerh. lugdb.* 1. *p.* 171.
Sideritis montana, parvo varioque flore. *Bauh. pin.* 233.
Sideritis montana, parvo flore nigro purpureo, capite medio croceo. *Col. ecph.* 1. *p.* 196.
*Crefcit cum antecedenti, cui fimillima, fed calyce manifefte diftincta.*

3. CUNILA calycibus inermibus lanigeris.
Sideritis cretica tomentofa candidiffima, flore luteo. *Tournef. cor.* 12.
*Crefcit in* Creta.
*Cunila eft nomen Plinii, ante hac inufitatum, quo loco confarcinati marrubiaftri utor.*

Kkkk

G A.

# GALEOPSIS. *g. pl.* 487.

1. GALEOPSIS ramis summis pubescentibus.
   Galeopsis patula segetum, flore purpurascente. *Tournef. inst.* 185. *Boerh. lugdb.* 1. *p.* 162.
   Sideritis arvensis angustifolia rubra. *Bauh. pin.* 233.
   Tetrahit verticillis paucioribus, flore purpureo. *Celf. upf.* 42.
   Ladanum segetum, folio latiore. *Riv. mon.*
   Ladanum verticillis paucioribus, flore purpureo. *Dill. giff.* 135.
   Ladanum segetum, flore rubro & albo quorundam. *Bauh. hist.* 3. *pp.* 855.
   Lamium arvense annuum angustifolium rubrum, verticillis spinosis. *Morif. hist.* 3. *p.* 386.
   α Galeopsis patula segetum, flore albo. *Tournef.*
   *Crescit in agris oleraceis, hortis & inter segetes frequens per* Europam.

2. GALEOPSIS ramis summis strigosis.
   Galeopsis corolla rubra aut alba. *Fl. lapp.* 237.
   Galeopsis procerior, caliculis aculeatis, flore purpurascente. *Tournef. inst.* 185.
   Ladanum verticillis crebrioribus, flore purpureo, caule fulcrato. *Dill. giff.* 135.
   Tetrahit verticillis crebrioribus, flore purpureo, caule fulcrato. *Celf. upf.* 41.
   Lamium, cannabino folio, vulgare. *Raj. fyn.* 241.
   Cannabina flore purpurascente. *Boerh. lugdb.* 1. *p.* 159.
   Cannabis spuria. *Riv. mon.* 44.
   Cannabis sylvestris quorundam, Urticæ inerti affinis. *Bauh. hist.* 3. *pp.* 854.
   Urtica aculeata, foliis serratis. *Bauh. pin.* 232.
   α Galeopsis procerior, caliculis aculeatis, floribus candidis. *Tournef.*
   β Galeopsis corolla flava, labio inferiore maculato. *Fl. lapp. pag.* 193.
   Ladanum verticillis crebrioribus, flore flavescente, caule fulcrato. *Dill. giff.* 135.
   Lamium annuum procerius, urticæ foliis, flore luteo amplo, labio purpureo. *Morif. hist.* 3. *p.* 386.
   Lamium cannabinum aculeatum, flore speciofo luteo, labiis purpureis. *Pluk. alm.* 204. *t.* 41. *f.* 4.
   Cannabina flore magno luteo, labiis purpureis. *Boerh. lugdb.* 1. *p.* 159.
   Cannabis spuria, flore majore. *Riv. mon.* 45.
   Cannabis spuria, flore speciofo luteo, labro purpureo. *Raj. hist.* 561.
   Cannabis spuria angustifolia, variegato flore, polonica. *Barr. rar. t.* 1158.
   *Crescit in agris inter segetes & olera frequens in* Europa septentrionali*, præsertim β in* Lappo-
   nia, Svecia, Norvegia, Ruffia, Polonia, Dania, Germania, Belgio.

# LAMIUM. *g. pl.* 488.

1. LAMIUM foliis floralibus sessilibus amplexicaulibus obtusis.
   Lamium, folio caulem ambiente, minus. *Bauh. pin.* 231. *Morif. hist.* 3. *p.* 386. *f.* 11. *t.* 11. *f.* 12. *Boerh.*
   *lugdb.* 1. *p.* 158.
   Galeopsis folio caulem ambiente. *Riv. mon.*
   Galeopsis sive Urtica iners minor, folio caulem ambiente. *Bauh. hist.* 3. *p.* 853. non figur.
   Leucas quædam, juxta parietes. *Cæfalp. fyft.* 450.
   Ballote crispa. *Dalech. hist.* 1253.
   α Lamium, foliis caulem ambientibus, majus. *C. B.*
   *Crescit in agris, arvis & hortis frequens per* Europam.

2. LAMIUM foliis cordatis obtusis petiolatis.
   Lamium purpureum fœtidum, folio subrotundo, sive Galeopsis dioscoridis. *Bauh. pin.* 230. *Boerh. lugdb.* 1. *p.* 157.
   Lamium rubrum. *Raj. hist.* 558.
   Lamium annuum vulgare rubrum. *Morif. hist.* 3. *p.* 385. *f.* 11. *t.* 11. *f.* 9.
   Galeopsis purpurea. *Dalech. hist.* 1248.
   Galeopsis sive Urtica non mordax. *Lob. hist.* 280.
   Urtica iners altera. *Dod. pempt.* 153.
   α Lamium purpureum fœtidum, folio subrotundo minus. *Tournef.*
   β Lamium album fœtidum, folio subrotundo. *Boerh.*
   γ Lamium album fœtidum, folio subrotundo minus. *Boerh.*
   δ Lamium rubrum minus, foliis profunde incisis. *Raj. hist.* 560. *Pluk. alm.* 204. *t.* 41. *f.* 3.
   *Crescit in locis ruderatis, horticulis, sepibus, maceriis, arvis per* Europam *vulgaris.*

3. LAMIUM foliis cordatis acuminatis serratis petiolatis.
   Lamium album. *Raj. hist.* 559.
   Lamium album vulgare sive Archangelica. *Morif. hist.* 3. *p.* 384. *f.* 11. *t.* 11. *f.* 1.
   Lamium purpureum vel album non fœtens, folio oblongo. *Bauh. pin.* 231.
   Galeopsis. *Riv. mon.*
   Urtica iners sive Lamium primum. *Dod. pempt.* 153.
   α Lamium folio oblongo, flore rubro. *Tournef. inst.* 182.
   β Lamium linea alba notatum. *Bauh. pin.* 231. *Morif. hist.* 3. *p.* 384. *f.* 11. *t.* 11. *f.* 2.
   Lamium montanum campoclarensium. *Col. ecph.* 1. *p.* 192.
   Milzadella. *Cæfalp. fyft.* 449.
   γ Lamium italicum, maximo flore rubro, glabrum. *Boerh. lugdb.* 1. *p.* 158.
   δ Lamium annuum rubrum, parietariæ foliis. *Morif. hist.* 3. *p.* 385.

Lamium

ε Lamium parietariæ facie, flore albo. *Boerh.*
ζ Lamium maximum fylvaticum alterum. *Bauh. pin.* 231.
Lamium pannonicum majus non repens, flore majore ex rubro variegato. *Morif. hift.* 3. *p.* 385 *f.* 11. *t.* 11. *f.* 7.
Galeopfis maxima pannonica. *Cluf. hift.* 2. *p.* 36.
*Crefcit in cultis & ad fepes per* Europam *frequens. At* β *ad fepes & vepres* Campoclarenfium *& Narbonæ, inque montibus fylvofis* Pannoniæ.
*Inquirendum amplius utrum diftinctæ fint, ab hac, plantæ* β—ζ, *ego nullam differentiam me obfervaffe memini.*

4. LAMIUM foliis multipartitis.
Lamium orientale, foliis eleganter laciniatis. *Tournef. cor.* 11. *Comm. rar.* 26. *t.* 26. *Boerh. lugdb.* 1. *p.* 158.
*Crefcit in* Oriente.

# O C I M U M. *g. pl.* 482.

1. OCIMUM foliis ovatis incanis.
Ocimum minimum. *Bauh. pin.* 226. *Bauh. hift.* 3. *pp.* 247. *Morif. hift.* 3. *p.* 407. *f.* 11. *t.* 20. *f.* 17. *Boerh. lugdb.* 1. *p.* 170.
Ocimum parvum (& caryophyllatum). *Dalech. hift.* 681.
Ocimum minimum, amaraci figura, caryophyllatum. *Lob. hift.* 269.
Ocimum minus. *Dod. pempt.* 279.
α Ocimum minimum, foliis ex purpura nigricantibus. *Morif. ibid.*
β Ocimum vulgatius. *Bauh. pin.* 226.
Ocimum medium vulgatius. *Lob. hift.* 268. *Morif. hift.* 3. *p.* 406. *f.* 11. *t.* 20. *f.* 9.
Ocimum medium fuchfii & matthioli. *Dalech. hift.* 680.
Ocimum medium vulgatius & nigrum. *Bauh. hift.* 3. *pp.* 247.
γ Ocimum citri odore. *Bauh. pin.* 226. *Morif. hift.* 3. *p.* 406. *f.* 11. *t.* 20. *f.* 10.
*Crefcendi certum locum dare nequeo.*

2. OCIMUM foliis ovatis glabris.
Ocimum caryophyllatum majus. *Bauh. pin.* 226. *Morif. hift.* 3. *p.* 406. *f.* 11. *t.* 20. *f.* 1. *Boerh. lugdb.* 1. *p.* 170.
Ocimum tertium maximum. *Dod. pempt.* 279.
Ocimum maximum caryophyllatum & citreatum. *Lob. hift.* 268.
α Ocymum ftyracis liquidæ odore. *Boerh.*
β Ocymum meliffæ odore. *Boerh.*
γ Ocymum, foliorum fimbriis ad endiviam accedentibus, maximum. *Boerh.*
δ Ocimum caryophyllatum maximum. *C. B.*
ε Ocimum latifolium maculatum vel crifpum. *C. B.*
ζ Ocymum viride, foliis bullatis. *Bauh. pin.* 225.
*Crefcit in* Indiis, *unde allatum.*
*An hæc ab antecedente fpecie abfolute differat? an fola varietas?*
*Varietates qui plures defiderat, easque cum figuris & defcriptionibus, evolvat* Barrelierum.

3. OCIMUM foliis lanceolato-ovatis, radice perenni.
Ocymum zeylanicum perenne frutefcens, folio calaminthæ nonnihil fimili. *Herm. prod.* 358. *Boerh. lugdb.* 1. *p.* 170.
Cottam. *Rheed. mal.* 10. *p.* 153. *t.* 77.
*Crefcit in* Malabaria & Zeylona.

# P H L O M I S. *g. pl.* 491.

1. PHLOMIS involucri radiis fubulatis ftrictis.
Phlomis famia herbacea, folio lunariæ. *Tournef. cor.* 10. *Boerh. lugdb.* 1. *p.* 160.
Phlomis orientalis, folio lunariæ. *Boerh. ind.* 62.
*Crefcit in* Samo.
*Differt a fequenti cui proxime accedit ; quod hæc gaudeat foliis ovatis, parum acuminatis, obfolete & obtufe ferratis, fubtus tomentofis ; Calyces funt teretes, vix angulati, definentes absque plicis in dentes fubulatos erectos ; flores duo communi brevi pedunculo infidentes & radii ipfius involucri teretes fetaceo-fubulati rectiffimi, nec inflexi, acuti pungentes vix manifefte pubefcentes, nullo modo hifpidi.*

2. PHLOMIS involucri radiis fetaceis hifpidis.
Phlomis narbonenfis, folio hormini, flore purpurafcente. *Tournef. inft.* 178. *Boerh. lugdb.* 1. *p.* 378.
Marrubium nigrum longifolium. *Bauh. pin.* 230. *Morif. hift.* 3. *p.* 378.
Herba venti, parietaria cordi, fideritis genus. *Dalech. hift.* 1120. *Lob. hift.* 286.
Herba venti monfpelienfibus. *Bauh. hift.* 3. *p.* 854.
*Crefcit in herbidis, fatorumque marginibus & foffarum aggeribus circa* Monfpelium.

3. PHLOMIS involucri radiis lanceolatis villofis.
Phlomis fruticofa, falviæ folio latiore & rotundiore. *Tournef. inft.* 177. *Boerh. lugdb.* 1. *p.* 160.
Pfeudo-Salvia major lutea vulgatior latifolia. *Morif. hift.* 3. *p.* 397.

Kkkk 2

Ver.

Verbafcum latis falviæ foliis. *Bauh. pin.* 240.
Verbafcum filveftre matthioli. *Cluf. hift.* 2. *p.* 28.
Verbafcum filveftre alterum. *Dod. pempt.* 146.
α Phlomis fruticofa, folio fubrotundo breviore, flore luteo. *Boerh. lugdb.* 1. *p.* 160.
Phlomis cretica fruticofa, folio fubrotundo, flore luteo. *Tournef. cor.* 10.
β Phlomis latifolia capitata lutea grandiflora. *Dill. elth.* 316. *t.* 237. *f.* 306.
*Crefcit circa* Tauromenium *Siciliæ, & in* Hifpaniæ *collibus ficcioribus ac petrofis ; nec non rarius in Gallia* Narbonenfi.

# BRUNELLA. *g. pl.* 492.

1. BRUNELLA braéteis cordatis.
Brunella major, folio non diffeéto. *Bauh. pin.* 260. *Boerh. lugdb.* 1. *p.* 182.
Brunella. *Lob. hift.* 251. *Dod. pempt.* 136.
Prunella, vulgo Morella. *Cæfalp. fyft.* 453.
Prunella vulgaris. *Morif. hift.* 3. *p.* 363. *f.* 11. *t.* 5. *f.* 1.
Prunella, flore minore, vulgaris. *Bauh. hift.* 3. *pp.* 428.
α Brunella major, folio non diffeéto, flore albo. *Tournef. inft.* 182.
β Brunella major, folio non diffeéto, flore purpurafcente. *Tournef.*
γ Brunella folio laciniato. *C. B.*
Brunella altera. *Dod.* 136.
δ Brunella folio laciniato, flore albo. *Tournef.*
ε Brunella major, folio diffeéto, flore purpureo, perennis. *Boerh.*
ζ Brunella folio verbenæ tenuifoliæ. *Boerh.*
η Brunella laciniata, flore elegantiffime fulphureo. *Boerh.*
ϑ Prunella flore magno albo, folio laciniato. *J. B.*
Brunella minor alba laciniata. *Bauh. pin.* 261.
κ Prunella flore magno, folio non laciniato. *J. B.*
Brunella cœruleo magno flore. *C. B.*
λ Brunella hyffopifolia. *C. B.*
Prunella anguftifolia. *J. B.* integra hirfutior. *Morif.* 3. *f.* 11. *t.* 4. *f.* 7.
*Crefcit in pafcuis & pratis fterilioribus frequens per* Europam.
*Braétea eft folium figurâ a foliis caulinis & radicis diverfum, quod foli fruétificationi infervit.*

2. BRUNELLA braéteis lanceolatis.
Betonica maxima, folio fcrophulariæ, floribus incarnatis. *Herm. parad.* 106. *t.* 106. *Roerb. lugdb.* 1. *p.* 154.
Betonica virginiana elatior, foliis fcrophulariæ glabris, flore carneo. *Morif. hift.* 3. *p.* 366.
Sideritis canadenfis altiffima, fcrophulariæ folio, flore purpurafcente. *Tournef.* 192.
α Sideritis canadenfis altiffima, fcrophulariæ foiio, flore flavefcente. *Tournef.*
Betonica virginiana elatior, foliis fcrophulariæ glabris, flore ochroleuco. *Morif. hift.* 3. *p.* 365. *f.* 11. *t.* 4. *f.* 11. *Pluk. alm.* 67. *t.* 150. *f.* 3.
*Crefcit in* Virginia.
*Planta hæc propius ad Brunellam quam ad aliud genus accedit, licet parum difcrepet, hinc vel Brunella agnofcenda, vel novi generis planta.*

# SCUTELLARIA. *g. pl.* 493.

1. SCUTELLARIA foliis pinnatifidis.
Caffida orientalis, folio chamædryos, flore luteo. *Tournef. cor.* 11. *itin.* 3. *p.* 159. *t.* 159. *Boerh. lugdb.* 1. *p.* 177. *Comm. rar.* 30. *t.* 30. *Mart. cent.* 18. *t.* 18.
α Caffida orientalis incana, foliis laciniatis, flore luteo. *Tournef. cor.* 11.
*Crefcit in* Armenia *circa* Tephlin.
*Varietas (α) profert folia in pinnas ad coftam usque divifa, quinque utrinque pinnis, fingulis linearibus, communiterque ad bafin lacinula auétis.*

2. SCUTELLARIA foliis cordato-lanceolatis crenatis. *Fl. lapp.* 239.
Scutellaria. *Riv. mon.*
Scutellaria aquatica, vulgo Tertianaria diéta. *Herm. lugdb.* 546.
Scutellaria paluftris repens cœrulea. *Morif. hift.* 3. *p.* 416. *f.* 11. *t.* 20. *f.* 6.
Caffida paluftris vulgatior, flore cœruleo. *Tournef. inft.* 182. *Boerh. lugdb.* 1. *p.* 177.
Tertionaria, aliis Lyfimachia galericulata. *Bauh. hift.* 3. *pp.* 435.
Lyfimachia galericulata. *Dalech. hift.* 1060. *Lob. hift.* 186.
Lyfimachia cœrulea galericulata, vel Gratiola cœrulea. *Bauh. pin.* 246.
Gratia dei. *Cæfalp. fyft.* 265.
α Caffida paluftris vulgatior, flore albo. *Tournef.*
β Caffida paluftris minima, flore purpurafcente. *Tournef.*
*Crefcit in pafcuis fabulofis & radicibus intertextis ac lapidofis juxta ripas fluviorum & lacuum frequens in* Europa.
*Ab hac parum differt* Scutellaria foliis cordato-lanceolatis integerrimis. Scutellaria folio non ferrato. *Riv. mon.*

3. SCU-

3. Scutellaria foliis ovatis ferratis, fpica interrupta.
Scutellaria fpicata major, lamii folio. *Morif. hift.* 3. *p.* 416. *f.* 11. *t.* 20. *f.* 1.
Scutellaria teucrii facie. *Bauh. hift.* 3. *pp.* 291.
Caffida. *Col. ecphr.* 1. *p.* 187. *Boerh. lugdb.* 1. *p.* 177.
Lamium peregrinum, five Scutellaria. *Bauh. pin.* 231. *prod.* 110.
Lamium aftr galoides. *Corn. canad.* 128. *t.* 129.
α Caffida flore exalbido. *Tournef. inft.* 182.
*Crefcit locis incultis intra fepes collium, montium humentia & faxofa amans, circa* Florentiam *&* Liburnum.

4. Scutellaria foliis ovatis crenatis, fpicis imbricatis.
Caffida alpina fupina, flore magno. *Tournef. inft.* 182. *Boerh. lugdb.* 1. *p.* 177.
*Crefcit in* Alpibus.
*Scutellariæ verbum nobis aptius videtur Caffidá, cum plurima fimili fono exeuntia verba facile apud Tyrones confufionem pariant; ut Cufcuta, Caffyta, Caffida, Caffia, Cafia.*

# *ANGIOSPERMIA.*

# B I G N O N I A. *g. pl.* 498.

1. Bignonia foliis fimplicibus cordatis.
Bignonia arbor, folio fingulari, filiquis longiffimis & anguftiffimis. *Plum. fpec.* 5.
Bignonia arborefcens, folio fingulari undulato, filiquis longiffimis & anguftiffimis. *Tournef. inft.* 164.
Bignonia uruca foliis, flore fordide albo, intus maculis purpureis & luteis afperfo, filiqua longiffima & anguftiffima. *Catesb. ornith.* 49. *t.* 49.
Bignonia americana arbor, fyringæ cœruleæ foliis, flore purpureo. *Mill. lexic.*
Kawara fifagi. *Kæmpf. jap.* 841. *t.* 842.
*Crefcit in* Carolina *Americæ &* Japonia *Afiæ.*
*Folia cordata, parum bafi emarginata, parum apice acuminata; ftamina huic duo (non quatuor) perfecta & rudimenta tria minima filamentorum. Hortulanis vulgo* Catalpa *audit. Hæc erecta & arboreä ftat, nec radiculis vel cirrhis ullis fcandit.*

2. Bignonia foliis infimis cordato lanceolatis, reliquis binatis cirrhiferis, foliolis cordato-lanceolatis.
Bignonia americana, capreolis donata, filiqua breviori. *Tournef. inft.* 164. *Boerh. lugdb.* 1. *p.* 310.
Pfeudo-Apocynum americanum capreolatum tetraphyllum, tubulofo flore, foliis longioribus. *Morif. hift.* 3. *p.* 612.
Clematis tetraphylla americana. *Bocc. fic.* 31. *t.* 15. *f.* 3.
Clematis americana filiquofa tetraphyllos. *Breyn. prod.* 1. *p.* 30. *t.* 31.
Clematis filiquofa lathyroides, limonii odore, claviculata, flore digitalis inteftini coloris. *Pluk. alm.* 109.
*Crefcit in* America.

3. Bignonia foliis infimis ternatis, reliquis binatis cirrhiferis, foliolis cordatis.
Bignonia fcandens tetraphylla, fructu maximo echinato. *Mill. apr.*
Pfeudo-Apocynum, folliculis maximis obtufis, feminibus ampliffimis albis membranaceis. *Morif. hift.* 3. *p.* 612. *f.* 15. *t.* 3. *f.* 6 pro 16.
*Crefcit in* America.
*Folia infima ternata funt absque cirrhis, reliqua binata cum cirrhis. Fructus perbelle repræfentat capfulam vulgi quam tabaco replent fecumque portant.*

4. Bignonia foliis pinnatis, foliolis incifis, geniculis radicatis.
Bignonia americana, fraxini folio, flore amplo phœniceo. *Tournef. inft.* 164. *Boerh. lugdb.* 1. *p.* 310.
Pfeudo-Apocynum hederaceum americanum, tubulofo flore phœniceo, fraxini folio. *Morif. hift.* 3. *p.* 612. *f.* 15. *t.* 3. *f.* 1.
Clematis hederacea bucananthos filiquofa indica. *Pluk. alm.* 108.
Gelfeminum clematites, flore igneo amplo, feu virginianum. *Barr. rar. t.* 59.
Gelfeminum ederaceum indicum. *Corn. canad.* 102. *t.* 103.
α Bignonia fraxini foliis, coccineo flore minore. *Catesb. ornith.* 65. *t.* 65.
*Crefcit in variis locis* Americæ.

5. Bignonia foliis decompofitis, foliolis incifis, articulis cirrhiferis.
Bignonia arbor, flore luteo, fraxini folio. *Plum. fpec.* 5.
Clematis americana, fraxini folio, erecta. *Pluk. phyt.* 162. *f.* 4.
*Crefcit in* America.
*Planta fcandens cirrhis ex articulis ramorum prodeuntibus. Petiolus fingulus trifidus, ramulo petioli fingulo fuftinente foliola quinque pinnatim digefta in propriis minimis petiolis. Foliolum fingulum ovatum inæqualiter incifo-ferratum.*

L l l        Digi-

# D I G I T A L I S. *g. pl.* 496.

1. DIGITALIS foliolis calycinis ovatis.
Digitalis purpurea, folio aspero. *Bauh. pin.* 243. *Morif. hist.* 2. *p.* 478. *s.* 8. *t.* 5. *f.* 1. *Boerh. lugdb.* 1. *p.* 228.
Digitalis purpurea. *Bauh. hist.* 2. *p.* 812. *Lob. hist.* 308. *Dod. pempt.* 168.
Virga regia, flore purpureo. *Cæsalp. syst.* 348.
• Digitalis vulgaris, flore carneo. *Tournef. inst.* 164.
Digitalis rubella, folio aspero. *Boerh.*
β Digitalis alba, folio aspero. *Bauh. pin.* 229.
*Crescit in solo arenoso per* Angliam, Galliam, Germaniam, Italiam.

2. DIGITALIS lutea, magno flore. *Bauh. pin.* 244. *Morif. hist.* 2. *p.* 479. *s.* 5. *t.* 8. *f.* 4. *Boerh. lugdb.* 1. *p.* 229.
Digitalis lutea, flore majore, folio latiore. *Bauh. hist.* 2. *p.* 813.
Digitalis lutea. *Dalech. hist.* 831.
*Crescit in montosis circa* Genevam, Jenam *&c.*

3. DIGITALIS foliolis calycinis subulatis, floribus imbricatis.
Digitalis lutea, minore flore. *Morif. hist.* 2. *p.* 479. *s.* 5. *t.* 8. *f.* 5.
Digitalis flore minore subluteo, angustiore folio. *Bauh. hist.* 2. *p.* 814.
Digitalis major lutea vel pallida, parvo flore. *Bauh. pin.* 244. *Boerh. lugdb.* 1. *p.* 229.
*Crescit in montibus circa* Genevam, Salernum & Neapolin, *nec non in herbidis declivibus montis* Capouladou *prope Monspelium.*

# G E S N E R I A. *g. pl.* 497.

1. GESNERIA foliis lanceolatis crenatis hirsutis, pedunculis ex alis corymbiferis.
Gesnera amplo digitalis folio tomentoso. *Plum. gen.* 27.
Digitalis, folio oblongo serrato, ad foliorum alas florida. *Sloan. flor.* 60. *hist.* 1. *p.* 162. *t.* 104. *f.* 2.
*Crescit in* Jamaica *ad ripas fluvii* Cobre *dicti.*

2. GESNERIA foliis lanceolatis serratis, pedunculo terminatrici laxe spicato.
Digitalis acanthoides canariensis frutescens, flore aureo. *Comm. hort.* 2. *p.* 105. *t.* 53. *Boerh. lugdb.* 1. *p.* 229.
Digitali affinis canariensis, solidaginis acutis foliis leviter pilosis, flore aureo cucullato, staminibus croceis cristæ cavo accumbentibus ornato. *Pluk. alm.* 400. *t.* 325. *f.* 2.
*Crescit in insulis* Fortunatis.

# S E S A M U M.

1. SESAMUM foliis ovato-oblongis integris.
Sesamum. *Riv. mon.* 20. *Morif. hist.* 2. *p.* 282. *s.* 5. *t.* 15. *f.* 3. *Bauh. hist.* 2. *p.* 897. *Dod. pempt.* 531. *Lob. hist.* 514.
Sesamum veterum. *Bauh. pin.* 27. *Sloan. flor.* 59.
Digitalis orientalis, Sesamum dicta. *Tournef. inst.* 165. *Burm. zeyl.* 87. *t.* 38. *f.* 1.
Sempsem. *Alp. ægypt.* 47. *t.* 47.
Schit-elu. *Rheed. mal.* 9. *p.* 105. *t.* 54.
*Crescit in* Zeylona, Malabaria & Africa.
*Nostra in horto enata gaudet foliis integris & oppositis. An foliis serratis auctorum & trilobis* Plukenetii *sint varietates, vel lusus, vel species, determinent earum autoptici.*

# R U E L L I A. *g. pl.* 114. & *pag.* 380.

1. RUELLIA foliis petiolatis, fructu sessili conferto.
Ruellia strepens 1, capitulis comosis. *Dill. elth.* 300. *t.* 249. *f.* 321.
Adhatoda carolina pilosa, calyce barbato. *Pet. hort.* 241.
*Crescit in* Carolina *Americæ.*

2. RUELLIA foliis sessilibus, pedunculis trifloris.
Ruellia capsulis teretibus. *Dill. elth.* 328. *t.* 248. *f.* 320.
Ruellia alia humilis, asphodeli radice, bignoniæ flore cœruleo. *Plum. tab. mss.*
*Crescit in* Barbados.

3. RUELLIA pedunculis multifloris dichotomis folio longioribus.
Speculum veneris majus impatiens. *Sloan. flor.* 59. *hist.* 1. *p.* 158. *t.* 100. *f.* 2.
*Crescit in* Jamaicæ *frutetis circa urbem* Jago de la vega *frequens.*
*Hæc Barleriæ generis species non est, sub quo nomine communicata fuit.*
*Planta bipedalis: caule perenni tereti pubescente procumbente geniculis tumidiusculis. Folia opposita ovata integerrima scabra, petiolis longitudine disci. Genicula ubi terram tangunt radiculas emittunt. In hac ut in congeneribus notabile est, quod in dissepimento dehiscente tres communiter denticuli inflexi & elastici observentur, qui faciunt ut vi elastica dissiliat capsula aquis commissa, emollita enim externa crusta rigidi & elastici dentes intra fructum propria vi & sicca elasticitate* supe-

**BROWALLIA.** *Hort. Cliff.* 319. *sp.* 1.

  a  *Planta justa magnitudine.*
  b  *Ramulus cum flore.*
  c  *Calyx.*
  d  *Fructus immaturus calyce involutus.*
  e  *Capsula matura.*
  f  *Pericarpium horizontaliter dissectum uniloculare.*
  g  *Semina.*

G. D. EHRET del.                                             J. WANDELAAR fecit.

*superant resistentiam mollis factæ valvulæ, fere uti in justicia. Sic & Gerani capsulæ & aliæ multæ emollitæ dissiliunt.*

*Nomen* Joannis Ruelli, *clari ex Dioscoridis libris in latinam, cum commentariis, translatis, nec non e libris* 3 *de natura stirpium, in hoc plantarum genere perenne floret.*

# B R O W A L L I A. *g. pl.* 875.

1. BROWALLIA. *vide figur.*

*Crescit in America, unde enata in Horto Cheelsejano prope Londinum cura Cl. Milleri, qui raram plantam mecum communicavit.*

Radix *fibrosa, annua.*

Caulis *pedalis, vel sesquipedalis, tenuis, teretiusculus, rarius ramis solitariis ramosus.*

Folia *alterna, ovata, acuta, petiolata, integerrima, magnitudine pollicis.*

Flores *ex alis solitarii, pedunculati, cyanei seu fulgentissimi cærulei coloris, reliqua vide characterem & figuram.*

*Nomen huic plantæ imposui in perennem memoriam Clariss.* Joannis Browallii, Sueci, *Artium Magistri & Theologi, omni eruditionis genere condecoratissimi, qui quo ardore Lithographiam, Botanicen, & Zoologiam, uno verbo totam Historiam naturalem prosequatur, omnibus, cum prodeant ejus promissa orbi dudum opera, constabit.*

# P E T R E A. *g. pl.* 871.

1. PETREA.

Anonyma. *Plum. tabul. mss.*

*Crescit in variis Americæ partibus.*

Planta *est frutescens; caule lignoso, volubili, lævi.*

Folia *lanceolato-ovata, opposita, nitida, petiolis brevissimis insidentia.*

Pedunculus *digiti longitudine, ex singula ala foliorum superiorum, erectus, floribus numerosis aspersus.*

*Nobilissimo* Roberto-Jacobo, *Domino* Petre Baroni de Writtle, *plantarum rariorum & exoticorum (in Anglia) æstimatori & cultori summo, consecrata fuit hæc planta ab Houstono.*

# C O R N U T I A. *g. pl.* 919.

1. CORNUTIA.

Cornutia flore pyramidato, foliis incanis. *Plum. gen.* 32.

Agnanthus viburni folio. *Vaill. act.* 1722. *p.* 273.

*Crescit in Caribæis.*

Rami *lignosi, obsolete quadragoni; folia opposita, ovata, incana, brevissimis petiolis, acuminata, decidua. Petiolus decidendo per lineæ unius longitudinem extra ramum rumpitur, unde remanet pars prominens, dura, truncata, perennans, non acuta (ut in Ligustroide Houstoni) sed obtusa, ramos ex alis prognatos fulciens.*

Flores *in corymbum, exacte similes sequenti, ad apices ramorum prodeunt, quorum:*

Cal. *monophyllus, cylindraceus, quadridentatus, tubulatus, villosus, obtusus.*

Cor. *monopetala, ringens. Tubus cylindraceus, calyce paulo longior; Limbus quadrifidus, inæqualis.*

Stam. *Filamenta quatuor, subulata, brevissima, in collo corollæ, quorum duo extra collum magis prominent. Antheræ simplices.*

Pist. *Germen subrotundum, villosum. Stylus setaceus, corolla duplo longior, bipartitus usque ad collum corollæ. Stigmata setacea, simplicissima.*

*Consecrata fuit hæc memoriæ* Jacobi Cornuti, *cujus industriæ debetur Enchiridium Parisiense, cui debet orbis plurimas raras Canadenses plantas bene depictas.*

# L A N T A N A. *g. pl.* 515.

1. LANTANA foliis oppositis petiolatis, floribus capitatis.

Viburnum americanum non spinosum, melissæ foliis, floribus coccineis. *Pluk. alm.* 385. *t.* 114. *f.* 4.

Viburnum americanum, urticæ foliis, lamii odore, floribus miniatis. *Comm. hort.* 1. *p.* 151. *t.* 78.

Viburnum americanum odoratum, foliis urticæ, floribus miniatis. *Herm. lugdb.* 696. *Boerh. lugdb.* 2. *p.* 224.

Pseudo-Viburnum americanum. *Riv. mon.*

Myrabotindum viburnifolium, floribus coccineis. *Vaill. act.* 1722. *p.* 276.

Camara alia, flore variegato, non spinosa. *Plum. gen.* 32.

Camara. *Rupp. jen.* 202.

Camara flore rubro. *Marg. bras.* 5.

Periclymeno accedens planta brasiliensis, floribus congestis rubris. *Morif. hist.* 3. *p.* 535.

Periclymenum rectum, urticæ folio, flore coccineo amplo. *Sloan. for.* 164.

L l l l 2

α Vibur-

* Viburnum americanum odoratum , folio parvo orbiculato, floribus & baccis foliolis interceptis. *Pluk. alm.* 386. *t.* 114. *f.* 5. *Boerh. lugdb.* 2. *p.* 224.
Periclymenum rectum, falivæ folio rugofo minore fubrotundo. *Sloan. flor.* 164.
*Crefcit in infula* Barbados , Brafilia , Jamaica , *locis fterilibus, infinitis modis varians.*

3. LANTANA foliis alternis feffilibus floribus folitariis.
Lantana floribus folitariis. *Gen. plant.* 515.
Jafminum africanum , ilicis folio, flore folitario ex alis foliorum proveniente. *Comm. rar.* 6. *t.* 6. *Boerh. lugdb.* 2. *p.* 216.
*Crefcit in humidis Africæ ad* Caput b. Spei.
*Lantana , fynonymon antiquum Viburni , ad defignandum hoc genus affumfi, cum Viburnum* F. B. 214. *Camara* F. B. 229. 231. *Pfeudo-Viburnum* F. B. 225. *Myro-Bat-indum* F. B. 223. 224 *perfiftere nego.*

## E R I N U S.

1. ERINUS.
Ageratum ferratum alpinum glabrum , flore purpurafcente. *Tournef. inft.* 651. *Boerh. lugdb.* 1. *p.* 238.
Ageratum ferratum alpinum. *Bauh. pin.* 221. *Scheub. alp.* 328.
Ageratum purpureum. *Dalech. hift.* 1184. *Bauh. hift.* 3. *p.* 144.
Lyfimachiæ purpureæ affinis, agerati foliis glabris. *Pluk. alm.* 237.
Hyffopoides montana, flore pentapetaloide violæ purpureæ colore & odore , agerati foliis. *Morif. hift.* 3. *p.* 613.
* Ageratum ferratum alpinum glabrum , flore albo. *Tournef.*
Ageratum minus faxatile, flore albo. *Barr. rar.* 23. *t.* 1192.
β Ageratum ferratum pyrenaicum villofum, flore purpurafcente. *Tournef. Scheuch. alp.* 29.
γ Ageratum ferratum pyrenaicum villofum, flore albo. *Tournef.*
*Crefcit in* Alpibus Helveticis *&* Pyrenaicis, *fpeciatim ad radices montis* Salevæ ; *in afcenfu montis* Juræ *prope Genevam ; prope* Wefen Helvetiorum, *inque monte* Regio ; *in montibus* Uriorum *&* Angeli *montanorum.*
*Nomen Erini habetur apud Diofcoridem, quod hujus generis volui, cum Ageratum varie fumitur a Botanicis. Tournefortio enim duplex eft generis hujus fcilicet & Caprariæ. Boerhaavio vero hujus & Syngenefiæ planta.*
*An hujus generis fint Lychnideæ* (ambæ) *verbenæ folio.* Fevill. tom. 2. tab. 25.

## C A P R A R I A. *g. pl.* 75. *pag.* 379.

1. CAPRARIA foliis alternis, corollis quinquefidis.
Capraria coraffavica. *Herm. parad.* 110. *t.* 110.
Capraria peruviana , agerati foliis absque pediculis. *Fevill. peruv.* 1. *p.* 764. *f.* 48.
Gratiolæ affinis frutefcens americana , foliis agerati feu veronicæ erectæ majoris. *Breyn. prod.* 2. *p.* 54. *Comm. hort.* 1. *p.* 79. *t.* 40.
Lyfimachiæ purpureæ affinis americana procumbens, anonidis vernæ frutefcentis folio fingulari glabro. *Pluk. alm.* 237. *t.* 98. *f.* 4.
*Crefcit in* Curaffao, Peru *&c.*
*Hæc corollis gaudet tubulofis, quinquefidis, acutis, absque villis vagis ad bafin interne.*

2. CAPRARIA foliis ternis , corollis quadripartitis.
Samoloides. *Boerh. lugdb.* 2. *p.* 265. quoad defcriptionem.
Veronica americana erecta frutefcens & ramofa, folio verbenæ. *Herm. parad.* 241. *t.* 241. *Tournef. inft.* 146. *Rupp. jen.* 199.
Veronica fruticofa erecta dulcis, hexangulari caule, flore dilute cœruleo. *Sloan. flor.* 81. *hift.* 1. *p.* 108. *f.* 2.
Phyteuoides americanum, flore albo tetrapetalo ftaminibus referto, foliis & ramulis per intervalla ternis, fapore dulci. *Pluk. alm.* 296. *t.* 215. *f.* 1.
*Crefcit in* Curaffao *&* Jamaica.
*Hæc gaudet corollis fere planis, obtufis, quadripartitis, plurimis ex alis foliorum, e bafi corollæ villi numerofi. Hujus flos fere regularis eft & characterem præbuit pag.* 28. *in Generibus defcriptum ; at dein florens altera feu præcedens ad aliam familiam pertinere docuit hanc, unde ea quæ in monendis.* Gen. pl. pag. 379.

## L I N N Æ A. *g. pl.* 523.

1. LINNÆA floribus geminatis. *Gronov.* vide *Fl. lapp.* 250. *t.* 12. *f.* 4.
Campanula ferpillifolia. *Bauh. pin.* 93. *prod.* 35. *Morif. hift.* 2. *p.* 456. *f.* 5. *t.* 2. *f.* 19. *Bauh. hift.* 2. *p.* 816. *Raj. hift.* 471. *ext.* 81. *Tournef. inft.* 112. *Scheuch. alp.* 131 & 454. *Rudb. lapp.* 96. *t.* 1. *Celf. upf.* 14.
Nummularia major, rigidioribus & rarius crenatis foliis, flore purpureo gemello. *Pluk. alm.* 264.
Nummularia norvegica repens, folio dentato, floribus geminis. *Pet. cent.* 76.
Nummularia norvegica, flore purpureo. *Kyll. act.* 2. *p.* 346.
Obularia. . . . *Sieg. hort.*
Serpillifolia. *Buxb. act.*

*Crefcit*

*Crefcit in* Rhætia; *in monte* Baldo; *in umbrofis rupibus* Valentiam *inter &* Vetty, *in comitatu*
Sanunetum; *in monte* Gotthardo. *Nos eandem legimus per* Sveciam *in* Smolandia *ad templa*
Hallaryd & Pietteryd *in fylvis umbrofis; in* Nericia *ubique copiofiffime per fylvas abietinas*
*juxta viam publicam; In* Sudermannia *&* Uplandia *rarius; in* Dalekarlia *prope Fahlunam*
*frequentiffima, in tota* Norlandia *per* Geftriciam, Helfingiam, Medelpadiam *&* Anger-
manniam *vulgatiffima in fylvis; in altiffimis montibus* Norbyknylen *&* Skula *nulla planta*
*copiofior; in fylvis* Weftrobothniæ *omnium copiofiffima, & viam publicam fere per decem mil-*
*liaria utrinque tegit; in* Oftrobothnia *vulgaris; in* Lapponiæ *fylvis fat frequens, in alpibus*
*paffim; in* Finmarkia *integra fere montium juga tegit. Eandem ex infula* Toupinambault
Brafilianorum Burferus *fe habuiffe fcripfit.*

*Cum campanulis nil commune habet in fructificatione, nec lactefcens eft. Folia nullo modo* Serpylli;
*nec cum* Nummularia *confundenda eft, a qua toto cælo differt.* Obularia *nobis longe diverfiffima*
*eft planta.*

## S E L A G O. *g. pl.* 519.

1. SELAGO *caule erecto, corymbo terminatrici.*
Camphorata africana umbellata frutefcens hermanni. *Comm. hort.* 2. *p.* 79. *t.* 40. *Dill. gen.* 152.
Camphorata capenfis, gallii folio, umbellifera. *Pet. hort.* 243.
Santolina africana, ericæ foliis congeftis, flofculis fingularibus albis. *Boerh. lugdb.* 1. *p.* 124.
*Crefcit ad* Promontorium b. Spei, *autumno apud nos floret.*
*Hujus flos characterem generis præbuit.*

2. SELAGO *caule procumbente, floribus fparfis.*
Selago five Camphorata. *Dalech. hift.* 120.
Camphorata hirfuta. *Bauh. pin.* 486. *Tournef. act.* 1705. *p.* 313. *Dill. gen.* 152.
Camphorata monfpelienfium. *Lob. adv.* 174. *Bauh. hift.* 3. *pp.* 379.
*Crefcit circa* Monfpelium, Nemaufum, Avenionem *& alibi in* Gallia Narbonenfi.

## C E L S I A. *g. pl.* 518.

1. CELSIA *foliis duplicato-pinnatis.*
Verbafcum orientale, fophiæ folio. *Tournef. cor.* 8.
Blattaria folio multifido, flore luteo. *Boerh. lugdb.* 1. *p.* 229.
*Crefcit in* Oriente.
*Hujus generis forte erit* Blattaria orientalis bugulæ folio *& T. corol.*
*Dixi plantam hanc erectam & excelfam a Magno ifto Polyhiftore* Olao Celfio, *Philofophiæ &*
*Theologiæ Doctore; Profeffore S. S. Theol. primario & Archiprępofito upfalienfium; Celeber-*
*rimo dudum ex tot egregiis operibus in linguis orientalibus, in Antiquitatibus, de plantis Bi-*
*blicis, de* Palma; *præfertim ipfi debent Botanici Catalogum plantarum circa upfaliam nafcen-*
*tium, accuratiffime confcriptum, diutiffime elaboratum, ftudiofiffime a tot retro annis conqui-*
*fitum, publici juris nuper factum.*

## O R O B A N C H E. *g. pl.* 509.

1. OROBANCHE *caule fimplici.*
Orobanche major garyophyllum olens. *Bauh. pin.* 87. *Morif. hift.* 3. *p.* 502. *f.* 12. *t.* 16. *f.* 1. *Boerh. lugdb.* 1. *p.* 240.
Orobanche flore majore. *Bauh. hift.* 2. *p.* 780.
Orobanche 1. *Cluf. hift.* 1. *p.* 270.
Orobanche altera. *Dalech. hift.* 485.
Orobanche, *vulgo* Cauda leonis. *Cæfalp. fyft.* 342.
Limodoron five Orobanche. *Dod. pempt.* 552.
*Crefcit inter montes arenofos, (in* Dunis) Belgii, *inque pratis fterilibus per* Belgium, Angliam,
Germaniam, *&c. Rarius in regionibus feptentrionalibus.*
*Bulbus ifte a Botanicis pictus minus manifeftus occurrit in planta, nifi cujusdam arboris radici*
*innafcatur hujus radix.*

2. OROBANCHE *caule ramofo.*
Orobanche brevior & ramofa. *Cæfalp. fyft.* 342.
Orobanche ramofa. *Bauh. pin.* 88. *Morif. hift.* 3. *p.* 502. *f.* 12. *t.* 16. *f.* 8.
Orobanche ramofa, floribus purpurafcentibus. *Tournef. inft.* 176. *Boerh. lugdb.* 1. *p.* 240.
Orobanche 3 polyclonos. *Cluf. hift.* 1. *p.* 271.
Orobanche minor, purpureis floribus, five racemofa. *Bauh. hift.* 2. *p.* 782.
α Orobanche ramofa, floribus cæruleis. *Tournef.*
β Orobanche ramofa, floribus fubalbidis. *Tournef.*
*Crefcit in ficcioribus pratis & in agris in* Belgio, Germania, Anglia, Italia, Gallia Narbo-
nenfi, Gallia.

Mmmm

M A R.

# MARTYNIA. *g. pl.* 495.

1. MARTYNIA foliis ferratis. *vide figur.*

*Crefcit in* America.

*Speciem hujus generis longe aliam,* (*fi genuina* '*& vera alias fit defcriptio & figura prius data*) *exhibet Clariff. Martynus in cent.* 1. *p.* 22. *t.* 42. Martynia annua villofa & vifcofa, folio fubrotundo, flore magno rubro *Houftono dicta,* quam Martyniam foliis dentatis *aptius indigitari exiftimo. Aliam præter hanc Houftonus produxit, quæ nobis* Craniolaria. *Gen. plant.* 868. *nominata fuit, flore ab hifce ambabus toto cælo diverfa.*

*Differentia quæ noftræ, & Martyni, intercedunt, fecundum ipfam ejus defcriptionem, fequentes concludo.*

1 Corolla noftræ *plantæ tota pallide cærulea eft, excepto gibbo nectarifero interne purpureo.* Illius *externe pallide rubra, interne macula faturatius purpurea in fingulis fegmentis notata, & intra tubum variegata.*

2 Radix noftræ *plantæ perennis dentata ut Orobanches, Monotropæ vel Dentariæ conftans lamellis exit orfum gibbis, monilis inftar perforatis, imbricatis, albis.* Illius *fibrofa dicitur (de qua tamen maxime dubito cum ipfa ejus ftructura dentatam radicem expofcit) annua.*

3 Caulis noftræ *viridis, glaber, maculis linearibus purpurafcentibus exafperfus;* illius *vero villo-fus viridi-rufefcens.*

4 Rami *in* noftra *omnino nulli, quos in fua defcribit* Martyn.

5 Folia noftræ *ovata, ferrata, integra, nitida, glabra;* illius *angulato-dentata, vifcida.*

6 Calyx noftræ *pentaphyllos, fimplex;* illius *duplex, tetraphyllus & triphyllus.*

7 Floret noftra *octobri;* illius *poft mediam æftatem.*

# SCROPHULARIA. *g. pl.* 494.

1. SCROPHULARIA foliis cordatis oppofitis, racemo terminatrici.

Scrophularia nodofa fœtida. *Bauh. pin.* 235. *Morif. hift.* 2. *p.* 482. *f.* 5. *t.* 8. *f.* 3. *Boerh. lugdb.* 1. *p.* 234.
Scrophularia vulgaris & major. *Bauh. hift.* 3. *pp.* 421.
Scrophularia major. *Dalech. hift.* 1085.
Scrofularia major. *Cæfalp. fyft.* 349.
Scrophularia. *Dod. pempt.* 50.

*Crefcit frequens per* Europam *ad fepes, vias, domos & ruderata, locis fæcundis.*

2. SCROPHULARIA foliis cordatis oppofitis, pedunculis ad alas folitariis multifloris.

Scrophularia flore luteo. *Bauh. pin.* 236. *prod.* 112. *Riv. mon.*
Scrophularia annua, folio lamii, flore luteo. *Morif. hift.* 2. *p.* 486. *f.* 5. *t.* 8. *f.* 2.
Scrophularia lutea magna, amplis foliis. *Bauh. hift.* 3. *pp.* 422.
Scrophularia montana maxima latifolia, flore luteo. *Barr. rar.* 20. *t.* 273.
Scrophularia montana maxima. *Col. ecphr.* 1. *p.* 191.
Lamium pannonicum 2 exoticum. *Cluf. hift.* 2. *p.* 38.

*Crefcit in valle* Campoclarenfium *atque etiam fupra* Matefium *& in* Equicolorum *montibus in villa* Plagis *dicta, locis feptentrionalibus umbrofis.*

3. SCROPHULARIA foliis difformibus, pedunculis ad alas fingulas pluribus.

Scrophularia fambuci-foliis, capfulis maximis. *Morif. hift.* 2. *p.* 483. *f.* 5. *t.* 8. *f.* 6.
Scrophularia hifpanica, fambuci folio glabro. *Tournef. inft.* 166. *Boerh. lugdb.* 1. *p.* 234.
Scrophularia fambuci folio, flore rubro luteo vario pulchro. *Grifl. luf. Pluk. alm.* 338. *t.* 313. *f.* 6.
Scrophularia foliis laciniatis. *Bauh. pin.* 236. *prod.* 113.
α Scrophularia maxima lufitanica, fambuci folio lanuginofo. *Tournef.*

*Crefcit in* Hifpania, Lufitania *& forte in* Africa.

*Foliis mire ludit: in aliis ovatis fimplicibus; in aliis duobus foliolis ad bafin intermedii folii; in aliis foliis exacte pinnatis, foliolis alternis minimis.*

4. SCROPHULARIA foliis cordatis alternis, pedunculis ad alas bifloris.

Scrophularia folio urticæ. *Bauh. pin.* 236.
Scrophularia annua, folio urticæ. *Morif. hift.* 2. *p.* 481. *f.* 5. *t.* 8. *f.* 1. *Boerh. lugdb.* 1. *p.* 234.
Scrophularia peregrina. *Cam. hort. t.* 43.
Scrophularia peregrina camerarii. *Bauh. hift.* 3. *pp.* 422.

*Crefcit circa* Pifas *copiofe, etiam in ipfis muris urbis, & alibi in* Italia.

5. SCROPHULARIA foliis multifidis, racemo terminatrici nudo, pedunculis bifidis.

Scrophularia, Ruta canina dicta, vulgaris. *Bauh. pin.* 236. *Boerh. lugdb.* 1. *p.* 235.
Scrophularia major, Ruta canina dicta, vulgaris. *Morif. hift.* 2. *p.* 483. *f.* 5. *t.* 9. *f.* 8.
Scrophularia tertia dodonæo, Ruta canina quibusdam vocata. *Bauh. hift.* 3. *pp.* 423.
Scrofularia fruticofa minor. *Cæfalp. fyft.* 350.
Ruta canina. *Cluf. hift.* 2. *p.* 209.
α Scrophularia minor, Ruta canina dicta. *Morif.*
β Scrophularia lufitanica frutefcens, verbenacæ foliis. *Tournef. inft.* 167.

*Crefcit ad Rheni ripas prope* Bafileam, *in* Italia, Gallia Narbonenfi, *circa* Genevam.

O b u-

MARTYNIA. foliis ferratis. *Hort. Cliff.* 322. *ſp.* 1.
  a *Flos in ſitu naturali, inſidens ramo.*
  b *Calyx cum Staminibus & Piſtillo.*

J. WANDELAAR del. & fecit.

# O B U L A R I A.

1. OBULARIA.

Orobanche virginiana, radice coralloide, fummo caule foliis fubrotundis. *Morif. hift.* 3. *p.* 504. *f.* 12. *t.* 16. *f.* 23.

Orobanche virginiana, radice fibrofa, fummo caule foliis fubrotundis. *Pluk. alm.* 273. *t.* 209. *f.* 6. *Raj. app.* 595.

*Crefcit in* Virginia, *unde tranflatam communicavit* DD. Gronovius.

*Obularia dicta fuit ob convenientiam foliorum cum figura obulorum, præfertim Ruthenicorum.*

# H A L L E R I A.

1. HALLERIA.

Caprifolium afrum, folio pruni leviter ferrato, flore ruberrimo, bacca nigra. *Boerh. lugdb.* 2. *p.* 226.

Evonymus africana, foliis phillyreæ ferratæ majoribus. *Herm. afr.* 9.

*Crefcit in* Africa.

*Cum Loniceris nil commune habet hoc genus in ulla parte fructificationis.*

*Hujus arbufculæ Folia ovata, acuminata, rigida, glabra, tenuiffime ferrata, oppofita, petiolis bre-viffimis infidentia. Rami rectiffimi, oppofiti; Flores ex alis, propriis infidentes petiolis, ruberrimi. Halleriam dixi in honorem Doctiffimi Botanici* Alberti Halleri *M. D. Soc. Soc. Reg. Svec. Pro-fefforis Botanices Gottingenfis.*

# A N T I R R H I N U M. *g· pl.* 514.

1. ANTIRRHINUM foliis alternis cordatis quinquelobis.

Cymbalaria. *Bauh. pin.* 306. *Dalech. hift.* 1322.

Cymbalaria flofculis purpurafcentibus. *Bauh. hift.* 3. *pp.* 685. *Rupp. jen.* 197.

Cymbalaria italica, hederaceo folio. *Lob. hift.* 337.

Elatine hederaceo folio glabro; five Cymbalaria vulgaris. *Vaill. parif.* 48.

Linaria folio glabro fubrotundo, hederæ folio. *Morif. hift.* 2. *p.* 503. *f.* 5. *t.* 14. *f.* 30. *Boerh. lugdb.* 1. *p.* 232.

Linaria hederaceo folio glabro; feu Cymbalaria vulgaris. *Tournef. inft.* 169.

α Linaria hederaceo folio villofo; feu Cymbalaria alpina. *Tournef.*

*Crefcendi locus naturalis alpinus videtur, in quibus autem nafcatur alpibus me latet; hoc ævo crefcit ex uliginofis parietibus, maceriis, muris & faxis* Jenæ, Bafiliæ, Parifiis, Leidæ, Chelfeæ *juxta Londinum, & ubique in* Italia *frequentiffima ; nos nullibi majorem hujus copiam quam ex ipfis muris urbis* Harlemenfis *unquam confpeximus.*

*Mira plantæ indoles, quæ ubique in fummis præcipitiis, ex perpendicularibus præfertim muris enafci tenetur, ubi deorfum pendet, nec ut aliæ plantæ fuperiora affectat; ex ficciffimis enata rimis, licet nullum ipfi affluat pabulum, fame perire vel fiti exficcari non obfervatur; mirum infuper quomodo femina ejecta, quæ non volitantia, eo quo defiderat naturalis plantæ indoles perveniant, cumque pervenere, quomodo permanere, nec a tempeftatibus (etiamnum non radicata) expelli queant.*

2. ANTIRRHINUM foliis oppofitis cordatis crenatis.

Afarina lobelii. *Dalech. hift.* 915. *Tournef. inft.* 171. *Boerh. lugdb.* 1. *p.* 234.

Afarina lobelii, folio (*pro flore*) hederæ terreftris. *Bauh. hift.* 3. *p.* 856. *Morif. hift.* 3. *p.* 432. *f.* 11. *t.* 21. *f.* 1.

Afarina fterilis fevenæ narbonenfis agri. *Lob. hift.* 329.

Hedera faxatilis, magno flore. *Bauh. pin.* 306.

Pediculari congener alpina, hederæ terreftris facie, utriculis amplis vafculum feminale claudentibus. *Pluk. alm.* 283.

*Crefcit in rupibus & cautibus* Veganio *conterminis* Sevenæ.

*Si flores Antirrhini Tournef. imponerentur Glechomæ, planta hæc perfecte repræfentaretur.*

3. ANTIRRHINUM foliis alternis haftatis.

Elatine. *Riv. mon. Dill. gen.* 116. *giff.* 157.

Elatine folio acuminato in bafi auriculato, flore luteo. *Bauh. pin.* 253. *Rupp. jen.* 197. *Vaill. parif.* 48.

Elatine fœmina, folio angulofo. *Bauh. hift.* 3. *pp.* 372.

Elatine altera. *Dod. pempt.* 42.

Linaria fegetum, nummulariæ folio aurito & villofo, flore luteo. *Tournef. inft.* 169.

Linaria hirfuto folio, acuminata, in bafi auriculato. *Morif. hift.* 2. *p.* 503. *f.* 5. *t.* 14. *f.* 28.

α Linaria minima, hirfuto folio acuminato in bafi auriculato, flore luteo minimo. *Morif. hift.* 2. *p.* 503. *f.* 5. *t.* 14. *f.* 29. *Boerh. lugdb.* 1. *p.* 232.

β Linaria fegetum, nummulariæ folio aurito & villofo, flore cœruleo. *Tournef. inft.* 169.

Elatine folio acuminato, flore cœruleo. *C. B.* 253.

*Crefcit in Agris & arvis per* Galliam, Angliam, Italiam, Germaniam, *at* β *in* Sicilia, Italia, Gallia Narbonenfi.

4. ANTIRRHINUM foliis alternis ovatis.

Elatine folio fubrotundo. *Bauh. pin.* 252. *Dill. gen.* 116. *giff.* 158. *Rupp. gen.* 197. *Vaill. parif.* 48.

Elatine mas, folio fubrotundo. *Bauh. hift.* 3. *pp.* 372.

Veronica femina. *Cæfalp. fyft.* 266. *Dalech. hift.* 1050. *Dod. pempt.* 42.

Linaria fegetum, nummulariæ folio villofo. *Tournef. inft.* 169.

Lina.

Linaria hirſuto folio ſubrotundo, flore ex herbido flaveſcente. *Moriſ. hiſt.* 2. *p.* 503. *ſ.* 5. *t.* 14. *f.* 27. *Boerh. lugdb.* 1. *p.* 232.

*Creſcit inter ſegetes & in arvis per* Angliam, Galliam, Germaniam, Italiam.
*Antecedentes omnes procumbentes ſunt & caulibus filiformibus gaudent.*

5. ANTIRRHINUM foliis ternis ovatis.
    Linaria trifolia. *Bauh. hiſt.* 3. *pp.* 458.
    Linaria triphylla minor. lutea. *Bauh. pin.* 212. *Moriſ. hiſt.* 2. *p.* 502. *ſ.* 5. *t.* 12. *f.* 23. *Boerh. lugdb.* 1. *p.* 232.
    Linaria valentina. *Dod. pempt.* 184. *Tournef. inſt.* 169.
    Linaria hiſpanica 1. *Cluſ. biſt.* 1. *p.* 320.
α Linaria triphylla minor lutea, floris vexillo & calcari purpureo. *Boerh.*
β Linaria triphylla cœrulea. *Bauh. pin.* 212. *Moriſ. hiſt.* 2. *p.* 498. *ſ.* 5. *t.* 12. *f.* 3.
γ Linaria latifolia triphyllos ſicula. *Bocc. ſic.* 45. *t.* 22. *Moriſ. hiſt.* 2. *p.* 498. *ſ.* 5. *t.* 12. *f.* 2.
    *Creſcit circa* Valentinam *in pratis & locis umbroſis, in montibus* Hyblæis, *circa* Syracuſas.

6. ANTIRRHINUM foliis quaternis lanceolatis, caule erecto ramoſo.
    Linaria americana maxima, purpureo flore. *Herm. lugdb.* 376. *t.* 377. *Boerh. lugdb.* 1. *p.* 231.
    Linaria, latiſſimo folio, luſitanica. *Tournef. inſt.* 169.
    Antirrhinum triornithophorum. *Griſ. luſit.*
    *Creſcit in* Luſitania & America.
    *Folia in caule nunc quina, nunc terna, ſæpius quaterna.*

7. ANTIRRHINUM foliis quinis linearibus.
    Linaria ſicula multicaulis, molluginis folio. *Bocc. ſic.* 38. *t.* 19. *f.* 1. *Tournef. inſt.* 171. *Boerh. lugdb.* 1. *p.* 231.
    Linaria aſparagi (corrudæ prioris dicti) cluſio foliis. *Moriſ. hiſt.* 2. *p.* 500. *ſ.* 5. *t.* 13. *f.* 15.
α Linaria ſicula multicaulis, folio molluginis, flore luteo rictu aureo. *Boerh.*
    *Creſcit in* Sicilia, *circa* Panormum *& alibi.*
    *Folia ad genicula in orbem poſita nunc quinque, nunc plura; rami pauci.*

8. ANTIRRHINUM foliis lanceolatis alternis ſeſſilibus.
    Linaria latifolia dalmatica, magno flore. *Bauh. pin.* 212. *prod.* 106. *Tournef. inſt.* 169. *Boerh. lugdb.* 1. *p.* 231.
    Linaria maxima, foliis lauri, dalmatica. *Bauh. hiſt.* 3. *pp.* 458. *Moriſ. hiſt.* 2. *p.* 498. *ſ.* 5. *t.* 12. *f.* 1.
    *Creſcendi locus incertus; ſed valde affinis videtur ſpeciei* 5.

9. ANTIRRHINUM foliis linearibus ſparſis.
    Oſyris Linaria. *Dalech. hiſt.* 1332.
    Linaria lutea vulgaris. *Bauh. hiſt.* 3. *pp.* 456.
    Linaria vulgaris lutea, flore majore. *Bauh. pin.* 212. *Moriſ. hiſt.* 2. *p.* 499. *ſ.* 5. *t.* 12. *f.* 10. *Tournef. inſt.* 170. *Boerh. lugdb.* 1. *p.* 231.
α Linaria vulgaris, flore majore albo. *Tournef.*
    *Creſcit ad agrorum margines, juxta muros & in ruderatis ſiccioribus ſat frequens per* Europam.
    *Hæc peſſime fœtet, & veneni quid fovere creditur; in* Svecia *flos muſcarum dicitur, cum flores in feneſtris ruſticorum muſcis objiciantur, ut inde pereant.*

10. ANTIRRHINUM foliis lanceolatis obtuſis alternis, caule diffuſo ramoſiſſimo.
    Antirrhinum minimum. *Bauh. hiſt.* 3. *p.* 465.
    Antirrhinum arvenſe minus. *Bauh. pin.* 212.
    Antirrhinum 3 matthioli. *Dalech. hiſt.* 1340.
    Linaria Antirrhinum dicta. *Raj. ſyn.* 283.
    Linaria pumila vulgatior arvenſis. *Tournef. inſt.* 169.
    Linaria minima, foliis hirſutis, floribus obſolete fuſci coloris. *Moriſ. hiſt.* 2. *p.* 502. *ſ.* 5. *t.* 13. *f.* 25. *Boerh. lugdb.* 1. *p.* 232.
    *Creſcit juxta vias inque vineis locis ruderatis fabuloſis in* Italia, Gallia, Anglia, Hollandia, Germania; *in* Svecia *juxta arcem* Upſalienſem *in ruderibus frequens, ſed e ſeminibus ex Horto Academico diſperſis prognata.*
    *Cornu nectariferum inflectitur in hac ſpecie, uti in ſpecie* 1.

11. ANTIRRHINUM foliis lanceolatis petiolatis, calycibus flore ſuperantibus.
    Antirrhinum anguſtifolium ſylveſtre. *Bauh. hiſt.* 3. *pp.* 464.
    Antirrhinum ſylveſtre; Phyteuma. *Dod. pempt.* 182.
    Antirrhinum arvenſe majus. *Bauh. pin.* 212. *Tournef. inſt.* 168. flore rubro. *Boerh. lugdb.* 1. *p.* 233.
    Antirrhinum arvenſe minus. *Moriſ. hiſt.* 2. *p.* 505. *ſ.* 5. *t.* 14. *f.* 5.
    Antirrhinum minimum. *Lob. hiſt.* 222.
    Antirrhinum parvum ſive Orontium. *Dalech. hiſt.* 1341.
α Antirrhinum arvenſe majus, flore albo. *Tournef.*
β Antirrhinum anguſtifolium majus peregrinum, flore ruberrimo. *Boerh.*
    *Creſcit in arvis ſolo arenoſo, per* Galliam, Angliam, Italiam.

12. ANTIRRHINUM foliis lanceolatis petiolatis, calycibus flore longe brevioribus.
    Antirrhinum vulgare. *Bauh. hiſt.* 2. *pp.* 464. *Tournef. inſt.* 168.
    Antirrhinum majus alterum, folio longiore. *Bauh. pin.* 211. *Moriſ. hiſt.* 2. *p.* 505. *ſ.* 5. *t.* 14. *f.* 1, 2, 3, 4.
    Antirrhinum latifolium, flore rubro rictu luteo. *Boerh. lugdb.* 1. *p.* 233.
    Antirrhinum. *Dod. pempt.* 182. *Lob. hiſt.* 221.
    Os leonis vulgo. *Cæſalp. ſyſt.* 350.
α Antirrhini ſpecies 2—10. *Tournef.*
    Antirrhini ſpecies 2—13. *Boerh.*

*Creſcit*

*Crefcit in aggeribus foffarum & ad fepes circa* Monfpelium, *in agro* Romano, *in* Hifpania.
*Nectarium in plurimis fpeciebus exit in cornu fubulatum, easque Linarias dixit Tournefortius; in aliis obtufum magis eft & obfoletum nectarium, tamen præfens ut in fpecie* 2. 11. 12. *dehifcendi modo variat, rictuque differt, facie & notis effentialibus convenit, ergo falfa hujus generis in plura divifio.*

## R H I N A N T H U S. *g. pl* 511.

1. RHINANTUS corollarum labio fuperiore breviore. *Fl. lapp.* 248.
    Pedicularis pratenfis lutea; vel Crifta galli. *Ba th. pin.* 163. *Morif. hift.* 3. *p.* 426. *f.* 11.*t.* 23. *f.* 1. *Tournef. inft.* 172. *Boerh. lugdb.* 1. *p.* 235.
    Crifta galli fimplici & recto caule. *Cæfalp. fyft.* 340.
    Crifta galli pratenfis humilior, coma lutea. *Rupp. jen.* 194.
    Crifta galli herbariorum. *Lob. hift.* 285.
    Crifta galli. *Dod. pempt.* 556.
    Crifta galli fœmina. *Dill. gen.* 117. *giff.* 80.
  * * Crifta galli mas. *Bauh. hift.* 3. *pp.* 436.
    Crifta galli. *Riv. mon. Dill. giff.* 80.
    Crifta galli major & elatior, calice floris hirfuto, rictus limbo violaceo. *Rupp. jen.* 194.
    Pedicularis pratenfis lutea erectior, calice floris hirfuto. *Tournef. inft.* 172.
    *Crefcit in pafcuis frequentiffima præfertim per* Europam Borealem.

## B A R T S I A.

1. BARTSIA foliis alternis.
    Horminum, tenui coronopi folio, virginianum. *Morif. hift.* 3. *p.* 395. *f.* 11. *t.* 13. *f.* 28.
    *Crefcit in Virginia, unde delatam communicavit DD. Gronovius.*
    *Speciofiffima hæc planta caule gaudet fimplififfimo; foliis alternis, linearibus, divifis, margine integris, verfus apicem confertis in fpicam; intra fingulum folium flore folitario; calyce verfus apicem ut & foliorum floralium apicibus faturatiffima purpurâ tinctis.*

2. BARTSIA foliis oppofitis cordatis obtufe ferratis.
    Euphrafia caule fimplici, foliis cordatis obtufe ferratis. *Fl. lapp.* 246.
    Euphrafia rubra weftmorlandica, foliis brevibus obtufis. *Raj. fyn.* 285.
    Pedicularis alpina, teucrii folio, atrorubente coma. *Tournef. inft.* 172.
    Pedicularis alpina purpurea, teucrii folio. *Morif. hift.* 3. *p.* 428. *f.* 11. *t.* 8. *f.* 15.
    Chamædri vulgari falfæ aliquatenus affinis alpina & Clinopodium alpinum ponæ. *Bauh. hift.* 3. *pp.* 289.
    Clinopodium alpinum. *Pon. bald. (apud Cluf.)* 343.
    Clinopodium alpinum hirfutum. *Bauh. pin.* 225. *Pluk. alm.* 110. *t.* 163. *f.* 5. *Scheub. alp.* 333.
    Teucrium alpinum, coma purpuro cœrulea. *Bauh. pin.* 247.
    *Crefcit in Alpibus* Lapponicis, Allobrogicis, Helveticis, Vallicis, *&* Baldo; *locis duris, apricis, planiufculis.*
    *Huc fpectat* Bartfia foliis oppofitis lanceolatis acute ferratis *quæ* Pedicularis maritima, folio oblongo ferrato. *Tournef.*
    *Utut in Fl. Lapponica ftatueram hanc fpeciem congenerem Euphrafiæ, nec, ob unam alteramve notam, unicam feparari fpeciem neceffe effe duxeram, tamen vifa præcedenti fpecie apertiffime patuit hanc plantam neceffario combinandam effe cum illa, nec illam ullo modo cum Euphrafiis; hæ licet foliorum fitu, in illa oppofito, in hac alterno, differant, tamen facie optime conveniunt, quoad caulem fimplicem, foliis ad apicem congeftis in fpicam, floribus fub fingulo folio folitariis, coma tandem tincta in hac colore atropurpureo, in illa vero coccineo.*
    *Dixi Genus hoc alpinam, a Clariff.* Johanne Bartfchio, *Medicinæ Doctore, Boruffo; qui captus & victus amore ftudii Botanices & totius Hiftoriæ naturalis in fe derivari voluit Spartam Medici ordinarii Societatis Indiæ occidentalis Belgicæ, apud* Surinamenfes, *a quo, fi vita ipfi viresque, quidquid ferat Peregrina terra in triplici naturæ regno, certo certius habebit orbis literatus.*

## E U P H R A S I A. *g. pl.* 512.

1. EUPRASIA caule ramofo, foliis ovatis acute dentatis. *Fl. lapp.* 247.
    Euphrafia officinarum. *Bauh. pin.* 233. *Morif. hift.* 3. *p.* 430. *f.* 11.*t.* 24. *f.* 1. *Boerh. lugdb.* 1. *p.* 235.
    Euphrafia. *Bauh. hift.* 3. *pp.* 426. *Dod. pempt.* 54. *Lob. hift.* 261.
    Euphrafia. *Cæfalp. fyft.* 339.
  * * Euphrafia ramofa pratenfis, flore albo. *Tournef. inft.* 174.
  *β* Euphrafia minus ramofa, flore ex cœruleo-purpurafcente. *Tournef.*
  *γ* Euphrafia minor. *Dill. app.* 53.
    *Crefcit vulgaris per* Europam *in pafcuis fterilioribus & montofis.*

2. EUPHRASIA foliis lanceolatis.
Euphrafia pratenfis rubra. *Bauh. pin.* 234. *Morif. hift.* 3. *p.* 431. *f.* 11. *t.* 24. *f.* 10. *Boerh. lugdb.* 1. 236.
Euphrafia parva purpurea. *Lauh. hift.* 3. *p.* 433.
Euphrafia altera. *Dod. pempt.* 55.
Euphrafia 2. dodonæi; five Cratægonum alterum quorundam. *Lob. hift.* 261
Euphrafia fylveftris major purpurea. *Barr. rar. t.* 276. *f.* 2.
Odontites. *Riv. mon. Dill. gen.* 117. *giff.* 145. *Rupp. jen.* 194.
Pedicularis ferotina, purpurafcente flore. *Tournef. inft.* 172.
*Crefcit in pafcuis fterilioribus & frigidioribus frequens in* Europa.

## P E D I C U L A R I S. *g. pl.* 513.

1. PEDICULARIS caule ramofo, floribus folitariis remotis.
Pedicularis pratenfis purpurea. *Bauh. pin.* 163. *Boerh. lugdb.* 1. *p.* 235.
Pedicularis purpurea paluftris feu pratenfis vulgaris humilior. *Morif. hift.* 3. *p.* 427. *f.* 11. *t.* 23. *f.* 13.
Pedicularis quibusdam, Crifta galli flore rubro & albo. *Bauh. hift.* 3. *pp.* 437.
Alectorolophus 3. generis alterius. *Cluf. hift.* 2. *p.* 210.
Crifta galli altera; feu Phthirion. *Dalech. hift.* 1074.
Fiftularia. *Dod. pempt.* 556.
*Crefcit in pratis paludofis & paludibus per* Europam *frequens, præfertim feptentrionalem.*

2. PEDICULARIS caule fimplici, foliis lanceolatis femi-pinnatis ferratis acutis. *Fl. lapp.* 242. *t.* 4. *f.* 1.
Pedicularis caule fimplici, foliis lanceolatis ferrato pinnatis acutis. *Act. lit. fvec.* 1732. *p.* 57.
*Crefcit in alpium* Lapponicarum *jugis vulgaris.*

3. *SCEPTRUM CAROLINUM. Rudb. iter. t.* 1. *Fl. lapp.* 234. *t.* 4. *f.* 4.
Alectorolophus lapponica lutea, digitalis flore. *Petiv. hort.* 241.
Pedicularis alpina, folio ceterach. *Helw. flor.* 39.
*Crefcit frequentiffima in* Alpibus Lapponicis; *copiofiffima in fubhumidis* Oftrobothniæ *ad apicem finus bothnici; rarius in* Norlandia *& Uplandia, Dalekarlia fveciæ; in* Boruffia *& Ingermannia circa Petropolim; nec non* Archangelopolim, Kolam *in Siberia tefte Cl. Siegesbeck, qui ad nos femina mifit fub nomine:* Pedicularis paluftris altiffimæ fpicatæ, afplenii foliis regionum feptentrionalium.
*Differt a* Pedicularibus *mihi notis* fructu fubrotundo regulari; *apice fcilicet minime obliquo.*

## D O D A R T I A. *g. pl.* 506.

1. DODARTIA.
Dodartia orientalis, flore purpurafcente. *Tournef. cor.* 47. *itin.* 3. *p.* 208. *t.* 208. *Boerh. lugdb.* 1. *p.* 239.
*Crefcit juxta montem* Ararat.
*Confecrata fuit hæc a Tournefortio memoriæ* Dodarti, Galli, *clari rariorum plantarum Iconibus.*
*Obferva. in generibus noftris addatur: Stylus fuperne craffior, ftigmate compreffo bifido, lamellis parallelis; corollæ labio inferiore duplo majore, fuperiore femibifido.*

## H E B E N S T R E T I A. *g. pl.* 874.

1. HEBENSTRETIA.
Valerianella africana, foliis anguftis, flore macula rubicante notato. *Comm. hort.* 2. *p.* 217. *t.* 109.
Valerianoides flore monopetalo, femine unico oblongo. *Raj. app.* 245.
*Crefcit in* Africa.
*Confecratam volui hanc plantam africanam meritis* Jo. Ernefti Hebenftreit, M. D. & Prof. Lipfienfis, *Acad. Imper. Socii, qui Regis* Friderici Augufti Poloniarum *juffu* Africam *Hiftoriæ naturalis caufa adiit, peragravit; cui Viro infuper debet orbis tam varia, quæ ordinem & methodum fpectant, egregia monumenta in triplici naturæ regno.*
*Singularis floris ftructura & fine pari eft; labium enim corollæ unicum & fuperius folum adeft, quod plicatum reflectitur, & ftamina quatuor, tamquam dentes rudi, ipfi margini ipfius labii inferta, nuda confpiciuntur, prominente piftillo tamquam lingua.*

## A C A N T H U S. *g. pl.* 52.

1. ACANTHUS foliis finuatis inermibus.
Acanthus fativus. *Dod. pempt.* 719. *Lob. hift.* 477.
Acanthus fativus & mollis virgilii. *Bauh. pin.* 382.
Acanthus, vulgo Branca urfina. *Cæfalp. fyft.* 333.
Carduus Acanthus, five Branca urfina. *Bauh. hift.* 3. *p.* 75.
*Crefcit petrofis & humentibus locis in* Italiæ meridionalibus circa Bajas *& Neapolin; inque* Sicilia *copiofe.*

2. ACAN-

2. ACANTHUS foliis pinnatifidis fpinofis.
    Acanthus fylveftris. *Dod. pempt.* 719.
    Acanthus fylveftris, fcolymo fimilis aculeatus. *Lob. hift.* 477.
    Acanthus aculeatus. *Bauh pin.* 383. *Boerh. lugdb.* 1. *p.* 239.
    Carduus Acanthus five Branca urfina fpinofa. *Bauh. hift.* 3. *p.* 75.
    *Crefcit forte cum antecedenti.*
    *Quod hæc fpecie ab antecedenti diftincta fit, difficile apud me fidem impetrat dum flores examino,*
    *ovo fimiliores ovo, fimulque afpicio* Acanthum foliis ovatis plicatis fpinofis: *feu Paina-fchulli.*
    *Rheed. mal.* 2. *p.* 93. *t.* 48. *qui ex alis fuos profert flores ; dein* Acanthum medium rarioribus
    & brevioribus aculeis donatus. Morif. hift. 3 p. 604. f. 15. t. 2. f. 2. *qui certiffime varietas,*
    *attamen aculeatæ & non aculeata intermedia, adeo ut vix video ad quam fpeciem proprius accedat.*

# V I T E X. *g. pl.* 516.

1. VITEX. *Dod. pempt.* 774. *Dalech. hift.* 281.
    Vitex foliis anguftioribus cannabis modo difpofitis. *Bauh. pin.* 475. *Boerh. lugdb.* 2. *p.* 222.
    Vitex, vulgo Agnus caftus. *Cæfalp. fyft.* 128.
    Agnus caftus. *Herm. lugdb.* 11.
    Agnus folio non ferrato. *Bauh. hift.* 1. pp. 205.
α Agnus folio ferrato. *Bauh. hift.* 1. pp. 205.
    Vitex latiore folio. *Bauh. pin.* 475.
β Vitex foliis anguftioribus cannabis modo difpofitis, floribus cœruleis. *Tournef. inft.* 604.
γ Vitex, five Agnus flore albido. *Tournef.*
δ Vitex, five Agnus foliis anguftiffimis. *Tournef.*
    *Crefcit in locis paluftribus* Siciliæ & Regni Neapolitani *frequens.*

# C R E S C E N T I A. *g. pl.* 505.

1. CRESCENTIA foliis lanceolatis utrinque attenuatis.
    Cujete foliis oblongis & anguftis, magno fructu ovato. *Plum. gen.* 23.
    Cviete brafilienfibus, vulgo corrupte Cochine. *Marcg. braf.* 123. *fig. defcr.*
    Cviete. *Pif. braf.* (alter.) 173.
    Cuccurbitifera arbor, fubrotundis foliis confertis, fructu ovali, feminibus cordatis maffula nigra inclufis,
        americana. *Pluk. alm.* 124. *t.* 171. *f.* 2.
    Arbor americana cucurbitifera', folio longo mucronato, fructu oblongo. *Comm. hort.* 1. *p.* 137. *t.* 71.
    Arbor cucurbitifera americana, folio fubrotundo. *Raj. hift.* 1667. *Sloan. flor.* 206. *hift.* 2. *p.* 172.
    *Crefcit in locis apricis & campeftribus per* Americæ *maximam partem vulgaris, uti in* Caribæis
        Jamaica, Virginia, Brafilia.
    *Arbufcula noftra bipedalis in hunc diem non floruit apud nos ; facie ad Dodonæam accedit proxime.*

TETRA-

# Claſſis XV.

# TETRADYNAMIA.

## SILICULOSA.

### ANASTATICA. *g. pl.* 525.

1. ANASTATICA.

Amomis. *Cæſalp. ſyſt.* 56.

Thlaſpi; Roſa de hiericho dictum. *Moriſ. hiſt.* **2.** *p.* 228. *ſ.* 3. *t.* 25. *f.* **2,** 3. To rneſ. inſt. 213. Boerh. lugdb. 2. p. 8

Myagrum humile fruticoſum, Roſa hierico dictum. *Pluk. alm.* 248.

Roſa hiericho. *Bauh. hiſt. p.* 209.

Roſa hiericontea. *Lob. hiſt.* 616.

Roſa hierichuntea vulgo dicta. *Bauh. pin.* 484.

Roſa de hiericho. *Dalech. hiſt.* 1796.

Roſa hiericontea. *Beſl. eyſt.* 3. *p.* 36. *f.* 3 & 1 optima. .

*Creſcit in* Arabia *deſerta ad littora* Maris rubri *in ſabulo.* Rauw. *in tectis & ruderibus Syriæ* Bellon. *Ad Hiericho urbem vero nunquam viſa eſt, quantum ex peregrinatoribus conſtet.*

*Botanici duas ſtatuunt ſpecies, qua in re differant ignoro, magnitudo enim differentia non eſt ; noſtra exacte convenit cum Beſleri prima figura.*

*Ut abſurdum hanc ad Roſam referre , ſic nec admodum ſapiens factum ad Thlaſpi genus eam amandare, propius enim accedit ad Myagrum, cum autem etiam ab hoc & facie & fructificatione abunde differat , novum inde genus conſtitui Anaſtaticam plantam dixi, cum reſurgat aquæ, tepidæ præſertim, immerſa, ſive ſit in manu parturientis, ſive in manu Monachi media nocte nativitatis Chriſti, ſive in manu Agyrtæ medio in foro Amſtelodami , ſive in manu ludentis pueri omni hora.*

*Certe majus miraculum eſt in* Muſcis *; hæc enim modo extendit arcuatos & inflexos ante ramos, at* Muſci *aqua rigati revireſcunt, reviviſcunt, & licet ſicciſſimi novam vitam recuperant.*

### MYAGRUM. *g. pl.* 524.

1. MYAGRUM ſiliculis obverſe cordatis fere ſeſſilibus.

Myagrum monoſpermum latifolium. *Bauh. pin.* 109. *prod.* 52. *t.* 51. Tournef. inſt. 211. Boerh. lugdb. 2. p. 2.

Myagron monoſpermon. *Bauh. hiſt. p. p.* 894.

Raphaniſtrum monoſpermum latifolium, ſiliculis fungoſis glabris auriculatis. *Moriſ. hiſt.* 2. *p.* 267. *ſ.* 3. *t.* 21. *f.* antepenult.

*Creſcit in arvis ſatis in* Gallia, *inter* Blæſas *præſertim &* Beaugeancie; *in agro* Dampierre *& ſ.* Mauritium.

2. MYAGRUM ſiliculis obverſe ovatis: lateribus impreſſis.

Myagrum ſativum. *Bauh. pin.* 109.

Myagrum majus ſeu ſativum. *Moriſ. hiſt.* 2. *p.* 212. *ſ.* 3. *t.* 21. *f.* 1, 2.

Myagrum turcicum. *Bauh. hiſt.* 2. *p.* 893.

Myagrum, dictum Camelina. *Bauh. hiſt.* 2. *p.* 892.

Pſeudo Myagrum. *Dalech. hiſt.* 1137.

Camelina ſive Myagrion. *Dod. pempt.* 532.

Dorella. *Cæſalp. ſyſt.* 367.

Alyſſon ſegetum, foliis auriculatis acutis. *Tournef. inſt.* 217. Boerh. lugdb. 2. p. 4.

α Myagrum ſegetum , foliis auriculatis acutis, fructu majori. *Tournef.*

β Myagrum ſylveſtre. *Bauh. pin.* 109.

*Creſcit præſertim inter* Linum *in agris frequens per maximam* Europæ *parte n, præſerti n ſeptentrionalem.*

3. MYAGRUM ſiliculis globoſis compreſſis ſcabris.

Myagro ſimilis ſiliqua rotunda. *Bauh. pin.* 109. *prod* 52. *t.* 52.

Myagro affinis herba, capitulis rotundis. *Bauh hiſt.* 2. *p.* 895.

Rapiſtrum arvenſe, folio auriculato acuto. *Tournef. inſt.* 211. Boerh. lug lb. 2. p. 2.

Raphaniſtrum ſiliqua minore rotunda rugoſa aſpera. *Moriſ. hiſt.* 2. *p.* 26 . *ſ* 3. *t.* 21. *f.* ult.

*Creſcit in agris circumjacentibus* Blæſas, Pictavium, Lunellam , Monſpelium.

*Plantas has tres (*1. 2. 3*) ad Tria diverſa genera amandatas a ſyſtematicis, facie inter ſe adeo ſimiles, ut vix antequam fructificent diſtinguantur , locoque natali convenientes genere conjungo, licet natura in fructu differentes has reddiderit ; puto ſatius eſſe noſtrum judicium, noſtras leges ſecundum naturam obſequioſe flectere, quam illi illicitas manus, quæ tamen valent minus nihilo, inferre.*

VELLA.

# VELLA.

1. VELLA.

Sinapi hifpanicum, folio glaucii violacei. *Boerh. lugdb.* 2. *p.* 13.
Nafturtium filveftre valentinum. *Cluf. hift.* 2. *p.* 130. *Bauh. hift.* 2. *p.* 920.
Nafturtium fylveftre, erucæ affine. *Bauh. pin.* 105. *Morif. hift.* 2. *p.* 301. *f.* 3. *t.* 19. *f.* 8.
Eruca nafturtio cognata tenuifolia. *Lob. hift.* 102.
*Crefcit in Hifpania ad pagum* Elda *feptem fub Horivela leucis hifpanicis.*
*Vella eft nomen Galeni, quod hujus loci ut fixum inferui.*

# CLYPEOLA. *g. pl.* 532.

1. CLYPEOLA filiculis unilocularibus & monofpermis.

Jon-Thlafpi minimum fpicatum lunatum. *Col. echpr.* 1. *p.* 284. *Tournef. inft.* 210. *Boerh. lugdb.* 2. *p.* 3.
Thlafpi clypeatum, ferpilli folio. *Bauh. pin.* 107.
Thlafpi minus clypeatum penæ. *Dalech. hift.* 1182.
Thlafpi alterum minus clypeatum, ferpilli folio, etiam narbonenfe. *Lob. adv.* 74.
Leucojum clypeatum, ferpilli folio. *Morif. hift.* 2. *p.* 248. *f.* 3. *t.* 9. *f.* 9.
Lunaria peltata minima quibusdam ad thlafpi referenda. *Bauh. hift.* 2. *p.* 935.
Lunaria græca quarta. *Cæfalp. fyft.* 369.
*Crefcit in nudis, faxofis, fabulofis, fquallidis, ad montium radices & in collibus fterilibus foli orienti*
*expofitis* Anverfæ *Valuenfium,* Monfpeliis, *in agro* Narbonenfi *&* Nemaufenfi.

2. CLYPEOLA filiculis bilocularibus tetrafpermis.

Alyffon incanum luteum, ferpilli folio, majus. *Tournef. inft.* 217. *Boerh. lugdb.* 2. *p.* 3.
Alyffon minimum. *Cluf. hift.* 2. *p.* 133. *defcr.* & *fig. bona.*
Thlafpi Alyffon dictum campeftre majus. *Bauh. pin.* 107. *Morif. hift.* 2. *p.* 291. *f.* 3. *t.* 16. *f.* 2. *defcr.* & *fig. mala*
Thlafpi minus quibusdam, aliis Alyffon minus. *Bauh. hift.* 2. *p.* 928.
Thlafpi Alyffon dictum campeftre minus. *Bauh. pin.* 107.
*Crefcit circa* Genevam, Moguntiam *in Germania,* Monfpelium *in Gallia Narbonenfi,* Vien-
nam *ad arvorum margines & vinetorum, in glareofis & gramineis ficcis.*
*Hæ duæ plantæ* (1. 2.) *ob fructum interne diverfum feparatæ fuere in diverfa genera, at quan-*
*tum fructus interne differat, tantum externe conveniunt; conveniunt infuper calyce perfiftente,*
*quod rarum eft in ifta gente, adeoque, cum & facie conveniant, dico æque multum valere exter-*
*nam ac internam faciem. Jon-Thlafpi nomen eft confarcinatum a viola græce Jon & Thlafpi,*
*hinc omittitur, cumque fructus perbelle clypeum veterum repræfentat & veteribus Thlafpi cly-*
*peatum dictum fuit, nos Clypeolam pro Clypeolata diximus hanc plantam.*

# BISCUTELLA. *g. pl.* 531.

1. BISCUTELLA calycibus nectario utrinque gibbis, filiculis verfus ftylum coëuntibus.

Thlafpidium hirfutum, calyce floris auriculato. *Tournef. inft.* 214. *Boerh. lugdb.* 2. *p.* 6.
Thlafpi bifcutatum villofum, flore calcari donato. *Bauh. pin.* 107. *prod.* 49.
Leucojum montanum, flore pedato. *Colum. ecphr.* 2. *p.* 61.
Jon-Draba alyffoides lutea anguftifolia. *Barr. rar. t.* 230.
*Crefcit in faxofis* Gallo-provinciæ, Bormii *non procul ab infulis Stœchadibus, circa oppidum*
Filettino *in montibus ditionis Romæ.*
*Mirum eft quod Botanici adhucdum vix viderint nectaria in floribus hujus claffis, licet hæc planta*
*omnium oculos in fe verteret, quæ tam gibbo gaudet vafe mellifero & tam vafta glandula nec-*
*tarea, ut nulli non patefceret.*

2. BISCUTELLA filiculis orbiculato didymis a ftylo dehifcentibus.

Thlafpi bifcutellatum, hieracii folio, pallido flore. *Barr. rar. t.* 900.
Thlafpidium monfpelienfe, hieracii folio hirfuto. *Tournef. inft.* 214. *Boerh. lugdb.* 2. *p.* 6.
Thlafpi bifcutatum afperum hieracifolium & majus. *Bauh. pin.* 107.
Thlafpi parvum hieracifolium, five Lunaria lutea. *Lob. adv.* 74.
Thlafpi clypeatum. *Cluf. hift.* 2. *p.* 133.
Lunaria bifcutata. *Bauh. pin.* 935.
Leucojum bifcutatum afperum hieracifolium majus. *Morif. hift.* 2. *p.* 248. *f.* 3. *t.* 9. *f.* 10.
*Crefcit in* Germania, Italia, Sicilia, Gallia, *uti fupra thermas badenfes in vicinis collibus collium-*
*que catena, quæ ad Danubium usque excurrit.*

# IBERIS. *g. pl.* 529.

1. IBERIS foliis finuatis, caule nudo fimplici.

Iberis petræa, foliis burfæ paftoris. *Dill. gen.* 123. *giff.* 80.
Thlafpidium arvenfe minimum, folio glabro fpiffo. *Rupp. jen.* 218.
Nafturtium petræum, foliis burfæ paftoris. *Bauh. pin.* 104. *Tournef. inft.* 214.
Burfa paftoris foliis incifis. *Bauh. pin.* 108. *Boerh. lugdb.* 2. *p.* 9.

O o o o

Burfa

Burfa paftoris minor, foliis alatis coftæ mediæ adhærentibus uno impare extremum claudente. *Morif. hift.* 2. *p.* 305. *f.* 3. *t.* 19. *f.* 5.
Burfa paftoris, parvo folio glabro fpiffo. *Bauh. hift.* 2. *p.* 937.
Burfa paftoria minor. *Dod. pempt.* 103.
*Crefcit in folo arenofo per* Scaniam, Daniam, Germaniam, Belgium, Angliam *&c.*

2 IBERIS foliis cuneiformibus integerrimis obtufis.
Thlafpidium fruticofum, leucoji folio, femperflorens. *Tournef. inft.* 214. *Boerh. lugdb.* 2. *p.* 6.
Thlafpi fruticofum umbellatum perficum, foliis leucoji inftar fempervirentibus. *Morif. hift.* 2. *p.* 296.
Thlafpi latifolium polycarpon, leucoji foliis. *Bocc. fic.* 55. *t.* 29. *f.* a—i.
α Thlafpidium fruticofum, leucoji folio, variegato, femperflorens. *Tournef.*
*Crefcit in* Sicilia *in loco Mariduci dicto, prope* Panormum. Bocc. *in* Perfia *autem referente* Morif.

3. IBERIS foliis linearibus acutis integerrimis.
Thlafpi montanum fempervirens. *Bauh. pin.* 106. *Morif. hift.* 2. *p.* 297. *f.* 3. *t.* 18. *f.* 26. *Tournef. inft.* 213. *Boerh. lugdb.* 2. *p.* 7.
Thlafpi montanum candidum. *Dalech. hift.* 1180.
Thlafpi fruticofum fempervirens, albo cretici flore. *Barr. rar.* 38. *t.* 734.
Thlafpi creticum perenne, flore albo. *Barr. rar. t.* 214.
*Crefcit in præruptis faxis ad vicum* D. Gulielmi Deferti *haud procul* Agnania *cænobio.*

4. IBERIS foliis lanceolatis acuminatis: inferioribus ferratis, fuperioribus integerrimis.
Thlafpi creticum quibusdam, flore rubente & albo. *Bauh. hift.* 2. *p.* 924. *Boerh. lugdb.* 2. *p.* 7. *Tournef. inft.* 213.
Thlafpi umbellatum creticum, iberidis folio. *Bauh. pin.* 106. *Morif. hift.* 2. *p.* 295. *f.* 3. *t.* 17. *f.* 21.
Thlafpi creticum, iberidis folio, flore albo. *Barr. rar.* 38. *t.* 893.
Thlafpi creticum. *Cæfalp. fyft.* 367.
Thlafpi candiæ umbellatum, iberidis folio. *Lob. hift.* 108.
Draba five Arabis aut Thlafpi candiæ. *Dod. pempt.* 713.
*Crefcit in fylvis montofis prope* Salenum *in regno* Neapolitano *& in* Etruria *prope* Viterbum *in-que monte* S. Juliani; *& in* Creta.

5. IBERIS foliis linearibus verfus apicem dilatatis ferratis.
Thlafpi umbellatum creticum, flore albo odoro, minus. *Bauh. pin.* 106. *Tournef. inft.* 213.
Thlafpi parvum, umbellato flore niveo odorato. *Bauh. hift.* 2. *p.* 945.
Thlafpi parvum 4, odorato flore. *Cluf. hift.* 2. *p.* 132.
*Crefcit in* Allobrogicis.

# THLASPI. *g. pl.* 530.

1. THLASPI filiculis fuborbiculatis, foliis lanceolatis integerrimis.
Thlafpi, capfula cordata, peregrinum. *Bauh. hift.* 2. *p.* 927. *Morif. hift.* 2. *p.* 297. *f.* 3. *t.* 18. *f.* 30. *Boerh. lugdb.* 2. *p.* 7.
*Crefcendi locus nobis latet.*
*Differt a fequenti foliis minime dentatis, nec bafi bifidis; filiquis fimile eft, fed margo adhuc major.*

2. THLASPI filiculis orbiculatis, foliis oblongis dentatis glabris. *Fl. lapp.* 251.
Thlafpi arvenfe, filiquis latis. *Bauh. pin.* 105. *Morif. hift.* 2. *p.* 293. *f.* 3. *t.* 17. *f.* 12. *Boerh. lugdb.* 2. *p.* 7.
Thlafpi cum filiquis latis. *Bauh. hift.* 2. *p.* 923.
Thlafpi drabæ folio. *Lob. hift.* 108.
Thlafpi latius. *Dod. pempt.* 712.
*Crefcit in agris frequentiffima per* Europam.

3. THLASPI filiculis fubrotundis, foliis fagittatis dentatis incanis.
Thlafpi arvenfe, vaccariæ incano folio, majus. *Bauh. pin.* 106. *Morif. hift.* 2. *p.* 294. *f.* 3. *t.* 17. *f.* 14.
Thlafpi vulgatius. *Bauh. hift.* 2. *p.* 921. *Tournef. inft.* 212.
Thlafpi vulgatiffimum, vaccariæ folio. *Lob. hift.* 108.
Thlafpi alterum. *Dod. pempt.* 712.
α Thlafpi, vaccariæ incano folio, minus. *Bauh. pin.* 106. *prod.* 47.
*Crefcit in arvis, ad margines viarum & agrorum in locis argillofis frequens per* Europam.

4. THLASPI filiquis verticaliter cordatis. *Fl. lapp.* 252.
Thlafpi fatuum Burfa paftoris dictum. *Raj. hift.* 838. *Pluk. alm.* 365.
Burfa paftoris major, folio finuato. *Bauh. pin.* 108. *Tournef. inft.* 216. *Boerh. lugdb.* 2. *p.* 9.
Burfa paftoris major, capfula cordata, foliis finuatis. *Morif. hift.* 2. *p.* 304. *f.* 3. *t.* 20. *f.* 2.
Burfa paftoris. *Lob. hift.* 110.
Burfa paftoria. *Bauh. hift.* 2. *p.* 936. *Dod. pempt.* 103.
α Burfa paftoris major, folio non finuato. *Bauh. pin.* 108.
β Burfa paftoris media. *Bauh. pin.* 108.
γ Burfa paftoris minor, foliis incifis (C. B. male). *Lind. wiksb.* 6.
δ Burfa paftoris minor, foliis integris. *Celf upf.* 13.
*Crefcit in agris & locis cultis, in ruderatis, juxta agros & vias paffim vulgatiffima ubique per* Europam.

LEPI.

# L E P I D I U M. *g. pl.* 527.

1. LEPIDIUM foliis ovato-lanceolatis integris ferratis.
Lepidium latifolium ferratum. *Morif. hift.* 2. *p.* 312.*f.* 3. *t.* 21. *f.* 1. *Boerh. lugd.* 2. *p.* 9.
Lepidium latifolium. *Bauh. pin.* 97. *Tournef. inft.* 216.
Lepidium plinii. *Dod. pempt.* 716.
Lepidium pauli. *Bauh. hift.* 2. *p.* 940.
Lepidium pauli & plinii. *Dalech. hift.* 666.
Lepidium, vulgo Herba piperis. *Cæfalp. fyft.* 364.
*Crefcit in umbrofis fucculentis, præfertim juxta fluvios* Monfpelii; *inque quibusdam* Angliæ *locis &c.*

2. LEPIDIUM foliis lanceolatis amplexicaulibus dentatis.
Lepidium humile minus incanum alepicum. *Tournef. inft.* 216. *Boerh. lugd.* 2. *p.* 9.
Draba chalepenfis repens humilior, foliis minus cinereis & quafi viridibus. *Morif. hift.* 2. *p.* 314.
α Lepidium humile incanum arvenfe. *Tournef. inft.* 216.
Draba umbellata; vel Draba major, capitulis donata. *Bauh. pin.* 109. *Morif. hift.* 2. *p.* 313.*f.* 3. *t.* 21. *f.* 1.
Draba multis, flore albo. *Bauh. hift.* 2. *p.* 939.
Draba 1 vulgaris. *Cluf. hift.* 2. *p.* 123.
Draba. *Cæfalp. fyft.* 365.
Arabis feu Draba. *Dalech. hift.* 664.
*Crefcit in agrorum marginibus in* Germania, Italia, Gallia *non infrequens; copiofiffima autem in* Auftria *inferiore & circa* Viennam.

3. LEPIDIUM foliis caulinis pinnato-multidis, ramiferis cordatis amplexicaulibus integerrimis.
Nafturtium orientale, foliis inferioribus millefolium, fuperioribus perfoliatam referentibus. *Tournef. inft.* 214.
Thlafpi fpicatum perficum perfoliatum maximum, foliis inferioribus tenuiter incifis hypecoi modo, fuperioribus a caule perfoliatæ modo penetratis. *Morif. hift.* 2. *p.* 294. *f.* 3. *t.* 25. *f.* 17. *Boerh. lugdb.* 2. *p.* 7.
Thlafpi verum diofcoridis 1. *Zan. hift.* 193.
*Crefcit in* Perfia *&* Soria.

4. LEPIDIUM foliis oblongis varie divifis vel incifis.
Nafturtium vulgare. *Bauh. hift.* 2. *p.* 912.
**Nafturtium hortenfe vulgatum.** *Bauh. pin.* 103. *Tournef. inft.* 212. *Boerh. lugdb.* 2. *p.* 8.
**Nafturtium hortenfe.** *Dod. pempt.* 711. *Dalech. hift.* 655.
Nafturtium hortenfe five vulgare tenuiter divifum. *Morif. hift.* 2. *p.* 300. *f.* 3. *t.* 19. *f.* 1.
Nafturtium, vulgo Maftorfium. *Cæfalp. fyft.* 363.
Nafturtium. *Lob. hift.* 107.
α **Nafturtium hortenfe latifolium.** *Bauh. pin.* 103. *prod.* 44. *t.* 43.
β Nafturtium hortenfe crifpum. *Bauh. pin.* 104. latifolium. *Bauh. prod.* 44. *t.* 44.
γ Nafturtium hortenfe crifpum tenuifolium. *Bauh. prod.* 44. *t.* 43.
*Crefcendi locus nobis latet, nifi per culturam a fequenti fit productum.*
*Licet folia in planta vulgatiffima multifida fint, in varietate α lanceolata integra incifo-ferrata; in* β. γ. *vero pinnata crifpa, ejusdem tamen fpeciei effe plantas negat nullus, qui viderit fructificandi modum, fructificationis partes, ftructuram plantæ, faporem, faciem.*

5. LEPIDIUM foliis radicalibus dentato-pinnatis, ramiferis linearibus integerrimis.
Nafturtium fylveftre, ofyridis folio. *Bauh. pin.* 105. *Boerh. lugdb.* 2. *p.* 8. capfulis minimis. *Morif. hift.* 2. *p.* 301. *f.* 3. *t.* 19. *f.* 7.
Thlafpi anguftifolium fuchfii. *Dalech. hift.* 1181. Nafturtium fylveftre io. bauhini. *Bauh. hift.* 2. *p.* 914.
α Iberis nafturtii folio. *Bauh. pin.* 97. *Morif. hift.* 2. *p.* 311. *f.* 3. *t.* 21. *f.* 3. *Raj. hift.* 827.
*Crefcit in collibus glareofis fterilibus, locis ruderatis, juxta vias &c. paffim per* Belgium *&* Germaniam; *rarius in* Anglia *&* Svecia, Holmiæ *&* Upfaliæ *vidimus; in* Dania *frequens.*

6. LEPIDIUM foliis lanceolato-linearibus ferratis.
Lepidium gramineo folio, five Iberis. *Tournef. inft.* 216. *Boerh. lugdb.* 2. *p.* 9.
Iberis latiore folio. *Bauh. pin.* 97. ferrato. *Morif. hift.* 2. *p.* 311. *f.* 3. *t.* 21. *f.* 1.
Iberis cardamantica. *Lob. hift.* 111.
Iberis. *Bauh. hift.* 2. *p.* 918. *Dod. pempt.* 714.
α Iberis humilior annua virginiana ramofior. *Morif. hift.* 2. *p.* 311. *f.* 3. *t.* 21. *f.* 2. *Sican. flor.* 80.
*Crefcit in incultis ruderatis, fecus vias in* Germania, Narbona, Italia, Sicilia, *at α in* Virginia.
*Varietas α, licet fpicis & filiculis gaudeat majoribus, vix diftingui debere probat ftructura totius plantæ.*
*Conjunctis genere* Lepidio *&* Nafturtio, *quibus limites interpofitæ a nature funt nullæ, & nominum fiat conjunctio;* Lepidium *ut nomen probatum ab antiquiffimis perfiftat,* Nafturtium *uti a recentioribus conflatum removeatur.*

# C O C H L E A R I A. *g. pl.* 528.

1. COCHLEARIA foliis pinnatifidis.
Carara. *Cæfalp. fyft.* 370.
Cornu cervi alterum repens. *Dod. pempt.* 110.
Coronopus ruelli, five Nafturtium verrucofum. *Bauh. hift.* 2. *p.* 919. *Rupp. jen.* 67.
Ambrofia campeftris repens. *Bauh. pin.* 138.

O o o o 2

Naftur-

Nafturtium verrucofum, capfula bivalvi afpera feu hirfuta. *Morif. hift.* 2. *p.* 302. *f.* 3. *t.* 9. *f.* 9.
Nafturtium fylveftre capfulis criftatis. *Tournef. inft.* 214. *Boerh. lugdb.* 2. *p.* 8.
Nafturtium fupinum, capfulis verrucofis. *Raj. fyn.* 304.
Nafturtio affinis monofpermos, capfula verrucofa. *Pluk. alm.* 254.

*Crefcit in maritimis, vel uliginofis, ad vias, in compitis, juxta ferobes, folo femper ruderato vel nudo, fucculento ac pingui per maximam partem* Europæ*, ubi campeftris regio.*

*Paradoxon forte multis proponam circa genus hujus plantæ; paradoxa certe omnibus diu planta, ut de ea tot fententiæ, quot capita recentiorum fyftematicorum. Certum eft quod hæc uti Nafturtium in fingulo loculo unico communiter perfecte gaudeat femine, at cochleariæ fæpius pluribus; efto quod numero feminum a Cochleariis parum difcedat, eo tamen propius accedit figura fructus. Cochlearia enim gaudet filicula margine obtufo, uti hæc; fuperficie fcabra, uti hæc; apice non emarginato, uti hæc; utrinque gibbo, uti hæc; quibus notis omnibus manifefte a Nafturtiis recedit; infuper confiderata facie, loco natali, ramis dejectis, & modo crefcendi propius ad Cochleariam, quam Nafturtium accedit.*

2. **COCHLEARIA** foliis radicalibus lanceolatis crenatis, caulinis incifis.
Cochlearia folio cubitali. *Tournef. inft.* 215. *Boerh. lugdb.* 2. *p.* 10.
Armoracia rivini. *Rupp. jen.* 67.
Thlafpi magnum, Rafanus montanus vulgo. *Cæfalp. fyft.* 367.
Raphanis magna. *Dod. pempt.* 678.
Raphanus rufticanus. *Bauh. pin.* 96. *Morif. hift.* 2. *p.* 237. *f.* 3. *t.* 7. *f.* 2.
Raphanus fylveftris, five Armoracia multis. *Bauh. hift.* 2. *p.* 851.
Raphanus rufticanus, craffa radice, lapathi folio. *Lob. hift.* 173.
*Crefcit in foffis & ad rivulos in Angliæ* Northumbria *circa* Alnevicum *&* Eboracenfi *comitatu ad rivos rivuli* Skiptonenfis*; prope* Bafileam *in fylvis.*

3. **COCHLEARIA** foliis caulinis cordato-fagittatis amplexicaulibus.
Cochlearia altiffima, glafti folio. *Tournef. inft.* 215.
Lepidium glaftifolium. *Bauh. pin.* 97. *Boerh. lugdb.* 2. *p.* 9.
Lepidium glaftifolium perenne. *Morif. hift.* 2. *p.* 312. *f.* 3. *t.* 21. *f.* 3.
Lepidium annuum. *Dalech. hift.* 1297.
*Crefcendi locus a nobis ignoratur.* Rajus *in hiftoria p.* 828 & 480 *fimillimam Ratisponæ in agris copiofam obfervavit, fed unilocularem, noftra vero bilocularis eft.*

4. **COCHLEARIA** foliis radicalibus fubrotundis, caulinis oblongis finuatis. *Fl. lapp.* 256.
Cochlearia folio fubrotundo. *Bauh. pin.* 110. *Tournef. inft.* 215. *Boerh. lugdb.* 2. *p.* 10.
· Cochlearia batavica, fubrotundo folio. *Morif. hift.* 2. *p.* 308.
Cochlearia batava. *Lob. hift.* 156.
Cochlearia. *Bauh. hift.* 2. *p.* 942. *Dod. pempt.* 594. *Dalech. hift.* 1320.
α Cochlearia major batavica erecta, folio oblongo. *Herm. lugdb.* 165.
β Cochlearia folio finuato. *Bauh. pin.* 110.
Cochlearia britannica, folio finuato. *Morif. hift.* 2. *p.* 308.
Cochlearia britannica. *Lob. hift.* 157. *Dod. pempt.* 594.
*Crefcit in falfis maritimis per* Angliam, Belgium, Daniam, Norvegiam.

# A L Y S S U M. *g. pl.* 533.

1. **ALYSSUM** ramis fenelibus fpiniformibus nudis.
Alyffon fruticofum aculeatum. *Tournef. inft.* 217. *Boerh. lugdb.* 2. *p.* 4 & 5.
Leucojum fpinofum five Thlafpi fpinofum aliis. *Bauh. hift.* 2. *p.* 931.
Thlafpi fruticofum fpinofum. *Bauh. pin.* 108. *Morif. hift.* 2. *p.* 292. *f.* 3. *t.* 16. *f.* 4. *Lob. hift.* 109. narbonenfe. *Dalech. hift.* 1182.
Thlafpi fpinofum hifpanicum. *Barr. rar. t.* 808.
*Crefcit in fummis rupibus montis* Lupi *non longe a* Monfpelio, *nec non in fteriliffimis cautibus prope* Nemaufium.

2. **ALYSSUM** caule erecto, foliis lanceolatis incanis integerrimis, floribus corymbofis.
Alyffon fruticofum incanum. *Tournef. inft.* 217. *Boerh. lugdb.* 2. *p.* 4.
Thlafpi fruticofum incanum. *Bauh. pin.* 108.
Thlafpi, capfulis oblongis, incanum. *Bauh. hift.* 2. *p.* 929.
Thlafpi incanum machlinienfe. *Cluf hift.* 2. *p.* 132. *Lob. hift.* 108.
Thlafpi incanum, flore albo, capfulis oblongis. *Morif. hift.* 2. *p.* 292. *f.* 3. *t.* 16. *f.* 7.
Draba fruticofa incana. *Dill. app.* 17.
α Alyffon fruticofum incanum, flore pleno. *Boerh.*
*Crefcit locis campeftribus ad vias, in arvis & locis ruderatis circa* Machliniam *Belgii urbem; circa* Jenam, Noribergam *&c. Circa* Helfingoram *Daniæ;* Lundinum *&* Malmogiam *Sueciæ.*

3. **ALYSSUM** foliis lanceolatis obtufis incanis, caulibus procumbentibus, radice perenni.
Alyffon perenne montanum incanum. *Tournef. inft.* 217.
Thlafpi montanum luteum. *Bauh. hift.* 2. *p.* 928.
*Crefcit circa* Bafileam *circa* Byrfecken *fuper rudera in monte.*

2. **ALYS**

4. ALYSSON foliis lanceolato-linearibus acutis integerrimis, caulibus procumbentibus perennantibus.
Alysson, halimi folio, sempervirens. *Tournef. inst.* 217. *Boerh. lugdb.* 2. *p.* 4.
Thlaspi, halimi folio, sempervirens. *Herm. lugdb.* 594. *t.* 595.
α Alysson minus, halimi argenteo angusto folio. *Tournef. inst.* 217.
Thlaspi parvum, halimi angusto incano folio. *Bocc. muf.* 2. *p.* 45 *t.* 39.
β Alysson siculum supinum, leucoji folio angusto, flore albo odore mellis. *Boerh. lugdb.* 2. *p.* 4.
*Crescit in maritimis* Europæ Australis, *in siccis & aridis*, Siciliæ *præsertim copiose.*

5. ALYSSUM foliis lanceolatis repando-dentatis.
Alyssoides incanum, foliis sinuatis. *Tournef. inst.* 213. *Boerh. lugdb.* 2. *p.* 5.
Leucojum incanum, siliquis tumidis subrotundis. *Morif. hist.* 2. *p.* 247. *f.* 3. *t.* 9. *f.* 6.
Leucojum incanum, siliquis rotundis. *Bauh. pin.* 201.
Leucojum cum siliquis rotundis, flore luteo. *Bauh. hist.* 2. *p.* 931.
Leucojum marinum patavinum. *Lob. hist.* 180.
Eruca peregrina. *Cluf. hist.* 2. *p.* 134.
*Crescit juxta vias & locis incultis* Castellæ.

# L U N A R I A. *g. pl.* 534.

1. LUNARIA foliis cordatis.
Lunaria græca. *Cæsalp. syst.* 369. *Lob. hist.* 174.
Lunaria major, siliqua rotundiore. *Bauh. hist.* 2. *p.* 881. *Tournef. inst.* 213. *Boerh. lugdb.* 2. *p.* 5.
Bulbonac annuum, siliqua rotundiore, flore purpureo. *Rupp. jen.* 70.
Leucojum lunatum seu lunarium latifolium majus annuum, siliqua rotunda, flore violaceo seu subcœruleo.
*Morif. hist.* 2. *p.* 245. *f.* 3. *t.* 9. *f.* 1.
Viola latifolia. *Dod. pempt.* 161. *Dalech. hist.* 805. ·
α Lunaria major perennis, siliqua rotundiore, flore albo. *Tournef.*
Bulbonac annuum, siliqua rotundiore, flore albo. *Rupp. jen.* 70.
Leucojum lunatum seu lunarium latifolium majus alterum, siliqua rotunda, flore albo. *Morif. hist.* 2. *p.* 246.
β Lunaria major siliqua longiore. *Bauh. hist.* 2. *p.* 882.
Lunaria græca altera. *Cæsalp. syst.* 369.
Bulbonac radice rediviva, flore cinereo. *Rupp. jen.* 70.
Leucojum majus perenne, siliqua lunata longa mucronata. *Morif. hist.* 2. *p.* 246. *f.* 3. *t.* 9. *f.* 3.
Viola lunaria major, siliqua oblonga. *Bauh. pin.* 203.
γ Lunaria major, siliqua longiore, flore purpureo. *Tournef.*
*Crescit in saltibus* Thuringiæ *sylvæ; in montanis sylvis* Austriæ, Stiriæ, Pannoniæ *inter amnis; at* α *in sylvis* Harciniæ; β *vero in montibus* Jura *&* Saleva *prope Genevam; Crescunt & in* Scania *inter* Christianopolim *&* Lundinum, *& quidem inter diversoria publica* Horva *&* Horre *juxta viam in colle.*
*Huic speciei fructus compresso-planus, pedicello intra receptaculum enato, insidens.*

2. LUNARIA foliis lanceolato-linearibus integerrimis, siliculis globosis.
Alyssoides fruticosum, leucoji folio viridi. *Tournef. inst.* 218. *Boerh. lugdb.* 2. *p.* 5.
*Crescendi natale nos fugit, nisi sit e prosapie Alyssoidis istius speciei; quæ depingitur a Barreliero. tab.* 850. *& e monte* Gualdo *in umbra lecta fuit.*
*Siliculæ propriis pedunculis alternis, supra folia in caule, prodeunt inflatæ globosæ glabræ, semina e superiore parte silicularum propendent; folia alterna glabra.*

# D R A B A. *g. pl.* 535.

1. DRABA caulibus nudis, foliis incisis.
Draba vulgaris, caule nudo, polygoni folio hirsuto. *Dill. gen.* 122. *giff.* 40.
Alysson vulgare, polygoni folio, caule nudo. *Tournef. inst.* 217. *Boerh. lugdb.* 2. *p.* 4.
Bursa pastoris minor, loculo oblongo. *Bauh. pin.* 108. *Morif. hist.* 2. *p.* 305. *f.* 3. *t.* 20. *f.* 6.
Bursa pastoris minima, oblongis siliquis, verna, loculo oblongo. *Bauh. hist.* 2. *p.* 937.
Bursæ pastoris affinis herbula humilis. *Cæsalp. syst.* 366.
Paronychia vulgaris. *Dod. pempt.* 112.
Paronychia alsinefolia. *Lob. hist.* 249. *Dalech. hist.* 1214.
α Alysson vulgare, polygoni folio trifido. *Boerh.*
Bursa pastoris minor, foliis trifidis aliquando multifidis, florum petalis bifidis, loculo oblongo. *Morif. hist.* 2. *p.* 306. *f.* 3. *t.* 20. *f.* 7.
β Alysson vulgare, polygoni folio, loculo rotundo. *Boerh.*
*Crescit vulgaris per* Europam *in muris, glareosis arvis, locis sterilibus, viget ante solstitium æstivale, floret tempore primo veris: in* Svecia *mense aprili;* Germania *martio;* Anglia, Hollandia, Gallia *februario; in* Sicilia *per hyemen.*
*Flores omni nocte deorsum nutant, quasi somno corriperetur planta, ne imber & aer humidus noctis lædat farinam genitalem.*

2. DRABA scapo nudo simplici, foliis lanceolatis incisis. *Fl. lapp.* 255.
Alyssum alpinum hirsutum luteum. *Tournef. inst.* 217. *Boerh. lugdb.* 2. *p.* 4. *Scheuch. alp.* 509. *t.* 12. *f.* 8.
Leucojum luteum aizoides montanum. *Col. echpr.* 2. *p.* 64.
P p p p

Paro-

Paronychia fediformis, flore luteo. *Raj. hist.* 789.
Sedum alpinum hirfutum luteum. *Bauh. pin.* 284.
Sedum minus 12, alpinum 6. *Cluf. hist.* 2. *p.* 62.
Phyllum arrhegonum. *Dalech. hist.* 1196.
Burfa paftoris alpina rofea lutea, folio craffiufculo fedi vermiculati more fed hirfuto, loculo oblongo itidem hirfuto. *Morif. hist.* 2. *p.* 306. *f.* 3. *t.* 20. *f.* 9.

*Crefcit in alpibus* Helveticis: *montibus* Solio *vicinis &* Gemmio *monte* Scheuch. *Genevenfibus: monte* Saleva, Raj. *Apenninis: montibus* Villæ *lacus &* Cuculli *ultra lacum Fuccinum.* Colum. Auftriacis *&* Stiriacis, *&* Allobrogis *Cluf.* Lapponicis Fl. lapp.

*In Alpibus nullibi caulefcentem obfervavi; fed fcapus femper radicatus, at in hortis excrefcit caulis digiti longitudinis, ad cujus latus ex alis exit fcapus; dein folia in hortis modo margine ciliata funt, vix umquam fuperficie hifpida.*

3. DRABA caule ramofa foliofo, foliis dentatis. *Fl. lapp.* 254.
Draba alpina hirfuta. *Celf. upf.* 19.
Alyffon alpinum, polygoni folio incano. *Tournef. inft.* 217.
Burfa paftoris alpina hirfuta. *Bauh. pin.* 108. *prod.* 51. *t.* 51.
α Paronychiæ fimilis fed major perennis alpina repens. *Raj. fyn.* 292.
β Lunaria contorta major. *Raj. fyn.* 291.
Lunaria filiqua oblonga intorta. *Tournef. inft.* 219. *Boerh. lugdb.* 2. *p.* 6.
Leucojum five Lunaria vafculo fublongo intorto. *Pluk. alm.* 215. *t.* 42. *f.* 1.

*Crefcit in montofis regionibus* Angliæ; *in montibus* Valliæ; *in Alpibus* Helveticis *&* Lapponicis; *in Svecia circa* Upfaliam.

*Mire variat hæc planta ftatura & magnitudine; notiffima tamen ob filiquas obliquas, & petalis modo emarginatis. In Alpibus* lapponicis *communiter exaête refpondet figuræ* Bauhini *in prodromo; & ibi fæpius* perennat; *Upfaliæ major evadit &* annua *communiter eft, ut in tectis* Upfaliæ antiquæ, *colliufque fepulchralibus ad* Upfaliam *antiquam, & in collibus* Luthagen *ad latus urbis upfalienfis.*

*Quæro an Bufa paftoris major loculo oblongo C. B. prod. gerat filiquam obliquam? & an hujus fpecies? ut certe videtur.*

# S I L I Q U O S A.

## C H E I R A N T H U S. *g. pl.* 537.

1. CHEIRANTHUS foliis lanceolatis acutis glabris.
Keiri luteum vulgare. *Rupp. jen.* 60.
Leucojum luteum vulgare. *Bauh. pin.* 202. *Morif. hist.* 2. *p.* 243. *f.* 3. *t.* 8. *f.* 15. *Tournef. inft.* 221. *Boerh. lugdb.* 2. *p.* 18.
Leucojum luteum, vulgo Cheiri flore fimplici. *Bauh. hist.* 2. *p.* 872.
Leucojum floribus luteis, Keiri arabum. *Lob. hist.* 179.
Leucojum luteum. *Dod. pempt.* 160.
Flos Cheyri fimplex minor. *Best. eyft. æft.* 35. *f.* 3.
α Leucojum luteum, magno flore. *Bauh. pin.* 202.
β Leucojum luteum, ferrato folio, flore grandiore. *Bauh. pin.* 202.
γ Leucojum luteum, pleno flore majus. *C. B.*
δ Leucojum pleno flore minus. *C. B.*

*Crefcit in tectis & muris antiquis* Angliæ; Bafileæ, Montbelgardi.

2. CHEIRANTHUS foliis lanceolatis integerrimis obtufis incanis.
Keiri incanum majus. *Rupp. jen.* 60.
Leucojum, incano folio, hortenfe. (1—7) *Bauh. pin.* 200.
Leucojum incanum majus. *C. B. Morif. hist.* 2. *p.* 240. *f.* 3. *t.* 8. *f.* 1.
Leucojum hyemale & diu durans album. *Bauh. hist.* 2. *p.* 874.
Leucojum candidum majus. *Dod. pempt.* 159.
Leucojum album & purpureum. *Dalech. hist.* 802. *Lob. hist.* 178.
α Leucoji fpecies 1—19. *Tournef. inft.* 220.
Leucoji fpecies 1—18. *Boerh. lugdb.* 2. *p.* 17.

*Crefcendi locus vix certus, nifi fit maritima, ut facies indicat, & tum per culturam e maritima producta & in maritimis mediterranei maris frequentiffima.*

3. CHEIRANTHUS foliis lanceolatis rarius dentaliculatis obtufis incanis.
Leucojum maritimum anguftifolium. *Bauh. pin.* 201. *Bauh. hist.* 2. *p.* 876.
Leucojum marinum minus. *Cluf. hist.* 298.
Leucojum marinum minus, flore purpurante. *Lob. hist.* 179.
Leucojum filveftre anguftifolium. *Dod. pempt.* 160.
Hefperis maritima anguftifolia incana. *Tournef. inft.* 223. *Boerh. lugdb.* 2. *p.* 20.

*Crefcit copiofe in arenofis maris* Mediterranei, *litoribus per* Galliam Narbonenfem *&* Hifpaniam.
*Tantum abeft quod dubitem cum antecedenti fpecie hanc genere jungere, ut potius dubitem an fpecie diftinguam.*

4. CHEI-

4. CHEIRANTHUS foliis lanceolato-linearibus acutis glabris utrinque dentatis.
Leucojum faxatile, folio coronopi, flore obfoleto odorato, petalis undulatis. *Boerh. lugdb.* 2. *p.* 18.
Leucojum minus, lavendulæ folio, obfoleto flore, anguftifolium. *Bocc. muf.* 2. *p.* 148. *t.* 111. *Barr. rar.* 803
*Crefcit in montibus* Gallo-provinciæ *fupra* Orgon.

5. CHEIRANTHUS foliis obverfe ovato-lanceolatis obtufis fcabris vix ferratis.
Hefperis hirfuta, flore purpureo vario, folio afpero parvo. *Boerh. lugdb.* 2. *p.* 20.
Leucojum annuum elegans. *Pluk. alm.* 213.
Leucojum marinum parvum, folio virefcente craffiufculo. *Bauh. hift.* 2. *p.* 377.
Leucojum annuum, finuato angufto folio, flore dilute violaceo. *Morif. hift.* 2. *f.* 3. *t.* 8. *f.* 2. *fecundæ lineæ*
Draba cœrulea annua, folio virefcente craffiufculo. *Morif. hift.* 2. *p.* 235.
*Crefcit in maritimis at nobis ignotis.*

6. CHEIRANTHUS filiquarum apicibus tridentatis.
Leucojum marinum. *Cam. hort.* 87. *t.* 24.
Leucojum marinum, foliis & filiqua hirfutis eaque tribus in fummo apicibus donata. *Morif. hift.* 2. *p.* 242.
*f.* 3. *t.* 8. *f.* 13.
Leucojo affine, Tripolium anguillaræ & Leucojum maritimum camerarii. *Bauh. hift.* 2. *p.* 876.
Hefperis maritima latifolia, filiqua tricufpide. *Tournef. inft.* 223. *Boerh. lugdb.* 2. *p.* 20.
*Crefcit in maritimis* Europæ *auftralis.*

## H E S P E R I S. *g. pl.* 538.

1. HESPERIS caule hifpido, caule procumbente.
Hefperis montana pallida odoratiffima. *Bauh. pin.* 201. *Morif. hift.* 2. *p.* 252. *f.* 3. *t.* 10. *f.* 3. *Boerh. lugdb.* 2. *p.* 19.
Hefperis montana pallida noctu olens. *Volk. norib.* 209.
Hefperis colore ineleganti. *Bauh. hift.* 2. *p.* 879.
Hefperis 1. *Cluf. hift.* 1. *p.* 296.
*α* Hefperis fyriaca 2. *Cluf. hift.* 1. *p.* 297. *Bauh. hift.* 2. *p.* 879.
Hefperis peregrina, filiquis articulatis. *Bauh. pin.* 202. *Morif. hift.* 2. *p.* 252. *f.* 3. *t.* 10. *f.* 4.
*Crefcit in* Prellenberg *Hamburgenfi monti vicino, Ungariæ extremo quà Auftriam fpectat, &*
*α in maritimis* Syriæ.

2. HESPERIS caule fimplici, foliis ovato-lanceolatis denticulatis.
Hefperis flore purpureo albo & vario. *Bauh. hift.* 2. *p.* 877.
Hefperis hortenfis. *Bauh. pin.* 202. *Morif. hift.* 2. *p.* 251. *f.* 11. *t.* 2. *f.* 1. flore purpureo. *Tournef. inft.* 222.
*Boerh. lugdb.* 2. *p.* 19.
Viola matronalis. *Dod. pempt.* 161.
*α* Hefperis hortenfis, flore candido. *Tournef.*
*β* Hefperis flore purpureo pleno. *Tournef.*
*γ* Hefperis flore pleno albo. *Tournef.*
*δ* Hefperis hortenfis flore vario pleno. *Tournef.*
*Crefcit in Sequanorum vallibus qua Rhenus fluit fub fepibus; in agro* Neapolitano *in pratis.*

3. HESPERIS caule ramofiffimo, foliis lanceolatis fæpius dentatis.
Hefperis fylveftris, parvo flore. *Bauh. pin.* 102. *prod.* 103. *Boerh. lugdb.* 2. *p.* 20.
*α* Hefperis chia faxatalis, leucoji folio ferrato, flore parvo. *Tournef. cor.* 16.
Hefperis filiquis hirfutis, flore parvo rubello. *Boerh. ind.* 147. *Dill. elth.* 180. *t.* 148. *f.* 178.
*Crefcit in incultis circa* Monfpelium; *at α in* Chio *infula.*

## A R A B I S. *g. pl.* 544.

1. ARABIS foliis amplexicaulibus.
Arabis caule fimplici, foliis ovatis utrinque denticulatis. *Fl. lapp.* 257.
Leucojum montanum minus, parvo flore. *Raj. hift.* 786.
Leucojum vernum perenne album majus. *Tournef. inft.* 221.
Hefperis alpina five muralis minor repens. *Bauh. hift.* 2. *p.* 880.
Draba alba filiqofa. *Bauh. pin.* 109.
Draba 2. *Cluf. hift.* 2. *p.* 125.
*α* Leucojum vernum perenne album majus, folio glabro fucculento. *Scheuch. alp.* 513.
*Crefcit in alpibus* Lapponicis, Helveticis; *in* Jura *monte &* Saleva *prope* Genevam.

## D E N T A R I A. *g. pl.* 540.

1. DENTARIA foliis inferioribus pinnatis, fummis fimplicibus.
Dentaria heptaphyllos baccifera. *Bauh. pin.* 322. *Boerh. lugdb.* 2. *p.* 21.
Dentaria heptaphyllos fobolifera. *Morif. hift.* 2. *p.* 255. *f.* 3. *t.* 10. *f.* 4.
Dentaria 3 baccifera. *Cluf. hift.* 2. *p.* 121.
Dentaria minor. *Cæfalp. fyft.* 586.
Coralloides minor bulbifera. *Bauh. hift.* 2. *p.* 902. *fig. tranfpof.*
*Crefcit in fylvis montanis* Sveciæ, *præfertim Roflagiæ; & totius ferme* Germaniæ *e. gr. in fylvis*
Haffiæ, Misniæ, Auftriæ, Stiriæ, Pannoniæ *&c.*
*Baccifera male dicitur, quæ bulbifera folum eft; ex alis enim foliorum floralium bulbi folitarii*
*excrefcunt ut in* Lilii *fpecie 2^{da}, hinc abortit communiter (in hac ut in illa) fructus, cujus vices*
*fupplent bulbi.* Pppp 2 C A R-

## CARDAMINE. *g. pl.* 541.

1. CARDAMINE foliis pinnatis, caule erecto. *Fl. lapp.* 258.
   Cardamine pratenfis, magno flore purpurafcente. *Tournef. inft.* 224. *Boerh. lugdb.* 2. *p.* 16.
   Cardamine altera, fimplici flore. *Cluf. hift.* 2. *p.* 128.
   Nafturtium pratenfe, magno flore fimplici. *Morif. hift.* 2. *p.* 223. *f.* 3. *t.* 4. *f.* 7.
   Nafturtium pratenfe, magno flore. *Bauh. pin.* 104.
   Iberis fuchfii five Nafturtium pratenfe filveftre & flore pleno. *Bauh. hift.* 2. *p.* 889.
   Flos cuculi. *Dod. pempt.* 592.
   α Cardamine pratenfis, magno flore albo. *Tournef.*
   β Cardamine pratenfis, magno flore pleno. *Tournef.*
   *Crefcit in pafcuis aquofis vulgaris in* Europa.

2. CARDAMINE foliis pinnatis, floribus Tetrandris.
   Cardamine fubhirfuta, minore flore. *Dill. giff.* 76.
   Cardamine fylveftris minor Italica. *Barr. rar.* 44. *t.* 455.
   Cardamine impatiens altera hirfutior. *Raj. hift.* 815.
   Cardamine 4. *Dalech. hift.* 659. *Boerh. lugdb.* 2. *p.* 17.
   Sifymbrium cardamine hirfutum minus, flore albo. *Bauh. hift.* 2. *p.* 888.
   Nafturtium aquaticum minus. *Bauh. pin.* 104.
   *Crefcit in arvis fucculentis, areis & hortis* Scaniæ, Daniæ, Germaniæ, Italiæ, Angliæ,
   *omnium autem in* Hollandia *copiofiffime.*
   *Differt hæc planta non modo a congeneribus fed & ab omnibus quas novi in tota claffe, quod hæc
   ftamina quatuor communiter producat, raro minora ifta duo exferens.*

3. CARDAMINE foliis pinnatis, pinnis laciniatis.
   Cardamine annua, exiguo flore. *Tournef. inft.* 224. *Boerh. lugdb.* 2. *p.* 17.
   Cardamine impatiens, *vulgo Sium* minus impatiens. *Raj. hift.* 815.
   Cardamine arenaria erecta, foliis copiofis imis latioribus, fupernis anguftioribus profunde & eleganter di-
   fectis, floribus parvis albis. *Scheuch. alp.* 510.
   Sifymbrium montanum tenuifolium, flore mufcofo purpurafcente. *Barr. rar. t.* 155.
   Sifymbrii Cardamines fpecies quædam infipida. *Bauh. hift.* 2. *p.* 886.
   Nafturtium minimum annuum, flore albo. *Morif. hift.* 2. *p.* 221. *f.* 3. *t.* 4. *f.* 1.
   *Crefcit in locis humidis umbrofis inter lapides in montibus* Apenninis, *monte* Trifulti *in Umbria,
   in comitata* Eboracenfi *prope vicum Wherf. in Svecia circa* Carlberg *prope Holmiam.*

4. CARDAMINE foliis ternatis crenatis, caule fimplici. *Fl. lapp.* 259.
   Cardamine alpina 1 trifolia. *Cluf. hift.* 2. *p.* 127. *Boerh. lugdb.* 2. *p.* 17.
   Cardamine trifolia. *Lob. hift.* 107. *Dalech. hift.* 660.
   Nafturtium alpinum trifolium. *Bauh. pin.* 304.
   Nafturtium alpinum trifoliatum. *Morif. hift.* 2. *p.* 224. *f.* 3. *t.* 14. *f.* 13.
   Iberidi fuchfii affinis trifolia Cardamine. *Bauh. hift.* 2. *p.* 890.
   *Crefcit in fylvofis montibus, nudo folo potius quam herbido, ad Arborum acifoliarum radices in &
   juxta* Alpes; *in* Lapponia *a Rudbeckio lecta.*

5. CARDAMINE foliis fimplicibus reniformibus.
   Cardamine montana, afari folio. *Tournef. inft.* 225.
   Cardamine aquatica, cotyledones flore albo. *Barr. rar.* 44. *t.* 1163.
   Nafturtium montanum, afari folio. *Bocc. fic.* 5. *t.* 3. *f. c. d. Herm. parad.* 203. *t.* 203.
   *Crefcit circa fontes & rivulorum margines montis* Bargæ *in Hetruria; in* Pomptinis *paludibus
   Latii non longe a* Sarmonetta *ad radices collis in aquis limpidis & juxta pontem Terracinæ; in*
   alpibus & valle Barfilionenfi.
   *Operæ pretium folveret hæc, fi in omnibus hortis oleraceis & pharmacopæorum proftaret.*

## SISYMBRIUM. *g. pl.* 547.

1. SISYMBRIUM foliis pinnatis, foliolis fubcordatis.
   Sifymbrium aquaticum. *Tournef. inft.* 226. *Boerh. lugdb.* 2. *p.* 15.
   Sifymbrium aquaticum, *vulgo* Crefcione. *Cæfalp. fyft.* 362.
   Sifymbrium Cardamine five Nafturtium aquaticum. *Bauh. hift.* 2. *p.* 884.
   Nafturtium aquaticum fupinum. *Bauh. pin.* 104. flore albo. *Morif. hift.* 2. *p.* 223. *f.* 3. *t.* 4. *f.* 8.
   Nafturtium aquaticum. *Dod. pempt.* 592.
   Sion. *Lob. hift.* 106.
   *Crefcit in rivulis & ad fontes paffim in* Svecia, Germania, Belgio, Anglia, Gallia, Jamaica.

2. SISYMBRIUM foliis pinnatis, foliolis lanceolatis ferratis.
   Sifymbrium paluftre repens, folio nafturtii. *Tournef. inft.* 226. *Boerh. lugdb.* 2. *p.* 16.
   Eruca paluftris, & nafturtii folio, filiqua oblonga. *Bauh. pin.* 98.
   Eruca quibusdam fylveftris repens, flofculo luteo. *Bauh. hift.* 2. *p.* 866.
   *Crefcit copiofe circa* Genevam; Montbelgardum; *Porentruum ad fontem mirabilem loco arenofo.*
   Bafileam, Stultgardiam *&c. in* Belgio *paffim.*

3. SISYM-

3. SISYMBRIUM foliis fimplicibus dentatis ferratis.
Sifymbrium raphani folio, filiqua breviore. *Tournef. inft.* 226. *Boerb. lugdb.* 2. *p.* 16.
Radicula paluftris. *Bauh. hift.* 2. *p.* 866. *Dill. giff.* 80. *gen.* 122.
Raphanus aquaticus, rapiftri folio. *Bauh. pin.* 97.
Raphanus aquaticus alter. *Bauh. prod.* 38.
*Crefcit in locis graminofis fubhumidis frequens per* Sveciam, Germaniam, Belgium, Angliam, *juxta aquas fæpius fluentes.*

4. SISYMBRIUM foliis infimis capillaceis, fummis pinnatifidis.
Sifymbrium aquaticum, foliis in profundas lacinias divifis, filiqua breviore. *Tournef. inft.* 236. *Boerb. lugdb.* 2. *p.* 16.
Radicula aquatica, foliis in profundas lacinias divifis. *Dill. gen.* 122. *app.* 9.
Raphanus aquaticus, foliis in profundas lacinias divifis. *Bauh. pin.* 97. *prod.* 38.
*Crefcit in aquis ftagnantibus & paludibus profundis fat frequens per* Europam.

5. SISYMBRIUM foliis lanceolatis dentato-ferratis.
Hefperis lutea, filiquis ftrictiffimis. *Tournef. inft.* 222. *Boerb. lugdb.* 2. *p.* 19.
Draba lutea, filiquis ftrictiffimis. *Bauh. pin.* 110. *Morif. hift. p.* 234. *f.* 3. *t.* 7. *f.* 1.
Draba lutea quibusdam. *Bauh. hift.* 2. *p.* 870.
Arabis a quibusdam dicta planta. *Cam. epit.* 342.
*Crefcit in montibus* Rhœticis; *nec hic nec in horto Celfiano Upfaliæ, ubi eandem per plures vidi annos, fructum protulit.*

6. SISYMBRIUM foliis linearibus pinnato-dentatis.
Eruca fylveftris major lutea, caule afpero. *Bauh. pin.* 98. *Tournef. inft.* 227. *Boerb. lugdb.* 2. *p.* 15.
Eruca fylveftris major vulgatior fœtens. *Morif. hift.* 2. *p.* 230. *f.* 3. *t.* 6. *f.* 16.
Eruca filveftris. *Dod. pempt.* 708. *Lob. hift.* 102.
*Crefcit in & circa muros, & in ruderatis fat frequens per* Europam.

7. SISYMBRIUM foliis lanceolatis integris ferratis.
Eruca, minimo flore, monfpelienfis. *Bauh. hift.* 2. *p.* 862. *Vaill. parif.* 56.
Eruca viminea, iberidis folio, luteo flore. *Barr. rar.* 44. *t.* 131. *opt.*
Eruca folio bellidis. *Morif. hift.* 2. *p.* 231.
Eruca virginiana, bellidis majoris folio. *Pluk. alm.* 136. *t.* 86. *f.* 8.
*Crefcit in* Virginia; *fupra muros circa* Parifias; *juxta* Tyberis *margines.*

8. SISYMBRIUM foliis pinnatifidis, laciniis exterioribus majoribus, caule hirfuto.
Eruca latifolia alba. *Bauh. pin.* 98. fativa diofcoridis. *Tournef. inft.* 227.
Eruca major fativa annua, flore albo ftriato. *Bauh. hift.* 2. *p.* 859. *Morif. hift.* 2. *p.* 228. *f.* 3. *t.* 5. *f.* Boerh. *lugdb.* 2. *p.* 15.
Eruca fativa. *Dod. pempt.* 708. *Lob. hift.* 109. *Dalech. hift.* 649.
*Crefcendi locum natalem me obfervaffe non memini.*

9. SISYMBRIUM corollâ calice minore, foliis multifidis linearibus. *Fl. lapp.* 261.
Sifymbrium annuum, abfinthii minoris folio. *Tournef. inft.* 228. *Boerb. lugdb.* 2. *p.* 16.
Eryfimum Sophia dictum. *Raj. fyn.* 298.
Sophia chirurgorum. *Lob. hift.* 426.
Accipitrina. *Cæfalp. fyft.* 361. *Rupp. jen.* 64.
Seriphium germanicum, Sophia quibusdam. *Bauh. hift.* 2. *p.* 886.
Nafturtium fylveftre tenuiffime divifum. *Bauh. pin.* 105. feu Nafturtium myriophyllon, flore luteo minimo, *Morif. hift.* 2. *p.* 223. *f.* 3. *t.* 4. *f.* 6.
Thalietrum. *Dalech. hift.* 1146.
α Sifymbrium annuum, folio abfinthii minoris latiore. *Boerb.*
*Crefcit in veteribus maceriis, locis ruderatis, frequens per* Europam.

# E R Y S I M U M. *g. pl.* 545.

1. ERYSIMUM foliis integris lanceolatis. *Fl. lapp.* 263.
Eruca fylveftris latifolia, folio integro, flore luteo minore. *Morif. hift.* 2. *p.* 229. *f.* 3. *t.* 5. *f.* 7.
Myagrum filiqua longa. *Bauh. pin.* 109.
Myagrum aliud, thlafpi effigie. *Dalech. hift.* 1137.
Myagro affinis planta, filiquis oblongis. *Bauh. hift.* 2. *p.* 894.
Turritis leucoji folio. *Tournef. inft.* 224. *Boerb. lugdb.* 2. *p.* 15.
*Crefcit in agris requietis frequentiffimum per* Sveciam.

2. ERYSIMUM filiquis in alis foliorum feffilibus.
Eryfimum polyceration vel corniculatum. *Bauh. pin.* 101. *Morif. hift.* 2. *p.* 218. *f.* 3. *t.* 3. *f.* 2. *Boerh. lugdb.* 2. *p.* 14.
Eryfimon alterum matthioli, filiquis parvis, quibusdam Dentaria. *Bauh. hift.* 2. *p.* 864.
Eruca flofculis pediculis carentibus. *Raj. hift.* 810.
Irio fpeciei tertiæ. *Cæfalp. fyft.* 361.
Irio altera. *Dalech. hift.* 653.

3. ERYSIMUM filiquis fcapo appreffis.
Eryfimum vulgare. *Bauh. pin.* 100. *Morif. hift.* 2. *p.* 218. *f.* 3. *t.* 3. *f.* 1. *Boerh. lugdb.* 2. *p.* 14.
Eryfimum tragi, flofculis luteis, juxta muros proveniens. *Bauh. hift.* 2. *p.* 863.

Qqqq

Eruca

Eruca filiqua cauli appreffa. *Raj. hift.* 810.
Irio five Eryfimum. *Dod. pempt.* 714.
Verbenaca recta five mas fuchfii. *Dalech. hift.* 1335.
*Crefcit in locis ruderatis, juxta muros & plateas frequens per* Europam.

4..ERYSIMUM filiquis laxis, foliis haftato-pinnatis.
Eryfimum monfpeffulanum, finapios folio. *Walth. hort.* 135. t. 22.
Eryfimum montanum, irionis vulgaris folio leptomacroceraton. *Morif. hift.* 2. p. 219. f. 3. t. 3. f. 4.
Eryfimum anguftifolium majus. *Bauh. pin.* 101. *Boerh. lugdb.* 2. p. 14.
Rapiftrum italicum, filiquis longiffimis. *Bauh. pin.* 95.
*Crefcit in locis cultis per* Sveciam, *at per* Italiam *in ruderatis.*

5. ERYSIMUM foliis bafi pinnato-dentatis, apice fubrotundis. *Fl. lapp.* 264.
Sifymbrium erucae folio glabro, flore luteo. *Tournef. inft.* 226. *Boerh. lugdb.* 2. p. 15.
Eruca lutea latifolia five Barbarea. *Bauh. pin.* 98. major. *Morif. hift.* 2. p. 230. f. 3. t. 5. f. 11, 12.
Barbarea. *Bauh. hift.* 2. p. 868. *Dod. pempt.* 712.
Barbarea five Pfeudo-Bunias. *Lob. hift.* 112.
α Sifymbrium, erucae folio glabro, minus & procerius. *Tournef.*
β Sifymbrium erucae folio glabro, minus, folio eleganter variegato. *Boerh.*
γ Sifymbrium erucae folio glabro, flore pleno. *Tournef.*
*Crefcit in* Lapponia, Scania, Germania, Anglia &c. *juxta aquas fluentes.*

6. ERYSIMUM foliis cordatis.
Alliaria, *Caefalp. fyft.* 370. *Bauh. pin* 110. *Bauh. hift.* 2. p. 883. *Dalech. hift.* 911. *Lob. hift.* 285. *Rupp. jen.* 61.
Hefperis allium redolens. *Morif. hift.* 2. p. 252. f. 3. t. 10. f. 6. *Tournef. inft.* 222. *Boerh. lugdb.* 2. p. 19.
*Crefcit ad fepes in* Anglia, Gallia, Hollandia, Germania &c.

## S I N A P I S. *g. pl.* 543.

1. SINAPIS filiquis hifpidis roftro obliquo longiffimo.
Sinapi apii folio, filiqua hirfuta, femine albo aut rubro. *Morif. hift.* 2. p. 216. f. 3. t. 3. f. 2. *Boerh. lugdb.* 2. p. 13.
Sinapi apii folio. *Bauh. pin.* 99.
Sinapi album, filiqua hirfuta femine albo & ruffo. *Bauh. hift.* 2. p. 856.
Sinapi fativum alterum. *Dod. pempt.* 707.
Sinapi 3. *Caefalp. fyft.* 359.
*Crefcit in agris* Belgii, Angliae &c.

2. SINAPIS filiquis glabris tetragonis.
Sinapi fativum prius. *Dod. pempt.* 706.
Sinapi filiqua latiufcula glabra, femine ruffo, five vulgare. *Bauh. hift.* 2. p. 855.
Sinapi rapi folio. *Bauh. pin.* 99. *Morif. hift.* 2. p. 215. *Boerh. lugdb.* 2. p. 13.
Sinapi hortenfe. *Dalech. hift.* 646.
Sinapi fativum prius. *Dod. pempt.* 706.
Sinapi quae finapis. *Caefalp. fyft.* 359.
*Crefcit in areis, hortis, aggeribus, viarum marginibus per* Scaniam, Germaniam, Belgium, Angliam &c.

3. SINAPIS filiquis multangulis torofo-turgidis roftro proprio longioribus.
Sinapi arvenfe praecox, femine nigro. *Morif. hift.* 2. p. 216. f. 3. t. 3. f. 7. *Boerh. lugdb.* 2. p. 13.
Rapiftrum flore luteo. *Bauh. pin.* 95. *Bauh. hift.* 2. p. 844.
Rapiftrum arvorum. *Lob. hift.* 99. f. 1.
Rapiftrum. *Dod. pempt.* 675.
*Crefcit inter fegetes ubique nimis copiofe.*

4. SINAPIS foliis duplicato-pinnatis, laciniis linearibus.
Sinapi hifpanicum, nafturtii folio. *Tournef. inft.* 227.
*Crefcit in* Hifpania, *fi faciei hifpanicae fides adhibenda fit.*
*Color corollae glaucus vel caerulefcens.*

## B R A S S I C A. *g. pl.* 542.

1. BRASSICA radice caulefcente tereti carnofo.
Braffica maritima arborea feu procerior ramofa. *Morif. hift.* 2. p. 208. *Raj. hift.* 796.
α Braffica vulgaris fativa. *Dod. pempt.* 621.
Braffica alba vel viridis. *Bauh. pin.* 111.
β Braffica capitata alba. *Bauh. pin.* 111.
γ Braffica undulata. *Reneal. fpec.* 131.
Braffica alba crifpa. *Bauh. pin.* 111.
Braffica fabauda. *Dod. pempt.* 624.
δ Braffica capitata rubra. *Bauh. pin.* 111.
ε Braffica fimbriata. *Bauh. pin.* 112.
ζ Braffica crifpa. *Reneal. fpec.* 131.
Braffica tenuiffime laciniata. *Bauh. hift.* 2. p. 832.

η Braffica

η Braffica cauliflora. *Bauh. pin.* 111.
Braffica florida botrytis. *Lob. hift.* 123.
Braffica cauliflora. *Dod. pempt.* 624.

*Crefcit in maritimis quibusdam* Angliæ. *An* α—η *ab hac originem fumfere omnes, an plures fpecie diverfæ exiftant, temere non affero ; interim confirmat quotidiana experientia quæ* Merijonus *hift.* 2. p. 108, 209. *de varietate harum tradit, nec abfimiles videntur quas Blair de* Brafficis *habet obfervationes, afferit enim quod fi Braffica alba & rubra vel diverfæ fimul pofitæ floreant fruftumque ferant, tum ex rubræ feminibus excrefcit alba & vice verfa, hocque oriri ftatuit a mifcela generationis, qua unius piftillum ab alterius adfpergatur polline.*

2. BRASSICA radice caulefcente orbiculari depreffo carnofo.
Rapa fylveftris. *Raj. hift.* 800.
α Rapa fativa rotunda. *Bauh. pin.* 89.
Rapum vulgare. *Dod. pempt.* 673.
β Rapa fativa oblonga feu foemina. *Bauh. pin.* 90.
Rapum oblongius. *Dod. pempt.* 673.

*Crefcit in arvis paffim per* Belgium, Angliam *&c. e deciduis feminibus & rejeftis enata.*

3. BRASSICA radice caulefcente fufiformi.
Napus fylveftris. *Bauh. pin.* 95. *Bauh. hift.* 2. p. 843. *Foerh. lugdb.* 2. p. 13.
Napus. *Dod. pempt.* 674.
α Napus fativa. *Bauh. pin.* 95.

*Crefcit inter fegetes & in aggeribus foffarum per* Angliam, Belgium ; *præfertim inter* Amftelædamum & Harlemum *juxta viam florens menfe aprili.*

*Folia radicalia pinnatifida, membranula intercurrente utrinque undulata, lobis exterioribus majoribus, impari maximo, omnibus glabris, hinc inde punftis cartilagineis, e quibus fetula, afperius; caulis vero folia, ubi rami exeunt, feffeffilia, amplexicaulia ;* calyx *femipatens, coloratus ;* Petala *fubrotunda, unguibus calyce brevioribus. Stamina fex, quorum duo breviora, longitudine calycis patula, quatuor vero erefta duplo longiora ftylo approximata. Glandulæ neftariferæ quatuor, quorum duæ oppofitæ intra ftamina breviora & piftillum, reliquæ vero duæ intra petala & ftamina longiora, feu extra ftamina longiora.* Stylus *germini infidet, ipfo germine dimidio brevior.*

4. BRASSICA radice & caule tenui, foliis omnibus uniformibus cordatis feffilibus.
Braffica campeftris perfoliata, flore luteo. *Loif. pruff.* 19. *Fl. lapp.* 265.
α Braffica campeftris perfoliata, flore albo. *Bauh. pin.* 112. *Morif. hift.* 2. p. 210. f. 3. t. 2. f. 19, 20. *Foerh. lugdb.* 2. p. 12.
Braffica filiquofa. *Bauh. hift.* 2. p. 835.
Braffica filveftris perfoliata. *Dod. pempt.* 626.
Braffica campeftris 1. *Cluf. hift.* 2. p. 127.
β Braffica campeftris perfoliata, flore purpureo. *Bauh. pin.* 112.

*Crefcit inter fegetes, præfertim in* Svecia feptentrionali *feu* Norlandia, Smolandia & Norvegia, *adeo fæpe copiofe ut integros agros florens flavo obducat colore.*

# T U R R I T I S. *g. pl.* **546.**

1. TURRITIS foliis radicalibus dentatis hifpidis, caulinis integerrimis amplexicaulibus glabris.
Turritis foliis inferioribus cichoraceis, cæteris perfoliatæ. *Tournef. inft.* 224. *Boerh. lugdb.* 2. p. 14.
Braffica fylveftris, foliis circa radicem cichoraceis afperis, caulibus autem adhærentibus planis feu glabris. *Morif. hift.* 2. p. 210. f. 3. t. 2. f. 22.
Braffica fylveftris, foliis circa radicem cichoraceis. *Bauh. pin.* 112.
Sinapi album. *Dalech. hift.* 1168.
α Leucojum hefperidis folio. *Tournef. inft.* 221.
Glaftifolia cichoroides *J. B.* Turritis 2 clufio. *Bauh. hift.* 2. p. 836.

*Crefcit ad radices montium & in montibus herbidis per* Sveciam *copiofe ; fæpe in* Germania, Gallia *&c.*

2. TURRITIS foliis omnibus dentatis hifpidis alternis amplexicaulibus.
Turritis hirfuta montana, flore albo. *Rupp. jen.* 62.
Turritis vulgaris minor. *Raj. fyn.* 294.
Eryfimo fimilis hirfuta non laciniata. *Bauh. pin.* 101. *prod.* 42.
Barbarea muralis. *Bauh. hift.* 2. p. 869.
Turritis pulchra nova. *Bauh. hift.* 2. p. 837.

*Crefcit in pratis fylveftribus* Sveciæ, *rarius in rupibus* Angliæ, Jenæ.

3. TURRITIS foliis lanceolatis integris petiolatis, ad exortum ramorum folitariis.
Turritis vulgaris ramofa. *Tournef. inft.* 224. *Boerh. lugdb.* 2. p. 15.
Burfa paftoris, five Pilofella filiquofa. *Bauh. hift.* 870.
Burfæ paftoris fimilis filiquofa major feu majoribus foliis. *Bauh. pin.* 108.
Pilofella filiquofa. *Thal. harc. t.* 7.
Aizoon telephium. *Dalech. hift.* 1131.

*Crefcit in locis arenofis exaridis vulgaris in* Europa.

# R A P H A N U S. *g. pl.* 539.

1. RAPHANUS filiquis teretibus torofis bilocularibus.
   Raphanus. *Bauh. hift.* 2. *p.* 846.
   *a* Raphanus minor oblongus. *Bauh. pin.* 96. *Morif. hift.* 2. *p.* 265. *f.* 3. *t.* 3. *f.* 4. *Boerh. lugdb.* 2. *p.* 11.
   Raphanus minor purpureus. *Lob. hift.* 99.
   Radicula fativa minor. *Dod. pempt.* 676.
   *β* Raphanus major oblongus. *Boerh.*
   *γ* Raphanus major orbicularis vel rotundus. *Bauh. pin.* 96.
   Raphanus five Radicula fativa. *Dod. pempt.* 76.
   *d* Raphanus major orbicularis vel rotundus, floribus candidis. *Tournef. inft.* 229.
   *e* Raphanus niger. *Bauh. pin.* 96.
   *Crefcendi locum fpontaneum non reperio, licet e feminibus rejectis fæpius hac tempeftate ubique occurrat.*
   *Harum a. β. gaudet radice caulefcente tereti; γ. δ. radice turbinata glabra; e. radice turbinata*
   *rimis fulcata vel ftriata.*

2. RAPHANUS filiquis teretibus orbiculatis unilocularibus.
   Raphaniftrum filiqua articulata glabra majore & minore. *Morif. hift.* 2. *p.* 265. *f.* 3. *t.* 13. *f.* 12. *Tournef. inft.* 230.
   Rapiftrum flore albo, filiqua articulata. *Bauh. pin.* 95.
   Rapiftrum flore albo ftriato; Sinapi album agrefte trago. *Bauh. hift.* 2. *p.* 851.
   *a* Raphaniftrum fegetum, flore luteo vel pallido. *Tournef. inft.* 230. *Boerh. lugdb.* 2. *p.* 21.
   *β* Raphaniftrum arvenfe, flore albo. *Tournef.*
   Lapfana. *Cæfalp. fyft.* 355.
   *γ* Raphaniftrum flore albo ftriato, filiqua articulata ftriata minore. *Morif. hift.* 2. *p.* 266. *f.* 3. *t.* 13. *f.* 4.
   *Crefcit inter fegetes in Gallia Narbonenfi, Anglia, Germania, Smolandia Sveciæ.*

3. RAPHANUS filiquis ovatis angulatis monofpermis.
   Raphaniftrum filiquofum monofpermum maritimum anglicum, foliis craffioribus latioribus. *Herm. lugdb.* 520.
   Crambe maritima, foliis erucæ latioribus, fructu haftiformi. *Tournef. inft.* 212.
   Cakile maritima ampliore folio. *Tournef. cor.* 49.
   Cakile five Eruca maritima latifolia. *Bauh. hift.* 2. *p.* 868. *Boerh. lugdb.* 2. *p.* 21.
   Cakile ferapionis. *Lob. hift.* 110.
   Eruca maritima. *Cæfalp. fyft.* 360.
   Eruca maritima latifolia italica, filiqua haftæ cufpidi fimili. *Bauh. pin.* 99.
   Eruca maritima anglica, filiqua torofa fungofa rotunda, foliis craffioribus latioribus. *Morif. hift.* 2. *p.* 231.
   *f.* 3. *t.* 6. *f.* 20.
   *a* Cakile maritima anguftiore folio. *Tournef.*
   Eruca maritima italica &c. *Morif. hift.* 2. *p.* 231. *f.* 3. *t.* 6. *f.* 21.
   *Crefcit in maritimis Italiæ, Angliæ, Belgii, Daniæ, Sveciæ, Jamaicæ.*

# B U N I A S. *g. pl.* 536.

1. BUNIAS.
   Raphaniftrum difpermum monfpeliacum, filiqua quadrangula echinata. *Herm. lugdb.* 520.
   Erucago fegetum. *Tournef. inft.* 232. *Boerh. lugdb.* 2. *p.* 10.
   Eruca monfpeliaca filiqua quadrangula echinata. *Bauh. pin.* 99. *prod.* 41. *t.* 41. *Morif. hift.* 2. *p.* 232. *f.* 3. *t.* 6. *f.* 24.
   Sinapi echinatum. *Bauh. hift.* 2. *p.* 858. *Dalech. hift.* 647.
   *Crefcit circa Monfpelium, fcilicet inter Monfpelium & Efperon; inter monfpelium & thermas*
   *Bellerucanas; inter Lateram & Perauls in humidis & udis foffis.*
   *Bunias nomen antiquum, in hac claffe receptum, fed fuperfluum, cum reliqua fynonyma perfiftere*
   *nequeant, hujus loci volui, usque dum hanc plantam ad aliud genus reduxerint Botanici.*

# C R A M B E. *g. pl.* 548.

1. CRAMBE foliis cordatis crifpis carnofis.
   Crambe maritima, folio brafficæ. *Tournef. inft.* 211. *Boerh. lugdb.* 2. *p.* 1.
   Braffica maritima monofpermos. *Bauh. pin.* 112.
   Braffica maritima major repens multiflora alba monofpermos. *Morif. hift.* 2. *p.* 209.
   Braffica monofpermos anglica. *Bauh. hift.* 2. *p.* 830.
   Braffica marina fylveftris multiflora monofpermos. *Lob. adv.* 92. *Dalech. hift.* 527.
   *Crefcit in arenofis maris littoribus circa Angliam ubique fere.*

2. CRAMBE foliis fubcordatis crenatis fcabris.
   Rapiftrum maximum rotundifolium monofpermum. *Corn. canad.* 147. *t.* 148. *Tournef. inft.* 211. *Boerh. lugdb.*
   2. *p.* 2. *Morif. hift.* 2. *p.* 266. *f.* 3. *t.* 13. *f.* 1.
   Rapiftrum maximum monofpermon, gemma lutea, flore niveo. *Barr. rar.* 38. *t.* 387.
   *Crefcit in Hifpania.*

3. CRAMBE foliis lanceolatis dentato finuatis.
   Rapiftrum monofpermum. *Bauh. pin.* 95. *prod.* 37. *t.* 37. *Bauh. hift.* 2. *p.* 845. *Tournef. inft.* 210. *Boerh. lugdb.* 2. *p.* 2.
   Raphaniftrum monofpermum, capfulis ftriatis tenuibus oblongiufculis. *Morif. hift.* 2. *p.* 267. *f.* 3. *t.* 13. *f.* 3.
   *Crefcit in Italia procul a Liburno portu; circa Genevam, Monfpelium; nec non in Geldriæ*
   *maritimis.*

I S A.

# I S A T I S. *g. pl.* 549.

ISATIS.

Isatis sylvestris vel angustifolia. *Bauh. pin.* 113. *Boerh. lugdb.* 2. *p.* 3.

Isatis silvestris. *Dod. pempt.* 79. *Dalech. hist.* 499.

Isatis, sive Glastum, sativa & spontanea. *Bauh. hist.* 2. *p.* 909.

Glastum, vulgo Guadum. *Cæsalp. syst.* 358.

α Isatis sativa vel latifolia. *Bauh. pin.* 113. *Morif. hist.* 2. *p.* 286. *f.* 3. *t.* 15. *f.* 10, 11.

Isatis sativa. *Dod. pempt.* 79. *Dalech. hist.* 499.

*Crescit rarius in* Italiæ, Hispaniæque *campestribus & incultis ; in insula prope* Aboam *hanc observat* Tillandsius.

# C L E O M E. *g. pl.* 550.

1. CLEOME floribus gynandris.

Sinapistrum indicum pentaphyllum, flore carneo, minus non spinosum. *Herm. lugdb.* 564. *Tournef. inst.* 231. *Boerh. lugdb.* 1. *p.* 306. *Burm. zeyl.* 216.

Papaver corniculatum acre quinquefolium ægyptiacum minus, flore carneo, non spinosum. *Pluk. alm.* 280.

Lupinus arabibus ponæ; Mozambez di angola herbariorum. *Barr. rar. t.* 1235.

Lupinus ægyptius sylvestris. *Vesl. alp.* 209. *t.* 209.

Pentaphyllum peregrinum siliquosum bivalve minus. *Morif. hist.* 2. *p.* 289.

Quinquefolium lupini folio. *Bauh. pin.* 326.

Cara-Veela. *Rheed. mal.* 9. *p.* 43. *t.* 24.

α Sinapistrum ægyptiacum heptaphyllum, flore carneo, majus spinosum. *Herm. lugdb.* 564. *Sloan. flor.* 80.

Sinapistrum indicum spinosum, foliis quinque sex septemve numero incertis. *Burm. zeyl.* 215.

Papaver corniculatum acre quinquefolium americanum, flore carneo, majus spinosum. *Pluk. alm.* 280.

Taceriaya. *Marcgr. braf.* 33. *t.* 34.

β Sinapistrum indicum triphyllum, flore carneo, non spinosum. *Herm. lugdb.* 564. *t.* 565.

*Crescit in arenosis & ruderatis utriusque Indiæ: in* Malabaria, Zeylona, Amboina, Ægypto, Jamaica, Caribæis, Brasilia.

*Huic naturaliter folia caulina quinata petiolata, floralia ternata sessilia. Flos dein germen pedicello setaceo longissimo insidens profert, & stamina ad basin germinis pedicello inserta, remota longissimo spatio a corolla, quæ receptaculo insidet.*

2. CLEOME floribus dodecandris.

Sinapistrum indicum triphyllum, siliqua maxima, flore albo. *Boerh. lugdb.* 2. *p.* 307.

Sinapistrum zeylanicum triphyllum & pentaphyllum viscosum, flore flavo. *Mart. cent.* 25. *t.* 25. *Burm. zeyl.* 215.

Sinapistrum indicum triphyllum, flore carneo, non spinosum. *Sloan. flor.* 80. *hist.* 1. *p.* 194. *t.* 124. *f.* 1.

Sinapistrum canadense triphyllum, siliqua crassiore. *Barr. rar.* 45. *t.* 914.

Papaver corniculatum acre triphyllon indicum, floribus luteis, viscosum Ranmanissa cochinensibus dictum. *Pluk. alm.* 280.

Trifolium asphaltion canadense. *Corn. canad.* 130. *t.* 131.

Ana-veela. *Rheed. mal.* 9. *p.* 41. *t.* 23.

α Sinapistrum zeylanicum pentaphyllum viscosum, flore flavo. *Burm. zeyl.* 215. *t.* 99.

*Crescit in* Zeylona *&* Malabaria, Canada.

*Huic folia caulina & floralia triphylla petiolata.*

3. CLEOME floribus hexandris, genitalibus declinatis, siliquis subulatis.

Sinapistrum lusitanicum triphyllum, flore rubro, siliquis corniculatis. *Herm. lugdb.* 566. *Boerh. lugdb.* 1. *p.* 306.

Papaver corniculatum acre triphyllon lusitanicum, angustissimis foliis, flore rubro. *Pluk. alm.* 280.

Trifolium lusitanicum bivalve, flore rubro. *Morif. hist.* 2. *p.* 289.

Trifolium siliquosum, flore violaceo, lusitanicum. *Barr. rar. t.* 866.

*Crescit in* Lusitania.

*Huic folia linearia petiolata, caulina ternata, floralia simplicia.*

4. CLEOME floribus hexandris, genitalibus declinatis, siliquis teretibus torosis.

Sinapistrum orientale triphyllum, ornithopodii siliquis. *Tournef. cor.* 17. *Boerh. lugdb.* 1. *p.* 306. *Dill. elth.* 359. *t.* 266. *f.* 345.

Sinapistrum peregrinum triphyllum, flore luteo. *Juff. barr.* 45.

Trifolium peregrinum alterum, flore luteo. *Barr. rar.* 865.

*Crescit in agris circa* Peram.

*Huic folia lanceolata petiolata, caulina ternata, floralia sæpius solitaria, siliquæ in hac (ut præcedente) pendulæ; flos flavus.*

*Cleome seu Cleoma occurrit apud octavum* Horatium, *quam herbam dicit sinapi similem; vocabulo itaque isto, pro sinapistro confarcinato, utor.*

# Claſſis XVI.

# MONADELPHIA.

## PENTANDRIA.

### WALTHERIA. g. pl. 552.

1. WALTHERIA foliis cordato-ovatis ferratis.
Monoſperm-althæa arborefcens villofa, folio majore. *Isnard. act.* 1721. *p.* 362. *t.* 14.
Althææ ſimilis americana, flore luteo. *Boerh. lugdb.* 2. *p.* 267. *defcr.*
Betonica arborefcens, foliis amplioribus ex infula barbadenſi, flore luteo minimo. *Pluk. alm.* 67. *t.* 150. *f.* 6.
*Crefcit in* Bahama, Barbiches, Surinama.

### HERMANNIA. g. pl. 551.

1. HERMANNIA foliis ternatis feffilibus.
Hermannia frutefcens, folio oblongo molli cordato hirfuto. *Boerh. ind.* 116. *lugdb.* 1. *p.* 273.
*Crefcit, ſi faciei fides, in* Africa.
*Frutex gaudet foliis alternis confertim nafcentibus.*
*Folia ſingula ternata, feſſilia, villofa utrinque & flavo-virefcentia, quorum lateralia ovato-*
*oblonga obtufa, intermedium obverfe cordatum verfus baſin anguſtius & fere cuneiforme, ver-*
*fus apicem parum plicatum minus manifeſte emarginatum, lateralibus dein paulo altius. Flores*
*non vidi.*

2. HERMANNIA foliis lanceolatis obtufis integerrimis.
Hermannia frutefcens, folio lavendulæ latiore & obtufo, flore parvo aureo. *Boerh. lugdb.* 1. *p.* 273. *Dill.*
*elth.* 179. *t.* 147. *f.* 176.
*Crefcit forte in* Africa.

3. HERMANNIA foliis lanceolatis obtufis apice ferratis.
Hermannia frutefcens, folio oblongo ferrato. *Tournef. inſt.* 656. *Boerh. lugdb.* 1. *p.* 273.
Althæa africana frutefcens, floribus aureis cochleatis pendulis minoribus. *Volck. norib.* 24. *t.* 24. mala.
*Crefcit in* Africa *ad caput bonæ fpei.*

4. HERMANNIA foliis cuneiformibus plicatis crenato emarginatis.
Hermannia frutefcens, folio oblongo ferrato latiori. *Boerh. hort.* 115. *lugdb.* 1. *p.* 273.
Ketmia africana vefciaria, fruticans & erecta, alni foliis latioribus & majoribus, flore ſpirali fulphureo.
*Comm. hort.* 2. *p.* 155. *t.* 78. *Old. afr.* 31.
*Crefcit in* Africa.

5. HERMANNIA foliis ovatis crenatis plicatis.
Hermannia frutefcens, folio ibifci hirfuto molli, caule pilofo. *Boerh. lugdb.* 1. *p.* 273.
Ketmia africana frutefcens, foliis mollibus & incanis, flore ſpirali fulphureo. *Comm. hort.* 2. *p.* 157. *t.* 79.
*Old. afr.* 31.
*Crefcit ad* caput bonæ fpei.
*Raro explicat hæc folia, fed communiter ea conniventia gerit.*

6. HERMANNIA foliis pinnatifidis linearibus.
Hermannia frutefcens, folio multifido tenui, caule rubro. *Boerh. hort.* 116. *lugdb.* 1. *p.* 273.
*Crefcit in* Africa.
*Hujus calyx glaber eſt, præterquam quod margine parum hirfutus fit, & tota planta glabra.*
*Dicta fuit hæc Africana familia a Sedulo Africæ & Zeylonæ luſtratore* Paulo Hermanno, *cujus*
*indefeſſo ſtudio Africæ remotiſſimum caput, a feculis fere barbarum, tot tamque infinitas exhi-*
*buit raras & ſingulares, quot regio vix ulla; Hæ plantæ in Belgium ope Hermanni delatæ*
*quamplurium egregiorum virorum oculos in ſe allexerunt, ut Hermannus per Africanas plantas*
*reſtauraverit ſtudium Botanices in Belgio, & apte caput ultimæ epochæ Botanices in Belgio*
*dici poſſit.*

### MELOCHIA. g. pl. 553.

1. MELOCHIA floribus folitariis, capfulis pyramidatis pentagonis angulis acutis.
Althæa braſiliana frutefcens, incarnato flore, fagopyri femine. *Pluk. alm.* 25. *t.* 131. *f.* 3.
*Crefcit in* America.

*Caulis*

*Caulis teres. Folia ovata, ferrata, utrinque (apud nos) glabra, acuminata, patenti pendula; petiolis filiformibus erectis. Flores solitarii, minimi (calyce monophyllo quinquedentato, stamina quinque, styli quinque) pedunculo juxta petiolum enato, ut gemma seu ramus interjaceat petiolo & pedunculo; fructus capfula nutans, pyramidalis, bafi truncata, profunde quinquangularis, angulis ad bafin fingulis in dentem acutum prominentibus, quinquelocularis, lateribus feu angulis dehifcens, femina folitaria reniformia.*

2. MELOCHIA foliis oblongis obtufis ferratis tomentofis, floribus confertis.

Betonica arbor maderafpatenfis villofa, foliis profunde venofis. *Plut. phyt.* 150. *f.* 5.

Abutilon arboreum fpicatum, betonicæ folio incano, flore minore purpureo. *Sloan. hift.* 1. *p.* 219. *t.* 138. *f.* 2, 3.

*Crefcit in* Bahama Americæ.

*Frutex eft foliis alternis, ovato-lanceolatis, obtufis, ferratis, margine undulatis, bafi vix emarginatis, nervis lateralibus oppofitis fuperne cavis, inferne convexis, utrinque tomentofis, fuperne viridibus, fubtus albidis.*

*Flores tres vel quatuor pedunculo communi infident alternatim, ftaminibus quinque & piftillo quinquefido; capfula fubrotunda, quinquelocularis, feminibus binis.*

# D E C A N D R I A.

## G E R A N I U M. *g. pl.* 554.

1. GERANIUM pedunculis fimplicibus unifloris.

Geranium fanguineum, maximo flore. *Bauh. pin.* 318. *Morif. hift.* 2. *p.* 514. *f.* 3. *t.* 16. *f.* 17. *Boerh. lugdb.* 1. *p.* 264

Geranium fanguineum five hæmatodes, craffa radice. *Bauh. hift.* 3. *p.* 478.

Geranium 7 hæmatodes. *Cluf. hift.* 9. *p.* 202.

Gruinalis montana hæmatodes. *Rupp. jen.* 105.

α Geranium fanguineum, cauliculis erectis, folio obfcure virenti, floribus minoribus. *Herm. lugdb.* 286.

β Geranium hæmatodes, flore variegato. *Boerh. pl.* 34.

Geranium hæmatodes lancaftrienfe, flore eleganter ftriato. *Raj. hift.* 1061. *Dill. elth.* 163. *t.* 136. *f.* 163.

*Crefcit in pratis ficcioribus juxta lapides & fepes in* Svecia, Germania, Anglia.

2. GERANIUM pedunculis bifloris, foliis caulinis trilobis integris ferratis, fummis fere feffilibus.

Geranium nodofum. *Bauh. pin.* 318. *Morif. hift.* 2. *p.* 516. *f.* 3. *t.* 16. *f.* 22. *Boerh. lugdb.* 1. *p.* 264.

Geranium magnum, folio trifido. *Bauh. hift.* 3. *p.* 478.

Geranium 5 nodofum plateau. *Cluf. hift.* 2. *p.* 101.

Geranium 6 tuberofum plateau. *Cluf. hift.* 2. *p.* 101.

*Crefcit in* Delphinatu verfus Gratianopolim.

3. GERANIUM pedunculis multifloris, foliis multipartitis, laciniis linearibus ramofis patulis obtufis.

Geranium tuberofum majus. *Bauh. pin.* 318. *Morif. hift.* 2. *p.* 510. *f.* 3. *t.* 16. *f.* 21. *Boerh. lugdb.* 1. *p.* 265.

Geranium tuberofum. *Bauh. hift.* 3. *p.* 474. *Dod. pempt.* 61. *Dalech. hift.* 1276.

Geranium bulbofum. *Lob. hift.* 377.

Geranium 1 matthioli. *Dalech. hift.* 1275.

*Crefcit ut fertur in* Illyrico.

4. GERANIUM pedunculis bifloris, calycibus inflatis, piftillo longiffimo.

Geranium macrorhizon. *Befl. eyft. vern.* 30. *f.* 2.

Geranium batrachioides longius radicatum odoratum. *Bauh. hift.* 3. *p.* 477.

Geranium batrachioides odoratum. *Bauh. hift.* 318. *Morif. hift.* 2. *p.* 514. *f.* 3. *t.* 16. *f.* 15. *Boerh. lugdb.* 1. *p.* 264.

Geranium batrachioides alterum. *Dod. pempt.* 63.

Geranium batrachioides alterum longius radicatum. *Dalech. hift.* 1280.

*Crefcendi locum filent Botanici.*

*Stamina duplo longiora quam calyx, & ftylus duplo longior ftaminibus.*

5. GERANIUM pedunculis bifloris alternatim caule erecto fuperne nudiufculo infidentibus.

Geranium montanum fufcum. *Bauh. pin.* 318.

Geranium montanum. *Dod. pempt.* 64.

Geranium fufcum lobelii. *Dalech. hift.* 1278.

Geranium phæum, flore reflexo. *Bauh. hift.* 3. *p.* 477.

Geranium phæum five fufcum, petalis rectis feu planis. *Morif. hift.* 2. *p.* 515. *f.* 3. *t.* 16. *f.* 18. *Boerh. lugdb.* 1. *p.* 264.

Gruinalis montana, petalis nigro-fufcis & obfcuris planioribus. *Rupp. jen.* 104.

α Geranium phæum five fufcum, petalis rectis feu planis, folio maculato. *Tournef. inft.* 267.

β Geranium phæum five fufcum, petalis reflexis. *Morif. hift.* 2. *p.* 515.

γ Geranium phæum five fufcum, petalis reflexis, folio non maculato. *Tournef.*

δ Geranium batrachiodes hirfutum, flore atro-rubente. *Bauh. pin.* 318.

Geranium 1, pullo flore. *Cluf. hift.* 2. *p.* 99.

Geranium phæo five pullo flore clufii. *Bauh. hift.* 3. *p.* 477.

*Crefcit in* Alpibus ftyriacis *ubi fylvæ definere folent in montibus* Pannoniæ interamnis (*Dravum inter & Savum*) *in altiffimo cacumine montis* Juræ *prope* Thuiri.

*Folia fere peltata, ultra medium quinquefida, lacinis incifis, obtufis; Caulina alterna, fere feffilia, verfus fummitatem minutiffima; pedunculi alterni, bifidi, communi pedunculo breviore quam proprii feu rami. Petala fere orbiculata, patentiffima.*

Rrrr 2 6. GERA-

6. Geranium pedunculis bifloris, foliis peltatis multipartitis rugofis pinnato-laciniatis acutis.
Geranium batrachioides. *Dod. pempt.* 63. *Lob. hift.* 376. *Bauh. bift.* 3. *p.* 475.
Geranium batrachiodes violaceum album & ex albo & cœruleo varium. (*Bauh. hift.* 3. *p.* 476.) *Morif. bift.*
2. *p.* 514.
Geranium batrachiodes, Gratia dei germanorum. *Bauh. pin.* 318. *Boerh. lugdb.* 1. *p.* 264.
Geranium 3 batrichiodes majus. *Cluf. bift.* 2. *p.* 100.
α Geranium batrachiodes, flore variegato. *C. B.*
β Geranium batrachioides, Gratia dei germanorum, flore albo. *Tournef. inft.* 267.
*Crefcit in pratis & pafcuis humidioribus* Angliæ, Germaniæ, Sveciæ.

7. Geranium pedunculis bifloris, foliis peltatis multifidis, caule erecto. *Fl. lapp.* 266.
Geranium batrachiodes, folio aconiti. *Bauh. pin.* 317. *Morif. bift.* 2. *p.* 514. *f.* 3. *t.* 16. *f.* 14. *Boerh. lugdb.* 1. *p.* 264.
Geranium 2 batrachiodes minus. *Cluf. bift.* 2. *p.* 99.
Geranium aliud, folio aconiti nitente clufii. *Bauh. bift.* 3. *p.* 476.
Geranium batrichioides montanum noftras. *Raj. bift.* 1062.
Gruinalis pratenfis, folio ranunculi aconitive. *Rupp. jen.* 103.
*Crefcit in montibus fylvofis* Lapponiæ *omnium copiofiffime; in fepibus & pratis* Sveciæ *fylveftris;*
Weftmorlandiæ & Eboracenfi *agro in Anglia; in alpibus Lapponicis, Pannonicis, Stiriacis.*

8. Geranium pedunculis bifloris, foliis quinque-trivepartitis, lobis pinnatifidis.
Geranium robertianum primum. *Bauh. pin.* 319. viride. *Boerh. lugdb.* 319.
Geranium robertianum, flore dilute rubello. *Morif. bift.* 2. *p.* 513. *f.* 5. *t.* 15. *f.* 11.
Geranium robertianum murale. *Bauh. bift.* 3. *p.* 480.
Geranium robertianum. *Dod. pempt.* 62. *Lob. bift.* 375.
Geranium robertertianum officinarum. *Rupp. jen.* 231.
Geranioides: Geranium robertianum primum viride. *Vaill. parif.* 80.
Ruberciana. *Cæfalp. fyft* 559.
Herba Roberti. *Dalech. bift.* 1278.
α Geranium robertianum, flore albo. *Morif. blef.* 268.
β Geranium robertianum primum rubens. *Tournef. inft.* 268.
γ Geranium lucidum faxatile, foliis geranii robertiani. *Raj. fyn.* 358.
*Crefcit in petris & rupibus montium faxofis in* Svecia, Germania, Anglia, Gallia.

9. Geranium pedunculis bifloris, foliis fubrotundis multifidis, caule procumbente.
Geranium folio malvæ rotundo. *Bauh. pin.* 318. majus. *Boerh. lugdb.* 1. *p.* 265.
Geranium folio rotundo multum ferrato five columbinum. *Bauh. bift.* 3. *p.* 473.
Geranium aliud fecundum. *Dalech. bift.* 1277.
Gruinalis folio malvæ rotundo. *Rupp. jen.* 104.
Pes Columbinus. *Cæfalp. fyft.* 558. *Dod. pempt.* 61. *Lob. bift.* 376.
α Geranium columbinum majus, flore minore cœruleo. *Raj. bift.* 1059. *fyn.* 358.
β Geranium columbinum humile, flore cœruleo minimo. *Raj. fyn.* 359. *t.* 16. *f.* 2.
γ Geranium columbinum tenuius laciniatum. *Bauh. pin.* 318. *prod.* 138.
δ Geranium columbinum, flore dilute rubro. *Boerh. lugdb.* 2. *p.* 265.
ε Geranium, folio malvæ rotundo, minus. *Tournef. inft.* 268.
ζ Geranium columbinum perenne pyrenaicum maximum. *Tournef.*
η Geranium columbinum, diffectis foliis; florum pediculis longiffimis. *Raj. bift.* 1059.
*Crefcit ad femitas, inque cultis fterilioribus frequens per* Europam.
*Caulis hujus procumbit fæpius; folia fere orbiculata, multifida, figura infinitis modis variant,*
*quas omnes inde varietates recenfere non fuftineo.*

10. Geranium pedunculis multifloris, calycibus pentaphyllis, foliis duplicato-pinnatis.
Geranium, citutæ folio, minus & fupinum. *Bauh. pin.* 319. *Boerh. lugdb.* 1. *p.* 265. *Rupp. jen.* 231.
Geranium annuum, cicutæ folio, inodorum. *Morif. bift.* 2. *p.* 512. *f.* 5. *t.* 15. *f.* 9.
Geranium feptimum five gruinum. *Dod. pempt.* 64.
Geranium mofchatum, folio ad myrrhidem accedente, minus. *Bauh. bift.* 3. *p.* 479.
Geranioides: Geranium cicutæ folio minus & fupinum. *Vaill. parif.* 80.
α Geranium, cicutæ folio, minus & fupinum, flore albo. *Tournef. inft.* 269.
β Geranium, cicutæ folio, mofchatum. *Bauh. pin.* 319.
Geranium fupinum. *Dod. pempt.* 63.
γ Geranium cicutæ folio, acu longiffima. *Bauh. pin.* 319. *prod.* 138.
δ Geranium fupinum, botryos folio, acu furfum fpectante. *Bocc. muf.* 2. *p.* 145. *t.* 109.
*Crefcit in locis cultis fterilibus per* Europam *frequens.*

11. Geranium pedunculis multifloris, calycibus pentaphyllis, foliis cordatis laciniatis.
Geranium folio althææ. *Bauh. pin.* 318. *Morif. bift.* 2. *p.* 512. *f.* 5. *t.* 15. *f.* 7. *Boerh. lugdb.* 1. *p.* 265.
Geranium malacoeides. *Lob. bift.* 378.
Geranium malvaceum. *Bauh. bift.* 3. *p.* 479.
Geranium 6 matthioli. *Dalech. bift.* 1280.
α Geranium folio alceæ veficariæ. *Park. theatr.* 707.
β Geranium folio alceæ tenuiter laciniato, flore pentapetalo purpurafcente, femine tenui. *Boerh. lugdb.* 1. *p.* 266.
*Crefcit circa* Monfpelium *in agro Narbonenfi; prope* Florentiam *in montibus Argue.*
*Flores umbellatim digefti, & fructus verfus inferius latus flexi & affurgentes.*

12. Geranium calycibus monophyllis, tubis longiffimis fere feffilibus, radice fubrotunda.
Geranium americanum noctu olens, radice tuberofa, trifte. *Boerh. lugdb.* 1. *p.* 263.

Gera-

Geranium trifte. *Corn. canad.* 109. *t.* 110. *Morif. hift.* 2. *p.* 517. *f.* 3. *t.* 16. *f.* 26.

α Geranium noctu olens æthiopicum, radice tuberofa, foliis myrrhidis latioribus, & anguftioribus. *Breyn. cent.* 126. *t.* 58.

γ Geranium africanum noctu olens tuberofum, vitis foliis hirfutis. *Comm. hort.* 2. *p.* 123. *t.* 62.

*Crefcit in* Africa *&* India.

*Folia duplicato-pinnata funt, flores in pedunculo in orbem circumacti, infidentes pedicellis propriis rectis, nec reflexis; at* (γ) *foliis differt fimplicibus lobatis.*

13.GERANIUM calycibus monophyllis, foliis glabris fubovatis crenatis.
Geranium africanum frutefcens, folio craffo & glauco, acetofæ fapore. *Comm. præl.* 54. *t.* 4. *Boerh.lugdb.* 1. *p.* 263.
*Crefcit in* Africa.

14.GERANIUM calycibus monophyllis, foliis quinquelobis integerrimis glabris peltatis.
Geranium africanum, foliis inferioribus afari, fuperioribus ftaphydis agriæ maculatis fplendentibus & acetofæ fapore. *Comm. præl.* 52. *t.* 2. *Boerh. lugdb.* 1. *p.* 262.
*Crefcit in* Africa.

15.GERANIUM calycibus monophyllis, floribus capitatis, foliis cordatis lobatis crenatis pilofis.
Geranium americanum arborefcens, vitis folio, odore meliffæ. *Dill. elth.* 152. *t.* 126. *f.* 153.
Geranium africanum frutefcens, malvæ folio odorato laciniato. *Herm. lugdb.* 277. *Boerh. lugdb.* 1. *p.* 263.
Geranium africanum hirfutum, ribis folio, floribus umbellatis purpureis. *Raj. app.* 513.
Geranium africanum frutefcens, malvæ folio laciniato odorato inftar meliffæ, flore purpurafcente. *Boerh.*
*Crefcit in* Africa.

16.GERANIUM calycibus monophyllis, corollis papilionaceis, vexillo dipetalo maximo, foliis angulatis.
Geranium africanum arborefcens, flore velut dipetalo eleganter variegato. *Dill. elth.* 154. *t.* 128. *f.* 155.
Geranium africanum arborefcens, malvæ folio mucronato., petalis florum inferioribus vix confpicuis. *Mart. cent.* 15. *t.* 15.
*Crefcit in* Africa.

17.GERANIUM calycibus monophyllis, foliis cucullatis.
Geranium africanum arborefcens, foliis cucullatis angulofis. *Dill. elth.* 155. *t.* 129. *f.* 156.
Geranium africanum frutefcens, alchimillæ folio hirfuto cum fimbriis purpureis. *Boerh. lugdb.* 1. *p.* 263.
Geranium capenfe frutefcens, aceris folio. *Pet. gaz. t.* 84. *f.* 5.
α Geranium africanum arborefcens, ibifci folio rotundo carlinæ odore. *Herm. lugdb.* 274. *t.* 275.
Geranium africanum arborefcens, ibifci folio angulofo, floribus amplis purpureis. *Mart. cent.* 28. *t.* 28.
*Crefcit in* Africa.

18.GERANIUM calycibus monophyllis, floribus florentibus erectis, foliis fubcordatis.
Geranium africanum arborefcens, malvæ folio pingui, flore coccineo. *Dill. elth.* 151. *t.* 125. *f.* 151, 152.
Geranium africanum arborefcens, malvæ folio plano lucido, flore elegantiffimo kermefino. *Boerh. lugdb.* 1. *p.* 262. *Mart. cent.* 3. *t.* 3.
Geranium africanum maximum, rotundis craffis foliis, floribus coccineis. *Rupp. jen.* 173.
α Geranium africanum arborefcens, alchimillæ folio hirfuto elegantiffime variegato, floribus rubicundis. *Boerh.*
β Geranium africanum arborefcens, alchimillæ hirfuto folio, floribus rubicundis. *Comm. præl.* 51. *t.* 1.
*Crefcit in* Africa.
*Pedunculi proprii ante florefcentiam penduli, fub florefcentia erecti, abfoluta florefcentia penduli, maturo fructu iterum erecti.*

19.GERANIUM calycibus monophyllis, corollis papilionaceis, vexillo dipetalo, foliis duplicato-pinnatis.
Geranium africanum, coriandri folio, floribus incarnatis, majus. *Herm. lugdb.* 279. *t.* 280. *Boerh. lugdb.* 1. *p.* 262.
α Geranium africanum tuberofum, anemones folio, incarnato flore. *Herm. par.* 178. *t.* 178.
*Crefcit in* Africa.

20.GERANIUM calycibus monophyllis, caule geniculis nodofo, foliis duplicato-pinnatifidis.
Geranium africanum carnofum, petalis anguftis albicantibus. *Dill. elth.* 153. *t.* 127. *f.* 154.
Geranium africanum, folio alcææ albo. *Boerh. lugdb.* 1. *p.* 264.
*Crefcit in* Africa.

21.GERANIUM calycibus monophyllis, caule carnofo breviffimo, ramis longis, foliis cordatis.
Geranium africanum humile, malvæ fragrantiffimo molli. *Dill. elth.* 157. *t.* 131. *f.* 158.
Geranium africanum, folio malvæ craffo molli odoratiffimo, flofculo pentapetalo albo. *Boerh. lugdb.* 1. *p.* 263.
*Crefcit in* Africa.
*Inter Gerania hæc omnium fuaveolentiffima gerit folia.*

22.GERANIUM calycibus monophyllis longiffimis feffilibus, fructu affurgente, foliis palmatis crenatis.
Geranium africanum, alchimillæ hirfuto folio, floribus albidis. *Herm. lugdb.* 282. *t.* 283. *Boerh. lugdb.* 1. *p.* 263.
α Geranium africanum, folio alchimillæ pilofo circulum nigrum infcripto, flore pallido. *Boerh.*

23.GERANIUM calycibus monophyllis, folio ovatis finuatis crenatis, caule filiformi.
Geranium, folio althææ, africanum, odore meliffæ. *Boerh. lugdb.* 1. *p.* 263.
*Crefcit in* Africa.
*Gerania natione africana omnia calyce gaudent monophyllo, tubulato, tubi apice hinc gibbo vel calcato; corolla inæquali; caule fæpius perenni & frutefcente, pedunculo femper multifloro; Hæc a* Rivino *&* Ruppio Geranii *nomine, a* Vaillantio Geranioidis; *at calyce pentaphyllo inftructæ fpecies a* Rivino Gruinalis *nomine infignatæ fuere.*

S s s s

P O.

## POLYANDRIA.

### SIDA. *g. pl.* 556.

1. SIDA foliis lanceolato-rhomboideis ferratis.
Malvinda unicornis, folio rhomboide, perennis. *Dill. elth.* 216. *t.* 172. *f.* 212.
α Malva ulmifolia, femine roftrato. *Tournef. inft.* 96.
Malva erecta minor, carpini folio, flore luteo, feminibus fingulis fimplici aculeo longiore donatis. *Sloan. flor.* 96. *hift.* 1. *p.* 218.
Alcea utriusque indiæ, carpini folio, femine fimplici arifta donato. *Boerh. lugdb.* 1. *p.* 270.
Alcea pernambucana, carpini folio, flofculis minimis luteis, femine fimplici roftro donato. *Morif. hift.* 2. *p.* 528. *f.* 5. *t.* 19. *f. ult. mala.*
Althæa peregrina, femine roftrato, flore luteo minimo. *Morif. blef.* 229.
Althæa carpini folio, flofculis luteis. *Bocc. fic.* 11. *t.* 6. *f.* 2.
Althæa ulmifolia, femine roftrato, Herba brafiliana incolis Bafourinha dicta. *Pluk. alm.* 25.
*Crefcit in utraque* India, *in* Jamaica, Brafilia *&c.*

2. SIDA foliis orbiculatis plicatis ferratis.
Malvinda ftellata alnifolia. *Dill. elth.* 215. *t.* 172. *f.* 211.
Althæa minor, fubrotundo ulmi folio, madrafpatana, Warra congee malabarorum. *Pluk. alm.* 11.
Alcea madrafpatana ftellata Carambu, vulgaris facie. *Pet. hort.* 241.
α Alcea indica, alni rotundo viridique folio non cordato. *Raj. hift.* 3. *p.* 324.
Althæa indica, fplendente folio alni fubrotundo. *Pluk. alm.* 24.
Malva incana frutefcens, alni folio. *Herm. prod.* 350.
β Alcea zeylanica, folio latiori cordiformi. *Herm. lugdb.* 12.
Althæa indica, latiori folio cordiformi ad fummum finuato. *Pluk. alm.* 26. *t.* 9. *f.* 2.
Malva indica, folio cordiformi. *Tournef. inft.* 96.
*Crefcit in* Bengala, Madera, Zeylona, Malabaria.
*E feminibus enata antequam floruit Alnum perfecte mentitur.*

3. SIDA foliis cordato-oblongis ferratis, capfulis quinis bicufpidatis.
Alcea utriusque indiæ, carpini folio, femine duplici arifta donato. *Boerh. lugdb.* 1. *p.* 271.
Alcea virginia, carpini folio, flofculis minimis luteis, femine duplici roftro vel aculeo prædito.*Morif. hift.*2.*p.*528.
Alcea, carpini folio, americana frutefcens, flofculis luteis, femine duplici roftro donato. *Comm. hort.* 1. *p.* 3. *t.* 2.
Althæa virginiana bidens, pimpinellæ majoris acutiore folio, flofculis minimis luteis. *Pluk. alm.* 25. *t.* 9. *f.* 6.
Malva ulmifolia, femine cum duplici roftro. *Tournef. inft.* 96.
α Malvinda bicornis, fanguiforbæ folio villofo & glabro. *Dill. elth.* 214. *t.* 171. *f.* 210.
Althæa roftrata cormandelienfis, pimpinellæ majoris folio fubrotundo, femine bicorni. *Pluk. alm.* 26. *t.* 9. *f.* 3.
Malva indica, foliis fubrotundis. *Tournef. inft.* 96.
*Crefcit in utraque* India.

4. SIDA foliis fubrotundo cordatis acuminatis.
Abutilon. *Dod. pempt.* 656. *Tournef. inft.* 98. *Boerh. lugdb.* 1. *p.* 274.
Althæa theophrafti. *Cæfalp. fyft.* 576. *Dalech. hift.* 592.
Althæa theophrafti, flore luteo. *Bauh. pin.* 316. *Morif. hift.* 2. *p.* 531. *f.* 5. *t.* 19. *f.* 3.
Althæa theophrafti, flore luteo, quibusdam Abutilon. *Bauh. hift.* 2. *p.* 958.
Althæa luteis floribus. *Lob. hift.* 374.
*Crefcit in* India Orientali.

5. SIDA foliis palmatis, laciniis lanceolato attenuatis.
Althæa virginiana, ricini folio. *Herm. lugdb.* 22. *t.* 23.
Alcea virginiana, ricini folio. *Boerh. lugdb.* 1. *p.* 270.
Alcea procerior, ricini folio, virginiana, quintuplici parva capfula, flore albo tubulato. *Pluk. alm.* 12.
Malva, aceris folio, virginiana. *Tournef. inft.* 95.
*Crefcit in* Virginia.

6. SIDA foliis cordatis obfolete ferratis.
Abutilon lavateræ flore, fructu criftato. *Dill. elth.* 3. *t.* 2. *f.* 2.
*Crefcit in* Mexico.
*Sida nomen eft Theophrafti, quod recepi, cum Malvinda & Althæades Magn. nimiam cum malva gerant affinitatem.*

### MALVA. *g. pl.* 557.

1. MALVA foliis ovato-oblongis acute ferratis, capfulis tricufpidatis.
Althæa coromandeliana, anguftis prælongis foliis, femine bicorni. *Pluk. mant.* 10. *t.* 334. *f.* 2.
*Crefcit in* America.
*Planta quam fub hoc nomine propono, Ramis filiformibus, tenuibus, debilibus, procumbentibus, fuftentatur. Foliola ovato-lanceolata, acute ferrata, utrinque viridia, petiolis laxis infidentia, folitaria. Flores ex alis, folitarii: Calyce quinquefido, ad bafin tribus foliolis linearibus inftructo. Corolla lutea, hora undecima fe explicans ad meridiem durans. Stamina plurima, ftylus decemfidus, ftigmatibus capitatis. Capfulæ reniformes, decem, in dorfo duos aculeos oppofitos gerentes fingulæ, & unicum ad apicem. Tota planta villis afperfa eft.*

2. MALVA

2. MALVA foliis cordatis villofis crenatis.
Malvinda bicornis, ballotes folio molli. *Dill. elth.* 211. *t.* 171. *f.* 269.
Althæa maderafpatana, fubrotundo folio molli & hirfuto, multipilis, five feminibus ad apicem crinitis
*Pluk. alm.* 25. *t.* 131. *f.* 2.
Katu-uren. *Rheed. mal.* 10. *p.* 107. *t.* 54.
*Crefcit in* Madera, Malabaria, Zeylona.
*Hæc gaudet foliis absque angulis vel finubus ullis, & calyx exterior triphyllus Malvæ eft, inte-
rior vero quinquefidus & minor.*

3. MALVA foliis fubcordatis laciniatis glabris, caule arboreo.
Malva capenfis frutefcens, groffulariæ folio minori glabro. *Dill. elth.* 208. *t.* 169. *f.* 206.
Alcea africana frutefcens, folio groffulariæ, flore parvo rubro. *Boerh. lugdb.* 1. *p.* 271.
*Crefcit ad* Caput bonæ fpei.

4. MALVA caule repente, foliis multifidis.
Abutilon repens, alceæ foliis, flore helvulo. *Dill. elth.* 5. *t.* 4. *f.* 4.
Abutilon carolinianum repens, alceæ foliis, gibbo flore. *Mart. cent.* 34. *t.* 34.
*Crefcit in* Carolina *Americæ.*

5. MALVA caule repente, foliis cordato-orbiculatis, obfolete quinquelobis.
Malva fylveftris, folio fubrotundo. *Bauh. pin.* 314.
Malva fylveftris perennis procumbens, flore minore albo, folio rotundo. *Morif. hift.* 2. *p.* 521. *f.* 5. *t.* 17. *f.* 7.
Malva fylveftris repens pumila. *Lob. hift.* 371. *Dalech. hift.* 586.
Malva vulgaris, flore minore, folio rotundo. *Bauh. hift.* 1. *p.* 267. *Boerh. lugdb.* 1. *p.* 267.
Malva vulgaris. *Dalech. hift.* 584.
α Malva fylveftris, rotundo variegato folio. *Tournef. inft.* 96.
β Malva procerior, flore minore. *Boerh. lugdb.* 1. *p.* 268.
*Crefcit in locis ruderatis, juxta plateas & vias in locis tritis,* **vulgaris per** Europam.

6. MALVA caule erecto, foliis fere palmatis obfolete ferratis.
Malva fylveftris, folio finuato. *Bauh. pin.* 314.
Malva fylveftris procerior feu elatior rectave, flore majore fubrubeme aut purpureo, venis faturate purpureis picto, folio finuato. *Morif. hift.* 2. *p.* 521. *f.* 5. *t.* 15. *f.* 8.
Malva fylveftris procerior. *Dod. pempt.* 653.
Malva vulgaris, flore majore, folio finuato. *Bauh. hift.* 2. *p.* 949. *Boerh. lugdb.* 1. *p.* 268.
α Malva fylveftris, folio finuato, flore albo. *Tournef. inft.* 95.
β Malva fylveftris, folio finuato, flore cœruleo. *T.*
γ Malva fylveftris, folio finuato, flore pallide rubello venis purpurafcentibus picto. *Boerh.*
δ Malva fylveftris, folio finuato, flore purpuro-rubro. *T.*
ε Malva fylveftris. folio finuato, flore dilute purpureo duplo minore. *T.*
*Crefcit in* Belgio, Anglia, Gallia, Germania, Dania, Scania.

7. Malva foliis angulatis crifpis, floribus ad alas glomeratis.
Malva crifpa. *Bauh. pin.* 2. *p.* 952. *Dod. pempt.* 653.
Malva foliis crifpis. *Bauh. pin.* 315. *Boerh. lugdb.* 1. *p.* 268.
Malva annua, foliis crifpis. *Morif. hift.* 2. *p.* 520. *f.* 5. *t.* 17. *f.* 3.
Malva crifpatis oris. *Lob. hift.* 372.
*Crefcit . . . .*

8. MALVA foliis multipartitis, caule erecto.
Alcea vulgaris major. *Bauh. pin.* 316. flore ex rubro rofeo. *Boerh. lugdb.* 1. *p.* 270.
Alcea vulgaris. *Bauh. hift.* 2. *p.* 953. *Dod. pempt.* 656. *Lob. hift.* 378. *Morif. hift.* 2. *p.* 527. *f.* 5. *t.* 18. *f.* 3.
α Alcea vulgaris major, flore candidiore. *Tournef. inft.* 97.
β Alcea folio rotundo laciniato. *Bauh. pin.* 316. *Morif. hift.* 2. *p.* 527. *f.* 5. *t.* 18. *f.* 4.
Alcea fruticans. *Befl. eyft. æft.* 83.
γ Alcea folio rotundo laciniato, flore rubro. *Boerh.*
*Crefcit in vepretis & fepibus, ad margines agrorum in* Anglia, Gallia *& quibusdam* Germaniæ *locis. At* β. γ. *in monte* Matelii *&* Æquicolorum *montibus.*

9. MALVA foliis fubcordatis trilobis obtufis ferratis villofis.
Althæa frutex 1. *Cluf. hift.* 2. *p.* 24. *Raj. hift.* 603.
Althæa fruticans incana, minore folio, hifpanica. *Barr. rar. t.* 428.
Althæa arborefcens. *Bauh. hift.* 97.
Althæa frutefcens, folio rotundiore incano. *Bauh. pin.* 316. *Tournef. inft.* 97.
*Crefcit in* Hifpania.

# M A L O P E. *g. pl.* 564.

1. MALOPE foliis ovatis crenatis glabris.
Malacoides betonicæ folio. *Tournef. inft.* 98. *Boerh. lugdb.* 1. *p.* 271.
Malva betonicæ folio. *Morif. blef.* 285. *hift.* 2. *p.* 522. *f.* 5. *t.* 17. *f.* 11. *Bocc. fic.* 15. *t.* 8. *f.* 2. *Zan. hift.* 130.
Alcea betonicæ folio, flore purpuro violaceo. *Barr. rar. t.* 1189.
*Crefcit in* Hetruriæ *pratis, circa* Pifas.
*Malope occurrit apud* Plinium.

L A-

# L A V A T E R A. *g. pl.* 558.

1. LAVATERA foliis trilobis, lacinia media productiore, caule herbaceo.
Lavatera africana, flore pulcherrimo. *Boerh. lugdb.* 1. *p.* 268.
Malva annua trimeſtris, flore cum unguibus purpureis, ſeminibus multis nigris rotundis ſubter membra-
naceis duplicatis orbiculis latentibus. *Moriſ. hiſt.* 2. *p.* 520. *ſ.* 5. *t.* 17. *f.* 2.
Malva trimeſtris. *Cluſ. hiſt.* 2. *p.* 22.
*Creſcit in* Hiſpania & Africa.

2. LAVATERA foliis ſeptem-angularibus obtuſis plicatis villoſis, caule fruticoſo, floribus ad alas confertis.
Althæa maritima arborea veneta. *Tournef. inſt.* 97. *Boerh. lugdb.* 1. *p.* 269.
Malva arborea veneta dicta, parvo flore. *Bauh. pin.* 315.
Malva arborea. *Bauh. hiſt.* 2. *p.* 952.
Malva arboreſcens. *Beſl. eyſt. æſt.* 86. *f.* 1.
*Creſcit in* Italia, *in itinere quo itur Piſis ad portum Liburnum, in littore Tyrrheno, Veneto &*
*Africano.*

3. LAVATERA foliis quinquangularibus acutis crenatis, lacinia media productiore.
Althæa fruteſcens, folio acuto, parvo flore. *Bauh. pin.* 316. *Boerh. lugdb.* 1. *p.* 269.
Malva fruteſcens, folio auriculato hederæ inſtar. *Moriſ. hiſt.* 2. *p.* 523.
Althæa arborea olbia in gallo-provincia. *Lob. adv.* 294.
*Creſcit in* Olbia *inſula &* Gallo-provincia.

# A L C E A. *g. pl.* 560.

1. ALCEA foliis ſinuato-anguloſis.
Malva roſea, folio ſubrotundo. *Bauh. pin.* 315. *Boerh. lugdb.* 1. *p.* 269. flore ſimplici. *Moriſ. hiſt.* 1. *p.* 524. *ſ.* 5.
*t.* 17. *f.* 18—20.
Malva roſea ſive hortenſis. *Bauh. hiſt.* 2. *p.* 951.
Malva hortenſis. *Dod. pempt.* 652. •
Malva roſea, folio ſubrotundo, flore dilutius rubente. *Tournef. inſt.* 94.
α Malva roſea, folio ſubrotundo, flore candido. *Tourn.*
β Malva roſea, folio ſubrotundo, flore ſaturatius rubente. *T.*
γ Malva roſea, folio ſubrotundo, flore purpuræ modo relucente. *T.*
δ Malva roſea, folio ſubrotundo, flore ex rubro nigricante. *T.*
ε Malva roſea, folio ſubrotundo, flore violaceo. *T.*
ζ Malva roſea, folio ſubrotundo, flore ſimplici luteo. *T.*
η Malva roſea, folio ſubrotundo, flore pleno. *C. B.* 315. rubro. *T.*
θ Malva roſea, folio ſubrotundo, flore pleno albo. *T.*
ι Malva roſea, folio ſubrotundo, flore pleno incarnato. *T.*
κ Malva roſea, folio ſubrotundo, flore pleno puniceo. *T.*
λ Malva roſea, folio ſubrotundo, flore pleno nigricante. *T.*
μ Malva roſea, folio ſubrotundo, flore pleno luteo & ſubluteo. *T.*
*Creſcit . . . .*

2. ALCEA foliis palmato-digitatis.
Alcea roſea hortenſis maxima, folio ficus. *Tournef. inſt.* 98.
Malva roſea, folio ficus. *Bauh. pin.* 315.
Malva roſea peregrina, folio ficus obſcure viridi. *Moriſ. hiſt.* 2. *p.* 524. *ſ.* 5. *t.* 17. *f.* 22.
α Malva roſea hortenſis maxima, folio ficus, flore albo. *T.*
β Malva roſea hortenſis maxima, folio ficus, flore luteo. *T.*
γ Malva roſea hortenſis maxima, folio ficus, flore violaceo. *T.*
δ Malva roſea hortenſis maxima, folio ficus, flore purpureo. *T.*
ε Malva roſea hortenſis maxima, folio ficus, flore carneo. *T.*
ζ Malva roſea hortenſis maxima, folio ficus, flore nigricante. *T.*
*Creſcit . . . .*

# U R E N A. *g. pl.* 555.

URENA foliis angulatis.
Urena ſinica, Xanthii facie. *Dill. elth.* 430. *t.* 319. *f.* 412.
Althæa braſiliana, fructu hiſpido pentacocco. *Pluk. alm.* 25.
Trifolio affinis indiæ orientalis, Xanthii facie. *Breyn. cent.* 82. *t.* 35.
*Creſcit in* India Orientali.

# A L T H Æ A. *g. pl.* 561.

1. ALTHÆA foliis ſimplicibus tomentoſis.
Althæa vulgaris. *Cluſ. hiſt.* 2. *p.* 24.
Althæa dioſcoridis & plinii. *Bauh. pin.* 315. *Boerh. lugdb.* 1. *p.* 269.
Althæa matthioli. *Dalech. hiſt.* 590.

Althæa,

Althæa, Ibifcus. *Dod. pempt.* 655.
Althæa five Bifmalva. *Baub. hift.* 2. *p.* 954.
Malva fylveftris vel paluftris, aut Ibifcus. *Morif. hift.* 2. *p.* 522. *f.* 5. *t.* 19. *f.* 12.
α Althæa diofcoridis & plinii, folio magis angulato. *Tournef. inft.* 97.
β Althæa folio rotundiori five minus acuminato. *T.*
*Crefcit locis uliginofis, pinguibus, humentibus, paluftribus pratis & foffis in* Hollandia, Anglia, Gallia.

2. ALTHÆA foliis compofitis fcabris.
Alcea cannabina. *Baub. pin.* 316. *Morif. hift.* 2. *p.* 527. *f.* 5. *t.* 18. *f.* 5. *Tournef. inft.* 98. *Boerh. lugdb.* 1. *p.* 270.
Alcea fruticofa cannabino folio. *Cluf. hift.* 2. *p.* 25.
Alcea pentaphylli folio, vel cannabina. *Baub. hift.* 2. *p.* 958.
*Crefcit in Aggeribus foffarum circa* Monfpelium, *in* Italia & Sicilia.

3. ALTHÆA foliis trifidis hifpidis.
Alcea hirfuta. *Baub. pin.* 317.
Alcea villofa. *Dalech. hift.* 594. *Baub. hift.* 2. *p.* 1067.
Alcea hirfuta feu villofa. *Morif. hift.* 2. *p.* 528. *f.* 5. *t.* 18. *f.* 6.
Alcea hirfuta minima, flore cæfio, hifpanica. *Barr. rar.* 8. *t* 1169.
*Crefcit in vineis circa* Monfpelium & *in fæpibus non procul* Geneva & *in* Hifpania.

# T R I O N U M. *g. pl.* 563.

1. TRIONUM.
Bammia rivini. *Rupp. jen.* 31.
Ketmia veficaria vulgaris. *Tournef. inft.* 101. *Boerh. lugdb.* 1. *p.* 272.
Alcea veneta feu veficaria trifolia hirfuta, flore fulphureo unguibus purpureis. *Barr. rar. t.* 471.
Alcea veficaria. *Baub. pin.* 317. *Dod. pempt.* 643.
Alcea folifequa. *Lob. hift.* 374.
Althæa veficaria veneta. *Morif. hift.* 2. *p.* 533. *f.* 5. *t.* 18. *f.* 11, 12.
Hypeftoum. *Matth. diofc.* 673.
α Ketmia veficaria africana. *Tournef. inft.* 101.
Alcea veneta capitis bonæ fpei, potius Alcea veficaria. *Raj. hift.* 1067.
Alcea africana feu veficaria trifolia glabra, flore fulphureo cum unguibus purpureis. *Barr. rar.* 472.
*Crefcit ad* Caput bonæ fpei *in Africa, tamen in Horto Upfalienfi, e femine deciduo, quotannis fub aëre aperto repullulat.*
*Trionum eft nomen Theophrafti.*

# H I B I S C U S. *g. pl.* 562.

1. HIBISCUS foliis ovatis crenatis: angulis lateralibus obfoletis.
Ketmia africana, populi folio. *Tournef. inft.* 100. *Boerh. lugdb.* 1. *p.* 272.
Althæa rofea peregrina, forte Rofa Mofcheutos plinii. *Corn. canad.* 144. *t.* 145. *Morif. hift.* 2. *p.* 532. *f.* 5. *t.* 19. *f.* 6.
α Alcea africana, populi folio fubtus incano, & caule virefcente. *Tournef. inft.* 100.
Althæa indica ulmifolia prægrandis fubtus incana, flore amplo purpureo. *Pluk. alm.* 14. *t.* 6. *f.* 3.
*Crefcit in* Africa.

2. HIBISCUS foliis cordatis crenatis: angulis lateralibus folitariis parvis.
Malvavifcus arborefcens, flore miniato claufo. *Dill. elth.* 210. *t.* 170. *f.* 208.
Alcea indica arborea, folio molli, flore amplo eleganter coccineo. *Pluk. alm.* 14. *t.* 257. *f.* 1.
Atlat zopillin. *Hern. mex.* 117.
*Crefcit in* Mexico.
*Eft arbor viginti fæpe pedum, corollâ erecta, fpiraliter contorta, incumbentibus fcilicet exterioribus laciniis, ftamina & piftillum fupra corollam eminent; fructus bacca eft.*

3. HIBISCUS foliis cordato-quinquangularibus obfolete ferratis.
Ketmia finenfis, fructu fubrotundo, flore fimplici. *Tournef. inft.* 100. *Boerh. lugdb.* 1. *p.* 271.
Alcea arborefcens japonica, pampineis foliis fubafperis, flore mutabili f. colorem mutante. *Breyn. prod.* 2. *p.* 10.
Althæa arborea: Rofa finenfis. *Morif. hift.* 2. *p.* 530. *f.* 5. *t.* 18. *f.* 2.
Malva canadenfis, luteo purpureo pleno flore, arborefcens. *Barr. t.* 585.
Rofa finenfis quinquefolia. *Ferr. flor.* 493. 479.
Hina Pareti. *Rheed. mal.* 6. *p.* 69. *t.* 38, 39, 40, 41, 42.
α Ketmia finenfis, fructu fubrotundo, flore pleno. *Tournef.*
*Crefcit in* China, Japonia, Malabaria, *infulis* Americanis.

4. HIBISCUS foliis peltato-cordatis feptangularibus ferratis hifpidis.
Ketmia americana hirfuta, flore flavo, femine mofchato. *Tournef. inft.* 100.
Alcea hirfuta, flore flavo & femine mofchato. *Marcgr. braf.* 45. *fig. bona. Sloan. flor.* 98. *hift.* 1. *p.* 223.
Mufcus bloem. *Mer. furin.* 42. *t.* 42.
α Ketmia ægyptiaca, femine mofchato. *Tournef. inft.* 100.
Alcea ægyptiaca villofa. *Baub. pin.* 317.
Alcea ægyptiaca honorio bello. *Baub. hift.* 2. *p.* 960.
Althæa ægyptiaca mofchata Abelmofch dicta. *Morif. hift.* 2. *p.* 533. *f.* 5. *t.* 18. *f.* 9.

Tttt

Bamia

Bamia moſchata. *Dal. pharm.* 3 ¦2.
Callu-gaſturi. *Rheed. mal.* 2. *p.* 71. *t.* 38.
   *Creſcit in* America & Aſia; *in* Braſilia, Jamaica, Malabaria, Zeylonia, Ægypto.

5. HIBISCUS foliis palmato-digitatis ſeptempartitis.
   Ketmia folio manihot ſerrato, flore amplo ſulphureo. *Dill. elth.* 189. *t.* 156. *f.* 189.
   Ketmia americana, folio papayæ, flore magno flaveſcente fundo purpureo, fructu erecto pyramidali hexagono, ſemine rotundo ſapore fatuo. *Boerh. lugdb.* 1. *p.* 272.
   Alcea ſinica, manihot ſtellato folio, capſula longa piloſa pyramidata quinquefariam diviſa. *Pluk. amalt.* 7. *t.* 355. *f.* 2.
   *Creſcit in* America & Aſia, China &c.

6. HIBISCUS inermis, foliis ſerratis, inferioribus ovatis integris, ſuperioribus trilobis.
   Ketmia goſſypii folio, acetoſæ ſapore. *Plum. ſpec.* 2. *Tournef. inſt.* 100. *Boerh. lugdb.* 1. *p.* 273. *Burm. zeyl.* 135.
   Althæa indica, goſſipii folio acetoſæ ſapore. *Herm. lugdb.* 25.
   Alcea acetoſa. trifido folio indiæ orientalis. *Breyn. prod.* 1. *p.* 1. *Sloan. flor.* 99. *hiſt.* 1. *p.* 224.
   Alcea indica mitis, foliis ſuperioribus goſſipii in modum tripartito diviſis. *Pluk. alm.* 15. *t.* 6. *f.* 2.
   *Creſcit in* Zeylona, *variiſque utriuſque Indiæ locis.*

7. HIBISCUS foliis ovato-lanceolatis: ſuperne inciſo-ſerratis.
   Ketmia ſyrorum quibuſdam. *Tournef. inſt.* 99. *Boerh lugdb.* 1. *p.* 271.
   Althæa frutex, flore albo rubro carneo purpuro-violaceo. *Barr. rar. t.* 492.
   Althæa arboreſcens glabra, Ketmia ſyrorum dicta. *Moriſ. hiſt.* 2. *p.* 530.
   Alcea arboreſcens ſyriaca. *Bauh. pin* 316.
   Alcea arboreſcens glabra Ketmia dicta. *Bauh. hiſt.* 2. *p.* 957.
   Alcea frutex 2. *Cluſ. hiſt.* 2. *p.* 25.
 *α* Ketmia ſyrorum, flore purpuro-violaceo. *Tournef.*
 *β* Ketmia ſyrorum, floribus ex albo & rubro variis. *Tournef.*
 *γ* Ketmia ſyrorum, flore flavo. *Tournef.*
 *δ* Ketmia ſyrorum, flore albo. *Boerh.*
   *Creſcit in* Syria.

8. HIBISCUS foliis cordatis angulatis ſerratis, ſtipulis ſetaceis oppoſitis dehiſcentibus.
   Pentagonocarpus paluſtris, althææ folio anguſtiore vireſcente & ſubaſpero flore purpureo patulo longo pediculo inſidente. *Mich.*
   *Creſcit in* Italia *forte.*

# G O S S Y P I U M. *g. pl.* 559.

1. GOSSYPIUM caule decumbente.
   Goſſipium herba, ſemine albo. *Moriſ. hiſt.* 3. *p.* 517. *ſ.* 12. *t.* 17. *f.* 1.
   Goſſipium fruteſcens, ſemine albo. *Bauh. pin.* 430.
   Goſſipium ſive Xylon. *Dod. pempt.* 66. *Lob hiſt.* 370.
   Goſſipium braſilianum, flore flavo. *Sloan. flor.* 156.
   Xylon ſive Goſſipium herbaceum. *Bauh. hiſt.* 1. *p.* 343. *Tournef. inſt.* 101. *Boerh. lugdb.* 1. *ſ.* 273.
   Aminiiu. *Piſ. braſ.* 2. *p.* 186.
   *Creſcit in ſepibus* Americæ: Braſiliæ, Jamaicæ &c.

2. GOSSYPIUM caule erecto.
   Goſſipium arboreum, caule lævi. *Bauh. pin.* 430.
   Goſſipium arboreum Gotnemſegiar. *Alp. ægypt.* 38. *t.* 38.
   Goſſipium herbaceum S. Xylon maderaſpatenſe, rubicundo flore pentaphyllæum. *Pluk. phyt.* 188. *f.* 3.
   Xylon arboreum. *Bauh. hiſt.* 1. *p.* 346. *Tournef. inſt.* 101. *Boerh. lugdb.* 1. *p.* 273.
   Cudu-pariti. *Rheed. mal.* 1. *p.* 55. *t.* 31.
   *Creſcit in utraque* India.
   *Synonyma Bauhinorum, quæ dubia adpoſuimus pag.* 75, *in Xyli ſpecie prima, huc amandari debent, licet obſcuri ſint ambo Bauhini circa hanc plantam.*

D I A-

# Claffis XVII.

# DIADELPHIA.

## HEXANDRIA.

### FUMARIA. *g. pl. 566.*

1. FUMARIA fcapo nudo.
Fumaria filiquofa, radice grumofa, flore bicorporeo ad labia conjunćto, virginiana. *Pluk. alm.* 162. *t.* 90. *f.* 3.
Capnorchis americana. *Boerh. lugdb.* 1. *p.* 308.
*Crefcit in* Virginia.
*Radix carnofa; fcapus nudus flores quatuor vel quinque pendulos gerens; folium e radice, fcapum exfuperans, tricompofitum.*
*Hujus fpeciei mirabilis flos & a congeneribus longe recedens docuit Hypecoum & Epimedium Fumariis propius accedere, quam quidem vulgo creditur. Eft enim Calyx diphyllus, minimus, fpatio a flore remotus. Vexillum & carina adeo exaćte inter fe fimiles, ut una ab altera diftingui nequeat, quorum nećtaria longitudine floris, dehifcentia, cum glandula intra fingulam fubulata; limbus floris maxime dehifcens, concavus, integerrimus. Alæ ut in congeneribus faciem claudentes, (hinc genere diftingui non debet). Filamenta fex funt, quorum tria & tria ex eadem bafi enata, fed fingula diftinćta.*

2. FUMARIA caule fimpliciffimo diphyllo, floribus calyce deftitutis.
Fumaria bulbofa, radice cava, major. *Bauh. pin.* 142. *Morif. hift.* 2. *p.* 261. *f.* 3. *t.* 12. *f.* 6. *Boerh. lugdb.* 1. *p.* 306.
Fumaria bulbofa, radice cava, flore purpurafcente & albo. *Bauh. hift.* 3. *p.* 204.
Fumaria bulbofa matthioli. *Dalech. hift.* 1293.
Radix cava major. *Cluf. hift.* 1. *p.* 271.
Radix cava. *Dod. pempt.* 327. *Lob. hift.* 439.
Split radice rotunda cava rivini. *Rupp. jen.* 216.
Leontopelum alterius fpeciei. *Cæfalp. fyft.* 271.
α Fumaria bulbofa, radice cava, major, flore egregie rubente. *Tournef. inft.* 442.
β Fumaria bulbofa, radice cava, major, flore albo. *Tournef.*
γ Fumaria bulbofa, radice cava, major, flore fubflavefcente. *Tournef.*
δ Fumaria bulbofa, radice non cava, major. *Bauh. pin.* 144. *Boerh. lugdb.* 1. *p.* 309.
Fumaria tuberofa minor, radice non cava. *Morif. hift.* 2. *p.* 261. *f.* 3. *t.* 12. *f.* 8.
Fumaria bulbofa, radice foliata, calcari & folio criftato. *Bauh. hift.* 3. *p.* 205.
Radix cava minor. *Dod. pempt.* 327.
Split radice rotunda non cava. *Rupp. jen.* 217.
Capuos fabacea radice. *Dalech. hift.* 1294. *Lob. hift.* 439.
ε Fumaria bulbofa, radice non cava, major, flore albo. *Boerh.*
ζ Fumaria bulbofa, radice non cava, minor. *Bauh. pin.* 144.
*Crefcit circa fepes & vepres, locis umbrofis, folo pingui in Helvetia, Hetruria, Narbona, at δ. ε. ζ. in* Germania, Gallia, Belgio.
Fumariæ Bulbofæ *vulgo dićtæ duplicis fortis funt,* radice cava braćteis integris & non cava braćteis incifis, *ambas has fpecies non diftinguendas effe docent attributa fingularia, præfertim calycis abfentia, varietates certæ.*

3. FUMARIA foliis cirrhiferis, floribus fpicatis.
Fumaria claviculis donata. *Bauh. pin.* 143. *Morif. hift.* 2. *p.* 260. *f.* 3. *t.* 12. *f.* 3. *Boerh. lugdb.* 1. *p.* 309.
Fumaria cum capreolis. *Bauh. hift.* 3. *p.* 204.
Fumaria altera. *Dod. pempt.* 60.
Capnos alba latifolia. *Lob. hift.* 438. *Dalech. hift.* 1295.
*Crefcit in uliginofis faxofis arenofis ad ripas lacuum & fluviorum in* Anglia *rarius.*
*Planta annua; caule debili, ramofo, filiformi; folia pinnata ex duplici oppofitione foliorum, terminata rachi in cirrhum compofitum abeunte, folia partialia fæpius quinquepartita: foliolis geminis, lateralibus, eodem petiolo proprio innatis; rami alterni ex fingula ala folii; fpicæ ramos terminantes; filiquæ teretes, compreffæ, tria vel quatuor femina continentes.*

4. FUMARIA foliis cirrhiferis, filiquis ovatis inflatis pendulis.
Fumaria alba veficaria, capreolis donata, fub exitum autumni florens, æthiopica. *Pluk. alm.* 400.
Fumaria africana veficaria. *Herm. afric.* 10.
Fumaria amplexicaulis veficaria. *Bart. aćt.* 1637. *obf.* 24.
Cyfticapuos africana fcandens. *Boerh. lugdb.* 1. *p.* 310. *t.* 310.
Corydalis. *Dill. gen.* 129.
*Crefcit in* Africa.
*Facie ad proxime præcedentem accedit, at folia minus divifa, & pedunculi ex alis florem unum, duos vel tres pedunculatos continent, corollis majoribus, fructu pendulo inflato, feminibus plurimis.*

Tttt 2

5. FUMARIA caule recto ramoſo, ſiliquis filiformibus corymboſis.
Fumaria ſiliquoſa ſempervirens. *Corn. canad.* 57. *t.* 58. *Moriſ. hiſt.* 2. *p.* 259. *ſ.* 3. *t.* 12. *f.* 1.
Capnoides. *Tournef. inſt.* 423. *Boerh. lugdb.* 1. *p.* 309.
*Creſcit in* Canada.
*Siliqua teretes, longæ, aſſurgentes confertæ, propriis pedicellis inſidentes, congeſtis pedicellis ter-*
*minantibus pedunculum communem ſeu ramulum, ut inde corymbus enaſcatur.*

6. FUMARIA caule ramoſo diffuſo, ſiliquis oblongis, radice perenni.
Fumaria lutea. *Bauh. pin.* 143.
Fumaria lutea montana. *Moriſ. hiſt.* 2. *p.* 260. *ſ.* 3. *t.* 12. *f.* 4. *Dalech. hiſt.* 1293.
Fumaria quæ Split dicitur. *Bauh. hiſt.* 3. *p.* 203. *fig. tranſpoſ.*
Split. *Cæſalp. ſyſt.* 272.
Split flore luteo. *Rupp. jen.* 217.
α Fumaria ſempervirens & florens, flore albo. *Boerh. lugdb.* 1. *p.* 308.
Fumaria ſiliquoſa bivalvis, radice fibroſa, latifolia perennis humilior, ſine claviculis, flore albo. *Moriſ. hiſt.* 2. *p.* 260.
*Creſcit in collibus cultis & agris* Apuliæ, Calabriæ, Italiæ, Illyriæ, Hetruriæ, Narbonæ, *at*
α *in* Mauritania Tingitana.

7. FUMARIA pericarpiis monoſpermis.
Fumaria officinarum & dioſcoridis. *Bauh. pin.* 143. *Rupp. jen.* 205. flore purpureo. *Boerh. lugdb.* 1. *p.* 308.
Fumaria vulgaris latifolia, ſiliquis curtis non bivalvibus. *Moriſ. hiſt.* 2. *p.* 261. *ſ.* 3. *t.* 12. *f.* 9.
Fumaria vulgaris. *Bauh. hiſt.* 3. *p.* 201.
Fumaria. *Dod. pempt.* 59. *Dalech. hiſt.* 1292.
Fumaria & Fumus terræ. *Cæſalp. ſyſt.* 272.
Capnos. *Lob. hiſt.* 437.
α Fumaria officinarum & dioſcoridis, flore albo. *Tournef. inſt.* 422.
β Fumaria officinarum, foliis cæſiis, flore dilute rubello. *Boerh.*
γ Fumaria major ſcandens, flore pallidiore. *Raj. hiſt.* 405.
Fumaria viticulis & capreolis plantis vicinis adhærens. *Bauh. pin.* 143.
δ Fumaria viticulis & capreolis plantis vicinis adhærens, floribus flavis in ſummitate nigricanibus. *Tournef.*
ε Fumaria minor tenuifolia. *Bauh. pin.* 143. caulibus ſurrectis, flore hillari purpura rubente. *Tournef.*
Fumaria tenuifolia erecta purpurea hiſpanica. *Barr. rar.* 78. *t.* 41.
Capnos tenuifolia. *Cluſ. hiſt.* 2. *p.* 208. *Lob. hiſt.* 438.
ζ Fumaria minor tenuifolia, caulibus procumbentibus & caducis. *Tournef.*
*Creſcit in agris ſatis arvis aggeribus frequens per* Europam.
*Varietas* ε. ζ. *differt manifeſte a reliquis foliolis capillaribus;* γ. δ. *vero, quod foliis revolutis ad-*
*ſtantes plantas arripiat.*

# O C T A N D R I A.

## H E I S T E R I A. *g. pl.* 878.

1. HEISTERIA.
Spartium africanum fruteſcens, ericæ folio. *Comm. hort.* 2. *p.* 193. *t.* 97.
*Creſcit in* Africa.
*Frutex ramis teretibus, cinereis, e quo quaſi ex gemma alternatim erumpunt folia, quæ con-*
*ferta, plurima, ſubulata, triquetra, longitudine æqualia, acuta parum pungentia, ſeſſilia;*
*quorum infimum paulo robuſtius, impar, reliqua oppoſita & imbricata quoad baſin intra pro-*
*priam gemmam; Flos inter folia erumpit ſolitarius, ſeſſilis, longitudine foliorum, cujus corollæ*
*labium inferius purpureum, reliqua vix manifeſte tincta.*
*Genus dixi in honorem* Laurentii Heiſteri, *Anatomici ſummi, in Academia Helmſtadienſi Bota-*
*nices Profeſſoris, Socii Ac. Imperialis, cujus ſtudio omni anno Horti catalogus & augmentum*
*prodit, nec non quondam methodus a foliis circa Papilionaceas plantas.*
*Obſerva. In generibus pro ſtaminibus ſeptem, octo legas, quod emendatum volo, cum numerus na-*
*turalis ſit octo, rarius autem ſeptem.*

## P O L Y G A L A. *g. pl.* 567.

1. POLYGALA foliis lineari-lanceolatis, caulibus procumbentibus annuis.
Polygala tetrapetala ſiliculoſa bicapſularis, longo & anguſto folio, minor. *Moriſ. hiſt.* 2. *p.* 326.
Polygala vulgaris. *Bauh. pin.* 215. *Boerh. lugdb.* 1. *p.* 236.
Polygala recentiorum. *Lob. hiſt.* 228.
Polygonon multis. *Bauh. hiſt.* 2. *pp.* 385.
Flos ambervalis. *Dod. pempt.* 253.
α Polygala violacea. *Boerh.*
β Polygala flore rubro purpuraſcente. *Boerh.*
γ Polygala carnea. *Boerh.*
δ Polygala alba. *Tournef. inſt.* 174.
*Creſcit in paſcuis ſiccis & ſterilioribus per* Sveciam, Belgium, Germaniam, Angliam *&c.*

2. POLY-

AMORPHA. *Hort. Cliff.* 353. *sp.* 1.

  a *Ramuli suprema pars.*
  b *Flos cum suo unico petalo.*
  c *Periantium.*
  d *Stamina filamentis inferne coalita in brevem vaginam.*
  e *Pistillum.*

G. D. EHRET del.                                   J. WANDELAAR fecit.

2. POLYGALA foliis lineari-fubulatis.

Polygala africana frutefcens anguftifolia major. *Tournef. inft.* 175.

Polygala frutefcens capitis bonæ fpei. *Breyn. cent.* 107. *t.* 49.

*Crefcit in* Africa.

3. POLYGALA foliis lanceolatis obtufis, caule frutefcente.

Polygala arborea myrtifolia, capitis bonæ fpei, floribus albis intus purpureis. *Comm. hort.* 1. *p.* 87. *t.* 46.

*Crefcit ad* caput bonæ fpei.

*Species* 1 *variat ftaminum numero ab octo ad decem, at cum africanæ octo modo producant ftamina femper, ad octandriam Polygalæ genus amando.*

4. POLYGALA foliis ramorum provectiorum oblongo-ovatis, tenellorum fubovatis, caule arboreo.

*Crefcit in* America.

Arbor *fat procera, ramis & ramulis alternis.*

Folia *ubi rami præfentis anni exeunt oblongo-ovata, perennia, obtufe acuminata, longitudine fere digiti, integerrima, utrinque glabra, fubtus venofa, folitaria, petiolis breviffimis infidentia, at folia in ramis præfentis anni fubovata, decies minora, nullo modo, ut priorum, acuminata.*

Racemus *vel fpica laxa fingulum ramulum terminat, floribus fingulis propriis pedicellis, e pedunculo communi enatis, infidentibus.*

Calyx *triphyllus, foliolis fubovatis, parvis; alæ duæ, magnæ, patentes. Vexillum minimum, bipartitum; Carina ventricofa, emarginata, cum lacinula emarginaturæ inferta, appendices penicilliformes in hac nulli.*

# D E C A N D R I A.

## A M O R P H A. *g. pl.* 604.

1. AMORPHA vide Tab.

Galega, facie barbæ jovis, fericea repens, flore pallide luteo denfe fpicato. *Boerh. lugdb.* 2. *p.* 46?

Barba jovis americana, pfeudo acafiæ foliis, flofculis purpureis minimis. *Angl. hort.* 11. *t.* 4.

Barba jovis caroliniana arborefcens, pfeudo-acafiæ foliis. *Mill. dict.*

*Crefcit in* Carolina *Americæ.*

*Amorpham quafi fine forma plantam dixi, cujus flos ab omnibus in univerfum plantis diftinctiffimus eft, eft formâ nulli affimilandus.*

Frutex *eft humanæ altitudinis, ftolones plures e terra exferens, tenues craffitiæ pennæ anferinæ, flexiles, procumbentes fæpius, ramofos: Ramis teretibus, cinereis, minus ramulofis, nudis fere usque ad fummam partem, per fpatio fpithamæo foliofis; anni ultimi rami virides, leviffime villofi, parum ftriati.*

Folia *feptem vel octo ex ramulo anni præfentis (non vero in provectioribus) horizontalia, inferiora reflexa, fuprema magis erecta, æquali fpatio remota, fuperiora paulo propiora, alterna, fpithamæa & pedalia, longitudine ramuli cui infideant calculo defumto ab infertionis ipfius folii loco ad apicem rami. Petiolus communis ftrictiffimus, fuperne fulco longitudinali exaratus, fubtus convexus, bafi nodulo craffus, utrinque ab infertione ftipula lineari breviffima inftructus, foliolorum octo vel novem paria, cum impari ferens, ubi adnectitur fingulum foliolum ibi ftipula fubulata minima a parte fuperiori petioli communis; at duplex vero, utrinque unica, ubi folium impar inferitur. Foliola fingula ovata, oblongiufcula, longitudine pollicis transverfi, rarius integri pollicis, integerrima, viridia, foli obverfa, punctis minimis notata, tenera adhuc parum fubtus villofa, petiolis propriis minimis infidentia, patentia, leviffime reflexa, noctu pendula.*

Spica *ramos terminat digiti longitudine & pollicis craffitie, ad cujus bafin, ex ala folii, altera minor & ferior exfurgit, nec non fæpe ab ala alterius proximi folii tertia fpica, quæ fingula pyramidalis, teres, undique denfe digeftis floribus horizontaliter fere patentibus, nigricans cum flavedine interlucente.*

Flos *fingulus pedicello proprio, communi inferto, breviffimo, fetaceo, erecto infidet, conftans calyce viridi, erecto parum extrorfum flexo; Petalo violaceo-atro e fummo margine calycis enato, horizontali, inferne amplectente ftamina. Stamina fetacea, alba, corollâ duplo longiora, antheris fulvis, reliqua in charactere. Hyemen noftras perfert.*

## A R A C H I S. *g. pl.* 592.

2. ARACHIS.

Arachis hypogajos americanus. *Raj. hift.* 919.

Arachidna quadrifolia villofa, flore luteo. *Plum. gen.* 49.

Arachidna, indiæ utriusque, tetraphylla. *Sloan. flor.* 72. *hift.* 1. *p.* 184.

Lupinus quadrifolius, flore luteo faturo, exoticus. *Barr. rar.* t. 1215.

Sena tetraphylla f. Abfi congener hirfuta maderafpatenfis, flore flavo, filiquis punctatis fcabris, folliculos fub terram condens. *Pluk. alm.* 341. *t.* 60. *f.* 2.

Mundubi. *Marcgr. braf.* 37. *Pif. braf.* 2. *p.* 256.

V v v v

*Crefc.*

*Crescit in* Brasilia & Peru.

*Quamprimum pedunculus floruerit, reflectitur ille versus terram, elongatur usquedum terram intraverit, eamque perforaverit sat profunde, ibique excrescere sinit fructum & maturari, ne ab avibus & bestiis excerpatur. Mira naturæ providentia.*

## ERYTHRINA. *g. pl.* 571.

1. ERYTHRINA foliis ternatis, caule simplicissimo inermi.
Coral carolinensis, hastato folio. *Pet. hort.* 106. *Dill. elth.* 107. *t.* 90. *f.* 106.
Corallodendron carolinianum, floribus spicatis coccineis, radice crassissima. *Mill. dict.*
*Crescit in* Carolina *Americæ &* Mississipica *regione.*

2. ERYTHRINA foliis ternatis, caule spinoso.
Coral arbor. *Cluf. hist.* 2. *p.* 253. *Sloan. flor.* 142.
Coral arbor americana. *Comm. hort.* 1. *p.* 211. *t.* 108.
Coral arbor siliquofa. *Bauh. hist.* 1. *pp.* 426.
Corallodendron triphyllum americanum spinosum, flore ruberrimo. *Tournef. inst.* 661. *Boerh. lugdb.* 2. *p.* 49.
Ceratia sive siliqua sylvestris spinosa arbor indica. *Bauh. pin.* 402.
Phaseolis accedens, Coral arbor spinosa orientalis, fructu obscure rubente. *Pluk. alm.* 293.
Arbor.fabifera 1, Boa-tsinkring dicta. *Bont. jav.* 135.
Mouricou. *Rheed. mal.* 6. *p.* 13. *t.* 7.
*Crescit in* Malabariæ, Javæ, Zeylonæ, Jamaicæ *sepibus vulgatissima.*
*Tuberculorum duo paria, ad insertionem foliorum, in petiolo communi nectarifera sunt.*

## ROBINIA. *g. pl.* 585.

1. ROBINIA aculeis geminatis.
Pseudo-Acasia siliquis glabris. *Boerh. lugdb.* 39.
Acasia americana, siliquis glabris. *Raj. hist.* 1719.
Acasiæ affinis virginiana spinosa, siliqua membranacea plana, floribus albis papilionaceis anagyridis modo in uvam propendentibus. *Pluk. alm.* 6. *t.* 37. *f.* 4.
*Crescit in* Virginia.
*Nostræ arbores fructum etiamnum non produxere, germen tamen glabrum polyspermum esse vidi. Confunditur hæc cum Acasia americana Robini (Corn. canad.* 171. *t.* 172.*); extricatur vero confusio a Plukenetio loco allegato. Differentiam ponunt botanici in siliquis hujus glabris, Cornuti vero echinatis. Tournefortius legumina glabra pingit; Justieus in barrel. §.* 1384, *ubi legumen echinatum pingitur (desumta ex Cornuto figura siliculæ), negat echinatum fructum. Hinc si falsum quod legumina echinata sint, forte nec monosperma in Cornuti planta, novam nobis dent differentiam, qui diversam statuunt ab ea speciem.*
*Robinia a* Johanne Robino, *Parisiensium quondam Botanices Professore, ex indice Horti parisini* 1601 *claro, cujus studio & hæc planta primum innotuit, dicta fuit arbor quæ vulgo Acasia Robini audit, cum Pseudo Acasiæ nomen erroneum sit.*

## CYTISUS. *g. pl.* 582.

1. CYTISUS foliolis ovato-oblongis, racemis simplicibus pendulis.
Cytifus alpinus latifolius, flore racemoso pendulo. *Tournef. inst.* 648. *Boerh. lugdb.* 2. *p.* 26.
Laburnum. *Riv. tetr.... Rupp. jen.* 208. *Dalech. hist.* 103.
Laburnum vulgo Avornellum. *Cæsalp. syst.* 113.
Laburnum arbor trifolia, anagyridi similis. *Bauh. hist.* 1. *p.* 361.
Anagyris non fœtida major vel alpina. *Bauh. pin.* 391.
α Cytifus alpinus latifolius, flore racemoso pendulo, foliis variegatis. *Tournef. inst.* 648.
β Cytifus alpinus angustifolius, flore racemoso pendulo longiori. *Tournef. inst.* 648.
Anagyris non fœtens minor. *Bauh. pin.* 391.
*Crescit in Alpibus* Sabaudiæ, Genevæ, Juræ.

2. CYTISUS foliolis ovato-oblongis, racemis simplicibus erectis.
Cytifus glaber nigricans. *Bauh. pin.* 309. *Boerh. lugdb.* 2. *p.* 26.
Cytifus gesneri. *Dalech. hist.* 260.
Cytifus gesneri, cui flores fere spicati. *Bauh. hist.* 1. *pp.* 370.
Cytifus 4. *Cluf. hist.* 1. *p.* 95.
Pseudo-Cytifus prior. *Dod. pempt.* 590.
*Crescit in sylvis & secundum vias in agro* Viennensi *ubique, in* Pannoniæ *&* Austriæ inferioris *variis locis, in* Sylvæ Harciniæ *parte quæ Bohemiam undique cingit, in* Stiria, *copiose inter* Viennam & Venetias *præsertim.*

3. CYTISUS foliolis ovato-lanceolatis, intermedio petiolato, pedunculo ex alis multifloro.
Cytifus folio molli incano, siliquis orobi contortis & acutis. *Burm. zeyl.* 86. *t.* 37.
Laburnum humilius, siliqua inter grana & grana juncta, semine esculento. *Sloan. flor.* 139. *hist.* 1. *p.* 31.
Phaseolus erectus incanus, siliquis torosis, Kayan dictus. *Pluk. alm.* 293. *t.* 213. *f.* 3.

Pha-

Phaseolus arbor indica incana, siliquis torosis Kayan dicta. *Raj. hist.* 1722.
Thora-paërou. *Rheed. mal.* 6. *p.* 23. *t.* 13.
*Crescit in* Malabaria, Zeylona, *insulis* Caribeis, *variisque Americæ partibus.*
*Flores non vidimus, planta sericeæ est mollitiei, vix ramosa, caule sulcato.*

4. CYTISUS foliis fere sessilibus, calycibus squamula triplici auctis.
Cytisus glabris foliis subrotundis, pediculis brevissimis. *Bauh. pin.* 390. *Boerh. lugdb.* 2. *p.* 26.
Cytisus glaber, siliqua lata. *Bauh. hist.* 1. *pp.* 373.
Cytisus alter minor & vulgatior. *Lob. adv.* 383.
Cytisus alter penæ. *Dalech. hist.* 261.
*Crescit in clivis maritimis prope* Salernum *in Italia.*
*Rami filiformes, flexiles. Folia ternata, communiter sessilia, sæpe & petiolo filiformi longo erecto insidentia, utrinque glabra, lateralia fere subcordata, intermedium subovatum utrinque acutum, Calyci ad basin squamæ ovatæ tres annectuntur, quarum duæ proximæ oppositæ, tertia remota; racemus terminatrix rectus.*

5. CYTISUS calycibus hirsutis sessilibus, pedunculis simplicibus brevissimis.
Cytisus hirsutus. *Bauh. hist.* 1. *pp.* 372.
Cytisus foliis subruffa lanugine hirsutis. *Bauh. pin.* 390.
Cytisus 3. *Cluf. hist.* 1. *p.* 94.
Cytisus 4 hispanicus clusii. *Lob. hist.* 504. *Dalech. hist.* 263.
*Crescit ad montium radices circa* Calpen & Bæticæ *maritimis; at frequentior in* Italia & Sicilia.
*Tota arbuscula hirsutie grisea scatet.*

## GENISTA. *g. pl.* 580.

1. GENISTA foliis lanceolatis, ramis teretibus striatis.
Genista tinctoria germanica. *Bauh. pin.* 395. *Tournef. inst.* 643. *Boerh. lugdb.* 2. *p.* 25.
Genista tinctoria vulgaris. *Cluf. hist.* 1. *p.* 101.
Genista tinctoria. *Dod. pempt.* 763.
Genistella infectoria vulgi. *Lob. hist.* 531.
Tinctorius flos. *Bauh. hist.* 391. *Dalech. hist.* 175.
Coroneola seu Corneola. *Cæsalp. syst.* 251.
α Genista tinctoria germanica, foliis angustioribus. *Tournef.*
*Crescit copiosissime in pascuis* Angliæ, Austriæ, Pannoniæ, *in agro* Francofordiano, Jenensi, *variisque aliis* Germaniæ *locis.*

2. GENISTA ramis ancipitibus articulatis, foliis ovato-lanceolatis.
Genistella herbacea sive Chamæ-spartium. *Bauh. hist.* 1. *pp.* 393. *Tournef. inst.* 646. *Boerh. lugdb.* 2. *p.* 25.
Chamægenista sagittalis. *Bauh. pin.* 395.
Chamægenista 2. *Cluf. hist.* 1. *p.* 104.
Chamæspartium supinum, caule folioso, hispanicum. *Barr. rar. t.* 570.
*Crescit passim per* Galliam & *frequens per* Germaniam *in pascuis sterilibus.*

3. GENISTA foliis lanceolato-obtusis, caule tuberculato.
Genista ramosa, foliis hyperici. *Bauh. pin.* 395. *Tournef. inst.* 643. *Boerh. lugdb.* 2. *p.* 23.
Genista minima. *Dalech. hist.* 173.
Genistella pilosa. *Bauh.* 1. *p.* 393.
*Crescit in sabulosis & lapidosis tumulis* Olno *fluvio per* Sequanos *labenti propinquis;* Monspelii *ad pedem* montis lupi; *in siccis, editis, desertis, agris incultis & ad vias* Pannoniæ.

4. GENISTA caule nudo, spinis simplicibus caulinis, ramis floriferis inermibus, foliis lanceolatis.
Genista minor asphalthoides sive Genista spinosa anglica. *Bauh. pin.* 395.
Genistella minor asphaltoides. *Bauh. prod.* 157.
Genistella aculeata. *Lob. hist.* 535.
Genistella. *Dod. pempt.* 760.
Genista-spartium minus anglicum. *Tournef. inst.* 645. *Boerh. lugdb.* 2. *p.* 24.
*Crescit in ericetis & humidioribus solo spongioso in* Anglia &c.

5. GENISTA spinis alternis, cinctis undique foliis aciformibus.
Genistella spinosa africana, laricis folio. *Breyn. cent.* 68. *t.* 26. *Raj. hist.* 1731.
*Crescit ad* Caput bonæ spei; *paucis differt flore a congeneribus.*

6. GENISTA foliis ternatis.
Cytisus canariensis sempervirens & incanus. *Comm. hort.* 2. *p.* 103. *t.* 52.
Cytisus canariensis, flore candido & citrino. *Seb. thes.* 2. *p.* 6. *t.* 4. *f.* 6, 7.
Cytisus canariensis microphyllos angustifolius prorsus incanus. *Pluk. alm.* 128. *t.* 277. *f.* 6.
*Crescit in insulis* Fortunatis.
*Caulis & rami striati angulosi, folia respectu ipsius plantæ minima incana; flores ascendentes hiantes, Genistæ absolutæ speciei; spica foliosa, laxa, terminatrix.*
*Flores in toto hocce genere hiant; carina alis annexa, reflexa, dipetala, recta, obtusa; calyx sæpius appendiculis utrinque duobus notatis.*

Vvvv 2          SPAR·

# SPARTIUM. *g. pl.* 577.

1. SPARTIUM ramis oppositis teretibus fistulosis versus apicem floriferis, foliis lanceolatis.
Spartium arborescens, seminibus lenti similibus. *Bauh. pin.* 396.
Spartium dioscoridis, Genista plinii. *Cluf. hist.* 1. *p.* 102. *Dalech. hist.* 168. *f.* 1, 2.
Spartium dioscoreum narbonense & hispanicum. *Lob. hist* 532.
Genista italica. *Dod. pempt.* 761.
Genista juncea. *Bauh hist.* 1. *pp.* 395. *Tournef. inst.* 643. *Boerh. lugdb.* 2. *p.* 23.
Genista hortensis major lusitanica. *Grif luf.... Boerh. lugdb.* 2. *p.* 23.
*Crescit vulgatissima in* Italia, Sicilia, *Gallia* Narbonensi.

2. SPARTIUM ramis angulatis, racemis lateralibus, foliis lanceolatis.
Spartium alterum moi o permum, semine reni simili. *Bauh. pin.* 396. *Tournef. inst.* 645. *Boerh. lugdb.* 2. *p.* 23.
Spartium hispanicum, loois rotundiusculis, semine luteo. *Bauh. hist.* 1. *pp.* 397.
Spartium 2 hispanicum. *Cluf. hist.* 1. *p.* 102. *Dalech. hist.* 170.
Spartium hispanicum, lobis rotundiusculis, flore luteo. *Bauh. hist.* 1. *pp.* 397.
Spartium hispanicum alterum, flore luteo. *Lob. hist.* 533.
α Spartium tertium, flore albo. *Bauh. pin.* 396.
Spartium 3 hispanicum. *Cluf. hist.* 1. *p.* 103.
Spartium hispanicum, flore candido. *Bauh. hist.* 3. *pp.* 398.
*Crescit variis utriusque* Castellæ *locis solo arenoso; at* (α) Gadibus *duntaxat & locis vicinis aura marina perflatis.*

3. SPARTIUM ramis inermibus angulatis, foliis ternatis & solitariis.
Cytifo-Genista scoparia vulgaris, flore luteo. *Tournef. inst.* 649. *Boerh. lugdb.* 2. *p.* 27.
Genista angulosa & scoparia. *Bauh. pin.* 395.
Genista angulosa trifolia. *Bauh. hist.* 1. *pp.* 382.
Genista. *Dod. pempt.* 761.
*Crescit in arenosis, glareosis, sterilibus per* Germaniam, Galliam, Belgium, Angliam *& in* Madera *Americes.*

4. SPARTIUM ramis spinosis angulosis, foliis ternatis.
Cytisus spinosus. *Herm. lugdb.* 218. *Tournef. inst.* 648. *Boerh. lugdb.* 2. *p.* 27.
Aspalathus secunda trifolia, quæ Acacia secunda matthiolo trifolia. *Bauh. hist.* 1. *pp.* 375.
Aspalathus. *Cæsalp. syst.* 116.
Acacia trifolia. *Bauh. pin.* 392.
Acacia altera matthioli. *Dalech. hist.* 162.
Acacia altera dioscoridis. *Lob. hist.* 536.
*Crescit in maritimis, asperis, sepibus* Hetruriæ, Italiæ, Siciliæ *circa* Messanam *& in* Gallo-provincia *prope* Tolonam *portum, per universum* Tyrrhenum, Ligusticum *atque* Mediterraneum *littus.*

# ULEX. *g. pl.* 583.

1. ULEX folio sub spina singula subulato plano acuto.
Scorpius 1. *Cluf. hist.* 1. *p.* 106.
Genista-Spartium majus, brevioribus aculeis. *Tournef. inst.* 645. *Boerh. lugdb.* 2. *p.* 24.
Genista spinosa major, brevioribus aculeis. *Bauh. pin.* 394.
Genistellæ spinosæ affinis, Nepa quibusdam. *Bauh. hist.* 1. *pp.* 400.
α Genista-Spartium majus longioribus aculeis. *Tournef. inst.* 645.
Genista spinosa major, longioribus aculeis. *Bauh. pin.* 394.
Genista spinosa. *Dod. pempt.* 659.
*Crescit in incultis, arenosis, sabulosis, squalidis, sterilibus, sepibus* Angliæ *copiosissime, in* Gallo-provincia, Brabantia, Gallia, Germania.
*Ulex est nomen* Plinii.

# CROTALARIA. *g. pl.* 578.

1. CROTALARIA foliis solitariis, petiolis decurrentibus membranaceis emarginatis.
Crotalaria hirsuta minor americana herbacea, caule ad summum sagittato. *Herm. lugdb.* 202. *t.* 203. *Pluk. alm.* 121. *t.* 169. *f.* 6.
Crotalaria hirsuta minor americana sagittata. *Tournef. inst.* 644.
Crotalaria americana, caule alato, foliis pilosis, floribus in thyrso luteis. *Mart. cent.* 43. *t.* 43.
Sagittaria cordialis. *Marcgr. braf.* 55.
α Crotalaria sagittalis glabra, longioribus foliis. *Pluk. alm.* 122. *t.* 277. *f.* 2.
*Crescit in* America, *præsertim in* Brasilia, *ad portum* Bellum.
*Variat immense foliis, hinc nobis in horto sunt tres varietates.*
α *Foliis glabris, lanceolato, linearibus.*
β *Foliis villosis, lanceolatis.*
γ *Foliis lanigeris ovatis.*

*Folia*

*Folia inferiora-ovata petiolis fimplicibus, at ramorum folia, ubi petiolus exoritur, decurrunt membrana caule latiore, adnata cauli, quorum alter margo definit ad proxime fubjectum folium, alter vero ad fecundi exortum; apex autem hujus membranæ apice acute emarginatur; hinc caulis hifce membranis extantibus triangularis eft. Ad apicem caulis vel ramorum, flores in racemum fimpliciffimum erectum digefti, quorum Perianthium monophyllum, bipartitum in duo labia fere æqualia, quorum fuperius profunde trifidum laciniis anguftioribus; involucrum diphyllum, foliolis linearibus, perianthio dimidio brevioribus, perianthium excipit. Vexillum fubrotundum longitudine perianthii, ungue breviffimo, luteum; Ala fingula vexillum dimidiatum refert, nec carina adnectitur. Carina pectore gibbo acuminata, dipetala, apice contorto; Filamenta coalita; Germen lanceolatum, recurvum; ftylus infractus, rectus; Stigma ad apicem ftyli a latere interiore.*

2. CROTALARIA foliis lanceolatis, petiolis feffilibus, caule ftriato.
Crotalaria benghalenfis, foliis geniftæ fubhirfutis. *Pluk. alm.* 122. *t.* 169. *f.* 5.
Crotalaria afiatica, folio fingulari, floribus luteis. *Burm. zeyl.* 82.
Crotalaria afiatica, folio argenteo villofo, flore luteo, filiquis pendulis in fpica. *Boerh. lugd.* 2. *p.* 25.
Tandale-cotti. *Rheed. mal.* 9. *p.* 47. *t.* 26.

*Crefcit in* Afia, Malabaria, Zeylona, Bengala.

*Folia lanceolata, villofa, petiolo fimplici breviffimo; Caulis teres, ftriatus; racemus erectus ramos terminat. Floris involucrum nullum; Perianthium bipartitum: labio fuperiori bipartito vexillo deprimente; inferiore tripartito, connivente, carinam excipiente; Vexillum flavum, cordatum, maximum; Alæ ovatæ, dimidio breviores vexillo; carina pectore valde gibba, apice attenuato contorto, longitudine alarum, dipetala, afcendens. Filamenta decem, afcendentia, fetacea, bafi coalita. Germen lanceolatum, villofum, breviffimum, recurvum; Stylus erectus & infractus, ad angulum acutum afcendens. Stigma villofum ad apicem a latere interiore ftyli.*

3. CROTALARIA foliis ovatis, petiolis fimpliciffimis, ramis teretibus.
Crotalaria afiatica, ftyracis folio, flore cœruleo. *Tournef. inft.* 644. *Boerh. lugdb.* 2. *p.* 24.
Crotalaria arbor africa, ftyracis folio molli incano, flore cœruleo. *Pluk. alm.* 122.
Genifta arborefcens africana, ftyracis folio. *Herm. lugdb.* 270. *t.* 271. *Pluk. phyt.* 185. *f.* 2.
Arbor filiquofa africana, geniftæ femine. *Bart. act.* 1673. *obf.* 131.
Crotalaria afra arborefcens eadem, minori folio. *Boerh.*

*Crefcit in* Africa, *ad Caput bonæ fpei locis irriguis.*

*Planta arborefcens. Folia alterna, obverfe ovata, pubefcentia, obtufa cum acumine; petioli fimpliciffimi. Flores fæpius folitarii. Calyx absque involucro, Perianthium campanulatum, bilabiatum, labio fuperiore majore bipartito diftantibus laciniis, inferiore minore trifido connivente. Vexillum maximum; Carina dipetala, acuminata, apice contorto. Filamenta coalita ad bafin. Germen lanceolatum, recurvum; Stylus infractus, erectus. Stigma obtufum ad apicem ftyli a latere interiore.*

4. CROTALARIA foliis ovatis, petiolis ftipula duplici auctis, ramis tetragonis.
Crotalaria afiatica, folio fingulari verrucofo, floribus cœruleis. *Herm. lugdb.* 198. *t.* 199. *Boerh. lugdb.* 2. *p.* 24.
*Burm. zeyl.* 87.
Geniftella major indica, alni folio, flore cœruleo fpicato. *Breyn. prod.* 2. *p.* 50.
Pee-tandale-cotti. *Rheed. mal.* 9. *p.* 53. *t.* 29. *opt.*
Crotalaria foliis folitariis ovato acutis, caule fulcato. *Burm. zeyl.* 81. *t.* 34.

*Crefcit in* Afia: *in* Bengala, Malabaria, Zeylona.

*Caulis & rami dehifcunt a fe invicem, tetragoni, angulis acutis; Folia folitaria, ovata, magna, petiolo breviffimo, ad cujus exortum e ramo ftipularum par adftat, ex ipfa ala enatum, fingula ftipula cordis longitudinaliter dimidiati figura. Ramus fere ad latus petioli intra ftipulas enafcitur; caulis in pedunculum definit, ex ultima tamen ala, crefcere pergit ramus. Flores in racemum erectum digefti, penduli. Calyx absque involucro, nifi duas fetas pedunculi proprii numeres. Vexillum maximum, ad collum fubtus duas fquamas gerens, e cœruleo albicans, carina violacea, pectore gibbo, apice contorto, dipetala; Germen lanceolatum, recurvum, hirfutum; ftylus refractus, erectus.*

5. CROTALARIA foliis ternatis, foliolis feffilibus, petiolis ftipula duplici auctis.
*Crefcit in* Africa.

*Caulis filiformis, rectus fecundum genicula alternatim inflexus, ramofus, lignofus. Folia in petiolis communibus, ipfis internodiis rami longioribus, ad angulum rectum exfertis, ternata, aliis fingulis infidet ftipularum par, quarum fingula dimidiati cordis figura gaudet, fed mucrone refpicente folium in hac, contraria ac in præcedenti methodo: verfus fummitatem ramorum egreditur hinc inde pedunculus, oppofitus petiolo, & ejusdem cum petiolo longitudinis, ut ramus inter petiolum & pedunculum excrefcere queat, tumque ftipulæ magis difcedunt a petiolo & approximantur pedunculo. Foliola fingula ovata, acuminata, feffilia in petiolo communi, æqualia, fupina parte glabra, viridia; prona vero albida, villofa, nitida. Flos folitarius pedunculum terminat, cujus Involucrum triphyllum, fubulatum, perianthio brevius. Perianthium bilabiatum, labio fuperiore breviore bipartito dehifcente, inferiore longiore lineari femitrifido, laciniis æqualibus, carina corollæ paulo breviore. Vexillum lateribus afcendens; carinæ pectus gibbum,*

Xxxx

*gibbum, apex obtufus; Germen hirfutum, parum reflexum. Fructum non produxit, flore a reliquis parum recedit.*

6. CROTALARIA foliis ternatis, petiolis nudis.
Crotalaria trifolia fruticofa, foliis rotundis incanis, floribus fpicatis e viridi luteis, fructu pubefcente. *Sloan. flor.* 141. *hift.* 2. *p.* 34. *t.* 179. *f.* 1. *Raj. app.* 466.
Anonis americana, folio latiori fubrotundo. *Tournef. inft.* 409. *Boerh. lugdb.* 2. *p.* 34.
*Crefcit in agris flerilioribus* Jamaicæ *&* Caribearum *infularum.*
*Planta caule indiviſo, recto, in racemum definente. Folia alterna, ternata, petiolis, ipfis foliolis longioribus, infidentia, foliola ovata cum acumine, petiolis propriis minutiffimis affixa. Ex alis fummis foliorum pedunculus exit folitarius, multiflorus, terminatrici fimillimus. Calyx absque involucro; Perianthium bilabiatum: fuperiori bipartito dehifcente, inferiore tripartito connivente. Corolla fulva, carina dipetala, ventre gibbo, apice contorto; Germen corniculatum, reflexum, hirfutum; Stylus infractus, erectus.*

## O N O N I S. *g. pl.* 579.

1. ONONIS pedunculis ex alis foliorum trifloris nudis.
Anonis latifolia. *Pluk. alm.* 32.
Anonis purpurea perennis,foliis latioribus rotundioribus profunde ferratis.*Morif. hift.* 2. *p.* 170. *f.* 2. *t.* 21. *f. penult.*
Cicer fylveftre latifolium triphyllon. *Bauh. pin.* 346.
Cicer filveftre tertium. *Dod. pempt.* 525.
Cicer fylveftre penæ. *Dalech. hift.* 462.
Cicer fylveftre verius. *Lob. hift.* 520.
*Crefcit in monte* Salevæ *& alibi in* Alpibus.
*Folia ternata; foliola ovata, dentata; petioli ad alas aucti ftipulis duabus lanceolatis; Pedunculi petiolis longiores, ex alis folitarii, verfus apicem communiter tres flores ferentes fitu alterno.*

2. ONONIS floribus paniculatis, pedunculis trifloris, ftipulis ramos vaginantibus.
Anonis purpurea verna, feu præcox perennis frutefcens, flore rubro amplo. *Morif. hift.* 2: *p.* 170. *Boerh. lugdb.* 2. *p.* 33.
*Crefcit in montibus* Delphinatus.
*Caulis fruticofus; folia alterna, fingula ternata: foliolis lineari lanceolatis, ferratis, æqualibus, definentibus in petiolum communem, qui ad bafin in membranam cylindraceam ore quadridentatam extenditur nec altera parte dehifcit, Rami definunt in fcapum nudum, quem alternatim fquamæ ovatæ, perfoliatæ cingunt, e quorum fingulorum finu oritur petiolus communis verfus apicem tres flores inæquali fitu ferens. Flores violacei.*

3. ONONIS pedunculis unifloris feta terminatis.
Ononis luteo flore. *Befl. eyft.* 128.
Anonis vifcofa, fpinis carens, lutea major. *Bauh. pin.* 389. *Boerrh. lugdb.* 2. *p.* 34.
Anonis lutea perennis major, Natrix dicta. *Morif. hift.* 2. *p.* 171.
Anonis lutea non fpinofa, dalechampio Natrix. *Bauh. hift.* 2. *p.* 393.
α Anonis vifcofa, fpinis carens, lutea minor. *Bauh. pin.* 389.
Anonis vifcofa minor, flore pendulo. *Bauh. prod.* 156.
Anonis lutea annua, filiqua glabra longiore & craffiore. *Morif. hift.* 2. *p.* 171.
β Anonis non fpinofa, flore luteo variegato, anguftifolia maritima. *Tournef. inft.* 409.
γ Anonis non fpinofa hirfuta vifcofa, odore theriacæ. *Boerh.*
δ Anonis lutea anguftifolia perennis. *Boerh.*
ε Anonis folio craffo ferrato villofo, floris vexillo anterius emaculate aureo poftice ftriato, annua. *Boerh.*
ζ Anonis filiquis ornithopodii. *Boerh. lugdb.* 2. *p.* 34.
Fœnum-græcum ficulum, filiquis ornithopodii. *Tournef. inft.* 409.
η Anonis lutea mitis oxytriphylla ad florum petiolos capreolata, foliis leviffime crenatis. *Pluk.alm.*33. *t.*135.*f.* 5.
*Crefcit circa* Monfpelium *& in* Gallia Narbonenfi, *circa* Genevam, *in infula exigua a promontorio Siciliæ* Pachyno (Capo paſſaro) *dicta, ad fluvium* Arve *prope* Genevam.
*Caulis fimplex, ramos fimpliciffimos, ex fingula ala folitarios emittens. Folia ternata, ovatooblonga, ferrata; quorum foliola lateralia in petiolo communi feſſilia, intermedium vero proprio petiolo infidens & majus, bafi petioli communis inferitur ftipulæ membranaceæ, fuperne latiori, emarginatæ, bicornu, ferratæ, bafi femi-amplexicauli; In foliis floralibus fæpe defunt foliola lateralia Pedunculus ex fingula ala fuperiori exit folitarius, filiformis, patens, verfus apicem gerens unicum florem, raro alterum, qui dependet, & fetula dein terminatur recta extenfa. Legumina figura variant.*
*Varietas* ζ *differt magis manifefte a reliquis: pedunculis petiolum longitudine non fuperantibus, bifloris & leguminibus cylindraceis, compreſſis, torulis, nodofis.*

4. ONONIS floribus fpicatis.
Anonis ficula alopecuroides. *Tournef. inft.* 408.
Anonis purpurea fpicata alopecuroides major. *Boerh. lugdb.* 2. *p.* 33.
Anonis purpurea fpicata erecta annua latifolia, filiquis rectis lentiformibus. *Morif. hift.* 2. *p.* 169.
α Anonis fpicata five alopecuroides lufitanica. *Boerh. lugdb.* 2. *p.* 33.
*Crefcit in* Hifpania *&* Sicilia.
*Differt a fequenti quod flores in fpicam denfam ovatam congefti fint.*

5. ONONIS

5. ONONIS floribus fere feffilibus folitariis lateralibus, ramis inermibus.
Anonis fpinis carens purpurea. *Bauh. pin.* 389. *Boerh. lugdb.* 2. *p.* 33.
Anonis non fpinofa, purpureo flore. *Bauh. hift.* 2. *p.* 393.
α Anonis fpinis carens, candidis floribus *Tournef. inft.* 408.
β Anonis non fpinofa, calycibus procumbentibus. *Tournef.*
γ Anonis non fpinofa purpurea fupina minima. *Raj. hift.* 957.
*Crefcit in* Scania, Germania, Belgio, Anglia *in pafcuis fterilioribus & ad agrorum margines.*
*An hæc fola varietas fequentis.*

6. ONONIS floribus fere feffilibus folitariis lateralibus, caule fpinofo.
Ononis. *Cæfalp. fyft.* 243. *Dalech. hift.* 448.
Anonis fpinofa, flore purpureo. *Bauh. pin.* 389. *Boerh. lugdb.* 2. *p.* 33.
Anonis purpurea vulgaris fpinofa, flore purpureo, filiquis erectis lentiformibus. *Morif. hift.* 2. *p. 169.*
Anonis five Refta bovis vulgaris purpurea.
Anonis. *Dod. pempt.* 743.
α Anonis fpinofa, flore albo. *Tournef. inft.* 408.
*Crefcit cum antecedenti.*

## L U P I N U S. *g. pl.* 586.

1. LUPINUS caule compofito.
Lupinus fativus, flore albo. *Bauh. pin.* 347. *Boerh. lugdb.* 2. *p.* 49.
Lupinus vulgaris, femine & flore albo, fativus. *Bauh. hift.* 2. *p.* 288. *fig. mal.*
Lupinus fativus, flore albo. *Cluf. hift* 2. *p.* 228. *fig. bona.*
Lupinus fativus. *Dod. pempt.* 529. *Lob. hift.* 515. *fig. bonis.*
*Crefcit forte in auftralibus Europæ regionibus.*
*Hæc fpecies a fequentibus abunde differt caule, ut alia, quam culturæ differentia diftinguatur planta. Caulis enim fimplex primum excrefcit, terminatus racemo florum erecto, hic dum defloruit, infra racemum rami plures excrefcunt, longe altiores & hi demum finguli proprio racemo terminantur, nec ultra excrefcere poffunt, fed tum ex horum alis, infra racemos hos fecundi ordinis, alii ramuli, eadem lege, excrefcunt, fpicas & ramos producunt, hinc quo altius pervenit eo diffufior evadit planta.*

2. LUPINUS caule fimplici ramofo.
Lupinus fylveftris, flore cœruleo. *Bauh. pin.* 348. *Boerh. lugdb.* 2. *p.* 48.
Lupinus fylveftris, purpureo flore, femine rotundo vario. *Bauh. hift.* 2. *p.* 290.
α Lupinus fylveftris, flore fubrubente. *Tournef. inft.* 392.
β Lupinus anguftifolius cœruleus elatior. *Raj. hift.* 908.
γ Lupinus fylveftris, flore luteo. *Bauh. pin.* 348.
Lupinus flore luteo. *Riv. tetr.*
*Crefcit in* Sicilia *circa* Meffanam, *in variis locis* Italiæ & Narbonæ, *inter fegetes folo arenofo.*
*Hujus caulis continuata ferie erigitur, ramosque fuos omnes fuperat, hos undique ad latera emittit, quorum inferiores paulo longiores, dein gradatim breviores verfus fummitatem, crefcentes omnes fimul, ut planta conicam figuram gerat.*
*Variat hic feminum figura non minus quam* Pifa & Fabæ, *inquirant itaque Botanici num aliæ exftent differentiæ a ftructura plantæ defumtæ, ut in plures diftingui queat fpecies.*

## P H A S E O L U S. *g. pl.* 573.

1. PHASEOLUS vulgaris. *Lob. hift.* 511. *Boerh. lugdb.* 2. *p.* 28.
Phafeolus alius generis peregrinum. *Cæfalp. fyft.* 238.
Dolichos five Phafeolus. *Dod. pempt.* 519.
Smilax hortenfis five Phafeolus major. *Bauh. pin.* 339.
Smilax hortenfis. *Bauh. hift.* 2. *p.* 255.
α Phafeolus hortenfis minor. *Tournef. inft.* 415.
Smilax hortenfis minor. *Bauh. pin.* 359.
*Crefcit in* India Orientali, *ut fertur.*
*Variit hæc fpecies immenfe in feminum magnitudine & colore.*

2. PHASEOLUS florum vexillo revoluto calycibus concolore.
*Crefcit e feminibus* Africanis.
*Caulis volubilis altiffimus annuus. Folia ternata: foliolis triangulari-oblongis angulis tamen lateralibus obliteratis in intermedio foliolo. Foliola lateralia a latere interiore anguftiora, ab exteriore latiora, juxta angulum præfertim dilatata, longitudine intermedii folioli. Petiolus communis fulco exaratus, proprii vero teretes. Scapus flores absque ordine plures gerit; corollæ vexillum latum, brevius reliquis, emarginatum, apice reflexo ad dorfum usque, non vero ad latera, colore totum viride & fimile calyci minimo. Alæ oblongæ niveæ rectæ. Carina alba tenuis fpiraliter contorta, hinc reprimens vexillum, poftero die alæ emarcidæ totæ flavæ. Legumen magnum; femina lineis rubicundis variegata. Floruit* 1736. *Dec.* 10.

# D O L I C H O S. *g. pl.* 588.

1. DOLICHOS foliolis lateralibus extrorſum gibbis, intermedio haſtato.

Phaſeolus maderaſpatanus, foliis glabris trilobatis, floribus exiguis, longis petiolis ex eodem punĉto ge-
mellis. *Pluk. alm.* 292. *t.* 214. *f.* 3.

*Creſcit e ſeminibus* Americanis *anni præcedentis* (1736), *nec produĉtis ad perfeĉtionem; flores oſten-*
*debat nullos, hujus autem generis eſſe, ex flore latente adhuc intra calycem perſpexi.*
*Accedit ad figuram Plukenetii allegam, ſed differt evidenter, quod in noſtra foliola lateralia a*
*latere interiore omni lobo deſtituantur & majora ſint.*

2. DOLICHOS caule perenni lignoſo. *vide tab.*

Phaſeolus indicus perennis, floribus purpuraſcentibus. *Hort. Carolsrh.* 36.

*Creſcit in* America.

*Ante acceſſum noſtrum enata fuit planta fruteſcens arĉte ſcandens, plus quam humanæ altitudinis,*
*Caule tereti, contorto, vix ſtriato, ramis plurimis tenuibus. Folia ad ramorum exortum ter-*
*nata, petiolo communi inſidentia, quorum quod intermedium ovato-cordatum, acuminatum,*
*latitudine pollicis, glabrum, petiolo proprio quaduplo reliquorum produĉtiori inſidens; lateralia*
*latere exteriori magis dilatata, interiori vero dimidio anguſtiora. Flores in pedunculo pauci,*
*corolla rubra ſeu purpurea. Abſoluta floreſcentia absque fruĉtu periit.*

3. DOLICHOS minimus, floribus luteis. *vide tabul.*

Phaſeolus exiguus glaber, trifolii foliis, ſiliqua plana compreſſa. *Burm. zeyl.* 188. *t.* 84. *f.* 2.

Phaſeolus minimus fœtidus, floribus ſpicatis e viridi luteis, ſemine maculato. *Sloan. hiſt.* 1. *p.* 182. *t.* 115. *f.* 1.

*Creſcit in* America.

*Caulis filiformis, craſſitieque fili, ſtriato-angulatus, parum tortus, ſpiraliter ſcandens, altitu-*
*dinis humanæ. Rami ſolitarii ex ſingula folii ala, quo radici propriores, eo longiores, caulium*
*ſervantes proprietates.*
*Folia ternata, petiolata. Petiolus digitorum 2 transverſorum, pentagonus, latere ſuperiori exca-*
*vatus, baſi craſſiuſculus. Foliolum intermedium ovato-rhomboideum, angulo inſertionis obtuſiori*
*& breviori, utrinque glabrum. Lateralia foliola dimidii digiti ſpatio ab apice petioli inſerta,*
*intermedio ſimillima, ſed latere introrſum ſpeĉtante minus gibbo, paulloque minora, ſingula pe-*
*tiolis propriis breviſſimis rotundis affixa. Stipularum*par inſidet cauli ubique ad petioli exor-*
*tum, aliudque longe minus, ad exortum foliolorum lateralium e petiolo, & ultimum par ad finem*
*petioli communis ubi foliolum impar inſeritur.*
*Pedunculus ex iisdem alis cum ramis, ad rami latus, ſolitarius enaſcitur, longitudine dimidii di-*
*giti, teres, reĉtus, quinque vel ſex floribus pendulis inſtruĉtus.*
*Floris ſinguli corolla tota flava, carina diphylla, reliqua vide in genere. Legumina parva; com-*
*preſſa, pendula, tri-vel tetraſperma, ſeminibus ſubrotundis, cinereis, punĉtis fuſcis.*

4. DOLICHOS leguminibus gladiatis dorſo ſulcatis.

Phaſeolus maximus, ſiliqua enſiformi nervis inſignita & ſemine albo membranula incluſo. *Sloan. hiſt.* 1. *p.* 177.
*t.* 114. *f.* 1, 2, 3.

Phaſeolus indicus, ſiliqua magna falcata, quaternis in dorſo nervis, cum eminentiis plurimis verrucoſis
ſecundum longitudinem inſignita, fruĉtu amplo niveo, hilo croceo. *Pluk. alm.* 292.

*Creſcit in* Jamaica *circa urbem* St. *Jago de la vega.*

*Legumen pedale & maximum a* Cl. Gronovio *communicatum, e ſatis ſeminibus produxit plantam*
*quæ imperfeĉta periit.*
*Dolichos eſt nomen Theophraſti, pro ſynonyma Phaſeoli habitum, quo hoc genus, inter Phaſeolum*
*& Clitoriam medium, indigitavi; a Phaſeolis differt carina corollæ ereĉta, nec ut ea in ſpi-*
*ram convoluta; a Clitoria vero flore & fruĉtu. Phaſeoli enim genus nimis vaſtum & obſcure*
*hucusque deſcriptum, absque ſuo damno hujus generis plantas dimittat.*

# C L I T O R I A. *g. pl.* 572.

1. CLITORIA foliis pinnatis.

Flos clitoridis ternatenſibus. *Breyn. cent.* 76. *t.* 31. *Raj. hiſt.* 890.

Flos clitorius, flore cœruleo. *Burm. zeyl.* 100.

Ternatea flore ſimplici cœruleo. *Tournef. aĉt.* 1706. *p.* 84. *Dill. gen.* 155.

Phaſeolus foliis pinnatis. *Riv. tetr.* 40.

Phaſeolus indicus cœruleus, glycyrrhizæ foliis alatis, flore amplo clitorio. *Pluk. alm.* 294.

Schanga-cuſpi. *Rheed. mal.* 8. *p.* 69. *t.* 38.

α Ternatea flore ſimplici albido. *Tournef.*

Flos clitorius, flore albo. *Burm.*

β Ternatea flore pleno cœruleo. *Tournef.*

Phaſeolus indicus glycyrrhizæ foliis, flore amplo cœruleo pleno. *Comm. hort.* 1. *p.* 47. *t.* 24.

*Creſcit in* Malabaria, Zeylona, Ternateis.

*Variatio β flore pleno ſingularis eſt, paucis enim ſub hac claſſe militantibus plantis privilegium lu-*
*dendi multiplicata corollâ conceſſit naturæ ſummus Author.*

2. CLI-

DOLICHOS caule perenni lignofo. *Hort. Cliff.* 360. *fp.* 2.

   a  *Caulis truncatus cum unico ramo.*
   b  *Flos integer.*
   c  *Calyx cum Corollæ carina.*
   d  *Corollæ Vexillum refupinatum.*
   e  *Filamenta novem coalita in vaginam.*
   f  *Filamentum decimum bafi arcum conftituens ut nectario locum det.*

G. D. EHRET del.                                            J. WANDELAAR fecit.

**DOLICHOS** minimus, floribus luteus. *Hort. Cliff.* 360. *sp.* 3.

  a   *Caulis utinque truncatus, cum Stipulis oppositis & folio.*
  b   *Calyx.*
  cc  *Corollæ duo petala quæ Alæ dicuntur.*
  dd  *Corollæ alia duo petala carinam constituentia.*
  e   *Stamina decem diadelpha.*
  f   *Pistillum.*
  g  *Legumen justa magnitudine.*
  h  *Semen.*

G. D. EHRET del.                           J. WANDELAAR fecit.

2. CLITORIA foliis ternatis.
Phaseolus flore vexillo amplissimo, siliquis rectis teretibus. *Plum. spec.* 8.
Planta leguminosa brasiliana, phaseoli facie, flore purpureo maximo. *Breyn. cent.* 78. *t.* 32.
*Crescit in saltibus & dumetis* Brasiliæ.
*Habuimus & eandem flore albo.*

# G L Y C I N E. *g. pl.* 876.

1. GLYCINE radice tuberosa.
Apios americana. *Corn. canad.* 200. *t.* 201. *Boerh. lugdb.* 2. *p.* 53.
Astragalus tuberosus scandens, fraxini folio. *Tournef. inst.* 415.
Astragalus perennis spicatus americanus, scandens caulibus, radice tuberosa. *Moris. hist.* 2. *p.* 102. *f.* 2. *t.* 9. *f.* 1.
*Crescit in* Virginia.

2. GLYCINE caule perenni.
Phaseoloides caroliniana frutescens scandens, foliis pinnatis, floribus cœruleis spicatis. *Mill. dict.*
*Crescit in* Carolina.
*Plantam communicavit Cl. Miller, flores vel fructum non vidi, ex facie huc retuli, certum genus itaque determinet, qui fructificationem examinaverit.*

# T R A G A C A N T H A. *g. pl.* 569.

1. TRAGACANTHA. *Dalech. hist.* 1478. *f.* 1. *Bauh. pin.* 388. *Boerh. lugdb.* 2. *p.* 53.
Tragacantha sive hirci spina. *Dod. pempt.* 751.
Tragacantha massiliensis. *Bauh. hist.* 1. *p.* 407.
Tragacantha massiliensis, foliis incanis perseverantibus seu non deciduis, flore albo. *Moris. hist.* 2. *p.* 113.
Astragalus aculeatus fruticosus massiliensis, Tragacantha dictus. *Pluk. alm.* 60.
*Crescit circa* Massiliam *ad littus maris, in* Sicilia *in ascensu montis* Ætnæ *quatuordecim supra* Cataniam *milliaribus, prope nivis repositoria, in loco tam frigido.*
*Plures hujus generis species statuunt Botanici, an specie differant maxime dubito.*
*Singularis spinæ in hac planta species. Petiolus enim communis a casu foliolorum seu pinnatum persistit, perennat, accrescit, induratur, acuitur, ut flores & folia dein enata intra hasce spinas ab animalium devastatione munita custodiantur.*

# B I S E R R U L A. *g. pl.* 568.

1. BISERRULA.
Astragalus purpureus annuus peregrinus, siliquis utrinque serræ similibus. *Moris. hist.* 2. *p.* 107. *f.* 2. *t.* 9. *f.* 6.
Pelecinus vulgaris. *Tournef. inst.* 417. *Boerh. lugdb.* 2. *p.* 55.
Securidaca peregrina. *Clus. hist.* 2. *p.* 238.
Securidaca siliquis planis utrinque dentatis. *Bauh. pin.* 349.
Lunaria radiata robini. *Bauh. hist.* 2. *p.* 348.
Hedysarum congestis & utrinque lunatis siliquis. *Barr. rar. t.* 1137.
*Crescit in lingula illa inter fretum* Siculum *& portum* Zanclæum *procurrente & alibi circa* Messanam *frequens.*
*Inquirendum utrum rectius hoc, & antecedens genus, Astragalis sit adsociandum?*

# A S T R A G A L U S. *g. pl.* 570.

1. ASTRAGALUS capitulis oblongis sessilibus, calycibus & leguminibus lanatis.
Astragalus alpinus procerior alopecuroides. *Tournef. inst.* 416. *Boerh. lugdb.* 2. *p.* 54?
*Crescit in* Alpibus.
*Planta speciosissima, cujus spicæ grisea lana villosæ, crassitie tibiæ.*

2. ASTRAGALUS capitulis globosis, pedunculis longissimis, foliolis emarginatis.
Astragalus orientalis villosissimus, capitulis rotundioribus, floribus purpureis. *Tournef. cor.* 29?
*Crescit in* Oriente.

3. ASTRAGALUS capitulis fere sessilibus, leguminibus erectis subulatis acumine reflexis.
Astragalus annuus, floribus & siliquis hirsutis plurimis, in foliorum alis sessilibus. *Pluk. alm.* 60. *t.* 79. *f.* 3
Astragalus annuus angustifolius, flosculis subcœruleis cauliculis adhærentibus. *Tournef. inst.* 416. *Boerh. lugdb.* 2. *p.* 54.
Astragalus siliquis & foliis hirsutis, floribus parvis. *Moris. hist.* 2. *p.* 109. *f.* 2. *t.* 9. *f.* 12.
Vicia sesamea apula. *Col. ecphr.* 1. *p.* 303.
Fœnum græco sylvestri tragi in quibusdam accedens planta. *Bauh. hist.* 2. *p.* 331.
*Crescit circa* Monspelium *ad episcopi castellum in loco arido, item* Citriolæ *in reguli vinea Acquanema & agris sterilibus* Italiæ.

Yyyy
4. ASTRA-

4. Astragalus filiquis cordatis acutis pendulis lateribus connibentibus.
  Aftragalus pumilus, filiqua epiglottidis forma. *Tournef. inft.* 416. *Boerh. lugdb.* 2. *p.* 54.
  Aftragalus hifpanicus, filiqua epiglottidi fimili flore albo minori tournefortii. *Herm. lugdb.* 76. *t.* 77.
  Glaux hifpanica. *Sloanei. Raj. hift.* 940.
α Aftragalus fupinus, filiquis villofis glomeratis. *Tournef. inft.* 416.
  Aftragalus hifpanicus, filiqua epiglottidi fimili, flore purpureo, major tournefortii. *Herm. lugdb.* 74. *t.* 75.
  Aftragaloides incana, flore purpureo, lentis filiquis. *Barr. rar. t.* 537. *f.* 1.
  *Crefcit in* Hifpania.

5. Astragalus leguminibus fubglobofis, floribus fpicatis, caule erecto.
  Aftragalus luteus perennis, filiqua gemella rotunda veficam referente. *Morif. hift.* 2. *p.* 108. *f.* 2. *t.* 9. *f.* 9.
  *Boerh. lugdb.* 2. *p.* 54.
  Glaux rivini. *Rupp jen.* 217.
  Cicer fylveftre, foliis oblongis hifpidis, majus. *Bauh. pin.* 347.
  Cicer fylveftre multifolium. *Bauh. hift.* 2. *p.* 294.
  Cicer fylveftre primum. *Dod. pempt.* 525.
  Cicer fylveftre matthioli. *Dalech. hift.* 463.
  Cicer fylveftre herbariorum. *Lob. hift.* 520.
  *Crefcit in agris cum fegete inter* Genevam *& oppidum* Jay.

6. Astragalus pedunculis folio longioribus, floribus laxe fpicatis pendulis.
  Aftragalus alpinus minimus. *Act. fvec.* 1732. *p.* 58. *Flor. lapp.* 267. *t.* 9. *f.* 1.
  Aftragalus alpinus, foliis viciæ, ramofus & procumbens, flore glomerato oblongo albo-cœruleo. *Scheuch. alp.* 509. *f.* 7.
  *Crefcit in alpibus* Lapponicis *vulgatiffima, in* Helveticis *rarior.*
  *Vel hanc contra fidem defcripfere nobis Authores vel diverfam involverunt fub fynonymis plantam, vel nimis ludit fecundum loca ipfa planta.*
  *Noftra lapponica radice perenni, tenui, filiformi, depreffa ramis terræ incumbentibus, geniculis quidem proximis abfolute non imbricatis; genicula amplectitur membrana femibifida, vix acuta, ex cujus finu exteriore petiolus erumpit. Caules breviffimi funt, vix dimidii digiti longitudis ita terræ impreffa, ut inter radicem & caulem ambigant; ex apice prodit pedunculus, folio longior, gerens fpicam fex vel decem florum, qui dum aperti penduli, alterni, calyce villis atris nigricantes. Vexillum albicans ftriis cæruleo violaceis, præfertim verfus apicem, & reflexa latera quæ violacea funt. Carinæ apex parum violaceus, alæ & pars corollæ calyci proxima albæ. Germen petiolo dependens, oblongum, ventre gibbo, totum pilis nigris, uti calyx, afperfum; legumen oblongum, flore vix longitudine fuperans. Folia pinnata, octo vel fedecim pinnarum paribus, cum impari; foliolis in aliis ovatis, in aliis lanceolatis, vix manifefte pubefcentibus: ergo differt ab* Aftragalo *quodam montano, vel* Onobrychide *aliis.* Bauh. hift. 2. *p.* 339. Onobrychide 4. Cluf. hift. 2. *p.* 240. *quod lapponicæ plantæ radix tenuis fit & filiformis, in* Clufiana *vero radix imbricata.*

7. Astragalus leguminibus pendulis recurvis falcatis.
  Aftragalus monfpelianus. *Cluf. hift.* 2. *p.* 234.
  Aftragalus luteus annuus monfpelianus procumbens. *Morif. hift.* 2. *p.* 108. *f.* 2. *t.* 9. *f.* 10. *Boerh. lugdb.* 2. *p.* 53.
  Securidaca lutea minor, corniculis recurvis. *Bauh. pin.* 349.
  Securidaca altera five minor. *Bauh. hift.* 2. *p.* 347.
  Securidaca minor. *Lob. hift.* 523.
  Hedyfarum alterum. *Dod. pempt.* 546.
  *Crefcit in collibus circa* Meffanam *&* Monfpelium.

8. Astragalus leguminibus lunatis biventricofis, caulibus procumbentibus.
  Aftragalus luteus perennis procumbens vulgaris feu filveftris. *Morif. hift.* 2. *p.* 107. *f.* 2. *t.* 9. *f.* 8.
  Aftragalus glycyphyllos. *Boerh. lugdb.* 2. *p.* 53.
  Aftragalus. *Riv. tetr.*
  Glycyrrhiza fylveftris, floribus luteo-pallefcentibus. *Bauh. pin.* 352.
  Glaux vulgaris leguminofa five Glycyrrhiza fylveftris. *Raj. hift.* 935.
  Glaux vulgaris, Glycyrrhiza filveftris gefneri. *Cluf. hift.* 2. *p.* 233.
  Fœnum græcum fylveftre vel Glycyrrhiza fylveftris quibufdam. *Bauh. hift.* 2. *p.* 330.
α Aftragalus glycyphyllos, flore minori rotundiori, apice excifo. *Boerh.*
β Aftragalus canadenfis, flore viridi flavefcente. *Tournef. inft.* 416.
  *Crefcit ad montium latera inque dumetis in* Anglia, Gallia, Germania; *nec non in* Scania *campeftri, immo & in ipfa* Dalekarlia *Sveciæ, in monte* Hykie *ad templum* Elfdahlenfe *in itinere* Reuterholmiano-Dalekarlico *eandem obfervavi plantam.*

9. Astragalus caule recto paniculato, pedunculis folio longioribus, floribus fparfis.
  Aftragalus orientalis altiffimus, folio galegæ, flore parvo flavefcente. *Tournef. cor.* 29.
  *Crefcit in* Oriente.

# GALEGA. *g. pl.* 584.

1. Galega. *Bauh. hift.* 2. *p.* 342. *Dalech. hift.* 976. *Lob. hift.* 509. *Dod. pempt.* 548.
  Galega vulgaris. *Bauh. pin.* 352. *Morif. hift.* 2. *p.* 91. *f.* 2. *t.* 7. *f.* 9. floribus cœruleis. *Tournef. inft.* 398. *Boerh. lugdb.* 2. *p.* 45.
  Capr.go. *Cæfalp. fyft.* 249.

α Galega

**DALEA.** *Hort. Cliff.* 363. *fp. 1.*

a *Caulis paulo fupra bafin detruncatus.*
b *Flos jufta magnitudine, bractea exceptus.*
c *Bractea.*
d *Calyx diffectus & axplicatus.*
e *Corollæ Carina.*
f *Stamina in vaginam definentia.*
g *Petalum unum ex quatuor uniformibus.*
h *Piftillum.*

G. D. EHRET del.                    J. WANDELAAR fecit.

*α* Galega vulgaris, floribus ex cœruleo purpureis. *Tournef.*
*β* Galega vulgaris, floribus penitus candicantibus. *Tournef.*
*γ* Galega africana, floribus majoribus & siliquis crassioribus. *Tournef.*
Crescit ad aquarum rivos in Italia *passim; intra Muram & Dravum flumina paulo supra eorum conjunctionem in* Hispania *abundantissima.*

# D A L E A. *g. pl.* 877.

1. DALEA. vide tab.
Crescit in America, *Nobiscum communicata a Cl. Millero.*
Caulis *e radice fibrosa, pedalis, levissime sulcatus, rectus, filiformis, lævis, spica terminatus.*
Folia *quinque ad decem usque alterna caulis, quo superiora eo remotiora, ultimum a spica longius remotum. Folium singulum pinnatum est, constans quinque foliolorum paribus & impari; Foliola lanceolata, obtusa, integra, glabra, quo basi propiora eo paulo minora.*
Ex aliis duabus tribusve supremis foliorum exsurgunt rami ad angulum acutum, semipedales, spica terminati, foliis & ramulis, lege eadem qua caulis, instructi, ut & hi ramuli deinceps, sed contractiora omnia.
Spica solitaria, *terminatrix, ovata & compacta (ferme lagopi) constans Bactreis lanceolatis, margine hirsutis, longitudine flosculorum; singula bractea singulum florem includente, ejusdemque longitudinis; Calyx villosus; Corolla saturate cœrulea parva, reliqua in generibus plantarum vide.*
Dixi plantam in Honorem *D. Samuelis Dale ex Pharmacologia Clari.*

# C O R O N I L L A. *g. pl.* 599.

1. CORONILLA leguminibus teretibus, unguibus corollæ brevibus, caule fruticoso.
*α* Coronilla sive Colutea minima. *Lob. hist.* 529. *Tournef. inst.* 650. *Boerh. lugdb.* 2. *p.* 50.
Polygala valentina. *Cluf. hist.* 1. *p.* 98. *Dalech. hist.* 489.
Polygala altera. *Bauh. pin.* 349.
Polygala montana italica, flore aureo. *Barr. t.* 721.
Colutea sive Polygala valentina 1 Clusii. *Morif. hist* 2. *p.* 122. *f.* 2. *t.* 10. *f.* 10.
Coluteæ parva species, Polygala valentina Cluf. *Bauh. hist.* 1. *pp.* 383.
*β* Coronilla hispanica frutescens major. *Boerh. lugdb.* 2. *p.* 50.
Polygala major massiliotica. *Bauh. pin.* 349.
Colutea scorpioides quædam, sive Polygalæ cortusi similis planta sed major. *Bauh. hist.* 1. *pp.* 382.
Crescit in agro Salmanticensi, Murciano, Valentino *locis arenosis & collium declivibus; inque clivis maritimis prope Salernum Regni* Neapolitani.
Differunt *α* & *β*, *quod a minor sit & stipulas gerat subrotundas magnas, at* β *quæ major stipulas lanceolatas minimas.*

2. CORONILLA leguminibus teretibus torosis, unguibus corollæ brevibus, foliolis glabris, caule herbaceo.
Coronilla herbacea, flore vario. *Tournef. inst.* 650. *Boerh. lugdb.* 1. *p.* 51.
Securidaca 2, altera species. *Cluf. hist.* 2. *p.* 237.
Securidaca dumetorum major, flore vario, siliquis articulatis. *Bauh. pin.* 349.
Polygala dumetorum major, siliquis articulatis, flore vario. *Morif. hist.* 2. *p.* 119. *f.* 2. *t.* 10. *f.* 4.
Melilotus quinta tragi. *Bauh. hist.* 2. *p.* 349.
*α* Coronilla herbacea, flore vario pleno. *Tournef.*
Crescit ad agrorum margines, *inque pratis & agris, secundum vias, per universam* Pannoniam, Austriam, Stiriam, Moraviam, Bohemiam & *variis aliis locis* Germaniæ.

3. CORONILLA leguminibus falcato-gladiatis.
Securidaca vera, plurimis flosculis luteis corymbi modo dispositis, siliquis latis compressis inter granum & granum junctis, seminibus quadratis. *Morif. hist.* 2. *p.* 80. *f.* 2. *t.* 6. *f.* 10.
Securidaca vera. *Cluf. hist.* 2. *p.* 236.
Securidaca lutea major. *Bauh. pin.* 348. *Tournef. inst.* 399. *Boerh. lugdb.* 2. *p.* 52.
Securidaca flore luteo, siliqua lata oblonga. *Bauh. hist.* 2. *p.* 345.
Securidaca. *Cæfalp. syst.* 248.
Hedyfarum primum. *Dod. pempt.* 546. *Dalech. hist.* 445. *f.* 2 & 4.
Crescit inter segetes in *Hispania.*

4. CORONILLA corollarum unguibus calyce triplo longioribus, pedunculis bifloris.
Emerus. *Cæfalp. syst.* 117. *Tournef. inst.* 650. *Boerh. lugdb.* 2. *p.* 49.
Colutea scorpioides. *Bauh. hist.* 1. *pp.* 381. *Dalech. hist.* 217.
Colutea scorpioides 1 elatior. *Cluf. hist.* 1. *p.* 97.
Colutea scorpioides elatior & major frutescens. *Morif. hist.* 2. *p.* 122.
Colutea siliquosa sive scorpioides major. *Bauh. pin.* 397. *f.* 2. *t.* 10. *f.* 7.
*α* Emerus minor. *Tournef. inst.* 650.
Colutea siliquosa minor. *Bauh. pin.* 397.
Colutea scorpioides humilis. *Bauh. hist.* 1. *pp.* 382.
Crescit in collibus circa Genevam, Monspelium & Salernum; *at* α *in vicinis* Viennæ *ad Calenberg, & in nonnullis* Pannoniæ *montanis locis.*

ORNI-

# ORNITHOPUS. *g. pl.* 598.

1. ORNITHOPUS foliolis pinnatis, leguminibus compreſſis rugoſis.
   Ornithopoidium ſcorpioides, ſiliqua compreſſa. *Tournef. inſt.* 400.
   Ornithopodium aigokeraton. *Moriſ. hiſt.* 2. *p.* 125. *ſ.* 2. *t.* 10. *f.* 15.
   Ornithopodia affinis hirſuta ſcorpioides. *Bauh. pin.* 350.
   Scorpioides leguminoſa. *Bauh. hiſt.* 2. *p.* 349. *Dalech. hiſt.* 493. *Lob. adv.* 403.
   *Creſcit circa Meſſanam* Siciliæ *&* Neapolim Italiæ.

2. ORNITHOPUS foliis pinnatis, articulis leguminum ſubrotundis levibus.
   Ornithopodium majus. *Bauh. pin.* 350. *Moriſ. hiſt.* 2. *p.* 124. *ſ.* 2. *t.* 10. *f.* 13. *Boerh. lugdb.* 2. *p.* 50.
   Ornithopodium flore flaveſcente. *Bauh. hiſt.* 2. *p.* 350.
   Ornithopodium. *Dod. pempt.* 544. *Lob. hiſt.* 527. *Dalech. hiſt.* 486.
   α Ornithopodium minus. *Bauh. pin.* 350.
   Ornithopodium perpuſillum. *Lob. ad.* 403. *Dalech. hiſt.* 487.
   β Ornithogalum radice nodoſa. *Raj. hiſt.* 931.
   Ornithogalum radice tuberculis nodoſa. *Bauh. pin.* 350.
   Ornithopodium tuberoſum. *Dalech. hiſt.* 486.
   *Creſcit in locis ſteriliſſimis, arenoſis, glareoſis, arvis ſiccioribus, in apricis & ſecus vias* Angliæ, Geldriæ, *præſertim juxta* Harderwicum *minima hæc planta vulgatiſſima eſt.*

3. ORNITHOPUS foliis ternatis fere ſeſſilibus appendiculatis, impari maximo.
   Ornithopodium portulacæ folio. *Tournef. inſt.* 400. *Boerh. lugdb.* 2. *p.* 50.
   Scorpioides pinguifolium triphyllon, corniculis articulatis intortis. *Pluk. alm.* 337.
   Scorpioides portulacæ folio. *Bauh. pin.* 287.
   Scorpioides portulacæ folio, corniculis longioribus tenuioribus ac articulatis. *Moriſ. hiſt.* 2. *p.* 127. *ſ.* 2. *t.* 11. *f.* 5
   Scorpioides matthioli. *Dod. pempt.* 71. *Dalech. hiſt.* 1353.
   Telephium dioſcoridis ſeu Scorpioides ob ſiliquarum ſimilitudinem. *Bauh. pin.* 287.
   Telephium dioſcoridis. *Bauh. hiſt.* 2. *p.* 896.
   Telephium vulgo, Herba amoris. *Cæſalp. ſyſt.* 250.
   *Creſcit in vineis circa* Liburnum, Meſſanam, Monſpelium.

# SCORPIURUS. *g. pl.* 597.

1. SCORPIURUS.
   Scorpioides bupleuri folio. *Bauh. pin.* 287. *Boerh. lugdb.* 2. *p.* 52. corniculis aſperis hirſutis minus contortis.
   *Moriſ. hiſt.* 2. *p.* 127. *ſ.* 2. *t.* 11. *f.* 1.
   Scorpioides repens, bupleuri folio. *Lob. hiſt.* 244.
   Scorpioides prius. *Dod. pempt.* 71.
   Scorpioides ſiliqua campoide hiſpida. *Bauh. hiſt.* 2. *p.* 899.
   Auricula leporis. *Cæſalp. ſyſt.* 248.
   α Scorpioides bupleuri folio, corniculis aſperis magis in ſe contortis & convolutis. *Moriſ. ibid f.* 2.
   Campoides hiſpida. *Rupp. jen.* 215.
   β Scorpioides ſiliqua craſſa bœlii. *Tournef. inſt.* 52.
   Scorpioides bupleuri folio, corniculis craſſioribus & magis ſpongioſis inſtar litui contortis & in ſe convolutis.
   *Moriſ. ibid f.* 3.
   γ Scorpioides bupleuri folio, ſiliquis levibus. *Tournef.*
   δ Scorpioides ſiliquis ſingularibus villoſis. *Raj. hiſt.* 930.
   *Creſcit in Gallia* Narbonenſi *circa Monſpelium.*
   *Exemplum evidentiſſimum præbet hæc planta varietatum fructus in legumine.*

# HIPPOCREPIS. *g. pl.* 596.

1. HIPPOCREPIS leguminibus ſolitariis fere ſeſſilibus.
   Ferrum equinum, ſiliqua ſingulari. *Bauh. pin.* 349. *Moriſ. hiſt.* 2. *p.* 117. *ſ.* 2. *t.* 10. *f.* 1. *Tournef. inſt.* 400.
   *Boerh. lugdb.* 2. *p.* 53.
   Solea equina. *Bauh. hiſt.* 2. *p.* 347.
   Sferra cavallo *Cæſalp. ſyſt.* 249.
   *Creſcit in Italia circa* Liburnum *&* Neapolim.
   *Hujus legumen a parte inferiore, ſeu margine ſuperiore inciſum eſt.*

2. HIPPOCREPIS leguminibus pedunculatis confertis margine interiori lobatis.
   Ferrum equinum, ſiliqua multiplici. *Bauh. pin.* 349. *Moriſ. hiſt.* 2. *p.* 118. *ſ.* 2. *t.* 10. *f.* 2. *Boerh. lugdb.* 2. *p.* 52.
   Ferrum equinum alterum polykeraton. *Col. ecphr.* 1. *p.* 300.
   *Creſcit in locis ſterilibus la garrigue dan* Tarral *prope* Monſpelium, *in incultis depreſſis montis* Ceti; *in ſoli expoſitis* Valvenſium *montoſis.*

3. HIPPOCREPIS leguminibus pedunculatis confertis, margine exteriori lobatis.
   Ferrum equinum germanicum, ſiliquis in ſummitate. *Bauh. pin.* 346. *Boerh. lugdb.* 2. *p.* 52.
   Ornithopodio affinis vel potius ſoleæ vel ferro equino herba. *Bauh. hiſt.* 2. *p.* 348.
   *Creſcit in montoſis ſolo cretaceo* Angliæ; *circa* Monſpelium, *in* Æquicolorum *montibus &* Capucinorum *ſylva.*

HEDY-

# HEDYSARUM. *g. pl.* 595.

1. Hedysarum foliis ternatis & folitariis, caule hifpido fruticofo.
Hedyfarum americanum triphyllum canefcens, floribus albis fpicatis. *Boerh. lugdb* 2. *p.* 51.
Onobrychis americana, floribus fpicatis, foliis ternis canefcentibus, filiculis afperis. *Pluk. alm.* 270. *t.* 308. *f.* 7.
Crefcit in America.
*Caulis frutefcens. Folia petiolata ternata ovata, foliolo intermedio petiolato; Caulis & tota planta pilis admodum fcabra. Differt tamen noftra ab authorum prædicta, quod flores minutiffimi & piꞁ purco cærulefcentes fint in noftra, in eorum vero majores.*

2. Hedysarum foliis radicalibus fimplicibus, caulinis ternatis, floribus laxe fpicatis, leguminibus undulatis.
Hedyfarum triphyllum canadenfe. *Corn. canad.* 44. *t.* 45.
Onobrychis major perennis canadenfis triphylia, filiculis articulatis afperis triangularibus. *Morif. hift.* 2. *p.* 130. *f. 2. t.* 11. *f* 9.
Crefcit in Canada.

3. Hedysarum foliis pinnatis, leguminibus articulatis aculeatis.
Hedyfarum clypeatum, flore fuaviter rubente. *Tournef. inft.* 401. *Boerh. lugdb.* 2. *p.* 51.
Hedyfarum alterum clypeatum. *Lob. hift.* 522.
Onobrychis major perennis, filiculis articulatis afperis clypeatis recta junctis, flore ruberrimo. *Morif. hift.* 2. *p.* 129.
Onobrychis, femine clypeato afpero, major. *Bauh. pin.* 350.
Onobrychis altera. *Dod. pempt.* 549.
Aftragalus romanus five Hedyfarum clypeatum, filiqua afpera. *Bauh. hift.* 3. *p.* 315.
α Hedyfarum clypeatum, flore albido. *Tournef. inft.* 401.
*Crefcit in pratis* Senenfium *& montibus* Meffanæ *imminentibus.*

4. Hedysarum foliis pinnatis, leguminibus fubrotundis aculeatis.
Onobrychis folio vici e, fructu echinato. major. *Bauh. pin.* 350. floribus dilute rubentibus. *Tournef. inft.* 390.
Onobrychis major, filiculis echinatis criftatis in fpica digeftis. *Morif. hift.* 2. *p.* 131. *f. 2. t.* 11. *f.* 10. *Boerh. lugdb.* 2. *p.* 47.
Onobrychis. *Dod. pempt.* 548. *Cluf. hift.* 2. *p.* 232.
Lupinus fylveftris rufticorum. *Cæfalp. fyft.* 247.
Caput gallinaceum belgarum. *Lob. hift.* 527.
Polyganon gefneri. *Bauh. hift.* 2. *p.* 335.
α Onobrychis, fructu echinato, minor. *Bauh. pin.* 350.
Onobrychis minor, filiculis echinatis criftatis, majoribus & craffioribus aculeis præditis donata. *Morif. hift.* 2. *p.* 131.
β Onobrychis feu Caput gallinaceum minus, fructu maximo infigniter echinato. *Tournef.*
γ Onobrychis, foliis viciæ, fructu echinato, major, floribus eleganter rubentibus. *Tournef.*
δ Onobrychis, foliis viciæ, fructu echinato, major, floribus albis. *Tournef.*
*Crefcit in pratis fterilibus apricis, præfertim folo cretaceo, rarius in* Anglia, *copiofe in* Bohemia, *vulgaris circa* Genevam.

# ÆSCHYNOMENE. *g. pl.* 878.

Æschynomene caule fcabro, folio infimo quadripinni.
Hedyfarum annuum majus zeylanicum, mimofæ foliis. *Tournef. inft.* 402. *Burm. zeyl.* 119.
Onobrychis annua zeylanica, mimofæ foliis, filiquis articulatis afperis, major. *Herm. lugdb.* 458.
Mimofa non fpinofa major zeylanica. *Breyn. cent.* 51. *t.* 52.
Mimofa non fpinofa major zeylanica. *Raj. hift.* 982.
*Crefcit in aquofis* Zeylonæ *&* Americæ.
*Omni nocte, difcedente fole, concinne folia claudit, & quafi vifu polleret, dormit in proximum matutinum tempus, quo iterum expergefacta, folia expendit, & foliolis fuperbit.*
*Si copiofo potu deftituatur planta procumbens evadit, tabida & marcefcens perit, faciemque longe diverfam induit; brevique emoritur; alias erecta perftat.*
*Plures fpecies hujus generis in America occurrunt.*

# COLUTEA. *g. pl.* 593.

1. Colutea foliolis obverfe cordatis, caule arboreo.
Colutea veficaria. *Bauh. pin.* 396. *Bauh. hift.* 1. *pp.* 380. *Boerh. lugdb.* 2. *p.* 39.
Colutea. *Dod. pempt.* 784. *Lob. hift.* 530.
Emerus alterius generis. *Cæfalp. fyft.* 117.
α Colutea veficulis rubentibus. *Tournef. inft.* 649.
β Colutea orientalis, flore fanguinei coloris, lutea macula notato. *Tournef. cor.* 44.
Colutea africana, fennæ foliis, flore fanguineo. *Comm. rar.* 11. *t.* 11.
*Crefcit in montanis quibusdam* Auftriæ, *& circa* Monfpelium; *in* Italia *multis in locis, præfertim in lateribus & prope fummitatem montis* Vefuvii *in afcenfu ad Craterem, ubi nullæ fere aliæ plantæ.*
*Huic Vexillum maximum obverfe-cordatum reflexum totum. Alæ furfum flexæ, carina breviores. Carina lunulata, incurva.*

Zzzz

2. COLU-

2. COLUTEA foliolis ovato-lanceolatis, caule fruticofo.

Colutea æthiopica, flore purpureo. *Breyn. cent.* 70. *t.* 29.

Colutea æthiopica, flore phœniceo, barbæ jovis folio. *Breyn. prod.* 1. *p.* 30. *Boerh. lugdb.* 2. *p.* 39.

*Crefcit in* Æthiopia.

*Huic vexillum oblongum, lateribus reflexis, apice acute affurgens. Alæ omnium minimæ, perianthio ipfo breviores, fubque eo reconditæ. Carina longiffima, erecta.*

3. COLUTEA foliis linearibus, caule herbaceo.

Colutea africana annua, foliis parvis mucronatis, veficulis compreffis. *Comm. hort.* 2. *p.* 87. *t.* 44.

*Crefcit in* Africa.

## O R O B U S. *g. pl.* 591.

1. OROBUS caule ramofo.

Orobus fylvaticus, viciæ foliis. *Bauh. pin.* 352. *Boerh. lugdb.* 2. *p.* 46.

Orobus fylvaticus, viciæ foliis,filiquis propendentibus, floribus purpurafcentibus.*Morif. hift.* 2. *p.* 78. *f.* 2. *t.* 6. *f.* 6.

Orobus pannonicus 2. *Cluf. hift.* 2. *p.* 230.

Aftragalus major fuchfio. *Bauh. hift.* 2. *p.* 354.

Aftragaloides. *Dod. pempt.* 551.

α Orobus fylvaticus, viciæ foliis, caulibus rubentibus. *Tournef. inft.* 393.

*Crefcit in pafcuis montofis exaridis, inque montium præcipitiis in* Svecia, *in* Germania *paffim, in montis* Salevæ *fylvofis prope Genevam.*

*Radix dulciffima eft, & planta exficcata evadit tota atra; legumina pendula; paleæ juxta bafin denticulatæ; caulis angulofus.*

2. OROBUS caule fimpliciffimo, foliolis pluribus ovatis acutis.

Orobus purpureus fylvaticus vernus. *Bauh. pin.* 351. *Boerh. lugdb.* 2. *p.* 46.

Orobus fylvaticus perennis vernus, filiquis erectis, flore purpureo. *Morif. hift.* 2. *p.* 93. *f.* 2. *t.* 7. *f.* 10.

Orobus pannonicus 1. *Cluf. hift.* 2. *p.* 230.

Galega nemorenfis verna. *Bauh. hift.* 2. *p.* 343.

α Orobus fylvaticus, pallido flore. *Bauh. pin.* 351.

Orobus pannonicus 4. *Cluf. hift.* 2. *p.* 231.

β Orobus latifolius, parvo flore purpureo. *Bauh. pin.* 351.

Orobus venetus. *Cluf. hift.* 2. *p.* 232.

γ Orobus latifolius, parvo flore prorfus albo. *Tournef. inft.* 393.

*Crefcit in montofis fepibus in* Svecia, Germania, Pannonia. *Floret primo vere.*

*Caulis erectus, folia & foliola patentiffima, legumina erecta.*

*Si figura clufii vera eft, utique & α. β. γ. hujus fpeciei varietates.*

3. OROBUS caule fimpliciffimo, foliolis pluribus lanceolatis oblongis.

Orobus fylveftris anguftifolius, afphodeli radice. *Bauh. pin.* 351.

Orobus filvaticus noftras, filiquis propendentibus, tuberofa radice.*Morif. hift.* 2. *p.* 78. *f.* 2. *t.* 7. *f.* 11. & *t.* 21. *f.* 6.

Orobus pannonicus 3. *Cluf. hift.* 2. *p.* 231.

Orobus quorundam, radice bulbofa, flore albo. *Bauh. hift.* 2. *p.* 326.

α Orobus fylvaticus, foliis oblongis glabris. *Tournef. inft.* 393. *Boerh. lugdb.* 2. *p.* 46.

Aftragalus fylvaticus, foliis oblongis glabris. *Bauh. pin.* 351.

Aftragaloides five Aftragalus fylvaticus, aftragalo magno fuchfii vel chamæbalano leguminofæ affinis. *Bauh. hift.* 2. *p.* 334.

β Orobus pyrenaicus, foliis nervofis. *Tournef.*

γ Orobus latifolius repens, filiqua parva. *Boerh.*

*Crefcit in pratis & pafcuis minus humidis per totam* Sveciam *vulgatiffima, nec non frequens in* Germania, Anglia, Gallia.

*Hujus caulis oblique extenditur, folia minus patentia, radix nodofa; legumina nec erecta nec pendula.*

4. OROBUS caule fimpliciffimo, foliolis binis ovatis.

Orobus latifolius repens, flore cœruleo, foliis & filiquis hirfutis. *Boerh. lugdb.* 2. *p.* 46.

*Crefcit . . . .*

*Caulis fpithamæus, angulofus, alternatim inflexus, afcendens; Foliola duo, ovata, parum acuta, nervofa, ftriata (in noftra glabra), infidentia Petiolo communi, longitudine folii, patulo, terminato intra foliola fetula depreffa recta brevi. Stipulæ foliaceæ, duæ, oppofitæ, ovatæ, acuminatæ, fagittatæ, magnitudine fere folioli, cauli infidentes, petiolum excipientes. Pedunculus ex ala folii folitarius, in eadem planta fæpe geminus, petiolo triplo vel quintuplo longior, erectus, quatuor vel quinque flores alternos verfus apicem ferens.*

## L A T H Y R U S. *g. pl.* 590 & 576.

1. LATHYRUS foliis folitariis, cirrho terminatis.

Lathyrus fylveftris minor. *Bauh. pin.* 344.

Lathyrus anguftifolius erectus, folio fingulari, fine capreolis, niffoli. *Magn. hort.* 112. *t.* 112.

Niffolia vulgaris. *Tournef. inft.* 25. *Boerh. lugdb.* 2. *p.* 25.

Ervum filveftre. *Dod. pempt.* 529. *Lob. hift.* 518.

Catanance. *Dalech. hift.* 1366.

*Crefcit*

*Crescit circa* Monspelium *in pratorum marginibus.*
*Caulis rectus, simplicissimus; folia ensiformia, sessilia cirrho termiatrici; pedunculi solitarii, uniflori.*

2. LATHYRUS cirrhis aphyllis.
Lathyrus luteus annuus, foliis convolvuli minoris. *Morif. hift.* 2. *p.* 52. *f.* 2. *t.* 4. *f.* 7.
Vicia lutea, foliis convolvuli minoris. *Bauh. pin.* 345.
Vicia quæ Pifine anguillaræ, filiqua lata, flore luteo. *Bauh. hift.* 2. *p.* 316.
Aphaca. *Cæfalp. fyft.* 236. *Lob. hift.* 518. *Tournef. inft.* 399. *Boerh. lugdb.* 2. *p.* 45.
*Crescit inter segetes in* Anglia, Gallia, Italia.
*Dubitavi quondam (g. pl.* 576) *hanc speciem Lathyris miscere, at examinatis postea pluribus speciebus Lathyri, deque essentiali charactere certior factus, cum Morisono non distinguendos esse Lathyros & Aphacam statuo.*
*Folia ista paria ad exortum cirrhi, sunt stipulæ, ut in sequentibus omnibus, & vera folia in hac specie nulla; majores itaque factæ sunt in hac specie stipulæ, quo foliorum vices suppleant.*

3. LATHYRUS pedunculis unifloris, cirrhis diphyllis, radicibus etiam sub terra fructificantibus.
Lathyrus amphicarpos, supra & infra terram filiquas gerens. *Morif. hift.* 2. *p.* 51. *Boerh. lugdb.* 1. *p.* 42.
Vicia filiquas supra & infra terram filiquas gerens. *Tournef inft.* 347.
Viciæ fimilis, supra & infra terram fructus gerens. *Bauh. pin.* 347.
Arachidna vel potuis Arachoides honorii belli. *Bauh. hift.* 2. *p.* 323.
*Crescit in Asia &. Syria.*
*Radix filiformis hinc inde tuberculis ovatis sessilibus instructa.*
*Cauli plures infirmi ancipites, petioli lineares, terminati cirrho tenui cum foliolis duobus lanceolatis, & stipulis duabus ovato-acutis basi denticulo prominentibus. Pedunculi solitarii, tetragoni, foliis longiores, uniflori.*
*Caules alii, foliis nudi, teretiusculi, sub terra repentes, albidi, flores & fructus ferunt, absolute perfectos & cauunis fimiles, sed flores minores, cum expandi nequeant. Mirum exemplum!*

4. LATHYRUS pedunculis unifloris, cirrhis diphyllis, leguminibus compressis ovatis: dorso bimarginatis.
Lathyrus fativus, flore fructuque albo. *Bauh. pin.* 343. *Boerh. lugdb.* 2. *p.* 42.
Lathyrus angulofo femine. *Bauh. hift.* 2. *p.* 306.
Lathyrus fativus minor, femine angulofo. *Morif. hift.* 2. *p.* 52.
Lathyrus five Cicercula. *Dod. pempt.* 522.
α Lathyrus fativus, flore purpureo. *Bauh. pin.* 344.
Lathyrus flore rubro. *Bauh. hift.* 2. *p.* 307.
Aracus five Cicera. *Dod. pempt.* 523.
Cicercula. *Cæfalp. fyft.* 234.
β Lathyrus angustifolius, femine maculofo. *Bauh. pin.* 344.
Lathyrus ægyptiacus five Aracus hispanicus. *Morif. hift.* 2. *p.* 56. *f.* 2. *t.* 3. *f.* 3.
Cicercula ægyptiaca. *Cluf. hift.* 2. *p.* 236.
γ Lathyrus annuus, flore cœruleo, ochri filiqua. *Herm. lugdb.* 357.
Lathyrus angustifolius, filiqua alata, vexillo cœruleo, alis variegatis. *Boerh. lugdb.* 2. *p.* 42.
*Crescit in* Ægypto & Hispania. *Raj.*

5. LATHYRUS pedunculis multifloris, cirrhis diphyllis, foliolis ovalibus, radice tuberofa.
Lathyrus arvensis. *Riv. mon.*
Lathyrus arvensis repens tuberofus. *Bauh. pin.* 334. *Boerh. lugdb.* 2. *p.* 42.
Lathyrus arvensis, radice tuberofa repente. *Morif. hift.* 2. *p.* 51. *f.* 2. *t.* 2. *f.* 1.
Apios. *Fuch. hift.* 131.
Pfeudo-apios. *Matth. diofc.* 785.
Chamæ-balanus leguminofa. *Bauh. hift.* 2. *p.* 324.
Terræ glandes. *Dod. pempt.* 550.
*Crescit in agris inter segetes in* Brabantia, Geldria, *circa* Genevam & alibi.

6. LATHYRUS pedunculis multifloris, cirrhis diphyllis, foliolis lanceolatis, internodii nudis.
Lathyrus fylveftris luteus, foliis viciæ. *Bauh. pin.* 344.
Lathyrus luteus fylveftris dumetorum. *Bauh. hift.* 2. *p.* 304.
Lathyrus fylveftris & dumetorum, flore luteo. *Morif. hift.* 2. *p.* 44. *f.* 2. *t.* 2. *f.* 2. *mal. Boerh. lugdb.* 2. *p.* 42.
*Crescit in dumetis, sepibus & nemoribus per* Sveciam, Germaniam, Angliam, Hollandiam, Galliam.
*Perennat radice.*

7. LATHYRUS pedunculis multifloris, cirrhis diphyllis, foliolis lanceolatis, internodis membranaceis.
Lathyrus major latifolia, flore majore purpureo, speciofior. *Bauh. hift.* 2. *p.* 303.
Lathyrus latifolius. *Bauh. pin.* 344. *Morif. hift.* 2. *p.* 51. *f.* 2. *t.* 2. *f.* 3. *Boerh. lugdb.* 2. *p.* 41.
α Lathyrus latifolius, flore albo. *Tournef. inft.* 395.
β Lathyrus latifolius minor, flore majore. *Boerh.*
*Crescit in sylvis in agro* Monfpeliano; *rarius in* Anglia.

8. LATHYRUS pedunculis multifloris, cirrhis diphyllis, foliolis enfiformibus.
Lathyrus fylveftris major. *Bauh. pin* 344.
Lathyrus filveftris. *Dod. pempt.* 523. *Cluf. hift.* 2. *p.* 129.
Lathyri majoris fpecies, flore rubente & albido minore, dumetorum five germanicum. *Bauh. hift.* 2. *p.* 302.
*Crescit in pratis exaridis & montofis ac fepibus in* Svecia, Germania, Anglia.

9. LATHYRUS pedunculis bifloris, cirrhis diphyllis, foliolis ovato-oblongis.
  Lathyrus ficulus. *Rupp. jen.* 210.
  I a hyrus diftoplatyphyllos hirfutus mollis, magno & peramæno flore odore. *Comm. hort.* 2. *p.* 159. *t.* 80.
    *Boerh. lugdb.* 2. *p.* 42.
  *Crefcit in* Sicilia, *fi nomini fides.*

10. LATHYRUS pedunculis bifloris, cirrhis polyphyllis, alarum ftipulis dentatis.
  Clymenum flore vario, filiqua plana. *Tournef. inft.* 396. *Boerh. lugdb.* 2. *p.* 43.
  *Crefcit in* Agro Tingitano.

11. LATHYRUS pedunculis fæpius unifloris, cirrhis polyphyllis, foliolis alternis.
  Lathyrus, anguftiffimo folio, americanus variegatus. *Bauh. pin.* 344.
  Lathyrus annuus, filiquis orobi. *Raj. hift.* 898.
  Lathyrus vicioides, floris vexillo phœniceo, foliis labialibus fubalbefcentibus, filiquis orobi. *Morif. hift.* 2.
    *p.* 55. (figura non).
  Clymenum hifpanicum, flore vario, filiqua articulata. *Tournef. inft.* 396. *Boerh. lugdb.* 2. *p.* 43.
  *Crefcit in* Betica Hifpaniæ.

12. LATHYRUS pedunculis multifloris, cirrhis polyphyllis.
  Lathyrus foliis pinnatis, pedunculis multifloris. *Fl lapp.* 271.
  Lathyrus paluftris, flore orobi nemorenfis verni. *Rupp. jen.* 210. *t.* 1.
  Lathyrus viciæformis, feu vicia lathyroides noftras. *Raj. hift.* 899.
  Vicia lathyroides noftras f. Lathyrus viciæformis. *Pluk. alm.* 387. *t.* 71. *f.* 2.
  Clymenum parifienfe, flore cœruleo. *Tournef. inft.* 396.
  *Crefcit in pratis fubhumidis* Norlandiæ, Lapponiæ & Sveciæ, *copiofe circa Upfaliam & Parifias.*

# VICIA. *g. pl.* 587.

1. VICIA pedunculis multifloris, caule fruticofo.
  Vicia multiflora caffubica frutefcens, filiqua lentis. *Breyn. prod.* 1. *p.* 52. *Pluk. alm.* 387. *t.* 72. *f.* 2. *Boerh. lugdb.* 2. *p.* 42.
  Lens ungarica. *Schuyl. lugdb.* 45.
  *Crefcit ad fylvarum nonnullarum margines in* Caffubia.
  *Caulis ex fingula ala inferiore ramum emittit, e fuperiore vero ut & e ramis pedunculos multifloros.*
  *Foliolorum quatuordecim circiter paria, fingula glabra, ovato-oblonga, obtufa cum acumine vix*
  *manifefto. Stipulæ foliaceæ lanceolatæ funt, absque manifefto, a parte inferiore, appendice.*

2. VICIA pedunculis multifloris, ftipulis utrinque acutis integris.
  Vicia multiflora. *Bauh. pin.* 345. *Raj. hift.* 903. *Boerh. lugdb.* 2. *p.* 44. *Vaill. parif.* 203.
  Vicia perennis multiflora fpicata cœrulea fepiaria. *Morif. hift.* 2. *p.* 61. *f.* 2. *t.* 4. *f.* 1.
  Vicia multiflora perennis nemorenfis five dumetorum. *Bauh. hift.* 2. *p.* 314.
  Cracca. *Riv. tetr.* 58. *Rupp. jen.* 212.
  *α* Vicia perennis incana multiflora. *Tournef. inft.* 397.
  *β* Vicia perennis multiflora, majori flore cœruleo ex albo mixto. *Tournef.*
  *γ* Vicia fylveftris fpicata. *Bauh. pin.* 345.
    Vicia filveftris 2. *Cluf. hift.* 2. *p.* 235. *defcr.*
  *δ* Vicia onobrychidis flore. *Bauh. pin.* 345. *prod.* 149.
  *Crefcit in dumetis, fepibus, pratis, nemoribus & agris inter fegetes in* Lapponia, Svecia, Dania, Norvegia, Germania, Anglia, Gallia.
  *Fulcrum foliorum lineari-lanceolatum eft & bafi dente appendiculatum; a loco & per fe multum*
  *variat, hinc tanta in vulgatiffima planta orta confufio, hinc plures varietates, quam quas unquam*
  *Vaillantius recenfuit.*

3. VICIA pedunculis circiter quinquefloris longitudine foliorum.
  Vicia benghalenfis hirfuta & incana, filiquis pifi. *Herm. lugdb.* 623. *t.* 625. *Boerh. lugdb.* 2. *p.* 44.
  *Crefcit paffim in tractu* Benghalenfi.
  *Facie planta & fulcro cum antecedente convenit, differt autem radice annua, floribus majoribus*
  *paucioribus, leguminum figura.*

4. VICIA leguminibus erectis, petiolis polyphyllis, folioliolis acumine emarginatis, ftipulis dentatis.
  Vicia vulgaris fativa. *Bauh.* 2. *p.* 310.
  Vicia fativa vulgaris, femine nigro. *Bauh. pin.* 344. *Boerh. lugdb.* 2. *p.* 43.
  *α* Vicia fativa vulgaris, femine cinereo. *Tournef. inft.* 396.
  *β* Vicia albo femine. *Bauh. hift.* 2. *p.* 311.
    Vicia fativa alba. *Bauh. pin.* 344.
  *γ* Vicia folio magno atro-viridi apice aculeato, filiqua fingulari quafi articulata, femine nigrefcente cinereo. *Boerh.*
  *δ* Vicia flore albo, filiqua longa glabra. *Boerh.*
  *Crefcit in agris inter fegetes frequens per* Europam.
  *Huic foliola emarginata cum acumine; nunc obverfe ovata, nunc linearia; in aliis glabra, in*
  *aliis hirfuta; floris color & fructus figura variat; ex ala foliorum interdum fructificatio unica,*
  *fere feffilis, interdum plures communi brevi pedunculo; hinc tot fpecies fuperfluæ; radix annua eft.*

5. VICIA leguminibus afcendentibus, petiolis polyphyllis, foliolis ovatis acutis integerrimis.
  Vicia fepium, folio rotundiore acuto. *Bauh. pin.* 345.

  *α* Vicia

*  Vicia maxima dumetorum. *Bauh. pin.* 345.
   Vicia fepium perennis. *Bauh hift.* 2. *p.* 313. *Raj. hift.* 901. *Pluk. alm.* 387.
   *Crefcit in fepibus frequens per* Europam.
   *Radix perennis, repens; folia ovata cum acumine, non emarginata.*

6. VICIA petiolis tetraphyllis cirrhiferis.
   Vicia fupina, latiffimo folio non ferrato. *Tournef. inft.* 397. *Boerh. lugdb.* 2. *p.* 43.
   Vicia narbonenfis maxima, fructu rotundo atro, foliis ferratis & integris. *Morif. hift.* 2. *p.* 61. *f.* 2. *t.* 4. *f.* 3.
   Aracus fabaceus & Faba Kayrina, cui femina minora. *Bauh. hift.* 2. *p.* 286.
   Faba fylveftris, fructu rotundo atro. *Bauh. pin.* 338.
   Faba fylveftris græcorum. *Lob. hift.* 510.
   Bona filveftris. *Dod. pempt.* 516.
   *Crefcit in campeftribus* Apuliæ, Narbonæ, Aquitaniæ.

7. VICIA caule recto, petiolis absque cirrhis.
   Faba. *Cæfalp. fyft.* 130. *Bauh. pin.* 338.
   Faba flore candido, lituris nigris confpicuo. *Tournef. inft.* 391.
   Faba, Cyamus leguminofa. *Bauh. hift.* 2. *p.* 279.
   Faba major five Bona major. *Morif. hift.* 2. *p.* 83. *f.* 2. *t.* 7. *f.* 1.
   Bona five Phafeolus. *Dod. pempt.* 513.
α  Faba flore ex purpura nigrefcente. *Tournef.*
β  Faba filiqua & femine latiore. *Boerh.*
γ  Faba minor five equina. *Bauh. pin.* 338.
δ  Faba minor fructu nigro. (var.) *Bauh.*
   *Crefcendi locus plantarum cultiffimarum ab omni ævo apud Botanicos obfcurus fuit.*

8. VICIA pedunculis multifloris, petiolis polyphyllis cirrhofis, foliolis ovatis: infimis feffilibus.
   Pifum fylveftre, fructu viciæ. *Boerh. lugdb.* 2. *p.* 42.
   Pifum fpontaneum nanum inter triticum. *Morif. hift.* 2. *p.* 46. *f.* 2. *t.* 1. *f.* 6.
   *Crefcit inter fegetes* Angliæ. *Morif.*
   *Facies totius plantæ* Pifi *primæ fpeciei adeo fimilis, ut ipfiffimam primo intuitu crederet quis plantam, at pedunculi, flores & fructus viciæ* 2da *fimillimi. Caulis enim eft angulofus, ftriatus; petiolus patens, filiformis, fpithamæus, cui tria vel quatuor foliolorum paria affixa, quorum fuperiora gradatim minora, infirmum vero par ad alam petioli feffile; fingula horum ovata, vix emarginata cum acumine, glabra, integerrima, latitudine pollicis, remota; terminatur dein petiolus in cirrhum trifidum; ftipulæ minimæ, dentatæ vel angulatæ. Pedunculus longitudine petioli fpicam florum dependentium verfus fummitatem gerit, corolla alba. Species hujus generis, quæ in pedunculo longitudine petioli flores numerofos gerunt, hæ fructu gaudent pendulo, Rivinianis* Craccæ *dictæ; quæ vero floribus fere feffilibus & paucioribus in foliorum alis, erectum ferunt fructum, Rivinianis* Viciæ *nominatæ.*

# PISUM. *g. pl.* 589.

1. PISUM ftipulis crenatis.
   Pifum arvenfe. *Bauh. pin.* 342. fructu albo. *Tournef. inft.* 394. *Boerh. lugdb.* 2. *p.* 40.
   Pifum minus. *Dod. pempt.* 521.
   Pifum arvenfe, fructu viridi. *Tournef.*
   Pifum arvenfe, fructu cinereo. *Tournef.*
   Pifum arvenfe, fructu cœruleo. *Tournef.*
   Pifum arvenfe, fructu nigro. *Tournef.*
   Pifum arvenfe, fructu nigra linea maculato. *Boerh.*
   Pifum arvenfe, flore rofeo, fructu variegato. *Tournef.*
*  Pifum majus quadratum. *Bauh. pin.* 342. fructu cinerei coloris. *Tournef.*
   Pifum majus quadratum, fructu candido. *Tournef.*
   Pifum majus quadratum, fructu fubflavo. *Tournef.*
β  Pifum hortenfe majus. *Bauh. pin.* 342. flore fructuque albo. *Tournef.*
   Pifum hortenfe majus, flore purpureo. *Tournef.*
   Pifum hortenfe majus, flore fructuque variegato. *Tournef.*
γ  Pifa fine cortice duriore. *Bauh. pin.* 343.
   Pifa fine tunicis durioribus, in filiqua magna alba. *Bauh. hift.* 2. *p.* 300.
   Pifum cortice eduli. *Tournef. inft.* 394.
δ  Pifum umbellatum. *Bauh. pin.* 342.
   Pifum erectius comofum. *Bauh. hift.* 2. *p.* 299.
ε  Pifum humile, caule firmo. *Tournef. inft.* 394.
   Pifa nana rotunda, fine adminiculis, erecta. *H. parif.* 143.
   *Crefcit inter fegetes vulgaris in* Europa.
   *Radix hujus annua eft, nec repens.*

2. PISUM ftipulis integerrimis.
   Pifum marinum. *Raj. hift.* 892. *Fl. lapp.* 272.
   Pifum marinum perpetuum. *Munt. phyt.* 44. *t.* 230.
   Pifum fpontanum perenne repens humile. *Morif. hift.* 2. *p.* 47. *f.* 2. *t.* 1. *f.* 5.
   *Crefcit in littoribus* Bothniæ, Belgii, Angliæ.

Aaaaa

*Radix*

*Radix perennis repens. Appendices foliorum ipfis foliolis in hac minores & integri ; in præcedenti vero majores ; in utraque diphylli.*

3. PISUM petiolis membranaceis diphyllis.
Ochrus folio integro, capreolos emittente. *Bauh. pin.* 343. *Tournef. inft.* 396. *Boerh. lugdb.* 2. *p. p.* 43.
Ochrus fylveftris five Ervilla. *Lob. hift.* 516.
Ervilia filveftris. *Dod. pempt.* 522.
Lathyri fpecies quæ Ervilia filveftris dodonæi. *Bauh. hift.* 2. *p.* 305.
Lathyrus folio integro producente bina folia capreolos emittentia. *Morif. hift.* 2. *p.* 58. *J.* 2. *t.* 3. *f.* 8.
Cicer ervinum quorundam. *Dalech. hift.* 462.
Ifopyrum. *Cæfalp. fyft.* 232.
α Ochrus folio integro capreolos emittente, femine pullo. *Tournef.*
β Ochrus folio integro capreolos emittente, femine atro. *Tournef.*
*Crefcit inter fegetes prope portum* Liburnum *in Italia inque* Creta.
*Fulcrum alarum monophyllum oblongum, cui petiolus innatus cirrho terminatus ; foliola bina parva folium conftituunt.*

# E R V U M. *g. pl.* 575.

1. ERVUM leguminibus pendulis.
Ervum verum. *Cam. hort. . . . Boerh. lugdb.* 2. *p.* 47.
Orobus five Ervum multis. *Bauh. hift.* 2. *p.* 321.
Orobus fativus five Ervum femine angulofo, filiquis inter grana & grana junctis. *Morif. hift.* 2. *p.* 74.
Orobus filiquis articulatis, grana majore. *Bauh. pin.* 346.
Orobus receptus herbariorum. *Lob. adv.* 400.
Molochus five Cicer fativum. *Dod. pempt.* 254.
α Ervum verum, flore fubpurpurafcente. *Tournef. inft.* 398.
*Crefcit vulgaris in agris circum* Monfpelium *&* Genevam.

# C I C E R. *g. pl.* 574.

1. CICER foliolis ferratis.
Cicer fativum. *Bauh. pin.* 347. *Morif. hift.* 2. *p.* 75. *f.* 2. *t.* 6. *f.* 3. flore candido. *Tournef. inft.* 389.
Cicer arietinum. *Bauh. hift.* 2. *p.* 292. *Dod. pempt.* 525.
Cicer. *Cæfalp. fyft.* 237.
α Cicer fativum, flore ex purpura-rubente, femine rubro. *Tournef. Boerh. lugdb.* 2. *p.* 48.
β Cicer fativum, femine rufo. *Tournef.*
γ Cicer fativum, femine nigro. *Tournef.*
*Crefcit in* Hifpania *&* Italia *in agris ex feminibus difperfis, de loco naturali nil certi fcimus.*
*Pedunculi uniflori, femina angulata.*

2. CICER pedunculis bifloris, feminibus compreffis.
Lens vulgaris. *Bauh. pin.* 346. *Boerh. lugdb.* 2. *p.* 44.
Lens vulgaris, femine fubrufo. *Tournef. inft.* 390.
Lens. *Morif. hift.* 2. *p.* 59. *f.* 2. *t.* 3. *f.* 9, 10. *Cæfalp. fyft.* 235. *Bauh. hift.* 2. *p.* 317.
Lens minor. *Dod. pempt.* 526. *Lob. hift.* 521.
α Lens vulgaris, femine ex luteo pallido. *Tournef.*
β Lens vulgaris, femine nigricante. *Tournef.*
γ Lens maculata. *Tournef.*
δ Lens major. *Bauh. pin.* 346.
Lens. *Dod. pempt.* 526.
ε Lens major vulgaris, femine cinereo & nigro variegato. *Boerh.*
ζ Lens monanthos. *Herm. lugdb.* 360.
*Crefcit in agris* Gallo-provinciæ *&* Narbonæ *ex rejectis feminibus.*
*Folia integerrima, ovato-oblonga ; femina orbiculata, compreffa, utrinque convexa.*

3. CICER pedunculis multifloris, feminibus globofis.
Cracca minor. *Rupp. jen* 212.
Craccæ alterum genus. *Dod. pempt.* 542.
Vicia fegetum, cum filiquis plurimis hirfutis. *Bauh. pin.* 345. *Tournef. inft.* 397.
Vicia parva five Cracca minor, cum multis filiquis hirfutis. *Bauh. hift.* 2. *p.* 315.
*Crefcit inter fegetes frequens per* Europam.
*Folia linearia, pedunculi triflori vel quinqueflori ; femina orbiculata.*

# D O R Y C N I U M. *g. pl.* 602.

1. DORYCNIUM caule fruticofo, foliis pinnatis, foliolis linearibus.
Barba jovis africana, foliis viridibus pinnatis, flore cœruleo. *Boerh. lugdb.* 2. *p.* 40.
Geniftæ affinis, arbor africana monofpermos, flore cœruleo, foliis pinnatis. *Herm. lugdb.* 272. *t.* 273.
*Crefcit in tefquis & marginibus rivulorum* Capitis bonæ fpei.
*Folia inferiora, in caule tenello, ternata, foliolis lanceolato-linearibus. Pedunculus ftipulis duabus fubulatis ubique inftruitur.*

2. Do-

2. DORYCNIUM foliis folitariis, floribus ad alas confertis.

Barba jovis græca, linariæ folio argenteo ampliori, flore luteo parvo. *Tournef. cor.* 44.

*Crefcit forte in* Græcia.

*Planta, quam dictam volo, frutefcens eft, ramis rectis ftrictis. Folia fimplicia, terna vel folitaria ad gemmas, lanceolata, integerrima; Flores ad gemmas intra folia plurima, propriis & breviffimis pedunculis infidentia.*

3. DORYCNIUM foliis digitatis feffilibus.

Dorycnium monfpelienfium. *Lob. ic.* 51. *Tournef. inft.* 391. *Boerh. lugdb.* 2. *p.* 37.

Dorycnium monfpelienfe. *Dalech. hift.* 1724.

Dorycnium monfpeffulanum fruticofum. *Bauh. hift.* 1. *pp.* 387.

Dorycnium hifpanicum. *Cluf. hift.* 1. *p.* 100.

Lotus polykeratos frutefcens incana, filiculis fubrotundis erectis. *Morif. hift.* 2. *p.* 78. *f.* 2. *t.* 18. *f.* 15.

Trifolium album anguftifolium, floribus veluti in capitulum congeftis. *Bauh. pin.* 329.

*Crefcit fecundum vias & variis incultis* Hifpaniæ, *agri* Salmantienfis *& Narbonenfis, ut & circa* Viennam *Auftriæ & plerifque* Pannoniæ *locis.*

*Huic folia ternata, fæpius quinata, fere feffilia, longitudine æqualia, flores in capitula terminatricia digefti.*

## A N T H Y L L I S. *g. pl.* 601.

1. ANTHYLLIS foliis pinnatis, foliolis æqualibus.

Barba jovis. *Bauh. pin.* 397. *Cæfalp. fyft.* 118. *Dalech. hift.* 194. *Boerh. lugdb.* 2. *p.* 40.

Barba jovis pulchre lucens. *Bauh. hift.* 1. *pp.* 385.

*Crefcit in clivis maritimis* Hetruriæ *& regni* Neapolitani *copiofe.*

*Planta frutefcens. Foliorum pinnæ tredecim vel quindecim æquales. Flores in capitula pedunculata digefti, calyces minus ventricofi, quam in reliquis fpeciebus.*

2. ANTHYLLIS foliis pinnatis, foliolo terminatrici majori.

Anthyllis lenti fimilis. *Dod. pempt.* 552.

Anthyllis leguminofa belgarum. *Lob. hift.* 530.

Anthyllis prior dodonæi. *Dalech. hift.* 1380.

Vulneraria ruftica. *Bauh. hift.* 2. *p.* 363. *Boerh. lugdb.* 2. *p.* 48.

Loto affinis, Vulneraria pratenfis. *Bauh. pin.* 332. *Morif. hift.* 2. *p.* 181. *f.* 2. *t.* 17. *f.* 1.

α Vulneraria ruftica, flore albo. *Tournef. inft.* 391.

β Vulneraria flore purpurafcente. *Tournef. inft.* 391.

*Crefcit in pafcuis ficcioribus, præfertim cretaceis & glareofis, macro folo, in* Svecia, Germania, Anglia *&c.*

*Huic caulis annuus; folia radicalia priora fimpliciffima, pofteriora ternata & pinnata; caulina omnia pinnata, foliolis feptem vel novem communiter, impari reliquis majori; flores in capitula digefti, capitulis fæpius geminis feffilibus ad apicem vel & ad latera caulis.*

3. ANTHYLLIS foliis quinato-pinnatis, foliolo terminatrici maximo.

Vulneraria pentaphyllos. *Tournef. inft.* 391. *Boerh. lugdb.* 2. *p.* 48.

Lotus pentaphyllos veficaria. *Bauh. pin.* 332.

Loto affinis major; Anthyllis veficaria hifpanica. *Morif. hift.* 2. *p.* 181. *f.* 2. *t.* 17. *f.* 4.

Trifolium halicacabum five veficarium. *Bauh. hift.* 2. *p.* 361.

Trifolium halicacabum. *Cam. hort. t.* 47.

*Crefcit in* Italia *&* Sicilia, *circa* Meffanam *& alibi.*

*Huic caulis herbaceus. Folia pinnata, foliolis quatuor æqualibus feu duobus paribus, extimo impari maximo, feu quadruplo majore, obverfe ovato. Flores nonnulli ad alas feffiles; calyces fructus ovato-oblongi, inflati.*

## L O T U S. *g. pl.* 600.

1. LOTUS leguminibus fæpius folitariis, angulis quatuor membranaceis.

Lotus ruber, filiqua angulofa. *Bauh. pin.* 332. *Boerh. lugdb.* 2. *p.* 37.

Lotus oligokeratos tetragonolobos annua cretica, flore faturate rubro feu holoferico coccineo. *Morif. hift.* 2. *p.* 176. *f.* 2. *t.* 18. *f.* 7.

Lotus filiquofa, flore fufco, tetragonolobus. *Bauh. hift.* 2. *p.* 358.

Lotus filiquofus, rubello flore. *Cluf. hift.* 2. *p.* 244.

α Lotus ruber, filiqua angulofa, folio variegato. *Boerh.*

β Lotus luteus, filiqua angulofa. *Boerh.*

*Crefcit in collibus* Meffanæ Siciliæ *imminentibus.*

2. LOTUS leguminibus fæpius folitariis gibbis incurvis.

Lotus pentaphyllos, filiqua cornuta. *Bauh. pin.* 332. *Boerh. lugdb.* 2. *p.* 38.

Lotus oligokeratos cretica lutea, filiquis binis curvis propendentibus. *Morif. hift.* 2. *p.* 176. *f.* 2. *t.* 18. *f.* 5.

Lotus edulis cretica. *Raj. hift.* 967.

Trifolium five Lotus Hierazune edulis filiquofa. *Bauh. hift.* 2. *p.* 365.

*Crefcit inter fegetes & ad agrorum margines in* Creta, Sicilia *& circum* Neapolim *in* Italia. *Antecedenti valde affinis eft.*

3. LOTUS leguminibus fæpius binatis linearibus compreffis nutantibus.
Lotus, filiquis geminis, peregrina. *Boerh. lugdb.* 2. *p.* 38.
*Crefcendi locus nobis ignotus.*
*Caules longi, procumbentes ; folia antecedentibus & fequenti fimilia , glabra, ex fingula ala pe-*
*dunculus brevis, duos, rarius tres flores fuftentans, folio ternato feffili adnexos ; legumina linearia,*
*compreffa, ftricta, longa, nutantia, glabra, futura utrinque prominula, lateribus torulofis.*

4. LOTUS leguminibus fæpius quinatis arcuatis.
Lotus filiquis ornithopodii. *Bauh. pin.* 332. *Bauh. hift.* 2. *p.* 358. *Boerh. lugdb.* 2. *p.* 38.
Lotus polykeratos annua procumbens latifolia, filiquis ornithopodii. *Morif. hift.* 2. *p.* 176. *f.* 2. *t.* 18. *f.* 8.
Lotus peculiaris filiquofa. *Cam. hort. t.* 25.
• *Crefcit prope* Meffanam *Siciliæ in lateribus montium urbi imminentium ; in infula* Capo paffaro
*ad promontorium Pachynum. In infula* Corfu.

5. LOTUS leguminibus fæpius ternatis linearibus ftrictis erectis.
Lotus corniculata, filiquis fingularibus vel binis , tenuis. *Bauh. hift.* 2. *p.* 356.
Lotus pentaphyllos minor hirfutus, filiqua anguftiffima. *Bauh. pin.* 332. *Boerh. lugdb.* 2. *p.* 38.
Lotus annua oligokeratos, filiquis fingularibus binis ternisve. *Morif. hift.* 2. *p.* 175. *f.* 2. *t.* 18. *f.* 1.
Trifolium corniculatum minus pilofum. *Bauh. prod.* 144.
*Crefcit circa* Monfpelium *& alibi in* Gallia Narbonenfi, *circa* Neapolin *in* Italia.

6. LOTUS caule herbaceo, florum capitulo depreffo, leguminibus decumbentibus teretibus.
Lotus corniculata glabra & hirfuta minor. *Bauh. hift.* 2. *p.* 355.
Lotus polykeratos lutea minor, foliis & filiquis glabris brevioribus & craffioribus. *Morif. hift.* 2. *p.* 177. *f.* 2.
*t.* 18. *f.* 11, 12.
Lotus five Melilotus pentaphyllos minor glabra. *Bauh. pin.* 332.
Melilotum vulgo. *Cæfalp. fyft.* 244.
Melilotus coronata. *Lob. hift.* 501.
Trifolium corniculatum 1. *Dod. pempt.* 573.
α Lotus pentaphyllos minor glabra, foliis longioribus & anguftioribus. *Tournef. inft.* 402.
β Lotus corniculata hirfuta minor. *Tournef.*
*Crefcit in pafcuis aridioribus vulgaris per* Europam.

7. LOTUS caule herbaceo erecto, foliolis linearibus.
Lotus anguftifolia, flore luteo-purpurafcente, infulæ fancti Jacobi. *Comm. hort.* 2. *p.* 165. *t.* 83.
*Crefcit in infula* S. Jacobi.

8. LOTUS caule fruticofo, florum capitulis globofis.
Lotus coronatus latifolius, filiquis nigris. *Barr. rar.* 71. *t.* 544.
Lotus villofus altiffimus, flore glomerato. *Tournef. inft.* 403.
Lotus polykeratos frutefcens hirfuta alba major latifolia, filiquis tenuibus curtis rectis. *Morif. hift.* 2. *p.* 177.
*f.* 2. *t.* 18. *f.* 13. *Boerh. lugdb.* 2. *p.* 37.
Lotus filiquofus glaber, flore rotundo. *Bauh. pin.* 332.
Lotus lybica. *Dalech. hift.* 509.
Trifolium rectum monfpeffulanum. *Bauh. hift.* 2. *p.* 359.
*Crefcit ad rivos & in locis humidis circa* Meffanam *Siciliæ,* Tropiam *Calabriæ,* Monfpelium
Narbonæ.

9. LOTUS caule fruticofo, florum capitulis depreffis, calycibus lanigeris.
Lotus pentaphyllos filiquofus villofus. *Bauh. pin.* 332.
Lotus polykeratos frutefcens incana alba, filiquis curtis craffioribus & brevioribus rectis. *Morif. hift.* 2. *p.* 177.
*f.* 2. *t.* 18. *f.* 14.
Lotus hæmorrhoidalis, flore albo & fuaverubente. *Barr. rar.* 71. *t.* 1033.
Trifolium album rectum hirfutum valde. *Bauh. hift.* 2. *p.* 360.
*Crefcit in* Narbona, Monfpelium *inter &* Peroul; *circa* Meffanam *Siciliæ; in* Italia *&* Cam-
pania Romana.

10. LOTUS caule fruticofo, florum capitulis dimidiatis, foliis nitidis.
Lotus polykeratos fruticofa cretica argentea, filiquis longiffimis propendentibus rectis. *Morif. hift.* 2. *p.* 177.
Lotus argentea cretica. *Pluk. alm.* 226. *t.* 43. *f.* 1.
*Crefcendi locus incertus nobis ; an fcilicet fit circa* Chalepum *urbem* Syriæ, *vel an in* Creta *infula.*

# TRIFOLIUM. *g. pl.* 603.

1. TRIFOLIUM fpicis ovatis terminatricibus feffilibus fcabris.
Trifolium ftellatum glabrum. *Raj. hift.* 945. *fyn.* 329. *Pluk. alm.* 376. *t.* 113. *f.* 4. *Boerh. lugdb.* 2. *p.* 32.
*Crefcit in paluftribus maritimis; Angliæ* Effexiæ, *circa* Meffanam *Siciliæ, circa* Tingidem
*urbem Africæ.*
*Capitula fructus ovata , folitaria , ramos terminantia ; calyces quinquedentati , rigidi , non*
*ftriati , denticulis fere æqualibus ; leguminibus monofpermis ; folia duo (ternata) oppofita, fub*
*fpica fingula collocantur.*

2. TRI-

2. TRIFOLIUM spicis ovatis seffilibus fcabris lateralibus.
Trifolium flofculis albis, in glomerulis oblongis afperis, caulibus proxime adnatis. *Raj. fyn.* 329. *Boerb. lugdb.* 2. *p.* 31 & 32.
Trifolium capitulo oblongo afpero. *Bauh. pin.* 329. *prod.* 140.
Trifolium cujus caules ex geniculis glomerulos oblongos proferunt. *Bauh. bift.* 2. *p.* 378.
*Crefcit in collibus cretaceis* Angliæ *juxta Thamefin inter Northfield & Gravefand; circa* Nemaufum *Narbonæ.*
*Capitula fructus ovata, folitaria, in alis ramorum fi.ffilia; calyces rigidiufculi, quinquedentati, denticulis duobus interioribus longe brevioribus, tubo ftriato.*

3. TRIFOLIUM capitulis fubglobofis feffilibus lateralibus.
Trifolium cum glomerulis, ad caulium nodos, rotundis. *Raj. fyn.* 329. *Boerh. lugdb.* 2. *p.* 31.
Trifolium arvenfe fupinum verticillatum. *Barr. rar.* 73. *t.* 882.
*Crefcit paffim in* Anglia.
*Capitula globofa, minime oblonga, calyces ftriati, dentibus patentibus acutis, non rigidis, æqualibus.*

4. TRIFOLIUM spicis ovatis, calycibus patulis: lacinia infima maxima, foliis petiolatis.
Trifolium clypeatum argenteum. *Alp. exot.* 307.
*Crefcit in* Oriente.
*Capitula folitaria, pedunculos ex alis folitarios terminantia, fubovata; calyces tubo ftriato, limbo plano quinquefido, lacinia infima maxima ovato-acuta, fuperioribus minimis; dum floret calyx erectus eft, cum vero fructum ferat patens.*

5. TRIFOLIUM spicis fubrotundis, lacinia calycum infima maxima, foliis fere feffilibus.
Trifolium africanum fruticans, flore purpurafcente. *Comm. hort.* 2. *p.* 211. *defcr.* & *fig. mala.*
*Crefcit in* Africa.
*Planta eft fruticofa caule tereti ramofo. Folia alterna feffilia, petiolo minimo & vix ullo, utrinque membrana acuta vix amplexicauli ancto. Foliola obverfe ovata, punctata, feffilia, quorum intermedium paulo majus. Spicæ fubovatæ, terminatrices, feffiles; Calyx fingulus angulatus, limbo patulo: laciniis quatuor æqualibus, infima horum duplo latiore.*

6. TRIFOLIUM capitulis fubrotundis, calycibus ventricofis, caule arborefcente.
Trifolium bitumen redolens. *Bauh. pin.* 327. *Boerh. lugdb.* 2. *p.* 32.
Trifolium bituminofum feu Trifolium cœruleum aut violaceum, bitumen redolens. *Morif. bift.* 2. *p.* 136.
Trifolium bituminofum. *Cæfalp. fyft.* 242. *Dod. pempt.* 566.
Trifolium afphaltites five Bitumen odoratum. *Bauh. bift.* 2. *p.* 366.
Trifolium afphaltæum five bituminofum. *Lob. bift.* 494.
Trifolium afphaltites, longioribus foliis. *Dalech. bift.* 504.
α Trifolium afphaltites, rotundis foliis. *Dalech. bift.* 504.
β Trifolium bituminofum inodorum. *Befl. eyft.*
*Crefcit in faxofis collibus maritimis* Italiæ, Siciliæ, Narbonæ.
*Foliola radicalia fubrotunda funt, hinc α varietas folum ætatis.*
*Semen italicum in germania terræ mandatum, profert plantam odore bituminofo; at femen plantæ in germania educatæ rurfus fatum, plantam fapore & odore deficientem β producit.* C. Bauh.
*Pedunculi apici infident tres vel quatuor bracteæ acutæ femitrifidæ intra bracteam fingulam tres flores, quorum finguli Calyx oblongus, ventricofus, inflatus, femiquinquefidus dentibus æqualibus: infimo vero duplo latiore; fupremis inter fe magis remotis. Corollæ carina dipetala, breviffima; Filamentorum coalitorum bafis globofa, nectarifera, verfus vexillum dehifcens. Germen hirfutum; ftylus incurvus; Stigma punctum.*

7. TRIFOLIUM spicis ovatis, calycibus inflatis glabris quinquedentatis, involucris univerfalibus pentaphyllis.
Trifolium capitulo fpinofo lævi. *Bauh. pin.* 329. *prod.* 140. *Boerh. lugdb.* 2. *p.* 32.
Trifolium caule nudo, glomerulis glabris. *Bauh. bift.* 2. *p.* 379. *quoad fig. maj.*
*Crefcit in maritimis circa* Nemaufum, Monfpelium, Neapolin.
*Capitula ovata, obtufa, magnitudine pollicis, pedunculo longo infidentia. Calyces ovati, infiati, quinque fetis dentati, finu fuperiore profundius divifo. Involucrum infimum pentaphyllum, totidem flores in orbem pedunculo infidentes colligit, mox aliud triphyllum &c. Corollæ carina & alæ cum filamentis in unum corpus coalitæ funt, vexillo feparato.*

8. TRIFOLIUM spicis fubovatis, calycibus inflatis dorfo gibbis.
Trifolium fragiferum. *Raj. bift.* 946.
Trifolium fragiferum frificum. *Bauh. pin.* 329.
Trifolium cordatum frificum, folio cordato, flore rubro. *Morif. bift.* 2. *p.* 144.
*Crefcit juxta aquas in* Anglia & Hollandia.
*Caules breves, procumbentes, tunicis fere tecti; fpicæ ovatæ, Receptaculo fructificationum fubulato, bracteis lanceolatis inftructo. Calyces quinquedentati acuti: denticulis tribus inferioribus tenuioribus æqualibus brevibus; fuperioribus in dies majoribus excrefcentibus, dorfo gibbo hirfuto, nullis vafis reticulato, nec diaphano.*

9. TRIFOLIUM capitulis fubrotundis, calycibus inflatis bidentatis reflexis.
Trifolium folliculaceum five veficarium minus purpureum. *Bauh. bift.* 2. *p.* 379. *fig. bon.*
Trifolium pratenfe folliculatum. *Bauh. pin.* 329. *Boerh. lugdb.* 2. *p.* 31.
Trifolium veficarium minimum ampullatum, rubellis floribus raro difpofitis. *Morif. bift.* 2. *p.* 144. *f.* 2. *t.* 13 *f. ult.*

Bbbbb *Crefcit*

*Crescit in pascuis sterilioribus ubi aquæ per Hyemen stagnarunt in* Svecia *&* Anglia.
*In multiplicandis speciebus Trifolii calycibus inflatis nimis prodigi fuere botanici, in adscribendis notis propriis vero nimis parci.*
*Capitula globosa. Receptaculum capituli commune apex est pedunculi. Involucrum universale monophyllum multifidum. Calyx singulus bilabiatus: labio inferiori minimo angustissimo tridentato, superiore in magnam molem excrescente ovato inflato fornicato deflexo, apice duabus setis cornuto; Corollæ vexillum lanceolatum rectum, alis & carina longis. Pericarpium minimum, ovatum, latere affixum, compressum, bivalve; Semen unicum, compresso-subrotundum, nitidum.*

10. TRIFOLIUM spicis ovalibus imbricatis, vexillis deflexis persistentibus, caule erecto.
    Trifolium pratense luteum, capitulo lupuli vel agrarium. *Bauh. pin.* 328. *Boerh. lugdb.* 2. *p.* 31.
    Trifolium pratense luteum fœmina, flore pulchriore sive lupulino. *Bauh. hist.* 2. *p.* 381.
    Trifolium agrarium luteum, capitulo lupuli, majus. *Morif. hist.* 2. *p.* 142.
    Trifolium agrarium. *Dod. pempt.* 576.
    Lupulinum. *Riv. tetr. Rupp. jen.* 207.
α  Trifolium montanum lupulinum. *Bauh. pin.* 328. *prod.* 140.
    Lotus montanus aureus, amplo lupuli capite, annuus. *Barr. rar. t.* 1024.
    *Crescit in pratis siccioribus & in convallibus adque radices montium in* Svecia, Germania, Hollandia, Anglia, Gallia.
    *Capitula subovata; Receptaculum commune capituli oblongum, acutum, echinatum, flores numerosos vexillis deflexis, imbricatim digestos proferens. Calyx singulus monophyllus, brevissimus, quinquefidus, persistens: dentibus duobus superioribus minoribus. Corolla persistens, vexillo maximo, plano: dorso carinato, deflexo, alas & corinam tegente. Pericarpium minimum, non dehiscens, nec corolla decidens; semen solitarium.*

11. TRIFOLIUM capitulis villosis, involucro terminatrici reflexo rigido capitulum involvente.
    Trifolium pratense supinum cathobleps, seu capite humi merso. *Barr. rar.* 73. *t.* 881. *bona.*
    Trifolium subterraneum seu folliculos sub terram condens. *Magn. monsp.*
    Trifolium album tricoccon subterraneum gastonium reticulatum. *Morif. hist.* 2. *p.* 132. *f.* 2. *t.* 14. *f.* 5.
    Trifolium semen sub terram condens. *Tournef. inst.* 406. *Boerh. lugdb.* 2. *p.* 31.
    Trifolium parvum album monspessulanum pilosum, cum paucis floribus. *Bauh. hist.* 2. *p.* 380.
    *Crescit in omnibus humidis ericetis pratis & arenosis simulque sterilibus in Agro* Monspeliensi, Parisiensi, Lugdunensi *Galliæ.*
    *Mira structura & ingenium capitis. Pedunculus ex ala elongatus arcuatur, terramque petit, quam cum tetigerit apex pedunculi, flores explicat cælum respicientes, erectos, respectu pedunculi vero reflexos; Hi sæpius quinque sunt, prope apicem pedunculi affixi, in orbem positi. Calyce tubuloso, oblongo, cylindraceo, setis quinque villosis longis terminato. Corollæ tubus longus, absoluta florescentia ex apice summo pedunculi juxta terram, adeoque intra orbitam florum, erumpunt fibræ plures, lineares, quæ reflectuntur versus fructificationem, mox apicibus suis, ex eodem centro, quinque radios emittunt acutos fere palmatos, qui connivent versus pedunculum, & tamquam intra cancellos incarcerant maturescentem fructum, qui accrescens intumescit, unde capitulum hoc globosum evadit; maturo fructu singulum perianthium, pericarpium & semen (quod solitarium) subrotundum est. Hinc, si Rajana recte depicta sit (Raj. syn.* 327. *t.* 13. *f.* 2) *a nostra diversa est.*

12. TRIFOLIUM capitulis villosis globosis, calycibus superioribus flosculo destitutis.
    Trifolium minus supinum, flore flavescente, capitulis globosis parvis, tomentosum. *Boerh. lugdb.* 2. *p.* 32.
    Trifolium minus supinum, capitulis densiori lanugine candicantibus. *Cup. hort.* 2.
    *Crescit (ut fertur) in* Sicilia.
    *Hæc nec præcedenti, ab aliis omnibus diverso capite, minus singularis. Planta annua est, procumbens, ramosa; folia ternata, longis petiolis; Foliola obverse cordata, superne crenulata, sessilia. Pedunculi ex alis, solitarii, petiolis longiores, ex apice flores circiter viginti producentes, fere sessiles; Calyce tubuloso, oblongo, cylindraceo: dentibus subulatis, villosis, longitudine fere tubi; dum hi florent, emergunt ex apice pedunculi, intra horum orbitam, calycum immensa congeries, quæ deprimit florentes ad latera, usque ad pedunculum, ut vix conspiciantur corollæ, formatque capitulum magnum, setosum, setis hirsutis. Hi ultimi calyces (si calyces dicam) longiores fœcundis sunt, tubo filiformi, lanigero, interne coalito, nec perforato, setis quinque setaceis longis & hirsutis terminato; corollis, staminibus & pistillis carentibus.*

13. TRIFOLIUM spicis villosis ovalibus, dentibus calycinis setaceis æqualibus.
    Trifolium arvense humile spicatum sive Lagopus. *Bauh. pin.* 328. *Boerh. lugdb.* 2. *p.* 31.
    Trifolium lagopoides purpureum arvense humile annuum; sive Lagopus minimus vulgaris. *Morif. hist.* 2. *p.* 141. *f.* 2. *t.* 13. *f.* 8.
    Lagopus. *Dod. pempt.* 577. *Lob. hist.* 498. *Rupp. jen.* 207.
    Lagopus trifolius quorundam. *Bauh. hist.* 2. *p.* 377.
    Lagopus angustifolia minor erectior. *Barr. rar. t.* 501.
    *Crescit inter segetes & in pratis sterilissimis ac montosis vulgaris per* Europam.
    *Capitula huic oblongo-ovata, obtusa, pro basi agnoscunt receptaculum oblongum, echinatum. Calyx singulus monophyllus, hirsutus, setis quinque pilosis, corollâ longioribus, persistens. Corollæ vexillum resimum, marginibus deflexis compressis; carina alis longior, brevior autem vexillo. Pericarpium minimum; semen solitarium fere globosum.*

14. TRI-

14.TRIFOLIUM fpicis villofis conico-oblongis, denticulis calycinis fetaceis fere æqualibus, foliolis linearibus.
Trifolium montanum anguftiffimum fpicatum. *Bauh. pin.* 328. *Boerh. lugdb.* 2. *p.* 30.
Trifolium anguftifolium fpicatum. *Bauh hift.* 2. *p* 376.
Trifolium alopecurum latifolium, fpica longa. *Barr. rar.* 72. *t.* 697. *bona.*
*Crefcit copiofe in montibus fupra* Meffanam *& circa* Monfpelium.
*Planta erecta; folia linearia, acuta, integerrima; vaginæ caulis cylindraceæ, pilofæ, duabus fetis longitudine petioli terminatæ. Calyces pilofi terminati fetis quinque, longitudine corolla-rum, quorum infima reliquis firmior, vix autem manifefte longior.*

15.TRIFOLIUM fpicis villofis, caule erecto, foliis ferrulatis.
Trifolium montanum, fpica longiffima rubente. *Bauh. pin.* 328.
Trifolium purpureum montanum pinnatum lagopoides, fpica longiffima. *Morif. hift.* 2. *p.* 140. *f.* 2. *t.* 12. *f.* 4.
Trifolium purpureum majus, folio & fpica longiore. *Bauh. hift.* 2. *p.* 375.
Trifolii majoris 3ᵗⁱᵉ altera fpecies. *Cluf. hift.* 2. *p.* 246.
Lagopus major alter. *Dod. pempt.* 578.
Lagopus altera, folio pinnato. *Lob. hift.* 499.
*Crefcit in collibus circa* Genevam; *in umbrofis herbidis fylvæ* Valenæ *non longe a* Monfpelio.
*Vaginæ caulis erecti laxæ, bifidæ, laciniis lanceolatis; fpicæ oblongæ; Calyces tubulofi, quinque-dentati, denticulis quatuor breviffimis, æqualibus quinto fetaceo, longitudine corollæ, villofo, adeoque reliquis quatuor longiore; corolla monopetala eft.*

16.TRIFOLIUM fpicis villofis, caule diffufo, foliis integerrimis.
Trifolium pratenfe, flore monopetalo. *Tournef. inft.* 404. *Boerh. lugdb.* 2. *p.* 31.
Trifolium pratenfe purpureum. *Bauh. pin.* 327.
Trifolium purpureum vulgare. *Bauh. hift.* 2. *p.* 374.
Trifolium pratenfe purpureum vulgare. *Morif. hift.* 2. *p.* 138. *f.* 2. *t.* 12. *f.* 6.
Triphylloides pratenfis, flore purpureo. *Pont. anth.* 241.
α Triphylloides alpina, flore albo. *Pont. anth.* 241.
*Crefcit in pratis & pafcuis frequens per* Europam.
*Vaginæ caulium ad folia glabræ, membranaceæ, fingulo latere ovato; fpicæ terminatrices, fubo-vatæ, fere feffiles. Calyces quinque fetis parum pilofis longitudine vix tubi corollæ, æqualibus. Corolla monopetala.*

7.TRIFOLIUM fpicis ovatis pilofis, dentibus calycinis lanceolatis patulis.
Trifolium ftellatum. *Bauh. pin.* 329. *prod.* 143.
Trifolium ftellatum purpureum monfpeffulanum. *Bauh. hift. hift.* 2. *p.* 376.
Lagopus minor erectus, capite globofo ftellato, flore purpureo. *Barr. rar.* 860.
α Trifolium alopecurum majus, flore purpureo, ftellato capite. *Barr. rar.* 72. *t.* 755.
*Crefcit ad radices montis* Vefuvii, *circa* Meffanam Siciliæ, *&* Monfpelium Narbonæ; *circa* Romam.
*Caulis villofus; petioli villofi; foliola obverfe cordata, vix emarginata, apicem verfus crenulata. Spicæ oblongæ; Calyces maximi, patentes, externe villofi, laciniis fubulato-lanceolatis, æqua-libus, patulis. Corolla calyce brevior.*

18.TRIFOLIUM capitulis fubrotundis, flofculis pedunculatis, leguminibus tetrafpermis, caule procumbente.
Trifolium repens. *Riv. tetr.* 17. *Fl. lapp.* 274.
Trifolium pratenfe album. *Bauh. pin.* 327. *Boerh. lugdb.* 2. *p.* 31.
Trifolium pratenfe album vulgare odoratum. *Morif. hift.* 2. *p.* 137. *f.* 2. *t.* 12. *f.* 2.
Trifolium pratenfe, flore albo, minus & fœmina, glabrum. *Bauh. hift.* 2. *p.* 380.
Trifoliaftrum. fpecies omnes in ordine 1, 2, 3, & 4. *t.* 25. *f.* 1, 2, 3, 4, 5, 6. *Mich. gen.* 26. &c.
α Trifolium quadrifolium hortenfe album. *Bauh. pin.* 327.
Quadrifolium phæum. *Lob. hift.* 496.
*Crefcit in pafcuis frequens per* Europam.
*Caulis procumbens, fere repens: pedunculi petiolis longiores; Capitula fubrotunda, flofculis pro-priis pedicellis infidentibus, erectis dum florent, abfoluta florefcentia nutat fructus pendulus; legumine oblongo, tetrafpermo.*

19.TRIFOLIUM leguminibus fpicatis reniformibus nudis monofpermis, caule procumbente.
Trifolium pratenfe luteum, capitulo breviore. *Bauh. pin.* 328.
Trifolium pratenfe luteum mas, flore minore, femine multo. *Bauh. hift.* 2. *p.* 380.
Melilotus lutea minima hirfuta procumbens, fpica breviore denfiffime difpofita, feminis pericarpio renali nigro. *Morif. hift.* 2. *p.* 162. *f.* 2. *t.* 16. *f.* 8.
Melilotus capfulis reni fimilibus in capitulum congeftis. *Tournef. inft.* 407. *Boerh. lugdb.* 2. *p.* 29.
Melilotus minor. *Raj. hift.* 952.
Medica pratenfis lutea, radice perenni, fructu racemofo nigro, non grata jumentis. *Pluk. alm.* 243.
*Crefcit in pafcuis, folo rigido, præfertim argillofo, in* Uplandia *& Scania* Sueciæ, Dania, Ger-mania, Anglia, Gallia.

20.TRIFOLIUM fpicis fubrotundis, leguminibus feminudis acuminatis, caule erecto.
Trifolium odoratum alterum. *Dod. pempt.* 571.
Melilotus cœrulea. *Riv. tetr.*
Melilotus major odorata violacea. *Morif. hift.* 2. *p.* 162. *f.* 2. *t.* 16. *f.* 10. *Tournef. inft.* 409. *Boerh. lugdb.* 2. *p.* 30.
Lotus hortenfis odora. *Bauh. pin.* 331.
Lotus fativa odorata annua, flore cœruleo. *Bauh. hift.* 2. *p.* 368.
Lotus fylveftris. *Matth. comm.* 724.
*Crefcit* . . . .

Bbbbb 2

*Spicæ*

*Spicæ fere capitatæ & globosæ; legumen singulum acumine rostratum, glabrum, sutura superiore dehiscens, semina duo vel tria condens.*

21.TRIFOLIUM floribus racemosis, leguminibus nudis dispermis, caule erecto.
Trifolium odoratum five Melilotus. *Dod. pempt.* 567.
Trifolium odoratum five Melilotus vulgaris, flore luteo. *Bauh. hist.* 2. *p.* 370. *fig. erron.*
Trifolium odoratum five Melilotus fruticosa lutea vulgaris & officinarum. *Morif. hist.* 2. *p.* 161. *f.* 2. *t.* 16. *f.* 2.
Melilotus officinarum germaniæ. *Bauh. pin.* 331. *Tournef. inst.* 407.
Lotus sylvestris, vulgo Trifuli. *Cæfalp. syst.* 241.
α Melilotus officinarum germaniæ, flore albo. *Tournef.*
Melilotus fruticosa candida major. *Boerh. lugdb.* 2. *p.* 29.
β Melilotus lutea minor, floribus & filiculis minoribus spicatim & dense dispositis *Morif. hist.*2.*p.*161.*f.*2.*t.*16.*f.*5.
γ Trifolium odoratum seu Melilotus lutea, seminis pericarpio magno rugoso rotundo albo. *Morif. hist.* 2. *p.* 161.
  *f.* 2. *t.* 16. *f.* 4 & 15. *f. d.*
Melilotus italica, folliculis rotundis. *Bauh. pin.* 331.
Melilotus magno semine rotundo rugoso. *Bauh. hist.* 2. *p.* 371.
δ Melilotus minima recta lutea, filiquis craffis curtis in capitulum congestis, femine fœnugræci. *Morif. hist.* 2.
  *p.* 162. *f.* 2. *t.* 16. *f.* 9. *bona* & *t.* 15. *f.* 9.
ε Melilotus fructu plano orbiculari maximo. *Boerh. lugdb.* 2. *p.* 30.
Melilotus cretica, fructu maximo. *Tournef. inst.* 407.
Trifolium peltatum creticum. *Bauh. pin.* 329. *prod.* 142. *fig. mal.*
*Crescit ad sepes in campis graminosis & inter segetes per* Scaniam, Daniam, Germaniam, Belgium, Angliam, Galliam, Italiam *&c.*
*Varietas* γ *leguminibus rugosis, rugis reticulatis crispis.*
  δ *Leguminibus sulcis crenatis parallelis basi insertis.*
  ε *Leguminibus orbiculatis compresso-planis pellucidis maximis.*

22.TRIFOLIUM floribus spicatis, leguminibus nudis subulatis falcatis declinatis.
Melilotus lutea major, corniculis reflexis ex eodem centro ortis. *Morif. hist.* 2.*p.* 162. *f.* 2. *t.* 16. *f.* 11.
Melilotus, corniculis reflexis, major. *Bauh. pin.* 331. *Tournef. inst.* 407.
Trifolium italicum five Melilotus italica, corniculis incurvis. *Bauh. hist.* 2. *p.* 372.
Trifolium corniculatum 2. *Dod. pempt.* 573.
*Crescit in* Gargano *Apuliæ monte.*
*Caulis sæpius erectus, facies præcedentis speciei; flores magis arcte spicati, legumina Medicaginis dependentia sed inflexa, falcata.*
Observ. *In dato genere sunt foliola omnia sessilia, exceptis paucis ubi intermedium petiolatum uti sp.* 6. 10. 20, 21. *qua nota hæ cum sequenti genere conveniunt.*
*Divisum fuit hoc genus a Botanicis varie: in*
α Stellata *calycis limbo patenti plano. sp.* 1, 2, 3, 4, 5.
β Fragifera *calycis tubo ventricoso inflato. sp.* 6, 7, 8, 9.
γ Lupulina *Rv. calyce minimo, corolla persistente deflexa. sp.* 10.
δ Lagopoda *Rv. calycis setis villosis. sp.* 11, 12, 13, 14, 15, 16, 17.
ε Triphylloidea *Pn. corolla monopetala. sp.* 15, 16.
ζ Trifoliastra *M. leguminibus tetraspermis. sp.* 18.
η Melitos *T. leguminibus nudis. sp.* 19, 20, 21, 22.

# MEDICAGO. *g. pl.* 594.

1. MEDICAGO leguminibus confertis longis rectis parallelis, pedunculo communi.
*Crescit in* Europa *australiori.*
*Caulis tenuis ramosus. Folia obverse cordata undique emarginato-denticulata, foliolo intermedio petiolato, glabra æqualia. Pedunculus communis erectus septem vel octo legumina fere subulata recta erecta parallela oppressa sessilia uncialia exhibens.*

2 MEDICAGO leguminibus ternatis erectis recurvis discedentibus, pedunculo communi.
Fœnu græcum humile repens, ornithopodii filiquis brevibus erectis. *Raj. syn.* 331. *t.* 14. *f.* 1.
Trifolium filiquis ornithopodii. *Raj. syn.* 2. *p.* 195. *Boerh. lugdb.* 2. *p.* 31.
Trifolium filiquosum, loto affine, filiquis ornithopodii. *Pluk. alm.* 375. *t.* 68. *f.* 1.
Trifolium meliloto affine, ornithopodii filiquis. *Raj. hist.* 952.
*Crescit in aggeribus* Angliæ *arenosis ad mare.*

3. MEDICAGO leguminibus fere solitariis sessilibus erectis reflexo-falcatis acuminatis.
Fœnum græcum sylvestre. *Bauh. pin.* 348. *Tournef. inst.* 409. *Boerh. lugdb.* 2. *p.* 32.
Fœnum græcum sylvestre. *Dalech. hist.* 481. *Bauh. hist.* 2. *p.* 365.
Fœnum græcum silvestre monokeraton, filiqua breviore & latiore. *Morif. hist.* 2. *p.* 166.
α Fœnum græcum sativum. *Bauh. pin.* 348.
Fœnum græcum sativum matthioli. *Dalech. hist.* 480.
Fœnum græcum. *Cæfalp. syst.* 239. *Dod. pempt.* 536.
Fœnu græcum. *Bauh. hist.* 2. *p.* 363.
Fœno-græcum. *Matth diosc.* 317. *Fuchs. hist.* 798.
*Crescit circa* Monspelium, *ad lævam Ladi amnis ultra pontem castri novi.*

4. MEDI-

4. MEDICAGO leguminibus fæpius ternatis feffilibus arcuatis declinatis, fpina ex alis.

Fœnum græcum fylveftre polyceration majus creticum. *Breyn. cent.* 79. *t.* 33. *f.* 1. *Boerh. lugdb.* 2. *p.* 33.

Fœnum græcum fylveftre, filiquis plurimis longioribus. *Tournef. inft.* 409.

*Crefcit in* Creta.

*Legumina adhærent fpinæ bafi, fpina enim inter eorum infertionem ex ala enafcitur.*

5. MEDICAGO leguminibus confertis feffilibus arcuatis inclinatis.

Fœnum græcum filveftre polykeration minimum. filiquis multis curtis. *Morif. hift.* 2. *p.* 166.

Fœnum græcum fylveftre alterum polyceration. *Bauh. pin.* 348. *Tournef. inft.* 409.

Fœnu græcum fylveftre polyceratium minus monfpeliacum. *Breyn. cent.* 80. *t.* 33. *f.* 2.

Securidacæ genus triphyllon. *Bauh. hift.* 2. *p.* 373.

Hedyfarum minimum. *Dalech. hift.* 4,6.

Hedyfarum minimum trifolium, torofa filiqua. *Barr. rar. t.* 257.

*Crefcit in collibus prope* Caftelneuf *cis Ladum monfpeliacum amnem.*

6. MEDICAGO leguminibus lunulatis margine integerrimis, caule frutefcente.

Falcata incana. *Riv. tetr.*

Medicago trifolia frutefcens incana. *Tournef. inft.* 412. *Boerh. lugdb.* 2. *p.* 36.

Medica frutefcens incana, filiqua foliata plana. *Morif. hift.* 2. *f.* 2. *t.* 16. *f.* 4. *p.* 158.

Cytifus. *Cæfalp. fyft.* 113.

Cytifus incanus, filiquis falcatis. *Bauh. pin.* 389.

Cytifus filiqua incurva, folio candicante. *Bauh. hift.* 1. *pp.* 368.

Cytifus maranthæ. *Lob. hift.* 503.

Cytifus ut exiftimatur. *Dod. pempt.* 569.

*Crefcit ad* Bajas *prope Neapolin; in* Rhodo *infula & infulis Rhodo propinquis.*

*Flore dehifcente incurvatur germen & defleƈtit alas cum carina cohærentibus, at refleƈtit vexillum, quod lateribus connivet & ftamina ac piftillum obvolvit.*

7. MEDICAGO leguminibus reniformibus margine dentatis, foliis pinnatis.

Medicago, vulnerariæ facie, hifpanica. *Tournef. inft.* 412. *Boerh. lugdb.* 2. *p.* 35.

Anthyllis lunaria, flore luteo, italica. *Barr. rar. t.* 576.

Loto affinis filiquis hirfutis circinatis. *Bauh. pin.* 333. *Morif. hift.* 2. *p.* 181. *f.* 2. *t.* 17. *f.* 5, 6.

Auricula muris. *Cam. hort. t.* 8. *Bauh. hift.* 2. *p.* 387.

*Crefcit in* Hifpania; *in collibus ficcis* Romæ, *præfertim in monte* Mario; *in* Salamina *infula prope* Athenas.

*Folia pinnata funt impari maximo, foliolis lateralibus magis confertis verfus bafin petioli; Foliola fingula lanceolata, integerrima. Pedunculus ex fingula ala longus ex apice tres flores gerens terminatrices cum fubjeƈto folio lanceolato fimplici. Fruƈtus legumen fere orbiculatum, juxta bafin finu divifum ob flexuram, compreffo-planum, margine fetulis dentatum; Semina duo, reniformia, parva, verfus finum filiquæ nidulantia.*

8. MEDICAGO leguminibus reniformibus margine dentatis, foliis ternatis.

Medicago annua, trifolii facie. *Tournef. inft.* 412. *Boerh. lugdb.* 2. *p.* 35.

Medica annua, filiqua falcata ftriata. *Morif. hift.* 2. *f.* 2. *t.* 16. *f.* 3. *p.* 158.

Medica annua, filiqua falcata lata & compreffa in circuitu fpinulis dentata. *Pluk. alm.* 243.

Medica lunata. *Bauh. hift.* 2. *p.* 386.

Medica fylveftris altera lunata. *Dalech. hift.* 503.

Lunaria radiata italorum. *Lob. hift.* 498.

*Crefcere fertur in* Italia.

*Folia ternata, ferrata; pedunculi ex alis uniflori vel biflori fæpius, legumen reniforme compreffo-planum, antecedenti omni modo fimillimum, margine fpinulis feu fetis dentatum. Semina quatuor vel oƈto.*

9. MEDICAGO pedunculis laxe fpicatis, leguminibus contortis, caule ereƈto glabro.

Falcata. *Riv. tetr. Dill. giff.* 148. *gen.* 130.

Medica fylveftris, floribus croceis. *Bauh. hift.* 2. *p.* 383. *Tournef. inft.* 410.

Medica flavo flore. *Cluf. hift.* 2. *p.* 243.

Medica filveftris frutefcens vel Trifolium falcatum feu Medica filiqua tortili. *Morif. hift.* 2. *p.* 157. *f.* 2. *t.* 16. *f.* 1. & *f.* 2. *t.* 15. *f.* 1.

Trifolium fylveftre luteum, filiqua cornuta vel Medica frutefcens. *Bauh. pin.* 330.

α Melilotus fylveftris, floribus e luteo pallefcentibus. *Tournef.*

β Medica fylveftris, floribus e cœruleo virefcentibus. *Tournef.*

γ Medica fylveftris, floribus partim luteis partim violaceis. *Tournef.*

δ Medica legitima. *Cluf. hift.* 2. *p.* 242.

Medica fativa five Trifolium fativum, filiqua cornuta magis tortili. *Morif. hift.* 2. *p.* 158. *f.* 2. *t.* 16. *f.* 2. & *f.* 2. *t.* 15. *f.* 11.

Medica major ereƈtior, floribus purpurafcentibus. *Bauh. hift.* 2. *p.* 382.

Medica. *Cæfalp. fyft.* 243. *Dod. pempt.* 575.

Fœnum burgundiacum. *Lob. hift.* 498.

ε Medica major ereƈtior, floribus luteis. *Tournef.*

ζ Medica major ereƈtior, floribus violaceis. *Tournef.*

η Medica major ereƈtior, floribus ex violaceo & luteo mixtis. *Tournef.*

*Crefcit in pratis montofis & campis patentibus inter fegetes, juxta vias, lapides & agros in folo argillofo præcipue per* Sveciam, Germaniam, Angliam, Pannoniam, Galliam.

*Radix perennis, caulis, rami, flores & foliola erectissima glabra; legumina compressa, lævia, intorta, (magis vel minus). Flores laxe spicati in capitulum subrotundum, singulis proprio pedicello longitudine calycis insidentibus; fulcra petiolorum integra sunt.*

10. MEDICAGO pedunculis laxe spicatis, leguminibus cochleatis spinosis, caule procumbente villoso.
Medica marina. *Cluf. hist. 2. p.* 243. *Tournef. inst.* 410.
Medica cochleata polycarpos,capsula spinosa minore,perennis incana maritima.*Morif.hist.*2.*p.*154.*f.*2.*t.*15.*f.*15.
Trifolium cochleatum marinum, sive Medica marina. *Bauh. hist.* 2. *p.* 378.
Trifolium cochleatum maritimum tomentosum. *Bauh. pin.* 329.
*Crescit frequens in litoribus arenosis maris* Mediterranei.
*Radix perennis; caulis procumbens, alternatim secundum folia inflexus, totus cum foliis, petiolis, pedunculis villosus; Foliola integerrima; Legumina subrotunda, spiris incumbentibus, margine spinosis, villosa; spicæ florum subrotundæ, fulcra petiolorum integra sunt.*

11. MEDICAGO leguminibus cochleatis, stipulis dentatis, caule diffuso.
α Medica cochleata polycarpos, fructu ovali, spinis brevioribus & rigidioribus. *Raj. hist.* 963.
β Medica cochleata polycarpos, fructu minore compresso ad margines leviter echinato. *Boerh. lugdb.* 2. *p.* 36.
γ Medica echinata glabra cum maculis nigricantibus & sine iis. *Bauh. hist.* 2. *p.* 384.
δ Medica cochleata minor polycarpos annua, capsula nigra hispidiore. *Morif. hist.* 2. *p.* 144.
Trifolium cochleatum, fructu nigro hispido. *Bauh. pin.* 329.
Trifolium cochleatum alterum. *Dod. pempt.* 575.
ε Medica cochleata major dicarpos, fructus capsula compressa orbiculata rugosa alba. *Morif. hist.* 2. *p.* 152.
ζ Medica cochleata polycarpa spinosa, spinis capsulam arcte involventibus, fructu compresso. *Boerh. lugdb.* 2. *p.* 36.
η Medica cochleata major dikarpos spinosa, capsula seu spinis longioribus sursum & deorsum tendentibus. *Morif. hist.* 2. *p.* 153.
ϑ Medica tornata minor lævis. *Park. theatr.* 1116.
ι Medica cochleata major dicarpos, fructu capsula rotunda globosa scutellata. *Morif. hist.* 2. *p.* 152.
Medica scutellata. *Bauh. hist.* 2. *p.* 384.
κ Medica cochleata major dicarpos,fructus capsula compressa orbiculata nigra plana,oris crispis.*Morif.hist.*2.*p.*152.
Medica orbiculata. *Bauh. hist.* 2. *p.* 384.
λ Trifolium cochleatum spinosum syriacum, laciniatis foliis. *Breyn. cent.* 81. *t.* 34.
*Crescit inter segetes, ad agrorum margines, in arenosis* Italiæ & Siciliæ, *rarius in* Anglia, Gallia.
*Variat magnitudine totius plantæ, fructus copia, figura, spinis, cujus varietates si quis desideret, adeat Raj. hist.* 961. & *Morif. hist.* 2. *f.* 2. *t.* 15. *f.* 1, 2, 3, 4, 5, 6, 7, 8, 9, 10, 11, 12, 13, 14, 17, 18, 19, 20, 21. *sed quis omnes recensere queat ubi natura varietate ludere & sese oblectare gestiat.*
*Communis nota seu differentia specifica consistit in radice annua, caule levi diffuso, pedunculis communibus, leguminibus spiraliter cochleatis, fulcris petiolorum dentatis.*

12. MEDICAGO floribus foliolo proliferis.
*Crescendi locum ignoro, eandem legi* 1736 *in Horto Cheelsejana apud Cl.* Millerum.
*Planta erat caule procumbente; Ramis alternis, diffusis, glabris. Folia ternata; foliolis ovatis, serratis, glabris: lateralibus in petiolo sessilibus, intermedio vero remoto; stipulæ petiolorum acuminatæ, integræ, non dentatæ. Pedunculi ex alis, setacei, divisi sæpius in ramos. Flores lutei, dehiscentes petalis. Calyx monophyllus, quinquedentatus. Stamina & omnia perfecta, at loco pistilli enascebatur foliolum, foliolo ipsius plantæ simillimum, ovatum, glabrum, serratum, pedicello minutissimo insidens, flore octies majus, viride, decidente corolla & tabescente calyce persistens diu, tandem rubescens.*
*Cum stipulæ in hac integræ sint, nec serratæ, a præcedenti videtur valde diversa.*

# TRIGONELLA. *g. pl.* 880.

1. TRIGONELLA.
*Crescit, si rite memini, in* Siberiæ vel Russiæ *quadam parte, mecum communicata ex horto Acad.* Oxoniensi 1736 *a Cel.* Dillenio *sub* Fœnu græci *nomine.*
*Planta diffusa; rami teretes, filiformes, duriusculi, diffusi, ramosi. Folia ternata, petiolis foliolo brevioribus; paleis subulatis, integris. Foliola lanceolata, obtusa, serrata, lateralia in petiolo sessilia, glabra; Pedunculus ex alis superioribus, solitarius, setaceus, versus apicem pedicellos plures, octo vel decem, parvos, cum flosculis erectis, flavis profert; absoluta florescentia elongantur pedicelli proprii & legumina lanceolata obtusa dependent, seminibus pluribus fœta. Corolla exacte refert florem tripetalum, cum alæ & vexillum formant superne limbum planum, cujus umbilicum carina brevis claudit; qua sola nota ab omnibus plantis hujus classis abunde distinguitur.*

P O-

# Classis XVIII.

# POLYADELPHIA.

## PENTANDRIA.

### THEOBROMA. *g. pl.* 881.

1. **THEOBROMA** foliis integerrimis.
Cacao. *Cluf. exot.* 55. *Raj. hist.* 1670. *Tournef. inst.* 660. *Sloan. flor.* 134. *hist.* 2. *p.* 15. *t.* 160. *Mer. fur.* 26. *t.* 26.
Cacava quahvitl feu arbor Cacavi cacavifera. *Hern. mex.* 79.
Arbor cacavifera americana, cujus fructus folliculo inclufus amygdalorum fpeciem refert. *Pluk.alm.*40.*t.*268.*f.*3.
Amygdalis fimilis quatimalenfis. *Bauh. pin.* 442.
*Crefcit in locis uliginofis pinguibus riguis in* America *calidiori.*
*Cacao nomen barbarum, quo rejecto Theobroma dicta est arbor, cum fructus bafin fternat potioni delicatiffimæ, faluberrimæ, maxime nutrienti, chocolate mexicanis, Europæis quondam folis Magnatis propriæ (βρωμα ῖων Ͻεων, Vos Deos feci dixit Deus de imperantibus), licet nunc vilior facta.*
*Flores a nullo bene depicti, multo minus defcripti funt, quantum autem ex ficco fpecimine, quod ill: Sloane mihi infpiciendi copiam fecit, videbatur ftructura exacte fequentis, ab aliis in univerfum omnibus diverfiffima, quam ob caufam & fequentem genere conjunxi, licet fructus differat.*

2. **THEOBROMA** foliis ferratis.
Guazuma arbor ulmifolia, fructu ex purpura nigro. *Plum. gen.* 36.
Cenchramidea jamaicenfis morifolia, fructu ovali integro verrucofo intus in quinque cellulas, grana ficulnea fimilia includentes, defpertito, balfamum olente. *Pluk. alm.* 92.
Alni fructu, Morifolia arbor, flore pentapetalo flavo. *Sloan. flor.* 135. *hist.* 2. *p.* 18. *Raj. dendr.* 11.
Arbor americana morifolia, vafculo feminali verrucofo coni æmulo ovali, balfamum olente. *Pluk. phyt.* 77.*t.*2.
*Crefcit in campeftribus & fylvis apertioribus* Jamaicæ.
*Fructus est capfula fere globofa, vix manifefte ovalis, lignofa, undique tuberculis fubulatis obvallata, inter tubercula cribri inftar perforata, foraminibus claufis membranula cingente interne & externe inter tubercula fructum, divifa in quinque loculamenta interne; feminibus numerofis, in fingulo loculo duplici ordine difpofitis, angulatis verfus bafin.*
*Flores male depingit Plumier, melius Houftonus, nec perfecte tamen. Caulis arboreus; Ramuli villofi. Folia cordato-lanceolata, ferrata, utrinque villofa, rugofa, fubtus albicantia, petiolis breviffimis. Pedunculi ex ala ramofiffimi; calyces villofi, pallidi. Vide florem in generibus defcriptum.*

## ICOSANDRIA.

### CITRUS. *g. pl.* 605.

1. **CITRUS** petiolus linearibus.
α Citrus. *Cæfalp. fyft.* 139.
Citreum vulgare. *Tournef. inft.* 621. *t.* 395. *Boerh. lugdb.* 2. *p.* 240.
Citria malus. *Bauh. hift.* 1. *p.* 94.
Malus medica. *Bauh. pin.* 435.
β Limon vulgaris. *Ferr. hefp.* 229. *Tournef. inft.* 621.
Limonia malus. *Bauh. hift.* 1. *p.* 96.
Malus limonia acida. *Bauh. pin.* 436.
*Creftendi locus ex* C. B. *Citrus apud* Medos & Perfas *in primis frequens, dein Palladii diligentia in* Italiam *tranflata fuit, poftea in* Hifpania *in ufum venit, ut nemora & campos occupavit.*

2. **CITRUS** petiolis alatis.
Aurantium acri medulla vulgare. *Ferr. hefp.* 377. *Tournef. inft.* 620. *t.* 393.
Aurantia malus. *Bauh. hift.* 1. *p.* 97.
Malus aurantia major. *Bauh. pin.* 436.
*Crefcit cum antecedente.*
*Varietates horum (1. 2) tot tamque infinitas produxit culturæ mangonium hominum induftria, ut Botanicæ pars propria inde conftituta, propriis Botanophilis conceffa.*
*Has ego recenfere varietates fuperfedeo, amandans harum æftimatores ad* Ferrarios, Commelinos, Volkameros, Sterbeckios, Jovianos, Lanzonios, *qui Hortos Hefperidum aperiant, introeat qui Hercules est, fed caveat a Dracone, qui cuftodit Hortos, ne lædat judicium fanum in corpore fano.*
*Spinofæ funt & prior & pofterior fpecies, quæ cultura inermes evadunt. an pofterior prioris varietas vel cur non?*

# POLYANDRIA.

## HYPERICUM. g. pl. 606.

1. **HYPERICUM** floribus pentagynis, folio & ramis verrufis.
Afcyrum balearicum frutefcens, maximo flore luteo, foliis minoribus fubtus verrucofis. *Boerb. lugdb.* 1. p. 242.
Myrto-Ciftus pennæi. *Cluf. bift.* 1. p. 68. fig. mal.
*Crefcit in infula Balearium majore,* Majorca *dicta.* Cluf.

2. **HYPERICUM** flore pentagyno, foliis ovato-oblongis glabris integerrimis.
Afcyrum magno flore. *Tournef. inft.* 256. *Boerb. lugdb.* 1. p. 242.
Androfæmum flore & theca quinquecapfulari omnium maximis. *Morif. hift.* 2. p. 472.
Androfæmum conftantinopolitanum, flore maximo. *Wbel. itin.* 172. *Raj. hift.* 1017.
Afcyroides. *Alp exot.* 172.
*Crefcit circa* Conftantinopolin.
*Plantæ facies exacte fequentis, & flos in noftra modo unicus terminatrix maximus. Styli quinque tenues in germine fubrotundo.*

3. **HYPERICUM** floribus pentagynis, foliis lanceolatis ferratis.
Lafianthus. *Gronovii vide Syft. Nat.*
Alcea floridana quinquecapfularis, laurinis foliis leviter crenatis, feminibus coniferarum inftar alatis. *Pluk. amalth.* 7. t. 352. f. 3. *Catesb. ornith.* 44. t. 44.
*Crefcit in* Carolina *Americæ, communicata per* Cl. Gronovium.
*Alte fruticat, petala dura gerit, ftamina in quinque columnas coalita ad mediam partem; petalis interne fæpe hirfutis (unde Lafianthus), & quod in hoc genere fingulare albis.*

4. **HYPERICUM** floribus trigynis, fructu baccato, foliis ovatis pedunculo longioribus.
Hypericum maximum, Androfæmum vulgare dictum. *Raj. fyn.* 343.
Androfæmum maximum frutefcens. *Bauh. pin.* 280, *Tournef. inft.* 251. *Boerb. lugdb.* 1. p. 242.
Androfæmum maximum (quafi frutefcens) bacciferum. *Morif. hift.* 2. p. p. 472. f. 5. t. 6. f. 12.
Androfæmum. *Dod. pempt.* 78. *Dalech. hift.* 1156.
Clymenon italorum five Siciliana. *Lob. hift.* 357. f. 3.
Siciliana, aliis Ciciliana vel Androfæmon. *Bauh. bift.* 3. pp. 386.
*Crefcit in* Ilva *infula; in* Angliæ *fepibus & dumetis copiofe.*
*Fructus uti bacca coloratus rotundus tandem nigricans fit.*

5. **HYPERICUM** floribus trigynis, caule quadrato annuo.
Hypericum Afcyron dictum, caule quadrangulo. *Bauh. bift.* 3. p. 382. *Tournef. inft.* 255. *Boerb. lugdb.* 1. p. 241.
Androfæmum Afcyron dictum, caule quadrangulo glabro. *Morif. bift.* 2. p. 471. f. 5. t. 6. f. 10.
Afcyron. *Dod. pempt.* 78.
*Crefcit ad rivulos in riguis & pratis humidis vulgaris per* Europam.
*Caulis obfolete quadratus, annuus. Folia amplexicaulia. Foliola calycina fubulata.*

6. **HYPERICUM** floribus trigynis, calycum ferraturis capitatis.
Hypericum villofum erectum, caule rotundo. *Tournef. inft.* 255. *Boerb. lugdb.* 1. p. 241.
Hypericum majus five Androfæmum matthioli. *Raj. hift.* 1020.
Hypericum Androfæmum dictum. *Bauh. bift.* 3. p. 382.
Androfæmum Afcyron dictum, caule rotundo hirfuto. *Morif. bifi.* 2. p. 271. f. 5. t. 6. f. 11.
Hypericum elegantiffimum non ramofum, folio lato. *Bauh. bift.* 3. p. 383.
Androfæmum bifolium glabrum perfoliatum non perforatum. *Morif. hift.* 2. p. 471. f. 5. t. 6. f. 9.
Androfæmum campoclarenfe. *Col. ecphr.* 1. p. 74.
Afcyrum five Hypericum bifolium glabrum non perforatum. *Bauh. pin.* 280.
β Hypericum minus erectum. *Bauh. pin.* 279.
Hypericum minus glabrum erectum pulchrum. *Morif. hift.* 2. p. 470.
Hypericum pulchrum tragi. *Bauh. bift.* 3. p. 383.
*Crefcit paffim per* Europam *ad fepes & in dumetis.*
*Caulis erectus eft; folia cordato-ovata, amplexicaulia ut latera fe invicem fere tangant, uti in antecedente; Caulis teres.*
*Calyx ferratus eft, & ferraturâ fingula fubulata ac capitulo nigro terminatâ, fæpe & foliola floralia ejusmodi ferraturis notantur; in β vero foliola non. Hæc nota certiffima eft, & effentialis fpeciei.*

7. **HYPERICUM** floribus trigynis, caule annuo, foliis punctatis obtufis.
Hypericum vulgare. *Bauh. pin.* 279. *Morif. bift.* 2. p. 469. f. 5. t. 6 f. 1. *Boerb. lugdb.* 1. p. 241. *Fl. lapp.* 275.
Hypericum vulgare five Perforata, caule rotundo, foliis glabris. *Bauh. hift.* 3. p. 381.
Hypericum. *Cæfalp. fyft.* 395. *Dod. pempt* 76.
*Crefcit in dumetis ad fepes & agros vulgaris in* Europa.

8. **HYPERICUM** floribus trigynis, calycibus acutis, ftaminibus petalo brevioribus, caule fruticofo.
Hypericum montis olympi. *Wbel. itin.* 222. *Dill. elth.* 182. t. 151. f. 183. *Raj. bift.* 1017.
Hypericum orientale, flore magno. *Tournef. cor.* 19. *Boerb. lugdb.* 1. p. 242.
*Crefcit in* Olympo *Afiæ monte.*
*Utrum hæc vel an fpecies* 2do *fit Afcyron magno flore* C. B. *docere poteft herbarium Burferi.*
*Folia duo mox è calyce, magnitudine folioli calycini. Calycis folia lanceolata, patentia, magna.*
*Petala*

*Petala magnitudine foliorum, ab altero latere ferrata, rami vix ramofi paucos ferunt flores.*

9. HYPERICUM floribus trigynis, calycibus obtufis, ftaminibus petalo brevioribus, caule fruticofo.
Hypericum frutefcens canarienfe multiflorum. *Comm. hort.* 2. *p.* 135. *t.* 68. *Boerh. lugdb.* 1. *p.* 242.
Hypericum fiveAndrofæmum magnum canarienfe ramofum,copiofis floribus,fruticofum. *Pluk.alm.189.t.302.f.1.*
*Crefcit in infulis* Canariis.
*Folia duo floralia minima, remota. Calyx minimus, quinquefidus, obtufus, laciniis fubrotundis.*
*Rami floriferi ex alis & ad fummitatem numerofi, ramofi.*

10. HYPERICUM floribus trigynis, ftaminibus petalo longioribus, caule fruticofo.
Hypericum fœtidum frutefcens. *Tournef. inft.* 255. *Boerh. lugdb.* 1. *p.* 242.
Hypericum fœtidum frutefcens majus & minus. *Dill. elth.* 182. *t.* 151. *f.* 181, 182.
Androfæmum fœtidum, capitulis longiffimis filamentis donatis. *Bauh. pin.* 280. *Morif. hift.* 2. *p.* 471. *f.* 5. *t.* 6. *f.* 8.
Rutá hypericoides quibusdam, Sicilianæ affinis, five Tragium. *Bauh. hift.* 3. *p.* 385.
Tragium. *Cluf. hift.* 2. *p.* 305.
*Crefcit fecus fontes & rivulos in* Creta, Sicilia, Calabria.
*Planta frutex altus, fœtidiffimis foliis, ftaminibus & piftillis longiffimis ab omnibus differt.*
*In hocce genere ftaminum filamenta bafi coalita funt in aliis infima fua parte, in aliis vero fpeciebus*
*profundius.*

Ddddd

S Y N-

# Claſſis XIX.

# SYNGENESIA.

## POLYGAMIA ÆQUALIS.

### TRAGOPOGON. g. pl. 608.

1. TRAGOPOGON calycibus florem ſuperantibus.
   Tragopogon flore luteo, purpureo, ac puniceo. *Bauh. hiſt.* 1058.
   Tragopogon pratenſe luteum majus. *Bauh. pin.* 274. *Moriſ. hiſt.* 3. p. 79. *Vaill. act.* 1721. p. 266. *Tournef. inſt.*
   477. *Pont. diff.* 104. *Boerh. lugdb.* 1. p. 90.
   Tragopogon. *Cæſalp. ſyſt.* 517. *Dod. pempt.* 256. f. 1, 2.
   α Tragopogon luteum abortivum. *Læf. pruſſ.* 270. fig.
   β Tragopogon pratenſe majus luteo pallidum. *Vaill. pariſ.* 194.
   γ Tragopogon ſativum, flore purpuro-cœruleo. *Vaill. act.* 1721. p. 265.
   Tragopogon purpuro-cœruleum, porri folio; quod Artifi vulgo. *Bauh. pin.* 274. *Moriſ. hiſt.* 3. p. 80. f. 7. t. 9.
   f. 5. *Vaill. act.* 1721. p. 265. *Tournef. inſt.* 477. *Boerh. lugdb.* 2. p. 90.
   Tragopogon purpureum. *Raj. hiſt.* 252.
   Tragopogon ſylveſtre, flore purpureo, ſemine nigro. *Cæſalp. ſyſt.* 517.
   Gerontopogon ſive Saſſifica italorum. *Dalech. hiſt.* 1078.
   δ Tragopogon porri folio, flore nigro purpureo. *Tournef.*
   ε Tragopogon porri folio, dilute janthino flore. *Tournef.*
   ζ Tragopogon porri folio, flore cœruleo. *Tournef.*
   η Tragopogon montanum anguſtifolium, flore ferrugineo, italicum. *Barr. rar.* 94. t. 811.
   θ Tragopogon caule circa caput tumido. *Boerh. lugdb.* 1. p. 90.
   Tragopogon luteo-pallidum, calyce barbato. *Vaill. pariſ.* 194.
   Tragopogon pratenſe luteum majus. *Moriſ. hiſt.* 3. f. 7. t. 9. f. 1.
   ι Tragopogon porri folio, flore albo. *Tournef.*
   κ Tragopogon gramineo folio, ſuaverubente flore. *Col. ecphr.* 1. p. 231. *Vaill. act.* 1721. p. 265. *Tournef. inſt.*
   477. *Pont. diff.* 105. *Boerh. lugdb.* 1. p. 90.
   *Creſcit in pratis & paſcuis, ſolo præſertim argilloſo in regionibus campeſtribns per Europam frequens.*
   *Folia integra ſunt, & calyx flore longior, & totum genus apud Vaillantium, Tournefortium,*
   *Pontederam, Boerhaavium, una eſt eademque ſpecies, varietates vero infinitæ.*
   *Flos expanditur accedente ſole, horis matutinis, & circa meridiem contrahitur, unde Anglis,*
   *referente Moriſono, dicitur* John goe to bed at Noon.

2. TRAGOPOGON calycibus corolla brevioribus aculeatis.
   Tragopogonoides annua ſonchifolia, ovariis aduncis. *Vaill. act.* 1721. p. 267.
   Sonchus aſper laciniatus creticus. *Bauh. pin.* 124. *prod.* 60. *Tournef. inſt.* 474. *Boerh. lugdb.* 1. p. 85.
   Sonchus laciniatus creticus amarus, ſemine curvo. *Moriſ. hiſt.* 3. p. 61.
   Hieracium majus, folio ſonchi, ſemine incurvo. *Bauh. pin.* 127.
   Chondrillæ creticæ nomine miſſa, ſemine criſpo. *Bauh. hiſt.* 2. p. 1022.
   *Creſcit in* Creta.
   *Caulis ramoſus; folia lacera; flores terminatrices, ſolitarii, in longis pedunculis; calyces ventri-*
   *coſi, octopartiti: laciniis lanceolatis, erectis, æqualibus, corolla brevioribus, fundo ventri-*
   *coſi, extus aculeati ut & caulis; Semina oblonga, declinata, lateribus dentata, acumine aſſur-*
   *gente, pappo plumoſo terminata.*

3. TRAGOPOGON calycibus corolla brevioribus inermibus.
   Tragopogonoides perennis, calthæ folio, magno flore. *Vaill. act.* 1721. p. 266.
   Hieracium magnum. *Dalech. hiſt.* 569. fig. vitioſ. *Tournef. inſt.* 470. *Boerh. lugdb.* 1. p. 88.
   Chondrilla prior dioſcoridis legitima. *Cluſ. hiſt.* 2. p. 143.
   Chondrilla foliis cichorii tomentoſis. *Bauh. pin.* 103. *Moriſ. hiſt.* 3. p. 72. f. 7. t. 6. f. 1.
   Chondrilla prior. *Dod. pempt.* 637.
   Hedypnois monſpeſſulana ſive Deus leonis monſpeſſulanus. *Bauh. hiſt.* 2. p. 1036.
   *Creſcit in agro Salmanticenſi & variis aliis locis Hiſpaniæ.*
   *Radix perennis; caulis ramoſus; folia oblonga, pinnato-haſtata, extima vix majori lacinia, pa-*
   *rum villoſa; pedunculi terminatrices, longiſſimi, nudi; Capitula ſolitaria, globoſa primum &*
   *pubeſcentia, dehiſcente tandem calyce in octo partes æquales ultra medium.*

### SCORZONERA. g. pl. 624.

1. SCORZONERA caule fere nudo unifloro, foliis nervoſis planis.
   Scorzonera latifolia humilis nervoſa. *Bauh. pin.* 275. *Moriſ. hiſt.* 3. p. 82. f. 7. t. 9. f. 4. *Vaill. act.* 1721. p. 271.
   *Tournef. inſt.* 476.

Scor-

Scorzonera humilis latifolia pannonica 2. *Cluf. hijl.* 2. *p.* 138.
Scorzonera dalmatica volcameriana. *Febr. fcorz.* 36. *t.* 4.
Scorzonera montana alexipharmaca. *Curiof. eph. dec.* 2. *an.* 1. *p.* 422.
Tragopogonis fpecies, five Scorzonera humilis latifolia. *Baub. hijl.* 2. *p.* 1061.
*Crefcit in* Auftriæ *monte Badenfibus termis imminente. Nos in Smolandia juxta* Wexioniam *urbem & templum* Sterbrohultenfe *copiofe legimus in pratis deprefjis.*
*Caulis fimplicijfimus, erectus, femipedalis, uniflorus, raro altero flore e latere egrediente, fæpe tamen adparente ejus primordio, nec prognafcente inftructus; folia lanceolata, nervofa, radicalia; caulis fere nudus, juxta radicem inferitur ipfi folium, & rarius aliud parvum fuperius. Sæpe abortit flos, & indurefcit mola, nec expanditur; tranfit tum, quod calyce contentum in pulverem impalpabilem, omnium quod novi fubtiliffimum, cum ipfa farina mufcorum certantem, nigrum ad violaceum vergens.*

2. Scorzonera *caule ramofo, foliis amplexicaulibus undulatis.*
Scorzonera vulgaris & officinarum. *Vaill. act.* 1721. *p.* 270.
Scorzonera latifolia finuata.*Baub. pin.* 275. *Morif. hijl.* 3. *p.* 81. *f.* 7. *t.* 9. *f.* 1.*Tournef. inft.* 476. *Boerh. lugdb.* 1. *p.* 89.
Scorzonera major hifpanica 1. *Cluf hijl.* 2. *p.* 137.
Scorzonera. *Cæfalp. fyjt.* 518. *Dod pempt.* 257.
Tragopogon hifpanicus five Efcorzonera aut Scorzonora. *Baub. hijl.* 1060.
*Crefcit in plerisque montibus* Hifpaniæ *locis humentibus obfcuris & uliginofis.*
*Flore pleno hanc obfervarunt Camerarius & Tournefortius, nos vero in hunc usque diem nullam plantam flore femiflofculofo (Tournefortio) plenam, nec idæa hujus plenitudinis ab ullo Defcriptore obtinere potuimus, nec poffibilitatem videre; nifi quis Jaceæ modo flores concipiat ubi corollulæ dilatantur & tranfeunt in eunychos.*

## P R E N A N T H E S. *g. pl.* 609.

1. Prenanthes *flofculis quinis, foliis pinnato haftatis.*
Lactuca fylveftris murorum, flore luteo. *Baub. hijt.* 2. *p.* 1004. *Vaill. act.* 1721. *p.* 260.
Chondrilla fonchi folio, flore luteo pallefcente. *Tournef. inft.* 475. *Boerh. lugdb.* 1. *p.* 84.
Sonchus lævis laciniatus muralis, parvis floribus. *Baub. pin.* 124. *Morif. hijl.* 3. *p.* 61. *f.* 7. *t.* 3. *f.* 14.
Sonchus alter, folio profundis laciniis finuato hederaceo. *Lob. hijt.* 119.
Sonchus lævior vulgaris 2. *Cluf. hijt.* 2. *p.* 146.
Sonchus lævis alter danicus aut anglicus, foliis profundis laciniis finuato, flore luteo lactucino. *Lob. illuft.* 77.
*Crefcit in atris denfis umbrofis & defertis fylvis* Sueciæ, *in umbrofis muris* Daniæ, Germaniæ, Belgii, Angliæ, Galliæ.
*Calyx calyculatus tribus minimis denticulis. Flofculi quinque lutei in orbem pofiti; folia fubtus glauca. Pappus germen immediate coronat, eique infidet.*

2. Prenanthes *flofculis fere quinis, foliis lanceolatis denticulatis.*
Prenanthes latifolius, flore purpureo. *Vaill. act.* 1721. *p.* 252.
Lactuca montana purpuro cœrulea minor. *Baub. pin.* 123. *Morif. hijl.* 3. *p.* 59. *f.* 7. *t.* 3. *f.* 23.
Chondrilla fonchi folio, flore purpurafcente, minor. *Tournef. inft.* 475.
Sonchus lævior pannonicus 4, purpureo flore *Cluf. hijt.* 2 *p.* 147.
Lactuca montana purpuro-cœrulea major. *Baub. pin.* 123. *Morif. hijl.* 3. *p.* 59. *f.* 7. *t.* 3. *f.* 22.
Lactuca fylvatica purpurea. *Baub. hijl.* 2. *p.* 1005.
Chondrilla fonchi folio, flore purpurafcente, major. *Tournef. inft.* 475. *Boerh. lugdb.* 1. *p.* 84. *Pont. diff.* 101.
Sonchus montanus purpureus tetrapetalos. *Col. ecphr.* 1. *p.* 245.
*Crefcit in monte* Jura *&* Saleva *prope* Genevam; *in fylvis montofis inter* Scaphufiam *&* Conftantiam; *in jugo* Harcynico Hartshoeke *prope* Stolbergam; *in montibus* Semanæ *fylvæ in principatu* Hennebergenfi *&c.*
*Calyx cylindraceus nutans calyculatus. Flofculi quatuor vel quinque in orbem pofiti violacei.*

3. Prenanthes *flofculis plurimis, foliis haftatis angulatis.*
Prenanthes nov' anglicanus, chenopodii foliis, floribus candidis. *Vaill. act.* 172. *p.* 253.
Sonchus nov' anglicanus, chenopodii foliis, radice bulbofa, fanguineo caule, floribus ramofis candidiffimis. *Pluk. amalth.* 195.
*Crefcit in* Virginia, Carolina, *&c.*
*Huic calyx antecedentium, fed magis divifus & flofculi plures.*

## C H O N D R I L L A. *g. pl.* 623.

1. Chondrilla.
Chondrilla cichoroides. *Dill. act. cent.* 5 & 6. *app.* 61. *t.* 9.
Chondrilla viminea. *Baub. hijt.* 2. *p.* 1021. *Vaill act.* 1721. *p.* 254.
Chondrilla juncea vifcofa arvenfis, quæ prima diofcoridis. *Baub. pin.* 130. *Tournef. inft.* 475.
Chondrilla juncea. *Tabern. hijt.* 1. *p* 469.
*Crefcit in agris pinguibus & ad agrorum margines montis* Weddenberg *prope* Giffam *& alibi in* Germania.

Ddddd 2                                    L a c.

# L A C T U C A. *g. pl.* 622.

1. LACTUCA foliis linearibus dentato-pinnatis laciniis furfum dentatis.
Lactuca perennis humilior, flore cœruleo. *Tournef. inft.* 473. *Vaill. act.* 1721. *p.* 261. *Pont. diff.* 97.
Chondrilla cœrulea altera, cichorii fylveftris folio. *Bauh pin.* 130. *Boerh. lugdb.* 1. *p.* 83.
Chondrilla cœrulea, cichorii fylveftris laciniofis foliis. *Lob. hift.* 115.
Chondrilla. *Dod. pempt.* 637.
Chondrille vel Chondrilla cœrulea. *Bauh. hift.* 2. *p.* 1019.
Condrilla. *Cæfalp. fyft.* 509.
Apate. *Dalech. hift.* 561.
* Lactuca perennis humilis, flore albo. *Tournef.*
*Crefcit in muris, apricis editisque montibus folo pingui calcario* Tubingæ, Bafiliæ, Bifantii *&c.*

2. LACTUCA caule & foliis aculeatis.
Lactuca fylveftris, odore virofo. *Bauh. pin.* 123. *Vaill. act.* 1721. *p.* 260. *Tournef. inft.* 473. *Pont. diff.* 96.
 *Boerh. lugdb.* 1. *p.* 81.
Lactuca fylveftris; lato folio, fucco virofo. *Bauh. hift.* 2. *p.* 1002.
Lactuca fylveftris, opii odore vehementi foporifero & virofo. *Morif. hift.* 3. *p.* 58. *f.* 7. *t.* 2. *f.* 16.
* Lactuca fylveftris, cofta fpinofa, foliis parum laciniatis. *Vaill. parif.* 112.
Lactuca fylveftris annua, cofta fpinofa, folio integro colore cæfio. *Morif. hift.* 3. *p.* 58.
Lactuca fylveftris, folio non laciniato. *Raj. fyn.* 162.
β Lactuca fylveftris italica, cofta fpinofa, fanguineis maculis afperfa. *Herm. par.* 191. *t.* 194.
γ Lactuca fylveftris, cofta fpinofa. *Bauh. pin.* 123. *Vaill. act.* 1721. *p.* 260. *Tournef. inft.* 473. *Pont. diff.* 96.
 *Boerh. lugdb.* 1. *p.* 123.
Lactuca fylveftris laciniata. *Morif. hift.* 3. *p.* 58. *f.* 7. *t.* 2. *f.* 17.
Lactuca filveftris. *Dod. pempt.* 646.
Lactuca fylveftris Scariola & Serralia. *Cæfalp. fyft.* 576.
Lactuca filveftris five Endivia multis dicta, folio laciniato, dorfo fpinofo. *Bauh. hift.* 2. *p.* 1003.
*Crefcit in faxofis fepibus & aggeribus* Angliæ, Belgii, Germaniæ, Galliæ, Italiæ.
*Planta hæc gaudet foliis radicalibus integris, caulinis vero dentato-laciniatis; a qua variant α*
 *foliis omnibus fere integris, β foliis omnibus laciniatis, γ fimilibus fea maculis fanguineis afperfis.*

3. LACTUCA fativa. *Bauh. pin.* 122. *Dod. pempt.* 644. *Dalech. hift.* 546. *Morif. hift.* 3. *p.* 57. *f.* 7. *t.* 2. *f.* 1. *Tournef.*
 *inft.* 473. *Vaill. act.* 1721. *p.* 259. *Boerh. lugdb.* 1. *p.* 82.
Lactuca fativa vulgaris capitata & non capitata. *Bauh. hift.* 2. *p.* 997.
Lactuca fativa, folio fcariolæ. *Lob. hift.* 121. *Pont. diff.* 98.
* Lactuca foliis endiviæ. *Bauh. pin.* 122. *Morif. hift.* 3. *f.* 7. *t.* 2. *f.* 3.
β Lactuca capitata. *Bauh. pin.* 123. *Morif. hift.* 3. *f.* 7. *t.* 2. *f.* 2.
γ Lactuca crifpa. *Bauh. pin.* 123. *Dod. pempt.* 644.
*Crefcendi locum addam & differentiam, cum quis dixerit a qua fylveftri planta hæc originem*
 *duxerit. An a præcedenti?*

# S O N C H U S. *g. pl.* 617.

1. SONCHUS foliis lanceolato-oblongis dentatis, floribus glabris fere folitariis, pedunculis attenuatis.
Sonchus anguftifolius maritimus. *Bauh. pin.* 124. *prod.* 61. *Pluk. alm.* 354. *t.* 62. *f.* 5. (*mala.*) *Tournef. inft.* 474.
 *Vaill. act.* 1721. *p.* 256.
Sonchus maritimus anguftifolius afper. *Barr. rar.* 94. *t.* 341.
Sonchus chondrilloides altiffimus, folio oblongo nitido, flore luteo magno, radice repente. *Boerh. lugdb.* 1. *p.* 85.
Chondrilla paluftris longifolia finuata leviter fpinofa. *Raj. app.* 137.
*Crefcit in maritimis* Sveciæ *copiofe; in littore veneto ad* Lio; *circa* Monfpelium *inter Juncos.*
*Differt a fequente, cui quodammodo fimilis: loco natali; calyce glabro; floribus folitariis fæpius,*
 *ramos terminantibus; pedunculi laterales longi, ex aliis fupremis, fimplices. Convenit vero cum*
 *fequente foliorum figura, radice repente, ftatura.*

2. SONCHUS foliis lanceolato-oblongis dentatis, floribus congeftis hifpidis.
Sonchus vulgaris repens, calyce hirfuto. *Vaill. act.* 1721. *p.* 256.
Sonchus hieracites major repens, caliculo hirfuto, inter fegetes. *Morif. hift.* 3. *p.* 61.
Sonchus repens, multis Hieracium majus. *Bauh. hift.* 2. *p.* 1017. *Tournef. inft.* 474. *Boerh. lugdb.* 1. *p.* 84.
Hieracium majus, folio fonchi, vel Hieracium fonchites. *Bauh. pin.* 126.
* Hieracium majus, folio fonchi anguftiore. *Bauh. pin.* 126.
*Crefcit inter fegetes, præfertim in agris argillofis vel requietis* Sveciæ, Germaniæ, Hollandiæ,
 Angliæ, Galliæ.

3. SONCHUS annuus ramofus diffufus, foliis laciniatis. *Fl. lapp.* 289.
Sonchus lævis laciniatus latifolius. *Bauh. pin.* 124. *Morif. hift.* 3. *p.* 60. *f.* 7. *t.* 3. *f.* 1. *Tournef. inft.* 474. *Boerh.*
 *lugdb.* 1. *p.* 85.
Sonchus lævis. *Dod. pempt.* 643.
Sonchus lævis, laciniatis foliis. *Dalech. hift.* 572.
Sonchus lævis vulgaris, foliis laciniofis dentis leonis. *Lob. hift.* 119.
* Sonchus lævis laciniatus latifolius, flore niveo. *Tournef.*
β Sonchus lævis mino. paucioribu lacinus. *Lauh. pin.* 124. *Vaill. act.* 1721. *p.* 257.
γ Sonchus lævis in plurimas & tenuiffimas lacinias divifus. *Bauh. pin.* 124. *Vaill. act.* 1721. *p.* 257.

Hie-

Hieracium foliis in tenues lacinias profunde fectas, flore luteo. *Pluk. alm.* 184. *t.* 93. *f.* 3.
δ Sonchus lævis in plurimas tenuiffimas anguftiffimasque lacinias divifus. *Boerh. lugdb.* 1. *p.* 85.
ε Sonchus afper laciniatus & non laciniatus. *Bauh. pin.* 124.
ζ Sonchus afper non laciniatus. *Tournef. Vaill.*
Sonchus tertius afperior. *Dod. pempt.* 643.
η Sonchus afper laciniatus, folio dentis leonis. *Tournef.*
*Crefcit per* Europam *vulgaris folo lætiori ruderato culto.*
*Radix annua eft & caulis non ut in reliquis tenuis & erectus.*

4. SONCHUS caule erecto, foliis pinnato haftatis, apiceque haftatis, floribus congeftis villofis.
Sonchus tricubitalis, folio cufpidato. *Raj. fyn.* 163.
Sonchus afper arborefcens. *Bauh. pin.* 124. *Tournef. inft.* 474. *Pont. diff.* 93. *Boerh. lugdb.* 1. *p.* 84.
Sonchus lævis paluftris altiffimus. *Raj. hift.* 226. *Vaill. act.* 1721. *p.* 256.
Sonchus paludofus altiffimus, haftato folio. *Morif. hift.* 3. *p.* 61.
Sonchus lævior auftriacus 5 altiffimus. *Cluf. hift.* 2. *p.* 147.
Sonchus lævis laciniatus acutifolius. *Loef. pruff.* 258.
*Crefcit in paludibus graminofis inter Arundines per* Belgium, Angliam, Galliam.
*Apex caulis altiffimi dividitur in petiolos ramofos, qui flores conglomeratos vel confertos inordinatos continent.*

5. SONCHUS caule erecto, foliis pinnato-haftatis, apice cordato-triangulis, floribus racemofis.
Sonchus lapponum altiffimus, floribus cœruleis. *Fl. lapp.* 290.
Sonchus cœruleus latifolius. *Scheuch. alp.* 50.
Sonchus lævis laciniatus cœruleus vel Sonchus alpinus cœruleus. *Bauh. pin.* 124.
Sonchus cœruleus latifolius. *Bauh. hift.* 2. *p.* 1006.
*Crefcit ad latera umbrofa* Alpium Lapponicarum & Norvegicarum; *montis* Juræ; *montiumque maximo* Carthufianorum *cœnobio imminentium; in* Durrenftain, Sneberg, Snealben, *jugis* Etfcherianis.
*Magnitudine cum antecedenti certat; caulis vix umquam ramofus, folia pinnatifida verfus bafin reflexa, extima lacinia maxima cordato-triangularis, denticulata; foliorum fuperficies fupina viridis glabra, prona glauca. Caulis racemo longiffimo erecto terminatus, qui conftat partialibus non fubdivifis racemulis, quorum pedunculi ftrigofi; Calyx cylindraceus, vix manifefte hifpidus, polyphyllus, calyculatus fere, corolla cœrulea.*

6. SONCHUS floribus folitariis, foliorum laciniis extrorfum flexis.
Sonchus tingitanus, papaveris folio. *Tournef. inft.* 475. *Raj. app.* 137.
Sonchus tingitanus, papaveris hortenfis folio. *Boerh. lugdb.* 1. *p.* 85.
Sonchus africanus, flore luteo amplo, fundo purpureo. *Morif. hift.* 3. *p.* 60.
Crepis tingitana, papaveris folio. *Vaill. act.* 1721. *p.* 255.
Chondrilla tingitana, floribus luteis, papaveris hortenfis folio. *Herm. lugdb.* 657. *t.* 659.
*Crefcit in* Tingide.
*Folia oblonga, dentato-lanceolata, margine denticulata, bafi feffilia amplexicaulia, laciniis extrorfum verfis; rami ex alis; pedunculi nudi, longi, folitarii, fuperne craffiores. Flores magni, calyces imbricati, glabri; femina aculeata.*
*An hæc aptius Scorzoneris jungatur?*

# HYPOCHÆRIS. *g. pl.* 615.

1. HYPOCHÆRIS calycibus æqualibus hifpidis.
Achyrophorus fere glaber, bellidis glauco dentatoque folio. *Vaill. act.* 1721. *p.* 278.
Hieracium ramofum, floribus amplis, calycibus valde hirfutis, foliis oblongis obtufis, dentibus majoribus inæqualibus incifis. *Raj. app.* 144.
*Crefcit ut fertur in* Creta.
*Folia obverfe-ovata, denticulata, fetulis afperfa; rami fere filiformes, fere nudi, parum ramofi, fetis patentibus afperfi, quæ fetæ feu pili verfus fummitatem caulis gradatim confertiores, ut prope florem fere tegant ramum. Flores terminatrices. Calyx fimplex, dodecaphyllos, foliolis lanceolato-linearibus, æqualibus; linea longitudinalis fetis ramorum fimilibus confertis obfidetur.*

2. HYPOCHÆRIS caule fere nudo, ramo fæpius folitario, foliis ovato oblongis integris dentatis.
Hypochæris hirfuta, endiviæ folio, magno flore. *Vaill. act.* 1721. *p.* 280. *Fl. lapp.* 231.
Hieracium alpinum latifolium hirfutie incanum, flore magno. *Bauh. pin.* 128. *Morif. hift.* 3. *p.* 69. *f.* 7. *t.* 5. *f* 53. *Tournef. inft.* 472.
Hieracium 1 latifolium. *Cluf. hift.* 2. *p.* 139.
α Hieracium alpinum maculatum hirfutie incanum, flore magno. *Tournef. inft.* 472. *Boerh. lugdb.* 1. *p.* 86.
*Crefcit in Alpibus* Lapponicis, Helveticis, *in montibus gramineis* Ungariæ, & utriusque Auftriæ, Moraviæ; parce in Anglia & Germania; copiofiffime vero in omnibus pratis ficcioribus Sveciæ.
*Radix perennis. Folia radicalia ovato-oblonga dentata pubefcentia maculata (valde raro absque maculis fpontanea); caulis fimplex, flore terminatus, pedalis fæpe, nudus, nifi ramus e latere excrefcat, tum foliolum ramo fubjicitur. Hujus rami primordium communiter adeft, fæpe tamen non excrefcit. Calyx fubrotundus eft fub florefcentia, imbricatus, pilis nigris patentibus afperfus.*

3. Hypochæris foliis ferrato-finuatis, caule ramofo nudo, pedunculis fquamofis.
    Hypochæris vulgaris major. *Vaill. act.* 1721. *p.* 279.
    Hieracium longius radicatum. *Lob. hift.* 120. *Raj. hift.* 230.
    Hieracium, dentis leonis folio obtufo, majus. *Bauh. pin.* 127. *Morif. hift.* 3. *p.* 66. *f.* 7. *t.* 4. *f.* 27. *Tournef. inft.*
      470. *Boerh. lugdb* 1. *p.* 87. *Vaill. parif.* 104.
    Hieracium microcaulon junceum five minus primum dodonæo. *Bauh. hift.* 2. *p.* 1031.
    Hieracium tertium. *Dod. pempt.* 639.
    *Crefcit vulgatiffimum in pafcuis* Sveciæ, Daniæ, Germaniæ, Hollandiæ, Angliæ, Galliæ.

4. Hypochæris foliis alternatim dentato-finuatis, caule nudo unifloro, pedunculis glabris.
    Hypochæris chondrillæ folio, parvo flore. *Vaill. act.* 1721. *p.* 280.
    Hieracium minus, dentis leonis folio oblongo glabro. *Bauh. pin.* 127.
    *Crefcit in Belgio ubique.*

# H Y O S E R I S. *g. pl.* 619.

1. Hyoseris caule fimpliciffimo unifloro.
    Taraxaconaftrum eryfimi folio. *Vaill. act.* 1721. *p.* 235.
    Dens leonis minimus, foliis hirfutis, calycis fegmentis a flore delapfo erectis & femina complexis. *Raj. app.* 147.
    *Crefcit in* Sicilia.

2. Hyoseris caule divifo nudo.
    Hyoferis anguftifolia. *Tabern. ic.* 180. *Boerh. lugdb.* 1. *p.* 93. *Dill. gen.* 144.
    Lampfana minor aphyllocaulos. *Vaill. act.* 1721. *p.* 275.
    Intybus five Endivia lutea minima in arenofis nafcens, caule nudo fub capite fiftulofiore. *Morif. hift.* 3. *p.* 53.
    *f.* 7. *t.* 1. *f.* 8.
    Hieracium minimum. *Cluf. hift.* 2. *p.* 142.
    Cichorio affinis, capitulo erecto, minor. *Raj. app.* 150.
    *Crefcit in campis fteriliffimis, præfertim in* Hollandia *frequens.*

# L E O N T O D O N. *g. pl.* 618.

1. Leontodon calyce inferne reflexo. *Fl. lapp.* 280.
    Dens leonis, qui Taraxacon officinarum. *Vaill. act.* 1721. *p.* 230.
    Dens leonis, latiore folio. *Bauh. pin.* 126. *Tournef. inft.* 468. *Boerh. lugdb.* 1. *p.* 88. *Pont. diff.* 85.
    Dens leonis vulgaris. *Morif. hift.* 3. *p.* 74.
    Dens leonis. *Dod. pempt.* 636. vulgi. *Lob. hift.* 636.
    Hedynois five Dens leonis fuchfii. *Bauh. hift.* 2. *p.* 1035.
    Aphaca. *Cæfalp. fyft.* 508.
    *α* Dens leonis ampliffimo folio. *Tournef. inft.* 468.
    *β* Dens leonis anguftiore folio. *Bauh. pin* 126.
    *Crefcit in pafcuis vulgaris per* Europam.
    *Foliorum laciniæ a parte apicem folii refpiciente denticulatæ funt.*

2. Leontodon calyce toto erecto hifpido, foliis hifpidis dentatis, dentibus integerrimis.
    Taraxaconoides perennis & vulgaris. *Vaill. act.* 1721. *p.* 232.
    Dens leonis foliis hirfutis & afperis. *Magn. hort.* 69. *Tournef. inft.* 468. *Vaill. parif.* 47.
    Dens leonis hirfutus montanus faxatilis, calice longiore nigricante. *Morif. hift.* 3. *p.* 76.
    Dens leonis hirfutus leptocaulos Hieracium dictus. *Raj. fyn.* 171.
    Hieracium afperum, flore magno dentis leonis. *Bauh. pin.* 127.
    Hieracium, caule aphyllo, hirfutum. *Bauh. hift.* 2. *p.* 1037. *Raj. hift.* 245.
    *Crefcit in pratis & pafcuis frequens per* Europam.

# C R E P I S. 621.

1. Crepis foliis longis dentibus linearibus, caule declinato fere nudo.
    Hieracium, chondrillæ folio glabro, radice fuccifa, majus. *Bauh. pin.* 127. *Tournef. inft.* 470.
    Hieracium folio chondrillæ, caule vimineo lævi. *Boer. lugdb.* 1. *p.* 273.
    Hieracium minus, præmorfa radice. *Lob. hift.* 120. five fuchfii. *Bauh. hift.* 1031. *Raj. hift.* 230.
    Hieracium quartum. *Dod. pempt.* 639.
    Scorzoneroides, chondrillæ vel coronopi folio, penè aphyllocaulos. *Vaill. act.* 1721. *p.* 273.
    Picris. *Dalech. hift.* 561.
    *α* Hieracium, chondrillæ folio glabro, radice fuccifa, minus. *Bauh. pin.* 128.
    Hieracium quintum. *Dod. pempt.* 639.
    Apargia. *Dalech. hift.* 562.
    *β* Hieracium foliis coronopi. *Tournef. inft.* 470.
    *Crefcit in pafcuis & pratis graminofis, præfertim poft fœnifecium & tempore autumnali frequens*
    *per florentiffimam* Europam.
    *Semina coronam plumofam gerunt.*

P I C R I S.

# P I C R I S.

1. PICRIS calycibus simplicibus periantho maximo obvallatis.
   Helminthotheca hispidosa vulgaris annua. *Vaill. act.* 1721. *p.* 268.
   Zacyntha alpina, cardui beneaicti capitulis. *Pont. diff.* 106.
   Hieracium echioides, capitulis cardui benedicti. *Bauh. pin.* 128. *Morif. hift.* 3. *p.* 68. *f.* 7. *t.* 5. *f.* 38. *Tournef. inft.* 470. *Boerh. lugdb.* 1. *p.* 86.
   Hieracium, capitulis cardui benedicti. *Bauh. hift.* 2. *p.* 1028.
   α Hieracium, capitulis cardui benedicti, glabrum. *Herm. par.* 185. *t.* 185.
   *Crescit ad agrorum margines, in sylvis cæduis & sepium aggeribus per* Angliam, Galliam *&c.*
   *Flos hujus plantæ charaćterem in g. pl.* 612. *dedit.*

2. PICRIS calycibus imbricatis.
   Helminthotheca hispidosa perennis & vulgaris. *Vaill. act.* 1721. *p.* 269.
   Hieracium asperum, majori flore, in agrorum limitibus. *Bauh. hift.* 2. *p.* 1029. *Morif. hift.* 3. *p.* 69. *f.* 7. *t.* 4. *f.* 45. *Tournef. inft.* 469. *Boerh. lugdb.* 1. *p.* 84.
   Cichorium pratense luteum hirsutie asperum; vel Hieracium hirsutum, foliis caulem ambientibus *Bauh. pin.* 126.
   Lactariola alia. *Cæfalp. fyft.* 517.
   *Crescit in agrorum marginibus per* Hollandiam, Angliam, Galliam.
   *Convenit cum antecedenti scabritie, seminibus corona plumosa instructis, qua ab Hieraciis differt.*
   *Differt vero ab antecedenti calyce exteriore minimo imbricato.*

# A N D R Y A L A. *g. pl.* 616.

1. ANDRYALA foliis inferioribus dentatis, summis integris.
   Eriophorus foliis dentatis, floribus utrinque luteis. *Vaill. act.* 1721. *p.* 277.
   Hieracium villosum; Sonchus lanatus ~~dalechampi dictum. Raj hift.~~ 1. *p.* 231. *Tournef. inft.* 470.
   Hieracium lanatum, ~~sonchi~~ seu erigerontis facie. *Herm. lugdb.* 314. ~~Boerh. lugdb. 1. p. 86.~~
   Sonchus villosus luteus major. *Bauh. pin.* 124.
   Sonchus lanatus. *Dalech. hift.* 1116. *Bauh. hift.* 2. *p.* 1026.
   *Crescit circa* Messanam *Siciliæ &* Monspelium *Narbonæ.*

# H I E R A C I U M. *g. pl.* 620.

1. HIERACIUM calycibus setis longissimis distantibus patentibus obvallatis.
   Hieracium calyce barbato. *Col. ecpbr.* 2. *p.* 28. *Vaill. act.* 1721. *p.* 242. *Boerh. lugdb.* 1. *p.* 86.
   Hieracium proliferum falcatum. *Bauh. pin.* 128. *prod.* 64. *Morif. hift.* 3. *p.* 68. *f.* 7. *t.* 4. *f.* 32.
   α Hieracium idem flore albo. *Boerh.*
   β Hieracium medio nigrum bœticum majus. *Herm. par.* 185. *t.* 185. *Vaill. act.* 1721. *p.* 243.
   Hieracium bœticum. *Cluf. cur.* 35. *Bauh. pin.* 127.
   *Crescit in litoribus arenosis & maritimis circa* Messanam, Monspelium *& ad radicem* Vesuvii *non longe a Stabli ruinis.*

2. HIERACIUM foliis lanceolato-linearibus obsolete denticulatis sparsis. *Fl. lapp.* 287.
   Hieracium fruticosum angustifolium majus. *Bauh. pin.* 129. *Morif. hift.* 3. *p.* 71. *f.* 7. *t.* 5. *f.* 66. *Tournef. inft.* 245. *Vaill. act.* 1721. *p.* 245. *Boerh. lugdb.* 1. *p.* 87.
   Hieracium rectum rigidum, quibusdam sabaudum. *Bauh. hift.* 2. *p.* 1030.
   Hieracium sabaudum. *Lob. hift.* 120. *Dalech. hift.* 570.
   Hieracii 3 genus angustifolium. *Cluf. hift.* 2. *p.* 140.
   α Hieracium fruticosum, angustissimo incano folio *Herm. lugdb.* 316. *t.* 316.
   *Crescit in montibus & pascuis siccis per* Europam *frequens.*

3. HIERACIUM foliis radicalibus pinnato-dentatis.
   Hieracium majus erectum angustifolium, caule lævi. *Bauh. pin.* 127.
   Hieracium majus dioscoridis. *Tabern. ic.* 180.
   *Crescit in muris & tectis frequens per* Sveciam, *nec adeo rarum per* Germaniam, Belgium, Angliam, *ubi idem in locis exaridis sæpius observavimus, in locis succulentis etiam caulina folia coronopi* (*vulgo dicti*) *figura gaudent.*

4. HIERACIUM foliis lanceolatis amplexicaulibus dentatis, floribus solitariis, calycibus laxis.
   Hieracium pyrenaicum, blattariæ folio, minus hirsutum. *Tournef. inft.* 472. *Vaill. act.* 1721. *p.* 243. *Boerh. lugdb.* 1. *p.* 86.
   *Crescit in* Pyrenæis.
   *Caulis erectus, simplicissimus, striatus. Folia lanceolata, amplexicaulia, alterna, dentata, glabra. Pedunculus ex ala singula simplicissimus, folio longior, uniflorus. Calyx laxus, hispidus, squamis linearibus, infimis laxis remotis & parum per pedunculum sparsis.*

5. HIERACIUM foliis amplexicaulibus cordatis vix dentatis, pedunculis unifloris hirsutis, caule ramoso.
   Hieracium pyrenaicum longifolium amplexicaule. *Tournef. inft.* 472. *Vaill. act.* 1721. *p.* 280.
   Hieracium folio caulem amplexo. *Boerh. lugdb.* 1. *p.* 87.
   α Hieracium pyrenaicum rotundifolium amplexicaule. *Tournef. Vaill. Morif. hift.* 3. *p.* 69. *n.* 54.
   *Crescit in* Pyrenæis.

E e e e e 2

*Caulis*

*Caulis erectus, hispidus. Folia alterna, cordata, oblonga, acuminata, duabus vel tribus utrinque serraturis. Rami ex singula ala solitarii, caule sæpius altiores; ex summis alis vero pedunculus simplex, folio longior, uniflorus. Rami eadem lege, qua caulis, foliosi, ramosi, floriferi.*

6. HIERACIUM caule ramoso, foliis radicalibus ovatis dentatis: caulino minori.
  Hieracium caule ramoso, foliis ovatis dentatis. *Fl. lapp.* 284.
  Hieracium murorum, folio pilotissimo. *Bauh. pin.* 129. *Vaill. act.* 1721. *p.* 241. *Tournef. inst.* 471. *Boerh. lugdb.* 1. *p.* 87.
  Hieracium latifolium hirsutum, folio unico cauli insidente. *Morif. hist.* 3. *p.* 70. *s.* 7. *t.* 5. *f.* 54.
  Pilosella major quibusdam, aliis Pulmonaria flore luteo. *Bauh. hist.* 2. *p.* 1033.
  Corchorus. *Dalech. hist.* 565.
  α Hieracium murorum laciniatum minus pilosum. *Bauh. pin.* 129.
  Pilosellæ majoris sive Pulmonariæ luteæ species magis laciniata. *Bauh. hist.* 2. *p.* 1034.
  β Hieracium macrocaulon hirsutum, folio longiore. *Raj. syn.* 169.
  *Crescit in desertis, sylvis, alpibus, muris antiquis, aggeribus umbrosis per* Lapponiam, Sveciam, Germaniam, Angliam, Galliam *&c.*

7. HIERACIUM foliis integris, caule fere nudo simplicissimoque piloso, corymbo terminatrici.
  Hieracium hortense, floribus atro purpurascentibus. *Bauh. pin.* 128. *Tournef. inst.* 471. *Pont. diss.* 89. *Boerh. lugdb.* 1. *p* 88.
  Hieracium hortense non laciniatum, floribus atropurpurascentibus. *Bauh. prod.* 65.
  Hieracium piloselloides latifolium, floribus saturate croceis. *Vail. act.* 1721. *p.* 238.
  Pilosella polychonos repens major syriaca, flore amplo aurantiaco. *Morif. hist.* 3. *p.* 78. *s.* 7. *t.* 8. *f.* 7.
  Pilosella indica. *Corn. canad.* 209.
  Auricula muris hispanica, aliis Hieracium pannonicum, flore saturate croceo. *Bauh. hist.* 2. *p.* 1040.
  *Crescit* . . . .

8. HIERACIUM foliis integerrimis, caule repente, scapo nudo multifloro.
  Hieracium foliis integerrimis lanceolatis, scapo multifloro. *Fl. lapp.* 282.
  Hieracium piloselloides florentinum, vulgari simile. *Vaill. act.* 1721. *p.* 238.
  Hieracium, pilosellæ folio, erectum minus. *Tournef. inst.* 471.
  Pilosella major erecta altera. *Bauh. pin.* 262.
  Pilosella repens minor, caule pedali, polyanthes. foliis angustis oblongis. *Raj. app.* 147.
  *Crescit in* Svecia *copiose; in tumulis arenosis inter Hortum & mare bis vel ter eandem vidimus.*
  *Radix producit folia lanceolata, erecta, pilosa, viridia, vix digiti altitudinis, plurima; intra hæc folia excrescit scapus nudus, spithamæus, teres, terminatus floribus pluribus, oblongis, confertis, calycibus villis nigris aspersis circumdatis, ad latera scapi e radice undique prodeunt scapi repentes, terræ approximati, tenues, foliolis minimis instructi.*

9. HIERACIUM foliis integerrimis ovatis, caule repente, scapo unifloro.
  Pilosella officinarum. *Vaill. act.* 1721. *p.* 236.
  Pilosella monoclonos repens vulgaris minor. *Morif. hist.* 3. *p.* 90. *s.* 7. *t.* 8. *f.* 1, 2.
  Pilosella major repens hirsuta. *Bauh. pin.* 262.
  Pilosella major. *Dalech. hist.* 1098. *Dod. pempt.* 67.
  Pilosella majori flore, sive vulgaris repens. *Bauh. hist.* 2. *p.* 1039.
  *Crescit in pascuis sterilissimis siccissimis & montibus vulgaris in* Europa.

10. HIERACIUM foliis caulinis sinuatis, calycibus ante florescentiam nutantibus.
  Hieracium apulum, flore suave-rubente. *Col. ecphr.* 1. *p.* 242.
  Hieracium dentis leonis folio, flore suave-rubente. *Bauh. pin.* 127. *Tournef. inst.* 469. *Boerh. lugdb.* 1. *p.* 37.
  Hieracioides fœtida, flore suave-rubente. *Vaill. act.* 1721. *p.* 247.
  Chondrilla purpurascens fœtida. *Bauh. pin.* 130. *prod.* 68. *t.* 68.
  *Crescit in* Apulia.

# S C O L Y M U S. *g. pl.* 613.

1. SCOLYMUS. *Cæsalp. syst.* 523.
  Scolymus chrysanthemos. *Bauh. pin.* 384. *Vaill. act.* 1721. *p.* 285. *Tournef. inst.* 380. *Boerh. lugdb.* 1. *p.* 91.
  Scolymus theophrasti hispanicus. *Cluf. hist.* 2. *p.* 153.
  Cichorium luteum scolymoides, spinis horridum hispanicum annuum. *Morif. hist.* 3. *p.* 55.
  Spina lutea. *Bauh. hist.* 3. *p.* 84.
  Carduus chrysanthemus. *Dod. pempt.* 725.
  α Scolymus chrysanthemus annuus. *Vaill. act.* 1721. *p.* 286.
  Scolymus theophrasti narbonensis. *Cluf. hist.* 2. *p.* 153.
  Cichorium luteum scolymoides, spinis horridum narbonense. *Morif.*
  *Crescit in* Italia, Sicilia, Hispania, Narbona, *præsertim in maritimis.*

# C I C H O R I U M. *g. pl.* 614.

1. CICHORIUM caule dichotomo spinoso.
  Cichorium spinosum. *Bauh. pin.* 126. *Bauh. hist.* 2. *p.* 1013. *Morif. hist.* 3. *p.* 55. *s.* 7. *t.* 1. *f.* 3.
  Cichorium spinosum creticum. *Bauh. prod.* 62. *t.* 62. *Tournef. inst.* 479. *Boerh. lugdb.* 1. *p.* 91.
  Chondrillæ genus elegans, cœruleo flore. *Cluf. hist.* 2. *p.* 145.

α Cicho-

α Cichorium fpinofum, flore albo. *Tournef. cor.* 36.
β Cichorium ex femine cretici degener feu fpinis carens. *Tournef. inft.* 479.
  *Crefcit in maritimis, ficcis collibus & arenofis* Cretæ & Siciliæ.
  *Caulis brevis fubdivifus, dichotome fæpius, in ramos numerofos rigidis acutos; Flores ex ramorum*
  *alis & terminatrices.*

2. CICHORIUM caule fimplici.
  Cichorium fylveftre five officinarum. *Bauh. pin.* 126. *Morif. hift.* 3. *p.* 55. *f.* 7. *t.* 1. *f.* 2. *Tournef. inft.* 479.
    *Pont. diff.* 111. *Boerh. lugdb.* 1. *p.* 91. flore cœruleo. *Vaill. act.* 1721. *p.* 283.
  Cichorium filveftre & fativum. *Bauh. hift.* 2. *p.* 1007.
  Cichorium fimpliciter vocatum. *Cæfalp. fyft.* 506.
  Cichorium filveftre; Picris. *Dod. pempt.* 634.
  Seris fylveftris, Ambubeja. *Lob. hift.* 114.
  Hypochæris. *Dalech hift.* 563.
α Cichorium fylveftre, flore cœruleo, caule purpureo. *Boerh.*
β Cichorium fylveftre, flore albo. *Tournef.*
γ Cichorium fylveftre, flore rofeo. *Tournef.*
δ Cichorium fativum. *Bauh. pin.* 126.
ε Cichorium fativum, florum femiflofculis laciniatis. *Tournef.*
ζ Cichorium fativum, flore albo. *Tournef.*
  *Quod crefcit fylveftre profundioribus gaudet laciniis & quafi aculeatis; quo magis laciniata funt*
  *folia, eo magis amara planta.*

3. CICHORIUM caule fimplici, foliis integris crenatis.
  Cichorium latifolium, Intybus & Endivia dictum, flore cœruleo. *Vaill. act.* 1721. *p.* 284.
  Cichorium latifolium five Endivia vulgaris. *Tournef. inft.* 479. *Boerh. lugdb.* 1. *p.* 91.
  Intybus fativa latifolia five Endivia vulgaris. *Bauh. pin.* 124. *Morif. hift.* 3. *p.* 53. *f.* 7. *t.* 1. *f.* 2.
  Intybum fativum triplex. *Bauh. hift.* 2. ~~p. 1011.~~
  Intybum fativum. *Dod.* ~~pempt. 634.~~
α Cichorium ~~latifolium~~ feu Endivia vulgaris, floribus candidis. *Tournef.*
β Cichorium anguftifolium, Intybus & Endivia dictum, flore cœruleo. *Vaill. act.* 1721. *p.* 284.
  ·Intybus fativa anguftifolia. *Bauh. pin.* 125.
γ Cichorium anguftifolium, five Endivia anguftifolia, flore albo. *Tournef.*
δ Cichorium crifpum. *Tournef.* latifolium. *Vaill.* 284.
  Endivia crifpa. *Bauh. pin.* 125.
ε Cichorium crifpum anguftifolium. *Boerh.*
  *Crefcit . . . .*
  *Hæc licet annua fit, foliisque non laciniatis, a priori tamen nil nifi ut varietatem differre fufpi-*
  *cor; reddit enim cultura plantas plures annuas; obliterat & antecedens in cultis finus; vel ubi*
  *fpontanea crefcat fcire vellem?*
  *J. Bauhinus crifpam δ. Hortulanorum mangonio productam fentit, Rajus vero eandem diverfam*
  *ftatuit, nec accidentia tam diverfa & difcrepantia arte induci poffe. Nos Bauhino affentimur,*
  *cum nullam vidimus adhuc plantam crifpam, quin varietas luxurians fuerit, uti in* Apio crifpo*,*
  Lactuca crifpa*,* Braffilica crifpa*,* Malva crifpa*,* Rumice crifpa*;* Afplenio crifpo *&c.*

## L A M P S A N A. *g. pl.* 610.

1. LAMPSANA calicibus fructus angulatis, pedunculis tenuibus ramofiffimis.
  Lampfana vulgatiffima. *Vaill. act* 1721. *p.* 274.
  Lampfana. *Bauh. hift. p.* 2. 1028. *Dalech. hift.* 540. *Dod. pempt.* 675. *Lob. hift.* 112. *Tournef. inft.* 479. *Pont. diff.*
    113. *Boerh. lugdb.* 1. *p.* 93.
  Intybus five Endivia erecta lutea napifolia, Lamplana ~~dicta.~~ *Morif. hift.* 3. *p.* 54. *f.* 7. *t.* 1. *f.* 9.
  Soncho affinis Lampfana domeftica. *Bauh. pin.* 124.
α Lampfana folio ampliffimo crifpo. *Boerh.*
  *Crefcit in cultis frequens per* Europam.

2. LAMPSANA calicibus fructus undique radiis fubulatis patentibus.
  Rhagadiolus lampfanæ foliis. *Tournef. cor.* 36. *Vaill. act.* 1721. *p.* 276. *Boerh. lugdb.* 1. *p.* 92.
  Hieracium falcatum alterum. *Raj. hift.* 256.
  Hieraciis affinis Rhagadiolus edulis. *Bauh. hift.* 2. *p.* 1014.
  *Crefcit in* Creta & Narbona *inter fegetes.*

3. LAMPSANA calicibus fructu capitatis dehifcentibus, pedunculis incraffatis, floribus nutantibus.
  Rhagadioloides calthæ folio, calyce glabro. *Vaill. act.* 1721. *p.* 263.
  Rhagadiolus. *Cæfalp. fyft.* 511.
  Hedypnois annua. *Tournef. inft.* 478. *Pont. diff.* 107. *Boerh. lugdb.* 1. *p.* 92.
  Hieracium florem inclinans. *Bauh. hift.* 2. *p.* 1032.
  Hieracium capitulum inclinans, femine adunco. *Bauh. pin.* 128.
  Intybus, five Endivia lutea, caput inclinans, femine adunco, majus. *Morif. hift.* 3. *p.* 53. *f.* 7. *t.* 1. *f.* 6.
α Rhagadioloides calthæ folio, calyce hifpido. *Vaill. act.* 1721. *p.* 263.
β Rhagadiolus minor, foliis diffectis, calyce hifpido. *Vaill. act.* 1721. *p.* 264.
  Hedypnois cretica minor annua. *Tournef. cor.* 36.
  Intybus five Endivia lutea minor & humilior, capitulum inclinans, femine adunco. *Morif. hift.* 3. *p.* 53.

*Crescit in Gallia* Narbonensi *ad agrorum margines.*
*Mire variat magnitudine & crassitie ramorum.*

4. LAMPSANA calicibus fructus subrotundis angulatis, pedunculis incrassatis, floribus erectis.
    Zacintha dentis-leonis folio. *Vaill. act.* 1721. *p.* 262.
    Zacintha sive Cichorium verrucarium. *Matth. diosc.* 505. *Tournef. inst.* 476. *Boerh. lugdb.* 1. *p.* 90. *Pont. diff.* 105.
    Zacintha sive Cichorium verrucosum. *Dalech. bist.* 559.
    Cichorium verrucatum; Zacintha. *Cluf. bist.* 2. *p.* 144.
    Cichorium verrucarium sive Zacintha, hieraciis adnumerandum. *Bauh. bist.* 2. *p.* 1013.
    Intybus sive Endivia lutea verrucaria. *Morif. bist.* 3. *p.* 53. *f.* 7. *t.* 1. *f.* 4.
    Chondrilla verrucaria, foliis cichorei viridibus. *Bauh. pin.* 130.
    Calendula, hieracii flore, chondrillæ folio, verrucaria. *Herm. lugdb.* 104.
*Crescit ad ostia* Tibridis, *circa Liburnum portum,* Florentiam *& in variis Italiæ locis; fertur*
*& nasci in* Zacyntho *insula græca.*

## CATANANCHE. *g. pl.* 611.

1. CATANANCHE squamis calycinis inferioribus ovatis.
    Catanance cœrulea, semiflosculorum ordine simplici. *Vaill. act.* 1721. *p.* 281.
    Catanance quorundam. *Dalech. bist.* 1090. *Tournef. inst.* 478. *Pont. diff.* 108. *Boerh. lugdb.* 1. 2. 92.
    Catanance dalechampi, flore cyani, folio coronopi. *Bauh. bist.* 3. *p.* 26.
    Xeranthemum sesamoides, coronopi folio, flore cœruleo. *Pluk. alm.* 395.
    Cichorium cœruleum, coronopi foliis angustis, calyculis squamatis argenteis. *Morif. bist.* 3. *p.* 55.
    Chondrilla cœrulea, cyani capitulo. *Bauh. pin.* 130.
    Chondrillæ species tertia. *Dod. pempt.* 638.
α Catananche eadem, semiflosculorum ordine multiplici. *Vaill.*
    Catanance flore pleno cœruleo. *Tournef.*
*Crescit in aridis squalidisque collibus agri* Narbonensis *copiose, in* Longobardia, *circa* Gratianopolin.

2. CATANANCHE squamis calycinis inferioribus lanceolatis.
    Catananche lutea, longo nervoso dentatoque folio. *Vaill. act.* 1721. *p.* 282.
    Catanance flore luteo, latiore folio. *Tournef. inst.* 478. *Boerh. lugdb.* 1. *p.* 92.
    Chondrilla cyanoides lutea, coronopi folio non diviso. *Barr. rar. t.* 1135. *Bocc. muf.* 2. *p.* 21. *t.* 7.
    Stoebe plantaginis folio. *Alp. exot.* 286.
α Catanance flore luteo, angustiore folio. *Tournef.*
*Crescit juxta* Cardubam *trans fluvium* Quadalquivir *ad primum milliare in agris.*

## ELEPHANTOPUS. 642.

1. ELEPHANTOPUS foliis integris serratis.
    Elephantopus conyzæ folio. *Vaill. act.* 1719. *p.* 409. *Dill. elt.* 126. *t.* 106. *f.* 126.
    Scabiofæ affinis anomala sylvatica, enulæ folio, singulis flosculis albis in eodem capitulo perianthia habentibus, semine pappofo. *Sloan. flor.* 127. *bist.* 1. *p.* 263. *t.* 156. *f.* 1, 2.
    Echinophora affinis mariana, scabiofæ pratensis folio integro, capitulo splendente lævi, summo caule coronata. *Pluk. mant.* 66. *t.* 388. *f.* 6.
    Echinophoræ indicæ affinis, femine & floribus in capsulis (seu potius) capitulis lævibus in caulium cymis prodeuntibus. *Pluk. alm.* 132.
    Ana-schovadi. *Rheed. mal.* 10. *p.* 13. *t.* 7.
*Crescit in locis subhumidis* Malabariæ, Jamaicæ meridionalis, Terræ Marianæ.
*Floruit planta præterito decembri in Hybernaculo, quæ bene respondebat figuræ Dillenianæ, folia*
*modo angustiora & corollas albas protulit, quæ accidentales notæ.* Calyx *Perianthium partiale oblongum, imbricatum; squamis octo, lanceolato-subulatis, pungentibus, erectis, quarum*
*quatuor exteriores brevissimæ.* Involucra *ex foliolis tribus, latis, acutis, plures flores compositos continentia.* Corolla *composita flosculis tribus vel quatuor in orbem positis; propria singula*
*inferne tubulosa, limbo quinquepartito, sinu interiore ad basin limbi diviso, laciniis æqualibus,*
*extrorsum flexis omnibus. Adeoque flos hic in systemate Tournefortiano potius ad semiflosculosos*
*quam flosculosos est referendus; constat enim simplici serie flosculorum uti Prenanthes, & flosculi*
*corollulam ad latus exterius flexam, uti semiflosculus Tournefortii, exhibent; a semiflosculis parum differt quod minus longa sit corollula, & dentes obtusiores ac profundius divisi.*
*Cum caulis dissecatur e radice, prodeunt plures tenues caules vel scapi, fere nudi, qui florent, unde*
Figuræ *Rheedi &* Plukenetii *desumtæ videntur.*

## STOEBE.

1. STOEBE.
    Helichrysoides juniperi creberrimis aduncisque foliis, floribus in ramulorum cymis. *Vaill. act.* 1719. *p.* 393.
    Conyza africana frutescens, foliis Ericæ hamatis & incanis. *Tournef. inst.* 455.
*Crescit in* Africa.
*Caulis frutescens, ramosus, rami tecti foliis imbricatis. Folia subulata, versus basin plana ample-*
*xicauli, superne canaliformia apice acuminato nutante. Capitulum florum ramos terminat.*
E C H I-

# ECHINOPSIS. g. pl. 625.

1. Echinops floribus capitatis, calycibus unifloris.
   Echinopus major. *Bauh. hist.* 3 *p.* 69. *Tournef. inst.* 463. *Vaill. act.* 1718. *Boerh. lugdb.* 1. *p.* 135. *Pont. diss.* 191.
   Carduus sphærocephalus latifolius vulgaris. *Bauh. pin.* 381. *f.* 7. *t.* 35. *f.* 1.
   Carduus sphærocephalus. *Dod. pempt.* 722.
   Chalcejos. *Dalech. hist.* 1481.
   α Echinopus major, flore candido staminibus in medio cœruleis. *Tournef.*
   β Echinopus major humilior, floribus albidis. *Boerh.*
   γ Echinopus orientalis, folio acanthi aculeati tenuiter laciniato. *Boerh.*
   Echinopus orientalis, acanthi aculeati folio, capite magno spinoso albo (vel cœruleo). *Tournef. cor.* 34.
   Carduus sphærocephalus, capitulo longis spinis armato. *Bauh. pin* 283.
   *Crescit inter arbores arifolias in montibus excelsioribus* Ananiæ *vallis ; in montosis sylvis prope*
   Viterbum *quà inde Romam itur.*
   *Varietas* γ *differt a reliquis squamis calycinis citiatis, pilis longis, cum in præcedentibus præ bre-*
   *vitate vix percipiantur.*

2. Echinops floribus corymbosis, calycibus multifloris.
   Atractylis multiflora cœrulea. *Vaill. act.* 1718. *p.* 217.
   Carthamus aculeatus, carlinæ folio, flore multiplici velut umbellato. *Tournef. cor.* 33. *Boerh. lugdb.* 1. *p.* 139.
   Carduus flore hyacinthino umbellato. *Boerh lugdb.* 1. *p.* 137.
   Carduus Chamæleon dictus, capitulis pluribus minoribus cœruleis corymbatim dispositis. *Morif. hist.* 3. *p.* 159.
   *f.* 7. *t.* 33. *f.* 17.
   Chamæleon niger umbellatus, flore cœruleo hyacinthino. *Bauh. pin.* 380.
   Chamæleon niger cærulei. *Dod. pempt.* 729.
   Chameleon niger. *Dalech. hist.* 1454.
   *Crescit in campis prope flumina* Hellefponti juxta Abydum; *in* Lemno, *in* Heraclea Traciæ,
   *in* Apula.
   *Considerata facie plantæ ; corollularum figura, paleis fere setaceis singuli flosculi, seminibus, caly-*
   *cibus &c. Liquet plantam hanc non a præcedenti genere distinctam esse.*

# ARCTIUM. g. pl. 627.

1. Arctium. *Cæsalp. syst.* 488.
   Lappa major; Arcium dioscoridis. *Bauh. pin.* 198. *Morif. hist.* 3. *p.* 146. *f.* 7. *t.* 32. *f.* 1. *Tournef. inst.* 450. *Vaill.*
   *act.* 1718. *p.* 197. *Pont. diss.* 138. *Boerh. lugdb.* 1. *p.* 147.
   Personata sive Lappa major. *Dalech. hist.* 1055.
   Personata sive Lappa major vel Bardana. *Bauh. hist.* 3. *p.* 570.
   Bardana sive Lappa major. *Dod. pempt.* 38.
   α Lappa vulgaris, capitulo minore. *Vaill. act.* 1718. *p.* 197.
   β Lappa major montana, capitulis tomentosis, sive Arctium dioscoridis. *Bauh. pin.* 198.
   Personata altera, cum capitulis villosis. *Bauh. hist.* 3. *p.* 571.
   *Crescit frequens per* Europam *ad umbrosa præcipitia montium, juxta vias & in ruderatis.*
   *Singularis est ista capitulorum pubescentia, telæ aranei instar calycem obvelans in hac planta &*
   *carduis quibusdam, quæ producitur a solo loco plantæ aptissimo.*

# SERRATULA.

1. Serratula foliis pinnatifidis, lacinia terminatrici maxima.
   Serratula. *Bauh. pin.* 235. *Bauh. hist.* 3. *p.* 23. *Dod. pempt.* 24. *Cluf. hist.* 2. *p.* 8. *Boerh. lugdb.* 1. *p.* 144.
   Serratula vulgaris, foliis laciniatis. *Morif. hist.* 3. *p.* 133.
   Jacea nemorensis, quæ Serratula vulgo. *Tournef. inst.* 444. *Pont. diss.* 135.
   Raponticoides nemorosa, Serratula dicta. *Vaill. act.* 1718. *p.* 227.
   Cerretta seu Serretta. *Cæsalp. syst.* 539.
   α Serratula flore candido. *Boerh.*
   *Crescit in pratis nemorosis opacis subhumidis in regionibus campestribus* Sveciæ, Germaniæ, Gal-
   liæ, Angliæ.
   *Calyx cylindraceus squamis lanceolatis acutis, receptaculum setosum, pappus seminum setaceus.*

2. Serratula foliis ovato-lanceolatis, radicalibus serratis, caule thyrsifero. *Fl. lapp.* 291.
   Cirsium humile montanum, cynoglossi folio, polyanthemum. *Raj. syn.* 193. *app.* 196. *Dill. elth.* 82. *t.* 70. *f.* 81.
   *Morif. hist.* 3. *p.* 148. *Vaill. act.* 1718. *p.* 201.
   Carduo-Cirsium minus cambro britannicum, floribus plurimis, summo caule coaggestis. *Pluk. alm.* 83. *t.* 154. *f.* 3.
   α Cirsium montanum polyanthemum, salicis folio angusto denticulato. *Raj. syn.* 193.
   Cirsium montanum cambro-britannicum, capitulis compactis, hieracii fruticosi angustis foliis. *Morif. hist.* 3. *p.* 149.
   Carduo-Cirsium minus cambro-britannicum, floribus pluribus summo caule coaggestis. *Pluk. alm.* 83. *t.* 154. *f.* 3.
   β Cirsium alpinum, boni henrici folio. *Tournef. inst.* 448.
   Cirsium polyanthemum, molliori hastato folio. *Morif. hist.* 3. *p.* 148. *f.* 7. *t.* 29. *f.* 1.
   Carduus mollis, lapathi foliis. *Bauh. pin.* 377. *Bauh. hist.* 3. *p.* 46.
   Carduus mollior 2. *Cluf. hist.* 2. *p.* 151.

*Crescit in Alpibus* Lapponicis *inter juga in convallibus; in secundo* Sneberg *excelsi montis, inter saxa; in monte* Eyschero; *in summis rupibus* Arvoniæ.
*Calyx ovatus, squamis lanceolatis pubescentibus, receptaculum paleis setosis aspersum, pappus seminum plumosus, folia mire variant figura, hinc* α. β. *eadem cum prima planta, ut autoptes in Lapponia omni die didici.*

3. SERRATULA foliis lanceolato-oblongis serratis.
Serratula noveboracensis maxima, foliis longis serratis. *Dill. elth.* 355. *t.* 263. *f.* 342.
Serratula novebaracensis altissima, foliis doriæ mollibus subincanis. *Herm. flor.* 31. *Raj. app.* 208. *Morif. hist.* 2. *p.* 133. *Boerh. lugdb.* 1. *p.* 144.
Serratula noveboracensis, folio leviter crenato molli subincano. *Herm. prod.* 375. *Raj. app.* 208.
Serratula noveboracensis maxima, foliis doriæ leviter serratis. *Pluk. phyt.* 109. *f.* 3.
Centaurium medium noveboracense luteum, solidaginis folio integro tenuiter crenato. *Pluk. alm.* 93.
α Serratula noveboracensis humilior, foliis brevioribus & latioribus serratis. *Dill. elth.* 356.
β Serratula virginiana, persicæ folio subtus incano. *Dill. elth.* 356. *t.* 264. *f.* 343.
Serratula præalta, angusto plantaginis aut persicæ folio. *Bocc. muf.* 2. *p.* 45. *t.* 32.
Jacea nemorensis altissima, persicæ folio. *Tournef. inst.* 444.
Rhaponticoides altissima, persicæ folio. *Vaill. act.*
Centaurium medium, foliis integris purpureum. *Pluk. alm.* 93.
Eupatoria virginiana, serratulæ noveboracensis latioribus foliis. *Pluk. alm.* 141. *t.* 280. *f.* 6.
*Crescit in agro* Noveboracensi, *in* Virginiana & Carolina.
*Calyx subrotundus, squamis lanceolatis, terminatis acumine setaceo; receptaculum nudum; Pappus seminum setaceus.*

4. SERRATULA foliis linearibus, calycibus squamosis.
Cirsium tuberosum, capitulis squarrosis. *Dill. elth.* 83. *t.* 71. *f.* 82.
Eupatorio affinis americana bulbosa, floribus scariosis calyculis contectis. *Pluk. alm.* 142. *t.* 177. *f.* 4.
Stoebe virginiana tuberosa latifolia, capitulis sessilibus, squamis foliaceis acutis donatis. *Morif. hist.* 3. *p* 137. *f.* 7. *t.* 27. *f.* 10.
*Crescit in* Virginia.
*Calyx ovato-oblongus, squamis lanceolatis, acutis, rigidis, ab exteriore parte reflexo patentibus. Receptaculum nudum, & stylus longissimis ad antheras usque divisus ut in Eupatoriis, cum qua ex notis characteristicis valde affinis pappus etiam plumosus est.*

# C A R D U U S. *g. pl.* 630.

1. CARDUUS inermis, foliis pinnatifidis serratis inermibus, squamis calycinis membranaceis acuminato-lanceolatis.
Centaurium foliis cynaræ. *Corn. canad.* 72. *t.* 73. *Tournef. inst.* 449. *Boerh. lugdb.* 1. *p.* 143.
Centaurium majus, foliis cinaræ cornuti. *Morif. hist.* 3. *p.* 131. *f.* 7. *t.* 25. *f.* 2.
*Crescit in* Pyrenæis.

2. CARDUUS caule fere unifloro, calyce inermi acuto, foliis lanceolatis ciliatis integerrimis & laciniatis.
Carduus calice inermi, foliis lanceolatis margine ciliatis. *Fl. lapp.* 292.
Cirsium pratense, singulari capitulo magno uno gemino tergeminoque, foliis aliis integris, aliis dissectis. *Celf. upf.* 16.
Cirsium helenii folio, capite magno. *Vaill. act.* 1718. *p.* 200.
Cirsium singulari capitulo squammato vel incanum alterum. *Bauh. pin.* 377. *Tournef. inst.* 447. *Boerh. lugdb.* 1. *p.* 138.
Cirsium britannicum clusii repens. *Bauh. hist.* 3. *p.* 46. *Raj. hist.* 306.
Cirsium britannicum repens, foliis majoribus subtus incanis. *Morif. hist.* 3. *p.* 149.
*Crescit in pratis depressis ac succulentis & umbrosis* Lapponiæ, *Sveciæ,* Angliæ, *Galliæ &c.*
*Folia radicalia lanceolata, integerrima, margine æquali, setis innoxiis æqualibus ciliorum instar dispositis, superne saturate viridia, subtus pubescentia nivea. Caulis uniflorus fere nudus, cui juxta radicem folia divisa & laciniata. Ex summa ala folioli sæpe flos ad latus caulis sessilis. Hisce dignoscitur facile planta, omnes enim figuræ falsæ sunt, & forte species multiplicata ob folia caulina laciniata.*

3. CARDUUS foliis lanceolatis dentatis, margine spinulis inæqualibus ciliatis, caule levi.
· Cirsium anglicum. *Raj. hist.* 306.
Cirsium anglicum, radice hellebori nigri modo fibrosa, folio longo. *Bauh. hist.* 3. *p.* 45.
*Crescit in paludibus* Angliæ *frequens, nec hujus digna exstat figura.*

4. CARDUUS foliis lanceolatis decurrentibus denticulatis inermibus, calyce spinoso.
Cirsium anglicum. *Lob. hist.* 314. *Dalech. hist.* 584. figuris tenus.
*Crescit forte in* Anglia.
*Folia & caulis absque omnibus spinis, setis aut hirsutie. Flos terminatrix magnus; squamæ calycinæ spinâ terminatæ. Receptaculum setosum. Seminum pappus setosus vix manifeste plumosus.*

5 CARDUUS foliis sinuatis decurrentibus, denticulis & superficie spinosis.
Carduus lanceolatus latifolius. *Bauh. pin.* 385. *Morif. hist.* 3. *p.* 153. *f.* 7. *t.* 31. *f.* 7. *Tournef. inst.* 440. *Boerh. lugdb.* 1. *p.* 136. *Pont. diff.* 124.
Carduus lanceolatus five sylvestris dodonæi. *Bauh. hist.* 3. *p.* 58.
Eriocephalus vulgaris, capite turbinato, flore purpureo. *Vaill. act.* 1718. *p.* 205.
α Carduus lanceolatus latifolius, flore albo. *Tournef.*

*Crescit*

*Crescit in sylvis juxta vias & in locis ruderatis vulgaris per* Europam.
*Receptaculum pilosum ; Pappus seminum plumosus ; squamæ calycinæ spina subulata terminatæ.*

6. CARDUUS foliis sinuatis decurrentibus margine spinosis, floribus confertis terminatricibus.
Carduus caule crispo. *Bauh. hist.* 3. *p.* 59. *Tournef. inst.* 440. *Vaill. act.* 1718. *p.* 195.
Carduus spinosissimus angustifolius vulgaris. *Bauh. pin.* 385. *Boerh. lugdb.* 1. *p.* 136.
Carduus polycanthos, capitulis pluribus nutantibus ramosior. *Moris. hist.* 3. *p.* 153.
Carduus polycanthos. *Raj. hist.* 309.
Polycanthos theophrasti. *Dalech. hist.* 1473.
α Carduus spinosissimus angustifolius, flore albo. *Boerh.*
β Carduus caule crispo, capitulis minoribus. *Boerh.*
*Crescit in aggeribus fossarum ad sepes & inter vepres in* Svecia, Germania, Belgio, Anglia.
*Calycis squamæ lineares, terminatæ spinula. Receptaculum pilosum. Pappus plumosus.*

7. CARDUUS foliis sinuatis decurrentibus margine spinosis, floribus solitariis nutantibus.
Carduus moschatus, flore amplo, capite deflexo. *Pluk. alm.* 83. *Vaill. act.* 1718. *p.* 193.
Carduus nutans. *Bauh. hist.* 3. *p.* 56. *Tournef. inst.* 440. *Boerh. lugdb.* 1. *p.* 136.
Carduus alatus major, flore rubro moschato, capite nutante. *Morif. hist.* 3. *p.* 153. *f.* 7. *t.* 31. *f.* 6.
*Crescit secus margines viarum, scrobiumque & in incultis agris.*
*Calyx subrotundus, squamis lanceolato-linearibus, patulis, spina terminatis : pappus seminum pilosus.*

8. CARDUUS foliis sessilibus angulis spinosis, floribus solitariis fere sessilibus : aliquot foliolis ovallatis.
Carduus albis maculis notatus exoticus. *Bauh. pin.* 381. *Morif. hift.* 3. *p.* 155. *f.* 7. *t.* 30. *f.* 5. *Boerh. lugdb.* 1. *p.* 136.
Carduus lacteus peregrinus camerarii. *Bauh. hist.* 3. *p.* 53.
Carduus lacteus syriacus. *Cam. hort.* 35. *t.* 10.
Cnicus albis maculis notatus, flore purpureo. *Tournef. inst.* 450.
Polyacantha major, lanceolato folio, flore purpureo. *Vaill. act.* 1718. *p.* 199.
α Cnicus albis maculis notatus, flore albo. *Tournef.*
*Crescit in* Creta & *Hispania.*
*Calyces in alis fere sessiles solitarii ; foliola duo majora, & duo sæpius minora spinosa adfiguntur basi calycis. Calycis squamæ lanceolæ spina terminatæ. Receptaculum villosum, Pappus seminum plumosus.*

9. CARDUUS squamis calycinis margine & apice spinosis.
Carduus albis maculis notatus vulgaris. *Bauh. pin.* 381. *Morif. hist.* 3. *p.* 155. *f.* 7. *t.* 30. *f.* 1. *Tournef. inst.* 440.
*Boerh. lugdb.* 1. *p.* 136. *Pont. diff.* 124.
Carduus marianus, sive lacteis maculis notatus. *Bauh. hist.* 3. *p.* 52.
Carduus leucographus. *Dod. pempt.* 722.
Leucographus plinii, Carduus mariæ. *Dalech. hist.* 1475.
Silybum albis maculis notatum, flore purpureo. *Vaill. act.* 1718. *p.* 219.
α Silybum non maculatum, flore purpureo. *Vaill. act.* 219.
*Crescit ad sepes, in aggeribus & ruderatis* Angliæ, Galliæ, Italiæ.
*Calyx ventricosus ; squamæ ovatæ, terminatæ appendice patulo lanceolato desinente in spinam validam ; Latera appendicis spinis minoribus ciliata sunt. Receptaculum pilosum. Pappus seminum pilosus.*

10. CARDUUS foliis lanceolato linearibus integerrimis, margine spinis ternatis armato.
Carduus seu Polyacantha vulgaris. *Tournef. inst.* 441. *Pont. diff.* 126.
Polyacantha vulgaris altissima. *Vaill. act.* 1718. *p.* 199.
Polyacanthus cafabonæ Acarnæ similis. *Bauh. hist.* 3. *p.* 92.
Acarna theophrasti arguillarâ. *Lob. hist.* 486. *f.* 1. *Dalech. hist.* 1484.
Acarna major, caule non folioso. *Bauh. pin.* 379.
*Crescit . . . .*
*Foliorum tomentum est in foliorum parte prona nunc crassum & croceum, in aliis plantis vix manifestum viride.*

## O N O P O R D U M. *g. pl.* 629.

1. ONOPORDUM foliis decurrentibus margine spinosis.
Onopordon vulgare, flore purpureo. *Vaill. act.* 1718. *p.* 193.
Carduus tomentosus, acanthi folio, 1 vulgaris. *Tournef. inst.* 441. *Boerh. lugdb.* 1. *p.* 137. *Pont. diff.* 125
Carduus alatus tomentosus latifolius vulgaris. *Morif. hist.* 3. *p.* 152. *f.* 7. *t.* 30. *f.* 1.
Spina alba tomentosa latifolia sylvestris. *Bauh. pin.* 382.
Spina alba sylvestris fuchsio. *Bauh. hist.* 3. *p.* 54.
Acanthium. *Dod. pempt.* 721.
α Carduus tomentosus, acanthi folio, vulgaris, flore suaverubente. *Vaill. parif.* 28.
β Carduus tomentosus, acanthi folio, vulgaris, flore albo. *Tournef.*
γ Carduus totus viridis, acanthi folio, vulgaris. *Vaill. parif.*
*Crescit in ruderatis & agris frequens per* Europam.

Ggggg

CYNARA.

# C Y N A R A. *g. pl.* 631.

1. CYNARA foliis pinnatis, laciniis ferratis.
   Cynara fylveftris latifolia. *Vaill. act.* 1718. *p.* 198.
   Cinara fylveftris latifolia. *Bauh. pin.* 384. *Tournef. inft.* 442.
   Scolymus diofcoridis, Cynara filveftris. *Dalech. hift.* 1437.
   Carduus Scolymus fylveftris. *Bauh. hift.* 3. *p.* 52.
   α Cinara hortenfis aculeata. *Bauh. pin.* 383.
   Scolymus diofcoridis. *Cluf. hift.* 2. *p.* 153.
   Carduus five Scolymus fativus fpinofus & non fpinofus. *Bauh. hift.* 3. *p.* 48.
   β Cinara hortenfis, foliis non aculeatis. *Bauh. pin.* 383. *Boerh. lugdb.* 1. *p.* 139. *Pont. diff.* 126.
   Carduus domefticus, capite majore cum fquamis difpanfis viridibus. *Morif. hift.* 3. *p.* 137. *f.* 7. *t.* 33. *f.* 1.
   γ Cinara fpinofa, cujus pediculi efitantur. *Bauh. pin.* 383.
   δ Cinara maxima anglica. *Bauh. pin.* 383.
   *Crefcit in lætis agris* Italiæ, Siciliæ *&* Galliæ Narbonenfis.

# C A R T H A M U S. *g. pl.* 632.

1. CARTHAMUS foliis ovatis integris margine aculeatis.
   Carthamus officinarum, flore croceo. *Tournef. inft.* 457. *Vaill. act.* 1718. *p.* 216. *Boerh. lugdb.* 1. *p.* 139. *Pont. diff.* 152.
   Carthamus five Cnicus. *Bauh. hift.* 3. *p.* 79.
   Cnicus fativus five Carthamus officinarum. *Bauh. pin.* 378. *Morif. hift.* 3. *p.* 145. *f.* 7. *t.* 27. *f.* 1.
   Cnicus vulgaris. *Cluf. hift.* 2. *p.* 152.
   Cnicus fativus vulgo Crocum faracenicum. *Cæfalp. fyft.* 532.
   Cnicus five Carthamus. *Dod. pempt.* 362.
   α Cnicus officinarum, flore albido. *Tournef.*
   *Crefcere fertur in* Ægypto.

2. CARTHAMUS foliis lanceolatis acuminate ferratis.
   Carthamoides coerulea tingitana. *Vaill. act.* 1718. *p.* 218.
   Cnicus perennis coeruleus tingitanus. *Herm. lugdb.* 162. *t.* 163. *Tournef. inft.* 450. *Boerh. lugdb.* 1. *p.* 140.
   Carduus coeruleus erectus tingitanus, cnici facie, foliis magis integris. *Morif. hift.* 3. *p.* 159.
   α Carthamus five Cnicus, flore coeruleo. *Bauh. hift.* 3. *p.* 80.
   Carthamoides coerulea, folio denticulato. *Vaill. act.* 1718. *p.* 218.
   Cnicus coeruleus afperior. *Bauh. pin.* 378. *Tournef. inft.* 450.
   Cnicus alter clufii, coeruleo flore. *Cluf. hift.* 2. *p.* 152.
   Cnicus flore coeruleo. *Lob. hift.* 488.
   Carduus erectus coeruleus, cnici foliis diffectioribus. *Morif. hift.* 3. *p.* 159. *f.* 7. *t.* 34. *f.* 19.
   *Crefcit in agro* Tingitano, *&* Hifpalenfi; *circa* Cordubam *in fegetibus.*

3. CARTHAMUS foliis amplexicaulibus acuminate dentatis.
   Atractylis lutea. *Bauh. pin.* 379. *Vaill. act.* 1718. *p.* 217.
   Atractylis vera, flore luteo. *Bauh. hift.* 3. *p.* 83.
   Atractylis theophrafti & diofcoridis, fucco fanguineo. *Col. ecphr.* 1. *p.* 19. *t.* 23.
   Atractylis. *Dod. pempt.* 736.
   Cnicus Atractylis lutea dictus. *Herm. lugdb.* 164. *Tournef. inft.* 451. *Boerh. lugdb.* 1. *p.* 140. *Pont. diff.* 141.
   Carduus luteus erectus, ramulis fufum referentibus. *Morif. hift.* 3. *p.* 160. *f.* 7. *t.* 34. *f.* 2.
   α Cnicus atractylis purpurea dictus. *Boerh.*
   Atractylis purpurea. *Bauh. pin.* 379.
   *Crefcit in* Creta, Gallia Narbonenfi; *circa* Genevam, *in* Italia *& variis* Græciæ *infulis ad vias & agrorum margines.*

# C N I C U S. *g. pl.* 633.

1. CNICUS caule diffufo, foliis dentato finuatis.
   Cnicus fylveftris hirfutior, five Carduus benedictus. *Bauh. pin.* 378. *Vaill. act.* 1718. *p.* 208. *Tournef. inft.* 450. *Boerh. lugdb.* 1. *p.* 140. *Pont. diff.* 139.
   Carduus luteus procumbens fudorificus & amarus. *Morif. hift.* 3. *p.* 160. *f.* 7. *t.* 34. *f.* 1.
   Carduus benedictus. *Bauh. hift.* 3. *p.* 75. *Dod. pempt.* 737. *Matth. diofc.* 541. *Tilland. ic.* 28.
   Carduus fanctus five Carduus benedictus. *Cæfalp. fyft.* 534.
   α Cnicus five Carduus benedictus e chio. *Volk. norib.* 86.
   *Crefcit in Infula* Lemno *&* Chio *in agris.*

2. CNICUS caule erecto, foliis inferioribus laciniatis, fuperioribus integris.
   Cnicus pratenfis, acanthi folio, flore flavefcente. *Tournef. inft.* 450. *Pont. diff.* 142.
   Cirfium acanthoides pratenfe, flore ochroleuco. *Vaill. act.* 1718. *p.* 203.
   Cirfium fibrofum, foliis latioribus divifis viridibus, floribus albicantibus. *Morif. hift.* 3. *p.* 150. *f.* 7. *t.* 29. *f.* 20.
   Carduus pratenfis latifolius. *Bauh. pin.* 376.
   Carduus pratenfis. *Bauh. hift.* 3. *p.* 43.
   α Carduus pratenfis, acanthi folio, flore purpureo. *Tournef.*
   *Crefcit in* Gallia, *variifque* Germaniæ *&* Galliæ *partibus: ad ripam* Dubis *inter* Longueville *&* Bavans; *in pratis* Rheno *vicinis prope* Argentoratum, Bafileam *&c.*

ATRAC.

# ATRACTYLIS. *g. pl.* 635.

1. ATRACTYLIS foliis linearibus dentatis, calycibus conniventibus.
   Crocodilodes exigua, purpurascente flore. *Vaill. act.* 1718. *p.* 207.
   Cnicus exiguus, capite cancellato, semine tomentoso. *Tournef. inst.* 451. *Boerh. lugdb.* 1. *p.* 140.
   Carduus parvus. *Bauh. hist.* 3. *p.* 93. *Raj. hist.* 316.
   Carduus minimus. *Alp. exot.* 254.
   Acarna capitulis globosis. *Bauh pin* 379.
   Eryngium parvum palmare, foliis serratis. *Morif. hist.* 3. *p.* 166. *f.* 7. *t.* 36. *f.* 16.
   *Crescit in agris* Hispaniæ, Cretæ, Siciliæ *circa arcem* Puzzallu.

2. ATRACTYLIS foliis oblongo-ovatis denticulatis spinosis, calycibus patentibus.
   Crocodilodes atractylides folio, flore sulphureo coronato. *Vaill. act.* 1718. *p.* 207.
   Carthamus africanus frutescens, folio ilicis, flore aureo. *Boerh. lugdb.* 1. *p.* 139. *Walth. hort.* 13. *t.* 7.
   *Crescit in* Africa.

# CARLINA. *g. pl.* 634.

1. CARLINA caule unifloro.
   Carlina-acaulos, magno flore albo. *Bauh. pin.* 380. *Vaill. act.* 1718. *p.* 220. *Tournef. inst.* 500. *Boerh. lugdb.* 1. *p.* 101.
   Carlina acaulos, flore rubro squamis albis. *Pont. diff.* 167.
   Carlina altera. *Bauh. hist.* 3. *p.* 64.
   Carlina vulgo. *Cæsalp. syst.* 526.
   Carlina altera *Dod. pempt.* 101.
   Chamæleon albus dioscoridis, Ixia theophrasti. *Cluf. hist.* 2. *p.* 155.
   Carduus Xeranthemos, flore albo ampliore, acaulis. *Morif. hist.* 3. *p.* 162.
   α Carlina acaulos, magno flore purpureo. *Tournef.*
   *Crescit in pascuis sterilibus, montosis, sepibus* Germaniæ, Italiæ & Galliæ Narbonensis.

2. CARLINA caule multifloro corymboso.
   Carlina sylvestris vulgaris. *Cluf. hist.* 2. *p.* 156. *Vaill. act. 1718. p. 220. Tournef. inst.* 500. *Boerh. lugdb.* 1. *p.* 101
   Carlina silvestris. *Dod. pempt.* 728.
   Carlina sylvestris quibusdam, aliis Atractylis. *Bauh. hist.* 3. *p.* 84.
   Carthamum sylvestre. *Cæsalp. syst.* 532.
   Cnicus sylvestris spinosior. *Bauh. pin.* 378.
   Carduus Xeranthemoides, flore luteo, capitulis parvis in umbella. *Morif. hist.* 3. *p.* 162.
   α Carduus monstrosus, figura cornu copiæ. *Bauh. pin.* 379.
   β Carlina sylvestris, flore aureo, perennis. *Herm. lugdb.* 121. *Tournef. inst.* 500. *Boerh. lugdb.* 1. *p.* 500.
   Carduus Xeranthemus vulgaris annuus. *Morif. hist.* 3. *p.* 162.
   γ Carlina patula, atractylidis folio & facie. *Tournef. inst.* 500. *Vaill. act.* 1718. *p.* 221.
   *Crescit in locis sterilissimis montosis & incultis vulgaris per* Europam.
   *Inquirant Botanici an* β. γ. *sufficienter distinguatur, vel an sola, ut nobis videtur, varietas. In planta vulgari rami flore proprio fastigiati sunt, at in* β. γ. *rami longiores caule uti ramuli ramo.*

# KLEINIA. *g. pl.* 649.

1. KLEINIA foliis lanceolatis planis, caule lævi ventricoso.
   Cacalianthemum folio nerii glauco. *Dill. elth.* 61. *t.* 54. *f.* 62.
   Nec Cacalia; nec Cacaliastrum; an Tithymaloides frutescens foliis nerii. *Klein. monogr.*
   Linariæ similis arbuscula canariensis, folio longiore carnoso fragili subtus purpurascente, crithmum resipiens. *Pluk. alm.* 223. *t.* 304. *f.* 3. *pessima.*
   Arbor lavendulæ folio. *Cluf. exot.* 6. *t.* 7. *pessima. Bauh. hist.* 1. *pp.* 205.
   Frutex indiæ orientalis, lavendulæ folio. *Bauh. pin.* 401.
   *Crescit in insulis* Canariis, & (*ut fertur*) *etiam in* India Orientali.

2. KLEINIA foliis carnosis lanceolatis compressis, caule tereti.
   Senecio africanus arborescens, ficoidis folio & facie. *Comm. rar.* 40. *t.* 40.
   Senecio africanus arborescens, folio ficoidis. *Boerh. lugdb.* 1. *p.* 117.
   *Crescit in* Africa.
   *Hujus folia dum marcescere incipiunt aromaticum spargunt odorem & fere Humulum redolent.*

3. KLEINIA caule petiolis truncatis obvallato.
   Cacalianthemum (forte) caudice papillari. *Dill. elth.* 63. *t.* 55. *f.* 63.
   *Crescit in* Africa.
   *De fructificatione hujus nil certi adhuc novimus.*
   *Singulari methodo munitur caulis ab externis injuriis; Folia enim decidunt & discedunt paulo supra basin petioli; pars remanens accrescit, & induratur, unde spinis truncatis undique munitur caulis.*

4. KLEINIA foliis carnosis planis ovato-oblongis.
   Anteuphorbium. *Dod. pempt.* 378. *Dalech. hist.* 1692. *Lob. obf.* 643. *Dill. elth.* 63. *t.* 55. *f.* 2, 3.
   Euphorbium 12. *Boerh. lugdb.* 1. *p.* 259.

Ggggg 2                                                                 *Crescit*

*Crescit in* Africa.

*Caulis carnosus. Folia ovato-oblonga, plana, carnosa, obtusa, alterna; e singulo puncto insertionis folii decurrunt per caulem lineæ glabræ tres.*

*Dicta in Honorem Nobilissimi* J. Th. Klein *urbi Gedanensi à secretis, plantarum rariorum cultore summo, a quo speciei hujus primæ flos primum descriptus fuit particulari opusculo.*

## E U P A T O R I U M. *g. pl.* 638.

1. EUPATORIUM foliis connatis.
Eupatorium virginianum, salviæ foliis longissimis acuminatis, perfoliatum. *Pluk. alm.* 140. *t.* 87. *f.* 6. *bona. Tournef. inst.* 456. *Vaill. act.* 1719. *p.* 399.
Eupatorium virginianum, mucronatis rugosis & longissimis foliis perfoliatum. *Morif. hist.* 3. *p.* 97.
*Crescit in* Virginia.
*Radix perennis; Caules erecti, simplices; Folia opposita, lineari-lanceolata, respectu internodiorum caulis longissima, acuta, sessilia, obsolete serrata, superne scabra, subtus venis resticulata villosa albida, basi connata in unum. Corymbus florum terminatrix, albicans.*

2. EUPATORIUM foliis digitatis.
Eupatorium cannabinum. *Bauh. pin.* 320. *Vaill. act.* 1719. *p.* 398. *Tournef. inst.* 455. *Pont. diss.* 161. *Boerh. lugdb.* 1. *p.* 118.
Eupatorium cannabinum vulgare, foliis trifidis profunde dentatis. *Morif. hist.* 3. *p.* 97.
Eupatorium adulterinum. *Bauh. hist.* 2. *p.* 1065.
Hepatorium vulgare. *Dod. pempt.* 28.
*Crescit in uliginosis & umbrosis juxta fossas, fluvias & aquas per* Europam.

3. EUPATORIUM caule erecto, foliis cordatis serratis.
Eupatorium, urticæ foliis, canadense, flore albo. *Herm. lugdb.* 667. *Boerh. lugdb.* 1. *p.* 118.
Eupatorium urticæ foliis, canadense, floribus albis. *Pluk. alm.* 140. *Vaill. act.* 1719. *p.* 399.
Eupatorium americanum, folio urticæ, flore albo. *Pont. diss.* 162.
Euphorbium scrophulariæ foliis glabris, flore albo. *Morif. hist.* 3. *p.* 98. *f.* 7. *t.* 18. *f.* 11.
Conyza americana, urticæ folio, flore albo. *Tournef. inst.* 455.
Valeriana urticæ folio, flore albo. *Corn. canad.* 20. *t.* 21.
*Crescit in* Canada.
*Hæc recedit calyce fere æquali, pappo longe breviore, vix ipsa semina superante, pistilloque brevi, parum antheras supereminente.*

4. EUPATORIUM caule erecto, foliis oblongo-ovatis serratis petiolatis.
Eupatorium novæ angliæ, urticæ foliis, floribus purpurascentibus, maculato caule. *Herm. lugdb.* 667. *par.* 158. *t.* 158. *Tournef. inst.* 456. *Boerh. lugdb.* 1. *p.* 118.
*Crescit in* Nova Anglia.

5. EUPATORIUM caule volubili, foliis cordatis acutis dentatis.
Eupatorium americanum scandens, hastato magis acuminato folio. *Vaill. act.* 1719. *p.* 401.
Clematitis novum genus, cucumeris folio, virginianum. *Pluk. alm.* 109. *t.* 163. *f.* 3.
*Crescit in* Virginia.

6. EUPATORIUM caule volubili, foliis ovatis integerrimis, floribus quadrifloris racemosis.
*Crescit in* Vera Cruce, *ab* Houstono *collecta.*
*Caulis volubilis. Folia ovata, acuminata, integerrima, petiolata, opposita. Rami ex ala singula solitarii, foliosi, recti, desinentes in racemum compositum ex racemulis oppositis, singulo racemulo digiti longitudine, floribus proprio pedicello insidentibus: Singulo calyce tetraphyllo, æquali, pappo breviore, quatuor flosculis instructo; Pappus simplex, setaceus; pistillum longum, bipartitum.*

7. EUPATORIUM caule erecto, foliis oblongo-ovatis integerrimis.
Eupatorium origani foliis amplioribus. *Vaill. act.* 1719. *p.* 400.
Centaurium ciliare minus bisnagaricum, origani foliis amplioribus, floribus in umbellis. *Pluk. alm.* 93. *t.* 81. *f.* 4.
*Crescit in* America, Bahama *&c.*
*Facies totius plantæ est origani.*

## A G E R A T U M. *g. pl.* 637.

1. AGERATUM.
Carelia americana, lamii folio. *Pont. diss.* 184.
Eupatorium humile africanum, senecionis facie, folio lamii. *Herm. parad.* 161. *t.* 161. *Vaill. act.* 1719. *p.* 400.
Conyza americana, lamii folio, flore albo. *Tournef. inst.* 455. *Boerh. lugdb.* 1. *p.* 116.
*Crescit in* America.

## C H R Y S O C O M A. *g. pl.* 639.

1. CHRYSOCOMA calycibus laxis.
Chrysocome. *Dill. gen.* 167.
Coma aurea germanica. *Boerh. lugdb.* 1. *p.* 121.

Virga

Virga aurea, linariæ folio, floribus congeſtis & umbellatim diſpoſitis. *Moriſ. hiſt.* 3. *p.* 125.
Conyza linariæ folio. *Tournef. inſt.* 455. *Vaill. act.* 1719. *p.* 397. *Pont. diſſ.* 157.
Linoſyris nuperorum. *Lob. hiſt.* 223.
Oſyris auſtriaca. *Cluſ. hiſt.* 1. *p.* 325.
Linaria, folioſo capitulo luteo, major. *Bauh. pin.* 213.
Heliochryſos tragi, ſive Linaria tertia. *Bauh. hiſt.* 3. *p.* 151.
*Creſcit in montoſis paſcuis ad ſepes prope* Ratisbonam; *in multis* Pannoniæ *locis; in* Gallia Nar-bonenſi, *prope* Monſpelium.

2. CHRYSOCOMA fruticoſa, foliis linearibus dorſo decurrentibus.
Coma aurea africana fruticans, foliis linariæ anguſtis, major. *Comm. hort.* 2. *p.* 89. *t.* 45. *Boerh. lugdb.* 1. *p.* 121.
Conyza africana frutefcens, foliis roſmarini. *Old. afr.* 27. *Tournef. inſt.* 455. *Vaill. act.* 1719. *p.* 397.
Conyza æthiopica, flore bullato aureo, pinaſtri brevioribus foliis læte viridibus. *Pluk. alm.* 400. *t.* 327. *f.* 2.
*Creſcit in* Æthiopia *& ad* Caput bonæ ſpei.

3. CHRYSOCOMA foliis linearibus, ſubtus piloſis, floribus ante florefcentiam reflexis.
Conyza africana tenuifolia ſubfrutefcens, flore aureo. *Boerh. lugdb.* 1. *p.* 116.
Conyza africana humilis, coridis folio, perennis. *Vaill. act.* 1719. *p.* 398.
*Creſcit in* Africa.
*Rami filiformes, diffuſi, perennes, piloſi; flores, reflexi ante florefcentiam, hanc plantam diſtinctam reddunt a præcedenti.*

# S A N T O L I N A. *g. pl.* 640.

1. SANTOLINA foliis linearibus, pedunculis unifloris.
Santolina vermiculata cretica. *Tournef. inſt.* 461. *Vaill. act.* 1719. *p.* 411. *Pont. diſſ.* 181.
Santolina, foliis roſmarini, major. ~~Tournef. inſt. 401. Boerh. lugdb. 1. p.~~ 124.
Abrotanum ~~fœmina, foliis~~ roſmarini, majus. *Bauh. pin.* 137. *Moriſ.* ~~hiſt. 3. 10. ſ. 6. t. 9.~~
Abrotanum fœmina 4. *Cluſ. hiſt.* 1. *p.* 342.
α Abrotanum fœmina, foliis roſmarini, minus. *Bauh. ~~pin.~~* 137.
β Santolina vermiculata cretica. *Tournef. inſt.* 461. *Vaill. act.* 1719. *p.* 411.
γ Abrotanum fœmina viridis. *Bauh. pin.* 137.
*Creſcit in agro* Salmanticenſi *& montibus* Segobiæ *vicinis, qui* Caſtellam novam *a veteri ſeparant, aliisque aſperis & ſalebroſis* Hiſpaniæ *locis.*

2. SANTOLINA foliis quadrifariam dentatis, pedunculis unifloris.
Santolina foliis teretibus. *Tournef. inſt.* 46. *Vaill. act.* 1719. *p.* 412. *Boerh. lugdb.* 1. *p.* 123. *Pont. diſſ.* 180.
Santolina 1. *Dod. pempt.* 269.
Santolina vulgo, aliis Creſpolina. *Cæſalp. ſyſt.* 478.
Chamæcypariſſus. *Bauh. hiſt.* 3. *p.* 133.
Abrotanum fœmina vulgare. *Cluſ. hiſt.* 1. *p.* 341.
Abrotanum fœmina, foliis teretibus. *Bauh. pin.* 136. *Moriſ. hiſt.* 3. *p.* 11. *ſ.* 6. *t.* 3. *f.* 12.
α Santolina flore majore, foliis villoſis & incanis. *Tournef. inſt.* 460. *Vaill. act.* 1719. *p.* 412.
β Santolina incana, chamæmeli odore ſuaviore. *Boerh. lugdb.* 1. *p.* 123.
γ Santolina hiſpanica, foliis chamæmeli. *Tournef. inſt.* 461.
δ Santolina foliis minus incanis. *Tournef. inſt.* 461.
Abrotanum fœmina, foliis minus incanis. *Bauh. pin.* 137.
*Creſcit in* Hetruriæ, Hiſpaniæ, Galliæ Narbonenſis ſalebroſis.

3. SANTOLINA corymbo ſimplici terminatrici, foliis trifidis.
α Santolina africana corymbifera, ~~coronopi folio~~ ampliore. *Tournef. inſt.* 461.
Baccharis africana perennis, glauco trifidoque folio. ~~Vaill. act. 1719. p. 414.~~
Coma aurea africana fruticans, foliis glaucis & in extremitate trifidis. *Comm. hort.* 2. *p.* 97. *t.* 49. *Boerh. lugdb.* 1. *p.* 181. *Pont. diſſ.* 176.
β Baccharis africana, crithmi folio. *Vaill. act.* 1719. *p.* 415.
Coma aurea africana fruticans, foliis crithmi marini. *Comm. hort.* 2. *p.* 99. *Pont. diſſ.* 176.
Jacobæa æthiopica, foliis abrotani trifidis, ſummo caule capitulis parvis glomeratis. *Pluk.* 194. *t.* 302. *f.* 7.
γ Coma aurea africana fruticans, foliis viridibus & in extremitate trifidis, floribus majoribus. *Boerh. lugdb.* 1. *p.* 122.
δ Coma aurea africana fruticans, foliis glaucis longis tenuibus multifidis, apice pinnularum trifido. *Boerh.*
ε Coma aurea africana fruticans, foliis tenuiſſimis longis trifidis. *Boerh.*
ζ Coma aurea africana fruticans, foliis glaucis ſucculentis digitatis odoratis. *Boerh.*
η Baccharis africana tomentoſa & incana, trifido folio. *Vaill. act.* 1719. *p.* 415.
Abrotanum africanum, multifido folio, incanum, corymbis aureis, umbellatum. *Pluk. alm.* 2. *p.* 352. *f.* 4.
*Creſcit in* Africa.
*Semina hujus coronata ſunt villis breviſſimis.*

4. SANTOLINA corymbo compoſito terminatrici, folis linearibus dentatis, dentibus longitudine folii.
Elichryſum africanum frutefcens, foliis crithmi marini. *Comm. hort.* 2. *p.* 113. *t.* 57. *Boerh. lugdb.* 1. *p.* 121.
Ageratum capenſe, crithmi folio, capitulis parvis. *Pet. gaz. t.* 33. *f.* 1.
*Creſcit in* Africa.
*Antecedenti ſimilis ſeminibus & floribus, ſed calice paulo anguſtiore.*

Hhhhh

5. SANTO-

5. Santolina foliis inferioribus linearibus dentatis, superioribus ovatis serratis, corymbo composito.
Ageratum africanum frutescens, folio crasso rigido serrato, flore aureo. *Boerh. lugdb.* 1. *p.* 125.
Coma aurea africana frutescens, foliis inferioribus incisis, superioribus dentatis. *Comm. rar.* 41. *t.* 41.
*Crescit in* Africa.
*Rami & caules corymbo terminantur; calix oblongus, paleæ distinguunt flosculos & semina nuda.*

6. Santolina foliis linearibus, flore solitario terminatrici, squamis calycinis crenatis.
*Crescit in* Africa.
*Caulis fruticosus, foliis alternis vestitutus: folium ubi inseritur cauli basi prominet, unde infra folium deorsum evadit angulatus caulis. Folia linearia, obsolete trigona. Flos unicus, terminatrix. Calyx (centaureæ modo) ovatus, imbricatus squamis ovato-oblongis, apice rotundatis, quarum intimæ magnæ, margine membranaceæ, crenatæ & limbum parvum patentem formantes. Flosculi æquales, longitudine calycis, hermaphroditi omnes, stigmate bifido; seminum corona parum villosa & fere nulla.*

7. Santolina tomentosa, foliis oblongis integerrimis obtusis, corymbo terminatrici ramoso.
Baccharis tomentosa, polii folio, sapore fervido. *Vaill. act.* 1719. *p.* 415.
Gnaphalium maritimum. *Bauh. pin.* 263. *Tournef. inst.* 461. *Boerh. lugdb.* 1. *p.* 118. *Pont. diss.* 182.
Gnaphalium maritimum multis. *Bauh. hist.* 3. *p.* 157.
Gnaphalium marinum tomentosum. *Dalech. hist.* 1387.
Gnaphalium legitimum. *Cluf. hist.* 1. *p.* 320.
Chrysanthemum perenne Gnaphalodes maritimum. *Moris. hist.* 3. *p.* 21. *f.* 6. *t.* 4. *f.* 47.
*Crescit in litoribus sabulosis & arenosis maris mediterranei frequens; in universo litore a* Marianis aquis *ad* Ceti montis *radices & alibi in* Narbona. *In litore* Cornubiensi *& variis aliis* Angliæ.

# T A N A C E T U M. *g. pl.* 636.

1. Tanacetum foliis ovatis integris serratis.
Tanacetum hortense, foliis & odore menthæ. *Herm. lugdb.* 697. *Tournef. inst.* 461. *Pont. diss.* 194.
Balsamita major. *Dod pempt.* 295. *Moris. hist.* 3. *p.* 2. *f.* 6. *t.* 1. *f.* 1. *Vaill. act.* 1719. *p.* 369. *Boerh. lugdb.* 1. *p.* 125.
Mentha hortensis corymbifera. *Bauh. pin.* 226.
Mentha corymbifera sive Costus hortensis. *Bauh. hist.* 3. *p.* 144.
Costus hortensis. *Dalech. hist.* 678.
Herba sanctæ mariæ. *Cæsalp. syst.* 483.
*Crescit in locis squalidis* Hetruriæ *&* Narbonæ.

2. Tanacetum foliis pinnatifidis integerrimis.
Tanacetum africanum arborescens, foliis lavendulæ multifido folio. *Comm. hort.* 2. *p.* 201. *t.* 101. *Vaill. act.* 1719. *p.* 370. *Boerh. lugdb.* 1. *p.* 124.
α Tanacetum africanum frutescens, foliis lavendulæ multifidæ longe minoribus, graveolens. *Boerh.*
*Crescit in* Africa.

3. Tanacetum foliis pinnatis, pinnis pinnatifidis incisis serratis.
Tanacetum foliis pinnatis planis, pinnis serratis. *Fl. lapp.* 295.
Tanacetum vulgare luteum. *Bauh. pin.* 132. *Moris. hist.* 3. *p.* 2. *f.* 6. *t.* 5. *f.* 1. *Vaill. act.* 1719. *p.* 369. *Tournef. inst.* 461. *Boerh. lugdb.* 1. *p.* 125. *Pont. diss.* 193.
Tanacetum vulgare, flore luteo. *Bauh. hist.* 3. *p.* 131.
Tanacetum vulgo, aliis Daneta. *Cæsalp. syst.* 479.
Tanacetum. *Dod. pempt.* 36.
Athanasia seu Tanacetum. *Dalech. hist.* 955.
α Tanacetum foliis crispis. *Bauh. pin.* 132.
Tanacetum crispum. *Dod. pempt.* 36.
β Tanacetum vulgare luteum maximum. *Boerh.*
*Crescit in aggeribus & agrorum marginibus ac sepimentis frequens per* Europam.
*Hæc in* Lapponia *& septentrionali* Svecia *fere inodora est, at* α *in Hortis foliis crispis odoratissimis.*

4. Tanacetum foliis pinnato multifidis, laciniis linearibus divisis acutis, floribus fastigiatis.
Abrotanum africanum fruticans multiflorum, foliis tanaceti decuplo minoribus. *Comm. hort.* 2. *p.* 199. *t.* 100. *Boerh. lugdb.* 1. *p.* 124.

# T A R C H O N A N T H U S.

Tarchonanthus.
Tarchonanthos salicis capreæ foliis odoratis. *Vaill. act.* 1719. *p.* 411.
Conyza africana frutescens, foliis salviæ, odore camphoræ. *Tournef. inst.* 455.
Elichrysum arboreum africanum, salviæ folio odorato. *Boerh. lugdb.* 1. *p.* 121.
Elichryso affinis arbor africana, flore purpuro-violaceo, folio salviæ, odore rosmarini. *Herm. lugdb.* 228. *t.* 229.
Pseudo Helichrysum sive Helichryso affinis africana arborescens, floribus purpuro-violaceis, foliis salviæ, odore rosmarini. *Moris. hist.* 3. *p.* 90.
*Crescit in* Africa *ad caput b. spei.*

B I D E N S.

# BIDENS. *g. pl.* 641.

1. BIDENS corona feminum retrorfum aculeata, feminibus erectis.
**α** Bidens foliis tripartito divifis. *Cæfalp. fyft.* 488. *Tournef. inft.* 462. *Boerh. lugdb.* 1. *p.* 122. *Pont. diff.* 177.
Ceratocephalus vulgaris, tripteris & pentapteris folio, caule rubente. *Vaill. act.* 1720. *p.* 423.
Verbefina foliis tripartito divifis. *Rupp. jen.* 135.
Verbefina five Cannabina aquatica, flore minus pulchro, elatior & magis frequens. *Bauh. hift.* 2. *p.* 1073.
Cannabina aquatica, folio tripartitim divifo. *Bauh. pin.* 321.
Hepatorium aquatile. *Dod. pempt.* 595.
Chryfanthemum cannabinum bidens, folio quinquepartito, five vulgare. *Morif. hift.* 3. *p.* 77. *f.* 6. *t.* 5. *f.* 20.
**β** Bidens americana, apii folio. *Tournef. inft.* 462. *Boerh. lugdb.* 1. *p.* 122. *Dill. elth.* 51. *t.* 43. *f.* 5, 6, 7, 8, 9, 10.
Ceratocephalus corindi foliis glabris, flore luteo radiato. *Vaill. act.* 1720. *p.* 424.
Chryfanthemum americanum, cordis indi folio. *Herm. parad.* 123. *t.* 123.
Chryfanthemum aquaticum, foliis multifidis cicutæ nonnihil fimilibus, virginianum. *Herm. lugdb.* 416.
Chryfanthemum cannabinum bidens virginianum, cicutariæ foliis, flofculis conniventibus. *Morif. hift.* 3. *p.* 17.
**γ** Bidens canadenfis latifolia, flore luteo. *Tournef. inft.* 362. *Boerh. lugdb.* 1. *p.* 122.
Ceratocephalus, tripteris & pentapteris folio, flore luteo difcoide, americanus. *Vaill. act.* 1720. *p.* 424.
Chryfanthemum cannabinum bidens americanum, caule erecto firmo fubrubente. *Morif. hift.* 3. *p.* 17. *f.* 6. *t.* 5. *f.* 21.
*Crefcit in riguis, aquofis, foffis & ubi aquæ pluviales ftagnant;* α *in* Europa; β. γ. *in* Virginia, *aliisque* Americæ feptentrionalis.
*Hujus femina bidentata funt, in calyce erecto contenta, altitudine æqualia.*

2. BIDENS corona feminum retrorfum aculeata, feminibus undique patentibus.
Bidens latifolia hirfutior, femine anguftiore radiato. *Dill. elth.* 51. *t.* 43. *f.* 51 & 1, 2, 3, 4.
*Crefcit in* America.
*Antecedenti maxime affinis videtur, eandem tamen fpeciem ftatuere vetunt folia magis compofita, & feminum corona tridentata vel quadridentata, nec non calycis fquamæ exteriores minores, præterquam quod femina in calyce contenta conicam referant figuram fimul, eo quod intermedia gradatim altiora fint, & matura undique expandantur, globum erinacei inftar formantia. Differunt infuper femina figura tenuiore longiore a præcedenti.*

3. BIDENS foliis ovatis ferratis petiolatis, caule fruticofo.
*Crefcit in* America.
*Specimen ex America allatum frutefcentem indicat plantam caule teretiufculo. Folia oppofita, ovata, internodiis caulis duplo longiora, ferrata, fuperne fcabra, petiolata, verfus petiolum parum acuminata. Ex alis rami rarius, ex fummis alis utrinque ramus, unico internodio diftinctus, adeoque diphyllus exoritur. Caulem & ramos terminant flores quatuor vel decem, pedunculis nudis, propriis, filiformibus infidentes (qui in noftris fpeciminibus defloruere); calyx femiovatus, conftans fquamis plurimis, ovatis, concavis, æqualibus. Semina multa, fquamis lanceolatis diftincta, nigra, oblonga, compreffa, duobus dentibus erectis lævibus, calyce longioribus coronata.*

4. BIDENS foliis oblongis integris inferne alternis, fuperne oppofitis, floribus verticillatis.
Bidens americana procumbens, polygoni folio fubtus incano. *Houft. mff.*
*Crefcit in Vera Cruce Americæ.*
*Radix fibrofa; caules aliquot e radice, procumbentes, fpithamæi, fimplices, a medietate inferiore foliis alternis, a fuperiore oppofitis inftructi. Ramus folitarius caule brevior ex ala fingula folii alterni, fæpius fimpliciffimus, eadem qua caulis lege foliatus. Folia alterna lanceolato-ovata, obtufa, fenfim definentia in petiolos, integra & fere integerrima (nifi infima rarius una alterave crenula notata effent) prona parte tomentofa albida, fupina glabra viridia. Folia oppofita fimillima alternis, at minora nec definentia in anguftos petiolos, fed ubi contrahi incipiunt mox dilatantur verfus bafin, & ventricofa evadunt, feffilia lateribufque amplectentia alterum feu paris bafin, & in finu fuo arcte involvunt duos flores compofitos æquales, ut verticilli formam gerant. Singulus flos compofitus conftat numerofis æqualis magnitudinis flofculis, exceptis calyce communi, ex fquamis æqualibus, diaphanis, debilibus; paleæ femina diftinguunt. Semina tenuia, fuperne compreffa, verfus bafin attenuata, coronata fetis duabus horizontaliter patentibus.*

5. BIDENS foliis oppofitis ovatis acuminatis integerrimis, caule fcandente fruticofo, floribus oppofite paniculatis.
*Crefcit in Vera Cruce.*
*Caulis fruticofus, fcandens, lævis; folia oppofita, lanceolato-ovata, lævia, integerrima, breviffimis petiolis infidentia, patula, internodiis longiora, pollicaria; Panicula ex pedunculis oppofitis & oppofite divifis in racemi obtufi, erecti, faftigiati formam ramos terminat; florum calyces cylindracei, bafi imbricati: femina compreffa, bidentata.*

Hhhhh 2

## POLYGAMIA SUPERFLUA.

### XERANTHEMUM. *g. pl.* 643.

1. **XERANTHEMUM** receptaculis paleaceis, feminum pappo quinque-feto.

Xeranthemum flore fimplici purpureo majore. *Herm. lugdb.* 635. *Tournef. inft.* 499. *Vaill. act.* 1718. *p.* 223. *Boerh. lugdb.* 1. *p.* 115. *Dill. gen.* 140.

Xeranthemum fquamis fimplicibus rubris majoribus, & rubro flore. *Pont. anth.* 175.

Xeranthemum oleæ folio, capitulis fimplicibus incanis, non fœtens, flore majore violaceo. *Morif. hift.* 3. *p.* 43. *f.* 6. *t.* 2. *f.* 2.

Xeranthemum aliud five Ptarmica quorundam. *Bauh. hift.* 3. *p.* 25.

Xeranthemum fquamis fimplicibus rubris majoribus & rubro flore. *Pont. diff.* 175.

Stoebe rivini. *Rupp. jen.* 171.

Jacea oleæ folio, capitulis fimplicibus. *Bauh. pin.* 272.

Ptarmica auftriaca. *Cluf. hift.* 2. *p.* 11. *Dod. pempt.* 710.

Cyano fimilis. *Cæfalp. fyft.* 539.

α Xeranthemum flore fimplici albo. *Tournef.*

β Xeranthemum flore pleno albo. *Tournef.*

γ Xeranthemum flore pleno purpureo majore. *Tournef.*

δ Xeranthemum flore fimplici purpureo minore. *Tournef. inft.* 115. *Vaill. act.* 1718. *p.* 223.

Xeranthemum, oleæ folio, capitulis fimplicibus, incanum fœtens, flore purpurafcente minore. *Morif. hift.* 3. *p.* 43. *f.* 6. *t.* 12. *f.* 1.

Xeranthemum fquamis fimplicibus rubris parvis, & rubro flore. *Pont. diff.* 174.

Jacea oleæ folio, minore flore. *Bauh. pin.* 272.

ε Xeranthemum flore fimplici minimo dilute purpurafcente. *Vaill.*

ζ Xeranthemum orientale, fructu maximo. *Tournef. cor.* 28. *Vaill. act.* 1718. *p.* 223.

Jacea oleæ folio, capitulis compactis. *Bauh. pin.* 272.

*Crefcit in locis aridis, marginibus agrorum, campis gramineis aridis in* Auftria *circa* Viennam, *at δ in alveo* Arni *fluminis circa* Florentiam *& agris circa* Monfpelium.

2. **XERANTHEMUM** receptaculis nudis, feminum pappo plumofo.

Xeranthemoides procumbens, polii folio. *Dill. elth.* 433. *t.* 322. *f.* 415.

Elichryfum africanum argenteum repens, flore pulchro magno albo, difco auteo. *Boerh. lugdb.* 1. *p.* 121.

*Crefcit in* Africa.

*Hæc planta facie ipfius herbæ, calycis ftructurâ, flofculis fœmininis corollalula veftitis cum præcedente convenit, differt autem hifce a Gnaphaliis.*

*Hæc parum fruticofa eft, prior vero annua; hæc folia reflexa, illa erecta gerat.*

### GNAPHALIUM. *g. pl.* 645.

1. **GNAPHALIUM** caule fimpliciffimo, corymbo fimplici terminatrici, farmentis procumbentibus.

Gnaphalium caule fimpliciffimo, floribus coloratis terminato. *Fl. lapp.* 302.

Pilofella major & minor quibusdam, aliis Gnaphalii genus. *Bauh. hift.* 3. *p.* 162.

| *Hermaphroditus mafculinus.* | *Fæmina.* |
|---|---|
| Gnaphalium montanum, flore rotundiore. *Bauh. pin.* 263. | Gnaphalium montanum, longiore & folio & flore. *Bauh. pin.* 263. |
| Elichryfum montanum, flore rotundiore. *Rupp. jen.* 156. | Elichryfum montanum, longiore & folio & flore. *Rupp. jen.* 156. |
| Elichryfum montanum, flore rotundiore fubpurpureo fuaverubente & candido. *Dill. giff.* 60. | Elichryfum montanum, longiore folio & flore purpureo & albo. *Dill. giff.* 60. |
| Elichryfum montanum, flore rotundiore candido. *Tournef. inft.* 453. *Boerh. lugdb.* 1. *p.* 120. | Elichryfum montanum, longiore & folio & flore albo. *Tournef. inft.* 453. |
| Helichryfum montanum, flore rotundiore candido. *Vaill. act.* 1719. *p.* 387. | Helichryfum montanum, longiore & folio & flore albo. *Vaill. act.* 1719. *p.* 387. |
| Chryfocome humilis montana, folio rotundiore, purpurea & alba. *Morif. hift.* 3. *p.* 89. *f.* 7. *t.* 11. *f.* 32. | Chryfocome humilis montana, acutiore folio. *Morif. hift.* 3. *p.* 89. |
| Pilofella major. *Bauh. hift.* 3. *p.* 162. | Pilofella major. *Bauh. hift.* 3. *p.* 162. |
| Pilofella minor. *Dod. pempt.* 68. *figura interior.* | Pilofella minor. *Dod. pempt.* 68. *figura exterior.* |
| α Elichryfum montanum, flore rotundiore fubpurpureo. *Tournef.* | α Elichryfum montanum, longiore folio & flore purpureo. *Tournef.* |
| β Elichryfum montanum, flore rotundiore variegato. *Tournef.* | β Elichryfum montanum, longiore folio & flore fuaverubente. *Vaill.* |

γ Gnaphalium caule fimpliciffimo capitulo terminato, floribus oblongis. *Fl. lapp.* 301.

Gnaphalium alpinum nanum feu pumilum. *Bocc. fic.* 40. *t.* 20. *f.* 1.

Helichryfum fpicatum minimum. *Vaill. act.* 1719. *p.* 389.

*Crefcit in campis graminofis exaridis* Europæ *feptentrionalis & alpibus Auftralis Europæ.*

*Femina corollularum limbo fere deftituitur & calyce continetur oblongo (in Fl. lapp. pag. 238. pro* Hermaphrodito *legatur fæmina) at* Hermaphroditus *calyce communi fubrotundo & limbo calycino latiori, corollularum limbo quinquefido, cum piftillo tabido intra ftamina & abortiente.*

*Planta alpina differt a reliquis calyce minime nitido, fquamis bafi villofis lanceolatis, tota facie; cum vero gaudeat differentiæ notâ data, & fexu diftinctâ fit, fpecies hujus erit.*

2. GNA-

2. GNAPHALIUM caule ramoſo fruticoſo, corymbis ramoſis terminatricibus, foliis confertis teretiuſculis. Helichryſum africanum fruteſcens, coridis folio. *Vaill. act.* 1719. *p.* 386.
Millefolium æthiopicum, ericæ foliis, incanum, flore ſpecioſo. *Pluk. alm.* 251. *t.* 308. *f.* 2.
*Creſcit in* Africa.
*Caulis lignoſus, parvus, inordinate ramoſus, præſertim ad terminos annotinos, parum tomento-ſus, præſertim in junioribus ramis, qui ſimpliciores. Folia linearia, ſeſſilia, margine ad latera reflexo teretia, ſubtus tomentoſa, acuta, in ramis ſenioribus conferta, in junioribus magis remota & alterna. Ramum ſingulum terminat corymbus, conſtans pedunculis quinque vel octo, alternis, brevibus, ſuſtinentibus proprios pedicellos & flores quinque ad octo uſque ſimplices. Calyx ſingulus rotundatus, flaveſcens, ſquamis interioribus majoribus, magis membranaceis, coloratis, obtuſis, patulis. Floſculi Hermaphroditi corollulâ veſtiti, & fœminei nudi.*

3. GNAPHALIUM foliis linearibus alternis, floribus ſæpius ternis terminatricibus ſeſſilibus. Elichryſum ſylveſtre anguſtifolium, capitulis conglobatis. *Bauh. pin.* 264. *Tournef. inſt.* 453. *Vaill. act.* 1719. *p.* 384.
Chryſocome. *Cæſalp. ſyſt.* 485.
Stœchas citrina ſpuria, longioribus foliis. *Barr. rar. t.* 368.
Stœchadi citrinæ affinis, capitulis parvis raris ſquamoſis in pappos evaneſcentibus. *Bauh. hiſt.* 3. *p.* 156. *Raj. hiſt.* 283.
Ageratum aliud quorundam. *Dalech. hiſt.* 778.
α Chryſocome muralis, paucioribus congeſtis fuſcis capitellis. *Barr. rar. t.* 277.
*Creſcit in ſaxis & rupium fiſſuris circa* Monſpelium.
*Caules filiformes, erecti, tomento albo veſtiti; folia linearia, longiſſima reſpectu ad latitudinem, ſubtus tomentoſa, margine reflexa; Pedunculi ex alis ſummis, longi, nudi, floribus tribus ſeſſilibus terminati.*

4. GNAPHALIUM foliis linearibus, caule fruticoſo ramoſo, corymbo compoſito terminatrici.
Helichryſum. *Cæſalp. ſyſt.* 488.
Helichryſum five Stœchas citrina minor. *Vaill. act.* 1719. *p.* 385.
Helichryſum ſeu Chryſocome anguſtifolia vulgaris. *Moriſ. hiſt.* 3. *p.* 87. *ſ.* 7. *t.* 11. *f.* 7.
Elichryſum ſeu Stœchas citrina anguſtifolia. *Tournef. inſt.* 452. *Boerh. lugdb.* 1. *p.* 120. *Pont. diſſ.* 163.
Elichryſon ſylveſtre anguſtifolium, capitulis conglobatis. *Bauh. pin.* 264.
Chryſocome media five Stœchas citrina vulgaris. *Barr. rar. t.* 409.
Stœchas citrina. *Dod. pempt.* 268. *Dalech. hiſt.* 779.
Stœchas citrina tenuifolia narbonenſis. *Bauh. hiſt.* 3. *p.* 154.
α Elichryſum ſeu Stœchas citrina, roſmarini foliis. *Juſſ. bar.* 87. *t.* 278.
β Chryſocome five Stœchas citrina minor. *Barr. rar. t.* 410.
*Creſcit circa* Monſpelium; & Giſſam; *in variis* Hiſpaniæ *locis.*

5. GNAPHALIUM foliis lineari-lanceolatis, caule inferne ramoſo, corymbo decompoſito terminatrici.
Elichryſum africanum, folio oblongo anguſto, flore rubello poſtea aureo. *Boerh. lugdb.* 1. *p.* 121. *Dill. elth.* 127. *t.* 107. *f.* 127.
*Creſcit in* Africa.
*A præcedenti differt caule ad radicem vix diviſo, ſed fere ſimpliciſſimo. Folia huic dein alterna, lineari-lanceolata, cum caule incana utrinque. Corymbus terminatrix, magis laxus, ſubdiviſus, flores dimidio minores & tenuiores quam in ſequenti.*

6. GNAPHALIUM foliis lanceolatis ſemiamplexicaulibus, caule inferne ramoſo, corymbo umbellato terminatrici.
Elichryſum africanum, folio longo ſubtus cano ſupra viridi, flore luteo. *Boerh. lugdb.* 1. *p.* 121. *Dill. elth.* 128. *t.* 107. *f.* 128.
*Creſcit in* Africa.
*Caulis inferius ex alis ramoſus, tenui tomento veſtitus. Folia alterna, lineari-lanceolata, ſubtus tomentoſa; Racemus terminatrix, compoſitus, cujus corymbi particules ſeu eorum pedunculi communes inſeruntur eidem centro, umbellæ inſtar communis, at pedunculi proprii alternati ſunt & interdum ſubdiviſi; flores parvi, aurei coloris.*

7. GNAPHALIUM foliis alternis linearibus acutis planis, pedunculis longiſſimis unifloris.
Helichryſum five Chryſocome, capitulis ſingularibus brevioribus. *Moriſ. hiſt.* 3. *p.* 87. *ſ.* 7. *t.* 10. *f.* 16.
Heliochryſum ſaxatile, ſingulari capitulo, amplo & anguſto Stœchadis folio. *Bocc. muſ.* 2. *p.* 142. *t.* 104.
Elichryſum ſylveſtre latifolium, flore parvo ſingulari. *Tournef. inſt.* 452. *Vaill. act.* 1719. *p.* 384. *Boerh. lugdb.* 1. *p.* 120.
Elichryſo ſylveſtri, flore oblongo, ſimilis. *Bauh. pin.* 265. *prod.* 123. *t.* 123.
Stœchadi citrinæ alteri inodoræ lobelii affinis, capitulis brevioribus. *Bauh. hiſt.* 3. *p.* 157.
Jacea Stœchadis citrinæ foliis prælongis paucis, capitulo minore ſubrotundo aſpero. *Pluk. alm.* 193.
*Creſcit in montibus* Italiæ *prope* Terracinum, *in muris & rupibus circa* Meſſanam.

8. GNAPHALIUM foliis lineari-lanceolatis acuminatis alternis, caule ſuperne ramoſo corymbo faſtigiato.
Gnaphalium latifolium americanum. *Bauh. pin.* 263.
Gnaphalium americanum. *Cluſ. hiſt.* 1. *p.* 327. *Bauh. hiſt.* 3. *p.* 162.
Helichryſum five Chryſocome repens, foliis deciduis, flore externe albo intus flaveſcente. *Moriſ. hiſt.* 3. *p.* 88. *ſ.* 7. *t.* 11. *f.* 21.
Elichryſum americanum latifolium. *Tournef. inſt.* 453. *Vaill. act.* 1719. *p.* 388. *Boerh. lugdb.* 1. *p.* 120.
*Creſcit in* America ſeptentrionali: Virginia *&c.*

Iiiii
9. GNA-

9. GNAPHALIUM foliis confertis angufto-lanceolatis, caule fruticofo, corymbo compofito.
Elichryfum africanum frutefcens, anguftis & longioribus foliis incanis. *Comm. hort.* 2. *p.* 109. *t.* 55.
Elichryfum orientale. *Bauh. pin.* 264. *prod.* 123. *Tournef. inft.* 453. *Boerh. lugdb.* 1. *p.* 120.
Elichryfum latifolium album, radice repente. *Juff. barr.* 88. *t.* 73.
Helichryfum five Chryfocome frutefcens latifolia, flore corymbifero toto aureo. *Morif. hift.* 3. *p.* 86. *f.* 7.
*t.* 10. *f.* 1. *ult.*
*Crefcit in* Oriente.

10. GNAPHALIUM caule ramofo diffufo, floribus confertis terminatricibus. *Fl. lapp.* 300.
Gnaphalium annuum ferotinum, capitulis nigricantibus, in humidis gaudens. *Morif. hift.* 3. *p.* 92.
Gnaphalium longifolium humile ramofum, capitulis nigris. *Raj. fyn.* 181. *hift.* 295.
Filago 7. *Boerh. lugdb.* 1. *p.* 119.
Filago paluftris, capitulis nigricantibus, fupina. *Rupp. jen.* 157.
Filago incana, capitulis in fummis caulibus & ramulis difpofitis. *Dill. app.* 2.
Helichryfum aquaticum ramofum, capitulis foliatis. *Vaill. act.* 1719. *p.* 389. *Tournef. inft.* 452.
*Crefcit ubi aquæ per hyemen ftagnarunt & aqua pluvialis parum commoratur frequens, per* Europam *magis* feptentrionalem.

11. GNAPHALIUM caule ramofo diffufo, floribus confertis lana tectis.
Gnaphalium minus, latioribus foliis. *Bauh. pin.* 263. *Morif. hift.* 3. *p.* 92. *f.* 7. *t.* 11. *f.* 11.
Gnaphalium unico cauliculo. *Bauh. hift.* 3. *p.* 160.
Gnaphalium plateau 3. *Cluf. hift* 1. *p.* 329.
Filago erecta latifolia, capitulis tomentofis. *Boerh. lugdb.* 1. *p.* 119.
Filago feu Impia capitulis lanuginofis. *Vaill. parif.* 52.
*Crefcit in* Gallia.

12. GNAPHALIUM floribus fparfis per caulem fimpliciffimum. *Fl. lapp.* 298.
Gnaphalium majus, angufto oblongo folio alterum. *Bauh. pin.* 262. *Morif. hift.* 3. *p.* 91. *f.* 7. *t.* 11. *f.* 1.
Gnaphalium rectum. *Bauh. hift.* 3. *p.* 160.
Gnaphalium anglicum. *Raj. fyn.* 180. *hift.* 295.
Filago floribus per caulem fparfis. *Dill. giff.* 149.
Filago vulgaris, floribus per caulem fparfis. *Rupp. jen.* 157.
Elichryfum fpicatum. *Tournef. inft.* 453. *Vaill. act.* 1719. *p.* 389.
Pfeudoleontopodium matthioli. *Dalech. hift.* 1344.
• Gnaphalium majus, angufto oblongo folio. *Bauh. pin.* 262.
*Crefcit folo arenofo culto inter fylvas denfas per* Europam *præfertim* feptentrionalem *frequens.*

13. GNAPHALIUM foliis amplexicaulibus integerrimis acutis fubtus tomentofis, caule ramofo.
Elichryfum africanum fœtidiffimum, ampliffimo folio. *Tournef. inft.* 454. *Vaill. act.* 1719. *p.* 387. *Boerh. lugdb.* 1. *p.* 120.
Elichryfum africanum latifolium fœtidum, capitulo argenteo. *Comm. hort.* 2. *p.* 111. *t.* 56. *Pont. diff.* 163.
Conyza africana graveolens, capitulis argenteis. *Pluk. alm.* 117. *t.* 243. *f.* 1. *Morif. hift.* 3. *p.* 115. *f.* 7. *t.* 20. *f.* 32.
α Elichryfum africanum latifolium fœtidum, capitulo aureo. *Comm.*
*Crefcit in* Africa.

14. GNAPHALIUM foliis decurrentibus acutis fubtus tomentofis, caule ramofo.
Elichryfum graveolens acutifolium, alato caule. *Dill. elth.* 130. *t.* 108. *f.* 130.
*Crefcit in* Africa.

15. GNAPHALIUM foliis amplexicaulibus lateribus coarctatis, ramis patentibus, corymbis terminatricibus.
Elichryfum africanum, folio oblongo tomentofo, caulem amplectente, flore luteo. *Boerh. lugdb.* 1. *p.* 121.
*Crefcit in* Africa.
*Rami tenues, tomento obducti, debiles. Folia alterna, amplexicaulia, obtufa, in medio anguftata,*
*fuperiore parte ovata, inferiore obtufa, internodiis ipfis triplo breviora, fubtus albo tomento*
*tecta, rami e caule (ut ramuli e ramis) ex ala folii prodeunt folitarii, ad angulum rectum*
*fere patentem finum feu alam formantes; ramos omnes terminant aliquot corymbi fubrotundi,*
*calycibus ovatis parvis aureis inftructi.*

16. GNAPHALIUM caule fruticofo, foliis ovatis integerrimis petiolatis, floribus terminatricibus confertis.
Elichryfum africanum luteum, polii folio. *Old. afr.* 27. *Tournef. inft.* 454. *Vaill. act.* 1719. *p.* 385.
Elichryfum africanum, folio oblongo fubtus cano fupra viridi, flore luteo. *Boerh. lugdb.* 1. *p.* 121.
*Crefcit in* Africa.
*Frutex ramis inæqualibus, cinereis; rami præfentis anni albicantes pubefcentes. Folia alterna,*
*ovata, obtufa, magnitudine ultimi articuli pollicis, fubtus argentea villis tenuiffimis fericeis,*
*fuperne viridia, lævia, margine albicante; petioli albi longitudine fæpe folii. Ramus florens*
*ftriatus, longior, foliis rarioribus inftructis & remotioribus, brevioribusque petiolis, ramus*
*hic terminatur quinque vel feptem floribus, vix manifefte pedunculatis, calycibus duris, ovato-*
*oblongis, imbricatis, fere glabris exceptis apicibus, flofculi octo vel decem; receptaculum nudum*
*& pappus fimplex.*

17. GNAPHALIUM caule fruticofo, foliis lanceolatis contortis fafciculatis, calycibus cylindraceis longiffimis.
Argirocome capitis bonæ fpei, thymi foliis. *Pet. muf. n.* 144. *gaz. t.* 7. *f.* 3.
Rhaponticoides africana, vermiculato folio, calyce cylindraceo. *Vaill. act.* 1719. *p.* 390.
*Crefcit in* Africa.

*Caulis*

*Caulis filiformis, frutefcens; rami ad articula annotina fafciculati, filiformes, fimplices. Folia per totam longitudinem rami anni præcedentis afperfa, ex fingula ala fæpius quinque breviora, quorum fingula lanceolata, fed marginibus reflexis & foliis parum tortis; ramos hos terminant aliquot pedunculi filiformes, breves, finguli tres vel quinque flores fuftentantes, quorum calyx cylindraceus, longus, imbricatus: fquamis intimis longiffimis radium album formantibus.*

18. GNAPHALIUM foliis fubrotundis utrinque tomentofis crenatis, calycum fquamis reflexis coloratis.

Conyza cretica fruticofa, folio molli candidiffimo & tomentofo. *Tournef. cor.* 33. *Boerh. lugdb.* 1. *p.* 116. *Vaill. act.* 1719. *p.* 394.

Jacobœa cretica incana, integro limonii folio. *Barr. rar. t.* 217.

*Crefcit in* Creta, *in fcopulis* Promontorii Capo fpada.
*Folia e rotundo ad rhomboideam accedunt figuram.*

# ARTEMISIA. *g. pl.* 644.

1. ARTEMISIA floribus fimplicibus.

Breyniana cineroides capenfis. *Pet. gaz. t.* 3. *f.* 9.

Helichryfoides tamarifci facie, floribus fpicatis. *Vaill. act.* 1719. *p.* 392.

Abfinthium africanum arborefcens, folio vermiculato incano. *Tournef. inft.* 458.

Tamarifcus æthiopicus, coridis folio glabro, herbæ impiæ capitulis in fpicam feffilibus. *Pluk. mant.* 178.

Tamarifci feu Myricæ (forte) genus æthiopicum. *Pluk. phyt.* 297. *f.* 1.

Frutex cinereus mufcofus, herbæ impiæ capitulis in fpicam feffilibus. *Pluk. mant.* 85. *alm.* 159.

*Crefcit in* Æthiopia.

*Caulis fruticofus, ramofus: ramulis fimpliciffimis, filiformibus, tectis fere Foliis acerofis, obtufis, fimpliciffimis, integris, patentibus; ramus terminatur racemo erecto, cujus fingulus lateralis petiolus eft racemus e plurimis fructificationibus in capitula congeftis, verfus apices magis confertis, fingulus flos fimplex eft, ~~feu fofculus folitarius, ut calyx uniflorus~~, adeoque nec compofitus dici queat.*

2. ARTEMISIA foliis lanceolato-linearibus alternis integerrimis.

Abfinthium edule, lini folio viridi. *Vaill. act.* 1719. *p.* 374.

Abrotanum lini folio acriori & odorato. *Tournef. inft.* 459. *Pont. diff.* 289.

Draco aut potius Tarchon fimeonis Sethi. *Lob. hift.* 243.

Draco herba. *Dod. pempt.* 709. *Boerh. lugdb.* 1. *p.* 127.

Draco hortenfis. *Dalech. hift.* 685.

Dragone. *Cæfalp. fyft.* 563.

Dracunculus hortenfis. *Bauh. pin.* 98.

Dracunculus hortenfis five Tarchon. *Bauh. hift.* 3. *p.* 148.

Taracon feu Tarchon. *Morif. hift.* 3. *p.* 3. *f.* 6. *t.* 1. *f.* 1.

*Crefcendi locus licet ignoretur, minime tamen credendum plantam ex femine lini, in Cepa vel Raphano inclufo, enatam ut a vulgo fertur; quæ non minus ridicula foret metamorphofis, quam latinorum Draco e Taracon arabum.*

3. ARTEMISIA foliis lanceolatis integerrimis lateralibus palmatis.

Artemifia lavendulæ folio, capitulis cylindraceis pendulis. *Vaill. act.* 1719. *p.* 375.

Artemifia marina. *Lob. hift.* 441.

Abfinthium maritimum, lavendulæ folio. *Bauh. pin.* 139. *Morif. hift.* 3. *p.* 7. *f.* 6. *t.* 1. *f.* 5. *Tournef. inft.* 458. *Boerh. lugdb.* 1. *p.* 126.

Abfinthium maritimum latifolium five matthioli. *Bauh. hift.* 3. *p.* 174.

Abfinthium anguftifolium. *Dod. pempt.* 26.

Seraphium incanum maritimum, lavendulæ folio. *Pont. diff.* 196.

Artemifia fubincana, foliis inferioribus trifidis vel quinqu-fidis. *Vaill. act.* 1719. *p.* 375.

Abfinthium maritimum, foliis fuperioribus in aliquot lacinias divifis. *Tournef.*

Abrotanum latifolium rarius, artemifiæ folio. *Col. ecphr.* 2. *p.* 75. *t.* 76.

Abfinthium anguftifolium, foliis fiffis. *Dod. pempt.* 26.

Seriphium maritimum incanum, foliis lavendulæ in fuperiore caule laciniatis. *Pont. diff.* 197.

*Crefcit in litoribus tam* Tyrrheni *quam* Adriatici.

4. ARTEMISIA foliis ramofiffimis fetaceis, caule erecto.

Abrotanum vulgare. *Bauh. hift.* 3. *p.* 193.

Abrotanum mas vulgare fuchfii. *Morif. hift.* 3. *p.* 11. *f.* 6. *t.* 2. *f.* 1.

Abrotanum mas anguftifolium majus. *Bauh. pin.* 136. *Tournef. inft.* 458. *Boerh. lugdb.* 1. *p.* 127. *Pont. diff.* 286.

Abrotanum mas. *Dod. pempt.* 21. *Dalech. hift.* 937.

Abrotanum. *Cæfalp. fyft.* 478.

Abfinthium frutefcens, delphinii folio fubincano, corymbis majoribus. *Vaill. act.* 1719. *p.* 373.

Abrotanum mas anguftifolium minus. *Bauh. pin.* 137. *Pont. diff.* 287.

Abrotanum cum pulchris corymbis. *Bauh. hift.* 3. *p.* 194.

Abfinthium frutefcens incanum, delphinii folio. *Vaill. act.* 1719. *p.* 374.

*Crefcit in montibus apricis* Cappadociæ, Syriæ & Galatiæ.

5. ARTEMISIA foliis ramofis linearibus, caule procumbente.

Artemifia tenuifolia five leptophyllos, aliis Abrotanum fylveftre. *Bauh. hift.* 3. *p.* 194.

Artemifia tenuifolia. *Dod. pempt.* 33. *Morif. hift.* 3. *p.* 6. *f.* 6. *t.* 1. *f.* 4. *Vaill. act.* 1719. *p.* 376.

Ambrofia altera. *Dalech. hift.* 1148.

Abro-

Abrotanum campeftre.*Bauh.pin.* 136. cauliculis rubentibus. *Tournef. inft.* 459. *Pont. diff.* 289. *Boerh.lugdb.* 1. *p.* 127.
α Abrotanum campeftre, cauliculis albicantibus. *Tournef.*
　*Crefcit in campis montofis apricisque & glareofis ac fterilibus* Uplandiæ, Scaniæ, Germaniæ, Italiæ, Galliæ, Belgii.

6. Artemisia foliis pinnatifidis planis laciniatis, floribus erectis.
　Artemifia vulgaris. *Bauh. hift.* 3 *p.* 184.
　Artemifia vulgaris major. *Bauh. pin.* 137. caule & flore purpurafcentibus. *Tournef. inft.* 460. *Pont. diff.* 292.
　　*Boerh. lugdb.* 1. *p.* 127.
　Artemifia latifolia vulgaris major. *Morif. hift.* 3. *p.* 5. *f.* 6. *t.* 1. *f.* 1.
　Artemifia latioris folii. *Dod. pempt.* 33.
　Artemifia prima vulgaris. *Dalech. hift.* 950.
　Artemifia vulgaris, quibusdam Canapacia. *Cæfalp. fyft.* 478.
　Artemifia officinarum, flore purpurafcente. *Vaill. act.* 1719. *p.* 378.
α Artemifia vulgaris major, caule ex viridi albicante. *Tournef.*
β Artemifia foliis ex luteo variegatis. *Tournef.*
γ Artemifia chinenfis, cujus mollugo Moxa dicitur. *Pluk. alm.* 50. *t.* 15. *f.* 1.
　*Crefcit in agris, inter fegetes & in cultis ac ruderatis per totam* Europam.

7. Artemisia foliis compofitis multifidis, floribus fubglobofis pendulis: receptaculo pappofo.
　Abfinthium. *Cæfalp. fyft.* 476.
　Abfinthium vulgare majus. *Bauh. hift.* 3. *p.* 168. *Morif. hift.* 3. *p.* 7. *f.* 6. *t.* 1. *f.* 1. *Vaill. act.* 1719. *p.* 371.
　Abfinthium ponticum feu romanum officinarum feu diofcoridis. *Bauh. pin.* 138. *Tournef. inft.* 457. *Boerh. lugdb.*
　　1. *p.* 126. *Pont. diff.* 223.
　Abfinthium latifolium. *Dod. pempt.* 23.
α Abfinthium infipidum. *Bauh. hift.* 173.
　Abfinthium infipidum, abfinthio vulgari fimile. *Bauh. pin.* 139.
β Abfinthium ponticum montanum. *Bauh. pin.* 138.
　Abfinthium vulgare montanum. *Bauh. hift.* 3 *p.* 173.
γ Abfinthium arborefcens. *Bauh. hift.* 3. *p.* 173. *Morif. hift.* 3. *p.* 7. *f.* 6. *t.* 1. *f.* 3.
　Abfinthium latifolium arborefcens. *Bauh. pin.* 136.
　Abrotanum fœmina arborefcens. *Dod. pempt.* 21.
　*Crefcit in locis ruderatis, circa aggeres & domos frequens per* Europam, *at* γ *in rupibus maritimis* Siciliæ, *regni* Neapolitani *& adjacentibus.*

8. Artemisia foliis compofitis multifidis, floribus fubrotundis nutantibus, receptaculo nudo.
　Abfinthium ponticum tenuifolium incanum. *Bauh. pin.* 138. *Vaill. act.* 1719. *p.* 372. *Tournef. inft.* 457. *Boerh.*
　　*lugdb.* 1. *p.* 126.
　Abfinthium ponticum vulgare, folio inferius albo. *Bauh. hift.* 3. *p.* 175. *Morif. hift.* 1. *p.* 8. *f.* 6. *t.* 2. *f.* 15.
　Abfinthium ponticum vulgare. *Cluf. hift.* 1. *p.* 339.
　Abfinthium tenuifolium. *Dod. pempt.* 24.
　Abrotanum incanum molle ponticum. *Pont. diff.* 290.
　*Crefcit in incultis* Myfiæ, Thraciæ, Pannoniæ.

9. Artemisia caule fimplici, corymbo compofito ovato terminatrici.
　Abfinthium orientale incanum tenuifolium, floribus luteis in capitulum congeftis & furfum fpectantibus.
　　*Tournef. cor.* 34.
　Tanacetum perenne incanum, abfinthii auftriaci folio. *Vaill. act.* 1719. *p.* 370.
　*Crefcit in* Oriente.
　*Folia in caule fimplici breviffimo.*

# B A C C H A R I S.

1. Baccharis foliis lanceolatis longitudinaliter dentato-ferratis.
　Conyza frutefcens, foliis anguftioribus nervofis. *Fevill. peruv.* 750. *t.* 37. *Vaill. act.* 1719. *p.* 396.
　Conyza africana humilis, foliis anguftioribus nervofis, floribus umbellatis. *Tournef. inft.* 455.
　Senecio africanus arborefcens, folio ferrato. *Boerh. lugdb.* 1. *p.* 117.
　Eupatorium indicum, flore albo. *Bart. act.* 2. *p.* 57.
　Eupatorium africanum, agerato affinis peruvianæ f. Quinquinæ falfo dictæ foliis, floribus albis. *Pluk. alm.*
　　400. *t.* 328. *f.* 2.
　Pfeudo-Helichryfum frutefcens peruvianum, foliis longis ferratis. *Morif. hift.* 3.
　*Crefcit in* Peru *&* Africa.

2. Baccharis foliis ovato-lanceolatis ferratis.
　Conyza africana tenuifolia fubfrutefcens, flore aureo. *Boerh. lugdb.* 1. *p.* 116. *Dill. elth.* 104. *t.* 88. *f.* 103.
　*Crefcit in* Africa.
　*Folia quam in præcedenti quater latiora, minus ferrata; fquamæ calycinæ in hac ovatæ vel ovato-*
　*oblongæ, in illa vero lineares.*

3. Baccharis foliis lanceolatis fuperne uno alterove denticulo ferratis.
　Arbufcula foliis nerii. *Boerh. lugdb.* 2. *p.* 263.
　*Crefcit in* Africa.
　*Arbor altitudinis (in Horto) duplo humanæ; caule fcabro, erecto, ramis minus patulis. Rami*
　*præfentis & proxime præteriti anni foliofi, reliqui feniores nudi, ftriati, inæquales ob cicatrices*
　　　　　　　　　　　　　　　　　　　　　　　　　　　　　　　　　　　　　　*promi-*

*prominentes post casum foliorum. Ramuli præsentis anni grisei vel fulvi sunt ut & petioli recentissimi, seniores vero cinerei. Folia lanceolata, angusta, utrinque acuminata, desinentia in petiolos, stricta, margine deflexa, cum una alterave acuta serratura utrinque parumque remota ab apice folii. Florentem non vidimus; hujus generis esse plantam docuit specimen siccum Joh. Burmanni nobiscum communicatum, licet in isto vix manifesti erant flosculi feminini. Sub solo tecto conservatur per hyemen & optime fert clima nostrum, at translata per brumam in Hybernaculum calidissimum, cum plurimis aliis Africanis, mire crevit & luxuriavit & faciem mutavit in Martium usque, quo flaccescere, tabescere, ægrotare, sphacelo corripi & emori cœpere africanæ hæ, nec flores desideratos tamen exhibuere spectandos.*

4. BACCHARIS foliis obverse ovatis superne emarginato-serratis.
Conyza virginiana, halimi folio. *Tournef. inst.* 455. *Vaill. act.* 1719. *p.* 396.
Senecio virginianus arborescens, atriplicis folio. *Raj. hist.* 1799. *Boerh. lugdb.* 1. *p.* 117. floribus albis. *Herm parad.* 225. *t* 225.
Pseudo-Helichrysum virginianum frutescens, halimi latioris foliis glaucis. *Morif. hist.* 3. *p.* 90. *f.* 7. *t.* 10. *f.* 4.
Elichryso affinis virginiana frutescens, foliis chenopodii glaucis. *Pluk. alm.* 134. *t.* 27. *f.* 2.
Argyrocome virginiana, atriplicis folio. *Pet. gaz. t.* 7. *f.* 4.
*Crescit in* Virginia.
*Hujus pappus seminum longissimus est vel decies calycem superat.*

# C O N Y Z A. *g. pl.* 646.

1. CONYZA ramis secundum flores gradatim enascentibus, foliis lanceolatis obtusis.
Conyza minor, flore globoso. *Bauh. pin.* 266.
Conyza minima. *Dod. pempt.* 52. *Dalech. hist.* 1045.
Conyzæ mediæ minor species, flore vix radiato. *Bauh. hist.* 2. *p.* 1050.
After palustris, parvo flore globoso. *Tournef. inst.* 483.
Chrysanthemum conyzoides palustre minus, flore globoso. *Morif. hist.* 3. *p.* 19. *f.* 7. *t.* 20. *f.* 30.
*Crescit ubi aquæ per hyemen stagnarunt, præsertim in ruderatis juxta pagos in locis argillosis* Scaniæ, Germaniæ, Angliæ.
*Radius floris in hac brevissimus est, Semina vero pappo setaceo coronata.*

2. CONYZA foliis lanceolatis acutis, caule annuo corymbose terminato.
Conyza major vulgaris. *Bauh. pin.* 265. *Vaill. act.* 1719. *p.* 394. *Tournef. inst.* 454. *Boerh. lugdb.* 1. *p.* 116. *Pont. diss.* 156.
Conyza major altera. *Dod. pempt.* 51.
Conyza major matthioli, Baccharis quibusdam. *Bauh. hist.* 2. *p.* 1051.
Baccharis monspeliensium, Conyza major matthioli. *Dalech. hist.* 917.
Eupatorium montanum, verbasci folio, vulgatius, Baccharis dictum. *Morif. hist.* 3. *p.* 99. *f.* 7. *t.* 19. *f.* 23.
• Conyza caulibus rubentibus tenuioribus, flore luteo nudo. *Tournef. inst.* 455.
*Crescit in cæduis montanis sylvis super muros secus vias & in locis saxosis in* Anglia, Belgio, Germania, Gallia.

3. CONYZA foliis ovato-oblongis amplexicaulibus.
Conyza latifolia viscosa suaveolens, flore aureo ex galloprovincia. *Tournef. inst.* 455. *Morif. hist.* 3. *p.* 113. *Vaill. act.* 1719. *p.* 394. *Boerh lugdb.* 1. *p.* 119.
Conyza pyrenaica, foliis primulæ veris. *Herm. parad.* 127. *t.* 127.
Eupatoria conyzoides maxima canadensis, foliis caulem amplexantibus. *Pluk. alm.* 141. *t.* 87. *f.* 4.
*Crescit ut fertur in* Pyrenæis & Canada.
*Variat flore radiato & radio destituto, antecedenti maxime affinis est.*

4. CONYZA foliis inferioribus trifidis: superioribus ovato-lanceolatis obsolete serratis, floribus corymbosis.
Conyza arborescens lutea, folio trifido. *Plum. spec.* 9.
Conyza americana arborescens lutea, folio trifido. *Tournef. inst.* 445.
*Crescit in* America, Vera Cruce &c.
*Caulis sulcis exaratus, frutescens; folia in petiolos desinentia, scabra, summis ramis corymbis vastis terminatis.*

5. CONYZA caule tortuoso fruticoso, foliis ovato oblongis integerrimis, floribus erectis, racemis reflexis.
Conyza magdagascariensis fruticosa, tortuoso caule, corni folio. *Vaill. act.* 1719. *p.* 396.
*Crescit in* Magdagascar & Vera Cruce.
*Caulis frutescens, tortuosus; rami subhirsuti, striati, simplices. Folia in ramis inferiora obverse ovata, superiora ovato-lanceolata, integra, venosa, duriuscula, utrinque scabra, petiolis brevissimis insidentia, magnitudine pollicis. Ramus racemo terminatur & e singula ala summorum quatuor vel quinque foliorum excrescit racemus magnitudine & figura prædicto simillimus, singulus simplicissimus vix spitamæus, patens, reflexus, seu deorsum crenatus. Flores in eo alterni, sessiles, sursum versi; rotundati, calyce imbricato: squamis ovatis, interioribus lanceolatis. Pappus seminum setaceus, fastigiatus.*

6. CONYZA foliis ovatis tomentosis, floribus confertis, pedunculis lateralibus terminatricibusque.
Conyza cretica fruticosa, folio molli candidissimo & tomentoso. *Tournef. cor.* 33. *Vaill. act.* 1719. *p.* 394. *Boerh. lugdb.* 1. *p.* 116.
Jacobæa cretica incana, integro limonii folio. *Barr. rar.* 217.

K k k k k                                              *Crescit*

*Crefcit in* Creta *inque fcopulis Promontorii* Capo fpada.
*Interiores fquamæ calycinæ lineares, longiffimæ, glabræ funt; exteriores imbricatæ, tomentofæ, breves.*

# S E N E C I O. *g. pl.* 647.

1. Senecio foliis pinnatifidis denticulatis, laciniis æqualibus patentiffimis rachi lineari.
Senecio minor vulgaris. *Bauh. pin.* 131. *Morif. hift.* 3. *p.* 106. *f.* 7. *t.* 17. *f.* 1. *Tournef. inft.* 456. *Vaill. act.* 1719.
*p.* 405. *Pont. diff.* 153. *Boerh. lugdb.* 1. *p.* 117.
Senecio. *Cæfalp.* 537.
Senetio. *Dalech. hift.* 575.
Senecio vulgaris five Erigeron. *Bauh. hift.* 2. *p.* 1041.
Erigerum minus. *Dod. pempt.* 641.
*Crefcit in locis exaridis muris & montofis fterilibusque vulgaris per* Europam.
*Per æftatem communiter flofculos omnes Hermaphroditos profert, circa autumnum vero hifce femininos nudos immifcet, in* Africa *vero & femininos corollula ligulata veftit. Hæc planta una eademque tamen.*

2. Senecio foliis pinnatifidis, laciniis inæqualibus erectis.
Senecio ægyptius, folio matricariæ. *Boerh. lugdb* 1. *p.* 117.
Jacobæa ægyptiaca, fenecionis facie, femiflofculis vix confpicuis. *Vaill. act.* 1720. *p.* 384.
*Crefcit in* Ægypto.
*Antecedenti fimillima; foliis tàmen minus divifis & radio vix manifefto albo ab ea differt, fed an hæc tanti?*

3. Senecio foliis pinnato-lyratis, laciniis lacinulatis.
Senecio major five Flos f. Jacobi *Dalech. hift. 575.*
Jacobæa vulgaris laciniata *Bauh. pin.* 131. *Morif. hift.* 3. *p.* 108. *Tournef. inft.* 485. *Pont. diff.* 232. *Boerh. lugdb.* 1. *p.* 99.
Jacobæa vulgaris. *Bauh. hift.* 2. *p.* 1057. *Cluf. hift.* 2. *p.* 22.
Jacobæa. *Dod. pempt.* 642.
Herba fancti jacobi. *Cæfalp. fyft.* 500.
α Jacobæa vulgaris, foliis inftar erucæ laciniatis. *Tournef.*
β Jacobæa vulgaris, foliis ad raphanum accedentibus. *Tournef.*
γ Senecio jacobææ folio. *Morif. blef.* 309. *Tournef. inft.* 457. *Boerh. lugdb.* 1. *p.* 117.
Jacobæa vulgaris laciniata, (eadem), flore difcoide. *Vaill. act.* 1720. *p.* 383.
*Crefcit radiata vulgaris per* Europam, *at quæ radio deftituitur præfertim in arenofis* Hollandiæ *vulgatiffima, ubi radiata rarior.*

4. Senecio foliis pinnatifidis denticulatis, laciniis æqualibus patentiffimis rachi inferne anguftata.
Jacobæa africana laciniata latifolia, flore purpureo. *Old. afr.* 30. *Tournef. inft.* 487. *Vaill. act.* 1720. *p.* 385.
Jacobæa africana frutefcens, flore amplo purpureo elegantiffimo, fenecionis folio. *Volk. norib.* 225. *t.* 225.
After africanus frutefcens, foliis fenecionis craffioribus. *Comm. hort.* 2. *p.* 61. *t.* 31.
*Crefcit in* Africa.

5. Senecio foliis lanceolatis amplexicaulibus lævibus acute finuatis denticulatis, caule herbaceo.
Senecio americanus altiffimus, blattariæ vel hieracii folio. *Pluk. alm.* 343. *t.* 112. *f.* 2. *Vaill. act.* 1719. *p.* 405.
Senecio virginianus elatior, foliis cichorii, odore carotæ. *Morif. hift.* 3. *p.* 106.
Senecio africanus altiffimus, blattariæ vel hieracii folio. *Herm. parad.* 226. *t.* 226. *Boerh. lugdb.* 1. *p.* 117.
Senecio americanus altiffimus, ampliffimo folio. *Tournef. inft.* 456.
*Crefcit in* America *feptentrionali;* Virginia *&c.*

6. Senecio foliis cordato-oblongis amplexicaulibus fcabris acuminate ferratis, caule fruticofo.
Jacobæa africana frutefcens, foliis rigidis & hirfutis. *Comm. hort.* 2. *p.* 149. *t.* 75. *Vaill. act.* 1720. *p.* 383.
Jacobæa fruticans africana perennis, rugofo folio integro, floribus copiofis parvis. *Raj. app.* 177.
Jacobæa africana frutefcens, hormini folio. *Old. afr.* 30. *Tournef. inft.* 487.
Doria 4 major. *Boerh. lugdb.* 1. *p.* 98.
α Jacobæa africana, foliis integris undulatis & crifpis. *Tournef.*
*Crefcit in* Africa.

7. Senecio foliis fagittatis amplexicaulibus, caule fruticofo.
Jacobæa africana frutefcens, foliis incifis & fubtus cineraceis. *Comm. rar.* 42. *t.* 42. *Vaill. act.* 1720. *p.* 383.
Jacobæa africana ramofiffima, foliis fenecionis pinguis rigidis & lucentibus fubtus incanis. *Raj. app.* 179.
*Crefcit in* Africa.
*Maximam habet hæc fpecies cum antecedenti affinitatem & faciem eandem, nifi quod folia decies minora, pedunculi pauciores & paucos flores ferentes eosque quinquies antecedenti majores.*
*In hoc genere alii flores hermaphroditi folum, alii polygami fuperflui per feminulas nudas, alii vero corolla ligulata veftitas, & hoc quidem fæpe in una eademque fpecie. Hinc patet in claffe naturali minime diftinguens effe* Tanacetum, Ageratum, Eupatorium, Chryfocomam, Santolinam, Bidentem *a Polygamia hac fuperflua feu a radiatis Tournefortii; licet receptum ab omnibus, nec radii folius caufa genera feparanda effe.*

E r i-

## E R I G E R O N. *g. pl.* 653.

1. ERIGERON caule unifloro.
After caule unifloro, foliis integerrimis, calyce villofo fubrotundo. *Fl. lapp.* 307. *t. 9. f.* 3.
Afteri montano purpureo fimilis vel globulariæ, capite villofo. *Scheuch. alp.* 329. *t.* 329.
Afteri montano purpureo fimilis vel globulariæ. *Bauh. hift.* 2. *p.* 1047. *Scheub. alp.* 30 & 329.
*Crefcit in folis alpibus, præfertim Lapponicis, ubi vulgatiffima planta, nec rara admodum in Helveticis.*
*Planta conftanti lege mihi uniflora vifa eft & radio albo. Corollula feminea præ tenuitate fetacea eft & copiofiffima. An itaque noftra Lapponia ab helvetica diverfa fpecies?*

2. ERIGERON pedunculis alternis unifloris.
Erigerum quartum. *Dod pempt.* 641.
Erigerum vulgare. *Fl. lapp.* 308.
Conyzoides. *Dill. giff.* 154. *gen.* 142.
Senecio integrifolia purpurafcens acris. *Dill. elth.* 344.
Senecio five Erigeron cœruleus, aliis Conyza cœrulea. *Bauh. hift.* 2. *p.* 143.
After arvenfis cœruleus acris. *Tournef. inft.* 481. *Vaill. act.* 1720. *p.* 399. *Pont. diff.* 227.
Conyza cœrulea acris. *Bauh. pin.* 265. *Morif. hift.* 3. *p.* 115. *f.* 7. *t.* 20. *f.* 25. *Boerh. lugdb.* 1. *p.* 116.
Amellus montanus æquicolorum. *Col. ecphr.* 2. *p.* 25. *t.* 26.
*Crefcit in locis apricis montofis & fterilibus ac arenofis frequens per* Europam.

3. ERIGERON floribus paniculatis.
Conyzella. *Dill. giff.* 160. *gen.* 142.
Conyza annua acris alba elatior, linariæ foliis. *Morif. hift.* 3. *p.* 115. *f.* 7. *t.* 20. *f.* 29.
Conyza canadenfis annua acris alba, linariæ folio. *Bocc. fic.* 85. *tab.* 46.
Virga aurea virginiana annua. ~~Zan. hift. 203. Tournef. inft. 484.~~
*Crefcit in* Canada ~~& Virginia, nunc vulgaris per magnam partem Europæ præfertim in~~ Hollandia.

4. ERIGERON fquamis calycinis inferioribus laxis florem fuperantibus.
Conyza ficula annua lutea, foliis atro-virentibus, caule rubente. *Bocc. fic.* 62. *t.* 31. *f.* 4. *Morif. hift.* 3. *p.* 115. *f.* 7. *t.* 20. *f.* 28. *Boerh. lugdb.* 1. *p.* 116.
*Crefcit locis paluftribus ad* Catanam *urbem & prope Agrigentum.*

5. ERIGERON foliis inferioribus dentato-laciniatis, fuperioribus integris.
Senecio bonarienfis purpurafcens, foliis imis coronopi. *Dill. elth.* 344. *t.* 257. *f.* 334.
*Crefcit in* Agro bonarienfi *Americes.*

## A S T E R. *g. pl.* 652.

1. ASTER foliis pinnatis.
*Crefcit in* America: *in* vera Cruce *&c.*
*Folia pinnata, fæpius ex quinque foliolis ferratis, exterioribus quam inferiora duplo majoribus. Hos ramos terminat folitarius. Calyx erectus, vix ovatus, nigricans, imbricatus fquamis fubulatis planis rectis. Corolla radiata, fulva feu crocea vel aurantii coloris, magna. Semina coronata fetis fimplicibus; receptaculum nudum.*

2. ASTER foliis ovatis angulatis dentatis, calyce terminatrici foliofo patente.
After, chenopodii folio, annuus, flore ingenti fpeciofo. *Dill. elth.* 38. *t.* 34. *f.* 38.
~~Crefcit . . . .~~

3. ASTER foliis ovatis rugofis fubtus tomentofis amplexicaulibus, calicum fquamis ovatis patulis.
After omnium maximus Helenium dictus. *Tournef. inft.* 482. *Boerh. lugdb.* 1. *p.* 94.
Helenium vulgare. *Bauh. pin.* 276. *Vaill. act.* 1720. *p.* 390.
Helenium. *Dod. pempt.* 344. *Morif. hift.* 3. *p.* 129. *f.* 7. *t.* 24. *f. ult.*
Helenium five Enula campana. *Bauh. hift.* 3. *p.* 108.
Enula. *Cæfalp. fyft.* 499.
*Crefcit in pratis fucculentis & humidioribus per* Angliam, Belgium *&c.*

4. ASTER caule fuperne ramofo ampliato, foliis amplexicaulibus integris, calycibus laxis terminatricjbus.
After pannonicus lanuginofus luteus. *Tournef. inft.* 482. *Boerh. lugdb.* 1. *p.* 94.
After montanus hirfutus five Oculo Chrifti fimilis, fi non idem; five Conyza tertia clufii. *Bauh. hift.* 2. *p.* 1047.
Helenium lanuginofum anguftifoliam, fummo caule ramofo. *Vaill. act.* 1720. *p.* 391.
Conyza pannonica lanuginofa. *Bauh. pin.* 265. *Morif. hift.* 3. *p.* 113. *f.* 7. *t.* 19. *f.* 1.
Conyza 3 auftriaca. *Cluf. hift.* 2. *p.* 20.
After folio lepidii, flore magno, caule tomentofo. *Boerh.*
*Crefcit locis ficcis herbiferis declivibus ad* Zimmerim *juxta Viennam; ad* Badenfes thermas *fecundum vias publicas.*

5. ASTER foliis lanceolatis fcabris femiamplexicaulibus parum ferratis, calycibus laxis, fquamis lanceolatis.
After atticus cœruleus vulgaris. *Bauh. pin.* 267. *Tournef. inft.* 481. *Vaill. act.* 1720. *p.* 399. *Boerh. lugdb.* 1. *p.* 95.
After atticus, cœruleo flore. *Bauh. hift.* 2. *p.* 1044.
After atticus. *Dod. pempt.* 266. *Dalech. hift.* 860.
After 8 italorum fuchfii. *Cluf. hift.* 2. *p.* 16.
*Crefcit incultis & afperis collibus & convallibus* Italiæ, Siciliæ, G. Narbonenfis.

Kkkkk 2  6. ASTER

6. ASTER foliis femiamplexicaulibus lanceolatis ferratis fcabris, pedunculis alternis fere unifloris, calycibus difcum fuperantibus.

After ferotinus ramofus alter, flore purpurafcente. *Tournef. inft.* 482. *Vaill. act.* 1720. *p.* 403.

After americanus latifolius, puniceis caulibus. *Herm. lugdb.* 649. *t.* 651. *Morif. hift.* 3. *p.* 120.

*Crefcit in* America.

7. ASTER foliis lanceolato-linearibus alternis integerrimis femiamplexicaulibus, floribus capitato-terminatricibus.

After novæ angliæ altiffimus hirfutus, floribus ampliffimis purpuro-violaceis. *Herm. parad.* 98. *t.* 98. *Vaill. act.* 1720. *p.* 402.

After novæ angliæ altiffimus hirfutus, floribus omnium maximis purpuro-violaceis. *Tournef. inft.* 482.

*Crefcit in* Nova Anglia.

8. ASTER foliis lanceolatis vix crenatis feffilibus, caule paniculato, ramulis unifloris foliolatis.

After novæ belgiæ latifolius umbellatus, floribus dilute violaceus. *Herm. lugdb.* 66. *t.* 67. *Morif. hift.* 3. *p.* 120. *Vaill. act.* 1720. *p.* 402. *Tournef. inft.* 482. *Boerh. lugdb.* 1. *p.* 94.

α Virga aurea latifolia, floribus faturate violaceis. *Tournef. inft.* 484.

*Crefcit in* America feptentrionali.

9. ASTER foliis lanceolatis ferratis petiolatis, caule paniculato.

After americanus, latis & crenatis foliis, floribus parvis purpurafcentibus. *Boerh. lugdb.* 1. *p.* 95.

After autumnalis americanus, foliis latis crenatis, parvo purpurafcente flore. *Herm. lugdb.* 69. *Vaill. act.* 1720. *p.* 402.

After latifolius glaber humilis ramofiffimus, flore parvo cœruleo, foliis ad bafin cordatis. *Morif. hift.* 3. *p.* 121 *f.* 7. *t.* 22. *f.* 34.

Afterifcus latifolius autumnalis. *Corn. canad.* 64. *t.* 65.

Virga aurea patula, foliis auritis, floribus dilute purpurafcentibus. *Tournef. inft.* 484.

*Crefcit in* America feptentrionali.

10. ASTER foliis linearibus integerrimis, caule paniculato.

After novæ angliæ, lineatis foliis, chamæmeli floribus. *Herm. parad.* 95. *t.* 95. *Vaill. act.* 1720. *p.* 403. *Boerh. lugdb.* 1. *p.* 95.

After americanus multiflorus, flore albo bellidis, difco luteo. *Morif. hift.* 3. *p.* 121. *Pluk. alm.* 56. *t.* 78. *f.* 6.

Virga aurea canadenfis humilior, folio linariæ. *Tournef. inft.* 485.

*Crefcit in* America feptentrionali.

11. ASTER foliis cordato-lanceolatis undulatis, floribus racemofis afcendentibus.

After novæ angliæ purpureus, Virgæ aureæ facie & foliis undulatis. *Herm. parad.* 96. *t.* 96. *Vaill. act.* 1720. *p.* 402. *Boerh. lugdb.* 1. *p.* 94.

After virginianus comofus, foliis latioribus & flofculis minimis cœruleis. *Morif. hift.* 3. *p.* 120.

Virga aurea patula, foliis undulatis, floribus dilute purpurafcentibus. *Tournef. inft.* 484.

α Virga aurea patula, foliis non auritis, floribus dilute purpurafcentibus. *Tournef.*

β Virga aurea, tripolii floribus. *Tournef.*

*Crefcit in* America feptentrionali.

12. ASTER foliis lanceolato-linearibus medio ferratis, pedunculis foliofis, caule ramofo, radice perenni.

After virginianus anguftifolius ferotinus, parvo albente flore. *Rupp. jen.*

After ferotinus procerior ramofus, bellidis fylveftris flore. *Tournef. inft.* 482. *Vaill. act.* 1720. *p.* 403.

After virginianus ferotinus, parvo albente flore. *Boerh. lugdb.* 1. *p.* 95.

After virginianus ramofiffimus ferotinus, parvis floribus albis, tradefcanti. *Morif. hift.* 3. *p.* 121.

*Crefcit in* Virginia.

13. ASTER foliis lanceolatis, lateribus inferiorum crenatis, radice annua, caule corymbofo, pedunculis nudis.

After racemofus annuus canadenfis. *Morif. blef.* 236. *Tournef. inft.* 482. *Vaill. act.* 1720 *p.* 404.

After annuus ramofus albus latifolius canadenfis. *Morif. hift.* 3. *p.* 122.

Bellis ramofa umbellifera. *Corn. canad.* 193. *t.* 194.

*Crefcit in* America feptentrionali.

14. ASTER foliis ovato-oblongis alternis feffilibus, corymbo terminatrici, calycibus patulis fubrotundis.

After conyzoides odoratus luteus. *Tournef. inft.* 413.

After luteus latifolius glaber, foliis rigidis & minutiffime crenatis. *Pluk. alm.* 57. *t.* 16. *f.* 2.

Helenium glabrum, myrti lato ferrato cufpidatoque folio. *Vaill. act.* 1720. *p.* 392.

*Crefcit forte in* Europa auftrali.

*Variat foliis ferratis & integris, fcabris & glabris.*

15. ASTER foliis linearibus acutis, caule corymbofe ramofiffimo.

After tripolii flore, anguftiffimo & tenuiffimo folio. *Morif. hift.* 3. *p.* 121. *Vaill. act.* 1720. *p.* 400. *Boerh. lugdb.* 1. *p.* 96.

α After linifolius, floribus albis minimis fere umbellatis. *Vaill.*

*Crefcit in* America.

16. ASTER maritimus, Tripolium dictus. *Raj. hift.* 270.

After maritimus paluftris cœruleus, falicis folio. *Tournef. inft.* 481. *Vaill. act.* 1720. *p.* 400.

After cœruleus glaber littoreus pinguis Tripolium dictus. *Morif. hift.* 3. *p.* 121.

After maritimus purpureus Tripolium dictus. *Raj. hift.* 270. *Boerh. lugdb.* 1. *p.* 95.

Tripolium majus cœruleum. *Baub. pin.* 267.

Tripolium majus & minus. *Baub. hift.* 2. *p.* 1064.

Tripolium vulgare. *Lob. hift.* 157.

Tripolium. *Dod. pempt.* 379.

α After

α After maritimus paluſtris cœruleus minor. *T.*
Tripolium minus. *C. B.*
β After maritimus paluſtris albus minor. *T.*
*Creſcit in maritimis* Europæ, *præſertim ſeptentrionalis.*

17.ASTER foliis linearibus faſciculatis punctatis, pedunculis unifloris nudis, caule fruticoſo rugoſo.
After africanus ramoſus, hyſſopi foliis, floribus cœruleis. *Old. afric.* 26. *Tournef. inſt.* 482. *Vaill. act.* 1720. *p.* 401.
After africanus frutefcens, foliis anguſtis & plerumque conjunctis. *Comm. bort.* 2. *p.* 53. *t.* 27.
α After maritimus fruticofus, hyſſopi foliis confertis, flore albo. *Pluk. mant.* 29. *t.* 340. *f.* 19.
*Creſcit in Africa ad* Caput bonæ ſpei.

13.ASTER flore terminatrici, foliis linearibus tricuſpidatis.
After maritimus flavus Crithmum Chryſanthemum dictus, folio tereti craſſo in ſummitate tricuſpidato. *Boerh.*
lugdb. 1. *p.* 95.
After maritimus, folio tereti craſſo in ſummitate tricuſpidato. *Herm. lugdb.* 70.
After maritimus, folio tereti craſſo tricuſpidato. *Tournef. inſt.* 394.
After littoreus luteus, folio anguſto ſpiſſo ad extremitatem trifido. *Moriſ. biſt.* 3. *p.* 119.
Crithmum maritimum, folio aſteris attici. *Bauh. pin.* 288.
Crithmum maritimum tertium matthiolo, flore luteo buphthalmi. *Bauh. biſt.* 3. *p.* 106.
Crithmum chryſanthemum. *Dod. pempt.* 706.
Chryſanthemum litoreum. *Lob. biſt.* 215.
Helenium perenne glabrum, folio craſſo in ſummo tricuſpidato. *Vaill. act.* 1720. *p.* 394.
*Creſcit in maritimis* Angliæ & Galliæ.

19.ASTER foliis ſerratis, petiolis ſimplicibus lateralibus unifloris longitudine folii foliolofis.
Virga aurea,foliis glutinoſis & graveolentibus.*Tournef. inſt.* 484.*Vaill. act.* 1720.*p.*398.*Boerh.lugdb.*1.*p.*97.
Conyza mas theophraſti, major diofcoridis. *Bauh. pin.* 265.
Conyza major monſpelienſis odorata. *Bauh. biſt.* 2. *p.* 1053.
Conyza major. *Cæſalp. ſyſt.* 501. *Dod. pempt.* 51.
α Virga aurea major, foliis glutinoſis & graveolentibus gallas ferens. *Tournef.*
β Virga aurea minor, foliis glutinoſis & graveolentibus. *Tournef.*
*Creſcit ſecus vias vinearumque margines in* Italia, Hiſpania & G. Narbonenſi.

## S O L I D A G O. *g. pl.* 651.

1. SOLIDAGO caule obliquo, pedunculis erectis foliolatis ramoſis, foliis lanceolatis integerrimis.
Virga aurea mexicana. *Bauh. pin.* 517.
Virga aurea limonii folio,panicula uno-verſu diſpoſita.*Tournef.inſt.*484.*Vaill. act.*1720.*p.*397.*Boerh.lugdb.*1.*p.*97.
*Creſcit (ſi nomini fides) in* Mexico.

2. SOLIDAGO paniculato-corymboſa, racemis reflexis, floribus confertis afcendentibus.
Virga aurea anguſtifolia, panicula ſpecioſa, canadenſis. *Moriſ. biſt.* 3. *p.* 125. *Pluk. alm.* 389. *t.* 235. *f.* 2.
*Bocc. muſ.* 1. *t.* 7. *f.* 8. *Tournef. inſt.* 484. *Vaill. act.* 1720. *p.* 398. *Boerh. lugdb.* 1. *p.* 97.
Virga aurea americana, foliis ſerratis anguſtis ſubtus nervoſis. *Moriſ. bleſ* 322.
α Virga aurea canadenſis hirſuta, panicula minus ſpecioſa. *Tournef. Boerh. Vaill.*
Virga aurea, flore minus amplo, foliis non ſerratis amplioribus. *Moriſ.*
Virga aurea americana hirſuta, radice odorata. *Dill. elth.* 410. *t.* 304. *f.* 391.
β Virga aurea novæ angliæ altiſſima, paniculis nonnunquam reflexis. *Boerh.*
γ Virga aurea novæ angliæ, foliis longiſſimis glabris. *Boerh.*
δ Virga aurea novæ angliæ, rugoſis foliis crenatis. *Dill. elth.* 416. *t.* 308. *f.* 396.
ε Virga aurea americana aſpera, foliis brevioribus ſerratis. *Dill. elth.* 411. *t.* 305. *f.* 392.
ζ Virga aurea marilandica, ſpicis florum racemoſis, foliis integris ſcabris. *Mart. cent.* 13. *t.* 13.
η Virga aurea altiſſima ſerotina, panicula ſpecioſa patula. *Mart. cent.* 14. *t.* 14.
*Creſcit in America ſeptentrionali, in* Virginia, Canada, Carolina, Marilandia.
*Variat foliis integerrimis & ſerratis, glabris & ſcabris.*

3. SOLIDAGO caule erecto, racemis alternis erectis.
Solidago floribus per caulem ſimplicem undique ſparſis, foliis lanceolatis. *Fl. lapp.* 306.
Virga aurea latifolia ſerrata. *Bauh. pin.* 268. *Tournef. inſt.* 484.
Virga aurea ſive Solidago ſaracenica latifolia ſerrata. *Bauh. biſt.* 2. *p.* 1063.
Virga aurea margine crenato. *Dod. pempt.* 142.
Virga aurea folio ampliſſimo dentato. *Boerh. lugdb.* 1. *p.* 96.
Virga aurea. *Cæſalp. ſyſt.* 503.
α Virga aurea anguſtifolia minus ſerrata. *Bauh. pin.* 268. *Boerh. lugdb.* 1. *p.* 97.
Virga aurea vulgaris latifolia. *Bauh. biſt.* 2. *p.* 1062.
Virga aurea folio longo lato minus ſerrato. *Vaill. act.* 1720. *p.* 396.
Virga aurea. *Dod. pempt.* 142.
β Virga aurea foliis anguſtis lævibus non ſerratis, panicula ſpecioſa, floribus magnis. *Boerh.*
γ Virga aurea cambrica, floribus conglobatis. *Dill. elth.* 413. *t.* 306. *f.* 394.
Virga aurea montana, folio anguſto ſubincano, flofculis conglobatis. *Raj. ſyn.* 177.
δ Virga aurea montana biuncialis pumila, floliis acuminatis (& obtuſis). *Pluk. alm.* 390. *t.* 235. *f.* 7, 8.
ε Virga aurea omnium minima, floribus maximis. *Herm. parad.* 245. *t.* 245.
*Creſcit in pratis ſubhumidis, montoſis, arvis, ſylvis, arenoſis, alpibus vulgatiſſima in* Europa.
*Variat immenſe magnitudine, caule ramoſo vel ſimpliciſſimo; foliis ſerratis & integerrimis, obtuſis*
*& acutis, glabris & hiſpidis una hæc eademque polymorpha planta.*
L l l l l
4. SOLI-

4. SOLIDAGO caule fimplici, corymbo terminatrici, pedunculis partialibus alternis nudis longitudine folii.
Solidago faracenica. *Dod. pempt.* 141. *Vaill. act.* 1720. *p.* 377.
Doria altera. *Dill. gen.* 144.
Doria tertia. *Boerh. lugdb.* 1. *p.* 98.
Virga aurea anguftifolia ferrata. *Bauh. pin.* 268.
Virga aurea anguftifolia ferrata five Solidago faracenica. *Bauh. hift.* 2. *p.* 1063.
Jacobæa alpina, foliis longioribus ferratis. *Tournef. inft.* 488.
*Crefcit in foffis prope* Argentoratum; *in fummis jugis montis* Juvæ; *in monte* Rosberg *prope* Masmunfter.

5. SOLIDAGO caule fimplici, corymbo terminatrici, pedunculis'partialibus nudis, foliolo fubjecto breviffimo.
Solidago limonii folio ferrato glabro. *Vaill. act.* 1720. *p.* 377.
Doria *Dill. gen.* 144. *giff.* 164.
Doria narbonenfium. *Boerh. lugdb.* 1. *p.* 98.
Virga aurea major, carnofis & fucculentis foliis ad caulem latis. *Morif. hift.* 3. *p.* 123.
Virga aurea major vel Doria. *Bauh. pin.* 286.
Alifma monfpelienfium five Doria. *Bauh. hift.* 2. *p.* 1064.
Herba Doria. *Cæfalp. fyft.* 503.
❊ Solidago fuccifa folio glabro. *Vaill. act.* 1720. *p.* 378.
Doria 4. *Boerh. lugdb.* 1. *p.* 98. Dill. elth. 125. *t.* 105. *f.* 125.
Jacobæa orientalis, limonii folio. *Tournef. cor.* 36.
*Crefcit* Monfpelii *ad Ladi amnis ripas.*

6. SOLIDAGO foliis caulinis ovatis, ramis alternis faftigiatis, corymbis terminatricibus.
Virga aurea novæ angliæ, lato rigidoque folio. *Herm. parad.* 243. *t.* 243. *Tournef. inft.* 485. *Vaill. act.* 1720. *p.* 397
Doria americana, lato rigidoque folio. *Boerh. lugdb.* 1. *p.* 98.
*Crefcit in* nova York, *Americæ feptentrionalis,* Penfylvaniæ.

7. SOLIDAGO foliis reniformibus fuborbiculatis denticulatis.
Jacobæoides gei rotundi folio. *Vaill. act.* 1720. *p.* 387.
Jacobæa africana, hedere terreftris folio, repens. *Old. afr.* 31. *Comm. hort.* 2. *p.* 145. *t.* 73.
Doria 9. *Boerh. lugdb.* 1. *p.* 98.
*Crefcit in* Africa.
*Folia petiolata, Pedunculi foliis longiores umbelliferi, umbellis ad bafin pedunculum longiorem itidem umbelliferum promentibus.*

8. SOLIDAGO foliis linearibus integerrimis, corymbo fimplici.
Solidago lini folio craffiore. *Vaill. act.* 1720. *p.* 379.
Jacobæa hifpanica, rorifmarini folio. *Tournef. inft.* 486.
Jacobæa folio crithmi littorei. *Morif. hift.* 3. *p.* 111.
Jacobæa, lini folio, hifpanica & italica. *Bocc. muf.* 2. *t.* 49.
Jacobæa, lini folio, hifpanica. *Barr. rar.* 97. *t.* 802.
Linariæ aureæ affinis. *Bauh. pin.* 213. *prod.* 107.
*Crefcit in Hifpania juxta* Cantillana *oppidum, fecus fluvium Guadalquivir & in aliis* Bœticæ *locis.*

9. SOLIDAGO foliis linearibus integerrimis, corymbis ramofis, florum radio breviffimo.
Helenium linariæ folio, floribus minimis vix radiatis & fere umbellatis. *Vaill. act.* 1720. *p.* 395.
Senecio africanus, folio retufo. *Boerh. lugdb.* 1. *p.* 117
Senecio fœtidus africanus perennis, foliis confertim nafcentibus. *Pluk. alm.* 343. *t.* 223 *f.* 4.
Conyza africana, Senecionis flore, retufis foliis. *Herm. lugdb.* 661. *t.* 662. *Tournef. inft.* 455.
Conyza melitenfis, retufis foliis. *Bocc. fic.* 26. *t.* 13. *f.* 4
Pfeudo-Helichryfum melitenfe, retufis foliis viridibus, flore luteo radiato. *Morif. hift.* 3. *p.* 90.
Pfeudo-Helichryfum frutefcens africanum, retufis foliis viridibus. *Morif. hift.* 3. *p.* 90. *f.* 7. *t.* 10. *f.* 1.
*Crefcit inter difficultates & acclives afcenfus faxorum & cautium infulæ* Melitæ *&* Africæ.
*Radius floris præ tenuitate vix confpicuus eft.*

10. SOLIDAGO foliis inferioribus lanceolatis ferrato-finuatis, fuperioribus integris amplexicaulibus.
Jacobæa aquatica elatior, foliis magis diffectis. *Morif. hift.* 3. *p.* 110. *f.* 7. *t.* 19. *f.* 24. *Vaill. act.* 1720. *p.* 385.
After paluftris laciniatus luteus. *Tournef. inft.* 483.
Conyza aquatica laciniata. *Bauh. pin.* 266. *Boerh. lugdb.* 1. *p.* 116.
Conyza helenitis. *Dod. hift.* 67. *f.* ult.
*Crefcit in paludibus juxta pifcinas, rivulos & foffas in* Hollandia, Scania Campeftri, *& rarius in* Anglia.

11. SOLIDAGO foliis pinnatifidis, laciniis finuatis, corymbis racemofis.
Jacobæa maritima. *Bauh. pin.* 131. *Tournef. inft.* 486. *Vaill. act.* 1720. *p.* 386. *Boerh. lugdb.* 1. *p.* 99.
Jacobæa fruticofior, foliis utrinque candicantibus. *Morif. hift.* 3. *p.* 109.
Jacobæa marina five Cineraria. *Bauh. hift.* 2. *p.* 1058.
Cineraria. *Dod. pempt.* 642.
Achoavan abiat. *Alp. ægypt.* 43. *t.* 28.
❊ Jacobæa maritima latifolia. *Bauh. pin.* 131.
*Crefcit ad littora maris* Inferi *ubique.*

12. SOLIDAGO foliis obverfe ovatis carnofis crenatis, caule fruticofo, corymbo ramofo.
Doria africana arborefcens, foliis craffis & fucculentis atriplicem referentibus. *Boerh. lugdb.* 1. *p.* 98. *Dill. elth.* 124. *t.* 104. *f.* 124.
Solidago frutefcens, anacampferotis foliis, floribus fere umbellatis. *Vaill. act.* 1720. *p.* 378.
*Crefcit in* Africa.

DORO-

# DORONICUM. *g. pl.* 650.

1. Deronicum foliis cordatis denticulatis, caule ramofo.
Doronicum maximum, foliis caulem amplexantibus. *Bauh. pin.* 184. *Morif. hift.* 3. *p.* 127. *f.* 7. *t.* 7. *f.* 24.
*Tournef. inft.* 488. *Vaill. act.* 1720. *p.* 390. *Boerh. lugdb.* 1. *p.* 100.
Doronicum maximum, foliis hyofcyami peruviani inftar caulem amplexantibus. *Bauh. hift.* 3. *p.* 18.
Doronicum 7, auftriacum 3. *Cluf. hift.* 2. *p.* 19.
*Crefcit in locis umbrofis fecundum rivos e montibus labentes in defcenfu jugi* Wechfel *& fylvofis*
Etfcheri *&* Herrenalben *in montofis Pannoniæ interamnis ultra* Dravum.

2. Doronicum foliis ovatis acutis obfolete dentatis, ramis alternis.
Doronicum plantaginis folio. *Bauh. pin.* 184. *Vaill. act.* 1720. *p.* 389. *Tournef. inft.* 487.
Doronicum folio fere plantaginis oblongo. *Bauh. hift.* 3. *p.* 18.
Doronicum minus officinarum. *Dalech. hift.* 1202. *Morif. hift.* 3. *p.* 127. *f.* 7. *t.* 24. *f.* 9.
*Crefcit in locis* Burdegalæ *vicinis.*

# TUSSILAGO. *g. pl.* 648.

1. Tussilago fcapo imbricato unifloro, foliis cordatis angulatis denticulatis.
Tuffilago vulgaris. *Bauh. pin.* 197. *Vaill. act.* 1720. *p.* 375. *Tournef. inft.* 487. *Boerh. lugdb.* 1. *p.* 101.
Tuffilago. *Bauh. hift.* 3. *p.* 563. *Morif. hift.* 3. *p.* 130. *f.* 7. *t.* 12. *f.* 1. *Lob. hift.* 320.
Tuffilago, vulgo Farfara, aliis Ungula caballina. *Cæfalp. fyft.* 490.
*Crefcit ad foffarum margines frequens per Campeftres* Europæ *regiones.*

2 Tussilago fcapo fere nudo unifloro, foliis cordato-orbiculatis crenatis.
Tuffilago alpina rotundifolia glabra. *Bauh pin.* 197. *Morif. hift.* 3. *p.* 130. *f.* 7. *t.* 12. *f.* 2. *Boerh. lugdb.* 1. *p.* 101.
Tuffilago alpina 2. *Cluf. hift.* 2. *p.* 113. *Dalech. hift.* 1052.
Petafites monanthos rotundifolius glaber. *Vaill. act.* 1719. *p.* 403.
α Tuffilago alpina rotundifolia canefcens. *Bauh. pin.* 197.
Tuffilago alpina 1, flore evanido. *Cluf. hift.* 2. *p.* 113.
*Crefcit in monte* Jura; *alpibus* Stiriacis *&* Auftriacis, *at* α *in montibus* Bohemiæ *in fuperioris collis parte prope Monafterium Neubourg.*

3. Tussilago fcapo imbricato thyrfifloro, flofculis omnibus hermaphroditis.
Petafites major & vulgaris. *Bauh. pin.* 197. *Vaill. act.* 1719. *p.* 403. *Tournef. inft.* 451. *Boerh. lugdb.* 1. *p.* 119.
*Pont. diff.* 159.
Petafites vulgaris rubens, rotundiori folio. *Bauh. hift.* 3. *p.* 566. *Morif. hift.* 3. *p.* 95. *f.* 7. *t.* 12. *f.* 1.
Petafites. *Cæfalp. fyft.* 489. *Cluf. hift.* 2. *p.* 116. *Dod. pempt.* 597.
*Crefcit juxta ripas & ftagnos in locis uliginofis* Hollandiæ, Angliæ, Galliæ *&c.*

4. Tussilago fcapo imbricato, thyrfo faftigiato, flofculis femininis nudis, paucis centralibus hermaphroditis.
Petafites minor. *Bauh. pin.* 197. *Vaill. act.* 1719. *p.* 403. *Tournef. inft.* 451. *Boerh. lugdb.* 1. *p.* 118.
Petafites albus, angulofo folio. *Bauh. hift.* 3. *p.* 567. *Morif. hift.* 3. *p.* 95. *f.* 7. *t.* 12. *f.* 3. *Pont. diff.* 159.
Petafites flore albo. *Carn. epit.* 593.
Petafites odoratus. *Dalech. hift.* 1054.
*Crefcit in declivibus montium inter* Gaviam *&* Genuam; *in* Scania *juxta* Lundinum *ad pagum* Foglefong; *juxta* Giffam.

5. Tussilago fcapo imbricato, thyrfo oblongo, flofculis femininis nudis, pauciffimis centralibus hermaphroditis.
Petafites major, floribus pediculis longis infidentibus. *Dill. elth.* 309. *t.* 230. *f.* 297.
Petafites maximus maritimus boruffiæ mentzelii. *Morif. hift.* 3. *p.* 95.
Petafites prima. *Rupp. jen.* 153.
*Crefcit in* Germania *&* Hollandia.
*Scapus folia multoties fuperat; flofculus communiter unicus (interdum duo vel tres) hermaphroditus corolla veftitus, reliqui nudi feminini; fructus rotundatus.*

6. Tussilago fcapo imbricato, thyrfo faftigiato, floribus radiatis. *Fl. lapp.* 303.
*Crefcit in alpibus* Lapponiæ *& adjacentibus fylvis, locis uliginofis frequens.*

# VERBESINA. *g. pl.* 662.

1. Verbesina foliis decurrentibus undulatis obtufis.
Ceratocephaloides fubrotundo folio. *Vaill. act.* 1720. *p.* 425. *Burm. zeyl.* 57.
Bidens indica, hieracii folio, alato caule. *Tournef. inft.* 462. *Boerh. lugdb.* 1. *p.* 122.
Cannabina indica, foliis integris, alato caule. *Magn. hort.* 40. *t.* 40.
Chryfanthemum coraffavicum, alato caule, floribus aurantiis. *Herm parad.* 125. *t.* 125.
Chryfanthemum conyzoides curaffavicum, abrotani fœminæ flore aurantio. *Volk. norib.* 106. *t.* 106.
Chryfanthemum americanum, caule alato, flore aphyllo globofo aurantio, foliis baccharidis. *Comm. hort.* 1. *p.* 5. *t.* 3.
Chryfanthemum americanum bidens alatum, flore parvo aurantiaco. *Pluk. alm.* 100. *t.* 84. *f.* 3.
Chryfanthemum cannabinum americanum alatum, flore aphyllo globofo aurantio, foliis baccharidis. *Breyn. prod.* 2. *p.* 32.
Chryfanthemum curaffavicum, alato caule, flore aurantiaco bullato. *Morif. hift.* 3. *p.* 25.
*Crefcit in* Curaffao *variisque aliis Americæ provinciis.*
Lllll 2                                           SIGES-

# SIGESBECKIA. *g. pl.* 882.

1. SIGESBECKIA.
Cichoreo affinis Lampfana finica, menthaftri foliis, calyce fimbriato hifpido. *Pluk. amalt.* 58. *t.* 380. *f.* 2.
*Crefcit in* China.
*Radix annua; Caulis bipedalis feu tripedalis, erectus. Folia ovata, utrinque acuminata, definentia in petiolos, oppofita, trinervia, venofa, ferrata. Rami ex fingula ala fuperiore caulis, caule breviores. Pedunculus terminatrix & laterales e fummis ramis folitarii, brachiati, florem fulvum fuftinent, forma aranei, involucro patente quinque radiis hifpidis feu pilis capitatis obvallatum; capitulum vifcidum fingulo pilo infidet. Si manu decerpantur femina matura, quafi vita gaudentes moventur in manu ob vifciditatem & pilos compreffos fenfim femet reftituentes.
Eft ex rariori ifta plantarum familia quæ radium ad alterum modo latus gerit, Milleriæ ad inftar, nec ut reliquæ in orbem.
Dixi plantam in honorem* Jo. Georgii Siegesbeck, *in Horto Medico Petropolitano Botanices Profefforis, qui quanto ardore Floram Ruthenicam profequitur oftendit abunde Catalogus Horti Medici Petropolitani.*

# ARCTOTIS. *g. pl.* 667.

1. ARCTOTIS foliis ovatis dentatis, petiolis longiffimis fuperne dentatis, caule ramofo.
Arctotheca chondillæ folio, lobis rarioribus & latioribus. *Vaill. act.* 1720. *p.* 428.
Anemonofpermos africana, jacobææ maritimæ foliis, flore fulphureo. *Comm. rar.* 36. *t.* 36.
*Crefcit in* Africa.

2. ARCTOTIS foliis lanceolato-linearibus integris denticulatis.
Anemonofpermos afra, folio oblongo ferrato rigido, flore intus fulphureo extus puniceo. *Boerh. lugdb.* 1. *p.* 100.
*Crefcit in* Africa.
*Hujus icon habetur in* Breyn. prod. *2.* pag. 24. figura exter.

3. ARCTOTIS foliis pinnato-finuatis, laciniis oblongis dentatis.
Arctotheca jacobææ folio, flore aurantio pulcherrimo. *Vaill. act.* 1720. *p.* 428.
Anemonofpermos afra, folio jacobææ tenuiter laciniato, flore aurantio pulcherrimo. *Boerh. lugdb.* 1. *p.* 100. *t.* 100.
α Arctotheca jacobææ folio, radiis florum intus luteis extus puniceis. *Vaill. act.* 1720. *p.* 428.
Anemonofpermos africana, folio jacobææ, flore luteo, extus puniceo. *Boerh. lugdb.* 1. *p.* 100.
β Anemonofpermos africana, foliis cardui benedicti, florum radiis intus albicantibus. *Comm. hort.* 2. *p.* 45. *t.* 23.
*Crefcit in* Africa.
*Plurimum variat hæc, hinc longe pauciores fpecies quam vulgo numerantur.*

# ACHILLEA. *g. pl.* 661.

1. ACHILLEA foliis finuato-laciniatis planis villofis nitidis obtufis.
Achillea humilis incana coronopifolia, flore candido. *Vaill. act.* 1720. *p* 416.
Ptarmica humilis, foliis laciniatis abfinthii æmulis. *Herm. lugdb.* 510. *Tournef. inft.* 496. *Boerh. lugdb.* 1. *p.* 111.
Dracunculus argenteus, five Ptarmica incana humilis, abfinthii latioribus æmulis. *Morif. hift.* 3. *p.* 40. *f.* 6. *t.* 10. *f.* 5.
Abfinthium alpinum umbelliferum latifolium. *Bauh. pin.* 139.
Abfinthium albis floribus, capitulis fquarrofis. *Bauh. hift.* 3. *p.* 183.
Abfinthium alpinum umbelliferum. *Cluf. hift.* 1. *p.* 340.
Abfinthium album, capitulis fquarofis, floribus albis, umbella achilleæ montanæ. *Lob. hift.* 435.
Abfinthium umbelliferum. *Clav. monogr.*
*Crefcit ex fcopulis præruptis & altiffimis præcipitiis propendens in* Snealben, Etfcherberg, Durrenftain, Sneberg *aliisque Pannoniæ & Auftriæ alpinis locis.*

2. ACHILLEA foliis integris minutiffime ferratis. *Vaill. act.* 1720. *p.* 416.
Ptarmica vulgaris, folio longo ferrato, flore albo. *Bauh. hift.* 3. *p.* 147. *Tournef. inft.* 496. *Boerh. lugdb.* 1. *p.* 111.
Ptarmica vulgaris. *Cluf. hift.* 2. *p.* 12.
Dracunculus pratenfis, ferrato folio. *Bauh. pin.* 98.
Dracunculus pratenfis viridis five Ptarmica vulgaris folio ferrato. *Morif. hift.* 3. *p.* 40.
Draco fylveftris five Ptarmica. *Dod. pempt.* 710.
α Achillea eadem flore monftrofo. *Vaill.*
Ptarmica vulgaris, pleno flore. *Cluf. hift.* 2. *p.* 12.
*Crefcit in* Scania *& Europa magis auftrali frequens.*

3. ACHILLEA foliis fetaceis dentatis, denticulis fere integris fubulatis reflexis.
Achillea lutea tomentofa, fantolinæ folio. *Vaill. act.* 1720. *p.* 417.
Ptarmica orientalis, fantolinæ folio, flore majore. *Tournef. inft.* 37.
Ageratum 5. *Boerh. lugdb.* 1. *p.* 125.
*Crefcit in* Oriente.

4. ACHILLEA foliis linearibus dentatis obtufis planis, denticulis crenulatis.
Achillea incana, fantolinæ foliis plerumque falcatis afperis, flore fulphureo. *Vaill. act.* 1720. *p.* 417?
Ptarmica orientalis, foliis fantolinæ incanis, flore pallido. *Boerh. lugdb.* 1. *p.* 112?
*Crefcit in* Oriente.

5. ACHIL-

**S**IGESBECKIA. *Hort. Cliff.* 412. *fp.* 1.
a *Ramulus cum flore.*
b *Flos lente infpectus.*

J. WANDELAAR del. & fecit

**BUPHTHALMUM** caule decomposita, calycibus ramiferis. *Hort. Cliff.* 413. *Sp.* 1.

*Asteriscus annuus trianthophorus Crassus arabibus est dictus* Schaw. *p.* 58.
a *Caulis erectus delineatus, qui demum diffunditur.*
b *Rami ex ipsis calycibus enati.*
c *Receptaculum commune fructificationis perpendiculariter dissectum, cum Paleis.*
d *Calycis squama.*
e *Flosculus femineus radii.*
f *Flosculus masculus disci.*
g *Stamina antheris coalita.*          i *Stylus cum stigmate.*

G. D. EHRET del.                                    J. WANDELAAR fecit.

5. Achillea foliis lanceolatis dentato-ferratis: denticulis tenuiffime ferratis.
Achillea elatior, foliis pinnatis, pinnulis acutiffime ferratis. *Vaill. act.* 1720. *p.* 416.
Ptarmica alpina, foliis profunde incifis. *Tournef. inft.* 497.
Ptarmica alpina, incanis ferratis foliis. *Herm. lugdb.* 694. *Boerh. lugdb.* 1. *p.* 111.
α Achillea humilior, foliis pinnatis læte viridibus pinnulis acutiffime ferratis. *Vaill. act.* 1720. *p.* 416.
Ptarmica, folio profunde ferratis, minor & humilior. *Boerh.*
β Ptarmica, foliis profunde ferratis læte viridibus, elatior. *Herm.*
γ Ptarmica vulgaris, folio longo ferrato, humilior. *Boerh.*
*Crefcit in* Alpibus.
*Eft admodum affinis fpeciei* 2<sup>dæ</sup>.

6. Achillea foliis lanceolatis obtufis acute ferratis.
Achillea lutea, agerati folio longiore. *Vaill. act.* 1720. *p.* 417.
Ptarmica lutea fuaveolens. *Tournef. inft.* 497.
Ageratum foliis ferratis. *Bauh. pin.* 221. *Boerh. lugdb.* 1. *p.* 125.
Ageratum plerisque; Herba Julia quorundam. *Bauh. bift.* 3. *p.* 142.
Balfamita minor. *Dod. pempt.* 295. *Morif. bift.* 3. *p.* 38. *f.* 6. *t.* 1. *f.* 2.
Conforata. *Cæfalp. fyft.* 480.
Eupatorium mefuæ officinarum. *Dal. pharm.* 181.
α Ptarmica lutea fuaveolens, corymbis longioribus & magis compactis. *Tournef.*
β Ageratum *quæ* agerato mefuæ cognata procerior, corymbis e luteo albicantibus. *Boerh.*
*Crefcit in* G. Narbonenfi *circa* Monfpelium; *in Hetruria circa* Florentiam & Liburnum.

7. Achillea foliis duplicato-pinnatis glabris, laciniis linearibus acutis laciniatis.
Achillea foliis pinnato-pinnatis. *Fl. lapp.* 311.
Achillea vulgaris, flore albo. *Vaill. act.* 1720. *p.* 415.
Millefolium five Achillea. *Dod. pempt.* 100.
Millefolium vulgare album. *Bauh. pin.* 140. *Morif. bift.* 3. *p.* 38. *f.* 6. *t.* 11. *f.* 6. *Tournef. inft.* 496. *Boerh. lugdb.* 1. *p.* 112.
Millefolium ftratiotes pinnatum terreftre. *Bauh. bift.* 3. *p.* 136.
Millefolium. *Cæfalp. fyft.* 482.
Stratiotes millefolia major. *Dalech. bift.* 769.
α Millefolium purpureum majus. *C. B.*
β Millefolium ~~vulgare purpureum minus~~. ~~Bauh.~~ *pin.* 140.
*Crefcit ad agrorum margines frequens per* Europam.

8. Achillea foliis linearibus pinnatifidis pubefcentibus, foliolis tripartitis transverfalibus media longiore.
Achillea lutea tomentofa minor tenuiffime laciniata. *Vaill.* act. 1720. *p.* 418.
Millefolium tomentofum luteum. *Bauh. pin.* 140. *Bauh. bift.* 3. *p.* 138. *Morif. bift.* 3. *p.* 39. *f.* 6. *t.* 11. *f.* 16.
Millefolium minus five Stratiotes chiliophyllos. *Dod. pempt.* 101.
Stratiotes millefolia, flavo flore. *Cluf. bift.* 1. *p.* 330.
α Millefolium luteum magis tomentofum & altius. *Boerh.*
β Millefolium luteum majus, folio lato. *Boerh.*
*Crefcit in* Gallia Narbonenfi.

9. Achillea foliis duplicato-pinnatis tomentofis, foliolis ovatis integris.
*Crefcit in* Oriente.
*Folia pinnata, fubtus tomentofa, pinnis iterum pinnatis, pinnulis fubovatis, diftinctis, remotis, obtufis, fubtus tomentofis, parvis, integerrimis.*

10. Achillea foliis pinnatis, foliolis obtufe lanceolatis ferrato-dentatis.
Achillea tomentofa incana, pinnulis criftatis, flore aureo. *Vaill.* act. 1720. *p.* 418.
Ptarmica incana, pinnulis criftatis. *Tournef. cor.* 37. *itin.* 1. *p.* 228. *t.* 87.
Abfinthium fantonicum ægyptiacum. *Bauh. pin.* 139.
Abfinthium ægyptiacum. *Dod. pempt.* 25.
*Crefcit in* Oriente.

11. Achillea foliis pinnatis, foliolis lanceolatis incifis ferratis fubtus lanigeris.
Millefolium orientale, foliis tanaceti incanis, radiis pallide luteis. *Boerh. lugdb.* 1. *p.* 112.
Ptarmica orientalis, foliis tanaceti incanis, femiflofculis florum pallide luteis. *Tournef. cor.* 37.
*Crefcit in* Oriente.

# BUPHTHALMUM. *g. pl.* 659.

1. Buphthalmum caule decompofito calycibus ramiferis. *vide Tab.*
Kraftas arabum Schavii. G. *pl.* 659.
*Crefcit ut fertur in* Arabia.
*Radix annua; Caulis unicus, erectus, palmaris, ftriatus, flore terminatus. Folia alterna, remota, linearia, laciniis aliquot, præfertim verfus apices, divifa in tres vel quinque partes, plurima autem bafi ipfius floris fubjecta & quafi infimam calycis bafin conftituentia, in orbem patentia. Inter folia florali & calycem ipfum enafcuntur Rami duo, tres, quatuor vel quinque, caule primo longiores, eadem lege foliis veftiti, floreque terminati, & hi fimiliter novos foboles; tandem nimis patens planta decumbit fere diffufa. Calyx fubrotundus, imbricatus fquamis fubovatis, fuperne membranaceis: Receptaculum conicum eft paleis diftinctum. Radius corollæ flavus conftans corollulis lingulatis femininis; difcus vero convexus conftructus corollulis hermaphroditis,*

Mmmmm *ditis,*

*ditis, infundibuli formibus, flavis. Semina pappo carent. odor medicatus chamomillæ vel cere-*
*visiæ recentis.*

*Reverendissimus* D. D. Schaw *cum plantis plurimis aliis rarissimis ex itinere suo Africano &*
*Arabico hanc secum duxit, cui itaque debent hujus notitiam horti Europæi.*

2. BUPHTHALMUM caule ramoso, foliis pinnatifidis linearibus: laciniis dentatis ferratis, floribus pedunculatis.
   Buphthalmum tanaceti minoris foliis. *Bauh. pin.* 134. *Tournef. inst.* 495. *Boerh. lugdb.* 1. *p.* 106.
   Buphthalmum vulgare Chryfanthemo congener. *Cluf. hist.* 1. *p.* 332.
   Chryfanthemum perenne, brevioribus & incanis foliis tanaceti instar alatis. *Morif. hist.* 3. *p.* 20. *f.* 6. *t.* 6. *f.* 41.
   Chamæmelum, Chryfanthemum quorundam. *Bauh. hist.* 3. *p.* 122.
   *Crescit in pratis exsuccis & aridis* Sveciæ, Pannoniæ, Austriæ, Germaniæ.

3. BUPHTHALMUM caule ramoso, foliis pinnato multifidis fetaceis, calycibus tomentosis pedunculatis.
   Buphthalmum tenuifolium, folio millefolii fere. *Bauh. hist.* 3. *p.* 124.
   Buphthalmum cotulæ folio. *Bauh. pin.* 134.
   Buphthalmum alterum penæ. *Dalech. hist.* 863.
   Chryfanthemum five Buphthalmium tenuifolium, foliis millefolii fere. *Morif. hist.* 3. *p.* 16.
   Cotula flore radiato. *Tournef. inst.* 495. *Boerh. lugdb.* 1. *p.* 106.
   α Cotula floris radiis fulphureis, difco luteo. *Boerh.*
   β Cotula flore albo pleno. *Boerh.*
   *Crescit ad oppidum* Aquæ mortuæ.

4. BUPHTHALMUM caulibus fimpliciffimis unifloris, foliis pinnato-multifidis.
   Pyrethrum officinarum. *Lob. hist.* 447.
   Pyrethrum flore bellidis. *Bauh. pin.* 148. *Rupp. jen.* 137.
   Pyrethrum corymbiferum, flore bellidis. *Morif. hist.* 3. *p.* 33. *f.* 6. *t.* 10. *f.* antepenultima.
   Pyrethrum alterum minus, cefpitofa radice, anthemidis flore, italicum. *Barr. rar.* 100. *t.* 522.
   Pyrethrum. *Dod. pempt.* 327.
   *Crescit in montibus* Moroni *in Aprutio non longe a fulmone; item prope Jenam testo Ruppio.*
   *Plantam communicavit* D. D. v. Royen. *Profess. Bot. Lugduno Batavus.*
   *Ob capitulum magnum & ponderofum communiter decumbit caulis.*

5. BUPHTHALMUM foliis ter trifidis, pedunculis terminatricibus brevioribus ramo altioribus.
   Asteroides americana minor annua. *Vaill. act.* 1720. *p.* 419.
   Chryfanthemum humile, ranunculi folio. *Plum. fpec.* 10. *Tournef. inst.* 402.
   Chryfanthemum paluftre minimum repens, apii folio. *Sloan. flor.* 126. *hist.* 1. *p.* 263. *t.* 155. *f.* 3. *Raj. app.* 215.
   *Crescit in pratis humidiufculis* Jamaicæ & Caribæarum.
   *Huic corona feminis nulla & calycis foliola fere æqualia.*

6. BUPHTHALMUM foliis lineari-lanceolatis ferratis villofis, calycibus nudis.
   Asterifcus perennis villofus ferratus, imo calyce non foliofo. *Vaill. act.* 1720. *p.* 430.
   Asterifcus, calice brevi, anguftifolius. *Boerh. lugdb.* 1. *p.* 105.
   After luteus major, foliis fuccifæ. *Bauh. pin.* 266.
   After 3, auftriacus 1. *Cluf. hist.* 2. *p.* 13.
   Chryfanthemum afteris facie, fuccifæ foliis. *Herm. lugd.* 144.
   *Crescit ad radices* Alpium Auftriacarum & Stiriacarum.

7. BUPHTHALMUM foliis lineari-lanceolatis integerrimis glabris, calycibus nudis.
   Asterifcus perennis, falicis glabro folio, imo calyce non foliofo. *Vaill. act.* 1720. *p.* 430.
   Asteroides alpina, falicis folio. *Tournef. cor.* 4. *Boerh. lugdb.* 1. *p.* 96.
   After luteus anguftifolius. *Bauh. pin.* 266.
   Chryfanthemum perenne minus, falicis folio glabro, ramofum. *Morif. hist.* 3. *p.* 21. *f.* 6. *t.* 7. *f.* 52.
   *Crescit cum antecedenti ad radices* Alpium.
   *Calyx erectus, laciniis omnibus æqualis longitudinis, radiis corollæ longiffimis, femina radii*
   *triangularia.*

8. BUPHTHALMUM calycibus obtufe foliofis feffilibus in alis ramorum, foliis oblongis obtufis.
   Asterifcus aquaticus annuus patulus. *Tournef. inst.* 498. *Vaill. act.* 1720. *p.* 430.
   Asterifcus annuus lufitanicus odoratus. *Boerh. lugdb.* 1. *p.* 105. *Seb. thef.* 1. *p.* 47. *t.* 29. *f.* 7.
   Chryfanthemum conyzoides lufitanicum. *Breyn. cent.* 157. *t.* 77.
   Chryfanthemum, afteris facie, fupinum minus. *Herm. lugdb.* 144.
   Chryfanthemum conyzoides odoratum creticum. *Morif. hist.* 3. *p.* 18.
   α Asterifcus creticus odoratus minimus. *Tournef. cor.* 38.
   *Crescit in* Lufitania & Candia.

9 BUPHTHALMUM calycibus obtufe foliofis pedunculatis, ramis alternis, foliis cuneiformibus.
   Asterifcus maritimus perennis patulus. *Tournef. inst.* 498. *Vaill. act.* 1720. *p.* 430. *Boerh. lugdb.* 1. *p.* 104.
   After fupinus lignofus ficulus, conyzæ odore. *Bocc. muf.* 2. *p.* 161. *t.* 129.
   After lupinus luteus maffilioticus. *Barr. rar.* t. 1151.
   After 2 fupinus. *Cluf. hist.* 2. *p.* 13.
   α Asterifcus maritimus annuus patulus. *Tournef.*
   *Crescit in* Sicilia, *circa* Maffiliam, *in littoribus maris.*

10. BUPHTHALMUM calycibus acute foliofis, ramis alternis, foliis lanceolatis amplexicaulibus.
    - Asterifcus annuus, foliis ad florem rigidis. *Tournef. inst.* 497. *Vaill. act.* 1720. *p.* 429. *Boerh. lugdb.* 1. *p.* 104.
                                                                                                            After

Aster legitimus clufii alter feu fpinofus luteus. *Barr. t.* 551.
Aster luteus, foliis ad florem rigidis. *Bauh. pin.* 266.
Chryfanthemum afteris facie, foliis ad florem rigidis. *Herm. lugdb.* 144.
Chryfanthemum conyzoides, foliis circa florem rigidis. *Morif. hift.* 3. *p.* 18. *f.* 6. *t.* 5. *f.* 25.
*Crefcit ad agrorum margines in* Campania *Romana*, Hifpania *&* G. Narbonenfi.

11. BUPHTHALMUM foliis oppofitis lanceolato-linearibus obtufis integerrimis, calycibus fubrotundis.
*Crefcit . . . .*
*Rami fimpliciffimi, teretes. Folia oppofita, lineari-lanceolata (Lychnidis), feffilia, bafi anguftata, obtufa, incana, longitudine ferme internodiorum. Calyx terminatrix, imbricatus fquamis linearibus, acutis, non dehifcentibus, radius corollæ violaceus, difcus luteus. Paleæ femina diftinguunt & femina coronantur fetis quatuor, hinc a reliquis diftinctiffima planta.*

12. BUPHTHALMUM foliis oppofitis lanceolatis, · petiolis bidentatis.
Afterifcus frutefcens, leucoji foliis fericeis & incanis. *Dill. elth.* 44. *t.* 38. *f.* 44.
Corona folia americana frutefcens, lychnidis folio, flore luteo. *Plum. fpec.* 10. *Tournef. inft.* 490.
Chryfanthemum fruticofum maritimum, foliis glaucis oblongis, flore luteo. *Sloan. flor.* 125. *hift.* 1. *p.* 260.
*Crefcit in* Jamaica.

## A N T H E M I S. *g. pl.* 662.

1. ANTHEMIS foliis pinnato-decompofitis, laciniis fetaceis.
Chamæmelum officinarum. *Vaill. act.* 1720. *p.* 410.
Chamæmelum nobile five Leucanthemum odoratum. *Bauh. pin.* 135. *Tournef. inft.* 494. *Boerh. lugdb.* 1. *p.* 109.
Chamæmelum odoratum repens, flore fimplici. *Bauh. hift.* 3. *p.* 118. *Morif. hift.* 3. *p.* 35. *f.* 6. *t.* 12. *f.* 1.
Chamæmelum odoratum. *Dod. pempt.* 260.
α Chamæmelum nobile, flore multiplici. *Bauh. pin.* 135.
Chamæmelum repens odoratiffimum perenne, flore multiplici. *Bauh. hift.* 3. *p.* 119.
γ Chamæmelum luteum, capitulo aphyllo. *Bauh. pin.* 135.
Chamæmelum aureum peregrinum, capitulo nude foliis. *Bauh. hift.* 3. *p.* 119.
*Crefcit in pafcuis & ericetis humidioribus frequens per maximam partem* Europæ.

2. ANTHEMIS foliis pinnato-multifidis planis, laciniis linearibus acutis trifidis, pedunculis longiffimis.
Chamæmelum orientale, foliis abfinthii. *Tournef. cor.* 37?
*Crefcit forte in* Creta.
*Rami procumbentes, fimplices; petioli longiffimi, fenfim dilatati in folia obverfe ovata, pinnatim multifida, laciniis erectis, fuperne dilatatis, linearibus, trifidis, quadrifidisve, acutis. Petioli folitarii, uniflori, nudi, longiffimi, erecti; corolla radiata; calyx hæmifphæricus.*

3. ANTHEMIS foliis pinnatifidis obtufis planis, pedunculis hirfutis foliofis, calycibus tomentofis.
Chamæmelum, coronopi folio, tomentofum. *Vaill. act.* 1720. *p.* 412.
Chamæmelum maritimum incanum, folio abfinthii craffo. *Boerh. lugdb.* 1. *p.* 110.
*Crefcit in maritimis* Græciæ.
*Caulis ramofus, fuperne magis villofus. Folia oblonga, obtufa, bis vel ter trifida, hinc quafi pinnata.*

4. ANTHEMIS foliis pinnatifidis laciniatis, pedunculis nudis vix villofis.
Chamæmelum chium vernum, folio craffiore, flore magno. *Tournef. cor.* 37. *Vaill. act.* 1720. *p.* 411. *Boerh. lugdb.* 1. *p.* 109.
*Crefcit in* Chio infula.
*Antecedenti fimilis fed anguftiora omnia, minusque villofa.*

## M A T R I C A R I A. *g. pl.* 658.

1. MATRICARIA foliis fupra-decompofitis fetaceis, pedunculis folitariis.
Matricaria leucanthemos annua, chamæmeli folio, ovariis nigricantibus. *Vaill. act.* 1720. *p.* 370.
Chamæmelum vulgare, Leucanthemum diofcoridis. *Bauh. pin.* 135. *Morif. hift.* 3. *p.* 35. *f.* 6. *t.* 12. *f.* 7. *Tournef. inft.* 494. *Boerh. lugdb.* 1. *p.* 109. annuum. *Mich. gen.* 34.
Chamæmelum vulgare amarum. *Bauh. hift.* 3. *p.* 116.
Chamæmelum vulgare. *Dod. pempt.* 257.
Chamæmelum, vulgo Chamomilla. *Cæfalp. fyft.* 491.
Anthemis vulgare. *Fl. lapp.* 309.
α Chamæmelum majus, folio tenuiffimo, caule rubente. *Tournef.*
β Chamæmelum majus, folio tenuiffimo, caule rubente, flore pleno. *Tournef.*
*Crefcit in ruderatis, cultis, agris frequens per* Europam.

2. MATRICARIA foliis duplicato-pinnatis, petiolis folitariis.
Matricaria monoleucanthemos, foliis argenteis plerumque conjugatis. *Vaill. act.* 1720. *p.* 369.
Chamæmelum orientale incanum, millefolii folio. *Tournef. cor.* 37.
*Crefcit in* Oriente.

*Folia*

*Folia perbelle & distincte duplicato-pinnata sunt pinnis oppositis, foliolis lanceolato-linearibus, obtusis, æqualibus, integerrimis.*

3. MATRICARIA foliis compositis planis, foliolis ovatis incisis, pedunculis ramosis.
Matricaria officinarum. *Vaill. act.* 1720. *p.* 368.
Matricaria vulgaris seu sativa. *Bauh. pin.* 133. *Tournef. inst.* 493. *Boerh. lugdb.* I. *p.* 110.
Matricaria vulgaris. *Morif. hist.* 3. *p.* 32. *f.* 6. *t.* 10. *f.* 1.
Matricaria, vulgo minus Parthenium. *Bauh. hist.* 3. *p.* 129.
Matricaria vulgo Amareggiola. *Cæsalp. syst.* 492.
Matricaria. *Dod. pempt.* 35.
α Matricaria odoratior. *Bauh. pin.* 134.
β Matricaria vulgaris seu sativa, caulibus rubentibus. *Tournef.*
γ Matricaria florum petalis perexiguis. *Morif.*
Matricaria vulgaris & sativa, barbulis exiguis. *Boerh.*
δ Matricaria foliis florum albis triplici serie radiatis. *Tournef.*
ε Matricaria foliis florum fistulosis. *Tournef.*
ζ Matricaria petalis marginalibus planis, discoidibus fistulosis. *Tournef.*
η Matricaria vulgaris & sativa, florum petalis fistulosis brevioribus. *Boerh.*
θ Matricaria foliis elegantissime crispis & petalis florum fistulosis. *Tournef.*
ι Matricaria tenuifolia, pinnulis acutissimis. *Vaill.*
κ Matricaria flore aphyllo. *Tournef.*
Matricaria vulgaris & sativa, floribus nudis bullatis. *Boerh.*
*Crescit in ruderatis sepibus, agris & hortis passim in* Europa.
*In hac sola specie facile omnes modos plenitudinis florum compositorum videre est.*

# CHRYSANTHEMUM. *g. pl.* 654.

1. CRHYSANTHEMUM foliis pinnatifidis incisis extrorsum latioribus.
Chrysanthemum foliis matricariæ. *Bauh. pin.* 134. *Tournef.* 491. *Boerh. lugdb.* I. *p.* 491.
Chrysanthemum majus, folio valde laciniato, flore croceo. *Bauh. hist.* 3. *p.* 104.
Chrysanthemum creticum, foliis viridibus profundius lacinia. *Morif. hist.* 3. *p.* 16. *f.* 6. *t.* 4. *f.* 2, 3.
Chrysanthemum creticum. *Cluf. hist.* I. *p.* 334.
Matricaria jacobææ folio, flore luteo. *Vaill. act.* 1720. *p.* 367.
α Chrysanthemum majus, folio profundius laciniato, magno flore. *Bauh. pin.* 134.
β Chrysanthemum creticum, petalis florum fistulosis. *Tournef.*
γ Chrysanthemum creticum, flore polypetalo sive pleno. *Tournef.*
δ Chrysanthemum flore partim candido, partim luteo. *C. B.*
ε Chrysanthemum flore pleno partim candido, partim luteo. *Tournef.*
ζ Chrysanthemum majus alterum, sulphureo magno flore. *Tournef.*
η Chrysanthemum alterum, foliis tenuius dissectis & geniculis rubentibus. *Tournef.*
*Crescit in* Creta, Sicilia *&c.*

2. CHRYSANTHEMUM foliis amplexicaulibus: superne laciniatis: inferne dentato serratis.
Chrysanthemum folio minus secto glauco. *Bauh. hist.* 3. *p.* 105. *Tournef. inst.* 492.
Chrysanthemum segetum, facie bellidis sylvestris, foliis glaucis papaveris hortensis instar profunde incisis, majus. *Herm. lugdb.* 145. *Boerh. lugdb.* I. *p.* 106.
Chrysanthemum segetum. *Cluf. hist.* 334.
Chrysanthemum. *Dod. pempt.* 263.
Chrysanthemum segetum vulgare glaucum. *Morif. hist.* 3. *p.* 15. *f.* 6. *t.* 4. *f.* 1.
Bellis lutea, foliis profunde incisis, major. *Bauh. pin.* 262.
Matricaria folio minus secto glauco, flore luteo. *Vaill. act.* 1720. *p.* 268.
α Chrysanthemum segetum, flore sulphurei coloris. *Tournef.*
β Chrysanthemum folio glauco minus secto, flore ex albo & luteo variegato. *Boerh.*
γ Chrysanthemum monstrosum. *Ephem. N. C. ann.* 9. *obf.* 3. *p.* 30. *& dec.* 3. *ann.* 3. *obf.* 67. *p.* 81. *f.* 20.
*Crescit inter segetes in* Gallia, Anglia, Hollandia, Germania, Scania.

3. CHRYSANTHEMUM foliis amplexicaulibus oblongis superne serratis inferne dentatis.
Chrysanthemum foliis oblongis serratis. *Fl. lapp.* 310.
Leucanthemum vulgare. *Tournef. inst.* 492. *Boerh. lugdb.* I. *p.* 107.
Bellidioides vulgaris. *Vaill. act.* 1720. *p.* 362.
Bellis sylvestris, caule folioso, major. *Bauh. pin.* 261.
Bellis polyclonos sylvestris major, caule folioso. *Morif. hist.* 3. *p.* 28.
Bellis major. *Bauh. hist* 3. *p.* 114. *Dod. pempt.* 265.
Bellis major sive Consolida media vulnerariorum. *Lob. hist.* 253.
α Leucanthemum vulgare, caule villis canescente. *Tournef.*
β Leucanthemum quæ Bellis sylvestris, barbulis fistulosis. *Boerh.*
*Crescit in pratis minus humidis vulgaris per* Europam.

4. CHRYSANTHEMUM foliis lanceolatis: superne serratis: utrinque acuminatis.
Leucanthemum radice repente, foliis latioribus serratis. *Tournef. inst.* 492. *Boerh. lugdb.* I. *p.* 107.
Bellidioides radice repente, foliis latioribus serratis. *Vaill. act.* 1720. *p.* 363.
Bellis major, radice repente, foliis latioribus serratis. *Morif. hist.* 3. *p.* 29. *f.* 6. *t.* 9. *f.* 11. *blef.* 239.
Bellis americana procerior serotina ramosa, flore amplissimo. *Pluk. alm.* 65. *t* 17. *f.* 2.
*Crescit (ut fertur) in* America.

5. CHRY-

5. CHRYSANTHEMUM fruticofum, foliis linearibus dentato-trifidis.
Leucanthemum canarienfe, foliis chryfanthemi, pyrethri fapore. *Tournef. inft. 666.*
Leucanthemum canarienfe, fapore pyrethri. *H. C. Boerh. lugdb.* 1. p. 107. *Walth. hort.* 31. t. 24.
Chamæmelum canarienfe ceratophyllum fruticofius, glauco folio craffiore, fapore fervido, Magola ab
incolis dictum. *Morif. hift.* 3. p. 35.
Bellis canarienfis fruticefcens, foliis craffis pyrethri fapore. *Raj. app.* 221.
Buphthalmum canarienfe, Leucanthemum cotulæ fœtide craffioribus foliis, radice acri fapore fervido.
*Pluk. alm.* 73. t. 272. f. 5.
Matricaria canarienfis, fapore fervido, radiis florum albis. *Vaill. act.* 1720. p. 369.
*Crefcit in* Canarienfibus *infulis.*
*Semina omnia plana margine in utroque latere acuto.*

6. CHRYSANTHEMUM florum flofculis omnibus hermaphroditis uniformibus.
Ageratoides fpinofa. *Pont. diff.* 183.
Balfamina foliis agerati. *Vaill. act.* 1719. p. 369.
Bellis fpinofa. *Alp. exot.* 327.
Bellis fpinofa, foliis agerati. *Bauh. pin.* 262.
Bellis major fpinofa petalis carens five nuda. *Morif. hift.* 3. p. 29. f. 6. t. 9. f. 16.
*Crefcit in* Africa.

# A N A C Y C L U S. *g. pl.* 658.

1. ANACYCLUS foliis decompofitis linearibus, laciniis divifis teretiufculis acutis.
Cotula flore luteo nudo. *Tournef. inft.* 495. *Boerh. lugdb.* 1. p. 107.
Buphthalmo tenuifolio fimile, Chryfanthemum valentinum clufii. *Bauh. hift.* 3. p. 125.
Chryfanthemum valentinum. *Cluf. hift.* 1. p. 332.
*Crefcit ad margines arvorum & viarum in* Regno Valentino.

2. ANACYCLUS foliis decompofitis linearibus: laciniis divifis planis.
Chamæmelum maximum afiaticum nudum humifufum, folio craffo. *Boerh. lugdb.* 1. p. 110.
*Crefcit in* Afia.

3. ANACYCLUS foliis compofitis fetaceis acutis rectis.
Chamæmelum orientale, foliis pinnatis. *Tournef. cor.* 37. *Boerh. lugdb.* 1. p. 110. t. 110.
*Crefcit in* Oriente.

# C O T U L A. *g. pl.* 657.

1. COTULA receptaculis fubtus inflatis turbinatis.
Cotula africana, calyce eleganti cæfio. *Tournef. inft.* 495.
Cotula flore albo. *Vaill. act.* 1718. p. 380.
Chamæmelum æthiopicum lanuginofum. *Breyn. cent.* 148. t. 73. *Morif. hift.* 3. p. 36. f. 6. t. 12. f. 14. *Boerh. lugdb.* 1. p. 110.
α Chamæmelum æthiopicum lanuginofum, flore luteo. *Boerh.*
*Crefcit in* Africa.
*Hujus corolla perfecte radiata eft.*

2. COTULA foliis lanceolato-linearibus amplexicaulibus inferne dentatis.
Ananthocyclus coronopi folio. *Vaill. act.* 1719. p. 381. *Dill. elth.* 27. t. 23. f. 26.
Lancifia africana repens, coronopi folio, femiflofculis tubulatis. *Pont. diff.* 204.
Chryfanthemum exoticum minus, capite aphyllo, chamæmeli nudi facie. *Breyn. cent.* 156. t. 76.
Bellis annua, capitulo aphyllo luteo, coronopi folio, cauliculis procumbentibus. *Herm. lugdb.* 86. *Morif. hift.*
3. p. 30. f. 6. t. 6. f. ult.
Santolina africana, coronopi folio, cauliculis procumbentibus. *Boerh. lugdb.* 1. p. 124.
*Crefcit in* Africa.

3. COTULA foliis pinnato-multifidis, corollis radio deftitutis.
Ananthocyclus chamæmeli folio. *Vaill. act.* 1719. p. 381. *Dill. elth.* 26. t. 23. f. 25.
Chryfanthemum exoticum perpufillum nudum, foliis coronopi. *Pluk. alm.* 101. t. 274. f. ult.
*Crefcit in* Infula f. Helenæ.
*Hæc noftra planta quoad omnes partes tenuior eft dilleniana, nec ullo modo hirfuta, at alia nobis*
*eft figuræ Dillenianæ melius refpondens, quæ*

4. COTULA foliis linicato-pinnatis, corollis radiatis.
Jacobæa americana odorata & vifcofa, florum radiis breviffimis albis. *Houft. mff.*
*Crefcentem in* Vera Cruce *legit Houftonus, eandemque communicavit D. Miller.*
*Procumbens eft planta, vel ad minimum declinata, ftolones plures e radice exerens, caule fpitha-*
*mæo, foliis Senecionis* (1) *fimillimis, finuatis ad legem folii pinnati, villofis, vifcofis uti fene-*
*cionifa; Flores brevioribus pedunculis infident, antecedentis alias fimiles, calyce magis rotundato,*
*flofculis fimillimis, fed femininis tenuiffima corollula lineari veftitis diverfi. Semina nuda ad la-*
*tus interius, prope apicem, corollis inferta; receptaculum conicum, nudum.*

Nnnnn　　　　　　　　　　　　　　　　　TRIDAX.

# T R I D A X.

1. TRIDAX.

After americanus procumbens, foliis laciniatis & hirfutis. *Houft. mff.*

*Crefcit in* Vera Cruce, *referente D. Millero qui plantam prædicto Houftoniano nomine adfcriptam mifit.*

*Planta vix pedalis ; caule declinato, repente e geniculis inferioribus radiculas emittente ; at fuperior caulis pars afcendens, filiformis, articulata, parum hifpida. Folia ex ovato lanceolata, feu utrinque acuta funt, petiolis minutiffimis infidentia, oppofita, quibusdam ferraturis utrinque notata, quarum infima (quæ in medio fere folii eft) utrinque reliquis longe profundior ferratura & angulum acutum conftituens. Pedunculus ex fummitate unicum florem fert erectus & longus ; at cum vix defloruerit excrefcit adhuc longius caulis juxta petiolum, ut fructu maturo petiolus lateralis evaferit, qui dum florebat terminatrix erat ; radius flavus eft.*

*Diftinctiffima eft hæc planta corollulis radii ad bafin fere tripartitis, difco paleis divifo, feminibus pappo fetaceo multiplici, (nec bidente vel quadridente ut in Verbefina) foliis dein oppofitis.*

# B E L L I S. *g. pl.* 656.

1. BELLIS fcapo nudo unifloro.

Bellis fylveftris minor. *Bauh. pin.* 261. *Tournef. inft.* 491. *Vaill. act.* 1720. *p.* 359. *Boerh. lugdb.* 1. *p.* 108.

Bellis minor pratenfis feu vulgaris. *Morif. hift.* 3. *p.* 31. *f.* 6. *t.* 8. *f.* 29.

Bellis minor fylveftris fpontanea. *Bauh. hift.* 3. *p.* 111.

Bellis filveftris. *Dod. pempt.* 265.

Primula veris. *Cæfalp. fyft.* 493.

α Bellis hortenfis, flore pleno, eoque magno vel albo. *C. B.*

Bellis hortenfis, flore pleno eoque magno albo ; *vel* incarnato ; *vel* rubro ; *vel vario. Tournef.*

β Bellis hortenfis, flore pleno eoque parvo albo ; *vel* rubro. *Tournef.*

γ Bellis hortenfis, flore albo bullato. *T.*

δ Bellis hortenfis rubra, flore multiplici fiftulofo. *T.*

ε Bellis hortenfis prolifera.

*Crefcit in pratis* Scaniæ *&* auftraliori Europæ ; *Nulla per* Belgium *vulgatior eft planta quam hæc, quæ per integrum annum floret.*

# H E L E N I A. *g. pl.* 664.

1. HELENIA foliis decurrentibus.

Heleniaftrum folio longiore & anguftiore. *Vaill. act.* 1720. *p.* 406.

Chryfanthemum canadenfe minus, caule alato. *Morif. blef.* 252.

Chryfanthemum americanum perenne, caule alato, folio angufto glabro. *Morif. hift.* 3. *p.* 24. *f.* 6. *t.* 6. *f.* 74.

Corona folis falicis folio, alato caule. *Tournef. inft.* 490.

After luteus, alato caule, canadenfis. *Barr. rar. t.* 535.

After luteus alatus. *Cornut. canad.* 62. *t.* 63.

α Heleniaftrum folio breviore & latiore. *Vaill. act.* 1720. *p.* 406.

After floridanus aureus, caule alato, fumma parte brachiato, petalorum apicibus profunde crenatis. *Pluk. amalt.* 43 *t.* 372. *f.* 4.

*Crefcit in America feptentrionali : in* Florida *&* Canada.

# T A G E T E S. *g. pl.* 666.

1. TAGETES caule fubdivifo diffufo.

Tagetes indicus minor, fimplici flore ; five Caryophyllus indicus ; five Flos africanus. *Bauh. hift.* 3. *p.* 98. *Tournef. inft.* 488. *Boerh. lugdb.* 1. *p.* 114.

Tagetes minor, flore luteo-rubefcente. *Vaill. act.* 1720. *p.* 407.

Chryfanthemum africanum, tanaceti folio, procumpens, five minus, flore fimplici. *Morif. hift.* 3. *p.* 16. *f.* 6. *t.* 5. *f.* 12.

Tanacetum africanum ; feu flos africanus minor. *Bauh. pin.* 132.

Flos africanus. *Dod. pempt.* 255.

Flos indiæ minor. *Cæfalp. fyft.* 404.

Cempoal Xochitl. *Hern. mexic.* 154.

α Tagetes indicus minor, multiplicato flore. *Tournef.*

β Tagetes indicus minor, flore pleno luteo-rubefcente. *T.*

γ Tagetes ; five Flos africanus minor fiftulofus ; five Flos mexicanus, fiftulofo flore. *Turr. pif.* 48.

δ Tagetes minor, flore fulvo maculato. *Dill. elth.* 373. *t.* 279. *f.* 361.

*Crefcit in* America meridionali.

2. TAGETES caule fimplici erecto, pedunculis nudis unifloris.

Tagetes maximus rectus, flore fimplici ex luteo pallido. *Bauh. hift.* 3. *p.* 100. *Tournef. inft.* 488. *Boerh. lugdb.* 1. *p.* 115.

Tagetes major, flore luteo pallefcente. *Vaill. act.* 1720. *p.* 407.

Chryfanthemum africanum erectum, tanaceti folio, flore pleno majore. *Morif. hift.* 3. *p.* 16. *f.* 6. *t.* 5. *f.* 9.

Tanacetum africanum majus, fimplici flore. *Bauh. pin.* 133.

Caryophylli hifpanici dicti vel Caryophylli mexicani quarta varietas. *Column. ecphr.* 2. *p.* 47.

Oquichtli Cocaxochitl. *Hern. mexic.* 155.

β Tage-

  **α** Tagetes maximus rectus, flore maximo multiplicato. *J. B.*
    Gempoal Xochitl seu Giuhnaxochitl. *Tzncyccpohal. Herm. mexic.* 154.
  **β** Tagetes indicus, flore simplici fistulofo. *T.*
  **γ** Tagetes indicus, flore fistulofo duplicato. *T.*
    *Crescit in* Mexico.

3. TAGETES caule simplici recto, pedunculis squamosis multifloris.
    Tagetes multiflora, minuto flore albicante. *Dill. elth.* 374. *t.* 280. *f.* 362.
    *Crescit in America meridionali in* Chili *&* Bonarienfi *agro.*

# POLYGAMIA FRUSTRANEA.

# O T H O N N A. *g. pl.* 665.

1. OTHONNA foliis pinnatifidis: laciniis linearibus parallelis.
    Jacobæastrum pinnatifolium tomentofum & incanum. *Vaill. act.* 1720. *p.* 388.
    Jacobæa africana, abfinthii foliis. *Tournef. inst.* 487.
    Jacobæa africana frutefcens, foliis abfinthii umbelliferi incanis. *Comm. hort.* 2. *p.* 137. *t.* 69.
    Jacobæa abfinthites, tomentofis Cinerariæ foliis, æthiopica, calyce integro fummis oris dentato. *Pluk. mant.* 106.
    *Crescit ad* Caput bonæ fpei.

2. OTHONNA foliis infimis lanceolatis integerrimis: fuperioribus finuato-dentatis.
    Doria 10. *Boerh. lugdb.* 1. *p.* 98.
    Jacobæa africana frutefcens, coronopi folio. *Comm. hort.* 2. *p.* 139. *t.* 70.
    *Crescit in* Africa.
    *Folia quæ per hyemem excrefcunt lanceolata & integra funt, tempore vernali fuperiora quæ prodeunt ferrato dentata, tum dentata, fæpe & pinnato-dentata & multifida. Calyx fimplex eft, nec imbricatus ullo modo.*

3. OTHONNA foliis lanceolatis integerrimis.
    Jacobæa africana frutefcens, craffis & fucculentis foliis. *Comm. hort.* 2. *p.* 147. *t.* 74.
    Doria 8. *Boerh. lugdb.* 1. *p.* 98.
    *Crescit in* Africa.
    *Hujus & præcedentis calyx ac feminum pappus conveniunt cum prima.*

# H E L I A N T H U S. *g. pl.* 668.

1. HELIANTHUS radice annua, ampliffimo nutante flore. *Rupp. jen.* 134.
    Corona folis annua, flore aureo, ovariis nigris. *Vaill. act.* 1720. *p.* 431.
    Corona folis. *Tabern. ic.* 763. *Tournef. inst.* 489. *Boerh. lugdb.* 1. *p.* 102.
    Helenium indicum. *Cæfalp. fyst.* 499.
    Helenium indicum maximum. *Bauh. pin.* 276.
    Chryfanthemum indicum maximum non ramofum. *Morif. hist.* 3. *p.* 19. *f.* 6. *t.* 6. *f.* 36.
    Chryfanthemum peruvianum. *Dod. pempt.* 264.
    Herba maxima. *Bauh. hist.* 3. *p.* 107.
    Chimalatl pervina. *Hern. mexic.* 228.
  **α** Corona folis femine albo cinereo & ftriato. *Tournef.*
  **β** Corona folis maxima, flore pallide fulphureo fere albo, femine nigro. *Boerh.*
  **γ** Corona folis maxima, flore pleno aureo, femine nigro. *Boerh.*
  **δ** Corona folis maxima, flore pleno aureo, femine albo. *Boerh.*
  **ε** Corona folis maxima, flore pleno fulphureo, femine nigro. *Boerh.*
  **ζ** Corona folis maxima, flore pleno fulphureo, femine albo. *Boerh.*
  **η** Corona folis 2. *Tabern. ic.* 763. *Tournef. inst.* 489.
  **θ** Corona folis annua, flore minore mellino. *Vaill. act.* 1720. *p.* 432.
    Corona folis ampliffimo folio, minore flore. *Tournef. inst.* 490.
    *Crescit in* Mexico *&* Peru.

2. HELIANTHUS radice tereti inflexa perenni.
    Corona folis ramofa perennis. *Boerh. lugdb.* 1. *p.* 102.
    Corona folis perennis & vulgaris. *Vaill. act.* 1720. *p.* 432.
    Corona folis minor fœmina. *Tabern. ic.* 764. *Tournef. inst.* 489.
    Helenium indicum ramofum. *Bauh. pin.* 277.
    *Crescit in* America meridionali.
    *Hæc ad exornandum areas & Hortos aptiffima eft, receptiffimaque per Belgium.*

3. HELIANTHUS radice tuberofa.
    Helianthemum indicum tuberofum. *Bauh. pin.* 277.
    Sol altiffimus, radice tuberofa efculenta. *Rupp. jen.* 135.
    Corona folis parvo flore, tuberofa radice. *Tournef. inst.* 489. *Boerh. lugdb.* 1. 102.
    Chryfanthemum perenne majus, foliis integris, americanum tuberofum. *Morif. hist.* 3. *p.* 23. *f.* 6. *t.* 5. *f.* 59.
    Chryfanthemon latifolium brafilianum. *Bauh. prod.* 70.

                     N n n n n 2                 Flos

Flos folis farnefianus; After peruvianus tuberofus. *Col. ecphr.* 2. *p.* 13.
Flos folis pyramidalis, parvo flore, tuberofa radice. *Raj. hift.* 335.
*Crefcit in* Canada.

4. HELIANTHUS radice fufiformi.
Corona folis altiſſima Vofcan dicta. *Vaill. act.* 1720. *p.* 433.
Corona folis latifolia altiffima. *Tournef. inft.* 489.
Chryfanthemum canadenfe latifolium altiſſimum. *Morif. hift.* 3. *p.* 23. *blef.* 251.
Chryfanthemum canadenfe latifolium elatius. *Bocc. fic.* 52. *t.* 27. *f.* 4.
α Corona folis rapunculi radice. *Tournef. inft.* 490.
Chryfanthemum canadenfe, rapunculi radice, ftrumofum vulgo. *Herm. lugdb.* 143.
Chryfanthemum virginianum elatius anguftifolium, caule hirfuto viride. *Pluk. alm.* 99. *t.* 159 *f.* 5.
*Crefcit in* Canada.

## R U D B E C K I A. *g. pl.* 669.

1. RUDBECKIA foliis compofitis.
Corona folis foliis amplioribus laciniatis. *Tournef. inft.* 490. *Boerh. lugdb.* 1. *p.* 103.
Sol foliis hydrophylli. *Rupp. jen.* 135.
Obelifcotheca hydrophylli folio, lobis latioribus. *Vaill. act.* 1720. *p.* 426.
Chryfanthemum americanum perenne, foliis divifis dilutius virentibus, majus. *Morif. hift.* 3 *p.* 22. *f.* 6. *t.* 6. *f.* 53.
Doronicum americanum, laciniato folio. *Bauh. pin.* 516.
Corona folis foliis anguftioribus laciniatis. *Tournef. inft.* 103.
Obelifcotheca hydrophylli folio, lobis anguftioribus. *Vaill. act.* 1720 *p.* 426.
Chryfanthemum americanum perenne, foliis magis diffectis faturatius viridibus & minus. *Morif. hift.* 3. *p.* 22.
*f.* 6. *t.* 6 *f.* 54.
Aconitum helianthemum canadenfe. *Corn. canad.* 178. *t.* 179.
*Crefcit in* Canada.
*Dixi plantarum hoc genus a Nobiliſſimis* Rudbeckiis, *omni Doctrinæ genere per orbem dudum Clariſſimis.* Olai Rudbecki (*patris*) *Profeſſ. quondam Botanices cura inftauratus eft Hortus Academicus primus in Svecia Upfaliæ; Eo authore prodiit catalogus horti ter.* Olai Rudbeckii (*filii*) *Succeſſoris, Profeſſoris Botanices Upfaliæ & Archiatii Regii, induftriæ debentur plantæ rariores* Lapponiæ. *Utrisque Vaftum iftud opus* Camporum Elyfiorum, *diu, fummisque impenfis, elaboratum, defideratiſſimum, licet infauftum perierit exceptis primis tomis. Hanc plantam* Rudbeckiam *dixi, cum in armis fuis gerant coronam quandam folis cum tribus floribus.*

## C O R E O P S I S. *g. pl.* 670.

1. COREOPSIS.
Bidens fuccifæ folio, radio amplo laciniato. *Dill. elth.* 55. *t.* 48. *f.* 56.
Bidens caroliniana, florum radiis latiſſimis infigniter dentatis, femine alato per maturitatem convoluto.
*Mart. cent.* 26. *t.* 26.
*Crefcit in* Carolina *Americæ.*
*Coreopfis cum femina faciem cimicis gerant dicta fuit.*

## C E N T A U R E A. *g. pl.* 671.

1. CENTAUREA calycibus inermibus: fquamis lineari-fubulatis, foliis pinnatis ferratis.
Centaurium ciliace annuum, foliis laciniatis & ferratis. *Morif. hift.* 3. *p.* 131. *f.* 7. *t.* 25. *f.* 3.
Serratula annua, femine ciliari elegantiſſimo. *Boerh. lugdb.* 1. *p.* 144. vide. *Dill. gen.* 139.
Rhaponticoides, foliis laciniatis ferratis, purpurafcente flore. *Vaill. act.* 1719. *p.* 229.
Crupina belgarum. *Rupp. jen.* 148. *Knaut. meth.* 142.
Jacea annua, foliis laciniatis ferratis, purpurafcente flore. *Tournef. inft.* 444.
Cyanus pulchro femine centaurii majoris. *Bauh. hift.* 3. *p.* 24.
Cyanus foliis laciniatis ferratis, purpurafcente flore. *Pont. diff.* 212.
Senecio-carduus apulus. *Col. ecphr.* 1. *p.* 34.
Chondrilla foliis laciniatis ferratis, purpurafcente flore. *Bauh. pin.* 130.
*Crefcit in* Hetruria; *in agro* Narbonenfi *non procul a Lupo monte; prope Scaleam in Regno Neapolitano, in collo caftri novi non procul* Monfpelio.

2. CENTAUREA calycibus inermibus: fquamis lanceolatis, foliis lanceolatis vix denticulatis.
Raponticum purpureum, cyani folio, radice repente. *Vaill. act.* 1718. *p.* 225.
Jacea orientalis, cyani folio, flore parvo, calyce argenteo. *Tournef. cor.* 32. *Boerh. lugdb.* 1. *p.* 143.
*Crefcit in* Oriente.

3. CENTAUREA calycibus inermibus: fquamis lanceolatis, foliis linearibus confertis integerrimis.
Rhaponticoides frutefcens, elichryfi folio, capitulo turbinato, flore purpurafcente. *Vaill. act.* 1718. *p.* 227.
Jacea cretica frutefcens, elichryfi folio, flore magno purpurafcente. *Tournef. cor.* 32.
Stœbe capitata, overo Chamæpino fruticofo dicandia. *Pon. bald.* (*ital.*) 75.
Stœbe cretica fruticans, piceæ aut potius pini anguftis foliis crebrius ftipatis. *Morif. hift.* 3. *p.* 133. *f.* 7. *t.* 26. *f.* 8.
Chamæpecue. *Alp. exot.* 76.
*Crefcit in* Creta.

4. CEN-

4. CENTAUREA calycibus inermibus fubrotundis glabris: fquamis ovatis, foliis finuatis.
   Amberboi flore purpureo odorato. *Vaill. act.* 1718. *act.* p. 230.
   Cyanus floridus odoratus turcicus five orientalis major. *Park. theatr.* 481. *Tournef. inft.* 441. *Boerh. lugdb.* 1. p. 145.
   α Cyanus floridus odoratus turcicus five orientalis major, flore incarnato. *Tournef. Ponted. diff.* 210.
   β Cyanus floridus odoratus turcicus five orientalis major, flore albo. *Tournef.*
   γ Cyanus floridus odoratus turcicus five orientalis major, flore luteo. *Tournef.*
   δ Amberboi alterum, flore purpureo cum corona ampliffima. *Vaill. act.* 1718. p. 230.
   Cyanus orientalis alter five conftantinopolitanus, fiftulofo purpureo flore. *Tournef. inft.* 446.
   ε Cyanus peregrinus Amberboi five Emberboi dictus. *Ambrof. bift.* 187. *Tournef.*
   ζ Cyanus orientalis alter feu conftantinopolitanus, flore fiftulofo candicante. *Tournef.*
   η Cyanus orientalis, flore luteo fiftulofo. *Tournef.*
   θ Cyanus orientalis major, foliis magis diffectis, flore luteo ex aleppo. *Morif. hift.* 3. p. 135. f. 7. t. 25. f. 5
   *Crefcit in arvis* Conftantinopolitanis & Chalepenfibus.

5. CENTAUREA calycibus glabris: fquamis ovatis feta reflexa terminatis, foliis dentato-pinnatifidis ferratis.
   Rhaponticoides annua, foliis cichoraceis villofis, altiffima, flore purpureo. *Vaill. act.* 1718. p. 228.
   Jacea, foliis cichoraceis villofis, altiffima, flore purpureo. *Tournef. inft.* 444. *Boerh. lugdb.* 1. p. 142. *Pont. diff.* 137.
   Jacea major, foliis cichoraceis mollibus, flore ftamineo. *Morif. hift.* 3. p. 140. f. 7. t. 26. f. 14.
   Stœbe major, foliis cichorareis mollibus lanuginofis. *Bauh. pin.* 273.
   Stœbe falmantica 1. *Cluf. hift.* 2. p. 9.
   Stœbe falmanticenfis prior clufii five Jacea intybacea. *Bauh. hift.* 3 p. 36.
   Aphyllanthes primum. *Dod. pempt.* 125.
   α Jacea, foliis cichoraceis villofis, altiffima, flore albo. *Tournef.*
   *Crefcit in* Italia, Sicilia & *circa* Monfpelium.
   *Hæc in radio fæpe etiam hermaphroditos fert, vel loco genitatium aliquot filamenta longa, vel ftylos fimplices, omnes flofculos æqualis magnitudinis, & ftigmata florum duplicia reflexa, at in radio, fi quæ, fimplicia.*

6. CENTAUREA calycibus inermibus: fquamis ovatis obtufis, foliis pinnatis glabris, foliolis integris: impari ferrato.
   Rhaponticoides lutea major, glauco folio laciniato, capite magno. *Vaill. act.* 1718. p. 229.
   Centaurium majus luteum. *Corn. canad.* 69. t. 70. *Pont. diff.* 215.
   Centaurium alpinum luteum. *Bauh. pin.* 117. *prod.* 56. t. 56. *Morif. bift.* 3. p. 132. f. 7. t. 25. f. 5. *Tournef. inft.* 449.
   Centaurium majus alpinum luteum. *Boerh. lugdb.* 1. p. 142.
   Centauroides folio glabro, flore flavefcente. *Bauh. bift.* 3. p. 40.
   *Crefcit in monte* Baldo.

7. CENTAUREA calycibus inermibus: fquamis ovatis, foliis pinnatis, foliolis ferratis decurrentibus.
   Centaurea major. *Cæfalp. fyft.* 540.
   Rhaponticoides major, folio in amplas lacinias divifo. *Vaill. act.* 1718. p. 227.
   Centaurium majus, folio in lacinias plures divifo. *Bauh. pin.* 117 *Tournef. inft.* 449. *Boerh. lugdb.* 1. p. 144. *Pont. diff.* 214.
   Centaurium majus, juglandis folio. *Bauh. bift.* 3. p. 38. *Morif. bift.* 3. p. 131. f. 7. t. 25. f. 1.
   Centaurium majus 1 vulgare. *Cluf. bift.* 2. p. 10.
   Centaurium magnum. *Dod. pempt.* 144.
   α Centaurium majus, flore ex albido. *Boerh.*
   *Crefcit in monte* Gargano Apuliæ; *in fummis alpibus* Italiæ; *in agro* Veronenfi; *monte* Baldo *(a Pontedera tamen non reperta) aliisque quibusdam.*

8. CENTAUREA calycibus fquamofis, foliis integerrimis decurrentibus.
   Centaurium majus orientale erectum, glafti folio, flore luteo. *Tournef. cor.* 32. *Comm. rar.* 39. t. 39. *Boerh. lugdb.* 1. p. 143.
   Rhaponticum luteum, ifatidis folio, alato caule. *Vaill. act.* 1718. p. 224.
   *Crefcit in* Oriente.
   *Squama fingula calycina terminatur fquamula ovata, fufca, quæ undique cingitur membrana magna alba. Stigma fimplex eft; corollulæ neutræ quadripartito fæpe & tripartito limbo gaudent.*

9. CENTAUREA calycibus fquamofis, foliis ovato oblongis denticulatis integris petiolatis fubtus tomentofis.
   Centaurium majus, folio helenii incano. *Tournef. inft.* 449. *Boerh. lugdb.* 1. p. 143.
   Centaurium majus, Rha capitatum, folio enulæ fubtus hirfuto & incano. *Bauh. bift.* 3. p. 4. *Morif. bift.* 3. p. 132. f. 7. t. 25. f. 7. *mala.*
   Jacea alpina, capite maximo, enulæ folio. *Pont. diff.* 137.
   Rhaponticum folio helenii incano. *Bauh. pin.* 117. *Vaill. act.* 1718. p. 224.
   Rha five Rhei, ut exiftimatur. *Dod. pempt.* 389.
   *Crefcit* . . . .

10. CENTAUREA calycibus fquamofis, foliis lanceolatis: radicalibus finuato-dentatis, ramis angulatis.
   Jacea nigra in germaniæ pratis. *Raj. fyn.* 198, 199.
   Jacea nigra pratenfis latifolia. *Bauh. pin.* 271. *Morif. hift.* 3. p. 139. f. 7. t. 28. f. 1. (mal). *Tournef. inft.* 443. *Boerh. lugdb.* 1. p. 142.
   Jacea nigra vulgaris capitata & fquamata. *Bauh. bift.* 3. p. 27.
   Jacea nigra. *Paul. dan. t.* 256.
   Rhaponticum pratenfe, jaceæ folio & facie, flore purpureo coronato. *Vaill. act.* 1718. p. 224.
   Cyanoides vulgaris latifolia, flore purpureo. *Pont. diff.* 218.
   α Jacea nigra pratenfis latifolia, flore albo. *Tournef.*
   *Crefcit in pratis apricis juxta lapides & agros, interque fegetem frequens in* Svecia, Dania, Germania, Hollandia, Anglia, Gallia.

O o o o o

11. CEN-

11.CENTAUREA calycibus citiatis fubrotundis, foliis pinnatifidis.
Jacea major. *Raj.* 198.
Centaurium collinum gefneri, flore purpureo. *Bauh. hift.* 3. *p.* 32. *Pont. diff.* 216.
Scabiofa major, fquamatis capitulis. *Bauh. pin.* 269.
Scabiofa major matth. *Dalech. hift.* 1066.
*α* Scabiofa major altera, fquamatis capitulis; feu Jacea rubra latifolia laciniata. *Bauh. pin.* 269.
*Crefcit in pratis aridioribns* Sveciæ, Angliæ, Belgii.

12.CENTAUREA calycibus ciliatis: ciliis fetaceis reflexis.
Jacea cum fquamis pinnatis five capite villofo. *Bauh. hift.* 3. *p.* 29. *Tournef. inft.* 443. *Vaill. aft.* 1718. *p.* 232.
Jacea latifolia, capite hirfuto. *Bauh. pin.* 271. *Boerh. lugdb.* 1. *p.* 142.
Jacea 4 auftriaca, villofo capite. *Cluf. hift.* 2. *p.* 7.
*Crefcit in montanis* Pannoniæ *&* Auftriæ.
*Folia in hac ovato-oblonga funt & feffilia.*

13.CENTAUREA calycibus ciliatis, foliis lanceolatis fuperne ferratis.
Jacea lufitanica fempervirens. *Morif. hift.* 3. *p.* 139. *f.* 7. *t.* 28. *f.* 9. *Tournef. inft.* 444. *Vaill. aft.* 1718. *p.* 232.
Boerh. lugdb. 1. p. 142.
·Crefcit in Lufitania.
*Squamæ calycinæ lanceolatæ verfus apicem fetis feptcm parvis, quarum intermedia longior, inftruftæ.*

14.CENTAUREA calycibus ciliatis villofis, foliis cuneiformibus fuperne ferratis inferne dentatis.
Jacea cretica laciniata argentea, flore parvo flavefcente. *Tournef. cor.* 32. *Vaill. aft.* 1718. *p.* 233.
*Crefcit in* Creta.

15.CENRAUREA ramis fpinofis.
Jacea cretica aculeata incana. *Tournef. inft.* 445. *Vaill. aft.* 1718. *p.* 233.
Cyanus fpinofus. *Alp. exot.* 162.
Stœbe fpinofa cretica. *Morif. hift.* 3. *p.* 136.
*Crefcit in* Creta.
*Planta tomento obdufta eft & ramuli fpinis rigidis terminantur, calyxque leviffime ciliatus confpicitur.*

16.CENTAUREA calycibus ciliatis, foliis tomentofis duplicato-pinnatifidis: lacinulis linearibus.
Jacea montana candidiffima, ftœbes foliis. *Bauh. pin.* 272. *prod.* 128. *Tournef. inft.* 444. *Vaill. aft.* 1718. *p.* 233.
Jacea montana candidiffima. *Morif. hift.* 3. *p.* 141. *f.* 7. *t.* 26. *f.* 20.
*Crefcit in montibus prope* Capuam.

17.CENTAUREA calycibus ciliatis, foliis tomentofis pinnatifidis, foliolis ovatis integerrimis: exterioribus majoribus propioribus.
Jacea candidiffima laciniata, flore luteo magno. *Vaill. aft.* 1718. *p.* 233.
Jacea epidaurica candidiffima & tomentofa. *Tournef. inft.* 445.
Jacea cretica lutea, foliis cinerariæ. *Morif. hift.* 3. *p.* 141.
Jacea arborea argentea ragufina fimiliter fpecies hyofiridis. *Zan. hift.* 107. *Boerh. lugdb.* 1. *p.* 142.
·Crefcit in Creta.

18.CENTAUREA calycibus ferratis ciliatisque, foliis lanceolatis dentatis, floribus feffilibus.
Crefcit forte in Gallia Narbonenfi.
·Obf. *calycis fquamæ lanceolatæ margine atro ferrulatæ, apice fetis quibusdam albidis inftruftæ.*
*Caulis ramofus; folia lanceolata, dentata, glabra; Corolla purpurea, radio magno; flores ramos terminant feffiles.*

19.CENTAUREA calycibus ferratis, foliis lanceolatis integerrimis decurrentibus.
Cyanus alpinus, radice perpetua. *Bauh. hift.* 3. *p.* 23.
Cyanus montanus perennis latifolius, flore grandi. *Morif. hift.* 3. *f.* 7. *t.* 25. *f.* 1. *p.* 134.
Cyanus montanus latifolius vel Verbafculum cyanoides. *Bauh. pin.* 273. *Tournef. inft.* 445. *Vaill. aft.* 1718.
p. 235. Boerh. lugdb. 1. p. 145. Pont. diff. 208.
Cyanus major. *Dod. pempt.* 251. *Lob. hift.* 276. *Dalech. hift.* 437.
*Crefcit in montofis variis* Germaniæ, *prope acidulas* Spadenfes; *in monte* Juræ *non longe a* Geneva; *in monte* Wafferfall *Bafileæ &c.*

20.CENTAUREA calycibus ferratis, foliis linearibus: infimis dentatis: fuperioribus integerrimis.
Cyanus. *Bauh. hift.* 3. *p.* 21.
Cyanus minor. *Dalech. hift.* 437.
Cyanus vulgaris. *Lob. hift.* 296.
Cyanus flos. *Dod. pempt.* 251.
Cyanus vulgo Fioralifus. *Cafalp. fyft.* 538.
Cyanus fegetum vulgaris minor annuus. *Morif. hift.* 3. *p.* 134. *f.* 7. *t.* 25. *f.* 4.
Cyanus fegetum. *Bauh. pin.* 273. flore cœruleo. *Tournef. inft.* 446. *Vaill. aft.* 1718. *p.* 235. *Boerh. lugdb.* 1. *p.* 145.
Pont. diff. 209.
*α* Cyanus fegetum, flore albo. *Tourncf.*
*β* Cyanus flore incarnato. *T.*
*γ* Cyanus flore purpureo. *T.*
*δ* Cyanus flore rubro. *T.*
*ε* Cyanus fegetum, difco purpureo: cum corona candida. *T.*

ζ Cyanus

ζ Cyanus fegetum, difco carneo: cum corona candida. *T.*
η Cyanus fegetum, difco immaculati candoris: cum corona candida. *T.*
θ Cyanus fegetum, difco purpurafcente: cum corona candida. *T.*
ι Cyanus fegetum, difco violaceo: cum corona candida. *T.*
κ Cyanus fegetum, difco cœruleo: cum corona candida. *T.*
λ Cyanus fegetum, flore dilute janthino. *T.*
μ Cyanus hortenfis, atropurpurafcente flore. *T*
ν Cyanus hortenfis, flore pleno cœruleo. *T.*
ο Cyanus hortenfis, flore pleno purpureo.
*Crefcit inter fecale & Triticum, quod ante hyemen fatum fuit, vulgaris per* Europam *in agris.*
*Memini fingularem hujus fpeciei varietatem quam in Horto Stenbrohultenfi alit Venerandus Parens meus, cujus corollulæ neutræ femper quafi madidæ funt, fingulari certe variationis methodo.*

21.CENTAUREA calycibus fubulato-fpinofis, foliis decurrentibus inermibus lanceolatis: inferioribus dentatis.
Jacea lutea annua ftellata & alata, foliis cyani. *Morif. bift.* 3. *p.* 141.
Jacea ftellata Spina folftitialis dicta, foliis cyani. *Herm. flor.* 2. *p.* 40. *Boerh. lugdb.* 1. *p.* 141.
Cacatreppola altera. *Cæfalp. fyft.* 535.
Leucacantha quorundam. *Dalech. bift.* 1464.
Spina folftitialis. *Dod. pempt.* 734. *Baub. bift.* 3. *p.* 90.
Carduus ftellatus luteus, foliis cyani. *Baub. pin.* 387. *Tournef. inft.* 440. *Pont. diff.* 122.
*Crefcit in fatis circa* Monfpelium.
*Spinæ calycis fubulatæ ad bafin fpinulis quafi ciliatæ.*

22.CENTAUREA calycibus palmato-fpinofis, foliis decurrentibus fpinulofis emarginato-crenatis.
Jacea laciniata, fonchi folio. *Boerh. lugdb.* 1. *p.* 141.
Jacea latifolia, caule alato, capite magno turbinato, multiplici aculeo deflexo e fquamis cufpidatis orto. *Pluk. alm.* 191. *t.* 38. *f.* 1.
Jacea laciniato fonchi folio five jacea latifolia purpurea, capitulo fpinofo. *Baub. pin.* 272. *prod.* 128. *Herm. lugdb.* 331. *t.* 675.
Calcitrapoides maritima canefcens, alato caule. *Vaill. act.* 1718. *p.* 214.
Carduus maritimus canefcens, alato caule. *Tournef. inft.* 441.
*Crefcit in maritimis maris mediterranei.*
*Spina calycina fingula palmata, fpinis quinque ad undecim coalitis, quarum quæ intermedia eft laterales vix fuperat.*

23.CENTAUREA calycibus palmato-fpinofis, foliis decurrentibus inermibus: radicalibus pinnatifidis: impari maximo.
Jacea fpinofa cretica, an fpecies hyofiridis plinii. *Zan. bift.* 141. *Boerh. lugdb.* 1. *p.* 141.
Cyanus erucæ folio, flore rubro. *Juff. barr.* 87. *t.* 504.
Calcitrapoides rapi folio, alato caule, flore purpureo coronato. *Vaill. act.* 1718. *p.* 213.
Carduus creticus, rapi folio. *Tournef. inft.* 442.
*Crefcit* Romæ & *in* Campania romana, *præfertim in via quæ ab æde Divi Pancratii ad vineas & agros fuperioresque fegetes ducit.*
*Radius in hac magnus eft.*

24.CENTAUREA calycibus palmato-fpinofis, foliis ovato lanceolatis petiolatis dentatis.
Jacea fphærocephala fpinofa tingitana. *Herm. lugdb.* 332. *t.* 333. *Morif. bift.* 3. *p.* 143. *f.* 7. *t.* 27. *f.* 9.
Calcitrapoides fphærocephalos tingitana. *Vaill. act.* 1718. *p.* 214.
Carduus fphærocephalus tingitanus. *Tournef. inft.* 44.
*Crefcit in agro* Tingitano.

25.CENTAUREA calycibus fubulato-fpinofis feffilibus, foliis linearibus pinnatifidis.
Jacea ramofiffima, capite longis aculeis ftellatim nafcentibus armato. *Morif. bift.* 3. *p.* 144.
Jacea ftellata, folio papaveris erratici. *Herm. flor.* 2. *p.* 40. *Boerh. lugdb.* 140.
Calcitrapa officinarum, flore purpurafcente. *Vaill. act.* 1718. *p.* 209.
Carduus ftellatus five Calcitrapa. *Baub. bift.* 3. *p.* 89. *Tournef. inft.* 440.
Carduus ftellatus. *Dod. pempt.* 733.
Carduus muricatus, vulgo Calcitrapa dictus. *Cluf. bift.* 2. *p.* 7.
Hippophæftum vel Hippophaës. *Col. phyt.* 107.
α Carduus ftellatus five Calcitrapa, flore intenfe purpureo. *Tournef.*
β Carduus ftellatus five Calcitrapa, flore fuaverubente. *T.*
γ Carduus ftellatus five Calcitrapa, flore albo. *T.*
*Crefcit in incultis gramineis fterilibus fecus vias publicas in* Anglia *copiofiffime, præfertim juxta Londinum urbem & in ipfa urbe; ut & in proximis adjacentibus regionibus.*
*Spinæ calycis ad bafin fpinulis ciliatæ funt.*

26.CENTAUREA calycibus fetaceo-fpinofis, foliis lanceolatis petiolatis inferne dentatis.
Centaurium majus, folio molli acuto laciniato, flore aureo magno, calice fpinofo. *Boerh. lugdb.* 1. *p.* 144.
Jacea lævis maxima centauroides apula. *Col. ecphr.* 1. *p.* 33.
*Crefcit in* Italia.

27.CENTAUREA calycibus duplicato-fpinofis, foliis decurrentibus integris.
Carduus lufitanicus canefcens, alato caule, capite lanuginofo. *Tournef. inft.* 441.
Calcitrapa lutea, alato caule, capite eriophoro. *Vaill. act.* 1718. *p.* 212.
Jacea fpinofa, alato caule, capite lanuginofo. *Boerh. lugdb.* 1. *p.* 141.
*Crefcit in* Lufitania.

28. CENTAUREA calycibus fetaceo-fpinofis, foliis finuatis fpinofis decurrentibus.
α Eriocephalus alato caule, flore purpureo coronato. *Vaill. act.* 1718. *p.* 205.
  Carduus creticus non maculatus, caule alato. *Tournef. cor.* 31.
  Carduus humilis alatus five Carduus mariæ annuus, folio lituris obfcuris notato. *Boerh. lugdb.* 1. *p.* 136?
β Eriocephalus leucographis, flore purpureo coronato. *Vaill. act.* 1718. *p.* 205.
  Carduus galactites. *Bauh. hift.* 3. *p.* 54. *Tournef. inft.* 441. *Boerh. lugdb.* 1. *p.* 134.
γ Carduus galactites, flore albo. *Tournef.*

*Crefcit in* Sicilia, Melita, Italia *prope pharum Genuenfem, circa* Monfpelium *in ruderatis & incultis.*

Obf. *Calyx parum villofus. Receptaculum pilofum, pappus plumofus, femina glabra, radius paulo fuperans difcum; corollulis neutris fere æqualibus: limbo quinquepartito lineari. Facies plantæ cardui, fed centaureæ tamen fpecies tamdiu nulli dati fint limites, quibus cardui a centaureis certo diftingui queant, præterquam per corollulas neutras.*

*Divifimus itaque hoc vaftum plantarum genus in fpecies, quarum calyx conftat fquamis α apice inermibus absque ullo appendiculo* 1, 2, 3, 4, 5, 6, 7. β *apice fquama laxa dilatata integra terminato.* 8, 9, 10. γ *apice ferente pilos vel fetas cilii inftar pofitas non pungentes fed molles & flexiles* 11, 12, 13, 14, 15, 16, 17, 18. δ *apice fuperne membranula utrinque acuta eaque ferrata* 18, 19, 20. ε *apice fpinofo, fpina valida terminato, ad radicem pofitis minoribus fpinis* 21. 25. ζ *ubi fpina intermedia vix fuperat laterales, palmata dicta fpina* 22, 23, 24. η *fpina terminatrici fimpliciffima ubique* 26. 28. θ *fpina lateribus fpinofa* 27.

# POLYGAMIA NECESSARIA.

## ERIOCEPHALUS. *g. pl.* 670.

1. ERIOCEPHALUS foliis integris ac divifis.
  Eriocephalus fempervirens, foliis fafciculatis & digitatis. *Dill. elth.* 132. *t.* 110. *f.* 134.
  Eriocephalus Bruniades africana, lariceis argenteis & fericeis foliis, capitulis ftaminibus refertis, globorum inftar cavis & denfa lanugine tectis. *Pluk. mant.* 69. *t.* 347. *f.* 7.
  Coma aurea africana fruticans, foliis glaucis fucculentis digitatis odoratis. *Boerh. lugdb.* 1. *p.* 122.
  Abrotanum africanum, foliis argenteis anguftis, floribus umbellatis, capitulis tomentofis. *Raj. app.* 3. *p.* 233.
  Abrotanum africanum, folio tereti tridentato. *Walth. hort.* 1. *t.* 1. *bona.*
  Abrotanum africanum majus, folio craffo tereti tridentato. *Eichr. Carolsr.* 1.
  *Crefcit in* Africa.

## OSTEOSPERMUM. *g. pl.* 673.

1. OSTEOSPERMUM fpinis ramofis.
  Wedalia fpinofa. *Pet. muf. p.* 799.
  Monilifera frutefcens aculeata & baccifera. *Vaill. act.* 1720. *p.* 374.
  Chryfanthemoides ofteofpermum africanum odoratum fpinofum & vifcofum. *Comm. hort.* 2. *p.* 85. *t.* 43. *Tournef. act.* 1705. *p.* 312. *Dill. gen.* 151. *Boerh. lugdb.* 1. *p.* 103.
  Chryfanthemum africanum ofteocarpon lycii more aculeatum. *Pluk. amalt.* 55.
  Chryfanthemum africanum frutefcens fpinofum. *Volk. norib.* 105. *t.* 105. *optima.*
  *Crefcit in* Africa.

2. OSTEOSPERMUM foliis ovalibus obfolete ferratis.
  Monilifera frutefcens baccifera, folio fubrotundo crenato. *Vaill. act.* 1720. *p.* 373.
  Chryfanthemoides africanum, populi albæ foliis. *Tournef. inft.* 1705. *p.* 312. *Dill. gen.* 151. *elth. p.* 80. *t.* 68. *f.* 79.
  Chryfanthemoides ofteofpermum africanum arboreum, foliis populi albæ. *Boerh. lugdb.* 1. *p.* 104.
  Chryfanthemum africanum frutefcens, telephii fere foliis craffis, ofteocarpon. *Pluk. amalt.* 55. *t.* 382. *f.* 4.
  Chryfanthemum arborefcens æthiopicum, foliis populi albæ. *Breyn. cent.* 155. *t.* 76.
  *Crefcit in* Africa.

3. OSTEOSPERMUM foliis oppofitis palmatis.
  Wedalia virginiana, platani folio molli. *Pet. muf p.* 800.
  Monilifera latiffimis angulofis foliis. *Vaill. act.* 1720. *p.* 374.
  Chryfanthemum, angulofis platani foliis, virginianum. *Pluk. alm.* 99. *t.* 83. *f.* 3.
  Chryfanthemum perenne virginianum majus, platani orientalis folio. *Morif. hift.* 3. *p.* 22. *f.* 6. *t.* 7. *f.* 55.
  Corona folis arborea, folio latiffimo platani. *Boerh. lugdb.* 1. *p.* 103.
  Doronicum maximum americanum, latiffimo angulofo folio, radice tranfparente. *Herm. lugdb.*
  *Crefcit in* Virginia.

## CHRYSOGONUM.

CHRYSOGONUM.
Chryfanthemum virginianum villofum, difco luteo quinis petalis ornato. *Pluk. alm.* 100. *t.* 83. *f.* 4. & *t.* 242. *f.* 3.
*Crefcit in* Virginia, *communicata per J. F.* Gronovium.
*Singularis in hoc genere eft ifta gluma propria feminum feminarum.*

MELAM.

TAB. XXV.

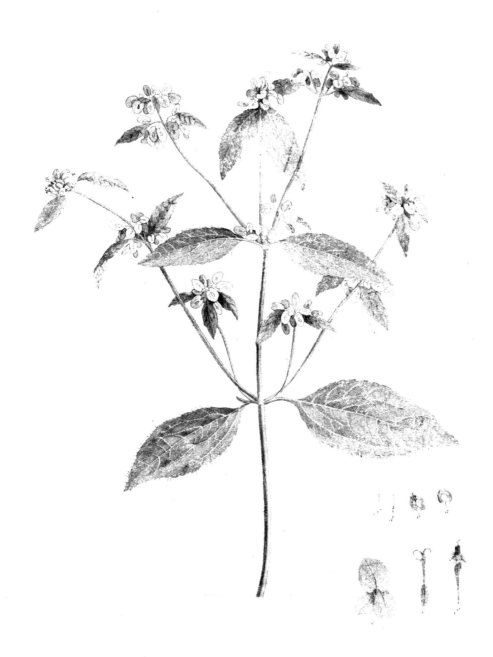

**MILLERIA** foliis ovatis, pedunculis fimplicibus. *Hort. Cliff.* 425. *fp.* 2.

    a *Calyx communis a tergo vifus.*
    b *Calyx idem cum tribus fuis flofculis.*
    c *Calyx aucta magnitudine.*
    d *Flofculus femineus.*    e *Idem aucta magnitudine.*
    f *Flofculus hermaphroditus.*    g *Idem auctus magnitudine.*

# MELAMPODIUM.

MELAMPODIUM.
Caltha americana, foliis laciniatis, flore luteo. *Houst. mst.*
*Crescit in* Vera Cruce, *communicata per Ph. Millerum.*
*Speciminis descriptio est. Caulis erectus, in octo internodia divisus, pilis aspersus. Folia opposita, lanceolato-linearia, utrinque duobus majoribus dentibus conformibus notata, margine integerrima, superne plana: punctis albis aspersa, subtus tomentosa incana, longitudine internodiorum caulis, patentia. Ramus ex ala singula singulus, licet serius prorumpit ; caulem autem terminat pedunculus filiformis, pilosus, erectus, terminatus flore luteo toto ; absoluta vero florescentia ex ala petioli cum pedunculo utrinque ramus enascitur. Semen femininum repraesentat coronâ (dum connivet) pedem caprae.*

# CALENDULA. *g. pl.* 672.

1. CALENDULA feminibus radii cymbiformibus echinatis: disci bicornibus.
Calendula. *Caesalp. syst.* 495. *Dod. pempt.* 254.
Calendula vulgaris, flore citrino simplici *Herm lugdb.* 1. p. 103.
Calendula sativa polyanthos melina. *Rupp. jen.* 138.
Caltha. *Bauh. hist.* 3. p. 101.
Caltha flore simplici. *Morif. hist.* 3. p. 13. f. 6. t. 4. f. 1, 3, 4, 5, 6.
Caltha vulgaris. *Bauh. pin.* 275.
Caltha vulgaris, flore pallido. *Tournef. inst.* 498. *Vaill. act.* 1720. p. 371. *Boerh. lugdb.* 1. p. 113. *Pont. diff.* 272.
α Caltha vulgaris, flore citrino *T.*
Caltha vulgaris, flore rufo. *T.*
Caltha calendula, flore mixto. *T.*
Caltha polyanthos major. *C. B. T.*
Caltha polyanthos major, flore aureo. *T.*
Caltha polyanthos major, flore mollino. *T.*
Caltha floribus reflexis. *C. B. T.*
Caltha, flore pleno variegato ex pallido & flavo, major. *Boerh.*
Caltha prolifera, majoribus floribus. *C. B. T.*
Caltha prolifera, majoribus floribus, flore melino. *C. B. T.*
Caltha prolifera, minoribus floribus. *T.*
Caltha arvensis. *C. B. T. Vaill. B. Pont.*
*Crescit in vinetis* Galliae *& arvis* Italiae.

2. CALENDULA feminibus radii obsolete serratis: disci cordatis.
Calendula humilis africana, flore intus albo: foris violaceo simplici. *Herm. lugdb.* 104. t. 105.
Caltha africana, flore intus albo: foris violaceo. *Tournef. inst.* 499. *Boerh. lugdb.* 1. p. 113.
Dimorphotheca foliis incisis, ovariis minoribus. *Vaill. act.* 1720 p. 361. t. 9. f. 21, 22.
α Cardispermon africanum pubescens, foliis incisis, parvo flore. *Trant. act.* 1724. p. 55. t. 2.
*Crescit in aridis collibus* Capitis bonae spei.
*Variat immense figura foliorum, hinc multiplicatio speciei apud Authores summa.*
*Corolla intus alba, extus violacea est ; hinc Hortulanis* (nath ock dag) *dicitur.*

# MILLERIA. *g. pl.* 676.

1. MILLERIA foliis cordatis, pedunculis dichotomis.
Milleria annua erecta, floribus spicatis luteis. *Mart. cent.* 41. t. 41.
α Milleria annua ramosior, foliis maculatis profundius serratis. *Mart. cent.* 47. t. 47. f. 2.
*Crescit in* Panama *&* Vera cruce.
*Radix annua. Caulis simplex, humanae saepe altitudinis, simplicissimus, erectus, quadragonus, laevis. Folia opposita, cordata, acuminata, in petiolos desinentia, serrata, scabra, petiolis hispidis purpurascentibus ; ubi coeunt ad latera caulis acumen stipulae instar producunt. Pedunculi ex alis superioribus & adhuc major terminatrix, dichotomi, intermedio proprio brevissimo unifloro. Calycis squama superior tandem concava evadit, margineque contrahitur & inferiores duas lacinias calycis involvit cum semine capsulae instar. Corollula feminina radii unica semitrifida flava est, & flosculi hermaphroditi disci flavi saepius quatuor, Hermaphroditi abortiunt. Hinc unicus fructus subrotundus.*

2. MILLERIA foliis ovatis, pedunculis simplicissimis. vide Tab.
Milleria annua erecta minor, foliis parietariae, floribus ex foliorum alis. *Mart. cent.* 47. t. 47. f. 1.
*Crescit in* Campechia.
*Radix fibrosa, annua. Caulis rectus, pedalis vel bipedalis, in quinque circiter internodia divisus, levissime pilosus ; Rami oppositi, quorum inferiores longiores. Folia seminalia subrotunda, glabra, petiolata ; caulina primo ovato-obtusa, dein ovata, tum ovato-acuta, tandem lanceolato-ovata ; omnia obscure serrata, pilosa, scabra, petiolo parvo appensa, horizontali-pendula, trinervia, venosa, viridia ; petioli coeunt ad latus caulis laevissimo margine. Umbella simplicissima*

Ppppp
*sima*

*fima caulem & ramos terminat, conſtans ſingula floribus viginti pluribus, propriis pedunculis inſidentibus, qui pedunculi ſimplices inſeruntur petiolo cilii inſtar. Flos ſingulus conſtat floſculis duobus hermaphroditis in diſco abortientibus, & unica in radio feminina fertili. Calyx communis connivens ſit fructus orbiculatus erectus ex tribus foliis, quorum quod a dorſo poſitum ſit planum eſt & majus, at a ventris parte tegunt duo foliola & angulum conſtituunt, includentia ſemen unicum trifidum, quod a floſculo femineo productum fuit.*

*Dictum fuit hoc genens in honorem Viri Curioſiſſimi* Philippi Milleri, *Præfecti Horti Chelſeenſis, claro dudum tam variis, tamque multis operibus præſertim in Horticitura editis; Huic viro, in conquirendo plantas rariſſimas Americæ nullo inferiori, inque collectas conſervando ſine pari, debet Hortus Cliffortianus plantas longe plures, ego certe plurimas. Hic enim Houſtoriana poſthuma, per teſtamentum Houſtoni, in America collecta tenet, publicique, ut ſperare eſt, juris quamprimum faciet.*

# M O N O G A M I A.

## J A S I O N E. *g. pl.* 677.

1. Jasione foliis lineari-lanceolatis obſolete ſerratis.
   Rapuntium montanum capitatum leptophyllon. *Col. ecphr.* 1. p. 227.
   Rapunculus ſcabioſæ capitulo cœruleo. *Bauh. pin.* 92. *Tournef. inſt.* 113. *Boerh. lugdb.* 1. p. 250.
   Rapunculus ramoſus corniculatus, ſcabioſæ capitulo cœruleo. *Moriſ. hiſt.* 2. p. 464. f. 5. t. 5. f. 48.
   Aphyllanthes 1. *Dalech. hiſt.* 864.
   Scabioſa globularis, quam ovinam vocant. *Bauh. hiſt.* 3. p. 12.
   β Rapunculus ſcabioſæ capitulo albo. *Tournef.*
   *Creſcit in petris, montibus ſteriliſſimis, collibus graminoſis aridiſſimis* Sveciæ, Germaniæ, Galliæ, Belgii.

## L O B E L I A. *g. pl.* 678.

1. Lobelia caule erecto, foliis lanceolatis obſolete ſerratis, racemo terminatrici.
   Rapuntium galeatum virginianum vel americanum, coccineo flore majore. *Moriſ. hiſt.* 2. p. 466. f. 5. t. 5. f. 54.
   Rapuntium maximum, coccineo ſpicato flore. *Hern. mexic.* 879. t. 880. *Tournef. inſt.* 163. *Boerh. lugdb.* 1. p. 250.
   Cardinalis rivini. *Rupp. jen.* 201.
   Trachelium americanum rubrum. *Raj. hiſt.* 746.
   β Rapuntium americanum, coccineo flore: lineis albis eleganter picto. *Tournef.*
   *Creſcit in* Virginia.

2. Lobelia caule erecto, foliis ovato-lanceolatis crenatis, floribus lateralibus.
   Rapuntium americanum, flore dilute cœruleo. *Tournef. inſt.* 163. *Boerh. lugdb.* 1. p. 250.
   Rapunculus galeatus virginianus, flore violaceo majore. *Moriſ. hiſt.* 2. p. 466. f. 5. t. 5. f. 55.
   Trachelium americanum, flore cœruleo. *Robert. ic.*
   *Creſcit in* Virginia.
   *Antecedenti affinis admodum, folia autem latiora, flores ex alis, calyx latus & tubus corollæ dilatatus ſatis diſtinctam reddunt plantam.*

3. Lobelia caule erecto, foliis cordatis obſolete dentatis petiolatis, corymbo terminatrici. *vid. Tab.*
   Rapuntium trachelii folio, flore purpuraſcente. *Plum. ſpec.* 5.
   Rapuntium americanum, trachelii folio, flore purpuraſcente. *Tournef. inſt.* 163.
   *Creſcit in* America.
   *Radix fibroſa, annua. Caulis pedalis, ſimpliciſſimus, erectus, glaber. Folia cordata, obtuſa, obtuſe per marginem eroſa, glabra, latitudine duorum pollicum, longitudine trium, petiolis folio paulo brevioribus inſidentia, alterna, inferiora majora. Corymbus caulem terminat, conſtans floribus pedunculis propriis, alternis, confertis, ſetaceis, erectis, inferioribus longioribus inſidentibus; ex alis inferioribus primordia ramorum, ex ſuperioribus interdum unicus flos longo petiolo obſervatur. Pedunculi nudi ſunt, calyx quinquefidus, germen ſub calyce, corollâ parva purpuraſcens.*

4. Lobelia caulibus ramoſis procumbentibus, foliis lanceolatis ſerratis.
   Rapuntium africanum minus anguſtifolium, flore violaceo. *Tournef. inſt.* 163. *Boerh. lugdb.* 1. p. 250.
   Campanula minor africana, erini facie, caulibus procumbentibus. *Herm. lugdb.* 108. t. 109.
   *Creſcit in paſcuis aliisque irriguis locis ad* Caput bonæ ſpei.

5. Lobelia foliis bilocularibus ſubulatis. *Fl. lapp.* 279.
   Dortmanna lacuſtris, floribus ſparſis pendulis. *Rudb. act.* 1720. p. 97. t. 2. *optima.*
   Gladiolus lacuſtris dortmanni. *Cluſ. cur.* 40. *Raj ſyn.* 237. *hiſt.* 1325.
   Gladiolus ſtagnalis aut lacuſtris. *Rudb. elyſ.* 2. p. 202. f. 15.
   Gladiolus aquaticus ſeu, Gladiolus paluſtris. *Dod. hiſt.* 950.
   Leucojum paluſtre, flore ſubcœruleo. *Bauh. pin.* 202.
   Campanula aquatica. *Blair. obſ.* 103.

*Creſcit*

LOBELIA caule erecto, foliis cordatis obsolete dentatis petiolatis, corymbo terminatrice. *Hort. Cliff.* 426. *sp.* 3.

a *Corolla.*
b *Pistillum.*
c *Stamina.*
d *Calyx.*

G. D. EHRET del.          J. WANDELAAR fecit.

*Crescit in stagnis fundo glareoso non longe a littoribus in lacu möklen Smolandiæ; mälaren Uplandiæ; Kiællsletten Dalekarliæ, ad ripas fluvii Dalelfwen ad pagum Elfkarleby in Svecia; ad pagum Norch & Westerveld in Drentia; in stagno Hulswater non longe a Pereth Cumberlandiæ & variis Cuberlandiæ montosæ lacubus.*
*Rationem nominis dedimus. Fl. lapp. §. 279. β.*

# V I O L A. *g. pl.* 679.

1. VIOLA pedunculis caulinis angulatis, stipulis oblongis pinnato-dentatis, foliis ovato-oblongis crenatis.
Viola bicolor arvensis. *Bauh. pin.* 200. *Morif. hist.* 2. *p.* 476. *f.* 5. *t.* 7. *f.* 10. 7, 8, 9, 11. *Boerh. lugdb.* 1. *p.* 244. flore candido & luteo. *Tournef. inst.* 421.
Viola tricolor. *Dod. pempt.* 158.
Viola flammea. *Cæsalp. syst.* 393.
Jacea tricolor sive Trinitatis flos. *Bauh. hist.* 3. *p.* 546.
α Viola bicolor arvensis, flore cœruleo & luteo. *T.*
β Viola bicolor arvensis, flore cœruleo & candido. *T.*
γ Viola arvensis, flore toto luteo. *T.*
δ Viola arvensis, flore toto albo. *T.*
ε Viola tricolor hortensis repens. *C. B.* 199.
ζ Viola tricolor hortensis repens, flore albo & luteo. *T.* 420.
η Viola tricolor hortensis repens, flore cum pallido cœruleo. *T.*
ϑ Viola tricolor hortensis repens, flore purpureo & luteo. *T.*
ι Viola tricolor hortensis repens, flore penitus albo. *T.*
κ Viola tricolor hortensis repens, flore violaceo holosericeo purpureo & aureo. *T.*
λ Viola tricolor hortensis repens, flore nigro purpureo & instar holoserici nitente. *T.*
μ Viola tricolor hortensis repens, flore pallido & instar holoserici nitente. *T.*
ν Viola tricolor hortensis repens, flore magno ex aureo & pallido instar holoserici nitente. *T.*
ξ Viola montana alba grandiflora. *C. B.* 200.
ο Viola montana tricolor odoratissima. *T.*
π Viola montana lutea grandiflora. *T.*
ρ Viola montana lutea, subrotundo crenato folio. *T.*
σ Viola montana cœrulea tricolor, folio subrotundo crenato. *T.*
τ Viola montana cœrulea grandiflora. *T.*
*Crescit in locis sterilissimis, siccis, cultis, agris, tectis, muris, frequens per Europam.*

2. VIOLA foliis reniformibus, pedunculis caulinis. *Fl. lapp.* 276.
Viola alpina rotundifolia lutea. *Bauh. pin.* 199. *Morif. hist.* 2. *p.* 475. *f.* 5. *t.* 7. *f.* 6. *Scheuch. alp.* 342.
Viola montana 1. *Cluf. hist.* 1. *p.* 309.
Viola rotundifolia montana major f. pthoræ valdensium facie, floribus luteis. *Pluk. alm.* 388. *t.* 234. *f.* 1.
Viola martia lutea. *Bauh. hist.* 3. *p.* 545.
α Viola alpina rotundifolia minor lutea. *Pluk. alm.* 388. *t.* 233. *f.* 7.
*Crescit in Alpibus Lapponicis, Helveticis, Austriacis & Styriacis juxta rivulos in umbrosis.*

3. VIOLA floribus radicalibus abortientibus, caulinis apetalis seminiferis.
Viola montana latifolia, flores ex radice, semina in cacumine ferens. *Dill giff.* 36. *app.* 36. *elth.* 408. *t.* 303. *f.* 390.
Viola alpina apetalos, foliis rigidis rotundis amplis. *Rupp. jen.* 233.
Viola montana ananthos, stamine perpusillo luteo, cui capsula oblonga triangula succedit. *Hoffm. hort.* 63.
*Crescit inter præruptos scopulos, locis umbrosis meridiei expositis in monte Hangenstein circa Gissam Dillenio observata; circa Jenam a Ruppio; in monte altissimo Hykie Dalekarliæ nobis in Itinere Reuterholmiano per Dalekarliam visa.*

4. VIOLA acaulis, stolonibus teretibus reptatricibus, pedunculis radicatis.
Viola martia purpurea, flore simplici odoro. *Bauh. pin.* 199. *Morif. hist.* 2. *p.* 474. *f.* 5. *t.* 7. *f.* 1.
Viola martia purpurea. *Bauh. hist.* 3. *p.* 542. *Lob. hist.* 334.
Viola nigra sive purpurea. *Dod. pempt.* 156. *t.* 1, 2.
Viola purpurea, vulgo Mammola. *Cæsalp. syst.* 393.
α Viola martia alba. *C. B.* 199.
β Viola martia, multiplici flore. *C. B.* 199. purpureo. *Tournef. inst.* 419.
γ Viola martia, multiplici, flore rubello. *T.*
δ Viola martia, multiplici, flore candido. *T.*
ε Viola martia, multiplici, flore ex albo & purpureo variegato. *T.*
ζ Viola flore pleno maximo. *J. B.*
*Crescit ad sepes & in umbrosis per* Angliam, Belgium, Italiam, Germaniam; *in* Svecia *unius.*

5. VIOLA caulibus ascendentibus floriferis, foliis cordatis.
Viola foliis cordatis oblongis, pedunculis fere radicatis. *Fl. lapp.* 277.
Viola martia inodora sylvestris. *Bauh. pin.* 199. *Morif. hist.* 2. *p.* 474. *f.* 5. *t.* 7. *f.* 2. *Boerh. lugdb.* 1. *p.* 243.
Viola cœrulea martia inodora sylvatica, in cacumine semen ferens. *Bauh. hist.* 3. *p.* 543.
*Cum primum flore incipit foliorum petioli conferti sunt & ex singulis alis florem promunt, at cum defloruit, excrevit in caulem insignem & folia alterna gerit, fructumque pedunculo insidentem secundum longitudinem caulis.*

I M P A-

# IMPATIENS. *g. pl.* 680.

1. IMPATIENS pedunculis folitariis multifloris.
   Impatiens. *Riv. tetr.* 146. *Rupp. jen.* 217.
   Impatiens herba. *Dod. pempt.* 659.
   Noli me tangere. *Bauh. hift.* 2. *p.* 908.
   Balfamina lutea five Noli me tangere. *Bauh. pin.* 306. *Boerh. lugdb.* 1. *p.* 320.
   Balfamina herba feu Noli me tangere, flore patulo luteo. *Morif. hift.* 2. *p.* 282. *f.* 3. *t.* 15. *f.* 2.
   Catanance altera. *Cæfalp. fyft.* 266.
   Perficaria filicofa, five Noli me tangere. *Lob. adv.* 135.
· Efula filveftris tragi. *Dalech. hift.* 1655.
   Chryfæa. *Dalech. hift.* 876.
α Balfamina five Noli me tangere, flore pallido. *Tournef. inft.* 419.
β Balfamina five Noli me tangere, flore purpurafcente. *Tournef.*
   *Crefcit ad rivulos in denfiffimis fylvis & defertis per* Europam paffim.

2. IMPATIENS pedunculis confertis unifloris.
   Herba impatiens feu Noli me tangere, flore patulo eleganter dilute rubente. *Morif. hift.* 2. *p.* 281. *f.* 3. *t.* 15. *f.* 1.
   Catance vulgo Balfaminum. *Cæfalp. fyft.* 266.
   Balfamina fœmina. *Bauh. pin.* 306. *Boerh. lugdb.* 1. *p.* 320.
   Balfamina fœmina, perficæfolia vel falicis folio. *Bauh. hift.* 2. *p.* 909.
   Balfamina fœmina perficæfolia. *Lob. hift.* 172.
   Balfamina. *Dod. pempt.* 671.
α Balfamina fœmina, flore candido. *Tournef. inft.* 448.
β Balfamina fœmina, flore partim candido: partim rubro. *T.*
γ Balfamina flore majore fpeciofo. *T.*
δ Balfamina flore majore candido. *T.*
   *Crefcit in* India Orientali.

**G Y.**

# Classis XX.

# GYNANDRIA.

## DIANDRIA.

### ORCHIS. g. pl. 681.

1. ORCHIS radicibus palmatis, bracteis flore longioribus, nectarii labio trifido: cornu germinibus breviore.
Orchis palmata paluftris latifolia. *Bauh. pin.* 86. *Morif. hift.* 3. p. 498. f. 12. t. 15. f. 3. *Boerh. lugdb.* 1. p. 152.
Satyrium bafilicum foliofum. *Dod. pempt.* 241.
Satyrion latifolium. *Swert. flor.* 1. t. 63. f. 7.
Serapias paluftris latifolia. *Lob. hift.* 91.
*Crefcit in pratis humidiufculis* Belgii, Sveciæ *&c.*
*Variat foliis maculatis & immaculatis.*

2. ORCHIS radicibus palmatis, bracteis longitudine floris, nectarii labio trifido: feta germinibus longiore.
Orchis palmata minor, calcaribus oblongis. *Bauh. pin.* 85. *Vaill. parif.* 153. t. 30. f. 8.
Serapias minor rubra. *Dalech. hift.* 1562.
Serapias minor, rubello nitente flore, anguftifolia, nullis infperfis punctulis. *Lob. hift.* 91.
Palmata rubella, cum longis calcaribus rubellis. *Bauh. hift.* 2. p. 778.
*Crefcit in campis fylveftribus fteriliffimis per* Sveciam, Germaniam, Galliam, Angliam, Belgium.

3. ORCHIS radicibus fubrotundis, bracteis flore brevioribus, nectarii labio trifido. feta longiffima.
Orchis purpurea, fpica congefta pyramidali. *Raj. fyn.* 377. t. 18.
Orchis parvo flore rubro five phœniceo. *Bauh. hift.* 2. p. 764.
Orchis batavica 6. *Cluf. hift.* 1. p. 269.
*Crefcit* Hagæ *& juxta dunas in pratis* Belgii, *nec non in* Anglia.

### HERMINIUM. g. pl. 684.

1. HERMINIUM radicibus ovatis tunicatis, fcapo nudo.
Pfeudo-orchis bifolia. *Dod. hift.* (belg.) 383.
Pfeudo-orchis bulbofa lilifolia paluftris noftras, flore fubviridi. *Morif. hift.* 3. p. 500. f. 12. t. 11. f. 1.
Pfeudo-orchis bifolia paluftris. *Raj. fyn.* 382.
Chamæorchis lilifolia. *Bauh. pin.* 84.
Orchis lilifolia minor fabuletorum zelandiæ & bataviæ. *Bauh. hift.* 2. p. 770. *Boerh. lugdb.* 2. p. 152.
Ophris bifolia bulbofa. *Bauh. pin.* 87.
*Crefcit in humidiufculis* Hollandiæ *&* Angliæ; *Upfaliæ in Svecia eandem legit Cel. O. Celfius.*
*Folia aliquot radicalia amplexantia feu bafi convoluta e radice bulbofa tunicata, quorum interius fingulum quadruplo majus eft proximo exteriore. Scapus abfolute nudus eft, nec folio, nec fquama notatus, hinc puto* Pfeudo-Orchidem bifoliam Dodonæi *cum hac noftra eandem effe plantam, & proin etiam* ophris bifolia bulbofa C. B. *inquirendum dein relinquo aliis num* ophris bifolia paluftris. *Pluk. phyt.* 247. f. 2. *fit fcapo abfolute nudo ut figura dictitat; quod fi fit, utrum ab hac diftinctiffima.*

### OPHRYS. g. pl. 686.

1. OPHRYS foliis ovatis.
Ophrys. *Cæfalp. fyft.* 430.
Ophris bifolia. *Bauh. pin.* 87. *Boerh. lugdb.* 2. p. 153.
Pfeudo-orchis bifolium. *Dod. pempt.* 242.
Bifolium majus vulgare. *Morif. hift.* 3. p. 489.
Bifolium majus, feu Ophrys major quibusdam. *Bauh. hift.* 3. p. 533.
Bifolium. *Lob. hift.* 161.
*Crefcit in fylvis & dumetis* Angliæ; *inter tumulos arenofos* Belgii; *in pratis fubhumidis* Sveciæ.

### SERAPIAS. g. pl. 683.

1. SERAPIAS caule multifolio multifloro.
Helleborine latifolia montana. *Bauh. pin.* 186. *Morif. hift.* 3. p. 486. f. 12. t. 11. f. 11. (mala) 12. 4. 7.
Helleborine recentiorum 3. *Cluf. hift.* 1. p. 273.
Helleborine. *Dod. pempt.* 384.
Elleborine dodonæi. *Bauh. hift.* 3. p. 516.
Sigillum fanctæ mariæ. *Cæfalp. fyft.* 431.

Qqqqq

*a* Helle-

α Helleborine angustifolia palustris five pratensis. *C. B.*
β Helleborine flore carneo. *C. B.* 187.
γ Helleborine altera, atro-rubente flore. *C. B.* 186.
δ Helleborine palustris nostras. *Raj. hist.* 1231.
*Crescit in locis sterilibus opacis & desertis sat frequens per* Europam.
*Species hæc a Botanicis maxime multiplicata est, hinc qui species plures desiderant, ut eas ex structura vera diversa florum demonstrent necesse est; huc usque certe nulla nota specifica in hoc genere descripta est.*

# CYPRIPEDIUM. *g. pl.* 687.

1. CYPRIPEDIUM folio caulino ovato-oblongo, terminatrici setaceo plano.
Helleborine virginiana diphylla five Calceolus tenuiore folio, flore luteo longiore. *Morif. hist.* 3. *p.* 488.
Helleborine virginiana, ophioglossi folio. *Pluk. alm.* 182. *t.* 93. *f.* 2.
*Crescit in* Virginia.

# EPIDENDRON. *g. pl.* 688.

1. EPIDENDRON foliis subulatis.
Orchidi affinis Epidendron corassavicum, folio crasso sulcato. *Herm. parad.* 187. *t.* 187.
Viscum arboreum five Epidendron, flore albo speciofo, americanum, folio forma siliquarum nerii. *Pluk. alm.* 390. *t.* 117. *f.* 6.
Viscum delphinii flore, petalis e viridi albicantibus angustioribus, radice fibrosa. *Sloan. flor.* 120. *hist.* 1. *p.* 251. *t.* 121. *f.* 3.
*Crescit in arboribus per* Americam *calidiorem, in* Corassao, Jamaica *&c.*
*Flos immaculati est candoris; caulis vix manifestus.*

2. EPIDENDRON foliis erectis oblongis obtusis compressis articulatis.
Bontia luzon, geniculis inferioribus carinulatis. *Pet. gaz. t.* 44. *f.* 10. *bona.*
*Crescit arboribus insidens in* Inf. Luzonum.
*Hæc apud nos numquam floruit; ad hanc proxime accedit* Fu ran. *Kæmpf. jap.* 864. *t.* 864.

3. EPIDENDRON foliis ovato-oblongis, petiolis inferne amplexicaulibus, cirrhis radicatis.
α Vanilla flore viridi & albo, fructu nigrescente. *Pluk. gen.* 25?
Vanillas piperis arbori jamaicensis innascens. *Pluk. alm.* 381. *t.* 320. *f.* 4?
Vanille. *Mer. sur.* 25. *t.* 25?
Vainillas hifpanis a vaginarum fimilitudine. *Pif. mant.* 200?
Volubilis siliquosa mexicana, foliis plantagineis. *Raj. hist.* 1330?
Volubilis americana capreolata, plantagineis foliis, siliquis longis moschum olentibus. *Morif. hist.* 3. *p.* 612?
Lobus oblongus aromaticus. *Cluf. exot.* 72. *Sloan. flor.* 70?
Tlilxochitl. *Hern. mex.* 38?
*Crescit in America calidiori* Jamaica, Surinama *&c.*
*Utrum Vanilla* Plumieri, *cujus synonyma* (α) *dubitanter adposui, ejusdem speciei cum nostra sit dubius hæreo, cum omnes authores folia sessilia pingant & cirrhos spirales ac folia nervosa a basi ad apicem, cumque nostra adhuc dum flore familiam suam nobis non aperuerit.*
*Planta est Caule tereti, lævi, articulato, debili, filiformi, rarissime ramam producente, nisi truncato. Folia ad genicula, solitaria, ovata, acuminata, integerrima, coriacea, utrinque viridia, marginibus parum deflexis, duplo longiora quam lata; nervi e linea longitudinali per aliquot oppositiones secundum ejus longitudinem exeunt & apicem respiciunt. Petioli juxta folium unciali spatio fere teretes, dein versus basin suam definentes in membranam amplexicaulem, quæ dum recens est arcte internodium suum obvolvit, at dein magis magisque ab eo dehiscit. E geniculo sub petioli basi protruditur teres, hirsutus, griseus cirrhus, qui arborem, terram, vel proxima quæcunque quærit ut in eis radiculas agat, si vero nil reperiet, contabescit. Folia inferiora tandem pereunt, superiora excrescunt; scandit per parietem ligneum ad tectum usque, nec floruit.*

# TRIANDRIA.

# SISYRINCHIUM. *g. pl.* 689.

1. SISYRINCHIUM caule foliisque ancipitibus.
Sifyrinchium cœruleum parvum, gladiato caule, virginianum. *Pluk. alm.* 348. *t.* 61. *f.* 1.
Bermudiana graminea, flore minore cœruleo. *Dill. elth.* 49. *t.* 41. *f.* 49.
Gladiolus cœruleus hexapetalus, caule etiam gladiato. *Bann. virg.* 1926.
α Sifyrinchium bermudiense, floribus parvis ex cœruleo & aureo mixtis. *Pluk. alm.* 348. *t.* 61. *f.* 2.
Bermudiana iridis folio, radice fibrosa. *Tournef. inst.* 388. *Dill. elth.* 48. *t.* 41. *f.* 48.
*Crescit in* Virginia, *at* α *in* Bermudis *infulis.*

T E-

# TETRANDRIA.

1. NEPENTHES.

Nepenthes zeylanicum, flore minore. *Breyn. prod.* 2. *p.* 75.

Utricaria vegetabilis zeylanensium, Bandura cingalensibus dicta. *Pluk. alm.* 394. *t.* 237. *f.* 3.

Bandura zeylanica in extremo foliorum folliculum peniformem expansum habens. *Herm. zeyl.* 16. *Burm. zeyl.* 42. *t.* 17. *fig. opt.*

Priapus vegetabilis monorchis, Bandura cinghalensium. *Amm. char.* 529.

Planta mirabilis distillatoria. *Grimm. ephem. curiof. ann.* 1. *dec.* 2. *p.* 363.

*Crescit in* Zeylona *prope Columbum locis humidis sylvestribus & umbrosis, communicata a Cl. Burmanno.*

*Caulis teres; Folia alterna, lanceolata, sessilia, semiamplexicaulia, patentia, glabra, integerrima, desinentia in cirrhum filiformem (uti Gloriosa,) quem terminat folliculus inflatus, oblongus, cylindraceus, ex ipso cirrho originem sumente cavitate, apice truncato margine reflexo, operculo orbiculari altero angulo affixo; pendet hic folliculus aqua refertus, singulari artificio ut merito inter rarissimas & maxime mirabiles orbis plantas locum habeat. Caulis terminatur panicula florum, singulo calyce quadripartito & antheris quatuor apici styli adnatis ut in sisyrinchiis absque filamentis; in speciminibus siccis nullum video germen, hinc de sexu perfecto mihi nil constat. Fructum autem vidi, est enim is Capsula oblonga, lævis, columnaris, parum in medio ventricosior, truncata, stigmate obtuso quadragono terminata, angulis obtusis, quadrilocularis, quadrivalvis. Semina numerosa, setacea, longitudine sere capsulæ, utrinque attenuata, acuminata.*

*Assumsi synonymon Breynii, cum enim si hæc non Helenæ nepenthes, certe Botanicis omnibus erit. Quis Botanicorum longissimo itinere profectus, si mirabilem hanc plantam reperit et, non admiratione raperetur, totus attonitus, præteritorum malorum oblitus, mirificam Creatoris manum dum obstupescens adspiceret?*

# PENTANDRIA.

## CLUTIA. *g. pl.* 691.

1. CLUTIA. *Boerh. lugdb.* 2. *p.* 260.

Frutex æthiopicus, portulacæ folio, flore ex albido virescente. *Comm. hort.* 1. *p.* 177. *t.* 91.

*Crescit in* Africa.

*Copiosissime omni anno floret, sed abortit semper, nec germinis rudimentum quidem reperire licet. Arbor est humanæ altitudinis, ramosa, viridis. Folia ovata, integerrima, petiolata, utrinque viridia, glabra, ex alis (decidunt communiter folia ubi flores erumpunt) prodeunt vernali tempore flores conferti, propriis pedunculis brevissimis insidentes.*

## PASSIFLORA. *g. pl.* 692.

1. PASSIFLORA foliis ovato-lanceolatis integris serratis.

Granadilla americana, folio oblongo leviter serrato, petalis ex viridi rubescentibus. *Mart. cent.* 36. *t.* 36.

Granadilla sirinamensis, folio oblongo-serrato. *Tournef. inst.* 241.

*Crescit in* America.

2. PASSIFLORA foliis lunulatis: punctis duobus melliferis sub basi.

Granadilla bicornis, flore candido filamentis intortis. *Dill. elth.* 164. *t.* 137. *f.* 164.

*Crescit in* America.

*Folia lepide vespertilionem repræsentant cum alis, cauda, oculis, colore.*

3. PASSIFLORA florum involucris triphyllis multifido-capillaribus.

Passiflora vesicaria hederacea, foliis lanuginosis odore tetro, filamentis florum ex albo & purpureo variegatis. *Pluk. alm.* 282. *t.* 86. *f.* 1.

Granadilla foetida, folio tricuspidi villoso, flore albo. *Plum. spec.* 6. *Tournef. inst.* 240. *Boerh. lugdb.* 2. *p.* 265.

Flos passionis, folio hederaceo anguloso foetido. *Sloan. flor.* 104.

Flos passionis albus reticulatus. *Herm. parad.* 173. *t.* 173.

Clematis indica hirsuta foetida. *Plum. amer.* p. 71. *t.* 86.

*Crescit in America, in Insulis s.* Domingo, Martini, Jamaica *ad ripas fluviorum & fossas frequens. Folia cordata, oblonga, triloba, angulis brevioribus, pilosa.*

4. PASSIFLORA foliis cordatis trilobis integerrimis glabris lateribus angulatis.

Passiflora hepaticæ nobilis folio parvo non crenato, flore ex luteo viridante. *Pluk. alm.* 282.

Granadilla folio tricuspide, flore parvo flavescente. *Tournef. inst.* 240. *Boerh. lugdb.* 2. *p.* 81.

Clematis passionalis triphyllus, flore luteo. *Morif. hist.* 2. *p.* 7. *f.* 1. *t.* 2. *f.* 3.

Flos passionis minor, folio in tres lacinias non serratas minus profundas diviso. *Sloan. flor.* 104.

*Crescit in locis glareosis, agris saxosis & montosis* Jamaicæ.

5. PASSIFLORA foliis cordato-trilobis integerrimis bafi utrinque denticulo reflexis.
Granadilla folio haftato holofericeo,petalis candicantibus, fimbriis ex purpureo & luteo variis.*Mart.cent.*5 1.*t.*5 1.
*Crefcit in* Vera Cruce *Americæ.*

6. PASSIFLORA foliis palmatis quinquepartitis integerrimis, involucris cordatis triphyllis.
Paffiflora. *Frid. Cæfii. Pluk. alm.* 281.
Granadilla pentaphyllos, flore cœruleo magno. *Boerh. lugdb.* 2. *p.* 81.
Clematis pentaphylla, flore rofeo clarato. *Morif. hift.* 2. *p.* 6. *J.* 1. *t.* 1. *f.* 8.
Murucuja 2. *Marcgr. braf.* 71.
*Crefcit in* Brafilia.
Involucrum *triphyllum, concavum, feffile, æquale, uniflorum, integerrimum, fpatio a flore remotum, flore paulo minus.*
Calyx *monophyllus, quinquepartitus: laciniis ovato-lanceolatis, patentibus, interne albis, obtufis, parum fubtus carinatis, carinis feta terminatis.*
Corolla *calyci fimillima, eique adnata, fed utrinque alba, plana.*
Fundus *floris format cavitatem orbicularem, quam marginis inftar denfi & acuti ambit glandula; glandulam cingit interius nectarium, membranæ brevis ambientis inftar, cujus margo interior punctis callofis obtufis munitur, exterior autem emittit radios innumeros, fubulatos, compreffos, æquales, conniventes, atropurpureos.*
Exterius *nectarium cingens interius emittit primo ordinem apicum truncatorum minimorum, fummitate nigricantium, dein duplicem ordinem radiorum fere teretium, corolla dimidio breviorum, patentium. Hi radii bafi purpurafcunt, dein cærulei, modo in radio albi.*
Receptaculum *fructus columnæ inftar teres, erectum, longum, fupra bafin exferit limbum orbiculatum, obtufum, concavum, margine punctatum, qui intra nectarium interius occultatur & tegit glandulam nectariferam.*
Stamina *quinque, apici columnæ infident, linearia, bafi connata, patenti-reflexa. Antheræ oblongæ, obtufæ, in medio latere affixæ, uniloculares, margine membranaceæ, poft dehifcentiam planæ, difco farinifero deorfum verfo, ne combibatur farina a pluvia.*
Germen *intra ftamina fubglobofum. Styli tres, colorati, fuperne craffiores, definentes in ftigmata convexa, fere reniformia, reflectuntur hi ftyli fub ftamina & antheras ut concipiant feminæ. Glandulæ in folio utrinque ad bafin fingulæ laciniæ, & nonnullæ in ipfo petiolo.*

7. PASSIFLORA foliis femitrifidis ferratis: bafi duabus glandulis convexis: lobis ovatis.
Paffiflora foliis crenatis tripartito divifis. *Pluk. alm.* 281.
Granadilla hifpanis, flos paffionis italis. *Hern. mex.* 888. *t.* 889. *Boerh. lugdb.* 2. *p.* 81.
Clematis trifolia, flore rofeo clavato. *Bauh. pin.* 301.
Murucuja 3. *Marcgr. braf.* 71.
*Crefcit in* Brafilia.
*Hujus flos præcedentis* (6) *fimillimus, ab eo modo differens.*
α *Involucro omnium minimo, acuto, crenato, lateribus e margine glandulam globofam proferentibus.*
β *Corolla ex calyce vix longitudine nectarium fuperantibus.*
γ *Nectarium colore rubro (ubi præcedens albo) tinctum, & interioribus ordinibus breviffimis fimplicibus.*
δ *Filamentis & piftillis maculatis, ftylis tribus rarius quinque antheris longitudinalibus non tranfverfaliter ut in illa flexis.*
ε *Ubi petiolus folio inferitur ibi in parte prona glandulæ duæ virides obtufæ.*

# H E X A N D R I A.

## A R I S T O L O C H I A.  *g. pl.* 692.

1. ARISTOLOCHIA caule erecto fimpliciffimo, foliis cordatis petiolatis, floribus lateralibus confertis.
Ariftolochia clematitis recta. *Bauh. pin.* 307. *Morif. hift.* 3. *p.* 509. *f.* 12. *t.* 17. *f.* 5. *Boerh. lugdb.* 1. *p.* 278.
Ariftolochia clematitis vulgaris. *Bauh. hift.* 3. *p.* 560. *Cluf. hift.* 2. *p.* 71.
Ariftolochia clematitis noftras. *Lob. hift.* 332.
Ariftolochia faracenica. *Dod. pempt.* 326.
Ariftolochia altera, radice tenui. *Cæfalp. fyft.* 566.
*Crefcit omnium copiofiffime circa* Monfpelium *in vineis, foffis, aggeribus.*

2. ARISTOLOCHIA caulibus infirmis, foliis cordato-oblongis undulatis, floribus recurvis folitariis pendulis.
Ariftolochia, Piftolochia altera. *Bauh. hift.* 3. *p.* 565. *Boerh. lugdb.* 1. *p.* 278.
Ariftolochia, Piftolochia dicta, cretica, folio fmilacis, fempervirens. *Herm. lugdb.* 58.
Piftolochia cretica. *Bauh. pin.* 307. *Morif. hift.* 3. *p.* 510. *f.* 12. *t.* 17. *f.* 16.
Piftolochia altera. *Cluf. hift.* 2. *p.* 260.
*Crefcit in* Creta *& (ut fertur) in* Virginia.

3. ARISTOLOCHIA caule infirmo ramofo, foliis cordatis integerrimis, floribus folitariis erectis.
Ariftolochia rotunda. *Bauh. hift.* 3. *p.* 559. *Dod. pempt.* 324. *Lob. hift.* 332.
Ariftolochia rotunda 1. *Cluf. hift.* 2. *p.* 70.
Ariftolochia flore ex purpura nigro. *Bauh. pin.* 307. *Boerh. lugdb.* 1. *p.* 278.

Arifto

α Ariſtolochia rotunda, flore ex albo purpuraſcente. *Bauh. pin.* 307.
β Ariſtolochia longa. *Bauh. hiſt.* 3. *p.* 560. *Cluſ. hiſt.* 2. *p.* 70. *Dod. pempt.* 324.
Ariſtolochia longa vera. *Bauh. pin.* 307. *Moriſ. hiſt.* 3. *p.* 509. *ſ.* 12. *t.* 17. *f.* 3.
γ Ariſtolochia longa hiſpanica. *Bauh. pin.* 307.
*Creſcit in* Italia, Hiſpania, G. Narbonenſi *ad ſepes & aggeres, at* β *inter ſegetes in vinetis & campeſtribus Galliæ* Narbonenſis.

4. ARISTOLOCHIA caule infirmo ramoſo, foliis cordatis obſolete dentatis, floribus ſolitariis erectis.
Ariſtolochia polyrrhizos. *Bauh. hiſt.* 3. *p.* 561. *Moriſ. hiſt.* 3. *p.* 510. *ſ.* 12. *t.* 17. *f.* 12.
Ariſtolochia Piſtolochia dicta. *Bauh. pin.* 307. *Boerh. lugdb.* 1. *p.* 278.
Piſtolochia. *Cluſ. hiſt.* 2. *p.* 72. *Dod. pempt.* 325.
*Creſcit in olivetis, petroſis, arvis* Hiſpaniæ, G. Narbonenſis *& prope* Monſpelium.
*Inquirendum num hæc a priori ſufficienter diſtincta ſit, & qua planta ſtructura alia, quam radicis.*

5. ARISTOLOCHIA caule volubili, foliis cordato-oblongis planis, fructu pendulo, pedunculis ramoſis.
Ariſtolochia ſcandens odoratiſſima floris labello purpureo, ſemine cordato. *Sloan. flor.* 60. *bijt.* 1. *p.* 162. *t.* 104. *f.* 1.
Ariſtolochia mexicana, folio acutiore. *Moriſ. hiſt.* 3. *p.* 508. *ſ.* 12. *t.* 7. *f.* 7.
Ariſtolochia longa indica aromatica odorata. *Burm. zeyl.* 32.
Careloe vegon. *Rheed. mal.* 8. *p.* 49. *t.* 25.
*Creſcit in inſulis* Jamaicæ, *Baypin* Malabariæ, Zeylonæ.
*Dehiſcit capſula a baſi & totus pedunculus longitudinaliter dividitur in ſex filamenta, cui capſula aperta appenditur corbis inſtar.*

6. ARISTOLOCHIA caule erecto recto fruticoſo, foliis cordato-lanceolatis.
*Creſcit . . . .*
*Ante aliquot annos e ſeminibus neſcio unde allatis provenit, præterito anno periit, at in Hortis variis batavis adhuc viget, nec dum floruit, licet plus quam humanæ altitudinis ſtaturam habeat, hinc ſynonyma temere adponere ſuperſedeo.*

# D E C A N D R I A.

## H E L I C T E R E S. *g. pl* 695.

1. HELICTERES.
α Helicteres arbor indiæ occidentalis, fructu majore. *Pluk. alm.* 182. *t.* 245. *f.* 3.
Abutilo affinis arbor, althææ folio, cujus fructus eſt ſtyli apex auctus, quatuor vel quinque ſiliquis hirſutis funis ad inſtar in ſpiram convolutis conſtans. *Sloan. flor.* 97. *biſt.* 1. *p.* 220.
Iſora althææ foliis, fructu breviore & craſſiore. *Plum. gen.* 24.
β Helicteres arbor indiæ orientalis, ſiliqua varicoſa & funiculi in modum contortuplicata. *Pluk. alm.* 181. *t.* 245. *f.* 2.
Frutex indicus, fructu e ſtyli apice egreſſo ſextuplici funiculo in ſpiram convoluto conſtante. *Raj. hiſt.* 1765.
Iſora althææ foliis, fructu longiori & anguſtiori. *Plum. gen.* 24.
Iſora-murri. *Rheed. mal.* 6. *p.* 55. *t.* 30.
*Creſcit α in collibus* Jamaicæ, β *in* Malabariæ.
*Fructus apud orientales tenuior, glaber: ſiliquis anguloſis; apud occidentales vero ſæpius craſſior, tomento obſitus, teres.*
*Aſſuminus nomen Plukenetii* Helicteres *F. B.* 240. 239 243. *cum malabarorum* Iſora *F. B.* 229.
*& Ruthenorum* Contorta *F. B.* 235. 244. *minus digna ſint.*

# P O L Y A N D R I A.

## G R E W I A. *g. pl.* 696.

1. GREWIA corollis acutis.
Guidonia ulmi foliis, flore roſeo? *Boerh. lugdb.* 2. *p.* 259.
Ulmifolia arbor africana baccifera, floribus purpureis. *Pluk. alm.* 393. *t.* 237. *f.* 1.
Ulmi facie arbuſcula æthiopica, ramulis alatis, floribus purpuraſcentibus. *Kigg. beaum.* 42. *Comm. hort.* 1. *p.* 165. *t.* 85. *Seb theſaur.* 1 *p.* 46. *t.* 29. *f.* 3.
*Creſcit in* Æthiopia, *nec crederem hanc arborem facile dari in* America, *cum facies abſolute repugnat.*
*In* Malabaria *alia occurrit hujus generis abſoluta ſpecies* Grewia *corollis obtuſis.* Pai-parœa ſeu Conradi Rheed. mal. 5. *p* 91. *t.* 46 *quam inter Plantas ſiccas Cl. Royem examinare licuit, antecedenti adeo ſimilis tota ſtructura, ut ne unicam notam realem aliam, quam a corollæ magnitudine reperire potuerim.*
*Conſecrata fuit hæc memoriæ* Nehemiæ Grew *Angli, Anatomico quondam plantarum dexterrimo ſagaciſſimo.*
*Arbor eſt humanæ altitudinis in hortis noſtris Caule cinereo, vix ſtriato, craſſitie tibiæ. Rami & ramuli alterni. Folia magnitudine ultimi articuli pollicis, alterna, ovata, crenata, petiolata petiolis breviſſimis rubicundis, utrinque glabra, ſubtus venis purpuraſcentibus notata. Flores ſolitarii,*

R r r r r

*tarii, pedunculis petiolo oppofitis ita, ut petiolus e regione refpondeat pedunculum, utque flos opponatur folio in minimis ramis. Pedunculus petiolo paulo longior, in medio fere duabus ftipulis minimis caducis inftruftus. Calyx extus fcaber, interne coloratus purpurafcens; petala calyce minora. Stigma obtufum quinquangulare, Pericarpium tamen quadriloculare. Semina in fingulo loculo aliquot.*

# DRACONTIUM.

1. DRACONTIUM fcapo breviffimo, petiolo radicato lacero, foliolis tripartitis: laciniis pinnatifidis.
Dracontium americanum, fcabro puniceo caule, radice cyclaminis. *Herm. parad.* 93.
Dracunculus americanus, caule afpero puniceo, radice cyclaminis. *Tournef. inft.* 160.
Arum polyphyllum, caule fcabro punicante. *Herm. parad.* 93. *t.* 93.
*Crefcit ut fertur in* Syrinama.

*Cum hac noftra plurimum fimilitudinis habent* Ari *ifta fpecies, quas depinxit.* Comm. hort. 1. t. 52 & 53. *utrum autem ejusdem cum noftra fint fpeciei, quamdiu florum nullam fecere mentionem authores, difficile determinatur, praefertim cum* Schena Rheed. mal. XI. p. 35. t. 18. *a noftra diverfiffima omnino exiftat, & praeterea* Commelinus *fuam zeylanicam nominat, &* Hermannus (*qui zeylanenfes noverat expertiffimus per longam in zeylona moram*) *hanc noftram americanam dixit plantam; de* Hermanniana *planta allegata nullum eft dubium, cum figura & defcriptio abfolute conveniat.*

*Per aliquot annos in hybernaculo confervata fuit planta, quae omni anno protulit petiolum pedalem ex cinereo viridi & albicante variegatum, epidemide quafi lacera, inaequali; ex apice petioli expandebatur folium undique patens more filicum, divifum in tres partes ad bafin, fingula parte itidem tripartita, fed minus profunde, & fingula nona parte pinnatim quafi divifa laciniis oppofitis decurrentibus; omni anno communiter bis periit hoc folium, eoque deleto novum enafcebatur figura femper parum difcedens. Menfe Aprili (1737) deletum erat folium quod excrevit praeterito angufto, tumque enafcebatur e radice immediate flos, cujus fpatha coriacea, dura, angulata, nigra, acuminata, incurva, pedunculo minimo vix decimam partem longitudinis fpathae obtinente; poft aliquot dies aperiebatur fpata longitudinaliter dehifcens praefertim in medio, violacea, tantum faetorum putridiffimi cadaveris fpargens, ut olfacientes attonitos redderet & catalepticos, fed quod mirum, cum poft aliquot dies farinam ejaculare incipiebant antherae, una eademque hora intoxicatus ifte faetor totus quantus abolitus erat penitus.*

*Ari floris ftruftura fingularis eft, tamen ab hac diverfiffima; propius enim accedit haec ad* Acorum, *non tamen perfefte. Optandum effet quod aliquis curiofus Botanicus fingularem impenderet curam in examinando* Colocafia, Ari, Arioidis, Saururi, Piperis, Acori *& fimilium fpecies in* America *nafcentes, fecundum omnes & vel minimas fruftificationis partes, quo tandem certi limites in hifce generibus conftarent. Hujus fpeciei charafterem dedimus in Corollario.*

# ARUM. *g. pl.* 698.

1. ARUM, foliis palmatis, foliolis undecim lanceolatis integerrimis: intermediis majoribus, fpadice clavato.
Arum polyphyllum five Dracunculus polyphyllus. *Morif. hift.* 3. *p.* 548. *f.* 13. *t.* 5. *f.* 46.
Dracunculus polyphyllus. *Bauh. pin.* 195. *Tournef. inft.* 160. *Boerh. lugdb.* 2. *p.* 78.
Dracunculus major vulgaris. *Bauh. hift.* 2. *p.* 789.
Dracunculus, vulgo Dragontea & ferpentaria. *Caefalp. fyft.* 225.
Dracontium. *Dod. pempt.* 329.
Anguina Dracontia. *Lob. hift.* 327.
Serpentaria minor matthioli. *Dalech. hift.* 1602.
*Crefcit . . . .*

*Folia fingularia funt, petiolus enim apice bifariam dividitur & in duo cornua diftrafta extenditur, cujus divifurae foliolum maximum inferitur, at apicem utrumque petioli terminat folium minimum; dein inter terminatricia & intermedia foliola, a latere interiore petioli, utrinque quatuor foliola inferuntur decurrentia, obfervata femper proportione, ut fecundum foliolum fefquimajus fit primo, tertium fecundo, quartum tertio, & intermedium feu quintum duplo majus proximis. Flos in hac fpecie e caule inter folia prodit purpureus, magnus, reflexo-patens.*

2. ARUM acaule, foliis haftatis integerrimis, fpadice clavato.
Arum vulgare maculatum & non maculatum. *Morif. hift.* 3. *p.* 543. *f.* 13. *t.* 5. *f.* 1.
α Arum vulgare non maculatum. *Bauh. pin.* 195. *Boerh. lugdb.* 1. *p.* 74.
β Arum maculatum, maculis candidis. *Tournef. inft.* 158. vel nigris. *Bauh. pin.* 195.
γ Arum maculatum, maculis nigris. *Tournef. inft.* 158.
Arum. *Bauh. hift.* 2. *p.* 784. *Lob. hift.* 325. *Dod. pempt.* 328.
Gicherum feu Gigarum. *Caefalp. fyft.* 226.
δ Arum venis albis. *Bauh. pin.* 195.
ε Arum, venis albis, majus, nigris lituris maculatum. *Tournef.*
ζ Arum, venis albis, italicum maximum. *Tournef.*
η Arum latifolium. *Morif. hift.* 2. *p.* 543. *f.* 13. *t.* 6. *f.* 2.
*Crefcit ad fepes in umbrofis per* Germaniam, Hollandiam, Angliam, Galliam, Italiam.

3. ARUM

3. ARUM acaule, foliis fagittatis triangulis acutis: angulis extrorfum flexis acutis.
    Arum minus efculentum, fagittariæ foliis viridi nigricantibus. *Sloan flor.* 63. *hift.* 1. *p.* 167. *t.* 106. *f.* 2.
    Arum minus, fagittariæ foliis, ex infula barbados. *Pluk. phyt.* 149. *f.* 2.
    Colocafia brafiliana lactefcens latifolia, caule viridi. *Herm. parad.* 87.
    Tajaoba fecunda. *Marcgr. braf.* 35.
    Nelenfchena major. *Rheed. mal.* 11. *p.* 39. *t.* 20.
    *Crefcit in* Barbados, Jamaica, Brafilia.
    *Hanc florentem non vidimus, in delineatione Rheedi & Plukenetii deficit cofta primaria a petiolo ad lacinias excurrente, an itaque duæ diverfæ plantæ vel falfæ figuræ? Sloanea bona eft.*

4. ARUM acaule, foliis peltatis ovatis: bafi femibifidis: margine repandis.
    Arum maximum ægyptiacum, quod vulgo Colocafia. *Bauh. pin.* 193. *Morif hift.* 3. *p.* 546. *f.* 13. *t.* 6. *f.* 31.
    *Sloan. flor.* 61. *Tournef. inft.* 159.
    Arum ægyptiacum. *Dod. pempt.* 328.
    Aron magnum vulgo Colocafia. *Cæfalp. fyft.* 227.
    Colocafia. *Cluf. hift.* 2. *p.* 75. *Bauh. hift.* 2. *p.* 790. *Boerh. lugdb.* 2. *p.* 73.
    Colocafia ægyptia florida. *Vefl. ægypt.* 192. *t.* 54.
    Culcas five Colocafia. *Alp. ægypt.* 48. *t.* 15.
   α Arum ægyptiacum florigerum & fructum ferens, radice magna orbiculari. *Tournef.*
    *Crefcit in* Ægypto, Creta, Cypro, Jamaica *ad rivulos & in aquofis.*

5. ARUM acaule, foliis peltatis ovatis: bafi femibifidis: margine integerrimis.
    Arum minus, nymphææ folio, efculentum. *Sloan. flor.* 62. *hift.* 1. *p.* 167. *t.* 106. *f.* 1.
    Braffica brafiliana, foliis nymphææ. *Bauh. pin.* 111.
    Tajaoba. *Marcgr. braf.* 35.
    Veli-ila. *Rheed. mal.* 11. *p.* 43. *t.* 22?
    *Crefcit in* America.
    *Flores a nobis vifi non funt, hinc dubium fynonymum H. Mal.; a proxime præcedente foliis vix manifefte differt, an flore?*

6. ARUM acaule, foliis peltatis ovatis: bafi ~~bipartitis~~
    *Crefcit in* ~~America.~~
    *Adeo fimilis eft foliis Aro* 5to *&* 4to *ac ovum ovo, modo latus folii a petiolo ad bafin totum bipartitum, & folia majora.*

7. ARUM acaule, foliis cordatis obtufis cum acumine: angulis rotundatis.
    *Crefcit in* America, *unde radix communicata ab ill. Hans Sloane fub nomine Ari cujúsdam efculefti. Radix bulbofa; Folia peltata, cordata usque ad petiolum, difco horizontali, longitudine pedis, obtufa cum acumine, viridia, fubtus octo parium coftis craffis inftructa, quarum quatuor e rachi longitudinali folii utrinque exeruntur, at quatuor inferiores e rachi quæ ad lobum bafeos utrinque exit; margo folii integerrimus eft, vixque undulatus, color folii viridis, fuperficiesque glabra. Petiolus fingulum fuftentans folium radicatus, erectus, pedalis; fuperne teres, inferne ampliatus in membranam interiores petiolos amplexantem. Nobis adhuc dum florens vifa non eft.*

8. ARUM acaule, foliis haftato-cordatis acutis: angulis obtufis.
    *Crefcit in* America.
    *Foliorum longitudo femipedis, petiolorum vero pedalis; angulis obtufis a fpecie* 2da *differt, foliisque magis oblongis; petioli nigro-purpurafcentes funt, ut & margo foliorum, quod in hac fpeciale eft.*

9. ARUM acaule, foliis lanceolatis, fpadice fetaceo declinato.
    Arum fcorzoneræ folio. *Tournef. inft.* 160.
    Arum anguftifolium, piftillo longiffimo tenui inflexo mucronato. *Herm. lugdb.* 60.
    Arifaron. *Cæfalp. fyft.* 228.
    Arifarum anguftifolium. *Cluf. hift.* 2. *p.* 74. *Dod. pempt.* 332. *Bauh. hift.* 2. *p.* 787. *Bauh. pin.* 196. diofcoridis forte.
    *Morif. hift.* 3. *p.* 545. *f.* 13. *t.* 6. *f.* 21. *Boerh. lugdb.* 2. *p.* 73.
    *Crefcit circa* Romam *& in* Dalmatia.

10. ARUM acaule, foliis cordato-oblongis, fpatha bifida, fpadice recurvo.
    Arum humile Arifarum dictum latifolium, piftillo brevi incurvo obtufo. *Herm. lugdb.* 60.
    Arum humile five Arifarum latifolium majus. *Morif. hift.* 3. *p.* 544. *f.* 13. *t.* 6. *f.* 15.
    Arifarum latifolium majus. *Bauh. pin.* 196. *Tournef. inft.* 161. *Boerh. lugdb.* 2. *p.* 73.
    Arifarum latifolium alterum. *Bauh. pin.* 196.
    Arifarum latifolium. *Dod. pempt.* 332. (1) *Cluf. hift.* 2. *p.* 73. *Lob. hift.* 326.
    *Crefcit in umbrofis falebrofis collibus* Lufitaniæ, Italiæ, Galloprovinciæ.

# C A L L A. *g. pl.* 697.

1. CALLA foliis fagittato-cordatis, fpatha cucullata, fpadice fuperne mafculo.
    Arum æthiopicum, flore albo odorato mofchum olente. *Herm. lugdb.* 60. *Comm. hort.* 1. *p.* 95. *t.* 50.
    Arum africanum, flore albo odorato. *Herm. par.* 74. *Boerh. lugdb.* 2. *p.* 74.
    *Crefcit in* Æthiopia.

Rrrr 2

*Spatha*

*Spatha versus basin convoluta est, superne vero plano-patens. Spadix spathâ dimidio brevior, inferne flosculis hermaphroditis vestitus, superne vero solis masculis obrutus.*

2. CALLA foliis cordatis, spatha plana, spadice undique hermaphrodito.
Calla foliis cordatis. *Fl. lapp.* 320.
Provenzalia palustris. *Pet. gen.* 45.
Anguina aquatica. *Trew. comm.* 1731. *p.* 62.
Arum palustre, radice arundinacea. *Herm. lugdb.* 61. *Boerh. lugdb.* 74.
Dracunculus palustris sive radice arundinacea plinii. *Bauh. pin.* 195. *Morif. hist.* 3. *p.* 545. *f.* 13. *t.* 5. *f.* 23.
Dracunculus aquaticus. *Bauh. hist.* 2. *p.* 787.
Dracunculus aquatilis. *Dod. pempt.* 330.
Dracontium in palustribus germaniae. *Cæsalp. syst.* 229.
Aquatica anguina sive Dracunculus. *Lob. hist.* 328.
*Crescit in paludibus limo repletis per* Germaniam, Belgium, Sveciam, *præsertim in utraque* Bothnia & Finlandia, *ut & in* Norwegia & Lapponia.
*Spatha ovata, plana tota. Spadix undique flosculis hermaphroditis tectus; radix repens.*
*Calla est nomen Plinii.*

# R U P P I A. *g. pl.* 699.

1. RUPPIA.
Potamogiton maritimum, gramineis longioribus foliis, fructu fere umbellato. *Raj. syn.* 134. *t.* 6. *f.* 1. *charact.*
Potamogiton maritimum pusillum alterum. *Raj. hist.* 190.
Potamogiton maritimum pusillum alterum, seminibus singulis longis pediculis insidentibus. *Pluk. phyt.* 248. *f.* 4. *alm.* 305.
Bucca-ferrea maritima, foliis acutissimis. *Mich. gen.* 72.
Fluvialis, gramineo folio, polycarpos. *Vaill. parif.* 54.
Gramen maritimum fluitans cornutum. *Bauh. prod.* 7.
Gramen aquæ innatans cum utriculis, seu Foeniculacea marina. *Bauh. hist.* 3. *p.* 784.
Fucus folliculaceus, foeniculi folio longiore. *Bauh. pin.* 365.
Corallina foeniculi folio longiore. *Tournef. inst.* 571.
Buccaferrea maritima, foliis minus acutis. *Mich. gen.* 72. *t.* 35.
*Crescit in fossis maritimis* Italiæ, Galliæ, Angliæ, Belgii, *nos plantam ad pagum Katwyk legimus.*
*Memoria hic succurrit Henr. Berh. Ruppii, Viri juvenis ad Botanicen prorsus nati, inter Botanicos primarios Germaniæ merito habendi, præpropero fato licet abrepti; quanta in Ruppii fuit industria in apte digerando species sub suis generibus, inque observationes conquirendo abunde testatur doctissime elaborata ejus Flora Jenensis.*

M O

# Classis XXI.

# M O N OE C I A.

## M O N A N D R I A.

### Z Annichellia. *g. pl.* 700.

1. ZANNICHELLIA. *Fl. lapp.* 321.

Zannichella paluſtris major, foliis gramineis acutis, flore cum apice quadricapſulari, embryonis clypeolis integris & vaſculo non barbato, capſulis feminum ad coſtas dentatis. *Mich. gen.* 71. *t.* 34. *f.* 1.

Graminifolia. *Dill. gen.* 168.

Algoides vulgaris. *Vaill. act.* 1719. *p.* 15. *t.* 1. *f.* 1.

Aponogeton aquaticum graminifolium, ſtaminibus ſingularibus. *Pont anth.* 117. *Raj. ſyn.* 135.

Potamogeton capillaceum, capitulis ad alas trifidis. *Bauh. pin.* 193. *prod.* 101. *Bauh. hiſt.* 3. *p.* 779.

Potamogetum omnium minimus, graminis facie, capillaceus, ſiliculis recurvis binis ternis dorſo dentato. *Raj. app.* 122.

Potamogitoni ſimilis Graminifolia aquatica. *Raj. hiſt.* 190.

Potamogeitoni ſimilis, Graminifolia ramoſa & ad genicula polyceratos. *Pluk. alm.* 305. *t.* 102. *f.* 7.

α Zannichella paluſtris minor, foliis gramineis acutiſſimis, flore minimo cum apice bicapſulari, embryonis clypeolis circumcrenatis & vaſculo barbato, capſulis feminum ad coſtam aſperis. *Mich. gen.* 71. *t.* 34. *f.* 2.

*Creſcit in foſſis* Italiæ, Angliæ, Galliæ, Belgii, Sveciæ, Finmarkiæ.

*Perennat in hac planta memoria* Jo. Hier. Zannichelli, *clari ex ~~variis operibus~~ Botanicis lingua Italica conſcriptis; ut de* ~~plantis Venetis, de Myriophy~~llo pelagico, *de* Ruſco, *de* Hippocaſtano.

### N A J A S. *g. pl.* 701.

1. NAJAS.

Fluvialis piſana, foliis denticulatis. *Bauh. hiſt.* 3. *p.* 779.

Fluvialis vulgaris latifolia. *Vaill. act.* 1719. *p.* 17. *t.* 1. *f.* 2.

Fluvialis latifolia, fructu minus obtuſo monoſpermo *Mich. gen.* 11. *t.* 8. *f.* 2.

Potamogeton fluviatile, ſargazo ſimile lucens, foliis margine dentatis. *Pluk. alm.* 304. *t.* 216. *f.* 4. *Raj. app.* 121.

Fucus fluviatilis aculeatus undulatus. *Tournef. inſt.* 569.

*Creſcit circa* Piſas.

## T R I A N D R I A.

### Z E A. *g. pl.* 703.

1. ZEA.

Thalyſia. *Syſt. nat.*

Triticum indicum. *Bauh. hiſt.* 2. *p.* 453.

Triticum indicum matthioli. *Dalech. hiſt.* 382.

Milium indicum. *Lob. hiſt.* 24.

Frumentum turcicum. *Dod. pempt.* 509.

Frumentum indicum Mays dictum. *Bauh. pin.* 25. *theatr.* 490. *Moriſ. hiſt.* 3. *p.* 248. *ſ.* 8. *t.* 13. *f.* 1, 2, 3. *Sloan. flor.* 26.

Tlaolli. *Hern. mex.* 242.

Maiz. *Cæſalp. ſyſt.* 81.

Mays granis aureis. *Tournef. inſt.* 531. *Boerh. lugdb.* 2. *p.* 166.

α Mays granis albicantibus. *Tournef.*

β Mays granis rubris. *Tournef.*

γ Mays ſpica multiplici. *Tournef.*

*Creſcit in* America.

*Varietates unius hujus ſpeciei, ſunt omnes ſpecies, a Tournefortio recenſitæ.*

*Zea, peculiaris frumenti ſpecies a veteribus adſcriptum nomen, huc usque vagum, recepimus ad deſignandum hoc genus loco Barbari iſtius vocabuli Mays. F. B.* 229. *Thalyſia. F. B.* 244. *Zea. F. B.* 242.

### C O I X. *g. pl.* 704.

1. COIX feminibus ovatis.

Lachryma. *Cæſalp. ſyſt.* 181.

Lacryma job. *Cluſ. hiſt.* 2. *p.* 216. *Tournef. inſt.* 532. *Boerh. lugdb.* 2. *p.* 166.

Lacryma job multis ſive Milium arundinaceum. *Bauh. hiſt.* 2. *p.* 449.

Lithoſpermum arundinaceum. *Bauh. pin.* 258.

Sssss

Seia-

Sefamum arundinaceum, femine nudo. *Morif. hift.* 3. *p.* 249. *f.* 8. *t.* 13. *f.* 1.
Catri-conda. *Rheed. mal.* 12. *p.* 133. *t.* 70.
*Crefcit in* Malabaria.

2. COIX feminibus angulatis.
Gramen dactylon maximum americanum. *Pluk. alm.* 174. *t.* 190. *f.* 1.
Gramen dactylon indicum efculentum, fpica articulata. *Ambrof. phyt.* 546.
Sefamum perenne indicum. *Zan. hift.* 181.
*Crefcit in* America.
*Coix eft nomen Theophrafti, forte antecedentis fynonymum, Lacryma jobi vero abfurdum.
Hæc perennis eft, præcedens vero annua.*

# C A R E X. *g. pl.* 705.

1. CAREX fpica androgyna.
Carex fpica unica. *Fl. lapp.* 339.
Carex minima, caulibus & foliis capillaceis, capitulo fingulari tenuiori, capfulis oblongis utrinque acumi-
natis & deorfum reflexis. *Mich. gen.* 66. *t.* 33. *f.* 1.
Scirpoides 9. *Vaill. parif.* 178.
Cyperoides minimum, feminibus reflexis puliciformibus. *Dill. giff.* 78.
Gramen cyperoides minimum, feminibus deorfum reflexis puliciformibus. *Raj. fyn.* 424. *hift.* 1298. *Pluk.
phyt.* 34. *f.* 10. *Morif. hift.* 3. *p.* 244. *f.* 8. *t.* 12. *f.* 21.
*Crefcit in udis & paluftribus* Lapponiæ, Sveciæ, Germaniæ, Angliæ, Belgii, Galliæ.
*Cum fpica floruerit decidit pars fuperior mafculina, & fructus reflectitur ad angulum acutum,
tres communiter, quafi ex eodem puncto apicis culmi, fructus.*

2. CAREX fpica fimplici dioica.

| *Mas.* | *Fœmina.* |
|---|---|
| Cyperoides parvum, caulibus & foliis tenuiffimis triangularibus, fpica longiori, capfulis oblongis in anguftum collum vix bifidum attenuatis. *Mich. gen.* 56. *t.* 32. *f.* 1. *n. o.* | Cyperoides parvum, caulibus & foliis tenuiffimis triangularibus, fpica longiori, capfulis oblongis in anguftum collum vix bifidum attenuatis. *Mich. gen.* 56. *t.* 32. *f.* 1. *n. p.* |
| Gramen cyperoides minimum, fpica fimplici caffa. *Morif. hift.* 3. *p.* 244. *f.* 8. *t.* 12. *f.* 22. *Scheuch. hift.* 497. *t.* 11. *f.* 10. | Gramen cyperoides minimum, ranunculi capitulo fimplici afperiore rotundo. *Morif. hift.* 3. *p.* 245. *f.* 8. *t.* 12. *f.* 36. |

*Crefcit in paludibus* Lapponiæ, Sveciæ, Angliæ, Belgii, Germaniæ. *In Fl. lapp.* 339. *incurri
communem errorem, hoc gramen mifcens cum præcedente, uti Raj. fynopfis & Agroftographiæ
Authores, cum tamen toto cœlo diverfa fint & hoc facie externa fcirpis fimillimum.*

3. CAREX fpica fupradecompofita, fpiculis androgynis ovatis feffilibus confertis: fuperne mafculis.
Carex major, fpica compacta. *Rupp. jen.* 258.
Carex paluftris major, radice fibrofa, caule exquifite triangulari, fpica brevi habitiore compacta. *Mich. gen.* 69.
Scirpoides paluftre majus, fpica compacta. *Mont. gram.* 17.
Scirpoides 4. *Vaill. parif.* 178.
Gramen cyperoides paluftre majus, fpica compacta. *Bauh. pin.* 6. *theatr.* 87. *Morif. hift.* 3. *p.* 244. *f.* 8. *t.* 12. *f.* 24.
Gramen cyperoides integrum, fpica integra. *Bauh. hift.* 2. *p.* 479.
*Crefcit ubique per* Europam *in vepretis & juxta aquas.*

4. CAREX fpicis linearibus erectis: mafculina breviore quam ultima feminea, bracteis aphyllis, capfulis diftantibus.
Carex fpica mafculina terminatrici quam feminina fuprema breviore, capfulis diftantibus. *Fl. lapp.* 338.
Cyperoides fylvarum, fpica varia. *Vaill. parif.* 44.
Cyperoides montanum nemorofum, caule triquetro compreffo, fpicis ferrugineis tenuioribus inter fe diftan-
tibus, capfulis rarius difpofitis oblongis turbinatis trilateris. *Mich. gen.* 65. *t.* 32. *f.* 9.
Cyperoides montanum, fpicis floriferis, feminiferis (e rarioribus granis triquetris conftantibus) interfperfis.
*Dill. giff.* 50.
Gramen caryophyllatum montanum, fpica varia. *Bauh. pin.* 4. *prod.* 23. *t.* 23. *theatr.* 48. *Scheuch. hift.* 448. *t.* 10. *f.* 14.
Gramen caryophyllatum polycarpon, fructu triangulo. *Loef. pruff.* 114.
α Cyperoides montanum nemorofum minus, caule triquetro compreffo, fpicis ftrigofis ferrugineis circa fafti-
gium caulis fitis, capfulis rarius difpofitis oblongis turbinatis trilateris. *Mich. gen.* 65. *t.* 32. *f.* 14.
Gramen caryophyllatum nemorofum, fpica multiplici. *Bauh. pin.* 4. *prod.* 22. *theatr.* 47. *Scheuch. hift.* 450.
Gramen parvum fylvaticum, paniculis forma pedum avium. *Bauh. hift.* 2. *p.* 497.
*Crefcit in nemoribus & fylvis umbrofis in* Svecia, Germania, Belgio, Anglia, Gallia.

5. CAREX pilofa, fpicis erectis, mafculis tribus feffilibus: fecunda minore, femineis duabus remotis.
Cyperoides fpicis remotis, femininis fere feffilibus, capfulis hirfutis. *Fl. lapp.* 335.
Cyperoides polyftachyon lanuginofum. *Tournef. inft.* 529.
Gramen cyperoides polyftachyon lanuginofum. *Pluk. phyt.* 34. *f.* 6. *Rudb. elyf.* 1. *p.* 55. *f.* 24. *Morif. hift.* 3.
*p.* 243. *f.* 8. *t.* 12. *f.* 10.
*Crefcit copiofe in fteriliffimis arenofis* Belgii, *nec non in* Svecia, Germania, Anglia, Gallia.

6. CAREX fpicis androgynis terminatricibus petiolatis: florefcentibus erectis, fructiferis pendulis.
Carex fpicis ad apicem culmi pendulis androgynis. *Fl. lapp.* 324.
Cyperoides alpinum pulchrum, foliis caryophyllæis, fpicis atris & tumentibus. *Scheuch. hift.* 481.
*Crefcit in Alpibus* Lapponicis & Helveticis.

7. CAREX

7. CAREX fpicis femineis pedunculatis laxis: mafculina erecta, fulchris petiolorum aphyllis fpatæformibus.
Cyperoides polyftachyon minimum, fpicis per maturitatem albicantibus. *Tournef. inft.* 530.
Cyperoides foliis tenuiſſimis, caule fubtriquetro, fpicis exiguis albicantibus: pediculis longis infidentibus, capfulis turbinatis rotundo-triquetris lutefcentibus, in apicem tenuiſſimum: una præcipue parte apertum, coarctatis. *Mich. gen.* 65.
Gramen fylvaticum anguftifolium, fpica alba. *Bauh. pin.* 4. *prod.* 22. *theatr.* 47. *Scheuch. hift.* 410. *t.* 10. *f.* 3.
*Crefcit in fylvis* Helvetiæ *frequens, in nemoribus* Belgii *rarius.*
*Differt præfertim Hæc fpecies a* carice *fpicis ex apice pendulis, mafculina & femininis albis.*
Fl. lapp. 326. *quod bracteæ pedunculos excipientes in Lapponica extendatur in folium, at in hac nullo modo, fed tantum tenuis membrana fpathæ formis adftat.*

8. CAREX fpicis oblongo-ovatis pedunculatis: mafculina longiore erectiore, caule repente.
Carex fpicis verfus apicem pendulis mafculinis & femininis. *Fl. lapp.* 325.
Cyperoides, fpica pendula breviore, minus. *Celf. upf.* 18.
Cyperoides fpica pendula breviore, fquamis e fpadiceo vel fufco rutilante viridibus. *Scheuch. hift.* 442. *t.* 10. *f.* 15.
*Crefcit in paludibus* Sveciæ, Lapponiæ, Helvetiæ *&c.*
*Caulis fquamis alternis obducitur, quæ vaginæ funt foliorum præcedentis anni, & ftolones recentes vaginis absque foliis inferne veftiuntur; ex horum finu exferuntur filiformes radices & tomentofæ, quæ fundum petunt, radicantur.*
*Synonymon Celfianum in planta Fl. lapp.* 326. *per errorem incurrit, debuit enim fub planta* §. 325. *feu præcedente locum obtinere.*

9. CAREX fpicis erectis oblongis feſſilibus alternis folio florali brevioribus: fuperioribus mafculinis.
Carex nigra verna vulgaris. *Fl. lapp.* 330.
Cyperoides nigro-luteum vernum minus. *Tournef. inft.* 529. *Scheuch. hift.* 460.
Graminis nigro-lutei verni varietas minor. *Bauh. hift.* 2. *p.* 494.
Gramen cyperoides, foliis caryophylleis, vulgatiffimum. *Raj. hift.* 1293.
*Crefcit in pafcuis humidis fterilibus vulgatiffima per* Europam.

10. CAREX fpicis pendulis: femineis omnibus, unica androgyna inferne mafculina.
Cyperoides fpica pendula breviore. *Tournef. inft.* 529. *Scheuch. hift.* 440. *Mich. gen.* 56. *Celf. upf.* 18.
Gramen cyperoides, fpica pendula breviore. *Bauh. pin.* 6. *theatr.* 86. *Morif. hift.* 3. *p.* 242. *f.* 8. *t.* 12. *f.* 5.
Pfeudo-Cyperus lobelii, fpicis vel paniculis pendentibus ex longis pediculis. *Bauh. hift.* 2. *p.* 496.
Pfeudo-Cyperus. *Dod. pempt.* 339.
*Crefcit ad fluviorum margines in* Svecia, Germania, Anglia, Italia.

# S P A R G A N I U M. *g. pl.* 706.

1. SPARGANIUM foliis adfurgentibus triangularibus. *Fl. lapp.* 345.
Sparganium ramofum. *Bauh. pin.* 15. *theatr.* 228. *Morif. hift* 3. *p.* 247. *f.* 8. *t.* 13. *f.* 1. *Mont. gram.* 22. *Boerh. lugdb.* 2. *p.* 168.
Sparganium quibusdam. *Bauh. hift.* 2. *p.* 541.
Sparganium. *Cæfalp. fyft.* 193.
Platanaria five Butomon. *Dod. pempt.* 601.
Palleos fœmina. *Dalech. hift.* 1017.
α Sparganium non ramofum. *Bauh. pin.* 15. *theatr.* 231. *Morif. hift.* 3. *p.* 247. *f.* 8. *t.* 13. *f.* 3.
Sparganium alterum. *Bauh. hift.* 2. *p.* 541.
Platanaria altera. *Dod. pempt.* 601.
β Sparganium minimum. *Bauh. pin.* 15. *prod.* 24.
*Crefcit in cænofis & juxta aquas vulgaris per* Europam.

# T Y P H A. *g. pl.* 707.

1. TYPHA. *Lob. hift.* 42.
Typha paluftris. *Dod. pempt.* 604.
Typha paluftris, Ulva latinis, Schianza in Etruria. *Cæfalp. fyft.* 194.
Typha paluftris major. *Bauh. pin.* 20. *theatr.* 337. *Bauh. hift.* 2. *p.* 539. *Morif. hift.* 3. *p.* 246. *f.* 8. *t.* 13. *f.* 1. *Mont. gram.* 21. *Boerh. lugdb.* 2. *p.* 167.
α Typha paluftris media. *Bauh. hift.* 2. *p.* 539. *Morif hift.* 2. *p.* 246. *f.* 8. *t.* 13. *f.* 2.
Typha paluftris, clava gracili. *Bauh. pin.* 20. *theatr.* 340.
β Typha paluftris minor. *Bauh. pin.* 20. *theatr.* 341. *Raj. hift.* 1312.
Typha minor. *Bauh. hift.* 2. *p.* 540.
Typha minima, duplici clava. *Morif. hift.* 3. *p.* 246. *f.* 8. *t.* 13. *f.* 3.
*Crefcit in pifcinis, juxta foſſas & lacus frequens per* Europam; *in* Svecia *rarior.*

# P H Y L L A N T H U S. *g. pl.* 708.

1. PHYLLANTHUS foliis lanceolatis ferratis: crenis floriferis.
Phyllanthos americana planta, flores e fingulis foliorum crenis proferens. *Herm. prod.* 365. *Kigg. beaum.* 34. *Comm. hort.* 1. *p.* 199. *t.* 102; *fig. opt. Seb. thef.* 1. *p.* 21. *t.* 13. *f.* 2. *Catesb. ichth.* 26. *t.* 26.
Hippogloſſo forte cognata furinamenfis, foliis oleandri ferratis: in crenarum extremo flofculos perminulos fanguineas gerentibus, vel forte Hemionitidi affinis. *Breyn. prod.* 2. *p.* 57.

Sssss 2

Lon-

Lonchitidi affinis arbor anomala, folio alato e pinnarum crenis fructifero. *Sloan. flor.* 16. *hist.* 1. *p.* 80.

Filicifolia Hemionitidi affinis americana epiphyllanthos, angustiori & longiori folio, ramosa caulescens. *Pluk. alm.* 154. *t.* 247. *f.* 4.

*Crescit in America (licet facies africana) in* Porto Rico; *in* Zeylona; *in* Surinama, *in* Bahama; *collibus saxosis sylvaticis.*

*Rarissima exempla plantarum ex foliis floriferarum, exceptis Cryptogamiæ plantis, prostant, at rarius adhuc quod folia in ipsis crenis seu margine collocentur, uti in* Rusco *& hac.*

2. PHYLLANTHUS foliis alternis alternatim pinnatis, floribus dependentibus ex alis foliolorum.
Fruticulus capsularis hexapetolis cassiæ poëtarum foliis brevioribus subrotundis & densius stipatis. *Pluk. alm.* 159. *t.* 183. *f.* 5. *bona.*
Niruri barbadense, folio ovali subtus glauco, petiolis florum brevissimis. *Mart. cent.* 9. *t.* 9.
Urinaria indica erecta vulgaris. *Burm. zeyl.* 230. *t.* 93. *f.* 2.
Kirganeli. *Rheed. mal.* 10. *p.* 29. *t.* 15?
*Crescit in* Barbados, *forte & in* Malabaria?
*Nostra frutescens nullo modo dicenda, sed planta est parva annua.*
*Variat foliorum figura & magnitudine, hinc plures tenentur species, quam re ipsa sunt.*

3. PHYLLANTHUS caule arboreo, foliis ovatis obtusis integerrimis.
Niruri arborescens, foliis singularibus subrotundis & subtus incanis, fructu maximo. *Houst. mss.*
*Crescit in* America, *communicata per* Millerum.
*Folia magnitudine palmi, subtus glauca.*

# TETRANDRIA.

## URTICA. *g. pl.* 710.

1. URTICA amentis fructiferis globosis. *Androgyna.*
Urtica ureus pilulas ferens. *Bauh. pin.* 232. dioscoridis semine lini. *Boerh. lugdb.* 2. *p.* 105.
Urtica pilulifera, facie urticæ vulgaris, semine lini. *Morif. hist.* 3. *p.* 435. *f.* 11. *t.* 25. *f.* 5.
Urtica pilulifera, folio profundius urticæ majoris in modum serrato, semine magno lini. *Raj. syn.* 140.
Urtica romana sive mas cum globulis. *Bauh. hist.* 3. *p.* 445.
Urtica ureus prior. *Dod. pempt.* 151.
Urtica romana. *Lob. hist.* 281.
Urtica prima. *Cæsalp. syst.* 156.
α Urtica romana, facie urticæ vulgaris. *Boerh.*
β Urtica pilulifera, folio angustiori, caule viridi, balearica. *Boerh.*
γ Urtica pilulifera, parietariæ facie, semine lini. *Morif. hist.* 3. *p.* 435.
*Crescit in pratis* Basileæ; Monspelii *in sepibus; rarius in* Anglia.

2. URTICA foliis ovalibus. *Androgyna.*
Urtica foliis ovatis, amentis cylindraceis. *Fl. lapp.* 375.
Urtica urens minor. *Bauh. pin.* 232. *Morif. hist.* 3. *p.* 435. *f.* 11. *t.* 25. *f.* 4. *Boerh. lugdb.* 2. *p.* 105.
Urtica urens minima. *Dod. pempt.* 152.
Urtica minor acrior. *Lob. hist.* 182.
Urtica minor annua. *Bauh. hist.* 2. *p.* 446.
Urtica 3 matthioli. *Dalech. hist.* 1244.
*Crescit vulgatissima per* Europam *in fimetis & ruderatis.*

3. URTICA foliis oblongo-cordatis. *Dioica.*
Urtica foliis cordatis, amentis cylindraceis, sexu distincta. *Fl. lapp.* 374.

| *Mas.* | *Fœmina.* |
|---|---|
| Urtica urens maxima sterilis. *Pont. anth.* 210. | Urtica urens maxima fertilis. *Pont. anth.* 210. |
| | Urtica urens maxima. *Bauh. pin.* 232. *Morif. hist.* 3. *p.* 434. *f.* 11. *t.* 25. *f.* 1. *Boerh. lugdb.* 2. *p.* 105. |
| | Urtica vulgaris major. *Bauh. hist.* 3. *p.* 445. |
| | Urtica urens altera. *Dod. pempt.* 151. |

*Crescit circa pagos, domos, in ruderatis vulgaris per* Europam.

4. URTICA foliis orbiculatis utrinque acutis subtus tomentosis.
Urtica racemifera maxima sinarum, foliis subtus argentea lanugine villosis. *Pluk. amalt.* 212.
*Crescit in* China, *facies tamen americana est.*

5. URTICA foliis cordato-ovatis, amentis ramosis distichis erectis.
Urtica maxima racemosa canadensis. *Morif. blef.* 323. *Boerh. lugdb.* 2. *p.* 105.
Urtica canadensis racemosa mitior sive minus urens. *Morif. hist.* 3. *p.* 434. *f.* 11. *t.* 25. *f.* 2.
Verbena botryoides major canadensis. *Munt. hist.* 784.
*Crescit in* Canada.
*Amenta huic ramosa, disticha, erecta.*

MORUS.

# MORUS. *g. pl.* 711.

1. MORUS foliis oblique cordatis lævibus. *Androgyna.*
   Morus fructu albo. *Bauh. pin.* 249. *Pont. ant.* 224. *Boerh. lugdb.* 2. *p.* 209.
   Morus alba. *Bauh. hift.* 1. *p.* 119.
   Morus candida. *Dod. pempt.* 810. *Dalech. hift.* 326. *Lob. hift.* 610.
α Morus vulgaris, fterilis. *Pont. anth.* 224.
β Morus fructu albo humilior profundius laciniata. *C. B.*
   *Crefcit in* Italia.
   *In hac arbore femper florum racemos alios mafculinos, alios femininos, obfervavi in eadem planta & ramulo, nec unquam mafculas aut femineas arbores folum; inquirendum itaque an Polygamia detur five alia fola mas, uti Cl. Pontedera, qui oculatiffimus eft author & in examinando flores nulli inferior, obfervavit? quodque idem & in fequenti obtinet.*
   *Hæc arbor expetitur a Bombyce præ fequenti.*

2. MORUS foliis cordatis hifpidis.

| *Androgyna.* | *Fœmina.* |
|---|---|
| Morus fructu nigro. *Bauh. pin.* 459. *Boerh. lugdb.* 2. *p.* 209. | Morus fructu nigro. *C. B.* |
| Morus nigra. *Bauh. hift.* 1. *p.* 118. | Morus nigra. *J. B.* |
| Morus. *Dod. pempt.* 810.*Dalech. hift.* 326. *Lob. hift.*610. | Morus. *Dod. Dalech. Lob.* |

*Crefcit in* Italia *locis fabulofis maritimis.*
*Hæc folia exacte cordata gerit, præcedens ovata magis bafi ab altero latere gibbo, ab altero vero minus prominulo, hinc nec regularia dicenda in illa, at in hac omnino.*

# BUXUS. *g. pl.* 713.

1. BUXUS. *Cæfalp. fyft.* 126. *Bauh. hift.* 1. *p.* 496. *Dod. pempt.* 782.
   Buxus arborefcens. *Bauh. pin.* 471. *Boerh. lugdb.* 2. *p.* 172.
α Buxus foliis ex luteo variegatis. *Tournef. inft.* 578.
β Buxus major, foliis per limbum aureis.
γ Buxus humilis. *Dod. pempt.* 782.
   Buxus foliis rotundioribus. *Bauh. pin.* 471.
δ Buxus minor, foliis per limbum aureis. *Tournef.*
ε Buxus foliis minoribus anguftis longioribus. *Boerh.*
ζ Buxus foliis anguftis longiffimis. *Boerh.*
*Crefcit in collibus, montibus alfiofis, clivofis, incultis* Delphinatus *&* Galloprovinciæ *omnium copiofiffime, in* Helvetia, Sabaudia, Burgundia, Genevam *inter &* Lugdunum *in* Gallia.
*Nulla aptior arbor in opere topiario; pygmæa* (γ) *fterilis perfiftit femper; folia Buxi quafi duplicata funt & margine connata.*

# VISCUM. *g. pl.* 713.

1. VISCUM. *Cæfalp. fyft.* 94. *Dod. hift.* 740. *Lob. hift.* 361.
α Vifcum baccis albis. *Bauh. hift.* 423. *Boerh. lugdb.* 2. *p.* 228.
*Crefcit in variis arboribus, vulgaris per* Europam.
*Frutex parafiticus caule dichotomo; propagatur fponte per aves deglutientes baccas, femina autem perdurant, excernuntur cum excrementis, quæ fi cadant in ramo arboris vivo excrefcunt; immo fæpe fub ramo ipfo arboris, dum pluvia accedat ante germinationem feminis, qua diluitur, facile vero non decidit ob gluten pulpæ adhærentis, fed progerminat fub ramo, quod paradoxon multis fuit.*

# ALNUS. *g. pl.* 714.

1. ALNUS. *Fl. lapp.* 340.
   Alnus rotundifolia glutinofa viridis. *Bauh. pin.* 428. *Boerh. lugdb.* 181.
   Alnus vulgaris. *Bauh. hift.* 1. *p.* 151. *Cluf. hift.* 1. *p.* 12.
   Alnus vulgo Ontanum. *Cæfalp. fyft.* 39.
   Alnus. *Dod. pempt.* 839.
β Alnus folio oblongo viridi. *Bauh. pin.* 428.
γ Alnus folio incano. *Bauh. pin.* 428.
   Alnus incana & hirfuta. *Bauh. hift.* 1. *p.* 154.
δ Alnus alpina minor. *Bauh. pin.* 428.
*Crefcit* α. *juxta aquas & paludes vulgatiffima per* Europam, *at* β. γ. *in montofis magis & feptentrionalibus ac alpinis.*

# BETULA. *g. pl.* 715.

1. BETULA foliis acuminatis ferratis.

  Betula foliis cordatis ferratis. *Fl. lapp.* 341.

  Betula. *Bauh. pin.* 427. *Bauh. hist.* 1. *p.* 148. *Dod. pempt.* 839. *Lob. hist.* 607. *Dalech. hist.* 92.

  Betula plinii. *Cæsalp. syst.* 121.

  *Crescit ubique in Europa septentrionali, copiosissime omnium in* Lapponia.

  *Arbor decentissima mirabili candore epidermidis spectabilis, frondium amæno virore grata, terribilis magistratuum virgis, utilissima quondam literis, cui inscribebant veteres opera sua ante chartæ inventum, vide floram Lapponicam pag.* 261, 262, 263, 264, 265.

  *Singulares flores sunt maxima ex parte omnes Amentacei; inter hos præsertim Alni & Betulæ, qui inter se simillimi ; Amentum enim constat infinitis squamis, singula squama continet tres flosculos ; singulus Flosculus masculinus constat corolla quadrifida monopetala, staminibusque quatuor ; at femininus totidem flosculis in Betula, singulo flore unico semine, singulo semine duobus stylis. An itaque Alnus & Betula ejusdem generis? & cur non?*

2. BETULA foliis orbiculatis crenatis. *Fl. lapp.* 342. *t.* 6. *f.* 4.

  *Crescit in Alpibus* Lapponicis *ut nulla arbor frequentior, in paludibus* Norwegiæ, Finmarchiæ, Finlandiæ, Russiæ, Sveciæ, Groenlandiæ *(Dillenio),* Siberiæ *(Siegesbeckio), & forte Borussiæ. Historiam dedimus in Fl. lapponica p.* 266, 267, 268, 269, 270.

# PENTANDRIA.

## PARTHENIUM. *g. pl.* 675.

1. PARTHENIUM foliis lanceolatis ferratis.

  Tarchonanthos folio trinervi dentato, floribus pendulis. *Vaill. act.* 1719. *p.* 410. *t.* 20. *f.* 16, 17.

  Conyza americana frutescens, foliis subrotundis nervosis, floribus spicatis. *Tournef. inst.* 455.

  Ageratum peruvianum arboreum, folio lato serrato. *Boerh. lugdb.* 1. *p.* 125.

  Pseudo-Helichrysum frutescens peruvianum, foliis longis serratis. *Morif. hist.* 3. *p.* 90.

  Elichryso affinis peruviana frutescens. *Pluk. phyt.* 27. *f.* 1.

  *Crescit in* Virginia, *facies tamen satis afra est.*

  *Caulis frutescens ; folia inferiora opposita ; flores solitarii nutantes in alis foliorum.*

  Cal. *Pentaphyllus : foliolis subovatis, planis, obtusis, patulis, persistentibus, fere æqualibus, continens flosculos quindecim ad viginti usque* paleis *minoribus distinctis, quorum qui in ambitu sunt fæminei, in disco vero masculi.*

  Feminei *quinque vel sex, Germine oblongo, obtuso, superne crassiore.* Corollula *minima, tubulosa, fere integra.* Stylo *bipartito, setaceo, longo.*

  Masculi *duplo vel triplo plures, singuli pistilli rudimento instructi,* corollula *infundibuliformi, quinquedentata, &* staminibus *quinque filamentis setaceis longitudine corollulæ, Antheris distinctis.*

  *Feminei soli seminiferi, seminibus solitariis, longitudine calycis, superne crassioribus, obtusioribus.*

2. PARTHENIUM foliis ovatis crenatis.

  Partheniastrum helenii folio. *Dill. elth.* 302. *t.* 225. *f.* 292.

  Pseudo-Costus virginiana, sive Anonymos corymbifera virginiana, flore albo. *Raj. hist.* 363.

  Ptarmica virginiana, folio helenii. *Morif. blef.* 297.

  Ptarmica virginiana, scabiosæ austriacæ foliis dissectis. *Pluk. alm.* 308. *t.* 53. *f.* 5. *t.* 219. *f.* 1.

  Dracunculus latifolius sive Ptarmica virginiana, folio helenii. *Morif. hist.* 3. *p.* 41.

  *Crescit in* Virginia. *Plantam communicabat DD. Dillenius.*

  *Hujus floris anatomiam solus dedit Cl. Dillenius, eamque absolutam.*

3. PARTHENIUM foliis composito-multifidis.

  Hysterophorus ambrosiæ folio. *Vaill. act.* 1720. *p.* 435. *t.* 9. *f.* 4. 8. 42. 34, 35.

  Partheniastrum americanum, ambrosiæ folio. *Niff. act.* 1711. *p.* 423. *t.* 13. *f.* 2. *Dill. gen.* 165. *t.* 13.

  Matricaria flore minore albo, absinthii foliis. *Plum. spec.* 10.

  Matricaria americana, ambrosiæ folio, parvo flore albo. *Tournef. inst.* 666. *Boerh. lugdb.* 1. *p.* 111. *Raj. app.* 224.

  Matricariæ achoavan dictæ similis, erysimi foliis, absinthii sapore, jamaicensis. *Pluk. phyt.* 45. *f.* 3.

  Absinthium erysimi folio, Achoavan alpini quodammodo accedens ex insula jamaicensi. *Pluk. alm.* 8.

  Artemisia humilior, flore majore albo. *Sloan. flor.* 127. *hist.* 1. *p.* 263.

  Artemisiæ folio, coma in corymbos innumeros albos late diffusa. *Raj. app* 234.

  *Crescit in campestribus glareosis insulæ* Jamaicæ *circa urbem St. Jago de la vega.*

  *Hujus floris anatomen dedit Nissolius & Dillenius.*

  *Singularis in hoc genere, præ omnibus aliis est florum structura & apparatus specialis sexus ; in Hujus examine se exerceant Tyrones, in Platano magisteria exhibeant.*

AMBRO-

# A M B R O S I A. *g. pl.* 718.

1. AMBROSIA foliis multifidis tripartitis dentatis.
Ambrosia vulgaris. *Barr. rar.* 80. *t.* 1144.
Ambrosia maritima. *Bauh. pin.* 138. *Boerh. lugdb.* 2. *p.* 102.
Ambrosia hortensis lanuginosa. *Morif. hift.* 3. *p.* 4. *f.* 6. *t.* 1. *f.* 1.
Ambrosia sativa hortensis procerior. *Lob. hift.* 442. *Dalech. hift.* 1148.
Ambrosia quibusdam. *Bauh. hift.* 3. *p.* 190.
Ambrosia. *Cæfalp. fyft.* 158. *Dod. pempt.* 35.
*Crefcit in* Cappadocia *&* Hetruriæ *maritimis arenofis.*

2. AMBROSIA foliis palmatis: laciniis lanceolatis serratis.
Ambrosia virginiana maxima, platani orientalis folio. *Morif. hift.* 3. *p.* 4. *f.* 6. *t.* 1. *f.* 4.
Ambrosia canadensis altiffima hirfuta, platani folio. *Tournef. inft.* 439. *Boerh. lugdb.* 2. *p.* 102.
*Crefcit in* Canada *&* Virginia.
*Male collocatæ fuere plantæ Ambrofiæ & Xanthii a quibusdam fyftematicis inter flores compofitos, pertinent enim vere ad Amentaceos uti conferenti flores mafculinos Ambrofiæ cum Caftanea & flores femininos Xanthii cum Fagi flofculis femininis patebit, Arbores licet non fint.*

# X A N T H I U M. *g. pl.* 717.

1. XANTHIUM caule inerme.
Xanthium. *Dod. pempt.* 39. *Lob. hift.* 319. *Dalech. hift.* 1056. *Boerh. lugdb.* 2. *p.* 103.
Xanthion herba. *Cæfalp. fyft.* 319.
Xanthium five Lappa minor. *Bauh. hift.* 3. *p.* 572.
Xanthium feu Lappa urokoffa zeylanenfibus dicta. *Herm. muf.* 59. *Burm. zeyl.* 233.
Lappa minor, five Xanthium diofcoridis. *Bauh. pin.* 198.
Lappa ftrumaria, foliis angulofis, difpermos, echinis bicornibus furfum ringentibus ad foliorum alas confertis. *Pluk. alm.* 205.
Sooni. *Kæmp. jap.* 892.
α Xanthium elatius & majus americanum, fructu fpinulis aduncis armato. *Morif. hift.* 3. *p.* 604. *f.* 15. *t.* 2. *f.* 4.
Xanthium canadenfe majus, fructu aculeis aduncis munito. *Tournef. inft.* 439.
Xanthium majus canadenfe. *Herm. lugdb.* 635. *Boerh. lugdb.* 2. *p.* 103.
Lappa canadenfis minori congener fed procerior. *Raj. hift.* 165.
Lappa ftrumaria f. Xanthium virginianum, folio & fructu grandiore. *Pluk. alm.* 205.
*Crefcit folo læto & pingui ad rivulos & in fcrobibus* Scaniæ *campeftris,* Germaniæ, Galliæ, Italiæ, Chinæ; *at* α *in* Virginia, Carolina, Jamaica *& in* Zeylona *ubi paulo minor evadit.*

2. XANTHIUM fpinis triplicibus.
Xanthium lufitanicum laciniatum, validiffimis aculeis munitum. *Tournef. inft.* 439. *Magn. hort.* 208. *t.* 208.
Xanthium lufitanicum fpinofum. *Herm. parad.* 246. *t.* 246. *Pluk. phyt.* 239. *f.* 1. *Boerh. lugdb.* 2. *p.* 103.
Xanthium fpinofum, atriplicis folio. *Morif. hift.* 3. *p.* 604. *f.* 15. *t.* 2. *f.* 3.
Lappa minor polyacanthos f. Xanthium lufitanicum validiffimis aculeis munitum. *Pluk. alm.* 206.
*Crefcit in* Lufitania.

# A N D R A C H N E. *g. pl.* 719.

1. ANDRACHNE.
Telephioides græcum humifufum, flore albo. *Tournef. coroll.* 50. *Dill. elth.* 377. *t.* 282. *f.* 364. *Buxb. act.* 2. *t.* 12. *f.* 2.
Telephioides italica humifufa, flore herbaceo. *Till. dif.* 163.
Glaux procumbens, myrti tarentinæ folio. *Bocc. muf.* 2. *p.* 168. *t.* 119.
*Crefcit in* Media; *in monte* Olympo; *in* Græcia; *in* Italia.
*Plurima habet communia cum Phyllanthis, differt vero ab iis ftaminum numero & corollis.*

# A M A R A N T H U S. *g. pl.* 716.

1. AMARANTHUS racemis cylindraceis pendulis longiffimis.
Amaranthus maximus. *Bauh. pin.* 120. *Boerh. lugdb.* 2. *p.* 97.
Amaranthus paniculis propendentibus, femine albo feu Quinua. *Morif. hift.* 2. *p.* 602. *f.* 5. *t.* 31. *f.* 2.
Amaranthus major, floribus paniculofis fpicatis. *Lob. hift.* 126.
Amarantus. *Dod. pempt.* 185.
Blitum maximum, five Amaranthus major, femine albo. *Bauh. hift.* 2. *p.* 968.
Blitum rubrum majus. *Dalech. hift.* 539.
Blitum peregrinum grande fpecie arborea. *Cæfalp. fyft.* 162.
Quinua five Blitum majus peruvianum. *Cluf. hift.* 2. *p.* 81.
α Amaranthus maximus, paulo humilior, dilutiore panicula & foliis anguftioribus. *Tournef. inft.* 234.
β Amaranthus maximus, panicula fparfa longiore. *Tournef.*
γ Amaranthus maximus, femine rubello, qui granis rubris petri ciecæ. *Tournef.*
Amaranthus maximus, paniculis longis nodofis craffis propendentibus ruberrimis. *Boerh.*
δ Amaranthus maximus præcox, femine pallido. *Tournef.*
*Crefcere fertur in* America *meridionali.*

Ttttt 2

2. AMA-

2. AMARANTHUS racemis cylindraceis erectis, alis spinosis.
Amaranthus indicus spinosus, spica herbacea. *Herm. lugdb.* 31. *t.* 33. *Boerh. lugdb.* 2. *p.* 97. *Burm. zeyl.* 18.
Amaranthus major zeylanicus spinosus, flore viridi. *Amm. char.* 105.
Blitum americanum spinosum. *Sloan. flor.* 49.
Blitum monospermum indicum aculeatum, capsula rotunda, seu Amaranthus major spinosus zeylanicus, flore viridi. *Breyn. prod.* 1. *p.* 18.
α Amaranthus indicus spinosus, spica purpurascente. *Tournef. inst.* 236.
*Crescit in* Amboina, Zeylona, Jamaica, *aliisque utriusque* Indiæ *regionibus.*

3. AMARANTHUS inermis, racemis cylindraceis erectis.
Amaranthus sylvestris maximus, novæ angliæ, spicis viridibus. *Raj. hist.* 201.
Amaranthus sylvestris maximus, novæ angliæ, totus viridis. *Tournef. inst.* 235. *Boerh. lugdb.* 2. *p.* 97.
α Amaranthus sylvestris maximus, novæ angliæ, spicis purpureis. *Tournef.*
β Amaranthus sylvestris maximus, novæ angliæ, spicis carneis. *Tournef.*
*Crescit in* Virginia.
*Hæc species valde affinis est speciei* 1mæ.

4. AMARANTHUS capitulis subrotundis lateralibus, foliis lanceolatis acuminatis.
Amaranthus folio variegato. *Bauh. pin.* 121. colore hillariori, qui fœmina. *Tournef. inst.* 236.
Amaranthus tricolor, (Celosia tragi.) *Lob. hist.* 127. *Boerh. lugdb.* 2. *p.* 98.
Amaranthus foliis variegatis seu tricolor seu foliis varie coloratis psittaci plumas referentibus. *Morif. hist.* 2. *p.* 602. *f.* 5. *t.* 31. *f.* 1.
Blitum maculosum. *Dod. pempt.* 617.
Blitum peregrinum alterum brevius. *Cæsalp. syst.* 162.
Symphonia plinii. *Dalesb. hist.* 540.
Symphonia dalechampio sive Amaranthus tricolor. *Bauh. hist.* 2. *p.* 970.
Psittacus. *Heist. helmst.*
*Crescit . . . .*

5. AMARANTHUS capitulis ovato-oblongis lateralibus, foliis ovatis, caule erecto.
Blitum album majus. *Bauh. pin.* 118. *Morif. hist.* 2. *p.* 599. *f.* 5. *t.* 30. *f.* 2. *Tournef. inst.* 507. *Boerh. lugdb.* 2. *p.* 91.
Blitum majus. *Dod. pempt.* 617.
Blitum pulchrum magnum album. *Bauh. hist.* 2. *p.* 967.
α Blitum rubrum majus. *Bauh. pin.* 118.
Blitum pulchrum rectum magnum rubrum. *Bauh. hist.* 2. *p.* 966.
*Crescit circa* Gissam *in Arenosis.*

6. AMARANTHUS foliis ovatis emarginatis.
Blitum album minus. *Bauh. hist.* 967. *Bauh. pin.* 118. *Raj. hist.* 200. *descr. opt.*
*Crescit* Lundini *in* Scania.
*Planta procumbit, repit, magnitudine varia, maculis albis fugacibus nitidis in folio, apice folii emarginato, sæpe & erecta est, maculam etiam non raro fuscam gerit in medio fere folii.*

# *P O L Y A N D R I A.*

## C R O T O N. *g. pl.* 720.

1. CROTON foliis lineari-lanceolatis integerrimis.

*Fœmina.*
Alaternoides africana telephii legitimi imperati folio. *Comm. hort.* 2. *p.* 3. *t.* 2. *Boerh. lugdb.* 2. *p.* 214.
*Crescit in* Africa.
*Cum nullum noverim genus ad quod propius accedat prædicta planta, hic locum ei concessi, licet femina distincto individuo a mare persistat; Floruit omni anno Arbuscula in hortis vidua, sed sterilis, mariti ope destituta.*
*Arbuscula est tenuis, viminalibus virgis, erectis, altitudinis humanæ, ramis levissime angulatis. Folia lineari-lanceolata, integerrima, decurrentia parum, utrinque lævia, sæpius reflexa. Ramulus ex singula ala folii, simplex, digiti longitudine, foliis alternis instructus; ex singula ala folioli in ramulo flos niveus (excepto germine viridi & nectariis flavis) proprio brevissimo petiolo insidens, folio brevior. Cujus calyx quinquepartitus, erectus, coloratus, laciniis lanceolatis. Petala quinque, lanceolato-rhomboidea, æqualia, erecta, calyce longe minora. Nectariferæ glandulæ quinque, depressæ, trifidæ, calycis basi interne adnatæ. Germen rotundum, trigonum; Styli tres, reflexi, patentes. Stigmatibus in singulo duobus obtusis, germen transversaliter dissectum est triloculare, seminibus solitariis. Floret mense aprili.*

2. CROTON foliis ovatis tomentosis integris serratis. *vide tab.*
*Crescit in* America.
*Radix annua. Caulis erectus, spithamæus vel pedalis, florum capitulo terminatus. Folia alterna, ovata, serrata, tomentosa, superne viridia, subtus argentea, petiolis folio dimidio brevioribus insidentia, patentia, longitudine quatuor digitorum transversorum. Absoluta primi capituli flore-*

*florefcentia excrefcunt plures rami fub prædicto capitulo ex fingula ala foliorum fuperiorum, qui inferne nudi, ad apicem folia expandunt nonnulla alterna, terminante fingulum ramum capitulo florum; hac etiam abfoluta florefcentia, prædicta methodo ex alis foliorum in ramis alii confimiles prodeunt ramuli cum floribus; hinc planta femper corymbi formam fervat. Stipulæ lineares acutæ pilofæ deciduæ. Singulum capitulum fubrotundum eft, cujus infima pars conftat folis ramis non enatis, exterior feu intermedia ex floribus femininis quorum calyx dimidiatus, a latere exteriore tantum pofitus, tripartitus, tomentofus, lacerus: laciniis oblongis; Germen tomentofum, fat magnum, globofum, trifulcatum. Styli tres fuperne bis bifidi ftigmatibus fimplicibus, petalis nullis. Flores Mafculi vero, qui apicem capitis occupant, conftant confimili calyce, fed longe minore, laciniis ovatis concavis integris; Corolla vero hic adeft tenuiffima quinquepartita pallida, laciniis exterioribus non cum calyce alternantibus fed oppofitis, regularis, calyce fere brevior. Stamina feptem vel plura, flore longiora; glandulæ nectariferæ in receptaculo.*

3. CROTON foliis ovato-lanceolatis plicatis ferratis fcabris.
   Ricinoides paluftre, foliis oblongis ferratis, fructu hifpido. *Mart. cent.* 38. *t.* 38.
   *Crefcit in locis paludofis prope* Veram crucem *Americæ.*

4. CROTON foliis ferratis: inferioribus quinquelobis, fuperioribus trilobis.
   Ricinoides herbaceum, foliis trifidis vel quinquefidis & ferratis. *Mart. cent.* 46. *t.* 46.
   *Crefcit circa* Veram Crucem.
   *Glandulæ duæ in fupina parte petioli fub bafin folii, nonnumquam & duæ aliæ inferiores; folia infima integra, reliqua femitrifida vel quinquefida funt.*
   *Croton eft fynonymon Ricini apud Diofcoridem, quod affumfi ad defignandum hocce plantarum genus.*

# J A T R O P H A. *g. pl.* 721.

1. JATROPHA foliis multipartitis lævibus, ftipulis fetaceis multifidis.
   Ricinus americanus, tenuiter divifo folio. *Breyn. cent.* 116. *t.* 33. *Sloan. flor.* 40. *Raj. hift.* 167. *Morif. hift.* 3. p. 348. *f.* 10. *t.* 3. *f. ult.*
   Ricinoides americana arbor, folio multifido. *Tournef. inft.* 566. *Boerh. lugdb.* 1. p. 253.
   Avellana purgatrix. *Bauh. pin.* 418.
   Avellana purgatrix novi orbis. *Bauh. hift.* 1. p. 322.
   Avellana purgativa. *Cæfalp. fyft.* 79.
   Manihot folio tenuiter divifo. *Dill. elth.* 217. *t.* 173. *f.* 213.
   *Crefcit in America calidiori, in infulis Gallorum, in* Surinama *&c.*

2. JATROPHA foliis palmatis dentatis retrorfum aculeatis.
   Ricinus lactefcens, fici foliis fpinulis mordacibus armatis. *Pluk. alm.* 320. *t.* 220. *f.* 3.
   Ricinus tithymalodes americanus lactefcens & urens, floribus albis. *Comm. hort.* 1. p. 19. *t.* 10.
   Ricinoides qui Ricinus tithymalodes &c. *Comm. Boerh. lugdb.* 2. p. 267.
   Juffieuia. *Houft. mff.*
   Frutex anonymus pungens & urens. *Marcgr. braf.* 79. *f.* 2.
   Manihot fpinofiffima, folio vitigineo. *Plum. fpec.* 20. *Tournef. inft.* 656.
   *Crefcit in America calidiori, in* Brafilia *&c.*
   *Frutex urticæ inftar, præfertim foliis, urit & pungit tangentem.*
   *Flores in corymbum, pedunculis ramofis, digefti, albi; primum prodeunt flores fex vel feptem feminini, qui divifuris primariis corymbi infidebant, eis defloratis prodiere demum mares, nec ullæ dein feminæ, hinc absque fructu floruit. Vide fingularem horum ftructuram. gen. plant. pag.* 384. § 721.

3. JATROPHA foliis cordatis angulatis.
   Ricinus americanus major, femine nigro. *Bauh. pin.* 432.
   Ricinus major americanus, Curcas dictus & Faba purgatrix indiæ occiduæ. *Bauh. hift.* 3. p. 643.
   Ricinus ficus folio, flore pentapetalo viridi, fructu lævi pendulo. *Sloan. flor.* 40.
   Ricinoides americana, goffypii folio. *Tournef. inft.* 656. *Boerh. lugdb.* 1. p. 253.
   Mundubigvacu. *Marcgr. braf.* 97. *Pif. braf.* 83.
   *Crefcit in aggeribus & ad ripas fluviorum in* Surinama, Jamaica, Brafilia.

# P O T E R I U M. *g. pl.* 722.

1. POTERIUM fpinis ramofis.
   Poterium. *Cæfalp. fyft.* 231. *Lob. hift.* 491. *Dalech. hift.* 1488.
   Poterium quibusdam five Pimpinella fpinofa. *Bauh. hift.* 1. p. 410.
   Poterio affinis, foliis pimpinellæ, fpinofa. *Bauh. pin.* 388.
   Pimpinella fpinofa. *Morif. hift.* 3. p. 262. *f.* 8. *t.* 18. *f.* 5.
   Pimpinella fpinofa feu fempervirens. *Morif. umb.* 57. *Tournef. inft.* 157. *Boerh. lugdb.* 2. p. 100.
   Chalcejon anguillaræ, Poterium dalechampii. *Cluf. hift.* 1. p. 108.
   Stœbe legitima diofcoridis. *Cluf. hift.* 2. p. 303.
   Bellan maurorum. *Dalech. app.* 34.
   *Crefcit in declivi montis* Libani *& in* Creta.
   *Hæc abfolute baccifera eft, & alios flores mafculinos folum, alios femininos producit.*

Vvvvv         2. POTE.

2. POTERIUM inerme.

Sanguiforba minor. *Bauh. hift.* 3. *p.* 113.

Sanguiforba minor montana lævis hirfuta. *Rupp.* jen. 50.

Pimpinella fanguiforba minor hirfuta. *Bauh. pin.* 160. *Morif. hift.* 3. *p.* 262. *f.* 8. *t.* 18 *f.* 1, 2. *Tournef. inft.* 157.
     *Boerh. lugdb.* 2. *p.* 99.

Pimpinella fanguiforba. *Dod. pempt.* 105.

Pimpinella vulgo Sorbaftrella. *Cæfalp. fyft.* 321.

Pimpinella minor matthioli. *Dalech. hift.* 1087.

α Pimpinella fanguiforba minor lævis. *Bauh. pin.* 160.

β Pimpinella fanguiforba inodora. *Bauh. pin.* 160. *prod.* 84.

γ Pimpinella fanguiforba minor, foliis elegantius laciniatis. *H. R. P.*

δ Pimpinella fanguiforba minor, femine majore & craffiore. *Magn. monfp.*

Pimpinella tingitana minor, femine rugofiore majore. *Morif. hift.* 3. *p.* 263. *f.* 8. *t.* 18. *f.* 4.

*Crefcit locis afperis petrofis montofis in* Germania *circum* Jenam *; in* Anglia, Gallia, Italia, *in agro* Tingitano, *in Dunis Hollandiæ &c.*

## S A G I T T A R I A. *g. pl.* 723.

1. SAGITTARIA foliis fagittatis. *Fl. lapp.* 344.

Sagittaria europæa minor latifolia. *Morif. hift.* 3. *p.* 618.

Sagitta. *Bauh. hift.* 3. *p.* 789. *Sloan. flor.* 76. *Dill. gen.* 104. *giff.* 143. *Raj. fyn.* 258.

Sagitta minor. *Dod. pempt.* 588. *Lob. hift.* 161. *Dalech. hift.* 1016. *Vaill.* act. 1719. *p.* 33.

Sagitta aquatica minor latifolia. *Bauh. pin.* 194. *Boerh. lugdb.* 1. *p.* 46. *Rupp. jen.* 48.

Ranunculus paluftris, folio fagittato minori. *Tournef. inft.* 46.

Barbula fylvana. *Cæfalp. fyft.* 553.

α Sagitta minor anguftifolia. *J. B. Vaill.*

Sagitta aquatica minor anguftifolia. *C. B.*

β Sagitta major. *J. B. Vaill.*

Sagitta aquatica major. *C. B.*

γ Sagitta aquatica major, folio anguftiore. *Boerh.*

δ Sagitta aquatica omnium minima. *Pluk. alm.* 36. *Raj. fyn.* 258.

ε Sagitta aquatica, foliis variis. *Loef. pruff.* 234.

*Crefcit in ripis fluviorum foffarum & paludum, frequens per* Europam, *nec non in* Jamaica Americes.

## M Y R I O P H Y L L U M. *g. pl.* 724.

1. MYRIOPHYLLUM floribus mafculis interrupte fpicatis.

Myriophyllum aquaticum pennatum & fpicatum. *Pont. anth.* 198.

Myriophyllum vulgare majus. *Vaill.* act. 1719. *p.* 30.

Myriophyllum. *Fl. lapp.* 343.

Potamogeton foliis pennatis. *Tournef. inft.* 233. *Boerh. lugdb.* 1. *p.* 192.

Millefolium aquaticum pennatum fpicatum. *Bauh. pin.* 141. *prod.* 73. *f.* 1.

Millefolium pennatum aquaticum. *Bauh. hift.* 3. *p.* 783.

*Crefcit in foffis & lacubus frequens per totam* Europam.

2. MYRIOPHYLLUM floribus omnibus verticillatis.

Myriophyllum aquaticum ad foliorum nodos floriferum. *Pont. diff.* 198.

Myriophyllum vulgare minus. *Vaill.* act. 1719. *p.* 31.

Myriophyllum aquaticum minus. *Cluf. hift.* 2. *p.* 252.

Pentapterophyllon aquaticum, floribus ad foliorum nodos. *Dill. giff.* 112. *gen.* 125. *Raj. fyn.* 316.

Potamogeton flofculis ad foliorum nodos. *Tournef. inft.* 233. *Boerh. lugdb.* 1. *p.* 197.

Millefolium aquaticum, flofculis ad foliorum nodos. *Bauh. pin.* 141.

Millefolium aquaticum minus. *Bauh. hift.* 3. *p.* 783.

*Crefcit cum præcedenti, cui maxime affine eft.*

## C E R A T O P H Y L L U M. *g. pl.* 725.

1. CERATOPHYLLUM.

Hydroceratophyllon folio afpero quatuor cornibus armato. *Vaill.* act. 1719. *p.* 21. *t.* 2. *f.* 2. §. 1. *Raj. fyn.* 135.

Potamogeito affinis, equifeti facie, trichophyllos. *Pluk. alm.* 177.

Equifetum fub aqua repens, foliis bifurcis. *Loef. pruf.* 67. *t.* 12.

α Hydroceratophyllon folio lævi octo cornibus armato. *Vaill.* act. 1719. *p.* 21. *t.* 2. *f.* 2. §. 2. *Raj. fyn.* 135.

*Crefcit ubique in foffis* Hollandiæ, *nec non paffim circum* Stokholmiam, Cantabrigiam *&c.*

*An α fola varietas? certe facies, ftructura, attributa propria conveniunt, folum dubium movent fructus; fructus in hac absque fpinis, in illa duabus fpinis ad bafin retrorfum exftantibus, unica etiam ex apice prominente; laciniæ foliorum in præcedenti fpecie altero margine denticulis exafperantur, at in hac vix manifefte, tamen exiftentes fi attento examinentur oculo.*

P L A.

# P L A T A N U S. *g. pl.* 876.

1. PLATANUS foliis palmatis.
Platanus orientalis verus. *Park. theatr.* 1427. *Boerh. lugdb.* 2. *p.* 209.
Platanus. *Bauh. pin.* 431. *Bauh. hift.* 1. *p.* 170. *Cluf. hift.* 1. *p.* 9. *Dod. pempt.* 842. *Dalech. hift.* 92.
*Crefcit in paluftribus riguis aquarumque ripis* Cretæ, Lemni, *in monte* Atho; *in monte* Caftana
*Macedoniæ; in monte* Tauro *Afiæ.*

2. PLATANUS foliis lobatis.
Platanus occidentalis. *Catesb. ornith.* 56. *t.* 56.
Platanus occidentalis aut virginenfis. *Park. theatr.* 1427. *Boerh. lugdb.* 2. *p.* 200.
Platanus novi orbis, foliis vefpertilionum alas referentibus, globulis parvis. *Pluk. alm.* 300.
*Crefcit in* Virginia, Carolina *&c.*

# C A R P I N U S. *g. pl.* 729.

1. CARPINUS fquamis ftrobilorum planis.
Carpinus. *Dod. pempt.* 841. *Lob. hift.* 607. *Tournef. inft.* 582. *Boerh. lugdb.* 2. *p.* 176.
Oftrys theophrafti, Fagulus herbariorum. *Cluf. hift.* 1. *p.* 55.
Oftrys ulmo fimilis, fructu in umbilicis foliaceis. *Bauh. pin.* 427.
Fagus fepium, vulgo Oftrys theophrafti. *Bauh. hift.* 1. *p.* 146.
Fago fimilis pofterior. *Cæfalp. fyft.* 39.
Aceris cognata, oblongis rugofis ferratis foliis ad ulmum accidentibus, vafculis disjunctis membranaceis
foliaceis, feminibus ipfis oppofitis pluribus confertis. *Pluk. alm.* 7.
*Crefcit in* Germania *copiofe, rarius in* Italia; *in* Scania *& inferiore parte* Smolandiæ, *ubi Aven-
bok dicitur.*

2. CARPINUS fquamis ftrobilorum inflatis.
Oftrya ulmo fimilis, fructu racemofo lupulo fimill. *Bauh. pin.* 427.
Oftrya italica, carpini folio, fructu longiore. *Mich. gen.* 223. *t.* 104. *f.* 1.
Fago fimilis prior. *Cæfalp. fyft.* 39.
α Oftrya italica, carpini folio, fructu breviori & habitiori. *Mich. gen.* 223. *t.* 104. *f.* 2.
*Crefcit in montofis fylvis* Etruriæ.
*Præcedenti valde affinis arbor & fi varietas certe fingularis varietatis modus.*

# F A G U S. *g. pl.* 728.

1. FAGUS foliis ovatis undulatis obfolete ferratis.
Fagus. *Bauh. pin.* 419. *Cæfalp. fyft.* 35. *Dod. pempt.* 382. *Dalech. hift.* 34. *f.* 1, 2.
Fagus latinorum; Oxya græcorum. *Bauh. hift.* 1. *p.* 117.
*Crefcit vulgaris per* Europam *vix vero a feptentrionali parte Smolandiæ in Svecia.*

2. FAGUS foliis lanceolatis acuminate ferratis.
Caftanea. *Bauh. hift.* 1. *p.* 121. *Cæfalp. fyft.* 36. *Dod. pempt.* 814. *Lob. hift.* 588. *Dalech. hift.* 31.
Caftanea fyiveftris quæ peculiariter Caftanea. *Bauh. pin.* 419.
α Caftanea fativa. *Bauh. pin.* 418.
*Crefcit in montibus* Italiæ *copiofiffime, parcius in* Gallia, Germania *&* Anglia.
* *Mafculini flores digefti funt in Amentum fubulatum, laxum, longum, erectum; quorum finguli
conftant*
Cal. *Perianthio communi polyphyllo, feffili, colorato: foliolis fubrotundis in ovalem pofitis;
includit hic calyx plura*
Perianthia *propria ejusdemque longitudinis, feffilia, quinquepartita vel fexpartita, erecta,
æqualia; horum fingula continent*
Stam. *Filamenta decem vel duodecim, capillaria, erecta, calycibus multoties longiora.* Antheris
*fubrotundis.*
* *Feminini flores pauci ad radices amenti, quorum*
Cal. *Perianthium commune triflorum, monophyllum, fubrotundum, ventricofum: ore contracto,
integerrimo, vix quadrifariam emarginato, claufo; externe quadrifariam imbricatum fquamis
adnatis patentibus. Singulus inclufus flofculus conftat*
Perianthio *proprio monophyllo, fexpartito, minimo, germini infidente, laciniis fubovatis, deciduo.*
Cor. *nulla.*
Nectaria *fex, in orbem pofita, minima, fingula ex breviffima feta capitata conftant.*
Pift. *Germen ovato-fubulatum, longum, undique tectum calyce communi.* Styli *fex, quorum
duo & duo ad bafin juncti, fubulati, erecti, calyce longiores.* Stigmata *fimplicia.*
Per. *Calyx communis accrefcit, induratur, rumpitur tandem in quatuor valvas.*
Sem. *Nuces tres, coriaceæ, glabræ, uniloculares, fubrotundæ, hinc depreffæ: fingulæ includentes*
Nuculas *tres fere conformes.*

## QUERCUS. *g. pl.* 726.

1. QUERCUS foliis ovato-oblongis indivisis serratis, cortice rimoso.
Suber latifolium perpetuo virens. *Bauh. pin.* 424.
Suber latifolium. *Bauh. hist.* 1. p. 103. *Cluf. hist.* 1. p. 22.
Suber folio breviore & latiore. *Dalech. hist.* 22.
Phellos sive Suber. *Dod. pempt.* 830.
α Suber latifolium perpetuo virens. *Bauh. pin.* 425. *Tournef. inst.* 584. *Boerh. lugdb.* 2. p. 178.
β Suber angustifolium non serratum. *Bauh. pin.* 424.
Suber folio longiore & angustiore. *Dalech. hist.* 22.
*Crescit in* Aquitania, *tota* Lusitania, *variisque* Castellæ & Beticæ oris.

2. QUERCUS foliis ovato-oblongis indivisis serratis, cortice integro.
Ilex oblongo serrato folio. *Bauh. pin.* 424. *Tournef. inst.* 583. *Boerh. lugdb.* 2. p. 178.
α Ilex folio rotundiore molli modiceque sinuato sive Smilax theophrasti. *Bauh. pin.* 425.
Ilex major. *Cluf. hist.* 1. p. 23.
Ilex major glandifera. *Dod. pempt.* 829.
*Crescit in sylvis campestribus ac maritimis copiose in* G. Narbonensi, *in* Hetruria, *aliisque* Italiæ *provinciis, præsertim ad mare inferum.*

3 QUERCUS foliis obverse ovatis utrinque acuminatis serratis: denticulis rotundatis uniformibus.
Quercus, castaneæ foliis, procera arbor virginiana. *Pluk. alm.* 309. *t.* 54. *f.* 3. *Raj. hist.* 1916. *Catesb. ornith.* 18. *t.* 18.
*Crescit in* Virginia & Carolina.

4. QUERCUS foliorum sinubus obtusis: angulis acutis seta terminatis, intermediis vix tridentatis, margine integerrimo.
Quercus virginiana venis rubris muricata. *Pluk. alm.* 309. *t.* 54. *f.* 4.
α Quercus caroliniensis, virentibus venis muricata. *Catesb. ornith.* 21. *t.* 21. *f.* 2.
*Crescit in* Carolina & Virginia.

5. QUERCUS foliis annuis oblongis superne latioribus: sinubus acutioribus: angulis obtusis.
Quercus vulgaris brevibus ac longis pediculis. *Bauh. hist.* 1. p. 70.
Quercus cum longo pediculo. *Bauh. pin.* 420. *Tournef. inst.* 582. *Boerh. lugdb.* 2. p. 177.
Quercus vulgaris. *Lob. hist.* 582.
α Quercus latifolia mas, quæ brevi pediculo est. *Bauh. pin.* 419.
Platyphyllos mas. *Dalech. hist.* 2.
*Crescere arborem vix ulli genti* Europææ *incognitam putat J. B., excipi tamen debent Hyperborei, uti* Norlandi, Ostrobothnienses, Lappones.

## CORYLUS. *g. pl.* 730.

1. CORYLUS stipulis ovatis obtusis.
Corylus sylvestris. *Bauh. pin.* 418. *Boerh. lugdb.* 2. p. 176.
Corylus persimilis alno. *Lob. hist.* 608.
Corylus. *Cluf. hist.* 1. p. 11.
Nux avellana sive Corylus. *Dod. pempt.* 816.
Nux avellana. *Cæsalp. syst.* 38.
α Corylus sativa. *Bauh. hist.* 1. p. 266.
Corylus sativa sive Nux avellana. *Dalech. hist.* 319.
Corylus sativa, fructu albo minore sive vulgaris. *C. B.*
β Corylus sativa, fructu rotundo maximo. *C. B.*
γ Corylus sativa, fructu oblongo rubente. *C. B.*
δ Corylus nucibus in racemum congestis. *C. B.*
*Crescit in sepibus per* Europam *sat frequens.*

2. CORYLUS stipulis linearibus acutis.
Corylus byzantina. *Herm. lugdb.* 191.
Corylus byzantina altissima & maxima. *Boerh. lugdb.* 2. p. 176.
Avellana byzantina. *Bauh. hist.* 1. p. 270.
Avellana pumila byzantina. *Cluf. hist.* 1. p. 11.
Avellana peregrina humilis. *Bauh. pin.* 418.
*Crescit forte* Byzantii *unde semina* Clusio *allata.*
*Folia in hac superne parvum laciniata; racemus nucum maximus; Nuces maximæ. in Horto lugduno batavo arbor omnium maxima, quæ plus quam certum vixerit annos* Clusii *manu sata viguit A.* 1736.

## JUGLANS. *g. pl.* 727.

1. JUGLANS foliolis ovalibus glabris vix serratis: omnibus ferme æqualibus.
Nux juglans. *Cæsalp. syst.* 37. *Bauh. hist.* 1. p. 241. *Dod. pempt.* 816. *Dalech. hist.* 321.
Nux juglans sive regia vulgaris. *Bauh. pin.* 417. *Boerh. lugdb.* 2. p. 175.
Nux juglans, fructu maximo. *C. B.*
Nux juglans fructu teneri & fragili putamine. *C. B.*

Nux

Nux juglans bifera. *C. B.*
Nux juglans foliis laciniatis. *Tournef. inst.* 581.
Nux juglans fructu serotino. *C. B.*
Nux juglans fructu minimo. *T.*
*Crescendi locus nobis latet, nec a sequenti productam facile demonstraret quis, cum hæc nota erat antequam terra Americana detecta fuit, in qua illa reperta.*

2. JUGLANS foliolis lanceolatis tomentosis acute serratis: superioribus minoribus.
Nux juglans virginiana nigra. *Herm. lugdb.* 452. *t.* 453. *Boerh. lugdb.* 2. *p.* 174. *Catesb. ornith.* 67. *t.* 67.
*Crescit in* Virginia, Marilandia.
*Examinandi in hac specie sunt flores amentacei, & quibus notis distinguantur a prioris speciei fructificatione inquirendum.*

# M O N A D E L P H I A.

## T H U J A. *g. pl.* 939.

1. THUJA strobilis lævibus: squamis obtusis.
Thuya theophrasti. *Bauh. pin.* 488 *Boerh. lugdb.* 2. *p.* 180.
Thuiæ genus tertium, Arbor vitæ gallis. *Dalech. hist.* 60.
Cedrus lycia. *Lob. hist.* 630.
Arbor vitæ. *Cluf hist.* 1. *p.* 36. *Dod pempt.* 630.
Arbor vitæ sive paradisiaca vulgo dicta odorata ad sabinam accedens. *Bauh. hist.* 1. *p* 286.
*Crescit in* Canada.

2. THUJA strobilis uncinatis: squamis reflexo-acuminatis.
*Crescit forte in* China, *communicata per Cl. Royenum, qui hujus se daturam historiam pollicitus est.*

## C U P R E S S U S. *g. pl.* 733.

1. CUPRESSUS foliis imbricatis erectis.
α Cupressus. *Cæsalp. syst.* 134. *Bauh. pin.* 488. *Bauh. hist.* 1. *p.* 280. *Dod. pempt.* 856. *Dalech. hist.* 58.
Kyparissos. *Lob. hist.* 628.
Cupressus meta in fastigium convoluta, quæ fœmina plinii. *Tournef. inst.* 587. *Boerh. lugdb.* 2. *p.* 181.
β Cupressus ramos extra se spargens, quæ mas plinii. *Tournef.*
*Crescit in* Creta.
*Harum α ramis gaudet erectis, β vero patentibus, ex loco tamen easdem esse species vero simile videtur, nec innotuit adhuc aliqua realis nota, qua distinctæ sint ambæ arbores, a structura petita.*

2. CUPRESSUS foliis distiche patentibus.
Cupressus virginiana, foliis acaciæ deciduis. *Herm. lugdb.* 107. *Comm. hort.* 1. *p.* 113. *t.* 59. *Boerh. lugdb.* 2. *p.* 181.
Cupressus virginiana, foliis acaciæ cornigeræ paribus & deciduis. *Pluk. alm.* 125 *t.* 85. *f.* 6.
Cupressus americana. *Park. theatr.* 1477. *Catesb. ornith.* 2. *t.* 11.
*Crescit in* Virginia copiosissime, *ubi hæc, Liriodendrum & Platanus maximæ omnium istius regionis sunt arbores.*
*Folia distiche ponuntur patentissima & pectinatim, per hyemen decidunt & caulem glabrum relinquunt.*

## A B I E S. *g. pl.* 732.

1. ABIES foliis solitariis apice acuminatis.
Abies foliis apice acuminatis. *Fl. lapp.* 347.
Abies tenuiore folio, fructu deorsum inflexo. *Tournef. inst.* 585. *Boerh. lugdb.* 2. *p.* 179.
Abies. *Dod. pempt.* 866.
Picea. *Cæsalp. syst.* 130. *Lob. hist.* 633. *Dalech. hist.* 50.
Picea major prima sive Abies rubra. *Bauh. pin.* 493.
Picea latinorum sive Elate arrhen, Abies mas theophrasti. *Bauh. hist.* 1. *p.* 238.
Picea oxyphyllos polonica. *Barr. rar. t.* 730.
*Crescit in sylvis vulgatissima per* Europam *in omnibus regionibus montosis, præcipue frigidis solo humidiusculo & sterili.*

2. ABIES foliis solitariis apice emarginatis.
Abies taxi folio, fructu sursum spectante. *Tournef. inst.* 585. *Boerh. lugdb.* 2. *p.* 179.
Abies conis sursum spectantibus sive mas. *Bauh. pin.* 505.
Abies fœmina sive Elate teleja. *Bauh. hist.* 1. *p.* 231.
*Crescit in sylvis* Sveviæ & Bavariæ; *in alpibus* Helveticis & Rheticis.

3. ABIES foliis fasciculatis acuminatis.
Larix orientalis, fructu rotundiori obtuso. *Tournef. inst.* 586.
Cedrus conifera, foliis laricis. *Bauh. pin.* 490. *Raj. hist.* 1404.
Cedrus magna sive libani conifera. *Bauh. hist.* 1. *p.* 277.
X x x x x

Cedrus

Cedrus libani & palestinæ præcelsa. *Lob. hist.* 630.
Cedrus libani. *Barr. rar. t.* 499.
Cedrus. *Bell. itin.* 162.
*Crescit in* Oriente, *parcius in monte* Libano; *in* Amano & Tauro *montibus.*
*In Horto Chelsejano vastissimæ molis arbores plures vidimus.*

4. ABIES foliis fasciculatis obtusis.
Larix, folio deciduo, conifera. *Bauh. hist.* 1. p. 265. *Tournef. inst.* 586. *Hort. angl.* 43. f. 11.
Larix. *Bauh. pin.* 493. *Dod. pempt.* 868, 869. *Lob. hist.* 633. *Dalech. hist.* 55. *Boerh. lugdb.* 2. p. 180.
*Crescit in* Alpibus Rheticis, Vallesiacis, Stiriacis, Corinthiacis *inque variis montibus vicinis,*
*exceptis summis alpium jugis.*

## P I N U S. *g. pl.* 731.

1. PINUS foliis geminis, primordialibus solitariis glabris.
Pinus sylvestris. *Bauh. pin.* 491. *Boerh. lugdb.* 2. p. 179. *Flor. lapp.* 346.
Pinus sylvestris vulgaris genevensis. *Bauh. hist.* 1. p. 253. *Tournef. inst.* 586.
Pinus sylvestris fructifera. *Dalech. hist.* 44.
Pinus sylvestris minor, cono parvo, polonica. *Barr. rar.* 122. t. 729.
*Crescit in* Europa *præsertim frigidiore vulgatissima, locis præsertim glareosis & sabulosis.*
*Figuræ malæ sunt, descriptiones speciales insufficientes, specierum chaos & multiplicatio injusta.*

2. PINUS foliis geminis, primordialibus solitariis ciliatis.
Pinus sativa. *Bauh. pin.* 491 *Dalech. hist.* 44. *Boerh. lugdb.* 2. p. 179.
Pinus officulis duris, foliis longis. *Bauh. hist.* 1. p. 248.
*Crescit copiosissime in* Italia *prope Ravennam usque ad maris littus.*

## P O L Y A D E L P H I A.

## R I C I N U S. *g. pl.* 734.

1. RICINUS foliis peltatis palmatis serratis, petiolis glanduliferis.
Ricinus vulgaris. *Bauh. pin.* 439. *Bauh. hist.* 3. p. 642. *Morif. hist.* 3. p. 347. f. 10. t. 3. f. 1. *Boerh. lugdb.* 1. p. 253.
Ricinus. *Dod. pempt.* 367. matthioli. *Dalech. hist.* 1630.
Ricinus americanus major, caule virescente. *Sloan. flor.* 39.
Ricinus, gallis Palma christi. *Lob. hist.* 392.
Ricinus vulgo Girasole. *Cæsalp. syst.* 380.
Olyboom s. Palma christi. *Mer. surin.* 30. t. 30.
Nhambu-gvacv. *Marcgr. braf.* 77.
Fima. *Kæmpf. jap.* 790.
Avanacoe seu Citavanacu. *Rheed. mal.* 2. p. 57. t. 32.
α Ricinus americanus major, caule virescente. *Tournef. inst.* 542.
β Ricinus africanus maximus, caule geniculato rutilante. *Tournef.*
*Crescit per omnes quatuor mundi partes in* Japonia, Malabaria, Africa, Creta, Jamaica, Cari-
bæis, Surinama.

## S Y N G E N E S I A.

## T R I C H O S A N T H E S. *g. pl.* 735.

1. TRICHOSANTHES pomis teretibus oblongis incurvatis.
Anguina sinensis, flore albo elegantissimo capillamentis tenuissimis ornato, sub initium ex albo & viridi
variegato per maturitatem prorsus rubro. *Mich. gen.* 12. t. 9.
Cucurbita sinensis, fructu longo anguino vario, flore candido capillamentis tenuissimis ornato. *Till. pis.* 49. t. 22.
*Crescit in* China.
*Hujus generis sunt.* 1º. Colocynthis flore albo fimbriato, fructu oblongo *Plum. amer.* 86. t. 10.
2do. Padavalam *Rheed. mal.* 8. p. 29. t. 15. 3io Scheru-padavalam *Rheed. mal.* 8. p. 31. t. 15.
4º Tota-pivi. *Rheed. mal.* 8. p. 33. t. 17. *Ex hisce* 3 & 4 *unius ejusdemque videntur speciei,*
*a nostra diversissimæ; at* 1 & 2 *proxime ad nostram accedunt, diversæ tamen forte speciei,*
*si alias fructus ab Authoribus recte depictus sit.*
*Trichosanthes quasi flos pilosus dicitur, cum nota essentialis generica in pilis consistat.*

## M O M O R D I C A. *g. pl.* 736.

1. MOMORDICA pomis angulatis tuberculatis, foliis glabris patenti-palmatis.
Momordica vulgaris. *Tournef. inst.* 103. *Boerh. lugdb.* 2. p. 76.

Cucu-

Cucumis puniceus. *Morif. hift.* 2. *p.* 33. *f.* 1. *t.* 6. *f.* 9. *Sloan. flor.* 103.
Balfamina cucumerina. *Bauh. hift.* 2. *p.* 251.
Balfamina rotundifolia repens five mas. *Bauh. pin.* 306.
Balfamina. *Dalech. hift.* 630.
Balfamina, aliis Caranza. *Cæfalp. fyft.* 199.
Charantia. *Dod. pempt.* 670.
α Momordica fructu luteo rubefcente. *Boerh.*
  *Crefcit in* India Orientali.

2. MOMORDICA pomis angulatis tuberculatis, foliis villofis longitudinaliter palmatis.
Momordica zeylanica, pampinea fronde, fructu longiore. *Tournef. inft.* 103. *Boerh. lugdb.* 2. *p.* 77. *Burm. zeyl.* 161.
Balfamina cucumerina indica, fructu majore flavefcente. *Comm. hort.* 1. *p.* 103. *t.* 54.
Pandipavel. *Rheed. mal.* 8. *p.* 17. *t.* 9.
α Momordica zeylanica, pampinea fronde, fructu breviori. *Tournef.*
Cucumis puniceus zeylanicus Margofa lufitanis. *Herm. lugdb.* 204.
Pavel. *Rheed. mal.* 8. *p.* 18. *t.* 10.
  *Crefcit in* Malabaria & Zeylona.

3. MOMORDICA pomis oblongis: fulcis catenulatis, foliis incifis.
Cucumis ægyptius reticulatus feu Luffa arabum. *Vefl ægypt.* 199. *t.* 58 & 59. *Morif. hift.* 2. *p.* 35. *f.* 7. *t.* 7. *f.* 1 & 2.
Pepo indicus reticulatus, feminibus albis, major. *Herm. lugdb.* 482. *Burm. zeyl.* 185.
Luffa arabum. *Tournef. act.* 1706. *Dill. gen.* 157.
  *Crefcit in* Zeylona.

4. MOMORDICA pomis ovalibus hifpidis, foliis cordatis integris plicato-dentatis.
Elaterium officinarum. *Boerh. lugdb.* 2. *p.* 77.
Elaterium rivini & officinarum. *Rupp. jen.* 41.
Sicyos. *Knaut. meth.*
Cucumis fylveftris. *Cæfalp. fyft.* 204. *Dod. pempt.* 663.
Cucumis afininus. *Morif. hift.* 2. *p.* 32. *f.* 1. *t.* 6. *f.* 8.
Cucumis fylveftris afininus dictus. *Bauh. pin.* 314. *Bauh. hift.* 2. *p.* 248. *Tournef. inft.* 104.
*Crefcit in ruderibus viarumque marginibus per* Italiam, Siciliam, G. Narbonenfem.

# C U C U M I S. *g. pl.* 737.

1. CUCUMIS foliorum angulis rectis.
Cucumis vulgaris. *Dod. pempt.* 66. *Dalech. hift.* 620.
Cucumis vulgaris viridis & albus. *Bauh. hift.* 2. *p.* 245.
Cucumis fativus vulgaris. *Bauh. pin.* 310. *Morif. hift.* 2. *p.* 31. *f.* 1. *t.* 6. *f.* 6. *Boerh. lugdb.* 2. *p.* 77. maturo fructu
  fubluteo. *Tournef. inft.* 104.
Cucumis efculentus. *Lob. hift.* 363.
Citreolus vulgo. *Cæfalp. fyft.* 199.
α Cucumis fativus vulgaris, maturo fructu albo. *Tournef.*
  *Crefcit* . . . .

2. CUCUMIS foliorum angulis rotundatis.
Melo vulgaris. *Bauh. pin.* 310. *Morif. hift.* 2. *p.* 29. *f.* 1. *t.* 6. *f.* 4.
Melo. *Bauh. hift.* 2. *p.* 242.
Melo five Melopepo vulgo, Cucumis galeni. *Dod. pempt.* 663.
Melopepo. *Dalech. hift.* 623.
α Melo magnus: cortice virente lævi, femine parvo. *J. B.*
β Melo hifpanicus. *J. B.*
γ Melo rotundus parvus. *C. B.*
δ Melo turbinatus. *J. B.*
ε Melo reticulatus.
  *Crefcit* . . . .
  *Varietatum hujus apud Hortulanos infinita farrago.*

# C U C U R B I T A. *g. pl.* 738.

1. CUCURBITA feminibus obfolete bicornibus.
Cucurbita lagenaria, flore albo, folio molli. *Bauh. pin.* 313. *Sloan. flor.* 100.
Cucurbita lagenaria, flore albo. *Morif. hift.* 2. *p.* 23. *f.* 1. *t.* 5. *f.* 3.
Cucurbita lagenaria. *Bauh. hift.* 2. *p.* 216. *Lob. hift.* 366. *Tournef. inft.* 107. *Boerh. lugdb.* 2. *p.* 80.
α Cucurbita falcata figura, folio molli, flore albo. *Tournef.*
β Cucurbita latior, folio molli, flore albo. *J. B.*
γ Cucurbita longa, flore albo, protuberante ventre. *J. B.*
δ Cucurbita oblonga, flore albo, folio molli. *Bauh. pin.* 313. *Sloan. flor.* 100.
Cucurbita longa, folio molli, flore albo. *Bauh. hift.* 2. *p.* 214.
Cucurbita camerariana longa. *Dalech. hift.* 615.
Cucurbita fativa longa. *Cæfalp. fyft.* 196.
Zuccha longa. *Anguill. fimpl.* 115.
ε Cucurbita lagenaria flore albo, folio molli fructu turbinato. *Tournef.*
ζ Cucurbita lagenaria variegata. *Tournef.*

η Cucur-

η Cucurbita lagenaria, folio afpero, major. *Tournef.*
ϑ Cucurbita lagenaria, fructu afpero, minor. *Tournef.*
    *Crefcit locis riguis & humentibus* Americæ.
    *Utriusque varietatum immenfa copia.*

2. CUCURBITA feminum margine integro tumido.
    Cucurbita major rotunda, flore luteo, folio afpero. *Bauh. pin.* 213.
    Cucurbita foliis afperis five Zuccha, flore luteo. *Bauh. hift.* 2. *p.* 218.
    Cucurbita indica rotunda. *Dalech. hift.* 616.
    Pepo vulgaris. *Raj. hift.* 639. *Tournef. inft.* 105. *Boerh. lugdb.* 2. *p.* 73.
α Pepo oblongus. *Bauh. pin.* 311.
β Pepo rotundus aurantii forma. *Tournef.*
γ Pepo fructu minimo fphærico. *T.*
δ Pepo fructu fubrotundo variegato. *T.*
ε Pepo fructu turbinato variegato. *T.*
ζ Pepo fructu turbinato albido. *T.*
η Pepo fructu parvo pyriformi. *T.*
ϑ Pepo fructu turbinato fubcroceo. *T.*
ι Pepo fructu minimo turbinato. *T.*
κ Pepo, fructu ovato flavefcente, alter. *T.*
λ Pepo fructu ovato variegato. *T.*
    *Crefcit . . . .*

3. CUCURBITA feminum margine bafi dilatato.
    Anguria, Cucumis, Citrullus. *Dod. pempt.* 664.
    Anguria Citrullus dicta. *Bauh. pin.* 312. *Tournef. inft.* 106. *Boerh. lugdb.* 2. *p.* 79.
    Anguria. *Dalech. hift.* 625. *Morif. hift.* 2. *p.* 29. *f.* 1. *t.* 6. *f.* 2.
    Citrullus officinarum. *Lob. hift.* 364
    Citrullus folio colocynthidis fecto, femine nigro, quibusdam Anguria. *Bauh. hift.* 2. *p.* 235.
    *Crefcit in* Apulia, Calabria, Sicilia.

# S I C Y O S. *g. pl.* 739.

1. SICYOS foliis angulatis.
    Sicyoides americana, fructu echinato, foliis angulatis. *Tournef. inft.* 103. *Boerh. lugdb.* 2. *p.* 80.
    Bryonioides canadenfis, villofo fructu, monofpermos. *Herm. parad.* 108.
    Cucumis canadenfis monofpermos, fructu echinato. *Herm. parad. t.* 133.
α Bryonioides flore & fructu minore. *Dill. elth.* 58. *t.* 51. *f.* 59.
    *Crefcit in* Canada, *at α in* Mexico.
    *Multum dubito quod* Sicyoides americana, fructu echinato, foliis laciniatis *Plum. ab hac fpecie diftincta fit.*

2. SICYOS foliis ternatis.
    Bryonia curaffavica, folio dentato craffo, & fuccofo caule. *Boerh. lugdb.* 2. *p.* 61.
    Bryonia alba triphylla geniculata, foliis craffis acidis. *Sloan. flor.* 106. *hift.* 1. *p.* 233. *t.* 142. *f.* 5, 6.
    Bryonioides trifoliatum indicum, foliis fucculentis craffis & crenatis. *Pluk. alm.* 71. *t.* 152. *f.* 2.
    Trifolia portoricenfis planta capreolata, foliis craffiufculis ferratis. *Kigg. beaum.* 41.
    *Crefcit in* Jamaica *ad ripas fluvii Cobre dicti & in prato circa urbem* St. Jago de la vega.
    *Plantam communicavit Cl.* Royenus, *quam florentem non vidi, proinde genus obfervent quibus florum copia fit, præfertim cum* Sloane *baccas monofpermas defcribat, & pedunculos fingulares pingat.*

# B R Y O N I A. *g. pl.* 740.

1. BRYONIA foliis palmatis fcabris, laciniis lanceolatis ferratis: lateralibus minimis.
    Bryonia zeylanica, foliis profunde laciniatis. *Herm. lugdb.* 95. *t.* 97. *Boerh. lugdb.* 2. *p.* 61.
    Bryonia zeylanica, foliis in profundas lacinias divifis, fructu minori. *Tournef. inft.* 102.
    *Crefcit in* Zeylona.
    *Nehoemeka H. mal.* 8. *t.* 19. *ab hac diverfa eft.*
    *Difcedit flore parum a reliquis, hinc brevem defcriptionem fiftam.*
    *E feminibus fatis* 1736 *vere prodiit planta bis altitudinem humanam fuperans, hyemem perdurans, & eodem quo hæc fcribo die* (24. *maj.* 1737) *flores promens.*
    *Radix perennis.* Caulis teres, fcaber, longiffimus, flaccidus, herbaceus. Folia folitaria, palmata, *tripartita fere ad bafin: digitis lanceolatis, parum ferratis, antrorfum parallele extenfis: inter- medio paulo longiori, lateralibus latere interiore anguftioribus, e quorum latere exteriore pro- ducitur lacinia quæ (utrinque) digitum mentitur; ad bafin folii glandulæ duæ, oppofitæ, mel- liferæ. Floris* mafculini *calyx lævis, ventricofus, quinquedentatus; Corolla quinquepartita, adnata calyci inferne, colore viridi diluto marginibus albicantibus, interne hirfuta. Filamenta tria; Antheræ coalitæ; Flores feminini feriores germine ovato-oblongo, glabro, ftylo fimplici, ftigmatibus tribus, patulis, infundibuliformibus. Baccæ ovales (nonglobofæ), læves, polyfpermæ.*

                                       **2. BRYO-**

2. BRYONIA foliis palmatis supra callose punctatis. *Dioica.*
Bryonia cretica maculata. *Bauh. pin.* 297. *prod.* 135. *Boerh. lugdb.* 2. *p.* 61.
Bryonia alba maculata. *Bauh. hist.* 2. 146.
*Crescit in* Creta.
*Caulis filiformis, angulatus, lævis, rarius hinc inde denticulis callosis exasperatus, altus, flaccidus, debilis. Folia circumscriptione cordata, ultra medium in quinque partes divisa: laciniis lanceolatis, integris, obtusiusculis, quarum intermedia longior proximis lateralibus, ut hæ infimis; infimæ dein laciniæ lobum deorsum spectantem exserunt; petioli longitudine folii; superficies foliorum punctis callosis, acuminatis, albis asperia & exasperata; ex ala folii prodit cirrhus filiformis, simplicissimus, longissimus; juxta cirrhum ex eadem ala pedunculus digiti longitudine, pedicellis alternis instructus, hinc flores in racemum ferens.*

3. BRYONIA foliis palmatis utrinque callose scabris. *Dioica.*
Bryonia aspera sive alba, baccis rubris. *Bauh. pin.* 297. *Morif. hist.* 2. *p.* 4. *f.* 1. *t.* 1. *f.* 5. *Boerh. lugdb.* 2. *p.* 61.
Bryonia alba & nigra. *Dod. pempt.* 400.
Bryonia. *Cæsalp. syst.* 205.
Vitis alba vel Bryonia. *Bauh. hist.* 2. *p.* 143.
*Crescit ad sepes in* Germania, Hollandia, Anglia.

4. BRYONIA foliis palmatis quinquepartitis, subtus punctatis callosis: supra lævibus, lobis laciniatis.
Bryonia africana laciniata, tuberosa radice, floribus herbaceis. *Herm. parad.* 107. *t.* 108. *Boerh. lugdb.* 2. *p.* 61.
Bryonia africana laciniata, tuberosa radice, floribus luteis. *Herm. parad.* 107.
*Crescit in* Africa.
*Folia primario tripartita: laciniis ovato-oblongis, intermediá in medio utrinque lobos aliquot, quorum inferiores majores, exserente; laterales bipartitæ sunt, laciniá superiore majore, utrinque lobata intermediæ instar, ut infima tantum a latere inferiore unico lobo & parvo denticulo notata.*

Yyyyy

D I OE-

# Classis XXII.

# DIOECIA.

## MONANDRIA.

### VALLISNERIA. g. pl. 741.

1. VALLISNERIA. *Fl. lapp.* 371.

| Mas. | Femina. |
|---|---|
| Vallifneroides paluftre, algæ folio, italicum, foliis in fummitate tenuiffime denticulatis, floribus albis vix confpicuis. *Mich. gen.* 13. *t.* 10. *f.* 2. | Vallifneria paluftris, algæ folio, italica, foliis in fummitate denticulatis, flore purpurafcente. *Mich. gen.* 12. *t.* 10. *f.* 1. |
| Alga fluviatilis graminea, longiffimo folio. *Tournef. inft.* 569. | Potamogiton, algæ folio, pifanum. *Bocc. muf.* 1. p. 289. |

*Crefcentem vidi in foffis & rivulis* Finmarkiæ, Norwegiæ, *juxta mare glaciale ; in fluvio Sala juxta urbem* Upfalienfem; *in pifcinis juxta foffas* Belgii *rarius. Crefcit & in* Italia *in foffis* Pifanis *&* Florentinis.

*Planta fat vulgaris in* Europa, *pro graminis, algæ, vel alius plantæ foliis habita fuit, usque dum miraculum hoc naturæ lynceus detexit* Michelius.

*Mira naturæ providentia, & exemplo fine pari, conjunguntur hic mares & feminæ fub aquis nafcentes.*

| *Mas fcapo breviffimo, erecto, nec ullo modo fuperficiem aquæ attingente. flores in capitulum ferente, dimittit flofculos inapertos, qui quamprimum aquæ fuperficiem attigerint, claufi antea & concavi, aperiuntur natantque corollis circum feminas anatum inftar, farinamque efflant in maturas juxta natantes virgines.* | *Fœmina fcapo longiffimo, fpiraliter involuto, cyclaminis inftar, fub aqua latente, flore unico terminato, eoque fixo, qui erigitur, evolvitur, elongatur usque dum aquæ fuperficiem attigerit, quo facto expanditur flos alligatus, at dum per aliquot dies floruerit, fatiata femina fub aqua eterum fe fubducit prægnans, familiamque propagat.* |

## DIANDRIA.

### SALIX. g. pl. 742.

1. SALIX foliis ferratis glabris, flofculis pentandris.

Salix pentandra. *Fl. lapp.* 370. *t.* 8. *f.* 2.

Mas.

Salix minima, flore eleganter luteo. *Boerh. lugdb.* 2. p. 211.

Salix folio laureo feu lato glabro odorato. *Raj. fyn.* 449. *Raj. hift.* 1420.

*Crefcit in* Lapponia, Svecia, Finlandia, Germania, Belgio, Anglia *in nemoribus umbrofis fubhumidis.*

*Serraturæ foliorum funt glandulæ pallidæ, obtufæ & quafi cartilagineæ in ipfo petiolo magis evidentes & elatiores.*

2. SALIX foliis ferratis glabris lineari lanceolatis, ramis pendulis.

Salix orientalis, flagellis deorfum pulchre pendentibus. *Tournef. cor.* 41.

*Crefcit circa* Babylon, *unde & Salix Babylonica vulgo falutatur.*

*Nobis unica arbor fuit, & qua reliquæ propagatæ per ftolones, hinc omnes ejusdem fexus funt, cujusnam autem an maris vel feminæ, qui flores non viderim, divinare nequeo.*

*Arbor ramis teretibus, longiffimis, flexilibus, laxis, deorfum arcuatis. Folia alterna, digito longiora, angufto-lanceolata, utrinque glabra, acute ferrata, petiolis brevibus infidentia.*

3. SALIX foliis ovatis glabris orbiculatis. *Fl. lapp.* 355. *t.* 8. *f.* 1.

| Mas. | Femina. |
|---|---|
| Salix prædicta. *Fl. lapp. tab.* 7. *f.* 3. | Salix prædicta. *Fl. lapp. tab.* 7. *f.* 4. |
| Salix alpina minima lucida repens, alni rotundo folio. *Bocc. muf.* 2. p. 19. *t.* 1. *f. inferior.* | Salix alpina minima lucida repens, alni rotundo folio. *Bocc. muf.* 2. p. 19. *t.* 1. *f. fuperior.* |

*Crefcit copiofiffima in omnibus jugis* Alpium Lapponicarum; *in alpibus* Helveticis *fummoque feptimi montis jugo ; in afcenfu montis* Snowdon Anglico.

*Hæc planta eft arbor omnium nobis notarum minima.*

4. SALIX foliis lineari-lanceolatis acuminatis ferratis: utrinque vix pubefcentibus, infimis ferraturis glandulofis.

| Mas. | Femina. |
|---|---|
| Salix vulgaris alba arborefcens. *Bauh. pin.* 473. | Salix vulgaris alba arborefcens. *Bauh. pin.* 473. |

*Crefcit in* Belgio, Anglia, Germania *vulgatiffima arbor.*

TE-

**ANTHOSPERMUM. mas.** *Hort. Cliff.* 455 *sp.* 1.

a *Ramus arboris.*
b *Ramulus utrinque truncatus, cum unico verticillo foliorum.*
c *Folia tria basi connexa.*
d *Folia conjugata in sinu folii præcedentis.*
e *Flos in ala folii.* f *Idem lente visus.*
g *Flos nudus.* h *Idem lente visus.*
h *Stamen* i *Idem lente visum.*

G. D. EHRET del.

J. WANDELAAR fec:.

# TETRANDRIA.

## HIPPOPHAE. *g. pl.* 744.

1. HIPPOPHÄE. *Fl. lapp.* 372.

| Mas. | Femina. |
|---|---|
| Hippophäe dioscoridis. *Col. ecphr.* 1. *p.* 36. | Hippophäe dioscoridis. *Col. ecphr.* 1. *p.* 36. |
| Rhamnoides florifera, salicis folio. *Tournef. cor.* 53. *Boerh. lugdb.* 2. *p.* 174. | Rhamnoides fructifera, foliis salicis, baccis aureis. *Tournef. cor.* 53. |
| | Rhamnus 2. *Cluf. hift.* 1. *p.* 110. *Dod. pemp..* 755. *Dalech. hift.* 140. *f.* 2 & 3. |
| | Rhamnus vel Oleafter germanicus. *Bauh. hift.* 1. *p.* 33. |
| | Rhamnus salicis folio angusto, fructu flavescente. *Bauh. pin.* 755. *Raj. hift.* 1592. |

*Crefcit in arenofis maris littoribus* Angliæ, Hollandiæ, Galliæ, Sveciæ, Finlandiæ, Alandiæ, Norlandiæ.

*Scribitur ab aliis Hippophäe, ab aliis vero Hippophäes.*

## ANTHOSPERMUM. *g. pl.* 745.

1. ANTHOSPERMUM.

**Mas.**

Tournefortia. *Pont. epift.* 11.
Comæ aureæ similis frutex ambaram spirans. *Boerh. lugdb.* 1. *p.* 122.
Frutex africanus ambaram spirans. *Pluk. alm.* 159. *t.* 183. *f.* 1. *Volk. norib.* 173.
Frutex africanus ambaram spirans, flore albo. *Walt. hort.* 24. *t.* 9.

*Crefcit in Africa ad Caput* bonæ spei.

*Nobis folus mas eft, de femina vero nulla cognitio.* Enne-pael Rheed. mal. 8. *p.* 159. *t.* 81. *facie noftræ fat fimilis, præ imperfecta adumbratione tamen nil certi ftatui poteft, utrum cum noftra eadem, nec non fit.*

*Frutex eft bipedalis, ramis flaccidis, nunc rectis nunc recurvis; Rami tenues. Folia Stellarum more verticillatim prodeunt, e regione terna, bafi leviffime connexa cum denticulo intra fingula quæque pofito; intra hæc terna folia, fex oriuntur, duo & duo fimul, tamquam ex finu foliorum prædictorum licet diftinctiffima fint; omnia alias æqualia, linearia, utrinque acuminata, patentiffima, apice recurva, odor foliorum aromaticus. Flores feffiles ad alas, pallidi, in characteribus defcripti. Femina nobis non nota eft, & quem fructum defcripfit Cl. Pontedera fuit absque dubio flos non explicatus, & femina folum antheræ, unde Anthofpermum nobis dicatur.*

## MYRICA. *g. pl.* 746.

1. MYRICA foliis lanceolatis, fructu ficco. *Fl. lapp.* 373.

| Mas. | Femina. |
|---|---|
| Gale florifera. *Vaill. parif.* 77. | Gale fructifera. *Vaill. parif.* 77. |
| Chamelæagnus. *Dod. pempt.* | Gale frutex odoratus feptentrionalium. *Bauh. hift.* 1. *p.* 225. *Tournef. act.* 1706. *Dill. gen.* 154. *Boerh. lugdb.* 2. *p.* 261. |
| | Gagel. *Dod. hift.* 1223. |
| | Chamelæagnus. *Dod. pempt.* 780. |
| | Rhus myrtifolia belgica. *Bauh. pin.* 414. |
| | Rhus fylveftris altera. *Dalech. hift.* 110. |
| | Thea europæum aut noftras. *S. Paul. monogr.* |

*Crefcit in pafcuis paludofis copiofiffime per* Lapponiam, Finlandiam, Norwegiam, Norlandiam, Finlandiam, Smolandiam, *nec non per* Daniam, Hollandiam, Angliam *feptentrionalem parcius.*

2. MYRICA foliis lanceolatis, fructu baccato.

| Mas. | Femina. |
|---|---|
| Gale quæ Myrto brabanticæ fimilis carolinienfis &c. *Boerh. lugdb.* 2. *p.* 261. *Hort. angl.* 34. *t.* 20. *f. ult.* | Myrica foliis lanceolatis, fructu baccato. *Fl. lapp.* pag. 298. |
| Myrtus brabanticæ fimilis. *Catesb. ornith.* 69. *t.* 69. *f. ramus interior.* | Myrtus brabanticæ fimilis carolinienfis baccata, fructu racemofo feffili monopyreno. *Pluk. alm.* 250. *t.* 48. *f.* 9. *Catesb. ornith.* 69. *t.* 69 *f. exterior.* |
| | Coriotragematodendros f. Arbor carolinienfis, æleagni cordi foliis, fructu faccharati fpecie & magnitudine coriandri. *Pluk. amalt.* 65. |
| | Ambulon arbor. *Bauh. hift.* 1. *p.* 503. |
| | • Myrtus brabanticæ fimilis carolinienfis humilior, foliis latioribus & magis ferratis. *Catesb. ornith.* 13. *t.* 13. |

*Crescit in* America feptentrionali, *in* Carolina, Penfylvania *&c.*

*In hortis* Belgii *hoc tempore folus mas occurrit, feminam vidimus Oxoniis in Horto Academico, variisque aliis* Angliæ *Hortis.*

*Ex hujus plantæ baccis conficiuntur candelæ in* America, *proin mira bacca quæ ceram producat, cum tamen cera apum ex farina antherarum florum conficiatur.*

*Ab antecedenti magnitudine & fructu fucculento differt, alia autem nota vix ulla.*

3 MYRICA foliis oblongis oppofite finuatis.
     Laurus africana minor, folio quercus. *Comm. hort.* 2. *p.* 161. *t.* 81. *Boerh. lugdb.* 2. *p.* 216.
     Coriotragematodendros africana, botryos amplioribus foliis denfis. *Pluk. amalt.* 65.

*Crescit ad* Caput bonæ fpei.

*Cum hæc nondum in Horto floruerit, licet plures poffideamus annofas arbufculas, an mares vel feminæ fint in medium pono, nec quid de genere certi fcio, nifi quæ ex facie & authoritate* Plukenetii *dubiam fidem relinquunt.*

4. MYRICA foliis oblongis alternatim finuatis.

| Mas. | Femina. |
|---|---|
| Myrtus brabanticæ affinis americana, foliorum laciniis afplenii modo divifis, julifera. *Pluk. phyt. t.* 100. *f.* 7. | Myrtus brabanticæ affinis americana, foliorum laciniis afplenii modo divifis, fructum ferens. *Pluk. alm.* 250. *t.* 100. *f.* 6. |

*Crescit in* America.

*Folia lanceolata, finuata ad coftam usque, fed lobis & finubus in oppofito latere, alternis. Fructum non vidimus, quem fatis diverfum a congeneribus defcribit* Plukenetius.

5. MYRICA foliis fubcordatis ferratis feffilibus.

| | Femina. |
|---|---|
| | Coriotragematodendros ilicis aculeatæ folio ex promontorio bonæ fpei. *Pluk. amalt.* 65. |
| | Tithymali facie planta æthiopica, ilicis aculeato folio. *Pluk. alm.* 373 *t.* 317. *f.* 7. |
| | Arbufcula africana, foliis folitariis triangularibus dentatis absque pedunculo arcte cauli ramisque adnatis. *Boerh. lugdb.* 2. *p.* 263. |
| | Alaternoides ilicis folio craffo hirfuto. *Walth. hort.* 3. *t.* 3. |

*Crescit in* Æthiopia.

*Nobis fola femina eft, quæ floret menfe novembri, dum ex ala excrefcit amentum flofculos tres quatuorve femininos continens, fingulis duplici piftillo jubulato longo albo, calyce vix manifefto. Bacca parva, monopyrena, rugofa fuccedit, fed ante maturitatem decidit fubventanea.*

6. MYRICA foliis ternatis: intermediis cuneiformibus tridentatis.

| | Femina. |
|---|---|
| | Thymelæa capenfis, fericeis & longioribus acutis foliis, caule geniculato pilofo. *Pluk. alm.* 367. *t.* 229. *f.* 4. *bona.* |

*Crescit ad* caput Africæ.

*Planta procumbit & pilis fericea evadit. Folia ternata, feffilia, pilofa, intermedio latiori trifido, lateralibus lanceolatis, fi flores rite depinxit* Plukenetius, *videntur hujus generis effe; ad nos autem nulla de fructificatione notitia alia pervenit.*

# P I S T A C I A. *g. pl.* 747.

1. PISTACIA foliis ternatis.
     *Mas.*
Piftacium mas ficulum, folio nigricante. *Bocc. muf.* 2. p 139. *t.* 93.
Terebinthus feu Piftacia trifolia. *Tournef. inft.* 580.

*Crescit in* Sicilia.

2. PISTACIA foliis impari pinnatis, foliolis ovato-lanceolatis.

| Mas. | Femina. |
|---|---|
| Terebinthus vulgaris mas. *Boerh. lugdb.* 2. *p.* 173. | Terebinthus vulgaris. *Bauh. pin.* 400. *Tournef. inft.* 579. |
| Terebinthus. *Bauh. hift.* 1. *p.* 279. *f. ramis fubjectus.* *Dod. pempt.* 870. *f. 2. ramis fubjectus. Lob. hift.* 538. *ramis fubjectus. Cluf. hift.* 1. *p.* 15. *ramis fubjectus.* | Terebinthus. *Bauh. hift.* 1. *p.* 279. *f. ramus cum folliculo. Dod. pempt.* 870. *f. 2. ramus cum folliculo. Lob. hift.* 538. *ramus cum folliculo. Cluf. hift.* 1. *p.* 15. *ramus cum folliculo.* |

*Crescit in ficcis lapidofis foli expofitis* Galliæ Narbonenfis, Hifpaniæ, Lufitaniæ, Italiæ, Siciliæ, Africæ, Indiæ, Syriæ, Cypri, Cycladum, Mefopotamiæ, Affyriæ.

3. PISTACIA foliis abrupte pinnatis.

| Mas. | Femina. |
|---|---|
| Lentifcus vulgaris, foliis minoribus & pallidioribus. *Herm. lugdb.* 360. *Boerh. lugdb.* 2. *p.* 174. | Lentifcus vulgaris. *Bauh. pin.* 399. *Tournef. inft.* 580. *Boerh. lugdb.* 2. *p.* 174. |
| Lentifcus. *Cluf. hift.* 1. *p.* 14. *f. ramus major. Dod. pempt.* 871. *f. major. Lob. hift.* 538. *f. major.* | Lentifcus. *Cæfalp. fyft.* 77. *Bauh. hift.* 1. *p.* 283. |
| | Lentifcus. *Cluf. hift.* 1. *p.* 14. *f. ramus minor. Dod. pempt.* 871. *f. major. Lob. hift.* 538. *f. major.* |
| | ◦ Lentifcus vera ex infula chio, cortice & foliis fufcis. *Boerh.*      *Crescit* |

*Crefcit in* Italia, Sicilia, G. Narbonenfi, Lufitania, Bætica, Regno Valentino. *In* Chio *infula ubi Maftichen fundit.*

# PENTANDRIA.

## PISONIA. *g. pl.* 118 & *pag.* 380.

1. PISONIA.

*Femina.*

Pifonia aculeata, fructu glutinofo & racemofo. *Plum. gen.* 7.

Pentagonotheca americana fpinofa. *Vaill. act.* 1722. *p.* 260.

Plumbago americana fcandens aculeata, betæ folio minori. *Tournef. inft.* 141.

Rhamnus an potius Lycium Fringego jamaicenfibus dictum. *Pluk. alm.* 318. *t.* 108. *f.* 2.

Paliuro affinis arbor fpinofa, flore herbaceo penta-petaloide, fructu ficco nudo cannulato lappaceo. *Sloan. flor.* 137. *hift.* 2. *p.* 25. *t.* 167. *f.* 34. *Raj. dendr.* 95.

*Crefcit copiofe in fylvis* Jamaicæ.

*Caulis lævis; rami fere oppofiti, ftricti, patento-deflexi; aculei breves, reflexi, acuti; folia fubrotunda; racemi fubrotundi, oppofiti, in fummis ramis.*

## SPINACIA. *g. pl.* 748.

1. SPINACIA.

| *Mas.* | *Femina.* |
|---|---|
| Spinacia vulgaris fterilis. *Tournef. inft.* 533. *Boerh. lugdb.* 2. *p.* 104. | Spinacia vulgaris, capfula feminis aculeata. *Tournef. Boerh.* |
| Spinacia in qua flores fine femine pallidi. *Cæfalp. fyft.* 163. | Spinacia in qua fine flore femina. *Cæfalp. fyft.* 163. |
| Spinachia mas. *Raj. hift.* 162. | Spinachia femina. *Raj. hift.* 162. |
| Spinachia femina. *Dalech. hift.* 543. *Bauh. hift.* 2. *p.* 963. | Spinachia mas. *Dalech. hift.* 543. *Bauh. hift.* 2. *p.* 963. |
| Spinachia fterilis. *Morif. hift.* 2. *p.* 598. | Spinachia femine fpinofa. *Morif. hift.* 2. *p.* 598. *f.* 5. *t.* 30. *f.* 1. |
| Lapathum hortenfe feu Spinacia fterilis. *Bauh. pin.* 115. | Lapathum hortenfe feu Spinacia, femine fpinofo. *Bauh. pin.* 114. |
| | Spinacia vulgaris, capfula feminis non aculeata. *Tournef.* |
| | Spinachia femine non pungente, folio majore rotundiore. *Bauh. hift.* 2. *p.* 964. |
| | Lapathum hortenfe feu Spinacia femine non fpinofo. *C. B.* 115. |

*Crefcendi locus apud Botanicos non occurrit.*

## CANNABIS. *g. pl.* 748.

1. CANNABIS foliis digitatis.

| *Mas.* | *Femina.* |
|---|---|
| Cannabis fativa mas f. fterilis. *Raj. hift.* 158. *Morif. hift.* 3. *p.* 433. *f.* 11. *t.* 25. *f.* 2. | Cannabis fativa fœmina f. fertilis. *Raj. hift.* 158. *Morif. hift.* 3. *p.* 433. *f.* 11. *t.* 25. *f.* 1. |
| Cannabis fterilis. *Dod. pempt.* 535. | Cannabis fœcunda. *Dod. pempt.* 535. |
| Cannabis florens non fructum ferens. *Cæfalp. fyft.* 157. | Cannabis fructum ferens non florens. *Cæfalp. fyft.* 157. |
| Cannabis fœmina. *Dalech. hift.* 497. *Bauh. hift.* 3. *p.* 443. | Cannabis mas. *Dalech. hift.* 497. *J. B.* 3. *p.* 447. |
| Cannabis erratica. *Bauh. pin.* 320. *Boerh. lugdb.* 2. *p.* 104. | Cannabis fativa. *Bauh. pin.* 320. *Boerh. lugdb.* 2. *p.* 104. |
| Cannabis erratica paludofa. *Lob. hift.* 284. | Cannabis. *Lob. hift.* 284. |
| Kalengi-canfjava. *Rheed. mal.* 10. *p.* 119. *t.* 60. | Tfjeru-canfiava. *Rheed. mal.* 10. *p.* 121. *t.* 60? |
| Ba & Ma. *Kæmp. jap.* 897. | Ba & Ma. *Kæmp. jap.* 897. |

*Crefcit in* India Orientali; Japonia, Malabaria.

*Quod Mas in Horto Malabarico exhibitus noftra fit planta nullum dubium detur; fœmina autem parum recedit foliis ternatis, tamen & ejusmodi plantas in folo macro apud nos obfervamus non infrequentes. Præterito anno inter femina Japonica & Cannabis fuit, enata in magnitudinem duplo humanam, & arborefcens quafi, tamen annua, ne unica nota a noftra diverfa.*

2. CANNABIS foliis pinnatis.

*Mas.*

Cannabis lutea fterilis. *Alp. exot.* 290. *Morif. hift.* 3. *p.* 432. *f.* 11. *t.* 25. *f.* 4.

Cannabina cretica florifera. *Tournef. cor.* 52. *Boerh. lugdb.* 2. *p.* 105.

Refedæ affinis cretica, foliis cannabinis alterno fitu pinnatis, floribus luteis. *Pluk. alm.* 317.

Luteola herba fterilis. *Bauh. pin.* 100.

Luteola cannabinoides cretica. *Munt. hift.* 730.

Zzzzz

*Crefcit*

*Crefcit in* Creta.
*Mas flofculos decandros profert, qua differt a præcedenti pentandro ; fœminam non vidimus*

# H U M U L · U S. *g. pl.* 750.

1. HUMULUS.

**Mas.**

Lupulus mas. *Raj. hift.* 156. *Bauh. hift.* 2. *p.* 151.
Lupulus fœmina. *Bauh. pin.* 298. *Boerh. lugdb.* 1. *p.* 104.
Lupulus filveftris minor fine fructu. *Morif. hift.* 2.
  *p.* 38. *f.* 1. *t.* 7. *f. ult.*

**Femina.**

Lupulus fœmina. *Raj. hift.* 156. *Bauh. hift.* 2. *p.* 152.
Lupulus mas. *Bauh. pin.* 104. *Boerh. lugdb.* 1. *p.* 104.
Lupulus. *Dod. pempt.* 409. *Dalech. hift.* 414.
Lupus falictarius five Lupulus. *Lob. hift.* 347.
Convolvulus perennis heteroclitus floribus herbaceis,
  capfulis foliaceis ftrobili inftar. *Morif. hift.* 2. *p.* 37.
  *f.* 1. *t.* 7. *f. penult.*

*Crefcit inter fenticeta, vepres & arbores loco fertili & fucculento in* Italia, Anglia, Gallia, Belgio; *hoc tempore per maximam partem* Europæ. *In denfis fylvis maritimis* Bicerneburgum *inter &* Chriftinam *arboribus infidentem obfervavi in* Finlandia.

# H E X A N D R I A.

## R A J A N I A. *g. pl.* 753.

1. RAJANIA foliis haftato-cordatis.

**Mas.**

Jan-Raja fcandens, folio oblongo-angufto & auriculato. *Plum. gen.* 33.
Bryonia fructu alato, foliis auriculatis. *Plum. amer.* 84. *t.* 98. *f. ramus in centro.*

**Femina.**

Jan-Raja fcandens, folio oblongo-angufto & auriculato. *Plum. gen.* 33.
Bryonia fructu alato, foliis auriculatis. *Plum. amer.* 84. *t.* 98. *f. circum centrum.*

*Crefcit in infula* f. Domingo.
*Planta caule tenui, volubili, absque cirrhis. Folia folitaria, lævia, e cordata figura bafi dilatata, apicem verfus attenuata, integerrima, glabra, petiolata. Racemi duo vel tres ex fingula ala. Dicta fuit in memoriam incomparabilis Botanici* Joh. Raj. *Angli, clari ex tot egregiis operibus: ex Hiftoria plantarum; Flora Anglicana, Flora Europæa; Syftemate a fructu, variisque aliis, etiam in aliis Hiftoriæ naturalis partibus; Hic folus plura præftitit quam facile alius ullus, interque primos Botanicos omni ævo adnumerandus erit.*

# T A M U S. *g. pl.* 752.

1. TAMUS foliis cordatis.

**Mas.**

Tamnus mas vulgaris feu fterilis. *Vaill. parif.* 191.

Bryonia communis quæ Tamus. *Bauh. prod.* 135.
Bryonia lævis five nigra racemofa, diofcoridi flore mufcofo capillaceo. *Bauh. pin.* 297.

Vitis nigra matthioli. *Dalech. hift.* 1412.

**Femina.**

Tamnus fœmina, fructu rubro. *Vaill. parif.* 191.
Tamnus racemofa, flore minore luteo pallefcente. *Tournef. inft.* 102. *Boerh. lugdb.* 2. *p.* 62.
Tamarum vulgo, aliis Cerafiola. *Cæfalp. fyft.* 206.
Bryonia fylveftris baccifera. *Bauh. prod.* 135.
Bryonia lævis five nigra racemofa cujus baccæ ruffefcunt vel nigrefcunt. *Bauh. pin.* 297.
Bryonia nigra. *Morif. hift.* 2. *p.* 5. *f.* 1. *t.* 1. *f.* 6.
Vitis nigra, quibusdam Tamnus plinii, folio cyclamini. *Bauh. hift.* 2. *p.* 147.
Vitis five Bryonia filveftris, Sigillum mariæ. *Lob. hift.* 344.
Vitis filveftris five Tamus. *Dod. pempt.* 400.

*Crefcit in dumetis & fepibus, copiofe juxta viam publicam* Londinum *inter &* Oxoniam, *& alibi in* Anglia, Genevæ, Tiguri, Parifiis *&c. in* Hetruria *alibique.*

# S M I L A X. *g. pl.* 751.

1. SMILAX caule angulato aculeato, foliis cordato-oblongis acutis aculeatis.

**Mas.**

Smilax afpera. *Vulgo.*

**Femina.**

Smilax afpera. *Bauh. hift.* 2. *p.* 115. *Dod. pempt.* 398.
Smilax afpera, fructu rubente. *Bauh. pin.* 296. *Boerh. lugdb.* 2. *p.* 60.
Smilax afpera, rutilo fructu. *Cluf. hift.* 1. *p.* 112.
Smilax afpera vulgo Hedera fpinofa. *Cæfalp. fyft.* 208.
α Smilax afpera minus fpinofa, fructu nigro. *Bauh. pin.* 236.
Smilax afpera, nigro fructu. *Cluf. hift.* 1. *p.* 113.

*Crefcit in fepibus* Siciliæ, Italiæ, G. Narbonenfis.
*Variat foliis latioribus & anguftioribus.*

β. SMI-

DIOSCOREA foliis cordatis, caule lævi. *Hort. Cliff.* 459. *sp.* 1.
   a *Caulis volubilis.*
   b *Ramuli.*
   c *Racemus fructuum.*

G. D. EHRET del.                                   J. WANDELAAR fecit.

2. Smilax caule tereti aculeato, foliis lanceolatis inermibus.

Smilax, viticulis afperis, virginiana, foliis anguftis lævibus nullis auriculis prædita. *Pluk. alm.* 349. *t.* 110. *f.* 4.

*Crefcit in* Virginia.

*Caulis alternatim inflexus, folia bafi angulata, apice fuperius oblique acuminata, lævia. Flores non vidimus.*

3. Smilax caule tereti inermi, foliis cordato-ovatis acutis inermibus, petiolis bidentatis.

Smilax virginiana, fpicis innocuis armata, latis canellæ foliis, radice arundinacea craffa nodofa & carnofa. *Pluk. alm.* 349. *t.* 110. *f.* 5.

*Crefcit in* Virginia.

4. Smilax caule angulato aculeato, foliis dilatato-cordatis inermibus acutis.

Smilax, viticulis afperis, virginiana, folio hederaceo leni zarza nobiliffima. *Pluk. alm.* 348. *t.* 111. *f.* 2.

Mecapatli. *Hern. mex.* 288.

*Crefcit in* Virginia, Mexico &c.

*Folia latiora quam longa, glabra, integerrima, petiolata, acuta, inermia. Sexus in hac & proxime præcedenti nobis non conftat.*

# DIOSCOREA. *g. pl.* 754.

1. Dioscorea foliis cordatis, caule lævi.

| Mas. | Femina. |
|---|---|
| Ricophora indica f. Inhame malabarica, folio rotundo in acutiffimum apicem mucronato. *Pluk. alm.* 321. | Diofcorea fcandens, folio tamni, fructu racemofo. *Plum. gen.* 9. |
| Mu-Kelengu. *Rheed. mal.* 8. *p.* 97. *t.* 51. | Volubilis nigra, radice tuberofa compreffa maxima digitata farinacea efculenta, folio cordato nervofo. *Sloan. flor.* 46. *hift.* 140. |
| | Rhizophora ~~americana.~~ *Boerh. lugdb.* 2. *p.* 267? |

*Crefcit in* America calidiori, Mala~~baria & Zeylona~~

*Rhizophora, Inhame & Batatas* dicta *fuit hæc plantarum familia a veteribus, Inhame autem & Batatas* funt ~~nomina~~ *Barbara, Rhizophora autem dicta fuit quod radix carnofa fit, imo & caulis fæpe bulbifer, hoc vero cum nec effentiale nec univerfale in præfenti genere fit, recepimus rhizophoræ nomen ad defignandum* plane *aliud genus & arboreum, in quo radices arboris fupra terram methodo propria fefe exerant, inque hoc magni Diofcoridis retinemus cum Plumiero memoriam. Plumier, quod mirum, hujus unicam prædictam tradit fpeciem, cum tamen reliqui peregrinatores in utraque India longe plures obfervarunt, uti.*

2. Dioscorea *foliis cordatis, caule bulbifero.* * Rizophora zeylanica, *fcammonii folio fingulari, radice rotunda.* Herm. parad. 213. *t.* 217. Burm. zeyl. 207. Ricophora indica bryoniæ nigræ *fimilis ad foliorum ortum verrucofa.* Pluk. alm. 321. *t.* 220. *f.* 50? Boerh. lugdb. 2. *p.* 267. Katu-Katfjil. Rheed. mal. 7. *p.* 69. *t.* 36. Battata fylveftris foliis fmilacis nervofis, flore vidua, fructu triangulari compreffo difpermo. Raj. app. 132. *femina eft.*

3. Dioscorea *foliis cordatis, caule aculeato bulbifero.* * Battata fylveftris fpinofa, fmilacis folio, floribus ftamineis racemofis, pro fructu verrucofam excrefcentiam protrudens. Raj. app. 133. Kattu-Kelangu. Rheed. mal. 7. *p.* 71. *t.* 37.

4. Dioscorea *foliis ternatis* * Battata fylveftris fpinofa trifolia flore vidua verrucofa, fructibus in fpicis longis rarioribus triangularibus ad pediculum reflexis. Raj. app. 133. Tfiageri-Nuren. Rheed. mal. 7. *p.* 63. *t.* 33.

5. Dioscorea *foliis digitatis, caule fpinofo* * Ricophora pentaphyllos, caule fpinofo, fructu oblongo triquetro, malabaræa. Pluk. alm. 321. Nurem-Kelengu. Rheed. mal. 7. *p.* 67. *t.* 35. (*femina*). Katunuren-Kelengu. Rheed. mal. 7. *p.* 67. *t.* 34. (*forte mas*). Reliquarum fpecierum hiftoria obfcure tradita eft.

*Noftræ feu fpeciei 1 brevem do defcriptionem: Anno 1736, e feminibus americanis prodiit planta convolvuli modo fcandens, absque ramis, lævis, foliis cordatis acuminatis duplo longioribus quam latis, infequente autumno perit caulis, & e radice carnofa fubrotunda depreffa vernali tempore 1737 excrefcunt.*

*Caules plures, plus quam humanæ altitudinis trium digitorum transverforum longitudine, quinque vero in latitudine, Folia novem nervis inftructa, integerrima, glabra, utrinque viridia, petiolis folio dimidio brevioribus angulatis infidentia, deflexa, parum venofa; caulis angulatus filiformis fcandens a finiftris dextrorfum; plantæ caulis motus & circum alium baculam fcandere coactus, recufabat, marcefcebat, novos e radice produxit, hoc anno itaque non floruit.*

O c.

## O C T A N D R I A.

### P O P U L U S. *g. pl.*

1. POPULUS foliis fubrotundis dentato-angulatis: fubtus tomentofus.

*Mas.*

Populus alba. *Dod. Dalech.*

Populus alba Leuce. *J. B.*
Populus alba, vulgo Albarus. *Cæf.*
Populus alba, majoribus foliis. *C. B. Boerh.*

*α* Populus alba, minoribus foliis. *C. B.*

*Femina.*

Populus alba. *Dod. pempt.* 835. *Lob. hift.* 609. *Dalech. hift.* 87.
Populus alba Leuce. *Bauh. hift.* 1. *p.* 160.
Populus alba vulgo Albarus. *Cæfalp. fyft.* 120.
Populus alba, majoribus foliis. *Bauh. pin.* 429. *Boerh. lugdb.* 2. *p.* 211.

*α* Populus alba, minoribus foliis. *C. B.* 429.

*Crefcit in* Germania, Hollandia, Anglia, Gallia, Italia.

2. POPULUS foliis fubrotundis dentato-angulatis utrinque glabris.

*Mas.*

Populus foliis orbiculatis crenatis. *Fl. lapp.*
Populus tremula. *C. B.*
Populus lybica. *Dod. Lob. Dalech.*

Populus libyca, Cercis theophrafti. *J. B.*
Populus in alpibus, nigriori afpectu, plinio libica. *Cæf.*

*Femina.*

Populus foliis orbiculatis crenatis. *Fl. lapp. p.* 300.
Populus tremula. *Bauh. pin.* 429. *Boerh. lugdb.* 2. *p.* 211.
Populus lybica. *Dod. pempt.* 836. *Lob. hift.* 610. *Dalech. hift.* 87.
Populus libyca, Cercis theophrafti. *Bauh. hift.* 1. *p.* 163.
Populus in alpibus, nigriori afpectu, plinio libica. *Cæfalp. fyft.* 120.

*Crefcit in Regionibus Europæ frigidioribus, locis umbrofis & fucculentis in* Lapponia, Svecia, Finlandia, Dania, Germania, Hollandia, Anglia, Gallia; *& juxta omnes Alpes.*

3. POPULUS foliis deltoidibus acuminatis ferratis.

*Mas.*

Populus nigra quæ flores non fructum fert. *Cæf.*

Populus nigra. *C. B. Dod. Lob. Dalech. Boerh.*

Populus nigra five Aigeros. *J. B.*

*Femina.*

Populus nigra quæ fructum fert at non floret. *Cæfalp. fyft.* 120.
Populus nigra. *Bauh. pin.* 429. *Dod. pempt.* 836. *Lob. hift.* 609. *Dalech. hift.* 86. *Boerh. lugdb.* 2. *p.* 211.
Populus nigra five Aigeros. *Bauh. hift.* 1. *p.* 155.

*Crefcit juxta aquas in* Germania, Hollandia, Anglia, Gallia.

4. POPULUS foliis cordatis crenatis.
Populus nigra, folio maximo, gemmis balfamum odoratiffimum fundentibus. *Catesb. ornith.* 34. *t.* 34.
*Crefcit in* Carolina *Americes juxta aquas. Communicata ab Ill.* Boerhaavio.
*Cum etiamnum apud nos non floruerit, fexum determinare nequeo.*
*Tam fimilis eft antecedenti ac umquam affinis, differt foliis magis cordatis, obtufis, foliisque balfamo obunctis; inter ftipulas liquidiffimum balfamum maxima in copia datur.*

### E N N E A N D R I A.

### H Y D R O C H A R I S. *g. pl.* 757.

1. HYDROCHARIS.

*Mas.*

Micro leuco-Nymphæa. *Boerh.*
Nymphæa flore minimo tripetalo albo. *Morif.*

Nymphæa alba, folio afari. *Cæf.*
Nymphæa alba minima. *C. B.*
Nymphæa minor five Morfus ranæ. *J. B.* non figura.

Ranæ Morfus altera icon. *Dod. pempt.* 583. *f.* 2.
Morfus ranæ foliis circinatis, floribus albis. *Tournef. Dill. Vaill.*
Morfus ranæ foliis afari. *Rupp.*
Stratiotes foliis alöes. *Jobr. Raj. f.*

*Femina.*

Micro-leuco-Nymphæa. *Boerh. lugdb.* 1. *p.* 282.
Nymphæa flore minimo tripetalo albo. *Morif. hift.* 3. *p.* 513.
Nymphæa alba, folio afari. *Cæfalp. fyft.* 569.
Nymphæa alba minima. *Bauh. pin.* 193.
Nymphæa minor five Morfus ranæ. *Bauh. hift.* 3. *p.* 773. non figura.
Ranæ Morfus. *Dod. pempt.* 583. *f.* 1. *Lob. hift.* 324.
Morfus ranæ, foliis circinatis, floribus albis. *Tournef. act.* 1705. *t.* 311. *Dill. gen.* 149. *Vaill. parif.* 129.
Morfus ranæ, foliis afari. *Rupp. jen.* 49.
Stratiotes foliis alöes, femine rotundo. *Jobr. bodeg. præf. Raj. fyn.* 290.

*Crefcit in foffis & aquis pigrioribus per* Sveciam, Daniam, Germaniam, Hollandiam, Angliam, Galliam.

M E R-

## MERCURIALIS. *g. pl.* 756.

1. MERCURIALIS caule fimpliciffimo, foliis fcabris.

| *Mas.* | *Femina.* |
|---|---|
| Mercurialis perennis repens Cynocrambe dicta. *Raj.* | Mercurialis perennis repens Cynocrambe dicta. *Raj. fyn.* 138. |
| Mercurialis montana fpicata. *C. B. Morif. hift.* 2. *p.* 613. *f.* 5. *t.* 34. *f.* 4. | Mercurialis montana tefticulata. *Bauh. pin.* 122. *Morif. hift.* 2 *p.* 613. *f.* 5. *t.* 34. *f.* 3. *Boerh. lugdb.* 2. *p.* 106. |
| Mercurialis altera. *Cæfalp.* | Mercurialis altera. *Cæfalp. fyft.* 318. |
| Mercurialis femina. *Fuch. hift.* 476. | Mercurialis mas. *Fuch. hift.* 415. |
| Cynocrambe Mercurialis filveftris. *Dod.* | Cynocrambe, Mercurialis filveftris. *Dod. pempt.* 659. |
| Cynocrambe fœmina five Mercurialis repens. *J. B* fig. *fuperior.* | Cynocrambe mas five Mercurialis repens. *Bauh. hift.* 2. *p.* 978. |
| Cynocrambe. *Lob.* | Cynocrambe. *Lob. hift.* 131. *Dalech. hift.* 1618. |

*Crefcit in fepibus & nemoribus frequens per* Europam, *per* Sveciam *in* Scania & *ad acidulas* Wiksbergenfes *in* Sudermannia; *circa* Gœtteryd *in* Smolandia.
*Dodonæus & Lobelius erroneas proponunt figuras ex floribus Androgynis, quod tamen obtinuit numquam.*

2. MERCURIALIS caule brachiato, foliis glabris.

| *Mas.* | *Femina* |
|---|---|
| Mercurialis vulgaris florifera. *Vaill. parif.* 126. | Mercurialis vulgaris annua fructifera.*Vaill. parif* 126. |
| Mercurialis annua glabra vulgaris. *Raj.* | Mercurialis annua glabra vulgaris. *Raj fyn.* 139. |
| Mercurialis fpicata five fœmina. *C. B. Morif. hift.* 2. *p.* 612. *f.* 5. *t.* 34. *f.* 2. *Boerh.* | Mercurialis tefticulata five mas. *Bauh. pin.* 121. *Morif. hift.* 2. *p.* 612. *f* 5. *t.* 34. *f.* 1. *Boerh. lugdb.* 2. *p.* 108. |
| Mercurialis fœmina. *J. B. Dod. Lob. Dalech.* | Mercurialis mas. *Bauh. hift.* 2. *p.* 977. *Dod. pempt.* 658. *Lob. hift.* 131. *Dalech. hift.* 1627. |
| Mercurialis quæ floret. *Cæfalp.* | Mercurialis quæ fructum fert. *Cæfalp. fyft.* 318. |

*Crefcit locis humentibus ac umbrofis. in maris littore prope* Ryde *in* Anglia, Gallia, Italia *&c.*

3. MERCURIALIS caule fruticofo, foliis tomentofis.

| *Mas.* | *Femina.* |
|---|---|
| Mercurialis fruticofa incana fpicata. *Tournef.* | Mercurialis fruticofa incana tefticulata. *Tournef. inft.* 534. *Boerh lugdb.* 2. *p.* 106. |
| Mercurialis fruticofa incana mas.*Boerh. lugdb.*2.*p.*106. | |
| Phyllon fpicatum. *Bauh. pin. Morif. hift.* 2. *p.* 613. *f.* 5. *t.* 34. *f.* 6. | Phyllon tefticulatum. *Bauh. pin* 122. *Morif. hift.* 2. *p.* 613. *f.* 5. *t.* 34. *f.* 5. |
| Phyllum feminificum. *Cluf. hift.* 2. *p.* 48. | Phyllum marificum. *Cluf. hift.* 2. *p.* 48. |
| Phyllon thelygonum folio incano. *J. B.* | Phyllon arrhegonum folio incano. *Bauh. hift.* 2. *p.* 981. |
| Phyllon mas feu arrhegonum mariparum. *Lob. adv.* 99. *f.* 1. | Phyllon thelygonum five fœminiparum. *Lob. adv.* 99. *f.* 2. |
| Phyllum arrhegonum thelygonum theophrafti. *Dalech. hift.* 1197. *f.* 1. | Phyllum thelygonum matthioli.*Dalech. hift.* 1196.*f.* 1. |

*Crefcit in aggeribus, ad vias publicas, in maritimis, uti circa Monfpelium, in Galliæ* Narbonenfis *variis dein locis, inque* Hifpania.

# DECANDRIA.

## CARICA. *g. pl.* 759.

1. CARICA foliorum lobis finuatis.

| *Mas.* | *Femina.* |
|---|---|
| Papaya mas. *Boerh. lugdb.* 2. *p.* 170. *Burm. zeyl.* 184. | Papaja fœmina. *Burm. zeyl.* 184. |
| | Papaya fructu melo-peponis effigie. *Plum. fpec.* 20. *Tournef. inft.* 659. *Boerh. lugdb.* 2. *p.* 170. |
| Papaya major, flore & fructu minoribus, pediculis longis infidentibus. *Sloan. flor.* 203. *hift.* 2. *p.* 166. | Papaya major, flore & fructu majoribus, pediculis curtis infidentibus. *Sloan. flor.* 200. *hift.* 2. *p.* 164. |
| | Papaye peruviana. *Bauh. hift.* 1. *p.* 147. |
| Ambapaja.*Rheed. mal.*1.*p.* 21.*t.* 15.*f.* 2. *Pont. anth.* 301. | Papajamaram. *Rheed. mal.* 1. *p.* 23. *t.* 15. *f.* 1. *Pont. anth.* 302. |
| Mamaera mas. *Cluf. cur.* 80. | Mamaera femina. *Cluf. cur.* 80. |
| Pinogvacu mas. *Pif. braf.* 2. *p.* 159. | Pinogvacu fœmina. *Pif. braf.* 2. *p.* 159. |
| Ficus arbor utriusque indiæ, platani foliis, monofteleches, fructu mali cydoniæ aut melonis magnitudine. *Pluk. alm.* 145. | Ficus arbor utriusque indiæ, platani foliis, monofteleches, fructu mali cydonii aut melonis magnitudine. *Pluk. alm.* 145. *t.* 278. *f.* 1. |
| Arbor platani folio, fructu peponis magnitudine eduli. *C. B.* | Arbor platani folio, fructu peponis magnitudine eduli. *Bauh. pin.* 431. |

*Crefcit in utraque India: in* Malabaria, Zeylona, Brafilia *&c.*
*Mas communiter fœmina altior eft, & femper floribus infundibuliformibus monopetalis; Fœmina autem floribus rofaceis pentapetalis; inde tamen homo non feparet, quæ Deus conjunxit.*

2. CARICA foliorum lobis integris.

Papaya ramofa, fructu pyriformi. *Fevill. per.* 2. p. 52. t. 39. f. 1?

Ficus arbor papaje fylveftris nomine mifla ex Sirinama. *Pluk. alm.* 146. t. 278. f. 2.

*Crefcit in* Surinama.

*De planta Fevillei hæfito, cum lobos foliorum trifidos pingat, qui in noftra exacte refpondent figu-*
*ræ Plukenetii lobis integris; at Plukenetius caudicem fimpliciffimum pingit, Fevilleus vero ra-*
*mofum, noftra vero duplici modo gaudet ramo.*

*Arbor nobis eft humanæ altitudinis, ad bafin craffitie trium pollicum in apice vero unius pollicis*
*humani, inferne cinereus, fuperne viridis, communiter fimpliciffimus absque ramo ullo, rarius*
*unicum alterumve ramum exferens, femper tamen verfus fummitatem craffitie pollicis, bis in*
*anno folia dimittit, hyeme tamen vegetior perfiftit, femper lactefcit vulnerata ex apicibus*
*ramorum fummis. Folia petiolis teretibus fpithamæis patentibus infidentia, utrinque viridia,*
*fpithamæa.*

# K I G G E L A R I A. *g. pl.* 760.

1. KIGGELARIA.

| *Mas.* | *Femina.* |
|---|---|
| Evonymo affinis æthiopica fempervirens, fructu globofo fcabro, foliis falicis rigidis ferratis. *Boerh. lugdb.* 2. p. 237. *Pluk alm.* 139. t. 176. f. 3. | Evonymo affinis æthiopica fempervirens, fructu globofo fcabro, foliis falicis rigidis ferratis. *Herm. lugdb.* 139. |
| Laurus non odorata, fructu globofo, africana. *Sterb. citr.* 246. t. 12. f. C. | Laurus non odorata, fructu globofo, africana. *Sterb. citr.* 246. t. 12. f. B. D. |

*Crefcit in* Æthiopia.

*Figura nulla hujus plantæ adcurata cum exiftet, marem depingi curavi, a quâ femina folum dif-*
*fert quod in petiolo fimplici unicum florem producat, cum mas plures; figura autem Sterbeckii*
*videtur mixta e mare & femina.*

*Arbor plus quam humanæ altitudinis, caule & ramis grifeis. Folia alterna, lanceolata, petiolata,*
*glabra, ftricta, acute ferrata, acuta, patentia, petiolis teretiufculis absque ftipulis, folio ipfo*
*octies brevioribus; in averfa folii parte, ubi vafa lateralia majora prodeunt, in ipfo finu feu ala*
*obfervatur lævis pubefcentia cum cavitate impreffa, quæque prominet in latere fupino folii.*

*Pedunculus unus alterve ramofus plures flores, deorfum nutantes, in panicula compactos, profert,*
*quorum petala alba, nectaria flava; reliquas partes fructificationis in mare fuppeditat character*
*generis, & tabula.*

*Dixi arborem in honorem* Francifci Kiggelarii, *cujus indefeffo ftudio quondam floruit Hortus*
Beaumontianus; *cujus opera tot raræ in Europam ex America delatæ fuere plantæ; cujus in-*
*duftriæ debetur Hortus Beaumontianus publici juris factus; cujus notis Commelini hortus*
Amftelodamenfis *prior illuftratus eft.*

# N Y S S A. *g. pl.* 758.

1. NYSSA foliis integerrimis.

| *Mas.* | *Femina.* |
|---|---|
| Cynoxylum americanum, folio craffiufculo molli & tenaci. *Pluk. alm.* 127. t. 172. f. 6. | Arbor in aqua nafcens, foliis latis acuminatis & non dentatis, fructu æleagni minore. *Catesb. ornith.* 41. t. 41. |

*Crefcit in aquis* Marilandiæ, Virginiæ & Carolinæ *frequens. Excrevit e feminibus per D.* Gronovium *communicatis, & periit eodem anno.*

*Nyffa dicitur cum in aquis crefcat.*

# C O R I A R I A. *g. pl.* 761.

1. CORIARIA.

| *Femina.* |
|---|
| Coriaria vulgaris. *Ifnard. act.* 1711. p. 418. *Dill. gen.* 159. |
| Rhus myrtifolia monfpeliaca. *Bauh. pin.* 414. *Boerh. lugdb.* 2. p. 261. *Angl. Hortul.* 64. t. 20. f. 1. |
| Rhus plinii putata. *Bauh. hift.* 1. p. 559. t. 560. |
| Rhus fylveftris plinii. *Dalech. hift.* 110. |

*Crefcit circa* Monfpelium *præfertim ad ripas* Ladi *amnis copiofe.*

I C Q.

KIGGELARIA: mas. *Hort. Cliff.* 462. *Sp.* 1.

  * *Ramulus.*
  a *Flores in fasciculum nutantes.*
  b *Cicatrices ramuli a casu foliorum tempore florescentiæ.*
  c *Flos explicatus.*    d *Idem a tergo visus.*
  e *Nectarium.*      f *Nectarium cum staminibus.*
  g *Stamen.*    i *Idem lente visum.*
  i *Fructus feminæ scaber.*    k *Fructus dehiscens. Sterbeckii.*

G. D. EHRET del.                                       J. WANDELAAR fecit.

CLIFFORTIA foliis dentatis: mas. *Hort. Cliff.* 463. *sp.* 1.

  a *Ramus arboris.*
  b *Flos masculus.*     c *Idem aucta parum magnitudine.*
  d *Folium a latere visum.*
  e *Folium explicatum supinum.*     f *Folium idem pronum.*
  g *Vaginæ foliorum persistentes.*

C LIFFORTIA foliis lanceolatis integerrimis: Femina. *Hort. Cliff.* 463.*ſp.* 2.

  a *Ramus.*
  b *Flos integer.*
  c *Piſtillum cujus germen infra receptaculum.*
  d *Calyx germini inſidens.*
  e *Capſulæ ſuperior pars calyce coronata.*
  g *Folium.*        h *Idem a tergo viſum.*
  f *Semen.*

# ICOSANDRIA.

## ARUNCUS. *g. pl.* 762.

1. ARUNCUS.

| *Mas.* | *Femina.* |
|---|---|
| Ulmaria floribus in longas spicas congestis. *Boerh.* | Ulmaria floribus in longas spicas congestis. *Boerh. lugdb.* 1. *p.* 295. |
| Ulmaria major sive altera. *Morif.* | Ulmaria major sive altera. *Morif. hist.* 3. *p.* 323. *f.* 9. *t.* 20. *f.* 2. |
| Barba capræ floribus oblongis. *C. B. Tourn.* | Barba capræ floribus oblongis. *Bauh. pin.* 163. *Tournef. inst.* 265. |
| Barba capræ. *Dalech.* | Barba capræ. *Dalech. hist.* 180. |
| Barba capri. *J. B.* | Barba capri. *Bauh. hist.* 3. *p.* 488. |

*Crescit in sylvis montanis* Hungariæ, Austriæ, Stiriæ *in montibus* Alverniæ *aliisque altis tractibus.*
*Aruncus vocabulum a Plinio usitatum, idem significat ac barba capræ, hinc isto lubentius utor.*

# POLYANDRIA.

## CLIFFORTIA. *g. pl.* 763.

1. CLIFFORTIA foliis dentatis.
*Mas.*

Cliffortia. *Ludw. defin.* 144.
Clyfortia. *Eich. Caroler.* 14.
Arbuscula afra, folio aculeato ilicis, caulem amplexo rigido. *Boerh. lugdb.* 2. *p.* 263. *Dill. elth.* 36. *t.* 31. *f.* 35.
Camphorata capensis, eryngii minoris folio. *Pet. hort.* 243.

*Crescit in* Africa.
*Hæc nobis sola mas est, de femina vero hujus nobis nulla est notitia.*
*Arbores nostræ humanæ altitudinis sunt, caule scabro & inæquali; ramis tenuibus longis debilibus, squamis undique vestitis a foliis deciduis remanentibus.*
*Folia alterna, subrotunda, glabra, rigida, extrorsum quinque ad undecim acuminatis dentibus incisa, dentibus acutis in spinulam desinentibus, quorum denticulus terminatrix brevior & reflexus, basis foliorum in tubum desinit integrum, vaginantem ramum, a latere interiore duos dentes setaceos emittentem; cum folia decidunt persistit tubus tegens ramos.*
*Flores in singula ala solitarii fere sessiles, squamis duabus acutis tamquam parvo perianthio excepti.*
*Hæc arbuscula in Honorem Ill.* Georgi Clifforti, *Patroni horti nostri, primum dicta fuit a Cl.* Eichrodt *in Horto principis Badendurlacensis s. Carolsruhano; Quanto amore & studio botanicen prosequatur Ill. Cliffort, perspiciet facile Botanicus quivis ex hujus Horti collectione, ex hujus operis Tanti Viri impensis editione. Meruit itaque Ille justam apud bonos memoriam, hac ipsa arbore magis perennantem, merebunt & idem alii similes, cum oriantur in vasto immenso sidera rara, plantas nostras dum suis radiis illuminant.*

2. CLIFFORTIA foliis lanceolatis integerrimis.

*Femina.*
Frutex æthiopicus conifer, fructu parvo sparsim intra folii rusci, seminibus cylindraceis. *Pluk. alm.* 159. *t.* 297. *f.* 2.

*Crescit in* Æthiopia.
*Arbuscula magnitudine & statura præcedenti simillima, cujus rami summi teguntur foliis lanceolatis, spina acutis, integerrimis, rigidis, persistentibus, basi vaginantibus, discedentibus supra basin; hinc ramuli tunicis imbricati. Flores in summis ramis, in capitula congesti, sessiles, pistillis coloratis.*
*Ex hac abunde patet, quod a Mercuriali toto cælo distinctissimum sit genus.*
*Hæc præbuit characterem genericum feminæ in corollario, præcedens vero maris characterem in generibus; differt adeoque a Mercuriali non modo facie, sed & fructificationum omnibus partibus; fructus enim teres est, longus, coronatus calyce; Semina longa, styli plumosi graminum simillimi; Stamina maris fasciculata, numerosa, calyx concavus basi connatus.*

# *M O N A D E L P H I A.*

## J U N I P E R U S. *g. pl.* 764.

**1. JUNIPERUS** foliis seffilibus patentiffimis.

| *Mas.* | *Femina.* |
|---|---|
| Juniperus foliis undique prominentibus pungentibus. *Mas. Fl. lapp.* 376. | Juniperus foliis undique prominentibus pungentibus. *Femina. Fl. lapp.* 376. |
| Juniperus florifera. *Vaill. parif.* 111. | Juniperus vulgaris fruticofa. *Bauh. pin.* 488. *Boerh. lugdb.* 2. *p.* 208. |
| Juniperus Fœmina. *Volk. norib.* 234. | Juniperus baccifera. *Tabern. hift.* 3. *p.* 40. |
| | Juniperus. *Dod. pempt.* 852. |
| Juniperus prior, quæ floret fruftum non fert. *Cæfalp. fyft.* 136. | Juniperus prior, quæ fruftum fert non floret. *Cæfalp. fyft.* 136. |
| α Juniperus vulgaris arborefcens fterilis five amentacea. *Pont. anth.* 223. | α Jupinerus vulgaris arborefcens fructifera. *Pont. anth.* 221. |
| Juniperus vulgaris arbor. *C. B.* | Juniperus vulgaris arbor. *Bauh. pin.* 488. |
| β Juniperus alpina fuecica f. polonica in viretis belgicis frequens. *Pluk.* | β Juniperus alpina fuecica f. polonica in viretis belgicis frequens. *Pluk. alm.* 201. |
| γ Juniperus minor montana, latiore folio, fterilis. *Pont. anth.* 223. | γ Juniperus minor montana, folio latiore, fruftu longiore. *Bauh. pin.* 489. |

*Crefcit vulgaris in Europæ frigidioribus regionibus, uti in* Norwegia, Svecia, Finlandia, Ruffia, Polonia *&c. In calidioribus magis parce.*

**2. JUNIPERUS** foliis bafi adnatis: junioribus imbricatis, fenioribus patulis.

*Mas.*

Juniperus virginiana, foliis inferioribus juniperinis, fuperioribus fabinam vel cupreffum referentibus. *Boerh. lugdb.* 2. *p.* 208.

Juniperus barbadenfis, cupreffi folio, ramis quadratis. *Pluk. alm.* 201. *t.* 197. *f.* 4. *(mala) amalth.* 125.

Juniperus barbadenfis, cupreffi folio, arbor præcelfa tetragonophyllos five foliatura quadrangulari. *Pluk. mant.* 109.

Ju niperus maxima, cupreffi folio minimo, cortice exteriore in tenues philyras fpirales duftili. *Sloan. flor.* 128. *hift.* 2. *p.* 2. *t.* 157. *f.* 3. *Raj. dendr.* 12.

Juniperus major americana. *Raj. hift.* 1413, 1414.

*Crefcit in* Virginia, Carolina, *aliisque Americæ præfertim feptentrionalis regionibus.*

*Folia terna mutuo opponuntur, bafi adnata interiori latere, in ramis nuper enatis imbricatim quadrifariam incumbunt, ramulosque quadrangulos repræfentant, at infequente anno dehifcunt ad angulum acutum a caule & fexfariam feu in fex phalanges longitudinales digefta vifuntur. Noftra mas eft, feminam non vidimus, nec Cedri alia nobis innotuit fpecies, plures autem Americanæ recenfentur, uti Virginianæ, Bermudianæ, Goenfes, Jamaicenfes, Barbadenfes, Marianæ, Carolinianæ &c. quæ imperfeftæ defcriptæ, nec differentiis diftinftæ funt; lufit forte hic Botanicos fexus, cum totidem diverfas vix concipere queam.*

**3. JUNIPERUS** foliis inferne adnatis: oppofitionibus concatenatis.

| *Mas.* | *Fmina.* |
|---|---|
| Sabina mas. *Boerh. lugdb.* 2. *p.* 207. | Sabina fœmina. *Boerh. lugdb.* 2. *p.* 207. |
| Sabina fterilis. *Bauh. hift.* 1. *p.* 288. | Sabina baccifera. *Bauh. hift.* 1. *p.* 288. |
| Sabina folio tamarifci diofcoridis. *Bauh. pin.* 487. | Sabina folio cupreffi. *Bauh. pin.* 487. |
| Sabina tamarifci fimilis. *Dalech. hift.* 182. | Sabina cupreffo fimilis. *Dalech. hift.* 182. |
| | Sabina. *Dod. pempt.* 854. *Lob. hift.* 625. |

*Crefcit in* Italia.

*In Horto noftro fola femina adeft, in Horto Academico Upfalienfi quondam ambas marem & feminam alui, demonftravi, nec memini differentiam intercedentem ullam præterquam in floribus; fœmina ibi omni anno fruftum maturavit magnitudine juniperi, baccatum, minime ftrobilam, licet aliquot fquamis, ut juniperi* (1) *adnatis, obvallatura. Femina in Horto Cliffortiano quotannis in caffum floret vidua, cui folia in caule terna, oppofita, ultra medium adnata, decurrentia, erefta, perfiftentia diutiffime, undique tegentia ramos, ne fpatium vacuum perfiftat; at in ramis minoribus & minimis folia femper duo modo oppofita, minus alte adnata. Rami ultimi fæpe prodeunt tenelli foliis patulis ut in junipero; hoc idem in planta tenella fit.*

## T A X U S. *g. pl.* 765.

**1. TAXUS.** *Bauh. pin.* 505. *Bauh. hift.* 1. *p.* 241. *Boerh. lugdb.* 2. *p.* 208.

| *Mas.* | *Femina.* |
|---|---|
| Taxus vulgo Naffus flofculos amentaceos ferens. *Cæfalp. fyft.* 134. | Taxus vulgo Naffus fruftum ferens. *Cæfalp. fyft.* 134. |
| | Taxus. *Dod. pempt.* 859. *Lob. hift.* 637. *Dalech. hift.* 78. |
| | α Taxus folio latiori magisque fplendente. *Boerh.* |
| | β Taxus foliis variegatis. *Boerh.* |

*Crefcit*

*Crescit in montosis saxosis præruptis sepibus australibus* Angliæ, Italiæ, Germaniæ, Sveciæ.
*Mas flores magnos fert & plures in communi petiolo gerit, femina vero vix evidentes sessiles solitarios.*
*Observationibus tandem absolute sum convictus Baccam non esse vel constituere partem fructificationis aut fructus, cum vix ulla fructificationis detur pars, quæ in aliqua specie umquam evasit bacca seu succulenta & colorata. Si vero in posterum vocabulum assumendum, intelligendum est hoc de solo pericarpio non dehiscente vel succulento, vel colorato, licet omnes tres hæ notæ absentes observatæ sunt in bacca, & præsentes absque bacca, non tamen omnes simul.*

## E P H E D R A. *g. pl.* 766.

1. EPHEDRA petiolis oppositis, amentis geminis.

| *Mas.* | *Femina* |
|---|---|
| Ephedra maritima minor. *Tourn.* | Ephedra maritima minor. *Tournef. inst. 663. Boerh. lugdb.* 2. *p.* 108. |
| | Equisetum polygonoides bacciferum minus. *Morif. hist.* 3. *p.* 621. |
| | Tragus sive Scorpius maritimus. *Dalech hist.* 1388. |
| | Tragus sive Uva marina. *Bauh. hist* 1 *p.* 406. |
| | Polygonum bacciferum maritimum minus. *Bauh. pin.* 15. *theatr.* 237. |
| | Polygonum 4 plinii minus. *Cluf. hist.* 1. *p* 92. |
| | Polygonum fruticans bitryoides narbonense minus. *Barr. rar. t.* 731. *f.* 2. |
| | Racemosa equiseti facie planta. *Lob. adv.* 355. |

*Crescit in arenosis littoribus maritimis, in saxosis collibus, prope montem* Ceti *& Frontignanam; in colle quodam secundo a* Salmantica *milliari, totius fere Hispaniæ mediterallia, longissime a mari remoto.*
*Imperfecte traditæ sunt species hujus generis, quas si reperias Curiose, pedunculis duobus oppositis nec pluribus, singulis duplici amento terminatis pro varietatibus habeas, licet giganteæ essent; sin minus, distinguas.*

## S Y N G E N E S I A.

## R U S C U S. *g. pl.* 767.

1. RUSCUS foliis supine floriferis nudis.

| *Mas.* | *Femina.* |
|---|---|
| Ruscus vulgaris mas. *Dill. elth.* 333. | Ruscus vulgaris fœmina. *Dill. elth.* 33. |
| | Ruscus myrtifolius aculeatus. *Tournef. inst.* 79. |
| | Ruscus officinis Bruscus. *Cæsalp. syst.* 221. |
| | Ruscus. *Bauh. pin.* 470. *Bauh. hist.* 1. *p.* 579. *Dalech. hist.* 243. *Lob. hist.* 362. |
| | Ruscum. *Dod. pempt.* 744. |
| | Laurotaxa myrsinites nostras, foliorum cuspide aculeato. *Pluk. alm.* 210. |
| ◆ Ruscus vulgaris, folio ampliore. *Dill. elth.* 334. *t.* 251. *f.* 324. | ◆ Ruscus aculeatus, rotundiore & ampliore folio. *Juss. barr.* 1. |
| | Bruscus seu Ruscus rotundifolius vel Myrtacantha latifolia. *Barr. rar. t.* 517. |

*Crescit in* Italia *secus vias in asperis, scopulis & sepibus, saxosis & umbrosis.*

2. RUSCUS foliis nudis prone floriferis.

| *Mas.* | *Femina.* |
|---|---|
| Ruscus latifolius, fructu folio insidente. *Tournef.* | Ruscus latifolius, fructu folio insidente. *Tournef. inst.* 79. *Boerh. lugdb.* 2. *p.* 63. |
| | Rusco affinis altera. *Cæsalp. syst.* 223. |
| | Laurotaxa epiphyllocarpos victoriola quibusdam. *Pluk. alm.* 208. |
| | Laurus alexandrina, fructu folio insidente. *Bauh. pin.* 305. |
| | Laurus alexandrina vera. *Barr. rar. t.* 250. *opt.* |
| | Laurus alexandrina. *Bauh. hist.* 1. *p.* 574. *descr.* |
| | Laurus alexandrina vera. *Dalech. hist.* 206. |
| | Laurus alexandrina Chamædaphne. *Col. ecphr.* 1. *p.* 165. *fig. opt.* |
| ◆ Ruscus latifolius fructu in medio foliorum extra pendente. *Dill. elth.* 333. *t.* 251. *f.* 323. | ◆ Ruscus latifolius, sive Laurus alexandrina, fructu in medio foliorum extra pendente. *Till. pis.* 149. *Dill. elth. t.* 251. *f. intima.* |

*Crescit in* Italia.

*Folia communiter a latere inferiore foliorum flores promunt, hinc inde observantur tamen rarius a latere superiore.*

3. Ruscus foliis supine floriferis sub foliolo.

|  |  |
|---|---|
| *Mas.* | *Femina.* |
| Ruscus angustifolius &c. *Tournef.* | Ruscus angustifolius, fructu foliolo innascente. *Tournef. inst.* 79. *Boerh. lugdb.* 2. *p.* 63. |
|  | Rusco affinis prima vulgo Bislingua & Bonifacia. *Caesalp. syst.* 222. |
|  | Bonifacia sive Bislingua. *Bauh. hist.* 1. *p.* 575. |
|  | Hippoglossum sive Bislinga. *Barr. rar. t.* 249. |
|  | Hippoglosson Bonifacia. *Lob. hist.* 362. |
|  | Hippoglossum. *Dod. pempt.* 745. |
|  | Laurotaxa plinii. *Pluk. alm.* 209. |
|  | Laurus Taxa. *Dalech. hist.* 205. |
|  | Laurus alexandrina theophrasti 2. *Cluf. hist.* 1. *p.* 278. |
|  | Laurus alexandrina, fructu pediculo insidente. *Bauh. pin.* 304. |

*Crescit in Ungariae montibus; in montanis umbrosis alpium Liguriae frequentissima.*

4. Ruscus foliis margine floriferis. *Hermaphroditus.*
Ruscus angustifolius e foliorum sinu florifer & baccifer. *Dill. elth.* 332. *t.* 250. *f.* 322.
Laurotaxa epiphyllocarpos, crenatis foliis, maxima e singulis foliorum crenis baccifera, ex insula palma. *Pluk. mant.* 114.
Laurus alexandrina palmensis, baccis e crenis foliorum prodeuntibus. *Petiv. muf.* 258.
*Crescit in* Canariis.

5. Ruscus racemo terminatrici. *Hermaphroditus.*
Ruscus angustifolius, fructu summis ramulis innascente. *Tournef. inst.* 79. *Boerh. lugdb.* 2. *p.* 63.
Laurotaxa angustifolia ramosa in summitate caulium frugifera. *Pluk. alm.* 209.
Laurus alexandrina ramosa, fructu e summitate caulium prodeunte. *Herm. lugdb.* 360. 679. *f.* 681.
Laurus alexandrina, fructu longis pediculis caulibus alligato. *Morif. blef.* 279.
Hippoglossum angustissimis foliis, baccis ex oblongis petiolis in extrema ramorum dependentibus. *Breyn. prod.* 1. *p.* 39.
*Crescit . . . .*

*In tantum differt haec a reliquis calice, corolla & reliquis partibus, ut distincto sub genere & nomine tradi posset: Corolla enim & calyx coaliti in unum corpus carnosum, ore conniventes, decidentes tandem; at staminum nota in hoc genere essentialem characterem praebet.*

POLY-

# Classis XXIII.

# POLYGAMIA.

## MONOECIA.

### MUSA. g. pl. 768. Muf. Cliff. 14.

1. MUSA racemo fimpliciffimo.

Mufa ferapionis, Ficus indica. *Herm. muf.* 70. *Burm. zeyl.* 164.

Mufa Cliffortiana reliqua exhibet fynonyma & varietates.

*Crefcit fponte in* India Orientali *calidiori.*

*Floruit in Horto Cliffortiano, utroque anno quo Horti hofpes fui, anno fcilicet* 1736 & 1737; *horum priorem publicavit Illuftris Cliffortius in opere fpeciali Mufa Cliffortiana, me authore, edita Lugduni* 1736. 4to, *ubi hiftoriam plantæ adumbravimus, cum autem ifte Liber prodiit primis quibus florebat diebus Mufa, fequentes obfervationes, quas dein colligere datum, hic inferimus.*

Pag. 13. *linea ultima.* adde 8. STRATIOTES gen. plant. 454.

Pag. 16. *ante iridem inferantur.* 6. MARANTA. gen. plant. 826.

              7. KÆMPFERIA. gen. plant. 827.

              8. ALPINIA. gen. plant. 828.

              9. THALIA. gen. plant. 906.

Pag. 16. *poft iridem inferantur.* 11. GLADIOLUS. gen. plant. 27.

              12. SISYRINCHIUM. gen. plant. 689.

Pag. 18, *lin.* 30. omnino *adde* fed anguftior.

    *lin.* 32. fubulata *adde* horum fextum intra nectarium collocatum, dimidio brevius, absque anthera ulla fœcunda.

Pag. 20. *poft characterem Boerhaavianum, adde*

### GARCIN. act. angl. 1730. §. 415. p. 384. t. 2.

*Mufa eft planta liliacea; flore irregulari, incompleto & hermaphrodito, compofito e tubo, qui adnatus eft ovario & fummo divifus in certos lobos, perfonatum referente. Ovarium tubo adhærens, eft triangulare, incurvum, adnatum parietibus floris, ftylus terminatus capitulo. Fructus carnofus, fucculentus, divifus in tria loculamenta, pulpa repletus. Semina tenuia teretia adnexa placentæ oblongæ axis inftar.*

P. 22. *Radix potius obtufus bulbus eft narciffi inftar; adeoque totus caulis vix nifi continuatio bulbi.*

P. 23. *lin. ultima. adde cum fpathæ quadraginta cum ducentis floribus mafculis deciderunt, prodiere Spathæ nonnullæ minimæ (omnes enim erant per gradus vix confpicuos minores) floribus caffæ, quæ exfuccæ perfiftebant, nigrefcebant, dehifcebant.*

*Corolla decidebat in omnibus floribus femininis, perfiftebant vero in mafculis fed exficcabantur, nigrefcebant, exceptis germinibus viridibus, non vero adcrefcentibus.*

P. 24. *poft lineam antepenultimam. Pulpa dulciffima fructus erat, & glutinis inftar melle imprægnati, ad ficum proxime accedens; femina nulla. Fructus omnes per octo dies modo confervari potuere, ponderati libras* 2 *cum dimidia exhibuere.*

P. 31. *lin. 20. Florere incepit* 1736. *Jan.* 24 & *defiit.* 1736. *Mart.* 24. *floruit itaque per menfes duos; Fructum maturuit* 1736. *Julio* 3. *maturitatem itaque adeptus eft fructus per menfes fex.*

P. 31. *linea ultima. Spatha fexta erat prima quæ flores mafculinos continebat, quam fecutæ funt circiter quadraginta confimiles mafculiferæ, fub fingula harum flores quinque, raro tres, quatuor, vel fex, ergo flores mafculini fimul numerati ducenti fuere.*

P. 32. *poft. §. γ. infere. Poftquam gravida facta fuit Mufa, fordida apparuit & confpurcata, reliquæ vero Mufæ virgines, nitidiffimæ; ratio fuit, quod partu inftante exfudabat e foliorum difco ros invifibilis, pinguis, dulciffimus, cui adhæfit farina.*

P. 33. *poft §. δ. fi Narciffi bulbus radix, utique & Crini caulis radix erit, adeoque & fcapus mufæ abfolute bulbus eft.*

P. 33. *poft §. ε. Caulis tectus bafibus foliorum, imbricatis, quarum fingulæ tunicæ carnofæ & diftentæ erant, digitifque preffæ refiftentes, at ultimo quo vixit menfe, periit totius fquamarum, totufque caulis leucophlegmatia correptus mollis & quafi coctus; tandem die tertia fuum injectocatur, nec præ debilitate amplius perfiftere potuit.*

P. 34. *poft. §. ε. E foliorum marginibus, præfertim in tenellis exftillat tempore matutino aqua infipida guttatim, at dum frangebatur aqua amariffima.*

Bbbbbb 2               poft

post §. 9. *flavescunt tandem folia & pereunt, non vero decidunt, antequam fructus maturitatem adepti erant fere omnia emarcuere.*

Pag. 35. post. §. 7. *Inter flores masculinos erat flos admodum singularis a reliquis omnibus diversissimus. Petala, stamina & pistilla ordinaria, reliquis masculinis simillima. Sed petalo ordinario quinquedentato opponebatur aliud petalum consimile, sed paulo brevius, multo angustius, apice acuminato integerrimo. Nectaria duo erant, vulgari simillima, sed planiora, opposita, cum petalis alterna. Ergo nec Musa Bosiana, nec Plumeriana, nec malabarica, nec Anglicana (eodem anno florens) a Cliffortiana specie diversa; patet hinc lusus istorum, qui e Musis Plumieri plures species constituunt, quas & refellit Bihai Plumieri.*

Pag. 36. post. §. 0. *Stamina in floribus femineis sex, quorum quod intra nectarium collocatur anthera gaudet, reliqua vero quinque saepius iis destituuntur; at in masculis floribus quod intra nectarium situm est saepius anthera caret, reliqua vero quinque iis gaudent.*

Pag. 37. post. § 8. *Fructus e planta excerptus, post octiduum niger evadit quoad crustam a pulpa discedentem, non tamen dehiscens.*

Pag. 37. post §. 27. *Hinc in petiolis & foliis cellulae intra tunicas maximae perspicuae sunt, clariusque apparent quam armato oculo Malpigii in aliis plantis.*

*Quae autem Musa 1737. mense aprili florere incepit, longe majorem produxit racemum & fructificationibus uberiorem, in omnibus alias praecedenti simillima.*

# V A L A N T I A. *g. pl.* 770.

1. VALANTIA procumbens glabra.
    Valantia quadrifolia verticillata. *Tournef. act.* 1706. *p.* 86. *Dill. gen.* 147.
    Valantia annua quadrifolia verticillata, floribus ex viridi-pallescentibus, fructu echinato. *Mich. gen.* 13. *t.* 7.
    Cruciata muralis romana. *Col. ecphr.* 1. *p.* 297. *Morif. hist.* 3. *p.* 328. *f. 9. t.* 21. *f.* 2.
    Asperula obtuso folio. *Barr. rar.* 541. *f.* 2.
    Rubeola echinata saxatilis. *Bauh. pin.* 334.
    Rubia quadrifolia, verticillato semine. *Bauh. hist.* 3. *p.* 719.
    *Crescit in arenosis, asperis, saxosis, maritimis, siccis & antiquis parietibus circa* Massiliam, Monspelium, Nemausum, Romam, Liburnum *in muris Horti Farnesiani, in thermarum Diocletiani ruinis.*
    *Haec glaberrima est, minor, procumbens tota, vix apicibus ramorum ascendens, vix petiolis pilosis, fructu glabro, hinc synonyma praedicta nonnulla ad sequentem amandari possent, ni ab Authoribus imperfecte proposita.*

2. VALANTIA erecta hispida.
    Cruciata tomentosa, flosculis luteis in corniculis longis hispidis. *Boerh. lugdb.* 1. *p.* 149.
    *Crescit forte in* Italia.
    *Haec antecedenti duplo major, minus vel vix ramosa, semipedis altitudine, caule & fructu pilis hispidis rigidiusculis obsito, flores ut in praecedenti exacte. Folia quaterna, quae verticillatim horizontaliter ambiunt caulem erectum; at in praecedenti, dum caulis procumbit, ut servent horizontale planum, ad unum latus patent folia.*
    *Dicta est planta minima, fructificationis structura singularis a* Sebastiano Vaillantio, *Botanico dum vixerat excellentissimo, qui in generibus parem vix habuit, in plantis minimis vix superiorem. Hoc genus a reliquis verticillatis distinctissimum est adeo, ut prius concederem omnia reliqua stellatarum genera in unum conjungi, quam hoc cum ullo misceri.*

# V E R A T R U M. *g. pl.* 769.

1. VERATRUM.
α Veratrum flore subviridi. *Tournef. inst.* 272. *Boerh. lugdb.* 1. *p.* 296.
    Helleborus albus, flore subviridi. *Bauh. pin.* 186. *Morif. hist.* 3. *p.* 485. *f.* 12. *t.* 4. *f.* 1.
    Helleborus albus. *Bauh. hist.* 3. *p.* 634.
    Helleborum sive Veratrum album. *Dod. pempt.* 383.
    Elleborus albus, exalbido flore. *Cluf. hist.* 1. *p.* 274.
    Elleborus albus matthioli. *Dalech. hist.* 1632.
    Elleborum album. *Caesalp. syst.* 580.
β Veratrum flore atro rubente. *Tournef.*
    Helleborus albus, flore atro-rubente. *C. B. Morif. hist.* 3. *p.* 485. *f.* 12. *t.* 4. *f.* 1.
    *Crescit* α *in* Graeciae, Italiae, Helvetiae, Pannoniae & Austriae *montibus, at* β *in sylvis caeduis* Ungariae.

# H O L C U S. *g. pl.* 883.

1. HOLCUS glumis glabris.
    Milium arundinaceum, subrotundo semine, Sorgo nominatum. *Bauh. pin.* 26. *Morif. hist.* 3. *p.* 196. *f.* 8. *t.* 5. *f.* 7. *Boerh. lugdb.* 2. *p.* 162.
    Milium arundinaceum sive indicum, semine subrotundo. *Bauh. theatr.* 511.

Milium

Milium indicum, arundinaceo caule; granis flavefcentibus. *Sloan. flor.* 25.
Melica. *Cæfalp. fyft.* 181.
Melica five Sorghum. *Dod. pempt.* 508.
Sorghi. *Bauh. hift.* 2. *p.* 447.
α Milium arundinaceum, fubrotundo femine albo, Sorgo nominatum. *Tournef. inft.* 514.
β Milium arundinaceum, fubrotundo femine luteo, Sorgo nominatum. *Tournef.*
  *Crefcit in* India Orientali *&* Occidentali.

2. Holcus glumis villofis.
Sorghi album, Milium indicum, Dora. *Bauh. hift.* 2. *p.* 449. *defcr.*
Milium arundinaceum, plano alboque femine. *Bauh. pin.* 26. *theatr.* 514. *Morif. hift.* 3. *p.* 196.
  *Crefcit cultum cereale in* Arabia *circa urbem Arnam, in* Sicilia *&* Epiro; *an fponte?*

# P A R I E T A R I A. *g. pl.* 771.

1. Parietaria foliis lanceolato-ovatis.
Parietaria officinarum & diofcoridis. *Bauh. pin.* 121. *Morif. hift.* 2. *p.* 600. *f.* 5. *t.* 30. *f.* 1.
Parietaria. *Bauh. hift.* 2. *p.* 976. *Dod. pempt.* 102.
Helxine five Parietaria. *Lob. hift.* 130.
Helxine vulgo Parietaria. *Cæfalp. fyft.* 169.
Helxine. *Dalech. hift.* 1241.
α Parietaria minor, ocymi folio. *Bauh. pin.* 121.
Parietaria ficula, alfines folio. *Bocc. ficc.* 47. *t.* 24. *Morif. hift.* 2. *p.* 600.
  *Crefcit in ruderatis & muris frequentiffima per* Angliam, Galliam, Italiam, *inque* Belgio.
  *Varietas α foliis gaudet ovatis, acutis & hæc in muris feu locis ficcis crefcit, at lanceolata & majora producit fi colatur in Hortis, uti vulgaris prior planta.*

# A T R I P L E X. *g. pl.* 772.

1. Atriplex caule erecto annuo, foliis triangularibus.
Atriplex fativa. *Dalech. hift.* 535. *Lob. hift.* 127.
Atriplex rubra & alba hortenfis. *Bauh. hift.* 2. *p.* 970.
Atriplex hortenfis alba five pallide virens. *Bauh. pin.* 119. *Morif. hift.* 2. *p.* 607. *f.* 5. *t.* 32. *f.* 13. *Boerh. lugdb.* 2. *p.* 89.
Atriplex hortenfis. *Dod. pempt.* 615.
Atriplex. *Cæfalp. fyft.* 160.
Atriplex fpuria alba (vel rubra) hortenfis. *Volk. norib.* 53.
α Atriplex hortenfis rubra. *Bauh. pin.* 119.
β Atriplex hortenfis nigricans. *Tournef. inft.* 505.
  *Crefcit* . . . .

2. Atriplex caule annuo, foliis fuperioribus lanceolatis integerrimis.
Atriplex angufto oblongo folio. *Bauh. pin.* 119. *Morif. hift.* 2. *p.* 609. *f.* 5. *t.* 32. *f.* 15. *Boerh. lugdb.* 2. *p.* 89.
Atriplex anguftifolia vulgaris, cum folliculis. *Bauh. hift.* 2. *p.* 973.
Atriplex filveftris 1 matth:, polygoni folio. *Dalech. hift.* 536.
Atriplex fylveftris polygoni aut helxines foliis. *Lob. hift.* 129.
Atriplex fylveftris anguftifolia. *Raj. hift.* 192.
Atriplex filveftris humillima. *Dod. pempt.* 615.
Atriplex fpuria, folio oblongo-angufto. *Volk. norib.* 53.
  *Crefcit locis ruderatis, inque hortis oleraceis, cultis frequens per* Europam.

3. Atriplex caule annuo, foliis deltoideo-lanceolatis obtufe dentatis, fubtus farinaceis.
Atriplex maritima. *Bauh. hift.* 2. *p.* 974.
Atriplex maritima laciniata. *Bauh. pin.* 120. *Morif. hift.* 2. *p.* 607. *f.* 5. *t.* 32. *f.* 17. *Boerh. lugdb.* 2. *p.* 89.
Atriplex marina. *Dod. pempt.* 615. *Dalech. hift.* 537.
Atriplex marina repens. *Lob. hift.* 128.
Atriplex fpuria laciniata maritima. *Volk. norib.* 53.
  *Crefcit in littoribus maritimis* Angliæ, Belgii *&c.*

4. Atriplex caule fruticofo, foliis deltoidibus integris.
Atriplex latifolia five Halimus fruticofus latifolius. *Morif. hift.* 2. *p.* 607. *Boerh. lugdb.* 2. *p.* 89.
Halimus latifolius five fruticofus. *Bauh. pin.* 120.
Halimus. *Cluf. hift.* 1. *p.* 53. *Bauh. hift.* 1. *p.* 227. *Lob. hift.* 214.
Halimum alterum. *Cæfalp. fyft.* 160.
  *Crefcit in fepibus maritimis* Ulyffippone, *vicinifque locis ad* Tagum *aut ejus oftia & æftuaria mari proxima,* Hifpali, Meffanæ.

# D I O E C I A.

# F R A X I N U S. *g. pl.* 773.

1. Fraxinus floribus nudis.

*Herma.*

| *Hermaphroditus.* | *Femina.* |
|---|---|
| | Fraxinus excelsior frugifera fœmina. *Boerh. lugdb.* 2. p. 171. |
| Fraxinus excelsior. *Bauh. pin.* 416. | Fraxinus excelsior. *C. B.* |
| Fraxinus vulgatior. *Bauh. hist.* 1. *p.* 174. | Fraxinus vulgatior. *J. B.* |
| Fraxinus. *Dod. pempt.* 833. *Lob. hist.* 545. *Dalech. hist.* 83. | Fraxinus. *Dod. Lob. Dalech.* |
| α Ornus vulgaris excelsior, racemis florum confertis, fructu longiore cordiformi. *Mich. gen.* 223. | α Ornus eadem. *Mich.* |
| β Ornus vulgaris excelsior, racemis florum confertis, fructu longiore acuto. *Mich.* | β Ornus eadem. *Mich.* |
| γ Ornus italica præcox non ita excelsa, folio minori, racemis florum confertis, fructu ampliore acuto. *Mich. t.* 103. | γ Ornus eadem. *Mich.* |
| ♂ Ornus italica humilior, foliis minoribus & acutioribus, racemis florum inter se longe distantibus, fructu oblongo. *Mich.* | ♂ Ornus eadem. *Mich.* |

*Crescit in sepibus & juxta agros, locis præsertim lapidosis sat frequens per* Europam.

2. **Fraxinus** floribus completis.

| *Hermaphroditus.* | *Mas.* |
|---|---|
| Ornus vulgaris fructifera. *Pont. anth.* 300. | Ornus vulgaris sterilis. *Pont. anth.* 300. |
| Ornus. *Dalech. hist.* 83. fig. *pessima.* | |
| Fraxinus humilior sive altera theophrasti, minore & tenuiore folio. *Bauh. pin.* 416. *Boerh. lugdb.* | Fraxinus excelsior, flore petalode mas. *Boerh. lugdb.* 2. *p.* 171. *nomine tenus.* |
| Fraxinus tenuiore & minore folio. *Bauh. hist.* 1. *p.* 177. | Fraxinus florifera botryoides. *Morif. præl.* 265. *Angl. hort.* 33. *t.* 9. |

*Crescit in* Italia, *in montibus* Lugduno *in Gallia vicinis.*

*Hæc adeo similis est antecedenti structurâ, ut non mirum quod a Rajo pro varietate prioris habita sit, cum autem talis varietas, e detectis hactenus principiis, non percipiatur, pro distincta eandem exhibeo specie.*

## RHODIOLA. *g. pl.* 774.

1. **Rhodiola.** *Fl. lapp.* 378.

| *Hermaphroditus masculus.* | *Femina.* |
|---|---|
| Rhodiola hermaphrodita masculina. *Fl. lapp.* | Rhodiola feminina. *Fl. lapp.* |
| Rhodia radix. *Bauh. pin.* 286. *Bauh. hist.* 3. *p.* 683. *Dod.* *pempt.* 347. *Lob. hist.* 212. *Cluf. hist.* 2. *p.* 65. | Rhodia radix. *Raj. hist.* 690. |
| Anacampseros, radice rosam spirante, major. *Tournef. inst.* 264. *Boerh. lugdb.* 1. *p.* 289. | Rosea rivini & officinarum. *Rupp. jen.* 72. |
| Telephium luteum minus, radice rosam redolente. *Morif. hist.* 3. *p.* 468. *f.* 12. *t.* 10. *f.* 8. | |
| α Anacampseros radice rosam spirante minor. *Tournef.* | α Anacampseros . . . . |

*Crescit in summis alpium jugis: in alpibus* Lapponicis, Helveticis, Cambricis, Eboracensibus, Durrenstain *&c. locis apricis nudis sabulosis.*

*Hermaphroditus gaudet corolla flava, calyce corolla germineque quadrifidis, staminibusque octo, non raro tamen unam quartam partem numeri in fructificatione addit, præsertim in primis floribus, corolla calyce duplo longior est. Hic abortit semper adeoque maris officium, nec feminæ, præstat: hæc planta caule instruitur paulo laxiori altiori. Hujus figuram dedere omnes.*
*Feminæ calyx corollaque semper quadrifida, colore purpurascente obsoleto, nec distinctæ sunt inter se calyx & corolla figura aut insertione, sed corolla brevis ut calyx, stamina nulla. Nectaria ut in mare; pistilla in hac: styli evidentes quatuor, calyce longiores, qui in mare obsoleti; hæc fructum fert, familiamque propagat, statura eadem gaudet qua mas, sed paulo brevior, foliisque paulo majoribus vivacioribus, cauleque firmiore.*
*Varietas α eodem modo sexu distincta est.*

## POLYOECIA.

## EMPETRUM. *g. pl.* 775.

1. **Empetrum** procumbens.

| *Hermaphroditus.* | *Androgynus.* | *Mas.* | *Femina.* |
|---|---|---|---|
| **Empetrum** hermaphroditum. *Fl. lapp.* 379. | Empetrum androgynum. *Fl. lapp.* 379. | Empetrum mas. *Fl. lapp.* 379. | Empetrum femina. *Fl. lapp.* 379. |
| Empetrum montanum fructu nigro. *Tournef. inst.* 579. *Boerh. lugdb.* 2. *p.* 173. | | | |
| Erica baccifera procumbens nigra. *Bauh. pin.* 486. | | | |
| Erica baccifera matthioli. *Bauh. hist.* 1. *p.* 526. *Dalech. hist.* 188. | | | |
| Erica coris folio. *Cluf. hist.* 1. *p.* 45. | | | |

*Crescit in regionibus frigidissimis, locis apricis sterilissimis* Sveciæ, Norwegiæ, Lapponiæ, Finlandiæ, Russiæ &c.

*Observandum quomodo ab hac differat* Empetrum erectum * Empetrum lusitanicum, fructu nigro. *C. B. an hujus sit generis? an sexu differat?*

CRYP-

## Claßis XXIV.

# CRYPTOGAMIA.
### PLANTÆ.

## FICUS. g. pl. 776.

1. Ficus foliis palmatis.

| Mas. | Femina. | Androgyna. |
|---|---|---|
| Caprificus plinii. *Bauh.* *hift. Tournef.* | Ficus communis. *Bauh. pin.* 457. *Boerh. lugdb.* 2. p. 259. | Erinofyce. *Pont. anth.* 230. defcriptio varie- |
| Caprificus. *Pont. anth.* 228. defcriptio varie- | Ficus fpecies 1—19. *Tournef. inft.* 663. | tatum trium. |
| tatum duarum. | Ficus. *Bauh. hift.* 1. p. 128. *Dalech. hift.* 336. *Lob. hift.* 612. *Dod. pempt.* 812. | |
| | *a* Ficus humilis. *C. B.* | |

*Crefcit in Europa auftrali:* Græcia, Hifpania, Italia, G. Narbonenfi.

*Characterem dedimus quoad flofculos mafculinos fecundum Hireum, cum in noftra ficu numquam antheras reperire potuerim; Hire ftamina tria pingit, Cel. Pontedera vero quinque. Mira eft ftructura floris nec ulli affimilanda. Mira copula planta, a Cel. Pontedera omnium elegantiffime defcripta. Ichneumones cupidinis hic gerant vices, admirabili naturæ lege. Mas flores gerit ex flofculis mafculis & femineis conftructos, qui a parte feminina fteriles funt. Feminæ flores folis flofculis femineis conftant. Androgyna in eadem arbore alios gerit ut femina, alios ut Mas flores compofitos.*

2. Ficus foliis cordatis integerrimis acuminatis.
Ficus malabarienfis, folio cufpidato, fructu rotundo parvo gemino. *Pluk. alm.* 144. *t.* 178. *f.* 2.
Arealu. *Rheed. mal.* 1. p. 47. *t.* 27.
*Crefcit in arenofis petrofis & etiam in arboribus* Malabariæ.
*Arbor eft a Malabaris Deo Viftnu facrata, quem fub ea natum effe & flores fuftuliffe gentiles fantur; eftque ex religione ipforum hanc adorare, quamobrem ab incolis chriftianis* Arbor Diaboli *nominatur. Rheed.*

3. Ficus foliis cordatis fubrotundis integerrimis.
Ficus nymphææ folio. *vulgo.*
*Crefcit (in Barbados ut fertur) certe in* America.
*Caulis pedalis, cinereus, lævis, ftigmatibus foliorum notatus. Rami ramofi, virides, cicatricibus albis. Folia ovata, obtufa, glabra, integerrima, plana, magnitudine manus, craffa, bafi ad petiolum cordati folii inftar excavata, fubtus albo-glauca, venis transverfalibus. Petioli longitudine foliorum, teretes, patuli; ftipulæ ad exortum petiolorum duæ, deciduæ. Folia bis in anno decidunt; apud nos numquam fructificationem produxit.*

4. Ficus foliis ovatis integerrimis obtufis, caule inferne radicato.
Ficus bengalenfis, folio fubrotundo, fructu orbiculato. *Comm. hort.* 1. p. 119. *t.* 62.
Ficus americana, latiori folio venofo ex curacao. *Pluk. alm.* 144. *t.* 178. *f.* 1?
Peralu. *Rheed. mal.* 1. p. 49. *t.* 28?
*Crefcit in* Bengala.
*Caulis inferne radiculas exerit, quæ terram petunt, & intra eam fe infinuant, caulemque firmant.*

5. Ficus foliis lanceolatis integerrimis.
*Crefcit forte in* America.
*Arbor procera; caulis erectus, pollicis unius vel alterius craffitiei, brunnus, cortice tenui rimofo dehifcente difcedente; rami rariores, ramis ultimis fimplicibus & tenellis. Folia ovato-lanceolata, lævia, integerrima, vix fpithamæa, petiolis quadruplo brevioribus infidentia, utrinque viridia, venofa, punctis raris tamquam poris pallidis notata. Stipulæ lanceolatæ, caducæ, pares, pallidæ, petiolo longiores.*

## FILICES.

## EQUISETUM. g. pl. 777.

1. Equisetum arvenfe. *Fl. lapp.* 130.
Equifetum arvenfe, longioribus fetis. *Bauh. pin.* 16. *theatr.* 247. *Boerh. lugdb.* 2. p. 107.
Equifetum minus terreftre. *Bauh. hift.* 3. p. 730.
Hippuris minor cum flore. *Dod. pempt.* 73.

Cccccc 2

*Crefcit*

*Crefcit inter fegetes & ad agrorum margines, in folo fpongiofo, frequens per* Europam. *Cum caules floriferi nudi marcefcunt fæpius antequam caules ramofi prodeant, videtur mihi fexus in hac fpecie diftinctio dubia.*

2. EQUISETUM paluftre. *Raj. fyn.* 131. *Fl. lapp.* 392.
　Equifetum paluftre, brevioribus fetis. *Bauh. pin.* 16. *theatr.* 242. *Boerh. lugdb.* 2. *p.* 107.
*Crefcit in paludibus, folo limofo per* Europam.

## O S M U N D A. *g. pl.* 778.

1. OSMUNDA fronde pinnatifida caulina, pinnis lunulatis. *Fl. lapp.* 389.
　Ofmunda foliis lunatis. *Tournef. inft.* 547. *Boerh. lugdb.* 1. *p.* 27.
　Lunaria racemofa minor & vulgaris. *Bauh. pin.* 354. *Morif. hift.* 3. *p.* 594. *J.* 14. *t.* 5. *f.* 1.
　Lunaria botrytis. *Bauh. hift.* 3. *p.* 710.
　Lunaria botrytis minor. *Cluf. hift.* 2. *p.* 118.
　Lunaria minor cognominata, feu racemofa ophiogloffæ affinis. *Cæfalp. fyft.* 600.
　Lunaria. *Dod. pempt.* 139.
α Ofmunda, foliis lunatis, ramofa. *Tournef. inft.* 547.
　Lunaria racemofa ramofa major. *Bauh. pin.* 355.
　Lunaria botrytis minor multifolia. *Bauh. hift.* 3. *p.* 711.
β Lunaria racemofa minor, adianthi folio. *Breyn. cent.* 183. *t.* 93.
*Crefcit hinc inde in campeftribus pratis per* Europam.

2. OSMUNDA frondibus duabus decompofitis, foliolis lanceolatis laciniatis.
　Lunaria racemofa, multifido folio. *Bauh. pin.* 355. *Breyn. cent.* 184. *t.* 95.
　Lunaria minor ramofa. *Cluf. hift.* 2. *p.* 119.
*Crefcit rarius in* Europa.
*An fola varietas præcedentis.*

3. OSMUNDA frondibus caulinis fimpliciter pinnatis, pinnis lanceolatis.
　Ofmunda vulgaris & paluftris. *Tournef. inft.* 547. *Morif. hift.* 3. *p.* 595. *f.* 14. *t.* 5. *f.* 1, 2, 3, 4, 5, 6. *Boerh. lugdb.* 2. *p.* 27.
　Ofmunda regalis five Filix florida. *Plum. fil.* XXXV. *t.* B. *f.* 4.
　Ofmunda. *Lob. hift.* 474.
　Filix floribus infignis. *Bauh. hift.* 3. *p.* 736.
　Filix florefcens tragi. *Dalech. hift.* 1224.
　Filix paluftris. *Dod. pempt.* 463.
　Filix ramofa non dentata florida. *Bauh. pin.* 357.
*Crefcit in locis riguis paluftribus, putridis, fylveftribus hinc inde in* Germania, Gallia, Anglia, Belgio.

4. OSMUNDA frondibus radicatis quater alternatim pinnatis, fcapo nudo, pedunculis alternis alternatim fpicatis.
　Ofmunda, filiculæ folio, minor. *Plum. fpec.* 15. *Tournef. inft.* 547.
　Ofmunda filiculæ folio altera. *Plum. fil.* 138. *t.* 161.
*Crefcit in infulæ* Sandominicanæ *fylvis rarius.*

5. OSMUNDA frondibus pinnatis, foliolis fuperioribus bafi connatis: omnibus lanceolatis pinnato-finuatis.
　Polypodium fenfibile. *Morif. hift.* 289. *t.* 289. *Boerh. lugdb.* 1. *p.* 25.
　Polypodium virginianum majus, ofmundæ facie, tenerius. *Morif. hift.* 3. *p.* 563. *f.* 14. *t.* 2. *f.* 10.
　Filix feu Polypodium indianum, foliis profunde finuofis marrubii aquatici æmulis. *Pluk. alm.* 153. *t.* 30. *f.* 3.
　Herba viva, foliis polypodii. *Bauh. pin.* 359.
*Crefcit in* Virginia.
*Hæc apud nos numquam floruit; quantum ex fpecimine quodam ficco Gronoviano concludere licuit, hujus generis eft.*
*Attrectata manibus nudis marcefcere dicitur.*

## O P H I O G L O S S U M. *g. pl.* 779.

1. OPHIOGLOSSUM folio ovato, fpica difticha.
　Ophiogloffum vulgatum. *Bauh. pin.* 548. *Plum. fil.* XXXVI. *t.* B. *f.* 5. *Boerh. lugdb.* 1. *p.* 27.
　Ophiogloffum five Enneaphyllum. *Lob. hift.* 471.
　Ophiogloffon. *Bauh. hift.* 3. *p.* 708. *Dod. pempt.* 139.
　Lingua ferpentina, quibusdam Ophiogloffa. *Cæfalp. fyft.* 600.
α Ophiogloffum angulofo folio. *Bauh. pin.* 354. *prod.* 150.
β Ophiogloffum minus, fubrotundo folio. *Bauh. pin.* 354.
γ Ophiogloffum bilingue majus, folio acuto. *Tournef. inft.* 548.
δ Ophiogloffum bilingue medium, folio obtufo. *Tournef.*
ε Ophiogloffum bilingue minimum. *Tournef.*
*Crefcit in pafcuis humidioribus per* Europam.

2. OPHIOGLOSSUM frondibus fimpliciter pinnatis ferratis, fcapis alternatim fpicatis, caule fquamafo fcandente.
　Lingua cervina fcandens, foliis laurinis ferratis. *Plum. fpec.* 14. *fil.* 102. *t.* 117. *Tournef. inft.* 545.
　Filix fcandens latifolia ferrata. *Plum. amer.* 8. *t.* 12.
　Filix fcandens jamaicenfis, pinnatis fraxini foliis. *Morif. hift.* 3. *p.* 571.
　Filix major fcandens in pinnas tantum divifa oblongas latasque non crenatas. *Sloan. flor.* 17. *hift.* 1. *p.* 83. *t.* 38.

*Crefcit*

*Crescit in insula* Martinicana *&* Jamaica *locis montosis arbores scandens.*
*Spicæ hæ non parum differunt ab ophioglossis reliquis, proin hoc attente examinent in loco natal*
*constituti Botanici, adque certius genus referant.*

3. OPHIOGLOSSUM caule flexuoso, frondibus oppositis pinnatis, foliolis utrinque spiciferis.
Filix scandens perpulchra brasiliana. *Breyn. cent.* 185. *t.* 96.
Lonchitis scandens brasiliana, pinnulis eleganter laciniatis. *Tournef. inst.* 539. *Moris. hist.* 3. *p.* 568. *f.* 14. *t.* 3. *f.* 15
Phyllitidi multifidæ affinis Filix scandens in pinnas tantum divisa oblongas angustas laciniatas. *Sloan. flor.* 19
*hist.* 1. *p.* 88.
*Crescit in* Jamaica, Brasilia.
*Si* Ophioglossum fronde palmata basi spicifera * Ophioglossum palmatum. Plum. fil. 139. t. 163*
*sit ophioglossi vera species, utique & prædicta planta; hæc enim, in foliis lanceolatis, e serra-*
*turarum apicibus spicas parvas utrinque profert.*

# P T E R I S. *g. pl.* 780.

1. PTERIS fronde simplici quinquangula producta tripartita: intermedia aliquoties trifida, lateralibus bifidis.
Hemionitis profunde laciniata ad oras pulverulenta. *Plum. spec.* 15. *amer.* 24. *t.* 34. *fil.* 130. *t.* 152.
Hemionitis foliis atrovirentibus maxime dissectis seu Filix geranii robertiani folio. *Sloan. flor.* 15. *hist.* 1. *p.* 73.
Filix hemionitis americana, petroselini foliis profunde laciniatis. *Pluk. alm.* 155. *t.* 286. *f.* 5.
Adiantum monophyllum americanum, foliis profunde laciniatis ad oras pulverulentum. *Moris. hist.* 3. *p.* 592.
* Filix hemionitis americana speciosa, folio securis romanæ figuram æmulante. *Pluk. alm.* 155. *t.* 36. *f.* 4.
*Crescit in sylvis & nemoribus dissitis insulæ* La Tortuë, Sandominicanæ, Jamaicæ.

2. PTERIS fronde pinnata, foliolis subovatis repandis obtusis.
Trichomanes argenteum ad oras nigrum. *Plum. spec.* 13. *fil.* 57. *t.* 75.
Thichomanes majus, pinnis sinuatis subtus niveis. *Sloan. flor.* 17. *hist.* 1. *p.* 80. *t.* 35. *f.* 1.
*Crescit in rupibus, & sylvis insulæ* Sandominicanæ *&* Jamaicæ.

3. PTERIS fronde pinnata, foliolis lanceolato-linearibus integerrimis sessilibus erectiusculis.
Lingua cervina latifolia membrana tenui marginata. *Plum. fil.* 88. *t.* 106.
Filix latifolia ad margines pulverulenta. *Plum. amer.* 6. *t.* 8.
*Crescit locis humentibus uliginosis, sylvestribus insulæ* Sandominicanæ *&* Martinicæ *in ascensu*
*montis de la Calebasse.*

4. PTERIS frondibus pinnatis radicalibus, foliolis linearibus patentissimis repandis basi cordatis.
Lonchitis longis angustis & ad oras pulverulentis foliis. *Plum. spec.* 12.
Lonchitis non ramosa, longissimis angustis & ad basin auriculatis foliis. *Plum. fil.* 52. *t.* 69.
Filix non ramosa, longissimis angustis & ad basin auriculatis foliis. *Plum. amer.* 12. *t.* 18.
*Crescit juxta rivulos frequens in insula* Sandonominicana.

5. PTERIS fronde supra-decomposita, foliolis pinnatis, pinnis linearibus: infimis pinnato-dentatis, imparibus
longissimis.
Filix ramosa pinnulis longiusculis: partim auriculatis. *Plum. amer.* 14. *t.* 22. *fil.* 23. *t.* 29.
Filix fœmina seu ramosa major, pinnulis angustis obtusis non dentatis: impari surculum terminante longissima.
*Sloan. flor.* 24. *hist.* 1. *p.* 101.
Filix fœmina ramosissima jamaicensis, pinnula alas claudente longissima. *Pluk. alm.* 156.
* Filix fœmina seu ramosa major, pinnulis angustissimis rarissimisque. *Sloan. flor.* 24. *hist.* 1. *p.* 101. *t.* 63.
Filix fœmina ramosissima jamaicensis, pinnula alas claudente longissima, pinnulis angustioribus. *Pluk. alm.* 156.
*Crescit in aridis & saxosis insulæ* Sandominicanæ, Jamaicæ *&c.*

6. PTERIS fronde supra-decomposita, foliolis pinnatis, pinnis lanceolatis: infimis pinnatifidis; superioribus minoribus.
Filix ramosa major, pinnulis obtusis non dentatis. *Bauh. pin.* 357.
Filix major & prior trago seu ramosa repens. *Bauh. hist.* 3. *p.* 735.
Filix femina. *Dod. pempt.* 462. *Dalech. hist.* 1222.
*Crescit in sterilibus desertis sylvis, ubi terra exusta, frequens per* Europam *extra circulum arcticum,*
*intra vero nulla.*

# A D I A N T U M. *g. pl.* 782.

1. ADIANTUM caule fruticoso supra-decomposito aculeato, frondibus palmatis.
Adiantum frutescens spinosum & repens. *Plum. spec.* 14. *fil.* 77. *t.* 94.
Filix ramosa major, caule spinoso, foliis seu pinnulis rotundis profunde laciniatis seu cerefolii foliis. *Sloan. flor.*
23. *hist.* 1. *p.* 99. *t.* 61. *fig. melior.*
Filix ramosa jamaicensis, fumariæ foliis, pediculis & rachi medio aculeatis. *Pluk. alm.* 156.
*Crescit in campis* Jamaicæ *&* Sandominicanæ.

2. ADIANTUM fronde alternate supra-decomposito, foliolis trapezii formibus acuminatis inciso-crenatis.
Adiantum ramosius, pediculis lucidis & nigris. *Plum. fil.* 78. *t.* 95.
Adiantum fruticosum, coriandri folio, jamaicense, pediculis foliorum politiore nitore nigricantibus. *Pluk.*
*alm.* 10. *t.* 254. *f.* 1.
Adiantum nigrum ramosum maximum, foliis majoribus trapezii in modum figuratis. *Sloan. flor.* 23. *hist.* 1.
*p.* 98. *t.* 59. *fig. melior.*

D d d d d d *Crescit*

*Crefcit in locis humentis & fylvis circa rivulorum fluenta in infula* Sandominica *&* Jamaica. *Caudex ramique nigri, nitidi. Folia trapezii figura, nitida, alterna, petiolata, glabra, lateribus exterioribus & interioribus incifo-crenatis, interjeEtis lacinulis fruEtiferis, lateribus interioribus & inferioribus integerrimis, vafa fubtiliffima omnia ex angulo infertionis prodeunt, fingula dichotome divifa: angulus interticus eft rectus; terminatrix acuminatus; laterales obtufi; margo intimus & extimus æqualis fere longitudinis, fuperior & inferior inter fe æquales fed longiores prædiEtis.*

3. ADIANTUM fronde decompofita, foliolis cuneiformibus incifis.
Adiantum nigrum majus ramofum, coriandri folio. *Sloan. flor.* 23. *hift.* 1. *p.* 98.
Adiantum fruticofum, coriandri folio, jamaicenfe, pediculis foliorum politiore nitore nigricantibus, forte Adiantum nigrum brafilianum. *Pluk. alm.* 10. *t.* 254. *f.* 1.
*Crefcit in* Bermudis.

4. ADIANTUM fronde ramofiffime divifa, foliolis linearibus retufis, inferne attenuatis.
Adiantum minus, foliis in fummitate retufis. *Plum. amer.* 34. *t.* 50. *f. b.*
Filicula pinnulis obtufis. *Tournef. inft.* 542. *t.* 101. *f. B.*
*Crefcit in infula* Sandominicana *juxta rivos.*

## H E M I O N I T I S. *cor. g.* 990.

1. HEMIONITIS fronde palmata, lineis feminalibus reticulatis.
Hemionitis aurea hirfuta. *Plum. fpec.* 15. *amer.* 23. *t.* 33. *fil.* 129. *t.* 151.
Hemionitis folio hirfuto & magis diffecto feu ranunculi folio. *Sloan. flor.* 14. *hift.* 1. *p.* 72. *Morif. hift.* 3. *p.* 560. *f.* 14. *t.* 1. *f.* 5.
Filix Hemionitis dicta, faniculæ foliis, villofa. *Pluk. alm.* 155. *t.* 291. *f.* 4.
*Crefcit in infula* Martinica, Guadalupa, Sandominicana, Jamaica.

## A S P L E N I U M. *g. pl.* 783.

1. ASPLENIUM frondibus enfiformibus integris bafi cordatis inflexis, petiolis hirfutis.
Linguæ cervinæ 1--15. *Boerh. lugdb.* 1. *p.* 23.
Lingua cervina officinarum. *Bauh. pin.* 353. *Plum. fil. XXXIV. t. A. f.* 4.
Lingua cervina vulgaris. *Morif. hift.* 3. *p.* 556. *f.* 14. *t.* 1. *f.* 1, 2. 5. 8, 9. 11.
Phyllitis feu Lingua cervina. *Bauh. hift.* 3. *p.* 756.
Phyllitis vulgaris. *Cluf. hift.* 2. *p.* 213.
Phyllitis. *Dod. pempt.* 467. *Lob. hift.* 468.
α Phyllitis crifpa. *Bauh. hift.* 759.
β Lingua cervina multifido folio. *Bauh. pin.* 353.
γ Phyllitis laciniato folio. *Cluf. hift.* 2. *p.* 213.
*Crefcit in* Europæ *regionibus montofis, exceptis borealibus* Sveciæ, Norwegiæ, Finlandiæ.

2. ASPLENIUM fronde pinnata, foliolis fubrotundis crenatis. *Fl. lapp.* 388.
Trichomanes feu Polytrichum officinarum. *Bauh. pin.* 356. *Plum. fil. XXVI. t. B. f.* 1. *Boerh. lugdb.* 1. *p.* 25.
*Morif. hift.* 3. *p.* 591. *f.* 14. *t.* 3. *f.* 10.
Trichomanes five Polytrichon. *Bauh. hift.* 3. *p.* 754.
Trichomanes. *Dod. pempt.* 471. *Lob. hift.* 471.
α Trichomanes foliis eleganter incifis. *Tournef.*
*Crefcit in petris frequens per* Europam.

3. ASPLENIUM fronde pinnata, foliis ovatis margine fuperiore gibbis incifis.
Chamæfilix marina anglicana. *Morif. hift.* 3. *p.* 573. *f.* 14. *t.* 3. *f.* 25. *optima. Leb. hift.* 474.
*Crefcit e rupium fiffuris in infula* Anglefeis, *aliisque* Angliæ & Cambro-britanniæ *locis.*

4. ASPLENIUM fronde pinnatifida, laciniis alternis adnatis.
Afplenium five Ceterach. *Bauh. hift.* 3. *p.* 479. *Plum. fil. XXXIII. t. B. f.* 3. *Morif. hift.* 3. *p.* 561. *f.* 14. *t.* 2. *f.* 1. *Boerh. lugdb.* 1. *p.* 25.
Afplenium. *Dod. pempt.* 468. *Lob. hift.* 470.
Ceterach officinarum. *Bauh. hift.* 354.
*Crefcit e rupium aridarum rimis fiffurisque in* Wallia, Italia *&c.*

5. ASPLENIUM fronde pinnata, foliolis falcato-lanceolatis incifo-ferratis bafi inferiore angulatis.
Lonchitis latifolia, pediculis lucidis & glabris. *Plum. fil.* 45. *t.* 59.
*Crefcit in infula* Martinicana *ad verticem montis de la Calabaffe.*

## P O L Y P O D I U M. *g. pl.* 784.

1. POLYPODIUM frondibus lanceolatis integerrimis glabris, caule repente fquamofo.
Lingua cervina fcandens, caulibus fquamofis. *Plum. fpec.* 14. *fil.* 104. *t.* 119.
Phyllitis fcandens, caulibus fquamofis. *Plum. amer.* 29.
Phyllitis minor fcandens, foliis anguftis. *Sloan. flor.* 15. *hift.* 1. *p.* 73.
Filix farmentofa bifrons f. Bryopteris fcandens jamaicenfis inter filicem & lycopodium media. *Pluk. alm.* 156. *t.* 290. *f.* 3.
*Crefcit in fylvis* Antillarum *frequentiffima ut in* Sandominicana, Martinica, Jamaica.

2. POLY-

2. POLYPODIUM fronde ternato-sinuata, foliolis lateralibus bifidis: intermedio petiolato trifido majori.
Hemionitis maxima trifolia. *Plum. spec.* 15. *fil.* 127. *t.* 148. *amer.* 22. *t.* 39.
Hemionitidi affinis, Filix major trifida auriculata, pinnis latissimis sinuatis. *Sloan. flor.* 18. *hist.* 1. *p.* 85. *t.* 42.
Filix f. Hemionitis dicta caribeorum, amplissimis foliis, trifoliata. *Pluk. alm.* 155. *t.* 291. *f.* 3.
*Crescit frequens per sylvas umbrosas & saxa rivulis defluentibus humentia in ins.* Sandominicana, Martinica, Jamaica.

3. POLYPODIUM fronde pinnata, foliolis lanceolatis integerrimis basi connatis: terminatrici maxima, lateralibus patulis.
Polypodium majus aureum. *Plum. spec.* 13. *amer.* 25. *t.* 35. *fil.* 59. *t.* 76.
Polypodium altissimum. *Sloan. flor.* 15. *hist.* 1. *p.* 75.
Polypodium jamaicense majus & elatius, alis longioribus, punctis aureis aversa parte notatis. *Moris. hist.* 3. *p.* 563.
*Crescit frequens in insulis* Americanis *circa vetustarum arborum caudices.*

4. POLYPODIUM fronde pinnata, foliolis lanceolatis integris serrulatis alternis connato-sessilibus.
Polypodium pinnatum, pinnis lanceolatis integris. *Fl. lapp.* 380.
Polypodium vulgare. *Bauh. pin.* 359. *Plum. fil.* XXVII. *t. A. f.* 2. *Moris. hist.* 3. *p.* 562. *f.* 14. *t.* 2. *f.* 1. *Boerh. lugdb.* 1. *p.* 24.
Polypodium majus. *Dod. pempt.* 464.
Polypodium. *Cæsalp. syst.* 593. *Bauh. hist.* 3. *p.* 746.
*Crescit in* Europa *vulgaris (forte & in* America*) in petris earumque fissuris.*

5. POLYPODIUM fronde pinnata lanceolata, foliolis lunulatis ciliato-serratis declinatis, petiolis strigosis.
Lonchitis aspera major. *Moris. hist.* 3. *p.* 566. *f.* 14. *t.* 2. *f.* 1.
Lonchitis aspera. *Bauh. pin.* 359.
Lonchitis altera, cum foliis denticulatis sive Lonchitis altera matthioli. *Bauh. hist.* 3. *p.* 744.
*Crescit in summis jugis Alpinis* Helvetiæ, Baldi, Monspelii *circa Gangem*, Avorniæ.

6. POLYPODIUM fronde pinnatifida, foliolis lanceolatis sinuato-pinnatifidis.
Polypodium cambro-britannicum, lobis foliorum profunde dentatis. *Moris. hist.* 3. *p.* 563. *f.* 14. *t.* 2. *f.* 8.
Polypodium cambro-britannicum, pinnulis ad margines laciniis. *Raj. syn.* 117.
Filix amplissima, lobis foliorum laciniatis, cambrica. *Plum. alm.* 153. *t.* 30. *f.* 1.
*Crescit in* Wallia.

7. POLYPODIUM fronde pinnata, foliolis lanceolato-linearibus undulatis acuminatis oppositis connatis.
Polypodium radice subcœrulea & punctata. *Plum. spec.* 13. *fil.* 60. *t.* 78.
*Crescit in insula* Martinicana *monte de la Calabasse.*

8. POLYPODIUM fronde pinnata, foliolis pinnatifidis: inferioribus reflexis, paribus pinnula quadrangulari connexis.
Polypodium pinnatum, pinnis lanceolatis pennatifidis integris, inferioribus nutantibus. *Fl. lapp.* 367.
Filix minor britannica, pediculo pallidiore, alis inferioribus deorsum spectantibus. *Moris. hist.* 3. *p.* 575. *f.* 14. *t.* 4. *f.* 17.
Filix virginiana non ramosa, foliis planis, partim & dentatis, rachi medio apophysibus foliaceis plerumque ex opposito, per intervalla eleganter adnexis. *Pluk. alm.* 151. *t.* 286. *f.* 2. *optima.*
*Crescit in* Lapponia, Svecia, Anglia.
*Varietas virginiana α differt solum lacinulis serratis, quæ in Europæa integerrimæ sunt, species tamen absolute eadem.*

9. POLYPODIUM fronde alternatim duplicato-pinnata, foliolis laciniatis.
Filicula saxatilis regia, pinnulis ad fumariam accedentibus. *Boerh. lugdb.* 1. *p.* 27.
Filicula regia, fumariæ pinnulis. *Vaill. paris.* 52. *t.* 9. *f.* 1.
*Crescit in* Svecia & Gallia.

10. POLYPODIUM fronde duplicato-pinnata, foliolis obtusis crenulatis, petiolo strigoso.
Polypodium duplicato-pinnatum, pinnulis obtusis crenulatis. *Fl. lapp.* 385.
Filix non ramosa dentata. *Bauh. pin.* 358. *Moris. hist.* 3. *p.* 578. *f.* 14. *t.* 3. *f.* 6.
Filix vulgo mas dicta, sive non ramosa. *Bauh. hist.* 3. *p.* 737.
Filix mas. *Dod. pempt.* 462. *Lob. hist.* 473.
Dryopteris. *Dalech. hist.* 1227.
*Crescit solo pingui in nemoribus juxta vias & lapides frequens in* Svecia, *in* Anglia, Gallia *perque maximam partem* Europæ.
*Pluribus modis variat hæc species, quæ facile tamen dignoscitur a petiolo in aversa parte strigoso.*

# ACROSTICUM. *g. pl.* 785.

1. ACROSTICUM fronde pinnata, foliolis linguiformibus integerrimis glabris.
Lingua cervina aurea. *Plum. fil.* 87. *t.* 104.
Lonchitis palustris maxima. *Sloan. flor.* 15. *hist.* 1. *p.* 76.
Filix americana maxima aurea non ramosa, alis integris alternis planis. *Moris. hist.* 3. *p.* 571.
Filix simpliciter pinnatis foliis seu Phyllitis ramosa jamaicensis maxima, aversa parte ferruginea lanugine circumquaque obducta. *Pluk. alm.* 154. *t.* 288. *f.* 1.
Filix palustris aurea, foliis linguæ cervinæ. *Plum. amer.* 5. *t.* 8.
*Crescit locis palustribus & humentibus in* Jamaica & Sandominicana.

2. ACROSTICUM fronde pinnata, foliolis oblongo-ovatis vix cordatis hirsutis obsolete serratis.
Filix minor, ruffa lanugine tota obducta, in pinnas tantum divisa raras non crenatas subrotundas. *Sloan. flor.* 19. *hist.* 1. *p.* 87. *t.* 45. *f.* 1.
*Crescit in* America.

Dddddd 2

3. Acro-

3. ACROSTICUM fronde pinnata, foliolis digitatis, pinnis linearibus: intermedia longiori.
Lingua cervina triphylla angufta & leviter ferrata. *Plum. fpec.* 15. *fil.* 123. *t.* 144.
Phyllitis ramofa trifida. *Sloan. flor.* 19. *hift.* 1. *p.* 88. *t.* 45. *f.* 2.
Filix jamaicenfis non ramofa trifoliata anguftifolia, caule lævi. *Morif. hift.* 3. *p.* 572.
*Crefcit juxta rivulorum fluenta, e faxorum rimis aut inter ipfa faxa, in inf.* Sandominicana *&* Jamaica.

4. ACROSTICUM fronde duplicato-pinnata, pinnis oppofitis, pinnulis lanceolatis obtufis ferratis feffilibus alternis.
Filix africana floridæ fimilis, in ambitu foliorum argute denticulata. *Pluk. alm.* 156. *t.* 81. *f.* 5.
*Crefcit in* Africa *fi fides Plukenetio.*

5. ACROSTICUM fronde alternatim duplicato-pinnatum, pinnis lanceolatis feffilibus: inferioribus ferratis incifis.
Filix non ramofa minor, caule nigro, furculis raris, pinnulis anguftis dentatis raris brevibus acutis fubtus niveis. *Sloan. flor.* 20.
Adiantum calomelanos americanum, feu Adiantum nigrum, foliis prona parte candidiffimis. *Pluk. alm.* 11. *t.* 124. *f.* 3.
Adiantum nigro fimile, albiffimo pulvere confperfum. *Plum. amer.* 30. *t.* 44.
Filix albiffimo pulvere confperfa. *Plum. fil.* 30. *t.* 40.
Avenca major. *Marcgr. braf.* 23.
*Crefcit in fylvis & fepibus humidis infulæ* Martinicanæ, Jamaicæ, Brafiliæ.

## TRICHOMANES. *cor. g.* 991.

1. TRICHOMANES fronde lanceolato-pinnata, pinnis feffilibus parallelis obfolete ferratis.
Polypodium crifpum caliciferum. *Plum. fil.* 67. *t.* 86.
*Crefcit in infula* Martinicana *fupra montem de la Calabaffe.*

## M U S C I.

## LYCOPODIUM. *g. pl.* 792.

1. LYCOPODIUM caule repente, foliis patulis, pedunculis fpica gemina terminatis. *Fl. lapp.* 418.
Lycopodium clavatum, pediculis foliofis. *Dill. giff.* 230.
Lycopodium. *Tabern. ic.* 814. *Raj. fyn.* 107.
Mufcus terreftris clavatus. *Bauh. pin.* 360.
Mufcus repens a trago depictus. *Bauh. hift.* 3. *p.* 766.
Mufcus terreftris repens, pediculis foliaceis, binis clavis in altum fe erigentibus. *Pluk. alm.* 258. *t.* 47. *f.* 8. *Morif. hift.* 3. *p.* 623. *f.* 15. *t.* 5. *f.* 2.
Mufcus clavatus. *Lob. hift.* 645.
Mufcus terreftris 2. *Dalech. hift.* 1324.
Mufcus alius terreftris. *Dalech. hift.* 1325. *fig. mala.*
*Crefcit in umbrofis fylvis, per Europam præfertim feptentrionalem.*

2. LYCOPODIUM caule erecto dichotomo. *Fl. lapp.* 420.
Selago foliis & facie abietis. *Rupp. jen.* 330.
Selago tertia thali. *Breyn. Ephem. nat. cur. dec.* 1. *ann.* 4. *obf.* 149. *p.* 116.
Mufcus terreftris abietiformis. *Morif. hift.* 3. *p.* 624. *f.* 15. *t.* 5. *f.* 9.
Mufcus erectus ramofus faturate viridis. *Bauh. pin.* 360.
Mufcus terreftris rectus. *Bauh. hift.* 3. *p.* 767.
*Crefcit in umbrofis fylvis & fubhumidis fub juniperis per* Europæ *frigidiores plagas.*

3. LYCOPODIUM ramis reflexis apicibus radicatis, foliolis fubulatis bafi ciitatis.
Mufcus terreftris repens virginianus humifufus, viticulis longioribus, foliolis tenuibus veftitus. *Morif. hift.* 3. *p.* 624. *f.* 15. *t.* 5. *f.* 12. *Raj. app.* 32.
*Crefcit in* Virginia.
*Fructificatio hujus plantæ mihi nondum vifa eft.*

4. LYCOPODIUM caule repente, ramis tetragonis. *Fl. lapp.* 417. *t.* 11. *f.* 6.
*Crefcit in alpibus* Lapponicis *frequens.*

## POLYTRICHUM. *g. pl.* 786.

1. POLYTRICHUM caule fimplici. *Fl. lapp.* 395.

*Mas.*
Mufcus juniperifolius, calice expanfo. *Vaill. parif.* 131. *t.* 23. *f.* 8. *a. b.*

*Femina.*
Polytrichum majus vulgari, capfula quadrangulari. *Dill. giff.* 221. *Raj. fyn.* 90.
Polytrichum aureum majus. *Bauh. pin.* 356.
Polytrichum apulei majus quibusdam. *Bauh. hift.* 3. *p.* 760.
Mufcus capillaceus major, pediculo & capitulo craffioribus. *Tournef. inft.* 550.
Mufcus juniperifolius, capitulo quadrangulo. *Vaill. parif.* 131. *t.* 23. *f.* 8.

◀ Polyα Muſcus capillaceus ſtellatus prolifer. *Tournef. inſt.* 251.

Muſcus juniperi folio, roſeus prolifer. *Vaill. pariſ.* 131. *t.* 23. *f.* 7.

α Polytrichum montanum minus, capſula quadrangulari. *Dill. giſſ.* 221.

Polytrichum aureum medium. *Bauh. pin.* 356.

Muſcus coronatus medius, pileo villoſo tenuiore. *Moriſ. hiſt.* 3. *p* 630. *ſ.* 15. *t.* 7. *f.* 6.

β Muſcus erectus, juniperi folio glauco rigido, calyptra longiſſima. *Vaill. pariſ.* 131. *t.* 23. *f.* 6.

Muſcus coronatus humilis rigidior, capitulis longis acutis ſeſſilibus erectis. *Moriſ. hiſt.* 3. *p.* 630. *ſ.* 15. *t.* 7. *f.* 8.

*Creſcit frequentiſſimum per* Europam.

*Cum muſcorum colligendi tempus mihi non ſuperfuit, nec rariores ſpecies paſſim obviæ fuere, nec ab exteris regionibus tranſportatæ, ad Algas tranſeo, easque etiam pauciſſimas.*

# A L G Æ.

## M A R C H A N T I A. *g. pl.* 793.

1. MARCHANTIA calice communi quadripartito, laciniis tubuloſis.

Lichen pileatus parvus, capitulo crucis inſtar ſe expandente. *Raj. ſyn.* 115.

Lichen ſive Hepatica lunulata epiphyllocarpos. *Raj. hiſt.* 1. *p.* 125. app. 47.

Lunularia vulgaris. *Mich. gen.* 4. *t.* 4. optima.

*Creſcit in* Italia, Gallia, Anglia; *in* Belgio *juxta foſſam lugdunenſem intra primum lapidem ab urbe vidi.*

## A N T H O C E R O S. *g. pl.* 795.

1. ANTHOCEROS.

Anthoceros major. *Mich. gen.* 11. *t.* 7. *f.* 1.

α Anthoceros minor, foliis magis carinatis atque eleganter crenatis, ſubtus incurvatis. *Mich. gen.* 11. *t.* 7. *f.* 2

*Creſcit juxta urbem* Harlemenſem *in foſſarum aggeribus, & in* Italia.

## L I C H E N. *g. pl.* 797.

1. LICHEN caule ramoſo ſolido, foliis ſetaceis, receptaculis maximis orbiculatis peltatis, foliis radiatis.

Muſcus arboreus cum orbiculis. *Bauh. pin.* 361.

Muſcus arboreus peltatus & ſcutellatus. *Bauh. hiſt.* 3. *p.* 764.

Muſcus fœniculaceus. *Dalech. hiſt.* 1325.

*Creſcit in Fagis per* Smolandiam, Scaniam, Germaniam, Angliam *&c.*

## L E M N A. *g. pl.* 798.

1. LEMNA foliis ſeſſilibus, ſubtus hemiſphæricis, radicibus ſolitariis.

Lenticula paluſtris major, inferne magis convexa, fructu polyſpermo. *Mich. gen.* 15. *t.* 11. *f.* 1.

*Creſcit ubique in foſſis* Belgii, *aliisque.*

*Folia veſicutato-inflata ſubtus conſpiciuntur. In hac flores deſcripſit Michelius.*

2. LEMNA foliis ſeſſilibus utrinque planiuſculis, radicibus ſolitariis.

Lenticula paluſtris vulgaris. *Bauh. pin.* 362.

Lens paluſtris. *Dod. pempt.* 587. *Raj. ſyn.* 129. *t.* 4. *f.* 1.

Lenticularia minor monorrhiza, foliis ſubrotundis utrinque viridibus. *Mich. gen.* 16. *t.* 11. *f.* 3.

α Lenticularia media monorrhiza, foliis oblongis utrinque viridibus. *Mich. gen.* 16. *t.* 11. *f.* 2.

*Creſcit ubique in foſſis & aquis ſtagnantibus per* Europam.

3. LEMNA foliis ſeſſilibus radicibus confertis.

Lenticula paluſtris major. *Dill. app.* 50. *Raj. ſyn.* 129. *t.* 4. *f.* 2.

Lenticularia major polyrrhiza inferne atro-purpurea. *Mich. gen.* 16. *t.* 11. *f.* 1.

*Creſcit cum antecedentibus ubique.*

4. LEMNA foliis petiolatis. *Fl. lapp.* 470.

Lenticula aquatica trifulca. *Bauh. pin.* 362. *Bauh. hiſt.* 3. *p.* 786.

Lenticularia ramoſa monorrhiza, foliis oblongis, pediculis longioribus donatis. *Mich. gen.* 16. *t.* 11. *f.* 5.

*Creſcit cum antecedentibus vulgaris per* Europam *ſeptentrionalem.*

## C H A R A. *g. pl.* 801.

1. CHARA caulibus aculeatis.

Chara major, caulibus ſpinoſis. *Vaill. act.* 1719. *p.* 23. *t.* 3. *f.* 3.

Equiſetum ſive Hippuris muſcoſus, cauliculis ſpinulis crebrius exaſperatis ſub aquis repens. *Moriſ. hiſt.* 3. *p.* 621.

Equiſetum ſive Hippuris muſcoſus, ſub aqua repens, in hibernia. *Pluk. alm.* 135. *t.* 193. *f.* 6.

*Creſcit in foſſis minoribus frequentiſſima per* Hollandiam.

Eeeee

Fucus,

# F U C U S. *g. pl.* 802.

1. Fucus caule tereti ramofiffimo, frondibus lanceolato-linearibus ferratis, fructificationibus globofis pedunculatis filoque umbilicatis.
   Fucus folliculaceus, ferrato folio. *Bauh. pin.* 365.
   Lenticula marina, ferratis foliis. *Lob. hift.* 653. *Dalech. hift.* 1397. *Sloan. flor.* 4.
   Sargaço acoftæ. *Dalech. hift.* 1918.
   Sargaço. *Pif. braf.* 2. *p.* 266.
   *Crefcit in omnibus fere rupibus aqua marina opertis circa* Jamaicam, *aliisque* Americæ *pluribus, unde a fluctibus abripitur, magnamque partem maris Americani borealis implet, ut pratum viride diceret fpectator remotus.*

2. Fucus caule tereti compreffo dichotomo, veficula medio ramorum innata, veficulis ex alis laxis.
   Fucus caule tereti compreffo dichotomo, foliis oppofitis minimis, veficula in medio finguli rami. *Fl. lapp.* 464.
   Fucus maritimus nodofus. *Bauh. pin.* 365.
   Fucus maritimus, veficulis majoribus fingularibus per intervalla difpofitis. *Morif. hift.* 3. *p.* 647. *f.* 15. *t.* 8. *f.* 2.
   Fucus marinus quartus. *Dod. hift.* 781.
   *Crefcit in mari* Belgium, Sveciam, Angliam *adjacente.*

3. Fucus fronde plana dichotoma ferrata, verfus apices tuberculata.
   Fucus folio plano dichotomo ferrato laciniato. *Fl. lapp.* 462.
   Fucus five Alga latifolia major dentata. *Morif. hift.* 3. *p.* 468. *f.* 15. *t.* 9. *f.* 1.
   *Crefcit ubique in mari.*

4. Fucus fronde plana dichotoma integerrima, veficulis glabris oppofitis ad alas, tuberculatis paribus terminatricibus.
   *Crefcit cum præcedentibus.*

5. Fucus teres dichotomus ramofiffimus acutus
   Fucus parvus, fegmentis prælongis teretibus acutis. *Morif. hift.* 3. *p.* 648. *f.* 15. *t.* 9. *f.* 4.
   *Crefcit cum prioribus.*

6. Fucus ramofus teres, fructificationibus turbinatis membrana cinctis.
   Fucus marinus veficulas habens membranis extantibus alatas. *Sloan. flor.* 4. *hift.* 2. *p.* 58. *t.* 20. *f.* 6.
   *Crefcit in rupibus maris* Jamaicenfis.

7. Fucus linearis ramofus fubteres.
   Fucus longiffimo latiffimo craffoque folio. *Bauh. prod.* 154.
   Fucus maritimus primus. *Dod. hift.* 781.
   Alga longiffimo lato craffoque folio. *Bauh. pin.* 364.
   *Crefcit in mari cum præcedentibus.*

# U L V A. *g. pl.* 803.

1. Ulva tubulofa fimplex. *Fl. lapp.* 458.
   Ulva marina tubulofa inteftinorum figuram referens. *Raj. fyn.* 63.
   Fucus cavus. *Bauh. pin.* 364. *Bauh. hift.* 3. *p.* 803.
   *Crefcit in foffis, pifcinis & mari frequens per* Europam.

2. Ulva filiformis articulata, articulis alternatim compreffis.
   *Crefcit ad* Caput bonæ fpei. *Comm. D. D. Röell.*
   *Craffities fetæ, filiformis, rarius ramofa, articulata, diaphana, articulis alteris oppofite compreffis.*

# F U N G I.

# P H A L L U S. *g. pl.* 810.

1. Phallus volva exceptus, pileo apice pervio.
   Phallus vulgaris totus albus, volva rotunda, pileo cellulato ac fumma parte umbilico pervio ornato. *Mich. gen.* 201. *t.* 83.
   Phallus hollandicus. *Park. theatr.* 1322. vel batavicus. *Dalech. hift.* 1398.
   Boletus phalloides. *Tournef. inft.* 562.
   Fungus phalloides. *Bauh. hift.* 3. *p.* 843.
   Fungus fœtidus penis imaginem referens. *Bauh. pin.* 374.
   Fungus virilis penis arrecti facie. *Ger. hift.* 1385.
   *Crefcit in arundinetis* Belgii.

2. Phallus petiolo nudo, pileo fubtus laxo.
   Phalloboletus efculentus, pileo parvo conico ex fulvo fubobfcuro, pediculo leucophæo fiftulofo. *Mich. gen.* 203. *t.* 84. *f.* 3.
   *Crefcit cum fequenti.*

3. Phal.

3. PHALLUS petiolo nudo, pileo fubtus undique adnexo.
Boletus efculentus rugofus albicans quafi fuligine infectus. *Tournef. inft.* 561. *Mich. gen.* 203. *t.* 85. *f.* 2.
Merulius 2. *Boerh. lugdb.* 1. *p.* 13.
Morchella minor oblonga, fuligine quafi infecta. *Dill. gen.* 74. *giff.* 188.
Fungus porofus. *Bauh. pin.* 370.
Fungus rugofus feu cavernofus five Merulius. *Bauh. hift.* 3. *p.* 836.
Primi generis efculentorum fungorum fpecies 1. *Cluf. hift.* 2. *p.* 263.
*Crefcit in locis glareofis per* Europam.

## C L A V A R I A. *g. pl.* 810.

1. CLAVARIA clavata integerrima obtufa erecta.
Clavaria alba, piftilli forma. *Vaill. parif.* 39. *t.* 7. *f.* 5.
Clavaria major alba. *Mich. gen.* 208. *t.* 87. *f.* 1.
Fungoides clavatum majus. *Dill. giff.* 189.
Fungus clavatus albicans. *Bocc. muf.* 1. *t.* 307.
*Crefcit in fylvis per* Sveciam, Germaniam, Galliam.

## E L V E L A. *g. pl.* 809.

1. ELVELA petiolo breviffimo, pileo turbinato: difco punctato.
Peziza inferne nigra, fuperne alba nigris maculis punctata. *Celf. upf.* 35.
Fungus minimus infundibuliformis, fuperne nigris punctis notatus. *Raj. app.* 21. *fyn.* 12.
Mufcus minimus lignofus, difco punctato. *Bocc. muf.* 2. *p.* 25. *t.* 107.
*Crefcit in* Belgio *rarius,* in Svecia *frequens &* Anglia.

## P E Z I Z A. *g. pl.* 812.

1. PEZIZA calice campanulato.
Peziza calyciformis lentifera laevis. *Dill. giff.* 195.
Cyathoides cyathiforme cinereum & veluti fericeum. *Mich. gen.* 222. *t.* 102. *f.* 1.
Fungoides infundibuli forma, femine foetum. *Tournef. inft.* 560. *Vaill. parif.* 56. *t.* 11. *f.* 6, 7.
Fungus campaniformis niger parvus, multa femina plura in fe continens. *Pluk. phyt.* 184. *f.* 9.
Fungus minimus, ligneis tabellis areolarum hortorum adnafcens. *Bauh. pin.* 374.
Fungus minimus, fine petiolo, perniciofus. *Bauh. hift.* 3. *p.* 847.
*Crefcit in tabellis ligneis areolarum per* Europam.

## C L A T H R U S. *g. pl.* 811.

1. CLATHRUS feffilis fubrotundus.
Clathrus ruber. *Mich. gen.* 214.
Boletus cancellatus purpureus. *Tournef. inft.* 561. *t.* 329. *f.* 6.
Fungus coralloides cancellatus. *Cluf. app. alt.*
Fungus rotundus cancellatus. *Bauh. pin.* 375.
*Crefcentem* Harlemum *inter &* Amftelodamum *menfe Octobri juxta viam in arundineto, legi* 1735.

## L Y C O P E R D O N. *g. pl.* 813.

1. LYCOPERDON petiolo longiffimo, capitulo globofo glabro: ore cylindraceo integerrimo.
Lycoperdon parifienfe minimum, pediculo donatum. *Tournef. inft.* 563. *t.* 331. *f.* E. F. *Mich. gen.* 217.
Fungus pulverulentus minimus, pediculo longo infidens. *Raj. fyn.* 27.
*Crefcit in Dunis* Belgicis *ubique.*

2. LYCOPERDON volva multivalvi patente, capitulo glabro, ore acuminato dentato.
Fungus pulverulentus, Crepitus lupi dictus coronatus & inferne ftellatus. *Raj. fyn.* 27. *t.* 1. *f.* 1.
Geafter major, umbilico fimbriato. *Mich. gen.* 220. *t.* 100. *f.* 1, 2, 3.
*Crefcit in Dunis* Belgicis *rarius, in* Svecia *frequens juxta* Upfaliam.

## *L I T H O P H Y T A.*

## I S I S. *g. pl.* 816.

1. ISIS flexilis arborea, caule fimplici, ramulis fetaceis, ftrictis afcendentibus.

2. ISIS flexilis fruticofa, caule fubdivifo, ramulis fetaceis ftrictis undique prominentibus.
Fruticulus marinus afperiufculus, ramulis ferulaceis fpinulis excuntibus donatus. *Morif. hift.* 3 *p.* 652. *f.* 15. *t.* 10. *f.* 18.

3. ISIS fragilis, caule fubdivifo glabro nitido, articulis ad ramificationes rugofis.

Eeeeee 2

SPON.

## SPONGIA. *g. pl.* 817.

1. SPONGIA fragilis repens, ramis teretibus obtufis.
Spongia ramis teretibus obtufis. *Fl. lapp.* 535.
*Crefcit in aquis dulcibus, lacubus & aquis placide fluentibus.*
*Eft hæc admodum fragilis, repens, craffitie pennæ majoris anferinæ, cornu cervi modo ramofa,*
*procumbens, ramis erectis teretibus pifcem olentibus.*

2. SPONGIA tenax ramofiffima erecta, ramis teretiufculis obtufis.

3. SPONGIA rigidiufcula fubramofa ramulis minimis undique tecta.

4. SPONGIA fimplex tubulofa.
Spongia dura five fpuria major alba fiftulofa, fibris craffioribus. *Sloan. flor.* 6. *hift.* 1. *p.* 62. *t.* 23. *f.* 2.

5. SPONGIA flabelliformis, caule teretiufculo, difco compreffo-plano vix divifo.

## LITHOXYLUM. *cor. g.* 992.

1. LITHOXYLUM decompofito-pinnatum flexile compreffum.

2. LITHOXYLUM ramofum erectum articulatum rigidum, ramis fæpius liberis oppofite compreffis, geniculis cras-
fiufculis.
*Hoc rubrum eft, porofum, quafi ochra flava tinctum, punctisque fulvis adfperfum, dum flecti-*
*tur franguntur genicula, articuli vero difficile.*

3. LITHOXYLUM ramofum erectum enode flexile, ramis parallele compreffis longiffimis liberis rectis.

4. LITHOXYLUM ramofum erectum compreffum flexile, ramis ramofis undulatim flexilibus liberis.

5. LITHOXYLUM pinnato-ramofum erectum compreffum flexile, ramulis fetaceis.

6. LITHOXYLUM retiforme, ramulis oppofite compreffis, fructificationibus fubrotundis exfertis prominentibus.
Keratophyton maximum cinereum elegantiffime reticulatum. *Boerh. lugdb.* 1. *p.* 6.

7. LITHOXYLUM retiforme, ramis teretiufculis.

8. LITHOXYLUM retiforme, ramis parallele compresfis æqualis fere crasfitiei.

9. LITHOXYLUM retiforme, ramis parallele compresfis: primordialibus crasfioribus.
Keratophyton album denfe reticulatum, fibris latioribus. *Boerh. lugdb.* 1. *p.* 6.
Frutex marinus elegantisfimus albus, Corallium nautis. *Bauh. hift.* 3. *p.* 307.
Frutex marinus elegantisfimus. *Cluf. exot.* 120.

10. LITHOXYLUM virgis longisfimis fimplicioribus, tuberculis undique prominentibus.
*Cortex coccineus; virgæ vix ramofæ, bipedales; tubercula undique conferta, prominentia, truncata.*

## SERTULARIA. *g. pl.* 823.

1. SERTULARIA caule fimplici, umbraculo orbiculato peltato.
Acetabulum marinum procerius. *Tournef. inft.* 569.
Androfaces petræ innafcens vel major. *Bauh. pin.* 367.
Androfaces. *Matth. diofc.* 897.
α Acetabulum marinum minus. *Tournef. inft.* 570.
Androfaces chamæconchæ innafcens vel minor. *Bauh. pin.* 367.

2. SERTULARIA ramofisfima, articulis fulcatis.
Hippuris faxea. *Befl. muf.* 78. *t.* 23. *Raj. hift.* 68. *Bauh. hift.* 3. *p.* 788. *Cluf. exot.* 124.
*Crefcit in* India Orientali.

3. SERTULARIA ramofisfima, articulis reniformibus compreffo-planis trichotomis.
Scutellaria five opuntia marina. *Bauh. hift.* 3. *p.* 802.

4. SERTULARIA fetacea, bafi ramofa cornea erecta, articulis fcabris corneis.

## MILLEPORA. *g. pl.* 818.

1. MILLEPORA membranacea flexilis ramofisfima, ramis diftinctis planis obtufis fuperne dilatatis.

2. MILLEPORA membranacea plana fimplicisfima: altera fuperficie adnata.

3. MILLEPORA membranacea rigida cellulofa connata labyrintiformis.

4. MILLEPORA cyathiformis turbinata interius prolifera.

5. MILLE-

5. MILLEPORA ramofisſima, punctis obfoletis, ramis acutis nudis.

6. MILLEPORA ramofisſima, punctis ſubtus ſemi-ovato-prominulis, ramis acutis.
Madrepora erectior ramoſa, tuberculis crebris furſum ſpectantibus. *Tournef. inſt. 573.*
Porus albus erectior ramoſus, tuberculis crebris furſum ſpectantibus. *Moriſ. hiſt. 3. p. 566. f. 15. t. 10. f. 3.*

7. MILLEPORA ramofisſima, punctis obfoletis, ramulis ovatis obtuſis per ramulos imbricatis.

8. MILLEPORA polymorpha, punctis obfoletis, lineisque ramoſis.

## M A D R E P O R A. *g. pl.* 820.

1. MADREPORA ſimplex acaulis orbiculata convexa, lamellis denticulatis.
Fungus lapidoſus. *Beſl. muſ. 83. t. 26. f. 3. Cluſ. exot. 125. f. 1.*

2. MADREPORA ſimplex acaulis orbiculata concava, lamellis denticulatis.

3. MADREPORA ſimplex ramoſa, ramis angulatis exaſperatis, lamellis integerrimis.

4. MADREPORA ſimplex ramoſa, ramis teretibus lævibus ſolidiuſculis, lamellis integris.
Madrepora vulgaris. *Tournef. inſt. 573.*
Corallium album oculatum officinarum. *Bauh. hiſt. 3. p. 573.*

5. MADREPORA ſimplex ramoſa, ramis teretibus lævibus tubuloſis, lamellis integris.

6. MADREPORA compoſita conica obtuſa ſubtus excavata, lamellis denticulatis decurrentibus.

7. MADREPORA compoſita oblonga convexa: ſubtus concava, lamellis denticulatis decurrentibus.

8. MADREPORA compoſita labyrinthiformis hemiſphærica, lamellis duplicato ordine integris obtuſis, ſinubus æqualibus.
Aſtroites undulatus major politus. *Bocc. obſerv. epiſt. 17. p. 141.*
Maſſa coralloides albicans poroſa, maris fluctuationem egregie repræſentans. *Beſl. muſ. 83. t. 26. f. 1.*

9. MADREPORA compſita labyrintiformis, acie acuta, lamellis ſimplici ordine integris acutis, ſinubus punctis excavatis.

10. MADREPORA aggregata, ſtellis uniformibus contiguis turbinato-excavatis.

11. MADREPORA aggregata, ſtellis uniformibus ferme contiguis cylindraceis-excavatis.

## T U B I P O R A *g. pl.* 819.

TUBIPORA membranis transverfalibus tubos perpendiculares connectentibus.
Tubularia purpurea. *Tournef. inſt. 575. t. 342.*
Tubularia purpurea: Alcyonio Mileſio ſecundo alcuni. *Imper. 631.*
Coralliis affine Alcyonium fiſtuloſum rubrum. *Bauh. hiſt. 3. p. 808. Moriſ. hiſt. 3. p. 657. f. 15. t. 10. f. ult.*

## C E L L I P O R A. *g. pl.* 821.

CELLIPORA margine catenulato.
*Creſcit in mari Balthico juxta* Gottlandiam.

VAGA.

# *Claſſis* X X V.

# V A G A.

## *P A L M Æ.*

### C H A M Æ R O P S. *g. pl.* 887.

1. CHAMÆROPS frondibus palmatis plicatis, petiolis ſpinoſis.

| *Hermaphrodita.* | | *Mas.* |
| --- | --- | --- |
| Chamæriphes tricarpos ſpinoſa, folio flabelliformi. | Eadem. | |

    *Pont. anth.* 147.
Chamæriphes. *Dod. pempt.* 820.
Chamæriphes ſeu Palma humilis. *Dalech. hiſt.* 369.
Palmites. *Lob. hiſt.* 640.
Palma minor. *Bauh. pin.* 506. *Plum. gen.* 2.
Palma humilis ſeu Chamæriphes. *Bauh. hiſt.* 1. p. 368.
Palma humilis dactylifera, radice repente ſobolifera,
    folio flabelliformi, pedunculo ſpinoſo. *Boerh. lugdb.*
    2. p. 169.
α Palma humilis dactylifera, radice repentiſſima ſobo-
    lifera, folio flabelliformi, pedunculo vix ſpinoſo.
    *Boerh.*
β Palma chamærops plinii *Dalech. hiſt.* 369. *Boerh.*
γ Palma major dactylifera, folio flabelliformi, pedun-
    culo ad latera duriſſimis magisque ſpinis armato.
    *Boerh.*

  *Creſcit in* Italia, Hiſpania, Sicilia, Ilva *inſula, locis maritimis.*

  *Hæc palma vel acaulis perſiſtit, vel in altum excreſcit caudice inferne anguſtiore, qui nil eſt niſi*
  *radix ſupra terram; herba potius eſt quam arbor planta. Cauleſcens, per Belgium,* Palma
  dactylifera vera *dicitur, licet diverſiſſima ſit a depictis authorum, a Kæmpferi &c. Dactyli*
  *enim, qui vulgo venales proſtant in foris & officinis, hanc arborem nobis omni anno produxere.*
  *Repentem ſoboliferam ſpecie non diſtinctam eſſe docent folia & flores.*

2. CHAMÆROPS frondibus palmatis plicatis, petiolis inermibus.
Palma braſilienſis prunifera, folio plicatili ſeu flabelliformi, caudice ſquamato. *Sloan. hiſt.* 2. p. 121. t. 213·
    f. 2. figura tenus.

  *Creſcit in* America, *adhuc tenera nobis inde allata eſt.*

  *De ſpecie & ſynonymis nil certi ſtatuo, quamdiu nec florum, nec fructus mihi innotuit ſtructura,*
  *nec adolevit planta; locum ob convenientiam in facie ei hic conceſſi, usque dum veriora innoteſcant.*

### C O R Y P H A. *g. pl.* 888.

1. CORYPHA frondibus pinnato-palmatis plicatis interjecto digitis filo.
Palma montana, folio plicatili flabelliformi maximo, ſemel tantum frugifera. *Raj. hiſt.* 1367.
Palma montana malabarica, folio magno complicato acuto, flore albo racemoſo, fructu rotundo. *Comm. flor.* 50.
    *Plum. gen.* 3.
Palma zeylanica, folio longiſſimo latiſſimoque, Tala & Talaghas dicta. *Burm. zeyl.* 181.
Coddapanna ſive Palma montana malabarica. *Rheed. mal.* 3. p. 1. t. 1, 2, 3, 4, 5, 6, 7, 8, 9, 10, 11, 12.
Coddapanna. *Pont. anth.* 142.
Tallipot. *Knox. zeyl.* 20.

  *Creſcit in* Malabaria, Zeylona, America *locis montanis & petroſis*

  *Excreſcit ſterilis per triginta quinque annos ad ſeptuaginta pedum altitudinem, tum per quatuor*
  *menſes ad triginta adhuc pedes aſſurgit, floret, fructumque eodem anno producit, quibus abſolu-*
  *tis tota emoritur. Hanc Palmam ſtupenda induſtria adumbratam videas in Horto malabarico.*

### C Y C A S.

1. CYCAS frondibus pennatis, foliolis lineari-lanceolatis, petiolis ſpinoſis.
Palma farinifera japonica, Sotitſou japonenſibus. *Breyn. prod.* 2. p. 8.
Palma indica, caude in annulos protuberante diſtincto. *Raj. hiſt.* 1360.
Palma prunifera japonica. *Herm. lugdb.* 472. *Plum. gen.* 3.
Palma japonica, ſpinoſis pediculis, polypodii folio. *Herm. prod.* 361. *Boerh. lugdb.* 2. p. 170.
Palma vinifera belgarum. *Breyn. prod.* 1. p. 43.
Todda-panna. *Rheed. mal.* 3. p. 9. t. 13, 14, 15, 16, 17, 18, 19, 20, 21. *Pont. anth.* 156.
Teſſio. *Kæmp. jap.* 896.

  *Creſcit in locis montoſis arenoſis petroſis* Malabariæ, Amboinæ, Americæ.

PH OE-

# P H OE N I X. *g. pl.* 886.

1. PHOENIX frondibus pinnatis, foliolis alternis ensiformibus basi complicatis, petiolis compressis dorso rotundatis.
*Mas.*

|  |  |
|---|---|
| Palma Dachel sterilis. *Pont. anth.* 154. | *Femina.* |
| Palma hortensis mas. *Kæmpf. jap.* 668. 686. *t.* 1, 2. *f.* 1. 3. | Palma Dachel fertilis. *Pont. anth.* 154. |
|  | Palma hortensis (femina). *Kæmpf. jap.* 668. 686. *t.* 1, 2. *f.* 2. 6. 11. *t.* |
|  | Palma major. *Bauh. pin.* 506. *Plum. gen.* 2. |
|  | Palma. *Bauh. hist.* 1. *p.* 351. *Raj. hist.* 1352. *Lob. hist.* 637. *Dod. pempt.* 819. |
|  | Palma arbor. *Dalech. hist.* 362. |
|  | Palma dactylifera major vulgaris. *Sloan. hist.* 174. |
|  | Palma dactylifera major & dactylus vulgo. *Burm. zeyl.* 183. |

*Crescit in* Arabia, Persia, Malabaria, Zeylona, America.
*An Katou-indel.* Rheed. mal. 3. p. 15. t. 22—25. *sola hujus varietas vel planta sylvestris?*

# C o c c u s. *g. pl.* 889.

1. COCCUS frondibus pinnatis, foliolis ensiformibus, petiolis margine villosis.
Palma indica coccifera angulosa. *Bauh. pin.* 508. *Plum. gen.* 2.
Palma indica nucifera. *Bauh. hist.* 1. *p.* 375.
Tenga indica coccifera angulosa, fructu maximo. *Pont. anth.* 159.
Tenga. *Rheed. mal.* 1. *p.* 1. *t.* 1, 2, 3, 4.
Inaja guacuiba. *Marcgr. braf.* 138.
Maron. *Hern. mex.* 7.
*Crescit in arenosis utriusque* Indiæ.
*Ex hac unica arbore obtinent tm olæ regtonum, in quibus crescit, omnia quæ ad vitæ usum & sustentationem umquam desiderari possunt, qui naturali methodo vivere gaudent.*

# *T O U R N E F O R T I A N A.*

# S c h i n u s. *g. pl.* 897.

1. SCHINUS foliolis serratis: impari longissimo.
Rhus obsoniorum similis peruviana, serratis fraxini pinnatis foliis, summa singulari pinna alas claudente longius exporrecta. *Pluk. alm.* 319.
Lentiscus africana. *Seb. thes.* 2. *p.* 7. *t.* 5. *f.* 5.
Lentiscus peruana. *Bauh. pin.* 399.
Molle. *Clus. monard.* 322. *f. opt. Tournef. inst.* 661. *Boerh. lugdb.* 2. *p.* 258.
Mulli. *Fevill. per.* 2. *p.* 43.
*Crescit in* Peru, *& ut fertur in* Africa.
*Schinus est nomen Dioscoridis lentisco impositum, quo utor loco barbari Molle vel Mulli.*

# T R A P A. *g. pl.* 899.

1. TRAPA petiolis foliorum natantium ventricosis.
Tribuloides vulgare aquis innascens. *Tournef. inst.* 655.
Tribulus aquaticus. *Bauh. pin.* 194. *Cæsalp. syst.* 163. *Bauh. hist.* 3. *p.* 775. *Lob. hist.* 324. *Dalech. hist.* 1083.
Tribulus aquatilis. *Dod. pempt.* 581.
Tribulus aquaticus, foliis serratis, malabaricus. *Pluk. alm.* 374.
Tribulus aquaticus major indicus, caulibus geniculatis, foliis amplis numerosis in rosæ figuram congregatis. *Morif. hist.* 3. *p.* 619.
Panover-tsieraua. *Rheed. mal.* 11. *p.* 65. *t.* 33.
*Crescit in fere stagnantium fluviorum partibus lutosis, lacubus, urbium fossis ubi limosus fundus, in* Gallia, Helvetia, Italia.
*Malabaricam plantam (α) a nostra differre vix verosimile videtur, cum figura* HM *nostram Europæam melius exprimat, quam ulla alia ab Europæo data, omnesque partes essentiales gerat.*

# *P L U M E R I A N A.*

# X I M E N I A. *g. pl.* 902.

1. XIMENIA.
Ximenia aculeata, flore villoso, fructu luteo. *Plum. gen.* 6.
*Crescit in* America.
*Arbor est, sub alis spinam exerit, folia lauri plura e gemmis.*

Fffff 2

H i r.

# H I P P O C R A T E A. *g. pl.* 908.

1. HIPPOCRATEA.
Coa fcandens, fru&u trigemino fubrotundo. *Plum. gen.* 8.
*Crefcit in* America.
*Ex feminibus communicatis (cum integro fruttu) a D. Millero, enata eft unica planta* 1737 *in vaporario, quæ vix ottiduum fuperavit.*

# S P O N D I A S. *g. pl.* 916.

1. SPONDIAS.
Prunifera arbor americana, fru&u luteo ovali, officulo majore, quorum nuclei ad porcos faginandos ipfis glandibus præferuntur. *Pluk. alm.* 307.
Prunus brafilienfis, fru&u racemofo ligno intus pro officulo. *Raj. hift.* 1554. *Sloan. flor.* 182. *hift.* 2. *p.* 126.
Prunus americana. *Mer. furin.* 13. *t.* 13.
Monbin arbor, foliis fraxini, fru&u luteo racemofo. *Plum. gen.* 44.
Acaja quæ & Ibametara brafilienfibus. *Marcgr. braf.* 129 *Pif. braf.* 129.
*Crefcit in nova* Hifpania, Jamaica, Surinama, Brafilia.
*Arbor foliis pinnatis cum impare, absque ftipulis, foliolis ovatis acuminatis ferrato-dentatis.*

# C R A T E V A. *g. pl.* 320.

CRATEVA.
Tapia arborea triphylla. *Plum. gen.* 22.
Tapia. *Marcgr. braf.* 98. *Pif. braf.* 68. *t.* 69.
Apiofcorodon five arbor americana triphyllos, allii odore, poma ferens. *Pluk. alm.* 34. *t.* 137. *f.* 7.
Anona trifolia, flore ftamineo, fru&u fphærico ferrugineo fcabro minore, allii odore. *Sloan. flor.* 205. *hift.* 2. *p.* 169. *Raj. dendr.* 79.
Arbor americana trifolia pomifera, feminibus reniformibus. *Kigg. beaum.* 10.
Niirvala. *Rheed. mal.* 3. *p.* 49. *t.* 42.
*Crefcit in* Jamaica, Malabaria *&c.*
*Stamina octo Plumierus pingit, Rheede plurima, Ego in ficco fpecimine (unico flore) decem reperi, naturalem numerum determinent autoptici.*

# C H R Y S O B A L A N U S. *g. pl.* 915.

1. CHRYSOBALANUS.
Myrobalanus minor, folio fraxini alato, fru&u purpureo, officulo magno fibrofo. *Sloan. flor.* 182. *hift.* 2. *p.* 126. *t.* 219. *f.* 3, 4, 5. *Raj. dendr.* 43.
Prunifera jamaicenfis, fru&u rubro, cujus ante maturitatem folia non promit. *Pluk. alm.* 306.
Prunus icaco. *Labat. it.* 3. *p.* 30.
*Crefcit in* Jamaica, Barbiches, Surinama.

# H Y M E N Æ A. *g. pl.* 918.

1. HYMENÆA.
Ceratia diphyllos antegoana, ricini majoris fru&u nigro filiqua grandi inclufo. *Pluk. alm.* 96. *t.* 82. *f.* 2.
Acaciæ quodammodo accedens arbor Anime gummi fundens americana, foliis magnis acuminatis in pediculo binis, lobo magno craffiffimo eduli. *Breyn. prod.* 2. *p.* 8.
Arbor filiquofa ex qua gummi anime elicitur. *Bauh. pin.* 404.
Arbor filiquofa ex virginia, lobo fufco fcabro. *Raj. hift.* 1760.
Courbaril bifolia, flore pyramidato *Plum. gen.* 49.
Ietaiba. *Marcgr. braf.* 101. *Pif. braf.* 60.
*Crefcit in* Brafilia.
*Courbaril eft nomen barbarum, dixi itaque hanc Hymenæam ab Hymenæo, deo conjugii veteribus celebrato, cum duo folia paria conjuncta fint, quæ omni notte, adhuc dum juniora, connivent, fimulque dormiunt approximata.*

# H I P P O M A N E. *g. pl.* 30.

1. HIPPOMANE foliis ovatis ferratis.
Mançanilla pyri facie. *Plum. gen.* 50.
Juglandi affinis arbor julifera la&efcens venenata pyrifolia Mancanillo hifpanis di&a. *Sloan. flor.* 129. *hift.* 2. *p.* 3. *t.* 159.
Malus americana, laurocerafi folio, venenata, Mancinello arbor feu Maffinilia di&a. *Comm. hort.* 1. *p.* 132. *t.* 68.
Arbor venenata Mancinello di&a. *Raj. hift.* 1646.
Araticupana. *Marcgr. braf.* 94.
*Crefcit locis campeftribus arenofis, ubi aquæ ftagnarunt, verfus littora marina & rivulorum ac ftagnorum ripas in* Jamaica, Caribæis, Curacao, *præfertim autem in* Surinama.

*Hippo-*

## HERNANDIA. *Hort. Cliff.* 485. *sp.* 1.

a *Caulis summa pars quadruplo tenerior quam in ipsa arbore.*
b *Umbilicus purpurascens foliorum peltatorum.*
c *Ramulus.*

J. WANDELAAR del. & fecit.

*Hippomanes & Hippomane vocabulum græcum, receptum ad exprimendum quid omnium maxime abominabile (per metaphoram ab Equis) quod itidem verbum etiam olim in Botanicis usitatum. Assumsi itaque hoc ubi nominarem vegetabile quoddam, quo tetrius nullum. Nullum enim etiamnum umquam innotuit vegetabile hocce magis venenatum, si umquam fides adhibenda peregrinatoribus omnibus Americes, totque millenis cladibus, quas hæc arbor in sola Surinama commisit. Lactescens est, & lacte forte omnia agit, ut reliquæ lactescentes plantæ. Caulis glaber, folia nitent glabritie.*

## D A L E C H A M P I A. *g. pl.* 926.

1. DALECHAMPIA.

Dalechampia scandens, lupuli foliis, fructu hispido tricocco. *Plum. gen.* 17.
Lupulus folio trifido, fructu tricocco & hispido. *Plum. amer.* 89. *t.* 101.
Convolvulo-tithymalus. *Boerh. lugdb.* 2. *p.* 268. *descr.*
*Crescit in insula* Martinicana *&* Surinama, *unde femina, e quibus tenella a verme, licet lactescens, corrosa perit planta.*
*Consecrata memoriæ* Jacobi Dalechampi *Historia Lugdunensi claro.*

## H E R N A N D I A. *g. pl.* 925.

1. HERNANDIA.

Hernandia amplo hederæ folio umbilicato. *Plum. gen.* 6.
Umbilicato folio arbor philippensis Balanti dicta. *Pet. gaz. t.* 43. *f.* 1 ?
Nux vesicana oleosa, foliis umbilicatis ex insula barbadensi. *Pluk. alm.* 266. *t.* 208. *f.* 1?
Nux zeylanica, umbilicatis foliis. *Kigg. beaum.* 31. *Burm. zeyl.* 171?
Arbuscula exotica, foliis umbilicatis Pada Kelanga, nuculam nucula indica sonora Johannis Bauhini similem ferens. *Breyn. prod.* 2. *p.* 20?
*Crescit in* America; *in* Barbados, *in insulis* Philippinis *&c. Et certe singulare, si hæc arbor, cujus facies tota* Americana, *etiam* Zeylanensis *sit.*
*Habemus specimen ex* America *lectum, cujus singulum folium vix pyri magnitudinem attingat, at planta nostra viva folia fere pedalia promit. Caulis inferne rugosus, sulcis fissus; rami teneriores, læves, virides; Folia ovata, acuminata, glabra, superne viridia nitida, subtus pallide viridia. Petiolus inseritur disco folii supra basin, hinc folium peltatum sit & discum superiorem extrorsum vertit, acumine deorsum nutans; ubi petiolus folio inseritur, ibi vasa purpurea umbilicum stellatum rubrum constituunt. Hinc collata foliorum magnitudine, nitore, situ, macula, evadit arbor adeo speciosa, nitida, superba & grata ut formosiorem me numquam conspexisse fatear. Adhuc in Horto non floruit; fructus est lignosus, oblongo campanulatus, collo coarctatus, tubo subrotundo, limbo patenti-concavo. Nucleus intra tubum, qui per collum angustius exire nequit. Hinc fructus in arbore pendulus parumque sonorus evadit.*
*Consecrata fuit* Francisco Hernando, *ex historia pl. mexicanarum claro.*

## H O U S T O N I A N A.

## C O N O C A R P U S. *g. pl.* 929.

1. CONOCARPUS.

Alnus maritima myrtifolia coriariorum Buttonwood bermudensibus vulgo. *Pluk. alm.* 18. *t.* 240. *f.* 3.
Alni fructu, laurifolia arbor maritima. *Sloan. flor.* 135. *hist.* 2. *p.* 18. *t.* 161. *f.* 2. *Raj. dendr.* 11.
Frutex innominatus 2dus. *Marcgr. braf.* 76. *fig. inferior.*
Rudbeckia. *Houst. mss.*
*Crescit in arenosis maritimis* Bermudensibus *&* Jamaicensibus *prope passage fort & old habour copiose.*
*Folia lanceolata; strobili subrotundi: squamis reflexis, imbricatis, incanis, villosis, quarum lateri (non margini) vel disco affiguntur flosculi singulari methodo.*

## R A N D I A. *g. pl.* 390.

1. RANDIA. *Houst. mss.*

Lycium majus americanum, jasmini flore, foliis subrotundis lucidis. *Pluk. alm.* 234. *t.* 97. *f.* 6.
Cacao affinis frutex spinosus, lycii facie, jasmini flore albo, fructu in dispares particulas inter se arcte hærentes diviso. *Sloan. flor.* 135. *hist.* 2. *p.* 18. *t.* 161. *f.* 1. *Raj. dendr.* 82.
*Crescit in* Jamaica.
*Dixit hanc* Houstonus *a* Johanne Randio *Pharmacopæo anglo.*

Gggggg

M I S-

# MISCELLANEA.
## HURA. *g. pl.* 933.

1. HURA.
Hura americana, abutili indici folio. *Comm. hort.* 2. *p.* 131. *t.* 66.
Baruce ex Hura celfa arbore. *Cluf. exot.* 47.
Baruce e pluribus nucibus arboris Huræ. *Bauh. hift.* 1. *p.* 333. *Sloan. flor.* 214.
Qvavhtlatlatzin feu Arbor crepitans. *Hern. mex.* 88.
*Crefcit in* Mexico, Guayana, Jamaica.
*Arbor provectioris ætatis, fi in calido hybernaculo affervetur, aculeos affumit.*

## OURAGOGA. *g. pl.* 934.

1. OURAGOGA.
Periclymenum parvum brafilianum alexipharmacum. *Pluk. alm.* 288.
Herba paris brafiliana polycoccos. *Raj. hift.* 669.
Ipecacoanha. *Marcgr. braf.* 17.
Ipecacuanha officinis. *Dal. fuppl.* 148.
*Crefcit in fylvis humidis* Brafiliæ.
*Radix longiffima. Caulis rariffime ramofus, decumbens, inferne nudus. Folia verfus apicem oppofita, obverfe ovata, utrinque acuta, fcabra, fubtus pallidiora, duorum pollicum latitudine, trium longitudine, internodiis caulis vix pollicis longitudine. Habet plurima communia cum Triofteo-fpermo Dillenii.*

## INDEFINITA.
## LIQUIDAMBAR.

LIQUIDAMBAR. *Bauh. pin.* 502. *Cluf. monard.* 302.
Liquidambar arbor. *Dal. pharm.* 406.
Liquidambari arbor f. Styraciflua, aceris folio, fructu tribuloide pericarpio orbiculari ex quamplurimis apici-bus coagmentato femen recondens. *Pluk. alm.* 224. *t.* 42. *f.* 6.
Styrax liquida. *Bauh. prod.* 158.
Styrax aceris folio. *Raj. hift.* 1681.
Styrax arbor virginiana, aceris folio; potius Platanus virginiana ftyracem fundens. *Raj. hift.* 1799.
Acer virginianum odoratum. *Herm. lugdb.* 648. *Boerh. lugdb.* 2. *p.* 234.
Arbor ocofol dicta, foliis hederæ, odore ftyracis liquidæ. *Bauh. hift.* 1. *p.* 323.
Xochiocatzo-Quahvitl. *Hern. mex.* 56.
*Crefcit in campeftribus* Virginiæ *&* Mexicæ.
*Fructus conftat capfulis plurimis utrinque acuminatis, calyci proprio adnato ad medium cinctis, connatis calicibus feffilibus in capitulum globofum; capfula dehifcit bivalvis ab apice ad calycem usque & femina acerofa vel fubrotunda minima unilocularis ejicit. De flore nobis nulla notitia, quæritur num* PALMARIA. *Munt. hift.* 444. *t.* 444. *delineata fit eadem vel an diverfa planta? & fi diverfa, quæ?*

## ELEMIFERA.

1. ELEMIFERA foliis ternatis.
Frutex trifolius refinofus, floribus tetrapetalis albis racemofis. *Catesb. icht.* 33. *t.* 3. *f.* 3.
*Crefcit in* America.
*Flores ex alis in parvum corymbum, calyce quadridentato; Corolla tetrapetala, petalis apice in-flexis; Staminibus octo, parvis; piftillo unico; fructu nobis ignoto.*

2. ELEMIFERA foliis pinnatis.
Toxicodendrum foliis alatis, fructu purpureo pyriformi fparfo. *Catesb. ornith.* 40. *t.* 40.
*Crefcit in* America.
*Folia arboris pinnata, petiolis longis pentaphyllis: foliolis ovato-oblongis, fempervirentibus, inte-gerrimis, oppofitis, cum impari, propriis petiolis infidentibus: Racemi ex alis foliorum, plures, filiformes, floribus fparfis: calyce parvo, quadridentato; petalis quatuor; ftaminibus octo; Germine ovato, ftylo vix ullo, ftigmate obtufo obfolete quadrago. Videntur itaque hæ ambæ (1. 2) genere ex floris ftructura & facie conjungi poffe, ni vetet fructus nobis ignotus.*

## ELUTHERIA.

1. ELUTHERIA. *Syft. nat.*
Elutheria provid. folio cordato fubtus argenteo, Sweet-bark f. Cortex bene olens. *Petiv. coll.* 4. *n.* 276.
*Crefcit in infula* Providentiæ.

*Arbor*

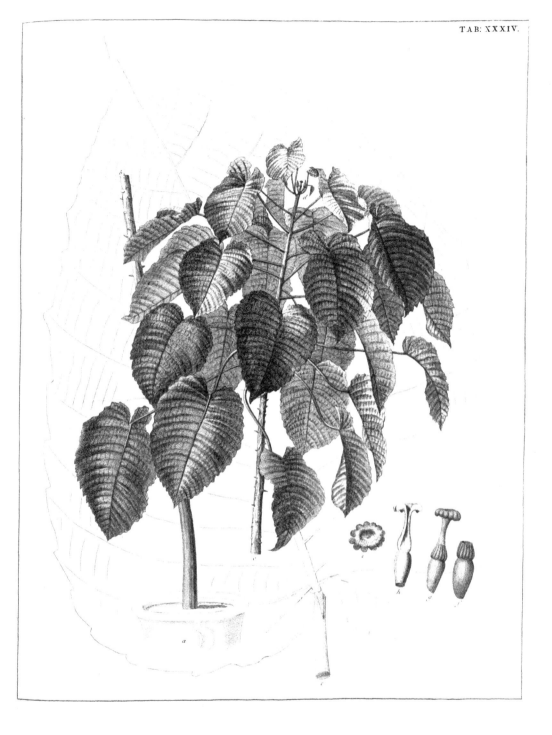

# HURA. *Hort. Cliff.* 486. *sp.* 1.

a *Arbor sex pedum.*
b. *Caulis inferior pars aculeis horrens.*
c *Caulis superior pars foliosa.*
d *Apex arboris florens* 1737 *mense Octobri, sed flores tamen imperfecti decidere.*
e *Folium magnitudine fere naturali.*
f *Pedunculus cum Calyce.*
g *Pedunculus, Calyx, Corolla.*
h *Corolla longitudinater dissecta, stamina tamen vel Pistilla adhuc non excrevere.*
i *Limbus corollæ.*

J. WANDELAAR fecit.

*Arbor ramis teretibus; foliis cordato-lanceolatis, crenatis, obtuse acuminatis, petiolatis, glabris, subtus argenteis; racemo terminatrici:* cujus Perianthium *quinquepartitum, foliolis ovatis patentibus.* Petala *quinque, calycis magnitudine, colore, figura.* Filamenta *quinque, setacea, longitudine corollæ;* Antheræ *incumbentes, planæ.* Pistillum *nullum, ergo* Mas. *alibi vero me flores cum pistillo perfecte euphorbiæ, duodecim staminibus instructos, observasse memini.*

## I N D I G O F E R A.

1. INDIGOFERA foliis tomentosis.
  Coronilla zeylanica argentea tota. *Boerh. lugdb.* 2. *p.* 50. *Burm. zeyl* 77.
  Colutea zeylanica argentea tota. *Herm. lugdb.* 169. *t.* 171.
  Ervum five Orobus arborescens incanus, glycyrrhizæ folio, flore luteo spicato. *Breyn. prod.* 2. *p.* 47.
  *Crescit in* Zeylona; *omni anno e seminibus excrescit, sæpius per hyemen perit, numquam apud nos floruit.*

2. INDIGOFERA foliis nudis.
  Colutea indica herbacea ex qua Indigo. *Herm. lugdb.* 162.
  Colutea indica humilis ex qua Indigo, folio viridi. *Herm. muf.* 32. *Burm. zeyl.* 69.
  Colutea affinis fruticosa, floribus spicatis purpurascentibus, siliquis incurvis: ex cujus tinctura Indigo conficitur. *Sloan. flor.* 141.
  Sesban aniliferum indicum, coronillæ foliis vel Indigo indica. *Breyn. prod.* 2. *p.* 91.
  Anil five Indigo indica. *Morif. hift.* 2. *p.* 202.
  Anil five Nil indorum color. *Bauh. hift.* 2. *p.* 945.
  Ameri. *Rheed. mal.* 1. *p.* 101. *t.* 34.
  *Crescit in aridis sterilibus petrosis arenosis & ubi pluviæ rarius cadunt, in* Jamaica, Caribæis, Zeylona, Malabaria. *An ornithopo affinis?*

## U V I F E R A.

UVIFERA foliis subrotundis amplissimis.
  Uvifera litorea, foliis amplioribus fere orbiculatis crassis, americana Seaside grape barbadensibus dicta. *Pluk. alm.* 394. *t.* 236. *f.* 7.
  Uvifera arbor occidentalis, folio rotundo, Obe vulgo. *Herm. prod.* 385.
  Prunus maritima racemosa, folio rotundo glabro, fructu minore purpureo. *Sloan. flor.* 183. *hift.* 2. *p.* 129. *t.* 220. *f.* 3. *Raj. dendr.* 40.
  Populus americana. *Dalech. hift.* 1830.
  *Crescit in maritimis arenosis* Caribearum *frequentissima.*

## Z A N T H O X Y L U M.

ZANTHOXYLUM.
  Zanthoxylum spinosum, lentisci longioribus foliis, evonymi fructu capsulari, ex insula jamaicensi. *Catesb. ornith.* 26. *t.* 26.
  Zanthoxylum americanum seu Hercules arbor aculeata major, juglandis foliis alternis. *Pluk. alm.* 396? *amalth.* 214?
  Arbor aculeata caroliniana, spinis grandioribus crebris tuberculis innascens, cortice urens. *Pluk. alm.* 43.
  Arbor spinosa virginiana, caudice & ramis lanigeræ spinosæ malabaricæ similis, an Herculis clava. *Raj. hift.* 1800?
  *Crescit in* Virginia & Carolina.
  *Arbor foliis est pinnatis: foliolis ovato-lanceolatis, oppositis, parum retrorsum falcatis, obsolete serratis, fere sessilibus, acuminatis, emarginatis. Petiolus communis aculeis parvis acerosis armatur, horum aculei, qui foliolorum insertionibus propiores sunt majores, aculei vero in caule subulati, nullo tuberculo insidentes (in nostra quæ vix annum superavit), nec cartilagine muniti. In planta sicca vero est Perianthium parvum, quinquefidum, coloratum; Corolla pentapetala, subglobosa: petalis ovato-oblongis.* Filamenta *quinque, subulata, longitudine corollæ.* Antheræ *subrotundæ.* Germen *subrotundum, semibifidum.* Styli *duo, breves.* Stigmata *capitata, conniventia, an itaque* Staphylææ *species?*

## P R I O N I T I S.

PRIONITIS.
  Adhatoda ad alas spinosa & florifera. *Burm. zeyl.* 8.
  Adhatoda malabarica tetracantha. *Pet. act.* 20. *n.* 224.
  Melampyro cognata madraspatana, spinis horrida. *Pluk. alm.* 243. *t.* 119. *f.* 5. *Comm. flor.* 44.
  Lycium indicum, spinis quaternis ad foliorum singulorum ortum. *Rigg. beaum.* 28. *Seb. thef.* 1. *p.* 21. *t.* 13. *f.* 1.
  Eryngium zeylanicum luteum febrifugum. *Herm. zeyl.* 43.
  Coletta-veetla. *Rheed. mal.* 9. *p.* 77. *t.* 41. *Boerh. lugdb.* 2. *p.* 263.
  *Crescit in udis arenosis* Malabariæ, Zeylonæ &c.
  *Fructificatio nobis non visa est, quantum vero ex descriptione Horti Malabarici concludere licet, plurima cum* Justiciis *esse communia fateri oportet, facies tamen adeo diversa est, ut (solus numerus staminum quaternus si sit) genere distingui debeat.*

# A B R U S.

ABRUS. *Dalech. fuppl.* 193.
Phafeolus ruber Abrus vocatus. *Alp. ægypt.* 40. *t.* 40.
Phafeolus glycyrrhizites, folio alato, pifo coccineo atra macula notato. *Sloan. flor.* 70.
Phafeolus alatus minor americanus, glycyrrhizæ fapore, filiquis orobi, feminibus nigris hilo coccineo notatis. *Pluk. alm.* 214. *f.* 5, 6.
Phafeolus 2 indicus ruber, qui Abrus profpero alpino. *Bont. jav.* 136.
Orobus indicus: Abrus alpini dictus, fructu coccineo macula nigra notato. *Burm. zeyl.* 177.
Konni. *Rheed. mal.* 8. *p.* 71. *t.* 39.
*Crefcit in* Jamaica, Malabaria, Zeylona, Java, Ægypto.

# W I N T E R A N I A.

WINTERANIA.
Winteranus cortex. *Cluf. exot.* 75.
Canella alba. *Dal. pharm.* 432.
Caffia lignea jamaicenfis, laureolæ foliis fubcinereis, cortice piperis modo acri. *Pluk. alm.* 89. *t.* 81. *f.* 1.
Caffia cinamomea five Cinamomum fylveftre barbadenfium, arbor baccifera, fructu calyculato tetragono enervi. *Pluk. alm.* 89. *t.* 160. *f.* 7.
Arbor baccifera laurifolia aromatica, fructu viridi calyculato racemofo. *Sloan. flor.* 165. *hift.* 2. *p.* 87. *t.* 191. *f.* 2.
*Crefcit in* Jamaica *&* Barbados *locis campeftribus fylvofis, ad viarum margines.*

# H A V A N N E L L A.

HAVANNELLA.
Milleriæ affinis, ftœchadis citrinæ facie. *Houft.*
*Crefcit in* Havanna, *locis forte maritimis.*
*Radix fibrofa. Rami filiformes, longi, decumbentes, articulati; articuli cincti vaginis præteritorum foliorum. Folia in fummis ramis, oppofita, linearia, bafi connata in tunicam brevem. Ramum terminat fafciculus florum, flavus, faftigiatus, conftans floribus plurimis quorum fingulorum* Calyx communis tubulofus, cylindraceus, quinquepartitus, perfiftens. Corolla compofita *ex flofculis fex vel feptem mafculis in difco & unico femineo in radio.* Corollula mafculi fingula monopetala, infundibuliformis, quinquefida, vix calyce longior. Corollula *vero* feminea ligulata, lanceolata, plana, integerrima.
Filamenta *mafculis* quinque, breviffima. Anthera *cylindracea.* Piftillum *mafculis eft germen oblongum, tenuius; ftylo brevi; ftigmate nullo; adeoque nullus his fuccedit fructus.* Piftillum *vero* feminini *flofculi eft germen oblongum, ftylo fimplici, ftigmate bifido, cui fuccedit femen unicum, oblongum, nudum. Adeoque ad fyngenefiam Polygamiæ neceffariæ fpectat.*

# O I D E A.

*Cum recenfere teneor plantas ignoti mihi generis, & eas nomine quodam indigitare neceffe eft; Verum nomen cum, ante detectum genus, præftare nulli datum, hypotheticum interim fubftituere debeo, hoc cum nequeat non falfum effe, utique & nomen per fe falfum affumam, a facie alterius plantæ, cui fimilis quodammodo eft nominanda, ideoque in* oides *eam termino, ut folo fono falfi nominis, qui plantam examinare poffunt, ad ejus medelam ducti, fe accingant.*

1. OLEOIDES.
*Crefcit in* Africa, *fi faciei fides adhibenda.*
*Arbor ftatura & facie oleæ fed anguftiora omnia: folia longiora, anguftiora, magis acuminata; rami tuberculis afperi; rami & folia oppofita; fempervirens arbor nulla fructificatione, licet fenefcens, familiam prodidit.*

2. CANNOIDES.
Mala-Infchi. *Rheed. mal.* 11. *p.* 29. *t.* 4?
*Crefcit in* Africa *& forte* Malabaria.
*Ex feminibus africanis Cannæ fimilibus enata eft planta ante annum, cujus Radix fingula fubrotunda, vix bulbofa, fed potius callofa, fibris filiformibus inftructa, admodum repens. Folia lanceolata, magna, pallida, avenia, petiolata, petiolis inferne fe invicem amplexantibus.*

3. LYCIOIDES.
Arbor folio falicis viridi alterno fplendente, fpinis longis alternis ad alas foliorum. *Boerh. lugdb.* 2. *p.* 263.
Prunus javanica. *Hortulanis.*
*Crefcit vel in* India Orientali? *vel potius in* Africa?
*Cum arbor altitudinis humanæ flores producere recufabat terræ prægnanti per integrum annum commifi, quo tempore & crefcere in tantum recufabat immobilis. Facies perfecte Lycii, triftis; folia alterna, lanceolata, obtufa, integerrima, margine undulata, in petiolos definentia, utrinque viridia; Rami obfcure virides, bafi rugofi. Spina brevis, acuta, juxta alas ramorum fæpius enafcitur.*

4. GUI-

4. GUILANDINOIDES.
Acacia africana, quæ acaciæ fimilis, foliis myrti parvis aculeatis pinnatis, flore coccineo tetrapetaloide. *Waltb. hort.* 2. *t.* 2.
Afra arbor acaciæ fimilis, foliis myrti aculeatis fplendentibus pinnatis, absque impari extremo, flore coccineo tetrapetaloide, filiqua lata, femine rotundo magno. *Boerb. lugdb.* 2. *p.* 57.
*Crefcit in* Africa.

5. CASSINOIDES.
*Crefcit forte in* America.
*Arbor Caffines facie, tripedalis; Caule tereti, firmo, lævi, cineraſcente; Ramis oppofitis, tenuibus, flexilibus, patentibus, vix umquam erectis, copiofis. Foliis oppofitis, ovatis, magnitudine ultimi articuli pollicis, glabris, ferratis, petiolatis, marginibus communiter parum conniventibus; petiolis purpuraſcentibus.*

6. PROTEOIDES foliis fubulatis triquetris, foliolis calycinis coloratis.
Chryfanthemum ericoides coronatum, capitis bonæ fpei. *Breyn. cent.* 165. *t.* 82.
*Crefcit ad* Caput b. fpei.

7. LAGOPODIOIDES foliis fetaceis digitatis pilofis feffilibus, floribus capitatis.
Genifte affinis. *Pluk. phyt.* 414. *f.* 4.
*Crefcit in* Africa.

8. MYRTOIDES foliis ovatis.
Myrtus zeylanica odoratiffima, baccis niveis monococcis. *Herm. lugdb.* 434. *t.* 435.
Vitis idæa zeylanica odoratiffima. *Tournef. inft.* 608. *Boerb. lugdb.* 2. *p.* 70. *Burm. zeyl.* 230.
*Crefcit in fabulofis & glareofis* Zeylonæ.
*Hujus figuram exprimit Arbor brafiliana, myrti laureæ foliis inodoris. Comm. hort.* 1. *p.* 173. *t.* 89. *licet eandem eſſe negetur. Rami arboris recti, cortice flaveſcente longitudinaliter fiſſo; Folia oppofita, ovata, obtuſe ~~~~~~~~, petiolis fere nullis inſiventia, patentiſſima, parum reflexa, integerrima, utrinque glabra & nitida, ſuperne atrovirentia, hyemalia minora, æftivalia maxima, ſapore aromatica. Myrti ſpeciem ob odorem & ſtaturam* Hermannus *voluit, quod negant corollæ monopetalæ, proin* Tournefortius *Vacciniis miſcuit, quod negant numeroſa ſtamina & bacca monococca.*

9. LIGUSTROIDES. *Houſt.*
Liguftrum aculeatum, fructu tefticulato. *Plum. ſpec.* 17.
*Crefcit in* America.
*Arbor liguſtri facie; Folia oppofita, ovato-lanceolata, glabra, integerrima, petiolis baſi horizontaliter patentibus, ad angulum petioli deciduis, remanente horizontali petioli parte, quæ (ut Cornutiæ) induratur, reflectitur, acuitur, ſpinaque evadit.*

10. CORCHOROIDES.
Corchoro affinis chamædryos folio, flore ftamineo, feminibus atris quadrangulis duplici ferie diſpofitis. *Sloan. flor.* 50. *hiſt.* 1. *p.* 145. *t.* 94. *f.* 1.
*Crefcit in locis faxofis* Jamaicæ.
*Hujus folia ovata, ſerrata; ſiliquæ vero lineares, biloculares, bivalves: diſſepimento oppofito, declinatæ; ſeminibus quadrangulis.*

11. SCHINOIDES petiolis fubtus aculeatis.
Rhus obfoniorum fimilis leptiphyllos tragodes americana fpinofa, rachi medio appendicibus aucto. *Pluk. alm.* 319. *t.* 107. *f.* 4.
Arbufcula alatis foliis ad jafminum vulgatius accedentibus. *Boerb. lugdb.* 2. *p.* 263?
Tſierou-Katu-naregam. *Rheed. mal.* 4. *p.* 31. *t.* 14?
*Crefcit in* America.
*Caulis fruteſcens, teres, rarius ramoſus; Folia alterna, remota, digiti longitudine, pinnata; petioli communes membranacei, articulati: articulis quinque vel ſex, ſingulis baſi attenuatis; foliola totidem (5 vel 6) parium, cum impari, inſerta petiolo ad articulationes. Aculei gemini, rigidi, reflexi, ad exortum petioli communis e caule, duo vero parvi ſub ſingula articulatione petioli. Baccæ globoſæ, monoſpermæ. an itaque genere cum* Molle Cluſii *conveniat?*

12. CÆSALPINOIDES foliis pinnatis ac duplicato-pinnatis.
Acacia americana, abruæ folio, triacanthos five ad axillas foliorum fpina triplici donata. *Pluk. mant.* 1. *Boerb. lugdb.* 2. *p.* 56. *Hort. angl.* 21.
* Acacia, abruæ folio, tricanthos, capfula ovali unicum femen claudente. *Catesb. ornith.* 43. *t.* 43? *figura tenuis.*
*Crefcit in* Virginia.
*Arbor hyemes noſtras ſub aëre aperto perfert, ubi folia ſimpliciter pinnata communiter profert, in hybernaculo (ſub* 68 *gradu caloris) aſſervata duplicato-pinnata promit folia,* Catisbæi *figuræ ſimillima. Flores hujus non vidimus, fructus autem eſt legumen polyfpermum, ſpithamæum, compreſſum, hinc diſcedit a* Catisbæi, *cujus legumen monoſpermum, quod tamen varietatis potius videtur nota quam ſpeciei, cum reliqua ſtructura arboris, quam ſimillima eſt. Spinæ intra alas collocantur ſolitariæ, rectæ, longæ, patentes, ſpatio parum ſupra alam remotæ, juxta baſin utrinque lateralem ſpinam, ad angulum rectum extenſam promit intermedia, & quidem laterales non oppofitas ſed alternas.*

Hhhhhh

APPEN-

# Classis XXVI.
# APPENDIX.
## GENERUM.

### SALICORNIA. *g. pl.* 892.

1. SALICORNIA. *Dod. pempt.* 82. *Boerh. lugdb.* 2. *p.* 94.
Salicornia geniculata annua. *Tournef. cor.* 51.
Kali geniculatum majus. *Bauh. pin.* 289.
*Crescit frequens per* Europam, *præsertim australiorem, in maritimis.*

### MELOTHRIA. *cor. g.* 937.

1. MELOTHRIA.
Cucumis parva repens virginiana, fructu minimo. *Pluk. alm.* 123. *t.* 85. *f.* 5. *bona.*
Cucumis minima, fructu ovali nigro lævi. *Sloan. flor.* 103. *hist.* 1. *p.* 227. *t.* 142. *f.* 1.
Bryonia canadensis, folio angulato, fructu nigro. *Tournef. inst.* 102.
*Crescit ad fossas & sepes in agris* Virginiæ, Canadæ, Jamaicæ.
Caulis *angulatus, striatus, filiformis, debilis, tenuis, lævis, bipedalis, annuus.* Folia *plana,*
*magnitudine duorum pollicum transversorum, scabra, quinqueloba: lobo antico sinubus profun-*
*dioribus diviso, basi cordata, margine lævissime denticulato, insidentia petiolis laxis, ad basin*
*inflexis, alternis, longe remotis, longitudine ipsius folii; cirrhus juxta petiolum prognascitur*
*simplicissimus, solitarius, longus. Pedunculus ex ala, solitarius, setaceus, longissimus, uni-*
*florus. Ramus ex ala eadem, cauli simillimus. Corolla lutea; fructus magnitudine seminis Pæo-*
*niæ, tuberculatus, pendulus.*

### IXIA. *cor. g.* 938.

1. IXIA.
Bupleuri angustioribus & gramineis foliis planta umbellata, flore rubro monopetaloide, calyce trigonali ex
involucro tomentoso prorumbente innato, cauliculis ad nodos villosis. *Pluk. mant.* 34.
Perfoliato angustifolio montano columnæ similis planta umbellifera nova, fructu triplici membranaceo.
*Breyn. fasc.* 25.
Gramen tomentosum pumilum promontorii bonæ spei. *Pluk. alm.* 179. *t.* 299. *f.* 5.
*Crescit ad* Caput bonæ spei.
*Radix carnosa, oblonga, fibrosa. Folia radicalia copiosissima, lineari-ensiformia, spithamæa, glabra.*
*Caules plures, pedales, simplices. Folia caulina alterna, pauca, radicalibus similia, amplexi-*
*caulia: acie caulem spectante; summæ vaginæ foliorum margine griseo lacero-piloso conspiciuntur.*
*Flores in capitula grisea, lacera; pedunculi ex alis summorum foliorum solitarii.*

### CORNUCOPIÆ. *g. pl.* 35.

1. CORNUCOPIÆ.
Juncus clavatus vaginatus polycephalos. *Pet. gaz. t.* 73. *f.* 5.
Gramen orientale vernum, in udis proveniens, capitulo reflexo. *Scheuch. hist.* 117. *t.* 3. *f.* 1.
*Crescit in* Smyrna *udis locis.*
*Cum defloruit incrassatur versus calycem petiolus, incurvatur, cornuque refert frumento reple-*
*tum, unde nulla planta aptior dicatur Cornu-copiæ, quam hoc singulare gramen.*
*Calamus tenuis. Folia inferne vaginantia: vaginis superioribus ventricosis, spathaceis, folio vix*
*manifesto terminatis. Ex singula vagina rami plures-subdivisi pari methodo.*

### GLOBULARIA. *g. pl.* 895.

1. GLOBULARIA caule folioso, foliis ovatis integerrimis.
Globularia vulgaris. *Tournef. inst.* 466. *Boerh. lugdb.* 1. *p.* 131.
Globularia. *Cluf. hist.* 2. *p.* 6.
Aphyllanthes anguillare sive Globularia bellidi similis. *Bauh. hist.* 3. *p.* 13.
Scabiosa, bellidis folio, humilis, Globularia dicta caule folioso. *Morif. hist.* 3. *p.* 51. *f.* 6. *t.* 15. *f.* 46.
Scabiosa cœrulea, bellidis minoris folio, Globularia dicta. *Pluk. alm.* 334.
Bellis cœrulea, Globularia monspeliensium. *Lob. adv.* 199.
Bellis cœrulea, caule folioso. *Bauh. pin.* 262.
*Crescit in campis gramineis, in silvis hinc inde campestribus, in graminosis viarum & semitarum*
*marginibus copiose per* Austriam *&* Pannoniam.

2. GLO-

2. GLOBULARIA foliis radicalibus cuneiformibus retufis dentatis: denticulo intermedio minimo.
Globularia montana humillima repens. *Tournef. inst. 467. Scheuch. alp. 77. 335.*
Scabiofa, bellidis folio, humilis, caule nudo, radice repente, folio cordato. *Morif. hist. 3. p. 50. f. 6. t. 15. f. ult.*
Scabiofa 10 five repens. *Cluf. hist. 2. p. 5.*
Bellis montana coerulea frutefcens. *Bauh. pin. 262.*
*Crefcit in montibus, glabris, afperis, inter faxa & falebras, inque gramineis ficcioribus, incultis agris, vulgatiffima per Pannoniam & Auftriam; nec non in faxofis alpium Helveticarum.*

# B L Æ R I A.  *cor. g.* 942.

1. BLÆRIA.
Erica fcabiofæ capitulis hirfutis. *vulgo.*
*Crefcit ad* Caput bonæ fpei.
*Planta fruticofa, ramofiffima.* Folia conferta, linearia, hirfuta. Flores terminatrices, feffiles, fafciculati.
*Cum Blairia Houftoni Verbenæ fit fpecies, reduci debuit iftud nomen fub verbenis, ne autem quid meritis* Patricii Bair *Angli, Ejufve manibus fubtraherem, fubftitui hoc plantarum novum genus.*

# L U D W I G I A.  *cor. g.* 943.

1. LUDWIGIA capfulis fubrotundis.
Anonyma. *Mer. fur. 39. t. 39.*
*Crefcit in* Surinama.
*Caulis herbaceus, teres, glaber, declinatus fæpius. Folia alterna, lanceolata, integerrima, glabra, petiolata. Flores folitarii, pedunculati, ex alis; corollæ flavæ.*
*Species altera:* Ludwigia capfulis oblongis * Cattu-carambu. Rheed. mal. 2. p. 39. t. 50. *gaudet capfulis filiquofis & oblongis, ambæ vero tetragonis.*
*Dixi hoc plantarum genus a* M. Chrift. Gottl. Ludwig, *in Academia Lipfienfi Celebri Botanico, Claro ex Definitionibus plantarum, fecundum methodum Rivinianam datis, magnoque cum judicio congeftis.*

# C H R Y S O P H Y L L U M.  *g. pl.* 904.

CHRYSOPHYLLUM foliis ovatis, fuperne glabris parallele ftriatis: fubtus tomentofis nitidis.
Cainito folio fubtus aureo, fructu maliformi. *Plum. gen. 10.*
Anona foliis fubtus ferrugineis; fructu rotundo majore lævi purpureo, femine nigro partim rugofo; partim glabro. *Sloan. flor. 206. hist. 2. p. 170. t. 229. Raj. dendr. 78.*
*Crefcit in* America.
*Eft huic floris ftylus unicus, ftigmate fimplici. Staminum filamenta quinque, fubulata, alternata cum laciniis corollæ interioribus. Antheræ fimplices. Corolla campanulata, laciniis quinque patulis, quinque vero alternis interioribus conniventibus; hinc Rhammo forte affinis.*

# C E S T R U M.  *cor. g.* 944.

1. CESTRUM floribus pedunculatis.
Jafminoides folio pishaminis, flore virefcente noctu odoratiffimo. *Dill. elth. 183. t. 153. f. 135.*
Jafminum laurinis foliis, flore pallido luteo, fructu atro-coeruleo polypyreno venenato. *Sloan. flor. 169. hist. 2. p. 96. t. 204. f. 2. Raj. dendr. 63.*
Parqui. *Feuill peruv. 2. p. 32. f. 1.*
*Crefcit in* Jamaicæ & Chilli *montofis.*
*Floret hæc arbor per noctem: floribus intus niveis, odoratiffimis, interdui clauffis.*

2. CESTRUM floribus feffilibus.
Jafminoides laureolæ folio, flore candido interdui odorato. *Dill. elth. 186. t 154. f. 186.*
Laureola fempervirens americana, latioribus foliis, floribus albis odoratis. *Pluk. alm. 209. t. 95. f. 1.*
Hediunda jafmini flore. *Feuill. peruv. 2. p. 25. t. 20. f. 3.*
*Crefcit circa* Havanam *in America.*
*Hic frutex floret interdui floribus virefcentibus; inde hæc planta hortulanis flos diei, præcedens vero noctis dicitur. Hujus folia contrita odorem fœtidiffimum fpirant, illius vero non.*
*In hifce fpeciebus odore & facie diverfis difficillime eruitur aliqua realis differentia, confentiente idem Cl. Dillenio, nec tamen quis facile has ambas varietates ejufdem fpeciei diceret.*
*Cum Lycia noftra facie inter fe fimillima fint & ab hac diverfiffima, licet etiam in hac triftis quædam torvaque facies tamen alia, raroque obfervetur faltus a Natura in eodem genere, potius has diftinctas volo fpecies genere a Lyciis, cum notæ intercedentes fufficientes fint. Maxime diftinctum effet hoc Ceftri genus fi fructus bacca fit unilocularis, quod innuere videntur icones Feuillæi, nec non germina a nobis transverfim fecta unilocularia deprehenfa, (abortit enim apud nos planta) nifi forte receptacula feminum, reniformia, dein excrefcant ut in Solanis, & fic bicapfulares evadant fructus per metamorphofin, cum venenata dicatur bacca Sloaneo (Pen-*

Hhhhhh 2
tan-

*tandræ monogynæ biloculares communiter venenatæ funt) cum bilocularis Dillenio, cumque ftigma bilocularem indicat fructum.*

# MENZELIA. *g. pl.* 847.

1. MENZELIA.
Menzelia foliis & fructibus afperis. *Plum. gen.* 41.
*Crefcit in* America.
*Hoc anno e feminibus enata nondum floruit. Folia panduriformia funt.*

# ROELLA. *cor. g.* 946.

1. ROËLLA.
*Crefcit in* Africa; *communicata a Cl. Roell.*
*Radix lignofa, perennis, fibrofa; e qua* Caules *plures, fimplices, erecti, digiti altitudine.* Folia *alterna, fubulata, deprefa, patentia, ciliata, fuperiora fenfim majora. Ex ala fingula propullulat rami rudimentum foliolis plurimis, minimum in inferioribus alis, at in fuperioribus majus, in fummis vero rami unciales, cauli fimillimi, terminati: Flore unico, magno, corolla cæru-lefcente: fauce violacea; reliqua fuppeditat character.*
*Dixi hanc in Honorem Clariffimi* Guilielmi Roëll, *in theatro Anatomico Amftelodamenfi Profefforis Celeberrimi, cui nofter hortus quam plurima rara ex utraque india, præfertim vero ex Africa & Japonia debet femina, variaque exotica Lithophyta, & inter alias hanc rariffimam, quam reftituimus honorifice, plantam.*

# MITREOLA *g. pl.* 232.

1. MITREOLA.
Mitra. *Houft. mff. figura bona.*
*Crefcit in* Virginia, *comm. D. Gronovio.*
*Herba caule erecto, integro; Foliis ovatis, utrinque acuminatis, glabris, integerrimis, oppofitis, petiolatis; Ramis oppofitis; corymbo racemofo, terminatrici, racemulis dichotomis, patentibus; floribus alternis, feffilibus.* adde in charactere: Germen *bipartitum,* ovatum. Styli *duo, terminatrices, longitudine ftaminum.* Stigmata *obtufa.* Capfula *ovata, acuta, fimplex, bipartita, bilocularis, intra lobos dehifcens.* Semina *numerofa, fubrotunda, parva.*

# ILLECEBRUM. *cor. g.* 947.

1. ILLECEBRUM.
Illecebrum fpurium vel Sedoides. *Rupp. jen.* 89.
Corrigiola. *Dill. gen.* 169. *Raj. fyn.* 160. *Mœhr. hort.* 106.
Paronychia ferpillifolia paluftris. *Vaill. parif.* 157. *t.* 15. *f.* 7.
Polygonum parvum, flore albo verticillato. *Bauh. hift.* 3. *p.* 378.
Polygala repens nivea. *Bauh. pin.* 215.
*Crefcit in pafcuis fubhumidis udis circa* Jenam *& in* Anglia.
*Calices, eboris inftar, albi funt & nitidi, fingularique modo conftructi.*

# PHARNACEUM. *cor. g.* 950.

PHARNACEUM pedunculis communibus longiffimis.
*Crefcit forte in* Africa, *ut facies & Schedula adfcripta (Telephioides africanum, flore albo Raj.) monent.*
*Caulis teres, rarius ramofus, incanus, gemmis fparfis & villis albis terminatis; e gemma fingula prodeunt folia plura, linearia, obtufa, lævia, villis multoties longiora. Ex apicibus ramorum excrefcunt Pedunculi communes quinque vel plures, filiformes, erecti, foliis decies vel vigecies longiores, terminati involucro aliquot foliolorum, intra quod pedunculi partiales, communi fextuplo breviores, qui vel iterum fubdivifi cum involucro partiali, vel pedunculum proprium afcendendo ad fingulum nodum demittunt. Hinc planta facie ad fpergulam (1) proxime accedit.*

# SURIANA. *g. pl.* 852.

1. SURIANA.
Suriana foliis portulacæ anguftis. *Plum. gen.* 37.
Thymæleæ facie frutex maritimus tetrafpermos, flore tetrapetalo. *Sloan. flor.* 138. *hift.* 2. *p.* 29. *t.* 162. *f.* 4. *Raj. dendr.* 96.
Arbor americana, falicis folio, frondofa bermudenfibus Birch-tree (*f. e.*) Betula arbor dicta. *Pluk. alm.* 44. *t.* 241. *f.* 5.
*Crefcit in* Bermudis *& ad littus maritimum infulæ* Jamaicæ *feptentrionalis.*

APHYL-

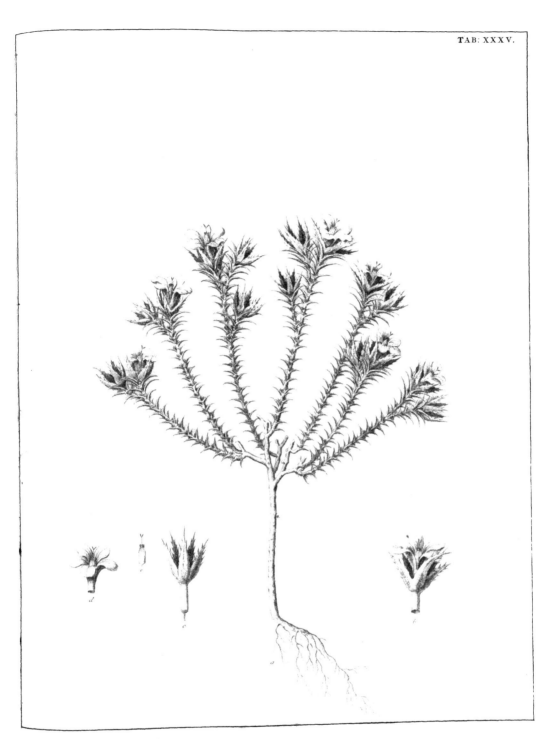

ROELLIA. *Hort. Cliff.* 492. *ſp.* 1.

   a *Planta magnitudine naturali, in Æthiopia lecta.*
   b *Flos cum fructu biloculari & calyce dentato.*
   c *Calyx fructum coronans.*
   d *Corolla.*               e *Tubus corollæ cum ſtaminibus.*
  *Huic Affines ſunt. Campanula africana frutescens aculeaſa, flore violaceo. Comm. hort.* 2. *p* 77. *t* 30.
    *Campanula africana humilis piloſa, flore ex albido languide purpureo. Seb. theſ.* 1. *p.* 25. *t.*16. *ſ.*5.
      *vide & Pluk. phyt.*252. *ſ.* 4.

# APHYLLANTHES. *g. pl.* 894.

1. APHYLLANTHES.
Aphyllanthes monfpelienfium. *Lob. adv.* 190. *Tournef. inft.* 567.
Aphyllanthes monfpelienfibus. *Bauh. hift.* 3. *p.* 336.
Caryophyllus cœruleus monfpelienfium. *Bauh. pin.* 209.
Caryophyllus fylveftris juncifolius cœruleus monfpelienfium. *Morif. hift.* 2. *p.* 562. *f.* 5. *t.* 25. *f.* 12.
*Crefcit Monfpelii prope Caftelneuf locis montofis faxofis fterilibus; communicavit Cl.* Hallerus.
*Stamina huic fex, corolla breviora. Stylus fimplex, ftigmate trifido.*

# GETHYLLIS. *cor. g.* 958.

1. GETHYLLIS.
*Crefcit in* Africa.
*Facies omnino Croci vel Bulbocodii Tournefortii. Radix bulbofa. Folia plurima, linearia, longi-tudine digiti. Spatha alba ad radicem intra vaginam communem foliorum. Tubus corollæ foliis longior; Limbus albus; ftamina alba; Antheræ flavefcentes. Fructus intra fpatham reconditus.*

# TRICHOSTEMA. *cor. g.* 963.

1. TRICHOSTEMA.
Scutellaria cœrulea, majoranæ foliis, americana. *Raj. app.* 311.
*Crefcit in* Virginia *communicata per DD.* Gronovium.
*Radix fibrofa, annua. Caulis fpithamæus. teres, erectus, pubefcens, brachiatus. Folia oppofita, lanceolata, obtufa, integerrima, Jcabra; ex alis infimis foliola aliquot, ramorumve rudimenta. Rami ex alis fuperioribus, caule longiores, brachiati & folio caulis inftar, defmentes tandem paniculatim in pedunculos dichotomos, pedicellis propriis unifloris, ftaminibus fetaceis longiffi-mis, calycibus abfoluta florefcentia reflexis.*

# DIODIA. *cor. g.* 968.

1. DIODIA.
*Crefcit in* Virginiana *per Cl. J. F.* Gronovium *communicata.*
*Herba pedalis, rarius ramofa. Folia oppofita, lanceolata, feffilia, erecta, acuminata, integer-rima, verfus bafin fæpe denticulis ciliata, glabra, longitudine internodiorum caulis. Flores laterales, folitarii, oppofiti, feffiles.*

# CHELONE. *g. pl.* 508.

CHELONE foliis lanceolatis ferratis oppofitis: fummis quaternis.
Chelone acadienfis, flore albo. *Tournef. act.* 1706. *Boerh. lugdb.* 1. *p.* 240.
*Crefcit in* America *feptentrionali: in* Virginia, Acadia *&c.*

# MELIANTHUS. *cor. g.* 324.

1. MELIANTHUS ftipulis folitariis petiolo adnatis.
Melianthus africanus. *Amm. bof.* 21. *Herm. lugdb.* 414. *t.* 415. *Tournef. inft.* 431. *Boerh. lugdb.* 1. *p.* 300.
Melianthus africanus, pimpinellæ foliis ampliffimis glaucis. *Morif. hift.* 3. *p.* 517.
Melianthus africana major fœtida, floribus atropurpureis. *Pluk. alm.* 246.
Pimpinella fpicata maxima africana. *Bart. act.* 1673. *p.* 58.
*Crefcit ad* Caput b. fpei *locis fucculentis & udofis, apud nos in teftis affervata vix umquam flo-ret, at fi terræ liberæ committatur per totum fructificat annum.*
*In claffe naturali Fumariis adjungi debet; an itaque, quæ vulgo petala falutentur petala vel necta-rii partes fint? ex analogia refponfum difficile eft.*

2. MELIANTHUS ftipulis geminis diftinctis.
Melianthus africanus minor fœtidus. *Comm. rar.* 4. *t.* 4. *Boerh. lugdb.* 1. *p.* 300.
Melianthus africanus minor, foliis viridantibus. *Morif. hift.* 3. *p.* 518.
Melianthus africana minor fœtida, floribus obfoleti coloris. *Pluk. alm.* 246.
Melianthus americana minor. *Tournef. inft.* 431.
Melianthus hyfiquanenfis minor fœtidus. *Raj. dendr.* 120.
*Crefcit forte ad* Caput b. fpei.
*Hæc a præcedenti differt ftipulis duabus diftinctis ad fingulam foliorum alam, nec petiolo adnatis, hinc fufpicor plantam a fpecie non diftinctam effe, cum Rajus mentionem faciat duorum acumi-num ad alas foliorum.*

Iiiiii BOR-

# BORBONIA. *cor. g.* 971.

1. BORBONIA foliis cordatis acuminatis integerrimis multinerviis.
Genifta africana frutefcens, rufci nervofis foliis. *Old. afr.* 29.
Spartium africanum frutefcens, rufci folio caulem amplexante. *Comm. hort.* 2. *p.* 195. *t.* 98. *mala.*
Frutex æthiopicus, foliis rufci, floribus papilionaceis fericea lanugine fufca villofis. *Pluk. alm.* 159. *t.* 297. *f.* 3.
*Crefcit ad* Caput b. fpei *& in* Æthiopia.
*Folia feffilia, cordata, acuminata, pungentia, quatuordecim nervis ftriata, integerrima, nec*
*uti Planta leguminofa æthiopica foliis rufci. Breyn. cent. 69. t. 28. ullo modo crenata.*

2. BORBONIA foliis lanceolatis acuminatis trinerviis.
Genifta africana frutefcens, rufci anguftis foliis. *Old. afr.* 29.
Frutex idem angufto & minore folio. *Pluk. alm.* 159. *t.* 297. *f.* 4. & *t.* 414. *f.* 1.
*Crefcit ad* Caput bonæ fpei.
*Folia lineari-lanceolata, acuminata, pungentia, trinervia, integerrima, Cliffortiæ* 2dæ *fimillima.*
*Genus, quod fub Borboniæ nomine condidit Plumier, cum ad Lauros amandari debet, recipio*
*nomen Magni Principis* Gaftonis Borbonii *ad defignandum fempervirens plantarum novum*
*genus, ut fancta fit apud omnes, qui rem Botanicam amant, tanti Herois, tanti Botanici,*
*Botanicesque cultoris & promotoris immortalis memoria.*

# GLYCYRRHIZA. *cor. g.* 973.

1. GLYCYRRHIZA leguminibus glabris.
Glycyrrhiza non echinata: Schytica herba. *Dalech. hift.* 248.
Glycyrrhiza filiquofa & germanica. *Bauh. pin.* 352. *Morif. hift.* 2. *p* 88. *f.* 2. *t.* 7. *f.* 8. *Tournef. inft.* 389.
Glycyrrhiza, radice repente, vulgaris germanica. *Bauh. hift.* 2. *p.* 328.
Glycyrrhiza vulgaris. *Dod. pempt.* 341.
*Crefcit in* Franconia *&* Hifpania.

# ASCYRUM. *g. pl.* 607.

ASCYRUM foliis ovatis.
Hypericoides frutefcens erecta, flore luteo. *Plum. gen.* 51.
Hypericum pumilum fempervirens, caule compreffo ligneo ad bina latera alato, flore luteo tetrapetalo feu
Crux f. Andreæ. *Raj. app.* 495. *Pluk. mant.* 104.
*Crefcit in* Virginia.

# POROPHYLLUM. *cor. g.* 977.

1. POROPHYLLUM foliis ellipticis.
Porophyllum foliis oblongis. *Vaill. act.* 1719. *p.* 407.
Tagetes foliis integris perforatis. *Plum. fpec.* 10.
Bidens americana, foliis oblongis bullatis & finuofis. *Tournef. inft.* 462.
*Crefcit in* America meridionali.
*Singularis ftructura plantæ inter compofito flore gaudentes.*
*Folia veficulis lunulatis adfperfa funt & ad crenas marginis notata.*

# SILPHIUM. *cor. g.* 981.

1. SILPHIUM.
Afterifcus coronæ folis flore & facie. *Dill. elth.* 42. *t.* 37. *f.* 42.
*Crefcit in* Carolina.
*Recedit facie a* Buphthalmis *&* Helianthis, *nec convenit in alia quam feminis figura & receptaculi*
*paleis cum iis, at in plurimis difcedit, hinc diftinctam trado plantam.*

# CORYMBIUM. *cor. g.* 976.

1. CORYMBIUM.
Bupleurifolia femine pappofo Valerianoides umbellata, cauliculo fcabro. *Pluk. alm.* 73. *t.* 272. *f.* 5.
α Bupleuri fimilis planta æthiopica, ad caulium nodos tomentofa. *Pluk. alm.* 73. *t.* 272. *f.* 4.
*Crefcit in* Æthiopia.
*Radix coronatur lana feu capillis longis inque tophum congeftis. Folia radicalia copiofiffima, linea-*
*ria, margine involuta, hinc fubulato-fetacea, fpithamæa vel pedalia. Caulis pedalis, teres,*
*erectus, purpurafcens, fcaber, inftructus foliis aliquot alternis, lanceolatis, amplexicaulibus,*
*e quorum alis fuperioribus racemi compofiti, qui omnes faftigiati in corymbum flores ferunt.*

ARCTO-

# A R C T O P U S. *cor. g.* 994.

1. ARCTOPUS.

Valerianoides cortufæ matthioli facie planta æthiopica, foliorum ad lacinias superna parte spinis stelliformiter echinata & ad oras pilis longioribus fimbriata. *Pluk. mant.* 185.

Auricula ursi aut potius cortufæ matthioli facie Planta æthiopica, foliis ad lacinias superna parte spinis stellæ in modum diductis echinata & ad oras pilis longioribus fimbriata. *Pluk. phyt.* 304.

*Crescit in* Æthiopia.

*Radix teres, longa, crassitie digiti. Folia ovata, incisa, margine setis undique ciliata, quæ setæ ad sinus foliorum spinæ evadunt, petioli lati longi. Caulis omnium brevissimus, involucro patulo spinosissimo duos flores compositos sustentans; maturescente fructu connivent spinæ involucro minantes arcentque animalia.*

*Arctopum seu pedem ursi diximus a similitudine involucri cum horridis ferarum unguibus.*

# A C A L Y P H A. *cor. g.* 986.

ACALYPHA foliis ovato-lanceolatis, involucris femininis obtusis.

Mercurialis tricoccos hermaphroditica seu ad foliorum juncturas ex foliolis cristatis julifera simul & fructum gerens. *Pluk. alm.* 248. *t.* 99. *f.* 4.

*Crescit in* Virginia, *communicata a Cl.* Royeno.

*Hæc non hirsuta est, sed scabra.*

# S P E C I E R U M.

1. BLITUM foliis triangularibus dentatis, calycibus baccatis capitulis summis foliosis.

*Crescit in* Persia, *communicata per semina a Cl.* Siegesbeckio.

*Chenopodii facie est, caule ramosissimo, folia Chenopodio-mori Boerh., magis dentata & acuminata, capitula in alis foliorum solitaria, ita ut nullum capitulum sessile reperiatur, quod non in ala folii collocetur secundum totam longitudinem ramorum.*

2. MONARDA floribus verticillatis.

Clinopodium virginianum angustifolium, floribus amplis luteis purpuro-maculatis, cujus caulis sub quovis verticillo decem vel duodecim foliolis rubentibus est cinctus. *Pluk. alm.* 111. *t.* 24. *f.* 1.

*Crescit in* Virginia.

*Cum hæc Monardæ sit species dicatur præcedens (spec.* 1.*)* Monarda capitulis terminatricibus, *caule obtuse angulato; cum alia datur species inter virginianas D. Gronovii caule acute angulato, capitulisque terminatricibus.*

18. SALVIA foliis cordato-sagittatis dentatis.

Horminum sylvestre latifolium verticillatum. *Bauh. pin.* 238. *Morif. hift.* 3. *p.* 395. *f.* 11. *t.* 14. *f.* 27. *Tournef. inft.* 178.

Horminum sylvestre 3. *Cluf. hift.* 2. *p.* 29.

Gallitricho affinis planta: Horminum sylvestre latifolium clusio. *Bauh. hift.* 3. *p.* 314.

Lamium maximum fœtens purpureum, galea hormini. *Boerh. lugdb.* 1. *p.* 158.

*Crescit passim juxta vias in agris & vinetis circa* Viennam.

3. COMMELINA foliis ovato-lanceolatis, caule erectiusculo scabro, petalis duobus majoribus.

Commelina erecta, ampliore subcæruleo flore. *Dill. elth.* 91. *t.* 77. *f.* 88.

*Crescit in* Virginia.

*Hæc speciei primæ similis, sed minus ramosa, magis erecta, nec ut illa ex geniculis caulis radicata, petioli in hac vaginantes scabri sunt, in illa vero glabri, corollæ demum hujus pallidiores sunt.*

3. SCHOENUS florum capitulis involucro longissimo radiatis.

Gramen cyperoides, spica compacta alba, foliis ad spicam partim albis partim viridibus. *Sloan. flor.* 36. *hift.* 1. *p.* 119. *t.* 78. *f.* 1.

*Crescit in* Bahama *&* Jamaica.

2. CYNOSURUS bracteis integris.

Gramen glumis variis. *Bauh. pin.* 10. *Scheuch. hift.* 33.

Gramen versicolor. *Bauh. hift.* 2. *p.* 466. *descr.*

Gramen parvum montanum, spica crassiore purpuro-cærulea brevi. *Raj. syn.* 399.

*Crescit copiose in* Helvetia, *passim in* Svecia *præsertim juxta* Upsaliam *in prato regio; in* Anglia *rarius.*

*Differt hic a Cynosuro Hort. Cliff. p.* 22. (Cynosurus bracteis pennatifidis) *quod hic gaudeat bracteis ovatis integris coloratis, glumaque corollæ dentata.*

2. AIRA foliis setaceis, aristis ex basi glumarum calycem æquantibus.

Gramen foliis junceis oblongis, radice alba. *Bauh. pin.* 5. *theatr.* 72. *Scheuch. hift.* 242.

Gramen foliis junceis, radice jubata. *Bauh. pin.* 5. *Scheuch. hift.* 243.

Gramen junceum. *Dalech. hift.* 425.

Gramen exile durius. *Lob. hift.* 9.

Iiiiii 2 *Crescit*

*Crescit copiosissime in dunis* Belgicis, *passim in* Svecia, *inque* Norwegia *circa fodinas Roerosien-ses, & Dania circum Helsingoram in tumulis, ubi a nobis ipsis lecta.*

4. Poa panicula contracta, spicis ovato-teretiusculis.
Gramen palustre paniculatum altissimum. *Bauh. pin.* 3. *theatr.* 38. *Scheuch. hist.* 191.
*Crescit omnium copiosissima in* Hollandia *ad margines fossarum, nec non in maritimis Belgii ad munimentum* Helvoetsluis *&c. frequentissimum gramen.*

4. Protea foliis setaceis, floribus racemosis.
*Crescit in* Africa.
*Facies plantæ omnino* Valerianellæ africanæ *fruticantis, foliis longis & angustissimis.* Comm. hort. 2. p. 219. t. 110. *an vero eadem sit ob imperfectam delineationem certo determinare non licet, sunt enim flores tomento obducti seu petala quatuor hirsuta & folia linearia, setacea, conferta. Racemo laxo & flosculis remotis, differt hæc planta manifestissime ab omnibus Proteis, cujus tamen genuina est species, licet ipsi facies Hebenstretiæ perfecta.*

4. Potamogeton foliis oblongis undulatis obtusis, caule compresso.
Potamogeton seu Fontinalis crispa. *Bauh. hist* 3. *p.* 778.
Potamogeton sive Fontinalis crispa, foliis alternis, caulibus compressis. *Boerh. lugdb.* 1. *p.* 197.
Potamogeton foliis angustis & undulatis. *Tournef. inst.* 233.
Potamogeton foliis crispis seu Lactuæ ranarum. *Bauh. pin.* 193.
Tribulus aquaticus minor. *Cluf. hist.* 2. *p.* 252.
*Crescit frequens per* Europam, *præsertim in fossis* Hollandiæ, *sub aquis.*

14. Convolvulus foliis cordatis, caule aculeato.
Convolvulus americanus, subrotundis foliis, viticulis spinosis. *Pluk. alm.* 115. *t.* 276. *f.* 4.
*Crescit in* America.
*E seminibus satis die* 15 *Aprilis excrevit in hybernaculo ad duodecim pedum altitudinem (die* 8 *Junii) nec floruit. Aculei recurvi sunt, nec pungentes.*

15. Convolvulus foliis palmatis glabris, caule hispido.
Convolvulus zeylanicus villosus pentaphyllus & heptaphyllus minor. *Boerh. lugdb.* 184. *t.* 187.
Volubilis zeylanica, Pes tigrinus dicta. *Dill. elth.* 429. *t.* 318. *f.* 411.
Pulli-fchovadi. *Rheed. mal.* 11. *p.* 121. *t.* 59.
*Crescit in* Malabaria *&* Zeylona, *nobis e seminibus americanis enata est.*

16. Convolvulus foliis cordato-hastatis glabris acuminatis: angulis rotundatis, caule petiolisque pilosis.
*Crescit e seminibus* Americanis *adhuc dum tenella.*
*Caulis humanæ altitudinis, volubilis, herbaceus, pilis albis (ut & petioli) patentibus obsitus; folia acuminata, cordata, sed angulis extrorsum versis, glabra, subtus glauca.*

7. Physalis radice perenni, foliis cordatis obtusis.
Alkekengi bonariense repens, bacca turbinata viscosa. *Dill. elth.* 11. *t.* 10. *f.* 10.
*Crescit in Agro* Bonariensi (Buenos Agres *seu* Bonus ager) *Americæ australis.*
*Facie accedit ad speciem* 2^dam. *a qua foliis magis cordatis (in nostra minime angulatis) & scabritie ac corollis flavis minusque pilosis differt.*

8. Lonicera racemis lateralibus simplicibus laxis, floribus oppositis pendulis, geniculis caulinis compressis.
Periclymenum racemosum, flore flavescente, fructu niveo. *Dill. elth.* 306. *t.* 228. *f.* 295.
Ligustrum americanum, lauri folio, flore flavescente, baccis niveis. *Tournef. inst.* 597.
Jasminum (forte), folio myrtino acuminato, aliorum adminiculo se sustentans, flore albicante racemoso. *Sloan. flor.* 169. *hist.* 2. *p.* 97. *t.* 188. *f.* 3. *Raj. dendr.* 64.
*Crescit in* Barbados *locis confragosis rivulosis.*

11. Gentiana foliis connatis, floribus octifidis.
Centaurium luteum perfoliatum. *Bauh. pin.* 278. *Vaill. paris.* 32.
Centaurium luteum. *Cam. epit.* 427.
Centaurium parvum, flavo flore. *Cluf. hist.* 2. *p.* 180.
Perfoliatum Centaurium minus. *Bauh. hist.* 3. *p.* 355.
*Crescit in* Hispania, Gallia, Narbonensi, Hollandia.

5. Crassula caule flaccido prolifero determinate folioso, foliis patentissimis imbricatis.
Crassula orbicularis repens, foliis sempervivi. *Dill. elth.* 119. *t.* 100. *f.* 118.
Sedum afrum faxatile, foliis sedi vulgaris in rosam vere compositis. *Boerh. lugdb.* 1. *p.* 287.
*Crescit in* Africa.

6. Crassula foliis oppositis obtuse ovatis integerrimis hinc angustioribus.
Crassula anacampserotis folio. *Dill. elth.* 115. *t.* 97. *f.* 114.
*Crescit in* Africa.

7. Crassula foliis oppositis oblongis planiusculis distinctis ciliatis.
Crassula caulescens, foliis sempervivi cruciatis. *Dill. elth.* 116. *t.* 98. *f.* 116.
Sedum africanum montanum, foliis subrotundis: dentibus albis serratis confertim natis. *Boerh. lugdb.* 1. *p.* 286.
*Crescit in* Africa.

8. Cras-

CASSIA calycibus acutis, floribus pentandris. *Hort. Cliff.* 497. *sp.* 13.

   a *Planta magnitudine fere naturali.*
   b *Flores in situ naturali.*
   c *Flos explicatus.*
   d *Glandulæ petiolorum.*
   e *Stipulæ.*
   f *Calyx acutus cum staminibus omnibus & pistillo.*
   g *Petalum infimum, majus, labium inferius constituens.*
   h *Petalum unum ex quatuor minoribus conniventibus.*

8. CRASSULA floribus quadripartitis.
Sedum minimum annuum, flore roseo tetrapetalo. *Vaill. parif.* 182. *t.* 10. *f.* 2. *Fl. lapp.* 196.
*Crescit ad ripas & in petris ubi aqua pluvialis detinetur per* Lapponiam, Uplandiam, Galliam.

9. CRASSULA foliis ferrato-dentatis planis alternis, caule simpliciffimo, floribus pendulis.
Cotyledon, flore luteo, media. *Herm. lugdb.* 191.
*Crescit* . . . .
*Hæc gaudet staminibus quinque, at* Cotyledon *flore luteo, radice rotunda repente.* Dodart. *act.* 73. *staminibus decem. an itaque Craffulæ & Cotyledonis genera vere distingui debeant?*

13. CASSIA calycibus acutis, floribus pentandris.
Sena spuria virginiana, mimosæ foliis, floribus parvis nictitantibus. *Pluk. alm.* 341. *t.* 314. *f.* 3.
*Crescit in* Virginia.
*Facies Æscynomenes seu Cassiæ primæ, sed minor & flores singulares minimi: quatuor enim petala superiora minima connivent & clausa persistunt, infimum vero seu quintum petalum quadruplo majus patens, labium inferius constituens; stamina quinque parva ascendentia. Folia pinnata, pinnis duodecim vel quatuordecim paribus, linearibus, glandula subrotunda in petiolo infra foliola, nigra; stipulæ acutæ.*

4. COTYLEDON foliis radicalibus lanceolatis crenatis: caulinis subulatis.
Cotyledon cretica, folio oblongo fimbriato. *Dill. elth.* 113. *t.* 95. *f.* 112.
Sedum creticum saxatile latifolium, folio oblongo fimbriato. *Tournef. eor.* 19.
*Crescit in* Creta.

2. CERASUS foliis ovatis crenatis.
Cerasus sylvestris amara Mahaleb putata. *Bauh. hist.* 1. *p.* 227. *Tournef. inst.* 627.
Cerafo affinis. *Bauh. pin.* 451.
Macaleb gesneri & matthioli. *Dod. pempt.* 565.
Vaccinium plinii, Lacatha theophrasti. *Dalech. hist.* 255.
*Crescit in montium colliumque petrosis per* Pannoniam, Helvetiam, Galliam, Germaniam *inque sepibus prope* Gratianopolin.

5. CRATÆGUS foliis ovalibus utrinque glabris indivisis serratis.
Cratægus folio oblongo serrato utrinque virente. *Tournef. inst.* 633. *Boerh. lugdb.* 2. *p.* 248.
Chamæmespilus. *Bauh. hist.* 1. *p.* 72.
Cotoneaster folio oblongo serrato. *Bauh. pin.* 452.
Cotoneaster forte gesneri. *Cluf. hist.* 1. *p.* 62.
*Crescit in summo montis* Juræ *non longe a* Geneva, *inque jugis* Snealben.
*Hæc semper digyna est & rami (in horto) glabritie alba nitent.*

1. SARRACENA foliis gibbis.
Sarracena canadensis, foliis cavis & auritis. *Tournef. inst.* 657.
Coilophyllum virginianum, breviore folio, flore purpurascente. *Morif. hist.* 3. *p.* 533. *descr. opt.*
Bucanephyllon americanum limonio congener dictum. *Pluk. alm.* 71. *amalth.* 46. *phyt.* 376. *f.* 6. *optima.*
Nepenthes americanum, flore majore. *Breyn. prod.* 2. *p.* 76.
Limonium peregrinum, foliis forma floris aristolochiæ. *Bauh. pin.* 192.
Limonio congener. *Cluf. hist.* 2. *p.* 82.
*Crescit locis udis frigidis (non spongiosis) inter vaccinia in* Virginia, Canada, Novo Belgio *infulæ* Lange Eyland.

2. SARRACENA foliis rectis.
Coilophyllum virginianum, longiore folio erecto, flore luteo. *Morif. hist.* 3. *p.* 533. *descr.*
Bucanephyllon elatius virginianum f. Limonio congeneris altera species elatior, foliis triplo longioribus. *Pluk. alm.* 72. *amalth.* 46. *phyt.* 152. *f.* 3. *(mala)* & *t.* 376. *f.* 5. *opt.*
*Crescit in* Virginia, *antecedenti valde affinis.*
*Folia harum (1. 2) uti nepenthes folia folliculo constant, qui operculo, cardinis motu quasi donato, claudi potest & aperiri.*

6. BIGNONIA foliis digitatis.
Bignonia arbor pentaphylla, flore roseo, major, filiquis planis. *Plum. spec.* 5. *Catesb. ornith.* 37. *t.* 37.
Leucoxylum arbor filiquofa, quinis foliis, floribus nerii, alato semine. *Pluk. alm.* 215. *t.* 200. *f.* 4.
Nerio affinis arbor filiquofa, folio palmato seu digitato, flore albo. *Sloan. flor.* 154. *hist.* 2. *p.* 62. *Raj. dendr.* 114.
*Crescit in agris humidioribus ad fluviorum ripas & maris littora in* Jamaica *&* Caribæis.

2. HEBENSTRETIA foliis integerrimis.
*Crescit in* Africa.
*Folia fert linearia, obtusiora, nunc opposita, nunc stellata, foliolis multis ex alis, integerrima. Florum spicæ laxæ; floribus oppositis, bracteis ovatis tubo longissimo instructis; prior vero quam pag.* 326 *proposuimus gaudet foliis alternis, acuminatis, aliquot minimis denticulis notatis; Floresque gerit in racemum erectum alternos, bracteis subulatis, tubo filiformi longo, dicatur itaque illa* Hebenstretia foliis dentatis.

Kkkkkk

13. ANTIR-

13.ANTIRRHINUM caule erecto, foliis confertis lanceolato-linearibus, nectariis fubulatis incurvis, floribus laxe
   fpicatis.
   Linaria purpurea major odorata. *Bauh. pin.* 213. *Morif. hift.* 2. *p.* 500. *Boerh. lugdb.* 1. *p.* 231.
   Linaria purpurea magna. *Bauh. hift.* 3. *p.* 460.
   Linaria altera purpurea. *Dod. pempt.* 183.
   *Crefcit circa* Neapolin *ad radices Vefuvii.*

14.ANTIRRHINUM foliis lanceolatis: inferioribus oppofitis, fuperioribus fparfis, nectariis fubulatis, floribus fer-
   me feffilibus.
   Linaria triftis hifpanica. *Dill. elth.* 201. *t.* 164. *f.* 199.
   *Crefcit circum* Gibraltariam.

15.ANTIRRHINUM foliis ovatis ferratis, corollis patulis.
   Linaria bellidis folio. *Bauh. pin.* 212. *Tournef. inft.* 169.
   Linaria odorata. *Dod. pempt.* 184.
   Linariæ aliquatenus fimilis, folio bellidis. *Bauh. hift.* 3. *p.* 459.
   * Linaria bellidis folio, flore albo. *Tournef.*
   *Crefcit inter* Lugdunum *&* Viennam *interque Lugdunum &* Gratianopolin *quinque leucis a*
   *Lugduno in agris.*
   *Facie fat differt ab Antirrhinis & corollæ rictu patulo, nectarium incurvum plantam tamen ge-*
   *nere non diftinguendam effe probat.*

2. LANTANA foliis oppofitis petiolatis, caule aculeato.
   Camara fpinofa, flore variegato. *Plum. gen.* 32.
   *Crefcit in* America.
   *Convenit facie cum fpecie prima pag.* 319. *exhibita, differt vero aculeis in caule recurvis; flores*
   *adhuc dum vifi nobis non funt, hinc an fpecie a prædicta diftincta fit in medium relinquo, puto*
   *enim fequentes primæ modo varietates effe.*
   *Planta prima aëri terræque liberiori commiffa faciem mire mutat.*
   β Camara lamii folio, flore mifto. *Dill. elth.* 64. *t.* 56. *f.* 64.
   Camara alia, flore variegato, non fpinofa. *Plum. gen.* 32.
   Myrobatindum meliffæ folio, flore variegato. *Vaill. act.* 1722. *p.* 276.
   Viburnum americanum, foliis urticæ, floribus ex aureo & rofeo mixtis. *Boerh. lugdb.* 2. *p.* 225.
   γ Camara meliffæ folio, flore variabili. *Dill. elth.* 65. *t.* 56. *f.* 65.
   Myrobatindum meliffæ folio, floribus luteis. *Vaill. act.* 1722. *p.* 276.
   Viburnum americanum, urticæ foliis, floribus luteis. *Kigg. beaum.* 42.
   δ Camara fcorodoniæ folio fplendente, flore croceo. *Dill. elth.* 67. *t.* 67. *f.* 67.

5. COCHLEARIA foliis reniformibus integris.
   *Crefcit in* Groenlandia, *communicata à Cl. J.* Burmanno *Prof. Bot. Amft.*
   *Folia reniformia vel cordata obtufa, margine integerrimo, vel unica utrinque emarginatura obfo-*
   *leta notata; funt hæc omnium minima, utpote quæ vix octavam cochleariæ vulgaris foliorum*
   *magnitudinem attingunt.*

24.GERANIUM calycibus monophyllis, foliis tripartitis intermedia minore, pedunculis umbelliferis geminis,
   caule carnofo.
   Geranium africanum, folio alceæ, flore coccineo fulgidiffimo. *Boerh. lugdb.* 1. *p.* 264. *Dill. elth.* 156. *t.* 130. *f.* 157.
   Geranium furianenfe, chelidonii folio, flore coccineo: petalis inæqualibus. *Till. pif.* 68. *t.* 26.
   *Crefcit ad* Caput b. fpei.
   *Flores hujus inter congeneres omnium fulgentiffimi funt.*

25.GERANIUM pedunculis bifloris pentandris.
   Geranium latifolium, acu longiffima. *Bauh. pin.* 319.
   Geranium latifolium annuum, cœruleo flore, acu longiffima. *Morif. hift.* 2. *p.* 513. *f.* 5. *t.* 15. *f.* 12. *Boerh.*
   *lugdb.* 1. *p.* 265.
   Geranium fpeciofum annuum, longiffimis roftris, creticum. *Bauh. hift.* 3. *p.* 479.
   *Crefcit circa* Hifpalim, Monfpelium *& in* Creta.
   *Differt a reliquis quod radice annua fit, caulibus ramisque diffufis, foliis oblongis tripartitis: in-*
   *termedia lacinia majore utrinque incifa; fructibus omnium maximis, ftaminibus quinis, feu*
   *filamentis decem, quorum modo quinque alterna majora Antheris inftruuntur, reliqua vero*
   *minima perfiftunt filamenta caffa, quod in hac fpecie fingulare eft.*

9. HIBISCUS foliis quinquefido-palmatis, caule aculeato.
   Ketmia zeylanica, fici folio, perianthio oblongo integro. *Dill. elth.* 190. *t.* 157. *f.* 190.
   *Crefcit in* Zeylona.

3. CLITORIA foliis pinnatis, caule decumbente.
   Coronilla zeylanica filiquis fufcis hirfutis pilofis, flore purpurafcente. *Burm. zeyl.* 78. *t.* 33.
   *Crefcit e feminibus* Virginianis.
   *Caules pedales, procumbentes, filiformes, pilofi, fecundum genicula alternatim inflexi, internodiis*
   *rectis. Folia pinnata, folitaria ad fingulum geniculum, longitudine digiti, undecim ad fepten-*
   *decim foliolis, impari claudente; Foliola fingula petiolis propriis breviffimis erectis affixa com-*
   *muni rachi, patentia, hirfuta, oppofita, rugofa, viridia, obtufa cum acumine, quorum infe-*
   *riora*

*riora obverse ovata, superiora ovali-oblonga. Ex alis sæpe ramus cauli similis. Stipulæ binæ vel ternæ, lineari-lanceolatæ, persistentes, foliolis dimidio brevioribus, articulis affixæ. Scapus ex ala, erectus, fere pedalis, aliquot flores alternos versus apicem intra stipulas florales triphyllas fere sessiles promens, quorum Perianthium monophyllum, semiquinquefidum, erecto-patens, æquale, laciniis duabus superioribus minus profunde divisis, pilosum, persistens. Corolla papilionacea, incarnata; vexillo majore, utrinque deflexo, subcordato; Alis obtusis, ovatis, concoloribus, vexilli longitudine; Carina dipetala, pallidiore, obtusa, longitudine fere alarum. Germen subulatum, compressum, recurvum, pilosum. Stylus subulatus, brevior; stigma simplex. Legumen longum, rectum, compressum, hirsutum. Stamina diadelpha, summo, a novem connatis distincto, recta, alba. Antheræ flavæ. Tota planta excepta corolla & staminibus hirsutie grisea scatet.*

*Accedit ad Coluteam zeylanicam hirsutam flore carneo Cl. Burmanni, nisi ejus erecta esset, corollis minoribus & floribus in scapo pluribus quam in nostra, quæ tamen omnia per locum natalem & exsiccationem plantæ producta anguror.*

*Ad Clitoriæ genus optime referri hanc plantam puto, a Dolicho enim differt carina obtusa & callis sub vexillo nullis; ab Ononide & Crotalaria stamine distincto decimo; a Vicia stigmate subtus minime barbato & corolla non reflexa; a Colutea fructu minime inflato aut ventricoso.*

*Dicatur itaque species prima Clitoria foliis pinnatis, caule volubili.*

5. HEDYSARUM foliis simplicibus ovatis obtusis integerrimis.
Hedysarum humile, capparis folio maculato. *Dill. elth.* 170. *t.* 141. *f.* 168.
Hedysarum monophyllum zeylanicum pediculatum. *Herm. zeyl.* 35. *Burm. zeyl.* 114.
*Crescit in* Zeylona.

6. HEDYSARUM foliis ternatis, foliolis ovato-oblongis, caule volubili.
Hedysarum trifolium scandens, folio longiore splendente. *Dill. elth.* 173. *t.* 143. *f.* 170.
*Crescit in* America *septentrionali.*

3. PHASEOLUS caule recto anguloso hispido.
Phaseolus erectus, caule & folio rigidis, flore pallide luteo, siliqua crassa & ampla. *Boerh. ind.* 152.
Phaseolus ortocaulis, Mungo persarum, turcarum Masc, hispanorum Max. *Hern. mex.* 887. *Boerh. lugdb.* 2. *p.* 28.
*Crescit in* Virginia, *unde e seminibus delatis prodiit.*

7. CROTALARIA foliis ternatis, foliolis lanceolato-ovatis sessilibus, caule lævi herbaceo, racemo terminatrici.
Anonis caroliniana perennis non spinosa, foliorum marginibus integris, floribus in thyrso candidis. *Mart. cent.* 44. *t.* 44.
*Crescit in* Carolina.
*Stipulæ minimæ subulatæ caducæ. Ramus ex singula ala.*

23. TRIFOLIUM caule nudo simplicissimo, foliis lineari-lanceolatis.
Trifolium alpinum, flore magno, radice dulci. *Bauh. pin.* 328. *Scheuch. alp.* 342. 51.
Trifolium alpinum rhætium astragaloides. *Bauh. hist.* 2. *p.* 376.
Trifolium alpinum purpureum humile, caule nudo simplici, foliis angustioribus acutis, floribus amplioribus, siliquis planis incurvis dispermis. *Mich. gen.* 28.
Anonis alpina humilior, radice ampla & dulci. *Tournef. inst.* 408.
*Crescit in alpibus* Italicis, Rhæticis, Vallesiis, Lepontiis, Baldensibus, *communicata a Cl.* Hallero.

1. LUPINUS calycibus alternis absque appendiculis.
Lupinus caule composito. *Hort. Cliff.* 359. *n.* 1.
*Flores in racemo alterni; calyx bilabiatus: labio superiore integro, inferiore tridentato: appendiculi ad basin calycis (in reliquis utrinque) in hac specie nulli.*

2. LUPINUS calycibus alternis, utrinque appendiculatis.
Lupinus caule simplici ramoso. *Hort. Cliff.* 359. *n.* 2. exclusis α. β. γ.
Lupinus sylvestris flore cœruleo. *Bauh. pin.* 48. *Boerh. lugdb.* 2. *p.* 48.
Lupinus sylvestris angustifolius. *Morif. hist.* 2. *p.* 88.
Lupinus sylvestris, purpureo flore, semine rotundo vario. *Bauh. hist.* 2. *p.* 290.
*Flores in racemo alterni; calyx bilabiatus: labio superiore bipartito: laciniis ovato-acutis, inferiore integro; utrinque ad latera juxta basin appendiculatus.*

3. LUPINUS calycibus verticillatis: labio inferiore trifido.
Lupinus sylvestris, flore luteo. *Bauh. pin.* 348. *Boerh. lugdb.* 2. *p.* 49.
Lupinus flore luteo, semine compresso vario. *Bauh. hist.* 2. *p.* 291.
*Flores in racemo verticillati; calyx bilabiatus: labio superiore bipartito: laciniis linearibus, inferiore trifido; utrinque ad latera baseos appendiculatus; bracteæ verticillorum ovatæ concavæ obtusæ erectæ.*

4. LUPINUS calycibus verticillatis: labio inferiore integerrimo.
Lupinus peregrinus major vel villosus cœruleus major. *Bauh. pin.* 348. *Boerh. lugdb.* 2. *p.* 48.
Lupinus cœruleus major villosus. *Bauh. prod.* 148.
Lupinus exoticus hirsutissimus. *Bauh. hist.* 2. *p.* 280.
α Lupinus medius cœruleus. *Raj. hist.* 907.

Kkkkkk 2

*Flores*

*Flores in racemo verticillati; calyx bilabiatus: labio superiore integro, inferiore itidem integro; utrinque ad basin appendiculatus. Bracteæ verticilli lineares reflexæ.*

*In Horto pag.* 359 *tentabam a foliis, caule vel seminibus distinguere has* 4 *species, sed frustra; ex ulterioribus observatis conclusi differentiam specierum in solo calyce ejusque situ consistere, licet observatum a nullo antea, & quidem in tantum, ut si hæc differentia vili habeatur, vel pro varietatis nota (quod tamen ex nulla theoria demonstrare possem) certæ vagæ erunt omnes a foliatura & seminibus desumtæ differentiæ.*

CREPIS foliis amplexicaulibus ovatis, summis integris, radicalibus obsolete dentatis.
Hieracioides annua, endiviæ folio, capite magno. *Vaill. act.* 1721. *p.* 246.
Hieracium foliis endiviæ, capite magno striato. *Boerh. lugdb.* 1. *p.* 88.
Hieracium alpinum, scorzoneræ folio. *Tournef. inst.* 472.
    *Crescit in alpibus* Italicis.

3. DORONICUM caule nudo simplicissimo unifloro.
Bellidiastrum alpinum, foliis brevioribus hirsutis, caule palmari, flore albo. *Mich. gen.* 32.
Bellis sylvestris media caule carens. *Bauh. pin.* 261. *Tournef. inst.* 490.
Bellis media. *Clus. hist.* 2. *p.* 44.
    *Crescit in comitatu* Tirolensi; *communicata a Cl.* Hallero.

2. VERBESINA foliis oppositis lanceolatis serratis.
Eupatoriophalacron balsaminæ feminæ folio, flore albo discoide. *Vaill.act.*1720.*p.*420.*Dill.elth.*138.*t.*113.*f.*137.
Bidens americana, flore albo, folio non dissecto. *Tournef. inst.* 462.
After flore minore albo, caule rubente aspero. *Plum. spec.* 10.
Santolina syrinamensis, folio conjugato chamænerii, calyce minus squamoso, flore albo, femine anguloso umbilicato. *Boerh. lugdb.* 2. *p.* 267.
Scabiosa conyzoides americana latifolia, capitulis & floribus albis parvis. *Pluk. alm.* 335. *t.* 109. *f.* 1. *Moris. hist.* 3. *p.* 47. *s.* 6. *t.* 13. *f.* 16.
    *Crescit in* Surinama *variisque aliis americes partibus.*

6. LOBELIA caule erecto brachiato, foliis ovato-lanceolatis obsolete incisis, capsulis inflatis.
    *Crescit in* Virginia, *communicata p. DD.* Gronovium.
    *Hæc speciei tertiæ pag.* 426 *descriptæ tota facie simillima est, capsulis vero septies majoribus & inflatis distincta.*

7. LOBELIA foliis linearibus dentatis, spica terminatrici foliosa.
    *Crescit in* Africa.
    *Racemus terminatrix, foliolis longitudine florum interstinctus est. Culta ante viginti annos in Horto Amstelodamensi prodiit hoc anno rejecta terra, cujus tamdiu semina delituere incorrupta. Convenit facie cum* Rapuntio æthiopico, *cœruleo galeato flore, foliis coronopi.* Breyn. cent. 174. *t.* 88. *Differt vero quod flores triplo minores, numerosiores, foliis nullo modo longiores, adeoque pedunculis brevissimis; spicæ spatio seu scapo terminatrici valido nudo a caule distinctæ, seu a foliis caulinis remotæ, crassæ, foliolis intertextæ.*

1. CLUTIA foliis petiolatis.

| *Mas.* | *Femina.* |
|---|---|
| Clutia. *Hort. Cliff* 431. | Clutia. *Boerh. lugdb.* 2. *p.* 260. |
| Frutex æthiopicus, portulacæ folio, flore ex albo virescente. *Comm. hort.* 1. *p.* 177. *t.* 91. | |

    *Crescit in* Africa.
    *Obscure fuit hæc planta proposita, nec sexus ab ullo observatus, vulgaris in hortis Hollandiæ est mas, quem descripsi in generibus plantarum, quem cum stylo gaudebat, licet numquam a me fructum ferens observatus erat, pro hermaphrodito dubius assumsi, mutuata descriptione fructus ex Indice Horti Lugduno-Batavi: quærens dein utrum sexus in hac diversitas esset, cum stigma valde obsoletum erat, nec germinis ulla nota. Hisce diebus hortum intrans Lugduno-Batavum, arbusculum fructum ferentem observavi quam feminam solam esse deprehendi, quæ vix facie a mare distinguebatur, nisi quod pedunculi erant magis solitarii & crassi, superneque crassiores; corollam retinet flos absoluta florescentia persistens; glandularum melliferarum interior ordo deficiebat. Figuram plantæ utriusque se daturum promisit Clarissimus* Royenus, *Horti Præfectus & Professor.*

2. CLUTIA foliis sessilibus.

| *Mas.* | *Femina.* |
|---|---|
| Ricinus africanus frutescens, flore viridi. *vulgo.* | Croton foliis lineari-lanceolatis. *Hort. Cliff.* 44. *n.* 1. *femina.* |
| | Alaternoides africana, telephii legitimi imperati folio. *Comm. hort.* 2. *p.* 3. *t.* 9. *Boerh. lugdb.* 2. *p.* 214. |

    *Crescit in* Africa.
    *Eodem tempore quo* Clutiæ *præcedentis feminam inveni, eodem &* Clutiæ *hujus marem detexi; inter quam plurimas enim quas mecum benevole communicabat Capenses plantas Cl. J. F.* Gronovius, *& hæc planta mas erat; explicatis studiose floribus patuit* Clutiæ *absolute generis esse & flore exacte eandem. Frutex erat ramosus, ramis minimis angulatis, obscurioris coloris, stigmati-*

CLIFFORTIA foliis linearibus pilosis: Femina. *Hort. Cliff.* 501. *sp.* 3.

*Hujus generis etiam est, uti ex speciminibus perfectioribus constitit,* CLIFFORTIA *foliis ternatis,*
*foliolo intermedio tridentato.* ✱ *Myricæ Species* 4, *cujus icon habetur in* Pluk phyt. 319. f. 4.

*matibus notatis.* Folia habuit alterna, *cuneiformia seu obverse ovata, obtusa cum acumine,* integerrima, *sessilia, glabra, longitudine vix digiti transversi ; in summis ramis collocabantur* Racemi breves, *erecti, foliolis intercepti, floribus virescentibus masculis: uti hujus flores masculi,* eam Clutiæ generis esse apertissime declarabant, ita & feminam hujus Clutiæ generis esse, *docuit prioris visa femina.* Erat namque mas hujus speciei sat diversus a sua femina foliis scilicet confertioribus, *duplo vel triplo latioribus, tamen modo sexu diversis; ut patuit dein collata* utriusque tota structura ; forte & hæc differentia a solo loco, *cum mas in patria circa caput* bonæ spei lectus erat, *femina vero a multis retro annis in hortis nostris captiva.* Referatur itaque hoc genus ad Diœciam, *constituaturque novus & ultimus ordo Gynandria.*

2. MYRTUS calycibus absque appendiculis.
   Myrtus arborea aromatica, foliis laurinis. *Sloan. flor.* 161. *hist.* 2. *p.* 76. *t.* 191. *f.* 1.
   Caryophyllus aromaticus americanus, lauri acuminatis foliis, fructu orbiculari. *Pluk. alm.* 88. *t.* 155. *f.* 4.
   *Crescit in montosis sylvis* Jamaicæ.
   Videtur hæc species quam plurima communia habere cum reliquis Myrtis & fere ejusdem generis, *licet recedat in paucis, rem itaque attente perpendant, qui vivam possunt examinare plantam.*

3. CLIFFORTIA foliis linearibus pilosis. *vid. tab.*
                                             *Femina.*
   *Crescit in* Africa; *communicata a Cl.* Royeno.
   Arbuscula est reliquis duabus (*pag.* 463) *minor; ramis nudis, erectis, minus divisis, alternis,* griseis, *pubescentibus, teretibus; ad gemmas Ramuli minimi, solitarii; foliis numerosis, im-*bricato-fasciculatis, *lanceolato-linearibus, longitudine unguis, nervo longitudinali inferne pro-*minente, *marginibus lateralibus reflexis, integerrimis, acuminatis, hirsutie aspersis, basi sim-*plicibus, *sessilibus; inter hæc folia in medio, quasi ex gemmæ centro, prodeunt aliquot Flores,* Cliffortiæ foliis lanceolatis integerrimis pag. 463. simillimi, *sed minores;* Differt tandem hæc a Cliffortia secunda foliis quadruplo minoribus ; in illa trinervis, *in hac vero simplici instructis* nervo ; in illa glabris & basi dentatis, *in hac autem pilosis sessilibus.*

# B U C H N E R A.

1. BUCHNERA foliis acutis dentatis.
   *Crescit in* Africa, *communicata a Cl.* Gronovio.
   Caulis herbaceus, *simplex, spithamæus, erectus.*
   Folia opposita, *lanceolata, sessilia, acuta, dentata.* Flores sessiles, solitarii, *in alis foliorum supre-*morum, *purpurei, majores duplo quam in sequenti specie.*

2. BUCHNERA foliis obtusis serratis.
   *Crescit in* Africa communicata a Cl. Burmanno.
   Caulis herbaceus, *ramosus, spithamæus, declinatus.* Folia opposita, *lanceolata, sessilia, obtusa,* obsolete dentata. Flores sessiles, solitarii, *in alis foliorum, purpurei, tenuiores.* Facies huic Hebenstretiæ.
   Character novi hujus generis, *dicti in honorem Illustr.* A. E. Büchneri, *Academiæ Imperialis* L. C. Naturæ Curiosorum Præsidis, *cui plurima benevole communicata debeo curiosa.*
   Cal. Perianthium monophyllum, *tubulosum, persistens: ore obsolete quinquedentato.*
   Cor. monopetala, *longissima.* Tubus filiformis, *arcuatus, longus;* Limbus brevis, planus, quin-quepartitus, *æqualis:* laciniis obverse cordatis, *basi attenuatis.*
   Stam. Filamenta quatuor, *brevissima, quorum duo superiora tubo insidentia, nuda, brevissima;* duo vero proxima adhuc breviora, *collo corollæ inclusa.* Antheræ oblongæ, *obtusæ.*
   Pist. Germen ovato-oblongum. Stylus filiformis, *longitudine tubi.* Stigma obtusum.
   Per. Capsula ovato-oblonga, *acuminata, tecta, bilocularis, apice dehiscens.*
   Sem. numerosa, *angulata.*

# ADDENDA.

Pag. 26. Arundo **2**, cui præfigentur fequentia & prædicta varietas erit.

    2. ARUNDO fativa, quæ Donax diofcoridis. *Bauh. pin.* 17. *theatr.* 271.
    Arundo Donax cypria. *Dod. pempt.* 602.
    Arundo maxima & hortenfis. *Bauh. hift.* 2. *p.* 486.
    *α Arundo indica laconica* . . . . &c.

  72. 1. *Celaftrus ramis teretibus &c.* adde fequentia fynonyma.
    Evonymo affinis æthiopica, lycii foliis & aculeis, fructu evonymi pannonicæ clufii grandiore. *Pluk.*
    *alm.* 139. *t.* 280. *f.* 5.
    Evonymus capenfis fpinofa. *Pet. gaz. t.* 26. *f.* 2.

133. *Aloë foliis linearibus inanis &c.* poft fynonyma adde.
    *α* Aloë africana eadem fed omni parte longe major & lætius feminifera. *Boerh.*

Obf. Varietas *α* margine foliorum ferrata eft, fcapo duplo majorem producente fpicam, fplendidiorem-
    que, flores vero minores fed fructiferos.

144. *Oenothera foliis lineari-lanceolatis &c.* poft fynonyma.
    *α* Onagra bonarienfis villofa, flore mutabili. *Dill. elth.* 297. *t.* 219. *f.* 286.

305. *Ziziphora* ad Diandriam monogyniam amandanda eft.
    *Crefcit prope* Rhegium *in Calabria.*

345. *Geranium* 22. *poft lineam ultimam.*
    Crefcit in *Africa.*

347. *Poft Malvam* 6, *adde.*
    7. MALVA caule erecto, foliis angulatis, floribus lateralibus glomeratis.
    Malva cretica annua altiffima, flore parvo ad alas umbellato. *Tournef. cor.* 2.
    *α* Malva foliis angulatis crifpis, floribus ad alas glomeratis. *Hort. cliff.* 7. (& *reliqua fynonyma.*)
    Crefcit (*adde*) in Creta.

403. 18. *Gnaphalium &c. tota paragraphus excludatur.*
412. *Arctotis,* genus totum ad Polygamiam neceffariam amandandum.
419. *Othonnæ* genus totum fimiliter ad Polyg. neceff.
352. *Heifteriæ* fynonymo adde:
    Polygala aftragaloides frutefcens, thymbræ facie & foliis, flore minore purpureo, fructu cornicu-
    lato feu duplici roftro corniculato prædicto. *Breyn. prod.* 2. *p.* 85.
    Thymbra africana, foliis fpinofis. *Bart. act.* 1673. *obf.* 3.
    Thymbra capenfis, nepetæ theophrafti foliis aculeatis, flore parvo purpureo. *Pluk. alm.* 366. *t.* 229. *f.* 5.
498. CLITORIA.
    Orobus virginianus, foliis fulva lanugine incanis, foliorum nervo in fpinulam abeunte. *Pluk. mant.* 142.
    *Raj. app.* 450.

# NECESSARIO EMENDANDA.

| | | | | |
|---|---|---|---|---|
| Pag. 14. morina | 1. lin. | 3. | Diotheca. | lege Diototheca. |
| 16. Valeriana. | 7. -- | 4. | Femina. | —— Hermaphrodita. |
| 19. Iris. | 6 & 7. | 1. | corollulis. | —— corollis. |
| 23. Briza. | 2. — | 1. | brevioribus. | —— breviore. |
| 37. Plantago. | 7. — | 1. | ramofo perennis. | —— ramofo diffufo. |
| 43. Echium. | 4. — | 1. | *Echium.* | —— *Echium* caule fruticofo. |
| 54. Chironia. | 0. — | 1. | CHIRONIA. *g. pl.* 336. | —— CHIRONIA. *g. pl.* 945. |
| 71. Brunia. | 3. — | 13. | fui. | —— ipfius. |
| 82. Ribes. | 4. — | 1. | ramis erectis. | —— racemis erectis. |
| 129. Bromelia. | 1. — | 1. | caule racemofo. | —— racemofo. |
| 131. Aloë. | 6. — | 1. | afperfis. | —— adfparfis. |
| 166. linea prima. | | | polype. | —— monope. |
| 209. Mimofa. | 12. — | 1. | infimo minori. | —— infima minora. |
| 324. Antirrhinum | 11. — | 1. | florem fuperantibus. | —— longiffimis lateralibus. |
| 332. Alyffum. | 1. — | 1. | fenelibus. | —— fenilibus. |
| 335. Hefperis. | 1. — | 1. | caule procumbente. | —— diffufo. |
| 338. Braffica. | 1. — | 1. | carnofo. | —— carnofa. |
| 339. Braffica. | 2. — | 1. | depreffo carnofo. | —— depreffa carnofa. |
| 343. Geranium. | 3. — | 1. | multifloris. | —— bifloris. |
| 345. Geranium. | 23. — | 1. | folio. | —— foliis. |
| 353. Amorpha. | 1. — | 10. | fpatio fpithamæo. | —— fpatia fpithamæa. |
| 356. Spartium. | 1. — | 1. | fiftulofis verfus. | —— verfus. |
| 367. Lathyrus. | 6. — | 1. | internodii. | —— internodiis. |
| 379. Citrus. | 1. — | 1. | petiolus. | —— petiolis. |
| 380. Hypericum. | 2. — | 7. | fequentis. | —— quartæ. |
| 383. Prenanthes. | 2. — | 1. | fere quinis. | —— quinis. |
| 389. Cichorium. | 3. — | 21. | Braffilica. | —— Braffica. |
| —— Lampfana. | 3. — | 1. | fructu. | —— fructus. |
| 391. Serratula. | 0. — | 0. | SERRATULA. | —— SERRATULA. *g. pl.* 628. |
| 392. Serratula. | 4. — | 1. | fquamofis. | —— fquarrofis. |
| —— Carduus. | 2. — | 1. | citiatis. | —— ciliatis. |
| —— Carduus. | 3. — | 1. | citiatis, caule levi. | —— ciliatis, caule lævi. |
| 406. Senecio. | 7. — | 9. | diftinguens. | —— diftinguenda. |
| 426. linea omnium fumma. | | | Polygamia monogamia. | —— monogamia. |
| —— idem & in pag. 427, 428. | | | | |
| —— lin 2. | | | Horticitura. | —— Horticultura. |
| 460. Populus. | 1. — | 1. | tomentofus. | —— tomentofis. |

# I N D E X.

*Numerus paginam denotat.*

Mmmmmm

Anta.

- 539 -

Bru.

M m m m m m 2

*Car.*

Col.

*Frutex*

Hel·

O o o o o

Piso-

Pppppp

Sisa-

*Tost.*

R A T I O.

# RATIO.

*Nominum genericorum receptorum.*

# EMENDANDA.

Pag. 75. in XYLO 1. excludantur *nomina Bauhinorum*, quæ ad GOSSYPIUM 2. spectant. vide pag. 350.
Pag. 131. in ALOE 3. excludatur *varietas* x.
Pag. 436. in RUPPIA excludatur *Fluvialis Vaillantii*, quod Synonymon huc non spectat.